Gerstner Fachwörterbuch der Logistik,
Mikroelektronik
und Datenverarbeitung

Fachwörterbuch der Logistik, Mikroelektronik und Datenverarbeitung

Dictionary of Logistics, Microelectronics and Data Processing

Von Angela Gerstner

Deutsch-Englisch
English-German

Publicis MCD Verlag

Die Deutsche Bibliothek – CIP-Einheitsaufnahme

Gerstner, Angela:
Fachwörterbuch der Logistik, Mikroelektronik und
Datenverarbeitung : deutsch-englisch, English-German =
Dictionary of logistics, microelectronics and data processing /
von Angela Gerstner. [Hrsg.: Siemens-Aktiengesellschaft]. –
Erlangen : Publicis-MCD-Verl., 1996
   ISBN 3-89578-054-5
NE: HST

ISBN 3-89578-054-5

Herausgeber: Siemens Aktiengesellschaft
Verlag: Publicis MCD Verlag, Erlangen
© 1996 by Publicis MCD Werbeagentur GmbH, Verlag, München

Vorwort

Die praxisorientierten Inhalte dieses Fachwörterbuchs basieren auf der Übersetzungs-
arbeit der Verfasserin im Bereich Halbleiter der Siemens AG, vor allem im Rahmen von
abteilungs- und standortübergreifenden Projekten.

Neben allen wichtigen und gängigen Begriffen aus den Bereichen Logistik (Beschaffung, Mengen- und Kapazitätsplanung, Fertigungsplanung, -steuerung und -durchfüh-
rung, Disposition, Auftragsabwicklung, Distribution), einer umfassenden Sammlung
technologischer Begriffe und Produkte der Mikroelektronik sowie einer Vielzahl von
Begriffen aus der Datenverarbeitung (inklusive der Terminologie aus den im Bereich
Halbleiter eingesetzten Verfahren) umfaßt dieses Wörterbuch auch Begriffe aus Betriebswirtschaft, Handels- und Geschäftsenglisch, die für Kundenkontakte und Korrespondenz von Bedeutung sind.

Die Erfahrung zeigt, daß in einem global operierenden Unternehmen die Kommunikation und Kooperation zwischen den Mitarbeitern der weltweit verteilten Standorte von
entscheidender Bedeutung für den Unternehmenserfolg sind. Kommunikation funktio-
niert aber nur, wenn alle „die gleiche Sprache sprechen". In diesem Sinne bietet dieses
Buch mit seinem weitgefächerten Spektrum an Fachbegriffen aus dem Arbeitsalltag ein
wichtiges Hilfsmittel für Beschäftigte in Industrie, Handel und Forschung.

Insgesamt enthält das Wörterbuch annähernd 18 000 Einträge in jeder der beiden Rich-
tungen (ca. 6000 Logistik, 7000 Mikroelektronik, 3500 DV und 1200 allgemeines Geschäftsenglisch).

Im Anschluß an das Vorwort finden Sie eine Liste der im Buch verwendeten Abkürzungen.

Erlangen/München, im August 1996   Publicis MCD Verlag

Preface

The practice-oriented contents of this technical dictionary are based on the author's
work as a translator within the Semiconductor Group of the Siemens AG, primarily
within the framework of projects involving various departments and locations.

Apart from all important and current terms from the sectors logistics (procurement,
volume and capacity planning, production planning and control, production, MRP II,
order processing, distribution), semiconductor technology and products, as well as
many terms used in data processing (including terminology from the procedures and
applications used in the Semiconductor Group), this dictionary also provides terms used
in business administration, as well as commercial and Business English for customer
contacts or correspondence.

Experience has shown that the communication and cooperation between the employees
of the locations distributed worldwide are of crucial importance for the corporate success of globally active companies. But communication only works if all partners speak
the same language. In this sense, the dictionary with its broad spectrum of technical
terms serves as an important auxiliary for employees in industry, trade and research.

This dictionary comprises almost 18 000 entries in each of both sections (approx. 6000
logistics, 7000 microelectronics, 3500 data processing and 1200 general Business
English).

Subsequent to the preface you find a list of the abbreviations used in this book.

Erlangen/München, August 1996   Publicis MCD Verlag

Abkürzungsverzeichnis
List of abbreviations

Anmerkung: Das Verzeichnis enthält keine Abkürzungen, die bereits innerhalb des Wörterbuches durch Angabe des ausgeschriebenen Wortes definiert sind.

Note: This list does not include abbreviations which are defined within the dictionary by indicating the expanded words.

Abt.	Abteilung	department
AC	Wechselstrom	alternate current
A/D	analog/digital	analog/digital
adj.	Adjektiv	adjective
adv.	Adverb	adverb
AG	Aktiengesellschaft	stock corporation
allg.	allgemein	general context
BNR	Baunummer	production code
COB	„Chip auf Platte"	chip on board
C.O.D.	per Nachnahme	cash on delivery
CVD	chemische Aufdampfung	chemical vapour deposition
CWP	(Verfahrenseigenname)	Company Wide Planning
DC	Gleichstrom	direct current
DLZ	Durchlaufzeit	cycle time
DV	Datenverarbeitung	data processing
EEC	Europäische Wirtschaftsgemeinschaft	European Economic Community
EG	Europäische Gemeinschaft	European Community
E-HL	Einzelhalbleiter	discrete semiconductors
el.	elektrisch	electrical
elektr.-techn.	Elektrotechnik	electrical engineering
EU	Europäische Union	European Union
f.	Femininum	feminine noun
f.	für	for
FET	Feldeffekttransistor	field effect transistor
f.o.b.	frei Bord	free on board
fin.	Finanzwesen	finance
fpl.	Femininum / Plural	plural form of feminine noun
GB	Britischer Gebrauch	British usage
geom.	geometrisch	geometrical
Halbl.	Halbleiter	semiconductors
IC	Integrierte Schaltung	Integrated Circuits
I/O oder I-O	Eingabe/Ausgabe	input/output
Koax-StV	Koaxialsteckverbinder	coaxial connector
LDB	Lieferdatenbank	delivery database
LP	Leiterplatte	printed circuit board
m.	Maskulinum	masculine noun
math.	mathematisch	mathematical context

Mikrow.-HL	Mikrowellenhalbleiter	microwave semiconductor
MOS	(Metalloxidhalbleiter)	metal-oxide semiconductor
mpl.	Maskulinum / Plural	plural form of masculine noun
n.	Neutrum	neuter noun
npl.	Neutrum / Plural	plural form of neuter noun
Org.	Organisation	Organization
p.c. (board)	Leiterplatte	printed circuit board
pl.	Plural (nicht im Singular verwendet)	plural (not used in singular)
Prod.	Produktion	production
Progr.	Programm	program
PTC	positiver Temperaturkoeffizient	positive temperature coefficient
QS	Qualitätssicherung	Quality Assurance
RAM	Zufallszugriffsspeicher	random access memory
ReW	Rechnungswesen	accounting
RIAS	(Verfahrenseigenname)	Realtime Informations- und Auftragsauskunftssystem
r.p.m.	Umdrehungen pro Minute	revolutions per minute
RZ	Rechenzentrum	Computer Center
Si	Silizium	silicon
Siem.	Siemens-Gebrauch	Siemens usage
SMD	oberflächenmontierter Baustein	surface mounted device
StV	Steckverbinder	connector
Tel.	Telefon	telephone
US	Amerikanischer Gebrauch	American usage
UV	ultraviolett	ultraviolet
v.	von	of / from
Wirt.	Wirtschaft	Economy
zeitl.	zeitlich	temporal
zw.	zwischen	between

A

ab / (zeitl.) as from / as of (... May 1)
abarbeiten / to process / to handle /
to execute
Abarbeitung *f.* / execution / (Fertigstellung)
completion
Abarbeitungsfolge *f.* / sequence of
operations / operating sequence
Abbau einer Warteschlange *m.* / dequeuing
abbauen / (reduzieren) to reduce (prices) /
to cut (prices) / to pare (deficits) /
(Personal) to lay off (personnel)
abbestellen / to cancel an order /
to countermand
Abbestellung *f.* / cancellation / countermand
abbilden / to map (Prozeß)
Abbildung *f.* / (z. B. Prozeß) mapping /
(allg.) image
Abblasen *n.* / blow-off
Abblockkondensator *m.* / blocking capacitor
abbrechen / to abort a job or system /
to cancel / to kill / to sever
Abbrechen *n.* / abortion / truncation / kill /
termination
Abbrechfehler *m.* / truncation error
Abbrennflamme *f.* / burn-off flame
Abbruch eines Vorgangs *m.* / termination of
procedure
Abbruchtaste *f.* / escape key
abbuchen / to debit
ABC-Analyse *f.* / ABC evaluation analysis
ABC-Verteilung *f.* / ABC distribution,
80/20 rule
Abdecklack *m.* / chip coating /
(LP) plating-resist
Abdeckschraube für Montagelochungen *f.* /
blanking screw for mounting holes
Abdeckung *f.* / (allg.) cover / (Lack) resist
abdichten / (Gehäuse) to seal (hermetically)
Abdichtung *f.* / seal
Abdrücken *n.* / (Test) measured leak-rate
test / (Test/Rohre) hydraulic pressure test
ab Fabrik / ex works / ex factory
abfahren / (Maske) to traverse
Abfall *m.* / (el.) decay / drop
Abfall *m.* / (allg.) waste
Abfallentsorgung *f.* / waste disposal
Abfallerregung *f.* / (Relais) dropout
(energization)
Abfallprodukt *n.* / by-product / waste product
Abfallquote *f.* / fallout
Abfallverordnung *f.* / Ordinance on Waste
Abfallverwertung *f.* / salvage / waste
utilization / recycling
abfallverzögertes Relais *n.* / drop-out-delay
relay
Abfallwirtschaft *f.* / waste management

Abfallzeit *f.* / off time / (Relais)
release-time / fall time
Abfindung *f.* / (bei Entlassung) severance pay
Abflachung *f.* / flat
Abflußmöglichkeit *f.* / (Naßätzen) drain
Abfrage *f.* / inquiry / request
Abfragefeld *n.* / query field
abfragen / to query / to inquire /
to interrogate
abfragen / (zyklisch) to poll
Abfrageprogramm *n.* / inquiry program
Abfrageroutine *f.* / interrogation routine /
polling routine
Abfrageschleife *f.* / interrogation loop /
polling loop
Abfragesequenz *f.* / calling sequence
Abfragesprache *f.* / query language / inquiry
language
Abfragestation *f.* / retrieval station / retrieval
terminal / query station
Abfragesystem *n.* / query system
Abfrageverfahren *n.* / scan procedure
Abfragezeichen *n.* / inquiry character
Abfragezyklus *m.* / polling cycle
abgabenfrei / duty-free
abgabenpflichtig / dutiable / taxable
Abgabepreis *m.* / selling price
Abgang *m.* / (Personal) retirement
Abgang *m.* / (Waren) issue / withdrawal
Abgänge *mpl.* / (ReW) disposals
Abgangsdatum *n.* / (Lager) date of issue /
(Versand) dispatch date
abgebildet / mapped (Prozeß)
abgebogener StV-Anschluß *m.* / angled
terminal
abgedichtet / (Gehäuse) sealed
abgeglichen / balanced
abgekürzt / abbreviated
abgekürzte Rechenoperation *f.* / short
arithmetic operation
abgekürzter Datenblock *m.* / short block
abgeleitete Zahlen *fpl.* / derived figures
abgerufen / called off
abgeschattet / fenced off
abgeschirmt / screened / shielded
abgeschirmter Steckverbinder *m.* / shielded
connector
abgeschirmtes verdrilltes Leiterpaar *n.* /
shielded twisted pair
abgeschlossenes Unterprogramm *n.* / closed
subroutine
abgestimmt / tuned, syntonic / (allg.)
aligned / adjusted / harmonized
abgestimmte Lieferplanung (ALI) *f.* /
coordinated delivery scheduling
abgestrahlte Energie *f.* / radiated energy
abgewinkelt / (Anschluß) bent (lead) /
gull-winged (lead)

Abgleich *m.* / matching / equalization / netting / alignment / balancing
abgleichen / to match / to collate / to align / to balance
Abgleichscode *m.* / matchcode
Abgleichsfehler *m.* / matching error
Abgleichsgenauigkeit *f.* / matching accuracy
Abgleichsparameter *m.* / trimming parameter
Abgleichsprinzip *n.* / netting principle
Abgleichsrechnung *f.* / equalization / netting
Abgleichsregister *n.* / alignment register
abgreifen / to tap off / to sample / to pick up
Abgrenzungskriterium *n.* / defining criterion
Abgrenzungsrechnung *f.* / statement of expense allocation
Abhängedraht *m.* / hanger wire
abhängen / to intercept
abhängig / (Betrieb) on-line
abhängig / (allg.) dependent (on)
abhängiger Datensatz *m.* / member set
abhängiger Rechner *m.* / slave computer
abhängiger Wartezustand *m.* / normal disconnected mode (NDM)
Abhängigkeit *f.* / dependence
abheben / (Metall) to lift off
Abheben der Lackschicht *n.* / resist lifting
Abhebetechnik *f.* / liftoff technique
Abhebeverfahren *n.* / (Relais) liftoff etch
abholen / (Waren) to collect / to pick up
abisolieren / (el.) to skin / to strip / to bare
abisoliert / (freigelegter Kontakt) bare
ab Kai / ex quay
abklemmen / to disconnect
abklingen / to decay
Abkommen *n.* / agreement
Abkühlen *n.* / (Diffusion) temperature ramp-down
Abkühlplatte *f.* / cooling plate
Abkürzung *f.* / abbreviation / acronym
Abkürzungsverzeichnis *n.* / list of abbreviations
Ablage *f.* / file / magazine
Ablage *f.* / (Regal) shelf
Ablagefach *n.* / card stacker / magazine / pocket
Ablagefachsteuerung *f.* / stacker control
Ablagekasten *m.* / tray
Ablagemagazin *n.* / stacker
ab Lager / from stock
Ablagerung *f.* / deposition / precipitation / (LP) excrescence
Ablagerungsprozeß *m.* / deposition process
Ablagerung von Sauerstoff *f.* / (Wafer) precipitation of oxygen
Ablagesteuerung *f.* / stacker control
Ablauf *m.* / (Vorgang) flow
Ablauf *m.* / (Frist) expiry / expiration
Ablauf *m.* / process / sequence
Ablauf *m.* / (Progr.) cycle / run

Ablaufanforderung *f.* / sequence request
Ablaufanweisung *f.* / run statement
Ablaufauswahl *f.* / sequence selection
ablaufbedingte Wartezeit *f.* / inherent delay
Ablaufbeschreibung *f.* / description of operational sequence
Ablaufdiagramm *f.* / flowchart / flow diagram
Ablauf eines Programms *m.* / program run
Ablauf eines Vorgangs *m.* / flow
ablaufen / to execute, to run / (Frist) to expire
ablaufend / current / (gleichzeitig) concurrent
Ablaufende *f.* / termination
ablauffähig / executable / loadable
Ablauffolge *f.* / sequence of operations / job stream / job sequence
Ablauffolgesteuereinheit *f.* / control sequencer
ablaufinvariant / re-entrant / re-enterable
Ablaufkette *f.* / sequence cascade
Ablauflinie *f.* / flow line
Ablauforganisation *f.* / process organisation / structuring of operations
ablauforientiert / process-oriented
Ablaufplan *m.* / -diagramm *n.* / -schema *n.* / flowchart / flow diagram
Ablaufplanung *f.* / process planning / (Prod.) operations scheduling
Ablaufprogramm *n.* / executive program
Ablaufprotokoll *n.* / trace log
Ablaufrechner *m.* / object computer
Ablaufrichtung *f.* / flow direction
Ablaufschaltwerk *n.* / sequence processor
Ablaufsteuerkarte *f.* / job control card
Ablaufsteuerteil *n.* / sequence controller
Ablaufsteuerung *f.* / sequencing control / sequential control / flow control
Ablaufstruktur *f.* / (Prozeß) flow structure
Ablaufteil *n.* / executive (program) / executive routine
Ablaufterminierung *f.* / sequence scheduling / (Prod.) operations scheduling
Ablauftest *m.* / procedural test
Ablaufüberwacher *m.* / tracer / tracing program
Ablaufunterbrechung *f.* / interrupt / (fehlerbedingt) exception abort
Ablaufverfolger *m.* / tracer
Ablaufverfolgung *f.* / tracing
Ablaufverfolgungsprotokoll *n.* / trace log
Ablaufzeit *f.* / run time
ablegen / to file
ablehnen / to reject / to object to
ableiten von / to derive from
Ableitkondensator *m.* / bypass capacitor
Ableitung *f.* / (Funktion) derivate / (Herleitung) derivation
Ableitungskoeffizient *m.* / thermal leakage coefficient
Ableitungswert *m.* / leakage value

Ableitungswiderstand *m.* / leakage resistance
Ableitvorrichtung *f.* / sink
Ablenkfehler *m.* / deflection aberration
Ablenkschaltung *f.* / deflection circuit /
sweep circuit
Ablenkspule *f.* / (elektromagn.) deflection
coil
Ablenkung *f.* / deflection / sweep
Ablenkwinkel *m.* / deflection angle
Ablieferung *f.* / delivery / (Prod.) completion
Ablochbeleg *m.* / -vordruck *m.* / punch form
Ablösegas *n.* / stripping gas
Ablösekraft *f.* / peeling force
ablösen / to strip / to peel / **sich ...**
(Polyimid-Schicht) to delaminate
(polyimide coating)
ablöten / to solder
abmelden / to sign off / to log off / to log out
Abmeldung *f.* / signoff / logoff / XOFF
Abmessung *f.* / dimensions
Abmessungsprüfverfahren *n.* / dimensional
testing technique
Abnahme *f.* / (Wert, Preis) decline / drop /
decrease
Abnahme *f.* / (Waren) acceptance
Abnahmebedingung *f.* / acceptance
specification
Abnahmeprotokoll *n.* / acceptance certificate
Abnahmetest *m.* / acceptance test
Abnahmeverpflichtung *f.* / commitment
to accept goods
Abnahmeverweigerung *f.* / refusal to accept
goods
Abnahmevorschrift *f.* / acceptance
instruction / acceptance specification
abnehmbar / removable
abnehmen / (sinken) to decline / to drop /
to decrease / to go down / to fall /
(annehmen) to accept (e.g. goods)
abnehmender Ertragszuwachs *m.* /
diminishing returns
abnehmender Grenznutzen *m.* / diminishing
marginal utility
Abnehmerland *n.* / consumer country
Abnutzung *f.* / wear and tear
abordnen / (Personal) to transfer
abrastern / to scan (over)
Abrechnungscomputer *m.* / accounting
computer
Abrechnungseinheit *f.* / accounting unit
Abrechnungsnummer *f.* / accounting number
Abrechnungssystem *n.* / job accounting system
Abrechnungszeitraum *m.* / accounting period
Abreicherungstyp *m.* / depletion type
Abreißdiode *f.* / snap-off diode
abreißen / to tear off
Abreißschiene *f.* / (Drucker) cutting knife
Abrieb *m.* / (Maske) abrasion
Abrißkante *f.* / tear-off edge

abrüsten / (Prod.) to take down / to tear
down / to dismantle
Abrüstzeit *f.* / (Prod.) dismantling time
Abruf *m.* / (Ware) call-off / stock issue /
withdrawal / requisition / (DV) attention /
recall / solicit / call-off / fetch
Abrufanforderung *f.* / solicit request
abrufbar / callable
Abrufbearbeitung *f.* / call-off processing
Abrufbefehl *m.* / fetch instruction / poll
command
Abrufbetrieb *m.* / polling mode
Abrufdatei *f.* / demand file
abrufen / to fetch / to recall / to solicit /
(Produkte) to call off
Abruffolge *f.* / calling sequence
Abrufintervall *n.* / polling interval
Abrufmenge *f.* / (Produkte) release quantity /
aktuelle ... current quantity released /
offene ... open release quantity
Abrufmenü *n.* / pop-up menu
Abrufoperation *f.* / polling operation / solicit
operation
Abrufparameter *m.* / calling parameter
Abrufphase *f.* / fetch cycle
Abrufprogramm *n.* / calling program
Abrufroutine *f.* / attention routine
Abrufschutz *m.* / fetch protection
Abrufstatistik *f.* / subscriber-call statistics
Abruftaste *f.* / attention key
Abruftermin *m.* / release date / **geänderter ...**
revised release due date
Abrufunterbrechung *f.* / attention interrupt
Abrufverarbeitung *f.* / call-off processing
Abrufzeichen *n.* / polling character
Abrufzeit *f.* / fetch time
Abrufzyklus *m.* / fetch cycle
abrunden / to round off
abrupter Übergang *m.* / (Halbl.) abrupt
junction
absagen / (Termin) to call off
Absatz *m.* / sales / turnover
Absatzbelebung *f.* / revival of sales
Absatzchancen *fpl.* / sales opportunities /
marketing opportunities
Absatzeinbruch *m.* / slump in sales
Absatzertrag *m.* / sales revenue
Absatzerwartungen *fpl.* / sales expectations
absatzfähig / marketable
Absatz finden / to find a market
Absatzförderung *f.* / sales promotion
Absatzforschung *f.* / marketing research
Absatzgebiet *n.* / marketing area
Absatzlage *f.* / sales situation
Absatzmarkt *m.* / sales market
Absatzmenge *f.* / sales volume
Absatzmöglichkeiten *fpl.* / sales potential
absatzorientiert / marketing-oriented
Absatzplanung *f.* / sales planning

Absatzpreis *m.* / selling price
Absatzprognose *f.* / sales forecast
Absatzrückgang *m.* / decline in sales
Absatzschwierigkeiten *fpl.* / marketing
difficulties
Absatzsoll *n.* / sales target
Absatzsteigerung *f.* / sales increase
Absatzstockung *f.* / stagnation of sales
Absatzstudie *f.* / market study
Absatzvolumen *n.* / sales volume
Absatzwesen *n.* / marketing
Absatzwirtschaft *f.* / marketing
Absatzzahlen *fpl.* / sales figures
Absatzziel *n.* / sales target / sales goal
absaugen / (Naßätzen) to exhaust /
(Elektronen) to extract
Absauggitter *n.* / extraction grid
Absaugöffnung *f.* / exhaust port
Absaugspannung *f.* / extraction voltage
Absaugvorrichtung *f.* / exhaust unit
abschätzen / (Wert) to estimate / (Maße)
to gauge / (Lage) to assess
Abschaltautomatik *f.* / automatic switchoff
abschaltbarer Thyristor *m.* / gate-turn-off
thyristor
Abschaltbestätigung *f.* / hold acknowledge
abschalten / to turn off / to switch off /
to deactivate
Abschaltkontakt *m.* / disabling contact
Abschaltthyristor *m.* / turn-off thyristor
Abschaltung *f.* / cutoff / cutout /
deactivation / shut-off
Abschaltverzögerung *f.* / turn-off delay
Abscheideanlage *f.* / deposition equipment
Abscheidekopf *m.* / deposition head
abscheiden / to deposit
Abscheiderate *f.* / deposition rate
Abscheidung *f.* / deposition / (Dotierstoff)
dopant segregation / **elektrostatische ...**
electrostatic precipitation / **galvanische ...**
electrodeposition
Abscheidungsgeschwindigkeit *f.* / deposition
rate
Abscheidungsstoff *m.* / precipitate
Abscheidungstechnik *f.* / deposition technique
Abschertest *m.* / die shear test / die push test
abschicken / to dispatch / to send off
Abschiebekraft *f.* / (QS/Draht) bond push
strength
Abschiebetest *m.* / bond push test
ab Schiff / ex ship
abschirmen / to shield / to screen
Abschlagszahlung *f.* / progress payment /
payment-on-account
Abschleifen *n.* / (Maske) abrasion
Abschleudern der Grundierung *n.* / primer
spinoff

abschließen / (beenden) to close /
to terminate / to complete / (Vertrag)
to conclude / to sign (an agreement)
Abschluß *m.* / (Fertigstellung) completion
Abschluß *m.* / (Vorgang) closedown /
termination
Abschluß *m.* / (Konto) closure
Abschluß *m.* / (Geschäft) deal / transaction
Abschlußanweisung *f.* / close instruction
Abschlußbericht *m.* / final report
Abschlußprogramm *n.* / terminator
Abschlußprozedur *f.* / close procedure
Abschlußprüfung *f.* / final test
Abschlußrechnung *f.* / final account
Abschlußschaltung *f.* / terminator circuit
Abschlußtermin *m.* / closing date
Abschlußtest *m.* / (DV) final program test
Abschlußzyklus *m.* / termination cycle
Abschneiden *n.* / truncation
abschneiden / to cut off
Abschnitt *m.* / (Zeit) bucket / period
Abschnitt *m.* / (Datei) section
Abschnitt *m.* / (Text / Buch) paragraph /
section / chapter
Abschnittsetikett *n.* / tape mark label /
segment label
Abschnittsmarke *f.* / tape mark / control mark
Abschnittsnummer *f.* / segment number
abschnüren / to pinch off
Abschnürspannung *f.* / pinch-off voltage
Abschnürwiderstand *m.* / pinch resistor
abschrägen / to taper / to slope
abschreibbare Kosten *pl.* / depreciable cost
abschreiben / to depreciate / to write off
Abschreibung *f.* / write-off / depreciation /
... auf Wiederbeschaffung replacement
method of depreciation / **kalkulatorische ...**
calculated depreciation
Abschreibungen *fpl.* / depreciation
Abschreibungskonto *n.* / depreciation account
Abschreibungsrate *f.* / depreciation rate
abschwächen / to weaken / to attenuate
Abschwung *m.* / downswing
absenden / to send off / to send /
to dispatch / to ship (goods)
Absender *m.* / sender / originator / consignor
Absenderkennung *f.* / source identifier
Absicht *f.* / intention
absinken / (Kurve) to sag
absolute Adresse *f.* / absolute address (AA)
absoluter Ausdruck *m.* / absolute expression /
absolute term
absoluter Befehl *m.* / absolute command /
absolute instruction
absoluter Nullpunkt *m.* / absolute zero
absoluter Sprung *m.* / absolute branch
absoluter Sprungbefehl *m.* / absolute branch
instruction

absolute Speicheradresse *f.* / absolute storage address
absolutes Programm *n.* / absolute program / non-relocatable program
absolute Verschlüsselung *f.* / absolute programming
Absolutlader *m.* / absolute program loader
Absolutzeitgeber *m.* / real-time clock
Absolutzeitimpuls *m.* / real-time pulse
Absorberauftragung *f.* / absorber deposition
Absorberschicht *f.* / absorber film
Absorberstruktur *f.* / absorber pattern
Absorptionsfarbstoff *m.* / absorbing dye
Absorptionsgrad *m.* / absorbance
Absorptionskante *f.* / absorption edge
abspeichern / to store
Absplitterung *f.* / split-off
abspringen / to branch / to jump
Abstand *m.* / (zw. Zeichen) space, spacing, interval, pitch / (zw. Anschlüssen) spacing / (allg.) distance
absteigende Reihenfolge *f.* / descending order
absteigender Sortierbegriff *m.* / descending key
abstimmen / (allg.) to harmonize / to reconcile / (DV) to tune / to syntonize
Abstimmen *n.* / tuning
Abstimmkarte *f.* / summation check card
Abstimmschaltung *f.* / tuning circuit
abstoßen / (Elektronen) to repel
Abstoßung *f.* / repulsion
Abstrahlen *n.* / blow-off
Abstrahlung *f.* / radiation
abstürzen / to crash
abstufen / to grade / (staffeln) to stagger
Absturz *m.* / system crash
absuchen / (Scheibe) to scan / (allg.) to search
Abszissenachse *f.* / x-axis / abscissa
Abszissenwert *m.* / x-coordinate
Abtastalgorithmus *m.* / scan-line algorithm
abtastbar / scannable
Abtastbefehl *m.* / scan command
Abtasteinheit *f.* / scanning unit
abtasten / to scan
Abtasten *n.* / scanning / sampling
Abtaster *m.* / scanner / feeler
Abtastfehler *m.* / reading error
Abtastgerät *n.* / scanner device
Abtastimpuls *m.* / strobe pulse
Abtastkondensator *m.* / sampling capacitor
Abtastkopf *m.* / sensing head
Abtastmatrix *f.* / scan matrix
Abtastöffnung *f.* / scan window
Abtastpunkt *m.* / scan point
Abtastregler *m.* / sampled data feedback controller
Abtastverfahren *n.* / scanning method
Abtastvorrichtung *f.* / scanner
Abteilung *f.* / department (dept.)

Abteilungsbevollmächtigter *m.* / (Siem., bis 1996) Deputy Director
Abteilungsdirektor *m.* / (Siem.) senior director
abteilungsintern / intra-departmental
Abteilungskostenrechnung *f.* / departmental costing
Abteilungsleiter *m.* / head of department
Abteilungsrechner *m.* / departmental computer
abtragen / (Schicht) to ablate
Abtragen *n.* / ablation / stripping / removal
Abtraggeschwindigkeit *f.* / strip rate / (Ätzen) etch rate
abtreten / to cede / to hand over
Abtretung *f.* / cession / transfer
Abtuschanlage *f.* / inking equipment
Abwärtskettung *f.* / downward chaining
abwärtskompatibel / downward compatible
Abwärtskompatibilität *f.* / downward compatibility
abwärtsladen / (Datei) to download
abwärtsportabel / downward portable
Abwärtsstrukturierung *f.* / top down design
Abwasser *n.* / waste water
abwechselnd / alternate(ly)
abwechselnde Umpolung der Markierung *f.* / alternate mark inversion (ATM)
abweichen / to deviate / to differ / to vary
abweichend / deviant / variant
Abweichsignal *n.* / tracking signal
Abweichung *f.* / deviation / variance / (mittlere) mean deviation
Abweichung *f.* / (Frequenz) drift
Abweichungsfehler *m.* / (analoge Signale) drift error
Abweisung *f.* / rejection
abwerben / to entice away
ab Werk / ex works
abwerten / to devalue
Abwertung *f.* / devaluation
abwesend / absent
Abwesenheit *f.* / absenteeism / absence
abwickeln / to handle / to process
abwickeln / (Band) to unwind
Abwickel-Werkzeug *n.* / unwrapping tool
Abwicklung *f.* / handling procedures
Abwicklungssteuerung *f.* / handling control
Abwicklungszentrum *n.* / (Auftragszentrum / AZ) order processing center
Abwinkeln der Anschlußbeine *n.* / bending of pins
abzahlen / to pay off
abziehen / (Bestand) to withdraw
abziehen / (Betrag) to deduct
abzüglich (5%) / less (5%)
Abzug *m.* / deduction / (Rabatt) discount
Abzug *m.* / dump, extraction / (FET) drain / (Absaugvorrichtung) exhauster board

Abzugsformat *n.* / dump format
Abzugshaube *f.* / (VLF-) exhaust hood
Abzugskennziffer *f.* / (RIAS) discount code
Abzugsleitung *f.* / (Naßätzen) exhaust flow
  rate
Abzugsroutine *f.* / dump routine
Abzweigung *f.* / branch
Achse *f.* / axis
Achtbitzeichen *n.* / octet
Achteralphabet *n.* / -code *m.* / eight-level code
adaptive Regelung *f.* / adaptive control
adaptive Regelung mit Rückführung *f.* /
  closed loop adaptation
Addend *m.* / addend
Addierbefehl *m.* / add instruction
Addierglied *n.* / adder
Addiertaste *f.* / add key / adding key
Addierwerk *n.* / adder
Addierzähler *m.* / adding counter
Additionsanweisung *f.* / add statement
Additionsbefehl *m.* / add instruction
Additions-Subtraktionszeit *f.* / add-subtract
  time
Additionsübertrag *m.* / add carry
Additionszeichen *n.* / addition sign
additiver Fehler *m.* / accumulated error
additiver Feldrechner *m.* / distributed array
  processor
Additivverfahren *n.* / additive process
Ader *f.* / (v. Kabel) cable core / conductor
Adernendhülse *f.* / wire end sleeve
Adernkennzeichnung *f.* / line coding
Adernpaar *n.* / pair of insulated conductors
Adernschluß *m.* / interwire short
Adernunterbrechungen *fpl.* / opens
ADMA-Version, abgemagerte *f.* /
  slimmed-down ADMA-version
Adressat *m.* / addressee
Adreßbereich *m.* / address range / address
  space
Adreßbildung *f.* / address generation
Adreßbuch *n.* / address register / address
  table / table of addresses
Adreßbus *m.* / address bus
Adresse *f.* / address / **aktuelle** ... current
  address / **benachbarte** ... adjacent address /
  echte ... real address / absolute address /
  physical address / **errechnete** ... generated
  address / synthetic address / **erweiterte** ...
  extended address / **feste** ... fixed address /
  implizierte ... implied address / **indizierte** ...
  indexed address / **nächsthöhere** ... next
  higher address / **reale** ... real address /
  actual address / **symbolische** ... symbolic
  address / floating address / **tatsächliche** ...
  actual address / absolute address /
  ungültige ... invalid address / **unmittelbare**
  ... immediate address / zero-level address /
  unmodifizierte ... presumptive address /

virtuelle ... virtual address / **wirkliche** ...
  real address / actual address / physical
  address / **zulässige** ... valid address /
  zusammengesetzte ... composite address
Adressenänderung *f.* / address modification
Adressenanschluß *m.* / address pin
Adressenansteuerung *f.* / address selection
Adressenaufruf *m.* / address call
Adressenauswahleinrichtung *f.* / address
  selection unit
Adressenbelegungszeit *f.* / address hold time
Adreßendezeichen *n.* / end-of-address
  character
Adresseneingangsregister *n.* / address latch
Adressenerzeugung *f.* / address generation
Adressenfreigabe *f.* / address enable
Adressenliste *f.* / directory
Adressenplatz *m.* / address location
Adressenrechnung *f.* / address computation
Adreßentschlüsselung *f.* / address decoding
Adressenübersetzung *f.* / address translation
Adressenumsetzung *f.* / address conversion /
  address translation
Adressenumwandlung *f.* / address conversion
Adressenverzahnung *f.* / address interleaving
Adressenzuweisung *f.* / address assignment
Adreßerhöhung *f.* / address increment
Adreßersetzung *f.* / address substitution
Adreßfeld *n.* / address field / address array
Adreßfolge *f.* / address sequence
Adreßformat *n.* / address format / address
  code format
Adreßgrenze *f.* / address boundary
adressierbare Netzeinheit *f.* / addressable
  network unit
adressierbarer Datensatz *m.* / addressable
  record
adressierbarer Punkt *m.* / addressable dot /
  addressable point
Adressierbarkeit *f.* / addressability
Adressiermaschine *f.* / addressing machine /
  mailing machine
Adressierung *f.* / addressing /
  punktsequentielle ... dot sequential
  addressing / **wahlfreie** ... random
  addressing / **zeilenweise** ... line at a time
  addressing
Adressierungsvorschrift *f.* / marking
  instructions
Adreßkennsatz *m.* / address header
Adreßkonstante *f.* / address constant
  (ADCON)
Adreßkopf *m.* / address header
Adreßlänge *f.* / address length
adreßlos / addressless
Adreßobergrenze *f.* / upper-bound address
Adreßparameter *m.* / reference parameter
Adreßpfad *m.* / address highway / address
  bus / address trunk

Adreßraum *m.* / address range / address space
Adreßrechnen *n.* / address arithmetic / address computation
Adreßregister *n.* / address decoder / address register
Adreßsatz *m.* / address record
Adreßschalter *m.* / address adder (AAD)
Adreßspeicher *m.* / address storage
Adreßstruktur *f.* / address pattern
Adreßteil *m.* / address part
Adreßteilung *f.* / address division
Adreßumrechnung *f.* / address conversion / address translation
Adreßuntergrenze *f.* / lower-bound address
Adreßverkettung *f.* / address chaining
Adreßverschachtelung *f.* / address nesting
Adreßwiederholung *f.* / repetitive addressing
Adreßzähler *m.* / address counter
Adreßzeiger *m.* / address pointer
Adreßzuordnung *f.* / address assignment / address mapping
A-D-Wandler *m.* / A-D converter
A/D-Wandler-Starteingang *m.* / initial conversion input
A-D-Wandler-Steuergerät *n.* / A-D converter controller
änderbar / alterable
ändern / to modify / to alter / to amend / to change
Änderung *f.* / modification / change / alteration
Änderungsantrag *m.* / engineering change application
Änderungsauftrag *m.* / change order
Änderungsauftragsfolgeblatt *n.* / change order attachment sheet
Änderungsaufzeichnung *f.* / change recording
Änderungsband *n.* / change tape
Änderungsbefehl *m.* / alter instruction
Änderungsbeleg *m.* / change document / change voucher
Änderungsdatei *f.* / amendment file / transaction file / change file
Änderungsdienst *m.* / alteration service
Änderungsdienstprogramm *n.* / change utility
Änderungsdraht *m.* / jumper wire
Änderungsgeschichte *f.* / engineering change history / (Erzeugnis) product history
Änderungshauptbuch *n.* / change logbook
Änderungskarte *f.* / patch card
Änderungskennzeichen *n.* / change code
Änderungslauf *m.* / update run
Änderungsmitteilung *f.* / change notice
Änderungspaket *n.* / field change pack
Änderungsprogramm *n.* / change program / change routine
Änderungsprogrammierer *m.* / amendment programmer

Änderungsprotokoll *n.* / activity log / change record
Änderungssatz *m.* / amendment record / change record
Änderungsstand *m.* / change level
Änderungsverwaltung *f.* / change management
Änderungsvorschlag *m.* / proposal for modification
Änderungszyklus *m.* / updating cycle
Äquivalenz *f.* / equivalence
Aequivalenztypen *mpl.* / equivalent types / ...
  ändern to alter ... / ... **aufbauen** to create
  ... / ... **löschen** to delete ...
Ätzabtrag bei thermischem Oxid *m.* / amount of thermal oxide etched
Ätzanlage *f.* / etching equipment
Ätzbad *n.* / etch bath
Ätzbarriere *f.* / etching barrier
Ätzbrand *m.* / pre-etch bake
Ätzdauer *f.* / etch time
ätzen / to etch
Ätzen *n.* / etching / **durch Ionenbeschuß gefördertes** ... ion-bombardment-enhanced etching / **nichtselektives** ... indiscriminant etching / **... von Mehrschichtstrukturen** multilayer etching / **... von V-Gräben** V-groove etch
ätzend / caustic
Ätzer *m.* / etcher
Ätzfehler *m.* / etching fault
Ätzflanken, steile *fpl.* / steep line edges
Ätzgaszuführung *f.* / etch gas supply
Ätzgeschwindigkeit *f.* / etch rate
Ätzgraben *m.* / etched trench
Ätzgrube *f.* / etch pit
Ätzhorde mit 25 Scheiben
  Fassungsvermögen *f.* / etch cassette with 25 slots
Ätzhügel *m.* / hillock
ätzhügelfrei / hillock-free
Ätzkammer *f.* / etching chamber
Ätzkurve *f.* / etching curve
Ätzlösung *f.* / etching solution
Ätzmaske *f.* / etching mask
Ätzmaß *n.* / etch critical dimension
Ätzmittel *n.* / etchant
Ätzprofil *n.* / etching profile
Ätzprozeß *m.* / etching process
Ätzratenfaktor, erhöhter *m.* / enhanced etch rate factor
Ätzschichtrest *m.* / etching residue
Ätzschritt *m.* / etching step
Ätzsperrschicht *f.* / etch barrier
Ätzstrukturauflösung *f.* / etch pattern resolution
Ätztechnik *f.* / etching technology
Ätztiefe *f.* / etching depth
Ätzübergang *m.* / etching transition

Ätzung *f.* / etching
Ätzverfahren *n.* / etching technique
Ätzwiderstand *m.* / etching resistance
Ätzzeit *f.* / etching time
Ätzzeit-Ende *n.* / end of etching
Affentest *m.* / random test
Afrika / Africa
Agentur *f.* / agency
aggregierbar / summable
aggregieren / to aggregate
akademischer Grad *m.* / university degree
Akkordarbeit *f.* / piece work
Akkordarbeiter *m.* / piece worker
akkordeonähnliche Falzung *f.* /
accordeon-folded design
Akkordlohn *m.* / piece (work) rate
Akkordlohnsatz *m.* / piece rate / job rate
Akkordrichtsatz *m.* / basic piece work rate
Akkordsatz, differenzierter *m.* / differential
piece rate
Akkordverdienst *m.* / piece work earnings
Akkordzeit *f.* / piecework time
Akkreditiv *n.* / letter of credit (L/C) /
unwiderrrufliches ... irrevocable letter of
credit
Akkumulator *m.* / accumulator
Akte *f.* / file / document / dossier
Aktie *f.* / (GB) share / (US) stock / **Stamm-...**
(GB) ordinary share / (US) ordinary stock /
Vorzugs-... (GB) preference share / (US)
preferred stock / **stimmrechtlose ...** (GB)
non-voting share / (US) non-voting stock /
Inhaber-... (GB) bearer share / (US) bearer
stock / **Namens-...** (GB) registered shares /
(US) registered stock
Aktienbestand *m.* / stock portfolio
Aktien emittieren / to issue shares
Aktienerwerbspläne *mpl.* / share incentive
scheme
Aktiengesellschaft *f.* / stock corporation
Aktienhandel *m.* / stock trading / equity
trading
Aktienkapital *n.* / share capital / equity
(capital)
Aktienkurs *m.* / stock price
Aktienmarkt *m.* / stock market / equity
market
Aktienmehrheit *f.* / majority of stock
Aktiennotierung *f.* / quotation
Aktienpaket *n.* / block of shares
Aktienrendite *f.* / stock yield
Aktienstimmrecht *n.* / stock voting right
Aktionär *m.* / shareholder / stockholder
Aktionskriterien *npl.* / action criteria
Aktionsmenü *n.* / pull-down menu
aktionsorientierte Datenverarbeitung *f.* /
communication-oriented data processing
Aktiva *pl.* / assets
aktiver Arbeitsplan *m.* / current routing

aktivieren / to activate
Aktivierung *f.* / activation
Aktivkohlefilter *m.* / charcoal filter
Aktivkonto *n.* / asset account
Aktivposten *m.* / asset item
Aktivsaldo *m.* / credit balance
Aktivvermögen *n.* / actual net worth
Aktivzinsen *mpl.* / outstanding interest
Aktor *m.* / actuator
Aktorik *f.* / actuator engineering
aktualisieren / to update
Aktualisierung *f.* / updating / update
aktuell / topical / current
aktuelle Abrufmenge *f.* / current quantity
released
Akustikkoppler *m.* / acoustic coupler
akustisch / acoustic / audible / sonic
akzeptieren / to accept
Akzeptor *m.* / acceptor
Akzeptorenzentren *npl.* / acceptor impurities
Akzeptorstörelement *n.* / acceptor impurity
element
Akzeptorverarmung *f.* / depletion of
acceptors
Akzidenzdruck *m.* / job printing
AL-Elektrolyt-Kondensator *m.* / aluminum
electrolytic capacitor
AL-Folie, gerauhte *f.* / etched aluminum foil
algebraisch / algebraic
algorithmisch / algorithmic
Algorithmus *m.* / algorithm
Algorithmussprache *f.* / algorithmic language
Aliphate *pl.* / aliphatics
aliphatischer Verdünner *m.* / aliphatic solvent
aliquoter Teil des Extrakts *m.* / aliquot of the
extract
alkalilöslich / alkaline-soluble
Alleinhersteller *m.* / sole manufacturer
Alleininhaber *m.* / sole holder / sole owner
Alleinverkauf *m.* / exclusive sale
Alleinverkaufsrecht *n.* / exclusive right of
sale / franchise
Alleinvertreter *m.* / sole agent
Alleinvertretung *f.* / sole agency
Alleinvertrieb *m.* / sole distribution / single
distribution / exclusive marketing
alle Rechte vorbehalten / all rights reserved
alles in allem / all told
allgemein / general
allgemeine Datei *f.* / common file
Allgemeines Zoll- und Handelsabkommen *n.* /
General Agreement on Tariffs and Trade
(GATT)
allgemeingültig / universal
allmählich / gradual(ly) / by degrees
allmählicher Übergang *m.* / (Halbl.)
progressive junction
Allpaß *m.* / all-pass filter
Allstromgerät *n.* / a.c.-d.c. device

Allzweckrechner *m.* / all-purpose computer
alphanumerisch / alphanumeric
alphanumerische Darstellung *f.* /
   alphanumeric representation
Alphazeichen *n.* / alphanumeric character
alternativer Arbeitsgang *m.* / alternate
   routing / alternate operation
Altersgrenze *f.* / age limit
Altersstruktur *f.* / age structure
Altersversorgung *f.* / (old-age) pension /
   betriebliche ... corporate pension scheme
Alterung *f.* / aging
Altpapierfaser *f.* / recycling paper fibre
ALT-Taste *f.* / alternate coding key
Aluminiumantimonid *n.* / aluminum
   antimonide
aluminiumbeschichtet / aluminized
Aluminiumgranatsubstrat *n.* / aluminum
   garnet substrate
Aluminiuminsel *f.* / aluminum pad
Aluminiumlegierung *f.* / aluminum alloy
Aluminiumschicht *f.* / aluminum layer
Aluminiumtragschiene *f.* / aluminum
   horizontal rail
Amine, wässrige *npl.* / aqueous amines
Ammoniumfluorid *n.* / ammonium fluoride
Ammoniumpersulfat *n.* / ammonium
   persulfate
Amortisation *f.* / redemption
Ampere *n.* / ampere
Amplitude *f.* / amplitude
Amplitudengitter *n.* / amplitude grating
Amplitudenverzerrung *f.* / distortion
Ampullendiffusion *f.* / capsule diffusion
amtlich / official
amtliche Güteprüfung *f.* / (QS) government
   inspection
Anätzen *n.* / (Leiterplatten) chemical
   roughening
Analoganschluß *m.* / analog line
Analogausgabe *f.* / analog output
Analogdarstellung *f.* / analog representation
Analog-Digital-Größenwandler *m.* / quantizer
Analog-Digital-Rechner *m.* / hybrid computer
Analog-Digital-Umsetzer *m.* /
   analog-digital-converter (ADC)
Analogeingangschip *m.* / analog front-end chip
Analoggröße *f.* / analog quantity
Analogrechner *m.* / analog computer (AC)
Analogschalter *m.* / analog switch
Analogschaltkreisanordnung *f.* / analog array
Analogschrift *f.* / analog font
Analogspeicher *m.* / analog storage
Analogsteuerung *f.* / analog control
Analogtester *m.* / linear tester
Analogwert *m.* / analog value
Analogzeichen *n.* / analog character
Analogzeichengeber *m.* / analog transmitter
Analyse *f.* / analysis

Analyse *f.* / (syntaktische) parsing
Analysealgorithmus *m.* / parser
Analyselabor *m.* / analytical laboratory
Analysenprobe *f.* / analysis sample
analysieren / to analyze
Analysierer *m.* / parser
analytisch / analytic(al)
analytische Auflösung *f.* / analytical
   explosion
Anbieter *m.* / bidder / supplier
anbringen / to attach
Andlersche Losgrößenformel *f.* / Andler's
   batchsize formula
Andruckbauelement *n.* / clip-on device
Andruckscheibe *f.* / puck (for wafers)
Andruckverbinder *m.* / zero-force connector /
   keylock connector
Andruckzeit *f.* / press-down time
Andrückadapter *m.* / mechanical
   pressure-type fixture
anfällig / prone
anfänglich / initial
Anfangsadresse *f.* / start address / starting
   location
Anfangsarbeitsgang *m.* / feeder operation
Anfangsarbeitsplatz *m.* / gateway work center
Anfangsbegrenzer *m.* / starting delimiter
Anfangsbestand *m.* / initial stock / opening
   inventory
Anfangsetikett *n.* / header label
Anfangsgehalt *m.* / initial salary
Anfangskapital *n.* / starting capital
Anfangskapital *n.* / (ReW) opening capital
Anfangskennsatz *m.* / header record / heading
   record
Anfangsladeadresse *f.* / initial loading
   address
Anfangslader *m.* / initial loader
Anfangsprozedur *f.* / initial procedure
Anfangsrand *m.* / left-hand margin
Anfangsrandsteller *m.* / left-hand margin key
Anfangsroutine *f.* / leader routine / beginning
   routine
Anfangsstadium *n.* / initial stage
Anfangstermin *m.* / start date
Anfangswert *m.* / initial value
Anfangswiderstand *m.* / initial resistance
Anfangszeichen *n.* / initial character / starting
   character
Anfertigung, kundenspezifische *f.* /
   custom-made production
anfordern / to demand / to request
Anforderung *f.* / request / demand /
   requirement
Anforderungen erfüllen / to meet
   requirements
Anforderungsmodus *m.* / request mode
Anforderungstaste *f.* / request key

Anforderungszeichen *n.* / prompt / prompt
   character
Anfrage *f.* / inquiry / request
Anfrageplanung *f.* / inquiry scheduling
Anführungszeichen *n.* / quote / inverted
   commas
Angaben *fpl.* / indications
angearbeitetes Produkt *n.* / semifinished
   product
angeben / to indicate
Angebot *n.* / quotation / offer / bid
Angebotsbearbeitung *f.* / quotation
   processing
Angebotsmonopol *n.* / supply monopoly
Angebotspreis *m.* / bid-price / offer price /
   price quoted
Angebotsüberhang *m.* / excess supply
Angebot und Nachfrage *n/f.* / supply and
   demand
angehen / (Problem) to tackle
angelaufene Abschreibungen *fpl.* / (ReW)
   accumulated depreciation
Angelegenheit klären *f.* / to clarify a matter
angelernter Arbeiter *m.* / semiskilled worker
angelötet / (Anschlüsse) **an der Stirnseite ...**
   side-brazed (leads) / **an der Oberseite ...**
   top-brazed / **an der Unterseite ...**
   bottom-brazed
angemessen / appropriate / adequate /
   reasonable
angenommenes Binärkomma *n.* / assumed
   binary point
angenommenes Dezimalkomma *n.* / assumed
   decimal point
angeschaltet / on
angeschlossen / (an Zentraleinheit) on-line
angesichts / in view of / in the face of
angestellt / employed
Angestellter *m.* / employee / white-collar
   worker / **kaufmännischer ...** commercial
   clerk
angesteuert / selected
angetrieben / driven / powered
angewandt / applied
angewandte Informatik *f.* / applied computer
   science / applied informatics
Angleichsschaltung *f.* / interfacing circuit
Angleichung *f.* / matching
Angliederung *f.* / (Firma) affiliation
angrenzendes Verfahren *n.* / adjacent
   procedure / linked procedure
Angström / Angstrom
Anguß *m.* / (Kegelanguß am Spritzgußteil)
   sprue
Angußbuchse *f.* / feed bush
Angußdrückstift *m.* / sprue ejector
Angußkanal *m.* / runner / **verjüngter ...**
   restricted gate
Angußverteiler *m.* / runner

Anhängeröse *f.* / trailer lug
Anhäufung *f.* / (allg.) accumulation
Anhäufung *f.* / cluster
Anhaftung *f.* / adhesion
anhaltend / prolonged / sustained / lasting /
   persistent
anisotrop / anisotropic
Anker *m.* / owner / anchor
Ankersatz *m.* / owner set / anchor record
Ankersegment *n.* / anchor segment
Ankerweg *m.* / (Relais) armature travel
Anklicken / clicking
ankommend / (Waren) arriving / incoming
ankoppeln / to interface / to couple
Ankündigung *f.* / notice
Ankunft *f.* / arrival
Ankunftshafen *m.* / port of destination
Ankunftsrate *f.* / arrival rate
ankurbeln / (Wirt.) to spur / to boost
Ankurbelung *f.* / (Wirt.) pump priming
Anlage *f.* / (Brief) enclosure / attachment
Anlage *f.* / system / installation / equipment
Anlagedaten *pl.* / plant data
Anlagegüter *npl.* / fixed assets / capital goods
Anlagekapital *n.* / fixed capital
Anlagekosten *pl.* / tooling costs
Anlagen *fpl.* / plant & equipment
anlagenabhängig / configuration-dependent /
   system-dependent
Anlagenauftrag *m.* / installation order
Anlagenausfall *m.* / system crash / system
   failure
Anlagenbedienung *f.* / operation of equipment
Anlagenbelegungsplan *m.* / system layout
   plan / (Prod.) equipment utilization plan
anlagenbezogen / equipment-specific
Anlagenbuch *n.* / equipment book
Anlagenbuchhaltung *f.* / assets accounting
Anlagendatenblatt *n.* / equipment data chart /
   equipment specification
Anlagenerweiterung *f.* / system expansion
Anlagenfehler *m.* / hardware error
Anlagengeschäft *n.* / industrial plant business
Anlagenkontrolle *f.* / equipment check
Anlagenmodell *n.* / system model / system
   version
Anlagentechnik (Siem./Bereich) *f.* /
   Industrial and Building Systems (Group)
Anlagenüberwachung *f.* / process monitoring
Anlagenzubehör *n.* / system accessories
Anlagenwirtschaft *f.* / asset management
Anlagevermögen *n.* / fixed assets / fixed
   capital
Anlaß *m.* / occasion
Anlauf *m.* / starting up / start-up / warming up
Anlaufbefehl *m.* / start motion command
anlaufen / to warm up
Anlaufen *n.* / (Metall) tarnishing
Anlaufkosten *pl.* / start-up costs

Anlaufserie *f.* / pilot lot
Anlaufspannung *f.* / initial voltage
Anlaufzeit *f.* / warm-up time / start-up time
anlegen / (Datei) to create
Anleihe *f.* / loan
anleiten / to guide
Anleitung *f.* / instructions / directions
Anlernzeit *f.* / training time
Anlieferqualität *f.* / delivery quality
Anliefertermin *m.* / arrival date
Anlieferungen *fpl.* / inbound freight / inbound goods / incoming goods
Anmeldeanforderung *f.* / logon request
Anmeldemodus *m.* / logon mode
anmelden / (DV) to log on
Anmeldeprozedur *f.* / (DV) logon procedure
Anmeldung *f.* / (DV) logon / XON
Anmerkung *f.* / note / annotation
annähern / to approximate
Annäherung *f.* / approach / approximation
Annäherungswert *m.* / approximate value
Annahme *f.* / (Waren) acceptance
Annahme *f.* / (Hypothese) hypothesis
Annahme *f.* / (Vermutung) assumption
Annahmekennlinie *f.* / (QS) operation characteristic curve
Annahmelos / (QS) acceptance lot
Annahmeprüfung *f.* / (QS) acceptance inspection
Annahmestelle *f.* / (Recycling) collection point
Annahmeverweigerung *f.* / refusal of acceptance
Annahmeverzug *m.* / default in acceptance
Annahmezahl *f.* / acceptance number
annehmen / (QS / Ware) to accept / (vermuten) to assume
annullieren / to cancel
Annullierung *f.* / cancellation
Annullierungsgebühr *f.* / cancellation charge / cancellation fee
Anodenkennung *f.* / anode characteristic
Anodenöffnung *f.* / anode aperture
Anodenspannung *f.* / anode voltage / plate supply
Anodensperrstrom *m.* / anode cutoff current
Anodenstrom *m.* / anode current
Anodenzündstrom *m.* / anode trigger current
anodische Oxidation *f.* / anodizing
anonyme Sachnummer *f.* / non-significant part number
Anordnung *f.* / (Aufteilung) layout / arrangement
anpassen / to adapt / to adjust / to match
Anpassung *f.* / adjustment
Anpassungseinheit *f.* / adaptor
anpassungsfähig / adaptive
anpassungsfähige Steuerung *f.* / adaptive control (AC)

Anpreßdruck *m.* / (Schraubverb.) clamping pressure
Anregungswirkungsgrad *m.* / excitation efficiency
anreichern / to concentrate / to enrich
Anreicherung *f.* / concentration / enrichment / accumulation / (Plasma) plasma enhancement
Anreicherungsschicht *f.* / (Halbl.) carrier concentration layer
Anreicherungstyp *m.* / enhancement type
Anreiz *m.* / incentive
Anruf *m.* / call
Anrufbeantworter *m.* / automatic answering machine
Anruffangschaltung *f.* / call tracing
Anrufübernahme *f.* / call pickup
Anrufumleitung *f.* / call forwarding
Anrufwiederholung *f.* / call repeating
ansammeln / (Vorräte) to build up / to collect / to pile up / to accumulate
Ansatz *m.* / (Vorgehensweise) approach / (Gießharz) resin composition
Ansaugvorrichtung *f.* / chuck
Anschaffung *f.* / acquisition / purchase
Anschaffungskosten *pl.* / acquisition costs / purchasing costs / initial outlays
Anschaffungspreis *m.* / cost price
Anschaffungswert *m.* / original value
anschalten / to turn on / to switch on
Anschalteschiene *f.* / connecting panel
Anschaltung *f.* / activation
Anschaltung, automatische *f.* / polling
Anschlag *m.* / contact shoulder
Anschlag *m.* / (Drucker) impact / stroke
anschlagen / to strike
anschlagfreier Drucker *m.* / non-impact printer
Anschließen *n.* / bonding
Anschlüsse auf festen Sitz prüfen / to check if the connections are mechanically secured
Anschluß *m.* / terminal / (Gehäuse-) pin / (Träger-) lead / **gerader ...** straight terminal
Anschluß *m.* / attachment / connection / junction / port
Anschlußauge *n.* / land
Anschlußbaugruppe *f.* / adapter board
Anschlußbein *n.* / lead / pin
Anschlußbelegung *f.* / terminal assignment / pin assignment
Anschlußbelegungsplan *m.* / pin assignment scheme
Anschlußbox *f.* / modem
Anschlußbuchse *f.* / (StV) jack
Anschlußdraht *m.* / component lead
Anschlußeinheit *f.* / attachment unit / connecting unit
Anschlußende *n.* / lead end / (SMD) toe of lead

Anschlußfeld *n.* / terminal panel
Anschlußfläche *f.* / terminal area
Anschlußfleck *m.* / bonding land / bonding pad
Anschlußgebühr *f.* / attachment charges
Anschlußgenehmigung *f.* / attachment approval
Anschlußgerät *n.* / attach device / peripheral unit
Anschlußhülse *f.* / conductor barrel
Anschlußkabel *n.* / trunk
Anschlußkasten *m.* / (el.) terminal box
Anschlußkennung *f.* / attachment identification / terminal identification
Anschlußleiste *f.* / pinboard
Anschlußleitung *f.* / access line
Anschlußloch *n.* / component hole / lead mounting hole
Anschlußpfosten *m.* / (StV) terminal post
Anschlußplatte *f.* / connection panel
Anschlußpunkt des Steckkabels *m.* / plug-in-cable terminal
Anschlußrahmen *m.* / adapter base
Anschlußraster *n.* / contact pitch
Anschlußring *m.* / connector ring
Anschlußstecker *m.* / connector
Anschlußstelle *f.* / interface / terminal
Anschlußstift *m.* / pin
Anschlußtafel *f.* / pinboard
Anschlußtechnik *f.* / bonding / (LP) component mounting technology
Anschlußüberstand *m.* / lead extension
Anschlußwert *m.* / (el.) connected load
Anschlußzeit *f.* / attachment time
Anschlußzuordnung *f.* / (Stecker) pin assignment
Anschnitt *m.* / (Spritzgußwerkzeug) gate
Ansetzen des Klebers *n./m.* / glue preparation
ansprechbar / responsive
Ansprecherregung *f.* / (Relais) pick-up
Ansprechgrenze *f.* / pick-up threshold
Ansprechpartner *m.* / contact person
Ansprechsicherheit *f.* / (Relais) pick-up reliability
Ansprechspannung *f.* / pick-up voltage
Ansprechwert *m.* / (Relais) pick-up value
Ansprechzeit *f.* / pick-time / response time / (FS-Schutzschalter) tripping time / (Relais) operate time
Anspruch *m.* / claim
ansteigen / to rise / to increase / to grow / to go up
an Stelle von / in place of
an Stelle von ... treten / to supercede / to supplant
Anstellung auf Probe *f.* / hiring on probation
Anstellungsvertrag *m.* / employment contract / hiring contract
ansteuerbar / selectable

Ansteuerbaustein *m.* / driver module
Ansteuereinrichtung *f.* / trigger equipment
ansteuern / to select / (Transistor) to drive / (Adressen) to address
Anstieg *m.* / rise / increase / growth / upturn
Anstiegszeit *f.* / rise time
Anstoß *m.* / impulse
Anstoß *m.* / initiation
Anstoßdaten *pl.* / trigger information / trigger data
anstoßen / to launch / to initiate / to start / to trigger off
Anteil *m.* / share
anteilig / prorated
anteilige Kosten *pl.* / prorated costs
anteilmäßig verrechnen / to prorate
Antimon *n.* / antimony
Antimontrioxid *n.* / antimonotrioxide
antiparallel / back-to-back
Antistatik-Gurt *m.* / antistatic tape
antistatisches Mittel *n.* / antistatic agent
Antivalenz *f.* / exclusive-OR
Antrag stellen / to file an application
Antragsteller *m.* / applicant
antreiben / to drive / to impel
Antriebskette *f.* / drive chain
Antriebsloch *n.* / (Diskette) drive hole
Antriebs-, Schalt- und Installationstechnik (Siem./Bereich) *f.* / Drives and Standard Products (Group)
Antriebssteuerung *f.* / drive control
Antriebstechnik *f.* / drive technology / propulsion technology
Antwort *f.* / answer / response / reply
Antwortfeld *n.* / response field
Antwortmodus *m.* / response mode
Antwortschein *m.* / reply coupon
Antwortzeit *f.* / response time
Anwählen *n.* / selection
anweisen / to instruct / to command / to direct
Anweisung *f.* / (allg.) instruction / specification / assignment / (DV) statement / (bedingte / Unix) conditional request
anwendbar / applicable
anwenden / to apply / to use / to implement
Anwender *m.* / user
Anwenderanforderungen erfüllen *fpl.* / to meet user requirements
Anwenderanpassung *f.* / customization
Anwenderbefragung *f.* / user survey
Anwenderbestätigung *f.* / user confirmation
Anwenderbetreuung *f.* / user support
Anwenderfeld *n.* / user field
anwenderfreundlich / user-friendly
Anwenderkonfiguration *f.* / user confirmation
Anwenderkontierung *f.* / user allocation to accounts

Anwenderprogramm *n.* / user program / application program
anwenderprogrammierbar / field-programmable
Anwenderschaltkreis *m.* / custom (-designed) circuit
Anwendersoftware *f.* / user software
Anwendung *f.* / application / **falsche ...** misuse
Anwendungsbereich *m.* / scope of application
anwendungsbezogen / application-oriented
Anwendungsgebiet *n.* / scope of application
Anwendungspaket *n.* / application package
Anwendungsprogramme *npl.* / application programs
anwendungsspezifisch / application-specific / user-specific / user-defined
Anwendungssteuerung *f.* / application control
Anwendungstechnik *f.* / applications engineering
Anwendungsunterstützung *f.* / application support
Anwerbung *f.* / recruitment
Anwesenheitszeit *f.* / attendance time
Anzahl *f.* / number / (Anschlüsse) pin count
anzahlen / to pay down
Anzahlung *f.* / down payment / payment on account
anzapfen / to tap
Anzeige *f.* / (an Gerät) display / flag / (Meßgerät) reading / **fühlbare ...** tactile display / **rechtwinklige ...** (LED) right-angle indicator
Anzeigedatei *f.* / display file
Anzeigedauer *f.* / display duration
Anzeigeeinheit *f.* / display unit / display device
Anzeigefeld *n.* / display field / indicator panel
Anzeigeformat *n.* / display format
Anzeigemaske *f.* / selection screen
Anzeigemenü *n.* / display menu
Anzeiger *m.* / detector
Anzeigeunterdrückung *f.* / display suppression
anziehen / (Schrauben) to tighten
Anziehung *f.* / (zw. Protonen und Elektronen) attraction
Anziehungskräfte *fpl.* / attractive forces
Anzugsmoment *n.* / (Relais) tractive force of a relay
Aperturplatte *f.* / aperture sheet
Apostroph *m.* / apostrophe
Apparat *m.* / apparatus / machine
AQL-Wert *m.* / quality-level to be accepted
Aräometer *m.* / hydrometer
in Arbeit / in process
arbeitende Datenstation *f.* / active station
Arbeiterangebot *n.* / labo(u)r supply
arbeiterfeindlich / anti-labo(u)r
Arbeiterschaft *f.* / labo(u)r force / workforce

Arbeitgeber *m.* / employer
Arbeitgeberanteil *m.* / employer's contribution
Arbeitgeberverband *m.* / employer's association
Arbeitnehmer *m.* / employee / **gewerblicher ...** blue-collar worker
Arbeitnehmerverband *m.* / employees' association
Arbeitsablauf *m.* / sequence of operations / operating sequence / work flow
Arbeitsablaufdarstellung *f.* / process chart / flow chart
Arbeitsanreicherung *f.* / job enrichment
Arbeitsanreiz *m.* / incentive to work
Arbeitsanweisung *f.* / job instruction / work assignment
Arbeitsauftrag *m.* / job order / work order
Arbeitsauftragsnummer *f.* / job number
Arbeitsauftragsverwaltung *f.* / job management
Arbeitsausfall *m.* / absenteeism
Arbeitsbedingungen *fpl.* / working conditions / **... beim Schleudern** spin conditions
Arbeitsbegleitschein *m.* / work-accompanying bill
Arbeitsbelastung *f.* / working load
Arbeitsbereich *m.* / (Speicher) scratch area / working area
Arbeitsbeschaffungsmaßnahmen *fpl.* / work-providing measures / job-creation schemes
Arbeitsbeschreibung *f.* / job specification
Arbeitsbewertung *f.* / job assessment / job evaluation
Arbeitsbewertungs-Schlüssel *m.* / labo(u)r grading key
Arbeitsbeziehungen *fpl.* / (Arbeitgeber - Arbeitnehmer) labo(u)r relations / industrial relations
Arbeitsblatt *n.* / (DV/Tabelle) spreadsheet
Arbeitsbühne *f.* / (Patterngenerator) stage
Arbeitsdatei *f.* / work file
Arbeitsdaten *pl.* / work data
Arbeitsdatenträger *m.* / work data volume
Arbeitsdiskette *f.* / scratch diskette / work diskette
Arbeitseinheit *f.* / unit of work
Arbeitsergebnis *n.* / output
Arbeitserlaubnis *f.* / work permit
Arbeitsersparnis *f.* / labo(u)r saving
Arbeitsförderungsgesetz *n.* / Labo(u)r Promoting Law
Arbeitsfolge *f.* / operation sequence
Arbeitsfolgeplan *m.* / operation record
Arbeitsfortschritt *m.* / work progress / work status
Arbeitsgang *m.* / operation

Arbeitsgangbeschreibung *f.* / operation description
Arbeitsgangfolge *f.* / sequence of operations
Arbeitsgang-Pufferzeit *f.* / work step buffer time
Arbeitsgangterminierung *f.* / operations scheduling
Arbeitsgericht *n.* / labo(u)r court
Arbeitsgeschwindigkeit *f.* / (Bauelement) operating speed
Arbeitsgruppe *f.* / team / (work) group
Arbeitshäufung *f.* / peak load
Arbeitsinhalt *m.* / work content
arbeitsintensiv / labo(u)r-intensive
Arbeitsjahr *n.* / man-year
Arbeitskampf *m.* / labo(u)r dispute / industrial action
Arbeitskollege *m.* / workmate / teammate / colleague
Arbeitskopie *f.* / (v. Platte) working plate
Arbeitskosten *pl.* / labo(u)r costs
Arbeitskräfte *fpl.* / manpower / (US) labor / (GB) labour / **ausländische ...** foreign labo(u)r / **Umschlag der ...** labo(u)r turnover
Arbeitskräftemangel *m.* / labo(u)r shortage / manpower shortage
Arbeitskreis *m.* / working group
Arbeitskreis Logistik (AK LOG) *m.* / Logistics Council
Arbeitsleistung *f.* / job performance
arbeitslos / unemployed / jobless / out of work
Arbeitslosigkeit *f.* / unemployment
Arbeitsmarkt *m.* / labo(u)r market
Arbeitsmittel *npl.* / means of production
Arbeitsmonat *m.* / man-month
Arbeitspapiere *npl.* / job papers / work papers
Arbeitsplätze *mpl.* / jobs / **... erhalten** to preserve jobs / **... gefährden** to endanger jobs / **... schaffen** to create jobs / **... streichen** to cut jobs, to shed jobs
Arbeitsplan *m.* / (Prod.) route / routing plan
Arbeitsplankopfzeile *f.* / routing plan header line
Arbeitsplanmaterialzeile *f.* / routing plan material line
Arbeitsplanung (APLA) *f.* / operations planning / work scheduling
Arbeitsplatte *f.* / work disk / scratch disk
Arbeitsplatz *m.* / work center / workplace / job / **... besetzen** to fill a vacancy
Arbeitsplatzanordnung *f.* / workplace layout
Arbeitsplatzbewertung *f.* / job evaluation
Arbeitsplatzdrucker *m.* / terminal printer
Arbeitsplatzgestaltung *f.* / job engineering / workplace layout
Arbeitsplatzkennung *f.* / work center identification

Arbeitsplatz ohne Aufstiegschancen *m.* / dead-end job
Arbeitsplatzrechner *m.* / personal computer / workstation computer
Arbeitsplatzrotation *f.* / job rotation
Arbeitsplatzsicherung *f.* / safeguarding of jobs
Arbeitsplatzteilung *f.* / job sharing
Arbeitsrechner *m.* / host computer
Arbeitsrecht *n.* / labo(u)r legislation / industrial law
Arbeitsrückstand *m.* / backlog of work
Arbeitsschritt *m.* / work step
Arbeitsschutzgesetze *npl.* / job protection laws
arbeitssparend / labo(u)r-saving
Arbeitsspeicher *m.* / working storage / working space (of memory) / **erweiterter ...** extended memory area / **reservierter ...** dedicated area of main memory
Arbeitsspeicherabbild *n.* / working storage map
Arbeitsspeicherauslastung *f.* / working storage utilization
Arbeitsspeicherauszug *m.* / working storage dump
Arbeitsspeicherbedarf *m.* / working storage requirements
Arbeitsspeicherbereich *m.* / working storage area
Arbeitsspeichererweiterung *f.* / memory expansion / add-on memory
arbeitsspeicherresident / memory-resident
Arbeitsspeicherstelle *f.* / working storage location
Arbeitsspeicherverwaltung *f.* / working storage management
Arbeitsspeicherzuweisung *f.* / memory allocation / working storage allocation
Arbeitsstapel *m.* / work stack
Arbeitsstrom *m.* / operating current
Arbeitsstudium *n.* / work study
Arbeitsstunde *f.* / man-hour
Arbeitssuchender *m.* / job-seeker
Arbeitstag *m.* / working day / man-day
Arbeitsteilung *f.* / division of labo(u)r
Arbeitsunfall *m.* / industrial accident / work accident
Arbeitsunterbrechung *f.* / interruption of work / work stoppage
Arbeitsunterteilung *f.* / job breakdown
Arbeitsvereinfachung *f.* / job simplification
Arbeitsverteiler *m.* / dispatcher
Arbeitsvorbereitung *f.* / operations planning and scheduling
Arbeitsvorgabezeit *f.* / job cycle target time
Arbeitsvorgang *m.* / job / operation / (Dialogsystem) transaction / **überlappender ...** overlapping operation
Arbeitsvorrat *m.* / work on hand / workload

Arbeitsweise *f.* / operating mode
Arbeitszeit *f.* / working hours
Arbeitszeitersparnis *f.* / saving in working
  hours
Arbeitszeitverkürzung *f.* / reduction of
  working hours
Archiv *n.* / archives / library
archivieren / to archive
Archivierung *f.* / archiving / filing
Archivspeicher *m.* / archival storage
Argon *n.* / argon
arithmetische Prüfung *f.* / arithmetic check
arithmetischer Befehl *m.* / arithmetic
  instruction
arithmetischer Überlauf *m.* / arithmetic
  overflow
arithmetischer Vergleich *m.* / arithmetic
  comparison
arithmetisches Mittel *n.* / (QS) arithmetic
  mean
arithmetisches Schieben *n.* / arithmetic shift
Arsen *n.* / arsenic
Arsendotierstoff *m.* / arsenic dopant
Arsenid *n.* / arsenide
Arsentrioxid *n.* / arsenic trioxide
Arsin *n.* / arsine
Artikel *m.* / article / item
Artikel der höheren Dispostufe *m.* / parent
  item
Artikelnummer *f.* / item number / article
  number / reference number
Artikelstammdatei *f.* / item master file
asiatisch / Asian
assemblieren / to assemble
assoziativ / associative
Assoziativspeicher *m.* / associative memory /
  content-addressable memory
Ast *m.* / branch
astabile Kippschaltung *f.* / astable circuit
asymmetrisch / asymmetrical
asynchron / asynchronous
Asynchronbetrieb *m.* / asynchronous mode /
  asynchronous operation
asynchrone Steuerung *f.* / non-clocked
  control
asynchrone Übertragung *f.* / asynchronous
  transmission
Asynchronleitung *f.* / asynchronous path
Asynchronrechner *m.* / asynchronous
  computer
Asynchronschaltung *f.* / asynchronous circuit
A-Teile-Bestellschlüssel *m.* / A-part ordering
  key
Atomdichte *f.* / atomic density
Atomkern *m.* / atomic nucleus
Atomlage *f.* / atom layer
Atommodell, Bohrsches *n.* / Bohr atom model
Atomschale *f.* / atomic shell
Atomschicht *f.* / atomic layer

Attribut *n.* / attribute / (QS) qualitative
  characteristic
auch / also / ..., too.
Auch ... / (Ferner / Überdies) Moreover ... /
  Furthermore ... / In addition to this ...
Audiogeräte *npl.* / audio equipment
auf Abruf / on call
auf Abruf stellen / to put on hold
Aufbau *m.* / (Modul) module configuration
Aufbaudiagramm *n.* / setup diagram
aufbauen / to build up / to create
Aufbauorganisation *f.* / structural
  organization
aufbereiten / to edit
Aufbereitung *f.* / editing
Aufbereitungsanlage für deionisiertes
  Wasser *f.* / DIW processing plant
Aufbewahrungsfrist *f.* / retention period
aufbrauchen / to deplete / to use up
aufbringen / (Kristall/Si.) to grow
Aufbringen von Dotierstoffen auf Scheibe *n.* /
  addition of dopants to the wafer
aufdampfen / to evaporate
Aufdampfen *n.* / vapor deposition
Aufdampffleck *m.* / overlay
Aufdampfgrundierung *f.* / vapor priming
Aufdampftrommel *f.* / tumble evaporator
Aufdampfung *f.* / evaporation / overlay /
  vapor deposition
aufeinanderfolgend / consecutive
Auffänger *m.* / trap
Auffangbecken *n.* / (für Öl) catch-pit (for oil
  spillage)
Auffrischschaltung *f.* / refresh circuit
Auffrischspeicher *m.* / refresh memory
Auffrischstrom *m.* / refresh current
Auffrischung *f.* / refreshing
aufführen / (Punkte / Themen) to list
auffüllen / (Lager) to replenish
Auffüllzeichen *n.* / pad character
Aufgabe(ngebiet) *f/n.* / assignment / task /
  job
Aufgabenablauf *m.* / job sequence / job stream
Aufgabenauslöser *m.* / (DV/Dienstprogr.) job
  scheduler
Aufgabenbereicherung *f.* / job enrichment
Aufgabenbeschreibung *f.* / task description /
  task specification
Aufgabenerweiterung *f.* / job enlargement
Aufgabengliederung *f.* / subdivision
  into functions
Aufgabenkettung *f.* / job string
Aufgabensteuerung *f.* / job control
Aufgabenverwalter *m.* / (DV/Steuerprogr.)
  task manager
Aufgabenzuordnung *f.* / task assignment / job
  assignment
auf Gefahr des Empfängers / at consignee's
  risk

aufgelaufene Lieferungen *fpl.* / accrued shipments
aufgelaufene Verbindlichkeiten *fpl.* / (ReW) accrued expenses payable
aufgestauter Bedarf *m.* / pent-up demand
Aufhängen *n.* / hang-up
aufheben / (Befehl o. ä.) to cancel
Aufheizen *n.* / (Diffusion) temperature ramp up
Aufheizphase *f.* / heating-up period
auf jeden Fall / in any case / at any rate
auf keinen Fall / in no case / by no means
aufkleben / (Chip) to attach (die)
Aufkleber *m.* / sticker
auf Kosten und Gefahr von / on account and risk of
aufladen / (el.) to charge
Aufladung, statische *f.* / static buildup
Auflagefläche *f.* / support area
auf Lager fertigen / to make for stock
auf Lager halten / to hold in stock / to keep in stock
auf Lager legen / to take in stock
Auflaufwert *m.* / cumulative amount
Auflichtmikroskop *n.* / (Fototechnik) metallurgical microscope
aufliegen / (auf Wafer) to reside on
auflösen / (allg.) to dissolve / (Bit) to resolve / (Bedarf) to break down / to split up
Auflösung *f.* / (Bedarf) explosion / breakdown
Auflösung *f.* / (Bit-) resolution / split-up
Auflösungskennziffer *f.* / split-up code
aufnahmebereit / receptive
Aufnahme von Wasser *f.* / pick-up of water
Aufnahmeausschnitt *m.* / indexing notch
Aufnahmeloch *n.* / indexing hole / locating hole
Aufnahmeschacht *m.* / locating duct
Aufnehmer *m.* / pick-up
Aufpreis *m.* / extra charge / supplement
aufrechnen / setting of ... against ...
Aufrechnung *f.* / accumulation
Aufrechnung ändern / to alter an accumulation (alteration)
Aufrechnungszahl *f.* / accumulated figure
aufreihen / to sequence / to string
aufrüsten / to upgrade
Aufruf *m.* / call / fetch
aufrufbar / callable
Aufrufbefehl *m.* / call instruction
Aufrufbetrieb *m.* / polling
aufrufen / to call / to invoke / to activate (a file)
Aufrufkommando *n.* / calling command
Aufrufprogramm *n.* / solicitor
Aufrufversuch *m.* / call attempt
aufrunden / to round up

Aufsatzebene *f.* / (bis Gehäuseunterkante) stand-off
aufschieben / (zeitl.) to defer / to put off / to postpone
Aufschienautomat *m.* / tubing machine
aufschleudern / to spin-coat
Aufschleudertechnik *f.* / spin-on technology
aufschmelzen / to blow-fuse
Aufschmelzen *n.* / fuse-blowing
Aufschmelzlöten *n.* / reflow soldering
Aufschmelzvorgang *m.* / reflow operation
Aufschrumpflöthülse *f.* / heat-shrinkable solder device
Aufschub *m.* / delay
Aufschwung *m.* / upswing / expansion
Aufsicht *f.* / (Person) chargehand
Aufsichtsrat *m.* / supervisory board
Aufstapeln *n.* / stacking
aufsteigend / ascending / rising
aufsteigender Ordnungsbegriff *m.* / ascending key
aufteilen / to split up / to partition / to apportion / to divide (into)
Aufträge an Fremdfirmen vergeben / to subcontract
Aufträge anstoßen / to launch orders / to initiate orders
Aufträge, ausgelieferte / shipped orders
Aufträge beschaffen / to canvass orders / to procure orders
Aufträge in Arbeit / live load
Auftrag *m.* / order / (DV) task
Auftrag *m.* / **angehaltener ...** hold order / **ausgelieferter ...** order shipped / **bestätigter ...** firm order / confirmed order / **externer ...** purchase order / **laufender ...** current order / running order **offener ...** open purchase order / **gefrorener ...** frozen order / **interner ...** internal order / **offener ...** open order / **rückständiger ...** backorder / open order / **teilbelieferter ...** partial order / **vorgegebener ...** work release
Auftrag ausführen / to carry out an order / to execute an order
Auftrag bearbeiten / to process an order / to handle an order
auftragen / (Schicht/Lack/etc.) to apply / **Lack von Hand...** to dispense resist manually / **Grundierung ...** to apply a primer coat / **Leit-Metall ...** to deposit conducting metal
Auftrag erhalten / to receive an order
Auftrag erteilen / to place an order (with so.)
Auftragsablaufplan *m.* / order schedule
Auftragsabrechnung *f.* / job accounting
Auftragsabschlußkarte *f.* / (Prod.) order finish card
Auftragsabwicklung *f.* / order processing / order handling

auftragsanonymer Bedarf *m.* / summarized requirements
Auftragsanstieg *m.* / rise in orders
Auftragsart *f.* / order type
Auftragsbearbeitung *f.* / order processing
Auftragsbegleitkarte *f.* / (Prod.) shop traveller
Auftragsbestätigung *f.* / confirmation of order
Auftragsbestand *m.* / orders on hand / **offener ...** backlog of orders
auftragsbezogen / order-related
auftragsbezogene Fertigung *f.* / manufacturing to order
auftragsbezogene Kapazitätsbelastungsübersicht *f.* / customer order capacity load overview
auftragsbezogene Montage *f.* / assembly-to-order
auftragsbezogener Bestand *m.* / pegged requirements
auftragsbezogener Werkstattbestand *m.* / work in progress / inventory in process
auftragsbezogen fertigen / to produce to order
Auftragsbildung *f.* / order generating
Auftragsbuch *n.* / order book
Auftragsdatei *f.* / order file
Auftragsdaten *pl.* / order data
Auftragsdatum *n.* / order date
Auftragsdüse *f.* / dispense tip
Auftragsdurchführungsanzeige *f.* / order activity flag
Auftragseingabe *f.* / order input
Auftragseingang *m.* / order booking / receipt of order / incoming orders
Auftragseinplanung *f.* / order scheduling / **... je Maschine** job planning
Auftragserteilung *f.* / placement of order
Auftragsfertigung *f.* / job order production
Auftragsfinanzierung *f.* / (Siem.) Project and Order Financing
Auftragsfolge *f.* / order sequence
Auftragsfreigabe *f.* / order release
auftragsgemäß / as ordered / as per order
Auftragskartei *f.* / order file
Auftragskennzeichen *n.* / order code
Auftragskontierung *f.* / allocation of orders to accounts
Auftragskosten *pl.* / (Prod.) job costs
Auftragsmangel *m.* / lack of orders
Auftragsmappe *f.* / shop packet
Auftragsmeldung *f.* / order note
Auftragsmenge *f.* / order quantity
Auftragsnetz *n.* / order network
Auftragsnummer *f.* / order number
Auftragspapier *n.* / job card
Auftragspapiere *npl.* / shop packet
Auftragsplanung *f.* / order planning
Auftragsposition *f.* / order item
Auftragspufferzeit *f.* / order slack

Auftragsrückgang *m.* / decline in orders
Auftragsrückstand *m.* / backlog of orders / unfilled orders
Auftragssammelstelle *f.* / order collection point / (RIAS) consolidation area
Auftragsstand *m.* / order status / progress of order
Auftragssteuerung *f.* / order control / job control
Auftragsstückliste *f.* / order bill of material
Auftragsterminierung *f.* / order scheduling / order timing
Auftragsübermittlung *f.* / conveyance of order
Auftragsüberwachung *f.* / order control
Auftragsverarbeitung *f.* / order processing
Auftragsverbund *m.* / joint order
Auftragsverfolgung *f.* / order tracking
Auftragsvergabe an Fremdfertiger *f.* / subcontracting
Auftragsverwaltung *f.* / order administration
Auftragsvorgabe *f.* / order release / input of orders
Auftragsvorschlag *f.* / order proposal
Auftragswert *m.* / order value
Auftragswesen *n.* / order processing
Auftragszentrum (AZ) *n.* / Order Processing Center
Auftragszustand *m.* / order status
Auftrag verbuchen / to enter an order
auftreten / to occur
Auftropfentwicklung *f.* / puddle development
Auftropfverfahren *n.* / puddle technique
Auf- und Abladegebühr *f.* / handling charges
Aufwachsen *n.* / (v. Si-Film) growth
Aufwachsrate *f.* / deposition rate / growth rate
aufwärtskompatibel / upward compatible
aufwärtsportabel / upward portable
Aufwalzen / (Flüssigkeit auftragen) rolling-on
Aufwand *m.* / (Kosten) expenditure / expense / (Arbeit) efforts / **betrieblicher ...** operating costs
auf Wunsch / on request
auf Wunsch von / at the request of
aufzeichnen / to record / to log
Aufzeichnung *f.* / recording
Augenschutz *m.* / eye protection
Auger-Analyse *f.* / Auger analysis
Auger-Tiefenprofil *n.* / Auger depth profile
ausarbeiten / to elaborate
Ausarbeitung *f.* / elaboration
Ausbauchung im Wafer *f.* / bulge within the wafer
ausbaufähig / expandable / upgradeable
Ausbauwerkzeug *n.* / extraction tool / removal tool
Ausbeute *f.* / yield
Ausbeuteverbesserung *f.* / yield improvement

Ausbeuteverlust *m.* / yield loss
Ausbildung *f.* / training / education /
... am Arbeitsplatz training on the job /
innerbetriebliche ... corporate training
Ausbildungskosten *pl.* / training costs
Ausbildungsplatz *m.* / training place
Ausbildungsprogramm *n.* / training scheme
Ausbildungsstätte *f.* / training center /
training facility
Ausbleichen *n.* / wash-out
ausblenden / to blind out / to shield / to mask
out
Ausblühen von Salz *n.* / efflorescence
Ausbreitung *f.* / (IC) propagation
Ausbreitungswiderstandsverfahren *n.* /
spreading resistance method
ausbrennen / to burn out
Ausbringung *f.* / yield / output
Ausbruch *m.* / (Pin / Gehäuse) chipping
Ausdehnungskoeffizient *m.* / coefficient of
thermal expansion
ausdiffundieren / to diffuse out
Ausdiffundierung *f.* / out-diffusion
Ausdruck *m.* / (Papier) printout / hard copy
Ausdruck *m.* / (Wort) expression
Ausdruck, bedingter *m.* / (COBOL)
conditional expression
ausdrucken / to print (out)
Ausdünnen *n.* / (Schicht) thinning
Auseinanderlaufen *n.* / (Lack) separation
Ausfällung *f.* / precipitation
Ausfall *m.* / (Maschine) break / breakdown /
failure / blackout / (Bausteine) rejects /
scrap
Ausfall, wertbarer *m.* / relevant failure
Ausfall-Analysen-Bericht *m.* / failure analysis
report
Ausfallart *f.* / failure mode
Ausfalldichte *f.* / failure density
Ausfalleinheit *f.* / failed unit
Ausfallgrenze *f.* / failure limit
Ausfallhäufigkeit *f.* / failure frequency /
failure rate
Ausfallhäufigkeitsdichte *f.* / failure density
Ausfallhäufigkeitsverteilung *f.* / failure
frequency distribution
Ausfallkosten *pl.* / downtime costs
Ausfallkriterien *npl.* / failure criteria
Ausfallmuster *n.* / sample / specimen
Ausfallquote *f.* / failure rate
ausfallsicher / failsafe
ausfallsichere Betriebsweise *f.* / failsafe mode
Ausfallursache *f.* / failure cause
Ausfallwahrscheinlichkeit *f.* / probability of
failure
Ausfallzeit *f.* / downtime
Ausführbarkeit *f.* / feasibility
ausführen / to implement / to put into action /
to do / to execute / to perform

ausführlich / (adv.) in detail / (adj.) detailed
Ausführung *f.* / execution
Ausführungsphase *f.* / execution phase
Ausfuhr *f.* / export
Ausfuhrartikel *m.* / export item
Ausfuhrbescheinigung *f.* / export
confirmation
Ausfuhrbeschränkung *f.* / export restraint /
export restriction
Ausfuhrbestimmungen *fpl.* / export
regulations
Ausfuhrgenehmigung *f.* / export license /
(EU) export authorization
ausfuhrgenehmigungspflichtig / subject
to export authorization
Ausfuhrhafen *m.* / shipping port
Ausfuhrkontingent *n.* / export quota
Ausfuhrnachweis *m.* / proof of export
Ausfuhrprämie *f.* / export bounty
Ausfuhrquote *f.* / export quota
Ausfuhrsendung *f.* / export consignment
Ausfuhrsperre *f.* / ban on exports / embargo
Ausfuhrtarif *m.* / export tariff
Ausfuhrüberschuß *m.* / export surplus
Ausfuhrverantwortlicher *m.* / (Siem.) Export
Officer
Ausfuhrverbot *n.* / ban on exports
Ausfuhrzoll *m.* / export tariff / duty on
exports / export duty
Ausgabe *f.* / output / (Waren) issue /
withdrawal / requisition / (v. Lagerposition)
disbursement / (Buch) edition / issue
Ausgabeanforderung *f.* / output request
Ausgabeanweisung *f.* / output statement
Ausgabeaufbereitung *f.* / output editing
Ausgabebefehl *m.* / output instruction
Ausgabebeleg *m.* / output voucher
Ausgabebereich *m.* / output area
Ausgabebestätigung *f.* / output
acknowledgement
Ausgabedatei *f.* / output file
Ausgabedatenträger *m.* / output medium
Ausgabeeinheit *f.* / output unit
Ausgabefach *n.* / output magazine
ausgabefähig / issuable
Ausgabeformat *n.* / output format
Ausgabegerät *n.* / output device / output unit
Ausgaben *fpl.* / expenses
Ausgabenbewilligung *f.* / budget
appropriation
Ausgaben decken / to cover expenses
Ausgaben erhöhen / to step up spending
Ausgaben kürzen / to cut spending
Ausgabenummer *f.* / (Ware) disbursement
number
Ausgabeprozedur *f.* / output procedure
Ausgabepuffer *m.* / output buffer
Ausgabepufferspeicher *m.* / output buffer
Ausgabesatz *m.* / output record

Ausgabeschnittstelle *f.* / output interface
Ausgabespeicher *m.* / output storage
Ausgabesteuerung *f.* / output control
Ausgabesteuerwerk / output controller
Ausgabeunterbrechung *f.* / output interrupt
ausgabewirksame Kosten *pl.* / out-of-pocket cost
Ausgang *m.* / (DV/HL) output / (Unterprogr.) exit
Ausgangsadresse *f.* / home address
Ausgangsdaten *pl.* / raw data / source data / initial data
Ausgangsfrequenz *f.* / (Mikrow.-Halbl.) output frequency
Ausgangskapazität *f.* / (Halbl.) output capacitance
Ausgangskonnektor *m.* / exit connector
Ausgangskontrolle *f.* / outgoing inspection / final clearance
Ausgangslastfaktor *m.* / fan-out
Ausgangsleistung *f.* / power output
Ausgangsmaterial *n.* / starting material
Ausgangsmedium *n.* / original source
Ausgangsmolekül *n.* / starting molecule
Ausgangsöffnung *f.* / (Massenanalysator) exit port
Ausgangsparameter *m.* / default value
Ausgangspreis *m.* / initial price
Ausgangsprodukt *n.* / (CWP) source planning product / source product
Ausgangsprüfung *f.* / (QS) final inspection
Ausgangspunkt *m.* / originator
Ausgangsscheibe *f.* / starting wafer
Ausgangssignal *n.* / zero output
Ausgangsspannung *f.* / output voltage
Ausgangssprache *f.* / source language
Ausgangsstelle *f.* / outconnector
Ausgangsstellung *f.* / home position / original position
Ausgangsstrom *m.* / output current
Ausgangsstückliste *f.* / master bill of material
Ausgangswerte *mpl.* / initial figures / initial values
ausgeätzte Linie *f.* / etched line
ausgeben / to issue / to output / to write out / (Geld) to spend
ausgeheilt / annealed
ausgelastet / fully utilized
ausgelieferte Aufträge *mpl.* / orders shipped
ausgerichtet / (Anschlüsse) lined up
ausgeschaltet / off / switched off / turned off
ausgesetzt sein / to be exposed to
ausgetestet / debugged (program) / fully tested
Ausgleich *m.* / compensation / offset
ausgleichen / to compensate / to offset / to make good
Ausgleichseinrichtung *f.* / battery voltage compensating circuit

Ausgleichsschleife *f.* / offset loop
aushärten / to harden
Aushärtung *f.* / curing
Aushärtungszeit *f.* / cure time
aushandeln / (Preis etc.) to negotiate
Ausheilen *n.* / (Implantation) annealing / heat treatment / **... durch Strahlung** radiation annealing / **... von Gitterfehlern** annealing of imperfections / **... von Stapelfehlern** stacking fault annealing
Ausheizen *n.* / baking / annealing / prebaking
Aushöhlung *f.* / bucket
auskoppeln / to couple out
Auskunft Aufrechnung *f.* / accumulation inquiry
Auskunftssystem *n.* / data inquiry system
ausladen / to unload
ausländische Arbeitskräfte / foreign labo(u)r
Auslagen *pl.* / outlays
auslagerbar / pageable
auslagerbarer Bereich *m.* / pageable area
auslagern / to disburse / (DV) to swap out
Auslagerung *f.* / (Ware) disbursement / withdrawal from stock / stock issue / (DV) swap
Auslagerung auf Anforderung *f.* / delivery on request
Auslagerungskriterium *n.* / withdrawal code
Auslagerungsliste *f.* / disbursement list
Auslagerung trotz Fehlteilen *f.* / withdrawal in spite of missing parts
Auslandsabsatz *m.* / export sales / external sales / sales abroad
Auslandsabteilung *f.* / foreign department
Auslandsauftrag *m.* / foreign order
Auslandsbelegschaft *f.* / employees operating abroad
Auslandsfiliale *f.* / foreign branch
Auslandsgeschäft *n.* / international business
Auslandsvermögen *n.* / property abroad / external assets
auslassen / to skip / to ignore
auslasten / to utilize
Auslastung *f.* / loading / utilization
Auslastungsbericht *m.* / resource utilization plan
Auslastungsgrad *m.* / utilization rate / loading rate
Auslastungsplan *m.* / loading schedule
Auslauf *m.* / phase-out
auslaufen / (Prod.) to run out / to phase out
auslaufender Vertrag *m.* / expiring contract
auslaufendes Jahr *n.* / ending year
auslaufen lassen / (Produktion) to taper off / to roll out / to phase out
Auslaufstutzen *m.* / spout
Auslaufteil *n.* / phase-out part
Auslauftermin *m.* / cutoff date
Auslenkung *f.* / deflection / scan

auslesen / to read out
Auslesen *n.* / readout
Ausleseverfahren *n.* / screening
Ausleuchten von Flächen *n./fpl.* /
(Argus-LED) back lighting
ausliefernde Stelle *f.* / shipping point /
(Abt.) shipping department
Auslieferqualität *f.* / delivery quality
Auslieferungsauftrag *m.* / delivery order
(D/O)
Auslieferungslager *n.* / delivery store
Auslieferungsnachweis *m.* / proof of delivery
Auslieferungsschein *m.* / bill of delivery /
delivery order (D/O)
Auslöseimpuls *m.* / trigger pulse / strobe
pulse / ... **für Datenübertragung** data strobe
auslösen / to trigger off / to initiate /
to actuate
Auslöser *m.* / trigger / release
Auslöseschiene *f.* / release bar
auslöten / to unsolder
ausmachen (50 % von ...) / to make up /
to constitute / to account for
Ausnahme *f.* / exception
Ausnahmetarif *m.* / exceptional tariff
Ausnutzung *f.* / utilization / usage
ausrasten / to snap off
ausreichend / sufficient / enough
Ausreißer *m.* / outlier
Ausreißkraft *f.* / hole-pull strength
ausrichten / to adjust / to orient / to align
Ausrichtung *f.* / adjustment / orientation /
alignment
Ausrüstungsgüter *npl.* / plant & equipment
Ausrufezeichen *n.* / exclamation mark
Ausrundungsfläche *f.* / fillet surface
Aussage *f.* / statement
ausschalten / to deactivate / to turn off /
to switch off
Ausschaltverzögerungszeit *f.* / fall delay time
Ausschaltzeit *f.* / turn-off time
Ausscheiden *n.* / retirement
ausschlachten / to salvage
Ausschlachtung *f.* / salvage operation
Ausschleudern *n.* / spinning
Ausschließfaktor *m.* / (Textverarbeitung)
justified setting
Ausschreibung *f.* / quotation request /
invitation to bid
Ausschuß *m.* / (Abfall) scrap / waste / refuse
Ausschuß *m.* / (QS) rejects
Ausschuß *m.* / committee
Ausschußanteil *m.* / scrap rate
Ausschußfaktor *m.* / scrap rate / assembly
allowance
Ausschußprognose *f.* / scrap forecast
Ausschußverwertung *f.* / salvage
Aussehen, körniges *n.* / grainy appearance
Außen- / external

Außenbestände *mpl.* / outstandings
Außenbeziehungen *fpl.* / external relations
Außendienst *m.* / field service
Außendienstmitarbeiter *mpl.* / (pl.) field staff
Aussendung *f.* / emission
Außenhandel *m.* / foreign trade
Außenlage *f.* / (Schicht) cover layer / external
layer
Außenleiter *m.* / (v. Kabel) outer connector
Außenlötmaschine *f.* / outer-lead bonder
Außenmaß *n.* / external dimensions
Außenmontage *f.* / field installation
Außenstation *f.* / remote terminal / outstation
Außensteg *m.* / indexing bar
Außenstelle *f.* / liaison office
Außenwirtschaftsrecht *n.* / international
commercial law
außer / except / save / apart from
außer Betrieb / out of use / not in use
außerbetrieblich / out-plant
äußere Adresse *f.* / external address
äußerer Speicher *m.* / backing memory /
backing storage
außerplanmäßig / non-scheduled
Außertariflicher Mitarbeiter *m.* / (Siem.)
Assistant Manager / (US/Mitarbeiter ohne
Anspruch auf Überstundenerstattung)
exempt employee / (allg.) employee not
covered by collective agreement system
Aussparung *f.* / (in Schicht) opening
ausspeichern / to roll out
Aussprung *m.* / exit
Ausspuldatei *f.* / output spooling file
ausstanzen / (Chip aus Tape) to excise
Ausstellung *f.* / exhibition
aussteuern / (DV) to select / to outsort /
to gate out
Aussteuerung *f.* / (Prod.) production
completion / (Abt.) Completion Control
Aussteuerungsbefehl *m.* / (DV) select
instruction
Ausstoß *m.* / output / ... **pro Arbeitsstunde**
man-hour output
ausstrahlen / to radiate
Ausstrahlung *f.* / emission / radiation
austakten / to clock out
Australien / Australia
australisch / Australian
Austausch *m.* / exchange / interchange
austauschbar / interchangeable /
exchangeable / substitutable
austauschen / to exchange / to interchange /
to swap out (a chip) / to replace
(a component/part) / to swap (locations)
austeilen / to distribute / to allot
austesten / to debug
Austesten *n.* / debugging
Austestzeit *f.* / program development time
Austrocknen *n.* / baking

austrocknen / to desiccate / to bake
Ausverkauf *m.* / clearance sale
auswählbar / generic
auswählen / to select / to choose
Auswahl *f.* / selection / (nur Warenangebot)
    assortment
Auswahlbetrieb *m.* / select mode
Auswahlkriterien *npl.* / selection criteria
Auswahlmaske *f.* / selection mask
Auswahlverfahren *n.* / screening / selective
    sorting
auswechselbare Platten *fpl.* / interchangeable
    disks
auswechselbare Typenstange *f.* /
    interchangeable type bar
auswechseln / to exchange / to replace
Ausweichadresse *f.* / alternative address
Ausweich-Arbeitsvorgang *m.* / alternate
    operation
Ausweichmaterial *n.* / alternate material /
    substitute
Ausweichprodukt *n.* / alternative product /
    substitute product
Ausweichrechenzentrum *n.* / backup computer
    center
Ausweichsystem *n.* / backup system / standby
    system
Ausweichtester *m.* / alternative prober
Ausweichtyp *m.* / alternative type / substitute
    type
Ausweiskarte *f.* / badge card / code card
Ausweisleser *m.* / badge reader
Auswerfer *m.* / ejector unit
auswerten / to evaluate
Auswertung *f.* / evaluation /
    betriebswirtschaftliche ... cost analysis
Auswirkung *f.* / impact / effect
Auswurf *m.* / ejection / throw-off
auszeichnen / (Ware) to label
Ausziehkraft *f.* / pull-out force
Auszubildender *m.* / trainee
Auszug *m.* / extract
autark / autarkical
Autoelektronik *f.* / automotive
    electronics
automatische Anrufwiederholung *f.* /
    automatic redialling
automatische Anschaltung *f.* / unattended
    activation
automatische Ausschaltung *f.* / automatic
    cutout
automatische Benutzerführung *f.* /
    auto prompt
automatische Bestückung *f.* / automatic
    placement
automatische Betriebsweise *f.* / automatic
    mode
automatische Geräteprüfung *f.* / automatic
    device check

automatische Prüfung *f.* / (DV) built-in
    check
automatischer Abrufbetrieb *m.* / automatic
    polling / autopoll
automatischer Losstart *m.* / automatic lot start
automatischer Rückruf *m.* / automatic
    callback
automatischer Sendeaufruf *m.* / auto polling
automatischer Suchlauf *m.* / automatic library
    lookup
automatische Rückstellung *f.* / self-resetting
automatischer Vorschub *m.* / automatic feed
automatischer Wiederanlauf *m.* / automatic
    recovery
automatische Silbentrennung *f.* / automatic
    hyphenation
automatisches Löschen *n.* / autopurge
automatische Speichervermittlung *f.* /
    automatic switching center
automatische Vermittlung *f.* / automatic
    switching
automatische Vorrangsteuerung *f.* / automatic
    priority control
automatische Zeichengenerierung *f.* /
    automatic character generation
automatisierte Datenverarbeitung (ADVA) *f.* /
    automatic data processing (ADP)
automatisierte Fabrik *f.* / automated plant
automatisiertes Datenverarbeitungssystem *n.* /
    automated data processing system (ADPS)
automatisierte Textverarbeitung (ADV) *f.* /
    automatic word processing
automatisiertes Lager *n.* / automated
    warehouse
automatisiertes Verfahren *n.* / automatic
    procedure
Automatisierung *f.* / automation
Automatisierungsgrad *m.* / degree of
    automation
Automatisierungstechnik (Siem./Bereich) *f.* /
    Automation (Group)
Automobiltechnik (Siem./Bereich) *f.* /
    Automotive Systems (Group)
autonom / autonomous / self-directed
autonomer Rechner *m.* / stand-alone computer
Axialanschluß *m.* / axial lead
Azetat *n.* / acetate

B

bahnamtlich / by railway officials
Bahnfracht *f.* / rail freight
Bahnfrachtbrief *m.* / railway consignment
    note
Bahnfrachtsätze *mpl.* / railway rates

bahnfrei / free on rail (F.O.R.)
bahnlagernd / to be called for at railroad station
Bahnpost *f.* / railway mail services
Bahnrechner *m.* / path computer
Bahnspediteur *m.* / rail forwarding agent / railway carrier
Bahnversand *m.* / forwarding by rail
Baisse *f.* / slump
Bajonettverschluß *m.* / bayonet coupling
Bakterienkultur *f.* / bacteria colony
Balg *m.* / bellows
Balkencode *m.* / bar code
Balkencodeleser *m.* / bar code scanner
Balkendiagramm *n.* / bar chart
Balkenleiter *m.* / beam lead
Bananenbuchse *f.* / banana jack
Bananenstecker *m.* / banana plug
Band *n.* / (Systemträger) lead frame / tape / (Buch) volume
Bandabschnittsmarke *f.* / tape mark
Bandabstand *m.* / energy gap
Bandanfang *m.* / beginning of tape (BOT)
Bandanfangs-Etikett *n.* / tape header label
Bandanfangsmarke *f.* / beginning of tape marker
Bandantrieb *m.* / tape drive
Bandarchiv *n.* / tape library
Bandaufbereitung *f.* / tape editing
Bandblock *m.* / tape block
Bandbreite *f.* / spectrum / range / (Frequenz) bandwidth
Banddichte *f.* / tape packing density
Banddruckroutine *f.* / tape-printer routine
Bandende *n.* / end of tape (EOT) / tapeout / trailer
Bandendeetikett *n.* / tape trailer label
Bandendemarke *f.* / end of tape marker
Bandfehler *m.* / tape error
Bandgerät *n.* / magnetic tape unit
Bandkanal *m.* / (Spur) tape level
Band-Karte-Umsetzer *m.* / tape-to-card converter
Bandkennsatz *m.* / tape label
Bandlücke *f.* / gap
Bandmarke *f.* / tape mark
Bandprüfung *f.* / tape test
Bandrücksetzen *n.* / backspace
Bandrückspulen *n.* / tape rewind
Bandsatz *m.* / tape record
Bandschlupf *m.* / tape slippage
Bandschräglauf *m.* / tape skew
Bandspannung *f.* / tape tension
Bandspeicherdichte *f.* / tape density
Bandsprosse *f.* / frame
Bandspule *f.* / reel
Bandspur *f.* / tape track
Bandvorschub *m.* / tape feed
Bandwechsel *m.* / tape swapping

Bankauswahl *f.* / interleaving
Bankauswahlverfahren *n.* / bank switching / memory interleave
Bankautomat *m.* / cash dispenser / automated teller machine
Bankleitzahl *f.* / bank routing code
Bankscheck *m.* / uncrossed check
Banküberweisung *f.* / bank transfer
Bankwechsel *m.* / bank bill / bank draft
Bargeld *n.* / cash
bargeldlos / cashless
bargeldloser Zahlungsverkehr *m.* / cashless money transfer
Barscheck *m.* / (GB) open cheque / (US) open check
Barvermögen *n.* / liquid funds
Barzahlung *f.* / cash payment
Barzahlungsrabatt *m.* / cash discount
Basis *f.* / base / basis
Basis-Adresse *f.* / base address
Basisadreßregister *n.* / base address register / memory pointer
Basisadreßverschiebung *f.* / base relocation
Basisanschluß *m.* / base terminal
Basisanwendung *f.* / basic application
Basis-Bestand *m.* / base inventory level
Basis-Datensystem *n.* / small business computer
Basis-Dotierung *f.* / (Halbl.) base doting
Basis-Emitter-Anschluß *m.* / base-emitter junction
Basiskomplement *n.* / radix complement / true complement
Basiskosten *pl.* / basic direct cost
Basis-Maske *f.* / base mask
Basismaterial, metallkaschiertes *n.* / metal-clad base material
Basissatz *m.* / base record
Basisschaltung *f.* / common base configuration
Basissystem *n.* / small computer
Basistechnologie *f.* / base technology
Basiszone *f.* / (Halbl.) base region
Basiszonendiffusion *f.* / base diffusion
Basiszugriffsmethode *f.* / basic access method
batteriebetrieben / battery-operated / battery-powered
Bauart *f.* / design / model / type / version
Bauartzulassung *f.* / type approval
Baueinheit *f.* / assembly / physical unit
Bauelement *n.* / component / device
Bauformblatt *n.* / data sheet
Bauformstichprobe *f.* / (QS) standard spot check
Baugruppe *f.* / sub-assembly / **fiktive ...** transient assembly / **untergeordnete ...** lower sub-assembly
Baugruppenebene *f.* / component level

Baugruppenfertigung *f.* / printed circuit board assembly
Baugruppenrahmen (BGR) *m.* / cage
Baugruppensysteme *npl.* / board systems
Baugruppenträger *m.* / card cage / **mehrzeiliger** ... multi-height card cage
Baukastenstückliste *f.* / one-level bill of material / quick deck / single-level explosion
Baukastenverwendungsnachweis *m.* / where-used list
Bauliste *f.* / assembly list / parts list
Baum *m.* / tree
Baumstruktur *f.* / arborescent structure / tree structure
Baunummer (BNR) *f* / production code
Bauplan *m.* / assembly plan
Baureihe *f.* / series
Bausatz *m.* / kit
Bauschaltplan *m.* / assembly diagram
Baustein *m.* / device / building block / module
Bausteinfreigabe *f.* / device release
Bausteinprinzip *n.* / modularity
Bausteinsystem, modulares *n.* / modular building-block system
Bausteintechnik *f.* / circuit technology
Baustufe *f.* / production level
Bauteil *n.* / component / **externes** ... off-chip component / ... **für Oberflächenmontage** surface-mounted device / surface-mounted component / **gedrucktes** ... printed component / ... **mit Radialanschluß** radial-lead component
Bauteile, lose / loose parts
Bauteile zuführen / to feed components
Bauteilebelastung *f.* / stress on components
bauteilegenaue Messung *f.* / exact component-related measurement
Bauteilelager, zentrales *n.* / central components warehouse
Bauteileseite *f.* / component side
Bauteileübersicht *f.* / components list
Bauteilevielfalt *f.* / component diversity
Bauteilezuführeinheit *f.* / component feeder
Bauteilezuführmöglichkeiten *fpl.* / component feed facilities
Bauteilname *m.* / decal name
Bauvorschrift *f.* / manufacturing specification
Bauweise, gedrängte *f.* / compact design
BCD-Darstellung *f.* / binary coded decimal representation
BDI-Verfahren *n.* / Base Diffusion Isolation process
beachten / to pay attention to
Beamter *m.* / civil servant / official
Beanspruchung *f.* / stress
Beanspruchungszyklus *m.* / (QS) stress cycle
Beanstandung *f.* / complaint
bearbeiten / to process

Bearbeiter *m.* / user / handler
Bearbeiter-Kennziffer *f.* / user code
bearbeitet von / (in Briefkopf) prepared by
Bearbeitung *f.* / (allg.) handling / processing
Bearbeitung *f.* / processing / machining
Bearbeitungsdatum *n.* / processing date
Bearbeitungsreihenfolge *f.* / machining sequence
Bearbeitungsschritt *m.* / job step
Bearbeitungsstufe *f.* / processing step
Bearbeitungsverfahren *n.* / processing procedure
Bearbeitungszeit *f.* / processing time
beauftragen / to instruct
Bebauungsplan *m.* / development plan
Becherglas *n.* / beaker
Becken *n.* / (Naßätzen) bath
Bedampfung *f.* / deposition / evaporation
Bedarf *m.* / demand / requirements / **aufgestauter** ... pent-up demand / **auftragsanonymer** ... summarized requirements / **auftragsbezogener** ... pegged requirements / **disponierter** ... planned demand / **durchschnittlicher** ... average demand / **erhöhter** ... increased demand / **externer** ... exogenous demand / external demand / **fest zugeordneter** ... firmly allocated demand / **gemeinschaftlicher** ... joint demand / **geringer** ... low demand / **mittelbar entstandener** ... dependent demand / **möglicher** ... potential demand / **reservierter** ... allocated requirements / **spezifischer** ... selective demand / **sporadischer** ... sporadic demand / **übermäßiger** ... excessive demand / **ungeplanter** ... unplanned demand / **ursprünglicher** ... original demand / ... **vom Schwesterwerk** interplant demand / **vordringlicher** ... urgent demand / **vorhersehbarer** ... predictable demand / **wirklicher** ... effective demand / **zugeordneter** ... allocated requirements / **zurückgestellter** ... deferred demand / **zusätzlicher** ... additional demand
Bedarf *m.* / ... **befriedigen** to meet requirements / ... **decken** to cover demand / ... **haben** to have open requirements / to require / ... **übersteigen** to exceed the demand / ... **wecken** to create demand
Bedarfe zur Sachnummer *mpl.* / demand for a part number
Bedarfsabnahme *f.* / decline in demand / drop in demand / decrease in demand
Bedarfsänderungsmethode *f.* / requirements alteration method
Bedarfsanalyse *f.* / demand analysis
Bedarfsauflösung *f.* / demand breakdown / requirements explosion

Bedarfsaufschlüsselung *f.* / demand breakdown
Bedarfsbildung *f.* / computation of requirements / demand calculation
Bedarfsdeckung *f.* / demand coverage
Bedarfsdeckungsmöglichkeit *f.* / supply capacity
Bedarfsermittlung *f.* / requirements planning
Bedarfsfortschreibung *f.* / updating of requirements / updating of demand
bedarfsgesteuerte Disposition *f.* / demand-controlled material requirements planning (MRP)
bedarfsgesteuerte Sachnummer *f.* / demand-controlled part number
Bedarfskennziffer *f.* / demand code / requirements code
Bedarfsliste *f.* / demand list / (mit Terminen) demand schedule
Bedarfsmeldung *f.* / requirements notice
Bedarfsmenge *f.* / quantity required / **saldierte Bedarfsmengen** balanced requirements
Bedarfsnachweis *m.* / multilevel dependent-demand list
bedarfsorientiert / demand-oriented / pull-type (ordering system)
Bedarfsplanung *f.* / requirements planning
Bedarfsprofil *n.* / demand pattern
Bedarfsprognose *f.* / requirements forecast / demand forecast
Bedarfsrechnung *f.* / requirements calculation / computation of requirements
Bedarfsreservierung *f.* / requirements pegging
Bedarfsspitze *f.* / peak in demand
Bedarfsstartdatum *n.* / demand start date
Bedarfssteuerung *f.* / demand control
Bedarfstermin *m.* / requirements date
Bedarfs- und Auftragsrechnung *f.* / material requirements planning (MRP)
Bedarfsverschiebung *f.* / shift in demand
Bedarfsverteilung *f.* / distribution of demand
Bedarfswert *m.* / demand value
Bedarfszeitreihe *f.* / requirements time series
Bedarfszunahme *f.* / increase in demand / rise in demand
Bedarfszusammenfassung *f.* / accumulated requirements
bedeutsame Ziffer *f.* / significant digit
bedienen / to operate
Bediener *m.* / operator
Bedieneranweisung *f.* / operator command
Bedienerfehler *m.* / operator error
Bedienerführung *f.* / operator prompting
Bedienerhinweis *m.* / prompt
Bedieneroberfläche *f.* / operating interface
bedienter Betrieb *m.* / attended operation
Bedienung *f.* / operating

Bedienungsanforderung *f.* / service call / service request
Bedienungsanleitung *f.* / operating instructions / operating guide
Bedienungsanweisung *f.* / operating instructions
Bedienungsblattschreiber *m.* / console typewriter
Bedienungsfehler *m.* / operating error
Bedienungsfeld *n.* / operator control panel
Bedienungshandbuch *n.* / operating manual
Bedienungssteuerung *f.* / master scheduler
bedingt / (DV) conditional /..-conditioned
bedingte Anweisung *f.* / conditional statement (Cobol) / conditional request (Unix)
bedingter Ausdruck *m.* / conditional expression (Cobol)
bedingter Befehl *m.* / conditional instruction
bedingter Halt *m.* / conditional breakpoint
bedingter Sprungbefehl *m.* / conditional branch instruction
bedingter Sprung *m.* / Verzweigung *f.* / conditional branch / conditional jump
Bedingung *f.* / condition
Bedingungsabfrage *f.* / conditional request
Bedingungsanweisung *f.* / if statement
Bedingungsanzeigeregister *n.* / condition code register
Bedingungsschlüssel *m.* / condition code
bedrahtetes Bauteil *n.* / leaded component
beeinflußbare Maschinenzeit *f.* / controllable machine time
beeinflussen / to influence / to affect
beeinträchtigen / to impair / to affect
Beeinträchtigung *f.* / impairment
Befehl *m.* / command / instruction / **bedingter ... conditional instruction**
Befehlsabbruch *m.* / instruction abort
Befehlsablauf *m.* / instruction cycle
Befehlsablaufsteuerung *f.* / instruction execution control
Befehlsabruf *m.* / instruction fetch
Befehlsabrufphase *f.* / instruction fetch phase
Befehlsadresse *f.* / instruction address
Befehlsänderung *f.* / instruction modification
Befehlsart *f.* / instruction type
Befehlsaufbau *m.* / instruction format
Befehlsausführung *f.* / instruction execution
Befehlsbyte *n.* / instruction byte / operation byte
Befehlsdatei *f.* / command file
Befehlsdiagramm *n.* / instruction flowchart
Befehlsfeld *n.* / instruction field
Befehlsfolge *f.* / order sequence / instruction sequence
Befehlsfolgeregister *n.* / instruction counter
Befehlsinterpretation *f.* / instruction decomposition
Befehlskennzeichen *n.* / instruction label

Befehlskette *f.* / command chain / command string
Befehlskettung *f.* / command chaining
Befehlslängenkennzeichen *n.* / instruction length code
Befehlsleitwerk *n.* / instruction control unit
Befehlsmakro *n.* / imperative macro instruction
Befehlsmenü *n.* / command menu
Befehlsschlüssel *m.* / instruction code
Befehlstaste *f.* / command key
Befehlsübernahme *f.* / staticizing
Befehlsübertragung *f.* / instruction fetch
Befehlsverknüpfung *f.* / pipelining
Befehlsvorrat *m.* / instruction set / instruction repertoire
Befehlswarteschlange *f.* / instruction queue
Befehlswort *n.* / instruction word
Befehlszeile *f.* / coding line
Befehlszwischenspeicher *m.* / instruction latch
befestigen / to attach / to secure / to bond
Befestigungsloch *n.* / mounting hole
Befestigungsmaterial *n.* / mounting hardware
Befestigungswinkel *m.* / mounting bracket
befördern / to transport / to convey / to forward / (berufl.) to promote
Beförderung *f.* / transportation / conveyance / (berufl.) promotion
Beförderungskosten *pl.* / carriage charges
Beförderungsmittel *npl.* / means of transport
Beförderungsweg *m.* / route
Befrachter *m.* / freighter
befragen / to interview
befreien / (v. Pflicht) to discharge
befriedigen / (Bedarf) to meet (demand) / (Kunden) to satisfy
befristet / terminable
Befüllungsrohr *n.* / („Elefant") loading tube
Befugnis *f.* / authorization / permission
beglaubigen / to authenticate
beglaubigt / authenticated / certified
Beglaubigung *f.* / authentication / certificate
Begleitblatt *n.* / advice note
Begleitbrief *m.* / covering letter
Begleitschreiben *n.* / covering letter / accompanying letter
begrenzen / to limit / to restrict
begrenzt / limited / restricted
Begrenzungsdatum *n.* / (CWP) cutoff date
Begrenzungszeichen *n.* / data delimiter
Begriffsbestimmung *f.* / definition of terms
Behälter *m.* / container / bin
behandeln / to treat
Behandlung *f.* / treatment
behebbarer Fehler *m.* / recoverable error
beheben / to recover / to correct
behelfsmäßig / makeshift
Beherrschung *f.* / mastery
Behörde *f.* / authority

bei Bedarf / if necessary / if required
Beinchendurchsteckkontrolle *f.* / lead sensing
Beipack *m.* / accessory
Beisatz *m.* / trailer record
Beispiel *n.* / example
beistellen / to consign
Beistellung *f.* / consignment
Beitrag *m.* / contribution
Beizen *n.* / pickling
bekanntgeben / to publish / to announce
Bekeimzeit *f.* / (Fototechnik) treatment time / adhesion promotion treatment time
belacken / to coat
Belackung *f.* / (IC) spin coating
beladen / to load
Belastbarkeit *f.* / (elektr.) power rating
Belasten *n.* / (Prüfung) stress
belasten / (Konto) to debit / (allg.) to load / to stress
Belastung *f.* / load / charge / **abgeglichene, abgeglättete** ... balanced loading
Belastungsausgleich *m.* / load leveling / load balancing / **... am Montageband** line balancing
Belastungseinheit *f.* / work station / work center
Belastungsglättung *f.* / load leveling / load balancing
Belastungsgruppe *f.* / load center
Belastungshochrechnung *f.* / load projection
Belastungsplanung *f.* / load planning
Belastungsschranke *f.* / load limitation
Belastungsspitze *f.* / peak load
Belastungsübersicht *f.* / load chart / **... je Arbeitsplatz** overview of work center capacity load
Belastungsvektor *m.* / load vector
Belastungsvorschau *f.* / load projection / load forecast
beleben / to revive / to revitalize
Belebung *f.* / revival / recovery / upturn
Beleg *m.* / voucher / receipt
Belegaufbau *m.* / document format
Belegaufbereitung *f.* / document preparing
belegbar / (Speicher) allocatable
Belegdatum *n.* / voucher date
Belegdrucker *m.* / voucher printer
belegen / to occupy / (Speicher) to allocate / to engage / to seize
Belegen *n.* / (Speicher) seizing / allocation
Belegerstellung *f.* / voucher printing
Belegfeld *n.* / document field
Belegleser *m.* / document reader
beleglos / paperless
beleglose Datenerfassung *f.* / automatic data entry / primary data entry
Belegschaft *f.* / staff / workforce / personnel
Belegschaftsakten *fpl.* / personnel records
Belegserie *f.* / voucher series

Belegsortierer *m.* / document sorter
Belegstau *m.* / jam
belegt / (Speicher) allocated / seized / (Leitung) busy / occupied
belegte Einbauplätze *mpl.* / occupied slots
Belegung *f.* / allocation / assignment / loading / occupation / seizure
Belegung der IS-Anschlußstifte *f.* / pin configuration
Belegung mit Phosphor *f.* / phosphorus deposition
Belegungsart *f.* / load type
Belegungsdauer *f.* / holding time
Belegungsliste *f.* / loading list
Belegungsofen *m.* / deposition furnace
Belegungsplan *m.* / (Kapaz.) loading plan / (Halbl.) pinout diagram / components diagram
Belegungsplanung *f.* / utilization planning
Belegungszeit *f.* / loading period / occupation period
Belegverarbeitung *f.* / document handling
Belegvorschub *m.* / document feed
Belegzeit *f.* / action period
Belegzuführung *f.* / document feeding
beleuchten / to illuminate
Beleuchtung *f.* / illumination
belichten / (Fototechnik) to expose
Belichtung *f.* / exposure / **... der ganzen Scheibe in einem Durchgang** flood exposure / **direkte ...** direct step exposure
Belichtungsabstand *m.* / exposure gap / exposure distance
Belichtungsanlage *f.* / exposure machine
Belichtungsblock *m.* / exposure block
Belichtungsempfindlichkeit *f.* / exposure sensitivity
Belichtungshohlraum *m.* / exposure cavity
Belichtungsmuster *n.* / pattern
Belichtungsparameter *n.* / printing parameter
Belichtungsquelle *f.* / exposure source
Belichtungsschablone *f.* / reticle
Belichtungsstärke *f.* / exposure level
Belichtungsstrahlen *mpl.* / exposure rays
Belichtungsstrahlung *f.* / exposure radiation
Belichtungssystem *n.* / shutter and light source system
Belichtungszeit *f.* / exposure time
beliebiger Zugriff *m.* / arbitrary access / random access
belüften / to fan / to ventilate
Belüftung *f.* / ventilation / aeration
Bemerkung *f.* / comment / remark
Bemerkungseintrag *m.* / comments entry
Bemerkungsfeld *n.* / comments field
Bemühungen *fpl.* / efforts
Bemusterung *f.* / supply of samples
benachbart / adjacent
benachrichtigen / to inform / to notify

Benachrichtigung *f.* / notification
benannt / named
Benennung *f.* / (Bezeichnung) description / (Person) naming
Benetzung *f.* / (LP) wetting
Benetzungswinkel *m.* / (Löten / LP) contact angle
benötigen / to need
benutzen / to use
Benutzer *m.* / user
Benutzerabfrage *f.* / user inquiry
Benutzerabhängigkeit *f.* / user dependence
Benutzeranforderung *f.* / user requirement
Benutzeranwendung *f.* / user application
Benutzerausgang *m.* / user exit
Benutzerberechtigung *f.* / user authorization
Benutzerbereich *m.* / private area
Benutzerbeteiligung *f.* / user participation
Benutzerbibliothek *f.* / user library
Benutzercode *m.* / user code
Benutzerdiskette *f.* / enduser diskette
Benutzerebene *f.* / user level
Benutzerendekennsatz *m.* / user trailer label
Benutzerfehler *m.* / user error
Benutzerfeld *n.* / user field
benutzerfreundlich / user-friendly
Benutzerfreundlichkeit *f.* / user friendliness
Benutzerführung *f.* / user prompting
Benutzerführung durch Menü *f.* / menu prompt
Benutzerhandbuch *n.* / user manual / application manual
Benutzerhilfe *f.* / user help function
Benutzerkennsatz *m.* / user label
Benutzerkennzeichen *n.* / user ident(ification)
Benutzerkreis *m.* / user group
Benutzermeldung *f.* / user message
Benutzeroberfläche *f.* / user surface
benutzerorientierte Datenstruktur *f.* / logical structure
Benutzerprogramm *n.* / user program / application program
Benutzerroutine *f.* / own module
Benutzerschnittstelle *f.* / user interface
Benutzersoftware *f.* / application software
Benutzerunterstützung *f.* / user support
Benutzerverband *m.* / enduser association
Benutzerverwaltung *f.* / user administration
Benutzungsanleitung *f.* / handling specification
Benzol *n.* / benzole
Beobachtungswert *m.* / (QS) observed value
Beobachtungswinkel *m.* / viewing angle
Beobachtungswinkelbereich *m.* / viewing cone
beraten / to advice
Berater *m.* / consultant / advisor
Beratung *f.* / consultation / (Ratschläge) advice
berechenbar / calculable / computable

berechnen / (math.) to calculate /
to compute / (in Rechnung stellen)
to charge
Berechnung *f.* / computation
berechtigen / to authorize / to entitle
Berechtigung *f.* / authorization
Berechtigungsnachweis *m.* / credential
Bereich *m.* / area / sector / array / scope /
zone / region
Bereich *m.* / (Unternehmen) division /
(Siem.) Group
Bereiche mit eigener Rechtsform *mpl./f.* /
(Siem.) Separate legal units
Bereichsanfang *m.* / beginning of extent
(BOT)
Bereichsangabe *f.* / area specification
Bereichsbeauftragter *m.* / (Siem.) Group
Controller
Bereichsbeauftragter *m.* / (Siem.) Data
Information and Security Officer
Bereichsbevollmächtigter *m.* / (Siem.) Group
Officer
Bereichsendeadresse *f.* / ending address
Bereichsgrenze *f.* / area boundary
Bereichsobergrenze *f.* / end of extent
Bereichs-Pressereferate *npl.* / (Siem.) Group
Press Offices
Bereichsprüfung *f.* / range check
Bereichsreferent für Umweltschutz *m.* /
(Siem.) Environmental Protection Officer
Bereichsschutz *m.* / memory protect feature
bereichsübergreifend / (Siem.) inter-group
Bereichsüberschreitung *f.* / area exceeding
Bereichsuntergrenze *f.* / lower area boundary
Bereichsunterschreitung *f.* / underflow
Bereichsvorstand *m.* / (Siem.) Group
Executive Management
Bereinigung *f.* / adjustment / correction
Bereitmeldung *f.* / ready flag
bereits / (schon) already / (zu einem früheren
Zeitpunkt) as early as
Bereitschaftsbetrieb *m.* / standby mode
Bereitschaftsdienst *m.* / standby service /
standby duty
Bereitschaftskosten *pl.* / standby costs
Bereitschaftsleitung *f.* / ready line
Bereitschaftsrechner *m.* / standby computer
Bereitschaftszeichen *n.* / prompt character
Bereitschaftszeit *f.* / standby time
Bereitstellauftrag *m.* / staging order
bereitstellen / to provide / to supply / to stage
Bereitstellfläche *f.* / staging area / kitting area
Bereitstellstation *f.* / marshalling station
Bereitstelltermin *m.* / staging date / pick
date / kitting date / supply date
Bereitstellung *f.* / provision / (Ware) staging
Bereitstellungsadresse *f.* / load area address
Bereitstellungsliste *f.* / staging bill of material

Bereitstellungsprogramm *n.* / job control
program
Bereitstellungsteil *n.* / load field
Bericht *m.* / report
Berichterstellung *f.* / report generation
berichtigen / to adjust / to correct
Berichtsjahr *n.* / year under review
Berichtsmonat *m.* / month under review
Berichtswesen *n.* / reporting
Berichtszeitraum *m.* / period under review
Bernouilli-Greifer *m.* / Bernouilli pickup
berücksichtigen / to take into account
berührungsfreies Verfahren *n.* / contactless
method
Berührungsschalter *m.* / touch-sensitive
switch
Beruf *m.* / vocation / (meist akad.) profession
Berufserfahrung *f.* / job experience
Berufsschule *f.* / vocational school
Beryllium *n.* / beryllium
Berylliumfenster *n.* / beryllium window
beschädigen / to damage
beschädigte Ware *f.* / damaged goods
Beschädigungen, rückseitige *fpl.* / backside
damage
beschäftigen / to employ
Beschäftigungsgrad *m.* / employment level
beschaffen / to order / to procure /
to purchase
Beschaffung *f.* / ordering / procurement
Beschaffungsart *f.* / mode of procurement
Beschaffungsfrist *f.* / ordering deadline
Beschaffungskosten *pl.* / cost of procurement /
purchasing costs
Beschaffungslogistik *f.* / logistics in
procurement
Beschaffungsmarkt *m.* / input market /
procurement market
Beschaffungsplanung *f.* / order planning
Beschaffungsrechnung *f.* / order calculation
Beschaffungsvorschlag *m.* / order proposal /
order recommendation
Beschaffungszeitpunkt *m.* / order point
Beschaffungsziele *npl.* / procurement
objectives
bescheinigen / to certify
Bescheinigung *f.* / certificate
beschichten / to coat / **... mit Fotolack**
to photoresist
beschichtete Maske / coated mask
Beschichtung *f.* / coating / deposition
Beschichtungsdicke *f.* / coating thickness
Beschichtungsgleichmäßigkeit *f.* / coating
uniformity
beschicken / to load into
Beschickung *f.* / loading / (Schiffchen) wafer
boat loading / (Targetkammer) target
chamber loading
beschleunigen / to accelerate

beschleunigt durchführen / to expedite
Beschleunigungsröhre *f.* / acceleration tube
Beschluß *m.* / decision
beschränkte Haftung *f.* / limited liability
Beschränkung *f.* / restriction
beschreiben / to describe
beschreibend / descriptive
beschreibende Sachnummer *f.* / significant
  part number
Beschreibung *f.* / description / specification
beschriften / to inscribe / to label
Beschriftung *f.* / scribing / (Scheiben) wafer
  numbering
Beschriftungsanlage *f.* / marking system
Beschriftungsplatz *m.* / scribing area
Beschuß *m.* / bombardment
beseitigen / to eliminate / to remove
besetzt / busy / occupied
Besetzungszahl *f.* / (QS) absolute frequency
Besitz *m.* / possession
besitzen / to possess / to own
Besitzer *m.* / possessor / (Eigentümer) owner
Besprechung *f.* / meeting
Besprechungsprotokoll *n.* / minutes
Bestände auffüllen / to replenish stock
Beständeeinheitswert *m.* / inventory unit value
Bestände verringern / to trim inventories /
  to destock
Beständigkeit von Lösungsmittel *f.* / solvent
  resistance
bestätigen / to confirm / to verify /
  to acknowledge
bestätigter Auftrag *m.* / confirmed order
Bestätigung *f.* / confirmation / verification
Bestätigungsmeldung *f.* / acknowledgement
Bestand *m.* / inventory / stock / **... zum
  Bestellzeitpunkt** order point stock level /
  blockierter ... allocated stock / reserved
  stock / **buchmäßiger ... zu Ist-Kosten**
  booked stock at actual cost / **buchmäßiger
  ... zu Standardkosten** booked stock at
  standard cost / **dispositiver ...** stock at
  disposal / **eiserner ...** safety stock / buffer
  stock / **fest reservierter ...** firmly allocated
  stock / **... in der Fertigung** in-process
  inventory / **physischer ...** physical stock /
  reservierter ... reserved stock / allocated
  stock / **spekulativer ...** hedge inventories /
  verfügbarer ... available stock /
  vorgelagerter ... upstream inventories /
  vorhandener ... stock on hand
Bestandsabbau *m.* / destocking
Bestandsabfrage *f.* / stock request
Bestandsabgleich *m.* / netting / balancing
Bestandsabwertung *f.* / inventory write-off
Bestandsaufnahme, körperliche *f.* / physical
  inventory
Bestandsaufwertung *f.* / inventory write-up
Bestandsband *n.* / master tape

Bestandsbewegung *f.* / inventory transaction /
  stock movement
Bestandsbildung, spekulative *f.* / hedging
Bestandsdaten *pl.* / inventory data
Bestandsdifferenz *f.* / inventory difference
Bestandsfortschreibung *f.* / inventory update
Bestandsführung *f.* / inventory accounting /
  inventory control / stock control / stock
  management
Bestandshöhenüberwachung *f.* / stock level
  control
Bestandskonto *n.* / real account / asset account
Bestandskontrolle *f.* / stock control /
  inventory control
Bestandskosten *pl.* / storage cost / inventory
  carrying costs
bestandskritisch / stock critical
Bestandsliste *f.* / stock list / inventory list
Bestandsminimierung *f.* / minimizing of
  inventories
Bestandsrechnung *f.* / calculation of stock /
  stock accounting
Bestandsreichweite *f.* / stock range
Bestandsübersicht *f.* / stock status report
Bestandsverlust *m.* / inventory shrinkage
Bestandswirtschaft *f.* / inventory management
Bestandteil *m.* / component / part
Bestellabwicklung *f.* / order processing
Bestellanforderung *f.* / purchase requisition
Bestellauftrag *m.* / purchase order
Bestellbestand *m.* / order stock
Bestellbestandsrechnung *f.* / order stock
  calculation
Bestelleingang *m.* / incoming orders / orders
  received
bestellen (bei ...) / to order (from) / to place
  an order (with ...)
Bestellerrisiko *n.* / consumer's risk
Bestellformular *n.* / order form
Bestellgrenze *f.* / order limit
Bestellgrenzenrechnung *f.* / order limit
  calculation
Bestellkosten *pl.* / ordering costs
Bestellmenge *f.* / order quantity / **feste ...**
  fixed order quantity / **wirtschaftliche ...**
  economical order quantity /
  zusammengefaßte ... batch
Bestellmöglichkeiten *fpl.* / order options
Bestellnummer *f.* / purchase order number /
  order number
Bestellprogramm *n.* / ordering program
Bestellpunkt *m.* / **gleitender ...** floating order
  point / **terminabhängiger ...** time-phased
  order point
Bestellrechnung *f.* / order calculation
Bestellregel *f.* / order policy
Bestellschein *m.* / order form

Bestellschlüssel *m.* / **A-Teile-** ... A-part ordering key / **B-Teile-** ... B-part ordering key
Bestellstückliste *f.* / order bill of material
Bestellsystem, bedarfsorientiert *n.* / pull-type ordering system
Bestellsystem, verbrauchsorientiert *n.* / push-type ordering system
bestellte Menge *f.* / quantity ordered / order quantity
Bestelltext *m.* / order text
Bestellüberwachung *f.* / order monitoring
Bestellung *f.* / order / **externe** ... purchase order / **externe offene** ... open purchase order / **interne** ... work order
Bestellung ausführen / to execute an order / to carry out an order / to fill an order
Bestellungsannahme *f.* / acceptance of order
Bestellung stornieren / to cancel an order
Bestellverfahren *n.* / order procedure
Bestellvorgabe *f.* / order release
Bestellvorschlag *m.* / order proposal / order recommendation
Bestellwert *m.* / order value
Bestellwesen *n.* / ordering
Bestellzeitpunkt *m.* / order point / **Bestand zum** ... order point stock level / **spätester** ... „must order by" date / latest order date
Bestellzettel *m.* / order form
Bestellzettelempfänger *m.* / order recipient
Bestellzustandskennziffer *f.* / (RIAS) order status code-number
beste Vorgabemischung *f.* / best mix
bestimmen / (festlegen) to determine
bestimmtes Laufwerk *n.* / logged-in drive
Bestimmung von Keimzahlen *f.* / bacteria count
Bestimmungsbahnhof *m.* / station of destination
Bestimmungshafen *m.* / port of destination
Bestimmungsort *m.* / destination
Bestückbarkeit, maschinelle *f.* / machine insertability
bestücken / to insert / to assemble / to load
bestückte Leiterplatte *f.* / mounted circuit board / printed-board assembly
Bestückung *f.* / (v. LP) insertion
Bestückungsanlage *f.* / component-insertion machine
Bestückungsautomat *m.* / automatic insertion machine
Bestückungsdichte der Leiterplatte *f.* / board-packing density
Bestückungsfehler *m.* / placement error
Bestückungsfläche *f.* / insertable area
Bestückungsplan *m.* / (f. Platine) layout diagram
Bestückungsseite *f.* / components side
Betätigungsfeder *f.* / (b. Federsatz) return spring

Betätigungsweg v. Schalter *m.* / switch travel
Beteiligte *mpl.* / persons involved
Beteiligung *f.* / participation
Beteiligungen *fpl.* / (Siem.) affiliated companies
Beteiligungscontrolling *n.* / (Siem.) Controlling Subsidiaries and Associated Companies
Beteiligungsgesellschaft *f.* / associated company / subsidiary
Betrag *m.* / amount
betreiben / to operate
Betreiber *m.* / (v. Netzen) carrier
Betreuung *f.* / service / support
Betrieb *m.* / (Werk) plant / operation
Betrieb *m.* / operation
betriebliche Altersversorgung *f.* / corporate pension plan
betriebliche Leistungsfähigkeit *f.* / operating efficiency
betrieblicher Aufwand *m.* / operating costs
Betriebsablauf *m.* / flow of operations
Betriebsabrechnung *f.* / cost center accounting / industrial cost accounting
Betriebsanleitung *f.* / operating instructions
Betriebsanweisung *f.* / job control statement
Betriebsart *f.* / operating mode / ... „Eingriff" interrupt mode / hold mode / ... „Halten" hold mode / ... „Lesen" read mode / ... „Rechnen" compute mode / ... „Rücksetzen" reset mode
Betriebsartanzeige *f.* / operating mode indicator
Betriebsarzt *m.* / company physician
Betriebsauftrag *m.* / works order / shop order
Betriebsauftragsrechnung *f.* / job order cost accounting
Betriebsauftragssteuerung *f.* / shop order control
Betriebsauftrags-Überwachung *f.* / shop order tracking
Betriebsauftragsvorgabe *f.* / shop order release
Betriebsaufwand *m.* / operating expenses
Betriebsbelegschaft *f.* / factory personnel
Betriebsbereich, zulässiger *m.* / permissible operating range
Betriebsbuchhaltung *f.* / internal cost accounting
Betriebsbüro *n.* / (Siem.) General Services
Betrieb schließen / to close down a plant
Betriebsdaten *pl.* / operating data
Betriebsdatenerfassung (BDE) *f.* / factory data capture / industrial data capture
Betriebsdauer *f.* / operating time
Betriebsdruck *m.* / operating pressure
Betriebsebene *f.* / shopfloor
Betriebsergebnis *n.* / operating results

Betriebsergebnisrechnung *f.* / operating income statement
Betriebsertrag *m.* / operating revenue
Betriebsferien *pl.* / works holidays
betriebsfremd / non-operating
Betriebsführung *f.* / industrial management
Betriebsgeheimnis *n.* / corporate secret / business secret
Betriebsgelände *n.* / premises
Betriebsimpedanz *f.* / operating impedance
Betriebsingenieur *m.* / plant engineer
betriebsintern / in-house
Betriebsjahr *n.* / operating year / working year
Betriebskalender *m.* / shop calendar / factory calendar / works calendar
Betriebskapital *n.* / operating capital / working capital / rolling capital
Betriebskosten *pl.* / operating costs / working costs
Betriebskrankenkasse *f.* / company health insurance fund
Betriebsleistung *f.* / operating performance
Betriebsleiter *m.* / factory manager / works manager / plant manager
Betriebsleitung *f.* / plant management
Betriebsmaterial *n.* / working materials / operating supplies / factory supplies
Betriebsmittel *npl.* / operating resources
Betriebsmittelauftrag *m.* / work order
Betriebsmittelplanung *f.* / resource scheduling
Betriebsmittelverbund *m.* / resource sharing / resource interlocking
Betriebsoptimum *n.* / ideal capacity utilization
Betriebspause *f.* / break
Betriebsrat *m.* / works council / works committee
Betriebsrechner *m.* / plant computer
Betriebsruhe *f.* / temporary shut-down
Betriebsspannung *f.* / operating voltage
Betriebssprache *f.* / operating language
Betriebsstillegung *f.* / shutdown
Betriebsstörung *f.* / break in production
Betriebsstoffe *mpl.* / fuels / factory supplies
Betriebsstrom *m.* / operating current
Betriebsstrukturdaten *pl.* / factory structure data
Betriebsstunde *f.* / operating hour
Betriebssystem *n.* / operating system (OS)
Betriebssystem-Stammband *n.* / operating system master tape
betriebstechnisch / operational
Betriebstemperaturbereich *m.* / operating temperature range / (Sensoren) ambient temperature range
Betriebs- und Geschäftsstattung *f.* / furniture and fixtures

Betriebsunfall *m.* / industrial accident
Betriebsunkosten *pl.* / overhead cost
Betriebsunterbrechung *f.* / operating interrupt
Betriebsversammlung *f.* / employee meeting
Betriebswirt *m.* / graduate in business economics
Betriebswirtschaft *f.* / business administration / industrial economics
betriebswirtschaftlich / functional / operational / economic / managerial
betriebswirtschaftliche Logistik *f.* / industrial logistics
betriebswirtschaftlicher Verlust *m.* / operating loss
betriebswirtschaftliches Risiko *n.* / commercial risk
betriebswirtschaftliches System *n.* / functional system
betriebswirtschaftliche Statistik *f.* / business statistics
Betriebswirtschaftslehre *f.* / business economics
Betriebswissenschaft *f.* / management science
Betriebszeit *f.* / (System) up-time / operating time
Betriebszustand *m.* / unit state
Betriebszuverlässigkeit *f.* / operational reliability
Betriebszweig *m.* / branch of business
betroffen / concerned / affected
Betrug *m.* / fraud
Beugung *f.* / diffraction
Beugungsfleck *m.* / diffraction spot
Beugungsgitter *n.* / diffraction grating
Beugungsgrenze *f.* / diffraction limit
Beugungsstruktur *f.* / diffraction pattern
beurteilen / to judge / to assess
Beurteilung *f.* / (allg.) judgement / assessment / (Scheiben) sort / inspection / probing / testing / (Mitarbeiter) appraisal
Beurteilungsausbeute *f.* / sort yield / test yield
bevollmächtigt / authorized
Bevorratung *f.* / stockpiling
bevorstehend / imminent / forthcoming
bevorzugt / preferential / preferred
bewähren, sich / to prove effective / to be successful
bewegen / to move
beweglich angeordnet / (Kontakt) floating
beweglicher Einbau *m.* / float-mounting
beweglicher Kontakt *m.* / moving contact
Beweglichkeit *f.* / (Ladungsträger) mobility
Bewegung *f.* / movement
Bewegungsdatei *f.* / transaction file / activity file / change file / amendment file
Bewegungsdaten *pl.* / movement data / transaction data

Bewegungsdatum *n.* / transaction date
Bewegungshäufigkeit *f.* / activity ratio
Bewegungsmenge *f.* / transaction quantity
Bewegungssatz *m.* / amendment record /
  transaction record
Bewegungszeit *f.* / flight time
Beweis *m.* / proof / evidence
Beweisführung *f.* / reasoning
Bewerber *m.* / applicant
Bewerbung *f.* / application
bewerten / to rate / to validate / to appraise /
  to assess
Bewerten (Auftrag) *n.* / valuation
bewertet / assessed / rated
Bewertung *f.* / (Auftrag) valuation /
  (allg.) rating
Bewertung *f.* / (Systemleistung) benchmark
  test
Bewertungsaufgabe *f.* / benchmark problem
bewilligen / to grant
Bewilligung *f.* / appropriation
bewirken / to cause / to effect / to generate
Bewirtungskosten *f.* / entertainment expenses
bezahlen / to pay
Bezahlung *f.* / payment
Bezeichner *m.* / identifier
Bezeichnung *f.* / name / description
Beziehung *f.* / (Personen) relation(ship) /
  (Dinge) correlation
bezogen auf / in relation to / with reference
  to / corresponding to
bezüglich / regarding / concerning / as to
Bezug *m.* / (allg.) reference / (Ware) issue /
  withdrawal / **ungeplanter ...** unplanned
  withdrawal / unplanned issue / **... vom**
  Schwesterwerk interplant order / **... vom**
  Lager issue / stock issue / withdrawal /
  requisition
Bezugnahme *f.* / reference
Bezug nehmen auf / to refer to
Bezugsadresse *f.* / reference address
Bezugsarten *fpl.* / types of receipt
Bezugsbaunummer *f.* / (Siem.) requisition
  baunumber
Bezugsgröße *f.* / base / reference value
Bezugshöhe *f.* / (LP) datum elevation
Bezugskarte *f.* / issue card / requisition card
Bezugspunkt *m.* / reference point /
  benchmark / (LP) datum point / fiducial
  point
Bezugsquelle *f.* / supply source
Bezugszettel *m.* / requisition note
Bibliothek ladbarer Programme *f.* / core
  image library
Bibliotheksspeicher *m.* / library residence
Bibliotheksunterprogramm *n.* / library
  subroutine
Bibliotheksverwaltungsprogramm *n.* / library
  maintenance program

Bibliotheksverzeichnis *n.* / directory
Biegekräfte *fpl.* / bending forces
Biegen von BE-Anschlüssen *n.* / component
  lead forming
Biegeradius *m.* / bending radius
Biegewerkzeug *n.* / bending tool
Biegung *f.* / (Fotomaske) flexure
Bilanz *f.* / balance-sheet
Bilanzjahr *n.* / financial year
Bilanzprüfer *m.* / chartered accountant /
  certified public accountant (C.P.A.)
Bilanzprüfung *f.* / balance-sheet audit
Bild *n.* / image / picture
Bildabstand *m.* / image spacing
Bildaufbereiter *m.* / graphic editor
Bildaufbereitung *f.* / image editing
Bildauflösung *f.* / resolution
Bildaufzeichnung *f.* / image recording
Bildausgabe *f.* / image output / video display
Bildbereich *m.* / image area /
  (in Computergrafik) workstation viewport
Bilddarstellung *f.* / image representation
Bilddatei *f.* / display file
Bilddaten *pl.* / graphic data
Bildebene *f.* / layer
Bildelement *n.* / graphic element / picture
  element / pixel
Bilderkennung *f.* / image recognition
Bilderzeugung *f.* / image generation
Bildfenster *n.* / screen window
Bildfernschreiber *m.* / teleautograph
Bildfernsprecher *m.* / television telephone
Bildfernsprechverkehr *m.* / video telephone
  service
Bildfrequenz *f.* / image set
Bildinhalt *m.* / image content
Bildkomprimierung *f.* / image compression
bildlich / figurative
Bildmuster *n.* / mask pattern /
  lichtundurchlässiges ... opaque image
Bildneuaufbau *m.* / repaint (of a screen)
Bildplatte *f.* / video disk / optical disk
Bildplattengerät *n.* / optical disk unit
Bildplattenspeicher *m.* / video disk memory
Bildpuffer *m.* / image buffer
Bildpunkt *m.* / pixel
Bildröhre *f.* / picture tube
Bildschärfe *f.* / image acuity / image
  definition
Bildscherung, einfache *f.* / single-image
  shearing
Bildschirm *m.* / screen / monitor
Bildschirmarbeitsplatz *m.* / video workstation
Bildschirmauflösung *f.* / screen resolution
Bildschirmaufteilung *f.* / screen layout
Bildschirmausgabe *f.* / on-screen output / soft
  copy
Bildschirmauskunft *f.* / on-screen information
Bildschirmformat *n.* / screen format

Bildschirmformatierung *f.* / mapping
Bildschirmführung *f.* / screen operation
Bildschirmgerät *n.* / video terminal / visual display unit
Bildschirmgraphik *f.* / on-screen graphic
Bildschirminhalt *m.* / screen contents
Bildschirm-Koordinatensystem *n.* / space screen / display coordinates
Bildschirmmaske *f.* / screen mask
Bildschirm mit Bildwiederholung *f.* / refresh display
Bildschirmmodus *m.* / display mode
Bildschirmoberfläche *f.* / screen surface
bildschimorientiertes Textsystem *n.* / screen-based text system
Bildschirmschreibmaschine *f.* / display typewriter
Bildschirmstation *f.* / display terminal
Bildschirmsteuereinheit *f.* / display control unit
Bildschirmsteuerung *f.* / display control
Bildschirmtelefon *n.* / video telephone
Bildschirmtext *m.* / interactive videotext
Bildschirm verschieben (nach oben/unten) / to scroll (upward/downward)
Bild-Seiten-Verhältnis *n.* / aspect ratio
Bildübertragung *f.* / image communication / phototelegraphy
Bildübertragung *f.* / (Puffer zu Bildschirm) copy cycle / image transfer
Bildübertragungsverfahren *n.* / high-yield imaging technique
Bildung *f.* / training / education / generation
Bildungszentrum *n.* / training center
Bildung von Strings *f.* / string generation
Bildunterprogramm *n.* / display subroutine
Bilduntertext *m.* / legend
Bildverarbeitung *f.* / image processing
Bildvergleichsmethode *f.* / image shearing
Bildwiederholung *f.* / (Computergraphik) image regeneration
billig / inexpensive / low-cost
Billigimporte *f.* / cut-price imports
Billigstandort *m.* / low-cost site
binär / binary
binär codierte Dezimalziffer *f.* / binary coded decimal (BCD)
binär codiertes Zeichen *n.* / binary coded character
Binär-Dezimal-Umwandlung *f.* / binary-to-decimal conversion
binäre Darstellung *f.* / binary representation
binäre Größe *f.* / binary quantity
Binärelement *n.* / binary cell
binäre Null *f.* / binary zero
binäre Prüfziffer *f.* / check bit
binärer Schaltkreis *m.* / binary circuit
binärer Speicherabzug *m.* / binary dump

binäre Schreibweise *f.* / binary notation / binary representation
binäres Komplement *n.* / complement on two
binäres Schieben *n.* / binary shift
binäres Suchen *n.* / binary search
binäres Zeichensystem *n.* / binary character system
Binärfeld *n.* / binary field / binary item
Binärkomma *n.* / binary point
Binärlochkarte *f.* / row binary card
Binärmuster *n.* / bit configuration
Binärstelle *f.* / binary digit
Binärübertrag *m.* / binary carry
Binärzeichen *n.* / binary character
Binärzeichenfolge *f.* / bit string
Binärziffer *f.* / binary digit / bit
Bindeeditor *m.* / link editor
Bindeglied *n.* / link
Bindelader *m.* / linking loader
Bindemittel *n.* / binder
Bindemittel, nicht ausgehärtetes *n.* / B-stage resin
Bindemodul *n.* / object module
binden / to bind / to link / (verpflichten) to constrain / to bind
bindende Zusage *f.* / binding promise / commitment
Bindeprogramm *n.* / linkage editor
Binder *m.* / linkage editor
Binderlauf *m.* / linkage run / editor run
Bindestrich *m.* / hyphen
Bindungsfestigkeit *f.* / bond strength
Binnenhafen *m.* / inland port
Binnenhandel *m.* / domestic trade
Binnenmarkt *m.* / domestic market / **EU-...** Single European Market
binominale Grundgesamtheit *f.* / (QS) binominal population
binominale Wahrscheinlichkeit *f.* / (QS) binominal probability
Binominalkoeffizient *m.* / (QS) binominal coefficient
Binominalverteilung *f.* / (QS) binominal distribution
Biochip *m.* / biological chip
Bionik *f.* / bionics
bipolar / bipolar
Bipolarschaltung *f.* / bipolar circuit
Bipolartransistor mit isolierter Gate-Elektrode *m.* / insulated-gate bipolar transistor
biquinär / biquinary
bis / und / (spätestens) by
bis auf weiteres / until further notice
Bis-Schleife *f.* / until-loop
bistabiler Speicher *m.* / bistable storage
Bistabilitätsbereich *m.* / bistability region
Bit *n.* / binary digit / bit
Bitabbildung *f.* / bit mapping

Bitadresse f. / bit location / bit position
Bitauswahl f. / bit selection
Bitdichte f. / bit density
Bitebene f. / digit plane
Bitfehler m. / bit error
Bitfrequenz f. / bit frequency
Bitgeschwindigkeit f. / bit rate
Bit je Sekunde n. / bits per second (bps)
Bitkette f. / bit string / bit stream
Bitimpuls m. / rectangular pulse / square pulse
Bitmuster n. / bit pattern
Bitposition f. / bit position
Bit pro Zoll n. / bits per inch (bpi)
Bitscheibe f. / bit slice / bit chip
Bitscheibenkopplung f. / bit slicing
Bitschlupf m. / bit slip
bitseriell / bit by bit / bit-serial
bitserielle Schnittstelle f. / serial interface
Bittakt m. / bit timing
Bitübertragung f. / bit transmission
Bitverarbeitung f. / bit manipulation
Bitversatz m. / skew
Bitzahlprüfung f. / bit check
Bläschen n. / (Lack) bubbles / blisters
Bläschenbildung f. / blistering
Bläschenprüfung f. / bubble test
blättern / to page (backward/forward)
Blankoauftrag m. / blanket order
Blankobezug m. / blank purchase
Blasebalgaufbau m. / accordion-folded design
blasenbildungsverdächtig / suspected of developing blow holes
Blasenspeicher m. / bubble memory / bubble storage
Blasenverdampfer m. / diffusion bubbler
Blaszyklus m. / blow-off cycle
Blatt n. / sheet / paper
Blattbreite f. / sheet width
Blattgröße f. / sheet size
Blatthöhe f. / sheet length
Blattvorschub m. / form feed
Blauempfindlichkeit f. / blue sensitivity
Blech n. / sheet metal
Blechgehäuse d. StV n. / metal shell
Blechprobe f. / sheet metal test piece
Blechprofile npl. / profiled plates
Bleiverzinnen n. / solder tinning
Blendensystem n. / shutter system
blendfrei / non-glare / glarefree
blind / sealed
Blindabdeckung f. / blank cover
Blindanweisung f. / null statement
Blinddaten pl. / dummy data
Blindeingabe f. / touch-typing input
Blindleistungskompensation f. / reactive-power compensation
blindschreiben / to touch-type
Blindstrom m. / idle current
Blindwiderstand m. / reactance

Blindzeichen n. / dummy character
Blisterverpackung f. / blister package
Blitz m. / flash
Blitzstreik m. / lightning strike / (US) quickie strike
Block m. / block / physical record
Blockadresse f. / block address / block number
Blockaufbau m. / block structure
Blockchiffrierung f. / data encryption standard
Blockdiagramm n. / block diagram
Blockdiagrammsymbol „Entscheidung" n. / decision box
Blockendesicherungszeichen n. / cyclical redundancy check character
Blockendezeichen n. / end-of-block code
Blockfaktor m. / blocking factor
Blockfehler m. / block error
Blockierimpuls m. / disable pulse
Blockierschaltung f. / clamping circuit
blockierter Bestand m. / allocated stock / reserved stock
Blockierung f. / blocking
Blockierung f. / (gegens. v. 2 Aktivitäten im Rechner) deadlock
Blocklücke f. / block gap / interblock gap
Blockmodus m. / block mode
Blockparität f. / block parity
Blockparitätsprüfung f. / block redundancy check
Blockparitätszeichen n. / block check character
Blockprüfung f. / longitudinal check / block check
Blocksatz m. / justified output / justified print
Blocksicherung f. / cross checking
Blockungültigkeitszeichen n. / block cancel character / block ignore character
Block variabler Länge m. / variable block
blockweise / block by block
blockweiser Datentransfer m. / burst mode
Blockzähler m. / block counter
BNC-Koaxialbuchse f. / BNC jack
BNC-Winkelstecker m. / BNC right-angle plug
Bocksprungtest m. / leapfrog test
Bodenplatte f. / (Transistor) header
Bodenschiene f. / (U-Profil) base channel
BOE-Lösung f. / BOE-solution
Bohren n. / drilling
bonden / to bond
Bondhügel m. / bump
Bondinsel f. / bonding pad
Bondkanüle f. / bonding needle
Bondkopf m. / bonding head
Bondkraft f. / bond force
Bondspitze f. / bonding tip
Bondstelle f. / (wire) bonding site
Bondstellenbruch m. / bond fracture

Bondstellenzahl *f.* / bond count
Bondwerkzeug *n.* / bonding tool / bonding device
Bondzeit *f.* / bonding time / **... von 0,3 s** thermode dwell time of 0.3 s
Bondzugversuch *m.* / bond pull test
Bonus *m.* / premium
Boole-Operator *m.* / Boolean connective / logical connective / logical operator
boolesche Komplementierung *f.* / Boolean complementation
boolescher Befehl *m.* / logical instruction
boolescher Elementarausdruck *m.* / logical element / logical gate
boolescher Term *m.* / logical term
boolescher Verband *m.* / Boolean lattice
boolescher Wert *m.* / logical value
boolesche Verknüpfung *f.* / Boolean operation
Börse *f.* / **Aktien-...** stock exchange / stock market / **Renten-...** bond market / **Rohstoff-...** commodity market / **Wertpapier-...** securitites market
Börsenbericht *m.* / market report
Börsenindex *m.* / stock exchange index
Börsenkurs *m.* / stock price / quotation
Börsenmakler *m.* / stock broker
Börsenwert *m.* / market value
Bor *n.* / boron
Bordcomputer *m.* / vehicle-borne computer / on-board computer
Bordkonossement *n.* / on-board bill of lading / on-board B/L / **reines ...** clean on-board B/L
bordotiert / boron-doped
Bornitrid *n.* / boron nitride
Bornitridmaskentechnik *f.* / boron nitride mask technology
Bornitridscheibe *f.* / slice of boron nitride
Borsilikat *n.* / borosilicate
Bortribromid *n.* / boron tribromide
Bortrichlorid *n.* / boron trichloride
Bortrioxid *n.* / boron trioxide
Brachzeit *f.* / idle time
Branche *f.* / line / industry
Branchenführer *m.* / industry leader
Branchen-(spezifischer) IC *m.* / dedicated IC
Brasilien / Brazil
brauchbar / (Sache) viable / (Idee) reasonable / (nützlich) useful
Brauchbarkeitsdauer *f.* / service life
braune Ware *f.* / brown goods
brechen / to break / (Licht) to refract
Brechkissen *n.* / breaking pad
Brechung paralleler Lichtbündel *f.* / collimated light refraction
Brechungsindex *m.* / index of refraction
Brechvorrichtung *f.* / breaking device
Breitbandleitung *f.* / wideband line
Breitbandnetz *n.* / wideband network

Breite *f.* / width
Breitengeschäft *n.* / dealers business
Brief *m.* / letter
Briefentwurf *m.* / draft letter
Briefkopf *m.* / letter head / heading
Briefmarke *f.* / stamp
Briefporto *n.* / postage
Briefumschlag *m.* / envelope
britisch / British
Brookfield-Flügelrad-Viskosimeter *m.* / Brookfield rotating-vane viscosimeter
Broschüre *f.* / brochure
Bruch *m.* / crack / fracture / breakage (of wafers) / (math.) fraction
bruchanfällig / fracture-prone
Bruchfestigkeit *f.* / (Wafer) fracture strength
Bruchstrich *m.* / (math.) fraction bar / fraction line
Brücke *f.* / bridge
Brückenbildung *f.* / bridging
Brückenstecker, starrer *m.* / rigid U-connector
Brückenverbindung *f.* / strap
Brückenschaltung *f.* / bridge connection
brutto / gross
Bruttobedarfsermittlung *f.* / gross requirements calculation
Bruttobetrag *m.* / gross amount
Bruttoergebnis *n.* / earnings before tax
Bruttogewicht *n.* / gross weight
Bruttogewinn *m.* / gross profit
Bruttolohn *m.* / gross wage
Bruttoumsatz *m.* / gross sales / gross turnover
Bruttoverdienst *m.* / gross income
B-Teile-Bestellschlüssel *m.* / B-part ordering key
buchen / to book
Buchen nach Auslagerung *n.* / post-deduct inventory keeping / **... vor Auslagerung** pre-deduct inventory keeping
Buchhalter *m.* / bookkeeper / accountant
Buchhaltung *f.* / bookkeeping / accounting
buchmäßige Materialentnahmen / accounting issues
buchmäßige Materialzugänge / accounting receipts
buchmäßiger Bestand / book inventory / **... zu Ist-Kosten** booked stock at actual cost
buchmäßiger Lagerbestand / accounted stock
Buchprüfung *f.* / book audit
Buchse *f.* / hub / socket / jack / **eingebaute ...** panel jack / **federnde ...** resilient jack / **fest eingebaute ...** fixed panel jack / **... mit Kabelanschluß** cable jack
Buchsenverbindungsstecker *m.* / jack U-connector
Buchseneinheit *f.* / jack unit
Buchsenelement *n.* / receptacle

Buchsenleiste *f.* / jack panel / socket strip /
... **bei StV** female contact strip
Buchstabe *m.* / letter / alphabetic character
Buchstabendrucker *m.* / character printer
Buchstabenkette *f.* / alphabetic string
Buchstabenschlüssel *m.* / alphabetic code
Buchstabenumschaltung *f.* / letter shift
Buchstabenverarbeitung *f.* / alpha processing
Buchstabenverschlüsselung *f.* / alphabetic
coding
Buchstabenvorrat *m.* / alphabetic character set
Buchstabenwechsel *m.* / letters shift
Buchstaben-Ziffern-Umschaltung *f.* / case
shift
buchstabieren / to spell
Buchung *f.* / booking / entry / posting /
(Reservierung) reservation
Buchungsbeleg *m.* / (ReW) bookkeeping
voucher
Buchungsdatum *n.* / (ReW) entry date /
posting date
Buchungsfehler *m.* / incorrect entry / false
entry
Buchungsmaschine *f.* / accounting machine
Buchungsnummer *f.* / accounting number
Buchungsplatz *m.* / booking terminal
Buchungssatz *m.* / entry formula
Buchungsschlüssel *m.* / accounting code
Budgetierung *f.* / budgeting
Budgetüberschreitung *f.* / budget overrun
Bügel *m.* / clip
bündig ausgerichtet / justified
Bürde *f.* / (Sensoren) load resistance
Büroangestellte *mpl.* / office staff (pl.)
Büroangestellter *m.* / clerk / white-collar
worker
Büroarbeiten *fpl.* / office work / desk work /
clerical work
Büroarbeitsplatz *m.* / office workstation
Büroautomatisierung *f.* / office automation
Bürobedarf *m.* / office supplies
Büroberufe *mpl.* / white-collar occupations
Bürobote *m.* / office boy
Bürocomputer *m.* / business computer
Bürofachhändler *m.* / office supply dealer
Bürofernschreiben *n.* / teletex
Bürogeräte *npl.* / office equipment
Bürographik *f.* / office graphics / business
graphics
Büroklammer *f.* / paper clip
Bürokratie *f.* / bureaucracy / red tape
Büromaschine *f.* / business machine /
(pl.) office equipment
Büromaterial *n.* / office supplies
Bürovorsteher *m.* / head clerk
Bürstenandruck *m.* / brush pressure
Bummelstreik *m.* / go-slow
Burn-in-Kennzeichen *n.* / burn-in code
Bus *m.* / bus / highway

Busanforderung *f.* / bus request
Busarchitektur *f.* / bus architecture / bus
topology
Busbreite *f.* / bus width
Busnetz *n.* / bus network
Busschnittstelle *f.* / bus interface
Bussteuereinheit *f.* / bus controller
Bustreiber *m.* / bus driver
Butylacetat *n.* / butyl acetate
Bytebefehl *m.* / byte instruction
Bytegrenze *f.* / byte boundary
Bytes versetzen / to offset
byteseriell / byte-serial
Byteversetzung *f.* / offset
byteweise Serienübertragung *f.* / byte-serial
transmission

C

Cache-Speicher *m.* / cache memory
Cadmium *n.* / cadmium
Carbonband *f.* / carbon ribbon
Carnet *n.* / carnet
Charge *f.* / batch / ... **in COMETS abmelden**
to move out a batch / ... **vereinigen**
to combine batches / to join the run
Chargenbearbeitung *f.* / batch processing
chargenbegleitender Zettel *m.* / lot traveller
Chargenfertigung *f.* / batch production
Chargengröße *f.* / batch size
Chargengründung *f.* / batch creation / batch
start
Chargenstreuung *f.* / batch variation
Chargenumfang *m.* / batch size
chargenweise beschickter Ofen *m.* / batch
oven
chargenweise Bestückung eines Karussels *f.* /
gang loading on a carousel
chargenweise Implantation *f.* / batch
implantation method
Chassis *f.* / chassis
Chefetage *f.* / executive floor
Chefprogrammierer *m.* / chief programmer
Chefsekretärin *f.* / personal secretary
Chemikalie *f.* / chemical
Chemikalienfilter *m.* / filter for chemicals
Chemikalienschleuse *f.* / pass-through for
chemicals
Chemikalientransportwagen *m.* / chemical
supply trolley
Chemikalienwechsel *m.* / change of chemicals
chemische Metallisierung *f.* / immersion
plating
chemische Reinigung in heißer Säure *f.* / hot
acid cleaning

Chiffreschlüssel *m.* / code key
Chiffrierdaten *pl.* / cryptodata
chiffrieren / to cipher / to codify / to encrypt
Chip *m.* / die / chip
Chip-Abschertest *m.* / die shear test
Chipabstand *m.* / chip spacing / chip pitch
Chipaktivierung *f.* / chip enable
Chipanschluß *m.* / off-chip pin
Chipanschlußtechnik *f.* / die attach technology
Chipansteuerlogik *f.* / chip select logic
Chipansteuerung *f.* / chip select
Chipanzahl *f.* / chip count
Chipaufbau *m.* / chip device configuration
Chipausbeute je Wafer *f.* / die yield per wafer
Chipausrichtung *f.* / die orientation
Chipbauelement *n.* / chip device
Chipbelastung *f.* / chip stress
Chipbeurteilung *f.* / die sort
Chipbonden *n.* / die bonding
Chipbonder *m.* / chip bonder / die bonder
Chipbondhügel *m.* / chip bump
Chipbondkleber *m.* / die attach adhesive
Chipbondmaterial *n.* / die attach material
Chipbondraum, versenkter *m.* / cavity
Chipbondstelle *f.* / die bond
Chipdatenblätter *pl.* / die data sheets
Chipdaten-Übersicht *f.* / die data chart
Chipdrehung *f.* / die rotation
Chipentwurf *m.* / chip layout
Chipfläche *f.* / die size / die area
Chipflächenverringerung *f.* / die-area reduction
Chipfreigabe *f.* / chip enable
Chip für Kartenmontage *m.* / micropack
Chipgröße *f.* / die size / chip size
Chipherstellung *f.* / die manufacturing / die fabrication / chip fabrication
Chipkarte *f.* / smart card / chip card
„Chip-Killer"-Fehler *m.* / „die-killing" defect
Chipklebung *f.* / adhesive die bonding
Chipkontaktstelle *f.* / die pad
Chiplager *n.* / die bank
Chip-Legiertemperatur *f.* / die bonding temperature
Chip-Legierung *f.* / die bonding by alloy technique
Chipleistung *f.* / chip power
Chiprand *m.* / chip edge
Chip-Sachnummer *f.* / chip part number / die part number
Chip-Saugpinzette für Chip-Sets *f.* / die collet for chip sets
Chipstruktur *f.* / device structure
Chipsubstrat *n.* / chip-bearing substrate
Chipträger *m.* / chip carrier / **(Leiterband)** leadframe / **hermetisch gekapselter ...** hermetically sealed chip carrier

Chipträger mit Anschlüssen *m.* / leaded chip carrier
Chipträger ohne Anschlüsse *m.* / leadless chip carrier
Chipträgergehäuse *n.* / chip-carrier package
Chipumfang *m.* / perimeter of the chip
Chipverdrahtung *f.* / chip wiring
Chlorbenzol *n.* / chlorobenzole
chlorhaltig / chlorine-containing
chlorierte Lösungsmittelverbindungen *fpl.* / chlorinated solvent compounds
Chrom *n.* / chromium / chrome
chrombeschichtet / chrome-plated
Chrom-Nickel *n.* / nichrome
Chromrückstände *mpl.* / chrome spots
Chromschicht *f.* / chrome film
Chromspritzer *m.* / chrome spot
Chromtochterschablone *f.* / chrome submaster
COBOL-Übersetzer *m.* / COBOL compiler
COBOL-Zielprogramm *n.* / COBOL object program
Codeerweiterung *f.* / code extension
Codeerzeugung *f.* / code generation
Code, fehlererkennender *m.* / error checking code / error detecting code
Code, fehlerkorrigierender *m.* / error correcting code
Code, gereihter *m.* / threaded code
Codeliste *f.* / code set
Codeoptimierung *f.* / code optimizing
Codeprüfung *f.* / code check
Codetaste *f.* / alternate coding key / ALT-key
Codeübersicht *f.* / code chart
Codeumschaltung *f.* / alternate code switching
Codeumsetzer *m.* / code converter / code translator / transcoder
Codeumsetzung *f.* / code translation / code conversion
codeunabhängig / code-independent
Codewandler *m.* / code converter
Codierblatt *n.* / coding sheet
Codiereinrichtung *f.* / coder
codieren / to code
Codierung *f.* / coding
Computerbausatz *m.* / computer kit
computergesteuert / computer-controlled
computergestützt / computer-aided
Computergrafik *f.* / computer graphics
computerintegrierte Fertigung *f.* / computer-integrated manufacturing (CIM)
Computerkriminalität *f.* / computer crime
Computerkunst *f.* / computer art
Computerleistung *f.* / computer throughput / computer power
Computermißbrauch *m.* / computer abuse
Computer mit zwei Plattenlaufwerken *m.* / dual-disk drive computer

Computersabotage *f.* / computer sabotage
Computersatz *m.* / computer typesetting
Computer-Scheckkarte *f.* / memory card /
  chip card / electronic checkbook
Computersetzmaschine *f.* / compiler
Computerspionage *f.* / computer espionage
Computertechnik *f.* / computer engineering /
  computer technology
Computertechniker *m.* / computer engineer
computerunterstützte Fertigung *f.* /
  computer-aided manufacturing (CAM)
computerunterstützte Instruktion *f.* /
  computer-aided instruction (CAI)
computerunterstützte Konstruktion *f.* /
  computer-aided design (CAD)
computerunterstützte Planung *f.* /
  computer-aided planning (CAP)
computerunterstützte Qualitätssicherung *f.* /
  computer-aided quality assurance (CAQ)
computerunterstützte
  Softwareentwicklung *f.* / computer-aided
  software engineering (CASE)
computerunterstützter Vertrieb *m.* /
  computer-aided sales (CAS)
computerunterstütztes Entwerfen *n.* /
  computer-aided design (CAD)
computerunterstütztes Industriewesen *n.* /
  computer-aided industry (CAI)
computerunterstütztes Ingenieurwesen *n.* /
  computer-aided engineering (CAE)
computerunterstütztes Messen und Regeln *n.* /
  computer-aided measurement and control
  (CAMAC)
computerunterstütztes Publizieren *n.* /
  computer-aided publishing (CAP)
computerunterstütztes Testen *n.* /
  computer-aided testing (CAT)
computerunterstützte Unterweisung
  (CUU) *f.* / computer-aided instruction
  (CAI)
computerunterstützte Verwaltung *f.* /
  computer-aided office (CAO)
Computervirus *m.* / computer virus
Computerzeitalter *n.* / computer era
Computerzeitschrift *f.* / computer magazine /
  computer journal
Computer-Zentraleinheit *f.* / central
  processing unit (CPU)
COM-Verfilmung *f.* / COM-filming
Container-Fahrgestell *n.* / boogie / container
  chassis
Courtage *f.* / brokerage
CRC-Prüfzeichen *n.* / cyclic redundancy
  check character
Crimp-Amboß *m.* / nest
Crimp-Kontakt *m.* / crimp contact
Crimp-Prüfbohrung *f.* / crimp inspection
  hole
Crimp-Werkzeug *n.* / crimping tool

CSA-geprüft / CSA-certified
C-Techniken *fpl.* / computer-aided techniques
C-Teile-Bestellschlüssel *m.* / C-part ordering
  key
CZ-Silizium *n.* / Czochralski-grown silicon

D

Dämpfe *mpl.* / fumes / vapors
Dämpfe, giftige *mpl.* / toxic vapors
Dämpfungsschritt *m.* / attenuation stage
Dampfentfettungsanlage *f.* / vapor degreaser
Dampfphasenlöten *n.* / vapor-phase soldering
Dampfquelle *f.* / vapor source
Dampfwaschanlage *f.* / fume scrubber system
Darlehen *n.* / loan
Darstellung *f.* / representation
Darstellungsbereich *m.* / display space /
  workstation viewport
Darstellungsfeld *n.* / viewport
Datei *f.* / file / **... aufrufen** to activate a file
Dateiabschluß *m.* / file closing
Dateiabschlußanweisung *f.* / close statement /
  file closing statement
Dateiabschlußroutine *f.* / close routine
Dateiabschnitt *m.* / file section
Dateiadressierung *f.* / file addressing
Dateianfangskennsatz *m.* / header label /
  header / file header
Dateiarchivnummer *f.* / file serial number
Dateiaufbau *m.* / file layout / file structure
Dateiaufbereiter *m.* / file editor
Dateiauswahl *f.* / file selection
Dateibelegungsdichte *f.* / file packing
Dateibelegungstabelle *f.* / file allocation table
Dateibereich *m.* / file area
Dateibeschreibung *f.* / file description
Dateibestimmung *f.* / file description / file
  specification
Dateibibliothek *f.* / file library
Dateidienstprogramm *n.* / file utility
Dateiende *n.* / end of file
Dateiendekennsatz *m.* / file trailer label
Dateienverbund *m.* / linked files
Dateieröffnung *f.* / file opening
Dateierstellung *f.* / file creation
Dateifolgenummer *f.* / file sequence number
Dateiform *f.* / type of file / file type
Dateifrequentierung *f.* / file access rate
dateigebunden / file-oriented
Dateigenerierung *f.* / file creation / file
  generation
Dateigrenze *f.* / file boundary
Dateikatalog *m.* / file catalog
Dateikenndaten *pl.* / file specification

Dateikennsatz *m.* / file label
Dateikennung *f.* / file identifier
Dateikettung *f.* / file catenation / file chaining
Dateiorganisation *f.* / file organisation / file architecture
Dateiparameter *m.* / file parameter
Dateipflege *f.* / file maintenance
Dateischutz *m.* / file protection
Dateischutzmodus *m.* / file protect mode
Dateisicherungsblock *m.* / file security block
Dateisperre *f.* / file lock
Dateisteuerblock *m.* / data control block (DCB)
Dateisteuertabelle *f.* / file control table
Dateiträger *m.* / file medium
Dateiverarbeitung *f.* / file processing
Dateiverbundsystem *n.* / linked file system
Dateiverwaltung *f.* / file management / file administration
Dateiverzeichnis *n.* / directory
Dateiwartung *f.* / file maintenance
Dateiwiederherstellung *f.* / file recovery
Dateizugriff *m.* / file access
Dateizugriffshäufigkeit *f.* / file access rate
Datenabfrage *f.* / data query
Datenabfragesprache *f.* / data query language
datenabhängig / data-dependent
Datenabruf *m.* / data fetch
Daten abrufen / to fetch data
Datenadreßkettung *f.* / data address chaining
Datenänderung *f.* / data modification / data mutation
Datenaktualisierung *f.* / data updating
Datenanforderung *f.* / data request
Datenanschlußgerät *n.* / data communication adapter unit
Datenanzeige *f.* / data display
Datenarchiv *n.* / data archives
Datenaufbau *m.* / data formation
Datenaufbereitung *f.* / data editing
Datenaufzeichnung *f.* / data recording
Datenausgabe *f.* / data output
Datenaustausch *m.* / data communication / data exchange / data interchange
Datenauswertung *f.* / data evaluation
Datenbank *f.* / data base
Datenbank, verteilte *f.* / distributed data base
Datenbankabfrage *f.* / data base inquiry
Datenbankbeschreibung *f.* / data dictionary
Datenbankbetreiber *m.* / carrier
Datenbanksystem *n.* / data base system (DBS)
Datenbankverbund *m.* / data base linkage
Datenbankverwalter *m.* / data base administrator / data base manager
Datenbankverwaltung *f.* / data base management
Datenbankwiederherstellung *f.* / data base recovery
Datenbankzugriff *m.* / data base access

Datenbasis *f.* / data base / data pool
Datenbearbeitung *f.* / data manipulation / data processing / data editing
Datenbeschreibungssprache *f.* / data description language
Datenbestand *m.* / data stock
Datenbestand in Schlüsselfolge *m.* / key-sequenced data set
Datenbestand in Zugangsfolge *m.* / entry-sequenced data set
Datenblatt *n.* / data sheet
Datenblock *m.* / data block
Datenbreite *f.* / (v. Bus) data capacity
Datenbus *m.* / data bus
Datendarstellung *f.* / data representation
Datendiebstahl *m.* / data larceny
Datendirektübertragung *f.* / on-line data transmission
Datendrucker *m.* / data printer
Datendurchsatz *m.* / data rate / data throughput
Dateneingabe *f.* / data entry / data input
Dateneingabegerät *n.* / data input unit
Dateneinheit *f.* / data unit / data object
Datenendgerät *n.* / data terminal / (pl.) data peripheral equipment
Datenendstation *f.* / communication terminal / data processing terminal
Datenerfassung *f.* / data acquisition / data collection / data gathering / data capture
Datenerfassungsfehler *m.* / data collection error
Datenerfassungsprotokoll *n.* / data collection protocol
Datenerfassungsverfahren *n.* / method of data collection
Datenerhebung *f.* / data collection
Datenfälschung *f.* / data forgery
Datenfehler *m.* / data error
Datenfeld *n.* / data field / (Cobol) data item
Datenfeldformat *n.* / data item format
Datenfeldlänge *f.* / length of data field
Datenfeldname *m.* / data item name / data field name
Datenfeldtrennzeichen *n.* / data item separator
Datenfernübertragung *f.* / data telecommunication / remote data transmission
Datenfernübertragungseinrichtung *f.* / data communication equipment
Datenfernübertragungsleitung *f.* / data communication line
Datenfernübertragungs-Steuereinheit *f.* / data communication control unit
Datenfernübertragungssteuerung *f.* / data communication control
Datenfernverarbeitung *f.* / remote data processing / telecomputing / teleprocessing

Datenfernverarbeitungssystem *n.* / telecommunications system
Datenfluß *m.* / data flow
Datenflußkonzept *n.* / data flow architecture
Datenflußplan *m.* / data flowchart
Datenfolge *f.* / data sequence
Datenformat *n.* / data format
Datenfreigabetaste *f.* / enter key
Datenfriedhof *m.* / data graveyard
Datengeheimnis *n.* / data secrecy / data confidentiality
Datengerät *n.* / data device
datengesteuert / data-controlled / data-directed
Datengewinnung *f.* / data acquisition
Datengrenze *f.* / data boundary
Datengruppe *f.* / array / (Cobol) group item
Datenhaltung *f.* / data keeping
Datenhierarchie *f.* / data hierarchy
Dateninkonsistenz *f.* / data inconsistency
Datenintegrität *f.* / data integrity
Datenkanal *m.* / data channel
Datenkasse *f.* / POS-terminal (POS = Point of sale)
Datenkeller *m.* / data stack
Datenkennsatz *m.* / dataset label (DSL) / header label
Datenkette *f.* / data chain / data string
Datenkettung *f.* / data chaining
Datenkommunikationsbausteine *mpl.* / datacom devices
Datenkomprimierung *f.* / data compression
Datenkonsistenz *f.* / data consistency
Datenlöschung *f.* / data deletion / data erasure
Datenmanipulationssprache *f.* / data manipulation language
Datenmißbrauch *m.* / data abuse
Datennetz *n.* / data network
Datenoase *f.* / (Land) data haven / data oasis
Datenpaket *n.* / data packet / data package
Datenpaketübertragung *f.* / data packet switching
Datenpfad *m.* / data highway / data bus / data trunk
Datenpflege *f.* / data maintenance
Daten pflegen / to maintain data
Datenpool *m.* / data pool / data basis
Datenprüfung *f.* / data validation
Datenpuffer *m.* / data buffer
Datenquelle *f.* / data source / data origin
Datenredundanz *f.* / data redundancy
Datensammeleinrichtung *f.* / data pooling equipment
Datensammelstelle *f.* / data collection point
Datensatz *m.* / data record
Datensatzauswahl *f.* / record selection
Datensatzbereich *m.* / record area
Datensatzbeschreibung *f.* / record description
Datensatzerkennung *f.* / record identification

Datensatzformat *n.* / record format
Datensatzkennzeichen *n.* / record identifier
Datensatzkette *f.* / chain of records
Datensatzlänge *f.* / length of data record
Datensatzparameter *m.* / data record specifier
Datensatzschlüssel *m.* / record key
Datensatzsperre *f.* / record locking
Datenschutz *m.* / data privacy protection / data security
Datenschutzanmeldung *f.* / data protection registration
Datenschutzaufsichtsbehörde *f.* / data protection surveillance authority
Datenschutzbeauftragter *m.* / data protection officer / Federal Data Protection Commissioner / (Siem.) Data Protection Controller
Datenschutzbestimmungen *fpl.* / data protection regulations
Datenschutzdelikt *n.* / data protection crime / data protection offense
Datenschutzeinrichtung *f.* / data protection facility
Datenschutzgesetz *n.* / Federal Data Protection Law / (US) Privacy Act
Datenschutzkommission *f.* / data protection committee
Datenschutzkontrolle *f.* / data protection supervision
Datenschutzmeldepflicht *f.* / data protection compulsory registration
Datensenke *f.* / data sink / data drain
Datensicherheit *f.* / data security
Datensicherheitsbeauftragter *m.* / data security officer
Datensicherung *f.* / data safeguarding / backup
Datensicherungskopie *f.* / backup copy
Datensicherungsmaßnahme *f.* / data security measure
Datensicht *f.* / data view
Datensichtgerät *n.* / video terminal
Datensichtstation *f.* / data station / data terminal / video display terminal
Datenspeicher *m.* / data memory
Datenspeichereinheit *f.* / data storage unit
Datensperre *f.* / data lock
Datenspur *f.* / data track
Datenstapel *m.* / data batch
Datensteuerung *f.* / data control
Datensuche *f.* / data search
Datentechnik *f.* / data engineering / data systems technology
Daten, technische *pl.* / engineering data
Datenteil *m.* / (e. Programms) data division
Datenträger *m.* / data medium / data carrier / data volume
Datenträgeranfangskennsatz *m.* / volume header label

Datenträgeraustausch *m.* / data carrier exchange
Datenträgerende *f.* / end of volume
Datenträgerendekennsatz *m.* / end-of-volume label / volume trailer label
Datenträgeretikett *f.* / volume label
Datenträgerkennsatz *m.* / volume identification / volume label
Datenträgerschutz *m.* / volume security
Datenträgerverwaltung *f.* / data media administration
Datenträgerwechsel *m.* / volume switch
Datenübermittlung *f.* / data communication
Datenübermittlungsabschnitt *m.* / communication link / data link
Daten übertragen / to transfer data
Datenübertragung *f.* / data transfer / data transmission / data communication
Datenübertragungsabschnitt *m.* / communication link
Datenübertragungsanschluß *m.* / communication adapter
Datenübertragungsblock *m.* / frame
Datenübertragungseinheit *f.* / data unit of transmission
Datenübertragungseinrichtungen *fpl.* / data transmission facilities
Datenübertragungsgeschwindigkeit *f.* / transmission speed
Datenübertragungskanal *m.* / data channel
Datenübertragungsleitung *f.* / data transmission line
Datenübertragungs-Schnittstelle *f.* / data communication interface
Datenübertragungssteuerung *f.* / data communication control
Datenübertragungssystem *n.* / data transfer system
Datenübertragungsverfahren *n.* / communication procedure
Datenübertragungsweg *m.* / data bus / communication line / communication route
Datenumschichtung *f.* / data regroupment
Datenumsetzung *f.* / data conversion
Datenunterdrückung *f.* / data suppression
Datenursprung *m.* / data origin / data source
Datenverarbeitung *f.* / data processing / **dezentrale ...** distributed data processing / **graphische ...** computer graphics
Datenverbindung *f.* / data connection
Datenverbund *m.* / data interlocking / data aggregate
Datenverdichtung *f.* / data compression / data aggregation
Datenverlust *m.* / data loss
Datenvermittlungstechnik *f.* / data switching
Datenvernetzung *f.* / data linking / data networking

Datenverschlüsselung *f.* / data coding / data encoding / data ciphering
Datenverwaltung *f.* / data administration / data management
Datenverwaltungssprache *f.* / data administration language
Datenweg *m.* / bus
Datenweiterleitung *f.* / data forwarding
Datenwiedergewinnung *f.* / data retrieval / data recovery
datieren / to date
Datum des letzten Lagerabgangs *n.* / date of last issue
Datum des letzten Lagerzugangs *n.* / date of last receipt
Datumscode *m.* / date code
Dauer *f.* / duration
Dauerauftrag *m.* / standing order
Dauerbetrieb *m.* / continuous operation
Dauerfestigkeit *f.* / durability
Dauergleichstrom *m.* / (Leistungs-Halbl.) continuous forward current
Dauergrenzstrom *m.* / (Leistungs-Halbl.) maximum on-state current
Dauerlaufprüfung *f.* / endurance test
Dauertest *m.* / fatigue test
Dauerumlauf *m.* / recirculation
Dauerversuch *m.* / endurance test
DD-Anweisung *f.* / data definition statement
dechiffrieren / to decipher
Deckel *m.* / lid / cover
decken / (Bedarf) to cover / to meet (demand)
Deckschicht *f.* / overcoat
Deckung *f.* / coverage
Decodierwerk *n.* / decoding unit
defekt / defective
Defektätzung *f.* / decorative etching
defektanfällig / susceptible to damage
Defektdichte *f.* / (Fototechnik) defect density
Defektelektron *n.* / gap
Defektelektronenstrom *m.* / hole current
definieren / to define
definiertes Erzeugnis *n.* / defined product
Defizitanalyse *f.* / gap analysis
Dehnung *f.* / elongation
Dehnungskoeffizient *m.* / index of expansion
Dehnungsspannung *f.* / (Wafer) tensile stress
Dehydratisieren *n.* / dehydration
deioniertes Wasser *n.* / deionized water (DIW)
Dejustierung *f.* / disalignment
demgemäß / accordingly
Demineralisation *f.* / demineralization
Demontage *f.* / disassembly
den Vorsitz übernehmen / to take the chair
Depletions-Transistor *m.* / depletion-mode transistor
deponieren / to deposit
Depositionskammer *f.* / deposition chamber

Depositionsunterdrucksystem *n.* / deposition vacuum system
Derivat *n.* / derivate
derzeit / at present / currently
designiert / designate
deskriptive Anweisung *f.* / non-executable statement
Detail *n.* / item
Detailflußdiagramm *n.* / detail flowchart
detailliert / detailed
deutlich / obvious / (beträchtlich / Anstieg) considerable
Deutung *f.* / interpretation
Devisen *fpl.* / foreign exchange
Devisenbestand *m.* / foreign exchange holdings
Devisenkurs *m.* / foreign exchange rate
dezentral / peripheral / distributed
dezentrale Datenverarbeitung *f.* / distributed data processing
dezentralisiert / decentralized / distributed
dezentralisierte Datenerfassung *f.* / decentralised data acquisition
Dezentralisierung *f.* / decentralization
Dezimaldarstellung *f.* / decimal notation
Dezimale, binär verschlüsselte *f.* / binary coded decimal (BCD)
Dezimalkomma *n.* / decimal point (in US = Dezimalpunkt statt Komma)
Dezimalrechnung *f.* / decimal arithmetic
Dezimalstelle *f.* / decimal place
Dezimalzähler *m.* / decimal counter
Diagnoserechner *m.* / diagnostic computer
diagnostisch / diagnostic
diagnostizieren / to diagnose
Diagramm *n.* / chart / diagram
im Dialog / in interactive mode
Dialogablauf *m.* / interaction run
Dialogabschluß *m.* / interaction stop
Dialogbetrieb *m.* / conversational mode / interactive mode
Dialogbetriebsteilnehmer *m.* / conversational user
Dialogbuchhaltung *f.* / interactive bookkeeping
Dialogdatenverarbeitung *f.* / dialog processing / interactive processing
Dialogführung *f.* / dialog control
Dialogeingriff *m.* / interaction
Dialogeröffnung *f.* / interaction start
dialogfähiges Datensichtgerät *n.* / interactive display terminal
Dialogfernverarbeitung *f.* / remote dialog processing
Dialogführung *f.* / dialog control
Dialoggerät *n.* / conversational station
Dialog-Job-Verarbeitung *f.* / interactive job entry
Dialogkomponente *f.* / interaction component

Dialogmedien *npl.* / interactive media
Dialogoberfläche *f.* / interactive interface
dialogorientiert / conversational
Dialogprogramm *n.* / interactive program
Dialogprogrammierung *f.* / conversational mode programming
Dialogrechner *m.* / interactive computer
Dialogstation *f.* / conversational terminal
Dialogsteuerung *f.* / conversational prompting
Dialogverarbeitung *f.* / interactive processing / transaction processing
Dialogverkehr *m.* / interactive mode
Dialogzulassung *f.* / access to the dialog
Diamantsäge, außen angespannte *f.* / inside diameter diamond saw
Diamantschreiber *m.* / (f. Scheibenbeschriftung) diamond scriber
Diatomeenschlamm *m.* / diatomaceous earth
Diazoxid *n.* / diazo-oxide
Dichlorsilan *n.* / dichlorosilane
Dichte *f.* / (Daten) density
Dichtheit *f.* / (Gehäuse) hermeticity
Dichtheitsprüfung *f.* / leak test / hermeticity test
Dichtsteg stanzen *m.* / cutting of middle bar
Dicke *f.* / thickness
Dickenmessung *f.* / thickness measurement
Dickschicht-Elektrolumineszenz *f.* / thick-film electroluminescence
Dickschicht-Hybridschaltung *f.* / thick-film hybrid circuit
Dickschichtschaltung *f.* / thick-film circuit
Dickschichtspeicher *m.* / thick-film storage
Dickschichttechnik *f.* / thick-film technology
Dickschichtwiderstand *m.* / thick-film resistor
Dielektrikum, intermetallisches *n.* / intermetallic dielectric
dielektrisch isoliert / dielectric-isolated
Dienstgespräch *n.* / official call / business call
dienstintegrierendes Digitalnetz *n.* / integrated services digital network (ISDN)
Dienstleister *m.* / service company / service provider
Dienstleistung, erbrachte *f.* / service rendered
Dienstleistungsbetrieb *m.* / service enterprise
Dienstleistungsbilanz *f.* / invisible balance
Dienstleistungsrechner *m.* / host computer
Dienstleistungsvertrag *m.* / service contract
Dienst nach Vorschrift *m.* / work-to-rule
Dienstprogramm *n.* / utility / service routine
Differentialkapazität *f.* / differential capacitance
Differenzgeber *m.* / bias transmitter
differenzieren / to differentiate
differenzierter Akkordsatz *m.* / differential piece work rate
Differenzierung *f.* / differentiation
Differenzplanung *f.* / differential planning
Diffraktion *f.* / diffraction

diffundieren / to diffuse
Diffundierung *f.* / diffusion
Diffusion *f.* / diffusion / **... in Fremdkörper**
solid-state diffusion / **... in Flüssigkeit**
liquid-state diffusion / **... in Gas** gas-state
diffusion / **... von Goldatomen** gold
diffusion
diffusionsdotiert / diffusion-doped
Diffusionsgrenzschicht *f.* / diffusion
interface / diffusion barrier
Diffusionsgütebestimmung *f.* / diffusion
evaluation
Diffusionskanal *m.* / diffusion channel
Diffusionskapazität *f.* / diffusion capacitance
diffusionslegiert / alloy-diffused
Diffusionsleitwert *m.* / diffusion conductance
Diffusionsmittel *n.* / diffusant
Diffusionsofen *m.* / diffusion furnace
Diffusionsquelle *f.* / diffusion source
Diffusionsquellenliste *f.* / diffusion source
chart
Diffusionsrohr *n.* / diffusion tube
Diffusionsspannung *f.* / diffusion voltage
Diffusionssperrschicht *f.* / diffusion barrier
(layer)
Diffusionsstreifen *m.* / diffusion strip
Diffusionsstreuung *f.* / side diffusion
Diffusionsstufe *f.* / (auf Wafer) diffusion step
Diffusionstiefe *f.* / diffusion depth
Diffusionsverfahren *n.* / diffusion technique
Diffusionsvermögen *n.* / diffusivity
Diffusor-Folie *f.* / diffusor foil
Digestorium *n.* / (Naßätzen) digestory
Digitalisierung *f.* / digitizing
Digitalanzeige *f.* / digital display
Digitalausgabe *f.* / digital output
Digitalbaustein *m.* / logical unit
Digitalbildröhre *f.* / display tube
digital darstellen / to digitize
digitale Darstellung *f.* / digital representation
digitale Datenverarbeitung *f.* / digital data
processing
Digitaleingabe *f.* / digital input
digitale Steuerung *f.* / digital control
digitales Zeichen *n.* / digital character
digitale Verarbeitungsanlage *f.* / digital
computer
Digitalisiergerät *n.* / digitizer
Digitalnetz *n.* / digital network
Digitalrechner *m.* / digital computer
Digitalschalter *m.* / digital circuit
Digitalschrift *f.* / digital font
Digitalumsetzer *m.* / digitizer
diktieren / to dictate
Diktiergerät *n.* / dictaphone
Diode *f.* / diode
Diode mit zweifacher Wärmesenke *f.* / double
heatsink diode (DHD)
Diodenanzeige *f.* / diode display

Diodengehäuse *f.* / diode outline
Diodenkapazität *f.* / diode capacitance
Diodenvorwärtsspannung *f.* / diode forward
voltage
Diodenwirkung *f.* / diode action
Diodenzerstäubung *f.* / diode sputtering
Diplomand *m.* / graduand
Diplomarbeit *f.* / thesis
Dipol *m.* / doublet
Direktanschluß *m.* / (DV/an Zentraleinheit)
direct connection / on-line connection
Direktanschluß *m.* / (DV/an Netz) direct
communication adapter
Direktbedarfsmatrix *f.* / matrix of direct
requirements
Direktbelichtung mit Elektronenstrahl *f.* /
E-beam direct writing
Direktbelichtungssystem *n.* / direct wafer-step
system
Direktbetrieb *m.* / (DV) on-line operation
direkte Lohnkosten *pl.* / direct labo(u)r cost
direkter Lohn *m.* / direct wages
direkter Speicherzugriff *m.* / direct memory
access (DMA)
direkter Stecker *m.* / edge(-type) connector
direkte Speicherplatzzuweisung *f.* / direct
storage allocation
direkter Zugriff *m.* / direct access / random
access
Direktkorrektur *f.* / patch
Direktlieferung *f.* / direct delivery / direct
shipment / **... an Lager** ship-to-stock
delivery / STS-delivery / **... an**
Fertigungslinie ship-to-line delivery /
STL-delivery
Direktor *m.* / executive director / (Siem. auch:
Leiter v. Hauptabteilung) Vice President
Direktruf *m.* / direct call
Direktrufanschluß *m.* / quick line service
Direktstecker *m.* / edge(-type) connector
Direktweg *m.* / primary route
Direktzugriffsdatei *f.* / random access file /
direct file
Direktzugriffsspeicher *m.* / random access
memory (RAM) / addressable memory
Direktzugriffsspeicherung *f.* / direct access
mode (DAM)
Direktzugriffsverfahren *n.* / random-access
method / direct-access method
Disiliziumhexachlorid *n.* / disilicon
hexachloride
Diskette *f.* / floppy disk (8 inch) / minifloppy
(5,25 inch) / microfloppy (3,25 inch) /
diskette
Diskettenaufkleber *m.* / diskette label
Diskettenhülle *f.* / jacket
Diskettenlaufwerk *n.* / floppy disk drive
diskrete Halbleiter *m.* / discrete
semiconductors

diskretes Bauelement *n.* / discrete component
Disponent *m.* / expediter
disponieren / to plan
disponierter Bedarf *m.* / planned requirements
Disposition *f.* / material requirements
  planning (MRP) / (material planning) /
  bedarfsgesteuerte ... demand-controlled
  material planning / material planning for
  dependent requirements /
  prognosegesteuerte ... forecast-based
  material planning / **verbrauchsgesteuerte ...**
  material planning by order point technique
Dispositionsart *f.* / type of material planning
Dispositionsartenschlüssel *m.* / material
  planning key
Dispositionsdatei *f.* / material planning file
Dispositionsdaten *pl.* / material planning data
Dispositionsstufe *f.* / level of product
  structure / dispo-level
dispositive Ebene *f.* / tactical level /
  dispo-level
dispositiver Bestand *m.* / stock at disposal
dispositiv verfügbarer Bestand *m.* / stock at
  disposal
Dispo-System mit Datumsangaben *n.* /
  bucketless system
Dispo-System mit Zeitabschnitten *n.* /
  bucketed system
Dissoziation, thermische *f.* / thermal
  decomposition
Distanzadresse *f.* / symbolic address / floating
  address
Distributionslager *n.* / distribution warehouse
Distributionslogistik *f.* / logistics in
  distribution
Distributionsweg *m.* / channel of distribution
disziplinarisch zugeordnet / assigned to ... for
  disciplinary purposes
Divergenz *f.* / divergence
divergieren / to diverge
Diversifizierung *f.* / diversification
Dividende ausschütten *f.* / to pay out
  dividend / to distribute dividend
Divisionsanweisung *f.* / divide statement
Divisionskalkulation *f.* / process costing /
  (division calculation (math.))
Divisionszeichen *n.* / division sign
Dockgebühren *fpl.* / dock charges
DO-Gehäuse *n.* / diode outline package /
  DO package
Doktorarbeit *f.* / doctoral thesis / dissertation
dokumentäre Tratte *f.* / documentary draft
Dokumentationssystem *n.* / documentation
  system
Dokumente gegen Akzept / documents against
  acceptance (D/A)
Dokumente gegen Zahlung / documents
  against payment (D/P)

Dokumentenakkreditiv *n.* / documentary letter
  of credit / documentary L/C
dokumentieren / to document
Dolmetscher *m.* / interpreter
Domäne *f.* / domain
Donator *m.* / (Halbl.) donor
Donatorzentren *npl.* / donor impurities
doppel-.. / bi-
Doppel-.. / double ... / dual ...
Doppelbelegung *f.* / double assignment
Doppelbetrieb *m.* / dual operation
Doppelbruch *m.* / (math.) compound fraction
Doppelbuchstabe *m.* / ligature
doppeldiffundiert / double-diffused
Doppeldiffundierung *f.* / double diffusion
  technique
Doppeldiskette *f.* / dual floppy
Doppeldiskettenlaufwerk *n.* / dual floppy
  drive / dual disk drive
Doppeleuropaformat *n.* / double-height
  Eurocard format
Doppelfunktionstaste *f.* / alternate action key
Doppelimpulsschreibverfahren *n.* / double
  pulse recording
Doppelklemmanschlußtechnik *f.* / insulation
  displacement contact technique (IDC)
Doppelklemmelement *n.* / double snap-in
  terminal element
Doppellaufwerk *n.* / twin drive
Doppelleitung *f.* / wire pair
Doppellesekopf *m.* / pre-read head
Doppellochkern *m.* / twin-hole bead
Doppelmantel *m.* / double (water) jacket
Doppelmaskierung *f.* / double masking
Doppelmikroskop *n.* / (Justieren) split-field
  microscope
Doppelprozessorsystem *n.* / twin processor
  system
Doppelprüfung *f.* / duplication check / twin
  check
Doppelpunkt *m.* / colon
Doppelrechner *m.* / duplex computer / parallel
  computer / tandem computer
Doppelreihengehäuse *n.* / dual-in-line package
  (DIP)
Doppelschicht *f.* / double layer
Doppelschnittstelle *f.* / dual interface
Doppelstecker *m.* / plug-to-plug adapter
Doppelstichprobenprüfplan *m.* / double
  sampling plan
Doppelstichprobenprüfung *f.* / double
  sampling inspection
Doppelstockwagen *m.* / double-deck coach
Doppelstrahl *m.* / double-beam
Doppelsystem *n.* / twin system
doppelte Pufferung *f.* / double buffering
doppelter Boden *m.* / false floor / raised floor
doppelter Vorschub *m.* / double feed
doppelter Zeilenabstand *m.* / double space

doppelt-kaschierte Leiterplatte *f.* / double-sided board
Doppeltransistorchip *m.* / dual transistor chip
Doppelübertragung *f.* / double transfer
Doppelverdiener *m.* / double-wage earner
Doppelverdienst *m.* / double earnings / dual income
Doppelvorschub *m.* / dual carriage
Doppler *m.* / card reproducer
Dopplerspannung *f.* / doppler voltage
Dosierkämme *mpl.* / dispensing combs
Dosierspitze *f.* / syringe
Dosiervorrichtung *f.* / dispensing equipment
Dotant *m.* / dopant
dotieren / to dope
Dotierer *m.* / dopant
Dotierquelle *f.* / dopant source
Dotierstoffatom *n.* / dopant atom
Dotiersubstanz *f.* / dopant / doping material / doping agent
Dotierstoff *m.* / dopant
dotiert / doped / contaminated
Dotierung *f.* / doping / contamination
Dotierungsänderung *f.* / impurity profile change
Dotierungsatom *n.* / dopant atom
Dotierungsdicke *f.* / doping density
Dotierungsgrad *m.* / doping level
Dotierungshöhe des Gates *f.* / gate doping level
Dotierungsmittelanreicherung *f.* / dopant concentration
Dotierungsprofil *n.* / doping profile
Dotierungsstoff *m.* / dopant / doping material
Dotierungstiefe *f.* / dopant depth
Dotierungsverlauf *m.* / doping profile
Dotierungsverteilung *f.* / dopant distribution / impurity distribution
Dotierungsverunreinigung *f.* / dopant impurity
Drähte richten / to straighten wires
Draht *m.* / wire / **von oben eingeführter ...** top-route wire / **von unten eingeführter ...** bottom-route wire
Drahtabblitzeinheit *f.* / wire sparking unit
Drahtanschluss *m.* / (Halbl.) wire bond / wire bonding
Drahtbereich *m.* / wire-range
Drahtbondfestigkeit *f.* / wire-bond strength
Drahtbondinsel *f.* / wire-bonding pad
Drahtbondschicht *f.* / wire bond layer
Drahtbondstelle *f.* / wire bonding site
Drahtbondtechnik *f.* / wire bonding technology
Drahtbruch *m.* / wire break / broken wire
Drahtbrücke *f.* / wire jumper
Draht-Chip-Bondstelle *f.* / wire-to-die bond
Drahtdrehwiderstand *m.* / wire-wound variable resistor

Drahtdurchkontaktierung *f.* / wire through-connection
Drahtende *n.* / end of lead
Drahtführung *f.* / wire guide / rod guide
drahtgebunden / wire-linked / (Störungen) conducted (interference)
Drahtkontaktierung *f.* / wire bonding
Drahtlitzenleiter *m.* / stranded conductor
drahtlos / wireless
Drahtquerschnitt *m.* / wire cross-sectional area
Drahtspeicher *m.* / plated-wire memory / rod memory
Drahtumlegenadel *f.* / wire forming needle
Drahtverbindung *f.* / wire bond
Drahtverwehung *f.* / wire sweep
Drain-Gleichstrom *m.* / continuous drain current
Drain-Reststrom *m.* / zero gate voltage drain current
Drain-Source-Einschaltwiderstand *m.* / drain-source on-state resistance
Drain-Source-Spannung *f.* / drain-source voltage
Drain-Source-Strom *m.* / drain-source current
Drehen *n.* / turning
Drehmoment *m.* / torque
Drehmomentschlüssel *m.* / torque wrench
Drehschalter *m.* / turnswitch / rotary switch
Drehscheibe *f.* / turntable
Drehschiebeschalter *m.* / turn-slide switch
Drehsperre *f.* / twist-lock feature
Drehstrom *m.* / rotary current / three-phase current
Drehstromantrieb *m.* / three-phase drive
Drehstromstecker *m.* / three-phase power plug
dreh- und schiebesicherer Kontakt *m.* / non-rotable captivated contact
Drehwinkel *m.* / angle of rotation
Drehzahl *f.* / speed
Drehzahlaufnehmer *m.* / revolution sensor
drehzahlveränderbar / variable-speed
Dreiadreßrechner *m.* / three-address computer
Dreibiteinheit *f.* / triad
Dreichipverband *m.* / three-chip array
Dreieck *n.* / triangle
dreieckig / triangular
Dreimaskenprozess *m.* / tri-mask process
Dreischichtresist *n.* / tri-level resist
Driftraum *m.* / drift section
dringend / urgent
Dritte *mpl.* / third parties
Drittel *n.* / third
Drittländer *npl.* / third countries
Drossel *f.* / choke / **... in L-Lampen** fluorescent ballast
Druckaufbereitung *f.* / editing
Druckaufbereitungsmaske *f.* / editing mask

Druckaufbereitungszeichen *n.* / mask character
Druckausgabe *f.* / printer output
Druckausgabebereich *m.* / printout area
Druckausgabespeicher *m.* / printout storage
Druckauslösesteckverbinder *m.* / press-to-release connector
druckbares Zeichen *n.* / printable character
Druckbeanspruchung *f.* / compressive stress
Druckbefehl *m.* / print command
Druckbehälter *m.* / pressurized container
Druckbereich *m.* / pressure range / (Textverarb.) print area
Druckbild *n.* / print image
Druckbildsteuerung *f.* / format control
Druckdatei *f.* / print file
Druckeinstellung *f.* / print alignment
Druckeinstellwert *m.* / (QS) pressure set point
Druckersteuerung *f.* / printer control
Druckfehler *m.* / misprint
druckfertig / printable
Druckformat *n.* / print format
Druckglaseinschmelzung *f.* / compression seal
Druckhülse *f.* / ferrule
Druckknopf eines StV-Rastteiles *m.* / ballhead pin of a connector-retaining device
Druckkopf *m.* / print head
Druckleiste *f.* / print group
Druckleistung *f.* / printing rate
Druckluft *f.* / compressed air
Druckmaske *f.* / print mask
Druckmeßdose *f.* / (QS) pressure gauge
Druckmeßwertgeber *m.* / (QS) pressure sensor
Druckoriginal *n.* / master pattern
Druckplatte *f.* / printing plate
Druckprogramm *n.* / printing routine / print program
Druckqualität *f.* / typewriter quality
Drucksache *f.* / printed matter
Druckspalte *f.* / print column
Drucksteuerzeichen *n.* / print control character
Drucktaste *f.* / push-button
Drucktastensteuerung *f.* / push-button control
Drucktastentelefon *n.* / push-button telephone
Drucktechnik *f.* / typography
Drucktrommel *f.* / print barrel / type drum
Druckumschalter *m.* / press-to-changeover switch
Druckvorlage *f.* / print layout / master layout
Druckvorlagenentwurf *m.* / layout drawing
Druckwalze *f.* / print drum
Dualcode *m.* / binary code
dünnätzen / to thin chemically
Dünnfilmbeschichtung *f.* / thin-film coating
Dünnschichtkondensator *m.* / thin-film condenser

Dünnschichtschaltkreis *m.* / thin-film circuit
Dünnschichtschaltung *f.* / thin-film integrated circuit
Dünnschichtspeicher *m.* / thin-film memory
Dünnschichttechnik *f.* / thin-film technology
Dünnschichtwiderstand *m.* / thin-film resistor
Dünnschleifen *n.* / backside grinding
Düse *f.* / nozzle
Düsenabdruck *m.* / impression of capillary
Düsenabstand zum Bauteil *m.* / nozzle-to-device distance
Düsenhalterung *f.* / capillary holder
Düsenheizung *f.* / capillary heating
Düsenspitze *f.* / tip of capillary
Düsentemperatur *f.* / capillary temperature
Dunkelfeld *m.* / dark field
Dunkelfeldanzeige *f.* / negative contrast display
Dunkelfeldbeleuchtung *f.* / dark-field illumination
Dunkelfeldchromschablone *f.* / dark-field chrome mask
Dunkelfeldfenster auf dem Retikel *n.* / dark-field window on the reticle
Dunkelfelduntersuchung *f.* / dark-field inspection
Dunkelschalten *n.* / dimming
dunkelsteuern / to blank
Dunkelsteuerung *f.* / blanking
Dunkelstrom *m.* / dark current
Dunstabzugsanlage *f.* / fume exhaust hood
Duplexbetrieb *m.* / duplex operation
Duplikat *n.* / duplicate
Duplikatfrachtbrief *m.* / duplicate of consignment note
duplizieren / to duplicate / to replicate (bubbles)
Durchbiegung *f.* / bow(ing) / warpage (of wafer) / flexure (of mask)
Durchbiegungswert *m.* / bow value
Durchbrennen *n.* / burning-out / **... der Sicherung** fuse-blowing
Durchbruch *m.* / breakdown / **... im Polyimidfilm** cutout in the polyimide film
Durchbruchdiode *f.* / avalanche diode
Durchbruchspannung *f.* / (Halbl.) breakdown voltage / rupture voltage
Durchbruchtemperatur *f.* / (Halbl.) breakdown temperature
durchdringen / to penetrate
Durchdringung *f.* / penetration
Durchflußmenge *f.* / (Diffusion) gas flow rate / (allg.) flow rate
Durchflußmesser *m.* / flow meter
Durchflußregler *m.* / gas flow controller
Durchflußwandler *m.* / push-pull converter
Durchfracht *f.* / through freight
durchführbar / feasible / practicable
Durchführbarkeit *f.* / feasibility

Durchführbarkeitsstudie *f.* / feasibility study
durchführen, beschleunigt / to expedite
Durchführung *f.* / implementation /
(Metallgehäuse) insulated lead / cable
feedthrough connector
Durchführungsplatte *f.* / feedthrough plate
Durchfuhr *f.* / transit
Durchfuhrgut *n.* / transit goods / goods in
transit
Durchfuhrzoll *m.* / transit duty
Durchfuhrverbot *n.* / transit embargo
Durchgängigkeit *f.* / consistency
Durchgangsfracht *f.* / through freight
Durchgangsgüter *npl.* / transit goods
Durchgangshandel *m.* / transit trade
Durchgangsklemme mit Längstrennung *f.* /
sliding-link through-terminal
Durchgangskonossement *n.* / through bill of
lading / through B/L
Durchgangswiderstand *m.* / contact resistance
Durchgangswiderstandsprüfung *f.* / millivolt
drop test
Durchgangszoll *m.* / transit duty
Durchgriffskennziffer *f.* / attribute of
stock-level
Durchkontaktierung *f.* / interlayer
connection / through-connection /
plated-through hole / **freiliegende ...**
non-functional plated-through hole
Durchkontaktmontage *f.* / through-hole
mounting
Durchkontaktmontagetechnik *f.* /
through-hole technology
durchlässig / (Halbl.) conductive / (Maske)
transparent
Durchlässigkeit *f.* / transmission
durchlassen / to let through / to transmit
(x-rays)
Durchlaßgrad *m.* / transmittance
Durchlaßrichtung *f.* / forward direction
Durchlaßspannung *f.* / conductivity state
voltage / forward voltage / **höchste ...**
maximum forward voltage
Durchlaßstrom *m.* / forward current /
conductivity state current / on-state current
Durchlaßverlustleistung *f.* / conducting-state
power loss / on-state power loss
Durchlaßverzögerungszeit *f.* / forward
recovery time
Durchlaßwiderstand *m.* / forward resistance
Durchlaßzeit *f.* / passage time
Durchlaßzustand *m.* / on-state
Durchlauf *m.* / run
Durchlaufbestand *m.* / work in process (WIP)
Durchlaufkennzahl *f.* / throughput key data
Durchlaufofen *m.* / through-run oven / belt
furnace
Durchlaufspeicher *m.* / transit storage

Durchlaufterminierung *f.* / manufacturing
lead-time scheduling
Durchlaufüberlappung *f.* / overlapping
lead-time
Durchlaufüberwachung *f.* / flow control
Durchlaufzeit *f.* / cycle time / throughput
time
Durchlegieren *n.* / short-circuiting by alloying
Durchlichtmikroskop *n.* / biological
microscope
Durchlichttest *m.* / transmitted-light test
Durchmesser *m.* / diameter
Durchsatz *m.* / throughput
Durchsatzmeßgerät *n.* / flow meter
Durchsatzrate *f.* / throughput rate
Durchschaltung *f.* / line connection /
through-connection
Durchschaltzeit *f.* / gate-controlled rise time
Durchschlag *m.* / breakdown
Durchschlag, vorzeitiger *m.* / premature
breakdown
Durchschlagsfestigkeit *f.* / dielectric strength
Durchschlupf *m.* / outgoing fraction defective
Durchschnitt *m.* / average
durchschnittlich / average
durchschnittliche Lagereindeckungszeit *f.* /
average stock coverage time
Durchschnittsleistung *f.* / average
performance
Durchschnittspreis, gleitender *m.* / floating
average cost
Durchschrift *f.* / carbon copy
Durchschuß *m.* / leading
durchsetzen / (Luft / Vakuum) to travel
through
durchsichtig / transparent
durchspülen / to purge
durchsteuern / (Transistor) to drive
durchstimmbar / continuously tunable
Durchströmverfahren *n.* / (thermische
Diffusion) open tube diffusion
Durchtunnelung *f.* / channeling
Durchverbindung *f.* / interfacial connection
Durchzugskraft *f.* / (Relais) high magnetic
tractive force
Dusche *f.* / gas injection
DV-Bürotechnologie *f.* / office automation
dyadisch / binary
dynamische Adreßumsetzung *f.* / dynamic
address translation
dynamische Adreßverschiebung *f.* / dynamic
address relocation
dynamische Arbeitsspeicherzuweisung *f.* /
dynamic storage allocation
dynamische Programmverschiebung *f.* /
dynamic program relocation
dynamischer Durchlaßwiderstand *m.* /
dynamic forward resistance

dynamischer Vorwiderstand *m.* / dynamic series resistance
dynamischer Schräglauf *m.* / dynamic skew
dynamischer Speicher *m.* / dynamic random access memory (DRAM)
dynamischer Speicherabzug *m.* / dynamic dump
dynamisches Bereichsattribut *n.* / range attribute of area

E

E/A-Stifte *mpl.* / I/O pins
Ebene *f.* / level / (geom.) plane / (Schicht) layer / dispositive .. tactical level / dispo-level / **operative** .. operational level
Ebenenbezeichnung *f.* / layer specification
Ebenentechnik *f.* / layering technique
Ebenheit *f.* / (Wafer) planarity / (Oberfläche) flatness
Ebenheitsfehler *m.* / flatness error / out-of-plane error
Ebenheitsprüfgerät *n.* / flatness tester
ebnen / to planarize / to smooth / **Wafer auf einer Seite ...** to flatten the wafer on one side / **die Substratsoberfläche ...** to planarize the substrate topology
echt / real / genuine / true
echte Addition *f.* / real add
echte Adresse *f.* / effective address / absolute address / actual address / real address
Echtverarbeitung *f.* / real processing
Echtzeit *f.* / real time
Echtzeitverarbeitung *f.* / real-time processing
Eckdaten *pl.* / key data / benchmark figures
Eckenrundung *f.* / corner rounding (of the photoresist)
eckige Klammer *f.* / square bracket
Ecklohn *m.* / basic rate
Ecktermin *m.* / star date / effective date / vital due date
Eckwerte *mpl.* / key data / key figures / benchmark figures
Edelgas *n.* / noble gas
Edelmetall *n.* / precious metal
Edelmetallkennziffer *f.* / precious metal code
Edelmetallschichtwiderstand *m.* / precious metal film resistor
editieren / to edit
Editierzustand *m.* / edit mode
EDV-Großanlage *f.* / computer mainframe
EDV-Personal *n.* / data processing personnel / liveware
EDV-Überweisungsverkehr *m.* / electronic funds transfer (EFT)

effektiver Lagerbestand *m.* / effective stock
effektive Übertragungsgeschwindigkeit *f.* / effective transmission rate
effektive Zeit *f.* / actual time
Effektivität *f.* / effectiveness / efficiency
Effektivitätsmaßstab *m.* / efficiency measure
Effektor *m.* / actor / actuator / effector
Effizienzsteigerung *f.* / increase in efficiency
EGA-Karte *f.* / EGA board
EG-Haushalt *m.* / EEC budget
EG-Länder *npl.* / EEC countries
EG-Präferenz *f.* / EEC preference
EG-Richtlinie *f.* / EEC directive
Ehrenvorsitzender des Aufsichtsrates *m./m.* / Honorary Chairman of the Supervisory Board
eichen / to calibrate / to gauge
Eichgitter *n.* / calibration grid
Eichtransistoren *mpl.* / test calibrators / test transistors
Eigenbedarf *m.* / internal requiremens / own requirements / in-house requirements
Eigenbeweglichkeit *f.* / intrinsic mobility
Eigendiffusion *f.* / self-diffusion
Eigendotierung *f.* / autodoping
Eigenentwicklung *f.* / in-house development
Eigenerwärmung *f.* / (Spule) inherent heating of the coil
Eigenerzeugnis *n.* / selfmade product
Eigenfertigung *f.* / in-house production / own production / internal production
Eigenfertigung oder Kauf / make or buy
Eigenfertigungsteil *n.* / part manufactured in-house
Eigenfinanzierung *f.* / own financing
Eigenhalbleiter *m.* / intrinsic semiconductor / i-type semiconductor
Eigenkapital *n.* / (AG) stockholders' equity / net assets
Eigenkosten *pl.* / own cost
eigenleitend / intrinsic / i-type
Eigenleitung *f.* / intrinsic conduction
Eigenleitungsdichte *f.* / intrinsic density
Eigenleitungsschicht *f.* / intrinsic layer / i-layer
Eigenoxidschicht *f.* / native oxide layer
Eigenprogrammierung *f.* / internal programming / self-programming
Eigenschaft *f.* / characteristic
Eigentest *m.* / automatic test / self-check / self-test
eigentlich / actual / intrinsic
Eigentümer *m.* / proprietor / owner
Eigentum *n.* / property
Eigentumsvorbehalt *m.* / right of ownership
eigenverantwortlich handeln / to act on one's own responsibility
Eigenverantwortlichkeit *f.* / one's own responsibility

Eigenverbrauch *m.* / in-house consumption
Eigenvermögen *n.* / net worth / own capital / own funds
Eigenzeitkonstante *f.* / (Relais) residual time constant (of the relay)
Eignung *f.* / aptitude / qualification
Eilauftrag *m.* / express order / urgent order / rush order
Eil-DLZ *f.* / fast cycle time
Eilgut *n.* / fast freight / express freight
Eillos *n.* / express lot / (CWP) hot lot
Eilpaket *n.* / express package
Eilsendung *f.* / express delivery
Eilsortierfolge *f.* / speed sort sequence
Eimerkettenschaltung *f.* / Bucket Brigade Device (BBD)
Einadreßrechner *m.* / single-address computer
einätzen / to etch down into (a substrate)
Einarbeitungskurve *f.* / learning curve
einatomig / monatomic
Ein-Ausgabe-Anschluß *m.* / input-output port
Ein-Ausgabe-Befehl *m.* / input-output instruction / I/O instruction
Ein-Ausgabe-Bereich *m.* / input-output area
Ein-Ausgabe-Datei *f.* / input-output file
Ein-Ausgabe-Gerät *n.* / input-output device / I/O device
Ein-Ausgabe-Steuerung *f.* / input-output control / I/O control
Ein-Ausgabe-System *n.* / input-output system (IOS)
Einbaubreite *f.* / mounting width
Einbaubuchse *f.* / panel jack / **symmetrische ...** balanced panel jack
einbauen / (Fremdatome) to introduce (impurities)
Einbaulänge *f.* / mounted length
Einbaulebensdauer *f.* / installed life
Einbaumaße *npl.* / overall W x D x H
Einbaumöglichkeit *f.* / mounting facility
Einbauplatz *m.* / rack mounting space / **unbelegter ...** unoccupied board slot
Einbaurahmen *m.* / mounting frame
Einbauraum *m.* / mounting space
Einbau-Rückmeldekarte *f.* / completion notice card
Einbauskizze *f.* / mounting diagram
Einbaustecker *m.* / panel plug / **... mit Kabelanschluß** panel cable plug / **... ohne Kabelanschluß** panel plug receptacle
Einbaustelle für Sicherung *f.* / point of installation (for the fuse)
Einbautechnik *f.* / modular packaging system
Einbauteile bei StV *npl.* / inserts and shells
Einbautiefe *f.* / (Nutztiefe / Geräte) useful depth
einbelichten / (Testchips in Wafer) to step test chips into wafer
einbetten / to embed / to cushion (a chip)

Einbettungsschicht *f.* / (Halbl.) buried layer
einbeziehen / to include
einbinden / to integrate
Einblasen in die Arbeitskammer *n.* / blowing into the hood area
einblenden / (Bildschirm) to overlay
Einblendmenü *n.* / pop-up menu
Einblendung *f.* / superimposition
Einbrennen *n.* / burn-in / (Tempern/Härten) baking / firing
einbrennen / (el. Bauelemente) to burn in / (Leiterbahnen) to fire
Einbrennoperation *f.* / burn-in operation / (Tempern/Härten) hard bake operation
Einbrennprozeß *m.* / (Tempern) bake step
Ein-Chip-Prozessor *m.* / single chip microprocessor
eindampfen / to evaporate
Eindeckung *f.* / coverage / **frühzeitige ...** forward distribution
Eindeckungsrechnung *f.* / coverage calculation
Eindeckungsreichweite *f.* / range of coverage / (... in Tagen) days of supply (DOS)
Eindeckzeit *f.* / coverage time
eindeutig / unmistakable / clear / unambiguous unequivocal
eindeutige Zuordnung *f.* / unequivocal allocation
Eindeutigkeit *f.* / unambiguity
Eindiffundieren *n.* / indiffusion
Eindiffusion *f.* / indiffusion / drive-in diffusion
eindimensional / unidimensional
eindringen / to penetrate / to enter / (Feuchtigkeit, auch) to seep into
Eindringen von Feuchtigkeit / moisture penetration
Eindringtiefe *f.* / depth of penetration / (Halbl.) junction depth
Einerkomplement *n.* / ones complement
einfach / elementary / primitive
einfach (leicht) / simple / easy
einfache Codierung *f.* / absolute coding / basic coding
einfache Dichte *f.* / single density (SD)
einfacher Mittelwert *m.* / simple mean
einfacher Zeilenabstand *n.* / single space
einfache Zugriffsmethode *f.* / basic access method (BAM)
Einfachfertigung *f.* / single-process production
einfach geschirmt / single-shielded
Einfachheit *f.* / simplicity
Einfachkettung *f.* / single chaining
Einfachschichtstruktur *f.* / single-layer structure

Einfachstrombetrieb *m.* / single current
operation
Einfachverbindung *f.* / single connection
Einfahren *n.* / (neues System) running-in
einfahren / (Fertigung) to lead
Einfallswinkel *m.* / (Strahlen) angle of
incidence
einfarbig / (Bildschirm) monochromical /
monochrome
Einfluß *m.* / influence / ... ausüben to exert
influence on / ... haben auf to have an
influence on
einfügen / to insert
Einfügung *f.* / insertion
Einfügungstaste *f.* / insertion key
einführen / to introduce / to implement /
Draht von oben ... to top-route a wire /
Draht von unten ... to bottom-route a wire
Einführung *f.* / introduction / (Maschinen)
installation / (System) implementation
Einführungsfläche der Führungshülse *f.* /
surface of guide sleeve
Einführungskonzept *n.* / implementation
concept
Einführungsphase *f.* / implementation phase
Einführungsplanung *f.* / implementation
planning and scheduling
Einführungspreis *m.* / introductory price
Einführungswerbung *f.* / launch
advertisement
Einfuhr *f.* / import (siehe auch „Import-...")
Einfuhrabfertigung *f.* / import clearance
Einfuhrbestimmungen *fpl.* / import
regulations
Einfuhrgenehmigung *f.* / import license
Einfuhrumsatzsteuer *f.* / import sales tax
Einfuhrzoll *m.* / import duty
Eingabe *f.* / input
Eingabeanweisung *f.* / input statement
Eingabe-Ausgabe-... *f.* /
(siehe „Ein-Ausgabe-...")
Eingabe-Ausgabe-Steuerung *f.* /
input-output-control
Eingabebefehl *m.* / input instruction
Eingabebeleg *m.* / input voucher
Eingabebereich *m.* / input area
Eingabebestätigung *f.* / input
acknowledgement
Eingabedatenträger *m.* / input medium
Eingabedatei *f.* / input file
Eingabeeinheit *f.* / input device / input unit
Eingabeeinrichtung *f.* / input facility
Eingabefehler *m.* / type error / input error
Eingabefeld *n.* / input field
Eingabegerät *n.* / input device / input unit
Eingabemaske *f.* / input mask
Eingabemodus *m.* / input mode
Eingabeprogramm *n.* / input program / input
routine

Eingabeprozedur *f.* / input procedure
Eingabesatz *m.* / input record
Eingabespeicher *m.* / input storage
Eingabesteuerung *f.* / input control
Eingabetaste *f.* / enter key
Eingabe-Verarbeitung-Ausgabe-Prinzip
(EVA) *n.* /
input-processing-output-principle
Eingang *m.* / entry / input
Eingang *m.* / (ReW) receipt / addition
Eingangsanschluß *m.* / input terminal
Eingangsbefehl *m.* / entry instruction
Eingangsbestätigung *f.* / acknowledgement of
receipt
Eingangsbuch *n.* / book of entries
Eingangschip *m.* / front-end chip
Eingangsdatum *n.* / arrival date
Eingangsfehler *m.* / inherited error
Eingangsimpuls *m.* / input pulse
Eingangs-Informationsträger *m.* / input
medium
Eingangskapazität *f.* / input capacitance
Eingangskonnektor *m.* / input connector
Eingangskontaktstelle *f.* / (Chip) input pad
Eingangsleistung *f.* / input power
Eingangsleitwert *m.* / input admittance
Eingangsmeldung *f.* / receiving report
Eingangsprüfung *f.* / incoming (goods)
inspection
Eingangsprüfvorschrift *f.* / incoming
specification
Eingangsschleuse *f.* / double door entrance
Eingangsstelle *f.* / inconnector
Eingangsstrom *m.* / input current
Eingangstag *m.* / date of receipt /
(Ware) arrival date
eingebaut / built-in
eingebauter Filter *m.* / integral filter /
incorporated filter
eingeben / to input / to enter
eingebetteter Befehl *m.* / embedded instruction
eingefrorener Auftragsbestand *m.* / frozen
order stock
eingefrorener Lagerbestand *m.* / frozen
inventory
eingehende Fracht *f.* / inbound freight
eingehende Kundenaufträge *mpl.* / incoming
business
eingeklammert / parenthetical / between
brackets
eingeschlossener Betriebskanal *m.* / embedded
operation channel
eingeschränkt / restricted / limited
eingespritzte Anschlußstifte *mpl.* /
injection-molded contact pins
eingeteilt / (Abschnitte) sectional
eingeteilt / (Skala) scaled
eingetragenes Warenzeichen *n.* / registered
trademark

Eingießen *n.* / casting
Eingießsimulator *m.* / casting simulator
eingreifen / to intervene
eingrenzen / (Fehler) to narrow down
Eingriff *m.* / intervention
Eingriffssignal *n.* / interrupt signal
einhalten / (Norm u.a.) to adhere to
Einheit *f.* / unit / entity
einheitlich / uniform / unitary
Einheitlichkeit *f.* / uniformity
Einheitsladung *f.* / unitized load
Einheitspapier *n.* / (EU) Single
   Administration Document (SAD)
Einheitspreis *m.* / uniform price
Einheitszoll *m.* / uniform duty
Einheitszolltarif *m.* / single-schedule tariff
Einkäufer *m.* / buyer
Einkäuferkennzeichen *n.* / buyer code
Ein-Kanonen-Elektronenstrahlquelle *f.* /
   one-gun E-beam source
Einkauf *m.* / purchase
Einkaufsabteilung *f.* / purchasing department
Einkaufsauftrag *m.* / purchase order
Einkaufsbearbeiter *m.* / purchase-order
   handler
Einkaufsbestellung *f.* / purchasing order
Einkaufsfachgespräch (EFG) *n.* / buyers'
   council
Einkaufsfachtagung (EFK) *f.* / buyers'
   conference
Einkaufs-Informations-System (EIS) *n.* /
   Purchasing Information System
Einkaufsleiter *m.* / head of purchasing
   department / purchasing manager
Einkaufslogistik *f.* / purchasing logistics
Einkaufspreis *m.* / purchase price / ordering
   price / cost price
Einkaufsprovision *f.* / purchasing commission
Einkaufsschlüsselnummer (ESN) *f.* /
   purchasing code
Einkerben *n.* / (Scheibe) grooving
Einkerbung *f.* / nick
Einkommen *n.* / income
Einkomponentenharz *n.* / one-component
   epoxy resin
einkristallin / monocrystalline
einkristalline Schicht *f.* / single-crystal layer
Einkristallsubstrat *n.* / monocrystal
   substrate / single-crystal substrate
Einkünfte *pl.* / income / revenue
Einlagenpolysilizium *n.* / single-layer
   polysilicon
einlagern / to take into stock
einlagern / to swap in
Einlagerung *f.* / (Lager) storing / storing
   activity / (Dotierungsatome) deposition /
   swapping-in
Einlagerungszeit *f.* / shelf time / stock-in time
Einlaßöffnung *f.* / inlet

einleiten / to initiate / to trigger off
Einleitung *f.* / (Text) preamble
Einlesen *n.* / read-in
einlesen / to read in / to input
Einleseroutine *f.* / read-in routine
Einlesespeicher *m.* / input storage
Einlieferungsschein *m.* / (Post) postal receipt
einmal / once
Einmalfertigung *f.* / non-repetitive production
einmalig / unique
Ein-Mandanten-System *n.* / single-client
   system
Einmaskentechnik *f.* / single-mask
   technology
Einmetallschichtverfahren *n.* /
   single-level-metal process
einphasig / single-phase
einplanen / to plan / (zeitl.) to schedule
Einplanungsgruppe *f.* / planning group
Einplanungsobergrenze (EOG) *f.* / upper
   limit for planning / ceiling for planning
Einplatinenrechner *m.* / single-board
   computer / monoboard computer /
   one-board computer
Einplatzsystem *n.* / single-station system /
   single-user system
einpolig / unipolar / single-pole
einprägen / to impress
Einprägen *n.* / embossing
Einprogrammbetrieb *m.* / single-program
   operation
einrasten / to snap into place
einreichen / to file / to submit
einreihen / (in Warteschlange) to enqueue
einreihig / single-row
einrichten / to set tools / to set up
Einrichten *n.* / tool setting
Einrichter *m.* / tool-setter
Einrichtezuschlag *m.* / set-up allowance
Einrichtung *f.* / facility
Einrichtungen, soziale *fpl.* / amenities
Einrichtzeit *f.* / set-up time
einritzen / to scribe
einrücken / to indent
Einrückung *f.* / indentation
Einsatz *m.* / implementation
Einsatzdaten *pl.* / field data
Einsatzfaktoren-Planung *f.* / Management
   Resource Planning (MRP II)
Einsatztest *m.* / field test
Einschaltautomatik *f.* / automatic switch-on
Einschalten *n.* / activation
einschalten / to turn on / to switch on /
   to activate
Einschaltqualität beim Kunden *f.* / on-site
   quality
Einschaltverlustleistung *f.* / (Thyristor)
   turn-on loss
Einschaltverzögerungszeit *f.* / rise delay time

Einschaltwiderstand *m.* / on-state resistance
Einschaltzeit *f.* / turn-on time
einschichtig / single-layer
Einschichtlackverfahren *n.* / single-layer resist process
Einschichtmetallisierung *f.* / single-layer metallization
einschieben / to slide in / to insert / to slot
Einschießen *n.* / (Ionen) bombardment
einschleusen / to channel
Einschleusung *f.* / (Prod.) product start
einschließendes ODER *n.* / inclusive-OR operation
einschließlich / including / inclusive
Einschlüsse *mpl.* / inclusions
Einschnitt, V-förmiger *m.* / V-shaped groove
einschränken / to restrict / to limit
Einschränkung *f.* / restriction / limit
Einschraubbuchse *f.* / bulkhead jack receptacle
Einschraublänge *f.* / depth of threaded hole
Einschreibebrief *m.* / registered letter
Einschub *m.* / plug-in unit (module) / slide-in module
Einschubeinheit *f.* / slide-in unit
Einschubrahmen *m.* / module frame / slide-in chassis
Einschubschlitz *m.* / slot
Einschubschrank *m.* / rack
Einschub-Steckverbinder *m.* / rack-and-panel connector
Einschubtechnik *f.* / modular system
Einschubverbindung *f.* / slide-in coupling
Einschwingzeit *f.* / (Drossel) on-time
Einseitenband-Rauschzahl *f.* / single-sideband noise figure
einseitig / unilateral / one-sided / single-sided
einsetzen / (anwenden) to implement / to apply / (einfügen) to insert / to mount (chips into package)
Einsetzen *n.* / (Einfügen) insertion
Einsetzwerkzeug *n.* / insertion tool
Einspannvorrichtung *f.* / jig
einsparen / to save
Einsparungen *fpl.* / savings
Einsparungspotential *n.* / savings potential
einspeichern / to store / to write in
einspringen / to enter into
Einspritzen *n.* / (Harz) injection molding
Einspritzkanal *m.* / injector channel
Einsprungbedingungen *fpl.* / initial conditions / entry conditions
Einsprung *m.* / entry
Einsprungstelle *f.* / entry point
Einspulen *n.* / spooling
Einspuraufzeichnung *f.* / single-track recording
Einstandspreis *m.* / cost price / landed cost / **letzter ..** recent cost price

einstecken / to plug in
Einstecktiefe *f.* / insertion depth
einstellbar / adjustable
einstellen / (allg.) to adjust / to set
einstellen / (Personal) to hire / to recruit
Einstellhilfe *f.* / alignment guide
einstellig / one-digit / monadic
einstelliges Addierwerk *n.* / half adder / one-digit adder
Einstellmaß *n.* / reference dimension
Einstellrad *n.* / setting wheel
Einstellung *f.* / (Personal) recruitment / hiring
Einstellung *f.* / (allg.) adjustment / setting
Einstellungsgespräch *n.* / job interview
Einstellwert *m.* / set value
Einsteuerung *f.* / (Abt./Funktion) Start Control (Department)
Einstiegsmodell *n.* / capture model
einstufen / to rate / to grade
einstufiger Verwendungsnachweis *m.* / single-level where-used list
Einstufung *f.* / grading
Eintauchen *n.* / (Ätzen) dipping
eintauchen / (Scheibe) to immerse
Eintauchtiefe *f.* / depth of immersion
einteilen / (Maß) to grade
Einteilung *f.* / classification / subdivision
Eintrag *m.* / entry
eintragen / to enter / to fill in
Eintragsnummer *f.* / entry code
Eintragung *f.* / record / entry
eintrittsinvariant / reentrant / reusable
Einwände *mpl.* / objections
Einwegbehälter *m.* / one-way container
Einweg-Richtungsleiter *m.* / one-way attenuator
Einweisung *f.* / briefing
Einwilligung *f.* / consent / approval
Einwirkung *f.* / impact
einzahlen / to pay in
einzeilig / single-line / single-row
Einzel-.. / single .. / mono .. / individual ..
Einzelanfertigung *f.* / single production
Einzelarbeitsplatz *m.* / single work center
Einzelbedarf *m.* / individual requirements
Einzelbedarfsführung *f.* / discrete requirements planning
Einzelbeleg *m.* / single sheet / single document
Einzelbelichtung *f.* / single exposure / **... der Chips** die-by-die stepping
Einzelchipabstand *m.* / die-to-die spacing
Einzelchipausrichtung *f.* / die orientation
Einzelchipdrehung *f.* / die rotation
Einzelchipjustierung *f.* / die-by-die alignment (for lithography) / site-by-site alignment (for each field)
Einzelchipschaltkreis *m.* / single chip circuit / single chipper

Einzelchipträger *m.* / single chip carrier
Einzelfeld *n.* / (IC) single die / (allg.) single field
Einzelfertiger *m.* / single product manufacturer
Einzelfertigung *f.* / single-item production
Einzelgerät *n.* / single device
Einzelhändler *m.* / retailer
Einzelhalbleiter *m.* / small-signal SC
Einzelhandel *m.* / retail business / retail trade
Einzelhandelsgeschäft *n.* / retail store / retail outlet
Einzelhandelspreis *m.* / retail price
Einzelheiten folgen *fpl.* / details to follow
Einzelkosten *pl.* / direct costs / unit costs
Einzelnetz *n.* / separate network
Einzelposition (v. Kd.-auftrag) *f.* / single item / individual item
Einzelposten *m.* / single item
Einzelpreis *m.* / unit price
Einzelprogramm *n.* / individual routine
Einzelpufferzeit *f.* / single buffer time
Einzelrechner *m.* / stand-alone computer
Einzelschalter *m.* / discrete switch
Einzelschichtsputtern *n.* / single-layer sputtering
Einzelschrittbetrieb *m.* / single-step operation
Einzelteil *n.* / single part / single item
Einzel- und Sammelabrufbereitstellung *f.* / single- and bulk order consignment
Einzelverarbeitung *f.* / single processing
Einzelverkauf *m.* / retail
Einzelzeitverfahren *n.* / flyback timing
Einzug *m.* / (Geld) collection
Einzweck-.. / single-purpose ..
Eisen *n.* / iron
Eisenoxidschablone *f.* / iron oxide mask
eiserner Bestand *m.* / buffer stock / safety stock
Eklatmeldung *f.* / severe fault message
Elektriker *m.* / electrician
elektrisch / electric(al)
elektrisch änderbarer Festspeicher *m.* / electrically alterable read-only memory (EAROM)
elektrisch änderbarer, programmierbarer Festspeicher *m.* / electrically alterable, programmable read-only memory (EAPROM)
elektrisch löschbarer Festspeicher *m.* / electrically erasable read-only memory (EEROM)
elektrisch trennen / to insulate electrically from each other
Elektrode *f.* / electrode
Elektrodenspannung *f.* / gate voltage
Elektrodenwechsel *m.* / electrode replacement
Elektrogeräte *npl.* / electrical appliances
Elektroindustrie *f.* / electrical industry

elektrolytische Aufzeichnung *f.* / electrolytic recording
Elektromagnet *m.* / electromagnet
Elektron *n.* / electron
Elektronenanlagerung *f.* / electron attachment
Elektronenanordnung *f.* / electron configuration
Elektronenbelichtungsanlage *f.* / electron exposure system
Elektronenbeschuss *m.* / electron bombardment
elektronenbestrahlt / electron-illuminated / electron-beam-exposed
Elektronenbestrahlung *f.* / electron-beam irradiation
Elektronenbeweglichkeit *f.* / electron mobility
elektronendurchlässig / electron transparent
Elektronendurchtunnelung *f.* / electron tunneling
elektronenempfindlich / electron-sensitive
Elektronenfalle (-haftstelle) *f.* / electron trap
Elektronenkanone *f.* / electron gun
Elektronenleitung *f.* / electron conduction
Elektronenmikrosonde *f.* / electron microprobe
Elektronenröhre *f.* / electronic tube
Elektronenschale *f.* / electron orbit
Elektronenspektroskopie *f.* / electron spectroscopy
Elektronenspender *m.* / electron donor
Elektronenstrahl *m.* / electron beam / E-beam / **direktschreibender ...** direct-write E-beam / **fein gebündelter ...** finely focussed E-beam
elektronenstrahl-adressierbarer Speicher *m.* / electronic-beam addressed memory (EBAM)
Elektronenstrahlanlage *f.* / E-beam equipment
elektronenstrahlbelichtet *f.* / electron-beam exposed
Elektronenstrahlbelichtung *f.* / electron-beam exposure
elektronenstrahlempfindlich *f.* / (Resist) electron-beam sensitive
Elektronenstrahler *m.* / electron gun / electron source
Elektronenstrahlfläche *f.* / spot area
Elektronenstrahlkanone *f.* / electron gun
Elektronenstrahllithographie *f.* / electron-beam lithography
Elektronenstrahlmeßgerät *n.* / electron-beam prober
Elektronenstrahlretikelgenerator *m.* / electron-beam reticle generator
Elektronenstrahlröhre *f.* / electron ray tube
Elektronenstrahlschreiber *m.* / electron-beam writing instrument

Elektronenstrahlschreibfläche *f.* / electron-beam drawing area
Elektronenstrahlstrom *m.* / E-beam current
Elektronenstrahlstrukturierung *f.* / electron-beam patterning
Elektronenstrahlverfahren *n.* / E-beam technology
Elektronenstreuung *f.* / electron scattering
Elektronenstromdetektor *m.* / current prober
Elektronenübergang *m.* / electron transmission
Elektronenzustand *m.* / electronic state
Elektronik *f.* / electronics
Elektronikausfall *m.* / electronic failure
Elektronikschrott-Verordnung *f.* / Ordinance on Electronic Scrap
elektronische Ablage *f.* / electronic filing system
elektronische Briefübermittlung *f.* / electronic mailboxing
elektronische Datenverarbeitung (EDV) *f.* / electronic data processing (EDP)
elektronische Datenverarbeitungsanlage (EDVA) *f.* / electronic data processing machine (EDPM)
Elektronischer Datenaustausch *m.* / Electronic Data Interchange (EDI)
Elektronischer Datenaustausch für Verwaltung, Handel und Transport *m.* / Electronic Data Interchange for Administration, Commerce and Transport (EDIFACT)
elektronischer Zahlungsverkehr *m.* / electronic funds transfer system
elektronisches Datenvermittlungssystem *n.* / electronic data switching system
Elektronisierung *f.* / electronization
elektrooptische Steilheit *f.* / electrooptic gradient
elektrostatischer Speicher *m.* / electrostatic storage / electrostatic memory
elektrostatisch gefährdet *f.* / static-vulnerable
Elektrotechnik *f.* / electrical engineering
elementar / elementary / elemental
Elementarzelle *f.* / unit cell
Elementketten *f.* / strings
Eliminierung *f.* / elimination
Ellipsometrie *f.* / ellipsometry
E-Mail-Anschluß *m.* / E-mail connection
E-Mail-Teilnehmer *m.* / E-mail subscriber
Emballage *f.* / packaging
Embargo aufheben / to lift an embargo
Embargo verhängen / to impose an embargo
Emissionsbereich *m.* / (Halbl.) emitter zone
Emissionsvermögen *n.* / emissivity
Emitteranschluß *m.* / emitter electrode / emitter terminal
emittergekoppelt / emitter-coupled

emittergekoppelte Schaltlogik *f.* / emitter-coupled logic (ECL)
Emitterschaltung *f.* / common emitter configuration
Emitterzone *f.* / emitter layer
Emitterzonendiffusion *f.* / emitter diffusion
Empfänger *m.* / (Brief) addressee / (Fracht) consignee / (allg.) receiver / recipient
Empfängerbauelement *n.* / receiving component
Empfang *m.* / receipt / (Einlad.) reception
empfangen / to receive
Empfangsadresse *f.* / destination address
Empfangsbestätigung *f.* / acknowledgement of receipt / confirmation of receipt
Empfangsdaten *pl.* / received data
Empfangsknoten *m.* / receiver node
Empfangsspediteur *m.* / receiving agent / receiving forwarder
Empfangsstelle *f.* / receiving point
empfehlen / to recommend
empfehlenswert / recommendable
Empfehlung *f.* / recommendation
empfindlich *f.* / sensitive
Empfindlichkeit *f.* / sensitivity /
photometrische ... photometer response /
spektrale ... spectral response
Empfindlichkeitsverteilung *f.* / response curve
empirisch / empiric(al)
Emulation *f.* / emulation
emulieren / to emulate
emulsionsbeschichtete Platte *f.* / emulsion plate
Endabnehmer *m.* / ultimate consumer / end user
Endabrechnung *f.* / final account
Endadresse *f.* / end address / high address
Endausbeute *f.* / final yield
Endbenutzer *m.* / end user
Endbestand *m.* / closing inventory
Endbetrag *m.* / final amount / net amount
Endeabfrage *f.* / end scanning
Endeadresse *f.* / end address / high address
Endeanweisung *f.* / end statement / stop statement
Endebedingung *f.* / (b. Progr.Schleife) at-end condition
Ende des Übertragungsblock *n.* / end of transmission block
Endekriterium *n.* / end criterion / terminate flag
Endemeldung *f.* / end message
Endempfänger *m.* / final consignee
Enderoutine *f.* / terminating routine
Enderzeugnis *n.* / finished product / final product / end product
Endesatz *m.* / end record
Endetaste *f.* / end key

Endezeichen *n.* / end marker / end character / end symbol
Endgerät *n.* / terminal / (*Pl.*) peripheral equipment
endgültig / final
Endknoten *m.* / final network node
Endkontrolle *f.* / final clearance
endlich / (begrenzt) finite
Endlosformular *n.* / continuous form
Endlospapier *n.* / continuous stationery
Endlospapier in Faltstapeln *n.* / continuous fanfold stock
Endlosschleife *f.* / endless loop
Endmontage *f.* / final assembly
Endprodukt *n.* / final product / finished product
Endprüffeld *n.* / final test field / final test bay
Endprüfung *f.* / final inspection / final test(ing)
Endstufe *f.* / final stage
Endstufe *f.* / (v. Schaltwerk) output stage
Endtermin *m.* / final date / deadline / end date / **letzter ...** latest finish date
Endübertrag *m.* / end around carry
Endverbraucher *m.* / end user / final consumer / ultimate consumer
Endverkaufspreis *m.* / final sales price
Endwert *m.* / accumulated value
energieabhängiger Speicher *m.* / volatile memory
Energiebetrag *m.* / amount of energy
Energieerzeugung (Siem./Bereich) *f.* / Power Generation Group
Energieschwelle *f.* / (an Siliziumoxid-Schnittstelle) energy barrier
Energietechnik *f.* / power engineering
Energieübertragung und -verteilung (Siem./Bereich) *f./f.* / Power Transmission and Distribution (Group)
energieunabhängiger Speicher *m.* / non-volatile memory
Energieverlust *m.* / energy loss
enger zeitlicher Rahmen *m.* / tight schedule
Engagement *n.* / commitment
Engpaß *m.* / bottleneck / shortage
Engpaßarbeitsgang *m.* / limiting operation
Engpaßkapazitäten *fpl.* / bottleneck capacities
Enhancement-Transistor *m.* / enhancement-mode transistor
Entbündelung *f.* / unbundling
entfernen / to remove / (Resist) to ablate
Entfernen *n.* / removal
Entfernung *f.* / (örtl.) distance
entferntes Endgerät *n.* / remote terminal
Entflechtung *f.* / routing
entformen / to demold
Entgasung *f.* / out-gassing
Entgasungskrater *m.* / blowhole

entgegengesetzt gepolte Spannung *f.* / oppositely charged voltage
entgegengesetzt leitend / of opposite conductivity
enthalten / to contain / to hold
Entionisation *f.* / deionization
entionisiertes Wasser *n.* / D.I. Water / deionized water (DIW)
Entität *f.* / entity
entkappen / (Bauelement) to decapsulate
Entkeimung *f.* / sterilization
entketten / to unchain / decatenate
entkoppeln / to decouple / to isolate
Entkoppler *m.* / decoupler
Entkopplung *f.* / decoupling
Entladegebühr *f.* / unloading charge
Entladehafen *m.* / port of discharge
entladen / to discharge / to unload
Entladen *n.* / (el.) discharging / unloading
Entladen *n.* / (Ware) discharge / unloading
entlassen / to dismiss
Entlassung *f.* / dismissal / lay-off
Entlassungspapiere *npl.* / dismissal papers
entlasten / to unload / to relieve
Entlastung *f.* / (Auftragsvergabe an Fremdfertiger) subcontracting / (allg.) relief
Entlastungsauftrag *m.* / subcontracting order
entleeren / (Lager) to deplete
Entlötungslitze *f.* / desoldering wick
entmagnetisieren / to demagnetize
Entnahme *f.* / issue / stock issue / withdrawal / requisition
Entnahmebeleg *m.* / issue card / requisition card
Entnahmedatum *n.* / picking date
Entnahmeliste *f.* / picking list
Entnahmeplan *m.* / (QS) sampling plan
entnehmen / to take out / to pick / to withdraw
Entnetzung *f.* / dewetting
entschachteln / to demultiplex
Entschädigung *f.* / indemnity / (bei Entlassung) severance pay
entscheiden / to decide
entscheidend / decisive
Entscheidung treffen *f.* / to make a decision
Entscheidungsausschuß *m.* / decision-making committee
Entscheidungsbasis *f.* / base of decision
Entscheidungsfindung *f.* / decision making
Entscheidungstabelle *f.* / decision table
Entscheidungsträger *m.* / decision maker
entschlüsseln / to decode / to uncode / to decipher
Entschluß *m.* / resolution
entsorgen / to dispose of
Entsorgung *f.* / disposal
Entsorgungsfirma *f.* / waste disposal firm

entsperren / to unlock
Entsperrtaste *f.* / unlock key
entsprechen / to correspond (to) / to match
entsprechend / (adj.) corresponding /
respective
entsprechend / (adv.) accordingly /
respectively / in accordance with /
in compliance with
entstören / to debug
entweichen / (aus Progr.-teil) to escape
entwerfen / to design / to draft
Entwertung *f.* / depreciation
entwickelbarer Fotolack *m.* / developable
photoresist
entwickeln / to develop
Entwickler *m.* / developer / ... auf Wasserbasis
aqueous-based developer
Entwicklerfleck *m.* / (Fototechnik) developer
spot
Entwicklung *f.* / design / development
Entwicklungsauftrag *m.* / design order
Entwicklungsaufwand *m.* / development
efforts
Entwicklungsbaunummer *f.* / (Siem.)
development baunumber / design
baunumber
Entwicklungsbezeichnung *f.* / development
number
Entwicklungsgüteprüfung *f.* / development
inspection (D.I.)
Entwicklungsingenieur *m.* / design engineer
Entwicklungskosten *pl.* / development costs
Entwicklungsstadium *n.* / stage of
development
Entwicklungsstufen *fpl.* / (IC) design steps /
development steps
Entwicklungstyp *m.* / development type /
design type
Entwicklungszentrum *n.* / Design Center
Entwicklungszyklus *m.* / development cycle
Entwicklung von Erzeugnissen *f.* / product
engineering
Entwurf *m.* / draft / sketch / design / blueprint
Entwurfstechnik *f.* / design technique
entzerren / to equalize
entziehbare Betriebsmittel *npl.* / (DV)
preemptive resources
entziehen / (Feuchtigkeit) to dehydrate
Epischicht *f.* / epitaxial layer
Epitaxialauftrag *m.* / exitaxial deposition
Epitaxialbereich *m.* / epitaxial region
Epitaxialbeschichtung *f.* / epitaxial layer
deposition
epitaxiales Wachstum *n.* / epitaxial growth
Epitaxialschicht *f.* / epitaxial layer / ... bei
reduziertem Druck reduced-pressure
epitaxy / ... mit verspannten
Schichtstrukturen strained-layer epitaxy /

selektive ... selected-area epitaxy / ... unter
Normaldruck atmospheric pressure epitaxy
Epochlorhydrine *npl.* / epochlorohydrines
Epoxid *n.* / epoxy
epoxidgekapselt / epoxy-packaged /
epoxy-encapsulated
Epoxid-Harz *n.* / epoxy resin
Epoxidharzverkappung *f.* / epoxy resin
encapsulation
Epoxidkleber *m.* / epoxy glue / epoxy adhesive
Epoxidklebstoff *m.* / epoxy adhesive / epoxy
glue
Epoxid-Preßmasse *f.* / epoxy encapsulant
Equipmentkontrollkarte *f.* / equipment
control chart
Erdschluß *m.* / ground fault
Erdungskontakt, voreilender *m.* / premating
grounding contact
Ereignisbit *n.* / event bit
ereignisorientiert / event-based
erfahren / to learn
Erfahrung(en) *f.* / experience
Erfahrungsaustausch *m.* / exchange of
experience
Erfahrungsbericht *m.* / field report
Erfahrungswert *m.* / empirical value
erfassen / to gather / to collect / to capture
Erfassung *f.* / (DV) gathering / collecting /
capture / acquisition / recording /
(allg.) registration
erfinden / to invent
Erfinder *m.* / inventor
Erfindung *f.* / invention
Erfolg *m.* / success
erfolglos / insuccessful
erfolgreich / successful
Erfolgsgrößen *fpl.* / performance data
Erfolgskonto *n.* / nominal account / operating
account
Erfolgsrechnung *f.* / earnings statement
Erfolgsziele *fpl.* / performance targets /
performance goals
erfolgversprechend / promising
erforderlich / required / necessary
erfordern / to require / to call for / to demand
Erfordernis *f.* / requirement
erfüllen / to fulfil / to meet (demand) /
to satisfy (needs)
Erfüllungsort *m.* / place of delivery
ergänzen / to supplement / to complement /
to complete
ergänzend / supplementary
Ergänzung *f.* / supplement / appendix /
complement
Ergänzungsspeicher *m.* / auxiliary storage /
backing storage / secondary storage
Ergebnis *n.* / result / outcome (Treffen)
Ergebnisrechnung *f.* / statement of operating
results / income statement

ergebniswirksam / influencing profits
Ergibt-Anweisung *f.* / assignment statement
Erhebung *f.* / investigation / data acquisition / (Höcker) bump
Erhebungstechniken *fpl.* / methods of data acquisition / methods of data capture
erhitzen / to heat
erhöhen / to increase / to raise
erhöhte Temperatur *f.* / elevated temperature
Erhöhung *f.* / increase
Erholungszeit *f.* / recovery time
Erholungszuschlag *m.* / fatigue allowance
Erholzeit *f.* / recovery time
Erinnerung *f.* / reminder
erkennbar / recognizable
erkennen / to recognize / to detect (an error / a defect)
Erkenntnisse *fpl.* / findings
Erkennungsteil *m.* / identification division
erklären / to explain
Erklärung *f.* / explanation
erlauben / to permit / to allow
Erlaubnis *f.* / permission
erlaubt / permitted / allowed
Erlenmayerkolben *m.* / Erlenmayer flask
Erlös *m.* / proceeds
Ermäßigung *f.* / reduction
ernennen / to appoint
erneuern / to renew
Eröffnungsanweisung *f.* / open statement
Eröffnungsbilanz *f.* / opening balance-sheet
Eröffnungskurs *m.* / opening price
Eröffnungsprozedur *f.* / open procedure / (Dialog) sign-on procedure
erprobt / tested / tried / proved
erreichen / (Ort) to reach
erreichen / (Ergebnis) to achieve
Ersatz-.. / alternate .. / backup .. / substitute ..
Ersatz *m.* / substitute / replacement
Ersatzarbeitsplatz *m.* / alternate work center
Ersatzauftrag *m.* / replacement order
Ersatzbearbeitungszeit *f.* / alternate processing time
Ersatzbelegungszeit *f.* / alternate loading time / alternate occupation time
Ersatzbeschaffung *f.* / replacement
Ersatzkanal *m.* / alternative channel
Ersatzlieferung *f.* / substitute delivery
Ersatzprogramm *n.* / alternative program
Ersatzrechner *m.* / backup computer
Ersatzspur *f.* / alternate track / backup track
Ersatzspurbereich *m.* / alternate track area
Ersatzspurverkettungssatz *m.* / bad-track linking record
Ersatzspurzuweisung *f.* / alternate track assignment
Ersatzteil *n.* / spare part / service part / repair part
Ersatzteilbestellung *f.* / spare parts order

Ersatzteildisposition *f.* / spare parts planning
erschließen / (Markt) to open up
erschöpfter Lagerbestand *m.* / depleted stock
ersetzen / to replace / to substitute
Ersetzungsbefehl *m.* / substitution instruction
Ersetzungsverfahren *n.* / substitution method
erstarren / to solidify
Erstarrung des Lots *f.* / solidification
Erstauftrag *m.* / pilot order / initial order
Erstbestellung *f.* / initial order
erstellen / to create
Erstellung *f.* / creation
Erstellungsdatum *n.* / creation date
erstens / to begin with
Erstentwurf *m.* / initial design
Ersterfassung *f.* / initial input
Erstoxidation *f.* / first oxidation
Erstprüfung *f.* / original inspection
Erstspur *f.* / primary track
Erstübertragung *f.* / first transfer
Ertrag *m.* / yield / profit / earnings / proceeds
Ertragsgrenze *f.* / profit limit
Ertragskraft *f.* / earning power
Ertragslage *f.* / income position
Ertragsschwelle *f.* / break-even point
Ertragssteigerung *f.* / increase in earnings
Ertragssteuer *f.* / profits tax
Ertragszentrum *n.* / profit center
Ertragsziele *npl.* / performance targets
Erwärmung *f.* / heating
erwarten / to expect / to anticipate
erwarteter Anliefertermin *m.* / arrival forecast
erwarteter Verbrauch *m.* / projected usage
Erwartungsausbeute *f.* / expected yield
Erwartungswert *m.* / expected value
erweiterbar / extensible / upgradeable
erweitern / to expand / to extend
erweitert / extended / expanded
erweiterte Druckerfunktion *f.* / advanced printer function
erweiterter Arbeitscode *m.* / augmented operation code
erweiterter Befehlsvorrat *m.* / extended instruction set
erweiterter Binärcode für Dezimalziffern *m.* / extended binary-code decimal interchange code
erweiterte Zugriffsmethode *f.* / queued access method
Erweiterung *f.* / ... von Geschäftsvolumen expansion of business / ... von Geschäftsräumen u. ä. extension of premises / (Dateiname) extension
Erweiterungsbaustein *m.* / expansion module
erweiterungsfähig / expandable
Erweiterungskarte *f.* / adapter board / extender board
Erweiterungsmöglichkeit *f.* / expandability

Erweiterungsplatine *f.* / upgrade board / upgrade card / expansion board
Erweiterungsplatte *f.* / extension disk
Erweiterungsprogramm *n.* / extension program
Erweiterungsschaltung *f.* / expander circuit
Erweiterungsspeicher *m.* / expanded memory / add-on memory
Erwerb *m.* / acquisition
erzeugen / to generate / to produce
Erzeugnis *n.* / product
Erzeugnisebene *f.* / product level
Erzeugnisgliederung *f.* / product classification
Erzeugnisgruppe *f.* / product group
Erzeugnisspektrum *n.* / product range
Erzeugnis/Teile Matrix *f.* / bill of material matrix
Erzeugnisübersicht *f.* / product survey
Erzeugnisvariante *f.* / product variant
erzielen / to achieve
erzwungen / forced
ESK-Relais *n.* / ESK-relay / high-speed relay with noble metal contacts
Etat *m.* / budget
Ethoxylethylacetat *n.* / ethoxyethyl acetate
Ethylenglykolether *m.* / ethylene glycole ether
Etikett *n.* /. label
Etikettenbehandlung *f.* / label processing
Etikettendruck *m.* / label printing
Etikettenspeicher *m.* / tag memory
Etikettgruppe *f.* / label set
Etikettierung *f.* / labelling
Etikettprüfprogramm *n.* / label checking routine
Europäischer Binnenmarkt *m.* / (EU) Single European Market
Europäischer Computerherstellerverband *m.* / European Computer Manufacturers Association (ECMA)
Europäisches Artikelnummernsystem *n.* / European Article Numbering System (EAN)
Europäische Union (EU) *f.* / European Union (siehe auch EG ... !)
Europakarte *f.* / Eurocard-PCB
Euro-Tausch-Palette *f.* / Euro-exchange pallet
Eutektikum *n.* / eutectic alloy
eutektischer Punkt *m.* / eutectic point
Evaluierung *f.* / evaluation
explizite Längenangabe *f.* / explicit length specification
Exponent *m.* / exponent
Exportartikel *m.* / export item
Exportbeschränkungen *fpl.* / export restrictions / export restraints
Exporteinnahmen *fpl.* / export earnings
Exporterlös *m.* / proceeds from exports
Exporteur *m.* / exporter

Exportfirma *f.* / export company / export trader
Exportförderung *f.* / export promotion
Exportförderungskampagne *f.* / export drive
export-induziert / export-led
Exportkalkulation *f.* / export cost accounting
Exportkontingent *n.* / export quota
Exportkontrollbeauftragter *m.* / (Siem.) Export Control Officer
Exportleiter *m.* / export sales manager
Exportmöglichkeiten *fpl.* / export opportunities / export potential
Exportneigung *f.* / propensity to export
Exportprämie *f.* / export bounty
Exportrabatt *m.* / export discount
Exportsteuer *f.* / export levy / export tax
Exportverbot *n.* / export ban / embargo
Exportwirtschaft *f.* / export business / export trade
Exposition *f.* / exposure
Expressgut *n.* / express consignment / express freight
Exsikkator *m.* / exsiccator / desiccator / **mit Stickstoff ausgeblasener ...** nitrogen-purged desiccator
extern / external
externe Bestellung *f.* / purchase order
externer Bedarf *m.* / external demand / exogenous demand
externer Lieferant *m.* / external supplier
externer Speicher *m.* / external storage / peripheral storage
externe Sortierung *f.* / offline sorting
extrahieren / to extract
Extrakosten *pl.* / additional costs
Extrakt *m.* / extraction / extract
Extrarabatt *m.* / special discount
Extremgeschwindigkeit *f.* / (Chips) all-out speed

F

Fabrik *f.* / factory / works / plant
Fabrikabgabepreis *m.* / price ex works
Fabrikabteilung *f.* / manufacturing department
Fabrikant *m.* / manufacturer / producer
Fabrikategruppe *f.* / product group
Fabrikationsanlagen *fpl.* / manufacturing facilities
Fabrikationsfehler *m.* / flaw
Fabrikationskosten *pl.* / manufacturing costs
Fabrikationsleiter *m.* / production manager
Fabrikationsverfahren *n.* / manufacturing process

Fabrikationsvorschrift *f.* / quality
specification / manufacturing specification
Fabrikautomatisierung *f.* / plant automation /
production automation
Fabrikbestand *m.* / manufacturing inventory
Fabrikdatum *n.* / factory date
Fabrikkalender *m.* / factory calendar / works
calendar / shop calendar / manufacturing
day calendar
Fabrikkalenderdatum *n.* / shop date
Fabrikleiter, technischer *m.* / production
manager
fabrikmäßig / industrial
Fabrikpreis *m.* / price ex works
Fachabteilung *f.* / technical department /
specialist department
Facharbeiter *m.* / skilled worker / (*pl.*) skilled
labo(u)r
Fachausbildung *f.* / professional training
Fachausdruck *m.* / technical term
Facheinkäufer *m.* / technical buyer
Fachgebiet *n.* / special field
Fachingenieur *m.* / specialist engineer
Fachkenntnisse *fpl.* / technical knowledge /
expertise
Fachkompetenz *f.* / specialist qualification
Fachkraft *f.* / skilled worker / specialist
fachlich zugeordnet / functionally reporting
to
Fachmann *m.* / expert / specialist
Fachmesse *f.* / trade fair
Fachnormenausschuß *m.* / engineering
standards committee
Fachpersonal *n.* / skilled personnel
Fachreferent *m.* / (Siem.) Manager
Fachsimpelei *f.* / shoptalk
Fachsprache *f.* / technical terminology / shop
language
Fachstudium *n.* / specialized studies
Fachverband *m.* / professional association
Fachvorgesetzter *m.* / operating supervisor
Fachwissen *n.* / technical knowledge /
expertise
Fadenlinie *f.* / hairline
Fadenokular *n.* / filar measuring eyepiece
Fadensystem *n.* / filar system
Fähigkeit *f.* / ability
Fähigkeiten *fpl.* / skills
fällig / due
Fälligkeit *f.* / maturity
Fälligkeitsdatum, aktuelles *n.* / current due
date
fällig sein / to be due
fällig werden / to fall due
fälschen / to forge / to falsify
fahrerloses Flurförderzeug *n.* / automatically
controlled ground conveyor
Fahrzeuge *npl.* / vehicles / (Bahn) rolling
stock

Fahrzeugelektronik *f.* / automotive
electronics
faktisch / de facto
Faktorenspeicher *m.* / factor storage
Faktura *f.* / invoice
Fakturawert *m.* / invoice value
Fakturiercomputer *m.* / invoicing computer
Falle *f.* / trap
Fallstudie *f.* / case study
Falltest *m.* / drop-test
Falltür *f.* / (Virus) trapdoor
falsch / wrong / incorrect / false
falsch adressieren / to misdirect
Falschausrichtung *f.* / misalignment
falsch auswerten / to misinterpret
Falschauswertung *f.* / misinterpretation
falsch datieren / to misdate
falsche Anwendung *f.* / misuse /
misapplication
falsch handhaben / to mishandle
Faltschachtel *f.* / folding box
fangen / (v. Ladungsträgern in Halbl.) to trap
Fangschaltung *f.* / call tracing
Farbanzeige *f.* / colour display
Farbbanddrucker *m.* / ribbon printer
Farbbandkassette *f.* / ribbon cartridge
Farbbildschirm *m.* / chromatic terminal /
colour monitor / colour screen
Farbdarstellung *f.* / colour representation
Farbdichte *f.* / ink density
Farbe *f.* / colo(u)r
Farb-Grafikarbeitsplatz *m.* / colour/graphics
station
Farb-Grafik-Bildschirm *m.* / colour/graphics
monitor
Farbkennzeichnung *f.* / colour marking
farblos / colourless
Farbplotter *m.* / colour plotter
Farbresist *m.* / dyed resist
Farbrückstände *mpl.* / (QS) residual ink
Farbstoff *m.* / dye
Farbtafelstärkenbestimmung *f.* / colour chart
thickness determination
Farbton *m.* / colour shade / tone
Fase *f.* / facet (of etched pattern) / flat
(of wafer)
Faser *f.* / fiber
Fassung *f.* / socket
Fassungsvermögen *n.* / capacity
Faustregel *f.* / rule of thumb
Fax *n.* / fax / facsimile
FCKW / chlorofluorcarbons
FCKW-geschäumt / (Verpackung) made of
chlorofluorocarbon foams
Feder einer Federleiste *f.* / spring element of
a female connector
Federkammer eines StV *f.* / socket
Federkonstante *f.* / spring constant
Federkontakt *m.* / female contact

Federkontaktleiste *f.* / chip contact strip
Federkontaktstift *m.* / spring-loaded test pin
Federleiste *f.* / socket connector
Federleistenkontakt *m.* / socket contact
federnder Kontakt *m.* / resilient contact
Federring *m.* / lock washer
Federscheibe *f.* / spring washer
Federweg *m.* / (Relais) spring excursion
Fehlanpassung *f.* / misalignment
Fehlausrichtung *f.* / misorientation /
  misalignment
Fehlbedarf *m.* / uncovered demand
Fehlbestand *m.* / shortage
Fehlbestückung *f.* / placement error
Fehlbetrag *m.* / deficit
Fehlbuchung *f.* / incorrect entry
Fehldisposition *f.* / MRP error
Fehleingabe *f.* / misentry
Fehleinschätzung *f.* / misjudgement
fehlen / to be missing / to be lacking
Fehlen *n.* / lack / abscence
fehlend / missing
Fehlentnahmen *fpl.* / (Lager) mispicks
Fehler *m.* / error / defect / fault / mistake /
  Fabrikations-.. flaw
Fehlerabdeckungsgrad *m.* / level of fault
  coverage
Fehlerabgrenzung *f.* / trouble locating
Fehleradresse *f.* / error location
Fehleranalyse *f.* / error analysis / fault
  analysis
fehleranfällig / error prone
Fehleranteil *m.* / (QS) defective lot fraction
Fehleranzeige *f.* / error display
Fehleranzeiger *m.* / error indicator
Fehlerart *f.* / (QS) type of defect / failure
  mode
Fehlerausdruck *m.* / error printout
Fehlerausgabe *f.* / error output
Fehlerbearbeitung *f.* / error handling
fehlerbehaftet / defective
Fehlerbehandlung *f.* / error processing / error
  handling
fehlerbehebend / corrective
Fehlerbehebung *f.* / error recovery / error
  correction
Fehlerbereich *m.* / range of error / error span
Fehler beseitigen / to debug
Fehlerbeseitigung *f.* / debugging / error
  recovery / fault recovery
Fehlerbewertung *f.* / error assessment
Fehlerbyte *n.* / error byte
Fehlercode *m.* / error code
Fehlerdichte *f.* / defect density
Fehlereinfluß *m.* / failure effect
Fehlereinkreisung *f.* / error isolation
Fehlererkennungscode *m.* / error-detecting
  code / error-checking code

Fehlererkennungsprogramm *n.* / error
  detection routine
Fehlerfach *n.* / reject stacker
Fehlerfeststellung *f.* / defect detection
fehlerfrei / error-free / correct
Fehlerfreiheit *f.* / freedom from error /
  correctness
Fehlerfortpflanzung *f.* / error propagation
fehlergeschützt / fault-protected
Fehlergrenze, zulässige *f.* / (allowable) error
  boundary
Fehlergröße *f.* / magnitude of error
Fehlerhäufigkeit *f.* / error rate / failure
  frequency / failure rate
fehlerhaft / incorrect / defective / faulty
fehlerhafte Funktion *f.* / (Maschine)
  malfunction
fehlerhafte Verzweigung *f.* / wild branch
Fehlerhinweis *m.* / error prompt
Fehlerindizien *npl.* / fault symptoms
Fehlerkatalog *m.* / defect catalog
Fehlerkennbit *n.* / error indication bit
Fehlerkennziffer *f.* / error code-number
Fehlerkontrolle mit
  Rückwärtsübertragung *f.* / busback / loop
  checking / information feedback
Fehlerkorrekturcode *m.* / error-correcting
  code
fehlerkorrigierendes Prüfverfahren *n.* /
  error-correcting check method
Fehlerliste *f.* / exception report / error list /
  errata list
Fehlerlokalisierung *f.* / fault location / fault
  isolation / error location
Fehlermeldung *f.* / error message / error note
Fehlerprotokoll *n.* / error log
Fehlerprotokollierung *f.* / error logging /
  failure logging
Fehlerprüfcode *m.* / error detecting code
Fehlerprüfung *f.* / error check
Fehlerquelle *f.* / source of errors
Fehlerquote *f.* / defect level
Fehlerregung *f.* / non-pickup
Fehlerschlupf *m.* / escapes
Fehlerspannungsschutzschalter *m.* / voltage-
  operated RCB
Fehlerstatistik *f.* / error statistics
Fehlerstelle *f.* / (auf Speichermedium)
  blemish
Fehlerstop *m.* / dynamic stop
Fehlerstromschutzschalter *m.* /
  current-operated RCB
Fehlersuche *f.* / debugging / fault localization
Fehler suchen / to debug
Fehlersuchprogramm *n.* / debugging routine
fehlertolerant / fault tolerant
Fehlerüberwachung *f.* / error supervision
Fehlerunterbrechung *f.* / error interrupt
Fehlerursache *f.* / error cause

Fehlerverfolgung *f.* / error tracing
Fehlerverwaltung *f.* / recovery management
Fehlerverzeichnis *n.* / error map / error list
Fehlerwahrscheinlichkeit *f.* / error probability
Fehlerwirkbreite *f.* / fault sensitivity range
Fehlerzeichen *n.* / error code / dump prompt
fehlgeleitet / (Ware) misrouted / misled
Fehlinformation *f.* / misinformation
Fehlinvestition *f.* / misinvestment
Fehljustierung *f.* / misalignment / alignment
error / misorientation
fehlleiten / (Ware) to misroute
Fehlleitung *f.* / (b. Warentransport)
misrouting
Fehllieferung *f.* / short shipment
Fehlmenge *f.* / missing quantity / shortage
Fehlmengenkosten *pl.* / shortage costs
Fehlmengen zum Auftragsvorschlag *fpl.* /
shortages on order proposals
Fehlprognose *f.* / false forecast
Fehlstelle *f.* / void / vacancy
Fehlteil *n.* / missing part
fehlteilbehaftete Auslagerung *f.* / delivery
with credit
Fehlteilliste *f.* / shortage list
Fehlzeichen *n.* / caret
feinabstimmen / to fine-tune
Feineinstellung *f.* / fine tuning
Feinjustiermarke *f.* / fiduciary mark
Feinjustiersystem *n.* / fine-alignment system
Feinjustiertisch *m.* / fine motion alignment
stage
Feinleck *n.* / (Gehäuse) fine leak
Feinmechanik *f.* / precision mechanics
Feinplanung *f.* / fine-tuned planning /
detailed planning
Feinpositionierer *m.* / micropositioner
Feinriß *m.* / microcrack
Feinsteuerung *f.* / fine tuning
Feinstrukturätzen *n.* / fine geometry milling
Feinterminierung *f.* / detailed scheduling
Feld *n.* / field / item / array
Feldattribut *n.* / field attribute
Feldbegrenzung *f.* / field boundary
Felddotierung *f.* / field doping
Feldeffekttransistor *m.* / field effect transistor
(FET)
Feldeigenschaft *f.* / field attribute
Feldelement *n.* / array element
Feldgruppe *f.* / array
Feldinhalt *m.* / field contents
Feldlänge *f.* / field length / length of data
field
Feldlängenangabe *f.* / field-length
specification
Feldname *m.* / field name / identifier
Feldprozessor *m.* / array processor
Feldrechner *m.* / array processor
Feldschlüssel *m.* / field code / field key

Feldüberlauf *m.* / field overflow
Feldzuordnung *f.* / field assignment
Feldversuch *m.* / field test
Fenster *n.* / window / **... in der Metallmaske**
opening in the metal mask / **... in einer**
Oxidschicht window in an oxide covering
Fensterausschnitt *m.* / box window
fensterlos / (Gehäuse) windowless
Fenstermaske *f.* / via mask
Fenstertechnik *f.* / windowing
Fern-.. / remote .. / tele ..
Fernabfrage *f.* / remote inquiry
Fernanzeige *f.* / remote indication
Fernausgabe *f.* / remote output
fernbedienen / to teleguide
Fernbedienung *f.* / remote control /
teleguidance
Fernbetrieb *m.* / remote mode
Fernbetriebseinheit *f.* / link control unit
Ferndatenstation *f.* / remote station
Ferneingabe *f.* / remote input
Ferner ... / Moreover ... / Furthermore ... /
In addition to this, ...
Fernfrachtverkehr *m.* / long-haul freight
traffic
Ferngespräch *n.* / (US) long-distance call /
(GB) trunk call
ferngesteuert / remote-controlled
Fernkopie *f.* / facsimile / fax
fernkopieren / to telecopy / to telefax / to fax
Fernkopierer *m.* / telecopier / facsimile
terminal
Fernmeldebehörde *f.* / telecommunications
authority
Fernmeldegebühren *fpl.* /
telecommunications charges
Fernmeldeordnung *f.* / telecommunications
decree
Fernmeldesatellit *m.* / telecommunications
satellite
Fernmeldetechnik *f.* / telecommunications
engineering / telecommunications
Fernmeldetechniker *m.* / telecommunications
engineer
Fernmesser *m.* / telemeter
Fernmessung *f.* / telemetry
Fernnetz *n.* / wide area network (WAN)
Fernprogrammierung *f.* / teleprogramming
fernschreiben / to teletype
Fernschreiben *n.* / telex
Fernschreiber *m.* / teletypewriter (TTY) /
(GB) teleprinter
Fernschreibtastatur *f.* / teleprinter keyboard
Fernsprechanschluß *m.* / telephone subscriber
line
Fernsprechanzeige *f.* / telephone display
Fernsprechapparat *m.* / telephone set
Fernsprechgebühren *fpl.* / telephone charges
Fernsprechkonferenz *f.* / audioconference

Fernsprechnebenstellenanlage *f.* / computerized private branch exchange (CPBX)
Fernsprechnetz *n.* / telephone network
Fernsprechvermittlung *f.* / telephone switching
Fernsprechvermittlungsstelle *f.* / telephone exchange
Fernsprechverzeichnis *n.* / telephone directory
Fernstapelverkehr *m.* / remote batch processing
fernsteuern / to telecommand / to telecontrol
Fernsteuern *n.* / telecommand
Fernsteuerung *f.* / remote control
fernübertragen / to telecommunicate
Fernübertragung *f.* / telecommunication
fernüberwachen / to telemonitor
Fernüberwachung *f.* / telemonitoring
Fernüberwachungsgerät *n.* / telemonitor
fernverarbeiten / to teleprocess
Fernverkehr *m.* / long-distance haulage
fernwarten / to telemaintain
Fernwartung *f.* / telemaintenance / remote maintenance
Fernwirksystem *n.* / remote control system
Ferritkernspeicher *m.* / ferrite core memory
ferromagnetisch / ferromagnetic(al)
fertigen / to produce / to manufacture / **nach Kundenwunsch** ... to customize
Fertigerzeugnis *n.* / finished product / final product / end product
Fertiglagerdisposition *f.* / finished stock control
Fertigmeldekarte *f.* / ready card / feedback card / completion card
Fertigmeldung *f.* / feedback / ready message / ... **in der Fertigung** order completion report
Fertigmontage *f.* / final assembly
Fertigplanum *n.* / finished grade
Fertigstellung *f.* / completion
Fertigstellungsmenge *f.* / completed accounting quantity
Fertigstellungstermin *m.* / completion date / finish date
Fertigteilelager *n.* / finished parts warehouse
Fertigung *f.* / fabrication / manufacture / production / ... **auf Lager** production for stock / **auftragsbezogene** ... manufacturing to order / **handwerkliche** ... trade manufacture / **losfreie** ... single-unit processing / **losweise** ... batch production / **mechanische** ... mechanical production / mechanical manufacture / ... **nach Flußprinzip** flow-line production / **provisorische** ... provisional production / temporary production / **schlanke** ... lean production / **stückweise** ... single-unit processing / **überlappte** ... overlapped

production / lap phasing / overlapping / ... **von Teilefamilien** Group Technology
Fertigungsablauf *m.* / production sequence
Fertigungsablaufplan *m.* / master route chart / process chart
Fertigungsablaufplanung *f.* / production sequencing
Fertigungsabteilung *f.* / production department / manufacturing department
Fertigungsanlage *f.* / production facility / plant
Fertigungsanlauf *m.* / start of production
Fertigungsart *f.* / production type
Fertigungsaufträge *mpl.* / **nicht vorgegebene** ... dead load
Fertigungsauftrag *m.* / production order / shop order / manufacturing order
Fertigungsauftragsbestand *m.* / production order stock / production orders on hand
Fertigungsauftragsdatei *f.* / shop order file
Fertigungsauftragsverwaltung *f.* / shop order administration
Fertigungsausbeute *f.* / production yield / fab yield
Fertigungsausschuß *m.* / production scrap
Fertigungsautomation *f.* / machine automation / manufacturing automation
Fertigungsbedingungen *fpl.* / production conditions
Fertigungsbelege *mpl.* / production documents / production papers
Fertigungsbereich *m.* / facility / **industrieller** ... industrial fields of production
Fertigungsdaten *pl.* / production data
Fertigungsdurchführung *f.* / production department
Fertigungsdurchlauf *m.* / production flow / manufacturing flow
Fertigungsdurchlaufzeit *f.* / cycle time
Fertigungseinrichtung zur Herstellung verschiedener Produkte *f.* / blocked operations facility
Fertigungseinrichtungen *fpl.* / production facilities
Fertigungseinzelkosten *pl.* / prime costs
Fertigungsfehler *m.* / (an Produkt) manufacturing flaw
Fertigungsfeinplanung *f.* / fine-tuned production planning
Fertigungsflur *m.* / shopfloor
Fertigungsfluß *m.* / production flow / manufacturing flow
Fertigungsfortschritt *m.* / production progress
Fertigungsfreigabe *f.* / release for production
Fertigungsgemeinkosten *pl.* / manufacturing overheads
Fertigungsgemeinkostenmaterial *n.* / indirect material
fertigungsgerecht / suitable for production

fertigungsgerechte Gestaltung der LP *f.* /
PCB design which is suitable for production
Fertigungsgrobplanung *f.* / master
scheduling / gross production planning
Fertigungsgrunddatenspeicher (FGS) *m.* /
storage for basic production data
Fertigungsgruppe, produktorientierte *f.* /
Group Technology
Fertigungshilfslinie *f.* / auxiliary production
line
Fertigungsinsel *f.* / production island / work
cell
Fertigungskalender *m.* / manufacturing (day)
calendar
Fertigungskapazität *f.* / manufacturing
capacity / production capacity
Fertigungskosten *pl.* / manufacturing costs /
production costs
Fertigungskostenstelle *f.* / production cost
center
Fertigungslinie *f.* / production line
Fertigungslohn *m.* / production wages
Fertigungslos *n.* / production lot / batch
Fertigungsmerkmal *n.* / production criterion
Fertigungsmittel *n.* / means of production
Fertigungsnest *n.* / machining cell
Fertigungsphasen-Überwachung *f.* / block
control
Fertigungsplan *m.* / production plan / master
route sheet / routing sheet
Fertigungsplanung *f.* / production planning /
production scheduling
Fertigungsposition *f.* / manufacturing item /
manufacturing position
Fertigungsprogramm *n.* / production program
Fertigungsprozeß *m.* / manufacturing process
Fertigungsprüfer *m.* / in-process inspector
Fertigungsprüfung *f.* / in-process inspection
Fertigungsregelung *f.* / production control
Fertigungsrückstand *m.* / backlog of work
Fertigungsschlüssel *m.* / production key
Fertigungsschritt *m.* / production step
Fertigungsspektrum *n.* / production range
Fertigungsstätten *fpl.* / facilities
Fertigungs-Stammdaten *pl.* / production
master data
Fertigungsstand *m.* / production status / state
of production
Fertigungsstandort *m.* / manufacturing
location / manufacturing site
Fertigungssteuerung *f.* / production control
Fertigungsstörung *f.* / production breakdown
Fertigungsstraße *f.* / (zur Erzeug. v. best.
Endprod.) dedicated production line
Fertigungsstrecke *f.* / production route
Fertigungsstruktur *f.* / manufacturing
structure
Fertigungsstückliste *f.* / production bill of
material / manufacturing bill of material

Fertigungsstückzahlen *fpl.* / units
manufactured
Fertigungsstufe *f.* / production level /
nachgelagerte ... successor stage /
vorgelagerte ... predecessor stage
fertigungssynchrone Beschaffung *f.* /
just-in-time purchasing
fertigungssynchrone Materialwirtschaft *f.* /
just-in-time inventory method
Fertigungssystem *n.* / **... mit zentralem
Montageband** single line system / **flexibles
...** flexible manufacturing system (FMS)
Fertigungstechnik *f.* / manufacturing
technology
fertigungstechnische Grunddaten *pl.* /
manufacturing basic data
Fertigungstermin *m.* / production date
Fertigungs-Terminplanung *f.* / production
scheduling
Fertigungstiefe *f.* / manufacturing depth
Fertigungsüberleitung *f.* / release for
production
Fertigungsüberwachung *f.* / job control /
production monitoring
Fertigungsumfeld *n.* / production environment
Fertigungsumstellung *f.* / production
change-over
Fertigungsunterlagen *fpl.* / manufacturing
documents
Fertigungsverbund *m.* / production network /
production group
Fertigungsvereinfachung *f.* / production
simplification
Fertigungsverfahren *n.* / manufacturing
process
Fertigungsvorbereitung *f.* / production
planning and scheduling
Fertigungsvorbereitungszeit *f.* / production
lead time
Fertigungsvorschrift *f.* / processing sheet
Fertigungswerkstatt *f.* / job shop
Fertigungszeit *f.* / production cycle time
Fertigungszelle *f.* / manufacturing cell
Fertigungszentrum *n.* / manufacturing
center / **... mit zentralem Montageband**
single line system / **flexibles ...** flexible
manufacturing system
Fertigungsziel *n.* / production target /
production goal
Fertigungszuschlag *m.* / production
allowance / **... für Ausschuß** scrap factor /
(Verlust) shrinkage allowance
Fertigung von Teilefamilien *f.* / Group
Technology
fertig verdrahtet / fully wired
Fertigwaren *fpl.* / finished goods
Festbildspeicher *m.* / fixed-image memory
feste Ausgangsmedien bei der Diffusion *npl.* /
solid deposition sources

feste Bestellmenge *f.* / fixed order quantity
fest eingebaute Buchse *f.* / fixed panel jack
fest eingeplanter Auftrag *m.* / firmly planned
order
feste Kosten *pl.* / fixed costs
feste Losgröße *f.* / fixed lot size / fixed
batchsize / stationary batchsize
fester Auftrag *m.* / firm order
fester Datensatz *m.* / fixed data record
fester Steckverbinder *m.* / fixed connector
feste Satzlänge *f.* / fixed record length
festes Datenfeld *n.* / fixed data item
festgelegt / stipulated / fixed
festgesetzt / fixed / stipulated / set (value)
Festigkeit, mechanische *f.* / mechanical
strength
Festkörper *m.* / solid body
Festkörperbauelement *n.* / solid-state
component
Festkörperschaltkreis *m.* / solid-state circuit
Festkomma *n.* / fixed point
Festkommadarstellung *f.* / fixed-point
representation
Festkonto *n.* / blocked account
Festkosten *pl.* / fixed costs
festlegen / to determine / to stipulate / to fix /
(Kapital) to lock up
Festlegung *f.* / stipulation / determination
Festlosgröße *f.* / fixed lot size
Festphasenepitaxie *f.* / solid-phase epitaxy
Festplatte *f.* / hard disk / fixed disk
Festplattenlaufwerk *n.* / hard-disk drive /
fixed-disk drive
Festplattenspeicher *m.* / hard-disk storage /
fixed-disk storage
Festpreis *m.* / fixed price
Festprogramm *n.* / fixed program /
hard-wired program
Festprogramme *npl.* / (f. DV-System)
firmware
Festpunktschreibweise *f.* / fixed-point
representation
fest reservierter Bestand *m.* / firmly allocated
stock
festsaugen / (durch Unterdruck) to
vacuum-clamp
Festspeicher *m.* / read only memory (ROM) /
fixed storage / permanent storage /
non-erasable storage / hard-wired memory
feststellen / to find out
Feststoffe, gelöste *mpl.* / dissolved solids
Feststoffgehalt *m.* / solids contents
Feststoffquelle *f.* / solid source
festverdrahtetes Netz *n.* / hard-wired network
Fest-Wechsel-Platte *f.* / fixed and removable
disk
Festwert *m.* / constant
Festwertregelung *f.* / constant value control

Festwertspeicher *m.* / read-only memory
(ROM)
Festwort *n.* / fixed-length word
fett / (Schrift) bold
Fettdruck *m.* / bold-face printing
fettfrei / grease-free
Fettschrift *f.* / bold-face font
Feuchte *f.* / humidity / moisture
Feuchtemeßgerät *n.* / moisture gauge
Feuchteschutzverpackung *f.* /
moisture-protection pack / moisture-proof
pack / moisture-barrier bag
Feuchte-Wärme-Prüfung *f.* /
moisture-resistance test
Feuchtigkeit entziehen *f.* / to dehydrate
feuchtigkeitsbedingt / moisture-induced
Feuchtigkeitsbeständigkeit *f.* / moisture
resistance
Feuchtigkeitsdetektor (eingebauter) *m.* /
(in-situ) moisture sensor
Feuchtigkeitsindikator *m.* / moisture indicator
Feuchtigkeitsmesser *m.* / humistor
Feuchtoxidation *f.* / wet oxidation
feuerfester Steckverbinder *m.* / fireproof
connector
Fiederblech *n.* / serrated shim
fiktiv / dummy
fiktive Baugruppe *f.* / transient subassembly
fiktive Strecken *fpl.* / dummy stages
fiktiver Vorgang *m.* / dummy activity
Filiale *f.* / branch
Filmspeicher *m.* / photographic storage /
photo-optical storage
Filter, steiler *m.* / filter with sharp cutoff
characteristics
filtern / to filter / to drain
Finanzabteilung *f.* / finance department
Finanzbedarf *m.* / financial requirements
Finanzbuchhalter *m.* / financial accountant
finanzielle Mittel *npl.* / funds / financial
resources
Finanzierungsgesellschaft *f.* / finance
company
Finanzmittelbereitstellung *f.* / provision of
funds / provision of financial resources
Finanzmittelverwendung *f.* / use of financial
resources
Finanzverwaltung *f.* / financial management
Finanzwesen *n.* / finance
finnisch / Finnish
Finnland / Finland
Firma *f.* / firm / company
Firma gründen / to establish a firm / to set up
a firm
firmeneigen / (Software) proprietary
Firmenleitung *f.* / corporate management
Firmensprecher *m.* / company spokesman
Firmenverzeichnis *n.* / trade directory

fixieren / to fix / to locate / **lagerichtig ...** to lock in the correct position

fixieren / (b. Laserdruckern) to fuse

Fixierung *f.* / (v. Druckbild) fusing

Fixpunkt *m.* / checkpoint / break point

Fixpunktsatz *m.* / breakpoint record

Flachbaugruppe *f.* / integrated circuit board / flat module / printed circuit board / **doppelt kaschierte ...** double-side p.c. board / **steckbare ...** plug-in module

Flachbaugruppenadapter *m.* / adapter for p.c. board

Flachbaugruppenmontage *f.* / printed circuit board assembly

Flachelektronenstrahlröhre *f.* / flat cathode-ray tube

Flachgehäuse *n.* / (f. IC) flat pack

Flachkabel *n.* / ribbon cable

Flachpalette *f.* / flat pallet

Flachstecker *m.* / push-on connector

Flachtastatur *f.* / horizontal keyboard / low-profile keyboard

Fläche *f.* / area / surface / plane

Flächenauflockerung *f.* / cross hatching

Flächenausbeute *f.* / fab yield

flächenausnutzend / area-efficient

Flächenausnutzung *f.* / area utilization / areal efficiency

Flächenbelichtung *f.* / large-area exposure

Flächenbonden *n.* / area bonding

Flächendiagramm *n.* / plane chart

Flächendichte *f.* / area density

Flächendiode *f.* / junction transistor

Flächeneinsparung *f.* / area saving

Flächenempfänger *m.* / diode array detector

Flächenerdung *f.* / ground distribution

Flächengenerator *m.* / surface generator

Flächengleichrichter *m.* / surface contact rectifier

Flächenladung *f.* / charge per unit area

Flächenmagazin *n.* / planar magazine

Flächenmodell *n.* / surface model

Flächenmontage *f.* / surface-mounting

flächenmontiert / surface-mounted

Flächennutzungsfaktor *m.* / area-usage factor

Flächenschleifmaschine *f.* / surface grinding machine / centerless grinder

Flächenschwerpunkt *m.* / centroid

Flächensegment *n.* / surface patch

Fächentransistor *m.* / junction transistor

Flächenverdrahtung *f.* / surface wiring

Flächenverhältnis *n.* / area ratio

Flächenwiderstand *m.* / sheet resistance

Flag / flag / **... für Befehlskettung** chain command flag / **... für Datenkettung** chain data flag / **... für Fehlerkennzeichnung** error flag

Flaganzeige *f.* / flag indicator

flammhemmend / fire-impeding / fire-inhibiting

Flammpunkt *m.* / flash point

Flanke *f.* / ramp / slope / **steile ...** (Filter) sharp cutoff

Flansch *m.* / flange

Flanschbefestigung *f.* / flange-mounting

Flanschsteckverbinder *m.* / flange connector

Flattern *n.* / thrashing

Flattersatz *m.* / unjustified print / unjustified output

Flaute *f.* / slack period

Fleck *m.* / spot

Fleckenmethode *f.* / stain method

flexible Arbeitszeit *f.* / flextime / flexible working time

flexible Magnetplatte *f.* / floppy disk

flexibles Fertigungssystem *n.* / flexible manufacturing system

flicken / to patch

Fließband *n.* / assembly line / conveyor belt

Fließbandfertigung *f.* / assembly line production

Fließbandverarbeitung *f.* / pipelining

Fließeigenschaften *fpl.* / liquid flow qualities

fließen / to flow

Fließfertigung *f.* / continous (process) production / **Werkstatt mit ...** flow-shop

Fließprinzip *n.* / principle of continuous production

Fließtext *m.* / continuous text

Fließverfahren *n.* / flow process

flimmern / to flicker / to glimmer

Flipflop-Schaltung *f.* / flipflop-circuit

flüchtig / volatile / transient / non-permanent

flüchtiger Speicher *m.* / volatile memory / volatile storage

flüssig / liquid / fluid

flüssige Mittel *npl.* / liquid funds / liquid assets

Flüssigkeit *f.* / liquid / fluid

Flüssigkeitsniveau *n.* / (Naßätzen) fluid level

Flüssigkristallanzeige *f.* / liquid crystal display (LCD)

Flüssigphasenepitaxie *f.* / liquid-phase epitaxy

Flüssigstoffquelle *f.* / liquid source

Flüssigstoffsprudler *m.* / liquid source bubbler

Flugbahn *f.* / (Ionen) trajectory

Flughöhe *f.* / (Kopf-Platte-Abstand) head gap / head-to-disk distance

Fluktuation *f.* / fluctuation / (Personal) fluctuation / turnover of personnel

fluoreszierend / fluorescent

Flur *m.* / shopfloor

Flurförderzeug *n.* / ground conveyor / **fahrerloses ...** automatically controlled ground conveyor

Fluß *m.* / flow

Flußdiagramm *n.* / flowchart
Flußgrad *m.* / flow rate
Flußleitwert *m.* / forward conductance
Flußmittel *n.* / flux
Flußmittelrückstand *m.* / flux residue
Flußplan *m.* / flowchart
Flußprinzip *n.* / flow principle
Flußrate *f.* / streaming rate (z.B. 3,6
  Mbyte/s)
Flußrichtung *f.* / flow direction
Flußsäure *f.* / hydrofluoric acid
Förderbandgeschwindigkeit *f.* / conveyor
  speed
Fördersystem *n.* / conveyor system
fördern / to promote
fördern / (transportieren) to lift / to further /
  to convey
Förderung *f.* / (Unterstützung) promotion
Folge *f.* / sequence / succession
Folge *f.* / (Reihe) series
Folgeadresse *f.* / continuation address /
  chaining address
Folgeauftrag *m.* / follow-up order
Folgebetrieb *m.* / serial operation
Folge der Länge Eins *f.* / unit string
Folgefehler *m.* / sequence error
folgegebunden / sequenced
Folgemaske *f.* / successor mask / subsequent
  mask
folgen / to follow / to succeed
folgend / following / succeeding / successive /
  subsequent / ensuing
folgendermaßen / as follows
Folgeprogramm *n.* / successor program /
  subsequent program / continuation program
Folgeprüfung *f.* / sequence check
Folgeregelung *f.* / sequence control
Folgeregelungssystem *n.* / adaptive control
  constraint (ACC)
folgern / to infer
Folgerung *f.* / inference
Folgesatz *m.* / subsequent record / successor
  record / continuation record
Folgesteuerung *f.* / sequential control
Folgetätigkeit *f.* / successor activity
Folgeübertragung *f.* / (Fotomaskierung)
  second transfer
Folgeverarbeitung *f.* / sequential scheduling
Folie *f.* / (allg.) foil / (Maskensubstrat bei
  Lithographie) membrane / (Kopieren)
  transparency / (Diashow) slide / **leitende ...**
  conductive foil
Folienband *n.* / tape
Folienbondtechnik *f.* / tape bonding
  technology
foliengebondet / tape-bonded
Folienrückstand *m.* / foil residue
Folienschaltung *f.* / film-integrated circuit
Foliensubstrat *n.* / membrane substrate

Folienträgertechnik *f.* / tape carrier
  technology
Folienverpackung *f.* / foil packaging
Forderung *f.* / claim / demand /
  (Rechnungswesen) *pl.* accounts receivable
Form *f.* / shape / **... der Kontaktanschlußseite
  des StV** contact tail style / **... des
  Wellenendes bei Drehschaltern** shaft-end
  style
Formablenksystem *n.* / shaping deflector
Formabweichung *f.* / (Maske) runout
Format *n.* / format
Formatangabe *f.* / format specification
Formatbibliothek *f.* / format library
Formatdatei *f.* / format file / stylesheet
Formatfehler *m.* / format error
formatieren / to format
Formatierhilfen *fpl.* / formatting capabilities
formatierter Datenbestand *m.* / formatted data
  set
Formatierung *f.* / formatting
Formatspeicher *m.* / format storage
Formatsteuerzeichen *n.* / layout character /
  format effector
Formatverwalter *m.* / (Dienstpr.) format
  manager
Formatzeichen *n.* / format character
Formblatt *n.* / control chart
Formcode *m.* / graphic code
Formdraht *m.* / preformed wire
Formel *f.* / formula
Formelübersetzer *m.* / formula translator
  (FORTRAN)
Formentemperatur bei Ausgang *f.* / final
  mold temperature
Formentemperatur bei Eingang *f.* / initial
  mold temperature
Formfehler *m.* / syntax error / formal error /
  syntactic error
Formglasscheibe *f.* / photoform sheet
Formiergas *n.* / forming gas
formschlüssiger Kontakt *m.* / positive contact
Formschrumpfteil *n.* / shrink-fit mold
Formstoff *m.* / molding compound
Formstrahl *m.* / variable beam
Formstrahlblende *f.* / shaping aperture
Formstücke *npl.* / fittings
Formteile *npl.* / (Verpackung) shaped parts
Formtrennung *f.* / partitioning of a mold /
  mold parting
Formular *n.* / form
Formularabmessung *f.* / form dimension
Formularanfang *m.* / top of form
Formularaufbau *m.* / form layout
Formularausrichtung *f.* / form adjustment /
  form alignment
Formularbreite *f.* / form width
Formularentwurf *m.* / form design / form draft
Formularformatspeicher *m.* / format buffer

Formularführung *f.* / forms guide
Formulargestaltung *f.* / form layout
Formularkopf *m.* / form head(ing)
Formularsatz *m.* / form set
Formulartransport *m.* / form feed
Formularvordruck *m.* / preprinted form
Formularvorschub *m.* / form feed
Formwerkzeug *n.* / mold
formwidrig / informal
forschen / to research
Forschung *f.* / research
Forschungsabteilung *f.* / research department
Forschungsauftrag *m.* / research assignment
Forschungseinrichtungen *fpl.* / research facilities
Forschungsetat *m.* / reasearch budget
Forschungsgelder *npl.* / research funds
Forschungslabor *m.* / research laboratory
Forschungsvorhaben *n.* / research project
Forschung und Entwicklung (FuE) *f.* / research and development (r & d)
Fortbildung *f.* / advanced training / further training / secondary training
fortgeschrittene Programmierung *f.* / advanced programming
fortlaufend / serial / successive
fortlaufende Numerierung *f.* / serial numbering / consecutive numbering
fortlaufende Speicherungsform *f.* / control sequential organisation
fortlaufende Verarbeitungsfolge *f.* / control sequential processing
Fortpflanzungsfehler *m.* / propagated error
Fortschaltungsmechanismus *m.* / indexing mechanism
fortschreiben / to update
Fortschreibung *f.* / updating
Fortschreibungsprinzip *n.* / carry-forward principle
Fortschritt *m.* / progress
fortschrittlich / progressive / advanced
fortsetzen / to continue / to proceed
Fortsetzung *f.* / continuation
Fortsetzung folgt / to be continued
Fotodiode *f.* / photo diode
Fotoelement *n.* / photovoltaic cell
Fotoemissionsschicht *f.* / photoemissive layer
Fotoempfindlichkeit *f.* / photosensitivity
Fotokopierer *m.* / photoprinter / copier
Fotokopierfolie *f.* / transparency
Fotolack *m.* / (photo-) resist
Fotolackablösung *f.* / photoresist removal / photoresist stripping
fotolackbeschichtet / resist coated
Fotolackbeschichtungsanlage *f.* / photoresist coater
Fotolackbild *n.* / photoresist image
Fotolackentfernung *f.* / photoresist removal / photoresist stripping

Fotolackierung *f.* / photoresist processing
Fotolackinsel *f.* / resist island
Fotolackmaske *f.* / photoresist mask
Fotolackspezialist *m.* / photoresist engineer
Fotolacktechnologie *f.* / photoresist chemistry
Fotolithografie *f.* / photolithography /
... mit direkter Waferbelichtung
direct-step-on-wafer lithography / **... mit**
Step-und-Repeat-Verfahren optical stepper lithography / **... mit verkleinerter**
Projektionsübertragung reduction projection lithography
Fotomaskenentwurf *m.* / photomask design
Fotorepeatanlage *f.* / step-and-repeat system
Fotoresist *m.* / photoresist / **... auf**
Novolakbasis novolac-based photoresist /
positives ... positive-working photoresist
Fotoresistablöseverfahren *n.* / photoresist stripping process
Fotoresistabsplitterung *f.* / photoresist split-off
fotoresistbeschichtet / photoresist-covered / photoresist-coated
Fotoresistschicht *f.* / photoresist layer / photoresist film / photoresist coat
Fotoresiststreifen *m.* / strip of photoresist
Fotoschablone *f.* / photomask
Fotostrom *m.* / photocurrent
Fotowiderstand *m.* / photoresistor
Fotozelle *f.* / photo cell
Fracht *f.* / freight / cargo
Frachtabnahme *f.* / acceptance of consignment
Frachtabsender *m.* / consignor
Frachtannahmeschein *m.* / shipping note
Frachtaufkommen *n.* / freight volume
Frachtaufschlag *m.* / freight surcharge
Frachtaufseher *m.* / cargo superintendent
Frachtbeförderung *f.* / freightage
Fracht bezahlt / freight paid / carriage paid (C/P)
Fracht bezahlt Empfänger / freight forward / carriage forward (C/F)
Frachtbrief *m.* / waybill / consignment note / bill of lading (B/L)
Frachtbuch *n.* / freight ledger
Frachtempfänger *m.* / consignee
Frachtenausgleich *m.* / equalization of freight rates
Frachterhöhung *f.* / increase in freight rates
Frachtermäßigung *f.* / freight reduction
frachtfrei / carriage paid / freight paid
Frachtfreigabe *f.* / freight release
frachtfreie Grenze / carriage paid to frontier / C/P frontier
Frachtführer *m.* / carrier
Frachtgeschäft *n.* / freight business
Frachtgut *n.* / freight

Frachtinkasso *n.* / collection of freight charges
Frachtkosten *pl.* / freight charges
Frachtmakler *m.* / freight broker
Frachtpapier *n.* / transport document
frachtpflichtiges Gewicht *n.* / chargeable weight
Frachtsätze *mpl.* / freight rates
Fracht- und Liegegeld *n.* / freight and demurrage
Frachtverkehr *m.* / freight traffic
Frachtvermerk *m.* / freight clause
Frachtversicherer *m.* / cargo underwriter
Frachtversicherung *f.* / cargo insurance
Frachtvertrag *m.* / freight contract / contract of carriage
Frachtvorlage *f.* / advance freight
Frachtweg *m.* / freight route
Frachtzuschlag *m.* / extra freight / additional carriage
Frachtzustellung *f.* / freight delivery
Fräsen *n.* / milling
Frage *f.* / question / query
Frage-Antwort-Zyklus *m.* / inquiry-response cycle
Fragebogen *m.* / questionnaire
fragen / to ask / to question
Fragezeichen *n.* / question mark
fraglich / questionable
frankiert / post-paid
franko / free of all charges / freight free
Frankreich / France
französisch / French
frei / free / (Kapazität) idle / unreserved / (Speicher/DV) unallocated
Freiätzung *f.* / (LP) clearance hole
Freiaktie *f.* / bonus share
frei an Bord / free on board (F.O.B.)
frei Baustelle / free site
frei benutzbare Software / (jedem zugänglich) public domain software
Freiberufler *m.* / freelancer
freiberuflich / freelance
frei Bestimmungsort / free destination
freibleibendes Angebot *n.* / offer without engagement
freie Abfrage *f.* / open query
frei Eisenbahnwagon / free on rail (F.O.R.)
freie Kapazitäten *fpl.* / spare capacities / idle capacities
freie Marktwirtschaft *f.* / free market economy
freier Platz *m.* / (Warteschlange) slot / (Werkstatt) floor capacity
freie Programmierung *f.* / free programming
freier Anschluß *m.* / flying lead
freier Arbeitsspeicherbereich *m.* / dynamic working storage area
freier Datenträger *m.* / free data carrier

freier Dialog *m.* / free dialog
freier Parameter *m.* / arbitrary parameter
freies Gerät *n.* / unassigned device
Freifläche *f.* / dummy
Freigabe *f.* / release / deallocation / enable / (QS) approval / release / **optische** ... visual clearance
Freigabedatum *n.* / release date
Freigabeeingang *f.* / chip-enable input
Freigabelos *n.* / released lot
Freigabemitteilung *f.* / release notice
Freigabemuster *n.* / qualification sample
Freigabesignal *n.* / enabling signal
freigeätzter Bereich *m.* / exposed area
freigeben / to release / to enable / to approve of
frei Grenze / free frontier
Freigut *n.* / goods in free circulation
Freigutveredelung *f.* / processing of duty-free goods
Freihafen *m.* / free port
Freihafenlager *n.* / free port store
Freihafenveredelungsverkehr *m.* / free port processing
Freihandel *m.* / free trade / liberal trade
Freihandelsabkommen *n.* / free-trade agreement
Freihandelsgebiet *n.* / free-trade zone
frei Haus / free domicile
frei längsseits Kai / free alongside quay
frei längsseits Schiff / free alongside ship (F.A.S.)
frei Lager / free warehouse
Freilager *n.* / (Zoll) bonded warehouse
Freilaufdiode *f.* / freewheeling diode
freilaufend / freerunning
freilegen / to bare
frei LKW / free on truck (F.O.T.)
Freilochung *f.* / nonconducting hole
Freimaßtoleranz *f.* / free size tolerance
Freiraum *m.* / clearance (between bond wires)
frei Schiff / free on board (F.O.B.)
freischwebend / (Chip) unsupported
freisetzen / (Dämpfe) to liberate (vapors)
freistanzen / to punch
freistehend / freestanding
freiverdrahtet / conventionally wired
frei verfügbar / available
Freiwerdezeit *f.* / (Leistungs-Halbl.) circuit-commutated recovery time / (Thyristor) critical hold-off interval
freiwillig / voluntary
Fremd-... / foreign / strange / external
Fremdassembler *m.* / cross assembler
Fremdatom *n.* / impurity atom / doping atom
Fremdatom einbringen / to implant an impurity atom
Fremdatomverteilung *f.* / impurity distribution

Fremdbezug *m.* / outside supply / outsourcing
Fremdcompiler *m.* / cross compiler
Fremdfertigung *f.* / subcontracting / outside production / external production / ... **mit Beistellung** consigned component production
Fremdfertigungsauftrag *m.* / subcontracting order
Fremdfinanzierung *f.* / outside financing
Fremdfirmabaunummer *f.* / subcontractor production code
Fremdhalbleiter *m.* / extrinsic semiconductor / impurity semiconductor
Fremdion, wanderndes *n.* / mobile ion
Fremdkapital *n.* / borrowed funds
Fremdlieferant *m.* / outside supplier
Fremdpartikel *npl.* / foreign particles
Fremdprogrammierung *f.* / outside programming / extraneous programming
Fremdschicht *f.* / (Halbl.) pollution layer
Fremdspeicher *m.* / external storage / external memory
Fremdstoff *m.* / contaminant / foreign matter
Fremdsystem *n.* / external system
Frequenz *f.* / frequency / **höchste ...** ultra-high frequency
frequenzabhängig / periodic(al) / tuned
Frequenzbereich *m.* / frequency band
Frequenzmodulation *f.* / frequency modulation
Frequenzumschaltung *f.* / frequency shift keying
frequenzunabhängig / aperiodical / untuned
Frequenzverwerfung *f.* / drift
Frequenzzählerchip *m.* / frequency-counter chip
Frist *f.* / deadline
Frist einhalten / to meet a deadline
Frist setzen / to set a deadline
frostempfindlich / sensitive to frost
Frühausfall *m.* / early failure
Frühdispositionsrabatt *m.* / early order discount
Frühwarnsystem *n.* / early warning system
frühzeitige Eindeckung *f.* / forward coverage
Fügerichtung *f.* / assembly direction
führen / to lead / to guide
führende Null *f.* / leading zero
führen zu / to lead to / to result in / to cause
Führung *f.* / leadership / guidance / management
Führungsabstand *m.* / guide margin
Führungsaufgabe *f.* / executive function
Führungsausschuß *m.* / management committee
Führungsebene *f.* / managerial level
Führungseigenschaften *fpl.* / executive talent
Führungsgröße *f.* / (Regelkreis) controlling variable / reference input

Führungsgrundsätze *mpl.* / principles of management
Führungsgruppe *f.* / management team
Führungshierarchie *f.* / managerial hierarchy
Führungshülse *f.* / guide sleeve
Führungskante *f.* / guide edge
Führungskonzept *n.* / management concept
Führungskraft *f.* / executive
Führungsloch *n.* / feed hole / sprocket hole
Führungslochung *f.* / sprocket holes
Führungsnase *f.* / guide lug
Führungsnut *n.* / groove
Führungsplatte *f.* / steering plate
Führungsposition *f.* / executive position / management position
Führungsrand *m.* / tractor margin
Führungsring *m.* / guide ring
Führungsspitze *f.* / top management
Führungsstift *m.* / guide pin
Führungsvariable *f.* / controlling variable
Führungswechsel *m.* / change in leadership
Führungszeichen *n.* / (DV/UNIX) leader
Führungsziele *npl.* / management objectives
Füllbefehl *m.* / dummy instruction
Füllfeld *n.* / (DV/COBOL) filler
Füllscheibe *f.* / dummy wafer
Füllstation *f.* / load zone
Füllsteuerkarte *f.* / dummy control card
Füllzeichen *n.* / filler / fill character
Füllziffer *f.* / gap digit
Fünfbiteinheit *f.* / pentade / quintet
Fünfercode *m.* / five-unit code
Fünfschrittcode *m.* / five-unit code
Fuhrpark *m.* / vehicle fleet / vehicle park / vehicle pool
fundierte Schuld *f.* / funded debt
Funk *m.* / radio
Funkmesstechnik *f.* / radar
Funktelefon *n.* / radio telephone
Funktionalbaustein *m.* / functional module
funktionale Auflösung *f.* / functional decomposition
funktionelle Planung *f.* / functional design
funktionieren / to function / to work
funktionierend / functioning / working / going
Funktionsablauf *m.* / functional routine
Funktionsanweisung *f.* / function statement
Funktionsaufruf *m.* / function reference / call statement
Funktionsbaugruppe *f.* / function assembly
funktionsbedingte Beanspruchung *f.* / functional stress
Funktionsbefehl *m.* / action instruction
Funktionsbeschreibung *f.* / function specification
Funktionsbit *n.* / function bit
Funktionsblock *m.* / block of functions
Funktionsdichte *f.* / function density

Funktionsebene *f.* / functional level
Funktionseinheit *f.* / functional unit
funktionsfähig / operable / viable /
    functionable
Funktionsfähigkeit *f.* / viability / operability /
    functionality
Funktionsfehler *m.* / operational error
Funktionsgenerator *m.* / function generator
Funktionsgeschwindigkeit *f.* / functional
    speed
Funktionsgruppe *f.* / functional block
Funktionskontrolle *f.* / functional check
Funktionsmakrobefehl *m.* / functional macro
    instruction
Funktionsmaß *n.* / overall dimensions
Funktionsmuster *n.* / functional sample /
    (für Geräteentwicklung) evaluation sample
funktionsorientierte Einheit *f.* / functional
    unit
funktionsorientierte Fertigung *f.* /
    function-oriented production / blocked
    operations
Funktionsplan *m.* / logical diagram
Funktionsprüfung *f.* / performance test /
    functional check
Funktionsschaltbild *n.* / functional diagram
Funktionssicherung *f.* / function safeguarding
funktionsstandbezogen / function-related
Funktionsstörung *f.* / malfunction
Funktionstaste *f.* / control key
Funktionsteil *n.* / functional section
Funktionstest *m.* / functional test
Funktionstrennung *f.* / function separation
funktionstüchtig / functional / working /
    operational
funktionsübergreifend / cross-functional
Funktionsumfang *m.* / functional range
funktionsuntüchtig / inoperative /
    non-functional / out-of-order
Funktionsverbund *m.* / functional interlocking
Funktionszeichen *n.* / functional character
Funktionszeit *f.* / (v. System) action period
Funktionszustand *m.* / processor state
Funktionszustandsregister *n.* / interrupt status
    register
Funküberwachung *f.* / radio monitoring
Fusion *f.* / merger
Fuß *m.* / (Stecker u.ä.) socket

G

Gabelkontakt *m.* / tuning fork contact
Gabellichtschranke *f.* / intelligent differentia
    light barrier
Gabelstapler *m.* / fork-lift truck
Gallium *n.* / gallium
Galliumarsenidbauelement *n.* / gallium
    arsenide device
Galliumarsenidphosphid *n.* /
    gallium-arsenide-phosphide
Galvanik *f.* / electroplating facility
Galvanisierbad *n.* / plating tank
Galvanisieren *n.* / electroplating
Galvanisieren, gezieltes *n.* / selective plating
Gang *m.* / cycle
Gangzählung *f.* / cycle count
Ganzaluminiumgehäuse *n.* / all-alumina
    package
ganzdiffundiert / all-diffused
ganze Zahl *f.* / whole number / integer
ganzheitlich / (Betrachtung) holistic
Ganzheitlichkeit *f.* / entirety
Ganzscheibenjustierung *f.* / full-wafer
    alignment
Ganzscheibenmaske *f.* / full-wafer mask
Ganzschirmbild *n.* / full-screen image
Ganzseitenanzeige *f.* / full-page display
Ganzseitendarstellung *f.* / full-page display
Ganzwaferbelichtung *f.* / whole-wafer
    exposure
Ganzzahl *f.* / integer
ganzzahliger Teil *m.* / integer part
Garantie *f.* / guarantee / warranty
garantieren / to guarantee / to assure /
    to ensure
Gas *n.* / gas / (Dampf) vapo(u)r
Gasatmosphäre *f.* / gas ambient
Gasaufzehrung *f.* / gas-particle diminution
gasdichter Steckverbinder *m.* / sealed
    connector
gasdiffusionsdotiert / diffusion-doped
Gasdiffusionsverfahren *n.* / gaseous diffusion
    technique
Gasdurchsatz *m.* / gas flow rate
Gasdurchspülung *f.* / gas purge
Gaseinlaßöffnung *f.* / gas inlet
Gasentladungsanzeige *f.* / gas discharge
    display
Gasflammdüse *f.* / gas nozzle
gasförmige Verbindung auf Fluorbasis *f.* /
    fluorine-based gas
Gasgrenzschicht *f.* / gas boundary layer
Gasphase *f.* / vapor state / vapor phase
Gasphasenbeschichtung *f.* / vapor phase
    deposition
Gasphasenepitaxie *f.* / vapor growth epitaxy
Gasquelle *f.* / gas source
Gasreinigung *f.* / gas cleaning

Gassenraster *n.* / conductor grid spacing
Gastarbeiter *m.* / foreign worker
Gaswolke *f.* / gas cloud
Gate *n.* (siehe auch „Gatter-...")
Gate *n.* / **aufgestecktes** ... stacked gate / **floatendes** ... floating gate / **hinteres** ... back gate / ... **mit einem Eingang** single-input gate / **selbstjustierendes** ... self-aligning gate / **unteres** ... back gate / **vorderes** ... front gate
Gateabmessung *f.* / gate dimension
Gateanschluß *m.* / gate connection
Gate-Array-Verfahren *n.* / gate array approach / master-slice approach
Gatebreite *f.* / gate width
Gateersatzschaltung *f.* / common-gate equivalent circuit
Gateflächenskalierung *f.* / gate area scaling
Gateflußspannung *f.* / forward gate bias
Gategeschwindigkeit *f.* / gate speed
Gatekanal *m.* / gate channel
Gatekapazität *f.* / gate capacitance
Gatelänge *f.* / gate length
Gateleckstrom *m.* / gate leakage current
Gateleiterwiderstand *m.* / gate conductor resistance
Gateleitung *f.* / gate line
Gatemetallisierungsmaske *f.* / gate metallization mask
Gateöffnung *f.* / gate opening
Gateoxidtechnik *f.* / gate oxide technology
Gatepositionierung *f.* / gate placement
Gate-Source-Spannung *f.* / gate-to-source voltage
Gate-Source-Steuerspannung *f.* / gate-to-source controlling bias
Gatespannung *f.* / gate voltage
Gatesperrstrom *m.* / reverse gate current
Gatesteuerschaltung *f.* / gate drive circuit
Gatesteuerspannung *f.* / gate drive voltage
Gatestreifen *m.* / gate stripe
gatestrukturiert / gate-patterned
Gateüberlappung *f.* / gate overlap
Gatevertiefung *f.* / gate recess
Gatezone *f.* / gate region
Gatter *n.* / gate (siehe auch „Gate-...")
Gatteranzahl *f.* / gate count
gattergesteuert / gated
Gatterlaufzeit *f.* / gate time
Gatterschaltung *f.* / gating circuit / gate circuit
Gattersteuerleitung *f.* / gating line
Gattersteuerlogik *f.* / gating logic
Gattersteuermatrix *f.* / gating matrix
Gatterstruktur *f.* / gating geometry
Gatterverbindung *f.* / gate interconnect
Gatterverzögerung *f.* / gate delay
Gatterzahlen *fpl.* / gate counts

Gaußsche Normalverteilung *f.* / Gaussian statistics
Gazefilter *m.* / gauze filter
geänderter Abruftermin *m.* / revised release due date
geänderter Liefertermin *m.* / revised due date
geätzt / etched / **anisotroph** ... anisotrophically etched
geätzte Schaltung *f.* / etched circuit
Gebäude *n.* / building
Geber *m.* / generator
Geber für analytische Funktionen *m.* / analytical function generator
Geber für empirische Funktionen *m.* / empiric-function generator
Gebiet *n.* / (Sach-) field / area / (geogr.) area / region
Gebietsleiter *m.* / regional manager
Gebläse *n.* / blower
geblockt / blocked
Gebrauchsartikel *m.* / commodity
Gebrauchsdauer *f.* / product life
Gebrauchsfehlergrenzen *fpl.* / limits of operating errors
gebrauchsfertig / ready-built / turnkey
Gebrauchsgüter *npl.* / consumer durables
gebrauchstüchtig / fit for use
Gebrauchswert *m.* / inherent utility
Gebühr *f.* / fee / charge
gebührenfrei / free of charge
gebührenpflichtig / chargeable
gebunden / (Pers.) committed / constrained / bound (by contract)
gebundenes Kapital *n.* / tied-up capital
Gedankenstrich *m.* / dash
gedruckte Leiterplatte *f.* / printed circuit board (PCB)
gedruckter Schaltkreis *m.* / printed circuit
gedruckte Schaltung *f.* / printed circuit board
gedrucktes Kontaktteil *n.* / printed contact
geeicht / calibrated
geeignet / appropriate / suitable / (Pers.) qualified
gefährden / to jeopardize / to set at risk
gefälscht / forged / falsified
Gefahrenübergang *m.* / transfer of risk
Gefahrgut *n.* / hazardous goods
gefiedert / with serrated edge
Geflechtklemmung *f.* / braid clamp
gefrorener Auftrag *m.* / order on hold / frozen order
Gegenangebot *n.* / counter-offer
Gegenbetrieb *m.* / duplex transmission
gegendotieren / to counterdope
Gegendotierung *f.* / counter-doping
Gegengeschäft *n.* / reciprocal business
Gegenkopplung *f.* / degeneration / (negative) feedback

gegen Nachnahme *f.* / cash on delivery (C.O.D.)
Gegenphase *f.* / paraphase / antiphase
Gegenrechnung *f.* / controlling account
gegenseitig / mutual / reciprocal
Gegenseitigkeit *f.* / reciprocity
gegensinnig gepolt / linked in the opposite sense
Gegenspannung *f.* / counter voltage
Gegenstand *m.* / object / item
Gegenstecker *m.* / mating connector
Gegenstück *n.* / (bei StV) mating connector
Gegentaktbetrieb *m.* / push-pull operation
Gegentaktendstufe *f.* / push-pull output stage
Gegentaktschaltung *f.* / push-pull circuit
Gegentaktstörung *f.* / differential-mode EMI
Gegentaktwechselrichter *m.* / push-pull inverter
Gegenteil *n.* / contrary / opposite
gegenteilig / inverse / opposite
gegenüberstellen / to oppose / to contrast
gegenwärtig / (derzeitig) current / present
Gegenzelle *f.* / counterelectromotive cell
gegliedert / structured
gehärtet / (allg.) hardened / (durch UV-Licht) photostabilized (wafer)
Gehäuse *n.* / package / case / (TV) body / **automatisch gebondetes ...** TAB package / **breites ...** wide-body package / **flaches ...** low-profile package / flat pack / **... für IC mit geringen Außenabmessungen** small-outline IC package / **... für Oberflächenmontage** surface-mountable package / **hermetisch abgedichtetes ...** hermetically sealed package / **kleines ...** small-outline package / SO-package / **... mit 24 Anschlüssen** 24-lead package / **... mit Anschlüssen für Durchkontaktmontage** leaded through-hole package / **... mit Anschlußsäulen an der Unterseite** multi-conductive base-form package / **... mit Anschlußstiften** pin package / **... mit Axialzuleitung** axid-lead package / **... mit einer Reihe von versetzten Anschlüssen** zigzag single in-line package / **... mit einreihigem Anschluß** single in-line package / **... mit Fenster** window package / **... mit hoher Anschlußdichte** high-density package / **... mit hoher Anschlußzahl** high-lead-count package / high-pin-count package / **... mit L-förmig abgewinkelten Anschlußbeinen** gull-winged package / gull-wing-leaded package / **... mit Lötkontaktmatrix** pad array package / **... mit vielen Anschlüssen in geringem Abstand** multi-leaded fine-pitch package / **... mit vielen Anschlußstiften** multi-pin package / **... mit zwei parallelen Doppelanschlußreihen** quadruple-in-line

package / **... mittlerer Breite** medium-width package / **... ohne Anschlußbeine** leadless package / **... steckbares** plug-in package / **... vernickeltes** nickel-plated can
Gehäuseabdichtung *f.* / package sealing
Gehäuseanschluß *m.* / package pin
Gehäuseanschlußzahl *f.* / package pin count
Gehäuseausbruch *m.* / chipping
Gehäusebauformen *fpl.* / package outlines / package types
gehäusebedingt / package-induced
Gehäusebezeichnung *f.* / package name
Gehäuseboden *m.* / package bottom
Gehäuseerdung *f.* / frame-grounding circuit
Gehäuseformat *n.* / packaging format
Gehäusegröße *f.* / package size
Gehäusekupplung *f.* / (LWL-StV) square-flange adapter
gehäuselos / bare (chip)
Gehäusematerial *n.* / package material
Gehäusemontage *f.* / assembly into package / package mounting
Gehäusemontagefläche *f.* / package footprint
Gehäuseordner *m.* / package file
Gehäuserahmen *m.* / frame
Gehäuseriß *m.* / package crack
Gehäusesockel *m.* / package header
Gehäusestecker *m.* / (LWL-StV) bulkhead connector
Gehäusesubstrat *n.* / package substrate
Gehäusetechnologie *f.* / packaging technology
Gehäuseteile *npl.* / encapsulation parts
Gehäusetemperatur *f.* / case temperature
Gehäuseverbindung *f.* / package connection
Gehäusewand *f.* / packaging wall (between chips)
Gehalt *n.* / salary
Gehaltsabrechnung *f.* / payroll accounting
Gehaltsabzüge *mpl.* / deductions from pay / deductions from salary
Gehaltsempfänger *m.* / salaried employee
Gehaltserhöhung *f.* / salary increase
Gehaltskürzung *f.* / cut in salary
Gehaltsliste *f.* / payroll
gekapselt / encapsulated
gekapselter Steckverbinder *m.* / electrical connector shell
gekennzeichnet / marked / (etikettiert) labelled
gekennzeichnet durch / characterized by
gekettet / chained
geklebt / bonded
gekoppelt / coupled
geladen / loaded
geladen / (el.) charged / **einfach ...** singly charged / **entgegengesetzt ...** oppositely charged / **negativ ...** negatively charged / **zweifach ...** doubly charged

gelbchromatisiert / (Kontakte) yellow-passivated
Geld *n.* / money
Geld-.. monetary ..
Geldgeber *m.* / sponsor
Geldgeschäfte *npl.* / monetary transactions
geldlose Zuwendungen *fpl.* / fringe benefits
gelocht / punched
gelten für / to apply to
Geltungsfrist *f.* / period of validity
gemäß / according to
Gemeinkosten *pl.* / overheads / overhead costs / indirect costs
Gemeinkostensatz *m.* / overhead rate / burden rate / **... pro Stunde** burden rate per hour
gemeinnützig / non-profit
gemeinsam / (adj.) common / (adv.) together
gemeinsam benutzbar / shareable
gemeinsame Datei *f.* / shared file / common file
gemeinsame Entwicklungsaufgaben *fpl.* / joint developments
gemeinschaftlicher Bedarf *m.* / joint demand
gemeinschaftliches Versandverfahren *n.* / (EU) community transit procedure
Gemeinschaftsforschung *f.* / joint research
genau / exact / accurate / precise
Genauigkeit *f.* / precision / accuracy
genau prüfen / to scrutinize
genehmigen / to approve of / to permit
genehmigt / approved
Genehmigung *f.* / approval / permission / authorization
genehmigungspflichtig / subject to authorization
Generalakkreditiv *n.* / standby letter of credit / standby L/C
Generaldirektor *m.* / Managing Director
Generalpolice *f.* / (Vers.) floating policy / (SeeV) open cargo policy / open cover
Generierungslauf *m.* / generating run
genormt / standardized
geometrisches Mittel *n.* / geometric mean
geometrisch mögliche Chips/Scheibe / geometrically possible chips per wafer
geordnet / sorted / classified / organized
geplante Materialentnahmen *fpl.* / planned issues / planned withdrawals
geplanter Eingangstermin *m.* / scheduled arrival date
geplanter Lagerzugang *m.* / scheduled receipt
geprüfte Software *f.* / use-tested software
gepuffert / buffered
gepulster Drainstrom *m.* / pulsed drain current
gequetscht / squeezed
gerade Parität *f.* / even parity
gerade Zahl *f.* / even number
geradzahlig / even-numbered

Gerät *n.* / set / unit / device / apparatus
geräteabhängig / device-dependent
Geräteart *f.* / type of device
Geräteausfall *m.* / device failure
Geräteausstattungskontrolle *f.* / configuration control
gerätebedingt / machine-induced
Gerätebelegung *f.* / device allocation / device assignment
Gerätebyte *n.* / standard device byte
Gerätedisponent *m.* / equipment planner
Geräteeinstellung *f.* / equipment setting
Gerätefehlerkorrektur *f.* / device error recovery
Gerätefenster *n.* / workstation window
Geräteflansch *m.* / equipment flange
Gerätefreigabe *f.* / device deallocation
gerätegebunden / device-oriented
gerätegesteuert / device-controlled
Gerätegliederung *f.* / breakdown of equipment by type
Gerätehersteller *m.* / equipment manufacturer
Gerätekennzeichen *n.* / device identifier
Gerätekennzeichnung *f.* / device identification
Gerätekompatibilität *f.* / device compatibility
Gerätenummer *f.* / device address
Geräteschein *m.* / device certificate
Geräteschnittstelle *f.* / device interface
Geräteschutzschalter *m.* / residual current circuit breaker (RCCB)
Gerätestand *m.* / equipment revision level
Gerätestandskontrolle *f.* / equipment revision check
Gerätesteckdose *f.* / (bei StV) panel receptacle
Gerätestecker *m.* / device plug
Gerätesteuereinheit *f.* / device control unit / device controller
Gerätesteuerung *f.* / device control
Gerätesteuerzeichen *n.* / device control character
Geräteteil *n.* / subassembly
Gerätetreiber *m.* / device driver
Geräteübersicht *f.* / equipment list
Geräteverbund *m.* / device interlocking
Geräteverwaltungsprogramm *n.* / device management program
Gerätezuordnung *f.* / device assignment
geräuscharm / quiet
Geräuscharmut *f.* / low noise
geräuschdämmend / noise-absorbing
geräuschlos / soundless
Geräuschpegel *m.* / noise level
gereihter Code *m.* / threaded code
gerichtet / directed
gerichtetes Abtasten / directed scan
Gerichtsstand *m.* / place of jurisdiction
geringe Lagervorräte *mpl.* / low stock

geringfügig *adj.* / marginal / slight
geringfügig *adv.* / marginally / slightly
Germanium *n.* / germanium
Germaniumplättchen *n.* / germanium wafer
gerufener Teilnehmer *m.* / called party
gerundet / (Zahl) rounded
gesättigt / saturated
Gesamt-.. / overall .. / total ..
Gesamtabmessungstoleranz *f.* / overall
  dimension tolerance
Gesamtanschlußzahl *f.* / total pin count
Gesamtausbeute *f.* / overall yield
Gesamtbedarf *m.* / total requirements /
  aggregate demand
Gesamtbetrag *m.* / total amount
Gesamtdurchlaufzeit *f.* / total cycle time
Gesamtdurchsatz *m.* / total throughput
Gesamtentwicklungszeit *f.* / design
  turn-around time
Gesamtergebnis *n.* / total results
Gesamtheit *f.* / aggregate
Gesamtjustierung *f.* / (Wafer) global
  alignment
Gesamtkapital *n.* / joint capital
Gesamtkosten *pl.* / total cost
Gesamtleistung *f.* / gross performance / total
  operating performance / (Chip) overhead
  power
Gesamtmenge *f.* / total quantity
Gesamtnachfrage *f.* / aggregate demand /
  overall demand / total demand
Gesamtnetzwerk *n.* / global network
Gesamtplanung *f.* / master planning
Gesamtpositionierzeit *f.* / (Wafer) total step
  time
Gesamtrentabilität *f.* / overall economics
Gesamtrevisionen *fpl.* / (Siem.) Management
  Audit
Gesamtstrom *m.* / total current
Gesamtüberdeckung *f.* / (Chip) overall
  registration
Gesamtumlaufmenge *f.* / (ReW) total assets
Gesamtumlaufvermögen *n.* / total assets
Gesamtumsatz *m.* / total sales
Gesamtverbrauch *m.* / total consumption /
  total usage
Gesamtvergrößerung *f.* / (Okular; Objektiv)
  total viewing power
Gesamtverlustleistung *f.* / total power
  dissipation
Gesamtverwendungsmenge *f.* / total quantity
  used
Gesamtverzögerungszeit einer
  Mehrchipanordnung auf Substrat *f.* / total
  package delay
Gesamtvorstand *m.* / (Siem.) Managing Board
Gesamtwärmewiderstand *m.* / total thermal
  resistance
Gesamtwaferdrehung *f.* / full-wafer rotation

Gesamtwert *m.* / total value
Gesamtwiderstand *m.* / total resistance
geschachtelt / nested
geschachteltes Unterprogramm *n.* / nested
  subroutine
Geschäft *n.* / business
geschäftlich / business
Geschäftsauflösung *f.* / liquidation
Geschäftsausdehnung *f.* / business expansion
Geschäftsauto *n.* / company car
Geschäftsbereich *m.* / division
Geschäftsbewegungen *fpl.* / sales activities /
  transactions
Geschäftsbeziehungen *fpl.* / business
  relations / **in ... treten** to enter into bus. rel.
  with someone
Geschäftsbücher *npl.* / accounting books
Geschäftsdursprache *f.* / strategic business
  discussion
Geschäftsentwicklung *f.* / business
  development
Geschäftsergebnis *n.* / operating result
Geschäftsfeld *n.* / business segment / business
  field
Geschäftsfeldplanung *f.* / strategic business
  planning
Geschäftsführer *m.* / (allg.) manager /
  (AG) chief operating officer (COO)
geschäftsführender Bereich *m.* / business unit
Geschäftsgebiet *n.* / business unit / (Siem.)
  division
Geschäftsgebietsleiter *m.* / division manager
geschäftsgebietsübergreifend / inter-divisional
Geschäftsgraphik *f.* / business graphics
Geschäftsjahr *n.* / fiscal year (FY) /
  (Siem. auch) business year (BY)
Geschäftskosten *pl.* / business expenses
Geschäftsmann *m.* / businessman
Geschäftspartner *m.* / business partner
Geschäftsplanung *f.* / business planning
Geschäftspolitik *f.* / business policy
Geschäftsräume *mpl.* / premises
Geschäftsreise *f.* / business trip
Geschäftsreisender *m.* / commercial traveler
Geschäftsrückgang *m.* / slump in business /
  business recession
Geschäftsstelle *f.* / branch
Geschäftsstruktur *f.* / business structure
Geschäftstermin *m.* / appointment
Geschäftsübernahme *f.* / business takeover
Geschäftsverlauf *m.* / trend in business /
  course of business
Geschäftsviertel *n.* / business district
Geschäftsvolumen *n.* / business volume
Geschäftsvorgang *m.* / business transaction
Geschäftszweig *m.* / line of business /
  (Siem.) subdivision
geschätzt / estimated

geschichtet, atomar / atomically stratified (film)
geschirmter Kontakt *m.* / shielded contact
geschliffener Metallstift *m.* / ground metal pin
geschlossene Benutzergruppe *f.* / closed user group
geschlossener Betrieb *m.* / closed shop
geschlossener Markt *m.* / closed market / exclusive market
geschlossener Regelkreis *m.* / closed-loop system / feedback control system
geschlossene Schleife *f.* / closed loop
geschlossenes Regelkreissystem *n.* / closed system
geschlossenes Unterprogramm *n.* / closed subroutine
geschlossen prozeßgekoppelter Betrieb *m.* / closed loop operation
geschützt / protected
geschützter Speicherplatz *m.* / isolated location
geschweifte Klammer *f.* / curly bracket / brace
geschweißt / welded
Geschwindigkeit *f.* / speed / velocity
Geschwindigkeitsbegrenzung *f.* / speed limitation
Geschwindigkeitseffekt *m.* / rate effect
Geschwindigkeitsübersteuerung *f.* / velocity overshoot
Gesellschaft *f.* / (Firma) corporation / company
Gesellschaftskapital *n.* / corporate capital
Gesellschaftssteuer *f.* / corporation tax
gesetzliche Kündigungsfrist *f.* / statutory period of notice
gesetzlicher Feiertag *m.* / public holiday
Gesetz vom abnehmenden Grenznutzen *n.* / law of diminishing marginal utility
Gesetz vom abnehmenden Ertragszuwachs *n.* / law of diminishing returns
gespeichert / stored
gesperrt / locked / disabled / (Schrift) spaced / (Transistor) off / switched off / (Auftrag) on hold / blocked
gesplittet / split
Gespräch *n.* / conversation / talk
Gespräch anmelden *n.* / to book a call
Gespräch durchstellen *n.* / to put through a call
Gesprächsbetrieb *m.* / dialog processing
Gesprächseinheit *f.* / call unit
Gesprächssystem *n.* / time sharing
gestaffelt / staggered / graduated
gestalten / to design / to form
Gestaltschnur *f.* / shaped cord
Gestaltsicherung *f.* / shape protector
Gestaltung *f.* / design / formation

gestatten / to allow
gesteigert / increased
Gestell *n.* / rack
Gestellbelegung *f.* / rack space assignment
Gestelleinbau *m.* / rack mounting
Gestellmontage *f.* / rack assembly
Gestellrahmen *m.* / rack
gesteuert / controlled / driven
gesteuerte Ablage *f.* / controlled stacker
gestörte Auftragsmenge *f.* / unbalanced order quantity
gestörte Menge *f.* / interrupted quantity
gestörter Bedarf *m.* / unbalanced requirements
gestreckte Programmierung *f.* / straight line coding
gestreut / scattered
gestreute Datei *f.* / random file / scattered file
gestreute Datenorganisation *f.* / scattered data organization
gestreutes Laden *n.* / scattered loading / scattered reading
gestreute Speicherung *f.* / random organization / scattered storage
getaktet / time-phased
getaktete Arbeitsweise *f.* / clocked operation
geteilt / divided / shared (software)
getrennt / separate
Getterbehandlung *f.* / getter treatment
Getterleistung *f.* / gettering efficiency
Gettern *n.* / gettering / **äußeres** ... extrinsic gettering / **... durch Diffusion** diffusion gettering / **... durch Ionenimplantation** ion implant gettering / **... im Kristallgitter** intrinsic gettering / **... metallischer Verunreinigungen** gettering of metallic impurities
Getterplatz *m.* / gettering site
Getterschicht *f.* / gettering layer
Getterstörung *f.* / gettering defect
Getterverfahren *n.* / gettering technique
Getterwirkung *f.* / gettering action
Gewährleistung *f.* / warranty / guarantee
Gewerbe *n.* / trade
Gewerbeertragssteuer *f.* / trade profits tax
Gewerbeschein *m.* / trade license
Gewerbesteuer *f.* / trade tax
gewerblicher Arbeitnehmer *m.* / blue-collar worker
Gewerkschaft *f.* / union
Gewerkschaftler *m.* / unionist / union-member
Gewicht *n.* / weight
gewichtet / weighted
gewichteter Verbrauchsfaktor *m.* / usage weight factor
Gewichtsnota *f.* / weight note
Gewichtszoll *m.* / specific duty
Gewichtung *f.* / weighting
Gewichtungsfaktor *m.* / weighting coefficient

gewickelter Kontakt *m.* / wrapped connection
Gewinde *n.* / thread
Gewindering *m.* / threaded ring
Gewinn *m.* / profit
Gewinnanteilschein *m.* / dividend warrant
Gewinnbeteiligung *f.* / profit sharing
gewinnbringend / profitable
Gewinnspanne *f.* / profit margin
Gewinnsteuer *f.* / profits tax
Gewinn- und Verlustrechnung *f.* /
   profit-and-loss account / earnings report
Gewinn vor Steuern *m.* / pretax profit
gezogener Transistor *m.* / grown transistor
gezüchtet / (Kristall) grown
Gießharz *n.* / resin
Gießharzansatz *m.* / resin composition
Gießharzvorgemisch *n.* / resin premixture
Gigabyte / gigabyte
Gigaflops (GFLOPS) / giga floating-point
   operations per second (GFLOPS)
Gipfelspannung *f.* / peak-point voltage
Gipfelstrom *m.* / peak-point current
Gipfelwert *m.* / peak
Girlandenkabel *n.* / flying lead
Gitter *n.* / grid / lattice (of crystals) /
   (Optik) grating
Gitterabstand *m.* / lattice spacing
Gitterboxpalette *f.* / skeleton-box pallet
Gitterfehler *m.* / lattice defect / lattice
   imperfection
Gittergraben *m.* / lattice trench
Gittergröße *f.* / grid size
Gitterkonstante *f.* / lattice constant /
   periodicity
Gitterleerstelle *f.* / lattice vacancy
Gitternetz *n.* / grid network
Gitterpunkt *m.* / grid point
Gitterraster *n.* / grating
Gitterschwingung *f.* / lattice vibration
Gitterstreuung *f.* / lattice scattering
glätten / to smooth
Glättungsdrossel *f.* / smoothing choke
Glättungsfaktor *m.* / smoothing factor /
   gleitender .. floating compression factor
Glättungskondensator *m.* / smoothing
   capacitor
Glättungslauf *m.* / smoothing run
Glättungsparameter *m.* / smoothing parameter
Gläubiger *m.* / creditor
Gläubigerforderungen *fpl.* / creditors' claims
Glas *n.* / glass
Glasepoxidsubstrat *n.* / glass-epoxy substrate
Glasfaser *f.* / optic fiber
Glasfaserkabel *n.* / light-wave cable / optical
   waveguide
Glasfaserkommunikation *f.* / optical
   waveguide communication
Glasfasertechnik *f.* / fibre optics / optical
   waveguide technology

Glasfaserübertragung *f.* / optical waveguide
   transmission
glasfaserverstärkt / glass-filled
Glasgehäuse *n.* / glass package
Glaskeramikgehäuse, hermetisches *n.* / glass
   seal ceramic package
Glasmaske *f.* / glass mask
Glasscheibenrechner *m.* / calculator on
   substrate (COS)
Glasstrahlperlen *fpl.* / (Granulat) glass
   granules
Glassubstrat *n.* / glass substrate /
   chrombeschichtetes ... chrome-on-glass
   substrate
Glasversiegelung *f.* / (IC) glass-passivation
glatter Satz *m.* / straight matter
gleich / equal / identical
Gleichgewicht *n.* / equilibrium
gleichgewichtiger Code *m.* / constant ratio /
   fixed count / fixed ratio / fixed code
Gleichheit *f.* / equality
Gleichheitsglied *n.* / equality circuit
Gleichheitszeichen *n.* / equal sign
Gleichlauf *m.* / synchronism
gleichlaufend / parallel
Gleichlaufsteuerung *f.* / clocking
gleichmäßig / (adv.) smoothly / evenly
Gleichmäßigkeit *f.* / uniformity
Gleichrichter *m.* / (Strom) rectifier
Gleichrichtersäule *f.* / rectifier stack
Gleichrichtersatz *m.* / rectifier assembly
Gleichstrom *m.* / direct current
   (DC / auch d.c.)
Gleichstromantrieb *m.* / DC drive
Gleichstromleistung *f.* / DC power
Gleichstromübertragungsverhältnis *n.* /
   (Opto-Koppl.) current transfer ratio (CTR)
Gleichstromumrichter *m.* / DC converter /
   ... mit Wechselstromzwischenkreis AC-link
   DC converter / **... mit Zwischenkreis**
   indirect DC converter
Gleichstromzwischenkreis *m.* / DC link
Gleichteil *n.* / identical part
Gleichteilestückliste *f.* / identical parts list
Gleichung *f.* / equation
gleichwinklig / equiangular
gleichzeitig *adj.* / simultaneous /
   synchronous / concurrent
gleichzeitig *adv.* / simultaneously /
   concurrently / coincidentally / in tandem
Gleichzeitigkeit *f.* / simultaneity /
   concurrency
Gleisanschluß *m.* / works siding
gleiten / to float
gleitender Bestellpunkt *m.* / floating order
   point
gleitender Durchschnitt *m.* / moving average
gleitender Durchschnittspreis *m.* / floating
   average cost

gleitender Glättungsfaktor *m.* / floating compression factor
gleitende wirtschaftliche Losgröße *f.* / least unit cost batchsize
Gleitkomma *n.* / floating-point decimal
Gleitkommaautomatik *f.* / automatic floating-point feature
Gleitkommabefehl *m.* / floating-point instruction
Gleitkommadarstellung *f.* / floating-point representation
Gleitkommazahl *f.* / floating-point number
Gleitkopfplatte *f.* / moving hard disk
Gleitung der Kristallebene *f.* / slippage of the crystal plane
Gleitzeit *f.* / flextime
Glied einer Datei *n.* / member of a file
Gliederdrucker *m.* / train printer
Gliederung *f.* / structure / classification
Glimmlampe *f.* / glow lamp
Glimmlichtgas *n.* / glow gas
global / global
Globalbelichtung von Wafern *f.* / full-field exposure of wafers / full-wafer exposure
Globalisierung *f.* / globalization
Globaljustierung *f.* / global alignment
Globalzeichen *n.* / wild card (character)
Glühen *n.* / annealing / ignition
Glühkathode *f.* / glow-discharge cathode
Glührückstand *m.* / ignited residue
Glühtemperatur *f.* / ignition temperature
goldbeschichtet / gold-plated
Goldbondhügel *m.* / gold bump
golddotiert / gold-doped / Au-doped
Goldfalle *f.* / gold trap
goldkontaktiert / gold-bonded
Goniometer *n.* / goniometer
Graben *m.* / groove / trench / **... mit hohem Seitenwandverhältnis** high aspect ratio trench
Grabenätzung *f.* / trench etching
Grabenbildung *f.* / trenching
Grad *m.* / degree
Grad der Kapazitätsauslastung *m.* / capacity utilization (-rate)
gradueller Fehler *m.* / (QS) minor failure
gradzahlige Paritätskontrolle *f.* / even parity check
Grafikmodus *m.* / plot mode
Granatschicht *f.* / garnet film
Granulat *n.* / granules
Graphik *f.* / graphics
graphikfähiges System *n.* / graphic display system
graphisch darstellen / to chart / to graph / to plot
graphische Anzeige *f.* / graphic display
graphische Ausgabe *f.* / graphic output

graphische Darstellung *f.* / graphic illustration / graphic representation / image representation / pictorial representation /
... von Kapazität/Spannung capacitance/voltage plotting
graphische Datenverarbeitung *f.* / computer graphics
graphische Funktion *f.* / display function
graphischer Arbeitsplatz *m.* / graphics workstation / display console
graphisches Bildschirmgerät *n.* / graphic CRT system
graphisches Kernsystem *n.* / graphic kernel system
graphische Software *f.* / graphics software
Graphit *n.* / graphite
Graphithalter *m.* / graphite susceptor
Graphitplatte *f.* / graphite plate
Graphittiegel *m.* / graphite crucible
Graphitträger *m.* / graphite carrier
gratfrei / burr-free
Grathöhe *f.* / burrheight
Gratifikation *f.* / gratuity
gratis / for free / free of charge / (adj.) gratuitous
Grat max. ... / burr max. ...
Gratseide *f.* / burr side
Graviernadel *f.* / moving stylus
Greifer *m.* / (Waferhandling) gripper
Grenzadresse *f.* / boundary address
Grenzbahnhof *m.* / border station
Grenzbeanspruchung *f.* / (QS) maximum stress
Grenzdaten *pl.* / (QS) maximum ratings
Grenze *f.* / boundary / limit / bound / (Landes-) border / **Ober-...** ceiling
Grenzeffektivstrom *m.* / (Leistungs-Halbl.) maximum rms on-state current / maximum rms forward current
Grenzfläche *f.* / (Halbl.) boundary / junction
Grenzfrequenz *f.* / maximum operating frequency / cutoff frequency
Grenzlaststrom *m.* / maximum load current
Grenzleistung, thermische *f.* / thermal burden rating
Grenzmenge *f.* / marginal quantity / quantity limit
Grenzproduktivität *f.* / marginal productivity
Grenzschicht *f.* / boundary / interface layer / junction
Grenzschichtladung *f.* / interfacial charge
Grenzschichtstrom *m.* / interface current
Grenzschichttemperatur *f.* / junction temperature
Grenzspannung *f.* / voltage limit
Grenzstückzahl *f.* / marginal unit quantity
grenzüberschreitend / transnational / transborder / transfrontier

grenzüberschreitender Datenverkehr *m.* / transborder data communication
Grenzwert *m.* / (gesetzlich) limit / limit value / threshold value
Grenzwerte *mpl.* / maximum ratings
Grenzwertklasse B *f.* / suppression class B / suppression category B
Grenzwertprüfung *f.* / marginal check / marginal test
Grenzzollabfertigung *f.* / border customs clearance
Grenzzone, belichtete *f.* / light-exposed border (between chips)
Griechenland / Greece
griechisch / Greek
grob / rough
Grobdarstellung *f.* / outline
Grobentwurf *m.* / rough design / rough copy
Grobjustierung *f.* / coarse alignment
Grobkonzept *n.* / rough concept
Grobleck *n.* / (Gehäuse) gross leak / coarse leak
Grobplanung *f.* / rough-cut planning / rough planning
Grobprojektierung *f.* / rough system design
Grobschätzung *f.* / rough estimate
Grobstruktur *f.* / rough structure
Größe *f.* / size
Größeneinteilung *f.* / sizing
Größenvorteile *mpl.* / economies of scale
Größer-Als-Zeichen *n.* / greater-than symbol
Größer-Gleich-Zeichen *n.* / greater-or-equal symbol
Größtmaß *n.* / maximum dimension
größtmögliche Ausbringung *f.* / peak performance
Größtrechner *m.* / ultra-scale computer
groß / large
Großabnehmer *m.* / large-scale consumer / bulk purchaser
Großaktionär *m.* / major shareholder
Großanlage *f.* / mainframe computer
Großauftrag *m.* / major order / bulk order / large-scale order
Großbaustein *m.* / multi-chip
Großbestellung *f.* / major order / bulk order / large-scale order
Großbetrieb *m.* / large-scale operation
Großbritannien / Great Britain
Großbuchstabe *m.* / capital letter
Großfeldstepper *m.* / 1:1 wafer stepper
großflächig / large-area (device)
Großhändler *m.* / distributor / wholesaler
Großhandel *m.* / wholesaling
Großhandelsindex *m.* / whole-sale price index
Großintegration *f.* / large-scale integration (LSI)
Großkunde *m.* / key account / bulk purchaser
Großkundenkennziffer *f.* / key account code

Großkundenverwaltung *f.* / key account management
Großleistungshalbleiter *m.* / high-power semiconductors
Großlieferant *m.* / major supplier
Großprojekt *n.* / mega-project
Großraumbüro *n.* / open-plan office
Großraumkernspeicher *m.* / bulk core storage
Großraumspeicher *m.* / bulk storage
Großrechner *m.* / mainframe
Großrechnerhersteller *m.* / mainframer
großschreiben / to capitalize / to write in capital letters
Großschreibung *f.* / capitalization
Großspeicher *m.* / mass storage
Großspeichersteuerung *f.* / random access controller (RAC)
Großteil *m.* / major part / (Mehrheit) majority
Großunternehmer *m.* / large-scale entrepreneur
Großverbraucher *m.* / bulk consumer / mass consumer
Grube *f.* / groove
gründen / (Firma) to establish / to set up / (Los in CWP) to create a lot / (Baunummer in CWP aufbauen) to generate a baunumber
Gründung *f.* / foundation / establishment / (v. LDB-Pos.) creation / generation
Grund *m.* / reason / cause
Grundausbau *m.* / basic configuration
Grundausbaustufe *f.* / basic capacity stage
Grundbaustein *m.* / basic module
Grundbestandteil *m.* / basic component
Grundbetriebssystem *n.* / Basic Operation System (BOS)
Grundbuch *n.* / (ReW) book of original entry
Grunddaten *pl.* / basic data
Grunddatenverwaltung *f.* / basic data maintenance
Grundgesamtheit *f.* / (stat.) parent population
Grundgitter *n.* / host lattice
grundieren / to prime
Grundieren *n.* / priming process
Grundierungsauftragssystem *n.* / priming dispenser system
Grundierungsmittel *n.* / primer
Grundierungsverfahren *n.* / primer process
Grundkapital *n.* / stock capital / equity (capital) / corporate capital
Grundlage *f.* / base / basis
Grundlagenentwicklung *f.* / basic development
Grundlagenforschung *f.* / basic research
Grundlast *f.* / base load
grundlegend / basic / fundamental
Grundlinie *f.* / (Schrift) base line
Grundlohn *m.* / basic wage rate
Grundmaterial *n.* / base material
Grundplatine *f.* / motherboard

Grundprogramm *n.* / (d. Betriebssystems) nucleus program
Grundraster *n.* / basic grid
Grundrechenart *f.* / basic arithmetic operation
Grundsatz *m.* / rule / principle
Grundschaltung *f.* / basic circuit (arrangement)
Grundsprache-Programm *n.* / basic language program
Grundstellung *f.* / home position
Grundstoffindustrie *f.* / basic goods industry
Grundstück *n.* / plot (of land)
Grundteil *m.* / basic part
Grundtyp *m.* / basic type
Grundvermögen *n.* / basic assets
Grundwiderstand *m.* / rated resistance
Grundzahl *f.* / cardinal number
Grundzahl *f.* / (Basiszahl) base number
Gruppe *f.* / group / (stat.) cluster
Gruppenanzeige *f.* / group indication / first item list
Gruppenarbeitsplatz *m.* / group work center
Gruppenbegriff *m.* / control break item
Gruppenbevollmächtigter *m.* / (Siem.) Manager
Gruppenbildung *f.* / classification / grouping
Gruppencodierung *f.* / group coded recording (GCR)
Gruppenfertigung *f.* / group production / team production
gruppengebondet / gang-bonded
Gruppenleiter *m.* / team leader
Gruppenprämie *f.* / group incentive
Gruppentrennzeichen *n.* / group separator
Gruppenumbewertung *f.* / group revaluation
Gruppenverarbeitung *f.* / group processing
Gruppenvergleich *m.* / card-to-card comparing
Gruppenvertreter *m.* / (BNR) group representative
Gruppenwechsel *m.* / group control change / (COBOL) control break
Gruppenwechselstufe *f.* / control break level
Gruppenzähler *m.* / group counter
gruppieren / to group
gültig / valid
Gültigkeit *f.* / validity
Gültigkeitsprüfung *f.* / validity check
Güte *f.* / quality
gütebestätigt / quality-approved
Gütebestätigungsstufe *f.* / assessment level
Gütebewertung *f.* / quality assessment
Güteklasse *f.* / grade
Gütemerkmal *n.* / quality characteristic
Güter *npl.* / goods
Güterabfertigung *f.* / dispatching of goods / (Abt.) freight office / (Versandabt.) shipping department

Güterannahme *f.* / freight receiving office
Güterausgabe *f.* / freight delivery office
Güterbahnhof *m.* / freight station / freight depot
Güterbeförderung *f.* / transportation of goods / (zur See) maritime transportation of goods / (zur See / GB) carriage of goods by sea
Güterfernverkehr *m.* / long-haul trucking / long-distance freight transportation
Güterkraftverkehr *m.* / road haulage
Güternahverkehr *m.* / short-haul transportation
Güterverkehr *m.* / freight traffic
Güterverladeanlagen *fpl.* / freight handling facilities
Güterwagen *m.* / freight car
Güterzug *m.* / freight train / goods train
Gütesicherung *f.* / quality assurance
Gullwing-Anschlüsse *mpl.* / gullwing leads
Gummierung *f.* / rubber coating
Gurten *n.* / taping / tape & reel
Gut-Menge *f.* / yield / ... zu Vorgabemenge yield-to-target
gutschreiben / to credit
Gutschrift *f.* / credit note

H

Haarriß *m.* / microcrack
hacken / to hack
Hacker *m.* / hacker
Hälfte *f.* / half
Händler *m.* / dealer / merchant
Händlerrabatt *m.* / trade discount
Hänger *m.* / (LKW) trailer
Härten *n.* / baking / curing
Härter *m.* / hardener
Härtezeit *f.* / curing time
häufig / frequently (adv.)
Häufigkeit *f.* / frequency
haftbar / (gesetzl.) liable
Hafteffekt *m.* / adhesive effect
Haftelektron *n.* / trapped electron
haften / (kleben) to adhere
Haftfähigkeit *f.* / adhesion
Haftfestigkeit *f.* / (Stempel / QS) adhesive strength / (Bond) bond strength
Haftstelle *f.* / trapping side / trap
Haftstellendichte *f.* / trap density
Haftung *f.* / (kleben) adhesion (to the substrate) / bond (at atoms)
Haftung, beschränkte *f.* / (gesetzl.) limited liability

Haftungsausschluß *m.* / (gesetzl.) exclusion from liability
Haftvermittler *m.* / (IC) primer
Haftvermögen *n.* / adhesion
Hahn *m.* / (Naßätzen) valve
Haken *m.* / hook
halb- / half- / semi-
Halbaddierer *m.* / half adder / one-digit adder / two-input adder
Halbaddierglied *n.* / half adder / one-digit adder / two-input adder
halbautomatisch / semi-automatic(al)
Halbbrücke *f.* / half bridge
Halbbrückendurchflußwandler, symmetrischer *m.* / single-ended push-pull converter
Halbbrückenschaltung *f.* / half-wave bridge converter
Halbbyte *n.* / nibble / half-byte
Halbduplexbetrieb *m.* / half duplex operation
Halbfabrikate *npl.* / semiprocessed items / semifinished products
Halbfabrikatsbestände *mpl.* / inventories in process
halbfertig / semifinished
halbieren / to halve
halbisolierend / semi-insulating
halbjährlich / semi-annual
Halbjahresbilanz *f.* / semi-annual balance-sheet
Halbjahresdividende *f.* / semi-annual dividend
Halbjahresergebnis *n.* / first-half result
halbkundenspezifisch / semi-custom
Halbleiter *m.* / semiconductor / **diskreter ...** discrete semiconductor / **nichtkristalliner ...** amorphous semiconductor / **ternärer ...** ternary semiconductor / **zusammengesetzter ...** compound semiconductor
Halbleiterbahn *f.* / semiconducting path
Halbleiterbauelement *n.* / semiconductor device
Halbleiterbauvorschrift *f.* / specification
Halbleiterblocktechnik *f.* / solid-state technology
Halbleiterchip *m.* / semiconductor chip
Halbleiterdiode *f.* / semiconductor diode
Halbleiterfestwertspeicher *m.* / semiconductor read-only memory
Halbleiterfotoelement *n.* / photocell
Halbleiterfotozelle *f.* / photovoltaic device
Halbleitergehäuse *n.* / semiconductor package
Halbleiterindustrie *f.* / semiconductor industry
Halbleiterkristall *n.* / semiconductor crystal / **roher ...** semiconductor crystal ingot
Halbleitermassenspeicher *m.* / semiconductor bulk-storage device

Halbleitermeßtechnik *f.* / semiconductor measuring technology
Halbleiterphysik *f.* / semiconductor physics
Halbleiterplättchen *n.* / semiconductor wafer
Halbleiterplatte *f.* / solid-state disk
Halbleiterschaltkreis *m.* / semiconductor circuit / solid-state circuit
Halbleiterschaltkreistechnik *f.* / solid logic technology
Halbleiterscheibe *f.* / semiconductor wafer
Halbleiter-Sensoren *mpl.* / semiconductor sensors
Halbleiterspeicher *m.* / semiconductor memory
Halbleitertechnologie *f.* / semiconductor technology
Halbleitertopologie *f.* / semiconductor topology
Halbleiterübergang *m.* / semiconductor junction
Halbzeug *n.* / semiprocessed material
Halm *m.* / (für DIW) valve
Halogenid *n.* / halide
halogeniert / halogenated
Haltbarkeit im Lager *f.* / shelf life limit
Haltbedingung *f.* / stop condition
Halteerregung *f.* / (Relais) hold energization
Haltekraft *f.* / (Kontakt) retention force
Haltepunkt *m.* / breakpoint
Halter *m.* / support
Haltespannung *f.* / holding voltage
Haltestrom *m.* / (Relais) holding current
Haltevorrichtung *f.* / holding fixture
Haltfestigkeit *f.* / (Stempel) marking permanence / (Bond) bond strength
Handarbeitsplatz *m.* / manual work center
handbetrieben / hand-operated
Handbrause *f.* / (Naßätzen) hand shower
Handbuch *n.* / manual
Handeingabe *f.* / keyboard input / keyboard entry / manual input
Handel *m.* / trade
Handelsabkommen *n.* / trade agreement
Handelsakkreditiv *n.* / commercial letter of credit / commercial L/C
Handelsbezeichnung *f.* / trade name
Handelsdienstleistungen *fpl.* / commercial services
Handelsgericht *n.* / commercial court
Handelsgesellschaft *f.* / trading company
Handelsgesetzbuch *n.* / commercial law code
Handelsgewicht *n.* / commercial weight
Handelsgut *n.* / merchandise
Handelshemmnisse *npl.* / trade barriers / **non-tarifäre ...** non-tariff trade barriers
Handelskammer *f.* / (GB) Chamber of Commerce / (US) Board of Trade
Handelsklassen *fpl.* / grades
Handelsklauseln *fpl.* / terms of trade

Handelskredit *m.* / business loan
Handelskreditbrief *m.* / commercial letter of credit / commercial L/C
Handelspapiere *npl.* / commercial papers
Handelspolitik *f.* / trade policy
Handelspreis *m.* / market price
Handelsrabatt *m.* / trade rebate
Handelsrechnung *f.* / commercial invoice
Handelsrecht *n.* / commercial law
Handelsregister *n.* / commercial register / trade register
Handelsschranke *f.* / trade barrier
Handelsüberschuß *m.* / trade surplus
handelsübliche Qualität *f.* / merchantable quality
handelsübliches Risiko *n.* / commercial risk
Handelsverbindungen *fpl.* / trade connections
Handelsvertretung *f.* / commercial agency
Handelsvolumen *n.* / volume of trade
Handelsware *f.* / commodity / commercial goods / (Siem.) purchased merchandise
Handelswechsel *m.* / trade bill
Handelsweg *m.* / distributive channel
Handelswert *m.* / commercial value
Handelszentrum *n.* / commercial hub
Handelszölle *mpl.* / tariffs
handgelötet / hand-soldered
Handhabung *f.* / handling
Handhabungsgeräte *npl.* / handling equipment
Handhabungssprache *f.* / (f. Datenbank) manipulation language
Handlungsbedarf *m.* / need for action
Handschuhe *mpl.* / (Naßätzen) gloves
Handstecken *n.* / manual insertion
Handsteuerung *f.* / manual control
handwerkliche Fertigung *f.* / trade manufacture
Handwerkzeug *n.* / hand-held power tool
Handzuführung *f.* / hand feed
Hantierungsvorschrift *f.* / handling specification
Hardcopy-Drucker *m.* / hard copy printer / receive-only printer
Hardware-Ergonomie *f.* / hardware ergonomy
Hardware-Fehler *m.* / hardware error / hardware defect
Hardware-Konfiguration *f.* / hardware configuration
Hardware-Schnittstelle *f.* / hardware interface
Hardware-Steuerung *f.* / hardware control
Hardware-Störung *f.* / hardware malfunction
Hardware-Vertrag *m.* / hardware contract
Hardware-Wartung *f.* / hardware maintenance
Hardware-Zuverlässigkeit *f.* / hardware reliability
Harmonisierung *f.* / harmonization
Hartbrand-Durchlaufofen *m.* / hard-bake tunnel oven

Hartfaserplatte *f.* / masonite (board)
Hartlöten *n.* / hard soldering
Hartmetall *n.* / carbide
Hartmetallbohrer *m.* / solid-carbide drill
Hartschichtmaske *f.* / hard surface mask
Hartschichtplatte *f.* / hard surface plate
hartsektoriert / (Diskette) hard-sectored
Harzgemisch *n.* / resin composition
Harzzersetzung *f.* / resin decomposition
Haube *f.* / cover / **VLF-...** VLF-hood
Haupt-.. / main / principal / major
Hauptabflachung der Scheibe *f.* / major wafer flat
Hauptabsatzmarkt *m.* / main market / prime market
Hauptabteilung *f.* / (Siem.) Corporate Unit
Hauptabteilungsleiter *m.* / (Siem.) Head of Corporate Unit
Hauptaktionär *m.* / principal shareholder
Hauptanschluß *m.* / main line / main attachment
Hauptauftragsnehmer *m.* / prime contractor
Hauptband *n.* / master tape
Hauptbereich *m.* / prime data area
Hauptbestellposition *f.* / main order position / main order item
Hauptbuch *n.* / general ledger
Hauptdatei *f.* / master file
Hauptentionisierung *f.* / primary deionization
Hauptfabrikategruppe *f.* / main product group
Hauptfeld *n.* / major field
Hauptfrachtvertrag *m.* / main charter
Hauptgeschäftsführer *m.* / Chief Executive Officer (C.E.O.) / managing director
Hauptgruppe *f.* / main group
Hauptgruppenkontrolle *f.* / intermediate control
Hauptgruppentrennung *f.* / intermediate control change
Hauptgruppentrennzeichen *n.* / file separator
Hauptgruppenwechsel *m.* / intermediate control change
Hauptindex *m.* / master index
Hauptkarte *f.* / master card
Hauptkonkurrent *m.* / main competitor
Hauptkunde *m.* / principal customer / key account
Hauptlager *n.* / main warehouse
Hauptleitung *f.* / trunk circuit / trunk line
Hauptlieferant *m.* / main supplier
Hauptmenü *n.* / main menu
Hauptnetz *n.* / backbone network
Hauptpersonalbüro *n.* / main personnel office
Hauptprogramm *n.* / main program
Hauptprozeß *m.* / major task
Hauptrechner *m.* / central computer / master station
Hauptreferent *m.* / (Siem.) Deputy Director

hauptsächlich / mainly
Hauptsatz *m.* / master record
Hauptschalter *m.* / master switch
Hauptsitz *m.* / headquarters
Hauptspeicher *m.* / main memory / central
memory / general storage / main storage /
primary storage
Hauptstation *f.* / master station / master
terminal
Hauptsteuerprogramm *n.* / executive program
Haupttermin *m.* / main deadline
Hauptumsatzträger *m.* / key item
Hauptverteiler *m.* / main distribution frame
Hauptwellenlänge *f.* / major wavelength
Hauptwerk *n.* / main plant
Hauptzelt *f.* / machine running time
Hausadressesatz *m.* / home record
hauseigener Rechner *m.* / in-house computer
Hausse *f.* / boom
Havarie *f.* / average / damage
Havarieagent *m.* / average agent
Havarieberechnung *f.* / (SeeV) average
assessment
Havariebericht *m.* / damage report
Havarieeinschuß *m.* / average contribution
Havarieerklärung *f.* / average statement
Havarieexperte *m.* / average surveyor
Havariegeld *n.* / average disbursement
Havariegutachten *n.* / damage survey
Havarieregelung *f.* / average adjustment
Havarie-Sachverständiger *m.* / (general)
average adjuster
Havarieschaden *m.* / loss or damage to a
vessel or its cargo during a voyage
Havarieschäden abwickeln / to adjust average
losses
Havarieschein *m.* / average certificate
Havarieverteilung *f.* / average distribution
Havarievertrag *m.* / average contract
HDLC-Prozedur *f.* / high level data link
control
Hebel *m.* / lever
Hebelwirkung *f.* / leverage effect
Heimathafen *m.* / port of registry
Heimcomputer *m.* / home computer
heimisch / domestic
heißlaufen / to overheat
Heißleiter *m.* / NTC resistor
Heißpunkt *m.* / (auf Halbl.) hotspot
Heißsperrmessung *f.* / (QS)
HTRB-measurement (HTRB = high
temperature reverse bias)
Heißwand-CVD-System *n.* / hot wall
deposition system
Heißwandsystem *n.* / hot wall system
Heizbacken *mpl.* / heating clamps
heizbare Düsenhalterung *f.* / heatable
capillary holder
Heizdraht *m.* / filament

Heizfaden, alternder *m.* / deteriorating
filament
Heizplatte *f.* / hot plate
Heizrohr *n.* / furnace tube
Heizstrahler *m.* / radiant heater
Heiztischtemperatur *f.* / heating block
temperature
Heizung *f.* / (Naßätzen) heating
Hellfeld *n.* / (Fototechnik) light field
Hellfeldanzeige *f.* / positive contrast display
Helligkeitsauflösung *f.* / brightness resolution
Helligkeitssteuerung *f.* / (Bildschirm)
brightness control
Hemmstoff *m.* / inhibitor (compound)
herangezüchtet / grown
herausätzen / to etch out
Herausforderung *f.* / challenge
herausschleudern / (Atome) to sputter (atoms
from the substrate) / to eject
herkömmlich / traditional / conventional /
classical
Herkunft *f.* / origin
Herkunftsbaunummer *f.* / (Siem.) source
baunumber
Herkunftsbezeichnung *f.* / mark of origin
Herkunftsland *n.* / country of origin
hermetisch dicht / hermetically sealed
herstellen / to produce / to manufacture / to
fabricate / (kundenspezifisch) to customize
Hersteller *m.* / producer / manufacturer /
fabricant / **... der Grundstoffindustrie** basic
producer / **... von Großrechnern**
mainframer
Herstellerbestand beim Kunden *m.* /
consigned stock
Herstellermarkt *m.* / producer market
Herstellgrenzqualität *f.* / (QS) quality level to
be accepted
Herstellkosten *pl.* / factory costs /
manufacturing costs / **detaillierte Übersicht
der ...** breakdown of cost
Herstellung *f.* / manufacture / fabrication /
production
Herstellungsland *n.* / producer country
Herstellungslizenz *f.* / manufacturing license
Herstellvorschrift *f.* / manufacturing
specification
Hertz hertz
Herunterfahren *n.* / (eines Systems)
running-down
hervorheben / to highlight
hervorragend / outstanding
heute / today / (zur Zeit) currently / at present
Heutelinie *f.* / today-line / today's status line
hexadezimale Darstellung *f.* / hexadecimal
notation
Hexamethylendisilan (HMDS) *n.* /
hexamethyldisilazane
HF-Flansch *m.* / equipment flange

HF-Schaltung *f.* / RF-circuit
HF-Spule zur Plasmainduktion *f.* / RF-coil to induce plasma
HF-Stecker *m.* / RF plug
HF-Steckverbinder *m.* / RF connector
Hierarchie *f.* / hierarchy
hierarchisches Netz *n.* / hierarchical network
hierarchische Verdichtung *f.* / hierarchical collation
Hilfe *f.* / aid / help
Hilfemenü *n.* / help menu
Hilfs-.. / auxiliary .. / backup ..
Hilfsbereich *m.* / additional area
Hilfsbildschirm *m.* / auxiliary screen
Hilfschip *m.* / support chip
Hilfsdatei *f.* / auxiliary file
Hilfseinrichtung *f.* / auxiliary facility
Hilfsentladung *f.* / auxiliary discharge
Hilfsfeld *n.* / auxiliary data-item
Hilfskräfte *fpl.* / auxiliary personnel
Hilfskraft *f.* / helper
Hilfsmittel *n.* / auxiliary devices / auxiliary materials
Hilfsprogramm *n.* / auxiliary program / auxiliary routine
Hilfsspeicher *m.* / auxiliary storage / backup storage
Hilfsstoffe *mpl.* / auxiliary materials
Hilfsregister *n.* / auxiliary register
Hilfsumrichter *m.* / auxiliary converter
Hilfszündelektroden *fpl.* / auxiliary firing electrodes
Hindernis *n.* / barrier / obstacle
hinter den Bedarf zurückfallen / to fall short of the requirements
Hintergrund *m.* / background
Hintergrundbereich *m.* / background partition
Hintergrundrechner *m.* / back-end computer
Hintergrundspeicher *m.* / backing storage / secondary memory
Hintergrundverarbeitung *f.* / background processing
Hintergrundzeitintervall *n.* / backup time interval
hinterlegen / to deposit
Hinweis *m.* / hint / reference / message / flag
Hirschmann-Klemmprüfspitze *f.* / mini hook
Historienführung *f.* / lot tracking
historische Kosten / historical costs
hitzebeständig / heat-proof
Hitze-Kälte-Test *m.* / thermal cycling test
(HL-)Siemens-Geschäft *n.* / Siemens in-house (sc) business
hoch / high
Hochachtungsvoll / Yours respectfully
hochauflösend / high-resolution
hochauflösendes Fernsehen *n.* / high-definition television (HDTV)

Hochdruckoxidationsverfahren *n.* / high-pressure oxidation technique
Hochdruckreinigung mit Wasser *f.* / high-pressure water cleaning
Hochdruckreinigungsanlage *f.* / high-pressure scrubbing equipment
hochentwickelt / sophisticated
hochfahren / (System) to run up
Hochformat *n.* / upright format
Hochfrequenzerwärmung *f.* / radiofrequency heating
Hochfrequenzfeld, induktives *n.* / inductive RF-field
Hochfrequenztechnik *f.* / high-frequency engineering
Hochgeschwindigkeitskanal *m.* / high-speed channel
Hochintegration *f.* / (Halbl.) high-scale integration (HSI)
Hochkomma *n.* / apostrophe
Hochlauf *m.* / (Kapaz.) ramp-up
Hochleistungsbaustein *m.* / high-performance device
Hochleistungschip *m.* / high-capacity memory chip
Hochleistungsstaubfilter *m.* / high-efficiency particulate air filter
hochmodern / state-of-the-art
hochohmig / high-impedance
Hochohmwiderstände *mpl.* / high-valued resistances
hochpolig / multicontact
hochrangig / top-ranking
Hochrechnung *f.* / projection
Hochregallager *n.* / high bay warehouse
Hochregallagersteuerung *f.* / rack control system
hochrein / ultra-clean
hochreines Wasser *n.* / high-purity water
Hochsetzstecker *m.* / (Sperrwandler) boost converter
Hochspannung *f.* / high voltage
Hochspannungsbuchse *f.* / (bei StV) high-voltage jack
Hochspannungsfestigkeit *f.* / high-voltage strength
Hochstrom-Implanter *m.* / high-current implanter
Hochtemperaturglaslottechnik *f.* / high-temperature glass-to-metal sealing
Hochtemperaturlack *m.* / high-temperature resist
Hochtemperaturmessung *f.* / high-temperature measurement
Hochtemperaturofen *m.* / high-temperature furnace
Hochvakuumbedampfungsanlage *f.* / high-vacuum coating system

hochwertige Erzeugnisse *npl.* / high-quality products
Hochwiderstandsbahn *f.* / high-resistance pathway
Höchstausfuhrsteuer *f.* / optimum export tax
höchste Integrationsdichte *f.* / super large scale integration (SLSI)
höchstens / at most
höchster Gruppenbegriff *m.* / (DV/COBOL) final
höchster Lagerbestand *m.* / stockpeak
Höchstgrenze *f.* / ceiling
Höchstleistung *f.* / peak performance
Höchstspannung *f.* / extra-high voltage
höchstsperrend / very-high-blocking
Höchststand *m.* / peak / all-time high
Höchstwert *m.* / highest value / maximum
höchstwertiges Zeichen *n.* / most significant character
Höcker *m.* / bump
Höckerbonden *n.* / flip-chip bonding
Höckertechnologie *f.* / bump technology
Höhe *f.* / height
Höhenmarke *f.* / benchmark
Höhepunkt *m.* / peak
höhere Programmiersprache *f.* / high-level language (HLL) / advanced programming language (APL)
höherwertig / higher-order
hörbar / audible
Hörbereich *m.* / audible range
hohe Auflösung *f.* / high resolution
hohe Kapitalbindung *f.* / extended capital tie-up
hohe Speicherdichte *f.* / (Diskette) high density
Hohlraum *m.* / void / cavity
holen / to fetch / to get
Holm *m.* / bar
holographischer Speicher *m.* / holographic memory
Holphase *f.* / fetch cycle
Holprinzip *n.* / pull principle
homogen / homogeneous
honen / (feinschleifen) to hone
Horde *f.* / cassette / magazine / tray
Hordenbewegung *f.* / agitation
Hordenhalter *m.* / cassette holder
Hordenkonzept *n.* / cassette flow chart
Hordenvorschub *m.* / cassette index station
Horizontalsystem mit Wärmeleitung *n.* / horizontal conduction system
Huckepackgehäuse *n.* / piggyback package
Huckepackkarte *f.* / piggyback board
Huckepack-Leiterplatte *f.* / piggyback board
Huckepackmontage *f.* / piggybacking of ICs
Huckepacktechnik *f.* / (Montage von IC auf IC) piggy-back technique
Huckepackverfahren *n.* / piggybacking

Hülle *f.* / (Diskette) jacket
Hybridrechner *m.* / hybrid computer / analog-digital computer
Hybridschaltung *f.* / hybrid circuit
Hybridschnittstelle *f.* / hybrid interface
Hydrazin *n.* / hydrazine
hydrolisiert / hydrolyzed
hydrophile Scheibenoberfläche *f.* / wetted wafer surface
hydrophob / hydrophobic
hygroskopisch / hygroscopic
Hystereseschleife *f.* / hysteresis loop

I

identifizierende Sachnummer *f.* / significant part number
Identifikationszeichen *n.* / identifier / identification sign
identifizieren / to identify
identisch / identical
Ikone *f.* / icon
i-leitend / i-type
im allgemeinen / in general / generally
im Auftrag von / on behalf of / by order of
im Bedarfsfall / in case of need / if required
im Dialog / in interactive mode / in dialog mode
im Gegensatz zu / unlike / in contrast to / contrary to
im Hinblick auf / in view of
im Jahresdurchschnitt / on the annual average
immanent / immanent
immaterielle Werte *mpl.* / intangible assets / intangibles
Imparitätskontrolle *f.* / odd-even check / parity check
Impedanz *f.* / impedance
Impedanzabgleich *m.* / impedance matching
impedanzarm / low-impedance
Impedanzelement *n.* / impedor
Impedanzwandlung *f.* / impedance transformation
imperative Anweisung *f.* / executable statement
impfen / (Halbl.) to seed
Impfkristall *n.* / seed crystal
Implantationsanlage *f.* / implanter
implantationsdotiert / implantation-doped
Implantationsebene *f.* / implant layer
Implantationsgettern *n.* / implant gettering
Implantationsmaske *f.* / implant mask
Implantationsschicht *f.* / implant layer
Implantationsstoff *m.* / implant
Implantationstechnik *f.* / implant technology

Implantationswiderstand *m.* / implant resistor
implantieren / to implant
implantiert / implanted / **doppelt ...**
   double-implanted / **schwach ...** lightly
   implanted
Implantierungstiefe *f.* / implant depth
implementieren / to implement
Implementierungssprache *f.* / implementation
   language
Implikation *f.* / conditional implication
   operation / if-then operation / inclusion
   operation
Importabgabe *f.* / import levy
Importabteilung *f.* / import department
Importakkreditiv *n.* / import letter of credit /
   import L/C
Importbeschränkungen *fpl.* / import
   restrictions
Importeur *m.* / importer
Importgüter *npl.* / imported goods
Importhandel *m.* / import trade
Importkonossement *n.* / inward bill of lading /
   inward B/L
Importkontingent *n.* / import quota
Importkontingentierung *f.* / imposition of
   import quotas
Importlizenz *f.* / import license
Importüberschuß *m.* / import surplus
Importvolumen *n.* / volume of imports
Importware *f.* / imported goods / imported
   merchandise
Importwirtschaft *f.* / import trade / import
   business
impregnieren / to impregnate
Impuls *m.* / pulse / impulse
Impulsabfallzeit *f.* / pulse delay time
Impulsabstand *m.* / pulse spacing
Impulsamplitude *f.* / pulse height
Impulsauflösungsvermögen *n.* / pulse
   resolution
Impulsbandbreite *f.* / pulse bandwidth
Impulsbelastbarkeit *f.* / pulse load
Impulsbetrieb *m.* / pulsed operation / burst
   mode
Impulsbildung *f.* / pulse forming
Impulsbreite *f.* / pulse width
Impulsdehnung *f.* / pulse stretching
Impulseingangssignal *n.* / pulsed input
Impulselektronenstrahl *m.* / pulsed electron
   beam
Impulsentzerrer *m.* / pulse equalizer
Impulserhitzung *f.* / pulse heating
Impulserneuerung *f.* / pulse restoration
Impulsfarbstofflaser *m.* / pulsed dye laser
Impulsflanke *f.* / edge of a pulse /
   absteigende ... negative ... / **aufsteigende ...**
   positive ...
impulsflankengesteuert / edge-triggered
Impulsfolge *f.* / pulse train

Impulsform *f.* / pulse shape
Impulsfrequenz *f.* / pulse frequency
Impulsgeber *m.* / pulse generator / pulser
Impulsinstabilität *f.* / pulse jitter
Impulslänge *f.* / pulse length / pulse duration
Impulslaserausheilung *f.* / pulsed-laser
   annealing
Impulslöten *n.* / pulse reflow
Impulsprogrammierung *f.* / single pulse
   programming
Impuls-Quecksilber-Lampe *f.* / pulsed
   mercury lamp
Impulsrauschen *n.* / pulse noise
Impulsreihe *f.* / pulse train
Impulssender *m.* / emitter
Impulsstrahl *m.* / pulsed beam
Impulsstrom *m.* / pulsed current
Impulstastverhältnis *n.* / duty factor of a pulse
Impulsübertrager *m.* / pulse transformer
Impulsverhältnis *n.* / pulse ratio
Impulsverhalten *n.* / pulse response
Impulsverstärker *m.* / pulse amplifier
Impulsverstärkung *f.* / pulse regeneration
Impulsverzerrung *f.* / pulse distortion
Impulswärmewiderstand *m.* / transient
   thermal impedance
Impuls-Xenon-Lampe *f.* / pulsed xenon lamp
im Rahmen von / within the framework of
im Sinne von / (Gesetz o. ä.) as defined by
im Uhrzeigersinn / clockwise
im Vergleich zu / as against / compared to
im voraus / in advance
im Werkstattbereich / on the shopfloor
in Anbetracht von / in view of /
   in consideration of
in Arbeit / in process
in Arbeit befindliche Aufträge / active
   backlog of orders
in Bearbeitung / in process
in Betrieb / in operation
Inbetriebnahme *f.* / putting into operation /
   implementation / start-up
in der Regel / as a rule
Indexausdruck *m.* / indexed expression
Indexdatenfeld *n.* / index data item
Indexgrenze *f.* / index boundary
indexieren / to index / to subscript
Indexlohn *m.* / index-tied wages
Index-Position *f.* / alternate routing / alternate
   operation
indexsequentielle Datei *f.* / indexed sequential
   file
Indexverfahren *n.* / indexed sequential access
   method (ISAM)
index-verkettete Speicherung *f.* / chaining
Indien / India
indirekte Datenfernübertragung *f.* / off-line
   teleprocessing

indirekte Kosten *pl.* / indirect costs / indirect expenses
indirekter Antrieb *m.* / indirect drive
indirekter Befehl *m.* / indirect instruction
indirekter Betrieb *m.* / off-line operation
indirekter Lohn *m.* / indirect wages
indirekt gesteuertes System *n.* / indirectly controlled system
indisch / Indian
Indium *n.* / indium
Individualsoftware *f.* / individualized software
individueller Prämienlohn *m.* / individual incentive
indizieren / to index
indizierte Adresslerung *f.* / indexed addressing
indizierter Name *m.* / subscripted name
Indizierung *f.* / indexing / subscription
Indossament *n.* / endorsement
Indossant *m.* / endorser
Indossat *m.* / endorsee
Induktion *f.* / inductance
induktionsarm / low-inductance
induktionsfrei / non-inductive
Induktor *m.* / rotor
industrialisieren / to industrialize
Industrie, verarbeitende *f.* / processing industry
Industrieausrüstung *f.* / industrial equipment
Industrieelektronik *f.* / industrial electronics
Industrieerzeugnis *n.* / industrial product
Industriegelände *n.* / industrial site
Industriegewerkschaft *f.* / industry-wide union
Industriekaufmann *m.* / industrial clerk
Industriekredit *m.* / corporate loan
industrieller Fertigungsbereich *m.* / industrial fields of production
Industriemüll *m.* / industrial waste
Industrienorm *f.* / industrial standard
Industrieproduktion *f.* / industrial output
Industrieroboter *m.* / industrial robot
Industriespionage *f.* / industrial espionage
Industrietechnik *f.* / industrial engineering
Industrieunternehmen *n.* / industrial enterprise
Industrieverband *m.* / federation of industries
Industrieverlagerung *f.* / relocation of industries
Industriezweig *m.* / branch of industry
induzieren / to induce
inertes Gas *n.* / inert gas
Inertträgergas *n.* / inert carrier gas
Info Lagerdaten *f.* / Information on store data
Informatik *f.* / computer science
Informatiker *m.* / information scientist / computer scientist
Informationsangebot *n.* / information supply

Informationsaustausch *m.* / exchange of information
Informationsbereitschaft *f.* / readiness to provide information
Informationsbeschaffung *f.* / information search
Informationsdarstellung *f.* / data representation
Informationseingabe *f.* / information input / data input
Informationseinheit *f.* / information unit
Informationsfluß *m.* / information flow
Informationsflußanalyse *f.* / information flow analysis
Informationsflut *f.* / flood of information
Informationsgehalt *m.* / information content
Informationskette *f.* / information-transmitting chain
Informationsloch *n.* / code hole
Informationspflicht *f.* / obligation to inform
Informationsregulator *m.* / gate keeper
Informationsrückfluß *m.* / feedback
Informationsspeicherung *f.* / information storage
Informationsspur *f.* / information track
Informationstechnik *f.* / communications
Informationsträger *m.* / information carrier
Informationstransformation *f.* / storage, transmission und processing of information
Informationstrennzeichen *n.* / information separator
Informationsüberfluß *m.* / information overload
Informationsüberlastung *f.* / information overload
Informationsübermittlung *f.* / transmission of information
Informationsübertragung *f.* / transmission of information
Informations- und Pressewesen *n.* / public relations
Informationsverarbeitung *f.* / information processing
Informationsvermittler *m.* / information broker
Informationsweg *m.* / information channel
Informationswert *m.* / information value
Informationswiedergewinnung *f.* / information retrieval / data retrieval
Information und Kommunikation (IuK) *f.* / information and communication (I & C)
Information von oben nach unten *f.* / top-down information
Information von unten nach oben *f.* / bottom-up information
informell / informal
Info Teilestamm *f.* / information on parts master
infrarot / infrared

Infrarotdiode *f.* / infrared-emitting diode
Infrarot-Tunnelofen *m.* / moving-belt IR-oven
Ingangsetzung *f.* / start-up
Ingenieur *m.* / engineer
Ingenieurwesen *n.* / engineering
Inhaberaktien *fpl.* / (GB) bearer shares /
(US) bearer stock
Inhaberscheck *m.* / check to bearer
Inhaberwechsel *m.* / bearer bill
Inhalt *m.* / content(s)
inhaltsadressierbarer Speicher *m.* / content-
addressable memory (CAM)
inhaltsadressierter Speicher *m.* /
content-addressed memory
Inhaltsstoffe *mpl.* / ingredients
Inhaltsverzeichnis *n.* / directory
Inhaltsverzeichnis *n.* / (Buch) table of contents
initialisieren / to initialize
Injektion heißer Elektronen *f.* / hot-electron
injection
Injektionsfläche *f.* / injection surface
Injektionsgitter *n.* / injection grid
Injektionsnadel *f.* / injection needle
Injektionsrauschen *n.* / injection noise
Injektionsstärke *f.* / injection level
Injektionsstrom *m.* / injection current
Injektionswirkungsgrad *m.* / injection
efficiency
injektorgesteuert / injector-sensed
injizieren / (Ladungsträger) to inject
Inkasso *n.* / collection
Inkassogebühr *f.* / collection fee
Inkassospesen *pl.* / collection charges /
collection expenses
inklusives ODER-Glied *n.* / inclusive-OR
element
inkompatibel / incompatible
Inkonsistenz *f.* / inconsistency
in Kraft treten / to take effect / to go into
effect
inkremental / incremental
Inlandsabsatz *m.* / domestic sales / domestic
business
Inlandsaufträge *mpl.* / domestic orders
Inlandsfertigung *f.* / domestic production
Inlandsgeschäft *n.* / domestic sales
Inlandshandel *m.* / domestic trade
Inlandsnachfrage *f.* / domestic demand
Inlandsumsatz *m.* / domestic sales
Inlandsverbrauch *m.* / domestic consumption
Inlandsvertrieb *m.* / domestic sales
Inlandswert einer Ware *m.* / current domestic
value
Innenanschluß *m.* / inner lead
Innendienstmitarbeiter *mpl.* / indoor staff
Innenlage *f.* / internal layer
Innenleiter *m.* / inner conductor
Innenraum *m.* / (Gehäuse) cavity

Innenverbindung bei Mehrlagenplatten *f.* /
layer-to-layer interconnection
Innenwiderstand *m.* / internal resistance
innerbetrieblich / in-house
innerbetriebliche Ausbildung *f.* / corporate
training / training-on-the-job
innerbetriebliche Daten *pl.* / internal data
innerbetriebliche Leistungen *fpl.* / internal
services
innerbetriebliche Leistungsverrechnung *f.* /
intra-plant cost allocation
innerbetriebliche Lieferung *f.* / internal
delivery
innerbetriebliche Mitteilung *f.* / inter-office
memo
innerbetriebliche Preisverrechnung *f.* /
cross-charging of prices
innerbetrieblicher Arbeitsablauf *m.* / in-plant
flow of operations
innerbetrieblicher Transportauftrag *m.* /
move order
innerbetrieblicher Verrechnungspreis *m.* /
internal transfer price
**innerbetriebliches Transport- und
Lagerwesen** *n.* / in-plant materials handling
innere Atmosphäre *f.* / inert atmosphere
innere Fortschaltung *f.* / self-shift addressing
innere Reibung *f.* / internal friction
innige Verbindung *f.* / (Metalle) fusion of
base metals
inoffizieller Streik *m.* / unofficial strike /
wildcat strike / unauthorized strike
in Rechnung stellen / to invoice
Inselfertigung *f.* / group technology
insgesamt / overall
installieren / to install
Instandhaltung *f.* / maintenance / service
department
Instandhaltungskosten *pl.* / maintenance costs
Instandsetzungsauftrag *m.* / repair order
Instruktionsaufbau *m.* / instruction format
Instrument *n.* / tool / instrument
Integralrechnung *f.* / integral calculus
Integrationsdichte *f.* / integration density /
circuit density
Integrationsgrad *m.* / scale of integration /
extrem hoher ... giant-scale integration
(GSI) / **geringer ...** small-scale integration
(SSI) / **hoher ...** large-scale integration
(LSI) / **mittlerer ...** medium-scale
integration (MSI) / **sehr hoher ...** very
large-scale integration (VLSI)
Integrationsschaltung *f.* / integrated circuit
(IC)
Integrationsstufe *f.* / integration level
Integrator mit Begrenzer *m.* / limited
integrator
integrieren / to integrate / to build into / to
include / **immer mehr Leistung in Chips ...**

to pack ever more performance into chips /
in den Schaltkreis ... to incorporate in the
circuit
Integrierglied *n.* / digital integrator
integrierte Datenverarbeitung *f.* / Integrated
Data Processing (IDP)
integrierte Halbleiterschaltung *f.* / integrated
semiconductor circuit
integrierter Emulator *m.* / in-circuit emulator
(ICE)
integrierter Halbleiterschaltkreis *m.* /
integrated semiconductor circuit
integrierte Schaltung *f.* / Integrated Circuit
(IC)
integriertes Fertigungssystem *n.* / integrated
manufacturing system
Integrierwerk *n.* / digital integrator
intelligente Datenstation *f.* / intelligent data
terminal
Intensität *f.* / intensity
Intensivanzeige *f.* / highlighting / high
intensity display
interaktives Programmieren *n.* /
conversational-mode programming
interdisziplinär / cross-functional
intermetallische Schicht *f.* / intermetallic
layer
intern / internal / (Firma) in-house
interne Bestellung *f.* / internal order
interner Auftrag *m.* / internal order
Internet-Teilnehmer *m.* / Internet subscriber
interpretierendes Protokollprogramm *n.* /
interpretive trace program
Interpunktion *f.* / punctuation
Intervall *n.* / interval
Intervallzeitgeber *m.* / interval time clocker
Intrinsic-Dichte *f.* / intrinsic density
Intrinsic-Leitung *f.* / intrinsic conduction
Inventur *f.* / inventory / stocktaking /
permanente ... perpetual stocktaking /
perpetual inventory
Inventurbuch *n.* / inventory register
Inventurdifferenz *f.* / inventory shortage
Inventurprüfung *f.* / inventory audit
Inversdioden-Kenndaten *pl.* / reverse diode
characteristics
Inversionsschicht *f.* / inversion layer
in Verzug / (Zahlung) in default
Investition *f.* / investment
Investitionen *fpl.* / capital expenditure and
investments
Investitionsabbau *m.* / disinvestment
Investitionsaufwand *m.* / investment
expenditure
Investitionsbedarf *m.* / required investment
Investitionsbewilligung *f.* / investment
appropriation
Investitionsbilanz *f.* / capital-flow
balance-sheet

Investitionsgüter *npl.* / capital goods
Investitionshaushalt *m.* / capital budget
Investitionskontrolle *f.* / investment control
Investitionskürzungen *fpl.* / cuts in capital
spending
Investitionsneigung *f.* / propensity to invest
Investitionsplanung *f.* / capital investment
planning
Investitionsschub *m.* / investment drive
Ionenätzen *n.* / ion milling / ion etching
Ionenauftreffwinkel *m.* / ion impact angle
Ionenbeschleunigung *f.* / ion acceleration
Ionenbeschuß *m.* / ion bombardment
Ionenbestrahlung *f.* / ion irradiation
Ionenbeweglichkeit *f.* / ion mobility
Ionenbindung *f.* / ion bond
Ionenfalle *f.* / ion trap
Ionenflußanteil *m.* / ion flux fraction
Ionengitter *n.* / ionic lattice
Ionenhalbleiter *m.* / ionic semiconductor
Ionenimplantation *f.* / ion implantation
Ionenimplantationsanlage *f.* / ion implanter /
... mit batchweiser Waferbearbeitung
batch-processing ion implanter /
... mit serieller Waferbearbeitung
serial-processing ion implanter
Ionenimplantationsausheilung *f.* / ion
implantation annealing
Ionenimplantationsmaske *f.* / ion implant
mask
Ionenimplantationszone *f.* / ion-implanted
region
ionenimplantiert / ion-implanted
Ionenimpuls *m.* / ion momentum
Ionenkristall *n.* / ionic crystal
Ionenladung *f.* / ionic charge
Ionenleiter *m.* / ionic conductor
Ionenlithographie *f.* / ion lithography
Ionenmassenanalyse *f.* / ion microprobe mass
analysis
Ionenmikrosonde *f.* / ion microprobe
Ionenquelle *f.* / ion source
Ionensonde *f.* / ion probe / **... im**
Submikrometerbereich submicron focussed
ion beam
Ionenstrahlabtastung *f.* / ion beam scanning
Ionenstrahlätzen *n.* / ion-beam etching / ion
milling / **... der Goldstruktur** ion-beam
etching of the gold pattern
Ionenstrahlanlage *f.* / ion-beam gear
Ionenstrahlbelichtung *f.* / ion-beam exposure
Ionenstrahlbeschichtung *f.* / ion-beam coating
Ionenstrahler *m.* / ion gun
Ionenstrahlkathodenzerstäubung *f.* /
ion-beam sputtering
Ionenstrahllithographie *f.* / **... mit**
fokussiertem Rasterstrahl focussed-type
ion-beam lithography / **... mit kollimiertem**
Strahl masked-type ion-beam lithography

Ionenstrahlsondendurchmesser *m.* / ion-beam spot size
Ionenstrom *m.* / ionic current
Ionenverteilung *f.* / ion distribution
Ionenverunreinigung *f.* / ionic contamination
Ionenwanderung *f.* / ionic migration / electromigration
Ionenzerstäubung *f.* / ion sputtering
Ionisationskammer *f.* / ionization chamber
ionisierbar / ionizable
ionisieren / to ionize
ionisiert, einfach / singly ionized
Ionisierungsenergie *f.* / ionization energy
Ionisierungsstoß *m.* / ionizing collision
Ionisierungteilchen *n.* / ionizing particle
Ionisierungswärme *f.* / ionization heat
Ionisiervorrichtung *f.* / ionizing grid
irisch / Irish
Irland / Ireland
Irrtümer und Auslassungen vorbehalten / errors and omissions excepted
irrtümlicherweise / by mistake
isochron / isochronous
Isokontrastkennlinie *f.* / line of constant contrast
Isolation *f.* / (allg.) insulation / isolation (on chips) / **... durch Basisdiffusion** base-diffusion isolation / **... durch Oxid und Polysilizium** isolation by oxide and polysilicon (IOP) / **... durch Oxidschicht** oxide isolation / **... mit versenktem Oxid** recessed-oxide isolation / **... zwischen leitenden Schichten** isolation between conducting layers
Isolationsabstand *m.* / isolation spacing
Isolationsgraben *m.* / isolation trench
Isolationshalterung *f.* / insulation grip
Isolationshülse *f.* / insulation support
Isolationskondensator, vergrabener *m.* / buried isolation capacitor
Isolationsprüfspannung *f.* / withstand-test voltage
Isolationsröhrchen *n.* / insulating tube
Isolationsschicht *f.* / insulating layer / isolation layer
Isolationssperrschicht *f.* / insulating barrier
Isolationstechnik *f.* / dielectric isolation technology
Isolationswanne *f.* / isolation well
Isolationswiderstand *m.* / insulation resistance
Isolator *m.* / insulator
Isolatorsubstrat *n.* / insulating substrate
Isolierbuchse *f.* / bushing
isolieren / to insulate / to isolate
Isolierkörper einer Fassung *m.* / socket body
Isolierkörper für StV *m.* / connector insert
Isolierkörper, zurückgezogener *m.* / molded housing extended to rear

Isolierschlauch, aufschrumpfbarer *m.* / heat-shrinkable sleeving
Isolierstoff *m.* / molded plastic
isolierte Datenverarbeitung *f.* / isolated data processing
Isolierteil / dielectric
isoliertes Gate *n.* / insulated-gate
Isolierungsschicht *f.* / dielectric layer
Isolierwerkstoff *m.* / insulating material
Isoplanarisolierung *f.* / isoplanar isolation
Isoplanartechnik *f.* / isoplanar oxide-isolation
Isoplanarverfahren *n.* / isolation oxide planar process / isoplanar process
Iso-Schlauch *m.* / insulation sleeving
isotrop / isotropic (etching)
Ist-Analyse *f.* / actual state analysis
Ist-Aufnahme *f.* / actual state recording / (Ergebnis) actual state inventory
Ist-Ausbringung *f.* / actual output
Ist-Bestand *m.* / actual stock
Ist-Durchlaufzeit *f.* / actual cycle time
Ist-Einnahmen *fpl.* / actual receipts
Ist-Gemeinkosten *pl.* / current overhead
Ist-Kapazität *f.* / actual capacity
Ist-Kosten-Kalkulation *f.* / actual cost calculation
Ist-Leistung *f.* / actual performance / actual output
Ist-Situation *f.* / present situation
Ist-Wert *m.* / actual value
Ist-Zeit *f.* / actual time
Ist-Zeit-Meldung *f.* / labo(u)r ticket / time card / time ticket / work ticket
Ist-Zustand *m.* / actual state
Italien / Italy
italienisch / Italian
Iterationsverfahren *n.* / iterative procedure
ITO-Schicht *f.* / indium-tin oxide layer / ITO-layer
IuK (Information und Kommunikation) / I & C (Information and Communication)

J

jährlich / annual / yearly
jährlicher Verbrauch *m.* / (wertmäßig) annual dollar usage / (mengenmäßig) annual unit usage
Jahresabschluß *m.* / annual financial statement / annual statement of accounts
Jahresauflauf zum Heutezeitpunkt *m.* / year-to-date
Jahresbedarf *m.* / annual requirements / annual demand / yearly demand
Jahresbericht *m.* / annual report

Jahresbilanz f. / annual balance-sheet
Jahresfehlbetrag m. / net loss for the year /
annual deficit
Jahresfreibetrag m. / annual allowance
Jahresgewinn m. / net profit for the year /
annual profit
Jahreshauptversammlung f. / (AG) annual
general meeting (AGM)
Jahresprüfung f. / annual review
Jahresumsatz m. / annual sales
Jahresverbrauch m. / annual usage / usage per
year / voraussichtlicher ... projected usage
per year
Jalousiefolie f. / louver sheet
Japan / Japan
japanisch / Japanese
je / per
JIT-Lieferung f. / JIT-delivery
Jobdisponent m. / job scheduler
Junktion f. / precondition
Justierätzgrube f. / alignment pit
Justieranlage, automatische f. / auto-align
system
Justieranordnung für mehrere Masken f. /
multiple mask alignment system
justieren / to justify / to adjust / to align
Justierfase f. / alignment flat
Justierfehler m. / alignment error /
misalignment
Justierfenster n. / alignment window
Justiergenauigkeit f. / alignment accuracy
Justierkreuz n. / alignment mark
Justiermarke f. / (f. Lasercutter) alignment
mark / alignment target
Justiermarkenabtastprogramm n. / fiducial
scan program
Justiermarkenanordnung f. / alignment target
layout
Justiermarkenstruktur f. / fiducial pattern
Justiermarkensuchverfahren n. / fiducial
mark location procedure
Justiermethode f. / alignment strategy
Justieröffnung f. / alignment aperture
Justierort m. / alignment site
Justierschraube f. / adjustment screw
Justierspule f. / alignment coil
Justierstelle f. / adjustment point / alignment
site
Justierstrahl m. / registration beam
Justierstruktur f. / alignment pattern /
alignment structure
Justiersystem n. / alignment system /
automatisches ... auto-aligner /
laserwegmeßgesteuertes ...
interference-type laser step-alignment
system / ... mit Laserstrahlabtastung
laser-beam alignment system
Justiertisch m. / alignment stage / alignment
table

Justier- und Belichtungsanlage f. / alignment
and exposure system / mask alignment
system / exposure-alignment system / mask
aligner / ... für doppelseitige
Waferbelichtung double-side mask aligner /
... für Strukturübertragung von der Maske
auf Wafer mask-to-wafer aligner /
lichtoptische ... photooptical alignment
system / ... mit Grenzfeldprojektion
full-field projection aligner / ... mit
Repeateinrichtung projection stepping
aligner / ... mit Submikrometergenauigkeit
submicron aligner / röntgenlithographische
... X-ray lithography alignment system
Justierung f. / justification / adjustment /
alignment / axiale ... on-axis alignment /
chipweise ... die-by-die alignment / ... der
Innenanschlüsse inner lead alignment /
... durch Drehung rotation alignment /
fehlerhafte ... misalignment / ... nach
Justiermarken target alignment /
schrittweise ... step-by-step alignment
Justierverfahren n. / alignment technique
Just-in-time-Lieferung f. / just-in-time
delivery / JIT-delivery

K

Kabel n. / cable / cord
Kabelabfangung f. / cable clamp
Kabelabgangsüberwurfmutter f. / outlet nut
Kabelanschluss m. / cable junction
Kabelausgang m. / cable outlet
Kabelausschnitt m. / cable cutout
Kabelbaum m. / wire harness
Kabeleinfluß m. / cable effect
Kabeleinführung f. / cable entry
Kabelfassung f. / cable feedthrough
Kabelflansch m. / cable flange
Kabelführung f. / running of cables / cabling
kabelgebundene Übertragung f. / wire
communication
Kabelgeflecht n. / cable braid
Kabelinnenleiter m. / cable inner conductor
Kabelkanal m. / cable duct
Kabelkupplung f. / (StV) adapter
Kabellegeliste f. / cable running list
Kabelmantel m. / jacket
Kabelrost m. / cable grid
Kabelschacht m. / cable duct / cable funnel
Kabelschuh m. / cable lug
Kabelspleiß m. / splice
Kabelstecker m. / cable plug
Kabelsteckverbinder m. / cable connector
Kabeltasche f. / hood

kabeltauglich / cable compatible
Kabeltrennung *f.* / cable segregation
Kabeltrommel *f.* / cable reel
Kabeltülle *f.* / cable (support) sleeve
Kabelummantelung *f.* / cable sheath
Kabelverbinder *m.* / adapter
Kabelverlegung *f.* / cable laying
Kabelverschraubung *f.* / cable gland
Kabelziehschutz *m.* / drawing-in protector
Kabelzug *m.* / cable run
Kältefalle *f.* / cold trap
Käufermarkt *m.* / buyers' market
Käuferschicht *f.* / stratum of buyers /
category of buyers
Kalender *m.* / calendar
kalenderbereinigt / after adjustment for
working-day variations
Kalendereinflüsse *mpl.* / working-day
variations
Kaliumhydroxid *n.* / potassium hydroxide
Kalkulation *f.* / costing / calculation /
Ist-Kosten-... actual cost calculation /
mitlaufende ... concurrent costing
Kalkulations-Arten-Kennzeichen *n.* / cost
calculation type code
Kalkulation auf Grund von Ist-Kosten *f.* /
costing on the basis of actual costs
Kalkulationstabelle *f.* / spreadsheet
Kalkulator *m.* / costing clerk
kalkulatorische Abschreibung *f.* / calculated
depreciation
kalkulatorische Kosten *pl.* / imputed costs
kalkulatorische Zinsen *mpl.* / costed interest
Kaltleiter *m.* / cold plate
Kaltscheibenverfahren *n.* / cold plate method
Kaltstart *m.* / cold start
Kamm *m.* / (StV) fanning strip
Kammerwand *f.* / chamber wall
Kanal *m.* / channel / bus
Kanaladreßwort *n.* / channel address word
Kanalbefehlswort *n.* / channel command word
(CCW)
Kanalbelegung *f.* / channel loading
Kanalcodierung *f.* / channel encoding
Kanalspeicher *m.* / channel buffer
Kanalsprungbefehl *m.* / transfer-in-channel
command
Kanalsteuerung *f.* / channel control
Kanalteilung *f.* / channel subdivision
Kanalzustand *m.* / channel status
Kanalzustandsbyte *n.* / channel status byte
(CSB)
KANBAN-System *n.* / canban system
Kannfeld *n.* / optional field
Kannkapazität *f.* / normal capacity
Kanntermin *m.* / possible delivery date
Kante *f.* / edge / **abgerundete ...** rounded
edge / **abgeschrägte ...** bevelled edge /
ausgezackte ... scalloped edge / **hintere ...**

trailing edge / **unscharfe ...** fuzzy edge /
vordere ... leading edge
Kantenabschrägung *f.* / edge slope
Kantenausbruch *m.* / edge chipping
Kantenschleifmaschine *f.* / edge grinder
Kantenschliff *m.* / edge grinding
Kapazität *f.* / **... ausweiten** to ramp up
capacity / **freie ...** idle capacity / **geschätzte
...** estimated capacity / **Ist-...** actual
capacity / **Kosten der ungenutzten ...** idle
capacity cost / **überschüssige ...** excess
capacity / **unbegrenzte ...** infinite capacity /
verfügbare ... available capacity / **...**
verringern to reduce capacities
Kapazität des Marktes *f.* / market potential /
absorptive capacity of the market
Kapazitätsabgleich *m.* / capacity alignment /
capacity leveling
Kapazitätsangebot *n.* / capacity supply
Kapazitätsanpassung *f.* / capacity adjustment
kapazitätsarm / low-capacitance
Kapazitätsausgleichsrechnung *f.* / capacity
alignment / capacity leveling
Kapazitätsauslastung *f.* / capacity
utilization / capacity load
Kapazitätsausweitung *f.* / capacity ramp-up
Kapazitätsbedarf *m.* / capacity requirements
Kapazitätsbedarfsliste *f.* / capacity
requirements list
Kapazitätsbedarfsplanung *f.* / capacity
requirements planning
Kapazitätsbelastung *f.* / capacity loading
Kapazitätsbelastungsübersicht *f.* / capacity
load overview / **auftragsbezogene ...**
customer order-related capacity overview
Kapazitätsbelegung *f.* / capacity load /
capacity utilization
Kapazitätsbelegungsplan *m.* / capacity load
plan
Kapazitätsbestand *m.* / capacity stock
Kapazitätsdichte *f.* / capacitance density
Kapazitätsdiode *f.* / varactor diode
Kapazitätsengpaß *m.* / bottleneck
Kapazitätsfeinplanung *f.* / detailed capacity
planning
Kapazitätsgrenze *f.* / **Maschinenbelastung mit**
... finite capacity loading /
Maschinenbelastung ohne ... infinite
capacity loading
Kapazitätsgrobplanung *f.* / rough-cut
capacity planning
Kapazitätskorridore *mpl.* / capacity margins
Kapazitätsliste *f.* / capacity list
Kapazitätsoptimum *n.* / ideal capacity
Kapazitätsplanung *f.* / capacity planning /
capacity computation
Kapazitätsprognose *f.* / load forecast / load
projection
Kapazitätsrechnung *f.* / capacity calculation

Kapazitätsreserve *f.* / idle capacity
Kapazitäts-/Spannungs-Diagramm *n.* /
  capacitance/voltage plot
Kapazitätssprung *m.* / capacity increment
Kapazitätssteuerung *f.* / capacity control
Kapazitätsterminierung *f.* / capacity
  scheduling
Kapazitätstoleranz *f.* / capacitance tolerance
Kapazitätsüberhang *m.* / capacity overflow /
  excess capacity
Kapazitätsverwendungsnachweis *m.* / capacity
  where-used list
kapazitive Verfügbarkeitsprüfung *f.* /
  capacity availability calculation
Kapillarvorgang *m.* / capillary action
Kapitalanlage *f.* / investment
Kapital, gebundenes *n.* / tied-up capital
Kapitalbedarf *m.* / cash requirements / capital
  requirements
Kapitalbedarfsdatum *n.* / cash requirements
  date
Kapitalbereitstellung *f.* / provision of funds
Kapital beschaffen / to raise capital /
  to procure capital
Kapitalbeschaffung *f.* / raising of capital /
  capital procurement
Kapitalbindung, hohe *f.* / extended capital
  tie-up
Kapitalbindungsnachweis *m.* / capital tie-up
  list
Kapitalflußrechnung *f.* / capital flow
  statement
Kapital freisetzen / to free up capital
Kapitalgesellschaft *f.* / corporation
Kapitalkosten *pl.* / capital cost
Kapitel *n.* / (DV/COBOL) section /
  (allg.) chapter
Kapitelüberschrift *f.* / (DV/COBOL) section
  header
Kappe *f.* / cap
Karriere *f.* / career
Kartei *f.* / file
Kartell *n.* / cartel
Kartenchassis *n.* / motherboard
Kartentelefon *n.* / chip-card telephone
Kartonagen *fpl.* / cardboard containers
Karussselspeicher *m.* / lazy susan / roundabout
  storage
kaschiert / (kupfer-) copper-clad
Kaschierung *f.* / cladding
kaskadierbar / cascadable
Kassageschäft *n.* / cash transaction
Kassenbeleg *m.* / sales slip
Kassette *f.* / cartridge / cassette
Kassettenlager *n.* / cassette store
Katalog *m.* / catalogue
Kathede *f.* / leg
Kathodenstrahlröhre *f.* / cathode ray tube
Kauf *m.* / purchase

Kauf abschließen / to conclude a sale
Kaufabsicht *f.* / buying intention
Kaufanreiz *m.* / incentive to buy
Kauf auf Raten *m.* / installment purchase /
  hire purchase
kaufen / to buy / to purchase
Kaufentscheidung *f.* / purchase decision /
  decision to buy
Kaufgegenstand *m.* / object sold
Kaufgewohnheiten *fpl.* / buying habits
Kaufkraft *f.* / purchasing power
kaufmännisch / commercial / mercantile
kaufmännische Abteilung *f.* / commercial
  department
Kaufmännische Leitung *f.* / (Siem.) Business
  Administration
kaufmännischer Angestellter *m.* / commercial
  clerk
Kaufmännische Aufgaben Vertrieb *fpl./m.* /
  (Siem.) Commercial Administration Sales /
  (allg.) commercial sales functions
kaufmännische Datenverarbeitung *f.* /
  business data processing
Kaufmann *m.* / merchant
Kaufpreis rückerstatten *m.* / to refund the
  purchase price
Kaufteil *n.* / bought item / purchase item /
  purchase part
Kaufverhalten *n.* / buying pattern
Kaufverhandlungen *fpl.* / sales negotiations
Kaufvertrag *m.* / purchase contract
Kaution *f.* / deposit / security
Kavität *f.* / cavity
Kehrwert *m.* / reciprocal
Keilbonden *n.* / wedge bonding
Keim *m.* / seed
kellern / to stack
Kellerspeicher *m.* / stack memory
Kennbegriff *m.* / key
Kennbit *n.* / marker bit / flag bit
Kennblock *m.* / control block
Kenndaten *pl.* / characteristics
Kenndaten einer Schaltung *pl.* / circuit
  parameters
Kennfaden *m.* / identification thread
Kenngröße *f.* / characteristic (parameter)
Kennlinie *f.* / characteristic curve
Kennlinienansteuerung *f.* / characteristic
  drive circuit
Kennlinienschreiber *m.* / curve tracer
Kennloch *n.* / identification hole
Kennmarke *f.* / register mark
Kennsatz *m.* / label (record)
Kennsignal *n.* / identifying signal
Kennung *f.* / identification character / label /
  (b. Datenübertragung) answerback code /
  station identification
Kennungsabfrage *f.* / identification request

Kennungsgeber *m.* / answerback unit / answer generator
Kennungsschlüssel *m.* / identification code
Kennwort *n.* / password / keyword / code word
Kennzahlen *fpl.* / key data / key figures
Kennzahlensystem *n.* / performance measurement system
Kennzeichen *n.* / mark / label / flag / identifier
Kennzeichen niedrigste Dispo-Stufe *n.* / low level code
kennzeichnen / to mark / (m. Etikett) to label
Kennzeichnung *f.* / labelling / identification / mark
Kennzeichnungsbit *n.* / flag bit
Kennziffer *f.* / reference number
Kennziffer für externe Priorität *f.* / external priority code
Keramik *f.* / ceramics
Keramikbauform *f.* / ceramic design
Keramikbaustein *m.* / ceramic module
Keramikchipträger *m.* / ceramic chip carrier / **anschlußloser ...** leadless ceramic chip carrier / **... mit 24 Anschlüssen** 24-lead ceramic chip carrier
Keramikdeckel *m.* / ceramic lid
Keramikgehäuse *n.* / ceramic package / **... mit 24 Anschlüssen** 24-lead ceramic package / **... mit Anschlüssen an 4 Seiten** quad ceramic package / **... mit 44 Anschlüssen, quadratisches** 44-pin cer-quad package
Keramikisolator *m.* / ceramic dielectric
Keramik-Metall-Gemisch *n.* / cermet
Keramikplastik *n.* / ceramoplastic
Keramikplatte *f.* / ceramic board
Keramiksubstrat, kupferbeschichtetes *n.* / copper-clad ceramic substrate
Keramikträger *m.* / ceramic carrier
Keramokunststoff *m.* / ceramoplastic
Kerbe *f.* / nick
Kern *m.* / core
Kernprogramm *n.* / nucleus program
Kernprozeß *m.* / core process
Kernspeicher *m.* / core memory
Kernspeicherbelegung *f.* / assignment of core memory space
Kernspeicherblock *m.* / core memory stack
Kernspeichermatrix *f.* / core matrix
Kernspeicherplatz *m.* / core memory location
kernspeicherresident / core memory resident
Kernsystem, graphisches *n.* / graphical kernel system
Kernteam *n.* / core team
Kettbefehl *m.* / chain instruction
Kette *f.* / chain / string
ketten / to chain / to catenate
Kettenbefehl *m.* / chain command
Kettendatei *f.* / chained file

Kettenlaufzeit *f.* / cumulative lead time / total cycle time
Kettenpufferzeit *f.* / chain buffer time
Kettenschaltung *f.* / ladder network
Kettenwiderstand *m.* / iterative impedance
Kettfeld *n.* / address pointer / chain field / link field
Kettung *f.* / catenation / chaining
Kippschalter *m.* / toggle switch
Kippschaltung *f.* / trigger circuit / sweep circuit
Kistenmarkierungskennziffer *f.* / case marking code / box marking code
klären (Angelegenheit) / to clarify (a matter)
Klammer *f.* / (Büro-) paper-clip / (eckige) square bracket / (geschweifte) brace / curly bracket / (runde) parenthesis / bracket
Klammeraffe *m.* / commercial a
klammerfreie Schreibweise *f.* / parenthesis-free notation
Klarschriftleser *m.* / optical character reader (OCR)
Klarsichthefter *m.* / transparent folder
Klartext *m.* / plain text
Klassifizierung *f.* / classification
Klausel *f.* / clause
Klebebeschichtung *f.* / adhesive film
Klebeetikett *n.* / sticker / adhesive label
Klebefläche *f.* / adhesive area
Kleben *n.* / (IC) epoxy bonding
kleben / to glue / to bond
Kleberrest *m.* / glue residue
Kleberspender *m.* / glue dispenser
Klebestempel *m.* / glueing stamp
Klebestreifen *m.* / adhesive tape
klein / small
Kleinauftragsgrenzstückzahl *f.* / marginal unit quantity for small-scale orders
Kleinauftragsprogrammzuschlag *m.* / program allowance for small-scale orders
Kleinbetrieb *m.* / small-scale operation / small business
Kleinbuchstabe *m.* / small letter
Kleiner-Als-Zeichen *n.* / less-than symbol
Kleiner-Gleich-Zeichen *n.* / less-or-equal symbol
Kleininduktivität *f.* / miniature inductance
Kleininduktor *m.* / miniature inductor
Kleinintegration *f.* / small-scale integration (SSI)
Kleinleistungsbereich *m.* / low-power range
Kleinmengenbestellung *f.* / small-scale order
Kleinmengenreserve *f.* / reserves for small-scale orders
Kleinschreibung *f.* / use of small letters
Kleinserienfertigung *f.* / small batch production / limited-lot production
kleinste Auftragsmenge *f.* / minimum order quantity

Kleinstmaß *n.* / minimum dimensions
Kleinstrechner *m.* / minicomputer
Kleinunternehmen *n.* / small enterprise /
    small business
Klemmanschluß *f.* / snap-in terminal
klemmen / to clamp
Klemmleiste *f.* / edge connector strip /
    terminal strip
Klemmprüfspitze *f.* / test hook
Klemmschaltung *f.* / clamping circuit
Klemmschelle/-verbindung *f.* / clamp
Klimakammer *f.* / strife chamber / climatic
    chamber
Klimaschrank *m.* / humidity chamber
klimatisch resistent / weatherproof
Klinkenstecker *m.* / plug
Klirren *n.* / harmonic distortion
Klirrfaktor *m.* / distortion factor
knapp / scarce
Knoten *m.* / node
Knotennetz *n.* / node network
Knotenpunkt *m.* / nodal point
Knotenrechner *m.* / front-end computer /
    communication computer
Koaxialanschluß *m.* / coaxial connector
Koaxialdoppelbuchse *f.* / jack-to-jack adapter
Koaxialstecker *m.* / coaxial connector
Koaxialverbindungsstecker *m.* / coaxial
    u-connector
Koaxialwinkel *m.* / coaxial right-angle adapter
Kodierchip *m.* / encoder chip
Kodierstecker *m.* / coding connector
Können *n.* / skill
Körnigkeit *f.* / (v. Resist) granularity
Körnung *f.* / granulation
körperliche Bereitstellung *f.* / staging
körperlicher Lagerbestand *m.* / physical stock
Körperschaft *f.* / corporate body
Körperschaftssteuer *f.* / corporation tax
Kohlendioxid *n.* / carbon dioxide
Kohlenwasserstoff *m.* / hydrocarbon
Kohlepapier *n.* / carbon paper
Kollege *m.* / colleague
kollegial / collegial
Kollektor-Emitter-Durchlaßspannung *f.* /
    reverse collector-emitter voltage
Kollektorgrenzschicht *f.* / collector barrier /
    collector junction
Kollektorimplantationstechnologie *f.* /
    collector-implanted technology
Kollektorschaltung *f.* / common collector
    configuration
Kollektorsperrschicht *f.* / collector depletion
    layer
Kollektorstrom *m.* / collector current
Kollektor-Substrat-Kapazität *f.* /
    collector-to-substrate capacitance
Kollektorübergang *m.* / collector junction
Kolliliste *f.* / packing list

Kollimation *f.* / collimation
Kollimationsblende *f.* / collimation aperture
Kollimationslicht *n.* / collimated light
Kollision *f.* / jam
Kollispezifikation *f.* / weights &
    measurements
Kollo *n.* / package
Kolophoniumflußmittel *n.* / rosin flux
Kolumnentitel *m.* / (Kopf-/Fußzeilen) running
    headline / running title
Kombinationsfehler *m.* / combined error
Kombinationsschlüssel *m.* / match code
kombinierter Sprung *m.* / combined branch
kombinierte Schaltungsplatte *f.* / combination
    board
komm. / (kommissarisch) acting
Komma *n.* / comma / point (im Englischen
    setzt man bei Zahlen statt dem
    Dezimalkomma einen Punkt !)
Kommaausrichtung *f.* / decimal alignment
Kommandoergänzung *f.* / command
    supplementation
Kommaregel *f.* / decimal point rule
Kommaverschiebung *f.* / point shifting
Kommentar *m.* / comment
Kommission *f.* / consignment
Kommissionär *m.* / commission agent /
    consignment agent
kommissionieren / to allocate / to consign
Kommissionierung *f.* / commissioning
Kommissionsgut *n.* / goods consigned
Kommissionslager *n.* / consignment store
Kommissionsrechnung *f.* / consignment
    invoice
Kommissionsverkauf *m.* / sale on commission
Kommissionsvertrag *m.* / consignment
    agreement
Kommissionsware *f.* / consigned goods /
    consignment goods
kommunale Entsorger *m.* / municipal
    disposers
Kommune *f.* / municipality / local authority
Kommunikationsanschluß *m.* /
    communication port
Kommunikationsbefehl *m.* / access instruction
Kommunikationsrechner *m.* / front-end
    processor
Kommunikationsschiene *f.* / communications
    path
Kommunikationstechnik *f.* / communications
    technology
Kommunikationsverbund *m.* /
    communications interlocking
Kommunikationsweg *m.* / communications
    channel
Kommutierungswinkel *m.* / commutating
    angle
kompakt / compact
Kompaktarray *n.* / compacted array

Kompaktbauweise *f.* / compact design
Kompaktgehäuse *n.* / small footprint package
kompatibel / compatible
Kompatibilität *f.* / compatibility
Kompensationsgeschäft *n.* / barter transaction
Kompensationshalbleiter *m.* / compensated semiconductor
kompensieren / to compensate / to offset
kompilieren / to compile
Kompilierungsanlage *f.* / source computer
komplementäre Addition *f.* / complement ad
Komplementäre monolithische Schaltung in MOS-Struktur *f.* / complementary metal-oxide semiconductor (CMOS)
komplementäre Nachfrage *f.* / joint demand
komplementärer Halbleiter *m.* / complementary metal-oxide semiconductor (CMOS)
Komplementärmaskenverfahren *n.* / complementary mask technique
Komplettlötung *f.* / mass soldering
komprimieren / to compress
Kondensationslöten *n.* / vapor-phase reflow soldering
Kondensator *m.* / capacitor / condenser
Kondensator-Anordnung *f.* / capacitor assembly
Kondensatorkette *f.* / capacitive array
Kondensatorspeicher *m.* / capacitor storage
Konjunktion *f.* / AND operation
konjunkturbedingt / cyclical
konkretisieren / to substantiate
Konkurrent *m.* / competitor
Konkurrenz *f.* / competition
Konkurrenzdruck *m.* / competitive pressure
konkurrenzfähig / competitive
Konkurrenzkampf *m.* / competitive struggle
Konkurrenzunternehmen *n.* / rival firm
konkurrieren / to compete
Konkurs *m.* / bankruptcy
Konnektor *m.* / connector
Konnossement *n.* / bill of lading (B/L) / consignment note
konsequent / consistent
Konsignant *m.* / consignor
Konsignatar *m.* / consignee
Konsignationslager *n.* / consignment store
Konsignationsware *f.* / goods on consignment
Konsistenz *f.* / consistence / consistency
Konsole *f.* / operator console
konsolidierte Bilanz *f.* / consolidated balance-sheet
konsolidierte Erfolgsrechnung *f.* / consolidated income statement
konsolidierungspflichtig / subject to consolidation
Konsonant *m.* / consonant
Konstrukteur *m.* / design engineer

Konstruktion *f.* / design / construction / engineering
Konstruktionsarbeitsplatz *m.* / engineering workstation
Konstruktionsstückliste *f.* / construction bill of material / design parts list
Konsulatsfaktura *f.* / consular invoice
Konsulatsgebühr *f.* / consular fee / consular charge
Konsumgüter *npl.* / consumer goods
Kontakt *m.* / contact / **... auf Gehäuseboden** bottom contact / **... beweglicher ...** movable contact / **... mit erhöhter Isolierung** high-voltage contact / **offenliegender ...** exposed contact / **unmittelbarer ...** (Maske-Kopie) physical contact
Kontaktabstand *m.* / contact spacing
Kontaktanordnung *f.* / contact arrangement
Kontaktanschluss *m.* / pin
Kontaktanschlußseite *f.* / (StV) contact tail
Kontaktausführungen *fpl.* / contact options
Kontaktbelegungsplan *m.* / pin assignment scheme
Kontaktbelichtungsverfahren *n.* / contact printing technique
Kontaktbestückung *f.* / (Relais) contact configuration
Kontaktbildschirm *m.* / touch screen
Kontaktbrücke *f.* / strap
Kontaktbuchse *f.* / contact socket / wiping contact
Kontaktbuckel *m.* / (Halbl.) pillar
Kontakteinführung *f.* / contact lead-in
Kontakteingang, verengter *m.* / restricted entry
Kontaktfeder *f.* / socket contact / contact spring
Kontaktfedersatz *m.* / (Relais) contact spring set
Kontaktfederschenkel *m.* / contact spring leg
Kontaktfenster *n.* / contact hole
Kontaktflächenmaske *f.* / pad mask
Kontaktfleck *m.* / land / bonding pad / contact pad
kontaktgeschützter Steckverbinder *m.* / scoop-proof connector
Kontakthaftung *f.* / contact adhesion
Kontakthaltekraft *f.* / contact retention force
Kontakthalterung *f.* / contact retainer
Kontakthügel *m.* / bump
Kontaktieranordnung *f.* / contacting order
Kontaktierdraht *m.* / bonding wire
Kontaktierdruck *m.* / capillary pressure
Kontaktierdüse *f.* / capillary
kontaktieren / to bond / to contact
Kontaktierfleck-Mittenabstand *m.* / center-to-center pad dimensions
Kontaktierung *f.* / bonding

Kontaktierungsinsel *f.* / terminal pad / contact pad
Kontaktierungsschicht *f.* / contacting layer
Kontaktjustierung *f.* / contact alignment
Kontaktkammer *f.* / contact cavity
Kontaktkopieren *n.* / contact printing
Kontaktkopierverfahren *n.* / shadow printing method
Kontaktkraft *f.* / contact force
Kontaktleiste *f.* / (b. Platte) contact strip
Kontaktloch *n.* / via hole / contact hole
Kontaktöffnung *f.* / contact hole / contact window / contact opening / contact gap
Kontaktöffnungszeit *f.* / contact break time
Kontaktpaar *n.* / contact pair (pin and socket)
Kontaktprofil *n.* / / **balliges** convex contact / flaches ... flat profile
Kontaktreihe *f.* / contact row
Kontakt-Schiebetest *m.* / bond push test
Kontaktschließzeit *f.* / contact make time
Kontaktschutz, mechanischer *m.* / shroud
kontaktsichere Verbindung *f.* / reliable connection
Kontaktspiel *n.* / contact float
Kontaktsteg *m.* / land
Kontaktstelle *f.* / junction / contact pad / ...
  des **Chipträgerstreifens** lead frame pad / ...
  für **Chipverbindung** chip-connection pad
Kontaktstellenabstand *m.* / pad-to-pad spacing / pad pitch
Kontaktstellenanordnung *f.* / pad arrangement / pad layout
Kontaktstellendichte *f.* / pad density
Kontaktstellenmatrix *f.* / pad array
Kontaktstift, eingespritzter *m.* / molded-in contact pin
Kontaktstück *n.* / contact spring
Kontaktteil, federnder *m.* / resilient contact
Kontaktteilung *f.* / contact pitch
Kontaktträger *m.* / contact carrier
Kontaktvervielfältigung *f.* / contact replication
Kontaktweg *m.* / electrical engagement length
Kontaktwerkstoff *m.* / contact material
Kontaktwiderstand *m.* / contact resistance
Kontamination durch frei bewegliche Ionen *f.* / mobile ionic contamination
Kontaminationsentgasung *f.* / out-gassing of contamination
Kontaminationsniveau *n.* / contamination level
Kontaminationsursache *f.* / source of contamination
Kontennummer *f.* / account number
Kontierung *f.* / allocation to accounts
Kontingent *n.* / quota / (Siem.) allocation
Kontinuierlicher Verbesserungsprozeß (KVP) *m.* / continuous improvement process (CIP)
Konto *n.* / account

Kontoauszug *m.* / statement of account
Kontoauszugdrucker *m.* / statement printer
Kontoblatt *n.* / ledger sheet
Kontoführung *f.* / account management
Kontokarte *f.* / ledger card
Kontokorrent *n.* / current account / account current / open account
Kontostand *m.* / balance of account
kontraproduktiv / counter-productive
Kontrastverhältnis *n.* / print-contrast ratio
Kontravalenz *f.* / exclusive-OR operation / non-equivalence operation / anti-coincidence operation
Kontrollausgang *m.* / (A/D-Wandler) data valid output
Kontrolle des Ablaufverhaltens *f.* / performance measurement
Kontrolleinrichtung *f.* / supervisory facility
Kontrollprogramm *n.* / executive program
Kontrollschaltung *f.* / supervisory circuit
Kontrollsumme *f.* / check total / control total / proof total / hash total / check sum
Kontrollziffer *f.* / check digit
Konturentreue *f.* / (d. Struktur) edge definition (of pattern)
Konturverzerrung *f.* / distortion
Konvektionsdurchlaufofen *m.* / conduction-belt oven
Konvektionsmethode *f.* / (Einbrennen) convection baking
Konvektionsofen *m.* / convection oven
Konventionalstrafe *f.* / contract penalty / penalty for breach of contract
Konvertierung *f.* / conversion
konzentrisch / concentric
Konzept *n.* / concept
Konzern *m.* / group / combine
Konzernabschluß *m.* / consolidated financial statement
Konzerngewinn *m.* / consolidated net income
konzernintern / intragroup
Kooperationen *fpl.* / joint ventures / (Siem. auch) cooperation projects
Koordinatenschreiber *m.* / X-Y plotter
Koordinatenschreiberkarte *f.* / X-Y chart
Koordinatentisch *m.* / X-Y table
Koordinationskreis *m.* / coordination group
Kopfabstand *m.* / (Kopf zu Platte) head gap
Kopfdraht *m.* / slug
Kopfetikett *n.* / header (label)
Kopffenster *n.* / (Diskette) access hole / access window
kopflastig / top-heavy
Kopfsatz *m.* / head record / header record
Kopfzahl *f.* / headcount
Kopfzeile *f.* / caption / headline
Kopie *f.* / copy / (Maske) submaster
Kopiendrucker *m.* / hard copy terminal
Kopieranweisung *f.* / copy statement

Kopierlack m. / photoresist
Kopierlauf m. / copy run
Kopolymerresist m. / copolymer resist
Koppelmedium n. / coupling medium
Koppelrechner m. / coupled computer
Kopplung f. / coupling / link
Kopplungswiderstand m. / mutual impedance
Korngefüge n. / grain structure
Korrektur f. / adjustment / alignment / correction / **... wegen steil endender Verteilung** correction for abruptness
Korrekturband n. / correcting ribbon
Korrekturbuchung f. / adjustment entry
Korrekturkarte f. / patch card
Korrekturmaßnahme f. / corrective action
Korrekturroutine f. / patch
Korrekturtaste f. / correcting key
korrigieren / to correct / to adjust / to align
korrodierend / corrosive
Kosinus m. / cosine
Kosten pl. / **ausgabewirksame ...** out-of-pocket cost / **... bis zum Löschen** landed cost / **... der Betriebsbereitschaft** standby operating cost / **... der ungenutzten Kapazität** idle capacity cost / **... für technische Planung/Bearbeitung** engineering cost / **... je Einheit** cost per piece / cost per item / cost per unit / unit cost / **indirekte ...** indirect cost / **laufende ...** running cost / **momentane ... pro Einheit** current unit cost
Kostenabweichung f. / cost deviation / cost variance
Kostenart f. / type of cost
Kostenbeteiligung f. / cost sharing / cost participation
Kostenbewußtsein n. / cost awareness
Kostendämmung f. / cost cutting / curbing costs
Kosten decken pl. / to cover costs
Kostendeckung f. / cost coverage
Kosteneinsparung f. / cost saving
Kosten ermitteln pl. / to determine costs
Kostenermittlung f. / cost finding
Kostenerstattung f. / reimbursement of costs
Kostenführerschaft f. / cost leadership
kostengünstig / cost-effective / low-priced
Kostenkalkulation f. / cost calculation
Kosten-Leistungs-Verhältnis n. / cost-performance ratio
kostenlos / (adv.) free of charge / for free / (adj.) gratuitous
Kosten minimieren / to minimize costs
Kosten niedrig halten / to hold down costs
Kostenoptimierung f. / cost optimization
Kostenplanung f. / cost planning
Kostenpreis m. / cost price
Kostenrechnung f. / cost accounting
Kostensatz m. / cost rate

Kostenschätzung f. / cost estimate / cost rating
Kostensenkung f. / cost cutting / cost reduction
Kosten spezifizieren / to itemize costs
Kostenspirale f. / cost spiral
Kostenstelle f. / cost center
Kostenstellengliederung f. / departmentalization
Kostenstellennummer f. / cost center number / department number
Kostenstellenrechnung f. / cost center accounting
Kostenstundensatz m. / hourly rate
Kostenträger m. / cost unit
Kostenüberschreitung f. / cost overruns
Kostenübersicht, detaillierte f. / breakdown of cost
Kostenüberwachung f. / cost control
Kostenumlage f. / cost allocation
Kostenverteilung f. / cost allocation
Kostenvoranschlag m. / cost estimate
Kostenvorteil m. / cost advantage
kostenwirksam / cost-effective
kratzanfällig / scratch-prone
Kredit m. / credit / loan / **... gewähren** to grant ... / **... aufnehmen** to draw down ...
Kreditprüfung f. / credit investigation
kreditwürdig / creditworthy
Kreditwürdigkeit f. / creditworthiness
Kreis m. / circle
Kreisdiagramm n. / pie chart
kreisförmig / circular / round / orbital
Kreislauf m. / cycle
Kreisstrom m. / circulating current
Kreisverkehrsbeleg m. / turnaround document
Kresolformaldehydharz n. / cresolformaldehyde resin
Kreuzassembler m. / cross assembler
Kreuzschlitten m. / cross slide
Kreuzsicherung f. / cross checking
Kriechstrecke f. / creeping distance
Kriechstrom m. / leakage current
Kriechstromfestigkeit f. / leakage resistance
Kriechweg m. / creepage path
Kriechwegbildung f. / tracking
Kriechwegverlängerung f. / insulation barrier
Kristall n. / crystal
Kristallbarren m. / crystal ingot
Kristallebene f. / crystal plane
Kristallfehler m. / crystal defect
Kristallgitter n. / crystal lattice
Kristallgüte f. / crystal quality
kristalliner Stoff m. / crystal material
kristallisieren / to solidify
Kristallisierungskern m. / (Halbl.) seed
Kristallkeim m. / seed
Kristallschaden m. / crystal damage
Kristallscheibe f. / crystal wafer

Kristallverschiebung *f.* / crystal slip
Kristallwachstum *n.* / crystal growth
Kristallzüchtung *f.* / crystal growth
Kriterium *n.* / criterion
kritischer Weg *m.* / critical path
Kröpfen *n.* / cranking
Krümmung *f.* / curvature
Kryopumpe *f.* / cryogenic pump
Kryostat *n.* / cryostat
Kryotonspeicher *m.* / cryotron memory
Kubage *f.* / cubic volume
Kühlkörper *m.* / heat sink
Kühlkörperfehler *m.* / damaged heat sink
Kühlmittel *n.* / coolant
Kühlung, natürliche *f.* / convection cooling
kündigen / to give notice
Kündigung *f.* / notice
Kündigungsfrist *f.* / notice period
Kündigungsschutz *m.* / protection against
   dismissal
künftig / from now on / henceforth
künstlich / artificial
künstliche Intelligenz (KI) *f.* / artificial
   intelligence (AI)
Kürzel *n.* / grammalogue
kürzen / to cut / to reduce / to pare
kürzeste Operationszeit Regel *f.* / least
   processing time rule
Kürzung *f.* / reduction
Kugelkopf *m.* / spherical printhead / spherical
   typehead
Kugelschreiber *m.* / ballpoint pen
kumuliert / cumulated
Kunde *m.* / customer
Kundenabnahme *f.* / acceptance (by the
   customer)
Kundenabrechnung *f.* / customer accounting
Kundenauftrag *m.* / customer order /
   ... mit Terminverzug delinquent order /
   backorder / **Fertigung nach ...** production to
   order / **noch nicht belieferter fälliger ...**
   backorder **offener ...** unfilled order / open
   order
Kundenauftragsabwicklung *f.* / customer
   order processing
Kundenauftragsdatei *f.* / customer order file
Kundenauftragsdisposition *f.* / customer order
   planning and scheduling
Kundenauftragsfertigung *f.* / production to
   customer order
Kundenauftragsvorgabe *f.* / customer order
   release
Kundenbedarf *m.* / market demand
Kundenbetreuung *f.* / customer service
Kundendienst *m.* / after-sales service
Kundendiensttechniker *m.* / field-service
   technician / service-man
Kundeneinbindung *f.* / customer integration

Kundeneintragsnummer *f.* / special
   customer's entry code
Kundenfertigung *f.* / customer production
kundenfreundlich / for customer
   convenience / user-friendly
Kunden-IC *m.* / custom-IC
Kundenkartei *f.* / customer file
Kundenkreis *m.* / customers / clientele
Kundennummer *f.* / customer number
Kundennutzen *m.* / customer value
kundenorientiert / customer-oriented
Kundenproduktion *f.* / custom
   manufacturing / make-to-order production
Kundenschaltungen *fpl.* / custom circuits
kundenspezifisch / custom / customized /
   custom-made / customer-specific
kundenspezifische Logik-Arrays *mpl.* /
   uncommitted logic arrays
Kundenstamm *m.* / established clientele
Kundenstoffnummer *f.* / (RIAS) customer's
   nomenclature
Kundenvertrauen *n.* / customer confidence
Kundenwunsch *m.* / customer request
Kundenzufriedenheit *f.* / customer
   satisfaction
Kundschaft *f.* / clientele / customers
Kunststoff *m.* / plastic / synthetic material
Kunststoffbeschichtung *f.* / plastic coating
Kunststofferzeugnisse *npl.* / synthetic
   products
Kunststoffgehäuse *n.* / plastic package
Kunststoffmantel *m.* / plastic jacket
Kunststoffmasse *f.* / plastic mo(u)lding
   compound
Kunststoffsockel *m.* / plastic base substrate
kunststoffumgossen / molded-plastic
kunststoffumhüllt / plastic-encapsulated
Kunststoffverguß *m.* / plastic casting
Kupferanschlußbrücke *f.* / copper beam
Kupferberyllium *n.* / beryllium copper
kupferkabelgebunden / copper-based
kupferkaschiert / copper-clad
Kupferkaschierung *f.* / copper cladding
Kupferleitung, mehrdrahtige *f.* / multi-wire
   stranded copper wire
Kupfermantelrohrkabel *n.* / copper-clad
   semi-rigid cable
Kupfer-Polyimid-Zwischenträgerfilm *m.* /
   copper-polyimide beam tape
Kupferstreifen *m.* / **... mit herausgeätzten
   Zwischenverbindungen für ICs** all-copper
   (sprocketed) strip with IC-interconnects /
   perforierter ... etched out copper strip
Kuppelprodukt *n.* / joint product
Kupplung *f.* / jack-to-jack adapter / in-series
   adapter / (Koax-StV) coupling
Kupplungsdrehmoment *n.* / coupling torque
Kupplungskraft *f.* / contact engagement and
   separation force

Kurier *m.* / courier
kursiv / (Schrift) italic
Kursschwankung *f.* / price fluctuation
Kurve *f.* / curve
kurvenförmig / curvilinear
Kurvengraphik *f.* / curve graphics
Kurvenschreiber *m.* / x-y plotter / graph
  plotter
kurz / short
Kurzarbeit *f.* / short-time
kurzarbeiten / to work short-time
Kurzfassung *f.* / abbreviated version
kurzfristig / short-term / short-dated
Kurzkanal-n-MOS-Bauelement *n.* /
  short-channel n-MOS device
kurzschließen / to short-circuit
Kurzschluß *m.* / (el.) short circuit
Kurzschluß-Drosselspule *f.* / current-limiting
  inductor
kurzschlußfest / non-shorting
Kurzschlußspannung *f.* / impedance voltage
Kurzschlußstecker *m.* / coaxial short
Kurzschlußstrom, auftretender *m.* /
  prospective short-circuit current
Kurzstreckenfracht *f.* / shorthaul
Kurzwahl *f.* / (Tel.) abbreviated dialling
Kurzwahlrufnummer *f.* / (Tel.) abbreviated
  phone number
kurzzeitig / short-term
KVP (Kontinuierlicher
  Verbesserungsprozeß) *m.* / CIP (continuous
  improvement process)
Kybernetik *f.* / cybernetics

L

Labor *n.* / lab / laboratory
Labormuster *n.* / lab sample
Lack *m.* / (allg.) lacquer / enamel / (Fotolack)
  resist
Lackätzmittel *n.* / resist-etchant
Lackentferner, organischer *m.* / organic
  stripper
Lackentfernung *f.* / resist stripping
Lackentfernung durch Plasmaeinwirkung *f.* /
  ashing
Lackhaftmaske *f.* / resist mask
Lackqualität *f.* / resist quality
Lackrand *m.* / photoresist edge
Lackrandqualität *f.* / resist edge quality
Lackrest *m.* / photoresist residue
Lackschicht, ablösbare *f.* / strippable resist
  layer
Lackspritzer *m.* / resist splatter
Lacktempern *n.* / resist baking

Lackwalze *f.* / roller
ladbar / loadable
Ladeadresse *f.* / load address
Ladeanweisung *f.* / load instruction
Ladedurchlauf *m.* / loading sequence
ladefähiges Programm *n.* / loadable program /
  executable program
Ladefähigkeit *f.* / load capacity / carrying
  capacity
Ladefläche *f.* / loading area
Ladegebühr *f.* / loading charges
Ladegerät *n.* / charger
Ladegleichrichter *m.* / rectifier charger
Ladegut *n.* / freight / cargo
Ladekondensator *m.* / charging capacitor
Ladeliste *f.* / freight list
Ladeluke *f.* / cargo hatch
Lademodul *n.* / load module
Lademodus *m.* / load mode
laden / to load / (el.) to charge / (urladen)
  to bootstrap
Ladenpreis *m.* / retail price
Ladeprogramm *n.* / loader / bootstrap
Laderampe *f.* / ramp / loading platform
Laderaum *m.* / shipping space
Laderoutine *f.* / routine used to load
  programs into memory
Ladevorrichtung *f.* / (f. Retikel) loader
Ladung *f.* / (Fracht) cargo / (elektr.) charge
Ladung löschen / to discharge cargo
Ladungsausgleich *m.* / charge-balancing
Ladungsdichte *f.* / charge density
Ladungsempfänger *m.* / (Lieferung) consignee
ladungsgefährdetes Bauteil *n.* /
  charge-sensitive component
Ladungsgefälle *n.* / charge difference
ladungsgekoppelte Schaltung *f.* / charge
  coupled device (CCD)
Ladungsinjektionsbauelement mit 3
  Anschlüssen *n.* / three-terminal charge
  injection device
Ladungsspeicher *m.* / charge-coupled memory
Ladungsspeicherbaustein *m.* / charge-coupled
  device (CCD)
ladungsspeichernd / charge-storing
Ladungsträger *m.* / charge carrier
Länder und Kommunen / regional and
  municipal authorities
Länderbereich *m.* / regional operation
Länderreferate *npl.* / (Siem.) Regional
  Offices
Länderreferenten *mpl.* / (Siem.) Area
  Representatives
Ländervorwahl *f.* / (Tel.) international
  dialling code
Länge *f.* / length
Längenangabe *f.* / length specification
länglich / prolate
längsgerichtet / lengthwise

Längsprüfzeichen *n.* / horizontal parity bit
Längssummenprüfung /
Längsparitätskontrolle *f.* / longitudinal
redundancy check
Längsversatz *m.* / longitudinal misalignment
läppen / to lap
Lage *f.* / (Schicht) layer / (Anschlüsse)
position / location / (Situation) situation
lageabhängig / (Bauelement)
position-sensitive
Lageerkennung *f.* / pattern recognition
Lagegenauigkeit *f.* / (b. Belichten) pattern
alignment
Lagekorrektur *f.* / alignment correction
Lageplan *m.* / ground plan / site plan
Lager *n.* / warehouse / **ab ...** from stock / **...**
abbauen to reduce stock / **automatisiertes**
... automated warehouse / **... anlegen** to lay
in stock / **... räumen** to sell out / to clear /
... auffüllen to replenish the warehouse /
to restock / **... aufstocken** to build up an
inventory / **auf ... fertigen** to make to
stock / **auf ... haben** to have in stock / **auf ...**
halten to hold in stock / to keep in stock /
auf ... legen to take in stock / **Fertigung auf**
... production to stock / **im ... behalten**
to keep in store / **nicht auf ...** not in stock /
nur gängige Sorten auf ... haben to have
only conventional designs in stock /
reichhaltiges ... heavy stock /
reichsortiertes ... well assorted stock /
wohlsortiertes ... well-selected stock
Lagerabbau *m.* / inventory cutting / stock
reduction
Lagerabgang *m.* / withdrawal from stock /
issue
Lagerabgangs-Code *m.* / issue code
Lagerabgleich *m.* / stock levelling
Lagerabnahme *f.* / stock reduction
Lagerabwicklung *f.* / storage operations /
warehousing / stock management
Lageranfertigung *f.* / production for stock
Lageranforderung *f.* / stock requisition
Lagerangleichung *f.* / stock adjustment
Lagerartikel *m.* / article in stock / stock item
Lagerauffüllung *f.* / inventory build-up /
replenishment of stock / restocking
Lageraufnahme *f.* / stocktaking
Lageraufnahmefähigkeit *f.* / storage capacity
Lagerauftrag *m.* / stock order
Lageraufseher *m.* / store supervisor
Lagerausgabeanordnung *f.* / withdrawal order
Lagerausgaben *fpl.* / storing expenses
Lagerauswahl *f.* / stock selection
Lagerautomatisierung *f.* / warehouse
automation
Lagerbedarf *m.* / stock requirements
Lagerbestände *mpl.* / stock piles

Lagerbestand *m.* / stock-on-hand / warehouse
stock / **buchmäßiger ...** accounted stock /
den ... auffüllen to build up stock / to
restock / **den ... aufnehmen** to take stock /
to make up an inventory /
durchschnittlicher ... average stock /
effektiver ... effective stock / **geschätzter ...**
estimated stock / **höchster ...** stockpeak /
körperlicher ... physical stock / **ohne ...** out
of stock / unstocked / **veralteter ...** obsolete
stock / **verfügbarer ...** available stock /
vorhandener ... stock on hand /
wertmäßiger ... stock value
Lagerbestandsbewertung *f.* / stock evaluation
Lagerbestandsfortschreibung *f.* / stock
updating
Lagerbestandsführung *f.* / inventory control
Lagerbestandsliste *f.* / stock status report
Lagerbestandsumschlag *m.* / turnover of the
stock
Lagerbestellung *f.* / store order
Lagerbetrieb *m.* / storage operation
Lagerbewegung *f.* / stock movement /
inventory movement
Lagerbewegungsliste *f.* / stock movement
report
Lagerbewertung *f.* / stock valuation
Lagerbewertungsausgleich *m.* / stock
evaluation adjustment
lagerbewußt / stock-conscious
Lagerbuch *n.* / store book
Lagerbuchführung *f.* / stock accounting
Lagerbuchhalter *m.* / stock-ledger clerk
Lagerbuchkonto *n.* / stock ledger account
Lagereindeckungszeit, durchschnittliche *f.* /
average stock coverage time
Lagereinrichtungen *fpl.* / storage facilities
Lagerempfangsbescheinigung *f.* / warehouse
receipt
Lagerentnahme *f.* / issue / withdrawal
Lagerentnahmekarte *f.* / stock issue card
Lagerergänzung *f.* / replenishment of stock
Lagerergänzungsauftrag *m.* / stock
replenishment order
lagerfähig / storable
Lagerfähigkeitsdauer *f.* / storage life
Lagerfertigung *f.* / production to stock
Lagerfläche *f.* / storage area
Lagerfrist *f.* / storage deadline
Lagerfunktion *f.* / storage function
Lagergebäude *n.* / warehouse / storehouse /
store
Lagergebühren *fpl.* / storage charges /
übermäßige ... excessive rates of storage
Lagergewinn *m.* / inventory profit
Lagergröße *f.* / store size
Lagergut *n.* / stored goods / goods in storage
Lagerhalter *m.* / stockkeeper
Lagerhaltung *f.* / stockkeeping

Lagerhaltungskontrolle *f.* / stockkeeping control
Lagerhaltungskosten *pl.* / warehousing costs / inventory carrying costs / stock-holding costs
Lagerhauptbuch *n.* / store ledger
Lagerhaus *n.* / warehouse / storehouse / store
Lagerherstellung *f.* / production to stock
Lagerhöchststand *m.* / stockpeak
Lagerinvestition *f.* / investment in stock
Lagerist *m.* / warehouse manager
Lagerkapazität *f.* / storage capacity
Lagerkarte *f.* / stock ledger card / store ledger card
Lagerknappheit *f.* / stock shortage
Lagerkonto *n.* / stock ledger account
Lagerkontrolle *f.* / stock control
Lagerkosten *pl.* / cost of storage / storage costs
Lagerliste *f.* / stock register
Lagerlöschkennziffer *f.* / code for deletion in store
Lagermiete *f.* / store hire / store rent
Lagerminderung *f.* / decrease of stock
Lagermittel *n.* / storage means
Lagermöglichkeiten *fpl.* / storage facilities
lagern / to store
Lagern *n.* / stockpiling / stockkeeping
Lagernummer *f.* / storage number
Lagerort *m.* / (Halbl.) storage bin
Lagerplatz *m.* / storage bin / store place / yard / depot
Lagerplatzkarte *f.* / bin card / bin tag
Lagerplatzverwaltung *f.* / bin management
Lagerpolitik *f.* / stockpiling policy
Lagerposition *f.* / stockkeeping unit / stored item / **... mit Nullbestand** stock out item
Lagerpreiszettel *m.* / stock tag
Lagerrabatt *m.* / stock rebate
Lagerräumung *f.* / clearance
Lagerraum *m.* / storage room
Lagerreserve *f.* / stock reserves
Lagerrestbestand *m.* / residue of stock / leftover stock
Lagerrückgabebeleg *m.* / returned goods note
Lagerschein *m.* / warehouse receipt
Lagersteuerung *f.* / stock control
Lagerstufen *fpl.* / storage levels
Lagerteilestamm *m.* / store parts master
Lagertemperaturbereich *m.* / storage temperature range
Lagerumschlag *m.* / stock turnover / inventory turnover
Lagerung, unsachgemäße *f.* / careless storage
Lagerungskosten *pl.* / storage costs
Lagerungszinsen *mpl.* / storage interest
Lagerverarbeitungsmerkmal *n.* / store processing code
Lagerverkauf *m.* / ex-stock sales

Lagerverlust *m.* / stock shrinkage
Lagerversandauftrag *m.* / stock delivery order
Lagervervollständigung *f.* / stock completion
Lagerverwaltung *f.* / store management
Lagerverzeichnis *n.* / inventory record
Lagervorräte *mpl.* / **... ansammeln** to build up stock / to restock / **geringe ...** low stock / **umfangreiche ... haben** to carry heavy stock
lagervorrätig / in stock
Lagervorrat *m.* / stock / warehouse inventories
Lagerwert *m.* / stock value
Lagerwertausgleich *m.* / stock value leveling
Lagerwesen *n.* / warehousing system
Lagerwirtschaft *f.* / inventory management
Lagerzeit *f.* / storage time / shelf time
Lagerzins *m.* / warehouse rent
Lagerzugang *m.* / warehouse receipt / **geplanter ...** scheduled receipt
lageunabhängig / mountable at any position
Laminarbox *f.* / vertical laminar flow unit
Laminarströmung *f.* / laminar flow
Laminat *n.* / laminate
laminieren / to laminate
Landen *n.* / (Kopf auf Magnetplatte) head crash
Landesbüros *npl.* / (Siem.) Agencies
Landesgesellschaften (LG) *fpl.* / International Siemens Companies
Landtransport *m.* / surface transport
lang / long
langfristig / long-range / long-term / long-dated
Langläufer *m.* / long lead-time item
langlebige Güter *npl.* / durable goods
Langlebigkeit *f.* / longevity
langsam / slow
Langsamdreher *m.* / slow-moving product
langsamer Speicher *m.* / slow access storage
langsame störsichere Logik *f.* / high threshold logic
Lanthanhexaborid *n.* / lanthanum hexaboride
Laser, streifenförmiger *m.* / stripe geometry laser
Laserabtastverfahren *n.* / laser scanning technique
Laserausheilungsverfahren *n.* / laser annealing technique
Laserbeschriftung *f.* / laser scribing
Laserbohren von Kontaktlöchern *n.* / laser drilling of vias
Laserkennzeichnung *f.* / laser marking
Laserpulsglühen *n.* / laser pulse annealing
Last *f.* / load / (allg.) burden
Lastabwurfrelais *n.* / load disconnection relay
Lastelement *n.* / load device
Lastenheft *n.* / system specifications
Lastfaktor *m.* / (Ausgang) fan-out / (Eingang) fan-in

Lastgerade *f.* / load line
Lastkapazität *f.* / load capacitance
Lastkreis *m.* / load circuit
Lastkreiswirkungsgrad *m.* / load-circuit efficiency
Lastminderung *f.* / derating
Lastschaltrelais *n.* / load switching relay
Lastschrift *f.* / debit note
Laststrom *m.* / load current
Lastverbund *m.* / load interlocking / load-sharing computer network
Lastwiderstand *m.* / load resistance
Lastzahl *f.* / fan-out
Lateralaufschmelzzelle *f.* / lateral-fuse cell
Lauf *m.* / (Progr.) run
Laufanweisung *f.* / DO-command / DO clause / DO statement / perform statement
laufen / (Progr.) to run
laufende Aufwendungen *fpl.* / (ReW) current expenditure
laufende Bestandsaufnahme *f.* / perpetual inventory
laufende Lagerkontrolle *f.* / permanent stock control
laufende Nummer *f.* / serial number
laufender Auftrag *m.* / current order / running order
laufender Betriebsauftrag *m.* / running shop order
laufendes Geschäftsjahr *n.* / current financial year
laufendes Programm *n.* / active program
laufende Summe *f.* / running total
laufende Verbindlichkeiten *fpl.* / current liabilities
laufende Wartung *f.* / maintenance routine
lauffähiges Programm *n.* / loadable program / executable program
Laufkarte *f.* / job ticket / move ticket / batch card
Laufklausel *f.* / perform clause
Laufprotokoll *n.* / run card
Laufwerk *n.* / drive / magnetic tape unit
Laufzeit *f.* / cycle time / lead time
Laufzeitglied *n.* / transport delay unit
Laufzeitrechner *m.* / run time computer
Laufzeitregister *n.* / delay line register
Laufzeitspeicher *m.* / delay line memory / delay-time storage / circulating storage
Laufzeitzähler *m.* / run time counter
Laufzettel *m.* / lot traveller
Laugenbad *n.* / alkaline solution
laut / (gemäß) according to
Lawinen-Photodiode *f.* / avalanche photo diode (APD)
LDB-Position *f.* / LDB-item
LDD-Nachbehandlung *f.* / LDD post treatment

Lebensdauer *f.* / life time / **mittlere ...** mean time between failures (MTBF) / mean life / **wirtschaftliche ...** economic life
Lebensdauerverhalten *n.* / (Relais) life performance
Lebenslauf *m.* / curriculum vitae (CV) / personal record
Lebenszyklus *m.* / life cycle
Leckprüfdaten *pl.* / leak check data
Leckstelle *f.* / leak
Leckstrom *m.* / leakage current
Lecktest *m.* / leak test / leakage test
Leckverlust *m.* / leakage
LED-Anzeige in Zeilenform *f.* / linear LED-display
Lederlappentest *m.* / (QS) leather rubbing test
leer / empty / blank / void / vacuous
Leeranweisung *f.* / dummy statement
Leerbefehl *m.* / dummy instruction / non-operation
Leerbeleg *m.* / blank document
Leerbit *n.* / dummy bit
Leerblock *m.* / dummy block
Leerdatei *f.* / dummy file
leere Zeichenkette *f.* / null string
Leerformular *n.* / blank form
Leergang *m.* / idling cycle
Leergewicht *n.* / tare weight
Leerkapazitäten *fpl.* / idle capacities
Leerkarte *f.* / blank card / dummy card
Leerlauf *m.* / idling / lost motion / idle mode / idle running
Leerlaufhallspannung *f.* / open-circuit Hall voltage
Leerlaufinduktionsempfindlichkeit *f.* / (Sensoren) open-circuit sensitivity
Leerlaufstatus *m.* / idle status
Leerlaufzeit *f.* / idle time / unassigned time
Leersatz *m.* / dummy record
Leerspalte *f.* / blank column / spare column
Leerstelle *f.* / blank / gap
Leertaste *f.* / space bar / space key
Leerzeichen *n.* / space / blank
Leerzeile *f.* / blank line / space line / spare row
Leerzeit *f.* / idle time (cif. downtime)
legalisierte Handelsrechnung *f.* / legalized invoice
legieren / to alloy / to die-bond
Legierstelle *f.* / die bonding position
Legierung *f.* / alloy
Legierungszusammensetzung *f.* / alloy composition
Lehre *f.* / apprenticeship
Lehrling *m.* / apprentice
Lehrwerkstatt *f.* / apprentice shop
Leichtmetall *n.* / light metal
leise / silent / noiseless
Leiste *f.* / connector strip

Leistenbefestigung *f.* / connector-strip mounting
Leistenkörper *m.* / contact base
Leistung *f.* / performance / efficiency
leistungsabhängige Kosten *pl.* / output-related costs
Leistungsangebot *n.* / performance supply
leistungsarm / low-power
Leistungsausgleich *m.* / load sharing balance
Leistungsbauelement *n.* / power device
Leistungsbedarf *m.* / performance requirements
Leistungsbeschreibung *f.* / performance specification
Leistungsbeurteilung *f.* / (Masch.) performance evaluation / benchmarking / (Personal) performance appraisal / merit rating
Leistungsbilanz *f.* / current account
Leistungsdiode *f.* / power diode
Leistungselektronik *f.* / power electronics
leistungsfähig / efficient
Leistungsfähigkeit *f.* / capability / **betriebliche ...** operating efficiency
Leistungsfaktor *m.* / performance factor
Leistungsgrad *m.* / efficiency rate / performance factor / level of efficiency
Leistungsgradabweichung *f.* / efficiency variance
Leistungsgradschätzung *f.* / rating
Leistungshalbleiter *m.* / power semiconductor
Leistungskennzahl *f.* / performance standard
Leistungskurve *f.* / performance curve
Leistungsmaßstab *m.* / standard of performance
Leistungsmerkmale *npl.* / capability characteristics
Leistungsmessung *f.* / performance measurement / controlling
Leistungsminderung *f.* / performance degradation
Leistungsnorm *f.* / performance standard
Leistungsprinzip *n.* / concept of performance
Leistungsprogrammierung *f.* / power programming
Leistungsregelung *f.* / power regulation
Leistungsschalter *m.* / power switch
leistungsstark / power-efficient / powerful
Leistungssteigerung *f.* / increase in efficiency / increase in performance
Leistungstest *m.* / benchmark test
Leistungstransistor *m.* / power transistor
Leistungsübertrager *m.* / power transformer
Leistungsverbesserung *f.* / performance improvement
Leistungsverbrauch *m.* / power consumption
Leistungsverbund *m.* / performance interlocking

Leistungsvereinbarung *f.* / performance agreement
Leistungsvergleich *m.* / performance comparison
Leistungsverlust *m.* / power dissipation / power loss
Leistungswirkungsgrad *m.* / power efficiency
Leistungsziel *n.* / performance objective
Leistungszulage *f.* / merit rate / efficiency bonus
Leitbahnmetallisierung *f.* / wiring metallization
Leitdatei *f.* / master file
Leitdatenstation *f.* / control terminal / master terminal
leiten / (verwalten) to administer / to manage / (führen) to lead / (el.) to conduct
leitend / (el.) conductive
leitend verbunden / electrically connected
Leiter *m.* / (el.) conductor / (Verwaltung) head (of department), manager
Leiterabstand *m.* / conductor spacing
Leiterbahn *f.* / conducting path / (CAD) track / interconnection line
Leiterbahnanordnung *f.* / track layout
Leiterbahndichte *f.* / spacing
Leiterbahnebene *f.* / (IC) metallization layer
Leiterbahnebene *f.* / (LP) conductor (foil) layer
Leiterbahn ziehen / to route track
Leiterband *n.* / (IC) lead frame
Leiterbild *n.* / (LP) conductive pattern
Leiterbildgalvanisieren *n.* / pattern plating
Leiterbreite *f.* / conductor width
Leiter der Fertigungsprüfung *m.* / chief inspector
Leiterkarte *f.* / circuit board
Leiteroxiddiffusion *f.* / conductor oxide diffusion
Leiterpaar *n.* / wire pair
Leiterplatte *f.* / (printed) circuit board (PCB) / **bestückte ...** printed board assembly (PBA) / **doppelt kaschierte ...** two-sided board / two-faced board / **durchkontaktierte ...** p.c. board with plated-through holes / **... für Durchkontaktmontage** through-hole board / **... für Oberflächenmontage** surface-mount circuit board / **... für Rückverdrahtung** backplane / **gedruckte ...** printed circuit board (PCB) / **mechanisch gestanzte ...** die-stamped p.c. board / **mehrstöckige ...** multilevel PCB / **... mit allen Leiterbahnen** fully-routed board / **... mit hoher Bestückung** high-density board / **... mit hoher Bestückungsdichte** high-packaging-density p.c. board / **... mit Wickelverdrahtung** wire-wrapped circuit / **ringscheibenförmige ...** annular p.c. board /

starre ... rigid p.c. board / **steckbare ...** plug-in board / **unbestückte ...** bare board / **vorgefertigte ...** copper-strip board
Leiterplattenaustausch *m.* / board swapping
Leiterplattenbaugruppe *f.* / circuit board assembly
Leiterplattenbestückung *f.* / p.c. board insertion / p.c. board stuffing
Leiterplattenchassis *f.* / motherboard / **... mit Bauelementen** printed board component mounting
Leiterplattenentwurf *m.* / circuit board design
Leiterplattenfläche, nutzbare *f.* / board real estate
Leiterplattenkontaktabstand *m.* / circuit-board pad spacing
Leiterplattenmontage *f.* / board assembly
Leiterplattenmontagebaustein *m.* / circuit-pack housing assembly
leiterplattenmontierbarer Steckverbinder *m.* / board-mounted connector
Leiterplatten-Nullpunkt *m.* / board origin
Leiterrahmen *m.* / lead frame
Leiterrahmenanschluß *m.* / lead frame finger
Leiterrahmenanschlußstift *m.* / lead frame pin
Leiterrahmenmontage *f.* / lead frame assembly
Leiterschablone *f.* / conductor pattern
Leiterstift *m.* / contact pin
leitfähig / conductive
Leitfähigkeit *f.* / conductivity
Leitkarte *f.* / master card
Leitkleber *m.* / conductive glue
Leitkunde *m.* / key customer / principal customer
Leitlochungen *fpl.* / control holes / control punchings
Leitrechner *m.* / control computer
Leitstation *f.* / control station / control terminal
Leitstelle *f.* / control center
Leitung *f.* / (Org.) administration / management / (el.) conduction / wire / line / trunk
Leitungsabschluß *m.* / line termination
Leitungsanschlußschaltung *f.* / line termination circuit
Leitungsausnutzung *f.* / line utilization
Leitungsbelegung *f.* / line occupancy / line seizure
Leitungsbrücke *f.* / jumper
Leitungsbuchse *f.* / (bei StV) cable jack
Leitungsbündel *n.* / line group
Leitungsdurchsatz *m.* / line throughput
Leitungsgebühren *fpl.* / line charges
Leitungskreis *m.* / management committee
Leitungskupplung *f.* / cable-to-cable connector
Leitungsprozedur *f.* / link procedure

Leitungsprüfung *f.* / line test
Leitungspuffer *m.* / line buffer
Leitungsschnittstelle *f.* / line interface
Leitungsstecker *m.* / (bei StV) cable plug
Leitungsstück *n.* / line section
Leitungsverbindung *f.* / line connection
Leitungs-Vermittlung *f.* / line switching / circuit switching
Leitungswasser *n.* / tap water
Leitweg *m.* / route
Leitwerk *n.* / control unit
Leitwert *m.* / (Mikrowellen-HL) forward transconductance / **reeller ...** conductance / **induktiver ...** susceptance / **komplexer ...** admittance / **spezifischer ...** specific conductivity
Leitwertmesser *m.* / mho-meter
Lenkungsausschuß *m.* / steering committee
Lenkungskosten *pl.* / management cost
Lerncomputer *m.* / educational computer
Lernkurve *f.* / learning curve
lesbar / legible / readable
Leseanweisung *f.* / read statement
Lesebefehl *m.* / read instruction
Lesefehler *m.* / read error
Lesegerät *n.* / reader
Lesegeschwindigkeit *f.* / reading rate
Lesekopf *m.* / read head
Leseprogramm *n.* / input program
Leseschreibkopf *m.* / combined head / read/write head
Lesesperre *f.* / read lock
Lesezyklus *m.* / read cycle
Letztwerkstatt *f.* / last workshop
Leuchtdiode *f.* / light-emitting diode (LED) / **... mit integriertem Vorwiderstand** integrated-resistor lamp
Leuchtstärke *f.* / (LED) luminous intensity
Lexikon *n.* / dictionary / encyclopedia
Licht, monochromes *n.* / monochromatic light / **rechtwinklig auftreffendes ...** 90 degrees incident light / **schräg auffallendes ...** angled light
lichtaktiv / (Resist) photoactive
Lichtbatterie *f.* / solar cell
Lichtbeugung *f.* / diffraction of the light
lichtbrechend / refractive
lichtdurchlässig / optically transparent
lichtempfindlich / light-sensitive
Lichtempfindlichkeit *f.* / light sensitivity
Lichtgriffel *m.* / **Lichtstift** *m.* / light gun / light pen / wand
Lichthalbleiter *m.* / photosemiconductor
Lichtquelle *f.* / light source
Lichtschranke *f.* / light barrier
Lichtstärke *f.* / light intensity / luminous intensity
lichtundurchlässig / optically opaque
Lichtventil *n.* / light shutter

Lichtwellenleiterbauelement *n.* / fiber-optic component
Lichtwert *m.* / light emission
Lieferabkommen *n.* / delivery contract
Lieferanschrift *f.* / delivery address
Lieferanstoß *m.* / delivery initiation / delivery release
Lieferant *m.* / supplier / vendor
Lieferantenabrufbeleg *m.* / call-off delivery voucher
Lieferantenanbindung *f.* / supplier integration
Lieferanten-Auftragsdatei *f.* / order file of suppliers
Lieferantenauswahl *f.* / supplier selection
Lieferantenbeurteilung *f.* / vendor rating
Lieferantenkartei *f.* / vendor file
Lieferantenkonto *n.* / supplier account
Lieferantenkredit *m.* / supplier credit
Lieferantennummer *f.* / supplier number
Lieferantenwechsel *m.* / (Dokument) supplier bill
Lieferanweisung *f.* / delivery instruction
Lieferanzeige *f.* / advice of delivery
Lieferauftrag *m.* / delivery order
lieferbar / available
Lieferbedingungen *fpl.* / terms of delivery
Lieferbereitschaft *f.* / (Firma) delivery ability / (Ware) delivery availability
Lieferbereitschaftskennzeichen *n.* / (Ware) delivery availability code
Lieferbereitschaftsklasse *f.* / service degree / service level
Lieferdatenbank *f.* / delivery data base
Lieferdatum *n.* / delivery date
Lieferengpaß *m.* / supply shortage
Lieferfähigkeit *f.* / delivery ability
Lieferfrist *f.* / delivery period / delivery deadline
Liefergegenstand *m.* / delivery item
Lieferkette *f.* / supply chain
Lieferklauseln *fpl.* / (genormt) Inco-Terms / (allg.) terms of delivery
Lieferkosten *pl.* / delivery charges / shipping charges
Lieferland *n.* / country of delivery
Lieferlogistik *f.* / delivery logistics
Lieferlos *n.* / delivery lot
Liefermanagement *n.* / supply management
Liefermeldung *f.* / delivery notice / advice of delivery
Liefermenge *f.* / delivery quantity
liefern / (allg.) to supply / to provide / (Ware) to deliver
Liefernachweis *m.* / delivery record
Lieferort *m.* / place of delivery
Lieferpapiere *npl.* / shipping documents
Lieferplan *m.* / delivery schedule
Lieferplanung, abgestimmte *f.* / coordinated delivery scheduling

Lieferposten *m.* / supply item
Lieferpreis *m.* / supply price
Lieferprogramm *n.* / delivery program
Lieferqualität *f.* / delivery quality
Lieferquelle *f.* / source of supply
Lieferreichweite *f.* / range of supply
Lieferrückstand *m.* / order backlog
Lieferschein *m.* / delivery note
Lieferscheinerstellungstag *m.* / date on which delivery note was made out
Lieferstop *m.* / halt of deliveries
Lieferstückzahlen *fpl.* / quantities delivered
Liefertermin *m.* / delivery due date / **geänderter ...** revised due date
Liefertermin einhalten / to meet a delivery due date
Liefertreue *f.* / delivery reliability / delivery faithfulness
Lieferüberwachung *f.* / (Prod.) output control
Lieferumfang *m.* / delivery volume
Lieferung *f.* / (Vorgang) delivery / (Ware) shipment / **... auf Abruf** delivery on call / **... direkt in die Fertigung** ship-to-line delivery / **... durchführen** to effect delivery / **im Nachtsprung ...** overnight delivery / **... mit Wasserschaden** water-damaged shipment
Lieferungen, unverrechnete *fpl.* / unbilled costs
Lieferungsangebot *n.* / tender
Lieferverhalten *n.* / delivery performance
Lieferverpflichtung *f.* / delivery commitment
Liefervertrag *m.* / delivery agreement
Lieferverzug *m.* / delay in delivery
Liefervorbereitung *f.* / preparation for delivery
Liefervorschrift *f.* / delivery instructions / (vertragl.) terms of delivery
Lieferwochenraster *n.* / delivery week scale
Lieferzeit *f.* / delivery period
Lieferzentrum *n.* / shipping center
Lieferzusage *f.* / delivery promise
Lieferzyklus *m.* / order-to-delivery cycle
Liegegeld *n.* / demurrage
Liegetage *mpl.* / (Ware) demurrage period
Liegezeit *f.* / waiting time
Lift *m.* / (f. Waferhandling) elevator
linear / linear
lineares Feld *n.* / linear array / one-dimensional array
Linearität *f.* / linearity
Liniendiagramm *n.* / line chart
Liniengrafik *f.* / line graphics / coordinate graphics
Linienkonturen *fpl.* / line dimensions
Linienverkehr *m.* / party line technique
linken / to link edit / to compose / to consolidate
linker Rand *m.* / left margin

linksbündig / left-justified
Linksverschiebung *f.* / left shift
Linse *f.* / lens
Liste *f.* / (DV/COBOL) report / (allg.) list
Listenbearbeitung *f.* / list processing
Listenbild *n.* / list layout
Listenformat *n.* / list format
Listenprogrammgenerator *m.* / report
  program generator (RPG)
Listenschreiben *n.* / listing / printout
Listenüberlauf *m.* / report overflow
Listenverarbeitung *f.* / list processing
Literaturverzeichnis *n.* / bibliography
Lithographie *f.* / lithography / ... **für direkte
  Waferbelichtung** direct-wafer-stepping
  lithography / **holografische** ... holographic
  lithography / ... **im Nanometerbereich**
  nanolithography / **lichtoptische** ...
  photooptical lithography / ... **mit globaler
  Waferbelichtung** full-wafer lithography
Litze *f.* / stranded wire
Litzendraht *m.* / litz wire
Lizenz *f.* / license
Lizenzabkommen *n.* / license agreement
Lizenzaustausch *m.* / cross-licensing
Lizenz erteilen / to grant a license
Lizenzfertigung *f.* / manufacturing under
  license
Lizenzgeber *m.* / licensor
Lizenzgebühr *f.* / royalty / license-fee
Lizenznehmer *m.* / licensee
LKW *m.* / truck
Loch *n.* / hole / void / (Halbl.) p-hole /
  (Öffnung) orifice
Lochbild *n.* / hole pattern
Lochblende *f.* / aperture
Locher *m.* / puncher / perforator
Lochfeld *n.* / field
Lochkarte *f.* / punch(ed) card
Lochkartengeräte *npl.* / card equipment
lochkartengesteuert / card-controlled
Lochstreifendoppler / -**empfänger** *m.* / paper
  tape reproducer / reperforator
Lochstreifengerät *n.* / paper tape unit
Lochstreifenkarte *f.* / tape card
Löcherleitfertigkeit *f.* / (Halbl.) p-type
  conductivity
Löcherleitung *f.* / (Halbl.) hole conduction /
  p-type conduction
Löcherstrom *m.* / (Halbl.) hole current
lösbare Verbindung *f.* / detachable connection
Löschanstoß *m.* / initiation of deletion
Löschanweisung *f.* / delete statement
löschbar / erasable
löschbare Bildplatte *f.* / erasable laser-optical
  disk (ELOD)
**löschbarer, programmierbarer
  Festspeicher** *m.* / erasable, programmable
  read-only memory (EPROM)

löschbarer Speicher *m.* / erasable storage
Löschbefehl *m.* / erase command
Löschbereich *m.* / purge area
Löschdatum *n.* / purge date
löschen / to delete, to erase, to purge /
  (Ladung/Ware) to discharge
löschendes Lesen *n.* / destructive reading /
  destructive readout
Löschhafen *m.* / port of discharge
Löschtaste *f.* / cancel key
Löschzeichen *n.* / delete ... / erase ... / rub-out
  character
Löschung *f.* / deletion
Löschzeitraum *m.* / deletion period
lösen / (Problem) to solve
Löslichkeit *f.* / (Resistschicht) solubility
Lösung *f.* / (Problem / Flüssigkeit) solution
Lösungsmittel *n.* / solvant / stripping solution
  (for resist)
Lösungsmitteldämpfe *mpl.* / solvent vapors
Lösungsmittelrückhaltung *f.* / retention of the
  solvent
Lösungsmittelverbindungen *fpl.* / solvent
  combinations
Lösungsweg *m.* / approach
Lötabdecklack *m.* / solder resist
Lötanschluß *m.* / solder terminal / solder
  connection / ... **des Bauelements** component
  lead
Lötauge *n.* / land / pad
Lötbarkeit *f.* / solderability
Lötbatzen *m.* / solder lumps
Lötbrücke *f.* / solder bridge / soldered link
Lötbuckel *m.* / bump
löten / to solder
Löten *n.* / soldering
Lötende *n.* / solder lug
Lötenden, zu Haken gebogene / hooked
  terminals
Lötfahne *f.* / solder lug
Lötfläche *f.* / solder joint area
Lötflußmittel *n.* / soldering flux
lötfrei / solderless
lötgerecht / suitable for soldering
Löthitze *f.* / soldering heat
Löthöcker *m.* / pad
Löthülse *f.* / soldering sleeve
Lötklemmenleiste *f.* / solder terminal strip
Lötkolbenfinne *f.* / soldering iron tip
Lötkolbenheizpatrone *f.* / soldering iron
  heating element
Lötkontakt *m.* / solder contact / solder pad
Lötkontaktstelle *f.* / solder dot
Lötkopf *m.* / (v. Bonder) thermode
Lötkurzschluß *m.* / solder short
Lötleiste *f.* / solder terminal strip
Lötmaschinenförderer *m.* / solder machine
  conveyor
Lötmaske *f.* / solder mask

lötmittelfrei / flux-free
Lötmontage *f.* / solder mounting
Lötmontagetechnik *f.* / solder-mount
technology
Lötöl *n.* / soldering oil
Lötöse *f.* / eyelet
Lötösenstreifen *m.* / solder terminal strip
Lötpaste *f.* / solder paste
Lötpastendosiereinheit *f.* / solder-paste
dispensing pump
Lötpastendruckmaschine *f.* / solder paste
printer
Lötprüfung *f.* / soldering inspection
Lötpunkt *m.* / solder terminal / solder pad
Lötpunktanordnung *f.* / (auf Platte) pad
pattern
Lötring *m.* / solder ring
Lötseite *f.* / solder side
Lötspritzer *m.* / solder spatter
Lötstelle *f.* / solder connection / solder joint /
kalte ... cold joint
Löttablette *f.* / solder pellet
Löttemperatur *f.* / soldering temperature
Lötvariante *f.* / soldered version
Lötverbindung *f.* / soldered connection /
solder joint / **fehlerhafte ...** dry joint
Lötverbindungsverfahren *n.* / solder joining
technique
Lötwärme *f.* / soldering heat
Lötwärmebeständigkeit *f.* / resistance to
soldering heat
Logarithmus *m.* / logarithm
Logik *f.* / logic / **... basisgekoppelte**
base-coupled logic / **Boolesche ...** Boolean
logic / **chipintegrierte ...** on-chip logic /
emittergekoppelte ... emitter-coupled logic /
emittergekopelte, stromgesteuerte ...
emitter-coupled current-steered logic
(ECCSL) / **fest eingebaute ...** fixed logic /
festverdrahtete ... hard-wired logic /
gesättigte ... saturated logic / **interne ...**
built-in logic / **stromaufnehmende ...**
current sinking logic /
kundenprogrammierbare ... customizable
logic / **leistungsarme ...** low-level logic
(LLL) / **... mit äußerst geringer
Leistungsaufnahme** micro-energy logic /
... mit geringer Schaltgeschwindigkeit
low-speed logic / **... mit hohem
Schwellenwert** high-threshold logic (HTL) /
... mit hoher Störsicherheit high-noise
immunity logic / **... mit niedrigem
Leistungsverbrauch** low-power logic /
... mit zeitlich gesteuertem Zugriff
timed-access logic / **schnelle ...** high-speed
logic / **schwellenwertfreie ...** non-threshold
logic (NTL) / **störsichere ...** noise immunity
logic / **stromaufnehmende ...** current
hogging logic / **stromgesteuerte ...**

current-mode logic / **strominjizierende ...**
current injection logic / **stromliefernde ...**
current-sourcing logic / **stromziehende ...**
current sinking logic / **substratgespeiste ...**
substrate-fed logic / **superschnelle ...**
ultra-high speed logic /
transistorgekoppelte ... transistor-coupled
logic / **ungesättigte ...** current-mode logic /
wahlfreie ... random logic
Logikanalysator *m.* / logic analyzer
Logikarrays *npl.* / gate arrays
Logikbaustein *m.* / logic module / logic device
Logikbefehl *m.* / logic instruction
Logikchip *m.* / logical chip
Logikglied *n.* / logic element
Logik-IC *m.* / logic-IC
Logikplatte *f.* / logic board
Logikraster *m.* / logic grid
Logikschaltung *f.* / logic circuit
Logikspeicher *m.* / logic memory
Logiktor *n.* / logic gate
logische Adresse *f.* / logical address
logischer Ausdruck *m.* / logical expression
logischer Befehl *m.* / logical instruction
logischer Fehler *m.* / logical error / semantic
error
logischer Identitätsvergleich *m.* / logical
comparison
logischer Plan *m.* / logical diagram
logische Schaltung *f.* / logic circuit
logisches Schaltelement *n.* / logical element /
gate
logisches Verschieben *n.* / logical shift / end
around shift / non-arithmetic shift
logische Verknüpfung *f.* / logical operation
Logistik *f.* / logistics
Logistikabteilung *f.* / logistics department
Logistikausschuß *m.* / Logistics Committee
Logistikcontrolling *n.* / logistics performance
measurement
Logistiker *m.* / logistics specialist
Logistikfachkreis *m.* / logistics council
Logistikfachtagung *f.* / logistics conference
Logistikgrundlagen *fpl.* / logistics basics
Logistikkette *f.* / supply chain / logistics
chain
Logistikkonzept *n.* / logistics concept
Logistikkosten *pl.* / logistics cost
Logistikleistung *f.* / logistics performance
Logistikleiter *m.* / logistics manager
Logistikmeßpunkte *mpl.* / logistics control
points
Logistik-Pipeline *f.* / end-to-end logistics
chain
Logistikprojekt *n.* / logistics project
Logistikprozeß *m.* / logistics process
Logistiksteuerung *f.* / logistics control
Logistikzentrum *n.* / logistics center

Logistikziele *npl.* / logistics objectives / logistics targets
logistisch / logistical
logistische Kennzahlen *fpl.* / logistics metrics
Logogramm *n.* / logogram / logo
Lohn *m.* / wage / pay
Lohnabrechnung *f.* / wage accounting
Lohnabzüge *mpl.* / wage deductions
Lohnanpassung *f.* / wage adjustment
Lohnbeleg *m.* / wage slip
Lohnbuchhaltung *f.* / wage accounting
Lohnempfänger *m.* / wage earner
Lohnerhöhung *f.* / wage increase
Lohnfortzahlung *f.* / continued payment of wages
Lohngefälle *n.* / earnings gap / pay differential
Lohngruppe *f.* / wage bracket
Lohnkosten *pl.* / labo(u)r cost / wages / ... **der Fertigungsstufe** wages of the production level
Lohnnebenkosten *pl.* / non-wage labo(u)r costs
Lohn-Preis-Spirale *f.* / wage-price-spiral
Lohnrückmeldeschein *m.* / labo(u)r ticket
Lohnsatz *m.* / wage rate
Lohnsteuer *f.* / wages tax / (GB) pay-as-you-earn (P.A.Y.E.)
Lohnsteuerkarte *f.* / wage tax card
lohnsteuerpflichtig / subject to wages tax
Lohnsteuerrückvergütung *f.* / wage tax refund
Lohnstop *m.* / wage freeze
Lohnstunden *fpl.* / labo(u)r hours / wage hours
Lohnverhandlungen *fpl.* / wage rounds / wage negotiations
Lohnvorschuß *m.* / advance wage
Lohnwoche *f.* / pay week
Lohnzettel *m.* / wage slip
Lohnzulage *f.* / bonus / premium
lokales Netzwerk *n.* / local area network (LAN)
Lokaloszillator-Leistung *f.* / local oscillator output
Lokalverarbeitung *f.* / home loop operation
Los *n.* / lot / batch
Losanhänger *m.* / lot rider
Los-Begleitkarte *f.* / batch card
Losbildung *f.* / batching
Losgrößenbildung *f.* / batchsizing / lotsizing
lose Teile *npl.* / loose parts
losfreie Fertigung *f.* / single-unit processing
Losfüller *m.* / float
Losgröße *f.* / batch size / lot size / ... **mit bedarfsabhängiger Mengenanpassung** dynamic lot size / **gleitende wirtschaftliche** ... least unit cost batchsize
Losgrößenbildungsformel, Andlersche *f.* / Andler's batchsize formula

Losgrößenbildungsmethode *f.* / lot sizing method
Losgrößenmengenintervall *n.* / lot size quantity-interval
Losmengenabweichung *f.* / lot quantity variation
Losprotokoll *n.* / lot report
Losteilung *f.* / lot splitting
Lostermin *m.* / lot due date
Los verfolgen / to trace a lot
Losverfolgung *f.* / lot tracing / lot tracking
losweise Fertigung *f.* / batch production / batch mode of operation / intermittent production
losweise Werkstattfertigung *f.* / job-lot production
Lot *n.* / (Löttechnik) solder / **kolophoniumhaltiges** ... rosin core wire solder / **mehrseeliges** ... multi-core solder
Lotabdeckmatte *f.* / solder blanket
Lotbad *n.* / solder bath
Lotdurchgang *m.* / solder depression
Loteinlegeverfahren *n.* / solder pre-placement method
Lotformteil *n.* / solder preform
Lothohlkehle *f.* / solder fillet
Lotkugel *f.* / solder globule
Lotlegierung *f.* / soldering alloy
Lotverunreinigung *f.* / impurity (in the solder)
LRC-Prüfzeichen *n.* / longitudinal redundancy check character / LRC-character
Lücke *f.* / gap / vacancy
Lüftungsanlage *f.* / ventilator
Lüsterklemme *f.* / connector
luftdicht / hermetic(al) / air-tight
Luftdruckausgleich *m.* / air pressure balancing
Luftfeuchtigkeit *f.* / humidity
Luftfracht *f.* / air freight / air cargo
Luftfrachtbrief *m.* / air waybill (AWB) / airbill
Luftfrachtgeschäft *n.* / airfreight forwarding
Luftfrachtkosten *pl.* / airfreight charges
Luftfrachtsendung *f.* / air cargo shipment
Luftfrachttarif *m.* / air cargo rate
Luftfrachtverkehr *m.* / air freight service
luftgefülltes Relais *n.* / open relay
Luftgüteklasse *f.* / air class number
Luftkissen *n.* / air cushion
Luftkissentransportbahn *f.* / air-bearing track
Luftpolster *n.* / (b. Plattenspeicher) air cushion / air bearing
Luftpost *f.* / air mail
Luft-Resist-Grenzschicht *f.* / air-resist interface
Lumineszenzdiode *f.* / light-emitting diode (LED)

Lunker / (Pin) cavity / shrinkhole
lunkerfrei / free of shrinkholes

M

machbar / feasible
Mäanderstruktur *f.* / meander
Mängelrüge *f.* / customer complaint / notice
of defect
Magazin *n.* / (f. Retikel) magazine / cassette
Magnetband *n.* / magnetic tape
Magnetbandabzug *m.* / magnetic tape dump
Magnetbandantrieb *m.* / magnetic tape drive /
capstan drive
Magnetbandarchiv *n.* / magnetic tape library
Magnetbandarchivnummer *f.* / tape serial
number (TSN)
Magnetbandaufzeichnung *f.* / tape recording
Magnetbandauszug *m.* / selective tape dump
Magnetbandbibliothekssystem *n.* / online tape
library (OLTL) / tape library system
Magnetbandetikett *n.* / magnetic tape label
Magnetbandfehler *m.* / tape fault
Magnetbandführung *f.* / tape threading
Magnetbandgerät *n.* / magnetic tape unit
Magnetbandkassette *f.* / magnetic tape
cartridge / magnetic tape cassette
Magnetbandkassettenlaufwerk *n.* / streamer
Magnetbandlaufwerk *n.* / magnetic tape
drive / tape transport
Magnetbandschleife *f.* / magnetic tape loop
Magnetband-Sortierprogramm *n.* / tape sort
Magnetbandspur *f.* / magnetic tape track
Magnetbandsteuerung *f.* / magnetic tape
controller
Magnetbandvorschub *m.* / magnetic tape
movement
Magnetbandwechsel *m.* / magnetic tape
swapping
Magnetbildplatte *f.* / magnetic videodisk
Magnetblasenspeicher *m.* / magnetic bubble
memory
Magnetdatenträger *m.* / magnetic medium /
magnetic storage
Magnetdiode *f.* / madistor
Magnetdiskette *f.* / floppy disk (8/5,26/3,5
Zoll) / minifloppy (5,25 Zoll) / **microfloppy**
(3,25 Zoll)
Magnetdiskettenarchivierung *f.* / floppy disk
filing
Magnetdiskettenarchivnummer *f.* / floppy
disk serial number
Magnetdiskettenhülle *f.* / floppy disk jacket
Magnetdiskettenkennsatz *m.* / floppy disk
label

Magnetdiskettenlaufwerk *n.* / floppy disk
drive
Magnetdrahtspeicher *m.* / plated-wire
memory
Magnetdrucker *m.* / electromagnetic printer
Magnetfeld *n.* / magnetic field
Magnetfeldstärke *f.* / magnetizing force
Magnetfilmspeicher *m.* / thin-film memory
magnetgesteuert / solenoid-operated
magnetische Feldstärke *f.* / magnetic field
strength
magnetisches Speicherelement *n.* / magnetic
cell
magnetisieren / to magnetize
Magnetkartenspeicher *m.* / card
random-access memory (CRAM) /
magnetic card storage
Magnetkartenspeicherdatei *f.* / magnetic card
file
Magnetkassette *f.* / magnetic cartridge /
magnetic cassette
Magnetkernspeicher *m.* / magnetic core
memory
Magnetkopf *m.* / magnetic head
Magnetkreis *m.* / magnetic circuit
Magnetplatte *f.* / magnetic disk
Magnetplattenantrieb *m.* / magnetic disk drive
Magnetplattenauszug *m.* / magnetic disk dump
Magnetplattendatei *f.* / disk file
Magnetplattenkassette *f.* / magnetic disk
cartridge / magnetic disk pack
Magnetplattenlaufwerk *n.* / magnetic disk
drive
Magnetplattenrechner *m.* / magnetic disk
computer
Magnetplattenspeicher *m.* / magnetic disk
storage
Magnetplattenstapel *m.* / magnetic disk pack
Magnetplattensteuerung *f.* / magnetic disk
control
Magnetronzerstäubung *f.* / magnetron
sputtering
Magnetschalter *m.* / solenoid switch
Magnetschicht *f.* / magnetic coat / magnetic
layer
Magnetschichtdatenträger *m.* / magnetic film
memory / magnetic coating storage
Magnetschichtspeicher *m.* / magnetic layer
storage
Magnetschrift *f.* / magnetic ink font
Magnetschriftbeleg *m.* / magnetic ink
document
Magnetschriftdrucker *m.* / magnetic ink
printer
Magnetschriftleser *m.* / magnetic ink
character reader (MICR)
Magnetschriftzeichenerkennung *f.* / magnetic
ink character recognition (MICR)

Magnetspeicher *m.* / magnetic storage / magnetic memory
Magnetspur *f.* / magnetic track
Magnetstreifen *m.* / magnetic strip
Magnettrommel *f.* / magnetic drum
Magnetverstärker *m.* / magnetic amplifier
Magnetwiderstand *m.* / magneto-resistance
mahnen / to remind / to dun
Mahnung *f.* / reminder / dunning notice
Majoritätslogikschaltkreis *m.* / majority-voting logic circuit
Majoritätsträger *m.* / majority carrier
Makler *m.* / broker
Makroanweisung *f.* / macro instruction
Makroaufruf *m.* / macro call / (in Unix) macro invocation
Makrobefehl *m.* / macro / macro instruction
Makrobibliothek *f.* / macro library / (in Unix) macro package
Makroprogrammierung *f.* / macro programming
Makroschaltkreis *m.* / macro circuit
Makrospeicher *m.* / macro store
Makroteil *m.* / macro section
Makroübersetzer *m.* / macroprocessor
Makroumwandler *m.* / macrogenerator
Makroumwandlung *f.* / macro conversion
Makroverzeichnis *n.* / macro directory
Makrozellenanordnung *f.* / / **modifizierbare** ... soft macrocell structure / **unveränderbare** ... hard macrocell structure
Mandant *m.* / client
Mangel *m.* / lack / shortage / bottleneck
mangelhaft / (Ware) defective
Mangelhalbleiter *m.* / p-type semiconductor
Manipulator *m.* / (Legierautomat) scraper (die bonder)
Manko *n.* / deficit / shortage
Mannmonat *m.* / man-month
Mannstunde *f.* / man-hour
manuell / manual
manuelle Buchung *f.* / manual posting
manuelle Datenerfassung *f.* / manual data acquisition
manuelle Eingabe *f.* / keyboard entry
manueller Beschriftungsplatz *m.* / manual scribing area
manueller Betrieb *m.* / manual operation
Marathonsitzung *f.* / jumbo meeting
Marke *f.* / (Ware) brand / (DV) flag / marker / label / mark
Markenbyte *n.* / label byte
Markenname *m.* / trade name
Marketing-Instrumentarium *n.* / marketing tools
Marketing-Methoden *fpl.* / marketing techniques
Marketing-Philosophie *f.* / marketing philosophy

Marketing-Strategie *f.* / marketing strategy
Marketing-Ziel *n.* / marketing goal / marketing objective
Markierkappe *f.* / marking cap
Markierung *f.* / (DV) flag / (allg.) marking
Markierungsbeleg *m.* / mark sheet
Markierungsleser *n.* / optical bar mark reader / optical bar mark scanner / mark reader
Markierungslochkarte *f.* / mark sense card
Markierungspunkt *m.* / (DV) program flag
Markt *m.* / market
Marktanalyse *f.* / market analysis
Marktanteil *m.* / market share / ... **erobern** to conquer a share of the market / ... **halten** to maintain a share of the market
Marktbedarf *m.* / market demand
Markt beherrschen / to dominate a market
Marktbeobachter *m.* / market observer
Marktbeobachtung *f.* / market investigation
marktbestimmt / market-driven
Marktchancen *fpl.* / marketing opportunities / sales opportunities
Marktdurchdringung *f.* / market penetration
Markteinführung *f.* / market introduction
Markteinschätzung *f.* / market assessment
Marktelastizität *f.* / market flexibility
Marktentwicklung *f.* / market trend
Markterholung *f.* / market recovery
Markt erschließen / to open a market
Marktforschung *f.* / market research
Marktführer *m.* / market leader
Marktkräfte *fpl.* / market forces
Marktlücke *f.* / gap in the market
Marktlückenanalyse *f.* / gap analysis
Marktlücke schließen / to bridge a gap in the market
Marktnähe *f.* / market proximity
Marktnische *f.* / market niche
Marktnische erobern / to carve out a market niche
Marktperspektiven *fpl.* / market prospects
Marktposition *f.* / trading position / competitive position
Marktpreisniveau *n.* / market price level
Marktsättigung *f.* / market saturation
Marktschwankungen *fpl.* / market fluctuations
Marktstörung *f.* / market disturbance
Markttransparenz *f.* / market transparency
Marktübersättigung *f.* / glut / oversaturation of the market
Marktumfrage *f.* / market survey
Marktuntersuchung *f.* / market study
Marktvorherrschaft f. / market dominance
Maschenfläche *f.* / mesh surface / B-line surface
Maschennetz *n.* / intermeshed network
Maschenweite *f.* / mesh size

maschinell / computerized / automatic
maschinelle Fertigungssteuerung *f.* /
computerized production control
maschinelle Umterminierung *f.* /
computerized rescheduling
maschineller Abgleich *m.* / computerized
offset
maschinell lesbar / machine-readable
maschinenabhängig / machine-dependent
Maschinenausfall *m.* / machine breakdown /
machine failure
Maschinenauslastung, geglättete *f.* / balanced
loading
maschinenauswertbar / machine-evaluable
maschinenbedingte Ausfallzeit *f.* /
machine-spoilt processing time
Maschinenbefehl *m.* / machine instruction /
computer instruction
Maschinenbefehlscode *m.* / machine
instruction code
Maschinenbelastung *f.* / machine load / **... mit
Kapazitätsgrenze** finite capacity loading /
... ohne Kapazitätsgrenze infinite capacity
loading / **geplante ...** scheduled capacity
loading
Maschinenbelegung *f.* / machine loading
Maschinencode *m.* / absolute code / actual
code / specific code
Maschinencodierung *f.* / absolute coding /
specific coding
Maschineneinsatz *m.* / machine employment
Maschinengruppe *f.* / work center / work
place / work station / machine group
Maschinengruppendatei *f.* / work center file
Maschinenkapazität *f.* / machine capacity
Maschinenkostensatz *m.* / machine burden unit
Maschinenlauf *m.* / machine run
Maschinenlaufzeit *f.* / machine run time
maschinenlesbarer Datenträger *m.* / machine
readable medium
Maschinenlochkarte *f.* / machine-operated
punched card
maschinennahe Programmiersprache *f.* /
machine-oriented language / low-level
language / autocode
Maschinennutzung *f.* / machine utilization
Maschinenprogramm *n.* / object program
Maschinenschlüssel *m.* / machine key
Maschinenstillstand *m.* / machine downtime /
machine idle time
Maschinenstörung *f.* / machine breakdown /
(DV) hardware failure
Maschinenstunde *f.* / machine hour
Maschinenstundensatz *m.* / machine hour rate
Maschinentakt *m.* / machine cycle
Maschinenteil *m.* / (DV) environment division
maschinenunterstützte Programmierung *f.* /
automatic programming / machine-aided
programming / autocoding

Maschinenzeit, beeinflußbare *f.* / controlled
machine time
Maschinenzuführung *f.* / machine feeding
Maske *f.* / mask / **defektarme ...** low-defect
mask / **defektfreie ...** zero-defect mask /
elektronenlithographisch hergestellte ...
electron-beam mask / **endgültige ...** final
mask / **... für Basiszone** base mask / **... für
Emitterzone** emitter mask / **... für
Implantation** implant mask / **... für
Isolierung** isolation mask / **... für
Metallisierung** metal mask / **... für 1:1
Strukturübertragung** 1:1 mask / **... mit
einer Membran** pellicled mask / **... mit
geringem Reflexionsgrad** low-reflectivity
mask / **... mit geringer Abnutzung** low-wear
mask / **... mit geringer Defektdichte**
low-defect mask / **... mit hoher Abnutzung**
high-wear mask / **... mit scharfen
Linienkanten** sharp line edge mask / **... mit
Submikrometerstrukturen** submicron
mask / **... mit vervielfältigten Strukturen**
mask carrying replicated patterns / **obere ...**
top mask / **röntgenlithographische ...** x-ray
lithography mask / **unebene ...** out-of-flat
mask
Maskenabnutzung *f.* / mask wear
Maskenausrichtung *f.* / mask alignment
Maskenbearbeitungszeit *f.* / mask processing
time
Maskenbelichtungsstufe *f.* / mask exposure
stage
Maskenbereich *m.* / masking area
Maskenbeschädigung *f.* / mask damage
Maskenbezeichnung *f.* / mask specification
Maskenbruch *m.* / mask breakage
Maskenbus *m.* / bipolar mask bus
Maskendurchbiegung *f.* / mask curvature /
mask bowing
Maskenebene *f.* / mask level
Maskeneinschleuszeit *f.* / mask loading
time
Maskenentwurf *m.* / mask design
Maskenfehler *m.* / mask fault
Maskenfeld *n.* / mask array
Maskenfertigung *f.* / mask fabrication
Maskenfolie *f.* / mask membrane / mask
pellicle
maskengesteuert / mask-controlled /
mask-oriented
Maskengitter *n.* / mask grating
Maskengröße *f.* / mask size
Maskenherstellung *f.* / mask fabrication /
mask making
Maskenherstellungsanlage *f.* / mask making
equipment / mask making system /
elektronenstrahllithographische ...
mask making E-beam system / **... für
Maskenfertigung** *f.* / high-volume mask

manufacturing system / ... **mit kurzen Fertigungszeiten** fast-turn-around mask manufacturing system
Maskenherstellungstechnik *f.* / mask fabrication technology
Maskenherstellungsverfahren *n.* / mask fabrication process / mask fabrication technique /
elektronenstrahllithographisches ... E-beam mask-making technique
Maskenjustiermarke *f.* / mask alignment target / mask alignment mark
Maskenjustier- und Belichtungsanlage *f.* / mask alignment and exposure system
Maskenkontrollgerät *n.* / mask inspecting device
Maskenkontrollverfahren *n.* / mask inspection technique
Maskenkontur *f.* / mask pattern
Maskenkopiergerät *n.* / mask replicator
Maskenmeßtechnik *f.* / mask metrology
Maskenöffnung *f.* / mask aperture / mask opening
maskenprogrammierbar / mask-programmable
Maskenprojektions- und Überdeckungsrepeater mit 10-facher Verkleinerung *m.* / 10x reduction projection mask aligner
Maskenqualität *f.* / photomask quality
Maskenschicht *f.* / mask layer
Maskenschreiber *m.* / mask-writing system / mask generator
Maskenschutzfolie *f.* / mask membrane / mask pellicle
Maskenstepper *m.* / mask stepper
Maskensteuerband *n.* / pattern generator tape
Maskenstruktur *f.* / mask pattern
Maskenstrukturierung *f.* / mask drawing
Maskentechnik *f.* / mask technology
Maskentisch *m.* / mask stage
Maskenträger *m.* / mask carrier
Maskenträgermaterial *n.* / mask support material
Maskenüberdeckung *f.* / mask-to-mask overlay
Maskenüberdeckungsfehler *m.* / mask superposition error / mask stacking error
Maskenverband *m.* / matrix of the mask
Maskenverkleinerung *f.* / mask demagnification
Maskenverunreinigung *f.* / mask contamination
Maskenvervielfältigung *f.* / mask replication
Maskenverzerrung *f.* / mask distortion
Maskenvorlage *f.* / mask artwork
Maskenvorlagenherstellung *f.* / mask artwork generation

Maskenwerkstoff *m.* / mask material
Maskenzentrum *n.* / mask center
Maske-Wafer-Abstand *m.* / mask-wafer-spacing
Maske-Wafer-Strukturübertragungstechnik *f.* / mask-to-wafer patterning technique
Maske-Wafer-Überdeckung *f.* / mask-wafer registration
maskierbar / maskable
maskieren / to mask
Maskierungsmittel *n.* / maskant
Maskierungsprozeß *m.* / masking process
Maskierungsschichtdicke *f.* / masking layer thickness
Maskierungsschritt *m.* / masking step
Maskierungsstruktur *f.* / masking pattern
Maskierungsstufe *f.* / masking step / masking stage
Maß *n.* / measure
Maßbild *n.* / dimensional drawing
Masse *f.* / bulk / (Molekül) weight
Maße *npl.* / measurements / dimensions
Masseanschluß *m.* / ground connection / ground pin
massebezogen / (Bus) voltage-to-ground
massefrei / floating ground
Maßeinheit *f.* / unit of measure / measuring unit / measure
Massenabsatz *m.* / bulk sales
Massenanteile *mpl.* / weight percentage
massenbonden / to mass-bond
Massendatenverarbeitung *f.* / high-volume data processing
Massenfertigung *f.* / mass production / high-volume production / large-scale production
Massengut *n.* / bulk goods
Massenherstellung *f.* / mass production / large-scale production
Massenprodukt *n.* / bulk product
Massenspeicher *m.* / mass storage / bulk memory
Massentrennung *f.* / mass separation
Massenverarbeitung *f.* / mass processing
Maßgenauigkeit *f.* / dimensional accuracy
maßgeschneidert / (Bauteil) tailor-made / customized
Maßhaltigkeit *f.* / dimensional stability
Massivleiter *m.* / solid conductor
Maßnahmen *fpl.* / measures / actions
Maßnahmen ergreifen / to take measures
maßnahmenorientiert / action-oriented
Maßnahmenpaket *n.* / package of measures
Maßstab *m.* / scale
maßstäbliche Zeichnung *f.* / scaled drawing
Maßtoleranz *f.* / dimensional tolerance
Master-Slice-Verfahren *n.* / master-slice approach

Material *n.* / material / **bereitgestelltes ...**
staged material / **überzähliges ...** surplus
material / **veraltetes ...** obsolete material
Materialabgang *m.* / material withdrawal
Materialabgänge *mpl.* / material
withdrawals / material issues / **buchmäßige
...** accounting issues / **geplante ...** planned
issues / planned withdrawals / **tatsächliche
...** actual withdrawals / actual issues
Materialanforderung *f.* / materials requisition
Materialannahmestelle *f.* / materials
receiving point
Materialaufwand *m.* / cost of material
Materialausbeute *f.* / material yield
Materialbedarf *m.* / material requirements
Materialbedarfsplanung *f.* / material
requirements planning (MRP)
Materialbegleitkarte *f.* / shop traveller
Materialbereitsteller *m.* / line-filler
Materialbereitstellung *f.* / supply of
materials / provision of materials
Materialbereitstellungsliste *f.* / staging bill of
material
Materialbericht *m.* / (CWP) material flow
report
Materialbeschaffung *f.* / material
procurement
Materialbeschreibung *f.* / material
description
materialbezogen / material-related
Materialbezug *m.* / material requisition
Materialbezugskarte *f.* / material issue card /
material requisition card
Materialbezugsschein *m.* / material supply bill
Materialdisposition *f.* / material requirements
planning (MRP)
Materialebene *f.* / material level
Materialeigenschaft *f.* / material property
Materialeinzelkosten *pl.* / cost of direct
materials
Materialentnahme *f.* / materials requisition /
issue of materials / withdrawal of materials
Materialentnahmen, buchmäßige *fpl.* /
accounting issues
Materialfluß *m.* / flow of material
Materialflußsteuerung *f.* / material flow
control
Materialflußtechnik *f.* / material handling
engineering
Materialgemeinkosten *pl.* / material overhead
Materialknappheit *f.* / material shortage
Materialkosten *pl.* / material costs
Materiallager *n.* / material warehouse
Materialnummer *f.* / material number
Materialschleuse *f.* / material passthrough
Materialtransportzeit *f.* / material handling
time
Materialverbrauch *m.* / materials usage
Materialversorgung *f.* / supply of materials

Materialverwürfe *mpl.* / non-conforming
materials (NCM)
Materialwirtschaft *f.* / material
management / materials management /
material control
Materialzugänge *mpl.* / **buchmäßige ...**
accounting receipts
Materialzugang *m.* / inventory addition
Materialzusammensetzung *f.* / material
composition
Materialzuschlag *m.* / (bei Wafertrennung)
kerf allowance
mathematisches Unterprogramm *n.* /
mathematical subroutine
Matrix *f.* / matrix / array
Matrixfeld *n.* / array
Matrixrechner *m.* / array processor
Matrixspeicher *m.* / matrix storage
Matrixverzerrung *f.* / (auf Maske) array
distortion
Matrize *f.* / (Druck) die
Maus *f.* / mouse
Mauszeiger *m.* / cursor
Maustaste *f.* / mouse button
maximale Ausnutzung *f.* / maximum
utilization
maximale Verlustleistung *f.* / maximum power
dissipation
maximal verfügbare Verstärkung *f.* /
(Mikrow.-HL) maximum available gain
maximieren / to maximize
Maximierung *f.* / maximization
Mechanik *f.* / mechanics
Mechaniker *m.* / mechanic
mechanische Abtastung *f.* / mechanical
sensing
mechanische Fertigung *f.* / mechanical
production / mechanical manufacture
mechanischer Drucker *m.* / impact printer
Mechanisierung *f.* / mechanization
Medizinische Technik (Siem./Bereich) *f.* /
Medical Engineering (Group)
Medizintechnik *f.* / medical engineering
mehr / more
Mehr-.. / multi-..
Mehradreßbefehl *m.* / multi-address
instruction
Mehradreßmaschine *f.* / multiple-address
computer
mehradriges Kabel *n.* / multicore cable
Mehraufwand *m.* / additional effort /
additional cost
mehrbahnig / (Drucker) multiweb
Mehrbedarf *m.* / additional demand
Mehrbelastung *f.* / surplus load
Mehrbenutzerbetrieb *m.* / multiuser operation
Mehrchipbaustein *m.* / multiple-chip
package / multichip assembly
Mehrchipmontage *f.* / multichip assembly

Mehrchipspeicherbaustein *m.* / multichip memory module
Mehrchipverband *m.* / multichip array
Mehrdateiverarbeitung *f.* / multifile processing
Mehrdurchlauf-Router *m.* / re-entrant router
Mehrebenenschaltung *f.* / multilevel circuit
Mehrentnahme *f.* / over-withdrawal
mehrfach / multiple
Mehrfachabruf *m.* / (DV) multiple fetch
Mehrfachadressierung *f.* / multiple addressing
Mehrfachadressnachricht *f.* / multiple-address message
Mehrfachanschluß *m.* / multiport
Mehrfachauswertung *f.* / multiple evaluation
Mehrfachbetrieb *m.* / multiplexing / multi-job operation
Mehrfachbusstruktur *f.* / multiple architecture
Mehrfach-Bus-System *n.* / multiple common-data-bus system
mehrfache Wortlänge *f.* / multiple precision
Mehrfachfunktion *f.* / multifunction
Mehrfachkanal *m.* / multichannel
Mehrfachkettung *f.* / multiple chaining
Mehrfachkoppler *m.* / multiplexer
Mehrfachleitung *f.* / highway
Mehrfachplatinen *fpl.* / multiple boards
Mehrfachregelungskreis *m.* / multiple control circuit
Mehrfachstecker *m.* / multiple plug
Mehrfachstrahlanlage *f.* / multiple-beam system
Mehrfachtransistor *m.* / transistor array
Mehrfachverbindung *f.* / multiple connection
Mehrfachverwendung *f.* / multiple usage / common utilization
Mehrfachverwendungsteil *n.* / multiple-usage part
Mehrfach-Zugriffsprotokoll *n.* / multi-access protocol
mehrfarbig / (z. B. Bildschirm) multichrome / polychrome
mehrfunktional / multifunctional
Mehrheit *f.* / majority
Mehrheitsglied *n.* / majority element
Mehrkanalausgänge *mpl.* / multi-channel outputs
Mehrkanal-Datenübertragung *f.* / multi-channel communication
Mehrkanalschalter *m.* / multi-channel switch
Mehrkanalspeicher *m.* / multiport circuit
Mehrkomponentengemisch *n.* / multicomponent mixture
Mehrlagengehäuse *n.* / multilayer package
mehrlagige Leiterplatte *f.* / multilayer board
Mehrleistungszulage *f.* / proficiency allowance

mehrmals / several times
Mehrmandantensystem *n.* / multi-client system
Mehrmaschinenbedienung *f.* / multiple machine work
Mehrmaschinen-Bedienungsfaktor *m.* / multiple machine operation factor
Mehrmodenlaser *m.* / multimode laser
Mehrnormenbauteil *n.* / multistandard component
Mehrpfadprogramm *n.* / multithread program
Mehrphasenstrom *m.* / multi-phase current
Mehrplatzsystem *n.* / multi-station system
mehrpolig / heteropolar
Mehrprogrammbetrieb *m.* / multi-programming operation
Mehrprogrammsystem *n.* / multiuser programming system
Mehrprogrammverarbeitung *f.* / multi-programming
Mehrprozeßbetrieb *m.* / multitasking
Mehrprozessorbetrieb *m.* / multiprocessing
Mehrpunktbetrieb *m.* / multipoint operation
Mehrpunktnetz *n.* / party line
Mehrpunktschaltung *f.* / multi-point circuit
Mehrrechnersystem *n.* / multiprocessor system / multicomputer system
Mehrschichtarbeit *f.* / multiple shift operation
Mehrschichtgehäuse *n.* / multilayer package
Mehrschichtsubstrat *n.* / multilayer substrate
mehrsprachig / multi-lingual / polylinguistic
Mehrspulendatei *f.* / multi-reel file
Mehrspurkopf *m.* / head stack
mehrstellig / multi-digit
mehrstufig / multilevel / multi-stage
mehrstufiger Verwendungsnachweis *m.* / multi-level where-used list
mehrstufige Stückliste *f.* / multilevel bill of material
Mehrverbrauch *m.* / additional consumption
Mehrwegverpackung *f.* / returnable packaging / recyclable packaging
Mehrwert *m.* / added value
mehrwertig / multi-valued / polyvalent
Mehrwertsteuer *f.* / value added tax (VAT)
Mehrzweck-.. / multi-purpose .. / general-purpose ..
Mehrzweckfunktionsgeber *m.* / general-purpose function generator
Mehrzweckrechner *m.* / multi-purpose computer
Mehrzweckschnittstelle *f.* / general interface
Meilenstein *m.* / milestone
Meinung *f.* / opinion
meist / mostly
Meldebestand *m.* / reported inventory level
melden / to report
Meldung *f.* / notice / message

Membran *f.* / membrane / pellicle
Membraneinrichtung *f.* / diaphragm
  mechanism
membrangeschützt (Maske) /
  pellicle-protected
Membranpumpe *f.* / diaphragm-type pump
Membransubstrat *n.* / membrane substrate
Menge *f.* / **bestellte ...** on order quantity /
  ordered quantity / **gelieferte ...** quantity
  delivered / **reservierte ...** reserved quantity /
  allocated quantity / **saldierte ...** balanced
  quantity / **unterlieferte ...** short quantity
mengenabhängige Fertigungslöhne *mpl.* /
  direct wages
Mengenabweichung *f.* / quantity variance
Mengenauflösung *f.* / quantity explosion /
  quantity breakdown
Mengenaufrechnung *f.* / cumulation of
  quantity
Mengenbeschränkung *f.* / quantitative limit /
  quantitative restraint / quantitative
  restriction
mengenbezogen / quantity-oriented /
  quantity-specific
Mengendurchsatz-Meßgerät *n.* / mass flow
  controller
Mengengerüst *n.* / quantity listing / (Planung)
  planned quantities
mengenmäßig / quantitative
Mengenplanung *f.* / volume planning
Mengenrabatt *m.* / quantity discount
Mengenschwankung *f.* / volume variance /
  quantity variance
Mengenübersichtsstückliste *f.* / summarized
  bill of material
Mengenübersichts-Verwendungsnachweis *m.* /
  summarized where-used list
Mengen- und Kapazitätsplanung (MuK) *f.* /
  volume and capacity planning
Mengenvorgabe *f.* / quantity standard
Mensch-Maschine-Schnittstelle *f.* /
  man-machine-interface
Menübalken *m.* / menu bar
Menüebene *f.* / menu level
menügesteuert / menu-driven
Menümaske *f.* / menu mask
Menüsteuerung *f.* / menu control /
  (Benutzerführung) menu prompting
Merker *m.* / marker
Merkmal *n.* / characteristic / feature /
  criterion / (Satz) attribute
Merkname *m.* / mnemonic
Mesaätzung *f.* / mesa etching
Mesainsel *f.* / mesa-etched island
Mesatechnik *f.* / mesa construction
Meßanforderungen *fpl.* / metrology
  requirement
Meßanordnung *f.* / (QS) testing equipment
  layout

Meßapparatur *f.* / measuring apparatus
Meßaufbau *m.* / measurement setup
meßbar / measurable
Meßbecher *m.* / (Naßätzen) measuring tank
Meßbereich *m.* / measurement range
Meßdaten *pl.* / measured data
Messe *f.* / fair
Meßelektronik *f.* / gauge electronics
Messer *n.* / (eines StV) blade (of a connector)
Messerkontakt *m.* / male contact / blade
  contact
Messerleiste *f.* / male connector
Messersteckverbinder *m.* / blade-contact
  connector
Meßfehler *m.* / measurement error
Meßgenauigkeit *f.* / measuring accuracy
Meßgerät *n.* / meter
Meßgrößen *f.* / standards / **logistische ...**
  logistics metrics
Meßlehre *f.* / gauge
Meßleitung *f.* / control line / control tubing
Meßmethode *f.* / measuring technique
Meßnadel *f.* / stylus
Meßort *m.* / measuring point
Meßpunkt *m.* / break point
Meßreihe *f.* / test series
Meßschärfe *f.* / measuring accuracy
Meßschleife *f.* / loop
Meßsonde *f.* / measuring probe / prober
Meßspannung *f.* / measurement voltage
Meßstelle *f.* / measuring point
Meßsystem *n.* / metrological system / gauging
  system
Meßtechnik *f.* / measurement technology
Meßumformer *m.* / transducer
Messung *f.* / measuring / measurement /
  ... der Überdeckungsgenauigkeit overlay
  registration measurement / **fotoelektrische**
  ... photodetection / **laserinterferometrische**
  ... laser-interferometric metering /
  vereinfachte ... stripped-down measurement
Meßunsicherheit *f.* / measuring uncertainty
Meßverfahren *n.* / measurement technique
Meßverstärker *m.* / booster unit
Meßwert *m.* / measured value
Meßwerterfassung *f.* / data logging /
  measured data acquisition
Meßwertwandler *m.* / transducer
Metall *n.* / metal
Metall-Aluminum-Si-Feldeffekttransistor *m.* /
  metal alumina silicon field effect transistor
Metallanordnung, mehrschichtige *f.* /
  multilayer metal scheme
Metallanschluß *m.* / metallic lead
Metallaufdampfung *f.* / metal deposition
Metallbrückenverbindung *f.* / metal strap
Metallfolie *f.* / metal foil
Metallfolienband *n.* / metal tape
Metallgatter *n.* / metal gate

Metallgehäuse *n.* / metal package / (von StV) metal shell
Metallgehäuseverkappung *f.* / metal package encapsulation
Metall-Halbleiter-Feldeffekttransistor *m.* / metal semiconductor field-effect transistor (MESFET)
Metallhorde *f.* / metal cassette
metallisch / metallic
metallisieren / to plate
metallisiertes, durchkontaktiertes Loch *n.* / plated-through hole
Metallisierung *f.* / metallization / plating / **chemische** ... immersion plating
Metallisierung der Rückseite *f.* / backside metallization / wafer back metallization
Metallisierung der Vorderseite *f.* / front-side metallization / wafer-front metallization
Metallisierungsmuster *n.* / metallization pattern
Metallisierungsschicht *f.* / layer of metallization
Metall-Isolator-Halbleiter mit hochschmelzendem Gatemetall *m.* / refractory metal insulator semiconductor
Metall-Isolator-Halbleiter-Feldeffekttransistor *m.* / metal insulator semiconductor field-effect transistor (MISFET)
Metallkeramikgehäuse *n.* / metal-ceramic package
Metallkontaktbrücke *f.* / metal strap
Metallkühlkörper *m.* / metal heat sink
Metallmaske *f.* / metal mask
Metall-Nitridoxid-Halbleiter *m.* / metal nitride-oxide semiconductor (MNOS)
Metall-Nitridoxid-Halbleiter-Feldeffekttransist or *m.* / metal nitride-oxide semiconductor field-effect transistor (MNOSFET)
Metall-Oxid-Halbleiter *m.* / metal-oxide semiconductor (MOS) / **... in selbstjustierender Polysiliziumoxidationstechnologie** polysilicon oxidation self-aligned MOS / **... mit Avalanche-Injektion durch ein Stapelgate** stacked-gate avalanche-injection MOS / **... mit einstellbarem Schwellenwert** adjustable-threshold MOS / **... mit floatendem Gate durch Doppelinjektion** dual-injection floating-gate MOS / **... mit lateralen V-Gräben** lateral V-groove MOS / **... mit rückseitigem Gate** back-gate MOS / **... mit selbstpositionierendem Gate** self-aligned gate MOS / **... mit vergrabenem Kanal** buried channel MOS / **... mit vergrabener Lastlogik** buried load logic MOS / **schräg aufgedampfter, vertikaler ...** angle-evaporated vertical MOS / **strahladressierter...** beam-addressed MOS /

vierfach selbstpositionierter ... quadruply self-aligned MOS
Metall-Oxid-Halbleiter-Feldeffekttransistor *m.* / metal-oxide semiconductor field-effect transistor (MOSFET)
Metalloxidhalbleiterlogik, geschlossene, komplementäre *f.* / closed complementary MOS logic
Metallresist *n.* / metal resist
Metallschablone *f.* / metal mask
Metallschicht *f.* / metal layer
Metallschichtmaske *f.* / metal-layer mask
Metallschichtwiderstand *m.* / metal film resistor
Metallschutzkragen *m.* / (StV) shield
Metallsockel *m.* / (Chipbonden) metal header
Metallsonde *f.* / metal probe
Metallverbindung *f.* / metal interconnection
Methakrylat *n.* / (Resist) methacrylate
Methode *f.* / method / (Vorgehensweise) approach
Methodenbank *f.* / methods storage bank / methods base
Methoxyethylazetat *n.* / methoxyethyl acetate
Micro Fiche *n.* / microfiche
Mikroätzen *n.* / microetching
Mikrobausatz *m.* / microkit
Mikrobaustein *m.* / micro module / chip
Mikrobefehl *m.* / micro instruction
Mikrobefehlscode *m.* / micro code
Mikrobild *n.* / microimage
Mikroblasenbildung *f.* / microbubble formation
Mikrobrücke mit Luftspalte *f.* / air-gap microbridge
Mikrochip-Sensor *m.* / micro-based sensor
Mikrochip-Widerstand *m.* / microchip resistor
Mikrocomputer-Baugruppensystem *n.* / microcomputer board systems
Mikrocomputerbausatz *m.* / microcomputer kit
Mikrocomputerbaustein (MCB) *m.* / microcomputer component / microcomputer device
Mikrocomputermodul/-platine *n./f.* / microcomputer board
Mikrocontroller *m.* / microcontroller
Mikrodrahtbonder *m.* / lead bonder
Mikroelektronik *f.* / micro electronics
Mikroelektronikgehäuse *n.* / microelectronic package
Mikrofilmausgabe *f.* / computer output to microfilm (COM)
Mikrofilmspeicher *m.* / microfilm storage
Mikrofilmlesegerät *n.* / microfilm reader
Mikrofilmtechnik *f.* / micrographics
Mikroherstellung *f.* / microfabrication
Mikrokodierung *f.* / microcoding
Mikrolegierung *f.* / microalloy

Mikrometer *m.* / micrometre / micron
mikrometergroß / micron-sized
Mikrometerzylinder *m.* / micrometer barrel
Mikrominiaturisierung *f.* /
microminiaturization
Mikroplättchen *n.* / wafer
mikroprogrammierte Kontrolleinheit *f.* /
microprogrammed controller
Mikroprogrammspeicher *m.* / control memory
Mikroprozessor *m.* / microprocessor
Mikroprozessoraufbau *m.* / microprocessor
architecture
mikroprozessorgesteuert /
microprocessor-controlled /
microprocessor-driven
Mikroprozessorsteuerung *f.* / microcontroller
Mikroschaltkreisfertigung *f.* / microcircuit
manufacture
Mikroschaltung *f.* / micro-circuit
Mikroselbstdotierung *f.* / micro-autodoping
Mikroskop *n.* / microscope
Mikrosonde *f.* / microprobe
Mikrosteuereinheit *f.* / microcontroller
Mikrosteuerung *f.* / microcontrol
Mikrosteuerungschip *m.* / microcontroller
chip
Mikrostrukturmaske *f.* / fine-geometry mask
Mikrostrukturtechnik *f.* / fine pattern
technology
Mikroverfilmung *f.* / micro filming
Mikrowellenbauelement *n.* / microwave device
Mikrowellenempfänger *m.* / microwave
receiver
Mikrowellenhärtung *f.* / microwave baking
Mikrowellen-Halbleiter *m.* / microwave
semiconductor
Mikrowellenleiter *m.* / microwave conductor
Mikrowellenschaltung *f.* / microwave-IC
Mikrowellen-Technik *f.* / microwave
engineering
Millimeterpapier *n.* / graphic paper / scale
paper
Millimeterwellen-IC-Baustein *m.* / monolithic
millimetre-wave IC
Millionen Instruktionen per Sekunde *fpl.* /
million instructions per second (MIPS)
Millionstel *n.* / millionth
Mindergewicht *n.* / shortage in weight
Minderheit *f.* / minority
Mindest-.. / minimum ..
Mindestbestand *m.* / minimum stock
Mindestbestellmenge *f.* / minimum order
quantity
Mindestfehlerdichte *f.* / base level defect
density
Mindestliefermenge *f.* / minimum delivery
quantity
Mindestlosgröße *f.* / minimum lot size
Miniaturabbild *n.* / minitiarized reproduction

Minidiskette *f.* / mini diskette / mini floppy
Minigehäuse *n.* / mini-package
Minikassette *f.* / mini cartridge
Minimalbestand *m.* / base stock
minimieren / to minimize
Minimum-Terminverschiebung *f.* / minimum
postponement
Minoritätsträger *m.* / minority carrier
Minuszeichen *n.* / minus sign
Mischbauart *f.* / hybrid design
Mischbauform eines Steckers *f.* / hybrid
connector
Mischbetrieb *m.* / asynchronous balanced
mode (ABM)
Mischdurchlauf *m.* / merge run
mischen / (DV) to merge / to collate /
(allg.) to mix / to blend
Mischer *m.* / mixer / collator / interpolator
Mischfolge *f.* / collating sequence
Mischgatter *n.* / inclusive-OR element /
inclusive-OR circuit
Mischkalkulation *f.* / hybrid costing
Mischkommunikation *f.* / mixed
communication
Mischkonzern *m.* / conglomerate
Mischkopf *m.* / (Harz) mixing head
Mischkristall *n.* / mixed crystal
Mischlauf *m.* / merge run
Mischprogramm *n.* / merge program
Mischsortieren *n.* / merge sorting
Mischtechnik *f.* / hybrid approach
Mischtechnologie *f.* / hybrid technology
Miß-.. / mis-..
Mißbrauch *m.* / abuse / misuse
Mißwirtschaft *f.* / mismanagement
Mitarbeiter *m.* / staff member / employee
Mitarbeiterbeurteilung *f.* / performance
appraisal
mit Ausnahme von / with the exception of /
except
Mitbestimmung *f.* / codetermination
Mitbewerber *m.* / competitor
Mitgang *m.* / (Relais) contact follow
Mitgangprinzip *n.* / (Relaiskontakte)
overtravel principle
Mitglied *n.* / member
Mitglied des Aufsichtsrats *n.* / member of the
supervisory board
Mitglied des Bereichsvorstands *n.* / (Siem.)
member of the Group Executive
Management
Mitglied des Vorstands *n.* / (Siem.) member of
the Managing Board bzw. Executive Vice
President
Mitgliedsstaat *m.* / member state
mitlaufende Kalkulation *f.* / concurrent
costing
mitlaufende Verarbeitung *f.* / on-line
processing

mit minimalem Aufwand / with minor efforts
mit Nullen auffüllen / to zeroize
mitschneiden / to tape / to record
Mitte *f.* / middle
Mitteilung *f.* / notice / message / (Zettel) note
Mitteilungsfeld *n.* / (DV) communication region
Mittel *npl.* / means / funds (finanziell) / **gewichtetes** ... weighted average
mittelbar entstandener Bedarf *m.* / dependent demand
Mittelbereich *m.* / (Wafer) mid-section
mittelfristig / medium-term / medium-range
mittelgroß / medium-sized / medium / medium-scale
mittelmäßig / mediocre
Mittelpunkt *m.* / center
mittels / by means of
Mittelspannungsanlage *f.* / medium-voltage switchboard
Mittelsteg *m.* / die bar / middle bar
Mittelstrom-Implanter *m.* / medium current implanter
Mittelwert *m.* / mean value
Mittelwert, einfacher *m.* / simple mean
Mittelwertschaltung *f.* / average-value rectifier circuit
Mittenabstand *m.* / center-to-center dimensions
Mittenfrequenz *f.* / center frequency
Mittensymmetrie *f.* / center symmetry
Mitte-Rand-Effekte *mpl.* / (Plasmaätzen) differences between middle and edge
mittlere Abweichung *f.* / mean deviation
mittlere ausfallfreie Zeit *f.* / mean time to failure (MTTF)
mittlere Betriebszeit zwischen Ausfällen *f.* / mean time between failures (MTBF)
mittlere Integration *f.* / medium-scale integration (MSI)
mittlere Lebensdauer *f.* / mean life
mittlere Datentechnik *f.* / office computers
mittlerer Informationsgehalt *m.* / average information content
mittlere Zugriffszeit *f.* / average access time / mean access time
mit Transistoren bestücken / to transistorize
Mitvertrieb *m.* / co-distribution
Möbelspediteur *m.* / furniture mover
mobile Datenendstation *f.* / portable data terminal / laptop
mobile Datenerfassung *f.* / mobile data collection
mobiles Datenerfassungsgerät *n.* / laptop
Mobilfunk *m.* / mobile radio
Modellanalyse *f.* / model analysis
Modem *n.* / modem / modulator-demodulator
Modifikation *f.* / modification
modifizieren / to modify

Modifizierfaktor *m.* / modifier
Modul *n.* / module / ... **für Reihenanordnung** in-line module / ... **mit doppelter Rastermaßhöhe** double-height module / ... **mit einfacher Rastermaßhöhe** single-height module / ... **mit sechsfacher Rastermaßhöhe** hex-sized module / ... **mit vierfacher Rastermaßhöhe** quad-sized module
Modularsysteme *npl.* / modular systems
modulare Stückliste *f.* / modular bill of material
modulares Bausteinsystem *n.* / modular building block system
Modulaufbau mit eigenem Tester per Pin *m.* / tester-per-pin modular structure
Modulbibliothek *f.* / relocatable library / module library
Modulbinder *m.* / linkage editor
modulieren / to modulate
modulintern / intramodule
Modulkarte *f.* / module board / module card / **freie** ... blank module board / **kupferkaschierte** ... copper-clad module board / **leere** ... blank module board
Modulstecker *m.* / module connector
Modulsteckplatz *m.* / module slot
Modulo-N-Prüfung *f.* / modulo-n-check
Modus *m.* / mode
möglich / possible
möglicher Bedarf *m.* / potential demand
Möglichkeit *f.* / possibility / (Auswahl) option / (Gelegenheit) opportunity
Molekularelektronik *f.* / molecular electronics / molectronics
Molekularstrahlepitaxie *f.* / molecular-beam epitaxy
Molekularstrukturlithographie *f.* / molecular pattern lithography
Molekularverdampfen *n.* / molecular evaporation
Molybdänmaske *f.* / molybdenum mask
Molybdänsilizid *n.* / molybdenum silicide
momentan / (adj.) current / instantaneous / (adv.) currently / at present
Momentanwert-Strombegrenzung *f.* / instantaneous value current limiting
Monat *m.* / month
Monatsscheibe *f.* / monthly period
Monitorprogramm *n.* / monitor routine
Monitorsteuerung *f.* / monitor control
Monochipbauelement *n.* / single-chip component
monolithischer Speicher *m.* / monolithic storage
Monolith-Technik *f.* / solid-state circuitry
monomeres Vinylchlorid *n.* / monomeric vinyl-chloride
Monopol *n.* / monopoly

monostabil / monostable
Montage *f.* / assembly / mounting / ... **auf Filmträger** film carrier assembly / **auftragsbezogene** ... assembly-to-order / ... **des Chipträgers auf dem Sockel** carrier-to-socket assembly / **doppelseitige** ... double-sided mounting / ... **im Gestellrahmen** rack mounting / ... **in Durchkontaktlöchern** through-hole mounting / ... **mehrfacher Felder** stitching of multiple fields (on a single wafer) / ... **mittels Drahtbonden** wire bonding assembly / ... **von Chip und Anschlußdraht** chip and wire assembly / ... **von Feldern** field stitching / ... **von hybriden Bauelementen** hybrid assembly / ... **von Teilschaltkreisen** assembly of subcircuits
Montageanschlußkonfiguration *f.* / mounting-pad footprint
Montageanweisung *f.* / assembly instruction
Montageauftrag *m.* / assembly order
Montageausrüstung *f.* / mounting equipment
Montagebandfertigung *f.* / line production
Montagebasis *f.* / submount
Montageblock *m.* / mounting block / header
Montageboden *m.* / false floor
Montagedurchlaufzeit *f.* / assembly running time
Montageeinheit *f.* / assembly package
Montageeinzelarbeitsplatz *m.* / individual assembly workplace
montagefertig / ready-to-mount
Montagefläche *f.* / footprint (of package)
Montagefleck *m.* / mounting pad
Montagegenauigkeit *f.* / stitching accuracy
Montageingenieur *m.* / field engineer
Montageinsel im Chipgehäuse *f.* / cavity
Montagelinie *f.* / assembly line
Montageloch *n.* / mounting hole
Montagemenge *f.* / quantity per assembly
Montagen und Prüffelder *fpl./npl.* / (Siem.) backend operations
Montageordner *m.* / assembly file
Montageplan *m.* / assembly plan
Montageplatte *f.* / plate
Montagerahmen *m.* / frame / mounting panel
Montageroboter *m.* / mounting robot
Montageschaltbild *n.* / wiring diagram
Montageschlüssel *m.* / mounting wrench
Montagesockel *m.* / socket
Montagestelle *f.* / pad
Montagestraße *f.* / assembly line
Montagetechnik *f.* / assembly technology
montagetechnisch auswechselbar / intermountable
Montage- und Handhabungstechnik *f.* / assembling and manipulating equipment
Montageverfahren *n.* / assembly process / mounting technique / ... **mit der**

Chipkontaktseite nach unten face-down technique
Montagevorgabe *f.* / assembly issue
Montagevorschrift *f.* / assembly specification / mounting instructions
Montagezeichnung *f.* / assembly drawing
montieren / to assemble /(to install) / to mount / ... **auf Sockel** to socket / **das Gehäuse umgekehrt auf Leiterplatte** ... to mount / **die Chips in Gehäuse** ... to assemble dies in packages / **direkt auf Leiterplatte** ... to mount direct to p.c. board / **Felder** ... to stitch subfields together / to abut fields / **umgekehrt** ... to mount inverted
Morphem *n.* / morpheme
MOS-FET-Technologie *f.* / MOSFET technology
MOS-Schaltkreis *m.* / metal-oxide semiconductor circuit / MOS circuit
MOS-Struktur mit gemeinsamem Gate *f.* / joint MOS-structure / ... **mit vertikalen V-Gräben** vertical V-groove MOS-structure
Motor *m.* / engine / **Elektro-...** motor
München / Munich
Muffe *f.* / boot
Muffelofen *m.* / muffle furnace
Mulde *f.* / depression / (Wanne) well
Multichipschaltung *f.* / multichip circuit
multifunktionelle Geräte *npl.* / multifunctionals
Multifunktionsarbeitsplatz *m.* / multifunction workstation / integrated workstation / advanced workstation
Multifunktionsbauelement *n.* / multifunctional device
Multimediaprodukte *npl.* / multimedia products
Multimomentaufnahme *f.* / activity sampling
Multiplexansteuerung *f.* / multiplex addressing
Multiplexbetrieb *m.* / multiplex mode / multiplex operation / multiplexing
Multiplexerchip *m.* / multiplexer chip
Multiplexverhältnis *n.* / multiplex ratio
Multiplikant *m.* / multiplicand
Multiplikationsanweisung *f.* / multiply statement
Multiplikationseinrichtung *f.* / multiplier
Multiplikator *m.* / multiplier
multiplizieren / to multiply
Multiplizierwerk *n.* / digital multiplier
Multipointverbindung *f.* / multipoint line
Multiprogrammverarbeitung *f.* / multiprogramming
multiprozessorfähig / multiprocessor-capable
Multivektorprozessor *m.* / multiple vector processor
Multizet *m.* / multimeter

Muschelausbruch *m.* / chipping
muschelförmig ausgebrochen / chipped
Mußfeld *n.* / compulsory field / mandatory
    field
Muster *n.* / (Ware/Produkt) sample /
    specimen
Musterabmessung *f.* / pattern dimension
Musterbildung der angepaßten
    Metallisierung *f.* / flexible metallization
    patterning
Mustererkennung *f.* / pattern recognition
Musterlos *n.* / sample lot
Musterstückzahlen *fpl.* / sample quantities
Musterverschiebung *f.* / pattern shift
Mutter, schwimmend gelagerte *f.* / floating
    nut
Mutterband *n.* / master tape
Muttergesellschaft *f.* / parent company
Mutterknoten *m.* / parent node
Mutterlos *n.* / mother lot
Muttermaske *f.* / master mask
Mylar / mylar
Mylarband *n.* / mylar belt
Mylarschablone *f.* / mylar mask
Mylarträgerstreifen *m.* / mylar carrier tape

N

Nabelsteckverbinder *m.* / umbilical connector
nach / (zeitl.) after / (gemäß / laut Aussage
    von) according to
Nach-.. / post-..
Nacharbeit *f.* / rework
Nacharbeitsauftrag *m.* / rework order
Nacharbeitszettel *m.* / rework paper
Nachbaratom *n.* / neighbouring atom
Nachbau *m.* / construction under license
Nachbearbeitung *f.* / postprocessing
nach Bedarf / when required
Nachbehandlung *f.* / post treatment
Nachbelastung *f.* / post-debiting
nachbestellen / to reorder
Nachbestellung *f.* / repeat order / reorder
nachbilden / to reproduce
Nachbildung *f.* / reproduction / (Schaltung)
    equivalent circuit
nachdatieren / to postdate
nachdrücklich / strongly / explicitly /
    emphatically
nach Erhalt von / on receipt of
Nachfakturierung *f.* / post-delivery invoicing
Nachfolgemaske *f.* / successor mask /
    continuation mask
nachfolgen / to follow / to succeed

nachfolgend / subsequent / succeeding /
    ensuing
Nachfolgeprodukt *n.* / follow-up product
Nachfolgeprogramm *n.* / successor program /
    subsequent program
Nachfolger *m.* / successor
Nachfrage *f.* / demand
nachfragebedingt / demand-driven
Nachfragebelebung *f.* / revival of demand /
    upturn in demand
Nachfrage decken / to cover demand
Nachfrageentwicklung *f.* / demand trend
Nachfrageprognose *f.* / demand forecast
Nachfragerückgang *m.* / drop in demand
Nachfrage schaffen / to create demand
Nachfrageschwankungen *fpl.* / fluctuations in
    demand
Nachfrageüberhang *m.* / excess demand /
    demand surplus
nachgelagert / downstream
nachgelagerte Fertigungsstufe *f.* / successor
    stage of production
Nachhärten *n.* / postbaking
Nachholbedarf *m.* / pent-up demand
Nachkalkulation *f.* / actual costing / statistical
    cost accounting
Nachladen *n.* / reloading
Nachlässigkeit *f.* / negligence
Nachlaß *m.* / (Preis) discount / rebate /
    allowance / reduction
Nachlauf *m.* / (Transport) onward carriage /
    subsequent transport
Nachlaufschaltung *f.* / tracking circuit
Nachlaufzeit *f.* / follow-up time
Nachleistung *f.* / supplementary payment
Nachlieferung *f.* / additional delivery
Nachlöten *n.* / resoldering
Nachmessung *f.* / repeat measurement
Nachnahme *f.* / cash on delivery (C.O.D.)
Nachnahmegebühr *f.* / C.O.D. fee
Nachnahmesendung *f.* / C.O.D. consignment
nachprüfen / to verify / to check
Nachprüfung *f.* / verification / check / review
Nachrechner *m.* / back-end computer
Nachreinigen *n.* / (LP) post-soldering cleaning
Nachrichtenblock *m.* / message block
Nachrichtenspeichervermittlung *f.* / message
    switching
nachrüsten / to retrofit / to upgrade
Nachrüstsatz *m.* / retrofitting kit / upgrade kit
Nachsatz *m.* / end-of-file label / trailer record
Nachschaltrechner *m.* / back-end computer
Nachschubdisposition *f.* / replenishment
    planning
Nachsendeanschrift *f.* / forwarding address
nachteilig / adverse
Nachtempern *n.* / post annealing / postbaking
nachträglich / subsequent
Nachtrocknen *n.* / postbaking

Nachtrocknungsofen *m.* / postbaking oven
Nachtschicht *f.* / night shift
Nachversicherung *f.* / additional insurance
Nachweis *m.* / proof / evidence
nachweisbar / provable
nachweisen / to prove / to verify
Nachweisgerät für Ozon *n.* / ozone detector
nachzählen / to recount
Nacktchip *m.* / bare chip
Nadeldrucker *m.* / wire printer
Nadelloch *n.* / pinhole
Nadellochaufzeichnung durch
    Siliziumätzung *f.* / pinhole delineation by
    silicon etching
nadellochfreie Schicht *f.* / pinhole-free layer
Nadellochhäufigkeit *f.* / pinhole count
Nadellöten *n.* / needle soldering
nächste(r) / next
Näherungsschalter *m.* / proximity switch
Näherungswert *m.* / approximate value
Nämlichkeit *f.* / (Zoll) identity of goods
Nämlichkeitsschein *m.* / (Zoll) certificate of
    identity
Nagelbett *n.* / (Test) bed-of-nails fixture
Nagelkopfbondverfahren *n.* / nailhead bonding
Nahbetrieb *m.* / local mode
Nahtstelle *f.* / interface
Nahverkehr *m.* / local traffic
Nailheadkontaktierung *f.* / nailhead bonding
Namensaktien *fpl.* / (GB) registered shares /
    (US) registered stock
Namenliste *f.* / identifier list
NAND-Funktion *f.* / NAND operation /
    non-conjunction / alternative denial
NAND-Schaltung *f.* / NAND circuit
Nanobauelement *n.* / nanodevice
Nanoschaltkreis *m.* / nanocircuit
Nanosekunde *f.* / nanosecond
Naphtochinon-Doppelsäure *f.* /
    naphthoquinone diazide
Nase *f.* / lug
naßätzen / to wet-etch
Naßätzverfahren *n.* / wet etching technique /
    liquid etching technique
Naßkontakt *m.* / wet contact
Naßreiniger *m.* / scrubber
Naßzelle *f.* / wet bench
Natriumbarriere *f.* / sodium barrier
Natriumüberwachung *f.* / sodium control
Natronlauge *f.* / caustic soda
natürlicher Logarithmus *m.* / natural
    logarithm
NAUGEL (noch nicht ausgelieferte
    Lieferscheinmengen/RIAS) / non-delivered
    scheduled quantities
n-Butylazetat *n.* / n-butyl acetate
n-dotiert / n-doped / n-type
n-Dotierung *f.* / (Halbl.) n-doping
Nebenabgabe *f.* / accessory charges

Nebenanschluss *m.* / extension
Nebenbedarf *m.* / secondary demand
Nebenbedienungsplatz *m.* / subconsole
Nebenbetriebszone *f.* / service area
Nebendaten *pl.* / incidental data
Nebenflat *n.* / minor flat
Nebenleistungen *fpl.* / fringe benefits
Nebenprodukt *n.* / by-product
Nebenprogramm *n.* / secondary program /
    side program / subordinate program
Nebenrechner *m.* / slave-computer
Nebenschaltkreis *m.* / tributary circuit
Nebenschluß *m.* / shunt
Nebenstellenanlage *f.* / private branch
    exchange (PBX)
Nebenwellenleistung *f.* / (Mikrow.-Halbl.)
    spurious power output
Nebenwirkung *f.* / side effect
Negation *f.* / negation / NOT operation /
    Boolean complementation
Negationsschaltung *f.* / NOT circuit
Negationsverknüpfung *f.* / NOT operation
Negativdarstellung *f.* / negative
    representation / inverse representation
Negativdruckoriginal *n.* / (LP) artwork
    negative
negative Größe *f.* / negative quantity
negative Quittung *f.* / negative
    acknowledgement (NAK)
negative Verfügbarkeit *f.* / minus availability
Negativhalbleiter *m.* / negative metal-oxide
    semiconductor (NMOS)
Negativlack *m.* / negative photoresist
negativleitend / (Halbl.) n-type
Negativmaske *f.* / dark field mask
Negativresist *m.* / negative photoresist
negieren / to negate
Neigungsfläche *f.* / sloped surface
Neigungsjustierung *f.* / tilt adjustment
Neigungswinkel *m.* / tilt angle / inclination
Nennbetrag *m.* / face amount / nominal value
nennenswert / appreciable
Nenner *m.* / (Bruch) denominator
Nenn-Isolationsspannung *f.* / rated insulation
    voltage
Nennleistung *f.* / rated output / power rating
Nennsteuerstrom *m.* / rated control current
Nennstrom *m.* / rated current
Nennwert *m.* / nominal value
Nest *n.* / (Reaktionskammer) pocket
Nestfertigung *f.* / group technology
netto / net
Nettoanlagevermögen *n.* / net fixed assets
Nettobedarf *m.* / net requirements
Nettobedarfsermittlung *f.* / net requirements
    calculation
Nettobetrag *m.* / net amount
Nettoertrag *m.* / net return
Nettogewicht *n.* / net weight

Nettogewinn *m.* / net profits
Nettoleistungstage *mpl.* / net performance days
Nettolohn *m.* / net wage / bottom-line pay
Nettoumsatz *m.* / net sales
Netz *n.* / network / (net) / **hierarchisches ...**
    hierarchical network
Netzanschluß *m.* / (el.) power connection
Netzanschlußgerät *n.* / power pack
Netzarchitektur *f.* / network architecture /
    network configuration / network structure /
    network topology
Netzausfall *m.* / (el.) power outage / power
    failure / (PC-Netz) network failure
Netzausfallüberbrückung *f.* / mains buffering
Netzbetreiber *m.* / network carrier
Netzbetrieb *m.* / line operation
Netzbrummen *n.* / system hum
Netzfeld *n.* / mains panel
Netzkabel *n.* / power cable
Netzknoten *m.* / network node
Netzkonfiguration *f.* / multipoint line
Netzleitung *f.* / power line
Netzmittel *n.* / (Naßätzen) wetting agent
Netzmodell *n.* / network analogue
Netzplan *m.* / network plan
Netzplantechnik *f.* / network plan technique
Netzpuffer *m.* / network buffer
Netzrechner *m.* / server
Netzrückwirkung *f.* / system reaction
Netzschalter *m.* / power switch
Netzschnittstelle *f.* / network interface
Netzspannung *f.* / supply voltage / mains
    voltage / line voltage
Netzspezialist *m.* / network engineer
Netzstecker *m.* / power plug
Netzsteuerung *f.* / network control
Netzstrom *m.* / line current / supply current /
    mains current
Netztakt *m.* / network clock pulse
Netzteil *n.* / power pack
Netzverbindungsrechner *m.* / gateway
Netzverbund *m.* / network interlocking
Netzvorsatz *m.* / power adapter
Netzwerksanalysator *m.* / network analyzer
Neuanlage *f.* / (BNR etc.) new input / new
    creation
Neuanlauf *m.* / start-up / ramp-up
Neuauflage *f.* / re-issue
Neuaufwurf *m.* / regeneration run /
    (Bedarfsauflösung) regenerative
    requirements explosion / (Zeitraum für die
    Einarbeitung von neuen, geänderten Daten
    in das Primärprogramm) rolling-through
    time / (Disposition) regenerative MRP /
    partieller ... partial new planning
neubeschichten / to recoat
Neubeschichtung *f.* / redeposition
neu definieren / to redefine
neueinplanen, terminlich / to reschedule

Neuentwicklung *f.* / redesign
Neugestaltung *f.* / redesign
neuordnen / to rearrange
Neuoxidation *f.* / reoxidation
Neuplanung von unten nach oben *f.* /
    bottom-up replanning
neu schreiben / to rewrite
Neusilber *n.* / nickel silver
Neutronenumwandlungsdotierung *f.* / neutron
    transmutation doping
Neuüberdeckungen je Maskenebene *fpl.* /
    reregistration per mask level
neuzuordnen / to reallocate / to reassign
n-fach / n-fold
NF-Verstärkung, zugehörige *f.* /
    AF-associated gain
n-Halbleiter *m.* / n-type semiconductor
nicht addressierbarer Hilfsspeicher *m.* / bump
nicht addressierbarer Speicher *m.* /
    non-addressable memory
Nichtannahme *f.* / (Ware) non-acceptance
nicht behebbar / irrecoverable
nichtdruckende Funktion *f.* / non-print
    function
nicht entziehbare Betriebsmittel *n.* /
    non-preemptive resources
nichtflüchtig / non-volatile
nichtflüchtiger Speicher *m.* / non-volatile
    memory
nichtgekapselt / non-encapsulated
nicht kontaktierte Bauelemente *npl.* /
    non-wire-bonded parts
nichtleitend / insulating
Nichtleiter *m.* / insulator
nicht löschbar / non-erasable
nichtmechanischer Drucker *m.* / non-impact
    printer
nicht normgerecht / non-standard
nicht programmierter Stop *m.* / hangup /
    unexpected halt
nicht quantifizierbare Kosten *pl.* / intangible
    costs
NICHT-Schaltung *f.* / NOT circuit / inverter
Nichtstandardkennsatz *m.* / non-standard
    label
nichtstatisch / non-static
nicht streuender Widerstand *m.* / non-leakage
    resistor
nicht übertragbar / importable
nicht umkehrbar / irreversible
nicht umsetzbar / inconvertible
NICHT-Verknüpfung *f.* / NOT operation /
    negation / inversion
nicht zugewiesen / unassigned
Nickeltetracarbonyl *n.* / nickeltetracarbonyle
Niederdruck-CVD *f.* / low-pressure CVD
Niederdruckdampfphasenabscheidung *f.* /
    low-pressure vapor-deposition

Niederdruckverfahren *n.* / low-pressure chemical vapor deposition (LPCVD)

Niederhalter *m.* / clamp / retainer / (Stanze) stripper plate

niederländisch / Dutch

Niederlande *f.* / Netherlands

Niederlassung *f.* / agency / branch office

Niederlassungsfreiheit *f.* / freedom of establishment

niederohmig / low-ohm

Niedertemperaturoxid *n.* / low-temperature oxide

Niedertemperaturpyrolyse *f.* / low-temperature pyrolitic deposition

niedrig / low

Niedriglohnstandort *m.* / low-wage site

niedrigste Priorität *f.* / lowest priority

niedrigster Wert *m.* / lowest value

niedrigstwertiges Zeichen *n.* / least significant character

Niedrigtemperaturepitaxie *f.* / low-temperature epitaxy

Niedrigtemperaturepitaxierverfahren *n.* / low-temperature epitaxial growth process

Nische *f.* / niche

Nitridpassivierungsschicht *f.* / nitride passivation layer

Nitrolack *m.* / nitro-enamel

nivellieren / to level out

n-leitend / (Halbl.) n-type

NOP-Befehl *m.* / no-operation instruction / NOP instruction / blank operation / dummy operation / skip instruction

Norm / standard

Normal-.. / standard-..

Normalarbeitstag *m.* / standard work day

Normalausführung *f.* / standard design / conventional design

normale Leiterbahn *f.* / normal trace

Normalkapazität *f.* / normal capacity

Normalkostenkalkulation *f.* / normal cost calculation

Normalleistung *f.* / normal performance

Normalverteilung *f.* / normal distribution

Normalzeit *f.* / standard time

Normarbeitsplatz *m.* / standard work center

normierte Programmierung *f.* / standardized programming

Normierungsfaktor *m.* / scale factor

Normteil *n.* / standard part

Normung *f.* / standardization

NOR-Schaltung *f.* / NOR circuit

NOR-Verknüpfung *f.* / NOR operation / non-disjunction / joint denial / Peirce function

Norwegen / Norway

norwegisch / Norwegian

Notbehelf *m.* / makeshift / expedient

Notbetrieb *m.* / emergency mode

Notfall *m.* / emergency / contingency

notieren / to note

Notizblock *m.* / note pad / scratch pad / memo pad

Notizblockfunktion *f.* / scratch-pad facility

Notizblockspeicher *m.* / scratch-pad memory

Notstromversorgung *f.* / emergency power supply

notwendig / necessary / required / needed

notwendiger Technologiefortschritt (NTF) *m.* / required progress of technology

Novolakresist *m.* / novolac resist

np-Übergang *m.* / (Halbl.) np-junction

NRZ/C-Schreibverfahren *n.* / non-return-to-zero change recording

NRZ/M-Schreibverfahren *n.* / non-return-to-zero mark recording

NRZ-Schreibverfahren *n.* / non-return-to-zero recording

n-Si-Substrat *n.* / n-type silicon substrate

n-Substrat *n.* / n-type substrate

n-teilig / n-position

nützlich / useful

Nulladresse *f.* / zero address

Nullagekorrektur der Leiterplatte *f.* / board error correction

Nullausbeute *f.* / zero yield

Nullbestand *m.* / stockout / **Lagerposition mit ...** stockout item

Nullbyte *n.* / zero byte / nil byte

Nulldurchgang *m.* / zero crossing

Null-Fehler-Ziel *n.* / target of „zero defects"

Nullindikator *m.* / zero-crossing indicator

Null-Leiter *m.* / zero conductor

Nulloperation *f.* / NO operation / NOP / no-op

Nullpunkt *m.* / zero point

Nullpunktverschiebung *f.* / zero offset

Nullserie *f.* / pilot lot

Nullspannung *f.* / zero voltage / **Ohmsche ...** resistive zero voltage

Nullunterdrückung *f.* / zero suppression

Nullzeichen *n.* / zero character

numerieren / to number

numerische Anzeige *f.* / numeric(al) display

numerische Darstellung *f.* / numeric(al) representation

numerische Direktsteuerung *f.* / direct numeric control

numerischer Ausdruck *m.* / numeric(al) expression

numerischer Bereich *m.* / numeric(al) area

numerischer Ordnungsbegriff *m.* / numeric(al) key

numerisches Datenfeld *n.* / numeric(al) data item

Nummernkreis *m.* / number range / number group

Nummernvergabe *f.* / number allocation / number assignment

nur-lesbare Bildplatte *f.* / optical read-only memory (OROM) / read-only optical disk
Nur-Lese-Speicher *m.* / read-only memory (ROM)
nutzbare Maschinenzeit *f.* / available (machine) time
Nutzbarkeit *f.* / serviceability
Nutzeffekt *m.* / efficacy
nutzen / to utilize / to use
Nutzen *m.* / utility / benefit
Nutzendruckwerkzeug *n.* / multiple-image production master
Nutzer *m.* / user
Nutzfahrzeug *n.* / commercial vehicle
nutzlos / useless
Nutzung *f.* / utilization
Nutzungsdauer *f.* / economic life / life time / technische ... physical life
Nutzungsgrad *m.* / usage rate / utilization rate
Nutzungshauptzeit *f.* / usage main time
Nutzungsvertrag *m.* / contract on the transfer of use
Nutzungszeit *f.* / machine time
Nutzwertanalyse *f.* / utility value analysis
n-Wanne *f.* / n-type well / n-well

O

oben genannt / above mentioned
Oberbegriff *m.* / generic term
obere Grenze / upper limit / ceiling / upper bound
oberer Führungskreis (OFK) *m.* / senior management
Oberfläche *f.* / surface
Oberflächenätzung *f.* / surface etching
Oberflächenbehandlung *f.* / surface treatment
Oberflächenbeschaffenheit *f.* / surface condition
Oberflächenchipmontagetechnik *f.* / surface-mount technology
Oberflächendiffusion *f.* / surface diffusion
Oberflächengestalt *f.* / (v. Wafern) topography
Oberflächengüte *f.* / surface finish
Oberflächenhöcker *m.* / topographical bump
Oberflächenkanal *m.* / surface channel
Oberflächenkonzentration der Störstellen *f.* / surface concentration of impurities
Oberflächenkriechstrom *m.* / surface leakage current
Oberflächenladungstransistor *m.* / surface-controlled transistor
Oberflächenleitwert *m.* / surface conductance
Oberflächenmontage *f.* / surface mounting

Oberflächenmontagegerät *n.* / surface-mounted equipment
Oberflächenmontagesockel *m.* / surface-mountable socket
Oberflächenmontagestecker *m.* / surface-mount connector
oberflächenmontierbar / surface-mountable
oberflächenmontiertes Bauelement *n.* / surface mounted device (SMD)
Oberflächenneutralisierung *f.* / surface passivation
Oberflächenpassivierung *f.* / surface passivation
Oberflächenprüfung *f.* / surface inspection
Oberflächenrandschicht *f.* / surface barrier
Oberflächenreinigung *f.* / surface cleaning
Oberflächenschicht *f.* / surface layer
Oberflächenschutzschicht *f.* / protective surface layer
Oberflächenspannung *f.* / surface stress / surface tension
Oberflächensperrschicht *f.* / surface barrier / (FET) subsurface junction
Oberflächenstrukturanalyse im Mikrometerbereich *f.* / small-spot analysis
Oberflächenverunreinigung *f.* / surface contamination / surface impurity
Oberflächenwiderstand *m.* / surface resistance
oberflächlich / superficial
Obergrenze *f.* / ceiling / upper limit
Obergrenze für Auftragsmenge *f.* / maximum order quantity
Oberkante *f.* / top edge / upper edge
Oberposition *f.* / main item / main position
Oberschicht *f.* / top layer
Oberschwingung *f.* / harmonic
Oberseite *f.* / top side
Oberseitenmontage *f.* / top-side mounting
Oberstufe *f.* / (Siem.) upper part number / Teil der ... parent part
Oberwelle *f.* / harmonic
objektiv / objective / impartial
Objektiv, objektseitiges *n.* / final lens
Objektmikrometer *m.* / stage micrometer
Objektmodul *n.* / object module
obligatorisch / obligatory / mandatory
Obligo *n.* / liability / guarantee
OCR-Schrift *f.* / OCR font
ODER-Glied *n.* / exclusive-OR element / except gate / non-equivalence element
ODER-Schaltung *f.* / inclusive-OR circuit
ODER-Zeichen *n.* / OR operator
öffentlich / public
öffentliche Datei *f.* / common file
Öffentlichkeitsarbeit *f.* / public relations
Öffnung *f.* / opening / aperture
Öldiffusionspumpe *f.* / oil diffusion pump
Ölpapier *n.* / oil paper
Ölrückfluß *m.* / oil back-streaming

OEM-Geschäft *n.* / OEM-business
Österreich / Austria
österreichisch / Austrian
Ofen *m.* / furnace / **chargenweise bestückter ...**
batch oven / **... mit Kristallzüchtung** crystal
growing furnace / **... mit Induktionsheizung**
induction furnace
Ofendurchsatz *m.* / furnace throughput
Ofenprozess *m.* / diffusion process
Ofenvorhärtung *f.* / oven softbaking
offene Abrufmenge *f.* / open release quantity
offene Bestellungen *fpl.* / open purchase
orders
offener Befehl *m.* / open-ended command
offene Rechnungen *fpl.* / (ReW) accounts
payable
offener Kundenauftrag *m.* / open order /
backorder
offener Regelkreis *m.* / open loop
offene Schleife *f.* / open loop
offenes Kommunikationssystem *n.* / open
systems interconnections (OSI)
offenes System *n.* / open-loop system /
open-ended system
offene Steuerung *f.* / feedforward
offenes Unterprogramm *n.* / open subroutine
offen prozeßgekoppelter Betrieb *m.* /
open-loop operation
offensichtlich / obvious / evident
Offerte *f.* / offer / quotation
offizieller Streik *m.* / official strike /
authorized strike
Offline-Verarbeitung *f.* / off-line processing /
offlining
Ohm / ohm
Ohmsche Nullspannung *f.* / resistive zero
voltage
ohmscher Widerstand *m.* / pure resistance
ohne Vorankündigung / without prior notice
OI-Vorhaben *n.* / OI-project
Okular *n.* / eyepiece
Okularausschnitt *m.* / view in eyepiece
Operandenadresse *f.* / operand address
Operandenregister *n.* / arithmetic register
Operantenteil *m.* / operand part
Operandenübertragung *f.* / operand fetch
Operationsgeschwindigkeit *f.* / operation
velocity
Operationsteil *m., n.* / instruction part /
operation part
Operationsumwandler *m.* / operation decoder
Operationsverstärker *m.* / operational
amplifier
operativ / operational
operative Ebene *f.* / operational level
Operatormeldung *f.* / operator message
Opportunitätskosten *pl.* / opportunity cost
optimale Auftragsgröße *f.* / optimum order
size

optimale Bestellmenge *f.* / economic order
quantity (EOQ) / economic purchasing
quantity (EPQ)
optimale Fertigungsmenge *f.* / optimum
manufacturing quantity
optimale Losgröße *f.* / optimum lotsize /
optimum batchsize
optimaler Bestand *m.* / optimum size of
inventory
optimaler Datendurchsatz *m.* / optimum
throughput
optimieren / to optimize
Optimierung *f.* / optimization
optische Abtastung *f.* / optical scanning
optische Aufzeichnung *f.* / optical recording
optische Auszählmethode *f.* / optical counting
method
optische Kontrolle *f.* / optical inspection
optisches Anzeigegerät *n.* / visual display unit
optische Speicherplatte *f.* / optical disk
optische Zeichenerkennung *f.* / optical
character recognition (OCR)
optischer Datenträger *m.* / optical medium
optoelektronisch / opto-electronic
Optohalbleiter *m.* / optoelectronic
semiconductor / optosemiconductor
Optokoppler *m.* / optocoupler
Orderkonossement *n.* / order bill of lading /
order B/L
Orderscheck *m.* / (GB) order cheque /
(US) order check
Ordinatenachse *f.* / y-axis
Ordinatenwert *m.* / y-coordinate
ordnen / to sort
Ordnungsbegriff *m.* / access key /
identification key / keyword
Ordnungsdaten *pl.* / control data / key data
Ordnungsgütemaß *n.* / ordering bias
Ordnungsmerkmal *n.* / sorting criteria
Ordnungszahl *f.* / ordinal number
Organigramm *n.* / organization chart
Organisation *f.* / organization / **gestraffte ...**
streamlined organization / **lernende ...**
learning organization
Organisationsanweisung *f.* / operating
instruction
Organisationsaufruf *m.* / control system call
Organisationsberatung *f.* / organizational
consulting
Organisationsdaten *pl.* / organizational data
Organisationsentwurf *m.* / organisational
design
Organisationshandbuch *n.* / organization
manual
Organisationsplan *m.* / organization chart
Organisationsprogramm *n.* / master program /
supervisory program
Organisator *m.* / organizer

organisatorische Operation *f.* / bookkeeping operation / red-tape operation
organisatorischer Befehl *m.* / bookkeeping instruction / red-tape instruction
organisches Lösungsmittel *n.* / organic solvent
Originalbeleg *m.* / original document / source document
Originalchromschablone *f.* / primary chrome mask
Originalmaskenplatte *f.* / master mask blank
Originalmeßstreifen *m.* / original measurement chart
Originalsoftware *f.* / master software
Originalvorlage *f.* / original artwork
Ort *m.* / site / location / place
Ortsbetrieb *m.* / local mode
Ortsgespräch *n.* / local call
Ortsnetz *n.* / local area network (LAN)
Ortsstapelverarbeitung *f.* / local batch processing
Osmose, umgekehrte *f.* / reverse osmosis process
Ostwalk-Cannon-Fenske-Viskosimeter *n.* / Ostwalk-Cannon-Fenske-viscosimeter
Oxid *n.* / oxide / halbversenktes ... semirecessed oxide / versenktes ... recessed oxide
Oxidätzanlage *f.* / oxide etching system
Oxidätzen, gepuffertes *n.* / buffered oxide etching (BOE)
oxidationsgefährdet / oxygen-sensitive
Oxidationsofen *m.* / oxidation furnace
Oxidationsphase *f.* / oxide step
Oxidationsprozeß *m.* / oxygenation process
Oxidbeschichtung *f.* / oxide coating
Oxidbeurteilung *f.* / oxide evaluation
Oxidbruch *m.* / oxide rupture
Oxidentfernung *f.* / glaze
Oxidierung mit Eindiffusion *f.* / drive-in oxidation
Oxidisolationskante *f.* / oxide insulation edge
Oxidisolationsschicht *f.* / insulating oxide layer
Oxidisolationsstruktur *f.* / oxide-isolated structure
oxidisoliert / oxide-isolated
Oxidkapazität je Flächeneinheit *f.* / oxide capacitance per unit area
Oxidkatode *f.* / oxide-coated cathode
Oxidladung *f.* / oxide charge
Oxidmaskenabdeckung *f.* / oxide masking
oxidpassiviert / oxide-passivated
Oxidpassivierungsschicht *f.* / oxide passivation layer
Oxidrest *m.* / oxide residue
Oxidschicht *f.* / oxide film / oxide layer / strukturierte ... patterned oxide layer
Oxidschichtdickenstandard *m.* / oxide-film thickness standard

Oxidsperrschicht *f.* / oxide barrier
Oxidstufe *f.* / oxide step
Oxidwall *m.* / wall of oxide
Oxydation von Silizium auf Saphir *f.* / oxidation of silicon-on-sapphire
oxydationsbedingt / oxidation-induced
Oxydationsdauer *f.* / oxidation duration
Oxydationsmittel *n.* / oxidant / oxidizing agent
Oxydationsumgebung *f.* / oxidation ambient
oxydationsverstärkt / oxidation-enhanced
Oxydationsverstärkungsdiffusion *f.* / oxidation enhancement diffusion
oxydiert, anodisch / anodically oxidized

P

Paar *n.* / (z.B. BNR) pair
Paare, gesteckte *npl.* / mated pairs
Paccoschalter *m.* / Pacco switch
Packerei *f.* / packing department
Packliste *f.* / packing list
Packstoffvolumen *n.* / volume of packaging material
Packungsdichte *f.* / packaging density / (LP) component density / ... der Bauelementstrukturen density of device structures / ... des Schaltkreises circuit density
Packungsfläche *f.* / packing area
Packungsverdichtung *f.* / packaging shrink
Päckchen *n.* / small parcel
Paket *n.* / parcel / packet
paketieren / to packet / to packetize
Paketkarte *f.* / (parcel) dispatch note
Paketschalter *m.* / (el.) multideck switch
Paketvermittlung *f.* / packet switching
Paketzettel *m.* / dispatch note
Palette *f.* / pallet
Panzerkarton *m.* / shielded cardboard
papierarme Verwaltung *f.* / paperlean administration
Papierdurchsatz *m.* / paper throughput
Papierformat *n.* / paper size
papierfremd / non-paper
Papierführung *f.* / (Drucker) paper guide
Papierkrieg *m.* / paper warfare
papierlose Ablage *f.* / paperless filing
Papierrolle *f.* / paper reel
Papierstau *m.* / paper jam
Papiervorschub *m.* / paper feed
Pappe *f.* / cardboard
Pappkarton *m.* / cardboard box
Parabel *f.* / parabola
Paradigmenwechsel *m.* / paradigm shift
Paraffin *n.* / paraffin

Parallelabfragespeicher *m.* / parallel search memory
Parallelaufzeichnung *f.* / parallel recording / double recording
Parallelbetrieb *m.* / parallel operation
Paralleldrucker *m.* / line printer / line-at-a-time printer
parallele Abarbeitung *f.* / pipelining
Parallellauf *m.* / parallel operation
Parallellauf-Drosselspule *f.* / load-sharing inductor
Parallelrechner *m.* / parallel computer / simultaneous computer
Parallelresonanzkreis *m.* / parallel-resonance circuit
parallelschalten / to shunt
Parallelschaltung *f.* / parallel connection / shunt circuit
Parallelschnittstelle *f.* / parallel interface
Parallelseitengehäuse *f.* / dual in-line package (DIP)
Parallelübertragung *f.* / parallel transfer
Parallelverarbeitung *f.* / parallel processing
Parallelzugriff *m.* / parallel access / simultaneous access
Parameter einstellen / to set parameters
parametergesteuert / parameter-controlled
Parametergrenze *f.* / parameter bound
Parameterkarte *f.* / parameter card
Parameterliste *f.* / list of parameters
parametrisieren / to parameterize
Parametrisierung *f.* / parameterization
Paritätsprüfung *f.* / parity check
Paritätszeichen *n.* / parity character
Paritätsziffer *f.* / parity digit
Partie *f.* / (Los / Charge) lot / batch
partieller Neuaufwurf *m.* / partial new planning
Partikel *m.* / particle / **kleinste ...** minute particles
Partikelentfernung *f.* / particle removal
Partnerbauelement *n.* / mating component
passen / to fit
passend / suitable / appropriate
Paßfehler *m.* / fit error
Passiva *pl.* / liabilities
Passive Bauelemente und Röhren (Siem./Bereich) *npl./fpl.* / Passive Components and Electron Tubes (Group)
passiver Veredelungsverkehr (PVV) *m.* / passive cross-border processing / outward processing
passivieren / to passivate
Passivierungsmittel *n.* / passivant
Passivierungsschicht *f.* / passivation layer
Passivkonto *n.* / liability account
Passivsaldo *m.* / debit balance
Paßteil *m., n.* / (bei StV) polarizing device

Paßwort *n.* / pass word / call word / access key
Patentanmeldung *f.* / patent application
patentieren / to patent
Patentinhaber *m.* / patentee
Patentverletzung *f.* / patent infringement
Pauschalbetrag *m.* / lump sum
Pauschalfracht *f.* / lump sum freight
Pauschaltarif *m.* / flat rate
Pause *f.* / break / pause
PC-Arbeitsplatz *m.* / PC-based workstation
p-dotiert / p-doped / p-type doped
p-Dotierung *f.* / p-doping / p-type doping
Pegel *m.* / level
Pendant *n.* / match
Pendelbestellkarte *f.* / traveling requisition
Periodensystem *n.* / (chem.) periodic table
Periodenverbrauch *m.* / usage per period
periodisch ablaufen / to cycle
periodisch wiederkehrend / recurrent
peripherer Speicher *m.* / backup storage / peripheral storage
Peripherie *f.* / periphery
Peripherieschaltung *f.* / peripheral circuit
Peripherievertrieb *m.* / peripheral sales
Perle *f.* / pellet / dot
per Luftpost senden / to airmail
Permalloystruktur *f.* / permalloy structure
permanente Inventur *f.* / perpetual stocktaking
Permanentspeicher *m.* / permanent storage / non-volatile memory
per Nutzungsvertrag *m.* / by contract on the transfer of use
per Saldo / on balance
persönliche Verweilzeit *f.* / personal need allowance
Personal *n.* / personnel / staff / employees / (Siem./Zentralabteilung) Corporate Human Resources / **... abbauen** to lay off personnel
Personalabbau im Gesamtunternehmen *m/n.* / downsizing
Personalabteilung *f.* / personnel department
Personalbedarfsplanung *f.* / manpower planning
Personalbeschaffung *f.* / recruitment
Personalbestand *m.* / labo(u)r force / workforce
Personalbeurteilung *f.* / merit rating / performance appraisal
Personalbogen *m.* / personnel record sheet
Personalbüro *n.* / personnel office
Personalchef *m.* / personnel manager
Personalentwicklung *f.* / development of manpower
Personaletat *m.* / manpower budget
Personalführung *f.* / personnel management
Personalien *pl.* / particulars
Personalkapazität *f.* / manpower

Personalkosten *pl.* / personnel cost
Personalleiter *m.* / staff executive / personnel manager
Personalmangel *m.* / manpower shortage
Personalorganisation *f.* / task assignment
Personalplanung *f.* / personnel planning / manpower planning / human resource planning
Personalpolitik *f.* / human resource policy
Personalprofil *n.* / staffing pattern
Personalrat *m.* / personnel committee
Personalreserve *f.* / backup people / labo(u)r resources
Personalschwankung *f.* / fluctuation
Personalverwaltung *f.* / personnel administration / personnel management
personelle Erfassung *f.* / manual capturing
personelle Losgrößenbildung *f.* / manual lot sizing
personeller Abgleich *m.* / manual netting
Pfad *m.* / bus / trunk / highway / path
p-Feindotierungspflege *f.* / p-well doping sequence
Pflege *f.* / maintenance
pflegen / to maintain
Pflicht *f.* / obligation / duty
Pflichtfeld *n.* / compulsory field / mandatory field
Pflichtenheft *n.* / system specifications / program specifications
p-Gebiet *n.* / p-type area
p+ - Gebiet, diffundiertes *n.* / buried p+ region
Phantom-Baugruppe *f.* / transient subassembly
Phantomschaltung *f.* / phantom circuit
Phantom-Stückliste *f.* / blow-through / phantom bill of material / pseudo bill of material
Phase *f.* / phase / stage / (ablauffähiges Progr.) program phase / phase
Phasenabgleich *m.* / phasing
Phasenbibliothek *f.* / core image library / object library
phasengleich / in phase
Phasennacheilung *f.* / phase lag
Phasenprogramm *n.* / object program / phase
phasensynchronisiert / phase-locked
phasenverschoben / out of phase
Phasenverzerrung *f.* / phase frequency distribution
Phasenvoreilung *f.* / phase lead
Phasenvorlauf *m.* / phase advance
Phenolformaldehyd-Polymer *f.* / phenol-formaldehyde polymer
phi-Justierung *f.* / theta alignment
Phosphin *n.* / phosphine
Phosphor *n.* / phosphorus
phosphordotiert / phosphorus-doped

Phosphorglas-Ätzung *f.* / phosphor-glass etching
Phosphorhorde *f.* / dedicated phosphorus cassette / dedicated phosphorus diffusion tray
Phosphorpentoxid *n.* / phosphorus pentoxide
Phosphorsilikatglas *n.* / phosphorus silicate glass
Phosphorylchlorid *n.* / phosphorus oxychloride
Photolackrückstand *m.* / photo resist residue
Photomaskierung *f.* / photomasking
Physik *f.* / physics
physischer Bestand *m.* / physical stock
physischer Satz *m.* / physical record
physisches Datenendgerät *n.* / data terminal
Piepser *m.* / bleeper
Piezokristall *n.* / piezoelectric crystal
Piktogramm *n.* / icon
Pilotlinie *f.* / pilot line
Pin *m.* / pin / lead
Pinabstand *m.* / pin-to-pin spacing / pin pitch
Pinanordnung *f.* / pin arrangement
Pinanschlüsse *mpl.* / pin connections
Pinansteuerschaltkreis *m.* / pin-driver circuit
Pinansteuerung *f.* / pin driver
Pinausgänge in Matrixanordnung *mpl.* / grid pinout
Pinausgangzahl *f.* / pinout number
Pinbelegung *f.* / pin assignment
PIN-Diode *f.* / p-i-n diode / p-intrinsic-n diode
Pineinsteckplatte *f.* / pin insertion board
Pinelektronikschaltkarte *f.* / pin-electronics card
24-Pin-Gehäuse *n.* / 24-lead package
Pinmatrixlochstruktur *f.* / pin-grid hole pattern
Pinmatrixsteckplatte *f.* / pin insertion board
Pinträgerschicht *f.* / pin-bearing film
Pinverhalten *n.* / pin characteristic
p-Inversionsschicht *f.* / p-type inversion layer
Pinzette *f.* / tweezers / **... mit begrenztem Zugriff** limited grasp tweezers
Pinzuordnungsfile *n.* / pin assignment file
Pin-zu-Pin-Kapazität *f.* / pin-to-pin capacitance
Pipette *f.* / pipette
Plan *m.* / plan / (zeitl.) schedule
Planabweichungen *fpl.* / deviations from the planned figures / deviations from the plan
Planaranordnung *f.* / (Chips) planar array
Planardiode *f.* / planar diode
planare Bauelemente *npl.* / planar components
Planarelement *n.* / planar device
Planarplasmaätzanlage *f.* / planar plasma etcher
Planausbeute *f.* / planned yield / standard yield

Planer *m.* / planner
Planerstausbeute *f.* / planned initial yield
plangemäß / according to plan /
(zeitl.) according to schedule
plangesteuert / plan-controlled
Plan-Ist-Abweichung *f.* / variance between
planned and actual figures
Plan-Ist-Vergleich *m.* / comparison of planned
and actual figures / plan-to-actual
comparison
Plankosten *pl.* / standard costs
Plankostenkalkulation *f.* / standard cost
calculation / standard costing
Plankostenrechnung *f.* / budgetary cost
accounting
planmäßig / methodical / planned /
scheduled / systematical
planmäßige Wartung *f.* / scheduled
maintenance / routine maintenance
Planposition *f.* / plan position / plan item
Planumsatz *m.* / sales projections
Planungsansatz *m.* / planning approach
Planungshorizont *m.* / planning horizon /
planning time span
planungsorientierte Steuerung *f.* / push-
principle control
Planungsperiode *f.* / planning period
Planungstermin *m.* / planning date
Planungszeitraum *m.* / planning period
Planungszyklus *m.* / planning cycle
Planziel *n.* / planned target
Plasmaätzanlage *f.* / plasma etching
equipment
Plasmaätzen *n.* / plasma etching
Plasmaätzmaske *f.* / plasma etch mask
Plasmaanzeige *f.* / plasma display panel
(PDP)
Plasmabildung *f.* / plasma formation
Plasmaentwicklung *f.* / plasma development
plasmageätzt / plasma-etched
Plasmaleuchtwolke *f.* / plasma glow area
Plasmaleuchtzone *f.* / plasma glow region
Plasmaquelle mit hohem
Belichtungsstrom *f.* / high-flux plasma
source
Plasmaröntgenquelle *f.* / plasma x-ray source
Plasmasputterätzanlage *f.* / plasma sputtering
system
Plasmastrahlung *f.* / plasma radiation
Plasmastripanlage *f.* / plasma stripper
Plasmaverfahren *n.* / plasma processing
plasmaverstärkt / plasma-enhanced
Plast / plastic
Plastikfolie *f.* / plastic foil / plastic film
Plastikformmasse *f.* / plastic moulding
compound
Plastikgehäuse *n.* / plastic package
plastikgekapselt / plastic-encapsulated
Plastiksockel *m.* / plastic socket

Plastikspritze *f.* / plastic syringe
Plastikträger *m.* / plastic carrier
Plastiküberzug *m.* / plastic overcoat
Plastschutzschicht *f.* / plastic protective
coating
Plastverkappung *f.* / plastic encapsulation
Plateaubereich *m.* / (Ofen) flat zone
Platin *n.* / platinum
Platine *f.* / board / printed circuit board
(PCB) / p.c. board
Platinenfläche *f.* / board area / **nutzbare ...**
board real estate
Platinenspeicher *m.* / on-board memory
Platinenträger *m.* / board cage / card cage
Platte *f.* / (allg.) plate / flat / (magnet.) disk /
(Platine) board / **... für Steckmontage**
insertion mount board / **gedruckte ...** p.c.
board / printed circuit board / **isolierende ...**
insulating board / **... mit**
Wickelverdrahtung wire-wrap panel /
nichtflexible ... hardboard /
transistorbestückte ... transistor circuit
board
Plattenabzug *m.* / magnetic disk dump
Plattenbaugruppe *f.* / p.c. module
Plattendicke *f.* / (LP) board thickness
Plattenkassette *f.* / magnetic disk cartridge /
magnetic disk pack
Plattenlaufwerk *n.* / hard disk drive
Plattenspeicher *m.* / disk memory / hard disk
Plattenspeicherabzug *m.* / disk dump
Plattenspur *f.* / disk track
Plattform *f.* / platform
Platz *m.* / place / site / location / **freier ...**
unused space / slot
Platzbedarf *m.* / space requirements / **... auf**
Leiterplatten p.c. board real estate needs /
... im Speicher memory requirements
Platzhalter *m.* / place holder
Platzkostensatz *m.* / machine burden unit
platzsparend / space-efficient
Plausibilitätsprüfung *f.* / plausibility check
plazieren / to place
Plazierung *f.* / placement
p-leitend / (Halbl.) p-type
Plexiglas *n.* / perspex
Plotter *m.* / curve plotter
PM-Transformator *m.* / potcore module
transformer
pn-Fotoelement *n.* / photovoltaic device
pn-Übergang *m.* / (Halbl.) pn-junction /
flacher ... shallow p-n junction /
gleichrichtender rectifying p-n junction /
in Sperrichtung vorgespannter ...
reverse-biased p-n junction / **... mit linear**
abnehmender Störstellenkonz. linearly
graded p-n junction / **sperrender ...**
rectifying junction
pn-Übergangsbereich *m.* / pn-junction zone

Poise *f.* / poise
Pol *m.* / pole / (bei StV) contact
polarisieren / to polarize
Polarität *f.* / polarity / ... **der Ladung** charge polarity
Polblech *n.* / (Relais) pole piece
Police *f.* / policy
Polybromdibenzodioxin *n.* / polybromodibenzodioxine
Polyesterband *n.* / polyester tape
Polyimid *n.* / polyimide / **aufgeschleudertes** ... centrifugally applied polyimide
Polyimidband *n.* / polyimide tape
Polyimidkleber *m.* / polyimide adhesive
Polyimidkunststoff *m.* / polyimide plastic
Polyimidlackschicht *f.* / (aufgegossene) (cast-on) polyimide film
Polyimidröntgenmaske *f.* / polyimide x-ray mask
Polyimidschicht *f.* / polyimide layer / **gefärbte** ... dyed polyimide layer
Polyimidstruktur *f.* / polyimide pattern
Polyimidträger *m.* / polyimide carrier
Polyimidträgerstreifen *m.* / polyimide tape
Polyisopren *n.* / polyisoprene
polykristallin / polycrystalline
polykristallines, dotiertes Silizium *n.* / doped polysilicon
polykristallines Silizium *n.* / polysilicon
Polykristallschicht *f.* / polylayer
Polymerablösung *f.* / polymer peeling
Polymerisationsgrad *m.* / degree of polymerization
polymerisiert / polymerized
Polymerkette *f.* / polymer chain
Polymerschichtbedeckung *f.* / polymer film coverage
Polymethylakrylat *n.* / (Resist) polymethyl methacrylate (PMMA)
Polypropylenträger *m.* / polypropelene carrier
Poly-Si-Abscheidung *f.* / poly silicon deposition
Poly-Si-Kante *f.* / poly silicon line / poly silicon step
Polysiliziumebene *f.* / polysilicon level
Polysiliziumfilmzüchtung *f.* / polysilicon film growth
Polysiliziumleiterbahn *f.* / polysilicon lane
Polysiliziumleitung *f.* / polysilicon lead
Polysiliziumschicht *f.* / polysilicon layer / **doppelte** ... double-layer polysilicon / **einfache** ... single-layer polysilicon / **mit Sauerstoff dotierte** ... oxygen-doped polysilicon film
Polysiliziumtechnik, selbstpositionierende *f.* / polysilicon self-aligning technique
Polysiliziumverbindung *f.* / polysilicon connection

Polytetrafluoräthylenträger *m.* / polytetrafluoroethylene carrier
Polzahl *f.* / (bei StV) contact count
Pore *f.* / (in Fotolack) pinhole
Portfolio *n.* / portfolio
Porto *n.* / postage
portofrei / post-paid
Portugal / Portugal
portugiesisch / Portuguese
Position des Primärprogramms *f.* / master schedule item / **terminabhängige** ... date-dependent position
Positionieren *n.* / positioning / (Wafer) stepping
Positionierer *m.* / locator
Positionierungszeit *f.* / seek time
Positionsbestimmung *f.* / position assessment
positiv-dotiert / p-type
Positivdruckoriginal *n.* / positive pattern
positive Transistorelektrode *f.* / drain
Positivhalbleiter *m.* / positive-channel metal-oxide semiconductor (PMOS)
Positivlack *m.* / positive photoresist
Positivmaske *f.* / light-field mask
Positivresistbild *n.* / positive resist image
Positivresistentwickler *m.* / positive resist developer
Positivresistwirkung *f.* / positive resist action
positiv werdende Spannung *f.* / positive-going voltage
Post-.. / postal ..
Postaddresse *f.* / mailing address
Postamt *n.* / post office
Postanweisung *f.* / postal money-order
Postausgang *m.* / outgoing mail
Postbeförderung *f.* / mailing
Posteingang *m.* / incoming mail
Posteinlieferungsschein *m.* / postal receipt
Postfach *n.* / post-office box
postlagernd / post-restante
Postleitzahl *f.* / zip code / postal code
postwendend / by return (of mail)
Potentialgleichheitsbereich *m.* / equipotential zone
Potentiallage *f.* / (LP) voltage plane
Potenz *f.* / (math.) exponent / power
PPS (Produktionsplanung und -steuerung) / PPC (Production planning and control)
Prädikat *n.* / predicate
präferenzberechtigt / entitled to preference
Präferenzkennziffer *f.* / preference code
prägen / to emboss
Prägung *f.* / impression
Prämie *f.* / bonus / premium
Prämienlohn, individueller *m.* / individual incentive
Prämisse *f.* / premise / precondition / prerequisite
Präzedenzfall *m.* / precedent

Präzisionssieb *m.* / precision sieve
Präzisionswerkzeug *n.* / precision tool
pragmatisch / pragmatical
Praktikant *m.* / student intern
Praktikum *n.* / internship
praxisorientiert / practice-oriented
Preisabsprache *f.* / price agreement / price collusion
Preis ab Werk *m.* / price ex works
Preisänderung vorbehalten *f.* / prices subject to modification
Preisangabe *f.* / quotation
Preisanpassung *f.* / price adjustment
Preisanstieg *m.* / price increase
Preis aushandeln / to negotiate a price
Preis berechnen / to charge a price
preisbereinigt / after adjustment for price rises / after adjustment for inflation
Preisbildung *f.* / pricing / price fixing
Preisbindung *f.* / price maintenance
Preisdruck *m.* / price pressure
Preise anheben / to raise prices / to increase prices
Preise drücken / to run down prices
Preise hochtreiben / to push up prices
Preiseinbruch *m.* / slump in prices / steep fall in prices
Preiselastizität *f.* / price flexibility
Preisentwicklung *f.* / trend in prices
Preiserhöhung *f.* / price increase
Preiserholung *f.* / price recovery
Preisermäßigung *f.* / price reduction
Preisermittlung *f.* / price determination
Preisfestsetzung *f.* / pricing
Preisführerschaft *f.* / price leadership
preisgebunden / price-maintained
Preisgefälle *n.* / price gap / difference in prices
Preisgefüge *n.* / price structure
Preisgleitklausel *f.* / price escalation clause
Preis je Einheit *m.* / unit price
Preiskampf *m.* / price war
Preis-/Leistungsverhältnis *n.* / price-performance ratio
Preisliste *f.* / price list
Preisminderung *f.* / price reduction
Preisnachlaß *m.* / discount
Preisniveau *n.* / price level
Preisobergrenze *f.* / price ceiling
Preisschild *n.* / price tag
Preisschwankungen *fpl.* / price fluctuations
Preissenkung *f.* / price reduction / cut in prices
Preisspanne *f.* / price margin
Preisstellung *f.* / pricing / quotation
Preisstop *m.* / price freeze
Preissturz *m.* / slump in prices
Preisunterbietung *f.* / underselling / undercutting / dumping

Preisuntergrenze *f.* / minimum price
Preisverfall *m.* / slump in prices / collapse of prices
Preisverhalten *n.* / price behaviour
Preisverzerrung *f.* / price distortion
Preisvorteil *m.* / price advantage
Preiswettbewerb *m.* / price competition
Preiszugeständnis *n.* / price concession
pressen / (Wafer gegen Maske) to flatten (wafer against mask)
Pressereferat *n.* / (Siem.) Press Office
Preßgrat *m.* / burr
Preßkabelschuh *m.* / crimp cable lug
Preßling *m.* / (LP) compact
Preßmasse *f.* / mo(u)lding compound
Preßsitzsockel *m.* / press-fit socket
primär / primary
Primäranweisung *f.* / source statement
Primärbedarf *m.* / primary requirements
Primärbedarfsdisposition *f.* / master production scheduling
Primärbedarfsliste *f.* / primary requirements list
Primärbibliothek *f.* / source library
Primärdaten *pl.* / primary data / source data
Primärdatenerfassung *f.* / source data acquisition
Primärprogramm *n.* / master production schedule (MPS) / source program / **... mit Überdeckung** overstated m. p. s. / **... mit Unterdeckung** understated m. p. s. / **Position des ...** master schedule item
Primärspeicher *m.* / primary storage
Primärsprache *f.* / source language
Primzahl *f.* / prime number / indivisible number
Prinzip *n.* / principle
priorisieren / to prioritize
Priorität *f.* / priority
Prioritäten festlegen / to assign priorities
Prioritäten neu vergeben / to reassign priorities
Prioritätsfestlegung *f.* / priority determination
Prioritätsjobdisponent *m.* / priority scheduler
Prioritätsregel *f.* / priority rule
Prioritätssteuerung *f.* / priority control
Prioritätszuweisung *f.* / priority assignment
Private Kommunikationssysteme (Siem./Bereich) *npl.* / Private Communications Systems (Group)
privilegierter Befehl *m.* / privileged instruction
pro / per
Probe *f.* / sample / **gerichtete ...** geometric sample / **zur ...** on trial
Probeauftrag *m.* / trial order
Probedisposition *f.* / trial disposition
Probedruck *m.* / proof copy / test print / trial print

Probefertigung *f.* / trial production
Probelauf *m.* / trial run / dry run / test run
Probenahme *f.* / sampling
Probenschale aus Aluminiumfolie *f.* /
   aluminum foil specimen dish
Problem *n.* / problem / issue / trouble
Problem angehen / to tackle a problem
Problem lösen / to solve a problem
Problemlösung *f.* / problem solution
problemnah / problem-oriented
Produktablieferung *f.* / product shipment
Produktangebot *n.* / range of products
Produktanlauf *m.* / product start-up
Produktanstoß *m.* / product initiation /
   product generation
Produktauslauf *m.* / product phase-out /
   product wind-down
Produktausprägung *f.* / product configuration
Produktauswahl *f.* / product selection
Produktbeschreibung *f.* / product
   specification
Produktbetreuung *f.* / product service
produktbezogen / product-related
Produktdurchlaufzeit *f.* / product throughput
   time
Produkteigenschaft *f.* / product characteristic
Produkteinführung *f.* / product launch
Produkteinführungszeit *f.* / time-to-market
Produkteinschleusung *f.* / product start
Produktentwicklung *f.* / product development
Produktentwurf *m.* / product design
Produktfamilie *f.* / product family
Produktfreigabe *f.* / product release
Produktgestaltung *f.* / product design
Produktgruppe *f.* / product group
Produktgruppenmanager *m.* / product-line
   manager
Produkthaftung *f.* / product liability
Produktion *f.* / production / manufacturing /
   ... aufnehmen to start production /
   ... auslaufen lassen to taper off production
Produktionsausbeute *f.* / manufacturing yield
Produktionsautomatisierung *f.* /
   manufacturing automation
Produktionsbericht *m.* / production report
Produktionsebene *f.* / production floor level
Produktionseffektivität *f.* / production
   efficiency
Produktionseinrichtung *f.* / facility
Produktionsfaktor *m.* / factor of production /
   resource
Produktionsfaktoren-Planung *f.* /
   manufacturing resource planning (MRP I)
Produktionsfortschritt *m.* / production
   progress
Produktionsgrad *m.* / production level
Produktionsgüter *npl.* / producer goods
Produktionskosten *pl.* / cost of manufacturing
Produktionsleistung *f.* / manufacturing output

Produktionsleittechnik *f.* / manufacturing
   management technology
Produktionsmenge *f.* / output
Produktionsmittel *npl.* / means of production
Produktionsplan *m.* / production plan / master
   route sheet
Produktionsplanung *f.* / production planning
Produktionsplanung und -steuerung (PPS) *f.* /
   production planning and control (PPC)
Produktionsprogramm für Primärbedarf *n.* /
   master production schedule
produktionsreif / mature
Produktionsrückgang *m.* / drop in output
produktionsschädlich / whose production is
   degrading the environment / whose
   production is detrimental to the
   environment
produktionsseitig / on the manufacturing side
Produktionsserie *f.* / batch
Produktionsspektrum *n.* / production range
Produktionsstätten *fpl.* / facilities / (Werk)
   plant
Produktionsstandort *m.* / manufacturing
   location
Produktionssteuerung *f.* / production control
Produktionstechnik *f.* / production
   engineering
Produktionsumstellung *f.* / production
   changeover
Produktionsverfahren *n.* / production process
Produktionsverlagerung *f.* / relocation of
   production facilities
Produktionsziel *n.* / production target
Produktionszweig *m.* / line of production
Produktion und Logistik
   (Siem./Zentralabt.) *f.* / Corporate
   Production and Logistics
produktiv / productive
Produktivbetrieb *m.* / productive operation
Produktiveinsatz *m.* / productive use /
   productive implementation
Produktivität *f.* / productivity
Produktivitätsengpaß *m.* / productivity
   constraint
Produktivitätsfortschritt *m.* / productivity
   gain
Produktivitätsgefälle *n.* / productivity gap
Produktivitäts-Kennzahl *f.* / productivity
   ratio
Produktivitätslücke *f.* / productivity gap
Produktivitätsmangel *m.* / lack of productivity
Produktivitätsrückgang *m.* / productivity
   slowdown
Produktivitätssteigerung *f.* / gain in
   productivity / increase in productivity
Produktivitätsverbesserung *f.* / improvement
   in productivity
Produktivitätsvorsprung *m.* / edge in
   productivity

Produktivitätsziel *n.* / productivity target
Produktlebenszyklus *m.* / product life cycle
Produktlinie *f.* / product line
Produkt mit hohem Umsatz *n.* / high-volume item
Produktneuanlauf *m.* / product start
produktorientierte Fertigung *f.* / dedicated production
Produktpalette *f.* / product range
Produktqualität *f.* / product quality
Produktreife *f.* / product maturity
Produktsortiment *n.* / line of products / range of products
Produktsparte *f.* / product division
Produktspektrum *n.* / range of products
Produktverantwortung *f.* / product responsibility
Produktverbesserung *f.* / product improvement
Produktverfügbarkeit *f.* / product availability
Produktvielfalt *f.* / product variety
Produzent *m.* / producer / manufacturer
Profilstufe *f.* / (Resist) profile step
Proforma-Rechnung *f.* / proforma invoice
Prognose *f.* / forecast
Prognoseart *f.* / forecast type
Prognosegenauigkeit *f.* / forecasting accuracy
prognosegesteuerte Disposition *f.* / forecast-based material planning
Prognoseintervall *n.* / forecasting interval
Prognoseschlüssel *m.* / forecast key
Programmabbruch *m.* / abnormal end (ABEND) / abortion
programmabhängig / program-sensitive / program-dependent
programmabhängiger Fehler *m.* / program sensitive fault
Programmabhängigkeit *f.* / program dependence
Programmablauf *m.* / program run
Programmablaufplan *m.* / program flowchart
Programmablaufrechner *m.* / target computer / object computer
Programmabruf *m.* / program fetch
Programmabschnitt *m.* / control section
Programmabzug *m.* / program dump
Programmänderung *f.* / program amendment / program modification
Programmanfangsadresse *f.* / program start address
Programmanweisung *f.* / program statement
Programmausführung *f.* / program execution
Programmausführungsanlage *f.* / object computer
Programmausgang *m.* / program exit
Programmausgangswert *m.* / initial program figure
Programmbaustein *m.* / program module

Programmbeendigung *f.* / program termination
Programmbefehl *m.* / program instruction
Programmbereich *m.* / partition / program area
Programmbeschreibung *f.* / program description
Programmbezeichnung *f.* / program name / program identification
Programmbibliothek *f.* / program library
Programmbildung *f.* / (Prod.) program generation
Programmdatei *f.* / program file
Programmebene *f.* / program level
Programmeingabe *f.* / program input
Programmeingang *m.* / program entry
Programm einlesen / to load a program
Programmentwicklung *f.* / program development / program design
Programmentwicklungssystem *n.* / program development system
Programmentwurf *m.* / program design
Programm erstellen / to generate a program
Programmfehler *m.* / bug / program fault / program error
Programmfehlerfreiheit *f.* / software integrity
Programmfertigung *f.* / program production
Programmfolge *f.* / program sequence
Programmformular *n.* / coding sheet
Programmfreigabe *f.* / program release
Programmgang *m.* / program cycle
programmgesteuert / program-controlled
Programmhaltepunkt *m.* / checkpoint / breakpoint
Programmieranweisung *f.* / programming instruction
programmierbarer Festspeicher *m.* / programmable read only memory (PROM)
programmierbare Schnittstelle *f.* / programmable interface
Programmierer *m.* / programmer
Programmierfehler *m.* / bug / programming error
Programmierhandbuch *n.* / programming manual
Programmierkonvention *f.* / programming convention
Programmiersprache *f.* / programming language
Programmiertechnik *f.* / programming technique
programmierte Unterweisung *f.* / programmed instruction
Programmierunterstützung *f.* / programming support
Programmierwort *n.* / (DV/COBOL) user-defined word
Programmkenndaten *pl.* / program specification

Programmkennzeichnung *f.* / program identification
Programmlader *m.* / program loader
Programmlauf *m.* / program run
Programmlochkarte *f.* / source program card
Programmlochstreifen *m.* / program tape
Programm-Maske *f.* / program mask
Programmoptimierung *f.* / program optimizing
Programmpaket *n.* / program package / software package
Programmparameter *m.* / program parameter
Programmpflege *f.* / program maintenance
Programmphase *f.* / object program / program phase
Programmplanung *f.* / program planning / production program planning
Programmprotokoll *n.* / program listing / program log
Programmprüfzeit *f.* / program development time
Programmrevision *f.* / program auditing
Programmschalter *m.* / program switch / alterable switch
Programmschemata *pl.* / generic program units
Programmschleife *f.* / loop
Programmschleifenzähler *m.* / cycle counter
Programmschnittstelle *f.* / program interface
Programmsegmentierung *f.* / program segmentation
Programmsicherung *f.* / program protection
Programmspeicher *m.* / program memory / program storage
Programmsperre *f.* / interlock
Programmstart *m.* / program start / initialization
Programmstatus *m.* / program state / program status
Programmsteuertaste *f.* / command key / control key / instruction key
Programmsteuerung *f.* / program control / sequential control
Programmstop durch Dauerschleife *m.* / loop stop
Programmstraffung *f.* / streamlining of production program
Programmstruktur *f.* / program architecture / program structure
Programmtabelle *f.* / program table / program descriptor
Programmtest *m.* / program checkout
Programmüberlagerung *f.* / program overlay
Programmübersetzung *f.* / program translation / compilation
Programmübertragbarkeit *f.* / program portability
Programmumadressierung *f.* / program relocation

Programmumwandler *m.* / autocoder
Programmumwandlung *f.* / program conversion
Programmunterbrechung *f.* / program interrupt
Programmverbund *m.* / program interlocking
Programmverknüpfung *f.* / program linkage
Programmverschiebung *f.* / program relocation
Programmversion *f.* / program version / release
Programmverwaltung *f.* / program management
Programmverweilzeit *f.* / program residence time
Programmverzeichnis *n.* / program directory
Programmverzweigung *f.* / program branch
Programmvordruck *m.* / coding sheet
Programmvorgabe *f.* / (Prod.) program target
Programmwahl *f.* / program selection
Programmwartung *f.* / program maintenance
Programmweiche *f.* / program switch
Programmzustand *m.* / program mode / program state
Programmzweig *m.* / program branch
Projekt *n.* / project / **... finanzieren** to fund a project
Projektabwicklung *f.* / project management
projektbegleitend / project-related
Projektbericht *m.* / project report
Projektcontrolling *n.* / project controlling
Projektdokumentation *f.* / project documentation
Projektfortschritt *m.* / progress of project
Projektierung *f.* / project planning
Projektion *f.* / projection / **... durch Elektronenbestrahlung** electron-beam illumination projection / **... nach dem Scanner-Verfahren** scanning projection / **... nach dem Stepper-Verfahren** stepping projection / **... von Einzelstrukturen direkt auf Wafer** projection of individual patterns onto wafer
Projektionsanlage *f.* / projection system / **bildverkleinernde ...** reduction projection system / **... für Mikroschaltungen** projection system for microcircuits / **... mit Step-und-Repeat-Einrichtung** step-and-repeat projection system / **... mit 1:1-Vergrößerung** unity-magnification projection unit
1:1-Projektionsanlage, fotolithografische *f.* / optical 1:1 projection lithography system
Projektionsanzeige *f.* / projection display
Projektionsbelichtung *f.* / projection printing / **... des gesamten Feldes** full-field projection printing / **... mit UV-Licht** UV projection printing

1:1-Projektionsbelichtung mit Waferscanner *f.* / 1:1 scan projection printing
Projektionsbelichtungsanlage *f.* / projection printer / **lichtoptische** ... photo-projection printer / **... mit Repeateinrichtungen für direkte Strukturübertragung auf Wafer** photo-direct wafer stepping projection system
Projektionselektronenstrahlanlage *f.* / projection electron-beam system
Projektionsjustier- und Belichtungsanlage *f.* / projection aligner wafer exposure equipment / **... elektronenoptische** electron image projection aligner / **... mit Linsenoptik** refractive projection mask aligner / **... mit Repeateinrichtung** projection stepping wafer exposure system / **... mit Scanner-Betrieb** scanning projection aligner / **... mit Spiegeloptik** mirror projection alignment / **... mit Step-und-Scan-Einrichtung** step-and-scan projection aligner
Projektionsjustier- und Belichtungsverfahren *n.* / projection alignment method / **... nach dem Stepper-Prinzip** stepping projection alignment
Projektionskopierung *f.* / projection printing
Projektionslinsenstrom *m.* / projector lens current
Projektionsmaskierung *f.* / projection masking
Projektionsmattscheibe *f.* / opaque viewing screen
1:1-Projektionsobjektiv mit sehr hoher Auflösung *n.* / superhigh resolution 1:1 projection lens
Projektionsoptikgehäuse *n.* / projection optics housing
Projektionsrepeater *m.* / **... mit optischer Bildverkleinerung** step-and-repeat reduction-projection system / **... mit 10facher Verkleinerung** 10:1 step-and-repeat system
Projektionsrepeatverfahren *n.* / step-and-repeat projection printing method
Projektionssäule *f.* / projection-reduction imaging column / optical column
Projektionsscheibenrepeater *m.* / projection stepper / stepping projection aligner / **... mit verkleinerter Strukturübertragung** projection-reduction stepper / **... mit 10facher Verkleinerung** 10x reduction wafer stepper
Projektionsschirmverfahren *n.* / projection screen method
Projektionsstepper *m.* / projection stepper / stepping projection aligner

Projektions-Step-und-Repeat-Anlage, elektronenstrahllithographische *f.* / projection step-and-repeat electron-beam lithography machine
Projektionssystem *n.* / projection column / optical column / barrel / **... mit Bildverkleinerung** reducing image projection system / **... mit geknickten Strahlengängen** folded projection system / **spiegeloptisches** ... allreflecting projection system
Projektionsüberdeckungsrepeater für direkte Waferbelichtung *m.* / photo-direct wafer stepping projection system
Projektionsübertragung *f.* / **... mit verschiedenen Abbildungsmaßstäben** projection exposure at varying reduction ratios / **... mit 10facher Bildverkleinerung** step-and-repeat projection with 10:1 demagnification
Projektions- und Überdeckungsrepeater *m.* / wafer stepper / **... für direkte Waferbelichtung** direct step-on-wafer machine / DSW machine / projection mask aligner for stepping on wafers / wafer step-and-repeat exposure system / **... mit Bildverkleinerung** reduction-type projection aligner / **... mit 10facher Bildverkleinerung** DSW 10:1 projection aligner
Projektionsverfahren für direkte Waferbelichtung *n.* / direct stepping process
Projektionsvergrößerung *f.* / projection enlargement
Projekt konzipieren / to formulate a concept
Projektlagebericht *m.* / project status report
Projektleiter *m.* / project manager
Projektleitung *f.* / project management
Projektorganisation *f.* / project organization
Projektorganisator *m.* / project organizer
Projektphase *f.* / project phase
Projektplanung *f.* / project planning & scheduling
Projektsteuerung *f.* / project control
Projektträger *m.* / project sponsor
Projektüberwachung *f.* / project supervision
projizieren / to project / (ein Schattenbild) to shadow an area / to project a shadow
Prokura *f.* / power of procuration (p.p.)
Prokura erteilen / to grant the p.p.
Prokurist *m.* / senior director / holder of a general power of attorney
prophylaktisch / preventive
Proportionalregler *m.* / proportional band controller
Proportionalschrift *f.* / proportionally spaced printing
Propylakrylat *n.* / (Resist) propylacrylate
Protokoll *n.* / (Besprechung) minutes / (DV) log / protocol / (Progr.) listing

Protokoll führen / to take minutes
Protokoll für Verwaltungsnetzwerke *n.* /
technical office protocol (TOP)
Protokollband *n.* / log tap
Protokolldatei *f.* / log file
Protokollführer *m.* / person taking minutes
protokollieren / (DV) to log / (allg.) to take
minutes
Protokollierung *f.* / (DV) logging
Protokollprogramm *n.* / trace program /
logging program
Protonenbeschuß *m.* / proton-bombardment
protonenimplantiert / proton-implanted
Provision *f.* / commission
Provisionsempfänger *m.* / commission
recipient
provisorische Fertigung *f.* / provisional
production / temporary production
Proximitybelichtung *f.* / proximity printing /
proximity exposure
Proximitybelichtungsgerät *n.* / far-contact
printer / (Wafer-Maske-Abstand ca. 60
micron) / near-contact printer /
(Wafer-Maske-Abstand ca. 10 mic.)
Proximity-Effekt *m.* / **... mit geringer**
Reichweite short-range proximity effect /
... mit großer Reichweite long-range
proximity effect
Prozeduranweisung *f.* / procedure statement
Prozedurteil *m.* / (DV/COBOL) procedure
part / procedure section
Prozedurvereinbarung *f.* / procedure
declaration
Prozent / percent
Prozentsatz *m.* / percentage
Prozeß *m.* / process / **... abbilden** to map a
process / **beherrschter ...** controlled process
Prozeßabbildung *f.* / process mapping
Prozeßablaufplan *m.* / process flowchart
Prozeßabwicklung *f.* / process handling
Prozeßanalyse *f.* / activity analysis / process
analysis
Prozeßauswertung *f.* / process evaluation
Prozeßautomatisierung *f.* / industrial
automation / process automation
prozeßbedingt / process-induced
Prozeßbeender *m.* / terminator
Prozeßbeherrschung *f.* / mastery of the
process
Prozeßberater *m.* / process consultant
Prozeßberatung *f.* / process consulting
Prozeßberichterstattung *f.* / logging
Prozeßbeteiligter *m.* / process participant /
stakeholder in a process
prozeßbezogen / process-related
Prozeßdaten *pl.* / process variables
Prozeßdauer *f.* / process cycle time
Prozeßdurchlauf *m.* / process run

prozeßentkoppelter Betrieb *m.* / open-loop
operation
Prozeßentwicklung *f.* / process development
Prozeßerfassung *f.* / process mapping
prozeßgeführte Ablaufsteuerung *f.* /
process-guided sequential control
prozeßgekoppelt / process-coupled
prozeßgekoppelter Betrieb *m.* / closed-loop
operation / process-coupled operation
Prozeßgestaltung *f.* / process design
prozeßintern / in-process
Prozeßkette *f.* / process chain /
(Logistikkette) supply chain
Prozeßkopplung *f.* / process coupling /
process interfacing
Prozeßkosten der Logistikkette *pl.*/*f.* / supply
chain costs
Prozeßleitrechner *m.* / process control system
Prozeßleitsystem *n.* / process control system
Prozeßleitung *f.* / process control
Prozeßlinie *f.* / process line
Prozeßneugestaltung *f.* / process redesign /
process reengineering
Prozeßoptimierung *f.* / process optimization
Prozessor *m.* / processor
prozeßorientiert / process-oriented
Prozeßorientierung *f.* / process orientation
Prozeßqualität *f.* / process quality
Prozeßrechner *m.* / process control computer /
process computer
Prozeß-Reengineering *n.* / process
reengineering
Prozeßrohr *n.* / process tube / **Einfahren von**
Scheiben in das ... wafer transportation into
process tube
Prozeßschwankungen *fpl.* / process variations
Prozeßsicherheit *f.* / process reliability
Prozeßstadium *n.* / stage of process
Prozeßstarter *m.* / initiator
Prozeßsteuerung *f.* / process control /
ungenügende ... poor process control
Prozeßstrecke *f.* / process flow
Prozeßtechnik *f.* / process engineering
Prozeßtoleranz *f.* / process window
Prozeßüberwachung *f.* / process monitoring
Prozeßumschaltung *f.* / process switching /
task switching
Prozeßuntersuchung *f.* / process analysis
Prozeßverantwortlicher *m.* / process owner /
(Prod.) responsible process engineer
Prozeßverantwortung *f.* / process ownership
Prozeßverbesserung *f.* / process improvement
Prozeßvereinfachung *f.* / process
simplification
Prozeßverwaltung *f.* / task management
Prozeßvorschrift *f.* / process specification
Prüfanschluß *m.* / (an Platte) test pin
Prüfanweisung *f.* / examine statement
Prüfanzeiger *m.* / check indicator

Prüfauftrag *m.* / trial order / test order
Prüfausbeute *f.* / probe yield / test yield /
... **nach der Bondhügelherstellung** probe
yield after bumping
Prüfbank *f.* / test bench
prüfbar / testable
Prüfbarkeit *f.* / testability
Prüfbedingung *f.* / check condition
Prüfbit *n.* / check bit / parity bit
Prüfbyte *n.* / check byte
Prüfdurchlauf *m.* / test cycle
Prüfeinrichtung *f.* / testing equipment /
testing facility
prüfen / to check / to test / to examine /
to inspect / **die Qualität von Masken
stichprobenartig** ... to sample the quality of
masks / **elektrisch** ... to probe electrically /
getrennt ... to test in isolation / **mit Sonden**
... to probe / **Schaltkreise auf Fehlerfreiheit**
... to validate circuits / **segmentweise** ...
to test in sections
**Prüfen unter extremen
Temperaturbedingungen** *n.* / strife testing
Prüfer *m.* / prober / tester / verifier
Prüffeld *n.* / test field / test bay
Prüffeldabgleich *m.* / (LP) test room
alignment
Prüffeldausbeute *f.* / testing yield
Prüffeldkapazität *f.* / testing capacity
Prüffeldmessung *f.* / final testing
Prüfgerät *n.* / tester / prober / test
instrument / ... **auf einer Steckkarte** test
instrument on a card / ... **für bestückte
Leiterplatten** stuffed-board tester / ... **für
Flachbaugruppen** logic card tester / ... **für
unbestückte Leiterplatten** bare-board tester
Prüfhäufigkeit *f.* / frequency of inspection
Prüfkanal *m.* / test channel
Prüfklemme *f.* / (el.) binding post
Prüfkontakt *m.* / (Sonde) probe contact
Prüfkontaktstelle an der Chipperipherie *f.* /
peripheral probe pad
Prüfkopf *m.* / test head
Prüfkopie *f.* / audit copy
Prüfkosten *pl.* / inspection costs
Prüfleistung *f.* / test efficiency
Prüfling *m.* / (Gerät) device under test
(DUT) / unit under test (UUT)
Prüfliste *f.* / check list
Prüflocher *m.* / card verifier
Prüflos *n.* / test lot / inspection lot
Prüfmittel *n.* / test equipment
Prüfniveau *n.* / test level
Prüfplan *m.* / testing specification
Prüfplatz *m.* / inspection station / test station
Prüfprogramm *n.* / test program
Prüfprogrammerzeugung *f.* / test program
generation

Prüfprotokoll *n.* / (beglaubigt) (certified) test
record
Prüfprozeß *m.* / test process
Prüfpunkt *m.* / checkpoint
Prüfpunktwiederanlauf *m.* / checkpoint
restart
Prüfschärfe *f.* / inspection level
Prüfschaltung *f.* / test circuit
Prüfschrank, manteltemperierter *m.* /
double-cased test chamber
Prüfsicherheit *f.* / (in %) test reliability level
Prüfsockelstift *m.* / test socket pin
Prüfsonde *f.* / test probe / prober
Prüfspannung *f.* / test voltage
Prüfspitze *f.* / (IC) test pin / test prod / (StV)
test probe
Prüfspur *f.* / parity test track
Prüfstand *m.* / test-bench
Prüfstelle *f.* / (auf Wafer) test site /
(bei Sonden) probe point
Prüfstellenabstand *m.* / test pad pitch
Prüfstellenmatrix *f.* / probe pad array
Prüfsumme *f.* / hash total / proof total
Prüftechnik *f.* / test engineering / testing
technique / (Abt.) inspection engineering
department
Prüftiefe *f.* / thoroughness of a test
Prüf- und Meßausrüstungen *fpl.* / test- and
measurement gear / test and measurement
equipment
Prüfung *f.* / check / test / inspection /
abgebrochene ... (QS) curtailed inspection /
attributive ... inspection by attributes / ...
auf Übereinstimmung consistency check /
... **auf volle Funktionsfähigkeit** full
functional test / ... **der Zuverlässigkeit**
reliability check / ... **im Gehäuse**
in-package testing / ... **innerhalb der Maske**
intramask check / **verschärfte** .... tightened
inspection
Prüfungsvorbereitung *f.* / test preparation
Prüfverfahren *n.* / test method / test procedure
Prüfvorschrift *f.* / test instruction / testing
specification
Prüfweg *m.* / audit trail
Prüfwert *m.* / test value
Prüfzeichen *n.* / check character / parity
character
Prüfzeit *f.* / inspection time / test time
Prüfziffer *f.* / check digit
Prüfzugriff *m.* / test access
Prüfzuverlässigkeit *f.* / test reliability
Pseudoabschnitt *m.* / (v. Progr.) dummy
section
Pseudoadresse *f.* / pseudo address
Pseudobefehl *m.* / pseudo instruction / quasi
instruction
Pseudodatei *f.* / dummy file
Pseudonym *n.* / alias

Pseudosatz *m.* / dummy record / pseudo record
Pseudostückliste *f.* / planning bill of material / transient bill of material / blow-through / super bill
Pseudozufallsfolge *f.* / pseudo random number sequence
pünktlich / (adj.) punctual / (adv.) on time
Puffer *m.* / buffer
Pufferbestand *m.* / buffer stock
Pufferlager *n.* / buffer store
Puffermenge *f.* / buffer quantity
Pufferschaltung *f.* / buffer circuit
Pufferspeicher *m.* / buffer / buffer storage / buffer memory
Pufferüberlauf *m.* / buffer overflow
Pufferverwaltung *f.* / buffer management
Pufferzeit *f.* / buffer time / slack / float time / (reduzierbarer Teil der DLZ) reduction factor / **Arbeitsgang-...** work step buffer time
Pulsdauer *f.* / (SIPMOS) duty cycle
Pulsstrombelastbarkeit *f.* / trigger pulse current rating
Pulverelektrolumineszenz *f.* / powder electroluminescence
Pumpe *f.* / pump
Pumpengehäuse *n.* / pump cavity
Pumpen-Kontrollampe *f.* / pump warning light
Pumpgeschwindigkeit *f.* / pumping speed
Punkt *m.* / point / dot / spot / (Satzzeichen) full stop / period
Punktaufdampfung *f.* / dot evaporation
punktierte Linie *f.* / dotted line
Punktmatrix *f.* / dot matrix
Punktmatrixanzeige *f.* / dot matrix display
Punktmatrix-Dunkeltastung *f.* / blanking
punktschweißen / to spot-weld
Punktstrahl *m.* / Gaussian beam / Gaussian round-beam
Punktstrahlanlage *f.* / Gaussian beam system / round-beam system
Punktstrahlbelichtung von je einem Bildpunkt *f.* / Gaussian round-beam exposure of one image point at a time
Punktstrahlbelichtungsanlage *f.* / **nach dem Raster-Scan-Verfahren arbeitende ...** Gaussian beam raster scan system / **nach dem Vektorscan-Verfahren arbeitende ...** Gaussian beam vector scan system
Punktstrahldurchmesser des Elektronenstrahls *m.* / electron-beam spot size
Punktstrahlen, mehrfache *mpl.* / multiple Gaussian spots
Punktstrahlfläche *f.* / spot area
Punktstrahlgerät *n.* / Gaussian spot instrument

Punktstrahlprinzip *n.* / round-beam principle
Punktstrahlrasterscan-Anlage *f.* / Gaussian beam raster scan system
Punktstrahlsonde *f.* / Gaussian probe
Punktstrahlsystem *n.* / circular beam system
Punktstrahlvektorscan-Gerät *n.* / round beam vector scan machine
Punktstrahlverfahren *n.* / Gaussian round beam approach
Purpur-Pest *f.* / purple plague
PVC *n.* / (Material) polyvinyl chlorine
PVC-Schutzfolie *f.* / PVC protective foil / protective foil made of polyvinyl chlorine
p-Wanne *f.* / p-type well
Pyrolyse *f.* / pyrolysis

Q

Quader *m.* / cubic device
Quadrat *n.* / square
quadratisch / square
Quadratwurzel *f.* / square root
Quadrienschaltung *f.* / squaring circuit
Qualifikationslos *n.* / (QS) qualification lot
qualifiziert / skilled / qualified
Qualitätsabteilung *f.* / QA department (QA = quality assurance)
Qualitätsanforderungen *fpl.* / quality requirements
Qualitätsbeauftragter *m.* / (Siem.) Quality Officer
Qualitätsbescheinigung *f.* / certificate of quality
Qualitätsbestand *m.* / standard of quality
Qualitätsbestimmung *f.* / quality assessment
Qualitätsbeurteilung *f.* / quality assessment
Qualitätsbewußtsein *n.* / quality awareness
Qualitätserzeugnis *n.* / high-quality product
Qualitätsgrenze *f.* / quality limit / **annehmbare ...** acceptable quality level (AQL)
Qualitätskontrolle, strenge *f.* / tight quality control
Qualitätsmangel *m.* / defect / flaw
Qualitätsmerkmal *n.* / (CWP) quality flag
Qualitätsminderung *f.* / impairment of quality / quality degradation
Qualitätsnachweis *m.* / proof of conformance with quality specifications
Qualitätsniveau *n.* / quality level
Qualitätsnorm *f.* / quality standard
Qualitätsprodukt *n.* / high-quality product
Qualitätsprüfer *m.* / quality control inspector
Qualitätsprüfprinzip *n.* / quality control philosophy

Qualitätsprüfung *f.* / quality inspection
Qualitätssicherung *f.* / quality assurance
Qualitätssicherungsmaßnahmen *fpl.* /
 QA measures
Qualitätssicherungssystem *n.* / QA system
Qualitätssprung *m.* / jump ahead in quality
Qualitätssteuerung *f.* / quality control
Qualitätstoleranzgrenze *f.* / tolerable quality
 limit
Qualitätsüberwachung *f.* / quality
 surveillance / quality monitoring
Qualitätsverbesserung *f.* / quality
 improvement
Qualitätsverlust *m.* / loss of quality
Qualitätsvorgaben *fpl.* / quality requirements
Qualitätsvorschriften *fpl.* / quality
 specifications
Qualitätszusagen *fpl.* / quality commitments
qualitativ / qualitative
Quantenausbeute *f.* / quantum yield /
 quantum efficiency
Quantenwirkungsgrad *m.* / quantum
 efficiency
quantifizierbare Kosten *pl.* / tangible costs
quantisieren / to quantize
Quartal *n.* / quarter
Quarz optischer Güte *n.* / optical quality
 quartz
Quarzboot *n.* / quartz boat
Quarzchrommaske *f.* / quartz-chrome mask
Quarzfenster eines Keramikgehäuses *n.* /
 quartz window of a ceramic package
quarzgesteuert / crystal-controlled
Quarzgitterplatte *f.* / quartz grid plate
Quarzglasfenster *n.* / fused silica window
Quarzglocke *f.* / quartz bell jar
Quarzhorde *f.* / quartz boat
Quarzkristall *n.* / quartz crystal
**Quarzmaske mit niedrigem Ausdehnungs-
 koeffizient** *f.* / low-expansion quartz-mask
Quarzmehl *n.* / fused silica
Quarzmonolith *m.* / monolithic quartz crystal
Quarzplättchen *n.* / quartz plate
Quarzpulver *n.* / quartz powder
Quarzrohr *n.* / quartz tube
Quarzrohrreaktionskammer *f.* / quartz
 reactor vessel
Quarzschablone *f.* / quartz mask
Quarzscheibe *f.* / quartz disk
Quarzscheibenträger *m.* / quartz carrier for
 wafers
Quarzschiffchen *n.* / quartz boat
Quarzsubstrat *n.* / quartz substrate
Quarztiegel *m.* / quartz crucible
Quarzträger *m.* / quartz carrier
Quasikontaktlithographie *f.* / proximity
 lithography
Quecksilber *n.* / mercury
Quecksilberlampe *f.* / Hg-lamp

Quellcode *m.* / source code
Quelle *f.* / source
Quellenbereich *m.* / (v. Ofen) source section
Quellenmodul *n.* / source module
Quellenprogramm *n.* / source program
Quellenwiderstand *m.* / source impedance
Quellsprache *f.* / source language
Querbedarf *m.* / supplementary demand /
 additional demand
Querfeld *n.* / transverse field
Querformat *n.* / oblong format / landscape
 format
Querinduktivität *f.* / primary inductance
Querlinie *f.* / traverse
Querparität *f.* / character parity / vertical
 parity
Querparitätsprüfung *f.* / vertical redundancy
 check
Querprüfbit *n.* / odd parity bit
querrechnen / to crossfoot
Querrechnen *n.* / crossfooting
Querschnitt *m.* / cross section / **... durch einen
 Bondhügel** bump cross section / **keiliger ...**
 wedge-shaped cross section
**Querschnitt der Leiterbahn / rechteckiger
 ...** *m.* / rectangular section of the
 conductor / **trapezförmiger ...** trapezoidal
 section of the conductor
Querschnittsprofil *n.* / cross-sectional profile
Querstrich *m.* / bar
Querstrom *m.* / shunt current
Quersumme *f.* / cross sum
Querverbindung *f.* / interconnection
Quervergleich *m.* / cross comparison
Querversatz *m.* / lateral misalignment
Querverweis *m.* / cross-reference
Quibinärcode *m.* / quibinary code
quinär / quinary
Quittierungslauf *m.* / confirmation run /
 acknowledgement run
Quittung *f.* / (Beleg) voucher / receipt /
 acknowledgement
Quittungsanforderung *f.* / acknowledgement
 request
Quittungsbetrieb *m.* / handshaking
Quote *f.* / quota

R

Rabatt *m.* / discount / rebate / **... gewähren**
 to grant a discount
Rabattfaktor *m.* / discount factor
Rabattmenge *f.* / discount order quantity
Radgalvanik *f.* / inline-wheel galvanic system
Radialanschluß *m.* / radial lead

radialer Transfer *m.* / radial transfer
radial federnd / radially resilient
Radixschreibweise *f.* / radix notation /
... mit fester Basis / fixed radix notation
Rändelmutter *f.* / knurled nut
räumlich / spacial
Räumungsverkauf *m.* / clearance sale
Raffen *n.* / combination of net requirements /
combining
Raffungsgrenzstückzahl *f.* / marginal unit
quantity for combining
Rahmen *m.* / frame / **im ... von** within the
framework of
Rahmenauftrag *m.* / blanket order / skeleton
order
Rahmenbedingungen *fpl.* / basic conditions /
general conditions
Rahmenrichtlinien *fpl.* / general guidelines
Rahmenspezifikation *f.* / general specification
Rahmenvereinbarung *f.* / global agreement /
master contract
Rahmenvertrag *m.* / skeleton contract
Rakel *n.* / squeegee / (bei Siebdruck) doctor
blade
RAM *m.* / random-access memory (RAM) /
ferroelektronischer ... ferroelectronic
RAM / **... mit blockweise adressiertem
Inhalt** block-oriented RAM / **... mit
Doppelzugriff** dual-ported RAM / **... mit
Dreifachzugriff** triple-port RAM / **... mit
einem Zugriffskanal** single-port RAM / **...
mit geschichteter hoher Speicherkapazität**
stacked high-capacity RAM
RAM-Modul mit Mehrfachzugriff *n.* /
multiport RAM
Rampenspannung *f.* / ramp voltage
RAM-Schnittstelle *f.* / RAM bus interface
Rand *m.* / margin / edge (of wafer)
Randausbruch *m.* / chipped wafer edge
Randausgleich *m.* / margin alignment /
justification
Randbedingung *f.* / marginal restraint /
marginal condition
Randbereich der Scheibe *m.* / wafer perimeter
area / periphery of wafer
Randeinstellung *f.* / margin position
Randentlackung *f.* / edge resist removal
Randfeld *n.* / fringing field
Randkontakt *m.* / (Platine) edge-board contact
Randleistenstift der Kontaktplatte *m.* /
edge-card connector pin
Randomspeicher *m.* / random access memory
(RAM)
Randschicht *f.* / (Halbl.) depletion region
Randstecker *m.* / (Platine) edge connector
Randstruktur *f.* / edge pattern
Randzone *f.* / barrier / border / **belichtete ...**
light-exposed border / **isolierende ...**
insulating barrier

Randtyp *m.* / marginal type
Rangierplatte *f.* / jumper card
Rangordnung *f.* / ranking order
Raster *n.* / grid / raster
Rasterablenkung *f.* / raster scan
Rasterabstand *m.* / pitch / spacing / raster
interval / **... der Innenanschlüsse** inner lead
pitch
Rasterabtaststruktur *f.* / raster scanning
pattern
Rasteranzeige *f.* / raster display
Rasterbelichtungsprozeß *m.* / raster-scan
exposure process
Rasterbildschirm *m.* / raster display / raster
screen / raster-scan terminal
Rasterbreite *f.* / width of the scan
Rasterdarstellung *f.* / dot matrix
representation
Rasterdurchlauf *m.* / scan
Rasterdurchstrahlung *f.* / scanning
transmission
Rasterelektronenmikroskop *n.* / scanner
electron microscope
Rasterelektronensonde *f.* / scanning electron
probe
Rasterelektronenstrahlanlage *f.* / **... für
serielle Strukturbelichtung** E-beam
scanning system / **lithographische ...**
scanning lithography system
Rasterelektronenstrahlbelichtungsanlage *f.* /
scanning electron-beam exposure system
Rasterelektronenstrahllithographie *f.* /
scanning electron-beam lithography
Rasterfehler der Schablone *m.* / misalignment
error of the mask
Rasterfehlerdetektor *m.* / (Maskentest)
misalignment detector
Rasterfeldbelichtung *f.* / scan field exposure
Rasterfläche *f.* / scan area
Rasterfleck *m.* / scanning spot
Rasterformat *n.* / raster format
Rastergeschwindigkeit *f.* / scanning speed
Rasterionenstrahl *m.* / rastering ion beam
Rasterionenstrahlanlage *f.* / ion-beam
scanning system
Rastermaß *n.* / lead spacing / grid pitch / grid
size / **mit kleinem ...** tightly spaced
(... leads) / **... von 1,5 Mikrometer**
1.5 micron pitch
Rastermontagefehler *m.* / raster butting error
Rastermuster *n.* / raster pattern
rastern / to scan / (Fototechn.) to screen
Rasterpunkt *m.* / intersection of the grid
pattern
Rasterpunktstrahl *m.* / scanned round beam
Rasterscan-Verfahren *n.* / raster-scan
technique
Rasterschaltung *f.* / sweep circuit
Rasterscheibe *f.* / fine-patterned-grating disk

Rasterschritt *m.* / scan step
Rastersonde *f.* / scanning probe
Rasterspeicherinterfacechip *m.* / raster
  memory interface chip
Rasterstreifen *m.* / modular-pitch strip
Rasterteilung *f.* / grid pitch / basic grid
  dimension (BGD)
Rasterverzerrung an den Feldkanten *f.* / scan
  distortion at the field edges
Rastfeder *f.* / (Drehschalter) detent spring
Rastnase *f.* / locating lug
Rastplatte *f.* / detent plate
Rastteil *m.* / retainer
Rastung *f.* / (Drucktaste) latching
Rastwinkel *m.* / (Drehschalter) index angle
Rat *m.* / advice
Rate *f.* / installment
Ratenzahlung *f.* / payment by installments
Rationalisierung *f.* / rationalization /
  streamlining
rationell / streamlined
Ratschenschloß *n.* / ratchet fastener
Raubkopie *f.* / pirate copy
Rauhheit *f.* / asperity (of etched surface) /
  roughness / raggedness (of edges)
Raum *m.* / space / ... der Staubklasse 100
  class 100 room / .. für Steckplätze slot /
  staubfreier ... clean room
Rauminhalt *m.* / (cbm) volume
Raumladung *f.* / (Halbl.) space charge
Raumladungsgitter *n.* / extraction grid
Raumladungssperrschicht *f.* / space-charge
  layer
Raummultiplex *n.* / space division multiplex
raumsparend / space-efficient / space-saving
rauscharm / low-noise
rauschen / (el.) to hiss
Rauschen *n.* / noise
Rauschkennwerte *mpl.* / noise characteristics
Rauschpegel *m.* / noise level
Rauschwert *m.* / noise figure / noise factor
Reagenzien, flüchtige *pl.* / volatile chemicals
reagieren / to react
Reaktion *f.* / reaction / response /
  (Rückwirkung) backlash / (Antwort) reply
Reaktionsbereitschaft *f.* / responsiveness
Reaktionsgas *n.* / reactive gas / reactant gas
Reaktionsgießharz *n.* / reacting resin
Reaktionskammer *f.* / reactor (chamber) /
  ... für eine Waferserie batch reactor /
  ... für Einzelwafer single-wafer reactor /
  glockenförmige (= kalottenförmige) ...
  pancake reactor / zylinderförmige ...
  cylindrical reactor
Reaktionszeit *f.* / response time
Reaktivierung *f.* / reactivation
Reaktivität *f.* / reactivity
realisieren / to implement / to realize
Realisierungsphase *f.* / implementation phase

Realisierungsstufe *f.* / implementation stage
Realspeicher *m.* / real memory
Realzeit-... / real time ...
Rechenanlage *f.* / data processing equipment
Rechenanweisung *f.* / compute statement
Rechenbedarf *m.* / computational
  requirements
Rechenbefehl *m.* / arithmetic instruction
Rechendezimalpunkt *m.* / assumed decimal
  point
Recheneinheit *f.* / (der CPU) arithmetic and
  logical unit (ALU)
Rechenfehler *m.* / miscalculation
Rechenfeld *n.* / computational item
rechenintensiv / computation-intensive
Rechenkapazität *f.* / computing capacity
Rechenleistung *f.* / computing performance
Rechenlocher *m.* / calculating punch
Rechenoperation *f.* / arithmetic operation
Rechenprüfung *f.* / arithmetic check
Rechensystem *n.* / data processing system
Rechen- und Kommunikationsdienste
  (Siem./Gemeinsame Dienste) *mpl.* /
  Corporate Computer and Network Services
Rechenverstärker *m.* / computing amplifier
Rechenzeit *f.* / central processor time /
  computing time
Rechenzentrum *n.* / computer center
rechnen / to compute / to calculate
rechnerabhängiger Speicher *m.* / on-line
  storage
Rechner *m.* / computer / arbeitender ... active
  computer / ... auf einer Platine single-board
  computer / autonomer ... stand-alone
  computer / ... geringer Leistung
  low-performance computer /
  übergeordneter ... master computer /
  untergeordneter ... slave computer
Rechnerbelegung *f.* / computer allocation
Rechnercode *m.* / absolute code / actual code /
  specific code
rechnergeführt / computer-guided
rechnergekoppelt / on-line
rechnergesteuert / computer-controlled
rechnergestützt / computer-aided
rechnergestützte Arbeitsplanung *f.* /
  computer-aided planning (CAP)
rechnergestützte Entwicklung *f.* /
  computer-aided engineering (CAE)
rechnergestützte Fertigung *f.* /
  computer-aided manufacturing (CAM)
rechnergestützte Fertigungssteuerung *f.* /
  computer-aided scheduling and control
  (CAPSC)
rechnergestützte Produktionsplanung *f.* /
  computer-aided production planning
  (CAPP)
rechnergestützte Qualitätssicherung *f.* /
  computer-aided quality assurance (CAQ)

rechnergestütztes
Auftragsannahmesystem *n.* / computerized
order entry system
rechnergestütztes Konstruieren *n.* /
computer-aided design (CAD)
rechnerintegrierte Fertigung *f.* /
computer-integrated manufacturing (CIM)
Rechnerkapazität *f.* / computer power
Rechnerkopplung *f.* / computer coupling
Rechnerlauf *m.* / computer run
Rechnerleistung *f.* / computer power /
computer performance / computational
throughput
Rechnernetz *n.* / computer network
Rechnerschaltkreis *m.* / computational circuit
Rechnerschaltplan *m.* / set-up diagram
rechnerunabhängig / off-line /
computer-independent
rechnerunabhängiger Speicher *m.* / off-line
storage
rechnerunterstützte Information *f.* /
computer-aided information (CAI)
rechnerunterstützte, numerische
Werkzeugmaschinensteuerung *f.* /
computerized numerical control (CNC)
rechnerunterstützte Planung *f.* /
computer-aided planning (CAP)
rechnerunterstützte Programmierung *f.* /
automatic coding
rechnerunterstützte
Publikationserstellung *f.* / computer-aided
publishing
rechnerunterstützte Qualitätssicherung *f.* /
computer-aided quality assurance (CAQ)
rechnerunterstützter Vertrieb *m.* /
computer-aided sales (CAS)
rechnerunterstütztes Ingenieurwesen *n.* /
computer-aided engineering (CAE)
rechnerunterstütztes Lehren *n.* /
computer-aided teaching
rechnerunterstütztes Lernen *n.* /
computer-aided learning (CAL)
rechnerunterstütztes Messen und Regeln *n.* /
computer-aided measurement and control
(CAMAC)
rechnerunterstützte Softwareentwicklung *f.* /
computer-aided software engineering
(CASE)
rechnerunterstütztes Testen *n.* /
computer-aided testing
rechnerunterstützte Verwaltung *f.* /
computer-aided office (CAO)
Rechnerunterstützung *f.* / computer aid
Rechnerverbund *m.* / computer network
Rechnerverbundbetrieb *m.* / multiprocessing
Rechnerverbundnetz *n.* / distributed
processing system
Rechnerverbundsystem *n.* / multiprocessor
system / multicomputer system

Rechnung *f.* / invoice / **in ... stellen** to invoice
Rechnung ausstellen / to make out an invoice
Rechnung begleichen / to settle a bill / to pay
a bill
Rechnungsabteilung *f.* / invoicing department
Rechnungsanstoß *m.* / invoice release
Rechnungsdatum *n.* / date of invoice / billing
date
Rechnungseingang *m.* / receipt of invoice
Rechnungseinheit *f.* / accounting unit / unit of
account
Rechnungsempfänger *m.* / invoice recipient
Rechnungsjahr *n.* / accounting year
Rechnungsprüfung *f.* / audit of invoices
Rechnungsstellung *f.* / invoicing / billing
Rechnungssumme *f.* / amount payable
Rechnungs- und Berichtswesen *n.* / accounting
and reporting
Rechnungswert *m.* / invoice value
Rechteck *n.* / oblong / rectangle
Rechteckchip *m.* / oblong chip
rechteckig / oblong / rectangular
rechteckiger Steckverbinder *m.* / rectangular
connector
Rechtsabteilung *f.* / legal department
rechtsbündig / right-justified
rechtsbündig ausrichten / to justify to the
right / to right-justify
Rechtschreibprüfung *f.* / spelling verification
rechtsverbindlich / legally binding
rechtwinklig / right-angled / orthogonal
rechtzeitig / (adj.) in-time / (adv.) in time
redaktionelle Vorbearbeitung *f.* / pre-edit
Redundanz *f.* / redundancy / **dreifache ...**
triple modular redundancy / **... durch**
Vierfachgatter quadded redundancy
Redundanzniveau *n.* / level of sparing
Redundanzprinzip *n.* / sparing / redundancy
concept
Redundanzprüfung *f.* / redundancy check
Redundanzschaltkreis *m.* / redundant circuit
Redundanzspeicher *m.* / redundant memory
Redundanzverfahren *n.* / sparing approach
reduzieren / to reduce / **Gatelängen ...**
to shrink gate lengths / **Gate-Oxiddicken ...**
to thin gate oxides
reduziert / (Version) stripped-down (version)
Reduzierung *f.* / reduction / **... auf 32 Bits**
truncation to 32 bits / **... der**
Belichtungszeit um eine Größenordnung
one-order reduction of exposure time /
... der Entwurfsparameter design rule
reduction / **... der Schaltkreisstruktur**
die shrinking
Reexpedition *f.* / reshipment
Refaktie *f.* / refund
Referat *n.* / office / (Siem.) section
Referent *m.* / moderator
reflektierend / reflective

reflektierter Binärcode *m.* / reflected binary code / cyclic code
Reflektormarke *f.* / reflective spot
Reflektorwanne *f.* / reflector dish
Reflexionselektronenbeugung *f.* / reflection electron diffraction
Reflexionsfaktor *m.* / reflection coefficient
Reflowlöten *n.* / reflow soldering
Regal *n.* / shelf
Regalförderzeug *n.* / rack servicing unit
Regel *f.* / rule
Regelabweichung *f.* / deviation / variance
Regelalgorithmus *m.* / control algorithm
Regelausnahme *f.* / exception from the rule(s)
Regeldynamik *f.* / control response
Regelgerät *n.* / automatic controller
Regelgröße *f.* / controlled variable / measured variable
Regelkarte *f.* / control chart
Regelkreis *m.* / control loop / feedback loop / feedback control circuit
Regelkreisverstärkung *f.* / closed-loop gain
Regellieferzeit *f.* / standard delivery period
regelmäßig / regular
regeln / to control
Regelschaltkreis *m.* / regulation circuitry
Regelschaltung *f.* / regulator circuit
Regelschleife, phasengekoppelte *f.* / phase-locked loop
Regelspannung *f.* / regulation voltage
Regelstellglied *n.* / control element
Regelstrecke *f.* / controlled system / process under control
Regelsystem, geschlossenes *n.* / closed-loop system
Regeltarif *m.* / standard tariff
Regel- und Steuerungstechnik *f.* / control systems engineering
Regelung *f.* / regulation / (DV) automatic control / feedback control
Regelungstechnik *f.* / control engineering
Regelverstärker *m.* / regulating amplifier
Regionalaufgaben *fpl.* / regional functions
Regionallager *n.* / regional warehouse
Regionalvertriebe *mpl.* / regional sales offices
Regionen Ausland *fpl.* / (Siem.) International Regional Offices
registrieren / to record / to log
Registriergerät *n.* / logger
Regler *m.* / controller
Regreß *m.* / recourse
Regreßanspruch *m.* / right of recourse / right of compensation
regulieren / to modulate / to adjust
Reibkorrosion von Kontakten *f.* / fretting corrosion
Reibung *f.* / friction
Reibungsfehler *m.* / frictional error
reichhaltiges Lager *n.* / heavy stock

reichsortiertes Lager *n.* / well-assorted stock
Reichweite *f.* / range
Reife *f.* / maturity
Reifung *f.* / maturation
Reihe *f.* / row / line / series / **in einer ...** in-line (pins) / **geschlossene ...** closed array / **kontinuierlich fortlaufende ...** continuous linear array / **... von Zuleitungen** row of leads
Reihenabstand *m.* / row pitch
Reihen-Drosselspule *f.* / series inductor
Reihenfolge *f.* / sequence / order
Reihenfolgeplanung *f.* / sequence scheduling / sequence planning
reihengeschaltet / series-connected
Reiheninduktivität *f.* / series inductance
Reihenmodul *n.* / in-line module
Reihenschaltung *f.* / series circuit
Reihenschwingkreis *m.* / series-resonant circuit
Reihentorschaltung *f.* / series gating
Reihenverband *m.* / array
Reihenwiderstand *m.* / series resistance
Reihung *f.* / sequence
Reinertrag *m.* / net proceeds
reines Bordkonossement *n.* / clean on-board bill of lading / clean on-board B/L
Reingewicht *n.* / net weight
Reingewinn *m.* / net profit
Reinheitsforderung *f.* / purity demand
Reinheitsgrad *m.* / degree of purity
Reinheitsvorschriften *fpl.* / cleanliness specifications
Reinigung *f.* / cleaning / **... im Säurebad** acid cleaning / (mech. Naßreiniger) scrubbing process / **... vor dem Schleudern** prespin cleaning
Reinigungsanforderungen *fpl.* / cleaning requirements
Reinigungsanlage *f.* / scrubber
Reinigungsmittel *n.* / cleaning agent
Reinigungsverfahren *n.* / (vor dem Aufschleudern) (pre-spin) cleaning process
Reinraum *m.* / clean room / **... der Klasse 100** clean room with class 100 conditions
Reinraumanlagen *f.* / clean room facilities
Reinraumbedingungen *fpl.* / clean room conditions
Reinraumbekleidung *f.* / clean room clothing
Reinraumklasse *f.* / clean room class
Reinraumverhalten *n.* / clean room discipline
Reinstgraphit *n.* / ultrapure graphite
Reinwasser *n.* / clear water
Reißlast *f.* / (QS) tensile strength
Reklamation *f.* / complaint
Reklame *f.* / advertising
reklamieren / to make a complaint
rekonstruieren / to reconstruct
Rekonstruktion *f.* / reconstruction

Rekordhöhe *f.* / record level
rekristallisiert / regrown
Rekristallisierung *f.* / recrystallization
Relais *n.* / relay / **geschlossenes ...** closed-type
relay
relativ / relative / comparative
relative Dichte *f.* / relative density
relative Feuchte *f.* / relative humidity (RH)
relativer ... / relative
relativer Ausdruck *m.* / relocatable expression
relativierbar / relocatable
Relativierungstabelle *f.* / relocation dictionary
Relativlader *m.* / relocatable program loader
Reliefgitter *n.* / relief grating
Relikt *n.* / pinspot / spot
Rendite *f.* / yield
Renner *m.* / high-usage item / top-selling item
rentabel / profitable
Rentabilität *f.* / profitability
Rentabilitätsrate *f.* / rate of return
Reorganisation *f.* / reorganization
Reparatur *f.* / repair
reparaturbedürftig / repairable
Reparaturfreundlichkeit *f.* / easy repairability
Reparaturzeit *f.* / outage time / downtime
Repetierkamera *f.* / step-and-repeat camera
Repetierverfahren *n.* / step-and-repeat process
Repräsentant *m.* / representative
repräsentativ / representative
reproduzierbar / reproducible / repeatable
Reserveausrüstung *f.* / standby equipment
Reservebetrieb *m.* / backup operation
Reservekapazität *f.* / reserve capacity
Reserverechner *m.* / backup computer /
standby computer
Reservespeicher *m.* / spare memory / backup
storage
Reservesystem *n.* / standby system / fall back
system
reservieren / to allocate / to dedicate /
to reserve
reservierter Bereich *m.* / dedicated area /
allocated area
Reservierung *f.* / (Speicher) allocation /
(allg.) reservation
resident / resident
Resist *n.* / resist / **... auf Chlorbasis**
chlorine-based resist / **... auf organischer**
Basis organic-based resist /
elektronenempfindliches ... E-beam resist /
electron resist / **empfindlicheres ...** faster
resist / **... für den fernen UV-Bereich** deep
UV resist / **hochempfindliches ...**
high-speed resist / **... höchster Auflösung**
highest-resolution resist / **oberes ...** top
resist / **röntgenstrahlempfindliches ...** x-ray
resist
Resistabbildungsleistung *f.* / resist imaging
performance

Resistablösung *f.* / resist stripping
Resistbearbeitungslabor der Staubklasse
100 *n.* / class 100 resist processing
lab(oratory)
resistbeschichtet / resist-coated
Resistbeschichtung *f.* / resist coating
Resistbildschicht *f.* / resist image layer
Resistböschung *f.* / resist slope
Resistdefekt *m.* / resist defect / resist damage
Resistempfindlichkeit *f.* / resist sensitivity /
resist speed / **spektrale ...** resist response
resistent, klimatisch / weatherproof
Resistfließeigenschaft *f.* / resist flow property
Resisthaftung auf dem Substrat *f.* / resist
adhesion to the substrate
Resistkantenprofil *n.* / resist edge profile
Resistkontrastverhalten *n.* / resist contrast
behaviour
Resistlack *m.* / photoresist
Resistlinienbreiteänderung *f.* / resist
line-width variation
Resistmaterial, UV-empfindliches *n.* /
UV-sensitive resist material
Resistprofil, unterätztes *n.* / undercut resist
profile
Resistschicht *f.* / resist layer /
darunterliegende ... underlay resist /
einfache ... single resist layer / **oberste ...**
top resist layer / **untere ...** bottom resist
layer / **... unterschiedlicher Dicke**
variable-thickness resist layer
Resistschichtunebenheit *f.* / resist coating
non-flatness
Resiststeg *m.* / resist line
Resiststruktur *f.* / resist pattern
Resisttechnik *f.* / resist technology
Resistüberbrückung *f.* / resist bridging
Resonanzfrequenz *f.* / resonant frequency
Resonanzgatter *n.* / resonant gate
Resonanzkreis *m.* / resonant circuit / tuned
circuit
Rest *m.* / leftover / remainder / rest
Restbedarf *m.* / remaining demand
Restbestand *m.* / residual inventory / leftover
stock
Restbetrag *m.* / balance / residual amount
Restguthaben *n.* / residual credit balance
Restinduktivität *f.* / saturation inductance /
... im Sättigungsbereich leakage inductance
Restkontingent *n.* / residual allocation
Restladung *f.* / (el.) residual charge
restlich / remaining / residual
Restliefermenge *f.* / rest delivery quantity
Restlieferung *f.* / residual shipment
Restmenge *f.* / remaining quantity / residual
quantity
Restoxid *n.* / residual oxide
Restrukturierungsmaßnahmen *fpl.* /
restructuring measures

Restseitenbandfilter *m.* / vestigial-sideband filter
Restspannung *f.* / residual voltage
Reststrom *m.* / cutoff current / offset current / residual current
Restsumme *f.* / balance
Restüberdeckung *f.* / residual registration
Restwiderstand *m.* / residual resistance / saturation resistance
Retikel *n.* / reticle / **fehlerfreies ...** zero-defect reticle / **... für Abbildungsmaßstab 10:1** 10:1 reticle / **... für ein Bauelement** single-device reticle / **... für Repeatverfahren** step-and-repeat reticle / **... für Wafer-Stepper** stepper reticle / **... für 10fache Verkleinerung** ten-times reticle / **... mit mehreren Schaltkreisbildern** multi-die reticle
Retikelausrichtung *f.* / reticle rotation
Retikelbezugsmarke *f.* / reticle reference target
Retikelbildstruktur *f.* / reticle imagery pattern
Retikeldrehung *f.* / reticle rotation
Retikelebene *f.* / reticle plane
Retikelfenster, durchstrahltes *n.* / transilluminated reticle window
Retikelherstellung *f.* / reticle generation
Retikeljustiergerät *n.* / reticle alignment instrument
Retikeljustierung *f.* / reticle alignment
Retikelkarussel *n.* / rotating reticle carrousel
Retikelkontrollgerät *n.* / reticle inspection equipment
Retikelmaske *f.* / reticle mask / reticle photomask
Retikelmikroskop *n.* / reticle microscope
Retikelpositionierung, reproduzierbare *f.* / repeatable reticle positioning
Retikelprüfgerät *n.* / reticle inspection equipment
Retikelrahmen *m.* / reticle frame
Retikelrand *m.* / reticle border
Retikelschablone *f.* / reticle mask
Retikelschreibanlage *f.* / reticle writing system
Retikelstrukturerzeugung *f.* / reticle pattern generation
Retikeltisch *m.* / reticle stage
Retikelübertragung *f.* / reticle transfer
Retikel- und Wafermarkenbild, zusammengesetztes *n.* / composed reticle and wafer mark image
Retikelverfahren *n.* / reticle technology
Retikelvorjustierrahmen *m.* / reticle prealign frame
Retikelwechsel *m.* / reticle change
Retouren *fpl.* / returned goods / return shipments

Revision *f.* / audit(ing)
Revisor *m.* / auditor
revolvierende Planung *f.* / revolving planning
richtig / correct / right / proper
Richtigkeit *f.* / correctness / accuracy
richtigstellen / to rectify
Richtleiter *m.* / rectifier element
Richtlinie *f.* / guideline / directive
Richtlosgröße *f.* / standard lot size
Richtplatte *f.* / surface plate
Richtpreis *m.* / recommended price / (EU) target price
Richtstrahlwert *m.* / brightness level (of electron gun)
Richtstrom *m.* / rectified current
Richtung *f.* / direction
Richtungsfähigkeit von Ätzionen *f.* / directionality of etching ions
Richtungsleitung *f.* / attenuator
richtungsweisend / trend-setting
Richtwert *m.* / approximate value
riefenfrei / score-free
Riesenchip *m.* / monster chip
Rille *f.* / groove
Ringleitung *f.* / loop line
Ringmutter *f.* / (bei StV) coupling nut
Ringnetz *n.* / loop network
Ringsäge mit Innenschneidkante *f.* / annular inside diameter saw
Ringschaltung *f.* / ring-connection
Ringschieben *n.* / circular shift / logical shift / non-arithmetic shift
Ringschieberegister *n.* / circulating register
Ringspule *f.* / toroidal coil
Ringübertragung *f.* / cyclic ... / ring ... / circuit ... / circular... / end-around shift
Rippenkühlkörper *m.* / finned heat sink
Risiko *n.* / risk / venture
Risikokapital *n.* / venture capital
Riß *m.* / crack
ritzen / to scribe
Ritzen und Brechen *n.* / scribing and breaking
Ritzgraben *m.* / scribe line / scribe lane
Ritzrahmen *m.* / scribe line (in wafer)
RM-Kern *m.* / rectangular module core
Robotersteuerung *f.* / robot control
Robotertechnik *f.* / robotics
Rödeldraht *m.* / binding wire
Röhre *f.* / tube
Röhrengarantiefrist *f.* / warranty period for tubes
Röntgenabbildung *f.* / x-ray imaging
Röntgenabstandsbelichtungsanlage *f.* / x-ray proximity exposure tool
Röntgenabtastverfahren *n.* / scanning x-ray technique
Röntgenanlage *f.* / x-ray gear
Röntgenbelichtung *f.* / x-ray exposure

Röntgenbelichtungsanlage *f.* / x-ray exposure system / ... **mit Repeateinrichtung** x-ray stepper / x-ray step-and-repeat printer
Röntgenbelichtungsgerät *n.* / x-ray printer
Röntgenbelichtungsmaske *f.* / x-ray exposure mask
Röntgenbeugungsbild *n.* / x-ray diffraction pattern
Röntgenfluß *m.* / x-ray flux
Röntgenjustier- und Belichtungsanlage *f.* / x-ray alignment and exposure system
Röntgenkontaktbelichtung *f.* / x-ray contact printing
Röntgenmaske *f.* / x-ray (lithography) mask / **äußerst zerbrechliche** ... ultrafragile x-ray mask
Röntgenmaskenbearbeitung *f.* / x-ray mask processing
Röntgenmaskenjustierung *f.* / x-ray mask alignment
Röntgenmaskensubstrat *n.* / x-ray mask substrate
Röntgenmaskentechnik *f.* / x-ray mask technology
Röntgenmikrosonde *f.* / x-ray microprobe
Röntgenprojektionsbelichtungsanlage *f.* / x-ray projection printer
Röntgenquelle *f.* / x-ray source / ... **endlicher Größe** x-ray source of finite size / ... **für Elektronenbeschuß** electron-bombardment x-ray source
Röntgenquelle-Objekt-Abstand *m.* / x-ray source-to-object distance
Röntgenrepeateranlage *f.* / x-ray step-and-repeat system
Röntgenresist *m.* / x-ray resist / x-ray-sensitive resist
Röntgenstepper *m.* / x-ray stepper / ... **mit Synchronstrahlungsquelle** synchrotron-based x-ray stepper
Röntgenstrahlbelichtungstechnik *f.* / x-ray printing technology
Röntgenstrahlbeugung *f.* / x-ray diffraction
Röntgenstrahlen *mpl.* / x-rays
Röntgenstrahlenabschwächung *f.* / x-ray attenuation
röntgenstrahlenbelichtet / x-ray-exposed
röntgenstrahlendurchlässig / x-ray transparent
röntgenstrahlenempfindlich / x-ray sensitive
Röntgenstrahllithographie *f.* / x-ray lithography
Röntgenstrahlquelle *f.* / x-ray illumination source
röntgenstrahlundurchlässig / opaque to x-rays
Röntgenstrahlung *f.* / x-radiation
Röntgenüberdeckungsrepeater *m.* / step-and-repeat x-ray aligner
Röntgenwellenlänge *f.* / x-ray wavelength
Rohentwurf *m.* / draft / rough copy

Rohling *m.* / (f. Wafer) ingot
Rohmaske *f.* / mask blank
Rohmaterial *n.* / raw material
Rohprogramm *n.* / primary program
Rohr *n.* / conduit
Rohrkabel *n.* / semi-rigid cable
Rohrniete *f.* / tubular rivet
Rohrolle *f.* / reel
Rohstoffe *mpl.* / (Markt) commodities
Rohteil *n.* / raw part / unmachined part
Rollen *n.* / (Maus) scrolling
rollende Fracht *f.* / freight in transit
Rollenrast *n.* / roller detent
Rollfuhr *f.* / cartage / haulage
Rollgeld *n.* / carriage / cartage
Rollgut *n.* / carted goods
rollierend / rolling / continuous
rollierende Planung *f.* / perpetual planning
Rollkugel *f.* / (Maus) control ball / track ball
rostfrei / stainless / rustless
rostig / rusty
Rotation *f.* / rotation / gyration
Rotationseinstellung *f.* / theta control
Rotationsniveau *n.* / rotational level
Rotationsölpumpe *f.* / rotary oil pump
Rotationsscheibenhalter *m.* / planetary wafer holder
Rotationsversetzung *f.* / rotational offset
rotieren / to rotate / to gyrate / to revolve / to spin
rotierend / revolving / rotary
Routingraster *n.* / routing grid
Rubrik *f.* / heading
Rubylith *m.* / rubylith
Rückansicht *f.* / rear view
Rückantwort *f.* / reply
Rückbuchung *f.* / reverse entry / negative booking
rückdatieren / to backdate
Rückdatierung *f.* / backdating
rückerstatten / to reimburse
Rückerstattung *f.* / reimbursement / refund
Rückfracht *f.* / return cargo
rückführbar / restorable
Rückführung *f.* / feedback
Rückgriff *m.* / recourse
Rückheilung *f.* / grow-back
Rückkauf *m.* / repurchase
Rückkehradresse *f.* / return address
Rückkopplung *f.* / feedback
Rückladung *f.* / return cargo
Rücklauf *m.* / return
Rückliefermengen *fpl.* / quantities returned
Rücklieferung *f.* / return delivery / return shipment
Rückmeldekarte *f.* / ready card / feedback card
Rückmeldung *f.* / feedback / ready message / acknowledgement

Rücknahmepflicht *f.* / (Verpackung) obligation to take back packaging
Rückruf *m.* / (Tel./defekte Waren) callback / recall
Rückschaltung *f.* / shift-in
Rückschlag *m.* / setback
rückschreiben / to rewrite
Rückseite *f.* / reverse side / back (side) / rear / back surface of wafer
Rückseitenätzung *f.* / reverse etching
Rückseitendiffusion *f.* / backside diffusion
Rückseitenläppung *f.* / back lapping
Rückseitenmetallisierung *f.* / backside metallization
Rücksendung *f.* / return shipment
rücksetzen / to backspace / (Band) to rewind / (in Anfangszustand) to reset
Rücksprungbefehl *m.* / return instruction
Rücksprungstelle *f.* / reentry point
Rückspulen *n.* / rewind
rückständig / outstanding
rückständige Betriebsaufträge *mpl.* / shop order backlog
Rückstand *m.* / (Aufträge / Arbeit) backlog / (Chemikalie u.ä.) residue
Rückstandsaufholung *f.* / catch-up of backlog
rückstandsfrei / without residues
Rückstandsliste *f.* / backorder list / delay report / backlog list
Rückstoßatom *n.* / recoil atom
Rückstoßeffekt *m.* / repulsion effect
Rückstreubelichtung *f.* / backscatter exposure
Rückstreubereich *m.* / backscattering range
Rückstreuung *f.* / backscattering
Rückstromspitze *f.* / (Dioden) repetitive peak reverse current
Rücktritt vorbehalten / subject to withdrawal
Rückübersetzungsprogramm *n.* / disassembler
Rückübertragung *f.* / back transfer / retrocession
Rückverfolgung *f.* / backtracking / backtracing
Rückvergütung *f.* / refund / reimbursement
rückverzweigen / to branch backward
rückwärts / backward / reverse
Rückwärtsdiode *f.* / backward diode
Rückwärtserholungszeit *f.* / reverse recovery time
Rückwärtsindizierung *f.* / backward indexing
Rückwärtsrichtung *f.* / reverse direction
Rückwärtsschrittzeichen *n.* / backspace character / back-arrow
Rückwärtsspannung *f.* / reverse voltage
Rückwärtssteuerung *f.* / backward supervision
Rückwärtsterminierung *f.* / backward scheduling / offsetting
Rückwärtsvorschub *m.* / reverse feed
Rückwandstecker *m.* / backplane connector

Rückwandverdrahtungsplatte *f.* / backplane
Rückwaren *fpl.* / returned goods
Rückweise-Grenzqualität *f.* / (QS) limiting quantity
rückweisen / to reject
Rückweisquote *f.* / rejection rate
Rückweisung *f.* / rejection
rückwirkend / retroactive
Rückwirkkapazität *f.* / (SIPMOS) reverse transfer capacitance
Rückzahlung *f.* / repayment
rüsten / to set up
Rüstkosten *pl.* / set-up costs
Rüstzeit *f.* / set-up time
Rüttler *m.* / vibrator
Rufdaten *pl.* / call data
Ruhekontakt *m.* / closed contact / break contact / normally-closed contact
ruhend / idle
Ruhestand *m.* / retirement
Ruhestellung *f.* / (z.B. Ofen) standby
Ruhestrom *m.* / closed-circuit current / standby current
Ruhestrombetrieb *m.* / closed-circuit operation
Ruhezustand *m.* / idle state
rund / round
Rundbecher *m.* / cylindrical case
runder Steckverbinder *m.* / circular connector
Rundgehäuse *n.* / can
Rundkabel *n.* / jacketed cable
Rundofen *m.* / round oven
Rundschreiben *n.* / circular
Rundungskennziffer *f.* / rounding code (number)

S

Saatkristall *n.* / seed crystal
Sachanlagen *fpl.* / tangible fixed assets / property, plant & equipment
Sachbearbeiter *m.* / person in charge of ... / person handling ..
sachlich / matter-of-fact
Sachnummer *f.* / part number / article number / item number / **... der Oberstufe** upper part number / **... der Unterstufe** lower part number
Sachnummernergänzung *f.* / part-number supplementation
Sachnummernverzeichnis *n.* / part number record file
Sachschaden *m.* / material damage
Sachvermögen *n.* / tangible assets
Sachwerte *mpl.* / real values

Sägeblatt *n.* / dicing wheel
Sägen *n.* / sawing
Sättigung *f.* / saturation
Sättigungsbereich *m.* / saturation region
Sättigungsgrenze *f.* / saturation limit
Sättigungsknick *m.* / saturation bend
Sättigungslogik, gesteuerte *f.* / controlled saturation logic
Sättigungspunkt *m.* / saturation point
Sättigungsschaltkreis *m.* / saturation circuit
Sättigungsspannung *f.* / saturation voltage
Sättigungssperrstrom *m.* / reverse saturation current
Sättigungssteilheit *f.* / saturation transconductance
Sättigungswert *m.* / saturation value
Sättigungswiderstand *m.* / saturation resistance
Säulendiagramm *n.* / column diagram
Säureabfluß *m.* / acid drain
Säurebad *n.* / acid bath
Säurebecken *n.* / acid tank
Säureneutralisation *f.* / acid neutralization
saisonabhängig / seasonal
saisonbereinigt / seasonally adjusted
saldieren / to balance / to net out
saldierte Bedarfsmengen *fpl.* / balanced requirements
saldierte Menge *f.* / balanced quantity
Saldierwerk *n.* / accumulator
Saldo *m.* / balance / ... aus Einnahmen und Ausgaben cash flow
Salpetersäure *f.* / nitric acid
Sammelbestellung *f.* / collective order / omnibus order
Sammelgang *m.* / group printing
Sammelgut *n.* / consolidation / groupage
Sammelgutspediteur *m.* / consolidating forwarder
Sammelgutverkehr *m.* / groupage service
Sammelhorde *f.* / collecting tray
Sammelladung *f.* / consolidated shipment / grouped shipment / combined shipment
Sammelladungsverkehr *m.* / groupage traffic
Sammellager *n.* / consolidation warehouse
Sammelrechnung *f.* / collective invoice / unit billing
Sammelsendung *f.* / combined shipment
Sammeltransport *m.* / collective transport
Sammelweg *m.* / (DV) bus / highway / trunk
Sandstrahlen *n.* / sand blasting
Sanduhr *f.* / hourglass-shaped isolation well
Saphir-Silizium-Grenzschicht *f.* / sapphire-silicon-interface
Saphirsubstrat *n.* / sapphire substrate
Saphirzuchtkeim *m.* / sapphire seed
Satellitenrechner *m.* / satellite computer
Sattelauflieger *m.* / semi-trailer

Satz *m.* / (DV) record / (Druck) setting / (allg.) sentence / (Bauteile) kit
Satzadresse *f.* / record address
Satzanzahl *f.* / record count
Satzart *f.* / record type
Satzaufbau *m.* / record structure
Satzendekennzeichen *n.* / end-of-record label
Satzformat *n.* / record format
Satzgruppe *f.* / record set
Satzkettung *f.* / record chaining
Satzlänge *f.* / record length
Satzlieferung *f.* / delivery of a kit / shipment of kits
Satzlieferungsaufträge *mpl.* / orders for kits
Satzlücke *f.* / interrecord gap
Satzmarke *f.* / record marker
Satzmerkmal *n.* / attribute
satzorientiert / record-oriented
Satzrechenzentrum *n.* / typographic computer center
Satzrechner *m.* / typographic computer / composition computer
Satzspiegel *m.* / text field
Satzstruktur *f.* / record layout
Satzteile *npl.* / kit / set of parts
Satzteileprogramm *n.* / ordering program
Satzzeichen *n.* / punctuation mark
Satzzwischenraum *m.* / interrecord gap
sauberer Strom *m.* / clean power
Sauberkeit *f.* / cleanliness
Sauerstoffeinbau *m.* / oxygen incorporation
Sauerstoff-Stickstoff-Atmosphäre *f.* / oxygen-nitrogen-ambient
Sauggitter *n.* / extraction grid
Saugnapfbefestigung *f.* / vacuum mount
Saugpinzette *f.* / die collet / vacuum wand / (Bestückungsautomat) vacuum suction nozzle
Saugpinzettendruck *m.* / collet pressure
Saumeffekt *m.* / fringing effect
Scannerwagen *m.* / scanning carriage
Schablone *f.* / mask / ... für 1:1 Abbildung 1x mask / ... für Zwischenverbindungen interconnection mask
Schablonenfeld *n.* / mask array
Schablonenfelddaten *pl.* / array information / array data
Schablonenfertigung *f.* / mask production
schablonengesteuert / template-driven
Schablonenhalter *m.* / mask holder
Schablonenkopie *f.* / submaster photomask
Schablonenkopiergerät *n.* / photomask replication equipment / printer for photomask duplication
Schablonenkopierverfahren *n.* / mask replication technique
Schablonenmaske *f.* / stencil mask
Schablonenöffnungen *fpl.* / (Röntgenverf.) stencil openings

Schablonensatz *m.* / mask set
Schablonenstruktur *f.* / mask pattern
Schablonenvervielfältigung *f.* / mask replication
Schablone-Wafer-Abstand *m.* / mask-to-wafer distance
Schachbrettanordnung *f.* / checkerboard array
schachteln / to nest / to interleave
Schachtelung *f.* / nesting / interleaving
Schaden *m.* / damage / (fin.) loss
Schadenersatz *m.* / damages
Schadensfall *m.* / event of loss
Schadschicht *f.* / damage layer
Schadstoffliste *f.* / list of pollutants
Schärfe *f.* / acuity
Schärfenabfall am Rand *m.* / edge gradient
Schärfenebene *f.* / focal plane
Schärfentiefe *f.* / focal depth
schätzen / to estimate
Schätzung *f.* / estimate
Schaft *m.* / sleeve
Schalenkern *m.* / pot core
Schaltalgebra *f.* / logic algebra / switching algebra
Schaltanweisung *f.* / alter statement
Schaltbild *n.* / circuit diagram
Schaltbrett *n.* / plugboard / patchboard
Schaltbrücke *f.* / jumper
Schaltebene des Schalters *f.* / deck of switch
Schaltelement *n.* / gate / logic element
schalten / to switch
Schalter *m.* / switch / **eingebauter ...** integral switch / **einstöckiger ...** single-deck switch / **... in DIP-Gehäuse** dual-in-line packaged switch
Schalterbaugruppe *f.* / switch module
Schalterdose *f.* / switch box
Schaltermaschine *f.* / teller machine
Schaltersteuerung *f.* / switch controller
Schalterterminal *n.* / teller terminal
Schaltfeld/-tafel *n.* / control panel / **steuerbares ...** programmable control panel
Schaltfrequenz *f.* / switching frequency
Schaltgeräte *npl.* / switchgear
Schaltgeschwindigkeit *f.* / (Baustein) device speed / (Schalter) switching speed
Schaltintegration *f.* / integration of circuitry elements
Schaltkabel, steckbares *n.* / plug-in connecting cable
Schaltkammer *f.* / switching chamber
Schaltkartenmodul *n.* / printed circuit card
Schaltkreis *m.* / circuit / **... der mittelintegrierten Technik** medium-scale integrated circuit / MSI-circuit / **flexibler, gedruckter ...** bendable printed circuit / **... geringer Leistung** low-power circuit / **hochintegrierter ...** large-scale integrated

circuit / LSI-circuit / **höchstintegrierter ...** very large-scale integrated circuit / VLSI-circuit / **... in n-Kanal-MOS-Technik** NMOS circuit / n-metal-oxide semiconductor circuit / **... in p-MOS-Technik** PMOS circuit / p-metal-oxide semiconductor circuit / **kundenspezifischer, integrierter ...** custom-IC / **... mit hohem Integrationsgrad** densely packed IC / **... mit mittlerer Integrationsdichte** medium-scale IC / **... mit Ultrahöchstintegration** wafer-scale IC / **... mit ungünstiger Flächenausnutzung** area-inefficient circuit / **schneller ...** high-speed switching circuit / **unversteifter ...** unsupported circuit / **verkappter ...** packaged circuit
Schaltkreis-... (siehe auch „Schaltungs-...")
Schaltkreisanordnung *f.* / circuit arrangement
Schaltkreisentwurf *m.* / circuit design
Schaltkreisfläche *f.* / circuit area
Schaltkreisintegrationsdichte *f.* / circuit packing density
Schaltkreislogik *f.* / circuit logic
Schaltkreispfad *m.* / circuit path
Schaltkreisselektion *f.* / screening of ICs
Schaltkreisstruktur *f.* / circuit pattern / IC pattern / **... eines Chips** die pattern
Schaltkreisüberdeckungsfehler *m.* / die-fit misregistration
Schaltkreisverkleinerung *f.* / circuit shrinking
Schaltleistung *f.* / power rating / switching performance
Schaltlogik *f.* / circuitry logic / switching logic
Schaltnetz *n.* / switching circuit / combinatorial circuit
Schaltplan *m.* / switching diagram / circuit layout
Schaltplatte *f.* / plugboard
Schaltregler *m.* / switch mode controller / (Strom) AC/DC-converter / current regulator
Schaltregler mit Phasensteuerung *m.* / (Thyristor) phase-controlled thyristor switch
Schaltschema *n.* / circuit diagram
Schaltspannung *f.* / voltage rating
Schaltströme *mpl.* / switching currents
Schalttafelsteuerung *f.* / panel control
Schalttechnik *f.* / switching logic
Schalttrommel *f.* / switch drum
Schaltung *f.* / circuit / **angepaßte ...** balanced circuit / **... aus mehreren Halbleiterchips** (integrierte) multichip / **doppelseitig gedruckte ...** double-sided p.c. board / **einseitig gedruckte ...** single-sided p.c. board / **flachdiffundierte ...** shallow-diffused device / **... für hohe**

Spannungen high-voltage circuit / **gedruckte** ... printed circuit board / p.c. board / **getaktete** ... clocked circuit / ... **hoher Güte** high-Q factor circuit / ... **hoher Packungsdichte** (integrierte) high-density IC / **integrierte, gemischte** ... hybrid IC / **invertierende** ... inverting circuit / **kombinatorische** ... combinatorial circuit / **ladungsgekoppelte** ... charge-coupled circuit / **mehrlagige, gedruckte** ... multiple p.c. board / ... **mit diskreten Bauelementen** discrete component circuit / ... **mit Ladungsspeicherung unter der Grenzfläche, ladungsgekoppelte** surface-channel CCD / ... **mit Rückführung** closed-loop circuit / ... **mit Schutzringisolation** guard-ring isolated circuit / ... **mit vergrabenem Kanal, ladungsgekoppelte** buried-channel CCD / **nicht kompensierte** ... uncompensated circuit / ... **ohne Rückführung** open-loop circuit / **symmetrische** ... balanced circuit / **unsymmetrische** ... unbalanced circuit
Schaltungsaufbau *m.* / circuit configuration / circuitry / **prinzipieller** ... basic design of the circuit
Schaltungsbau *m.* / circuit fabrication
Schaltungsbauelement *n.* / circuit component
Schaltungsbaustein *m.* / circuit building block / ... **für Oberflächenmontage** surface-mountable IC-package / **gekapselter** ... IC package / **integrierter** ... integrated circuit package / **superschneller** ... ultra-high speed device
Schaltungsbelastung *f.* / circuit load
Schaltungsbibliothek *f.* / circuit library
Schaltungselement *n.* / circuit component / ... **des Verarmungstyps** depletion device
Schaltungsempfindlichkeit gegenüber Spannungsschwankungen *f.* / circuit sensitivity to voltage variations
Schaltungsentwurf *m.* / circuit design / ... **für Leiterplatten** p.c. board layout
Schaltungsgeschwindigkeit *f.* / circuit speed
schaltungsintern / in-circuit
Schaltungskarte *f.* / circuit board
Schaltungsknotenpunkt *m.* / circuit node
Schaltungskonfiguration *f.* / circuit layout / ... **in 10facher Vergrößerung** circuit configuration at a 10x scale factor
Schaltungsleistung *f.* / circuit performance
Schaltungsleitbahn *f.* / circuit interconnection path
Schaltungslogik *f.* / circuit logic
Schaltungsprogrammierer *m.* / circuit programmer
Schaltungsprüfung *f.* / circuit testing
Schaltungsrekonstruktion *f.* / circuit extraction

Schaltungstechnik *f.* / circuit technology / **ultraschnelle, integrierte** ... advanced solid logic technology
Schaltungsverbesserung *f.* / innovative circuit improvement
Schaltungsverbindung *f.* / circuit interconnection
Schaltungsverkappung *f.* / circuit encapsulation
Schaltungsverzögerung *f.* / circuit delay
Schaltungsweg, geschlossener *m.* / closed-loop path
Schaltvariable *f.* / switching variable / logic variable
Schaltverhalten *n.* / switching performance
Schaltverzögerung *f.* / switching delay / progration delay / ... **eines Gatters** gate delay time
Schaltweg *m.* / switched path
Schaltwerk *n.* / sequential logic system / microcontroller
Schaltzeichen *n.* / circuit symbol / component symbol
Schaltzeit *f.* / circuit time / switching time
Schaltzyklen *mpl.* / make-and-break cycles
scharf / (Foto) in focus
Scharfeinstellung *f.* / focussing
Schattenabbild *n.* / shadow replica
Schattenabbildung *f.* / shadow casting / shadow printing / ... **durch Ionenstrahlen** ion-beam shadow printing
Schattenbild *n.* / shadow image / shadowgraph
Schattenbildung *f.* / shadowing
Schattenkante *f.* / edge of the shadow
Schattenmaske *f.* / x-ray mask
Schattenmaskenverfahren *n.* / shadowmasking
Schattenpreis *m.* / shadow price
Schattenprojektionsabstand *m.* / shadow projection distance
Schattenspeicher *m.* / non-addressable memory / shaded memory
Schattenwirtschaft *f.* / shadow economy / moonlight economy
schattiertes Bild *n.* / shaded picture
Schaubild *n.* / diagram / graph / chart
Scheck *m.* / (US) check / (GB) cheque
Scheibe *f.* / wafer
Scheibenanschliff *m.* / wafer flat
Scheibenbearbeitung *f.* / wafer processing / slice processing
Scheibenbelegungsplan *m.* / substrate layout order (SLO)
Scheibenbestücker *m.* / wafer loader
Scheibenbeurteilung *f.* / wafer sort / wafer probing
Scheibenbewegung *f.* / (Naßätzen) wafer agitation
Scheibenbonder *m.* / chip bonder
Scheibenboot *n.* / deposition boat

Scheibenbruch *m.* / wafer breakage
Scheibendrehung *f.* / wafer rotation
Scheibendurchbiegung *f.* / wafer bow
Scheibendurchlauf *m.* / run of wafers
Scheibendurchmesser *m.* / wafer diameter
Scheibendurchsatz *m.* / wafer throughput
Scheibenfertigung *f.* / wafer processing /
  wafer fabrication / (Fertigungsbereich)
  wafer fab(rication)
Scheibenfertigungsausbeute *f.* / fab yield
Scheibenfertigungsstandort *m.* / wafer
  fabrication site / wafer manufacturing
  location
Scheibenflat-Justierung *f.* / wafer flat
  alignment
Scheibenflur *m.* / wafer process-line
Scheibenhalter *m.* / boat / wafer holder
Scheibenherstellung *f.* / wafer fabrication /
  (Fertigungsbereich) wafer fab
Scheibenhorde *f.* / wafer cassette
Scheibenhorizontierung *f.* / wafer levelling
Scheibenlader *m.* / wafer loader
Scheibenmaskierung *f.* / wafer masking
Scheibenmikroprozessor *m.* / bit-slice
  microprocessor
Scheibenoberfläche *f.* / wafer surface
Scheibenorientierung *f.* / wafer alignment
Scheibenrandausbruch *m.* / wafer edge
  chipping
Scheibenrepeatanlage *f.* / mask-to-wafer
  stepping aligner / **... mit verkleinerter
  schrittweiser Projektionsübertragung**
  reduction projection printer / **optische ...**
  optical projection stepping equipment
Scheibenrepeater *m.* / direct-step-on-wafer
  machine / direct wafer stepping machine /
  DSW machine / projection step-and-repeat
  system / step-and-repeat aligner / wafer
  stepper / stepping mask aligner /
  step-and-repeat projection aligner / **... für
  Waferdirektbelichtung** direct-step-on-wafer
  machine / direct wafer stepper projection
  aligner / direct wafer-stepping aligner /
  ... mit Bildverkleinerung reduction stepper /
  **... mit 10fach verkleinerter schrittweiser
  Projektionsübertragung**
  direct-step-on-wafer 10:1 projection
  aligner / **... mit optischer Bildverkleinerung**
  reduction step-and-repeat projection
  aligner / **... mit optischer Projektion**
  projection reduction aligner / **... mit
  10facher Projektionsverkleinerung** 10:1
  stepper system / 10:1 optical stepper / **...
  mit 10facher Verkleinerung** 10x reduction
  stepper / **optischer ....** step-and-repeat
  optical aligner
Scheibenrückseitenbeschichtung *f.* / wafer
  backcoating
Scheibentest *m.* / wafer probing / wafer sort

Scheibenträger *m.* / wafer holder
Scheibentrennen durch Drahtsägen *n.* / wire
  saw slicing
Scheibenverband *m.* / wafer matrix / wafer
  array
Scheibenverformung *f.* / slice bowing
Scheibenverunreinigung *f.* / wafer
  contamination
Scheinleitwert *m.* / admittance
Scheinvorgang *m.* / dummy activity
Scheinwiderstand *m.* / impedance
Scheitelfaktor *m.* / crest factor
Scheitelpunkt *m.* / turning point
Scheitelwert *m.* / peak value
Schema *n.* / scheme
Schicht *f.* / (Arbeit) shift / (Material) layer,
  film, coating / **abbildende ...** imaging
  layer / **aktive ...** active layer / **anodische ...**
  anodic layer / **atomare ...** atomic layer /
  aufgeschleuderte ... as-spun film / **... aus
  Blei-Indium-Legierung** layer of lead-indium
  alloy / **darunterliegende ...** sublayer /
  dielektrische ... dielectric layer / dielectric
  film / **eingebettete ...** buried layer /
  einkristalline ... single-crystal film /
  fotolithographisch bearbeitete ...
  photolithographically processed layer /
  implantierte ... implanted layer / **in der
  Oberfläche befindliche ...** buried layer /
  leitende ... conducting layer / **... mit großer
  Defektarmut** high-integrity coating /
  monomolekulare ... monomolecular layer /
  monolayer / **sperrende ...** blocking layer /
  untere ... bottom layer / **vergrabene ...**
  buried layer / **verspannte ...** stressed film
Schichtabscheidtechnik *f.* / plating
  technology
Schichtabstand *m.* / layer-to-layer spacing
Schichtabtragung *f.* / layer removal
Schichtanordnung *f.* / layer structure
Schichtarbeit *f.* / work in shifts / shift work
Schichtaufbau *m.* / layer build-up / layer
  plan / layering
Schichtband *n.* / ferrous coated tape
Schichtbedeckung *f.* / film coverage
Schichtbuch *n.* / shift book
Schichtdauer *f.* / shift length
Schichtdicke *f.* / layer thickness / film
  thickness
Schichtdickenanalysator *m.* / film thickness
  analyzer
Schichtdickenmeßgerät *n.* / film thickness
  gauge
Schichtdickenmessung *f.* / layer thickness
  measurement
Schichtdickenmonitor *m.* / coating thickness
  monitor
Schichtdiffusionstemperatur *f.* / predeposition
  temperature

Schichtdotierungsdichte *f.* / film doping density
Schichtelement *n.* / sandwich
Schichtenaufbau *m.* / layer build-up / layer plan
Schichten auf Scheibe auftragen und strukturieren / to proceed a wafer through layering and patterning
Schichtfehler *m.* / coating defect
Schichtführer *m.* / shift engineer
Schichtherstellungsverfahren *n.* / layer-formation technique
Schichtkondensator *m.* / stacked-film capacitor
Schichtladung *f.* / sheet charge
Schichtlösungsmittel *n.* / coating solvent
Schichtplatte *f.* / laminated board
Schichtschaltung *f.* / film integrated circuit
Schichtseite *f.* / emulsion side / oxide side
Schichtstrukturierung *f.* / layer structuring
Schichtsubstrat *n.* / film substrate
Schichtträger *m.* / substrate
Schichtungsfehler *m.* / stacking fault
Schichtwechsel *m.* / shift change-over
Schichtwiderstand *m.* / film resistance / sheet resistance / sheet resistivity (= ohm per square)
Schichtzulage *f.* / shift premium
Schiebeblister *m.* / slide blister
Schiebegatter *n.* / shift gate
schieben / to shift / to push / **den Wafer in die richtige Position ...** to translate the wafer into the correct position
Schiebeprinzip *n.* / push principle
Schieber *m.* / slider tray
schiebesicher / captivated (... contact)
Schiedsanalyse *f.* / referee test
schief / skew / inclinated
Schießtest *m.* / (mech.) shock test
Schiene *f.* / tube / (rail)
Schiff *n.* / ship
Schiffchen *n.* / boat
Schirmader *f.* / shielded conductor
Schirmfiederung *f.* / spring clip / grounding fingers / simple dimples / shroud indentation
Schirmgleichmäßigkeit *f.* / screen uniformity
Schirm mit Kabelabfangung *m.* / shield with cable clamp
Schlacke *f.* / (Lötbad) dross
Schlafspeicher *m.* / non-volatile memory
Schlagfestigkeit *f.* / impact strength
schlagkräftig / (Argument) strong / convincing / conclusive
Schlagkraft *f.* / (allg.) effectiveness / power / (Argument) conclusiveness
Schlaglänge eines Kabels *f.* / lay of a cable
Schlagwort *n.* / catchword
schlanke Fertigung *f.* / lean production

schlankes Unternehmen *n.* / lean company
schlechte Qualität *f.* / poor quality
Schleier *m.* / haze
Schleife *f.* / loop
schleifen / to grind
Schleifen der Kristalle *n.* / crystal grinding
Schleifenabfrage *f.* / cycle request
Schleifenanweisung *f.* / perform statement
Schleifendurchlauf *m.* / cycle run
Schleifenschluß *m.* / (gewollt) loop closure / (ungewollt) loop short
Schleifenzählung *f.* / cycle count
Schleifmittel *n.* / abrasive
Schleifscheibe *f.* / grinding wheel
Schleifschlamm *m.* / grinding slurry
Schleiftrimmen *n.* / abrasive trimming
schleppende Nachfrage *f.* / sagging demand
Schlepplöten *n.* / drag soldering
Schleuder *f.* / spinner
Schleuderantrieb *m.* / spin motor
Schleuderauftrag *m.* / spin application
Schleuderauftragen *n.* / (v. Dotiermittel) spin-on (of dopant)
Schleuderauftragsgrundierung *f.* / spin priming
schleuderbeschichten / to spin-coat
Schleuderbeschichter *m.* / spin coater
Schleuderbeschichtung *f.* / spin coating
Schleudergeschwindigkeit *f.* / spinning speed
schleudern / to spin / to centrifugate / to centrifuge / **... bei 10000 U/min.** to centrifuge at 10,000 r.p.m.
Schleuderpreise *mpl.* / slaughtered prices / knock-out prices
Schleudervorrichtung *f.* / spinner
Schleuse *f.* / load lock / lock chamber / gate valve / passthrough / (Reinraum / auch) airflow corridor
Schleusenkammer *f.* / lock chamber
Schleusenspannung *f.* / forward voltage
Schleusentür *f.* / lock door
Schleusenverschluß *m.* / load lock closure
Schlieren *fpl.* / (auf Oberfläche) surface waviness
schlierenfrei / (Resistschicht) striation-free (resist film)
Schließdruck *m.* / clamp pressure
schließen / to close
Schließkraft *f.* / clamping force
Schlitten *m.* / slide
Schlitz *m.* / slot
Schlitzblende *f.* / shutter
Schlüssel *m.* / key / code
schlüsselfertig / turnkey
Schlüsselgeschäft *n.* / core business
Schlüsselnut *f.* / keyway
Schlupf *m.* / slack
Schlupfzeit-Regel *f.* / slack-time rule
Schlußbestand *m.* / (ReW) closing inventory

Schlußfolgerung *f.* / inference / conclusion
Schlußmarke *f.* / (v. Magnetband) final
reflective spot
Schlußroutine *f.* / end-of-program routine
schmal / narrow
Schmalschrift *f.* / condensed font
Schmelzbrücke *f.* / fusible bridge
Schmelzcharakteristik *f.* / (Sicherung)
time-current characteristics
Schmelzeinsatz *m.* / fuse link
schmelzen / to fuse / to melt
Schmelzen *n.* / fusion
Schmelzleiter *m.* / (Sicherung) fuse element
Schmelzofen *m.* / melting furnace
Schmelzperle *f.* / melting pill / dot
Schmelzperlentransistor *m.* / meltback
transistor
Schmelzphase *f.* / melting period
Schmelzpunkt *m.* / melting point
Schmelzsicherung *f.* / fuse link /
durchgebrannte ... blown link
Schmelzsicherungsfestwertspeicher *m.* /
fusible ROM
Schmelzstromimpuls *m.* / fusing-current pulse
Schmelztemperatur *f.* / fusion temperature
Schmelzverbindung *f.* / fusible link
schmelzverbindungsprogrammierbar /
fuse-programmable (logic)
Schmelzzone *f.* / float zone
Schmiermittel auf Silikonbasis *n.* /
silicon-based lubricant
Schmirgelleinen *n.* / emery cloth
Schmirgeln *n.* / abrasive grinding
Schmoren *n.* / charring
Schmutzpartikel *n.* / dirt particle
Schmutzteilchen *n.* / dirt particle
Schnarre *f.* / buzzer
Schneckendrucker *m.* / helix printer
Schneidebondverfahren *n.* / wedge bonding
schneiden / to cut / **aus dem Filmbandstreifen
...** (Tape) ... to excise from the tape /
Kristallrohlinge in Scheiben ... to slice
ingots into wafers
Schneiden von BE-Anschlüssen *n.* / lead
trimming
Schneidklemmanschluß *m.* / insulation
displacement contact
Schneid- und Ablösetechnik *f.* / cut-and-peel
technique
Schnellabzugsspülung *f.* / dump rinser
Schnellätzung *f.* / etch dip
Schnelldreher *m.* / fast-moving product
Schnelldrucker *m.* / high-speed printer
schneller Papiervorschub *m.* / paper throw
Schnellreinigung *f.* / high-speed cleaning
action
schnellschaltend / fast switching
Schnellspeicher *m.* / high speed memory / fast
access memory / zero access storage

Schnellstlogik *f.* / super-fast logic
Schnellstlogikschaltungen *fpl.* /
very-high-speed circuits / super-fast
circuits
Schnellübertrag *m.* / high-speed carry /
ripple-through carry
Schnellverschlußkupplung *f.* /
quick-disconnect coupling
Schnellzugriffsspur *f.* / rapid access loop
Schnittbreite *f.* / (Wafersägen) kerf width
Schnittdarstellung *f.* / sectional view
Schnittplatte eines Außenbonders *f.* / die of
an outer lead bonder
Schnittpunkt *m.* / intersection
Schnittpunkt bei Nulldurchgang *m.* /
crossover point
Schnittstelle *f.* / interface
Schnittstellenadapter *m.* / peripheral interface
adapter (PIA)
Schnittstellenanpassung *f.* / interface adaption
Schnittstellenbaustein *m.* / interface module
Schnittstellenleitung *f.* / interface circuit
Schnittstellenstecker *m.* / interface connector
Schnittstellensteuerung *f.* / interface control
Schnittstellenvervielfacher *m.* / interface
expander
Schönheitsfehler *m.* / (QS) cosmetic defect
Schönschriftdrucker *m.* / letter-quality printer
Schonzeit *f.* / circuit turn-off time
Schoopen *fpl.* / metal particles flame-sprayed
onto the electrode ends
Schottkydiode *f.* / Schottky diode / **... mit
Injektion heißer Elektronen** hot-electron
diode
Schottky-Diodenklemmschaltung *f.* /
Schottky-barrier diode clamp
Schottky-Dioden-MOSFET *m.* / Schottky
clamped MOSFET
Schottky-Dioden-NAND-Gatter *n.* / Schottky
NAND gate
Schottky-Dioden-Transistor *m.* / Schottky
diode clamped transistor
Schottky-Gate-FET *m.* / Schottky barrier FET
Schottky-Gleichrichterdiode *f.* / Schottky
detector diode
Schottky-Klammerdiode *f.* / Schottky clamp
diode
Schottky-Sperrschichtdiode *f.* / Schottky
barrier diode
Schottky-Sperrschichtzone *f.* / Schottky
barrier depletion region
schräg / oblique / inclined / angled /
slanting
**Schrägabstand zwischen Drain und
Source** *m.* / slanting drain-source distance
Schrägätzung *f.* / slope etching
Schräganschliff *m.* / bevel
Schrägaufdampfung *f.* / oblique shadowing

schrägbedampfen unter einem Winkel von 300 / to shadow at an angle of 300
Schrägbedampfung *f.* / angle deposition / oblique shadowing
Schrägbedampfungsverfahren *n.* / shadowing technique
Schrägbeschichtung *f.* / deposition at an oblique angle
Schräge *f.* / slant / **... der Seitenwand** (Resist) slope of the sidewall
Schrägeinfall von Röntgenstrahlen *m.* / x-ray's slant
Schrägeinstellung *f.* / angular adjustment
schräge Kabeleinführung *f.* / diagonal cable entry
Schrägkante *f.* / sloped edge
Schräglage *f.* / slant / **... des Wafers** tilt of wafer
Schräglichtkontrolle *f.* / oblique light control
Schrägpfeil *m.* / slope arrow
Schräglauf *m.* / tape skew
schrägstellen / (Schrift) to oblique
Schrägstrich *m.* / slash
schraffiert / shaded
Schraffur *f.* / hatching
Schraubklemmanschluß *m.* / screw connection
Schraubklemme *f.* / screw-type terminal
Schraubkupplung *f.* / threaded coupling
Schreibanweisung *f.* / (DV/COBOL) write statement
Schreibautomat *m.* / automatic typewriter
Schreibbefehl *m.* / write instruction
Schreibdichte *f.* / record density
Schreibdienst *m.* / typing department
schreiben / to write / **den Umriß des Strukturelements mit feinem Strahl ...** to outline the feature with a small spot / **die Struktur direkt auf Wafer ...** to write the pattern directly onto wafers / **die Struktur streifenweise ...** to write the pattern as a series of stripes / **direkt auf Wafer ...** to direct-write onto wafers / to write directly onto wafers / **ein Strukturelement ...** to trace out a pattern element / **eine Maske ...** to write a mask / **eine Struktur als eine Reihe einzelner Bildpunkte ...** to write a pattern as a series of individual spots / **eine Struktur in die Fotoresistschicht ...** to delineate a pattern into the photoresist film / **im Rasterverfahren ...** to plot in the raster mode / **kleinere Strukturen ...** to delineate smaller geometries / **nach dem Vektorscan-Verfahren ...** to write in vector scan mode / **streifenweise ...** to write in stripes
Schreiben *n.* / writing / **... der Struktur in entgültiger Größe** patterning at final size / **... der Waferstruktur im Abbildungsmaßstab 1:1** 1x wafer writing /

feldweises ... field-by-field writing /
gestreutes ... gather write / **... mit Elektronenstrahl** electron-beam writing / **... mit hoher Auflösung** high-resolution delineation / **sammelndes ...** gather write / **sequentielles ...** sequential writing / **unbeabsichtigtes ...** inadvert writing
Schreiberlaubnis *f.* / write enable
Schreibfehler *m.* / misspelling / write error
Schreibgenauigkeit *f.* / writing accuracy
Schreibkopf *m.* / write head / record head
Schreibkopfrücklauf *m.* / carrier return
Schreib-Lese-Einrichtung *f.* / write-read unit
Schreib-Lese-Kopf *m.* / read-write head / combined head
Schreib-Lese-Spalt *m.* / recording gap
Schreib-Lese-Speicher *m.* / read-write memory
Schreibmarke *f.* / cursor
Schreibmodus *m.* / write mode
Schreibrad *n.* / print wheel / daisy wheel
Schreibring *m.* / file protection ring
Schreibschaltung *f.* / write circuit
Schreibschrift *f.* / script
Schreibschutz *m.* / write protection
Schreibsonde *f.* / writing spot
Schreibsperre *f.* / write lockout
Schreibstation *f.* / printer terminal
Schreibstelle *f.* / print position
Schreibstrahl *m.* / writing beam
Schreibtischtest *m.* / desk check / dry check / dry run
Schreibverfahren *n.* / recording mode / **... ohne Rückkehr zum Bezugspunkt** non-return-to-reference recording
Schreibzeit pro Struktur *f.* / pattern write time
Schriftart *f.* / font type
Schriftdatei *f.* / font file
Schrifteinstellung *f.* / type setting
Schriftgrad *m.* / character size
schriftlich / written / in writing
Schriftstil *m.* / font style
Schriftwechsel *m.* / correspondence
Schriftzeichenfolge *f.* / character string
Schritt *m.* / (allg.) step / (DV) signal element
schritthaltende Datenverarbeitung *f.* / real time processing
Schrittmotor *m.* / stepper motor
Schrittpositionierfehler *m.* / stepping error
Schrittpositionierfolge *f.* / stepping sequence
Schrittschalter *m.* / stepping switch
Schrittspannung *f.* / step voltage
schrittweise / gradual / step-by-step / stepwise
Schrittzähler *m.* / step counter
Schrotrauschen *n.* / shot noise
Schrott *m.* / rejects / scrap / waste
Schrottwert *m.* / salvage value
Schub *m.* / push

Schublade *f.* / drawer
Schubstange *f.* / push rod
Schubverarbeitung *f.* / batch processing
Schüttgut *n.* / loose parts
schützen / to protect / to shield (from radiation)
schützend / protective
schulden / to owe
Schulden *fpl.* / debts / liabilities
Schulden tilgen / to repay debts
Schuldner *m.* / debtor
Schuld, schwebende *f.* / floating debt
Schulung *f.* / training
schuppenförmig / flake-shaped
Schutz *m.* / protection / **... durch Membranen** pellicle protection
Schutzbeschaltung, aufwendige *f.* / elabo(u)rate protective circuitry
Schutzbrille *f.* / goggles
Schutzdiode *f.* / protective diode / **integrierte ...** (E-HL) integrated gate protective diode
Schutzgas-Imprägnierung *f.* / impregnate
Schutzgehäuse *n.* / protective package
Schutzhülle *f.* / protective envelope / protective jacket
Schutzhülse *f.* / protective sleeve
Schutzkammer *f.* / (druckbelüftete) protective (pressurized) chamber
Schutzkappe *f.* / protective cover
Schutzkragen *m.* / (bei StV) shroud
Schutzleiter *m.* / protective ground wire
Schutzmaske *f.* / protective mask
Schutzoxidschicht *f.* / protective oxide layer
Schutzringbrücke *f.* / guard-ring jumper
Schutzringkondensator *m.* / guard-ring capacitor
Schutzschalter *m.* / residual current operated circuit breaker (RCB)
Schutzschaltung *f.* / protective circuit
Schutztülle *f.* / protective sleeve
Schutzvisier *n.* / visor
Schutzvorrichtung *f.* / safeguard
Schutzwiderstand *m.* / protective resistor
Schutzzoll *m.* / protectionist tariff
schwachdotiert / lightly doped
Schwachstelle *f.* / weak point / flaw
Schwachstrom *m.* / light current
schwallgelötet / wave-soldered
Schwallötung *f.* / flow soldering / wave soldering
schwanken / to fluctuate
Schwankung *f.* / fluctuation
Schwankungstoleranz *f.* / jitter tolerance
Schwarzarbeit *f.* / moonlighting
schwarzes Brett *n.* / bulletin board
schwebende Schuld *f.* / floating debt
Schwebespannung *f.* / floating voltage
Schwebeteilchen *n.* / airborne particles
Schwebezonenverfahren *n.* / zone levelling

Schweden / Sweden
schwedisch / Swedish
Schwefelsäure *f.* / sulphuric acid
Schweißdruck *m.* / welding pressure
schweißen / to weld
Schweißleistung *f.* / welding power
Schweißnaht *f.* / welding joint
Schweiz / Switzerland
Schweizer / Swiss
Schwelle *f.* / threshold
schwellen / to swell
Schwellenspannung *f.* / threshold voltage
Schwellenstrom *m.* / theshold current
Schwellenwert *m.* / threshold value
Schwellenwertschaltung *f.* / thresholding circuit
Schwellung *f.* / swelling
schwenken / (z.B. Roboterarm) to swivel
schwer / (Gewicht) heavy / (schwierig) difficult
Schwergut *n.* / heavy cargo
Schwermetallabsorberstruktur *f.* / heavy metal absorber pattern
Schwermetalle *npl.* / heavy metals
Schwerpunkt *m.* / emphasis / focal point
Schwerpunktarbeitsgang *m.* / key operation / primary operation / **erster ...** feeder operation
Schwerpunktarbeitsplatz *m.* / key work center / **erster ...** gateway work center
Schwerpunktverlagerung *f.* / shift of emphasis
schwerschmelzend / refractory
schwerwiegend / serious
Schwierigkeiten *fpl.* / troubles / problems
schwimmender Kontakt *m.* / floating contact
schwingen / to oscillate / to vibrate
Schwingfrequenz *f.* / oscillation frequency
Schwingkreis *m.* / resonant circuit / oscillating circuit
Schwingkreiskondensator *m.* / resonant-circuit capacitor
Schwingquarz *n.* / oscillating crystal
Schwingspule *f.* / voice-coil
Schwingung *f.* / oscillation / vibration / **stationäre ...** steady-state oscillation
Schwingungen induzieren / to cause vibrations
schwingungsentkoppelt / vibrationally decoupled
Schwingungsweite *f.* / amplitude
Schwund *m.* / (Bestand) inventory shrinkage / (Halbleiter) fading
Seefracht *f.* / ocean freight
Seefrachtbrief *m.* / ocean B/L
Seehafenspediteur *m.* / shipping agent
seemäßige Verpackung *f.* / seaworthy packing
Seetransport *m.* / marine transport / ocean transport

Seeversicherung *f.* / marine insurance
Segment *n.* / segment / overlay
Segmentabschnitt *m.* / (Wafer) flat
Segmente verschieben / to move segments
segmentieren / to segment
Segmentierung *f.* / segmentation
Seite *f.* / page / (geom.) side
Seitenansicht *f.* / side view
Seitenauslagerung *f.* / page-out operation
Seitenaustauschverfahren *n.* / demand paging / paging algorithm
Seitenbegrenzung *f.* / page limit
Seiteneinzug *m.* / page offset
Seitenfalle *f.* / page trap
Seitenformat *n.* / page format / page layout
Seitenhöhe *f.* / page depth
Seitenkanalinversionsschicht *f.* / side-channel inversion layer
Seitenkopf *m.* / page heading
Seitennumerierung *f.* / pagination
Seitenoberkante *f.* / start of page
seitenorientierter Speicher *m.* / paging area memory (PAM)
Seitentabelle *f.* / (f. Seitenaustausch) swap table
Seitenüberlagerung *f.* / paging
Seitenüberlauf *m.* / page overflow
Seitenumbruch *m.* / page make-up
Seitenverfahren *n.* / page replacement algorithm
Seitenverhältnis *n.* / aspect ratio / height-to-width ratio (of patterns) / depth-width ratio (of vias) / **... des Widerstands** resistor geometry
Seitenwandbeschichtung *f.* / sidewall coating
seitenwandmaskiert / sidewall-masked
Seitenwechsel *m.* / paging
Seitenwechselspeicher *m.* / paging device
Seitenzähler *m.* / page counter / sheet counter
Seitenzählung *f.* / pagination / sheet counting
Seitenzahl *f.* / page-number / folio
Seitenzuführung *f.* / sideways feed / parallel feed
seitlich / lateral
seitlich eingeführter Draht *m.* / side-route wire
Sekretärin *f.* / secretary
Sekretariat *n.* / secretariat
Sektor *m.* / sector
sektorieren / to sectorize
Sektorierung *f.* / sectoring
Sektorkennungsfeld *n.* / sector identifier
sekundär / secondary
Sekundäranschliff *m.* / secondary flat
Sekundärbedarf *m.* / secondary requirements / dependent requirements
Sekundärbedarfsposition *f.* / material planning for dependent requirements
Sekundärdaten *pl.* / secondary data

Sekundärschlüssel *m.* / secondary key
selbst-.. / self-.. / auto-..
selbstabgleichende Technik *f.* / self-aligning technology
selbstadjungiert / self-adjoint
selbständig / autonomous / independent / stand-alone (Rechner)
selbständige Sprache *f.* / self-contained language
selbstanpassend / self-adapting
Selbstausrichtung *f.* / autoregistration
Selbstbewertung *f.* / self-assessment
selbstdefinierend / self-defining
Selbstdiffusion *f.* / self-diffusion
Selbstdotierung *f.* / autodoping / self-doping / **seitliche ...** lateral autodoping
Selbstdotierungsmechanismus *m.* / autodoping mechanism
Selbstdotierungsstoff *m.* / autodopant
Selbstentladung *f.* / self-discharge
Selbstfortschaltungsanzeige *f.* / self-scan display
selbstindizierte Adressierung *f.* / list sequential addressing
Selbstindizierung *f.* / autoindexing
selbstinduziert / self-induced
Selbstjustageeigenschaft *f.* / self-aligning feature
selbstjustierend / self-aligning
Selbstjustierung *f.* / self-alignment
Selbstklebefolie *f.* / self-adhesive foil
Selbstklebeform *f.* / (Chiplayout) self-adhesive form
selbstklebend / self-adhesive
Selbstkosten *pl.* / prime costs
Selbstkostenpreis *m.* / cost price
selbstprüfend / self-checking
selbstprüfendes Zeichen *n.* / redundant character
Selbstprüfung *f.* / built-in check / automatic check
selbstregelnd / self-regulating
selbstschwingend / self-oscillating
Selbständiges Geschäftsgebiet *n.* / (Siem.) Special Division
selbststartend / self-triggering
selbststeuernd / self-controlling
Selbststeuerung *f.* / self-control / automatic control
Selbstwählverkehr *m.* / subscriber dialing
Selbstwählvermittlungsstelle *f.* / automatic exchange
Selektion *f.* / selection
Selektionsfunktion *f.* / selection function
Selektionsgatter *n.* / select gate
selektiv / selective
Selektivätzen *n.* / selective etching
selektive Entfernung *f.* / selective removal
Selen-Fotozellen *fpl.* / selenium photocells

Semaphorübertragung *f.* / semaphore transfer
Semicustomschaltung *f.* / semicustom circuit
Semikolon *m.* / semicolon
Seminar *n.* / seminar / workshop
Sendeabrufzeichen *n.* / invitation to send (ITS) / polling character
Sendebauelement *n.* / transmitting component
Sendebetrieb *m.* / send mode / transmit mode
senden / to send / to transmit / to emit
Sendung *f.* / consignment / shipment
Senke *f.* / sink / drain (FET)
senken / to reduce / to cut / to pare
Senkenstrom *m.* / sink current
senkrecht / perpendicular / vertical
Senkrechtbedampfung *f.* / evaporation at vertical incidence
Senkung *f.* / reduction / cut / increase
Sensibilisator *m.* / sensitizer
Sensorbildschirm *m.* / active screen / touch-sensitive screen
Sensortechnik *f.* / sensor engineering
sequentiell / sequential
sequentielle Arbeitsweise *f.* / sequential operation
sequentielle Bearbeitung *f.* / stacked job processing
sequentielle Datei *f.* / sequential file
sequentieller Speicher *m.* / sequential storage
sequentieller Stichprobenplan *m.* / sequential sampling plan
sequentielle Schätzung *f.* / sequential estimation
sequentielles Stichprobenverfahren *n.* / sequential sampling
sequentiell-verkettete Datei *f.* / queued-sequential file
Serie *f.* / series / batch
seriell / serial
serielle Schnittstelle *f.* / serial port / serial interface
serielle Übertragung *f.* / serial transmission
serielle Verarbeitung *f.* / serial processing
serieller Zugriff *m.* / sequential access / serial access
seriell wiederverwendbar / serially reusable
Serienbondverfahren *n.* / mass-bonding technique
Serienbrief *m.* / serial letter
Seriendurchschaltsteuerung *f.* / series gating
Serienfertigung *f.* / serial production / batch fabrication
seriengekoppelt / series-gated
seriengeschaltet / connected in series
Serieninduktivität *f.* / series inductance
Serienkopplung *f.* / series gating
serienmäßig / serial(ly)
Serienprodukt *n.* / serial product
Serienproduktion *f.* / high-volume production

Serienproduktionsverfahren *n.* / mass production manufacturing operation
Serienschaltung *f.* / series connection
Serienschnittstelle *f.* / serial interface
Serienwiderstand *m.* / series resistance / series resistor
Serpentinenanordnung *f.* / serpentine organisation
Serviceanforderung *f.* / servicing requirement
Servicegrad *m.* / service level
setzen / (... auf / Werteinstellung in Datenfeld) to set (to) / (plazieren) to place / **in Huckepackmontage ...** to piggyback onto
Setzwerkzeug *n.* / insertion tool
Shunt-Serienschaltkreis *m.* / parallel-series circuit
sich abmelden / (DV) to log off
sich anmelden / (DV) to log on
Sicherheit *f.* / security / safety / (Garantie) security / guarantee
Sicherheitsbereich *m.* / (SIPMOS) safe operating area (SOA)
Sicherheitsbestand *m.* / safety stock / buffer stock
Sicherheitsbestandsermittlung *f.* / safety stock calculation
Sicherheitscode *m.* / redundant code
Sicherheitskleidung *f.* / safety clothing
Sicherheitslaufzeit *f.* / safety lead time
Sicherheitsmaßnahmen *fpl.* / safety measures / safeguards / precautions
Sicherheitsrisiko *n.* / safety hazard
Sicherheitsvorrichtung *f.* / safety device
Sicherheitsvorschrift *f.* / safety regulation / safety specification
Sicherheitszeit *f.* / safety time / (Teil der DLZ) float time
Sicherstellung *f.* / securing
Sicherung *f.* / (DV) backup / safeguard / (el.) fuse
Sicherungsband *n.* / backup tape
Sicherungsdatei *f.* / backup file
Sicherungsdiskette *f.* / backup diskette
Sicherungslauf *m.* / backup run
Sicherungsprogramm *n.* / safeguarding program
Sicherungsverbund *m.* / security interlocking
Sichtanzeige *f.* / visual display
sichtbar / visible
sichtbares Kupfer *n.* / (QS) exposed copper
Sichtbarmachen des Übergangs *n.* / (Halbl.) junction delineation
Sichtgerät *n.* / visual display unit
Sichtkontrolle *f.* / visual check
Sichtprüfung *f.* / (QS) visual inspection
Sichtspeicherröhre *f.* / storage cathode-ray tube
Sichtwinkel *m.* / viewing angle

sich verpflichten / to commit oneself
sich wiederholen / to recur
Sicke *f.* / (Stanzen) bead
Sicken von BE-Anschlüssen *n.* / crimping
Sieb *m.* / sieve
Siebdruck *m.* / screen printing
Siebdruckrahmen *m.* / screen frame
Siebdruckverfahren *n.* / screen printing
technique / silk-screen printing
Siebfaktor *m.* / filter factor
Siebgewebe *n.* / screen mesh
Siebschaltung *f.* / filter circuit
Sieb-Substrat-Abstand *m.* /
screen-to-substrate spacing
Siedekondensationskühlung *f.* / vapor
condensation cooling
sieden / (Elektronen) to boil
siehe auch / see also
Siemens Verbund-Geschäft *n.* / Siemens
in-house business
signal-adaptive Regelung *f.* / closed-loop
adaptation
Signalausfall *m.* / drop out
Signalerkennung *f.* / signal recognition
signalisieren / to signalize
Signallage *f.* / signal layer
Signalspeicher *m.* / latch
Signalstruktur *f.* / signal pattern
Signalumsetzung *f.* / signal conversion
Signalverstärker *m.* / signal amplifier
signifikant / significant
Silan *n.* / silane
Silandurchfluß *m.* / silane flow
Silanepitaxieverfahren *n.* / silane epitaxy
process
Silanieren *n.* / silane impregnation
Silan-Wasserstoff-Gemisch *n.* /
silane-hydrogen mixture
Silbe *f.* / syllable
Silbentrennung *f.* / hyphenation
Silber *n.* / silver
Silberglimmerkondensator *m.* / silver mica
capacitor
Silberhalogenemulsion *f.* / silver halide
emulsion
Silikonkleber *m.* / silicon adhesive
silizidbeschichtet / silicided
Silizidgrenzschicht *f.* / silicide interface
Silizidmetallisierung *f.* / silicide metallization
Silizid-Polysilizium-Schichtstruktur *f.* /
silicide-polysilicon sandwich
Silizium silicon / **... auf amorphem Substrat**
silicon on amorphous substrate / **... auf**
Diamant silicon on diamond / **... auf**
Isolator silicon on insulator / **... auf Saphir**
silicon on sapphire / **halbisolierendes ...**
semi-insulating silicon / **homöopolares ...**
homopolar silicon / **massives ...** bulk

silicon / **natürliches ...** terrestrially grown
silicon
Siliziumabbildungsbauelement *n.* / silicon
imaging device
Siliziumanodisierung *f.* / silicon anodization
Siliziumbearbeitung *f.* / silicon processing
Siliziumbeschichtung durch das
Inverted-Meniscus-Verfahren *f.* / silicon
coating by inverted meniscus
Siliziumcarbid *n.* / silicon carbide
Siliziumcompiler *m.* / silicon compiler
Siliziumdioxid *n.* / silicon dioxide / silica
Siliziumdioxidbeschichtung *f.* / silicon
dioxide coating
Siliziumdioxiddielektrikum *n.* / silicon dioxide
insulator
Siliziumdioxidschicht *f.* / silicon dioxide layer
Siliziumepitaxieschicht *f.* / epitaxial silicon
film
Siliziumfläche, nutzbare *f.* / silicon real estate
Siliziumflächenausnutzung *f.* / silicon area
utilization
Siliziumfotodiode, blauangereicherte *f.* /
blue-enhanced silicon photodiode
Siliziumgateoxidhalbleiter *m.* / silicon-gate
oxide semiconductor
Siliziumgatetechnik *f.* / silicon-gate
technology (SGT)
Siliziumgatter-Bauelement mit kleinen
Strukturabmessungen *n.* / small-geometry
silicon-gate device
Siliziumgatter-MOS-Bauelement *n.* /
silicon-gate MOS-device
Siliziumgatter-Universalschaltkreis *m.* /
silicon-gate array
Silizium-Gigabit-MOS *m.* / silicon gigabit
MOS
Siliziumgleichrichter *m.* / silicon rectifier /
steuerbarer ... silicon-controlled rectifier
Siliziumgleichrichterzelle *f.* / silicon
rectifying cell
Siliziumhalogenid *n.* / silicon halide
Siliziuminsel *f.* / silicon island
Siliziumkompilierungsentwurfsverfahren *n.* /
silicon-compilation design process
Siliziumlayoutkompilierung *f.* / silicon
compilation
Siliziumlegierung *f.* / silicon alloy
Siliziummaster, vorgefertigte *m.* /
prefabricated wafer
Siliziumnitrid *n.* / silicon nitride / **als Plasma**
abgeschiedenes ... plasma-deposited silicon
nitride
Siliziumnitridmembranmaske *f.* / silicon
nitride membrane mask
Siliziumnitridschicht *f.* / silicon nitride layer
Siliziumnitridzwischenschicht *f.* /
intermediate silicon nitride layer
Siliziumoberfläche *f.* / silicon surface

Silizium-Oxid-Grenzschicht *f.* / silicon-oxide interface
Siliziumplättchen *n.* / silicon chip / die
Siliziumplanartechnik *f.* / silicon planar technology
Siliziumpolierverfahren *n.* / silicon polish technique
Siliziumprogrammierelement *n.* / silicon fuse
Silizium-Saphir-Grenzschicht *f.* / silicon-sapphire interface
Silizium-Saphir-Technik *f.* / silicon-on-sapphire technology
Siliziumschaltungssubstrat *n.* / silicon circuit-board substrate
Siliziumscheibe *f.* / silicon wafer
Siliziumschicht *f.* / silicon layer / silicon film / **auf Saphir aufgewachsene** ... silicon film grown on sapphire
Siliziumschichtinsel, abgeschiedene *f.* / as-deposited silicon island
Siliziumsubstrat *n.* / silicon substrate / **massives** ... bulk silicon substrate
Siliziumtechnik *f.* / silicon technology
Siliziumtetrachlorid *n.* / silicon tetrachloride
Silizium- und Aluminiummetalloxidhalbleiter *m.* / silicon and aluminum metal oxide semiconductor (SAMOS)
siliziumverbrauchend / silicon-stealing
Siliziumwafer mit vielfachen Chips *f.* / multiple-chip silicon wafer
Siloxabscheidung *f.* / silox deposition
siloxanhaltig / siloxane-containing
Siloxschicht *f.* / silox film / silox layer
Simplex-Verfahren *n.* / simplex method
Simulationsauftrag *m.* / simulation order
Simulationslauf *m.* / simulation run
simulieren / to simulate
simultan / simultaneous / concurrent
Simultanbelichtung *f.* / gang printing
Simultanbetrieb *m.* / simultaneous mode / simultaneous processing
Simultanbondanlage *f.* / mass-bond system / gang bonding system
simultanbonden / to mass-bond
Simultanbonden *n.* / mass-bonding / gang bonding / **... aller Rahmenanschlüsse durch Thermokompression** thermocompression gang bonding of all lead frame fingers
Simultanbonder *m.* / gang bonder
Simultanbondverfahren mit flexiblem Folienträger *n.* / flexible tape gang bonding technique
simultane Fertigungssteuerung *f.* / simultaneous production control
simultangebondet / gang-bonded
Simultanverarbeitung *f.* / simultaneous processing / multiprocessing /

verschachtelte ... interleaved multiprocessing
Simultanzugriff *m.* / simultaneous access
Singapur / Singapore
sinken / to fall / to decline / to go down / to drop / to decrease
Sintermasse *f.* / frit
sintern / to frit / to sinter
SIP-Gehäuse *n.* / single-in-line package (SIP)
Skala *f.* / scale
Skalenanzeige *f.* / scale reading
Skalenteilungswert *m.* / scale interval
skalieren / to scale (down) / **Bauelementstrukturen** ... to scale downward device geometries / **den Chip auf eine andere Größe** ... to rescale the chip to a different size
skaliert / scaled (down) / rescaled
Skalierung *f.* / scaling (down) / **... mit Aufrechterhaltung konstanter elektrischer Felder** constant-field scaling / **passive** ... passive down-scaling
Skalierungsbereich *m.* / scaling range
skalierungsfähig / conducive to scaling
Skalierungsgesetz *n.* / scaling law
Skalierungsgrenze *f.* / ultimate limit of scaling
Skalierungsmöglichkeit *f.* / scaling capability
Skalierungsregel *f.* / scaling rule
Skizze *f.* / sketch
Skonto *m.* / cash discount
smektisch / smectic
Sockel *m.* / base / (package) header / **... für Pin-Grid-Arrays** PGA socket / **... für Steckkraft Null** ZIF socket
Sockelausführung für Oberflächenmontage *f.* / surface-mount version of socket
Sockelleiste *f.* / bumper strip
sockelmontiert / socketed / mounted in a socket
Sockelmontierung *f.* / socketing
Sockelschicht *f.* / (Halbl.) base
SOD-Gehäuse *n.* / SOD-package / semiconductor outline diode package
sofort / immediately / instantly
Sofortauflösung *f.* / immediate split-up
sofortig / immediate / instantaneous
Softwareanschluß *m.* / software port
Software-Architektur *f.* / software architecture
Software-Austausch *m.* / software exchange
Softwarediebstahl *m.* / software larceny
Software-Entwicklung *f.* / software engineering / software development
Software-Entwicklungspotential *n.* / software skills
Software-Entwurf *m.* / software design
Software-Fehler *m.* / bug / software error

Software-Ingenieur *m.* / software engineer
Software-Integrität *f.* / software integrity
Software-Paket *n.* / software package
Software-Pflege *f.* / software maintenance
Software-Schnittstelle *f.* / software interface
Software-Störung *f.* / software malfunction
Software-Verbesserung *f.* / software enhancement
Software-Zuverlässigkeit *f.* / software reliability
SO-Gehäuse *n.* / small-outline package
Solange-Schleife *f.* / while-loop
Solarbauelement *n.* / solar component
Solarelement *n.* / solar cell
Solarrechner *m* / solar calculator
Solarzelle *f.* / solar cell
solarzellenbetrieben / solar-powered / light-powered
solenoidbetätigt / solenoid-driven
Solenoidspule *f.* / solenoid
Solidaritätsstreik *m.* / sympathy strike
Soll *n.* / (ReW) debit
Soll-... / target / planned / standard
Sollage *f.* / required position
Sollfertigungszeit *f.* / standard labo(u)r time
Soll-Ist-Abweichung *f.* / actual-to-target deviation
Soll-Ist-Vergleich *m.* / actual-to-target comparison
Soll-Kapazität *f.* / rated capacity
Sollkonzept *n.* / target concept
Soll-Kosten *pl.* / standard costs
Soll-Leistung *f.* / rated performance / (Ausstoß) rated output
Soll-Linienbreite *f.* / design line width
Sollposition *f.* / required position / **... auf Gitter** required position on the grid / **... des Tisches** desired stage location
Sollwert *m.* / set point / target value
Sollwertführung *f.* / set point control (SPC)
Sollzustand *m.* / planned status
Sonde *f.* / probe / **... mit einem Durchmesser im Submikrometerbereich** submicron-size probe / **... mit veränderlichem Durchmesser** adjustable-size spot / **... zum Messen des Ausbreitungswiderstands** spreading resistance probe
Sondenabstand *m.* / probe spacing
Sondenanordnung *f.* / probe array / **... in einer 2-mal-10-Matrix** 2-by-10 probe array / **kontaktlose ...** non-contact probe setup
Sondenanwendung *f.* / focussed-beam application
Sondenbelastung *f.* / probe loading
Sondendurchmesser *m.* / spot diameter
Sondenerzeugung *f.* / probe forming
Sondenfehler *m.* / probe fault
Sondenfläche *f.* / spot area
Sondenform *f.* / spot shape

Sondengröße *f.* / spot size
Sondengrößenänderung, kontinuierliche *f.* / spot size change on the fly
Sondengrößenmessung *f.* / probe size measurement
Sondenkontaktspitze *f.* / probe contact point
Sondenkontaktstelle am Chiprand *f.* / peripheral probe pad
Sondenkopf *m.* / probe head
Sondenmethode *f.* / sensing technique
Sondenprüfung *f.* / probe testing / probing
Sondenprüfverfahren *n.* / probing
Sondenreihe *f.* / probe array
Sondenschleifer *m.* / probe grinder
Sondenspitze *f.* / probe tip
Sondenstrom *m.* / probe current
Sonderanfertigung *f.* / special design
Sonderangebot *n.* / special offer
Sonderaufgabe *f.* / special assignment
Sonderkonditionen *fpl.* / special terms
Sonderkonditionen einräumen / to grant special terms
Sonderpreis *m.* / special price / bargain price
Sonderrabatt *m.* / special discount
Sondervergünstigungen *fpl.* / fringe benefits
Sondervergütung *f.* / extra allowance
Sonderzeichen *npl.* / special characters
sondierbar / probeable
sondieren / to probe
sondierend, oberflächennah / non-intrusive
Sondierung auf dem Wafer *f.* / on-slice probing
Sondierungsfähigkeit *f.* / probeability
Sondierungsfehler *m.* / probing error
Sondierungsverfahren *n.* / probing technique / **softwaregeleitetes ...** guided probing technique
sonst / otherwise
Sonst-Regel *f.* / else rule
sorgfältig / carefully
Sortierargument *n.* / sort key
Sortierbegriff *m.* / sorting criterion / sort key
sortieren / to sort
Sortierfach *n.* / sorter pocket
Sortierfeld *n.* / sort field / sort item
Sortierfolge *f.* / sort sequence / collating sequence
Sortiergerät *n.* / sorter
Sortierkriterium *n.* / sort key / sorting criterion
Sortierprogramm *n.* / sort program / sort routine
Sortierprüfung *f.* / screening (inspection)
Sortiment *n.* / range of products
SOS-Schaltkreis *m.* / silicon-on-sapphire IC
SOT-Gehäuse *n.* / SOT-package (SOT = small-outline transistor)
Source-Anschluß *m.* / source connection
Source-Bereich *m.* / source region

Source-Drain-Abstand *m.* / source-drain gap
Source-Ersatzschaltung *f.* / common-source
  equivalent circuit
Source-Schaltung *f.* / common-source circuit
Source-Strom *m.* / source current
soziale Einrichtungen *fpl.* / amenities
soziale Leistungen *fpl.* / social benefits
Sozialversicherung *f.* / social insurance
sozialwirtschaftlich / socio-economic(al)
Spaceroxid-Ätzen *n.* / spacer-oxide etching
Spachtel *m.* / spatula
Spätlieferung *f.* / late delivery
Spalt *m.* / gap / slot / slit / **... in der
  Objektebene** object plane slit
Spaltbelichtungssystem *n.* / slit exposure
  system
Spaltbild *n.* / slit image
Spalte *f.* / column
Spaltelektrode *f.* / split electrode
Spaltenaufteiler *m.* / column splitter
Spaltenaufteilung *f.* / column splitting
spaltenbinär / chinese binary / column binary
Spaltenbitkarte *f.* / column bit card
Spaltenelektrode *f.* / column electrode
Spaltlagenstreuung *f.* / gap scatter
Spaltung *f.* / (Kristalle) cleavage / **... der
  Resistpolymere** scission of resist polymers
Spanien / Spain
spanisch / Spanish
Spanne *f.* / margin
Spannung *f.* / (allg.) tension / stress / strain /
  (el.) voltage / tension / **... am Übergang**
  junction voltage / **... der Membran** tension
  of the membrane / **... durch chemische
  Störstellen** stress due to impurities / **... im
  Kristallgitter** structural stress / **... in der
  Resistschicht** (internal) stress in the resist
  film / **... in Flußrichtung** forward voltage
Spannungsabfall *m.* / voltage drop
Spannungsausgleich *m.* / voltage adjustment
Spannungsbruch *m.* / stress fracture
Spannungseinstellung *f.* / voltage setting
Spannungsentlastung *f.* / stress relief
Spannungsfestigkeit *f.* / dielectric strength
spannungsgesteuerter Oszillator *m.* /
  voltage-controlled oscillator
Spannungshysterese *f.* / voltage hysteresis
spannungsinduziert / stress-induced
spannungslos / (el.) cold
Spannungsriß *m.* / stress crack
spannungsrißfrei / free of stress cracks
Spannungsschluß *m.* / voltage fault
Spannungsschwankung *f.* / variation in line
  voltage
Spannungsüberhöhung *f.* / voltage
  superelevation
Spannungsverlauf *m.* / voltage waveform
Spannungsvermaschung *f.* / power and ground
  distribution

Spannungsverstärkung *f.* / voltage gain
Spannvorrichtung, rotierende *f.* / rotary
  chuck
Spannzeug *n.* / chucking tool
Sparmaßnahmen *fpl.* / austerity measures
sparsam / economical / thrifty
Spediteur *m.* / forwarding agent / forwarder /
  shipping agent
Spediteuranbindung *f.* / integration of
  forwarder
Spediteurdurchkonossement *n.* / forwarder's
  through bill of lading
Spediteurgeschäft *n.* / forwarding business
Spediteurpfandbrief *m.* / forwarder's lien
Spediteursammelgutverkehr *m.* / forwarding
  agent's collective shipment
Spediteurübernahmebescheinigung *f.* /
  forwarder's certificate of receipt (FCR)
Spedition *f.* / shipping agency / forwarding
  agency
Speditionsauftrag *m.* / forwarding order
Speditionsgewerbe *n.* / forwarding industry
Speditionskosten *pl.* / forwarding charges
Speditionslager *n.* / forwarder's warehouse
Speditionsprovision *f.* / forwarding
  commission
Speditionsvertrag *m.* / forwarding contract
Speicher *m.* / memory / memory device /
  storage / **änderbarer ...** alterable memory /
  ... auf der Leiterplatte on-board memory /
  ... auf DIP-Substrat DIP-based memory /
  ... außerhalb der Platine outboard memory
  device / **... außerhalb des Chips** off-chip
  memory / **direkt adressierbarer ...**
  direct-address memory / **einmalig
  programmierbarer ...** fusible-link
  memory / **elektronenstrahladressierbarer ...**
  electron-beam addressable memory /
  energieabhängiger ... volatile memory /
  flüchtiger ... volatile memory / **... für
  Belichtungsdaten** pattern data memory /
  kapazitiver ... capacitor storage /
  leistungsloser ... involatile storage /
  löschbarer ... erasable memory / **... mit
  beliebigem Zugriff** random-access
  memory / **... mit blockweise adressiertem
  Inhalt** block-access memory / **... mit
  direktem Zugriff** random-access memory /
  ... mit Doppelzugriff dual-port memory /
  ... mit dynamischer Verschiebung dynamic
  relocation memory / **... mit geschichteter
  Ladung** stratified-charge memory / **... mit
  kombinierter Speicher- und Bitleitung**
  merged-cell memory / **... mit kurzer
  Zugriffszeit** high-speed memory / fast
  memory / **... mit langer Zugriffszeit** slow
  memory / **... mit Mehrfachzugriff** multiport
  memory / **... mit sequentiellem Zugriff**
  sequential-access memory / **... mit seriellem**

Zugriff serial-access memory / **... mit
Strukturgrößen von 0,5 ym** one-half
micrometer design rule memory unit /
... mit wahlfreiem Zugriff random-access
memory / **nach Inhalt adressierbarer ...**
content-addressable read-write memory /
nicht adressierbarer ... non-addressable
memory / **nichtflüchtiger ...** non-volatile
memory / involatile memory / **... ohne
Wartezustand** zero wait-state memory /
rechnerabhängiger ... on-line memory /
on-line storage / **reeller ...** real memory /
physical memory /
schmelzverbindungsprogrammierbarer ...
fusible-link memory / **schneller ...**
fast-access storage / **selbständig
arbeitender ...** autonomous storage /
superschneller ... ultra-speed memory /
supraleitender ... superconducting memory
Speicherabbild *n.* / memory map / core image
Speicherabzug *m.* / memory dump
Speicherabzugroutine *f.* / dump routine
Speicheradressbereich *m.* / bank
Speicheradresse *f.* / memory address (MA) /
storage address
Speicheranzeige, pulsbetriebene *f.* / pulsed
memory display
Speicherausbaustufe *f.* / memory increment
Speicherausnutzung *f.* / storage utilization
Speicherauszug *m.* / memory dump / storage
dump / snapshot / **... der Änderungen**
change dump
Speicherbank *f.* / memory bank
Speicherbaustein *m.* / memory module /
memory device / memory chip / **... auf
SIP-Substrat** SIP-based memory module
Speicherbelegung *f.* / memory allocation
Speicherbereich *m.* / memory area
Speicherbereichsschutz *m.* / area protection
Speicherbildschirm *m.* / storage tube display
Speicherblock *m.* / memory block / memory
stack
Speicherbuchführung *f.* / memory-based
accounting
Speicherdichte *f.* / packing density / storage
density
Speicherdruckroutine *f.* / memory print
routine
Speicherebene *f.* / digit plane
Speichereinheit *f.* / memory unit / storage
unit
Speicherelement *n.* / memory cell / storage
element / storage cell
Speichererweiterungskarte *f.* / memory
expansion card
Speicherformat *n.* / (v. Progr.) core image
format
Speicherinhalt *m.* / memory contents
Speicherkapazität *f.* / storage capacity

Speicherkontrolle *f.* / storage supervision
Speichermatrix *f.* / matrix store
Speicher mit wahlfreiem Zugriff *m.* / random
access memory (RAM)
Speichermodul *n.* / memory module
speichern / to store / to memorize
Speicherplatine *f.* / memory board / memory
card
Speicherplatz *m.* / (Lager) storage space /
storage bin / (DV) memory location /
memory location
Speicherplatzbedarf *m.* / memory
requirements / required storage locations
Speicherplatzzuweisung *f.* / storage allocation
speicherprogrammierbare Steuerung *f.* /
stored-program control (SPC)
speicherprogrammiert / store-programmed
Speicherraum *m.* / storage space
Speicher(schutz)schlüssel *m.* / storage
protection key
Speicherschreibmaschine *f.* / memory
typewriter
Speicherschreibsperre *f.* / memory protect
feature
Speicherschutz *m.* / memory protection
Speichertabelle *f.* / memory map
Speicherung *f.* / storage
Speicherungsform *f.* / **/ fortlaufende ...**
control sequential organisation / **gestreute
...** random organisation
Speicherverdichtung *f.* / storage compaction
Speichervermittlung *f.* / store and forward
switching
Speicherverwaltung *f.* / memory management
Speicherwerk *n.* / memory unit
Speicherzeit *f.* / (Halbl.) carrier storage time
Speicherzone *f.* / partition
Speicherzugriff *m.* / memory access
Speicherzuweisung *f.* / memory allocation /
storage allocation
Speisespannung *f.* / input voltage
Spektrallinie *f.* / fringe
spekulativer Bestand *m.* / hedge inventories
Sperrbereich *m.* / (Transistor) cut-off region
Sperrdämpfung *f.* / reverse attenuation
Sperrdrossel *f.* / choke coil
Sperre *f.* / lockout / lock
sperren / to block / (Lieferungen) to put on
hold
Sperren *n.* / word spacing
Sperrgatter *n.* / inhibit gate
Sperrichtung *f.* / (Halbl.) inverse direction /
non-conducting direction
Sperrlager *n.* / restricted store
Sperrleitwert *m.* / back conductance
Sperrmetall *n.* / barrier metal
Sperr-Richtung *f.* / reverse bias
Sperrschaltung *f.* / inhibit circuit / blocking
circuit

Sperrschicht *f.* / (Halbl.) junction barrier / barrier layer / depletion layer / **gleichrichtende ...** rectifying barrier / **... im Draingebiet** drain junction / **kurzgeschlossene ...** shorted junction
Sperrschichtbreite *f.* / junction width
Sperrschichtdicke *f.* / depletion layer thickness
Sperrschichtdiode *f.* / barrier diode
Sperrschichtfeldeffekttransistor *m.* / junction-FET
Sperrschichtfläche *f.* / junction area
Sperrschichthöhe *f.* / barrier height / height of the depletion layer / **... drainseitige** depletion layer height at the drain end
Sperrschichtisolation, nicht potentialbezogene *f.* / floating body junction isolation
sperrschichtisoliert / junction isolated
Sperrschichtkapazität *f.* / junction capacitance / depletion layer capacitance
Sperrschichtpassivierung *f.* / junction passivation
Sperrschichtrandzone *f.* / depletion layer boundary
Sperrschichttemperatur *f.* / junction temperature
Sperrschichtumgebung *f.* / junction ambient
Sperrschrift *f.* / spaced characters
Sperrspannung *f.* / reverse voltage / cutoff voltage / blocking voltage / (SIPMOS) maximum drain-source voltage
Sperrstrom *m.* / cutoff current / reverse current
Sperrverzögerungsladung *f.* / reverse recovery charge
Sperrverzögerungszeit *f.* / reverse recovery time
Sperrverzugszeit *f.* / reverse recovery time
Sperrzeit *f.* / off-time
Sperrzone *f.* / (Halbl.) blocking state region
Spesen *pl.* / expenses
Spezialindizierung *f.* / indexing
Spezialrechner *m.* / dedicated computer / single-purpose computer
Spezialsystem *n.* / dedicated system
spezifisch / specific
spezifischer Bedarf *m.* / selective demand
spezifischer Widerstand *m.* / resistivity
spezifisches Gewicht *n.* / specific gravity
spezifizieren / to specify
Spiegelbildstruktur des Originals *f.* / mirror-image pattern of the master
Spiegelebene *f.* / mirror plane
Spiegel zur Knickung des Strahlengangs *m.* / (Scanner) folding mirror
Spielraum *m.* / scope / margin / **zeitlicher ...** float
Spielraumschaltung *f.* / gating circuit

Spindel *f.* / spindle
Spinne *f.* / interconnects / spider
Spinnenbonden *n.* / spider bonding
Spiraldrucker *m.* / helix printer
Spirale *f.* / loop
Spiralfließlänge *f.* / spiral flow length
Spitze *f.* / peak / **... der Prüfsonde** tip of the probe
Spitzen auf dem Wafer *fpl.* / spikes
Spitzenbelastung *f.* / peak load
Spitzenleistung *f.* / world-class performance / top performance
Spitzenlohn *m.* / top wage
Spitzenprodukt *n.* / top-rating product
Spitzenradius *m.* / tip radius
Spitzenrekord *m.* / stellar record
Spitzenstellung *f.* / leading position
Spitzenwinkel *m.* / tip angle
spitzer Winkel *m.* / acute angle
Spitzzange mit Isoliergriffen *f.* / protected long-nose pliers
splitterfrei / (Waferrand) chip-free
sporadisch / sporadic
sporadischer Bedarf *m.* / sporadic demand
Sprachanweisung *f.* / language statement
Sprachausgabeeinheit *f.* / audio response unit (ARU)
Sprachcodierer *m.* / voice coder (VOCODER)
Sprachendgerät *n.* / voice terminal
Sprachenkennziffer *f.* / language code number
Spracherkennung *f.* / voice recognition
Sprachkommunikation *f.* / voice communication
sprachlich / linguistic
Sprach- und Datenübertragung *f.* / voice and data transmission
Sprachverarbeitung *f.* / voice processing
Spraybeschichtung *f.* / spray-on coating
Sprecher *m.* / spokesman
springen / (DV) to branch / to jump
Springer *m.* / stand-in
Spritzdruck *m.* / transfer pressure
spritzen / to spray
Spritzgeschwindigkeit *f.* / transfer speed
Spritzwerkzeug *n.* / molding die
Spritzzeit *f.* / transfer time
Sprödigkeit *f.* / brittleness
Sprühauftragsätzen *n.* / spray etching
Sprühdüse *f.* / spray nozzle
Sprung *m.* / branch / jump
Sprungadresse *f.* / branch address
Sprunganweisung *f.* / branch statement
Sprungbedingung *f.* / branch condition
Sprungbefehl *m.* / branch instruction
Sprungziel *n.* / branch destination / branch target
spülen / to rinse / to purge
Spülgas *n.* / purge gas

Spulbetrieb *m.* / spooling
Spule *f.* / reel
Spulenanschluß *m.* / (Relais) coil terminal
Spulenkörper *m.* / (Relais) bobbin
Spur *f.* / track
Spuradresse *f.* / home address / track address
Spurdichte *f.* / track density
Spurelement *n.* / track element
Spurenabstand *m.* / track pitch
Spurenelement *n.* / (Halbl.) spot
Spuren je Zoll *fpl.* / tracks per inch (tpi)
Spurgruppe *f.* / band
Spurschreiben *n.* / inking
Spurteilung *f.* / track pitch
Spurwechsel *m.* / track switching
Spurweite *f.* / gauge
Sputterätzanlage *f.* / sputtering system
Sputterätzrate *f.* / sputter etch rate
Sputterausbeute *f.* / sputtering yield
Sputterbeschichtung *f.* / sputter coating / sputter deposition
Sputtern *n.* / sputtering / **... von zwei Quellen** co-sputtering from two sources
Sputterteilchen *n.* / debris
SPV-Technik *f.* / surface photovoltaic technique
Staatshandelsländer *npl.* / state-controlled economies
Stab *m.* / (Personal) staff
Stabdiode *f.* / bar diode
Stabdrucker *m.* / bar printer
stabil / stable
stabilisieren / to stabilize / **durch UV-Licht ...** to photostabilize
Stabilisierung *f.* / stabilization
Stabilisierungsrahmen *m.* / stabilizing frame
Stabilisierungsschaltung *f.* / stabilizer circuit / **... auf dem Chip** on-chip stabilizer circuit
Stabilisierungswiderstand *m.* / stabilizing resistance
Stabsabteilung *f.* / staff department
Stabsstelle *f.* / corporate department / staff unit
Stabtransistor *m.* / unijunction transistor
Stadium *n.* / stage / phase
ständig / (adj.) continuous / ongoing / permanent
staffeln / to stagger / to graduate
stagnieren / to stagnate
Stahl *m.* / steel
Stahlkupfermantelrohrkabel *n.* / copper-clad steel cable
Stahlstempellöten *n.* / steel collet soldering
Stahlsubstrat, keramikbeschichtetes *n.* / ceramic-on-steel substrate
Stammaktien *fpl.* / (GB) ordinary shares / (US) ordinary stock
Stammband *n.* / master tape

Stammdatei *f.* / master file
Stammdaten *pl.* / master data
Stammdatenpflege *f.* / master data maintenance
Stammdatenübernahme *f.* / takeover of master data
Stammdatenverwaltung *f.* / master data management
Stammeintrag *m.* / master record
Stammhaus *n.* / parent company
Stammhausvertrieb *m.* / parent company sales
Stammsatz *m.* / master record
Stammverzeichnis *n.* / root (directory)
Stand *m.* / state / status
Standardabweichung *f.* / standard deviation
Standardanschluß *m.* / port / standard interface
Standardarbeitsplan *m.* / generic route
Standardausführung *f.* / standard design
Standardauswertung *f.* / standard evaluation
Standardbaustein *m.* / standard module
Standardchip *m.* / master chip
Standardderivate *npl.* / standard derivates
Standarderzeugnisse *npl.* / standard products
Standardgehäuseform *f.* / standard outline
Standardisierung *f.* / standardization
Standardkosten *pl.* / scheduled cost / standard cost
Standardkosten-Änderungsbetrag *m.* / standard cost change amount
Standardlaufwerk *n.* / default drive
Standardleistung *f.* / standard performance
Standardleistungsgrad *m.* / standard rating
Standardmenge pro Transporteinheit *f.* / move lot
Standardparameter *m.* / default
Standardschaltkreis *m.* / standard circuit / **vorgefertigter ...** master-slice array
Standardschaltkreischip *m.* / standard gate-array chip / master-slice logic chip / **für Halbkundenwunsch-IC gefertigter ...** semicustom chip
Standardteil *n.* / basic part
Standard-Umsetzprogramm *n.* / standard conversion program
Standardverfahren *n.* / basic process
Standardwert *m.* / default value
Stand der Technik *m.* / state of the art / **auf dem neuesten ...** state-of-the-art
Standgeld *n.* / demurrage
Standleitung *f.* / dedicated line / non-switched line
Standort *m.* / location / site
Standortkennziffer *f.* / location code
Standortkürzel *n.* / location grammalogue
Standortverwaltung *f.* / facilities administration / (Siem.) Facility Management

Standortwechsel *m.* / change in location / (Verlagerung) relocation
Standortzuweisung *f.* / allocation to location
Standplan *m.* / generic route
Standpunkt *m.* / point of view
Standverbindung *f.* / point-to-point circuit
Standzeit *f.* / standtime
stanzen / to punch / to excise / **den Chip mit seinen Anschlußbeinen aus dem Streifen ...** to excise the chip and its tape beams from the tape
Stanzer *m.* / punch
Stanzerei *f.* / press shop
Stanzfehler *m.* / cutting defect
Stapel *m.* / pack / batch / stack
Stapelausgabe *f.* / batch output
Stapelbetrieb *m.* / batch mode
Stapeldatei *f.* / batch file
Stapelfehler *m.* / stacking fault
Stapelfernverarbeitung *f.* / remote batch processing
Stapelgate-Transistor *m.* / stacked-gate transistor
Stapelkondensator-DRAM-Zelle *f.* / stacked-capacitor DRAM-cell
Stapelmontage von integrierten Schaltkreisen *f.* / piggybacking of ICs
stapeln / to stack
Stapelspeicher *m.* / cellar / push-down store
Stapelübertragung *f.* / batch transmission
Stapelverarbeitung *f.* / batch processing
Stapelverarbeitungsdatei *f.* / batch file
stapelweise verarbeiten / to batch
Starkstrom *m.* / power current / heavy current
Starkstromleitung *f.* / power line
starr / fixed
Start *m.* / start / initialization / commencement
Startaufruf *m.* / initial call
Startbefehl *m.* / initial instruction
starten / to activate / to initiate / to start
Starthilfe *f.* / launching aid
Startkarte *f.* / transfer card
Startroutinespeicher *m.* / bootstrap memory
Start-Stop-Betrieb *m.* / start-stop operation
Start-Stop-Lücke *f.* / interrecord gap
Start-Stop-Verfahren *n.* / start-stop system
Starttermin *m.* / starting date
Startzeit *f.* / acceleration time
stationärer Antrieb *m.* / stationary drive
stationärer Betrieb *m.* / steady-state operation
Stationskennung *f.* / station identification / (bei Datenübertrag) answer code
statische Aufladung *f.* / static charge
statischer Speicher *m.* / static memory
statische Stromverstärkung *f.* / static current gain
statistische Prozeßkontrolle *f.* / random process inspection

statistische Verteilung *f.* / statistical distribution
statistische Warennummer *f.* / statistical product reference-number
Statistik *f.* / statistics
Statusanzeige *f.* / status display
Staubfilter *m.* / particulate air filter
staubfrei / particle-free
staubgeschützt / dust-proofed
Staubkappe *f.* / dust cap / dust cover
Staubteilchen *n.* / dust particles / airborne particles
Stauung *f.* / jamming / congestion / hold-up
Stechkarte *f.* / clock card
Steckabstand *m.* / spacing
Steckanschluß *m.* / port
steckbar / plug-in
steckbare Flachbaugruppe *f.* / plug-in module / plug-in circuit board
steckbare Module *npl.* / plug-in modules
Steckbaugruppe *f.* / plug-in unit
Steckbuchse *f.* / (StV) jack
Steckdose *f.* / outlet / socket
stecken / to plug / to insert / **in Huckepacktechnik auf ... stecken** to piggyback onto
Stecken *n.* / mating / **lagerichtiges ...** (StV) correct mating / **polrichtiges ...** (StV) correct mating
Stecker *m.* / connector / plug / **... für Zusatzmodule** add-on module connector / **... mit Lötanschluß** panel plug receptacle
Steckeranschluß *m.* / plug connection
Steckeranschlußstift *m.* / socket terminal
Steckerbelegung *f.* / pin assignment
Steckerbuchse *f.* / (LP) receptacle
Steckerbund *m.* / plug flange
Steckerfahne *f.* / connector lug
Steckerkörper *m.* / body
steckerkompatible Einrichtungen *fpl.* / PCM equipment
steckerkompatibler Baustein *m.* / plug-compatible module (PCM)
Steckerleiste *f.* / male contact strip / edge connector
Steckerleistenkörper *m.* / connector body
Steckerlochkontakt *m.* / receptacle contact
Steckermantel *m.* / plug shell
Steckerpunkt *m.* / connection point
Steckersortiment *n.* / set of connectors
Steckerstift *m.* / pin
Steckersystem, unverwechselbares *n.* / polarized plug system
Steckfassung *f.* / socket
Steckfassungsplatte mit hoher Anschlußstiftzahl *f.* / high-density insertion mount board
Steckgehäuse *n.* / plug-in package / **... mit Stiftmatrix** pin array package

Steckhülse *f.* / push-on contact /
... **mit Rastung** snap-on contact
Steckkarte *f.* / plug-in card
Steckkontaktleiste *f.* / rack-and-panel
connector
Steckkraft *f.* / insertion force
steckkraftloses Bauelement *n.* / zero insertion
force component
Steckleiste *f.* / edge connector
Steckmodul *n.* / plug-in module / ... **mit
6facher Höhe des Rastermaßes** hex-height
module / ... **mit 4facher Höhe des
Rastermaßes** quad-height module
Steckplatz *m.* / slot
Steckrahmen *m.* / mounting frame / board
cage
Steckrastverbindung *f.* / snap-on coupling
Steckrichtung *f.* / insertion direction
Steckschacht *m.* / (Relais) insertion duct
Steckschlüssel *m.* / socket wrench
Steckschraubverbindung *f.* / (Koax-StV)
screw coupling
Stecksockel *m.* / socket / ... **für Chipmontage**
chip carrier socket / ... **für Leiterplatten**
board socket / ... **für Oberflächenmontage**
surface-mount socket / ... **für Röhre** base /
... **für 28poliges DIP-Gehäuse** 28-pin
socket / **hoher** ... high-profile socket /
... **mit einer Reihe von Speichermodulen**
single-in-line memory module socket /
niedriger ... low-profile socket
Stecksockelanschluß *m.* / socket lead
Stecksockeleinheit *f.* / header module
Steckstelle *f.* / socket
Steck-Trenn-Folge *f.* /
insertion-withdrawal-cycle
Steckverbinder *m.* / connector / ... **für direktes
Stecken** edge-socket connector / ... **für
Einschubtechnik** modular-equipment
connector / ... **für gedruckte Schaltungen**
printed circuit connector / ... **für
HF-Technik** RF connector / **invertierter** ...
inverse connector / ... **mit Drehkupplung**
twist-on connector / ... **mit Erdanschluß**
grounding connector / ... **mit
Kabelzugentriegelung** lanyard connector /
... **mit Notzugentriegelung**
snatch-disconnect connector
Steckverbindergehäuse *n.* / electrical
connector housing
Steckverbinderkörper *m.* / connector body
Steckverbinder-Rückseite *f.* / connector rear
Steckverbindung *f.* / plug connection /
pin-and-socket connector / **dreifache** ...
three-way connector
Steg *m.* / line / rib / bar / ridge / ... **mit
schrägen Wänden** line with sloping
profiles / **schmaler** ... narrow rib

Stegabstand *m.* / space width between resist
lines
Stegbefestigungsmethode *f.* / beam-lead
technique
Stegbreite *f.* / line width
Stegkontakt *m.* / land contact
Stegleiter *m.* / beam lead
Stegmontage *f.* / beam-lead assembly
Stegwand *f.* / line edge
Stehwellenverhältnis *n.* / (Mikrow.-HL)
voltage standing wave ratio (VSWR)
steigen / to rise / to increase
steigern / to increase / (stark) to boost
steil / steep / (Impuls) fast-rise / (Signal)
steep-sloped
Steilheit *f.* / transconductance (of FET) /
steepness / (Filter) attenuation slope /
(FM-Modulator; Oszillator) sensitivity /
(Transistor) transadmittance / ... **des
Impulsantriebes** pulse rate-of-rise
Steilheitsverzerrung *f.* / (FM-Modulator;
Oszillator) non-linearity
Steilwandstruktur *f.* / dam structure
Stelle *f.* / (Zeichen) digit / (örtl.) position /
location / place / (Job) vacancy / job
Stellenanforderung *f.* / job requirements
Stellenangebot *n.* / vacancy
Stellenanzeige *f.* / job advertisement
Stellenausschreibung *f.* / job advertisement
Stellenbeschreibung *f.* / job description
Stellenimpuls *m.* / commutator pulse / position
pulse / P-pulse / digit pulse
Stellenschreibweise *f.* / positional notation
Stellentaktzeit *f.* / digit period
Stellenwertebene *f.* / digit plane
Stellfläche im Reinraum *f.* / clean room
footprint
Stellglied *n.* / final control element
Stellgröße *f.* / regulation variable / controlling
variable
stellvertretend / deputy ...
**Stellvertretender Vorsitzender des
Aufsichtsrats** *m.* / (Siem.) Deputy Chairman
of the Supervisory Board
Stellvertretender Vorsitzender des Vorstands
m. / (Siem.) Deputy Chairman of the
Managing Board
Stellvertretendes Mitglied des Vorstands *n.* /
(Siem.) Senior Vice President
Stellvertreter *m.* / substitute / deputy
Stempel *m.* / (allg.) stamp / (Bonden etc.)
spot, rectangle, shot, flash / ... **eines
Außenbonders** punch of an outer lead
bonder / ... **eines variablen Flächenstrahls**
rectangular spot of variable shape /
... **schräg zur Abtastrichtung** rectangle
orthogonal to the scanning direction /
... **unterschiedlicher Breite, Länge und**

Drehung flashes of varying widths, lengths and rotations
Stempelbelichtung *f.* / spot exposure
Stempelbild *n.* / marking layout / printing design
Stempelfestigkeit *f.* / marking resistance
Stempelgeschwindigkeit *f.* / shot rate
Stempeln *n.* / printing
Steno / shorthand
Stepper *m.* / (wafer) stepper / **... mit 10facher optischer Verkleinerung** direct-step-on-wafer system using 10:1 optical projection / **.. mit optischer Projektionsübertragung** optical projection stepping equipment
Stepperanlage *f.* / stepper system / direct-step-on-wafer system / **... mit verkleinerter schrittweiser Projektionsübertragung** step-and-repeat reduction-projection system
Step-und-Repeat-Anlage *f.* / step-and-repeat system / **... für direke Waferstrukturierung** step-and-repeat (optical) aligner / **ionenoptische ...** ion-optical step-and-repeat system
Step-und-Repeatverfahren mit optische Bildverkleinerung *n.* / step-and-repeat reduction process
Sterilisator *m.* / sterilizer
Stern * *m.* / asterisk
Steueranweisung *f.* / control statement
steuerbare Erreichbarkeit *f.* / controlled availability
Steuerbaustein *m.* / controller
Steuerbefehl *m.* / control command
Steuerbehörden *fpl.* / tax authorities
Steuerberater *m.* / tax consultant
Steuerbilanz *f.* / tax balance sheet
Steuerbit *n.* / control bit
Steuerchip *m.* / controller chip
Steuerdaten *pl.* / control data
Steuereinheit *f.* / control unit
Steuerelektrode *f.* / gate electrode / control electrode
Steuererhebung *f.* / imposition of taxes / raising of taxes
Steuererhöhung *f.* / tax increase / tax hike
Steuererklärung *f.* / tax return
Steuerermäßigung *f.* / tax break / tax abatement
steuerfrei / tax-exempt / tax-free
Steuerfreibetrag *m.* / tax-free amount
Steuerfreiheit *f.* / tax exemption
Steuergatter *n.* / control gate
Steuerhinterziehung *f.* / tax evasion
Steuerjahr *n.* / fiscal year
Steuerkarte *f.* / control card / parameter card / job control card
Steuerklasse *f.* / tax bracket

Steuerkreis *m.* / control circuit
Steuerlicht *n.* / writing light
steuern / to control
Steuern *n.* / (DV) feed forward control / open loop control
Steuern *fpl.* / taxes
Steuerpaket *n.* / tax package
Steuerpflicht *f.* / tax liability
steuerpflichtig / taxable / liable to taxes
Steuerprogramm *n.* / control program / control routine
Steuerprüfer *m.* / tax auditor
Steuerpult *n.* / control console
Steuerrückzahlung *f.* / tax refund
Steuersatz für SV-Thyristoren *m.* / trigger set
steuerseitiger Innenwiderstand *m.* / internal control-side resistance
Steuerstrom *m.* / control current
Steuersystem mit Rückkopplung *n.* / closed-loop control system
Steuertaste *f.* / control key
Steuerteil *m.* / controller
Steuer- und Rückmeldekanal *m.* / command/indicate channel
Steuerung, numerische *f.* / numeric control
Steuerungsablauf *m.* / control sequence
Steuerungsaufwand *m.* / control overhead
Steuerungsausschuß *m.* / steering committee
Steuerungseinrichtungen *fpl.* / selectors
Steuerungsübergabe *f.* / control transfer
Steuerwerk *n.* / control unit
Steuerwicklung *f.* / drive winding
Steuerzeichen *n.* / control character
Stichprobe *f.* / sample (... check)
Stichprobenanweisung *f.* / sampling instruction
Stichprobenentnahme *f.* / sampling
Stichprobengröße *f.* / sample size
Stichprobenplan *m.* / sampling plan / **doppelter ...** double sampling plan / **einfacher ...** single sampling plan / **mehrfacher ...** multiple sampling plan
Stichprobenprüfung *f.* / sample test
Stichprobensystem *n.* / sampling scheme
Stichtag *m.* / set date / fixed date / cutoff date / (Frist) deadline
Stichwort *n.* / catchword / keyword
Stickstoff *m.* / nitrogen
stickstoffdotiert / nitrogen-doped
stickstoffgespült / nitrogen-purged
Stickstoffpolster *n.* / layer of nitrogen
Stickstoffstrom *m.* / nitrogen stream
Stiel *m.* / (StV) post / pin
Stiftabstand *m.* / pin spacing
Stiftanschluß *m.* / pinout
Stift-Buchse-Prinzip *n.* / pin-and-socket principle
Stiftkontakt *m.* / pin contact
Stiftkontaktanschluß *m.* / pin pad

Stiftkontaktleiste *f.* / pin-contact strip
Stiftleiste, passende *f.* / mating pin-contact strip / **zweireihige** ... double-row contact strip
Stiftleistenkontakt *m.* / pin contact
Stiftliste *f.* / wiring pin list
Stiftraster *n.* / pin pattern / pin spacing
Stiftsockel *m.* / pin base / edge connector (Leiste)
Stiftzahl *f.* / pin number / pin count
Stillegung *f.* / shut-down
stillgelegt / inoperative
Stillstand *m.* / standstill
Stillstandskosten *pl.* / idle plant expenses
Stillstandszeit, störungsbedingte *f.* / machine downtime
stimmrechtlose Aktien *fpl.* / non-voting shares
Stirnkontakt-Steckverbinder *m.* / butting connector
Stitchbonden *n.* / stitch bonding
Stitch-Kontaktierung *f.* / stitch bonding
Stitchschweißen *n.* / stitch welding
stochastisch / stochastic
Störabstand *m.* / signal-to-noise ratio
Störabstand, dynamischer *m.* / dynamic noise immunity
Störalgorithmus *m.* / disturbance algorithm
störanfällig / error-prone
Störanfälligkeit *f.* / error liability
Störatom *n.* / impurity atom / foreign atom
Störatome auf Zwischengitterplätzen *npl.* / interstitial impurities
Störatomplazierung *f.* / impurity placement
Störatomstreuung *f.* / impurity scattering
Störbefreiung *f.* / interference blanking
stören / to disturb / to infere / to perturb / to disrupt (service)
störend / disturbing / spurious
Störgeräusch *n.* / background noise / static noise
Störgröße *f.* / perturbance variable
Störhalbleiter *m.* / impurity semiconductor
Störimpuls *m.* / glitch / spurious pulse
störimpulsbedingt / glitch-induced
Störimpulsdetektor *m.* / glitch catcher
Störimpulserzeugung *f.* / spurious pulse generation
störimpulsfrei / deglitched
Störkapazität *f.* / parasitic capacitance
Störleiter *m.* / impurity semiconductor / extrinsic semiconductor
Störleitung *f.* / impurity conduction / extrinsic conduction
Störlicht *n.* / interfering light
Störniveaubesetzung *f.* / impurity level population
Störreflex *m.* / parasitic reflection
Störschutz *m.* / noise-suppression filter

Störsicherheit *f.* / noise immunity
Störspannung *f.* / parasitic voltage / interference voltage / (Rauschen) noise
Störstelle *f.* / impurity / imperfection / defect / ... **in der Gitterstruktur** structural imperfection
Störstellendichte *f.* / impurity density / impurity concentration
störstellenfrei / impurity-free
Störstellengehalt *m.* / impurity content / impurity concentration
Störstellengradient an der Grenzfläche *m.* / impurity gradient at the interface
Störstellenleitfähigkeit *f.* / impurity conductivity
Störstellenniveau *n.* / impurity level
Störstellenstreuung *f.* / impurity scattering
Störstellenverlauf *m.* / impurity profile
Störstellenverteilung *f.* / impurity distribution
Störstoff *m.* / contaminant
Störstrahlung *f.* / stray radiation
Störstrom *m.* / interference current / (Schutz) spill current / (Wandlerfehlstrom) error current
Störunanfälligkeit *f.* / immunity
Störung *f.* / defect / failure / disturbance / perturbance
Störung *f.* / defect / failure / perturbance / disturbance / breakdown / malfunction / (magnet.) interference / **elektromagnetische** ... electromagnetic interference / **... im Gitter** defect in the lattice / **... in der Fertigung** break in production / **kurzzeitige** ... glitch / **magnetostatische** ... magnetostatic disturbance / **strahlungsbedingte** ... radiation-induced defect / **thermische** ... thermal disturbance / **... zwischen den Strukturen** structure-to-structure interference
Störungsaufzeichnung *f.* / failure logging
störungsbedingte Stillstandszeit *f.* / machine downtime
Störungsbeseitigung *f.* / troubleshooting / fault recovery
Störungsmeldung *f.* / (Fertigung) production break note / fault message / fault report
Störungsprotokoll *n.* / fault log / (Prod.) production break note
störungssicher / fail-safe
Störungsstelle *f.* / (DV) fault reporting center
Störungszeit *f.* / downtime
stofflich verwertbare Materialien *npl.* / recyclable materials
Stopbefehl *m.* / halt instruction
Stopbit *n.* / stop bit
Stopcode *m.* / stop code / halt instruction
Stopschrittprüfung *f.* / stop element check
stornieren / to cancel
Stornierung *f.* / cancellation

Stornobuchung *f.* / negative booking / reversal
Stoßbetrieb *m.* / burst mode
stoßfest / shock-proof
Stoßlänge *f.* / (Elektron) collision length
Stoßspannung *f.* / transient voltage
Stoßstelle *f.* / butt joint
Stoßstellenlötverbindung *f.* / butt solder joint
Stoßstrom *m.* / surge current
Stoßstromgrenzwert *m.* / maximum surge on-state current / maximum surge forward current
Stottardlösung *f.* / Stottard solvent
Strafzoll *m.* / punitive tariff
Strahl *m.* / beam / **divergenter** ... flood beam / ... **mit festem quadratischem Querschnitt** fixed square beam / ... **mit kleinem Bündelquerschnitt** finely focussed spot beam / ... **mit nichtvariablem Querschnitt** fixed-shape beam / ... **mit rundem Querschnitt** beam of circular cross section / ... **mit rechteckförmigem Querschnitt** rectangular beam / **sichelförmiger** ... arc-shaped beam / **strukturerzeugender** ... patterning beam
Strahlablenker *m.* / beam deflector
Strahlablenkfläche *f.* / beam excursion area
Strahlablenkrichtung *f.* / beam scanning direction
Strahlablenkung *f.* / beam deflection
Strahlabtastung *f.* / beam scan
Strahlabweichung *f.* / beam drift
Strahlaustasteinheit *f.* / beam blanking unit
Strahlaustastung *f.* / beam blanking
Strahlbearbeitung *f.* / beam processing
Strahlbegrenzungsblende *f.* / beam limiting aperture
Strahlberuhigungszeit *f.* / beam settling time
Strahlbündelung *f.* / focus
Strahldehner *m.* / beam expander
Strahldimensionierungsblende *f.* / beam sizing aperture
Strahldruck *m.* / blasting pressure
Strahldurchmesser *m.* / beam diameter
Strahleinfallswinkel *m.* / beam incidence angle
Strahlengleichung *f.* / ray equation
Strahlenteiler *m.* / beam splitter
Strahler *m.* / emitter / gun / **isotroper** ... isotropic radiator
Strahlerjustierung *f.* / gun alignment
Strahlerspitze *f.* / emitter tip
Strahlertriode *f.* / triode electron gun
Strahlfluß *m.* / beam flux
Strahlführung *f.* / beam control
Strahlgröße, axiale *f.* / on-axis spot size
Strahlort *m.* / beam location
Strahlplazierungsfehler *m.* / beam placement error

Strahlpositionierung, fehlerhafte *f.* / beam misplacement
Strahlquerschnitt *m.* / beam cross-section
Strahlrasteranlage *f.* / beam-scanning system
Strahlrücklauf *m.* / beam flyback
Strahlschreiber *m.* / beam writer
Strahlsonde *f.* / beam spot / probe / **variable** ... compound spot
Strahlsondenbereich *m.* / beam size range
Strahlsondendurchmesser *m.* / beam spot diameter
Strahlsondengröße *f.* / beam spot size
Strahlspannung *f.* / beam voltage
Strahlspeicher *m.* / beam store
Strahlsteuerung *f.* / beam control
Strahlstreuung *f.* / beam divergence / beam spread
Strahlstrom *m.* / beam current
Strahlung *f.* / radiation / **aktinische** ... actinic radiation
strahlungsempfindlich / radiation-sensitive
Strahlungsfluß *m.* / luminous flux
Strahlungsleistung *f.* / radiant power / (Opto-Halbl.) luminance
Strahlungsmesser *m.* / radiometer
Strahlungsquelle *f.* / radiation source
Strangkitt *m.* / rope putty
Straßentransport *m.* / road transport
Strategie *f.* / strategy
strategisch / strategic
Strecke *f.* / route
strecken / to stretch
Streckspannung *f.* / (v. Wafer) yield stress
Streifen *m.* / stripe / (Band) tape
Streifenanschluß *m.* / beam lead
Streifenarrays *mpl.* / stripe arrays
Streifenchipträger *m.* / tape chip carrier
Streifencode *m.* / bar code
Streifendoppler *m.* / paper tape reproducer
Streifenende *n.* / trailing end
streifenfrei / (Resist) striation-free
Streifenleiter *m.* / stripline
Streifenleiterrahmen *m.* / tape frame
Streifenleitertechnik *f.* / stripline technique
Streifung *f.* / (auf Wafer) striation
Streifenleser *m.* / paper tape reader / strip reader
Streifenzählverfahren *n.* / fringe counting technique
Streik *m.* / strike / walk-out / industrial action / ... **ausrufen** to call a strike / **inoffizieller** ... unofficial strike / unauthorized strike / wildcat strike / **offizieller** ... official strike / authorized strike
streiken / to strike
Streikgeld *n.* / strike pay
Streikkasse *f.* / strike fund
streng geheim / top secret

streng vertraulich / strictly confidential
Streuauslösung *f.* / random triggering
Streubereich *m.* / spread (of dimensions) /
  seitlicher ... lateral scattering range
streuen / (Licht) to diffuse
Streufeld, magnetisches *n.* / magnetic stray
  field
Streufluß, magnetischer *m.* / magnetic leakage
Streuinduktivität *f.* / leakage inductance
Streukapazität *f.* / stray capacitance
Streuladung *f.* / scatter load
Streuspannung *f.* / capacitive reactance
  voltage
Streuung *f.* / scattering / ... **von Fremdatomen**
  impurity scattering / ... **von Werten** spread
  of values / **magnetische** ... magnetic
  leakage / **seitliche** ... lateral scattering
Streuungswinkel *m.* / scattering angle
  (of ions)
Streuverlust *m.* / leakage / scattering loss
Streuwerte *mpl.* / spurious values
Streuwirkungen *f.* / parasitics
Strich *m.* / stroke / line
Strichcodekennzeichnung *f.* / bar code
  marking
Strichcodeleser *m.* / bar code scanner
Strichcodierung *f.* / bar coding / bar code
  marking
Strichkarte *f.* / mark sense card
Strichmarkierung *f.* / bar mark
Strichmarkierungsfeld *n.* / mark field
Strichstärke *f.* / stroke width
stringent / stringent
strittige Verlustzeit *f.* / debtable time
Strömungsdynamik *f.* / flow dynamics
Strömungsgeschwindigkeit *f.* / flow rate
Strömungsprüfer *m.* / flow tester
Strom *m.* / (Fluß) flow / (el.) current /
  electricity / power
Stromaufnahme *f.* / power draw
Stromausfall *m.* / power failure
Strombegrenzerschicht *f.* / current limiting
  layer
Strombelastbarkeit *f.* / current rating
Stromdichte *f.* / (v. Ionen) current density
Stromeinschnürung *f.* / pinch effect
Stromerzeugung *f.* / power generation
Stromfalle *f.* / current sink
Stromhöcker *m.* / bump
Stromkreis *m.* / circuit
Stromlaufplan *m.* / circuit diagram
Stromleiter *m.* / conductor
stromleitend / conductive
Stromnetz *n.* / power network / power grid
Stromquelle *f.* / current source
Stromrichter *m.* / converter
Stromschleife *f.* / current loop
Stromsenke *f.* / drain

Stromsteilheit *f.* / (Leistungs-Halbl.) rate of
  rise of current
Stromstoßfestigkeit, hohe *f.* / high surge
  capability
Stromübertragungsverhältnis *n.* / current
  transfer ratio
Stromverbrauch *m.* / power consumption /
  wattage
Stromversorgung *f.* / power supply
Stromverstärkungsgruppe *f.* / power
  amplification group
Stromwandler *m.* / current transformer (CT)
Struktur *f.* / structure / pattern / features /
  ... **aus Rechteckstempeln zusammengesetzt**
  pattern composed of rectangles ... **der**
  Gatterebene gate level pattern / ... **der**
  Rückseite back pattern / ... **der Vorderseite**
  front pattern / ... **des Schaltkreisentwurfs**
  layout pattern / **eindimensionale** ...
  one-dimensional geometry / ... **einer Datei**
  structure of a file / ... **einer unteren Ebene**
  lower-level pattern / **flachdimensionierte** ...
  low-dimensional structure /
  fotolithographisch belichtete ...
  photolithographically printed pattern /
  gekrümmte ... curved pattern / **gemischte** ...
  merged structure / **geometrische** ...
  geometries / ... **im Mikrometerbereich,**
  geometrische micron-sized geometry /
  ... **im Resist, topografische** relief structure
  in the resist / **innere** ... (Speicher) internal
  organization / **kleinste** ... minimum
  geometry / **kombinierte** ... merged
  structure / **logische** ... logic design / ... **mit**
  gleitendem Gate floating-gate structure / ...
  mit kleinem Rastermaß fine-pitch pattern /
  ... **mit übereinanderangeordneten Reihen**
  von Bondstellen bonding tier structure
Strukturabmessung *f.* / structural dimension /
  ... **im Mikrometerbereich** micron-sized
  design geometry / **kleinste** ... minimum
  design geometry
Strukturabmessungskontrolle *f.* / geometry
  control
Strukturänderung *f.* / pattern change
Strukturätzen *n.* / pattern etching
Strukturauflösung *f.* / pattern definition /
  line size resolution / line-space resolution
Strukturbaum *m.* / structural tree
Strukturbeschreibung *f.* / structural
  description
Strukturbild *n.* / pattern image
Strukturbreite *f.* / pattern width / feature
  size / ... **auf dem Wafer** wafer geometry
  width / **kleinste** .. minimum feature size /
  kleinste auflösbare ... limiting feature size /
  kleinste erreichbare .. smallest achievable
  line width

Strukturbreitenauflösung *f.* / line width resolution
Strukturbreitenfehler *m.* / dimension error
Strukturbreitenkontrolle *f.* / pattern line width control
Strukturbreitenmeßgerät *n.* / line width measuring device
Strukturbruch *m.* / structural break
Strukturdatei *f.* / product structure file / chain file
Strukturdatenverwaltung *f.* / structure data management
Strukturdefekt *m.* / structural imperfection / structural flaw
Strukturdichte *f.* / pattern density
Strukturdimensionierung *f.* / geometry sizing
Strukturebene *f.* / pattern level / **kritische** ... (auf Chip) crucial level
Strukturelement *n.* / (pattern) feature / pattern line / structural feature / **auflösbares** ... resolvable feature / **... der Maske** mask feature / **... des entgültigen Schaltkreisbildes** final-image feature / **... eines Mikrobauteils** device element / **erhabenes** ... raised feature / **fehlendes** ... missing geometry / **... im Submikrometerbereich** submicrometer pattern detail / **kleinstes belichtbares** ... minimum printable feature / **zusätzliches** ... extra geometry
Strukturelementblende *f.* / pattern aperture plate
Strukturelementbreite, kleinste *f.* / minimum pattern line width
Strukturelemente, geometrische *npl.* / pattern geometries
Strukturelementgröße *f.* / feature size / die pattern feature dimension
strukturell / structural
Strukturen *fpl.* / patterns / geometries / structures / **dichter gepackte** .. tighter geometries / **geradlinige** ... rectilinear geometries / **kleiner werdende** shrinking geometries / **kleinste** ... finest geometries / **... mit kleinsten Linienabständen** closely spaced geometries / closely packed geometries
Strukturentwurf *m.* / layout
Strukturerkennung *f.* / pattern recognition
Strukturerzeugung *f.* / pattern generation / pattern formation / patterning / **serielle** ... pattern generation with a serial electron beam
Strukturfeinheit *f.* / structural resolution
Strukturfenster *n.* / pattern window
Strukturform, rechteckige *f.* / rectangular geometry
Strukturgrenze *f.* / structure boundary

Strukturgröße *f.* / pattern size / geometry size / feature size / **kleine** ... fine geometry / **kleinste auflösbare** ... minimum resolvable feature size / **kritische** ... geometry CD (CD = critical dimension)
Strukturgrößenänderung *f.* / pattern size variation
Strukturgrößenverkleinerung *f.* / dimension reduction
Strukturherstellungsverfahren *n.* / pattern generation process
strukturierbar / patternable
strukturieren / to structure / to pattern / to write a pattern onto / (b. Ätzen) to delineate
strukturiert / patterned / **... im Step-und-Repeat-Verfahren, direkt** direct-stepped / **subtraktiv** ... subtractively patterned
strukturierte Adresse *f.* / compound address
strukturierte Bilddatei *f.* / structured display
Strukturierung *f.* / patterning / delineation / **... der Wafer mit Fotorepeater** photodelineation on stepped wafers / **... des Wafers, direkte** direct writing on the wafer / **... durch Belichtung** photodelineation / **... nach dem Step-und-Repeat-Verfahren** step-and-repeat patterning / **röntgenlithographische** ... XRL patterning
Strukturierungsablauf *m.* / pattern delineation sequence
Strukturierungsbelichtung *f.* / patterning exposure
Strukturierungsdefekt *m.* / patterning defect
Strukturierungsgenauigkeit *f.* / patterning precision
Strukturierungsresist *m.* / patterning resist
Strukturierungsschritt *m.* / patterning step
Strukturierungsverfahren *n.* / patterning technique / delineation technique
Strukturjustierung *f.* / pattern alignment
Strukturkante *f.* / feature edge / pattern edge
Strukturkantenschärfe *f.* / pattern edge sharpness
Strukturkopieranlage *f.* / pattern-copying machine
Strukturlagefehler *m.* / pattern distortion / **... auf der Maske** mask feature placement error
Strukturlagegenauigkeit *f.* / feature placement accuracy
Strukturlinienbreite *f.* / pattern line width
Strukturplazierung *f.* / pattern placement
Strukturpositionsgenauigkeit *f.* / pattern positional accuracy
Strukturschicht *f.* / (Resist) patterned resist layer

Strukturschreibfolge *f.* / pattern delineation sequence
Strukturseite des Wafers *f.* / wafer image surface
Strukturspeicher *m.* / non-erasable storage
Strukturstückliste *f.* / indented explosion / indented bill of material
Strukturstufe *f.* / structure level
Strukturteilung *f.* / pattern division
Strukturtreue *f.* / pattern fidelity
Strukturüberdeckung *f.* / pattern superposition / **... zwischen Vorder- und Rückseite** front-to-back pattern registration
Strukturüberdeckungsfehler *m.* / pattern registration error
Strukturüberdeckungsgenauigkeit *f.* / pattern overlay accuracy
Strukturübertragung *f.* / pattern transfer / image transfer / reproduction / **... durch Röntgenstrahlen mit hoher Auflösung** high-resolution x-ray printing / **... mit hoher Form- und Maßtreue** high-fidelity pattern transfer / **... nach dem Step-und-Repeat-Verfahren** step-and-repeat patterning
Strukturunterbrechung *f.* / pattern disconnect / (allg.) structural break
Strukturverbindung *f.* / structural connection / structural link
Strukturverbreiterung *f.* / pattern broadening / pattern spreading
Strukturvergleich *m.* / structure comparison
Strukturverkettung *f.* / (v. Baugruppen) component chain
Strukturverschiebung *f.* / pattern shift
Strukturvervielfachung *f.* / (b. Scannen) pattern multiplexing
Strukturvervielfältigung *f.* / pattern replication
Strukturverwaschung *f.* / pattern washout
Struktur-Verwendungsnachweis *m.* / structure where-used list
Strukturverzerrung *f.* / pattern distortion
Strukturzusammensetzung *f.* / pattern composition
Studie *f.* / study
Stück *n.* / piece / unit / item
Stückgut *n.* / less-than-cargo lot (l.c.l.)
Stückgutfracht *f.* / LCL freight / package freight
Stückguttarif *m.* / LCL rates
Stückgutversand *m.* / shipment as LCL lot
Stückkosten *pl.* / cost per piece / cost per unit / unit cost
Stückkostenkalkulation *f.* / product costing
Stückliste *f.* / bill of material / **mehrstufige ...** multi-level bill of material / **modulare ...** modular bill of material

Stücklistenauflösung *f.* / explosion of bill of material / bill explosion
Stücklistenbaum *m.* / bill-of-material tree
Stücklistengenerator *m.* / bill-of-material processor
Stücklistenkette *f.* / bill-of-material chain
Stücklistenspeicher *m.* / bill-of-material storage
Stücklistenverwaltung *f.* / maintenance of bill of material
Stücklistenverwendung *f.* / bill-of-material use
Stücklistenzweck *m.* / bill-of-material purpose
Stücklohn *m.* / piece rate
Stückpreis *m.* / unit price
Stückverzeichnis *n.* / piece list
stückweise Fertigung *f.* / single-unit processing
Stückwert *m.* / piece value
Stückzahlen *fpl.* / quantities
Stückzeit *f.* / piece time / standard time per unit
Stückzoll *m.* / specific duty / duty per item
Stützimpuls *m.* / sustaining pulse
Stützkondensator *m.* / reservoir capacitor
Stützpunkt *m.* / (DV) restart point
Stützpunktleiste *f.* / terminal strip
Stufe *f.* / step / (Stadium) stage / **... auf der Waferoberfläche** wafer step / **... der Produktstruktur** product level
Stufenbedeckung *f.* / step coverage
Stufenelement *n.* / stepped feature
Stufenhöhe *f.* / step height
Stufenprofil *n.* / stepped profile
Stufenspannung *f.* / step voltage
Stufentermin *m.* / step date
Stufenüberdeckung *f.* / step coverage
Stufenüberdeckungsfehler *m.* / step-coverage fault
Stufenüberzug *m.* / step coverage
stufenweise / level-by-level / step-by-step / stepwise
Stufenziehen *n.* / (Kristalle) rate growth
Styropor *n.* / polystyrene
Submasterschablone *f.* / submaster photomask
Submikrometerbereich *m.* / submicrometer range
Submikrometerelement *n.* / submicron feature
Submikrometerionensonde *f.* / submicron focussed ion beam
Submikrometersonde *f.* / submicron spot
Submikrometerstruktur *f.* / submicrometre feature / submicron geometry
Sub-ym-MOSFET *m.* / short-channel MOSFET
Subnanosekundenlogik *f.* / subnanosecond logic
Substanzsteuer *f.* / tax on asset values
substituieren / to substitute

Substitutionselement *n.* / substituent
Substitutionsgitterplatz *m.* / substitutional lattice site
Substitutionsstelle *f.* / substitution bit
Substitutionsstörstellen *fpl.* / substitutional impurities
Substrat *n.* / substrate / (bulk silicon) / ... aus Saphir supporting structure of sapphire / durchlässiges ... transmissive substrate / festes ... solid substrate / ... für Durchkontaktmontage through-mounting substrate / ... für gedruckte Schaltung printing wiring substrate / großflächiges ... large-area substrate / im Winkel von 5° zur Orientierungsrichtung geschnittenes 5° off-orientation substrate / ... mit aktiven Elementen active substrate / ... mit n-Leitfähigkeit n-type substrate / ... mit Stufenprofil stepped-profile substrate / reflektierendes ... reflective substrate
Substrataufnahmeteller *m.* / wafer chuck / wafer loader
Substratdotierungsdichte *f.* / substrate doping density
Substratebenheitsfehler *m.* / substrate flatness error
Substratfläche *f.* / substrate area
Substratgehäuse *n.* / substrate package
Substrathalter *m.* / substrate pallet / substrate holder
Substratneigung *f.* / substrate tilt
Substratplatte *f.* / substrate board
Substrat-Resist-Grenzschicht *f.* / substrate-resist interface
Substratschreibfläche *f.* / substrate writing area
Substrattransistor *m.* / vertical transistor
Substratverformung *f.* / substrate distortion
Substratverschiebung *f.* / substrate translation
Substratvorspannungseffekt *m.* / substrate bias effect
Substratzuführung *f.* / substrate feeding
subtraktives Ätzen *n.* / subtractive etching
Subunternehmer *n.* / subcontractor
Subventionen *fpl.* / subsidies
subventionieren / to subsidize
Suchalgorithmus *m.* / search algorithm
Suchanweisung *f.* / search statement
Suchargument *n.* / search argument
Suchbefehl *m.* / search instruction
Suchbegriff *m.* / search criterion
Suchkriterium *n.* / search criterion / search term
Suchlauf *m.* / search run
Suchmodus *m.* / locate mode
Suchschleife *f.* / search cycle
Südafrika / South Africa
Südostasien (SOA) / South East Asia (SEA)
sukzessiv / successive(ly) / gradual(ly)

Summandenregister *n.* / addend register
Summe *f.* / sum / total (amount)
Summenkarte *f.* / summary card
Summenkontrolle *f.* / summation check
Summenstanzer *m.* / summary punch
Summenstückliste *f.* / summarized bill of material
summieren / to total / to add up
Summierschaltung *f.* / summing circuit
Supergitter *n.* / superlattice
Superintegration *f.* / (Halbl.) super high-scale integration (SHSI)
superklein / ultrasmall (features)
Supraleistungsbauelement *n.* / superconductive device
supraleitend / superconducting / cryogenic
Supraleiter *m.* / superconductor
Supraleitfähigkeit *f.* / superconductivity
Supraleitungsschaltung *f.* / superconductive circuit
Supraleitungsspeicher *m.* / crygenic storage / superconducting memory
Supraleitungsverstärker *m.* / superconducting amplifier
Supraleitungszustand *m.* / superconductive state
Supraspeicher *m.* / cryogenic storage
Suszeptor, 7-seitiger *m.* / septagonal susceptor
Suszeptorplatte *f.* / susceptor plate
symbolische Adresse *f.* / mnemonic address / symbolic address
symmetrisch / symmetrical
symmetrischer Fehler *m.* / balanced error
Sympathiestreik *m.* / sympathy strike
synchron / synchronous
Synchronbetrieb *m.* / synchronous operation
synchrone Arbeitsweise *f.* / synchronous operation
synchronisieren / to synchronize
Synchronisierschaltung *f.* / locking circuit / tracking circuit
Synchronisierzeichen *n.* / idle character
Synchronübertragung *f.* / synchronous transmission
Synchronverfahren *n.* / synchronous mode
Synergie *f.* / synergy
synonym / synonymous
syntaktisch / syntactic
syntaktische Analyse *f.* / parsing / syntactic analysis
Syntaxprüfung *f.* / syntax check
SYN-Zeichen *n.* / synchronous idle character (SYN)
System, gemischtes *n.* / hybrid system / ... mit geschlossenem Planungskreis closed loop planning system
Systemablaufdiagramm *n.* / flowchart
Systemabsturz *m.* / system crash
Systemanfrage *f.* / prompt

Systematik *f.* / systematics
systematisieren / to systemize / to systematize
Systemaufruf *m.* / system call
Systemausbau *m.* / system upgrading
Systemausfall *m.* / system failure / system
breakdown / system crash
Systemausgabeeinheit *f.* / system output
device
Systemauswahl *f.* / system selection
Systembedienungsbefehl *m.* / system command
systembedingt / system-conditioned
Systembetreuer *m.* / system administrator
Systembewertung *f.* / system valuation
Systembibliothek *f.* / system library
Systemdiskette *f.* / system diskette
Systemdurchsatz *m.* / system throughput
Systemebene *f.* / system level
Systeme höchster Frequenz *npl.* / systems
operating at ultra-high frequencies
systemeigen / native
Systemeigentest *m.* / system self-test
Systemeinrichtungen *fpl.* / facilities
Systementwickler *m.* / systems engineer
Systementwicklung *f.* / systems engineering /
system development
Systementwurf *m.* / system design
Systemerweiterung *f.* / system expansion
Systemfehler *m.* / system error / system fault
systemfreie Kommunikation *f.* / open systems
interconnection (OSI)
systemgebunden / system-oriented
Systemgenerierung *f.* / system generation /
sysgen
Systemhaus *n.* / computer retailer / system
retailer / system house
Systemintegrität *f.* / system integrity
systemintern / intrasystem
Systemkern *m.* / resident monitor / supervisor
Systemkonfiguration *f.* / hardware
configuration / system configuration
Systemlauf *m.* / system run
Systemleistung *f.* / system performance
Systemlösung *f.* / system solution
Systemmeldung *f.* / system message
Systemoptimierung *f.* / system tuning
Systempflege *f.* / program maintenance
Systemplanung *f.* / system engineering
Systemplatte *f.* / system board
Systemprotokoll *n.* / system log
Systemprüfung *f.* / system check
Systemschnittstelle *f.* / system interface
Systemsicherheit *f.* / system security
Systemsteuerbefehl *m.* / system control
command
Systemsteuersprache *f.* / job control language
(JCL)
Systemstörungszeit *f.* / system downtime
Systemtechnik *f.* / systems engineering
Systemträger *m.* / lead frame

Systemübergang *m.* / system gateway
Systemüberwachung *f.* / system monitoring
Systemumstellung *f.* / system migration
Systemunterstützung *f.* / system support
System-Urband *n.* / master tape
Systemvergleich *m.* / system comparison
Systemverklemmung *f.* / deadlock
Systemverwalter *m.* / system administrator /
system manager
Systemverwaltung *f.* / system management /
system administration
Systemverwaltungszeit *f.* / overhead
Systemverzeichnis *n.* / root (directory)
Systemzusammenbruch *m.* / abnormal system
end / system crash
Systemzustand *m.* / system state / system
status

T

tabellarisch / tabular
Tabelle *f.* / table / list / spreadsheet
Tabelle erstellen / to compile a table
Tabellenausdruck *m.* / tabular printout
Tabellenfeld *n.* / table field / table element
Tabellenkalkulation *f.* / spreadsheet analysis /
spreadsheeting
Tabellenkalkulationsprogramm *n.* /
spreadsheet program
Tabellenlesen *n.* / table look-up
Tabellensuchprogramm *n.* / table lookup
program
Tabellenverarbeitung *f.* / table processing
Tabellenwert *m.* / tabular operand / tabular
value
tabellieren / to tab / to tabulate
Tabelliermaschine *f.* / tabulator
Tablette *f.* / tablet / pellet
Tablettenabmessung *f.* / tablet dimension
Tablettengewicht *n.* / tablet weight
Tabulator *m.* / tab / tabulator / **... setzen**
to set a tab
Tabulatoreinstellung *f.* / tab stop setting
Tabulatorlöschtaste *f.* / tabulator clear key
Tabulatorspeicher *m.* / tabulator memory
Tabulatorsprung *m.* / tab
Tabulatortaste *f.* / tab key / tabulating key
Tabulatorzeichen *n.* / tabulator character
täglicher Bedarf *m.* / daily requirements
tätig / active
Tätigkeitsablaufplan *m.* / activity schedule
Tagegeld *n.* / daily allowance
Tageskapazität *f.* / daily capacity
Tageslohnsatz *m.* / daily rate
Tagesordnung *f.* / agenda

Tagesprotokoll *n.* / daily minutes / daily log
Tagessatz *m.* / daily rate
Tagesumsatz *m.* / daily turnover
Tagung *f.* / conference
Takt *m.* / cycle / step / clock pulse
Taktabstand *m.* / clock pulse
Taktfolge *f.* / clock rate
Taktfrequenz *f.* / cycle frequency
Taktgeber *m.* / clock / clock generator /
    internal clock / timer
Taktgeberspur *f.* / clock track
taktisches Vorgehen *n.* / tactical approach
Taktleitung *f.* / timing line
Taktsteuerung *f.* / sequential control
Taktzeit *f.* / cycle time
Tal *n.* / (b. Struktur) valley
Talspannung *f.* / valley point voltage
Talstrom *m.* / valley current
Tantal *n.* / tantalum
Tara / tare
Target *f.* / target / **... mit empfindlicher**
    Siliziumschicht silicon-intensified target /
    mit hoher Geschwindigkeit rotierende ...
    high-speed rotating target
Targetaufheizeffekt *m.* / target heating effect
Targetebene *f.* / target plane
Targetfläche *f.* / target area
Targetkammer *f.* / wafer processing chamber
Tarif *m.* / tariff
Tarifgruppe *f.* / wage group
tariflicher Angestellter *m.* / (US/Angestellter
    mit Anspruch auf Überstundenausgleich)
    non-exempt employee / (allg.) salaried
    employee covered by collective agreement
    system
Tariflohn *m.* / standard wage
Tarifrunde *f.* / pay round / wage bargaining
    round
Tarifverhandlungen *fpl.* / collective
    bargaining
Tarifvertrag *m.* / wage agreement
Taschenrechner *m.* / pocket calculator
Tastatur *f.* / keyboard
Tastatursperre *f.* / keyboard lockout /
    keyboard disabling
Taste *f.* / key / (button)
tastengesteuert / key-driven
Tastentelefon *n.* / push-button telephone
Taster *m.* / probe
Tastkopf *m.* / probe / sensing head
Tatsache *f.* / fact
tatsächlich / actual / real
tatsächliche Materialentnahmen *fpl.* / actual
    withdrawals / actual issues
tatsächlicher Terminverzug *m.* / actual delay
Tauchbeschichtung *f.* / dip coating
Tauchen *n.* / dipping
Tauchentwicklung *f.* / dip development

tauchfester Steckverbinder *m.* / submersible
    connector
Tauchlöten *n.* / dip soldering
Tauchverfahren *n.* / immersion technique
Tauchverzinnen *n.* / dip tinning
Tausendstel *n.* / mill
TC-Bonden *n.* / thermocompression bonding
Teambeteiligung *f.* / team involvement
Teamengagement *n.* / team commitment
Teamleiter *m.* / team leader
Technik *f.* / technology / engineering /
    (Methode) technique / approach /
    ausbaufähige ... open-ended technology / **...**
    der direkten Chipmontage auf Leiterplatte
    chip-on-board technology / **... der**
    Herstellung von Zwischenverbindungen
    interconnect technology / **formgebende ...**
    shaping technique / **... mit**
    selbstjustierendem Polysiliziumgate,
    weiterentwickelte advanced polysilicon
    self-aligned technique / **... mit vollständig**
    versenktem Oxid fully recessed oxide
    technology / **modernste ...** leading-edge
    technology / **... nach Kapillarwirkung**
    capillary-action (shaping) technique /
    selbstjustierende ... self-aligning
    technology / **... teilverdrahteter Schaltkreise**
    semicustom technology
Techniker *m.* / technician / engineer
technisch / technical
technische Abteilung *f.* / engineering
    department
technische Änderung *f.* / technical alteration /
    engineering change / design change
technische Daten *pl.* / engineering data
technische Nutzungsdauer *f.* / physical life
technische Produktionsplanung und
    -steuerung *f.* / production engineering
technischer Fabrikleiter *m.* / production
    manager
technisches Niveau *n.* / technical standard
technische Zeichnung *f.* / technical drawing
Technologie *f.* / technology / **... der**
    Betriebs-/Prod.mittel production facility
    technology / **... mit Sperrschichtisolierung**
    junction-isolated technology / **... mit**
    Strukturbreiten unter 2ym sub-2-ym
    geometry process technology
Technologiebewertung *f.* / technology
    evaluation
Technologiefortschritt *m.* / progress of
    technology
Technologielabor *n.* / engineering lab(oratory)
Technologielücke *f.* / technology gap
Technologieniveau *n.* / (Speicher) integration
    level
Technologietransfer *m.* / transfer of
    technology
Teflonderivat *n.* / teflon derivate

Teflonhorde *f.* / teflon cassette
Teil *n.* / article / item / part / unit / device / **sichelförmiger ... der Maske** crescent of the mask / **durchlässiger ... einer Maske** clear part of a mask
Teilauftrag *m.* / partial order
Teilausfall *m.* / partial failure
Teilbereich *m.* / subarea
Teilbetrag *m.* / partial amount
Teilchen *n.* / particle
Teilchenfiltrierung *f.* / particle filtration
Teilchenmasse *f.* / particle mass
Teilchenstreuung *f.* / particle spreading
Teilchenverunreinigung *f.* / particle contamination
Teilchenzähler *m.* / particle counter
Teilchip *m.* / subchip
Teileanzahl *f.* / number of parts
Teilebedarfsmenge *f.* / component requirements quantity
Teilebedarfsrechnung *f.* / parts requirements planning
Teilebeschaffung *f.* / parts sourcing / parts procurement
Teilebewegungsliste *f.* / parts movement list
Teilebezeichnung *f.* / part description
Teile-Code *m.* / parts code
Teilefamilie *f.* / parts family
Teilefertigung *f.* / component manufacture / parts production
Teilegruppe *f.* / subassembly
Teilekritisch-Kennung *f.* / code for products involving critical parts
Teilelager *n.* / component store
Teileliste *f.* / parts list
teilen / to split / to divide
Teilenachweis *m.* / where-used list
Teilenummer *f.* / part number / article number / item number
Teilestamm *m.* / part master / item master
Teilestammdatei *f.* / part master file
Teilestammsatz *m.* / part master record
Teilestammsatzdatei *f.* / part master records file
Teileverwendungsnachweis *m.* / where-used list
Teilevielfalt *f.* / parts variety
Teilfeld *n.* / subfield
Teilflächenmethode *f.* / surface section method
Teilfunktion *f.* / subfunction
Teilgruppentrennzeichen *n.* / unit separator charactor
Teilkette *f.* / (DV) substring
Teilkonzept *n.* / partial concept
Teilkostenkalkulation *f.* / part cost calculation
Teilladung *f.* / partial load
Teillieferung *f.* / partial delivery / short delivery / partial shipment

Teillos *n.* / split lot
Teilmatrix *f.* / subarray
Teilmenge *f.* / subset / (allg.) partial quantity
Teilmontage *f.* / subassembly
Teilnahme *f.* / participation
teilnehmen / to participate
Teilnehmer *m.* / participant / (Netz) subscriber
Teilnehmerabruf *m.* / subscriber call
Teilnehmerbetrieb *m.* / time-sharing system
Teilnehmersperre *f.* / subscriber lockout
Teilnehmersystem *n.* / time sharing system / time slicing
Teilnetz *n.* / subnet
tciloxidiert / partially oxidized
Teilprogramm *n.* / subroutine
Teilprozeß *m.* / subprocess / partial process
Teilschaden *m.* / partial loss / partial damage
Teilschaltung *f.* / subcircuit
Teilstrecken-Vermittlung *f.* / store and forward switching
Teilstruktur *f.* / subpattern / partial structure
Teilsumme *f.* / partial sum
Teilsystem *n.* / subsystem
Teilübertragung *f.* / partial carry
Teilung *f.* / splitting / division
teilweise / (adj.) partial / (adv.) partly
Teilzelle *f.* / subcell
Telefonbuch *n.* / telephone directory
Telefonhörer *m.* / handset
Telefonkonferenz *f.* / telephone conference
temperaturabhängig / temperature-sensitive
Temperaturarbeitsbereich *m.* / temperature operating range
Temperaturbeanspruchung, zyklische *f.* / temperature cycling
temperaturbegrenzt / temperature-limited
Temperaturbeiwert *m.* / temperature coefficient
Temperaturbelastung *f.* / temperature stress / thermal stress
Temperaturbereich *m.* / range of temperature
Temperatur des Bondwerkzeugs *f.* / thermode temperature
Temperaturfühler *m.* / temperature sensor
Temperaturgefälle *n.* / temperature gradient
Temperaturkompensationswiderstand *m.* / swamping resistor
temperaturkonstant / thermally stable
Temperaturkonstanz *f.* / temperature stability
Temperaturschwankung *f.* / temperature variation / temperature fluctuation
temperaturstabil / temperature-stabilized
Temperatur- und Spannungsbelastungstest *m.* / high-temperature reverse-bias test
Temperaturwiderstand *m.* / temperature resistor
Temperaturüberwachung *f.* / temperature surveillance

Temperaturzunahme *f.* / temperature increase
temperiert / temperature-regulated
Temperierung *f.* / preheating
tempern / to anneal / to bake
Tempern *n.* / annealing / baking / heat treatment
temporär / temporary
Tendenz *f.* / trend
Tensid *n.* / surfactant
Terco-Stecker *m.* / 3-pin power outlet
Termin *m.* / deadline / due date / (geschäftl.) appointment / **... absagen** to cancel an appointment / **... ausmachen** to arrange an appointment / to make an appointment / **... einhalten** to meet a deadline / **... festlegen** to fix a deadline (Frist) / to make an appointment
terminabhängige Position *f.* / date-dependent position
terminabhängiger Bestellpunkt *m.* / time-phased order point
Terminabhängigkeiten *fpl.* / date dependencies
Terminänderung *f.* / change of due date
Terminalüberwachungssystem *n.* / terminal monitoring system
Terminauftrag *m.* / deadline order
„**Termin folgt**" / „delivery date to follow" / „delivery date will follow"
termingemäß / according to schedule / in due time / on schedule
termingerecht / on-schedule
terminiert / time-phased
Terminierung *f.* / scheduling / **... mit Zeitabschnitten** block scheduling / **arbeitsgangweise ...** detailed scheduling
Terminkalender *m.* / appointment book
Terminkontrolle *f.* / term control
terminlich neueinplanen / to reschedule
Terminnetz *n.* / time network
Terminologie-Datenbank *f.* / terminology data bank / term bank
terminologische Aufbereitung *f.* / terminological editing
Terminplan *m.* / schedule
Terminplanung *f.* / scheduling
Terminpuffer *m.* / time buffer
Terminsatz *m.* / date record
Terminsicherung *f.* / expediting
Termintreue *f.* / delivery reliability
Terminüberwachung *f.* / deadline control
Terminverfolgung *f.* / deadline surveillance
Terminverzug *m.* / delay
Terminwesen *n.* / scheduling
Terminzusage *f.* / (Lieferung) confirmation of delivery date
Tertiärbedarf *m.* / tertiary requirements / tertiary demand

Testanordnung *f.* / test setup / test configuration
Testausrüstung *f.* / test gear / test equipment
Testauswertung *f.* / test evaluation
Test-Auswertungs-Platine *f.* / test/evaluation board
Testautomat *m.* / automatic tester (ATE)
Testbaugruppe *f.* / test board
Testbuchse *f.* / test jack
Testchipeinfügung *f.* / test die insertion
Testchipmeßtechnik *f.* / test-chip metrology
Testchiptechnik *f.* / test-chip art
Testeinrichtung, eingebaute *f.* / test feature
testen / to test / to check
Testen *n.* / testing / **... der Nullserie** design testing / **... im gekapselten Zustand** in-package testing / **... im Schaltkreis** in-circuit testing
Testentwurf *m.* / design for testability
Testergebnis *n.* / test results / test response
Testergebnisdaten *pl.* / response data
testfähig / testable
Testfolge *f.* / probing sequence / testing sequence
Testhaus *n.* / testing company
Testkanal *m.* / test port
Testkontaktabstand *m.* / test pad pitch
Testlauf *m.* / debugging run / test run / trial run
Testlayout *n.* / trial layout
Testmarke *f.* / test target
Testmuster *n.* / test pattern
Testort *m.* / test site
Testprogramm *n.* / check program / test program
Testprotokoll *n.* / test log
Teststelle *f.* / test site
Teststreifen *m.* / (auf IC) test strip
Teststruktureinfügung *f.* / test-pattern insertion
Teststrukturlagegenauigkeit *f.* / test-pattern fit
Testverfahren *n.* / testing process
Testvorrichtung *f.* / test fixture / test equipment
Tetraethylorthosilikat *n.* / tetraethyl orthosilicate (TEOS)
Tetrafluorkarbon *n.* / carbon tetrafluoride
Tetrafluorkohlenstoff *m.* / carbon tetrafluoride
Tetramethylammoniumhydroxid *n.* / tetramethoylammoniumhydroxide
teuer / expensive
textabhängig / contextual
Textbearbeitungssystem *n.* / text-editing system
Texterfassung *f.* / text entry / text input
Textformatierer *m.* / text formatter
Textgeber *m.* / string device

Textverarbeitung *f.* / word processing
TF-Gestell *n.* / carrier system rack
Thema *n.* / subject / topic / (kontroverses)
   issue
These *f.* / thesis
thermisches Oxid *n.* / thermally-grown oxide
Thermodiffusion *f.* / thermal diffusion
Thermodruckbonder *m.* / thermocompression
   bonder
Thermodrucker *m.* / thermal printer
Thermoelement *n.* / thermocouple
Thermokompressionsbonden *n.* /
   thermocompression bonding / TC bonding
thermokompressionsgebondet /
   thermocompression-bonded / bonded by
   thermocompression
Thermokompressions- und Ultraschallbonden
   n. / thermosonic bonding
Thermoplastleiterplatte *f.* / thermoplastic p.c.
   board
Thioharnstoff *m.* / thiocarbamide
Thyristor, hochsperrender *m.* / high-blocking
   capability thyristor / **lichtzündbarer ...**
   light-activated thyristor
Tiefen-Breiten-Verhältnis eines
   Durchkontaktlochs *n.* / via depth/width
   ratio
Tiefenprofil *n.* / depth profile
Tiefsetzsteller *m.* / (Sperrwandler) buck
   converter
tiefste Verwendung *f.* / lowest level of use
Tiefsttemperaturspeicherelement *n.* /
   cryogenic storage element
Tieftemperaturabscheidung *f.* / cryogenic
   circuit
Tieftemperaturmessung *f.* / low-temperature
   measurement
Tieftemperaturrechner *m.* / cryogenic
   computer
Tiegel *m.* / crucible
Tiegelziehverfahren *n.* / Czochralski
   crystal-pulling method
Tilgung *f.* / repayment
Tintenstrahldrucker *m.* / ink jet printer
TIR-Heft *n.* / TIR-carnet
Tisch *m.* / (allg.) table / (Schreibtisch) desk /
   (Scannen/Steppen) stage / **feststehender ...**
   (Scan-Anlage) stationary stage /
   laserwegmeßgesteuerter ... laser-controlled
   stage / **... mit Gitterplattenmeßsystem**
   grid-plate metered stage / **... mit**
   Luftlagerung air-bearing stage / **... mit**
   Stop-and-go-Betrieb stepped table /
   schrittweise bewegter ... stepped table /
   schrittweise positionierbarer ... stepping
   table / **schwingungsisolierter ...**
   antivibration table
Tischantrieb *m.* / stage drive

Tischberuhigungszeit *f.* / (v. Wafer-Stepper)
   stage settling time
Tischbewegungsgenauigkeit *f.* / stage shift
   accuracy
Tischcomputer *m.* / desk-top computer
Tischdrehung *f.* / stage yaw
Tischdrucker *m.* / table-top printer
Tischmontage *f.* / table-top mounting
Tischplotter *m.* / flat-bed plotter
Tischposition *f.* / stage location
Tischpositionierfehler *m.* / stage stepping
   error
Tischpositionierung *f.* / stage positioning /
   stage placement
Tischpositionierzeit von Chip zu Chip *f.* /
   stage chip-to-chip step time
Tischpositionsmeßsystem *n.* / table position
   measurement system
Tischpositionsreproduzierbarkeit *f.* / table
   position repeatability
Tischsteuereinheit *f.* / stage controller
Tischverschiebung *f.* / stage movement / stage
   shift / **mäanderförmige ...** serpentine stage
   motion
Tischverschiebungszeit *f.* / stage stepping time
Titan *n.* / titanium
titrieren / to titrate
Tochterfotoplatte *f.* / submaster plate
Tochtergesellschaft *f.* / subsidiary
Tochterschablone *f.* / submaster
TO-Gehäuse *n.* / TO case / transistor-outline
   package
Toleranzgrenze *f.* / tolerated range / tolerance
   level
Toluol *n.* / toluene
Topografie *f.* / (Wafer) topography
Topologiestufe *f.* / topology step
Topunternehmen *n.* / leading-edge company
Tor *n.* / (I/O-Kanal) port /
   (Schaltungselement) gate
Torbereich *m.* / gate region
Tordielektrikum *n.* / gate dielectric material
Torelektrode *f.* / gate electrode
toren / to gate
Torimpuls *m.* / gate pulse
Torkapazität *f.* / gate capacitance
Torschaltung *f.* / gating circuit / gate circuit
Torsionskräfte *fpl.* / torsional forces
Torspannung *f.* / gate voltage
Torsteuerung *f.* / gating
Torstrom *m.* / gate current
Tortendiagramm *n.* / pie chart
Torungsimpuls *m.* / strobe pulse
Totalausfall *m.* / total failure
totes Kapital *n.* / idle funds
Totspeicher *m.* / read only memory (ROM)
Totzeit *f.* / dead time / idle time
Tourenoptimierung *f.* / shipping route
   optimization

TPV-Effekt *m.* / thermophotovoltaic effect
Trabantenstation *f.* / tributary station
Traditionspapier *n.* / document of title
Träger *m.* / carrier / ... **für Automatikbonden**
TAB carrier (TAB = tape automated
bonding) / ... **für Einzelgehäuse,**
bootartiger boat carrier / ... **für**
hochaufgelöste Maskenstrukturierung
substrate for high-resolution patterning /
... **innengebondeter Chips** carrier of
inner-lead-bonded chips / ... **vom**
Waferausgangsort source carrier / ... **zum**
Waferzielort destination carrier
Trägerdichte in einem Eigenhalbleiter *f.* /
intrinsic carrier concentration
Trägerdurchdringung *f.* / carrier diffusion
Trägerelektrode *f.* / base-plate electrode
Trägerfilmband *n.* / carrier tape
Trägerfoliensimultanbonden *n.* / film carrier
gang bonding
Trägergas *n.* / carrier gas
Trägerkonzentrationsgefälle *n.* / carrier
concentration gradient
Trägerleiterplatte *f.* / motherboard
Trägerleitung *f.* / beam lead
Trägermaterial *n.* / substrate / base material /
support material
Trägermembran *f.* / carrier membrane /
supporting membrane
Trägermetall *n.* / base metal
Trägermetallisierung *f.* / carrier metallization
Trägerplatte *f.* / support plate / mounting
board
Trägerrahmen *m.* / support frame
Trägerschicht *f.* / carrier film / substrate
Trägersprache *f.* / host language
Trägerspule *f.* / carrier coil
Trägerstreifen *m.* / carrier tape
tragen / to carry
Tragfähigkeit *f.* / carrying capacity
Transaktionsmonitor *m.* / teleprocessing
monitor / TP monitor
Transduktor *m.* / saturable reactor
Transduktor-Induktionshub *m.* / flux density
deviation
Transfergeschwindigkeit *f.* / data transfer rate
Transferhorde *f.* / transfer tray
Transformationsprogramm *n.* /
transformation and clipping routine
Transformatorenkern, geblechter *m.* /
laminated transformer core
Transistor *m.* / transistor / ... **des**
Anreicherungstyps enhancement-mode
transistor / **gategekoppelter ...**
gate-associated transistor / **gezogener ...**
rate-grown transistor / ... **im gesperrten**
Zustand transistor at cutoff / ... **in**
Basisschaltung grounded-base transistor /
... **in Emitterschaltung** common-emitter

transistor / **legierter ...** alloyed transistor /
... **mit abgestufter Basis** drift transistor /
graded-base transistor / ... **mit**
diffundiertem pn-Übergang diffused
junction transistor / ... **mit epitaxial**
aufgewachsener Basis epitaxial basis
transistor / ... **mit geringen**
Außenabmessungen small-outline
transistor / ... **mit hoher**
Elektronenbeweglichkeit
high-electron-mobility transistor / ... **mit**
ionenimplantierter Basis ion-implanted
base transistor / ... **mit isolierter**
Steuerelektrode insulated-gate transistor
(IGT) / ... **mit kleinen**
Strukturabmessungen small-scaled-down
transistor / ... **mit kleiner Ausgangsleistung**
low-power transistor / ... **mit legiertem**
Übergang alloy junction transistor / ... **mit**
negativer Widerstandscharakteristik
negative impedance transistor / ... **mit**
npn-Übergang n-p-n transistor / ... **mit**
ringförmigem Emitter ring emitter
transistor / ... **mit Schottkyklemmung**
Schottky clamped thyristor / ... **mit**
seitlichem Anschlußfähnchen beam-lead
transistor / ... **mit selektiv dotiertem**
Heteroübergang selectively doped
heterojunction transistor / ... **mit**
Submikrometerstrukturen submicrometer
transistor / ... **mit treppenförmiger**
Elektrodenstruktur stepped electrode
transistor / ... **mittlerer Leistung**
medium-power transistor / **nach dem**
Stufenziehverfahren gefertigter ...
rate-grown transistor / ... **niedriger**
Verstärkung low-gain transistor / **teilweise**
aufgesteuerter ... partially-on transistor /
... **vom Verarmungstyp** depletion-mode
transistor
Transistorabmessungen *fpl.* / transistor
outlines
Transistoranordnung *f.* / transistor layout
Transistoranschlüsse *mpl.* / transistor leads
Transistorbauelement *n.* / transistor device
transistorbestückt / transistorized
Transistoren in Vierfachanordnung *mpl.* /
quad-array transistors
Transistorersatzschaltung *f.* / transistor
equivalent circuit
Transistorgehäuse *n.* / transistor case
Transistorgrundschaltung *f.* / basic transistor
circuit
Transistorlogik *f.* / transistor logic /
direktgekoppelte ... direct-coupled
transistor logic (DCTL) / **emittergekoppelte**
... emitter-coupled transistor logic (ECTL) /
kollektorgekoppelte ... collector-coupled
transistor logic (CCTL) / **komplementäre ...**

complementary transistor logic (CTL) /
mehrfach emittergekoppelte ...
multiemitter-coupled transistor logic
(MECTL)
Transistorschaltelement *n.* / transistor
switching device
Transistorschaltkreis *m.* / transistor switching
circuit
Transistorschaltung *f.* / transistor circuit /
ungesättigte ... current-mode logic circuit
Transistorstromverstärkung *f.* / transistor beta
Transistorverstärkung *f.* / transistor amplifier
Transitabfertigung *f.* / transit clearance
Transitabgaben *fpl.* / transit charges
Transitabkommen *n.* / transit convention
Transitbescheinigung *f.* / transit bond
Transiterklärung *f.* / transit declaration
Transitfracht *f.* / through freight
Transitfrequenz *f.* / (Mikrow.-Halbl.)
transition frequency
Transitgüter *npl.* / goods in transit
Transithändler *m.* / transit trader
Transithafen *m.* / port of transit /
intermediate port
Transithandel *m.* / transit trade /
third-country trade / merchanting trade
Transithandelsgeschäfte *npl.* / merchanting
transactions
Transithandelsgüter *npl.* / goods in transit
Transithandelsland *n.* / merchanting country
Transitkonossement *n.* / transit bill of lading
Transitladung *f.* / transit cargo
Transitlager *n.* / transit store
Transmissionsgrad *m.* / transmittance
Transport *m.* / transport(ation) / conveyance /
... der Ladung (el.) transfer of charge /
... im Straßenverkehr road haulage
Transportanweisung *f.* / move order /
transport instruction
Transportart *f.* / mode of transport
Transport auf dem Landweg *m.* / land
transport
Transportautomatisierung *f.* / automated
conveying / transport automation
Transportbahn *f.* / (f. Datenträger) bed /
pneumatische ... (f. Wafer) air-bearing
track
Transportbeschränkung *f.* / transport
constraint / transport restriction
Transporteinheit *f.* / bin (Behälter) / unit of
transport
transportfreundlich / shipping-oriented
Transportgeschäft *n.* / transport business
Transportgut *n.* / cargo
Transporthaftung *f.* / carrier's liability
Transporthorde *f.* / transport cassette
transportieren / to transport / to convey /
in Bearbeitung befindliche Wafer ...
to track in-process wafers

Transportkosten *pl.* / cost of transport
Transportleistungen *fpl.* / transport services
Transportlogistik *f.* / logistics in transport
Transportmittel *n.* / means of transportation
Transportpapiere *n.* / shipping papers
Transport per Schiff *m.* / waterborne
transport
Transportraum *m.* / cargo space / shipping
space
Transportschaden *m.* / transport damage
Transportsteg *m.* / indexing bar
Transportsteuerung *f.* / transport control
Transportsystem für Wafer *n.* /
(z. Be-/Entladen) shuttle transport system
Transporttechnik *f.* / transport technology
Transport- und Verkehrswesen *n.* / transport
& utilities
Transportunternehmen *n.* / carrier
Transportversicherung *f.* / transport
insurance
Transportvertrag *m.* / contract of carriage
Transportverzögerung *f.* / delay in transport
Transportvolumen *n.* / freight volume
Transportvorschriften *fpl.* / forwarding
instructions / shipping instructions
Transportwagen *m.* / trolley
Transportweg *m.* / transport route
Transportzeiten-Matrix *f.* / transporting-time
matrix
trassieren / to route
Trassierung *f.* / routing
Tratte *f.* / draft
Treiber *m.* / driver
Treiberroutine *f.* / driver routine
Trennbit *n.* / framing bit
Trenndiffusion *f.* / isolation diffusion
trennen / to separate / to decollate / to
isolate / to disconnect / **den Wafer in
Einzelchips ...** to cut the wafer into dice /
die Einzelchips ... to isolate chips from each
other / to saw into separate individual
dice / **eine Scheibe von einem
Siliziumkristall ...** to slice a wafer from a
crystal of silicon
Trennen der Chips *n.* / die separation /
dicing
Trennlasche *f.* / disconnecting link
Trennmaschine *f.* / decollator / **... für
Kristallrohlinge** ingot-slicing machine
Trennsäge *f.* / dicing saw / cutting saw
Trennschalter *m.* / isolator / isolation device /
verriegelbarer ... isolation device fitted
with locking-off facility
Trennscheibe *f.* / dicing wheel / cutting wheel
Trennschicht *f.* / parting layer
Trennsymbol *n.* / separator / delimiter
Trenntransformator *m.* / isolating
transformer
Trenntrichter *m.* / separatory funnel

Trennung f. / (allg.) separation / (Chips)
separation / dicing
Trennungsgraben m. / isolation trench
Trennungsschaltung f. / separation circuit
Trennungsschicht f. / isolating layer
Trennverfahren n. / (Chips) dicing
Trennwand f. / isolation barrier
Trennwiderstand m. / isolation resistance
Trennzeichen n. / data delimiter
treuhänderisch / in trust
Trichlorbenzol n. / trichlorobenzene
Trichlorsilan n. / trichlorsilane
Trimmen n. / trimming
Triodenzerstäubung f. / triode sputtering
Trockenätzanlage f. / dry etching system
Trockenätzen n. / dry etching
Trockenätzmaske f. / dry etch mask
Trockenätzverfahren n. / dry etch technique
Trockenbearbeitung f. / all-dry processing
Trockenentwicklung f. / dry development
Trockenfleck m. / drying stain
Trockenkontakt m. / dry circuit contact
Trockenlöser m. / drying solvent
Trockenluft f. / dry air
Trockenmittel n. / desiccant
Trockenofen m. / drying oven / **... mit
Luftzirkulation** circulating air drying oven
Trockenoxydation f. / dry oxidation
Trockenrückstand m. / drying residue
Trockenschaltung f. / dry circuit
trockenschleudern / to spin dry
Trockenverpackung f. / dry pack
trocknen / to bake
Trocknen baking / **... in Luft** air baking /
... durch Mikrowellenheizung microwave
baking
Trocknungstemperatur f. / bake temperature
Trocknungszeit f. / baking time
Trommelätzen n. / barrel etching
Trommelanlage f. / (Ätzen) barrel system
Trommelmarke f. / drum mark / home
address marker
Trommelplasmaätzanlage f. / tunnel
plasma-etch reactor / barrel etcher
configuration
Trommelspeicher m. / magnetic drum storage
Trommelverzinnen n. / galvanic barrel tinning
tropensicher / tropicalized
trübe Schicht f. / (CV) cloudy layer
Trübung einer Lösung f. / cloudiness of a
solution
T-Schaltung f. / T-network
T-Stecker m. / tee adapter
Tülle f. / sleeve
Tüllenmutter f. / grommet nut
Türkei f. / Turkey
türkisch / Turkish
Tunnel-HF-Plasmaätzer m. / tunnel r.f.
plasma etcher / barrel r.f. plasma etcher

Tunnelofen m. / tunnel oven
Tunnelsperrschicht f. / tunnel barrier
Tunnelübergangsfläche f. / tunnel junction
area
Tunnelwand f. / chamber wall
typengebundenes Werkzeug n. /
single-purpose tool
Typenrad n. / print wheel
Typenreihe f. / series
Typenvertreter m. / typical product
Typenvertreter-Stückliste f. / super bill /
super bill of material
Typenvielfalt f. / type variety

U

überätzen / to overetch / to overcut
Überangebot n. / oversupply / excess supply /
surplus supply
überarbeiten / (Produkt) to redesign /
(allg.) to review
überbeanspruchen / to overstress
Überbeanspruchung f. / (Kontakt) overload
Überbelastung f. / overload
überbelichten / to overexpose
Überbestand m. / excessive inventory /
excessive stock / surplus inventories
Überblick m. / survey / overview
Überblick über etwas geben / to outline sth.
Überbringer m. / bearer
überbrücken / to bridge
überbrückte Anschlüsse mpl. / bridging leads
Überbrückung f. / bridge / bridging / bypass
überdecken / to overlay / to superimpose
(masks) / **aufeinanderfolgende
Strukturebenen ...** to align successive
pattern levels / **... eines Maskenbildes mit
anderem** to superimpose the image of one
mask on the other / **die Strukturen auf dem
Wafer ...** to overlay the patterns on the
wafer / **ein Bild mit anderem ...** to overlay
one exposure field to another / **sich ...**
(2 Masken) to stack / to overlay / **sich
genau ...** (alle Masken) to register
accurately to each other
Überdeckung, Primärprogramm mit f.,n. /
overstated master production schedule
Überdeckung f. / (Wafer) registration /
overlay / stacking / **... aller entsprechenen
Bilder in jeder Maske** alignment between
all corresponding images in each mask /
... aufeinanderfolgender Strukturebenen
alignment between successive pattern
levels / **... der getrennten
Maskierungsschritte** superposition of the

separate masking steps / ... **in zwei Ebenen**
two-level overlay / ... **innerhalb eines Chips,**
genaue intra-die matching / ... **mit engeren**
Toleranzen tighter fitting registration / ...
mit Feinjustiermarken registration with
benchmarks / ... **nach einem Blindschritt**
blind step registration / ... **nach**
Justiermarken alignment overlay /
ungenaue ... misfit / misalignment /
misregistration / ... **von Wafer- und**
Retikelmarken superposition of wafer and
reticle marks / ... **zweier Ebenen** two-level
overlay / ... **zwischen den Ebenen**
level-to-level registration / ... **zwischen**
oberer und unterer Maske top-to-bottom
registration
Überdeckungsbelichtung *f.* / overlay printing
Überdeckungsfähigkeit *f.* / overlay ability /
registration capability
Überdeckungsfehler *m.* / registration error /
alignment error / ... **der Einzelbilder** array
misregistration / ... **innerhalb eines Chips**
intra-die mismatch / **mittlerer** ... mean
overlay error / **zulässiger** ... tolerable
registration error / ... **zwischen den Ebenen**
interlevel misalignment / ... **zwischen**
Masken registration error between masks
Überdeckungsfehlervektordarstellung *f.* /
misregistration vector map
Überdeckungsgenauigkeit *f.* / overlay
precision / overlay accuracy / registration
(accuracy) / ... **aller Strukturen eines**
Mikroschaltkreises intra-die matching /
... **der Einzelfelder im Chipverband** array
registration accuracy / ... **der**
Maskenebenen level-to-level overlay
precision / ... **der Schaltkreisstruktur eines**
Chips intra-die matching / ... **von zwei**
Ebenen auf einem Wafer overlay precision
of two levels on a wafer / ... **zwischen den**
Chips die-by-die registration accuracy
Überdeckungsjustierfehler *m.* / overlay
registration error
Überdeckungsjustierung *f.* / overlay
registration
Überdeckungskontrolle *f.* / registration check
Überdeckungsleistung des Justiersystems *f.* /
registration performance of the aligner
Überdeckungsmarke *f.* / alignment mark
Überdeckungsmaterial *n.* / overlay material
Überdeckungsmeßgenauigkeit *f.* / registration
measurement accuracy / ... precision
Überdeckungsprüfung *f.* / overlay checking
Überdeckungsrepeater *m.* / step-and-repeat
aligner / wafer stepper / ... **für direkte**
Waferbelichtung DSW wafer stepper / DSW
machine / direct-step-on-wafer machine / ...
mit 10facher Verkleinerung 10x reduction

wafer stepper / **optischer** ... step-and-repeat
optical aligner
Überdeckungsrepeateranlage für
Waferbelichtung *f.* / wafer step-and-repeat
exposure system
Überdeckungsteststruktur *f.* / registration test
pattern
Überdeckungsübereinstimmung *f.* / overlay
matching
Überdeckungs- und
Projektionsrepeatverfahren *n.* /
step-and-repeat projection printing method
Überdeckungsungenauigkeit *f.* /
misregistration / misalignment / overlay
inaccuracy
Überdeckungsvergleich *m.* / overlay
comparison
überdimensionierte Maske *f.* / oversized mask
Überdimensionierung der
Strukturelemente *f.* / oversizing of the
features
überdurchschnittlich / above average /
outstanding
übereinstimmen / to comply (..with) / to
match / to conform / ... **mit** to correspond
to / (Meinung) to agree / **mit den**
Bondinseln auf jedem Chip ... to coincide
with the bonding pads on each die / **mit den**
Wafermarken ... to match wafer marks
übereinstimmend / matching / conform /
compliant / coincident / homologous /
consistent
Übereinstimmung *f.* / compliance /
consistency / (Meinung) agreement
überfällig / past due / overdue
Überfederprinzip *n.* / reinforcing spring
principle
überflüssig / superfluous / redundant
überführen / to transfer / ... **in die Produktion**
to move from the lab(oratory) to the
production line / ... **in Serienproduktion**
to put into high-volume production
Überführung in Serienreife *f.* / translation of
prototypes into production items
Überführungskosten *pl.* / transfer charges
Übergabebereich *m.* / transfer area
Übergabeschein *m.* / transfer note
Übergang *m.* / transition / junction (Halbl.) /
allmählicher ... graded junction / gradual
transition / **diffundierter** ... diffused
junction / **gezogener** ... grown junction /
in Durchlaßrichtung vorgespannter ...
forward-biased junction / **in Sperrichtung**
vorgespannter ... back-biased junction /
legierter ... alloyed junction / ... **mit linear**
abnehmender Störstellenkonzentration
linearly graded transition / **negativer** ...
negative-going transition / ... **zwischen**

Substrat und Kanal substrate-to-channel junction
Übergangsbereich *m.* / junction region
Übergangsebene *f.* / junction plane
Übergangsfläche *f.* / (Halbl.) junction area
Übergangsgrenzschicht *f.* / junction interface
Übergangsimpedanz *f.* / transitional impedance
Übergangslösung *f.* / provisional solution / temporary arrangement
Übergangsphänomen *n.* / (IC) transient
Übergangsstelle *f.* / interface / connector
Übergangstiefe *f.* / junction depth
Übergangswiderstand *m.* / contact resistance
Übergangszeit *f.* / transfer time / transitional period
Übergangszeiten-Matrix *f.* / transit-time matrix
Übergangszone *f.* / junction region / boundary
Übergangszustand *m.* / transition status
übergeben / to hand over / to pass on
übergehen / to skip / to omit / to ignore
übergeordnet / superior
Übergitter, schichtverformtes *n.* / strained-layer superlattice
Übergruppenwechsel *m.* / major control break
Überhang *m.* / (Resistschicht / LP) overhang
Überhangsverteilung *f.* / distribution of overlap
Überhitzungen, örtliche *fpl.* / hot spots
Überhub *m.* / overtravel
Überkapazität *f.* / overcapacity / excess capacity / surplus capacity
überlagert / superimposed
Überlagerung *f.* / overlay
Überlagerungsbaum *m.* / overlay tree
überlappen / to overlap / to interleave
überlappender Arbeitsvorgang *m.* / overlapping operation
überlappte Fertigung *f.* / overlapped production / lap phasing / overlapping / telescoping
Überlappung *f.* / lap phasing / overlap
Überlappungsart *f.* / lap-phasing type
Überlappungs- und Fleckenmethode *f.* / lap and stain method
Überlastauslöser *m.* / (Schutzschalter) overload device
Überlastdruck *m.* / (Sensoren) maximum pressure
Überlasterkennung *f.* / overload detection
Überlastung *f.* / (Anlage) over-utilization
Überlauf *m.* / overflow
Überlaufsatz *m.* / overflow record
Überlaufspülung *f.* / overflow rinsing
Überleitung *f.* / transition
überlesen / to skip

Überlieferung *f.* / over-delivery / over-shipment / surplus delivery / (Werk) over-run / excess completions
übermäßig / excessive
Übermetallisierung *f.* / overplating
Übermittlung *f.* / handover / (DV) transmission
Übermittlungsabschnitt *m.* / communications link
Übermittlungsfehler *m.* / error in transmission
Übernahme *f.* / takeover / (Lieferung) shipment acceptance
Übernahmebescheinigung *f.* / forwarder's certificate of receipt (FCR)
Überproduktion *f.* / surplus production
überprüfen / to review / to revise
Überprüfung *f.* / audit / check / review / revision
Überprüfungszeit *f.* / review time / check time
überqueren / to cross / to traverse / **eine Bondstelle ...** to cross over a bond / **Stufen ...** to traverse steps / **Waferstufen ...** to cross wafer steps
Überquerungsstelle *f.* / crossover point
Überrohr *n.* / (Diffusion) elephant post purging tube
Übersättigung *f.* / oversaturation
überschätzen / to over-estimate
überschreiben / to overwrite
überschreiten / to exceed
Überschrift *f.* / headline
überschüssige Arbeitskräfte *fpl.* / slack labo(u)r / redundant workers
überschüssige Kapazität *f.* / excess capacity / surplus capacity
Überschuß *m.* / surplus
Überschußhalbleiter *m.* / excess semiconductor / n-type semiconductor
überschußleitend / n-type / n-conducting
Überschußminoritätsträgerdichte *f.* / excess minority carrier density
Überschußzwischengitteratome *npl.* / excess interstitials
Überseehandel *m.* / overseas trade
Überseeteil *n.* / overseas item
Überseeverpackung *f.* / seaworthy packing
übersetzen / to translate / (DV) to assemble / to compile
Übersetzer *m.* / translator
Übersetzung *f.* / translation
Übersetzungsfaktor *m.* / transfer factor
Übersetzungslauf *m.* / compiler run / assembler run
Übersicht *f.* / (allg.) survey / outline / overview / (über ein System) synopsis / viewgraph / **... der Herstellkosten** breakdown of cost
Übersichtsschaltplan *m.* / schematic circuit diagram

Überspannung *f.* / overvoltage
Überspannungsableiter *m.* / surge arrester
Übersprungbefehl *m.* / no-operation
instruction / blank instruction / do-nothing
instruction / dummy instruction
Überstehen, seitliches *n.* / (Anschluß) side
overhang
Übersteuerung *f.* / overrun / overriding /
overload / overmodulation /
overamplification
Überstunden *fpl.* / overtime
Überstundenzuschlag *m.* / overtime premium
Übertemperatur *f.* / temperature above
ambient
Übertrag *m.* / (DV) add carry
Übertragen *n.* / (DV) move mode
übertragen / (Betrag) to transfer / to
forward / (allg.) to transmit / (Struktur) to
reproduce a pattern on a surface / **das Bild
auf den Wafer ...** to reproduce the image on
the wafer / **das Bild von der Maske auf die
Scheibe ...** to transfer the image from the
mask to the slice / **Maskenstrukturen
durch Kontaktbelichtung auf Wafer ...**
to contact-print masks onto wafers
Übertragung *f.* / transmission / transfer /
asynchrone ... asynchronous transmission /
... auf den Wafer, schrittweise wafer
stepping / **... von Struktur** pattern
reproduction
Übertragungsbefehl *m.* / move instruction
Übertragungsgatter *n.* / transmission gate
Übertragungsgeschwindigkeit *f.* /
transmission speed / bit rate
Übertragungsimpedanz *f.* / transfer
impedance
Übertragungskanal *m.* / communications
channel
Übertragungsleistung *f.* / transfer efficiency
Übertragungsmodus *m.* / move mode
Übertragungssicherheit *f.* / transmission
reliability
Übertragungssteilheit *f.* / (SIPMOS) forward
transconductance
Übertragungssteuerzeichen *n.* / transmission
control character
Übertragungsverfahren *n.* / transmission
method
Übertragungsverhältnis *n.* / transfer ratio
überwachen / to monitor / to supervise /
to control
Überwachen *n.* / monitoring / surveillance /
supervision / control
Überwacher *m.* / (DV) checking program /
checking routine
Überwachung *f.* / surveillance / monitoring /
supervision
Überwachungsparameter *n.* / control
parameter / regulatory parameter

Überwachungsschleife *f.* / control loop
überweisen / to remit / to transfer
Überweisung *f.* / remittance / transfer
überwiegend / mainly / predominantly /
preponderantly
Überwuchs *m.* / outgrowth
Überwurfmutter *f.* / union nut /
(Kabelausgangs-...) outlet nut
überzähliges Material *n.* / surplus material
überziehen / (mit Lack) to coat (with resist)
U-Graben-Isolation *f.* / U-groove isolation
UKW-Baustein *m.* / FM/IF chip
Ultrahöchstintegration *f.* / very large-scale
integration
ultrahöchstintegriert / ultradense
Ultraschallbad *n.* / ultrasonic bath
Ultraschallbewegung *f.* / ultrasonic agitation
Ultraschallbonden *n.* / ultrasonic bonding
Ultraschallkontaktierung *f.* / ultrasonic
bonding
Ultraschallreinigung *f.* / ultrasonic cleaning
umbenennen / to rename
umbrechen / (Text) to make up
Umbruch *m.* / (Text) make-up
umbuchen / to reclassify / to transfer to
another account
Umbuchung *f.* / reclassification / book
transfer / reposting / rebooking
Umcodierung *f.* / code translation
Umdrehungsgeschwindigkeit *f.* / rotation
speed
Umfang *m.* / (geom.) circumference / (allg.)
magnitude / scope / extent / volume
umfassen / to comprise
umfassend / global / comprehensive
Umfeld *n.* / environment
umformatieren / to reformat
Umfrage *f.* / survey
Umgebung *f.* / environment / ambient /
gasförmige ... gaseous ambient / **staubarme
...** low-particle-count environment
umgebungsbedingte Beanspruchung *f.* /
environmental stress
Umgebungsbedingungen *fpl.* / ambient
conditions / environmental conditions /
... der Staubklasse 100 class 100 clean air
conditions
Umgebungstemperatur *f.* / ambient
temperature
Umgebungstest *m.* / environmental test
umgehen / to bypass / to dodge
umgehend / promptly / without delay
umgekehrte Reihenfolge *f.* / reverse order
umgekehrter Schrägstrich *m.* / backslash
umgestalten / to rearrange / to redesign /
to reorganize
Umhordevorrichtung *f.* / transfer jig
Umkehranzeige *f.* / reverse video
umkehrbar / reversible

Umkehrgruppierung *f.* / folded matrix
Umkehrungscode *m.* / reversal code
umkonstruieren / to redesign
Umladegebühren *fpl.* / reloading charges
Umladehafen *m.* / port of transhipment
Umladekonossement *n.* / transhipment bill of
  lading / transhipment B/L
umladen / to reload / to tranship
Umladeplatz *m.* / reloading station
Umladung *f.* / reloading / transhipment
Umlage *f.* / (v. Kosten) allocation
Umlaufbestand *m.* / work in process (WIP)
Umlauffiltration *f.* / recirculation filtration
Umlaufspeicher *m.* / cycle store / circulating
  storage
Umlaufvermögen *n.* / circulating capital /
  (Rech.-wes.) total current assets
Umlaufzeit *f.* / time of circulation
Umlenkloch *n.* / via hole
Umluftofen *m.* / circulating air oven /
  convection oven
Umorganisation *f.* / reorganization
umpacken / to repack
umpolen / to reverse
umpressen / to remould
umprogrammieren / to reprogram
umrechnen / to randomize / to convert
Umrechnung *f.* / randomizing / conversion
Umreifungsbänder *npl.* / straps
Umrichter *m.* / inverter
umrüsten / to convert / (Maschinen) to
  re-tool
Umrüstkosten *pl.* / changeover costs
Umrüstzeit *f.* / changeover time
Umsatz *m.* / sales / turnover / **... bringen**
  to pull in sales
Umsatzbelebung *f.* / revival of sales / increase
  in turnover
Umsatzeinbuße *f.* / drop in sales
Umsatzerlös *m.* / sales revenues
Umsatzkarte *f.* / accounting detail card
Umsatzkosten *pl.* / cost of sales
Umsatzplanung *f.* / sales planning
Umsatzrückgang *m.* / decline in sales
Umsatz steigern / to increase sales / to boost
  sales
Umsatzsteigerung *f.* / sales increase
Umsatzsteuer *f.* / sales tax
Umsatzstückzahlen *pl.* / unit sales
Umsatzzahlen *fpl.* / sales figures
Umsatzziel *n.* / sales target
Umschaltekontakt *m.* / changeover contact
umschalten / to switch / to shift
Umschalter *m.* / shift key
Umschaltfeststeller *m.* / shift interlock / caps
  lock key
Umschaltzeichen *n.* / escape character /
  shift-out character (SO)

Umschlag *m.* / (Brief) envelope / (des
  Bestandes) turnover / (Arbeitskräfte)
  labo(u)r turnover
Umschlagsfaktor *m.* / turnover factor /
  turnover rate
Umschlagshäufigkeit des Warenbestandes *f.* /
  inventory-to-sales ratio
Umschlagskosten *pl.* / (Fracht) cargo handling
  charges
Umschlagszeit *f.* / turnaround time
umschlossenes Relais *n.* / enclosed relay
Umschuldung *f.* / rescheduling of debt
umschulen / to retrain
Umschwung *m.* / turnaround
umsetzen / to convert / (Parameter)
  to translate
Umsetzer *m.* / (DV) converter / conversion
  equipment
Umsetzung *f.* / (v. Ideen) realization /
  (allg.) conversion
umstellen auf/zu / to convert to / to switch
  to / (System) to migrate to
Umstellung *f.* / conversion / changeover /
  change / shift / (System) migration
Umterminierung, maschinelle *f.* / automatic
  rescheduling
Umverpackung *f.* / outer packaging
Umverteilung *f.* / redistribution
umwälzen / (Naßätzen) recirculation
Umwälzpumpe *f.* / recirculation pump
Umweglenkung *f.* / alternative routing
umweltschädlich / detrimental to the
  environment / degrading the environment
Umweltschutz *m.* / environmental protection
umweltverträglich / environmentally benign
Umzug *m.* / removal
unabgeschirmtes, verdrilltes Leiterpaar *n.* /
  unshielded twisted pair
unabhängig / independent
unabhängiger Betrieb *m.* / local mode
unabhängiger Wartezustand *m.* /
  asynchronous disconnected mode (ADM)
unangepaßt / maladjusted
unbearbeitet / raw
unbedient / unattended
unbedingt / unconditional / imperative
unbedingte Anweisung *f.* / imperative
  statement
unbedingter Programmsatz *m.* / imperative
  sentence
unbedingter Sprung *m.* / unconditional jump
unbefugt / incompetent / unauthorized
unbegrenzt / unlimited / unrestricted
unbegrenzte Kapazität *f.* / infinite capacity
unberechtigter Zugriff *m.* / unauthorized
  access
undotiert / undoped
undurchlässig / impermeable / **... für die
  Dotierungssubstanz** impervious to the

dopant / ... **für Licht** optically opaque /
... **für UV-Strahlung** UV-opaque
Unebenheit *f.* / non-flatness / ... **der Wafer**
flatness imperfection / ... **der geätzten**
Fläche asperity of the etched surface
Unebenheitszone *f.* / out-of-flatness zone
uneinheitlich / inconsistent
unerfüllter Auftragsbestand *m.* / backlog of
orders / order backlog
unerschlossener Markt *m.* / untapped market /
virgin market
unerwartet / unexpected
unerwünscht / unwanted
unfähig / unable / incapable
unfertige Erzeugnisse *npl.* / semi-finished
products / work in process (WIP) /
unfinished goods
unformatiert / unformatted / non-formatted
unfrei / (Fracht) carriage forward / (Post)
unpaid
ungeachtet ... / irrespective of / regardless of
ungebondet / unbonded (package)
ungeeignet / inapplicable
ungefähr / about / approximately (approx.) /
around / some
ungefärbt / undyed (resist)
ungekapselt / uncased / unpackaged / bare
(chip) / open (switch)
ungelernter Arbeiter *m.* / unskilled worker
ungelochte Karte *f.* / blank card / dummy
card
ungelöst / unsolved
ungenau / imprecise / inexact / inaccurate
Ungenauigkeit *f.* / inaccuracy
ungenutzt / (Kapazität) idle (capacities) /
(Schlitz) spare (slot)
ungeplanter Bedarf *m.* / unplanned
requirements
ungeplanter Bezug *m.* / unplanned
withdrawal / unplanned issue
ungeplanter Zugang *m.* / unplanned receipt
ungerade Parität *f.* / odd parity
ungerade Zahl *f.* / odd number / uneven
number
ungeritzt / unscribed (dice)
ungetaktet / free-run (operation)
ungleich / unequal
Ungleichgewicht *n.* / imbalance
ungleichmäßig / uneven(ly) / (uneinheitlich)
non-uniform(ly)
Ungleichmäßigkeit *f.* / unevenness /
(Uneinheitlichkeit) non-uniformity
ungültig / invalid
Ungültigkeit *f.* / invalidity
ungünstig / unfavourable
Universalmaschine *f.* / universal tool machine
Universalrechner *m.* / all-purpose computer /
general-purpose computer

Universalschaltkreis *m.* / uncommitted logic
array (ULA) / **kundenbeeinflußbarer** ...
semicustom gate array /
kundenprogrammierbarer ...
field-programmable gate array /
teilgefertigter ... (semicustom) gate array /
vorgefertigter .. (semicustom) gate array
Universalschaltkreisanordnung *f.* / standard
array of chips
Universalschaltkreischip *m.* / master-slice
logic chip / gate array chip
Universaltestchip *m.* / multipurpose test chip
universell / universal
universelle Standard-ICs *mpl.* /
general-purpose standard ICs
Unkosten *pl.* / expenses
unlauterer Wettbewerb *m.* / unfair
competition
unleserlich / illegible
unlogisch / illogical
unmittelbar / immediate / direct
unmittelbarer Zugriff *m.* / direct access / fast
access
unmittelbare Verarbeitung *f.* / demand
processing
unpolymerisiert / unpolymerized
unpraktisch / impractical
unregelmäßig / irregular / sporadic
Unregelmäßigkeit *f.* / irregularity
unrentabel / unprofitable
unsachgemäße Lagerung *f.* / careless storage
unscharf / (Bild) out of focus
unsymmetrisch / asymmetrical
unterätzen / to undercut
Unterätzen *n.* / undercutting / lateral etching
unterätzungsfrei / non-undercutting
Unteraufgabe *f.* / subtask
Unterauslastung *f.* / under-utilization
Unterbefehl *m.* / subinstruction
unterbrechen / to interrupt
unterbrechender Schalter *m.* / shorting switch
Unterbrechung *f.* / interrupt / interruption
Unterbrechungsanforderung *f.* / interrupt
request
unterbrechungsfrei / uninterruptible
Unterbrechungsstelle *f.* / breakpoint
Unterbrechungstaste *f.* / attention key
unterbringen / to house / to include /
to package / ... **größeren Chip in**
Kleingehäuse to house / ... **Chips auf**
Substrat to package chips on a substrate
unterbrochen / (Schaltung) open-circuited
Unterdeckung *f.* / shortfall / undercoverage /
Primärprogramm mit ... understated master
production schedule / ... **größer X Tage**
periodical shortage greater than x days
Unterdiffusion *f.* / underdiffusion / lateral
diffusion
unterdimensioniert / undersized

Unterdruck, hoher *m.* / high vacuum
unterdrücken / to suppress
Unterdrückung führender Nullen *f.* /
suppression of leading zeros
Unterfeld *n.* / subfield
Unterführungsleitung *f.* / underpass
conductor
Unterfunktion *f.* / subfunction
untergeordnet / subordinate
untergeordnete Baugruppe *f.* / lower
sub-assembly
untergeordnete Teilenummer *f.* / lower part
number
untergliedern / to subdivide
untergliederte Datei *f.* / partitioned date file
Untergliederung *f.* / subdivision
Untergrenze *f.* / bottom line / (Losgröße)
minimum lot size / **... für Auftragsmenge**
minimum order quantity
Untergruppe *f.* / minor group / subordinate
group / module / subassembly
Untergruppentrennung *f.* / minor control
change
Untergruppen-Trennzeichen *n.* / record
separator
Untergruppenwechsel *m.* / minor control
change
Unterhändler *m.* / subnegotiator
Unterhaltungselektronik *f.* / consumer
electronics
Unterkanal *m.* / subchannel
Unterlagen *fpl.* / documents
Unterlauf *m.* / underflow
Unterlieferant *m.* / subcontractor
unterlieferte Menge *f.* / short quantity
Untermenü *n.* / submenu
Unternehmen *n.* / enterprise / business /
company
Unternehmensberater *m.* / management
consultant
Unternehmensberatung *f.* / management
consulting
Unternehmensbereich *m.* / corporate division /
(Siem.) Group
Unternehmensebene *f.* / company level
Unternehmensentwicklung *f.* / corporate
development
Unternehmenserfolg *m.* / corporate success
Unternehmensforschung *f.* / operations
research (OR)
Unternehmensführung durch Erkenntnis *f.* /
management by perception
Unternehmensgewinn *m.* / corporate profits
Unternehmensgründung *f.* / business
formation
Unternehmenshaftung *f.* / enterprise liability
Unternehmensinvestitionen *fpl.* / corporate
investment

Unternehmenskommunikation
(Siem./Zentralstelle) *f.* / Corporate
Communications (Corporate Office)
Unternehmenskultur *f.* / corporate culture
Unternehmensleitsätze *mpl.* / (allg.) corporate
principles / (Siem.) Corporate Mission
Statement
Unternehmensleitung *f.* / company
management
Unternehmenslogistik *f.* / corporate logistics
Unternehmensmodell *n.* / enterprise model
Unternehmensplanung *f.* / corporate planning
Unternehmenspolitik *f.* / corporate policy /
business policy
Unternehmensrevision *f.* / corporate audit
Unternehmensrisiko *n.* / business risk
Unternehmensspitze *f.* / top management
Unternehmenssprecher *m.* / company
spokesman
Unternehmenssteckbrief *m.* / company profile
Unternehmenssteuerung *f.* / management
control
Unternehmensstrategie *f.* / corporate
strategy / business strategy
Unternehmensstruktur *f.* / corporate
structure
unternehmensübergreifend / cross-company
Unternehmensverschuldung *f.* / corporate
indebtedness
Unternehmenswachstum *n.* / corporate growth
unternehmensweit / company-wide
Unternehmensziele *npl.* / corporate goals /
business goals
Unternehmer *m.* / entrepreneur
Unternehmergeist *m.* / entrepreneurial spirit
Unternehmerrisiko *n.* / business hazard
Unternehmertum *n.* / entrepreneurship
Unternehmerwagnis *n.* / business hazard
Unterposition *f.* / sub-item
Unterprodukte *npl.* / (CWP) fallout
Unterprogramm *n.* / subroutine / subprogram
Unterprogrammabruf *m.* / subroutine call
Untersatz *m.* / (in Datenbank) member
unterschätzen / to under-estimate
unterscheiden / (etwas) to distinguish
(between) / (sich) to differ (from)
Unterscheidung *f.* / distinction
Unterschicht *f.* / sublayer
Unterschichtdiffusion *f.* / diffusion under film
Unterschied *m.* / difference
unterschreiben to sign
Unterschrift *f.* / signature
unterschriftsberechtigt / authorized to sign
Unterschriftsberechtigter *m.* / authorized
signatory
Unterschriftsberechtigung *f.* / signature
authorization
Unterseite *f.* / bottom
Unterstation *f.* / tributary station

unterstreichen / to underline
unterstützen / to support
Unterstützung *f.* / support
Unterstufe *f.* / lower part number / lower level
untersuchen / to check / to examine
Untersuchung *f.* / analysis / investigation / study
unterteilen / to section / to subdivide / to partition
Unterteilung *f.* / subdivision / partitioning
Untertyp *m.* / subtype
Unterumflechtung *f.* / inner braid
Unterverzeichnis *n.* / subdirectory
unter Vorbehalt / under reserve
Unterwegsbestand *m.* / stock in transit / (Werk zu Kunde) pipeline stock
Unterwegsmenge *f.* / quantity in transit
unterweisen / to instruct
Unterzeichner *m.* / signatory
unter Zollverschluß / bonded
unverbindlich / non-binding
unverkappt / (Chip) unpackaged / uncased / bare
unverrechnete Lieferungen *fpl.* / unbilled costs
unverriegelbar / non-lockable
Unversehrtheit *f.* / (Maske / Passivierungsschicht) integrity
Unverwechselbarkeit *f.* / (Pole) polarization
Unverwechselbarkeits-Nut *f.* / polarizing slot
unverzollt / duty unpaid
unverzollte Waren *fpl.* / uncleared goods
unverzüglich / immediate(ly)
unvollständig / incomplete
unvorbereitet / unprepared
unvorhergesehen / unforeseen
unvorhersehbar / unpredictable
unwahrscheinlich / improbable / unlikely
unwichtig / unimportant
unwiderrufliches Akkreditiv *m.* / irrevocable letter of credit / irrevocable L/C
unwirksam / ineffective
unwirtschaftlich / inefficient
Unwucht *f.* / (im Spin Dryer) unbalance
unzulänglich / inadequate
unzulässig / inadmissible / illegal / forbidden
unzulässige Adresse *f.* / invalid address
unzulässiger Befehl *m.* / illegal instruction
unzulässiges Zeichen *n.* / illegal character
unzureichend / insufficient
unzuverlässig / unreliable
Urbeleg *m.* / original document / source document
Urdaten *pl.* / raw data
Ureingabe *f.* / bootstrap(ping)
Ureingabeprogramm *n.* / bootstrap loader
Urheberrecht *n.* / copyright
urladen / to boot / to bootstrap
Urlader *m.* / initial program loader

Urladung *f.* / initial loading / bootstrapping
Ursache *f.* / cause
ursprünglich / original
Ursprung *m.* / origin / source
Ursprungsbeleg *m.* / master document
Ursprungsbezeichnung *f.* / designation of origin
Ursprungsdaten *pl.* / (allg.) original data / (DV) source data
Ursprungserklärung *f.* / declaration of origin
Ursprungsfeld *n.* / source field
Ursprungsland *n.* / country of origin
Ursprungsnachweis *m.* / proof of origin
Ursprungszeugnis *n.* / certificate of origin
Urstart *m.* / cold start / initial start / initial program loading
UV-Abstandsbelichtung *f.* / UV proximity printing
UV-Belichtung *f.* / UV shadow printing / ... einer Fotoresistschicht UV-exposure of a photoresist layer
UV-Bereich, ferner *m.* / deep UV-range
UV-Härtung *f.* / (Resist) UV-hardening
UV-löschbar / (PROM) ultraviolet-erasable
UV-Löschung *f.* / ultraviolet-light erasure / erasure by UV-light
UV-Projektionsanlage *f.* / UV projection system
UV-undurchlässig / UV-opaque

V

Vakuumansaugteller für Wafer *m.* / vacuum hold-down wafer chuck
Vakuumansaugvorrichtung *f.* / vacuum chuck
Vakuumansaugzustand *m.* / vacuum-chucked condition
vakuumaufgedampft / vacuum-deposited (coating)
Vakuumaufnahme *f.* / vacuum pickup
Vakuumaufspannteller mit Stiftauflageflächen *m.* / pin-recess chuck
Vakuumaufspannung *f.* / vacuum clamping / chucking (of wafer)
Vakuumaufspannvorrichtung *f.* / vacuum chuck
Vakuumbedampfung *f.* / vacuum deposition / vacuum evaporation
Vakuumbedampfungsanlage *f.* / vacuum evaporator
Vakuumbeschichtungsanlage *f.* / vacuum coater
vakuumgetrocknet / vacuum-baked
Vakuumglocke *f.* / bell jar
Vakuumgreifer *m.* / vacuum wand

Vakuumkammer *f.* / vacuum work chamber
Vakuumkolben *m.* / vacuum envelope
Vakuumofen *m.* / vacuum oven
Vakuumpinzette *f.* / vacuum tweezers
Vakuumrelais *n.* / vacuum relay
Vakuumschleuse *f.* / vacuum lock
Vakuumteller *m.* / vacuum chuck
Vakuumtellerauflagefläche *f.* / vacuum chuck support area
vakuumtrocknen / to vacuum-bake
Valenz *f.* / valence
Valenzbindung *f.* / bond
Validierung *f.* / validation
Vapox-Auftrag *m.* / vapox deposition
Vapoxschicht *f.* / vapox layer
Varaktor *m.* / varactor
variabel / variable
Variablenname *m.* / variable identifier / name of variable
Variablenprüfung *f.* / inspection by variables
Variante *f.* / variant
Variantenstückliste *f.* / variant bill of material
Variantenteil *n.* / variant part
Variantenvielfalt *f.* / variant variety
Varicap-Diode *f.* / variable capacitance diode
variieren / to vary
variiert / varied
VATE-Technik *f.* / V-ATE technique / vertical anisotropic etch technique
VATE-Verfahren *n.* / vertical anisotropic etching
VDE-geprüft / VDE approved
V-Einstellung *f.* / voltage adjustment
Vektor *m.* / vector
Vektordarstellung der Waferfläche *f.* / vector map across wafer / **... für Überdeckungsfehler** misregistration vector map
vektorgesteuert / vectored
Vektorscan-Verfahren *n.* / vector scanning
Ventil *n.* / valve
verabschieden / (Plan) to pass / to adopt
veränderbar / modifiable / alterable
veränderbarer Parameter *m.* / tunable parameter
Veränderlichkeit *f.* / variability
verändern / to change / to modify / to alter
Veränderung *f.* / change / modification / variation / **... fixer Bestellperioden** fixed time period override
verallgemeinern / to generalize
Verallgemeinerung *f.* / generalization
Veralterung *f.* / obsolescence
veraltet / obsolete
veranlassen / to prompt / to arrange
veranschaulichen / to illustrate
verantwortlich / responsible
Verantwortlicher *m.* / person in charge
Verantwortung *f.* / responsibility

Verarbeitbarkeit *f.* / processability
verarbeiten / to process
verarbeitende Industrie *f.* / processing industry
Verarbeitung *f.* / processing / **schlechte ...** poor workmanship
Verarbeitungsart *f.* / processing mode
Verarbeitungsfolge, fortlaufende *f.* / control sequential processing
Verarbeitungshinweis *m.* / processing reference
Verarbeitungsleistung *f.* / processing performance
Verarbeitungslogik *f.* / processing logic
Verarbeitungsrechner *m.* / host computer
Verarbeitungsstapel *m.* / batch
verarmt / (an Ladung) depleted
Verarmung *f.* / (Halbl.) depletion
Verarmungselement *n.* / depletion-mode device
Verarmungsrandschicht *f.* / depletion boundary
Verarmungsschicht *f.* / depletion layer
Veraschung *f.* / (Fototechnik) ashing
Verbände *mpl.* / associations / (auf Maske) arrays
verbessern / to improve / to enhance / to ameliorate
verbessert / enhanced / advanced / improved
verbesserter Paketbildner in CMOS-Technik *m.* / advanced CMOS frame aligner
Verbesserung *f.* / improvement / amelioration / enhancement / upgrade
verbesserungsbedürftig / calling for improvements / requiring improvements
Verbiegen *n.* / bending / **... von Zwischenträgerbrücken** displacement of the leads
verbieten / to prohibit / to forbid
Verbilligung *f.* / price reduction
verbinden / to connect / to interlock / to link edit / to compose / / to bond
Verbinder *m.* / connector
verbindlich / binding / obligatory
Verbindlichkeiten *fpl.* / liabilities
Verbindung *f.* / connection / link(age) / (Kontaktieren) bond / (chemische) compound / **... auf Chipebene** chip-level interconnection / **... auf dem Chip** on-chip interconnection / **aufgeschmolzene ...** burned-open link / **aufschmelzbare ...** fusible link / **... im Chip** intrachip connection / **leitende ...** conductive interconnect / **metallische ...** metallurgical bond / **schmelzbare ...** fusible link / **steckbare ...** pluggable connection / **verdrahtete ...** wired connection / **... von drei chem. Elementen** ternary compound /

... von zwei chem. Elementen two-element compound / **... zwischen Gattern** interconnect between gates / gate-to-gate interconnection / **... zwischen Leiterbahn und Kontaktierungsinsel** trace-to-pad connection
Verbindungen ziehen / to route connections
Verbindungsabbau *m.* / connection clear-down
Verbindungsabstand *m.* / (zw. Chips auf Platte) interconnect distance
Verbindungsanschluß *m.* / interconnecting lead
Verbindungsart *f.* / (StV) type of coupling
Verbindungsaufbau *m.* / connection setup
Verbindungsbüro *n.* / liaison office
Verbindungschip *m.* / interface chip
Verbindungsdraht *m.* / jumper
Verbindungsglied *n.* / link
Verbindungskabel *n.* / connecting cable
Verbindungskanal *m.* / wiring channel
Verbindungskontakt *m.* / via
Verbindungslänge *f.* / interconnection length (b. VLSI) / wire length (gate arrays)
Verbindungsleitung *f.* / bonding conductor / bonding connection
Verbindungsmaskenschicht *f.* / interconnection mask layer
Verbindungsprogramm *n.* / subscriber connection program
Verbindungsschicht *f.* / interconnection layer
Verbindungsstecker *m.* / connector plug / pin-and-socket connector / **mehrpoliger ...** multipinned connector
Verbindungssteckergehäuse *n.* / connector housing
Verbindungsstelle *f.* / junction / interface / interconnect point / (Büro) liaison office
Verbindungssystem *n.* / (StV) coupling system
Verbindungsteile *npl.* / (StV) coupling parts
Verbindungsweg *m.* / interconnect (path) / wire path
Verbot *n.* / prohibition
verboten / forbidden / prohibited
Verbrauch *m.* / usage / consumption / **... der Vergangenheit** past usage / **jährlicher ...** (wertmäßig) annual dollar usage, (mengenmäßig) annual unit usage
verbrauchen / to consume
Verbrauchernachfrage *f.* / consumer demand
Verbrauchsabweichung, wertmäßige *f.* / performance variance
Verbrauchsfaktor, gewichteter *m.* / usage weight factor
verbrauchsgesteuerte Disposition *f.* / material planning by order point technique
verbrauchsgesteuerte Planung *f.* / consumption-driven planning
Verbrauchsgüter *npl.* / consumption goods

verbrauchsorientiert / usage-oriented / push-type (ordering system)
Verbrauchsort *m.* / place of consumption / place of final use
Verbrauchsprognose *f.* / consumption forecast
Verbrauchssteuerung *f.* / usage control
Verbrauchswert *m.* / usage value
Verbreiterung *f.* / broadening / widening
Verbund *m.* / network / interlinked system / interlocking
Verbundanweisung *f.* / compound statement
Verbundbefehl *m.* / compound instruction
Verbundbestellung *f.* / joint order
verbunden / linked / (Unternehmen) associated
verbundene Unternehmen *npl.* / affiliated companies / associated companies
Verbundgeschäft *n.* / (Siemens) in-house business
Verbundnetz *n.* / interlocked network / interlinked system
Verbundrechner *m.* / interlocked computer / interlinked computer
Verbundvertrieb *m.* / intra-company sales
Verdampfung *f.* / evaporation / **... im Vakuum** vacuum evaporation
Verdampfungskammer *f.* / evaporation chamber
Verdampfungsmaterial *n.* / evaporant
verdecken / to hide / to mask / to conceal
verdeckt / hidden / (Schicht) buried
verdichten / to pack / to condense / to concentrate / (Festplatte etc.) to compress / (bei Diffusion) to densify / (Planung) to aggregate
Verdichtung *f.* / (DV) compression / (allg.) concentration / (Chips) compaction / (Planung) aggregation
Verdichtungsebene *f.* / aggregate level
Verdienstausfall *m.* / loss of earnings
verdrahten / to wire / to interconnect
verdrahtet / wired
Verdrahtung *f.* / wiring / wire routing / interconnection / **... auf dem Chipsubstrat** off-chip wiring on the package / **... auf dem Universalschaltkreis** routing on the gate array / **freie ...** conventional wiring / **gedruckte ...** printed wiring / **vergrabene ...** buried wiring
Verdrahtungsdichte *f.* / wiring density
Verdrahtungsebene *f.* / wiring level
Verdrahtungseinheit *f.* / wiring unit
Verdrahtungsentwurf *m.* / wiring design
Verdrahtungsfehler *m.* / miswiring
Verdrahtungsfläche *f.* / wire area
Verdrahtungsführung *f.* / (IC) routing
Verdrahtungsgitter *n.* / routing grid
Verdrahtungskanal *m.* / wiring channel

Verdrahtungskomplexität *f.* / routing complexity
Verdrahtungslage *f.* / wiring layer
Verdrahtungsmaske *f.* / interconnection mask
Verdrahtungsnetzwerk *n.* / wiring grid
Verdrahtungsplatte *f.* / wiring backplane
Verdrahtungsraster *n.* / wiring grid
Verdrahtungsseite *f.* / (v. Platine) wiring side / non-component side
Verdrahtungsstruktur *f.* / wiring pattern
Verdrahtungsverdichtung *f.* / wire congestion
Verdrahtungsweg *m.* / wiring path
Verdrehsicherung *f.* / anti-twist stop
verdünnen / (Säure) to dilute
Verdunstung *f.* / evaporation / ... **flüchtiger Reagenzien** evaporation of volatile chemicals
veredeln / to process / to purify
Veredelung *f.* / processing / **aktive** ... inward processing / **passive** ... outward processing
Veredelungsverkehr *m.* / cross-border processing
vereinfachen / to simplify
vereinfacht / simplified / stripped down
Vereinfachung *f.* / simplification
vereinheitlichen / to unify / to unitize / to standardize
Vereinheitlichung *f.* / unification
vereinigen / to combine / to unite
vereinzeln / to separate (components)
Vereinzelung *f.* / separation / dicing (wafer into chips) / die separation / (Bauteilanschlüsse) to cut and bend (component leads)
Verengung *f.* / neck
Verfärbung *f.* / colour change / discoloration / staining
Verfahren *n.* / system / approach / (Fertigungs-) process / procedure / technique / method / (DV) procedure / (PC-Anwendung) application / ... **der Chipmontage auf Platine** chip-on-board technique / ... **mit Selbstpositionierung** *f.* / self-aligned process
Verfahrensablauf, grundlegender *m.* / basic process
Verfahrensausbeute *f.* / process yield
verfahrensbedingt / (Waferdefekt) process-induced
Verfahrensbetreuer *m.* / procedure administrator
Verfahrensbetreuung *f.* / procedure administration
Verfahrensentwicklung *f.* / system development
Verfahrensfehler *m.* / procedural error
Verfahrensingenieur *m.* / process engineer
Verfahrenslandschaft *f.* / procedural infrastructure

verfahrensorientiert / procedural / procedure-oriented
Verfahrensplanung *f.* / procedure planning
Verfahrenssteuerung *f.* / process control
Verfahrensstruktur *f.* / procedural structure
Verfahrenstechnik *f.* / process engineering / process technology
Verfahrenszuschlag *m.* / process allowance
Verfahrgeschwindigkeit *f.* / traversing rate
Verfahrweg *m.* / travel
verfallen / to expire
Verfalltag *m.* / date of expiry
Verfeinerung *f.* / refinement
Verfestigung *f.* / solidification
verflechten / to interlace
verfolgen / (überwachen) to trace / to track / (Ziel) to pursue
Verfolgung *f.* / tracing / tracking
verformt / distorted
Verformung *f.* / (allg.) deformation / (Wafer) warp / warpage / waviness / (Bondhügel) squash (of the bump)
Verfrachter *m.* / carrier
verfügbar / available / at disposal
verfügbare Betriebszeit *f.* / uptime / available machine time
Verfügbarkeit, negative *f.* / minus availability
Verfügbarkeitskontrolle *f.* / availability control
Verfügbarkeitsrechnung *f.* / availability calculation
Verfügbarkeitstermin *m.* / availability date
Verfügbarkeitszeit *f.* / uptime
verfügen / (über) to dispose of / to have at o's disposal
Vergießen *n.* / (IC) encapsulation / (Kabel) potting
Vergleich *m.* / comparison
vergleichbar / comparable
vergleichen / to compare
vergleichend / comparative
vergleichsweise / comparatively / relatively
Vergleichszeitraum *m.* / period of comparison
Vergolden *n.* / gold-plating
vergraben / (Implantationsschicht) to bury / (adj.) buried
vergrößern / to zoom out (b. Kopieren) / to enlarge / to magnify / **Stukturelemente** ... to expand features / **Wafer** ... to expand wafers
Vergrößerung *f.* / (allg.) enlargement / (Fototechnik) magnification / ... **der Chipfläche** chip area growth / ... **der Wafer** expansion of wafer
Vergütung *f.* / reimbursement / remuneration / reward
Verguß *m.* / casting
Vergußmasse *f.* / encapsulating material
Verhältnis *n.* / (z. B. 1:1) ratio / **Ladung-Masse** ... charge-mass ratio /

... von Chip zu Gehäusemontagefläche
chip/footprint ratio / ... von Chip zu
Montagefläche chip-to-board area ratio / ...
von Kanallänge zu Kanalbreite (MOSFET)
channel length-to-width ratio / aspect ratio
verhältnismäßig / relatively / comparatively
Verhalten *n.* / behaviour
verhandeln / to negotiate
Verhandlungen *fpl.* / negotiations
Verhandlungsführer *m.* / lead negotiator
verhindern / to prevent
verifizieren / to verify
verkabeln / to cable / to wire
Verkäufer *m.* / seller
Verkantung *f.* / misalignment
verkappen / to encapsulate / to package
(chips)
Verkappen im Spritzgußverfahren *n.* /
injection moulding
Verkappung *f.* / encapsulation / packaging /
hermetische ... hermetic seal / vacuum-tight
seal
Verkappungsmaterial *n.* / encapsulant /
encapsulating material / packaging
material
Verkappungstechnik *f.* / packaging
technology
Verkapselung *f.* / encapsulation / packaging
Verkauf *m.* / sale
verkaufen / to sell / to vend / mit Gewinn ...
to sell at a premium
Verkaufsbedingungen *fpl.* / terms of sale /
conditions of sale
Verkaufsförderung *f.* / sales promotion
Verkaufslager *n.* / sales store / sales
warehouse / finished goods warehouse /
completed-items store
Verkaufsleiter *m.* / sales manager
Verkaufsniederlassung *f.* / sales branch
Verkaufspreis *m.* / selling price
Verkaufsstatistik *f.* / sales statistics
Verkaufsstelle *f.* / sales outlet / point of sale
Verkaufsverpackung *f.* / sales packaging
Verkehr *m.* / traffic / transportation
Verkehrslogistik *f.* / logistics in traffic
Verkehrssperre *f.* / traffic barrier
Verkehrssteuer *f.* / transport tax
Verkehrsträger *m.* / carrier
verketten / to chain / to catenate / to interlink
verkettete Datei *f.* / concatenated data file
Verkettung *f.* / chaining / catenation
Verkettungsadresse *f.* / sequence address
verkleinern / to zoom in / to shrink / to
demagnify / to reduce / die Abmessungen
maßstäblich ... to scale down the
dimensions / die Chipfläche ... to shrink the
die area / fotografisch ... to reduce
photographically / to photoreduce
verkleinert / down-sized / shrunk(-down)

Verkleinerung *f.* / reduction / shrinking /
down-scaling / ... von
Bauelementstrukturen shrinking of device
features / ... der Chipfläche minimization
of the chip area / ... der Gates shrink of the
gates / ... der Linienbreite (Strukturen)
feature size shrinking / ... der
Strukturabmessungen down-scaling of
structural dimensions / lineare ... linear
shrink / maßstäbliche ... scaling down
Verkleinerungsfehler *m.* / reduction error
Verkleinerungsmaßstab *m.* / scale of
demagnification
Verkleinerungstechnik *f.* / shrinkage
technique
Verkleinerungsverhältnis *n.* / reduction ratio
Verklemmung *f.* / deadlock
Verknappung *f.* / shortage
verknüpfen / (Module) to bind / to link /
(allg.) to combine
verknüpfte Liste *f.* / chained list
Verknüpfung *f.* / (Module/DV) linkage /
(allg.) integration
Verknüpfungsadresse *f.* / linkage address
Verknüpfungsbefehl *m.* / link instruction
Verknüpfungsfeld *n.* / linkage field / linkage
data element
Verknüpfungsglied *n.* / linkage element
Verknüpfungsindikator *m.* / link indicator
Verknüpfungszeichen *n.* / connective
Verkopplung *f.* / interlinking
Verkopplungsvermerk *m.* / interlink note
Verkupfern *n.* / copper-plating
Verladefrist *f.* / loading period
Verlader *m.* / shipper
Verladerampe *f.* / loading ramp
Verladungsschein *m.* / shipping note
verlängern / to prolong / to extend
Verlängerung *f.* / prolongation / extension
Verlängerungskabel *n.* / extension cord
verlagern / to relocate
Verlagerung *f.* / relocation
Verlagerungsstörspannung *f.* / displacement
voltage
verlangsamen / to slow down
Verlangsamung *f.* / slow-down / ... des
Tisches retardation of the stage
Verlauf *m.* / course / ... der
Gehäuseanschlußleitung package lead run
verlaufen / (Lack) to flow
verletzen / (v. Vorschriften) to violate /
to infringe
verlieren / to loose
Verlust *m.* / loss
verlustarm / low-loss
verlustbehaftet / lossy / leaky / dissipative
Verluste erleiden / to sustain losses
Verlustfaktor *m.* / dissipation factor
Verlustkonstante *f.* / dissipation constant

Verlustleistung *f.* / dissipation
Verlustreaktanz *f.* / leakage reactance
Verluststrom *m.* / leakage current
Verlustwiderstand *m.* / loss resistance
Verlustwinkel *m.* / loss angle
Verlustzeit *f.* / (Maschine) dead time
Verlustziffer *f.* / loss factor
Vermeidung *f.* / (z.B. Abfall) prevention
Vermerk *m.* / note
vermieten / to rent
Verminderung *f.* / reduction / abatement
vermischen / to mix / to blend
Vermittlungsrechner *m.* / switching computer
Vermittlungssysteme *npl.* / switching systems
Vermögen *n.* / assets / capital
Vermögenswerte *mpl.* / assets
vernachlässigen / to neglect
verneinen / to negate
vernetzen / to net / to network
vernetzt / interlinked (PCs) / crosslinked
  (resist)
vernetzte Datenbank *f.* / network data base
  system
Vernetzung *f.* / networking / crosslinking /
  reticulation
vernichten / to annihilate (a bubble) /
  to destroy
veröffentlichen / to publish
Veröffentlichung *f.* / publication
Verpackung *f.* / packaging / packing material
Verpackungsanweisung *f.* / packing
  instruction
Verpackungsart *f.* / type of packaging
Verpackungseinheit *f.* / packing item /
  packing unit
verpackungsfreundlich / easy-to-pack
Verpackungskosten *pl.* / packing charges
Verpackungsmaterial *n.* / packaging material
Verpackungsverordnung *f.* / Ordinance on
  (the Prevention of) Packaging
verpflichtet / obliged
Verpflichtung *f.* / obligation
Verpolschutzdiode *f.* / polarity protection
  diode
Verpolschutznase *f.* / polarizing boss
Verpolschutznut *f.* / polarizing groove
verpolungssicher / polarity protected
Verpressung *f.* / compression
verrechnen / to charge
Verrechnung *f.* / charging / clearing
Verrechnungskonto *n.* / offset account /
  clearing account
Verrechnungspreis *m.* / standard price
Verrechnungssatzverfahren *n.* / standard
  record method
Verrechnungswert *m.* / accounting value
verriegelbar / lockable
Verriegelungsgabel *f.* / (Baugruppen-Träger)
  cover latch

Verriegelungsteile *npl.* / locking hardware
verringern / to reduce / to decrease /
  (drastisch) to slash
versagen / to fail
Versagen *n.* / failure
Versand *m.* / shipment / shipping
Versandabteilung *f.* / shipping department /
  forwarding department
Versandabwicklung *f.* / dispatching / shipping
Versandanstoß *m.* / shipping initiation
Versandanweisungen *fpl.* / shipping
  instructions
Versandanzeige *f.* / advice of dispatch
Versandart *f.* / shipping mode
Versandauftrag *m.* / shipping order / dispatch
  order
versandbereit / ready for shipment / ready for
  dispatch
Versanddatum *n.* / date of dispatch
Versandeinheit *f.* / shipping unit
Versandetikett *n.* / mailing label
Versandgebühr *f.* / forwarding charges
Versandkosten *pl.* / forwarding expenses /
  shipping cost
Versandleiter *m.* / head of shipping
  department
Versandliste *f.* / dispatching list
Versandmeldung *f.* / ready-for-shipment note
Versandnachweis *m.* / evidence of dispatch
Versandpapiere *npl.* / shipping documents
Versandschein *m.* / shipping note
Versandstation *f.* / forwarding station
Versandtasche *f.* / jiffy bag
Versandtermin *m.* / date of shipment / date of
  dispatch
Versandverpackung *f.* / shipping package
Versandweg *m.* / shipping route
Versandwert *m.* / value of shipment
Versandzeichen *n.* / shipping mark
Versatz *m.* / offset / skew / run-out /
  misalignment / (zwischen Maske- und
  Waferbild) displacement
verschachteln / to nest / to interlace /
  to interleave
Verschachtelungsniveau *n.* / level of nesting
verschärfte Prüfung *f.* / (QS) tightened
  inspection
verschiebbar / relocatable
Verschiebbarkeit von Programmen *f.* /
  program relocatability
verschieben / (Termin) to postpone / to defer /
  to put off / (örtl.) to relocate / to shift
Verschieben des Tisches, schrittweise *n.* / table
  stepping
verschiebesicher / (Stift) captivated
Verschiebung *f.* / shift / relocation
verschieden / different
Verschiffungshafen *m.* / port of dispatch
verschlechtern / to deteriorate / to degrade

Verschlechterung *f.* / deterioration /
  degradation
Verschleiß *m.* / wear-out
Verschleißausfall *m.* / wear-out failure
verschleißfest / hard-wearing
verschließen / to close / to seal
Verschließen *n.* / (IC) encapsulation
verschlüsseln / to code / to encode /
  to encrypt
Verschlüsselungschip *m.* / encryption chip
Verschlußkappe *f.* / (Koax-StV) cap
Verschlußmaterialien *npl.* / sealing materials
Verschlußschraube *f.* / (Koax-StV) threaded
  cap
Verschmälerung der Resistlinle *f.* / narrowing
  of the resist line
verschmelzen / to merge / to fuse
Verschmelzung *f.* / fusion
Verschmieren des Störstellenprofils *n.* /
  smearing of the dopant profile
Verschmutzung *f.* / (Teile) contamination
Verschnitt *m.* / scrap / waste / rejects
Verschnittfaktor *m.* / waste factor
verschrotten / to scrap
Verschrottung *f.* / scrapping
verschwenden / to waste
versehen / (mit) to provide with / **... mit
  Anschliff** flatted / **... mit Anschlußstiften**
  pinned / **mit einer Grundschicht ...**
  to prime / **... mit Membranschutz ...**
  to pelliclize / **... mit zwei Eingängen**
  dual-ported (memory)
versenden / (Ware) to ship / to dispatch /
  (Brief) to mail / (allg.) to send
versenkter Leiter / flush connector
Versetzung *f.* / (Kristalle) dislocation
Versetzungskorrektur *f.* / offset correction
Versetzungswinkel *m.* / offset angle
Versicherung abschließen *f.* / to effect
  insurance
Versicherungsanspruch *m.* / claim
Versicherungspolice *f.* / insurance policy
Versicherungswert *m.* / insurance value
versilbert / silver-plated
Version *f.* / (Progr.) release / (allg.) version
versorgen / to supply / to provide
Versorgung *f.* / supply
Versorgungsspannung *f.* / supply voltage
Verspätung *f.* / delay
versprechen / to promise
verständlich / comprehensible /
  understandable
verstärken / to amplify / to boost /
  to intensify
Verstärken, metallisches *n.* / plating
Verstärkerbaugruppe *f.* / amplifier module
Verstärkerdiode *f.* / booster diode
Verstärkertransistor *m.* / amplifying transistor
Verstärkung *f.* / (Halbl.) gain

versteuert / after tax
Verstoß *m.* / violation
Versuch *m.* / test / trial / attempt
versuchen / to attempt / to try
Versuchsaufbau *m.* / breadboard
Versuchsauftrag *m.* / trial order / test order
Versuchslinie *f.* / pilot line
Versuchsproduktion *f.* / pilot production
Versuchsschaltung *f.* / test circuit
versuchsweise / tentatively
verteilen / to distribute / (zuteilen) to allot /
  to allocate
Verteiler *m.* / (Brief) distribution list
Verteilregeln *fpl.* / allocation rules /
  distribution rules
verteilte Datenbank *f.* / distributed data base
Verteilung *f.* / distribution / allocation /
  allotment
Verteilzentrum (VZ) *n.* / Distribution Center
  (DC)
Verteuerung *f.* / price increase
Vertiefung *f.* / depression / cavity / recess /
  pit / dent / **flache ...** dimple / **... im Silizium**
  groove in the silicon
Vertiefungsmarke *f.* / trench target /
  alignment mark consisting of grooves
vertikal / vertical
Vertikalabstand *m.* / vertical spacing
Vertikalaufschmelzverfahren *n.* / vertical-fuse
  process
vertikale Prüfung *f.* / vertical redundancy
  check (VRC)
Vertikalkanal *m.* / longitudinal channel
Vertikalreaktor *m.* / vertical reactor / **induktiv
  beheizter ...** vertical induction-heat reactor
Vertikaltabulator *m.* / vertical tabulation
  character (VT)
Vertrag *m.* / contract / agreement / **...
  abschließen** to conclude an agreement /
  to sign a contract / **... brechen** to break a
  contract / to violate a contract / **... erfüllen**
  to perform ... / to fulfill a contract /
  ... kündigen to terminate a contract /
  ... schließen to conclude an agreement /
  to make an agreement / **... verlängern**
  to renew a contract / to extend a contract
vertraglich / contractual
vertragliche Bindung *f.* / contractual
  commitment
vertraglicher Anspruch *m.* / contractual claim
vertraglich festgelegt / stipulated by contract
vertraglich gebunden / bound by contract
Vertragsabteilung *f.* / contracts department
Vertragsänderung *f.* / alteration of a contract
Vertragsaufhebung *f.* / rescission of a
  contract
Vertragsauflösung *f.* / cancellation of a
  contract
Vertragsbedingungen *fpl.* / terms of contract

Vertragsbeginn *m.* / commencement of a contract
Vertragsbruch *m.* / breach of contract / violation of contract
Vertragsdauer *f.* / contractual period
Vertragsentwurf *m.* / draft contract / draft agreement
Vertragsfertiger *m.* / subcontractor
Vertragshändler *m.* / franchised dealer
Vertragspartner *m.* / party to an agreement / party to contract
Vertragsstrafe *f.* / contract penalty
Vertragsverlängerung *f.* / renewal of a contract / extension of contract
vertraulich / confidential
Vertreiber *m.* / distributor
Vertreter *m.* / representative
Vertretungen *fpl.* / agencies
Vertrieb *m.* / sales department / sales & marketing / **... Ausland** export sales / international sales / (Siem.) International Sales and Marketing / **... Inland** domestic sales / (Siem.) Sales and Marketing Domestic Business/ **... Übersee** overseas sales / (Siem.) Sales and Marketing Overseas / **... Welt** sales worldwide / (Siem.) Sales Offices World
vertriebliche Leitfäden *mpl.* / sales guidelines
Vertriebsaufgaben *fpl.* / sales operations / **kaufmännische ...** commercial sales functions
Vertriebsauftrag *m.* / sales order
Vertriebsbezeichnung *f.* / sales number / external type number
Vertriebsergebnis *n.* / sales results
Vertriebsförderung *f.* / sales promotion
Vertriebsfunktion *f.* / marketing function
Vertriebsgesellschaften *fpl.* / (Siem.) Sales Companies
Vertriebskosten *pl.* / distribution expenses / sales cost
Vertriebskostenrechnung *f.* / distributive costing
Vertriebslager *n.* / sales depot / sales warehouse
Vertriebsleiter *m.* / sales manager
Vertriebsleitung *f.* / sales management
Vertriebslogistik *f.* / sales logistics
Vertriebsmittel *npl.* / marketing tools
Vertriebsnetz *n.* / sales network
Vertriebsplan *m.* / sales plan
Vertriebsspanne *f.* / gross profit
Vertriebsweg *m.* / distributive channel / sales channel
Vertriebswunsch *m.* / figure.. / quantity requested by the sales department
verunreinigen / to contaminate / to dope
Verunreinigung *f.* / impurity / contamination / (Waferoberfläche) haze /

... durch Staubteilchen airborne particulate contamination
Verunreinigungsatom *n.* / impurity atom
Verunreinigungsgrad *m.* / impurity concentration
Verunreinigungsgradient, steiler *m.* / sharp impurity gradient
Verunreinigungsschicht *f.* / contamination layer
Verunreinigungssubstanz *f.* / contaminant / dopant
Verunreinigungsteilchen *n.* / contaminant particle
verursachen / to cause
Verursacher *m.* / originator
vervielfachen / to multiply
vervielfältigen / to reproduce / to replicate
Vervielfältigung *f.* / reproduction / replication
Vervielfältigungsanlage *f.* / replicator
Vervielfältigungsmaske *f.* / replication mask
Vervielfältigungszeit *f.* / step-and-repeat time
vervollständigen / to complete
Vervollständigung *f.* / completion
verwalten / to administer / to manage
Verwaltung *f.* / administration / management
Verwaltungsablauf *m.* / management process
Verwaltungskosten *pl.* / administrative cost
verwaschen / blurred / featureless / structureless
Verwaschung *f.* / (Struktur) washout (of pattern)
verwechselbar / (StV) non-polarized
verweigern / (z. B. Warenannahme) to refuse
verweilen / to reside / to dwell / to stay
Verweilzeit *f.* / residence time / dwell time / (Elektron) lingering period
Verweis *m.* / reference
Verweisadresse *f.* / chaining address
Verweisbaunummer *f.* / reference baunumber
verweisen auf / to refer to
verwenden / to use / to utilize
Verwendung *f.* / use / usage / utilization
Verwendungskette *f.* / where-used chain
Verwendungsnachweis *m.* / where-used list / **einstufiger ...** single-level where-used list / **mehrstufiger ...** multiple-level where-used list / **Mengenübersichts-...** summary where-used list
Verwendungszweck *m.* / intended purpose
verwertbar / (Altmaterial etc.) recyclable / utilizable / (nützlich) useful
Verwertbarkeit *f.* / (Altmaterial etc.) recyclability
Verwertung *f.* / recycling / utilization
Verwertungspflicht *f.* / obligation to recycle
Verwindung *f.* / (LP) twist
verwindungssteif / torsion-resistant

Verwürfe *mpl.* / rejects / non-conforming parts (NCP) / (Material) non-conforming material (NCM)
Verwurf *m.* / scrapping
verzahnen / to interleave
verzeichnen / to record
Verzeichnis *n.* / directory
Verzeichnungsfehler *m.* / distortion error
verzerrt / distorted
Verzerrung *f.* / distortion
Verzerrungsfehler *m.* / (zw. Maske und Wafer) runout distortion / (Strukturbild auf Maske) runout error
Verzerrungsproblem *n.* / runout problem
verzichten auf / to waive
Verzichterklärung *f.* / waiver
Verzinnen *n.* / tin-plating
verzögern / to decelerate / to delay
Verzögerung *f.* / delay
verzögerungsfrei / instantaneous
Verzögerungsleitung *f.* / delay line
Verzögerungszeit *f.* / deceleration time / delay time
verzollen / to clear through customs
Verzollung *f.* / customs clearance
Verzug *m.* / delay
Verzugsmeldung *f.* / delay notice
Verzugszinsen *mpl.* / interest on arrears
verzweigen / to branch
Verzweigung *f.* / branch
V-förmiger Einschnitt *m.* / V-shaped groove
V-Graben *m.* / V-groove
V-Graben-Isolation mit Poly-Si-Auffüllung *f.* / V-groove isolation with polysilicon backfill
viel-... / multi-..
vielfach / multiple / (multiway)
Vielfachanordnung von StV *f.* / multiple mounting of connectors
Vielfachbetrieb *m.* / multimode
Vielfachbuchsenleiste bei StV *f.* / multiple-contact receptacle
Vielfachbusstruktur *f.* / multiple architecture
Vielfachchipschaltkreis *m.* / multichip circuit
Vielfachleitung *f.* / bus / highway
Vielfachverwendung *f.* / multiple use
vielfältig / multiplex / manifold / various
Vielfalt *f.* / variety
Vielkanalfeldeffekttransistor *m.* / multichannel field-effect transistor (MUCH-FET)
vielpolig / (StV) multicontact
vielschichtig / multilayer
Vielschichtkondensator *m.* / multilayer capacitor
vielstellig / multidigit
Vieltalhalbleiter *m.* / multivalley semiconductor
Vieradreßbefehl *m.* / three-plus-one address instruction

Vieradreßcode *m.* / four address code
Vierchipmodul *n.* / four-chip module
Vierdrahtschaltung *f.* / four-wire circuit
Vierfachanordnung *f.* / quad array
Vierfachleistungstreiber *m.* / quad driver
Vierfachtransistor *m.* / quad transistor
Vierflankenverfahren *n.* / quad-slope approach
Viergatterelement *n.* / four-gated device
Vierpunktsonde *f.* / four-point probe
Vierpunkttechnik *f.* / four-point probe method
Vierschichtbauelement *n.* / four-layer device
Vierschichtleiterplatte *f.* / four-layer board
Vierschichtschaltelement *n.* / p-n-p-n switching device
Viersondengerät *n.* / four-probe instrument
Vierstufenbelichtung *f.* / four-step exposure
Viertel *n.* / quarter
virtuelle Speicherung *f.* / virtual storage
virtuelle Speicherzugriffsmethode *f.* / virtual storage access method (VSAM)
Virus *m.* / virus
Visitenkarte *f.* / business card
Viskosität *f.* / viscosity
Viskositätsmessung *f.* / viscosity measurement
Viskositätsschwankungen *fpl.* / viscosity variations
visuell / visual
Vitrokeramikgehäuse *n.* / glass-ceramic package
Vogelkopfstruktur *f.* / (resistbeeinträchtigend) bird's beak structure
Vollbrücke *f.* / full bridge
Vollbrücken-Durchflußwandler *m.* / full-wave push-pull converter
Vollbrückenschaltung *f.* / full-wave bridge converter
Vollieferung *f.* / full delivery / complete shipment
Vollimplantations-LOCOS-Prozeß *m.* / full-implantation local oxidation of silicon process
Vollkostenrechnung *f.* / full absorption costing
vollkundenspezifische ICs *mpl.* / full-custom ICs
Vollkundenwunschchip *m.* / full-custom chip
Vollmacht *f.* / power of attorney / proxy
Volloperation *f.* / complete operation
vollständig / complete(ly)
vollständiger Übertrag *m.* / complete carry
vollständiges System *n.* / turnkey system
Vollständigkeit *f.* / completeness
vollvergoldet / fully gold-plated
Volumen *n.* / volume / bulk
Volumenbereich *m.* / bulk region
Volumenbeweglichkeit *f.* / bulk mobility

Volumendiffusionslänge *f.* / bulk diffusion length
Volumendotierung *f.* / bulk doping
Volumendurchbruch *m.* / bulk breakdown
Volumenhalbleiter *m.* / bulk semiconductor
Volumeninneres *n.* / bulk
Volumenladung *f.* / volume charge / bulk charge
Volumenleitfähigkeit *f.* / bulk conductivity
volumenlöschbar / erasable in bulk
Volumenträgerbeweglichkeit *f.* / bulk carrier mobility
Volumenwiderstand *m.* / bulk resistance
von vorn entriegelbarer Kontakt *m.* / front-release contact
Vorab-Lieferschein *m.* / advance delivery note
Vorablieferung *f.* / advance delivery
Voraltern *n.* / burn-in
Voralterungstest *m.* / burn-in
Voranschlag *m.* / estimate
vorantreiben / to push (ahead)
Vorarbeit *f.* / preliminary work
Vorausbestellung *f.* / advance order
Voraussage *f.* / forecast
Vorausschau *f.* / look-ahead
Voraussetzung *f.* / premise / precondition
voraussichtlich / (adj.) probable / likely / (adv.) probably
voraussichtlicher Jahresverbrauch *m.* / projected usage per year
Vorauszahlung *f.* / advance payment
Vorbehalt *m.* / reservation
vorbehaltlich / subject to ..
Vorbehandlung *f.* / pretreatment
Vorbelegung *f.* / (Dotierungsatome) pre-deposition
vorbereiten / to prepare
vorbereitend / preliminary / preparatory
Vorbereitungskosten *pl.* / preparation costs
vorbeschichtet / precoated
Vorbesetzungswert *m.* / default value / default input
vorbestimmt / predetermined
Vordergrund *m.* / foreground
Vorderseite *f.* / front side
Vordiffundierungsreinigung *f.* / pre-diffusion cleaning
vordringlicher Bedarf *m.* / urgent demand
Vordruck *m.* / (printed) form
voreilender Erdungskontakt *m.* / premating grounding contact
Voreilungen *fpl.* / early completions / early shipments from plant
Vorfall *m.* / incident
Vorfertigung *f.* / prefabrication / parts manufacture
Vorfertigungsauftrag *m.* / prefabrication order
vorformatieren / to preformat
Vorfracht *f.* / prior carriage charges

vorführen / to demonstrate
Vorführung *f.* / demonstration
Vorgabe *f.* / target / demand
Vorgabeerzeugung *f.* / generation of targets
Vorgabe-Liefer-Überwachung *f.* / input-output-control
Vorgabeliste *f.* / (Versand) dispatching list
Vorgabemischung, beste *f.* / best mix
Vorgabewert *m.* / (DV) default value
Vorgabezeit *f.* / standard time / (rechnerisch ermittelt) synthetic time standard
Vorgänger-Typ *m.* / previous device / (preceding type)
Vorgang *m.* / activity / process / procedure / task
Vorgangsdauer *f.* / duration
Vorgangskennzeichen *n.* / transaction code
Vorgangskennziffer *f.* / transaction code
vorgealtert / burned-in
vorgeben / (Prod.) to release / to issue
vorgeformt / premoulded
vorgegebener Auftrag *m.* / work release
vorgegebener fester Zeitraum *m.* / time fence
vorgehärtet / softbaked
Vorgehensweise *f.* / approach
vorgelagert / (Prod.) upstream / preceding
vorgelagerter Bestand *m.* / upstream inventory
Vorgerät *n.* / front-end device
Vorgesetzter *m.* / superior
vorgezogen (zeitl./adj.) / advance
Vorhaben *n.* / project
vorhärten / to softbake
Vorhärten *n.* / softbaking / pre-exposure baking / **... im Infrarotofen** infrared softbaking
Vorhärtungstemperatur *f.* / prebake temperature
vorhanden / existing / extant / available
vorhandener Bestand *m.* / on-hand inventory
vorher / beforehand
vorherig / previous / prior
vorherrschend / dominant / prevailing
Vorhersage *f.* / forecast
Vorhersageschlüssel *m.* / forecast key
vorhersehbar / predictable / foreseeable
Vorionisation *f.* / glow priming
Vorionisationslochblende *f.* / priming aperture
Vorionisationsraum *m.* / priming section
Vorjahr *n.* / previous year
vorjustieren / to prealign
Vorjustierung *f.* / prealignment
Vorkalkulation *f.* / precalculation
Vorkammer *f.* / pre-chamber
Vorladen *n.* / precharging
vorläufig / preliminary / provisional
Vorlage *f.* / artwork
Vorlauf *m.* / starting routine / leader / pre-run / bootstrap / (Transport) precarriage

Vorlaufkarte *f.* / header card
Vorlaufleistung *f.* / (el.) direct power
Vorlaufprogramm *n.* / preparatory program /
bootstrap
Vorlaufzeit *f.* / preparation time (of a shop
order)
Vorlieferung *f.* / early delivery / advance
delivery
Vormerkung *f.* / (Menge für Kunde)
allocation
Vormontage *f.* / pre-assembly
Voroxydationsatmosphäre *f.* / preoxidation
ambient
Vorpolieren *n.* / rough polishing
Vorprogramm *n.* / interlude
vorrätig / in stock / on hand
Vorrang *m.* / priority
vorrangige Bearbeitung *f.* / (DV) background
processing
Vorrangsteuerung *f.* / priority control
Vorrat *m.* / stock / inventories
Vorratsabbau *m.* / destocking / inventory
cutting
Vorratsauftrag *m.* / stock order
Vorratsbericht *m.* / (CWP) inventory report
Vorratsfertigung *f.* / made-to-stock
production
Vorratskauf *m.* / bulk purchase
Vorratswirtschaft *f.* / inventory management
Vorrechner *m.* / (satellite computer) /
front-end computer
Vorrecht *n.* / privilege
Vorreinigung *f.* / precleaning
Vorrichtung *f.* / device / jig / fixture
Vorrichtungen *fpl.* / fixtures
Vorsatz *m.* / header record / (Meßgerät)
auxiliary device
Vorschlag *m.* / proposal / recommendation /
suggestion / ... machen to submit a proposal
vorschlagen / to propose / to suggest
Vorschlagswesen *n.* / suggestion program
vorschleudern / to prespin
Vorschrift *f.* / (allg.) regulation / (Prod./DV)
specification
Vorschub *m.* / feed / carriage / advance
Vorschuß *m.* / advance payment
vorselektieren / to prescreen
Vorselektierung *f.* / pre-screening
Vorserie *f.* / pre-series
Vorsilbe *f.* / prefix
Vorsitzender des Aufsichtsrats *m.* / Chairman
of the Supervisory Board
Vorsitzender des Bereichsvorstands *m.* /
(Siem.) Group President
Vorsitzender des Vorstands *m.* / Chief
Executive Officer (C.E.O.) / (Siem.)
Chairman of the Managing Board bzw.
President and Chief Executive Officer

**Vorsitzender des Vorstands der Siemens
AG** *m.* / Chairman of the Managing Board
of the Siemens AG
Vorspann *m.* / (allg.) preamble / (Band) leader
Vorspannband *n.* / tape leader
Vorspannkraft *f.* / (Relais) mechanical bias
Vorspannung *f.* / bias voltage
Vorsprung *m.* / edge
Vorstand *m.* / board of directors /
management board / (Siem.) Managing
Board
Vorstandsaktien *fpl.* / management shares
Vorstandsbeschluß *m.* / resolution by the
managing board
Vorstandsetage *f.* / boardroom / executive
floor
Vorstandsmitglied *n.* / Executive Vice
President / member of the board of
directors / (Siem.) Member of the
Managing Board
Vorstandsvorsitzender *m.* / Chief Executive
Officer (C.E.O.)
Vorsteuer *f.* / prior tax
Vorstufen *fpl.* / input stages
Vorteil *m.* / advantage / benefit
vorteilhaft / beneficial / advantageous
Vortrag halten / to give a presentation /
to lecture on
vortrocknen / to softbake
Vortrocknen *n.* / softbaking / pre-exposure
baking
Vortrocknungsofen *m.* / softbake oven
Vortrocknungszeit *f.* / prebake time /
softbaking time
vorübergehend / temporary / transient
**vorübergehende Freistellung von der
Arbeit** *f.* / lay-off (auch Entlassung!)
Vorübersetzer *m.* / precompiler
Vorvakuumkammer *f.* / roughing chamber
Vorverarbeitung *f.* / preprocessing
vorverdrahtet / prewired
Vorverkupferung *f.* / copper undercoating
Vorverzinnen *n.* / (IC) pre-tinning
Vorwärmen *n.* / preheating
Vorwärmeplatte *f.* / hotplate
vorwärts / forward
Vorwärtssteilheit *f.* / forward transfer
admittance
Vorwärtsterminierung *f.* / forward scheduling
Vorwahl *f.* / (Tel.) area code
Vorwiderstand *m.* / protective resistance /
dropping resistor / (Mikrow.-Halbl.) series
resistance
Vorzeichen *n.* / (DV) operational sign
Vorzeichenbit *n.* / sign bit
Vorzeichenziffer *f.* / sign digit
vorzeitig / early / premature / untimely

vorziehen / (zeitl.) to pull ahead /
(bevorzugen) to prefer / (Priorität geben)
to give priority to
Vorzugsaktie *f.* / (GB) preference share /
(US) preferred stock
Vorzugslieferant *m.* / preferred supplier
Vorzugspreis *m.* / special price / bargain price
Vorzugsrabatt *m.* / preferential discount
Vorzugsteil *n.* / preferred item
Vorzugswert *m.* / preferred value

W

Wachspapier *n.* / (Verpackung) waxed paper
Wachstum *n.* / growth / expansion
Wachstumsfehler *m.* / growth defect
Wachstumsindustrie *f.* / growth industry
Wachstumsträger *m.* / bearer of growth
wählen / to select / to choose / (Person in
Amt) to elect / (Tel.) to dial
Währungskennzeichen *n.* / currency code
Währungskurzbezeichnung *f.* / currency in
short form
Wärmeableitkontaktloch *n.* / thermal via
Wärmeableitplatte *f.* / heat sink plate
Wärmeableitsäule *f.* / heat sink pillar
Wärmeableitung *f.* / heat sinking / thermal
dissipation
Wärmeableitungsbaustein *m.* / thermal
conduction module
Wärmeableitungselement *n.* / heat-dissipating
element
Wärmeableitungskühlung *f.* / heat sink
cooling
Wärmeableitungsweg *m.* / thermal conductive
path
Wärmeausdehnungskoeffizient *m.* /
coefficient of thermal expansion
wärmebehandelt / heat-treated
Wärmebehandlung *f.* / heat treatment /
baking
Wärmebelastung *f.* / thermal load / thermal
stress
Wärmebewegung geladener Teilchen *f.* /
thermal motion of charged particles
Wärmedruckverfahren *n.* / (Bonden)
thermocompression bonding
Wärmedurchbruch *m.* / thermal breakdown
Wärmeempfindlichkeit *f.* / heat resistivity
Wärmeerzeuger *m.* / heat generator
wärmeisoliert / thermally isolated
Wärmeleistung *f.* / thermal performance
wärmeleitend / thermally conductive
Wärmeleitungswiderstand *m.* / thermal
resistance

Wärmeleitwert *m.* / thermal conductance
Wärmesenke *f.* / heatsink
Wärmestrahlung *f.* / heat radiation
Wärmeübertragung *f.* / heat transfer
Wärmewiderstand *m.* / thermal resistance /
... zwischen Kanal und Gehäuse
junction-to-case thermal resistance
wässerige Lösung *f.* / aqueous solution
Wafer *f.* / wafer / **... außerhalb der Toleranz**
out-of-tolerance wafer / **gewölbte ...**
cambered wafer / **im 1:1**
Projektionsverfahren belichtete ...
1:1 projection printed wafer / **... mit**
Siliziumschicht auf Saphirsubstrat SOS
wafer (SOS = silicon on sapphire) / **... mit**
vielen Schaltkreisen multicircuit wafer /
unbeschichtete ... blank wafer / **... von**
6-Zoll Durchmesser 6-inch wafer
Waferansaugung *f.* / wafer chucking
Waferanschliff *m.* / wafer flat
Waferauflagefläche *f.* / wafer support area
Waferauflagetisch *m.* / wafer pedestal
Waferaufnahmeteller *m.* / vacuum hold-down
wafer chuck
Waferaufnahmevorrichtung *f.* / chuck
assembly
Waferausbeute *f.* / wafer yield
Waferausdehnung *f.* / wafer expansion
Waferbearbeitung *f.* / wafer processing
Waferbearbeitungszone *f.* / wafer processing
area
Waferbehälter *m.* / tray
Waferbelichtung *f.* / wafer exposure / **direkte**
... direct wafer exposure / **globale ...**
whole-wafer exposure / full-wafer
exposure / **... im Abbildungsmaßstab 1:1**
1:1 wafer printing / **... im**
Step-und-Repeat-Verfahren step-and-repeat
wafer imaging / **... mit**
Abbildungsverkleinerung der Struktur
wafer stepping printing / optical wafer
stepping / **... nach dem**
Mehrfachchipprojektionsverfahren
multiple-projection printing on the wafer
Waferbelichtungsanlage *f.* / wafer exposure
equipment / wafer printing machine
Waferbeschichtungstechnik *f.* / wafer coating
technique
Waferbezugsmarke *f.* / wafer reference target
Waferbildebene *f.* / wafer image plane
Waferbruch *m.* / wafer breakage
Waferdeformation *f.* / wafer distortion
Waferdickenmesser *m.* / wafer thickness
gauge
Waferdirektbelichtung mit schrittweiser
Projektionsübertragung *f.* / wafer stepping
Waferdurchbiegung *f.* / wafer bowing / wafer
curvature / warpage
Waferdurchsatz *m.* / wafer throughput

Waferebene *f.* / wafer level / **mittlere** ... wafer median

Wafer-Fabrikation *f.* / wafer fabrication

Waferfahrstuhl *m.* / wafer elevator

Waferfase *f.* / wafer flat

Waferfläche *f.* / wafer surface / **hintere** ... back wafer surface / **nutzbare** ... usable wafer area

Wafergitter *n.* / wafer grating

Waferhalter, ebener *m.* / flat-surfaced wafer holder

Waferhandling, automatisches *n.* / hands-off wafer handling / ... **im Substrathalter, automatisches** cassette automatic handling

Waferhandlingssystem, automatisches *n.* / pick-and-place wafer-handling system

Waferhorizontierung *f.* / wafer levelling

Wafer-Hyperverbindungstechnik für ICs *f.* / wafer hyper-interconnection package technology

Waferjustiermarke *f.* / wafer alignment target / wafer alignment mark

Waferjustier- und -belichtungsanlage *f.* / full-field wafer exposure system / **röntgenlithographische** ... x-ray lithography alignment system

Waferjustierungs- und belichtungseinrichtung *f.* / wafer aligner

Waferjustierung, globale *f.* / registration on a wafer-global basis

Waferkantenprofil *n.* / wafer edge contour

Waferkontrolle *f.* / wafer inspection

Waferkontrollplatz mit Mikroskop *m.* / microscopy-based wafer inspection station

Waferkoordinatentisch *m.* / X-Y wafer translation stage

Waferläppanlage *f.* / wafer lapping equipment

Waferleitweglogistik *f.* / wafer-routing logistics

Wafermagazin *n.* / wafer cassette / wafer carrier / wafer magazine

Wafermanipuliertisch *m.* / wafer manipulation stage / **drehbarer** ... wafer turntable

Wafermarke *f.* / wafer target

Wafer-Maske-Abstand *m.* / wafer-to-mask gap

Wafermeßsystem *n.* / wafer measurement system

Wafermitte *f.* / wafer center

Wafermontagevorrichtung *f.* / wafer mounting fixture

Waferoberfläche *f.* / frontside of wafer / wafer surface

Waferpoliergerät *n.* / wafer polisher

Waferpositioniereinheit *f.* / wafer positioner

Waferpositionierung, nichtzentrische *f.* / wafer non-centring

Waferprüfer *m.* / wafer prober

Waferrandbereich *m.* / wafer boundary

Waferrandprofil *n.* / wafer edge contour

Wafer-Retikel-Justiersystem *n.* / wafer-to-reticle alignment system

Waferritzautomat *m.* / automatic wafer scriber

Waferrückseite *f.* / wafer backside

Wafersägemaschine *f.* / sawing machine / slicing machine

Waferschrumpfung *f.* / wafer concentration

Waferschub *m.* / wafer advancement

Wafer-Stepper *m.* / wafer-stepper / ... **für Maskenfertigung** mask stepper / ... **mit Bildverkleinerung** reducing wafer stepper / ... **mit Großfeldprojektion** wide-field projection stepper / ... **mit 1:1 Strukturübertragung** 1:1 stepper / ... **mit 10facher Verkleinerung** 10x reduction wafer stepper

Wafer-Stepper-Anwendung, meßtechnische *f.* / wafer-stepper metrology application

Wafer-Stepper-Leistung, optische *f.* / optical DSW performance

Waferstrukturierung *f.* / wafer patterning / **elektronenstrahllithographische** ... electron-beam wafer patterning / ... **im Step-und-Repeat-Verfahren** step-and-repeat wafer imaging

Wafersubstrat *n.* / wafer substrate

Wafertest *m.* / wafer sort / wafer probing

Wafertestausbeute *f.* / wafer sort yield / wafer probe yield

Wafertestspule *f.* / wafer-probing coil

Waferteststruktur *f.* / wafer probe pattern

Wafertisch *m.* / wafer stage

Waferträger *m.* / wafer carrier

Wafertransportanlage *f.* / wafer transfer system / wafer transport system

Wafertransportautomat *m.* / wafer transport robot

Wafertransportautomatisierung *f.* / wafer handling automation

Wafertrennanlage *f.* / sawing machine / slicing machine

Wafertrennsäge *f.* / wafer cutting saw / wafer slicing saw

Wafertrennung *f.* / wafer sawing / wafer cutting / wafer slicing

Waferverband *m.* / wafer array

Waferverformung *f.* / warpage / **verfahrensbedingte** ... process-induced wafer distortion

Waferverunreinigung *f.* / wafer contamination

Waferverzerrung *f.* / wafer distortion

Waferwechsel *m.* / wafer change

Waferwölbung *f.* / wafer bowing / wafer curvature

Waferzerteiler *m.* / dicer

Waferzusammensetzung *f.* / wafer composition

Wagenladung *f.* / carload / wagonload
Wagenrücklauf *m.* / carriage return
Wagenrücklauftaste *f.* / carriage return key
Waggon *m.* / wagon / freight car
Wahl *f.* / selection / choice
wahlfrei / optional
wahlfreie Ausführung *f.* / option
wahlfreier Zugriff *m.* / random access / direct access
wahlfreie Verarbeitung *f.* / random processing
wahlweiser Zugriff *m.* / random access
Wahlwiederholung *f.* / redialling
wahrscheinlich / (adj.) probable / likely
Wahrscheinlichkeit *f.* / probability
walzplattiert / roll-clad
Wand *f.* / wall
Wandaufladung *f.* / wall charge
wandern / (Elektronen) to migrate
wanderndes Fremdion *n.* / mobile ion
Wandern der Übergänge *n.* / junction movement
Wanderrevision *f.* / patrol inspection
Wanderung *f.* / migration
Wanderungsgeschwindigkeit von Partikeln *f.* / drift velocity of particles
Wanderwellenspannung *f.* / circulating voltage
Wandler *m.* / converter / transducer
Wanne *f.* / well
Ware *f.* / goods / merchandise
Warenannahme *f.* / incoming goods department
Warenausgänge *mpl.* / outgoing goods
Warenausgang *m.* / (Abteilung Versand) outgoing goods department / shipping department
Warenausgangslager *n.* / finished goods store
Warenbegleitkarte *f.* / move ticket
Warenbegleitschein *m.* / document accompanying goods
Warenbescheinigung *f.* / (EU) movement certificate
Warenbewegung *f.* / material movement
Warenbezeichnung *f.* / description of goods / goods specification
Warenbilanz *f.* / trade balance / visible balance
Wareneingang *m.* / incoming goods / receipt of goods / (Abteilung) receiving department / incoming goods department
Wareneingangsbescheinigung *f.* / delivery receipt
Wareneingangsbuch *n.* / merchandise purchase book
Wareneingangsbuchung *f.* / receiving department transaction
Wareneingangsmeldeschein *m.* / incoming goods note

Wareneingangsmeldung *f.* / goods received notice / incoming goods notice
Wareneingangsprüfung *f.* / incoming goods inspection
Warenempfänger *m.* / recipient of goods
Warenfluß *m.* / flow of goods
Warenhandelsbilanz *f.* / trade balance / visible balance
Warenimport *m.* / merchandise imports
Warenmuster *n.* / trade sample
Warenprobe *f.* / merchandise sample
Warenrücksendungen *fpl.* / returned goods
Warensendung *f.* / consignment of goods
Warensteuer *f.* / commodity tax
Warenumsatz *m.* / merchandise turnover
Warenursprung *m.* / origin of goods
Warenverkehr *m.* / merchandise movements
Warenverkehrsbescheinigung *f.* / movement certificate
Warenverkehrslogistik *f.* / distribution logistics
Warenwert *m.* / goods value
Warenzeichen *n.* / trademark
Warmstart *m.* / warm start
Warnstreik *m.* / token strike
Warteaufruf *m.* / wait call
Wartebelastung *f.* / (DV) mean queue size
warten / to wait / (pflegen) to maintain / to service
Warteschlange *f.* / queue / waiting queue
Wartezeit *f.* / waiting time / latency time / **ablaufbedingte ...** inherent delay
Wartezustand *m.* / wait state / disconnected mode (DM)
Wartung *f.* / maintenance
Wartungsabteilung *f.* / maintenance department
Wartungsanweisung *f.* / service manual
Wartungsfeld *n.* / maintenance control panel
wartungsfrei / maintenance-free
wartungsfreundlich / service-convenient
Wartungskosten *pl.* / maintenance costs
Wartungslager *n.* / maintenance warehouse
Wartungsunternehmen *n.* / service contractor
Wartungsvertrag *m.* / service contract
Waschanlage *f.* / scrubber
Wasseraufnahme *f.* / water absorption
Wasserdurchsatz *m.* / flow rate of the water
wasserlöslich / water soluble
Wasserstoff *m.* / hydrogen
Wasserstoffperoxid *n.* / hydrogen peroxide
wattierter Umschlag *m.* / padded envelope
Wechsel *m.* / (z. Zahlen) bill of exchange / (allg.) change
Wechselaussteller *m.* / drawer
wechselbarer Speicher *m.* / interchangeable storage
Wechselbetrieb *m.* / half duplex operation / alternate communication

Wechselbezogener *m.* / drawee / payee
Wechselfunktion *f.* / alternate function
wechseln / to change / (Datenträger) to swap
Wechselplatte *f.* / removable disk
Wechselrückgriff *m.* / redress
Wechselstrom *m.* / alternate current (ac)
Wechselstromschalter, lichtzündbarer *m.* /
    light-triggered AC switch
Wechseltaktschrift *f.* / two-frequency
    recording mode
Wechselverbindlichkeiten *fpl.* / notes payable /
    bills payable
wechselwirken / (mit dem Resist) to interact
Wechselwirkung *f.* / interaction
Weg *m.* / path
wegätzen / to etch away
Wegätzen *n.* / etch removal
wegdiffundieren / to diffuse away
wegen / due to / on account of
weglassen / to leave out / to omit
Wegmeßgenauigkeit *f.* / (Repeater) positional
    resolution
Wegmeßsteuerung *f.* / position measuring
    control
wegschleudern / to spin off
wegsputtern / to sputter away
Wegwerfmaske *f.* / throw-away mask
weichlöten / to soft-solder
Weichlot *n.* / soft solder
weichsektorierte Diskette *f.* / soft-sectored
    diskette
weiße Waren *fpl.* / white goods
Weißzone *f.* / clear area / (Raum) white room
Weiterbearbeitung *f.* / further processing
Weiterbeförderung *f.* / forwarding
Weiterbildung *f.* / secondary education /
    further training
Weitergabemenge *f.* / forwarding quantity /
    send-ahead quantity
weitergeben / to send on / to pass on /
    to forward
weitergeleitetes Teillos *n.* / send-ahead
Weiterschalten *n.* / advancement / indexing
Weiterverkauf *m.* / resale
Wellenende *n.* / shaft end
Wellenlänge *f.* / wavelength
Wellenwiderstand *m.* / surge impedance
wellig / (Wafer / Maske) wavy
Welligkeit *f.* / (Wafer / Maske) waviness /
    corrugation
weltweit / global / worldwide
weltweite Logistik *f.* / global logistics
Wendelpotentiometer *n.* / helical
    potentiometer
wenn nichts Gegenteiliges vereinbart / unless
    otherwise agreed upon
Werbeagentur *f.* / advertising agency
Werbeaktionen *fpl.* / advertising measures
Werbeanzeige *f.* / advertisement

Werbeberater *m.* / advertising consultant
Werbeerfolg *m.* / advertising effectiveness
Werbeetat *m.* / advertising budget
Werbegeschenk *n.* / advertising gift
Werbekampagne starten *f.* / to launch an
    advertising campaign
Werbekosten *pl.* / advertising expenditure
werben / to advertise
Werbespot *m.* / commercial
Werbung *f.* / advertising
Werbung und Design
    (Siem./Zentralstelle) *f./n.* / Corporate
    Advertising and Design
Werk *n.* / works / plant / factory
Werkaufträge, in Arbeit befindliche *mpl.* /
    shop orders in process
Werkpreis *m.* / price ex works / price ex
    factory
Werkschutz *m.* / (Siem.) plant security
werksintern / intra-plant
Werksleiter *m.* / plant manager
Werksleitung *f.* / plant management
Werksnummer *f.* / works number
Werkstatt *f.* / workshop / ... **mit**
    Bandfertigung line shop / ... **mit**
    Fließfertigung flow shop / **in der** ...
    on the floor
Werkstattauftrag *m.* / shop order
Werkstattbeleg *m.* / shop paper
Werkstattbestand *m.* / float / floor stock /
    auftragsbezogener ... work in process
    (WIP) / inventory in progress / work in
    progress / **freier** ... floor stock
Werkstattfertigung *f.* / job shop production /
    losweise ... job-lot production
Werkstattfertigungs-Werkstatt *f.* / job shop
Werkstattlager *n.* / manufacturing store
Werkstattleistung *f.* / shop output
Werkstattsteuerung *f.* / shop floor control
Werkstattumfeld *n.* / shop environment
Werkstoff *m.* / raw material
Werkstudent *m.* / temporary student worker /
    industrial student
Werkstück *n.* / part / item
Werkstückhalter *m.* / retainer
Werksverwaltung *f.* / plant administration
Werk verlegen / to relocate a plant
Werkzeug *n.* / tool
Werkzeugbau *m.* / tool shop
werkzeuggebundenes Teil *n.* / moulded part
Werkzeuglager *n.* / tool room
Werkzeugleihschein *m.* / tool order
Werkzeugmaschine *f.* / machine-tool /
    ... **für spanende Bearbeitung** machine-tool
    for cutting
Werkzeugsatz *m.* / set of tools
Werkzeugwechselzeit *f.* / tool allowance
Wert *m.* / value
Wertanalyse *f.* / value analysis

wertbezogen / value-oriented
Werte *mpl.* / (Zahlen) figures / values
Wertelöschkennziffer *f.* / value deletion code
wertfrei / without value
wertmäßiger Lagerbestand *m.* / stock value
wertmäßige Überdeckung *f.* / value of surplus
wertmäßige Verteilung *f.* / distribution by value
Wertminderung *f.* / depreciation
Wert offener Bestellungen *m.* / purchase commitment
wertschöpfend / value-adding
Wertschöpfung *f.* / added value / real net output
Wertschöpfungskette *f.* / value-adding chain
Wertschöpfungsprozeß *m.* / value-adding process
Wertschöpfungsstufe *f.* / level of added value
Wertsteigerung *f.* / value increase
Wertstellung *f.* / value date
Wertzeitregel *f.* / value time rule
Wertzoll *m.* / ad valorum duty
Wertzuwachs *m.* / added value / value added
Wertzuwachskurve *f.* / added value profile
Wertzuwachssteuer *f.* / increment-value tax
wesentlich / essential
Wettbewerb *m.* / competition
Wettbewerber *m.* / competitor
Wettbewerbsbedingungen *fpl.* / competitive situation
wettbewerbsfähig / competitive
Wettbewerbsfähigkeit *f.* / competitiveness
Wettbewerbsvorsprung *m.* / competitive adge
Wettbewerbsvorteil *m.* / competitive advantage
wichtig / important
wichtiger Kunde *m.* / key account / key customer
Wickelanschluß *m.* / wrap terminal
Wickelteile *npl.* / tape & reel parts
Wickelverbindung *f.* / wire-wrap connection
Wickelwerkzeug *n.* / wrapping tool
Wicklung *f.* / (Relais) winding / coil
Widerstand *m.* / resistance / resistor
widerstandsbeheizen / to heat resistively
widerstandsbeheizt / resistance-heated
Widerstandsdiffusion *f.* / resistor diffusion
Widerstandsfestigkeit gegen Chemikalien *f.* / chemical resistance
Widerstandsfläche *f.* / resistor surface
Widerstandsimplantationsmaske *f.* / resistor implant mask
Widerstandsisolatorhalbleiter *m.* / resistor insulator semiconductor
Widerstandslöten *n.* / transformer-type soldering
Widerstandsofen *m.* / resistance furnace
Widerstandsstruktur *f.* / resistor pattern
Widerstand-Transistor-Logik *f.* / resistor-transistor-logic

Wiederanlauf *m.* / start-up / rerun / restart
Wiederanlaufpunkt *m.* / restart point
Wiederausfuhr *f.* / reexportation
Wiederbeschaffung *f.* / replacement / replenishment / reprocurement
Wiederbeschaffungsfrist *f.* / replacement deadline
Wiederbeschaffungszeit *f.* / procurement period / reorder period
Wiedergewinnung *f.* / recovery / retrieval
wiederholen / (Ablauf) to rerun / (allg.) to repeat
Wiederholfertigung *f.* / repetitive production
Wiederholteil *n.* / common part
Wiederholung *f.* / repetition
Wiederholungsadressierung *f.* / repetitive addressing
Wiederholungsanforderung *f.* / automatic request for repetition
Wiederholungslauf *m.* / rerun
wiederprogrammierbarer Festspeicher *m.* / reprogrammable read-only memory (REPROM)
wiederum / in turn
Wiederverkauf *m.* / resale
wie vereinbart / as agreed upon
wie z.B. / such as
willkürlich / arbitrary
Winchesterspeichersteuerchip *m.* / Winchester disk controller chip
Windung *f.* / (Spule) turn (of a coil)
Winkel *m.* / angle
Winkelbuchse *f.* / right-angle jack
winkelige Kabeleinführung *f.* / side cable entry
Winkelkupplung, koaxiale *f.* / (StV) right-angle adapter
Winkelstecker *m.* / (StV) right-angle plug
Wirkfläche *f.* / effective area
Wirkleistung *f.* / active power
wirklich / real / actual / genuine
wirklicher Bedarf *m.* / effective demand
wirksam / effective
Wirkungsgrad *m.* / efficiency
Wirt *m.* / host
wirtschaftlich / economical / efficient
wirtschaftliche Auftragsmenge *f.* / optimum order quantity
wirtschaftliche Bestellmenge *f.* / economic order quantity
wirtschaftliche Losgröße *f.* / economic batchsize
Wirtschaftlichkeit *f.* / efficiency / economics
Wirtschaftlichkeitsberechnung *f.* / efficiency calculation
Wirtschaftlichkeitsbetrachtung *f.* / economic feasibility study
wirtschaftlich rentabel / economically viable

Wirtschaftsberater *m.* / management consultant
Wirtschaftsingenieur *m.* / industrial engineer
Wirtschaftleistung *f.* / economic performance
Wirtschaftsplan *m.* / budget / business plan
Wirtschaftsplanung *f.* / business planning / budgeting
Wirtschaftspolitik *f.* / economic policy
Wirtschaftspolitik und Außenbeziehungen (Siem./Zentralstelle) *f./fpl.* / Economics and External Relations
Wirtschaftsverband *m.* / business association
Wirtschaftswissenschaft *f.* / economics
Wirtschaftszweig *m.* / industry
Wirtsgitter *n.* / host lattice
Wirtskristall *n.* / host crystal
Wirtsrechner *m.* / host computer
Wirtssprache *f.* / host language
Wirtssubstanz *f.* / host material
wischfest / wipe-resistant
Wissenschaft *f.* / science
wissenschaftlich / scientific
Wobbelbonden *n.* / wobble bonding
wöchentlich / weekly
wölben / (Wafer) to warp
Wölbung *f.* / (Wafer) warpage / bow / camber
Wölbungsgröße *f.* / bow value
Wörterbuch *n.* / dictionary
Wochenraster, Zahlen im ... *n./fpl.* / as weekly figures
wohlsortiertes Lager *n.* / well-selected stock
Wolfram *n.* / tungsten
Wolframkarbid *n.* / tungsten carbide
Wolframsilizid *n.* / tungsten silicide
Wrapleiste *f.* / wire-wrap strip
Wrapplatte *f.* / wire-wrap terminal block
Wrapstift *m.* / wire-wrap pin
Wucherpreis *m.* / exorbitant price
Würfelstecker *m.* / (StV) rectangular connector
Wunsch *m.* / request
Wunschprogramm *n.* / (Prod.) request program
Wunschtermin *m.* / date requested / date wanted
Wurzelzeichen *n.* / radical sign

X

X-Ablenkung *f.* / x-deflection
X-Achse *f.* / abscissa / x-axis
Xenon *n.* / xenon
Xenon-Quecksilber-Lampe *f.* / xenon-mercury lamp

xerografischer Drucker *m.* / xerographic printer
X-Koordinate *f.* / x-coordinate / abscissa
X-Koordinatentisch *m.* / x-stage
Xylol *n.* / xylol
X-Y-Z-Tisch *m.* / three-coordinate table

Y

Y-Ablenkung *f.* / y-deflection
Y-Achse *f.* / ordinate / y-axis
Y-Erdungsdrosselspule *f.* / single-phase neutral earthing inductor
Y-Koordinate *f.* / y-coordinate / ordinate
Y-Koordinatentisch *m.* / y-stage
Yttrium-Eisen-Granulat (YEG) *n.* / yttrium-iron-garnet (YIG)

Z

Zacken *m.* / (Kerbe) notch
Zacken auf der Filmoberfläche *mpl.* / film surface spikes
zählen / to count
Zähler *m.* / counter / (el.) meter
Zählerschaltung *f.* / counting circuit
Zählschleife *f.* / counter cycle
Zählwaage *f.* / counting scale
Zählwerk *n.* / counter
Zäsiumjodidschicht *f.* / caesium iodide layer
Zahl *f.* / number / figures (pl.) / **... der Anschlußverbindungen** lead count
zahlbar an Inhaber / payable to bearer
zahlbar bei Aufforderung / payable on demand
zahlbar bei Fälligkeit / payable at maturity / payable when due
zahlbar bei Lieferung / payable on delivery
zahlen / to pay
Zahlencode *m.* / numeric code
Zahlenfolge *f.* / sequence of numbers
Zahlenformat *n.* / number format
zahlenintensiv / numerically intensive
Zahlenwerk *n.* / set of figures
Zahlkarte *f.* / paying form
Zahlung *f.* / payment / **... ablehnen** to refuse payment / **... aufschieben** to defer payment / **... bei Bestellung** payment with order / **... bei Erhalt der Ware** payment on receipt of goods / **... bei Fälligkeit** payment when due / **... bei Lieferung** payment on

delivery / **... in Raten** payment in installments / **... verweigern** to refuse payment
Zahlungsanweisung *f.* / payment order
Zahlungsaufforderung *f.* / demand for payment
Zahlungsaufschub *m.* / respite for payment (of debt)
Zahlungsbedingungen *fpl.* / terms of payment
Zahlungsbefehl *m.* / order to pay
Zahlungsbilanz *f.* / balance of payments
Zahlungsempfänger *m.* / payee
zahlungsfähig / solvent
Zahlungsfähigkeit *f.* / solvency
Zahlungsnachweis *m.* / proof of payment
zahlungsunfähig / insolvent
Zahlungsverfahren *n.* / payment procedure
Zahlungsverkehr *m.* / monetary transactions
Zahlungsverpflichtungen nachkommen *fpl.* / to meet financial obligations / to meet liabilities
Zahlungsverweigerung *f.* / refusal to pay
Zahlungsverzug *m.* / default in payment
Zahlungsziel *n.* / credit / period allowed for payment
Zangentest *m.* / pliers test
z. B. / i. e. / e. g. / for example / **wie z. B. ...** such as ...
Zehnerlogarithmus-Funktion *f.* / log 10 function
Zehnertastatur *f.* / numeric keyboard
Zeichen *n.* / character / sign
Zeichenabstand *m.* / character pitch
Zeichenbegrenzung *f.* / character boundary
Zeichendichte *f.* / character density
Zeichenerkennung *f.* / character recognition
Zeichenfehlerwahrscheinlichkeit *f.* / character error probability
Zeichenfolge *f.* / character string
zeichengebunden / character-oriented
Zeichengröße *f.* / type font
Zeichengrößenänderung *f.* / font change
Zeichen *n.* / character / **... je Sekunde** characters per second (cps) / **... je Zeile** characters per line (cpl) / **... je Zoll** characters per inch (cpi)
Zeichenkette *f.* / string
Zeichenkettenvariable *f.* / string variable
Zeichenkontur *f.* / character outline
Zeichenkonzentrator *m.* / pack/unpack facility
Zeichenleser *m.* / character reader / mark sensing device
Zeichenmaschine *f.* / character-oriented computer
Zeichenreihen bilden / to generate strings
Zeichenreihen-Verknüpfung *f.* / string concatenation
Zeichensatz *m.* / character set

Zeichenteilmenge *f.* / character subset
Zeichenverdichtung *f.* / character crowding / digit compression
Zeichenvorrat *m.* / character set
Zeichenwechsel *m.* / case shift
zeichnen / to draw
Zeichnung *f.* / drawing / **maßstäbliche ...** scaled drawing / **technische ...** technical drawing
zeichnungsberechtigt / authorized to sign
Zeichnungsebene *f.* / layer / level
Zeichnungsnummer *f.* / drawing number
Zeichnungsstückliste *f.* / drawing bill of material
Zeichnungsteil *n.* / part to specification
Zeiger *m.* / pointer
Zeilenabstand *m.* / line pitch / line space
Zeilenbreite *f.* / line length
Zeilendruck *m.* / line printing
Zeilenelektrode *f.* / row electrode
Zeilensprung *m.* / line skip
Zeilenstandsanzeige *f.* / line count
Zeilentrafo *m.* / line transformer
Zeilentransportunterdrückung *f.* / space suppression
Zeilenvorschub *m.* / line feed
Zeilenvorschubzeichen *n.* / new line character
Zeilenzwischenraum *m.* / vertical line space / line spacing
zeitabhängig / time-phased
Zeitablauf *m.* / timing
Zeitabschnitt *m.* / time span
Zeitanteilsverfahren *n.* / time-sharing / time-slicing
Zeitarbeit *f.* / job leasing
Zeitaufnahme *f.* / timing
Zeitaufwand *m.* / time overhead
Zeiterfassung *f.* / time registration
Zeitersparnis *f.* / time-saving
Zeitflächensteuerung *f.* / time integral control
Zeitfracht *f.* / time freight
Zeitfrachtvertrag *m.* / time charter
Zeitgeberchip *m.* / timer chip
Zeitgeberschaltung *f.* / timing circuit
Zeitgeberregister *n.* / timer register
Zeitgrad *m.* / efficiency rate / performance factor
Zeit je Arbeitsvorgang *f.* / cycle time
zeitkritisch / time-critical
zeitlich / temporal
zeitliche Begrenzung *f.* / temporal limit
zeitlicher Spielraum *m.* / float
zeitliche Überdeckung *f.* / periodical surplus
Zeitlöhner *m.* / hourly paid employee
Zeitlohn *m.* / time wage
Zeitlohnsatz *m.* / time work rate
Zeitmeßeinrichtung *f.* / timer
Zeitmessung *f.* / timing

Zeitmultiplexverfahren *n.* / time-division multiplex method
Zeitnehmer *m.* / time study man
zeitoptimales Programmieren *n.* / minimum access coding / minimum delay coding / minimum latency coding
zeitoptimiert / (Prozeß) time-optimized
Zeitplan *m.* / schedule
Zeitpunkt *m.* / point in time
Zeitraffung *f.* / time scaling
Zeitraster *m.* / time scale
Zeitraum *m.* / time span / period / **fest vorgegebener ...** time fence
Zeitrechnung laut Kalender *f.* / calendar time
Zeitreihe *f.* / time series
Zeitscheibe *f.* / time period
zeitsparend / time-saving
Zeitsperre *f.* / time-out
Zeitstrecke *f.* / period
Zeitstudie *f.* / time study
Zeitteilung *f.* / time sharing
Zeitvergleich *m.* / comparison over time
Zeitvorgabe *f.* / time standard / allowed time
Zellenbaustein *m.* / cell device
Zellenbibliothek, gemeinsame *f.* / joint cell library
Zellenerkennung *f.* / cell detection
Zellenintegrierung *f.* / cell packing
Zellenschaltung *f.* / cell circuit
Zellentwurf *m.* / cellular design
Zellenverbindung *f.* / cell interconnection
Zentralabteilung *f.* / corporate department
Zentralabteilung Finanzen *f.* / (Siem.) Corporate Finance
Zentralabteilung Forschung und Entwicklung *f.* / (Siem.) Corporate Research and Development
Zentralabteilung Personal *f.* / (Siem.) Corporate Human Resources
Zentralabteilung Produktion und Logistik *f.* / (Siem.) Corporate Production and Logistics
Zentralabteilung Unternehmensplanung und -entwicklung *f.* / (Siem.) Corporate Planning and Development
zentrale Dispositionsdatei *f.* / central material planning file
zentrale Dispositionseinheit *f.* / central material planning file / central order file
Zentraleinheit *f.* / central processing unit (CPU) / mainframe
Zentraleinkauf *m.* / central purchasing department / corporate purchasing
Zentrale Pressereferate *npl.* / (Siem.) Corporate Press Offices
Zentrale Regeln Geschäftsverkehr *fpl.* / (Siem.) Corporate Business Guidelines
zentrales Leitwerk / Steuereinheit *n./f.* / central control unit

Zentrale Werbung und Design *f./n.* / (Siem.) Corporate Advertising and Design
zentral gefederter Aufbau *m.* / (Kathode) spring-suspended cathode construction
Zentrallager *n.* / central warehouse
Zentralspeicher *m.* / main memory
Zentralstelle *f.* / corporate office
Zentralvorstand *m.* / (Siem.) Corporate Executive Committee
zentrieren / to center
Zentrierleiste *f.* / centering strip
Zentrierring *m.* / (StV) centering ring
Zentrifuge für Wafertrocknung *f.* / centrifuge for wafer drying
zerbrechlich / fragile
Zerbrechlichkeit *f.* / fragility
zerlegen / to disassemble / to split up / (chemisch) to decompose / **... in Einzelchips** to cut into dice / to isolate chips from each other
Zerlegung *f.* / (Chips) separation of chips / dicing of chips
Zerlegungsbereich *m.* / analyzing section
Zerlegungsmagnet *m.* / analyzing magnet
zerquetscht / (Bonddraht) smashed
zersägen / (in Einzelchips) to dice / to cut into individual dice / to saw into individual dice
Zersägen *n.* / sawing / cutting / **... des Wafers** wafer sawing / **... in Einzelchips** dicing
Zersetzung *f.* / decomposition
zerstäuben / to sputter
Zerstäubung *f.* / sputtering
Zerstäubungsabscheidung *f.* / sputter deposition
Zerstäubungsätzen *n.* / sputter etching
Zerstäubungsausbeute *f.* / sputtering yield
Zerstäubungsbeschichtung *f.* / sputter coating
Zerstäubungsfläche *f.* / (Katode) sputter face
Zerstäubungsquelle *f.* / sputter source
Zerstäubungsschutz *m.* / antisputter coating
zerstören / to destroy
zerstörend / destructive
zerstörungsfreies Lesen *n.* / non-destructive read (NDR)
Zerstörungsprüfung *f.* / destructive test
zertifiziert / certified
zertrennen / to splice apart / to dice / **... in einzelne Chips** to separate into individual chips / to cut into separate dice
Zertrennen *n.* / (Wafer) sectioning / **... in Einzelchips** dicing
Ziehapparat *m.* / (Kristalle) puller
Ziehdatei *f.* / pull file
ziehen / (Kristalle) to pull / to grow
Ziehen des Kristalls *n.* / crystal pulling / crystal growing
Ziehgeschwindigkeit *f.* / (Kristall) pull rate
Ziehkartei *f.* / tub file

Ziehprinzip *n.* / pull principle
Ziehverfahren *n.* / (Kristalle) growth technique / crystal-pulling method
Ziel *n.* / goal / target / objective
Zieladresse *f.* / target address
Zielanalyse *f.* / goal analysis
Zielbaustein *m.* / target device
Zielbestand *m.* / target inventory
Zieldatei *f.* / target file
Zielerfüllung *f.* / goal performance
Zielfestsetzung *f.* / setting of objectives
zielgerichtet / purposeful
zielgesteuerte Unternehmensführung *f.* / management by objectives
Zielgröße *f.* / target figure
Zielgruppe *f.* / target group
Zielkorridor *m.* / target range
Zielkostenrechnung *f.* / target costing
Zielplanung *f.* / business planning / target planning
Zielprodukt *n.* / (CWP) destination planning product
Zielsetzung *f.* / business objectives
Zielsprache *f.* / target language
Zielverbindung *f.* / (CWP) destination link
Zielvereinbarung *f.* / agreement on operational targets
Zielwert *m.* / target value
Ziffer *f.* / digit
Ziffernanzeige *f.* / digital display
** Zifferncode** *m.* / numeric(al) code
Zifferndarstellung *f.* / digital representation
Ziffernfeld *n.* / digit field / digit item
Ziffernrechner *m.* / digital computer
Ziffernschritt *m.* / numeric(al) division
Ziffernschrittwert *m.* / numeric(al) interval
Ziffernskala *f.* / numeric(al) scale
Ziffernstelle *f.* / digit position
Ziffernumschaltung *f.* / figures shift
zinkdiffundiert / zinc-diffused / Zn-diffused
Zinken *n.* / (Anschluß) (lead) finger (of a lead frame)
Zinsen *mpl.* / interest
Zinzeszins *m.* / compound interest
Zinssatz *m.* / interest rate
Zins tragen / to bear interest
ZIP-Gehäuse *n.* / zigzag in-line package
Zitronensäure *f.* / citric acid
Zoll *m.* / tariff / duty / (Maß) inch
Zollabfertigung *f.* / customs clearance
Zollabkommen *n.* / tariff agreement
Zollager *n.* / bonded warehouse
Zollagergut *n.* / bonded goods
Zollagerschein *m.* / bonded warrant
Zollamt *n.* / customs office
Zollanmeldung *f.* / customs declaration
Zollbeamter *m.* / customs official
Zollbegleitpapiere *npl.* / customs documents accompanying a shipment

Zollbegleitschein *m.* / transit bond
Zollbegünstigungsliste *f.* / preferential tariff list
Zollbehörden *fpl.* / customs authorities
Zollbescheid *m.* / notice of assessment
Zollbestimmungen *fpl.* / customs regulations
Zollbewertung *f.* / customs valuation
Zolldeklaration *f.* / customs declaration
Zoll erheben / to impose tariffs / to raise tariffs
Zollerhebung *f.* / imposition of tariffs
Zollermäßigung *f.* / abatement of customs duties
Zollermittlung *f.* / duty assessment
Zollfahnder *m.* / customs search officer
Zollfahndung *f.* / customs investigation
Zollfaktura *f.* / customs invoice
Zollflughafen *m.* / airport of entry
Zollformular *n.* / customs form
zollfrei / duty-free
Zollfreiheit *f.* / customs exemption
Zollgebiet *n.* / customs territory
Zollgebühren *fpl.* / clearance charges
Zollgesetzgebung *f.* / tariff legislation
Zollgewicht *n.* / dutiable weight
Zollgut *n.* / dutiable goods
Zollgutlager *n.* / customs warehouse
Zollinhaltserklärung *f.* / customs declaration
Zollkalkulation *f.* / customs calculation
Zollkennzeichnungsvorschriften *fpl.* / marking requirements
Zollkontingent *n.* / tariff quota
zollpflichtig / dutiable / liable to duty
Zollpräferenz *f.* / customs preference / tariff preference
Zollpräferenzberechtigung *f.* / entitlement to customs preference
Zollquittung *f.* / customs receipt / customs voucher
Zollrechnung *f.* / customs invoice
Zollschranke *f.* / customs barrier
Zollschutz *m.* / tariff protection
Zollstrafe *f.* / customs penalty
Zolltara *f.* / customs tare
Zolltarifkennziffer *f.* / tariff code
Zoll umgehen / to avoid customs duty
Zoll- und Lieferpapiere *npl.* / customs- and shipment papers
Zollunion *f.* / customs union
Zollvergehen *n.* / infringement of customs regulation
Zollverschluß *m.* / bond / seal
Zollwarenverzeichnis *n.* / tariff nomenclature
Zollwert *m.* / customs value
Zollzuschlag *m.* / additional duty
Zone *f.* / zone / region / **ionenimplantierte ...** ion-implanted region / **leitende ...** conducting region / **lichtundurchlässige ...** opaque area / **nichtimplantierte ...**

unimplanted region / **n-leitende** .. n-region /
p-leitende ... p-region
Zonenbit *n.* / zone bit
Zonendotierung *f.* / zone doping
Zonenjustierung *f.* / zone alignment
Zonenreinigung *f.* / zone purification / zone
refining
Zonenreinigungsverfahren *n.* / float-zone
refinement
Zonenschmelzen *n.* / zone melting
Zonenschmelzsilizium *n.* / floating-zone
silicon
Zonenschmelzverfahren *n.* / zone melting
technique / floating-zone technique
Zonenübergang, gezogener *m.* / grown
junction
Zonenziehverfahren *n.* / zone melting
ZOX-Abscheidung *f.* / ZOX-deposition
Zubehör *n.* / accessory
Zubringeranlage *f.* / feeder equipment
Zubringerspeicher *m.* / auxiliary store
züchten, Kristalle *npl.* / to grow crystals
Züchtung von Si aus Schmelz *f.* / growth of
silicon from the melt
zünden / (Thyristor) to fire
Zündimpuls *m.* / firing pulse
Zündspannung *f.* / firing voltage
Zündstrom *m.* / (Leistungs-Halbl.) gate
trigger circuit
zuerst / first
Zufall *m.* / chance
zufallsbedingte Programmierung *f.* /
chance-constrained programming
Zufallsstichprobe, geschichtete *f.* / stratified
random sample
Zufallszugriff *m.* / random access
Zufallszahl *f.* / random number
zufrieden / (Kunden) satisfied / content
zuführen / to gate
Zuführfehler *m.* / misfeed
Zuführung *f.* / feed / **... mit mehrfachem
Lesen** multi-read feeding / multi-cycle
feeding / **... mit Oberkante vorn** Y-leading
edge / **... mit Unterkante vorn** nine edge
leading / **... mit Vorderseite unten** face-up
feed
Zuführungsschleuse *f.* / (f. Wafer) load lock
Zugabe *f.* / (v. Substanz) addition
Zugänge *mpl.* / (ReW) additions
Zugang *m.* / (Ware) receipt / (ReW) booking /
entry / posting / **geplanter** ... scheduled
receipt / **ungeplanter** ... unplanned receipt
Zugbeanspruchung *f.* / tensile stress
Zugentlastung *f.* / stress relief
zugeordneter Bedarf *m.* / allocated
requirements
Zugeständnis *n.* / concession
zugesteuerte Teile *npl.* / operation attachment
parts

zugeteilt / allotted / allocated
Zugfestigkeitsprüfung *f.* / tensile test
zugreifen / to access
Zugriff, wahlweise *m.* / random access
Zugriffsarm *m.* / access arm
Zugriffsberechtigung *f.* / access permission /
access authorization
Zugriffsdauer *f.* / access duration
zugriffsfreie Speicherung *f.* / zero access
storage
Zugriffsschutz *m.* / access security
Zugriffszeit *f.* / access time
Zugtest *m.* / pull test
zu Händen von / for the attention of
zukünftig / future
zulässig / admissible / allowed
Zulässigkeit *f.* / admissibility
Zulage *f.* / (Gehalt) increment / (Prämie)
bonus / **... durch Arbeitserschwernis** work
condition allowance / **... durch
Mehrleistung** proficiency allowance
zulassen / to permit / to authorize / to allow
Zulassung *f.* / (DV) access permission /
authorization
Zulieferer *m.* / supplier
Zuliefererzusagen *fpl.* / vendor commitments
Zulieferfirma *f.* / supplier / vendor / vending
firm
Zulieferindustrie *f.* / supplying industry
Zulieferintervall *n.* / vendor delivery
frequency
Zulieferteile *npl.* / supplied parts
Zuliefervertrag *m.* / subcontract
zum Teil / partly
Zunahme *f.* / increase / rise / upturn / growth
Zunder *m.* / oxidation scale
zunehmen / to increase
zuordnen / to allocate / to assign
Zuordnung *f.* / allocation / assignment
Zuordnungsanweisung *f.* / assignment
statement
Zuordnungstabelle *f.* / allocation table
zur Hand / at hand / available
zurückfallen, hinter den Bedarf / to fall short
of the requirements
zurückführbar auf / attributable to
zurückführen auf / to ascribe to / to attribute
to
zurückgeben / to pass back
zurückgestellter Bedarf *m.* / deferred demand
zurückspulen / to rewind
zurückstellen / to put back / (DV) to set
back / (zeitl.) to defer / to postpone / to put
off / (reservieren) to set aside / to reserve
zurückverfolgen / to trace back
zurückzahlen / to pay back
zur Verfügung stellen / to put at so.'s
disposal / to place at so.'s disposal
zur Zeit / currently / at present

zusätzlich / additional / backing / extra
Zusage *f.* / promise
zusagen / to promise
Zusammenarbeit *f.* / cooperation
zusammendotieren / to co-dope
Zusammenfassung *f.* / summary
zusammenfügen / to combine / to join /
   Teilfelder zu einem großen Chip ... to stitch
   together subfields to a large chip /
   verschiedene Retikelbilder ... to join
   different reticle images / **... zu**
   Chipgruppen to gang chips together
zusammenführen / to combine / to integrate
zusammengesetzt / compound / composite
Zusammenhang *m.* / correlation / coherence
   (zwischen 2 Dingen) / context (in diesem
   ...)
zusammenrollen, sich / (Resistschicht) to roll
   up
zusammensetzen / to join together
Zusammensetzung *f.* / composition
Zusammenspiel *n.* / interplay
zusammenstecken / (StV) to interconnect
zusammenstellen / to assort
Zusammenstellzeichnung *f.* / composite
   drawing
Zusammenwirken *n.* / interplay
Zusatz *m.* / supplement / (-gerät/-position)
   attachment
Zusatzbedarf *m.* / additional demand /
   additional requirements
Zusatzbefehl *m.* / additional instruction
Zusatzdatensatz *m.* / additional record
Zusatzgeräte *npl.* / auxiliary equipment
Zusatzkosten *pl.* / additional cost
Zusatzposition *f.* / attachment
Zusatzlieferant *m.* / marginal suppliers
Zusatzprogramm *n.* / add-on program
Zusatzspeicher *m.* / backing storage
Zusatzversicherung *f.* / additional insurance
Zusatzzoll *m.* / additional duty
Zuschlag *m.* / (Prod.) allowance / (Preis)
   surcharge
Zuschlagsfaktor *m.* / yield factor
Zuschlagskalkulation *f.* / job-order costing
Zuschüsse *mpl.* / grants
Zustand *m.* / status / state
Zustandsanzeige *f.* / status indicator
Zustandsaufzeichnung *f.* / environment
   record
Zustandsregister *n.* / status register
zustimmen / to approve of
Zustimmung *f.* / approval / consent
zuteilen / to allot / to allocate
Zuteiltermin *m.* / allocation date
Zuteilung *f.* / allocation / allotment
zuverlässig / reliable
Zuverlässigkeitsüberwachung *f.* / reliability
   monitoring

Zuwachsrate *f.* / growth rate
zuweisen / to allocate / to assign
Zuweisung *f.* / allocation / assignment
Zuwendungen, geldlose *fpl.* / fringe benefits
zwangsläufige Bedienungsfolge *f.* / enforced
   transaction sequence
zweckbestimmt / dedicated (device)
Zweckbindung *f.* / earmarking
zweckgebunden / committed (device)
Zweifach-Bildscherung *f.* / double image
   shearing
Zweig *m.* / branch
Zweigniederlassung *f.* / (Siem.) Regional
   Office / (allg.) branch office / operation
Zweigstellenleiter *m.* / branch manager
Zweikanalbauelement *n.* / dual-channel device
Zweikomponentenkleber *m.* / two-component
   adhesive
Zweilagenmetallisierung *f.* / two-layer
   metallization
Zweilagenpolysilizium *n.* / double-layer
   polysilicon
2-Lagen-Verdrahtung *f.* / two-layer wiring
Zweileiterdrossel *f.* / double-wound choke
Zwei-Pegel-Metallisierung *f.* / dual-level
   metallization
zweiphasig / two-phase
zweipolig / bipolar
Zweischalenkeramikgehäuse *n.* / ceramic
   dual-in-line package
Zweischichtfolie auf einem Pyrexring *f.* /
   two-layer membrane supported by a pyrex
   ring
Zweischichtfotoresisttechnik *f.* / two-level
   photoresist technology
zweischichtig / two-layer
zweiseitig / bilateral / double-sided
zweiseitige Leiterplatte *f.* / double-sided
   board
zweiseitiges Drucken *n.* / duplex printing
zweiseitiges Kopieren *n.* / duplex copying
Zweistufendiffusionsprozeß *m.* / two-step
   diffusion process
zweitrangig / secondary
zweizeilig / double-spaced
Zwillingsbildung *f.* / twinning
Zwillingskristall *n.* / twin crystal
zwingend / mandatory
Zwischenabrechnung *f.* / intermediate account
Zwischenbericht *m.* / interim report
zwischenbetrieblich / intercompany
Zwischendiffusion *f.* / interdiffusion
Zwischenergebnisse *fpl.* / intermediate results
Zwischenerzeugnisse *npl.* / intermediate goods
Zwischenfrequenz *f.* / intermediate frequency
Zwischengenerator *m.* / intermediate
   regenerative repeater
Zwischengitteratom *n.* / interstitial (atom)
Zwischengitterleerstelle *f.* / interstitial void

Zwischengitterlücke *f.* / vacancy
Zwischengitterplatz *m.* / interstitial site
Zwischenhändler *m.* / intermediate dealer /
   intermediary
Zwischenlage, elastische *f.* / resilient spacer
Zwischenlager *n.* / intermediate store
Zwischenlochung *f.* / interstage punching
Zwischenmetallisierungsschicht *f.* / layer of
   intermediate metallization
Zwischenoxid *n.* / inter-layer oxide
Zwischenprodukt *n.* / intermediate product
Zwischenprogramm *n.* / interlude
Zwischenprüfung *f.* / interim inspection
Zwischenraum *m.* / space / interval / blank
Zwischenschablone *f.* / reticle / intermediate
   master
Zwischenschicht *f.* / interlayer
Zwischenspeicher *m.* / buffer memory /
   intermediate storage
zwischenspeichern / to buffer
Zwischenstecker *m.* / hermaphroditic
   connector
Zwischenstück *n.* / (Schalter-) divider
Zwischenstufe *f.* / interstage
Zwischensumme *f.* / subtotal
Zwischenträger *m.* / interconnect / spider
Zwischenträgerbreite *f.* / lead width
Zwischenträgerbrücke *f.* / interconnect / tape
   beam

Zwischenträgerbrückenanschluß *m.* / spider
   lead
Zwischenträgerfilm *m.* / beam tape carrier
Zwischenträgerfolienband *n.* / beam tape
Zwischenträgerform, vorgefertigte *f.* /
   prefabricated microinterconnect lead
   pattern
Zwischenträgermontage *f.* / beam tape
   assembly
Zwischenträgerstruktur aus Kupfer,
   spinnenförmige *f.* / spidery copper pattern
Zwischenzeit *f.* / (allg.) meantime / (Prod.)
   interoperation time
Zwischenzyklus *m.* / intermediate cycle
Zwitterkontakt *m.* / hermaphroditic contact
Zyklenzählerrückstellung *f.* / cycle reset
zyklisch / cyclic(al)
zyklisch abfragen / to poll
zyklische Fertigungssteuerung *f.* / cyclical
   production control
zyklische Programmierung *f.* / loop coding
Zykluszähler *m.* / cycle index counter
Zylinderbürste, mit Fasern versehene *f.* /
   fiber roller brush
Zylinder- und Planarplasmaätzen *n.* / barrel
   and planar plasma etching
zylindrische Anlage mit
   Strahlungsheizung *f.* / radiant heated
   cylinder-style system

A

abatement / Verminderung *f.*
abatement of customs duties /
Zollermäßigung *f.*
abbreviated address / Kurzadresse *f.*
abbreviated dialling / Kurzwahl *f.*
abbreviation / Abkürzung *f.*
ABC-classification / ABC-Klassifikation *f.*
ABC-distribution / ABC-Verteilung *f.*
ABC evaluation analysis / ABC-Analyse *f.*
abend / Programmabbruch *m.*
aberrant device behaviour / fehlerhaftes
Verhalten eines Bauelements *n./n.*
aberrated / fehlerbehaftet
abllity / Fähigkeit *f.*
to ablate cleanly / sich sauber ablösen
(lassen)
to ablate the alignment marks /
Resistschichten von den Justiermarken
abtragen *fpl./fpl.*
ablation of photoresist / Abtragung von
Fotoresist *f./n.*
able / fähig
abnormal / fehlerhaft
to abort a system / abbrechen
abortion / Abbruch *m.*
aboveboard height / Höhe über der
Leiterplatte *f./f.*
above-mentionned / oben genannt
abrasive / Schleifmittel *n.*
abrasive grinding / Schmirgeln *n.*
abrasive trimming / Schleiftrimmen *n.*
abrupt impurity concentration gradient /
sich abrupt ändernder
Störstellenkonzentrationsgradient *m.*
abrupt junction / (Halbl.) abrupter
Übergang *m.*
abrupt p-n junction / abrupter
pn-Übergang *m.*
abrupt transition / abrupter Übergang *m.*
absence / Abwesenheit *f.*
absence time / Abwesenheitszeit *f.*
absenteeism / Arbeitsausfall durch
Abwesenheit *m./f.*
absolute address / absolute Adresse *f.* / echte
Adresse *f.* / Maschinenadresse *f.*
absolute branch / absoluter Sprung *m.*
absolute branch instruction / absoluter
Sprungbefehl *m.*
absolute code / Rechnercode *m.* /
Maschinencode *m.*
absolute coding / einfache Codierung *f.* /
Maschinencodierung *f.*
absolute frequency / (QS) Besetzungszahl *f.*
absolute maximum ratings / absolute
Grenzdaten (v. Bauelement) *pl.*
absolute program loader / Absolutlader *m.*

absolute programming / absolute
Verschlüsselung *f.*
absolute zero / absoluter Nullpunkt *m.*
absorbance / Absorptionsgrad *m.*
absorber deposition / Absorberauftragung *f.*
absorber film / Absorberschicht *f.*
absorber pattern on a flat membrane /
Absorberstruktur auf einer ebenen
Membranfolie *f./ f.*
absorbing dye / Absorptionsfarbstoff *m.*
absorbing film / Absorptionsschicht *f.*
absorbing layer / Absorptionsschicht *f.*
absorption current / Nachwirkungsstrom *m.*
absorption edge / Absorptionskante *f.*
absorption length / Absorptionstiefe *f.*
absorption peak at 265 nm /
Absorptionsmaximum bei 265 nm *n.*
abuse / Mißbrauch *m.*
to abut each other / aneinander angrenzen
abutment / Aneinanderreihung *f.* /
Zusammensetzung *f.*
abutment error /
Zusammensetzungsfehler *m.* /
(IC) Montagefehler *m.*
abutted gate array / kanalloses Gate Array in
Kompaktanordnung *n./ f.*
abutting / aneinandergrenzend
to accelerate / beschleunigen
acceleration / Beschleunigung *f.*
acceleration tube / Beschleunigungsröhre *f.*
accelerator board / Beschleunigungsplatine *f.*
to accept / akzeptieren / annehmen
acceptable control / zulässige
Toleranzgrenze *f.*
acceptable geometry control / zulässige
Toleranzgrenze für Strukturbreiten *f./fpl.*
acceptable quality level (AQL) / annehmbare
Qualitätsgrenze *f.*
acceptance / Abnahme (von Waren durch
Kunden) *f.*
acceptance certificate / Abnahmeprotokoll *n.*
acceptance for carriage / Übernahme (einer
Sendung) *f.*
acceptance inspection /
(QS) Abnahmeprüfung *f.*
acceptance instruction /
Abnahmevorschrift *f.*
acceptance lot / (QS) Annahmelos *n.*
acceptance number / Annahmezahl *f.*
acceptance of order / Bestellungsannahme *f.*
acceptance sampling plan /
Stichprobenplan *m.*
acceptance specification /
(QS) Abnahmevorschrift *f.*
acceptance test / Abnahmetest *m.*
accepting station / empfangende
Datenstation *f.*
acceptor / Empfänger *m.* / Akzeptor *m.*
acceptor impurities / Akzeptorzentren *npl.*

access / Zulassung *f.* / Zugriff *m.*
access arm / Zugriffsarm *m.*
access condition / Zugriffsbedingung *f.*
access control / Zugriffssteuerung *f.*
access duration / Zugriffsdauer *f.*
accessible / zugreifbar
access in 100 ns / Zugriffszeit von 100 ns *f.*
access key / Paßwort *n.* / Ordnungsbegriff *m.*
access level / Zugriffsebene *f.*
accessor / Zugriffsberechtigter *m.*
accessory / Zubehör *n.* / Beipack *m.*
access path / Zugriffspfad *m.*
access permission / Zulassung *f.* / Zugriffsberechtigung *f.*
access pin / Anschlußstift *m.*
access protection / Zugriffsschutz *m.*
access security / Zugriffsschutz *m.*
access speed / Zugriffsgeschwindigkeit *f.*
access supervision / Zugriffsüberwachung *f.*
access table / Zugriffstabelle *f.*
access time / Zugriffszeit *f.*
accident / Unfall *m.* / Havarie *f.*
accidental / zufällig / unbeabsichtigt
to accomodate (into) / unterbringen in / aufnehmen
accompanying / begleitend (z. B. Brief)
accordingly / demgemäß / dementsprechend
according to / laut / gemäß
according to agreement / gemäß Vereinbarung *f.*
according to schedule / termingemäß
accordion / Z-förmiger Anschlußkontakt *m.*
accordion-folded design / Blasebalgaufbau *m.* / akkordeonähnliche Falzung *f.*
account / Konto *n.* / Rechnung *f.* / **real ...** Bestandskonto *n.* / **asset ...** Bestandskonto *n.* / Aktivkonto *n.* / **liability ...** Passivkonto *n.*
accountancy / Rechnungswesen *n.*
accountant / Buchhalter *m.*
account current / Kontokorrent *n.*
accounted stock / buchmäßiger Lagerbestand *m.*
accounting / Rechnungswesen *n.* / **completed ... quantity** Fertigstellungsmenge (gebuchte) *f.*
accounting and reporting / Rechnungs- und Berichtswesen *n.*
accounting books / Geschäftsbücher *npl.*
accounting code / Buchungsschlüssel *m.*
accounting computer / Abrechnungscomputer *m.*
accounting data / Abrechnungsdaten *pl.*
accounting detail card / Umsatzkarte *f.*
accounting issues / buchmäßige Materialentnahmen *fpl.*
accounting year / Abrechnungsjahr *n.*
accounting number / Abrechnungsnummer *f.*

accounting period / Abrechnungszeitraum *m.*
accounting receipts / buchmäßige Materialzugänge *mpl.*
accounting routine / Abrechnungsprogramm *n.*
accounting unit / Abrechnungseinheit *f.*
accounting value / Verrechnungswert *m.*
account management / Kontoführung *f.*
account number / Kontonummer *f.*
accounts department / Buchhaltung *f.*
accounts payable / offene Rechnungen *fpl.*
accounts receivable / Forderungen *fpl.*
accrued deliveries / aufgelaufene Lieferungen *fpl.*
accrued expenses payable / (ReW) aufgelaufene Verbindlichkeiten *fpl.*
accumulated depreciation / aufgelaufene Abschreibungen *fpl.*
accumulated error / additiver Fehler *m.*
accumulated figure / Aufrechnungszahl *f.*
accumulated requirements / Bedarfszusammenfassung *f.*
accumulated value / Endwert *m.* / Auflaufwert *m.*
accumulation / Anhäufung *f.* / Aufrechnung *f.*
accumulation layer / Anreicherungsschicht *f.*
accumulator / Saldierwerk *n.* / Akkumulator *m.*
accuracy / Genauigkeit *f.*
AC/DC converter / Strom-Schaltregler *m.*
achievable resolution limit / erreichbare Auflösungsgrenze *f.*
to achieve / erzielen / erreichen
achievements / Ergebnisse *npl.* / Leistungen *fpl.*
acid / Säure *f.*
acid cleaning / Reinigung im Säurebad *f./n.*
acid drain / Säureabfluß *m.*
acid neutralization / Säureneutralisation *f.*
acid tank / Säurebecken *n.*
to acknowledge / bestätigen / quittieren
acknowledge character / Quittungszeichen *n.*
acknowledgement / Bestätigung(smeldung) *f.* / Rückmeldung *f.*
acknowledgement of receipt / Empfangsbestätigung *f.*
acknowledgement request / Quittungsanforderung *f.*
acknowledgement run / Quittierungslauf *m.*
AC-link DC converter / Gleichstromumrichter mit Wechselstromschalter *m./m.*
to acquire / beschaffen / erfassen
acquisition / Anschaffung *f.* / Erfassung *f.*
acronym / Abkürzung *f.*
action / Maßnahme *f.*
action notice / Hinweis zur Überprüfung der Bestandssituation *m./f./f.*
action-oriented / maßnahmenorientiert

action period / Belegzeit f. / Funktionszeit f.
to activate / aktivieren / (Datei) aufrufen
active area / aktive Fläche f.
active component / aktives Bauelement n.
active down-scaling / aktive Verkleinerung f.
active program / laufendes Programm n.
active substrate / Substrat mit aktiven
   Elementen n./npl.
activity / Tätigkeit f. / Vorgang m.
activity analysis / Prozeßanalyse f.
activity file / Änderungsdatei f. /
   Bewegungsdatei f.
activity log / Änderungsprotokoll n.
activity rate / Bewegungshäufigkeit
   (v. Datei) f.
activity ratio / Bewegungshäufigkeit f.
activity sampling / Multimomentaufnahme f.
activity schedule / Tätigkeitsablaufplan m.
actor / Aktor m. / Effektor m.
AC transient / Netzwischer m.
actual / wirklich / tatsächlich / eigentlich
actual address / absolute Adresse f. / echte
   Adresse f.
actual balance / Tagesabschluß m.
actual capacity / Ist-Kapazität f.
actual cost calculation /
   Ist-Kosten-Kalkulation f.
actual cycle time / Ist-Durchlaufzeit f.
actual data / eigentliche Daten pl. /
   Sachdaten pl.
actual delay / tatsächlicher Terminverzug m.
actual hours / tatsächliche
   Arbeitsstunden fpl.
actual issues / tatsächliche
   Materialentnahmen fpl.
actual output / Ist-Ausbringung f.
actual net worth / Aktivvermögen n.
actual performance / Ist-Leistung f.
actual size / Ist-Wert m.
actual state / Ist-Zustand m.
actual state analysis / Ist-Analyse f.
actual state inventory / Ist-Aufnahme
   (Ergebnis) f.
actual state recording / Ist-Aufnahme
   (Ermittlung selbst) f.
actual stock / Ist-Bestand m.
actual time / effektive Zeit f. / Ist-Zeit f.
actual value / Ist-Wert m.
actual-versus-setpoint temperature /
   Ist-Soll-Temperatur f.
actual withdrawals / tatsächliche
   Materialentnahmen fpl.
actual X-Y location / tatsächlicher
   Koordinatenort m.
to actuate / auslösen / betätigen
actuator engineering / Aktorik f.
acuity of image edges / Schärfe von
   Bildkanten f./fpl.
acyclic / azyklisch / aperiodisch

to adapt / anpassen
adapter / Adapter m. / Kabelverbinder m. /
   Kabelkopplung f.
adapter base / Anschlußrahmen m.
adapter board / Anschlußbaugruppe f. /
   Erweiterungskarte f.
adapter facility / Anpassungseinrichtung
   (Schnittstelle) f.
adapter plug / Zwischenstecker m.
adaption / Anpassung f.
adaptive / anpassungsfähig
adaptive control / Anpassungssteuerung f. /
   adaptive Regelung f.
adaptive control constraint (ACC) /
   Folgeregelungssystem n.
to add / addieren / ergänzen
add carry / Additionsübertrag m.
added value / Wertschöpfung f. /
   Wertzuwachs m.
added value profile / Wertzuwachskurve f.
addend / Addend m.
addend register / Summandenregister n.
adder / Addierwerk n. / Addierglied n.
adder chip / Addierchip m.
adder circuit / Additionsschaltung f.
add-in board / Zusatzplatine f.
adding counter / Addierzähler m.
add instruction / Addierbefehl m.
addition / Zusatz m. / ... of dopants to the
   wafer Aufbringen von Dotierstoffen auf die
   Wafer n./mpl./f. / ... of dye
   Farbstoffzusatz m.
additional / zusätzlich
additional carriage / Frachtzuschlag m.
additional charge / Nachgebühr f. /
   Mehrkosten pl.
additional consumption / Mehrbedarf m. /
   Zusatzbedarf m.
additional cost / Extrakosten pl. / zusätzliche
   Kosten pl.
additional demand / Mehrbedarf m. /
   zusätzlicher Bedarf m.
additional duty / Zollzuschlag m.
additional effort / Mehraufwand m.
additional expenditure /
   (fin.) Mehraufwand m.
additional insurance / Zusatzversicherung f.
additional quota / Zusatzkontingent n.
additional requirements / Mehrbedarf m. /
   Zusatzbedarf m.
additional tax / Zusatzsteuer f.
additive / Zusatz m. / Beimengung f.
additive process / Additivverfahren n.
add key / Addiertaste f.
add-on component / diskretes Bauelement n.
add-on kit / Nachrüstbausatz m.
add-on memory / Erweiterungsspeicher m.
add-on module connector / Stecker für
   Zusatzmodule m./npl.

add-on program / Zusatzprogramm *n.*
to address / anreden / adressieren
addressability / Adressierbarkeit *f.*
addressable / adreßierbar
address arithmetic / Adressenrechnung *f.*
address array / Adreßfeld *n.*
address assignment / Adreßzuordnung *f.*
address boundary / Adreßgrenze *f.*
address bus / Adreßpfad *m.*
address call / Adreßaufruf *m.*
address chaining / Adreßkettung *f.*
address computation / Adressenrechnung *f.*
address conversion / Adreßumrechnung *f.*
address counter / Adreßzähler *m.*
address division / Adreßteilung *f.*
addressee / Empfänger *m.*
address error / Adreßfehler *m.*
address file / Adreßdatei *f.*
address generation / Adreßbildung *f.*
address generator / Speicheradreßregister *n.*
address header / Adreßkopf *m.* /
Adreßkennsatz *m.*
address highway / Adreßpfad *m.*
address increment / Adreßerhöhung *f.*
addressless / adreßlos
address nesting / Adreßschachtelung *f.*
address pattern / Adreßstruktur *f.*
address pointer / Adreßzeiger *m.* / Kettfeld *n.*
address range / Adreßbereich *m.*
address record / Adreßsatz *m.*
address section / Adreßteil *n.*
address selection unit /
Adressenauswahleinrichtung *f.*
address sequence / Adreßfolge *f.*
address storage / Adreßspeicher *m.*
address substitution / Adreßersetzung *f.*
address translation / Adreßumrechnung *f.*
address trunk / Adreßpfad *m.*
add statement / Additionsanweisung *f.*
adequate / angemessen / adäquat
to adhere to / (Regel/Norm) einhalten
to adhere well / gut haften
adhesion / Haftung *f.* / Haftvermögen *n.*
adhesion capability / Haftfähigkeit *f.*
adhesion layer / Haftschicht *f.*
adhesion promoter / Haftbeschleuniger *m.*
adhesion promotion treatment time /
Bekeimzeit (Fototechnik) *f.*
adhesive / Klebe-..
adhesive effect of thick film paste / Hafteffekt
der Dickschichtpaste *m./f.*
adhesive film / Klebeschicht *f.*
adhesive layer / Klebeschicht *f.*
adhesive strength / Haftfestigkeit
(Stempel) *f.* / Haftstärke *f.*
adhesive tape / Klebeband *n.*
adjacent / benachbart / Neben-..
adjacent level / benachbarte Ebene *f.*

adjacent procedure / angrenzendes
Verfahren *n.*
adjacent strips / aneinandergrenzende
Streifen *mpl.*
adjust / abstimmen / korrigieren
adjustable / regulierbar / einstellbar /
anpassungsfähig
adjustable size high-energy spot /
hochenergetische Sonde mit
veränderlichem Durchmesser *f./m.*
adjustable-threshold MOS / MOS mit
einstellbarem Schwellenwert *m./m.*
adjustable tilt / einstellbare Neigung *f.*
adjustment / Anpassung *f.* / Korrektur *f.* /
Bereinigung *f.* / Justierung *f.*
adjustment entry / Korrekturbuchung *f.*
adjustment point / Justierstelle *f.*
to administer / verwalten
administration / Verwaltung *f.*
administration file / Leitdatei *f.*
administrative / verwaltend
administrative cost / Verwaltungskosten *pl.*
admissibility / Zulässigkeit *f.*
admissible / zulässig
admission / Erlaubnis *f.* / Berechtigung *f.*
admittance / (el.) Leitwert *m.*
to adopt / (a plan etc.) verabschieden
ad valorem duty / Wertzoll *m.*
ad valorem goods / wertzollbare Waren *fpl.*
to advance / fortschreiten / vorschieben
advance / (adj.) vorgezogen
advance / Vorschub *m.* / Fortschritt *m.*
advance control / Vorschubsteuerung *f.*
advanced / fortschrittlich / weiterentwickelt
advanced CMOS frame aligner / verbesserter
Paketbildner in CMOS-Technik *m./f.*
advance delivery note / Vorab-Lieferschein *m.*
advanced language / höhere
Programmiersprache *f.*
advanced printer function / erweiterte
Druckerfunktion *f.*
advanced programming / fortgeschrittene
Programmierung *f.*
advanced technology / fortschrittliche
Technik *f.*
advanced training / Fortbildung *f.*
advanced workstation /
Multifunktionsarbeitsplatz *m.*
advance freight / Frachtvorlage *f.*
advance order / Vorausbestellung *f.*
advance payment / Vorauszahlung *f.*
advantage / Vorteil *m.* / Nutzen *m.*
adventitious impurities / unkontrollierte
(sporadisch auftretende) Störstellen *fpl.*
adverse / nachteilig
to advertise / werben
advertisement / Werbeanzeige *f.*
advertising / Werbung *f.*
advertising campaign / Werbekampagne *f.*

advertising consultant / Werbeberater *m.*
advertising effectiveness / Werbeerfolg *m.*
advertising expenditure / Werbekosten *pl.*
advertising gift / Werbegeschenk *n.*
advertising measures / Werbeaktionen *fpl.*
advertising stunt / Werbegag *m.*
advice / Rat *m.*
advice note / Lieferanzeige *f.*
advice of delivery / Lieferanzeige *f.*
advice of dispatch / Versandanzeige *f.*
to advise / raten / anweisen (Auftrag)
advisor / Berater *m.*
aelotropic / anisotrop
aeration / Belüftung *f.*
to affect / beeinträchtigen
affiliated / angeschlossen (Unternehmen)
affiliated company /
  (Siem.) Beteiligungen *fpl.* /
  Verbundene Unternehmen *npl.*
affirmative / bestätigend
to afford / sich leisten
to affreight / befrachten / chartern
affreightment / Befrachtungsvertrag *m.*
African / afrikanisch
after adjustment for inflation /
  preisbereinigt / inflationsbereinigt
after adjustment for price rises /
  preisbereinigt / inflationsbereinigt
after adjustment for working-day variations /
  kalenderbereinigt
after-sales service / Kundenbetreuung *f.*
after tax / versteuert / nach Steuern
after-trim stability / Stabilität nach dem
  Trimmen *f./n.*
afterwards / danach / nachher
age limit / Altersgrenze *f.*
agency / Agentur *f.* / Geschäftsstelle *f.* /
  Niederlassung *f.* / Vertretung *f.* /
  (Siem.) Landesbüro *n.*
agenda / Tagesordnung *f.* / Liste von
  Steueranweisungen *f./fpl.* /
  Zusammenstellung von Programmen *f./npl.*
agent's commission / Vertreterprovision *f.*
aggregate demand / Gesamtnachfrage *f.*
aggregate level / Verdichtungsebene *f.*
aggregate plan / Gesamtplan *m.*
aggregation / Verdichtung *f.* /
  Zusammenfassung *f.*
aging / Alterung *f.*
agitation / Hordenbewegung *f.*
agreement / Vertrag *m.* / Abkommen *n.* /
  Vereinbarung *f.*
agreement on operational targets /
  Zielvereinbarung *f.*
ahead of schedule / vor Termin
aid / Hilfe *f.*
aid routine / Unterstützungsroutine *f.*
aim / Ziel *n.*
air baking / Trocknen *n.* / Härten in Luft *n.*

air bearing / Luftlager *n.*
air bearing track / pneumatische
  Transportbahn (f. Wafer) *f.*
airbill / Luftfrachtbrief *m.*
airborne computer / Bordcomputer *m.*
airborne particle / Staubteilchen *n.* /
  Schwebeteilchen *n.*
airborne particulate contamination /
  Verunreinigung durch Staubteilchen *f./npl.*
air cargo rate / Luftfrachttarif *m.*
air cargo shipment / Luftfrachtsendung *f.*
air carrier / Luftfrachtführer *m.*
air class number / Luftgüteklasse *f.*
air cushion / Luftkissen *n.*
air dielectric / Luftdielektrikum *n.*
airflow corridor / Schleuse (Reinraum) *f.*
air freight charges / Luftfrachtkosten *pl.*
air freight forwarding / Luftfrachtgeschäft *n.*
air freight service / Luftfrachtverkehr *m.*
air freight space / Luftfrachtraum *m.*
air gap / Luftspalt *m.*
air lock / Luftschleuse *f.*
to airmail / per Luftpost senden
airmail packet / Luftpostpaket *n.*
airport of dispatch / Verladeflughafen *m.*
airport of entry / Zollflughafen *m.*
air pressure balancing /
  Luftdruckausgleich *m.*
air-resist interface /
  Luft-Resist-Grenzschicht *f.*
air waybill (AWB) / Luftfrachtbrief *m.*
alarm module / Alarmbaugruppe *f.*
algorithmic / algorithmisch
to align / abstimmen / korrigieren
aligned / ausgerichtet / abgestimmt
aligner / Justiersystem *n.*
alignment / Abstimmung *f.* / Korrektur *f.* /
  Ausrichtung *f.* / Justierung *f.*
alignment accuracy /
  Überdeckungsgenauigkeit *f.* /
  Justiergenauigkeit *f.*
alignment and exposure system / Justier- und
  Belichtungssystem *n.*
alignment aperture / Justieröffnung *f.*
alignment correction / Lagekorrektur *f.*
alignment error / Fehljustierung *f.* /
  Justierfehler *m.*
alignment flat / Justierfase *f.* /
  Waferanschliff *m.*
alignment guide / Einstellhilfe (Justieren) *f.*
alignment laser beam / Justierlaserstrahl *m.*
alignment mark / Justierkreuz *n.* /
  Justiermarke *f.*
alignment overlay / Überdeckung nach
  Justiermarken *f./fpl.*
alignment pit / Justierätzgrübchen *n.*
alignment site / Justierstelle *f.*
alignment stage / Justiertisch *m.*
alignment target / Justiermarke *f.*

aliphatics / Aliphate *npl.*
aliphatic solvent / aliphatischer Verdünner *m.*
aliquot of the extract / aliquoter Teil des Extrakts *m./m.*
alkaline-soluble / (resist) alkalilöslich
alkaline solution / Laugenbad *n.*
all-alumina package / Ganzaluminiumgehäuse *n.*
all-commodity freight rate / Einheitsfrachtbrief *m.*
all-diffused / ganzdiffundiert
allocatable / belegbar (Speicher)
to allocate / zuordnen / zuteilen / kommissionieren
allocated / belegt
allocated material / zugeteiltes Material *n.* / reserviertes Material *n.*
allocated quantity / reservierte Menge *f.*
allocated requirements / zugeordneter Bestand *m.* / reservierter Bestand *m.*
allocated stock / blockierter Bestand *m.*
allocation / Zuordnung *f.* / Zuteilung *f.* / Reservierung *f.* / Belegung *f.*
allocation date / Zuteiltermin *m.*
allocation to accounts / Kontierung *f.*
allocation to locations / Standortzuweisung *f.*
allocator / Zuordner *m.*
to allot / austeilen / verteilen
allotment / Ausgabe *f.* / Verteilung *f.* / Zuteilung *f.*
allotted quantity / zugeteilte Menge *f.*
to allow / zulassen / erlauben
allowance / Zulassung *f.* / Preisnachlaß aufgrund von Mängelrüge *m.* / **production ...** Fertigungszuschlag *m.*
allowed / erlaubt / zugelassen / zulässig
allowed time / Zeitvorgabe *f.*
alloy / Legierung *f.*
alloy bulk diffusion (ABD) / Legierungsvolumendiffusion *f.*
alloy diffused / diffusionslegiert / legierungsdiffundiert
alloyed dot / Legierungsperle *f.*
alloy junction / legierter Übergang *m.*
alloy-junction transistor / Transistor mit legiertem Übergang *m./m.*
all-out speed / Extremgeschwindigkeit (v. Chips) *f.*
all-purpose computer / Universalrechner *m.*
all rights reserved / alle Rechte vorbehalten
all-silicon mask / Ganzsiliziummaske *f.*
all-solid-state / vollkommen aus Halbleitern bestehend
all-time order / Auftrag zur Abdeckung des gesamten noch zu erwartenden Bedarfs *m./f./m.*
all-time requirements / Restbedarf *m.*
alphabetic code / Buchstabenschlüssel *m.*
alphabetic string / Buchstabenkette *f.*

alphanumeric / alphanumerisch
alpha-particle-induced / alphateilcheninduziert
also / auch
to alter / ändern
alteration / Änderung *f.*
alteration history / Änderungsgeschichte *f.*
alteration notice / Änderungsmitteilung *f.*
alteration service / Änderungsdienst *m.*
alter instruction / Änderungsbefehl *m.*
alternate action key / Doppelfunktionstaste *f.*
alternate coding key / Codetaste *f.* / ALT-Taste *f.*
alternate communication / Wechselbetrieb *m.* / Halbduplexbetrieb *m.*
alternate function / Wechselfunktion *f.*
alternate loading time / Ersatzbelegungszeit *f.*
alternate machine / Ausweichmaschine *f.*
alternate mark inversion (ATM) / abwechselnde Umpolung der Markierung *f./f.*
alternate material / Ausweichmaterial *n.*
alternate occupation time / Ersatzbelegungszeit *f.*
alternate operation / Ausweich-Arbeitsvorgang *m.*
alternate processing time / Ersatzbearbeitungszeit *f.*
alternate route / Ersatzweg *m.*
alternate routing / Umsteuerung *f.* / Ausweich-Arbeitsvorgang *m.*
alternate track / Ersatzspur *f.*
alternate work center / Ausweicharbeitsplatz *m.* / Ersatzarbeitsplatz *m.*
alternating current (AC) / Wechselstrom *m.*
alternation / Wechsel *m.* / Wechselbetrieb *m.*
alternative instruction / Sprungbefehl *m.*
alternative product / Ausweichprodukt *n.*
alternative program / Ersatzprogramm *n.*
alternative routing / Umweglenkung *f.*
alternative type / Ausweichtyp *m.*
alter statement / Schaltanweisung *f.*
aluminium garnet substrate / Aluminiumgranatsubstrat *n.*
aluminized / aluminiumbeschichtet
aluminum alloy / Aluminiumlegierung *f.*
aluminum electrolytic capacitor / AL-Elektrolyt-Kondensator *m.*
aluminum foil specimen dish / Probenschale aus Alufolie *f./f.*
aluminum horizontal rail / Aluminiumtragschiene *f.*
aluminum layer / Aluminiumschicht *f.*
ambient conditions / Umgebungsbedingungen *fpl.*

ambient containing n-type impurities /
   Atmosphäre mit
   n-Dotierungsstoffen *f./mpl.*
ambient gas / Umgebungsgas *n.*
ambient temperature /
   Umgebungstemperatur *f.*
ambient temperature range / (Sensoren)
   Betriebstemperaturbereich *m.*
ambiguous / mehrdeutig / zweideutig
to amend / ändern
amending instructions / nachträgliche
   Verfügung *f.*
amendment / Änderung *f.*
amendment file / Änderungsdatei *f.*
amendment record / Änderungssatz *m.* /
   Bewegungssatz *m.*
ammonium fluoride / Ammoniumfluorid *n.*
ammonium persulfate /
   Ammoniumpersulfat *n.*
amorphous / amorph / nichtkristallin
amount / Betrag *m.* / Menge *f.*
amount of energy / Energiebetrag *m.*
amount payable / Rechnungsbetrag *m.*
amperage / Stromstärke *f.*
amplification / Verstärkung *f.*
amplifier / Verstärker *m.*
to amplify / verstärken
ampoule diffusion / Ampullendiffusion *f.*
analog font / Analogschrift *f.*
analog quantity / Analoggröße *f.*
analog representation / Analogdarstellung *f.*
analog storage / Analogspeicher *m.*
analysis sample / (QS) Analysenprobe *f.*
analyst / Analytiker *m.*
analytical explosion / analytische Auflösung *f.*
analytical function generator / Geber für
   analytische Funktionen *m./fpl.*
analyzing magnet / Zerlegungsmagnet *m.*
analyzing section / Zerlegungsbereich *m.*
anchor / Anker *m.*
ancillary pay / Lohnnebenleistungen *fpl.*
AND operation / Konjunktion *f.*
Andler's batchsize formula / Andlersche
   Losgrößenformel *f.*
angle / Winkel *m.*
angled / schräg
angle deposition / Schrägbedampfung *f.*
angled light / schräg auffallendes Licht
angled terminal / abgebogener
   StV-Anschluß *m.*
angle evaporated / schräg aufgedampft
angle of incidence / (of x-rays) Einfallswinkel
   (v. Röntgenstrahlen) *m.*
angle of rotation / Drehwinkel *m.*
Angstrom / Angström
angular / Winkel-..
anisotropic / anisotrop
anisotropic etching / anisotropes Ätzen *n.*
to anneal / tempern / ausheilen

annealing / „Ausheilen" *n.* / Tempern *n.* /
   Glühen *n.*
annealing of imperfections / Ausheilen von
   Gitterfehlern *n./mpl.*
anneal time / Ausheilzeit *f.*
to annihilate / vernichten
annihilation / Vernichtung (z. B. Akten) *f.*
annotation / Anmerkung *f.*
annual / jährlich
annual allowance / Jahresfreibetrag *m.*
annual average / Jahresdurchschnitt *m.*
annual balance-sheet / Jahresbilanz *f.*
annual dollar usage / jährlicher Verbrauch
   (wertmäßig) *m.*
annual financial statement /
   Jahresabschluß *m.*
annual general meeting (AGM) /
   Jahreshauptversammlung (einer AG) *f.*
annually / jährlich
annual report / Jahresbericht *m.*
annual review / Jahresprüfung *f.*
annual unit usage / jährlicher Verbrauch
   (mengenmäßig) *m.*
annular inside diameter saw / Ringsäge mit
   Schneidkante auf dem
   Innendurchmesser *f./f./m.*
annunciator / Signalgeber *m.*
anode aperture / Anodenöffnung *f.*
anode dissipation / Anodenverlustleistung *f.*
anodic layer / anodische Schicht *f.*
anodically grown / anodisch aufgewachsen
anodized MOSFET / MOSFET mit
   anodisierter Isolationsschicht *m./f.*
anodizing / anodische Oxidation *f.*
answer / Antwort *f.* / antworten
answerback code / Kennsatz *m.*
answerback unit / Kennung *f.*
answer code / Stationskennung
   (b. Datenübertragung) *f.*
answer code request /
   Kennungsanforderung *f.*
antechamber / Vorkammer *f.*
to anticipate / erwarten / vorwegnehmen
anticipator buffering / Vorpufferung *f.*
anti-coincidence / Antivalenz *f.*
anti-coincidence operation / Kontravalenz *f.*
anti-features on the same mask /
   gegenüberliegende (benachbarte)
   Strukturelemente auf Maske *npl./f.*
anti-labo(u)r / arbeiterfeindlich
antimony addition / Antimonzusatz *m.*
antimony-doped / antimondotiert
antisputter coating / Zerstäubungsschutz *m.*
antistatic agent / antistatisches Mittel *n.*
antistatic tape / Antistatik-Gurt *m.*
anti-twist stop / Verdrehsicherung *f.*
A-part ordering key /
   A-Teile-Bestellschlüssel *m.*
aperture / Öffnung *f.* / Lochblende *f.*

aperture sheet / Aperturplatte *f.*
apparatus / Apparat *m.*
apparent power /Scheinleistung *f.*
apparent storage / Scheinspeicher *m.*
appendix / Anhang *m.* / Ergänzung *f.*
appliance / Gerät *n.* / Einrichtung *f.*
applicable / anwendbar / geeignet
applicant / Bewerber *m.* / Antragsteller *m.*
application / Bewerbung *f.* / Antrag *m.* /
 Anwendung *f.*
application development /
 Anwendungsentwicklung *f.*
application layer / Anwendungsschicht *f.*
applications engineering /
 Anwendungstechnik *f.*
application support /
 Anwendungsunterstützung *f.*
applied / angewandt
applied computer science / angewandte
 Informatik *f.*
to apply / anwenden / auftragen
 (von Resistschicht)
to apply a primer coat / Grundierung
 auftragen *f.*
to apply by spinning / aufschleudern
 (Resistschicht)
to apply for / beantragen / s. bewerben um
to apply heat / Wärme zuführen *f.*
to apply to / gelten für
to appoint / ernennen
appointment / Ernennung *f.* / Termin
 (geschäftl.) *m.*
appointment book / Terminkalender *m.*
to apportion / aufteilen / aufschlüsseln
appraisal / Bewertung *f.* / Beurteilung *f.*
to appraise / beurteilen / bewerten
appreciable / nennenswert
to appreciate / schätzen (hoch ...)
apprentice / Lehrling *m.*
apprenticeship / Lehre *f.*
apprentice-shop / Lehrwerkstatt *f.*
approach / Vorgehensweise *f.* / Ansatz *m.* /
 Methode *f.*
appropriate / passend / angemessen
appropriation / Bewilligung
 (v. Ausgaben/Etat) *f.*
approval / Zustimmung *f.*
approved / genehmigt / bewilligt
to approve of / genehmigen / bewilligen /
 freigeben
approximate(ly) / ungefähr
to approximate / annähern (Werte)
approximate value / Annäherungswert *m.* /
 ungefährer Wert *m.*
aptitude / Eignung *f.* / Tauglichkeit *f.*
aqueous amines / wässerige Amine *npl.*
aqueous-based developer / Entwickler auf
 Wasserbasis *m.*
aqueous solution / wässerige Lösung *f.*

arbitrary / willkürlich / beliebig
arborescent structure / Baumstruktur *f.*
arc / Brücke (Drahtverbindung) *f.*
architectural design / struktureller Entwurf *m.*
archives / Archiv *n.*
archiving / Archivierung *f.*
arc-shaped beam / sichelförmiger Strahl *m.*
area / Bereich *m.*
area array / Flächenanordnung *f.*
area bonding / Flächenbonden *n.*
area boundary / Bereichsgrenze *f.*
area code / (Tel.) Vorwahl *f.*
area coverage / Flächenbedeckung *f.*
area density / Flächendichte *f.*
area-efficient / flächenausnutzend
area-efficient circuit / Schaltkreis mit
 günstiger Flächenausnutzung *m.*/*f.*
area exceeding / Bereichsüberschreitung *f.*
area measuring system / Flächenmeßsystem *n.*
area of jurisdiction / Gerichtsstand *m.*
area overhead / zusätzlicher Flächenbedarf *m.*
area protection / Speicherbereichsschutz *m.*
Area Representative /
 (Siem.) Länderreferent *m.*
area saving / Flächeneinsparung *f.*
area scan generator /
 Flächenabtastgenerator *m.*
area specification / Bereichsangabe *f.*
area usage factor / Flächennutzungsfaktor *m.*
Argentina / Argentinien
Argentinian / argentinisch
argon / Argon *n.*
argon ion beam / Argonionenstrahl *m.*
arithmetic check / Rechenprüfung *f.*
arithmetic combination of terms /
 zusammengesetzter Rechenausdruck *m.*
arithmetic mean / arithmetisches Mittel *n.*
arithmetic processing unit (APU) /
 Rechenwerk *n.*
arithmetic progression / arithmetische
 Reihe *f.*
arithmetic register / Operandenregister *n.*
arithmetic shift / arithmetisches Schieben *n.*
armature travel / (Relais) Ankerweg *m.*
arrangement / Anordnung *f.*
array / Bereich *m.* / Feld *n.* / Matrix *f.* /
 Verband *m.*
array computer / Vektorrechner *m.*
arrayed reticle / Retikel mit
 Mehrfachschaltkreisanordnungen *n.*/*fpl.*
array element / Feldelement *n.*
array of dice / Verband von Einzelbildern
 (auf Maske) *m.*/*npl.*
array processor / Feldrechner *m.*
arrival / Ankunft *f.*
arrival date / Eingangsdatum *n.*
arrival forecast / erwarteter
 Anlieferungstermin *m.*
arrival process / Ankunftsprozeß *m.*

arrival rate / Ankunftsrate *f.*
arrow / Pfeil *m.*
arsenic / Arsen *n.*
arsenic doped / arsendotiert
arsenic impurity / Arsenstörstelle *f.*
arsenic trioxide / Arsentrioxid *n.*
arsenic vacancy / Arsenleerstelle *f.*
arsine / Arsin *n.*
article / Artikel *m.* / Teil *n.*
article in stock / Lagerartikel *m.*
article number / Artikelnummer *f.* /
   Sachnummer *f.* / Teilenummer *f.*
artifact / Fremdobjekt *n.* / Störobjekt *n.*
artificial / künstlich
artwork master / Druckvorlage *f.*
artwork negative / Negativdruckoriginal *n.*
as agreed upon / wie vereinbart
to ascend / aufsteigen
ascending / aufsteigend
ascending key / aufsteigender
   Ordnungsbegriff *m.*
to ascertain / feststellen
to ascribe to / zurückführen auf
as-deposited / aufgedampft
as-grown state / reiner Züchtungsstand *m.*
ashing / Veraschung (Fototechnik) *f.*
Asia / Asien
as ordered / auftragsgemäß
aspect ratio / Bild-Seiten-Verhältnis *n.*
asperity / Rauhheit *f.* / Unebenheit
   (v. Ätzfläche) *f.*
as per order / auftragsgemäß
as per statement / lauf Aufstellung *f.* /
   gemäß Aussage *f.*
to assemble / übersetzen / montieren
assembled p.c. board / bestückte
   Leiterplatte *f.*
assembler run / Übersetzungslauf *m.*
assembling and manufacturing equipment /
   Montage- und Handhabungstechnik *f.*
assembly / Montage *f.* / Baueinheit *f.* /
   final ... Endmontage *f.*
assembly allowance / Ausschußfaktor
   (in Montage) *m.*
assembly diagram / Bauschaltplan *m.*
assembly direction / Fügerichtung *f.*
assembly file / Montageordner *m.*
assembly instruction / Montageanweisung *f.*
assembly issue / Montagevorgabe *f.*
assembly line / Montagestraße *f.*
assembly line production /
   Fließbandfertigung *f.*
assembly list / Bauliste *f.*
assembly order / Montageauftrag *m.*
assembly plan / Bauplan *m.*
assembly schedule / Lieferplan *m.*
assembly specification / Montagevorschrift *f.*
assembly-to-order / Montage,
   auftragsbezogene *f.*

to assess / schätzen
assessment / Bewertung *f.* / Beurteilung *f.*
assessment level / (QS)
   Gütebestätigungsstufe *f.*
asset account / Bestandskonto *n.* /
   Aktivkonto *n.*
asset management / Anlagenwirtschaft *f.*
assets / Aktiva *pl.* / Vermögenswerte *mpl.* /
   Aktivposten *mpl.*
assets accounting / Anlagenbuchhaltung *f.*
to assign / zuweisen / zuordnen
assigned to ... for disciplinary purposes /
   disziplinarisch zugeordnet
assignment / Aufgabe *f.* / Aufgabengebiet /
   Anweisung *f.* / Zuweisung *f.* /
   Belegung *f.* / Zuordnung *f.*
assignment of core memory space /
   Kernspeicherbelegung *f.*
assignment statement /
   Zuordnungsanweisung *f.*
to assign priorities / Prioritäten festlegen *fpl.*
Assistant Manager / (Siem.) Außertariflicher
   Mitarbeiter *m.*
associate / Kollege *m.* / Mitarbeiter *m.* /
   Teilhaber *m.*
associated company /
   Beteiligungsgesellschaft *f.* / verbundenes
   Unternehmen *n.*
associative read-only memory (AROM) /
   Assoziativspeicher *m.*
to assort / zusammenstellen
assortment / Sortiment (Produkte) *n.*
to assume / annehmen / vermuten
assumption / Vermutung *f.* / Annahme *f.*
to assure / versichern / zusichern
asterisk / Sternchen * *n.*
asymmetric(al) / asymmetrisch
asymmetric crystal topography /
   asymmetrische Kristallografie *f.*
asymmetry aberration / Asymmetriefehler *m.*
asynchronous / asynchron
asynchronous balanced mode (ABM) /
   Mischbetrieb *m.*
asynchronous disconnected mode (ADM) /
   unabhängiger Wartezustand *m.*
asynchronous transmission / asynchrone
   Übertragung *f.*
at any rate / auf jeden Fall
atmospheric pressure / Normaldruck *m.*
atomically stratified / atomar geschichtet
atomic density / Atomdichte *f.*
atomic layer / atomare Schicht *f.*
atomic nucleus / Atomkern *m.*
atomic surface mobility /
   Oberflächenbeweglichkeit der
   Atome *f./npl.*
atom probe / Atomsonde *f.*
to attach / beifügen / befestigen / anhängen /
   anbringen

to attach dies / Chips aufkleben *mpl.*
attachment / Zusatz(-gerät) *n.* /
Zusatzposition *f.* / Anschluß *m.* /
Verbindung *f.* / (Brief) Anlage *f.*
to attempt / versuchen
to attend / bedienen / (Besprechung)
beiwohnen
attendance / Anwesenheit *f.*
attendance time / Anwesenheitszeit *f.*
attended operation / bedienter Betrieb *m.*
attention / (DV) Abruf *m.* / Anforderung *f.* /
(allg.) Aufmerksamkeit *f.*
attention key / Abruftaste *f.*
to attenuate / abschwächen
attenuation / Abschwächung *f.* / Dämpfung *f.*
attenuation slope / Steilheit (Filter) *f.*
attenuation stage / Dämpfungsschritt *m.*
attenuator / Richtungsleitung *f.*
attraction / Anziehung (zw. Protonen und
Elektronen) *f.*
attractive forces / Anziehungskräfte *fpl.*
attributable to / zurückführbar auf
attribute of stock-level /
Durchgriffskennziffer *f.*
to attribute to / zurückführen auf
audible / hörbar
audio response unit (ARU) /
Sprachausgabeeinheit *f.*
audit / Revision *f.* / Rechnungsprüfung *f.*
audit copy / Prüfkopie *f.*
auditing / Revision *f.*
audit of invoices / Rechnungsprüfung *f.*
auditor / Revisor *m.*
Auger analysis / Auger-Analyse *f.*
Auger depth profile / Auger-Tiefenprofil *n.*
Auger ejection / Auger-Emission *f.*
Auger-transition / Auger-Übergang *m.*
augmented operation code / erweiterter
Arbeitscode *m.*
austerity measures / Sparmaßnahmen *fpl.*
Australian / australisch
Austrian / österreichisch
autarkical / autark
to authenticate / beglaubigen
authority / Behörde *f.* / Berechtigung *f.*
authorization / Berechtigung *f.* /
Zulassung *f.* / Freigabe *f.*
to authorize / berechtigen / zulassen /
freigeben
authorized signatory /
Unterschriftsberechtigter *m.*
authorized strike / offizieller Streik *m.*
authorized to sign / unterschriftsberechtigt
auto-align system / automatisches
Justiersystem *n.*
autocoding / maschinenunterstützte
Programmierung *f.*
autodopant / Selbstdotierungsstoff *m.*

autodoping / Selbstdotierung *f.* /
Eigendotierung *f.*
autoinsertion / automatische Bestückung *f.*
automated bonder / automatische
Bondanlage *f.*
automated conveying /
Transportautomatisierung *f.*
automated tape carrier bonding /
automatisches Folienbondverfahren *n.*
automated warehouse / automatisiertes
Lager *n.*
automatic / maschinell / automatisch
automatically controlled ground conveyor /
fahrerloses Flurförderzeug *n.*
automatic billing machine /
Fakturierautomat *m.*
automatic character generation /
automatische Zeichengenerierung *f.*
automatic check / Selbstprüfung (Gerät) *f.*
automatic coding / rechnerunterstützte
Programmierung *f.*
automatic connection setup / automatischer
Verbindungsaufbau *m.*
automatic control / Selbststeuerung *f.*
automatic controller / Regelgerät *n.*
automatic cutout / automatische
Ausschaltung *f.*
automatic data entry / beleglose
Datenerfassung *f.*
automatic feed / automatischer Vorschub *m.*
automatic placement / automatische
Bestückung *f.*
automatic polling / **autopoll** / automatischer
Abrufbetrieb *m.*
automatic priority control / automatische
Vorrangsteuerung *f.*
automatic rescheduling / maschinelle
Umterminierung *f.*
automatic switching center / automatische
Speichervermittlung *f.*
automatic switchoff / Abschaltautomatik *f.*
automatic switchon / Einschaltautomatik *f.*
automatic typewriter / Schreibautomat *m.*
automatic wafer scriber /
Waferritzautomat *m.*
automation / Automatisierung *f.*
Automation (Group) / (Siem./Bereich)
Automatisierungstechnik *f.*
automation level / Automatisierungsstufe *f.*
automation systems /
Automatisierungssysteme *npl.*
Automotive Systems (Group) /
(Siem./Bereich) Automobiltechnik *f.*
autopolling / automatischer Sendeabruf *m.*
auto prompt / automatische
Benutzerführung *f.*
autopurge / automatisches Löschen *n.*
auto-wire bonder / automatischer
Drahtbonder *m.*

auxiliary converter / Hilfsumrichter *m.*
auxiliary device / Hilfsgerät *n.* / Vorsatz
(v. Meßgerät) *m.*
auxiliary discharge / Hilfsentladung *f.*
auxiliary facility / Hilfseinrichtung *f.*
auxiliary firing electrodes /
Hilfszündelektroden *fpl.*
auxiliary machine / Hilfsmaschine *f.*
auxiliary materials / Hilfsstoffe *mpl.*
auxiliary production line /
Fertigungshilfslinie *f.*
auxiliary register / Hilfsregister *n.*
auxiliary screen / Hilfsbildschirm *m.*
auxiliary store / Zubringerspeicher *m.*
auxiliary storage / Ergänzungsspeicher *m.*
availability / Verfügbarkeit *f.* / controlled ...
steuerbare Verfügbarkeit *f.* / minus ...
negative Verfügbarkeit *f.*
availability ratio / Verfügbarkeitsgrad *m.*
minus availability calculation /
Verfügbarkeitsrechnung *f.*
minus availability code /
Verfügbarkeits-Code *m.*
minus availability control /
Verfügbarkeitskontrolle *f.*
minus availability date /
Verfügbarkeitstermin *m.*
available / verfügbar
available capacity / verfügbare Kapazität *f.*
available machine time / nutzbare
Maschinenzeit *f.*
available stock / verfügbarer Bestand *m.*
available work / Arbeitsvorrat *m.*
avalanche injection / Lawineninjektion *f.*
avalanche photo diode (APD) /
Lawinenphotodiode *f.*
to average / mitteln
average / Durchschnitt *m.* / durchschnittlich /
Havarie *f.* / floating ... cost gleitender
Durchschnittspreis *m.*
average demand / durchschnittlicher
Bedarf *m.*
average outgoing quality (AOQ) /
Durchschlupf *m.*
average outgoing quality limit (AOQL) /
größter Durchschlupf *m.*
average output quality (AOQ) /
Durchschlupf *m.*
average price / Durchschnittspreis *m.*
average stock / durchschnittlicher
Lagerbestand *m.*
average stock coverage time /
durchschnittliche Lagereindeckungszeit *f.*
average value / Durchschnittswert *m.*
average-value rectifier circuit /
Mittelwertschaltung *f.*
average width of the feature / mittlere
Strukturbreite *f.*
to avoid / vermeiden

awareness (of) / Bewußtsein (für etwas) *n.*
axial lead / Axialanschluß *m.*
axial-leaded / mit axialer Zuleitung *f.*
axial-lead package / Gehäuse mit
Axialzuleitung *n.* / *f.*

B

backconductance / Sperrleitwert *m.*
to backdate / rückdatieren
backend computer / Nach(schalt)rechner *m.*
backend operations / (Prod.) Montagen und
Prüffelder *fpl./npl.*
backfreight / Rückfracht *f.*
backgate / hinteres Gate *n.*
back-gate bias / Substratvorspannung *f.*
back-gate MOS / MOS mit rückseitigem
Gate *m./n.*
background partition / Hintergrundbereich *m.*
background processing /
Hintergrundverarbeitung *f.* /
Vorrangsteuerung *f.*
backing memory / äußerer Speicher *m.* /
Hilfsspeicher *m.*
backing storage / Ergänzungsspeicher *m.* /
Hilfsspeicher *m.* / äußerer Speicher *m.* /
Hintergrundspeicher *m.*
back lapping / Rückseitenläppen *n.*
back lighting / Ausleuchten von
Flächen *n./fpl.*
backlog / Rückstand *m.*
backlog list / Rückstandsliste *f.*
backlog of orders / Auftragsrückstand *m.*
backlog of work / Fertigungsrückstand *m.*
back-mounted / innenmontiert
backorder / rückständiger Auftrag *m.* /
offener Kundenauftrag *m.*
back panel / Rückplatte *f.*
back pattern / Struktur der Rückseite *f./f.*
back plane / Rundwandplatine *f.* /
Rückverdrahtungsplatte *f.* / Chassis
(f. LP) *f.*
backplane connector / Rückwandstecker *m.*
back resistance / Sperrwiderstand *m.*
backscattering / Rückstreuung *f.*
backseal / rückseitige Abdichtung *f.*
backside contamination /
Rückseitenverunreinigung (Wafer) *f.*
backside damage /
Rückseitenbeschädigung *f.*
backside diffusion / Rückseitendiffusion *f.*
backside etching / Rückseitenätzen *n.*
backside grinding / Dünnschleifen *n.*
backside metallization /
Rückseitenmetallisierung *f.*

backslash / umgekehrter Schrägstrich \ *m.*
to backspace / rücksetzen
backspace key / Rücktaste *f.*
back surface / Rückseite(noberfläche) *f.*
back-to-back / antiparallel geschaltet
backtracing / Rückverfolgung *f.*
backtracking / Rückverfolgung *f.*
backup / Sicherung *f.*
backup computer / Hilfsrechner *m.* / Ersatzrechner *m.*
backup copy / Sicherungskopie *f.*
backup file / Sicherungsdatei *f.*
backup operation / Reservebetrieb *m.*
backup people / Personalreserve *f.*
backup run / Sicherungslauf *m.*
backup storage / Reservespeicher *m.*
backup time interval / Hintergrundzeitintervall *n.*
backup track / Ersatzspur *f.*
backward / rückwärts
backward scheduling / Rückwärtsterminierung *f.*
bacteria colony / Bakterienkultur *f.*
bad / schlecht
bad chip / funktionsuntüchtiger Chip *m.*
badge card / Ausweiskarte *f.*
to bake / härten / trocknen / tempern
bake / Härten (Resist) *n.* / Trocknen *n.* / Tempern *n.*
baked in air / in Luft getrocknet
bake-out / Austrocknen (durch Wärmebehandlung) *n.*
bake oven / Trocknungsofen *m.*
bake step / Einbrennprozeß *m.*
bake temperature / Härtungstemperatur *f.* / Trocknungstemperatur *f.*
baking / Härtung *f.* / Wärmebehandlung *f.* / Einbrennen *n.* / Tempern *n.*
to balance / saldieren / abgleichen
balance / Abgleich *m.* / Restsumme *f.* / Saldo *m.*
balanced error / symmetrischer Fehler *m.*
balanced loading / abgeglichene Belastung *f.* / geglättete Maschinenauslastung *f.*
balanced panel jack / symmetrische Einbaubuchse *f.*
balanced quantity / saldierte Menge *f.*
balanced requirements / saldierte Bedarfsmengen *fpl.*
balance of payments / Zahlungsbilanz *f.*
balance-sheet / Bilanz *f.*
balance-sheet audit / Bilanzprüfung *f.*
balancing / Abgleich *m.* / Bestandsabgleich *m.*
ball forming / Kugelbildung *f.*
ballhead pin of a connector-retaining device / Druckknopf eines StV-Rastteils *m./n.*
banana jack / Bananenbuchse *f.*
banana plug / Bananenstecker *m.*

band / Spurgruppe *f.*
bank / Puffer *m.* / Vorrat *m.*
bank bill / Bankwechsel *m.*
bank code / Bankleitzahl *f.*
bank draft / Bankwechsel *m.*
banking pin / Anlagestift *m.* / Führungsstift *m.*
bank routing code / Bankleitzahl *f.*
bankruptcy / Konkurs *m.* / **fraudulent ...** Bankrott *m.*
bank transfer / Banküberweisung *f.*
ban on exports / Exportverbot *n.*
bar / Balken *m.* / Streifen *m.* / Querstrich *m.* / Steg *m.* / Holm *m.*
bar chart / Balkendiagramm *n.*
bar code / Balkencode *m.*
bar code marking / Strichcodekennzeichnung *f.*
bar code scanner / Balkencodeleser *m.* / Strichcodeleser *m.*
bar diode / Stabdiode *f.*
bare chip / ungekapselter Chip *m.* / Nacktchip *m.*
bare board / unbestückte Leiterplatte *f.*
bar mark / Strichmarkierung *f.*
bar printer / Stabdrucker *m.*
barrel / Barrel *n.* / Projektionssystem (v. Repeater) *n.*
barrel and planar plasma etching / Zylinder- und Planarplasmaätzen *n.*
barrel etcher configuration / Trommelplasmaätzanlage *f.*
barrel etching / Trommelätzen *n.*
barrel printer / Typenwalzendrucker *m.*
barrier / Hindernis *n.* / Sperrschicht *f.* / Grenzschicht *f.*
barrier diode / Sperrschichtdiode *f.*
barrier height / Sperrschichthöhe *f.*
barrier layer / Sperrschicht *f.*
barrier layer capacitance / Sperrschichtkapazität *f.*
barrier metal / Sperrmetall *n.*
barrier voltage of the emitter junction / Sperrschichtspannung des Emitterübergangs *f./m.*
barter transaction / Kompensationsgeschäft *n.* / Tauschgeschäft *n.*
base / Basis *f.* / Trägermaterial *n.*/ Stecksockel f. Röhre *m./f.*
base address / Basis-Adresse *f.*
base board / Sockelleiste *f.*
base channel / Bodenschiene (U-Profil) *f.*
base diffusion / Basisdiffusion *f.* / Basiszonendiffusion *f.*
Base Diffusion Isolation process / BDI-Verfahren *n.*
base diffusion sheet resistance / Basisdiffusionsflächenwiderstand *m.*

base doping / Basisdotierung f.
base-emitter junction /
Basis-Emitter-Anschluß m.
base index / Basis-Index m.
base inventory level / Basis-Bestand m.
base item / Grundgröße f.
base layer / Basisschicht f. / Grundschicht f.
base lead / Basisanschluß m.
base level defect density /
Mindestfehlerdichte f.
base line / Grundlinie f.
base load / Grundlast f.
base mask / Basis-Maske f. / Maske für
Basiszone f./f.
base material / Trägermaterial n. / Substrat n.
base metal / Trägermetall n.
base-plate electrode / Trägerelektrode f.
base price / Grundpreis m.
base record / Basissatz m.
base relocation / Basisadreßverschiebung f.
base stock / Minimalbestand m. /
Sicherheitsbestand m.
base technologies / Basistechnologien fpl.
basic access method /
Basiszugriffsmethode f. / einfache
Zugriffsmethode f.
basic assets / Grundvermögen n.
basic capacity stage / Grundausbaustufe f.
basic circuit / Grundschaltung f.
basic circuit arrangement /
Grundschaltung f.
basic clock rate / Grundtakt m.
basic component / Grundbestandteil m.
basic conditions / Grundbedingungen fpl. /
Rahmenbedingungen fpl.
basic data / Grunddaten pl. / Basisdaten pl.
basic development /
Grundlagenentwicklung f.
basic direct cost / Basiskosten pl.
basic grid / Grundraster n.
basic grid dimensions (BGD) /
Rasterteilung f.
basic industry / Grundstoffindustrie f.
basic operating system (BOS) /
Grundbetriebssystem n.
basic part / Grundteil n. / Standardteil n.
basic piece work rate / Akkordrichtsatz m.
basic process / grundlegender
Verfahrensablauf m. / Standardverfahren n.
basic producer / Hersteller der
Grundstoffindustrie m./f.
basic rate / Ecklohn m. / Grundlohn m.
basic research / Grundlagenforschung f.
basic time / Grundzeit f.
basic type / Grundtyp m.
basic wage rate / Grundlohn m.
basket / Wanne f. /
Verdampfungsschiffchen n.
to batch / stapelweise verarbeiten

batch / Charge f. / Stapel m.
batch card / Los-Begleitkarte f. /
Laufkarte f.
batch creation / Chargengründung f.
batch-fabricated / in Losen gefertigt
batch-fabrication / Serienfertigung f.
batch file / Stapelverarbeitungsdatei f.
batching / Losbildung f.
batch mode / Stapelbetrieb m.
batch mode of operation / losweise
Fertigung f.
batch oven / chargenweise bestückter Ofen m.
batch quantity variation /
Losgrößenbildungsmethode f.
batch processing / Schubverarbeitung f. /
losweise Fertigung f. /
Stapelverarbeitung f. /
Chargenbearbeitung f.
batch production / losweise Fertigung f. /
Chargenfertigung f.
batchsize / Losgröße f. / economic ...
wirtschaftliche Losgröße f. / fixed ... feste
Losgröße f. / least unit cost ... gleitende
wirtschaftliche Losgröße f. / optimal ...
optimale Losgröße f. / stationary ... feste
Losgröße f.
batchsizing / Losgrößenbildung f.
batch total / Zwischensumme f.
batch volume / Losmenge f.
bath / Bad n. / Becken (Naßätzen) n.
battery voltage compensating circuit /
Ausgleichsschaltung f.
bayonet coupling / Bajonettverschluß m.
bead / kleiner Programmbaustein m. /
Sicke (Stanzen) f.
beaker / Becherglas n.
beam / Strahl m.
beam adjustment / Strahljustierung f.
beam angular divergence /
Strahldivergenz f. / Strahlstreuung f.
beam blanker / Strahlaustastsystem n.
beam blanking circuit /
Strahlaustastschaltkreis m.
beam broadening / Strahlverbreiterung f.
beam current density / Strahlstromdichte f.
beam divergence / Strahldivergenz f. /
Strahlstreuung f.
beam edge slope / Stromdichteabfall der
Sondenkante m./f.
beam edge width / Breite der
Elektronensonde f./f.
beam excursion area / Strahlablenkfläche f.
beam flux / Strahlfluß m.
beam flyback / Strahlrücklauf m.
beam incidence angle /
Strahleinfallswinkel m.
beam lead / Trägerleitung f. /
Streifenanschluß m. / Balkenleiter m.

beam lead assembly /
Balkenleitermontage *f.* / Stegmontage *f.*
beam-like lead / bandförmiges
Anschlußelement (an Chip) *n.*
beam misplacement /
Strahlfehlpositionierung *f.*
beam on-off control / Hell-Dunkel-Steuerung
des Strahls *f.*/*m.*
beam scanning direction /
Strahlablenkrichtung *f.*
beam shape / Strahlform *f.*
beam size range / Strahlsondenbereich *m.*
beam spacing / Abstand der
Punktstrahlen *m.*/*mpl.*
beam spot diameter /
Strahlsondendurchmesser *m.*
beam spread / Strahldivergenz *f.*
beam spreading / Strahlverbreiterung *f.*
beam store / Strahlspeicher *m.*
beam sweep / Strahlablenkung *f.*
beam tape / Zwischenträgerfolienband *n.*
beam tape assembly /
Zwischenträgermontage *f.*
beam tape bonded chip / foliengebondeter
Chip *m.*
beam tape bonding equipment /
Folienbondeinrichtung *f.*
beam tape carrier / Zwischenträgerfilm *m.*
beam tape carrier technology /
Zwischenträgertechnik *f.*
beam tape device / Chip auf
Zwischenträgerfilm *m.*/*m.*
bearer bill / Inhaberwechsel *m.*
bearer of growth / Wachstumsträger *m.*
bearer shares / (GB) Inhaberaktien *fpl.*
bearer stock / (US) Inhaberaktien *fpl.*
to bear interest / Zinsen tragen
bed / Bahn (Datenträger) *f.*
bed-of-nails fixture / Nagelbett *n.*
to be exposed to / ausgesetzt sein (Staub etc.)
beforehand / vorher / davor
beginning file label / Dateianfangskennsatz *m.*
beginning of extent / Bereichsanfang *m.*
beginning of tape marker /
Bandanfangsmarke *f.*
beginning routine / Anfangsroutine *f.* /
Vorlauf *m.*
bell jar / Vakuumglocke *f.*
bellows / Balg *m.*
belt furnace / Durchlaufofen *m.*
belt printer / Kettendrucker *m.*
benchmark / Bezugsmarke *f.* /
Bezugspunkt *m.* / Vergleichspunkt *m.*
benchmarked / leistungsbewertet
benchmark figures / Eckdaten *pl.* /
Eckwerte *mpl.*
benchmark problem / Bewertungsaufgabe *f.*
benchmark program /
Bewertungsprogramm *n.*

benchmark test / Leistungstest *m.*
to bend / biegen
bending forces / Biegekräfte *fpl.*
bending of pins / Abwinkeln der
Anschlußbeine *n.*/*npl.*
bending radii / Biegeradien *mpl.*
bending tools / Biegewerkzeug *n.*
beneficial / vorteilhaft / von Nutzen
benefit analysis / Nutzwertanalyse *f.*
Bernouilli pick-up / Bernouilli-Greifer *m.*
beryllia / Berylliumoxid *n.*
beryllium copper / Kupferberyllium *n.*
beryllium window / Berylliumfenster *n.*
best mix / beste Vorgabemischung *f.*
bevel / Abschrägung *f.* / Fase *f.* /
Schräganschliff *m.*
bias address / Distanzadresse *f.*
bias voltage / Vorspannung *f.*
bibliography / Literaturverzeichnis *n.*
bichrome / zweifarbig
bicrystal / Doppelkristall *n.*
bid / Angebot *n.*
bidder / Anbieter *m.*
bifurcation / Gabelung *f.*
bill / Rechnung *f.* / **manufacturing ... of**
material Fertigungsstückliste *f.* / **master ...**
of material Ausgangsstückliste *f.* /
production ... of material
Fertigungsstückliste *f.* / **structure ... of**
material Strukturstückliste *f.* / **variant ... of**
material Variantenstückliste *f.*
bill explosion / Stücklistenauflösung *f.*
billing / Rechnungsstellung *f.*
billing date / Rechnungsdatum *n.*
bill of delivery / Lieferschein *m.*
bill of entry / (GB) Zollerklärung *f.*
bill of exchange / Wechsel *m.*
bill of lading / Frachtbrief *m.*
bill of material / Stückliste *f.*
bill of material chain / Stücklistenkette *f.*
bill of material matrix /
Erzeugnis/Teile-Matrix *f.*
bill of material processor /
Stücklistengenerator *m.*
bill of material purpose / Stücklistenzweck *m.*
bill of material tree / Stücklistenbaum *m.*
bill of material use /
Stücklistenverwendung *f.*
bill of sufferance / (GB) Zollpassierschein *m.*
bills payable / Wechselverbindlichkeiten *fpl.*
bin / Transporteinheit *f.* / Behälter *m.* /
Lagerplatz *m.*
binary / binär
binary carry / Binärübertrag *m.*
binary coded decimal (BCD) / binär codierte
Dezimalziffer *f.*
binary coded decimal representation /
BCD-Darstellung *f.*
binary coded digit / Bit *n.*

binary character system / binäres
Zeichensystem *n.*
binary digit / Binärstelle *f.*
binary integer / ganze Dualzahl *f.* /
Festkommazahl *f.*
binary item / Binärfeld *n.*
binary notation / Binärdarstellung *f.*
binary pattern / Binärmuster *n.*
binary point / Binärkomma *n.*
binary quantity / Binärgröße *f.*
binary real number / Gleitkommazahl *f.*
binary representation / Binärdarstellung *f.*
binary search / dichotomische Suche *f.*
binary shift / binäres Schieben *n.*
binary-to-decimal conversion /
Binär-Dezimal-Umwandlung *f.*
binary zero / binäre Null *f.*
bin card / Lagerplatzkarte *f.*
to bind / binden / verknüpfen
binding / bindend (Zusage)
binding post / Prüfklemme (elektr.-tech.) *f.*
binding wire / Rödeldraht *m.*
bin management / Lagerplatzverwaltung *f.*
binominal coefficient /
Binominalkoeffizient *m.*
binominal distribution /
Binominalverteilung *f.*
binominal population / binominale
Grundgesamtheit *f.*
binominal probability / binominale
Wahrscheinlichkeit *f.*
bin tag / Lagerplatzkarte *f.*
biological chip / Biochip *m.*
biological microscope /
Dünnlichtmikroskop *n.*
bionics / Bionik *f.*
bipolar insulated-gate FET / Bipolar-FET mit
isoliertem Gate *m./n.*
bipolar inversion-channel FET / Bipolar-FET
mit Inversionsschicht *m./f.*
bipolar junction transistor / bipolarer
Sperrschichttransistor *m.*
biquinary code / Biquinärcode *m.*
bird's beak structure / Vogelkopfstruktur *f.*
bistability region / Bistabilitätsbereich *m.*
bistable multivibrator / bistabile
Kippschaltung *f.*
bistable circuit / bistabile Kippstufe *f.*
bit / Bit
bit array / Bitmatrix *f.*
bit assignment / Bitzuweisung *f.*
bit check / Bitzahlprüfung *f.*
bit configuration / Binärmuster *n.*
bit count / Bitzahl *f.*
bit density / Bitdichte *f.*
bit extraction / Extrahierung *f.*
bit jitter / Bitverschiebung *f.*
bit location / Bitadresse *f.* / Bitposition *f.*
bit manipulation / Bitverarbeitung *f.*

bit mapping / Bitabbildung *f.*
bit pattern / Bitmuster *n.*
bit plane / Bitebene *f.*
bit rate / Bitgeschwindigkeit *f.*
bit selection / Bitauswahl *f.*
bit slice / Bitscheibe *f.*
bit slip / Bitschlupf *m.*
bits per inch (bpi) / Bit pro Zoll *n.*
bits per second (bps) / Bit pro Sekunde *n.*
bit string / bit stream / Bitkette *f.* /
Binärzeichenfolge *f.*
blade contact / Messerkontakt *m.*
blade-contact connector /
Messersteckverbinder *m.*
blade of a connector / Messer eines StV *n.*
blank / leer
blank address / Leeradresse *f.*
blank card / ungelochte Karte *f.*
blank character / Leerstelle *f.* /
Leerzeichen *n.*
blank cover / Blindabdeckung *f.*
blanket order / Rahmenauftrag *m.* /
Blankoauftrag *m.*
blank form / Leerformular *n.*
blanking / Punktmatrixdunkeltastung *f.* /
Dunkeltasten *n.* / Austasten *n.*
blanking screw for mounting holes /
Abdeckschraube für
Montagelochungen *f./fpl.*
blank instruction / Übersprungbefehl *m.*
blank line / Leerzeile *f.*
blank module board / leere Modulkarte *f.*
blank purchase / Blankobezug *m.*
blank wafer / unbeschichtete Wafer *f.*
blasting pressure / Strahldruck *m.*
bleed-out of glass / Ausfließen von Glas
(z. B. auf Substrat) *n./n.*
blemish / Fehlerstelle
(auf Speichermedium) *f.*
blending / Mischen *n.*
to blind out / ausblenden
blind-stepped / blindpositioniert
blistering / Blasenbildung *f.*
blister package / Blisterverpackung *f.*
to block / sperren
block cancel character /
Blockungültigkeitszeichen *n.*
block control /
Fertigungsphasen-Überwachung *f.*
blocked account / Festkonto *n.*
blocked operations / funktionsorientierte
Fertigung *f.*
blocked operations facility /
Fertigungseinrichtung zur Herstellung
verschiedener Produkte *f./f./npl.*
block gap / Blocklücke *f.*
block ignore character /
Blockungültigkeitszeichen *n.*
block length / Blocklänge *f.*

block of shares / Aktienpaket *n.*
block scheduling / Terminierung mit
    Zeitabschnitten *f./mpl.*
to blow / (Sicherung) durchbrennen /
    aufschmelzen / blasen
blowhole / Entgasungskrater *m.*
blowing into the hood area / Einblasen in die
    Arbeitskammer *n./f.*
blown link / durchgebrannte
    Schmelzsicherung *f.*
blow-off / Abstrahlen *n.*
blow-off cycle / Blaszyklus *m.*
blow-through / Phantom-Stückliste *f.*
blue-collar worker / gewerblicher
    Arbeitnehmer *m.*
blue-enhanced / blauangereichert
blueprint / Entwurf *m.*
blue sensitivity / Blauempfindlichkeit *f.*
to blur the photoresist features /
    die Fotoresiststruktur verwaschen
    (unscharf abbilden) *f.*
BNC jack / BNC-Koaxialbuchse *f.*
BNC right-angle plug /
    BNC-Winkelstecker *m.*
board / Karte *f.* / Leiterplatte *f.* / Platine *f.* /
    Ausschuß *m.* / Kommission *f.*
board assembly / Bestückung *f.*
board cage / Platinenrahmen *m.* /
    Steckrahmen *m.*
board connector / Leiterplattensteckerleiste *f.*
board containing wiring / Leiterplatte mit
    Verdrahtung *f./f.*
board density / Bauteildichte auf der
    Leiterplatte *f./f.*
board design / Leiterplattenentwurf *m.*
board error correction / Nullagekorrektur der
    Leiterplatte *f./f.*
board module / Flachbaugruppe *f.*
board-mounted connector /
    leiterplattenmontierbarer Steckverbinder *m.*
board of advisors / Beratungsausschuß *m.*
board of directors / Vorstand *m.*
Board of Trade /
    (GB) Handelsministerium *n.* /
    (US) Handelskammer *f.*
board origin / Leiterplatten-Nullpunkt *m.*
board packing density / Bestückungsdichte
    der Leiterplatte *f./f.*
board real estate / nutzbare Platinenfläche *f.*
boardroom / Vorstandsetage *f.*
board routing / Leitungsführung auf der
    Platine *f./f.*
board socket / Stecksockel für
    Leiterplatte *m./f.*
board swapping / Plattenaustausch *m.*
board systems / Baugruppensysteme *npl.*
board thickness / Leiterplattendicke *f.*
boat / Scheibenhalter *m.* / Schiffchen *n.*
bobbin / Spulenkörper (Relais) *m.*

body / Substrat *n.* / Körper *m.* /
    Steckerkörper *m.*
body electronics / Karosserieelektronik *f.*
BOE-solution / BOE-Lösung *f.*
Bohr atom model / Bohrsches Atommodell *n.*
to boil / sieden (Elektronen)
bold / (Schrift) fett
bold-face printing / Fettdruck *m.*
bombardment / (Ionen) Beschuß *m.*
bond / Zollverschluß *m.* / Zollsiegel *n.* /
    Bondverbindung *f.*
to bond / verbinden / kontaktieren
bondability / Bondfähigkeit *f.*
bond breakage / Lösen der
    Bondverbindung *n./f.*
bond count / Bondstellenzahl *f.*
bonded / geklebt / verbunden / gebondet /
    kontaktiert / unter Zollverschluß / **...** by
    thermocompression thermodruckgebondet /
    ... by ultrasonic ultraschallgebondet
bonded goods / Zollagergut *n.*
bonded warehouse / Zollgutlager *n.*
bonded warrant / Zollagerschein *m.*
bonder / Bondgerät *n.*
bonder with outer lead tooling /
    Außenbonder *m.*
bond fracture / Bondstellenbruch *m.*
bonding area / Bondfläche *f.*
bonding by thermocompression /
    Thermokompressionsbonden *n.*
bonding conductor / Verbindungsleitung *f.*
bonding connection / Verbindungsleitung *f.*
bonding device / Bondwerkzeug *n.*
bonding head / Bondkopf *m.*
bonding interface / Bondgrenzfläche *f.*
bonding land / Anschlußfleck *m.*
bonding needle / Bondkanüle *f.*
bonding pad / Anschlußfleck *m.* /
    Bondinsel *f.* / Kontaktfleck *m.*
bonding pad location / Bondinselstelle *f.*
bonding pad size / Bondinselgröße *f.*
bonding rate / Bondgeschwindigkeit *f.*
bonding sequence / Kontaktierfolge *f.*
bonding site / Bondstelle *f.*
bonding stage / Bondtisch *m.*
bonding tip / Bondspitze *f.*
bonding wire / Kontaktierdraht *m.*
bond pad / Bondkontaktstelle *f.*
bond papers / Zollbegleitpapiere *npl.*
bond pressure / Bondlast *f.*
bond pull strength / Bondzugfestigkeit *f.*
bond pull test / Bondzugtest *m.*
bond push strength / Abschiebekraft *f.*
bond push test / Abschiebetest *m.* /
    Kontakt-Schiebetest *m.*
bond quality / Bondstellengüte *f.*
bond reliability / Bondzuverlässigkeit *f.*
bonds / festverzinsliche Wertpapiere *npl.* /
    Renten *pl.*

bond site / Bondstelle *f.*
bond strength / Bondfestigkeit *f.* /
    Haftfestigkeit (Bond) *f.*
bond wire fan-out / Auffächerung der
    Bonddrähte *f./mpl.*
bonus / Prämie *f.*
bonus share / Freiaktie *f.* / Gratisaktie *f.*
boogie / Container-Fahrgestell *n.*
book audit / Buchprüfung *f.*
booked stock at actual cost / buchmäßiger
    Bestand zu Ist-Kosten *m./pl.*
booking / Buchung *f.* / Zugänge *mpl.*
book inventory / buchmäßiger Bestand *m.*
bookkeeping / Buchhaltung *f.*
bookkeeping instruction / organisatorischer
    Befehl *m.*
bookkeeping operation / organisatorische
    Operation *f.*
bookkeeping voucher / Buchungsbeleg *m.*
book of entries / Eingangsbuch *n.*
book of original entry / (ReW) Grundbuch *n.*
book transfer / Umbuchung *f.*
Boolean complementation / boolesche
    Komplementierung *f.*
Boolean connective / Boole-Operator *m.*
Boolean lattice / boolescher Verband *m.*
Boolean operation / boolesche Verknüpfung *f.*
to boost / verstärken
boost converter / Hochsetzsteller
    (Sperrwandler) *m.*
to boost sales / Umsatz steigern *m.*
boot / Steckerschutzgehäuse *n.*
to boot / urladen
bootstrap / Vorlaufprogramm *n.* / Urlader *m.* /
    Ladeprogramm *n.*
bootstrap(ping) / Urladung *f.*
bootstrap loader / Ureingabeprogramm *n.*
bootstrap memory / Startroutinespeicher *m.*
border / Grenze (Land) *f.*
border customs clearance /
    Grenzzollabfertigung *f.*
bordereau / Bordero *n.*
border of the depletion region / Grenze der
    Verarmungszone *f./f.*
boron bond / Borbindung *f.*
boron-doped / bordotiert
boron nitride / Bornitrid *n.*
boron tribromide / Bortribromid *n.*
boron trichloride / Bortrichlorid *n.*
boron trioxide / Bortrioxid *n.*
borosilicate glass mask / Borsilikatmaske *f.*
borrowed capital / borrowed funds /
    Fremdkapital *n.*
bottleneck / Engpaß *m.*
bottleneck capacities / Engpaßkapazitäten *fpl.*
bottom-brazed / an der Unterseite angelötet
    (Gehäuseanschluß) *f.*
bottom contact / Kontakt auf
    Gehäuseboden *m./ m.*

bottom layer / untere Schicht *f.*
bottom line / Untergrenze *f.*
to bottom-route a wire / Draht von unten
    einführen *m.*
bottom-route wire / von unten eingeführter
    Draht *m.*
bottom-up information / Information von
    unten nach oben (in Firmenhierarchie) *f.*
bottom-up replanning / Neuplanung von
    unten nach oben *f.*
bought item / Kaufteil *n.*
boule / Einkristallkörper *m.*
bound / Grenze *f.*
boundary / Grenzschicht *f.* / Grenze *f.*
boundary value / Grenzwert *m.*
bound by contract / vertraglich gebunden
to bow / sich durchbiegen
bow / Durchbiegung *f.* / Wölbung (Wafer) *f.*
bowing / Durchbiegen *n.*
bow value / Durchbiegungswert *m.* /
    Wölbungsgröße *f.*
B-part ordering key / B-Teile-
    Bestellschlüssel *m.*
brace / geschweifte Klammer *f.*
bracket / eckige Klammer *f.*
braid clamp / Geflechtklemme *f.*
to branch / abspringen
branch / Filiale *f.* / Verzweigung *f.* /
    Sprung *m.* / Geschäftsstelle *f.* / Ast *m.*
branch address / Sprungadresse *f.*
to branch backward / rückverzweigen
branch condition / Sprungbedingung *f.*
branch destination / Sprungziel *n.*
branch manager / Filialleiter *m.* /
    Zweigstellenleiter *m.*
branch operation / Zweigbetrieb *m.*
to branch out / diversifizieren
branch point / Verzweigungsstelle *f.*
branch statement / Sprunganweisung *f.*
brand / Marke *f.* / Warenzeichen *n.*
Brazil / Brasilien
brazing / Hartlöten *n.*
breach of contract / Vertragsbruch *m.*
breadboard (construction) /
    Versuchsaufbau *m.*
break / Betriebspause *f.* / Ausfall *m.*
to break / brechen / zerbrechen / kaputtgehen
to break down into / zerlegen in / auflösen
    (Bedarf)
breakdown / Ausfall *m.* / Störung *f.* / (Halbl.)
    Durchbruch *m.* / (Bedarf) Auflösung *f.* /
    Untergliederung *f.*
breakdown of cost / detaillierte
    Kostenübersicht *f.* /
    Kostenaufschlüsselung *f.*
break-even point / Ertragsschwelle *f.*
breaking device / Brechvorrichtung *f.*
breaking pad / Brechkissen *n.*

break in production / Betriebsstörung *f.* /
Störung der Fertigung *f.*
break key / Unterbrechungstaste *f.*
break point / Meßpunkt *m.* / Haltepunkt *m.*
to bridge / überbrücken
bridge / Brücke *f.* / Meßbrücke *f.* /
Leitbahnbrücke *f.*
to bridge a gap in the market / Marktlücke
erschließen *f.*
bridge circuit / Brückenschaltung *f.*
bridging / Überbrückung / Brückenbildung *f.*
bridging fault / Überbrückungsfehler *m.*
bridging leads / überbrückte Anschlüsse *mpl.*
briefing / Einweisung *f.*
bright light control / Schräglichtkontrolle *f.*
brightness group distribution /
Helligkeitsgruppenverteilung *f.*
brightness level / Richtstrahlwert *m.*
brisk demand / lebhafte Nachfrage *f.*
brittleness / Sprödigkeit *f.* /
Zerbrechlichkeit *f.*
broadening of step edges / Verbreiterung der
Böschungskanten *f./fpl.*
brochure / Broschüre *f.*
broken wire / Drahtbruch *m.*
broker / Makler *m.*
Brookfield rotating-vane viscosimeter /
Brookfield-Flügelrad-Viskosimeter *n.*
brown goods / braune Waren *fpl.*
brownout / Beinaheausfall *m.*
to brush / bürsten
brush pressure / Bürstenandruck *m.*
brush scrubbing / Bürstenreinigung
(v. Wafers) *f.*
B-stage resin / nicht ausgehärtetes
Bindemittel *n.*
bubble chip / Blasenchip *m.*
bubble device / Blasenspeicherelement *n.*
bubble film / Blasenschicht *f.*
bubble memory / Blasenspeicher *m.*
bubble module / Blasenbaustein *m.*
bubble pattern / Blasenstruktur *f.*
bubbles / Bläschen *n.*
bubble test / Bläschenprüfung *f.*
buck converter / Tiefsetzsteller
(Sperrwandler) *m.*
bucket / Planungsperiode *f.* /
Originalspeicherbereich *m.*
Bucket Brigade Device (BBD) /
Eimerkettenschaltung *f.*
bucketed system / Dispo-System mit
Zeitabschnitten *n./mpl.*
bucketless system / Dispo-System mit
Datumsangaben *n.*
budget / Wirtschaftsplan *m.* / Etat *m.*
budget appropriation /
Ausgabebewilligung *f.*
budgetary cost accounting /
Plankostenrechnung *f.*

budgeting / Wirtschaftsplanung *f.* /
Zielplanung *f.* / Budgetierung *f.*
budget overruns /
Budgetüberschreitungen *fpl.*
budget variance / Planabweichung *f.*
buffer / Puffer *m.*
buffered oxide etching (BOE) / gepuffertes
Oxidätzen *n.*
buffer memory / Pufferspeicher *m.* /
Zwischenspeicher *m.*
buffer overflow / Pufferüberlauf *m.*
buffer quantity / Puffermenge *f.*
buffer stock / eiserner Bestand *m.* /
Sicherheitsbestand *m.* / Pufferbestand *m.*
buffer storage / Pufferspeicher *m.*
buffer store / Pufferlager *m.*
buffer zone / Pufferzone *f.*
bug / Programmierfehler *m.* /
Softwarefehler *m.*
to build up stock / Lagervorräte
aufbauen *mpl.* / Lagerbestand auffüllen *m.*
built-in check / automatische Prüfung *f.* /
Selbstprüfung *f.*
building block / Baustein *m.* / Modul *n.*
building block modularity / modulare
Bauweise *f.*
building block system / Bausteinsystem *n.*
build schedule / Montageplan *m.*
build-up / Aufbau *m.* / Anhäufung *f.*
built-in voltage / Diffusionsspannung *f.*
bulge / Ausbauchung (im Wafer) *f.*
bulk / Masse *f.* / Volumen *n.*
bulk admittance / Masseleitwert *m.*
bulk carrier mobility /
Volumenträgerbeweglichkeit *f.*
bulk charge / Volumenladung *f.*
bulk conductivity / Masseleitfähigkeit *f.* /
Volumenleitfähigkeit *f.*
bulk consumer / Großverbraucher *m.*
bulk core storage / Großraumkernspeicher *m.*
bulk diffusion length /
Volumendiffusionslänge *f.*
bulk doping / Volumendotierung *f.*
bulk goods / Massengut *n.*
bulkhead connector / Gehäusestecker
(StV) *m.*
bulkhead jack receptacle /
Einschraubbuchse *f.*
bulk-junction FET / Sperrschicht-FET *m.*
bulk material / Vollmaterial *n.*
bulk of the pattern data / Masse der
Strukturdaten *f./pl.*
bulk order / Großbestellung *f.* /
Großauftrag *m.*
bulk processing / Stapelverarbeitung *f.*
bulk product / Massenprodukt *n.*
bulk property / Volumeneigenschaft *f.* /
Masseeigenschaft *f.*

bulk purchase / Vorratskauf *m.* /
    Großeinkauf *m.*
bulk resistance / Massewiderstand *m.* /
    Volumenwiderstand *m.*
bulk resistivity / spezifischer
    Materialwiderstand *m.*
bulk sales / Massenabsatz *m.*
bulk semiconductor / Volumenhalbleiter *m.*
bulk silicon / massives Silizium *n.*
bulk storage / Großspeicher *m.*
bulk thickness / Materialdicke *f.*
bulk wafer exposure system /
    Mehrwaferbelichtungsanlage *f.*
bulletin board / schwarzes Brett *n.*
to bump / mit Bondhügeln versehen *mpl.*
bump / nicht adressierbarer Hilfsspeicher *m.* /
    Höcker *m.* / Bondhügel *m.* / Erhebung *f.*
to bump-bond / mittels Kontaktlöchern
    bonden *npl.*
bumped chip / Chip mit Bondhügeln *m./mpl.*
bumped die pad / erhöhte Chipbondinsel *f.*
bumped terminal pad / Bondhügel *m.*
bumper strip / Sockelleiste *f.*
bump height / Bondhügelhöhe *f.*
bumping / Bondhügelherstellung *f.* / Erhöhen
    der Bondinsel *n./f.*
bumping metal / Bondhügelmetall *n.*
bump mask / Maske für die
    Bondhügel *f./mpl.*
bump pattern data /
    Bondhügelstrukturdaten *pl.*
bump squash / Bondhügelverformung *f.*
bump technology / Höckertechnik *f.*
burden / Last *f.* / Gemeinkosten *pl.* /
    manufacturing ...
    Fertigungsgemeinkosten *pl.* / **... rate**
    Gemeinkostensatz *m.* / **... rate per hour**
    Gemeinkostensatz pro Stunde *m./f.*
buried / verdeckt / vergraben
buried-channel ... /... mit vergrabenem
    Kanal *m.*
buried layer / Einbettungsschicht *f.* /
    vergrabene Schicht *f.*
buried-load logic / vergrabene Lastlogik *f.*
buried-oxide isolation / Isolation durch
    vergrabenes Oxid *f./n.*
buried p+ region / diffundiertes
    p+-Gebiet *n.*
burned-in / vorgealtert
to burn-in / einbrennen / voraltern
burn-in / Burn-in *n.* / Voralterungstest *m.*
burn-in code / Burn-in-Kennzeichen *n.*
burn-in screening / Selektierung durch
    Voralterung *f./f.*
to burn-out / ausbrennen / durchbrennen
burn-off flame / Abbrennflamme *f.*
burr / Preßgrat *m.*
burr-free / gratfrei

burr max. ... / (burrheight) Grat max. ...
    (Grathöhe) *m.*
burr side / Gratseite *f.*
burst mode / blockweiser Datentransfer *m.* /
    Stoßbetrieb *m.* / Impulsbetrieb *m.*
bus / Pfad *m.* / Sammelweg *m.* / Datenweg *m.* /
    Kanal *m.*
busback / Fehlerkontrolle mit
    Rückwärtsübertragung *f./f.*
bus driver / (DV) Bustreiber *m.*
bushing / Isolierbuchse *f.*
business / Firma *f.* / Unternehmen *n.* /
    Geschäfte *npl.* / **retail ...** Einzelhandel *m.* /
    wholesale ... Großhandel *m.*
business administration /
    Betriebswirtschaft *f.*
Business Administration /
    (Siem.) Kaufmännische Leitung *f.*
business association / Wirtschaftsverband *m.*
business call / Dienstgespräch *n.*
business card / Visitenkarte *f.*
business computer / Bürocomputer *m.*
business data processing / kaufmännische
    Datenverarbeitung *f.*
business development /
    Geschäftsentwicklung *f.*
business economics /
    Betriebswirtschaftslehre *f.*
business expansion / Geschäftsausdehnung *f.*
business expenses / Geschäftskosten *pl.*
business formation / Geschäftsgründung *f.*
business graphics / Bürographik *f.*
business hazard / Unternehmensrisiko *n.* /
    Unternehmerwagnis *n.*
business line / Geschäftsfeld *n.*
business loan / Handelskredit *m.*
business machine / Büromaschine *f.*
businessman / Geschäftsmann *m.*
business plan / Wirtschaftsplan *m.*
business policy / Geschäftspolitik *f.*
business recession / Geschäftsrückgang *m.*
business risk / Unternehmensrisiko *n.*
business structure / Geschäftsstruktur *f.*
business transaction / Geschäftsvorgang *m.*
business trip / Geschäftsreise *f.*
business unit / geschäftsführender
    Bereich *m.* / Geschäftsgebiet *n.*
business year / Geschäftsjahr *n.*
bus interface / Bus-Schnittstelle *f.*
bust / Bedienungsfehler *m.*
busy / beschäftigt / (Tel.) belegt
butting accuracy / Montagegenauigkeit *f.*
butting connector /
    Stirnkontakt-Steckverbinder *m.*
butting contact / Verbindungskontakt *m.*
butting error / Montagefehler *m.* /
    Anschlußfehler *m.*
butt joint lead / Lötverbindungsanschluß *m.*
butyl acetate / Butylazetat *n.*

to buy / kaufen
to buy at a premium / teuer einkaufen
buyer / Käufer *m.*
buyer-code / Einkäufer-Schlüssel *m.*
buyers' conference / Einkaufsfachtagung *f.*
buyers' council / Einkaufsfachgespräch *n.*
buying agent / Einkaufskommissionär *m.*
buying commission / Einkaufsprovision *f.*
buying department / Einkaufsabteilung *f.*
buying habits / Kaufgewohnheiten *fpl.*
buying pattern / Kaufverhalten *n.*
buzzer / Schnarre *f.*
by means of / mittels / durch
by mistake / irrtümlicherweise
by no means / auf keinen Fall *m.*
by-product / Nebenprodukt *n.* / Abfallprodukt *n.*
by railway officials / bahnamtlich
by return / postwendend
byte-serial transmission / byteweise Serienübertragung *f.*

C

cable braid / Kabelgeflecht *n.*
cable clamp / Kabelabfangung *f.*
cable compatible / kabeltauglich
cable connector / Kabelsteckverbinder *m.*
cable cutout / Kabelausschnitt *m.*
cable duct / Kabelkanal *m.*
cable effect / Kabeleinfluß *m.*
cable entry / Kabeleinführung *f.*
cable feedthrough / Kabelfassung *f.*
cable feedthrough connector / Durchführung (Metallgehäuse) *f.*
cable flange / Kabelflansch *m.*
cable gland / Kabelverschraubung *f.*
cable grid / Kabelrost *m.*
cable inner conductor / Kabelinnenleiter *m.*
cable jack / Buchse mit Kabelanschluß *f./m.* / Leitungsbuchse (StV) *f.*
cable lug / Kabelschuh *m.*
cable outlet / Kabelausgang *m.*
cable plug / Leitungsstecker (StV) *m.*
cable run / Kabelzug *m.*
cable running list / Kabellegeliste *f.*
cable segregation / Kabeltrennung *f.*
cable (support) sleeve / Kabeltülle *f.*
cable-to-cable connector / Leitungskupplung *f.*
cabling / Kabelführung *f.*
cache memory / Cache-Speicher *m.*
cadmium / Cadmium *n.*
cage / Baugruppenrahmen (BGR) *m.*

calculated depreciation / kalkulatorische Abschreibung *f.*
calculation / Rechnung *f.* / **sort of ...** Kalkulationsart *f.*
calculation of requirements / Bedarfsrechnung *f.*
calculation of stock / Bestandsrechnung *f.*
calculator chip / Rechnerbaustein *m.*
calculator on substrate / Glasscheibenrechner *m.*
calendar date / Kalenderdatum *n.*
calendar time / Zeitrechnung laut Kalender *f./m.*
calibration grid / Eichgitter *n.*
to call / anrufen / (DV) aufrufen
call / Anruf *m.* / (DV) Aufruf *m.*
callable / aufrufbar
to call a strike / Streik ausrufen *m.*
call diversion / Anrufumleitung *f.*
called party / gerufener Teilnehmer *m.*
to call for / anfordern / verlangen nach
to call forward / abrufen
call forwarding / Anrufumleitung *f.*
calling command / Aufrufkommando *n.*
calling sequence / Abrufesequenz *f.*
to call off / absagen (Termin)
call off / Abruf *m.*
call-off delivery voucher / Lieferantenabrufbeleg *m.*
call-off processing / Abrufbearbeitung *f.*
call pickup / Anrufübernahme *f.*
call repetition / Anrufwiederholung *f.*
call statement / Funktionsaufruf *m.*
call word / Kennwort *n.* / Paßwort *n.*
camber / Wölbung (Wafer) *f.*
cambered wafer / gewölbter Wafer *f.*
camp-on circuit / Warteschaltung *f.*
can / Rundgehäuse *n.*
can base / Gehäusebasis *f.*
to cancel / stornieren / annullieren / abbrechen
cancellation / Stornierung *f.* / Annullierung *f.*
cancellation charge / Annullierungsgebühr *f.*
cancellation fee / Annullierungsgebühr *f.*
cancellation of contract / Vertragsauflösung *f.*
cancellation period / Kündigungsfrist *f.*
cancellation term / Kündigungsfrist *f.*
cancel key / Löschtaste *f.*
canned / hermetisch gekapselt / fest / unveränderbar
canned routine / fertiges Programm (als Sonderlösung) *n.*
cantilevered lead / freitragender Anschlußdraht *m.* / freihängendes Anschlußfähnchen *n.*
can tray / Kappenhorde *f.*
to canvass orders / Aufträge beschaffen *mpl.*

cap / Kappe *f.* / Verschlußkappe (Koax-StV) *f.*
capability / Leistungsfähigkeit *f.* / Fähigkeit *f.*
capable / fähig
capacitance / Kapazität *f.* / **... of p-n junction** Sperrschichtkapazität *f.*
capacitance density / Kapazitätsdichte *f.*
capacitance divider / Kapazitätsteiler *m.*
capacitance ratio / Kapazitätsverhältnis *n.*
capacitance swing / Kapazitätsbereich *m.*
capacitance tolerance / Kapazitätstoleranz *f.*
capacitance-voltage plot(ting) / Kapazitäts-/Spannungs-Diagramm *n.*
capacitive array / Kondensatorkette *f.*
capacitive coupling through the substrate / kapazitive Kopplung durch das Substrat *f./n.*
capacitive reactance voltage / Streuspannung *f.*
capacitive transducer / kapazitiver Geber *m.*
capacitor / Kondensator *m.*
capacitor assembly / Kondensator-Anordnung *f.*
capacity / Kapazität *f.* / **actual ...** Ist-Kapazität *f.* / **available ...** verfügbare Kapazität *f.* / **customer order ... load overview** auftragsbezogene Kapazitätsbelastungs-Übersicht *f.* / **rated ...** Soll-Kapazität *f.*
capacity alignment / Kapazitätsabgleich *m.*
capacity availability calculation / kapazitive Verfügbarkeitsprüfung *f.*
capacity calculation / Kapazitätsrechnung *f.*
capacity calculation levelling / Kapazitätsausgleichsrechnung *f.*
capacity control / Kapazitätskontrolle *f.*
capacity increment / Kapazitätssprung *m.*
capacity levelling / Kapazitätsabgleich *m.*
capacity list / Kapazitätsliste *f.*
capacity load / Kapazitätsbelastung *f.* / Kapazitätsbelegung *f.*
capacity load calculation / Kapazitätsbelastungsrechnung *f.*
capacity loading / Kapazitätsbelastung *f.*
capacity load overview / Kapazitätsbelastungsübersicht *f.*
capacity overflow / Kapazitätsüberlauf *m.* / Kapazitätsüberschreitung *f.*
capacity planning / Kapazitätsplanung *f.*
capacity requirements / Kapazitätsbedarf *m.*
capacity requirements planning / Kapazitätsbedarfsplanung *f.*
capacity scheduling / Kapazitätsterminierung *f.*
capacity shortage / Unterkapazität *f.*
capacity stock / Kapazitätsbestand *m.*
capacity supply / Kapazitätsangebot *n.*
capacity surplus / Kapazitätsüberhang *m.*

capacity utilization / Grad der Kapazitätsauslastung *m./f.*
capacity where-used list / Kapazitätsverwendungsnachweis *m.*
capillary / Kontaktierdüse *f.*
capillary action / Kapillarvorgang *m.*
capillary heating / Düsenheizung *f.*
capillary holder / Düsenhalterung *f.*
capillary pressure / Kontaktierdruck *m.*
capillary temperature / Düsentemperatur *f.*
capital budget / Investitionsetat *m.*
capital demand / Kapitalbedarf *m.*
capital expenditures and investments / Investitionen *fpl.*
capital-flow balance-sheet / Investitionsbilanz *f.*
capital flow statement / Kapitalflußrechnung *f.*
capital goods / Investitionsgüter *npl.* / Anlagegüter *npl.*
capital investment committee / Investitionsausschuß *m.*
capital investment planning / Investitionsplanung *f.*
capitalization / Großschreibung *f.*
to capitalize / (Kapital) aktivieren / groß schreiben
capital letter / Großbuchstabe *m.*
capital tie-up list / Kapitalbindungsnachweis *m.*
capping layer / Verkappungsschicht *f.* / Deckschicht *f.*
capsule diffusion / Ampullendiffusion *f.*
caption / Kopfzeile *f.* / Titelzeile *f.*
captivated / verschiebesicher (Stift)
to capture / (Daten) erfassen / (Neutron) einfangen
capture model / Einstiegsmodell *n.*
cap welder / Schweißmaschine *f.*
carbide / Hartmetall *n.* / Karbid *n.*
carbolic acid / Karbolsäure *f.*
carbon content / Kohlenstoffgehalt *m.*
carbon copy / Durchschrift *f.*
carbon dioxide / Kohlendioxid *n.*
carbon tetrafluoride / Tetrafluorkohlenstoff *m.*
cardboard / Pappe *f.*
cardboard case / Pappkarton *m.*
card cage / Platinenträger *m.* / Baugruppenträger *m.*
card chassis / Kartenrahmen *m.*
card edge connector / Leiterplattensteckleiste *f.*
card edge receptacle / Steckerbuchsenleiste für eine Leiterplatte *f./f.*
card extender / Baugruppenadapter *m.*
card frame / Kartenrahmen *m.*
card guide / Leiterplattenführung *f.*
card-mounted / auf Karte montiert *f.*

card on-board packing / Kompaktanordnung von Schaltkarten(modulen *npl*.) auf Substratplatte *f./fpl./f.*
card position assignment / Belegungszuordnung für Schaltkarten *f./fpl.*
career / Karriere *f.*
careless storage / unsachgemäße Lagerung *f.*
cargo / Fracht *f.* / Ladung *f.*
cargo area / Ladefläche *f.*
cargo handling charges / Umschlagskosten (Fracht) *pl.*
cargo hatch / Ladeluke *f.*
cargo hold / Laderaum *m.*
cargo list / Frachtliste *f.*
cargo office / Luftfrachtbüro *n.*
cargo space / Transportraum *m.* / Frachtraum *m.*
cargo underwriter / Frachtversicherer *m.*
carload / Wagenladung *f.*
carnet / Carnet *n.*
carnet-TIR / TIR-Heft *n.*
carriage / Rollgeld *n.* / Frachtgebühr *f.* / Beförderung *f.* / Transport *m.* / Vorschub *m.* / Schreibwagen *m.*
carriage and duty prepaid / franko Fracht und Zoll
carriage charge / Frachtgebühr *f.*
carriage forward (C/F) / Fracht zahlt Empfänger *f./m.* / unfrei
carriage free / frachtfrei
carriage inward / Eingangsfracht *f.*
carriage paid (C/P) / frachtfrei
carriage paid to frontier (C/P frontier) / frachtfrei Grenze *f.*
carriage prepaid / frachtfrei
carried in stock / lagervorrätig
carrier / Netzbetreiber *m.* / Frachtführer *m.* / Verkehrsträger *m.* / Träger *m.* / Transportunternehmen *n.*
carrier coil / Trägerspule *f.*
carrier concentration gradient / Trägerkonzentrationsgefälle *n.*
carrier current / Trägerstrom *m.*
carrier density / Trägerdichte *f.*
carrier diffusion / Trägerdurchdringung *f.*
carrier drift mobility / Trägerdriftbeweglichkeit *f.*
carrier film / Trägerschicht *f.*
carrier gas / Trägergas *n.*
carrier membrane / Trägermembran *f.*
carrier metallization / Trägermetallisierung *f.*
carrier mobility / Trägerbeweglichkeit *f.*
carrier's liability / Transporthaftung *f.*
carrier's receipt / Ladeschein *m.* / Spediteurbescheinigung *f.*
carrier storage / Trägerspeicherung *f.*
carrier system rack / RF-Gestell *n.*
carrier tape / Trägerstreifen *m.*

carrier-to-socket assembly / Montage von Chipträger auf dem Sockel *f./mpl./m.*
carrousel type loader / karusselartige Ladevorrichtung (f. Retikel) *f.*
to carry / tragen / übertragen / befördern / transportieren
carry / Übertrag *m.*
to carry heavy stock / umfangreiche Lagervorräte haben *mpl.*
to carry out an order / Auftrag ausführen *m.*
carry-forward principle / Fortschreibungsprinzip *n.*
carrying capacity / Nutzlast *f.* / Tragfähigkeit *f.*
cartage / Rollgeld *n.* / Rollfuhr *f.*
cartage contractor / (GB) Spediteur *m.*
cartage note / (GB) Spediteurrechnung *f.*
cartel / Kartell *n.*
cartridge / Kassette *f.*
to carve out a market niche / Marktnische erobern *f.*
cascadable / kaskadierbar
cascade / Schaltkette *f.*
cascade-connected / kaskadiert
cascaded / hintereinandergeschaltet
cascade junction / Tandem-pn-Übergang *m.*
cascade stack / kaskadierbarer Stapelspeicher *m.*
cascode circuit / Kaskodenschaltung *f.*
case / (Angelegenheit) Fall *m.* / (Computer) Gehäuse *n.* / Kiste *f.*
case marking code / Kistenmarkierungskennziffer *f.*
case shift / Buchstaben-Ziffern-Umschaltung *f.* / Zeichenwechsel *m.*
case study / Fallstudie *f.*
cash / Bargeld *n.*
cash discount / Skonto *m./n.* / Barzahlungsrabatt *m.*
cash dispenser / Geldautomat *m.*
cash flow / Saldo aus Einnahmen und Ausgaben *m./fpl./fpl.*
cashless money transfer / bargeldloser Zahlungsverkehr *m.*
cash on delivery (C.O.D.) / per Nachnahme *f.*
cash payment / Barzahlung *f.*
cash requirements / Kapitalbedarf *m.*
cash requirements date / Kapitalbedarfsdatum *n.*
cash with order (c.w.o.) / Zahlung bei Bestellung *f./f.*
cassette / Horde *f.* / Kassette *f.* / Halter (f. Wafer) *m.*
cassette elevator / Kassettenfahrstuhl (f. Wafertransport) *m.*
cassette flowchart / Hordenkonzept *n.*
cassette holder / Hordenhalter *m.*
cassette index station / Hordenvorschub *m.*

cassette store / Kassettenlager *n.*
**cassette-to-cassette in-line wafer processing
system** / durchgehendes
Waferbearbeitungssystem mit
Kassettenbetrieb *n./m.*
casting (lensing) / Eingießen *n.* / Verguß *m.*
cast-on polyimide film / aufgegossene
Polyimidschicht *f.*
catalogue / Katalog *m.*
catch-pit (for oil spillage) / Auffangbecken
(für Öl) *n.*
catchword / Stichwort *n.* / Schlagwort *n.*
to catenate / verketten
catenation / Verkettung *f.*
cathode ray tube / Kathodenstrahlröhre *f.*
cathode sputtering / Kathodenzerstäubung *f.*
cathode tip / Kathodenspitze *f.*
causal failure / ursächlicher Fehler *m.*
to cause / verursachen
cause / Ursache *f.*
cause of fault / Störursache *f.* /
Fehlerursache *f.*
to cause vibrations / Schwingungen
induzieren *fpl.*
caustic / ätzend
caustic soda / Natronlauge *f.*
caution / Vorsicht *f.*
cautious / vorsichtig
cavity / Kavität *f.* / Chipmontageraum
(im Gehäuse) *m.* / versenkter Bondraum
(im Chipträger) *m.* / Hohlraum *m.*
cavity-down / zur Verdrahtungsebene
hinweisender Chipmontageraum *f./m.*
cavity-up / von der Verdrahtungsebene
fortweisender Chipmontageraum *f./m.*
to cede / abtreten
ceiling / Höchstgrenze *f.* / Obergrenze *f.*
cell circuit / Zellenschaltung *f.*
cell device / Zellenbaustein *m.*
cell interconnection / Zellenverbindung *f.*
cell packing / Zellenintegrierung *f.*
cell-to-cell wiring / Zellenverdrahtung *f.*
cellular design / Zellenentwurf *m.*
to center / zentrieren
center frequency / Mittenfrequenz *f.*
centering / Zentrieren *n.*
centering ring / Zentrierring *m.*
centering strip / Zentrierleiste *f.*
centerless grinder /
Flächenschleifmaschine *f.*
center offset / Mittenversatz *m.*
center symmetry / Mittensymmetrie *f.*
center-to-center dimensions /
Mittenabstand *m.*
center-to-center pad dimensions /
Kontaktierfleck-Mittenabstand *m.*
central components warehouse / zentrales
Bauteilelager *n.*

central control unit / zentrales Leitwerk *n.* /
Steuereinheit *f.*
centrality / Mittigkeit *f.* / zentrale Lage *f.*
central material planning file / zentrale
Dispositionsdatei *f.*
central processing unit (CPU) /
Computer-Zentraleinheit *f.*
central warehouse / Zentrallager *n.*
centre-point bow / Durchbiegung in der Mitte
(Wafer) *f.*
centrifugally applied polyimide /
aufgeschleudertes Polyimid *n.*
to centrifuge at 10.000 r.p.m. / schleudern bei
10000 U/min.
centroid / Flächenschwerpunkt *m.* /
Massenpunkt *m.* / Massenzentrum *n.*
ceramic board / Keramikplatte *f.*
ceramic capacitor / Keramikkondensator *m.*
ceramic case / Keramikgehäuse *n.*
ceramic chip carrier package /
Keramikchipträgergehäuse *n.*
ceramic-coated / keramikbeschichtet
ceramic cover / Keramikdeckel *m.*
ceramic dielectric / Keramikisolator *m.*
ceramic leaded chip carrier /
Keramikchipträger mit
Anschlüssen *m./mpl.*
ceramic lid / Keramikdeckel *m.*
ceramic-metal-composition /
Keramik-Metall-Zusammensetzung *f.*
ceramic module / Keramikbaustein *m.*
ceramic-on-steel substrate /
keramikbeschichtetes Stahlsubstrat *f.*
ceramic package / Keramikgehäuse *n.*
ceramoplastic / Keramoplast *n.* /
Keramokunststoff *m.*
cerdip / DIP-Gehäuse aus Keramik *n.*
cermet / Keramik-Metall-Gemisch *n.*
cerpac / Keramikgehäuse *n.*
cerquad package / quadratisches
Keramikgehäuse *n.*
certain / sicher
certainly / sicherlich
certificate concerning identification marks /
(Zoll) Bescheinigung über
Nämlichkeitszeichen *f./n.*
certificate for entry of returned goods /
(Zoll) Zollnämlichkeitsbescheinigung *f.*
certificate of acceptance / (Zoll)
Abfertigungsbescheinigung *f.*
certificate of approval / (Zoll)
Zulassungsbescheinigung *f.*
certificate of authenticity / (Zoll)
Echtheitszeugnis *n.*
certificate of damage / Schadenszertifikat *n.*
certificate of designation of origin /
(Zoll) Bescheinigung der
Ursprungsbezeichnung *f./f.*

certificate of exportation / (Zoll)
Ausfuhrbescheinigung *f.*
certificate of identity / (Zoll)
Nämlichkeitsbescheinigung *f.*
certificate of movement /
Warenverkehrsbescheinigung *f.*
certificate of origin / Ursprungszeugnis *n.*
certificate of shipment / Ladeschein *m.*
certified / beglaubigt / zertifiziert
certified public accountant (C.P.A.) /
Bilanzprüfer *m.*
to certify / bescheinigen / beglaubigen
cesium iodide layer / Zäsiumjodidschicht *f.*
cession / Abtretung *f.*
chain / Kette *f.*
to chain / (ver-)ketten
chain buffer time / Kettenpufferzeit *f.*
chain command / Kettenbefehl *m.*
chained file / Kettendatei *f.*
chain file / Kettendatei *f.*
chaining / Kettung *f.* / Verkettung *f.*
chaining address / Verweisadresse *f.*
chairman / Vorsitzender *m.*
Chairman of the Supervisory Board /
Aufsichtsratsvorsitzender *m.*
challenge / Herausforderung *f.*
Chamber of Commerce /
(GB) Handelskammer *f.*
chamber wall / Kammerwand *f.* /
Tunnelwand *f.*
chance / Zufall *m.*
chance-constrained programming /
zufallsbedingte Programmierung *f.*
chance failure / Zufallsausfall *m.*
change / Änderung *f.* / Wechsel *m.*
to change / verändern / ändern / wechseln
change dump / Speicherauszug der
Änderungen *m./fpl.*
change logbook / Änderungshauptbuch *n.*
change notice / Änderungsmitteilung *f.*
change of due date / Terminänderung *f.*
change order / Änderungsauftrag *m.*
change order attachment sheet /
Änderungsauftragsfolgeblatt *n.*
changeover / Umstellung *f.* / Umrüstung *f.*
changeover contact / Umschaltekontakt *m.*
changeover costs / Umrüstkosten *pl.*
changeover time / Umrüstzeit *f.*
change record / Änderungssatz *m.*
change tape / Änderungsband *n.*
change utility / Änderungsdienstprogramm *n.*
change voucher / Änderungsbeleg *m.*
to channel / (Produkt) einschleusen
channel / Kanal *m.* / Spur *f.*
channel command word /
Kanalbefehlswort *n.*
channel dopant profile /
Kanaldotierungsprofil *n.*
channelizing / Einteilung in Kanäle *f./mpl.*

channelled / (Schicht) kanalisiert
channelled array / vorgefertigter
Universalschaltkreis mit
Verbindungskanälen *m./mpl.*
channelling of semiconductor junctions /
Durchtunnelung von
Halbleiterübergängen *f./mpl.*
channel loading / Kanalbelegung *f.*
channel of distribution / Distributionsweg *m.* /
Vertriebsweg *m.*
channel status byte (CSB) /
Kanalzustandsbyte *n.*
chapter / Kapitel *n.* / Programmsegment *n.*
character boundary / Zeichenbegrenzung *f.*
character compression /
Zeichenverdichtung *f.*
character crowding / Zeichenverdichtung *f.*
character density / Zeichendichte *f.*
character error probability /
Zeichenfehlerwahrscheinlichkeit *f.*
character height / Symbolhöhe *f.* /
Zeichenhöhe *f.*
characteristic / Merkmal *n.* / Kennlinie *f.* /
Eigenschaft *f.* / Kenngröße *f.*
characteristic drive circuit /
Kennlinienansteuerung *f.*
characterization / Kennzeichnung *f.*
characteristic curve / Kennlinie *f.*
characteristic letter / Kennbuchstabe *m.*
characteristics / Merkmale *npl.* /
Kennzeichen *npl.*
character parity / Querparität *f.*
character pitch / Zeichenabstand *m.*
character printer / Buchstabendrucker *m.*
character recognition / Zeichenerkennung *f.*
character set / Zeichenvorrat *m.*
character shift / Zeichenumschaltung *f.*
character string / Zeichenfolge *f.*
character subset / Zeichenteilmenge *f.*
character suppression /
Zeichenunterdrückung *f.*
charcoal filter / Aktivkohlefilter *m.*
to charge / verrechnen / (el.) aufladen / **in
charge of** zuständig für / verantwortlich für
chargeable weight / frachtpflichtiges
Gewicht *n.*
charge carrier / Ladungsträger *m.*
charge-coupled device (CCD) /
ladungsgekoppelte Schaltung *f.*
charge-coupled memory / Ladungsspeicher *m.*
charge difference / Ladungsgefälle *n.*
chargehand / Aufsicht (Person) *f.*
charge layer / Ladungsschicht *f.*
charge leakage / Ladungsableitung *f.*
charge polarity / Polarität der Ladung *f./f.*
charge propagation at the Si-SiO2-interface /
Ladungstransport an der
Si-SiO2-Grenzfläche *m./f.*
charger / Ladegerät *n.*

charge redistribution /
Ladungsumverteilung *f.*
charge-sensitive component /
ladungsgefährdetes Bauteil *m.*
charge-storage capacitance /
Ladungsspeicherkapazität *f.*
charge trapping effect /
Ladungseinfangeffekt *m.*
charging / Verrechnung *f.* / (el.) Aufladen *n.*
charging capacitor / Ladekondensator *m.*
charring / Schmoren *n.*
to chart / grafisch darstellen
chart / Graphik *f.*
chartered accountant / Bilanzprüfer *m.*
charterer / Befrachter *m.*
chassis / Chassis *f* / Leiterplattenträger *m* /
Baugruppenträger *m.*
chassis assembly / Chassisbausatz *m.*
chassis mounting / Chassisaufbau *m.*
chatter / Störgeräusch *n.* / Kontaktprellen *n.*
check / (US) Scheck *m.* / Überprüfung *f.*
checkbit / Prüfbit *n.*
check character / Prüfzeichen *n.*
checkerboard / Teststruktur
(zur Speicherkontrolle) *f.*
check indicator / Prüfanzeiger *m.*
checking program / Testprogramm *n.*
checking routine / Testprogramm *n.*
checkout / Austesten *n.*
checkpoint / Fixpunkt *m.* / Haltepunkt *m.* /
Prüfpunkt *m.*
checkpoint restart /
Prüfpunktwiederanlauf *m.*
checksum / Kontrollsumme *f.* /
Quersumme *f.*
check time / Überprüfzeit *f.*
check to bearer / (US) Inhaberscheck *m.*
check total / Kontrollsumme *f.*
chemical bond / chemische Bindung *f.*
chemical deposition / chemische
Beschichtung *f.*
chemical-mechanical polish /
chemisch-mechanisches Polieren *n.*
chemical milling / chemisches Ätzen
(z. B. von Polyimid) *n.*
chemical resistance / Widerstandsfestigkeit
gegen Chemikalien *f.*/*fpl.*
chemical roughening / (LP) Anätzen *n.*
chemical vapour deposition / chemische
Aufdampfung *f.*
cheque / (GB) Scheck *m.*
Chief Executive Officer (C.E.O.) /
Hauptgeschäftsführer *m.* /
Vorstandsvorsitzender *m.*
chief inspector / Leiter der
Fertigungsprüfung *m.*/*f.*
Chief Operating Officer (COO) /
Geschäftsführer *m.*
chinese binary / spaltenbinär

chip alignment mark / Chipjustiermarke *f.*
chip area growth / Vergrößerung der
Chipfläche *f.*/*f.*
chip area utilization /
Chipflächenausnutzung *f.*
chip assembly / Chipmontage *f.*
chip attach operation /
Chipbefestigungsverfahren *n.*
chip-bearing substrate / Chipsubstrat *n.*
chip bump / Chipbondhügel *m.*
chip bumping / Chipbondhügelherstellung *f.*
chip card / Chipkarte *f.* / Karte mit
aufgebondetem Chip *f.*/*m.* / Karte mit
integriertem Chipbaustein *f.*/*m.*
chip carrier array on a p.c. board /
Chipträgeranordnung auf Leiterplatte *f.*/*f.*
chip carrier package / Chipträgergehäuse *n.*
chip carrier socket /
Chipträgermontagesockel *m.*
chip cavity / Montageraum im
Chipgehäuse *m.*/*n.*
chip clear input / Chiplöscheingang *m.*
chip compaction / Verdichtung der
Chipelemente *f.*/*npl.*
chip composite / zusammengesetztes
Chiplayout *n.*
chip connection pad / Kontaktstelle für
Chipverbindung *f.*/*f.*
chip contact strip / Federkontaktleiste *f.*
chip count / Chipanzahl *f.*
chip device / Chipbaustein *m.*
chip edge / Chipkante *f.*
chip enable / Chipfreigabe *f.*
chip enable input / Freigabeeingang *m.*
chip encapsulation / Chipverkappung *f.*
chip floor planning / Chipflächenplanung *f.*
chip-footprint ratio / Verhältnis von Chip zu
Gehäusemontagefläche *n.*/*m.*/*f.*
chip-free / splitterfrei (Waferrand)
chip grid / Chipfläche *f.*
chip level interconnection / Verbindung auf
Chipebene *f.*/*f.*
chip mounting / Chipmontage *f.*
chip mounting surface /
Chipmontagefläche *f.*
chip-on-board technique / Verfahren der
Chipmontage auf Platine *n.*/*f.*/*f.*
chip on tape bonded with leads / mit
Zwischenträgerbrücken gebondeter Chip
auf Filmband *fpl.*/*m.*/*n.*
chip package / Chipbaustein *m.*
chip package system /
Chipverkappungssystem *n.*
chip pad / Chipbondinsel *f.*
chipped / (muschelförmig) gebrochen
chipped wafer edge / Randausbruch der
Wafer *m.*/*f.*
chipping / Muschelausbruch *m.* /
Absplittern *n.*

chip placement / Chipplazierung *f.*
chip real estate / nutzbare Chipfläche *f.*
chip registration mark /
  Chipüberdeckungsmarke *f.*
chip select / Chipansteuerung *f.* /
  Chipfreigabe *f.*
chip select circuitry /
  Chipansteuerschaltung *f.*
chip separation / Chipvereinzelung *f.*
chip shrinkage / Chipverkleinerung *f.*
chip size / Chipgröße *f.*
chip slice / Chipscheibe *f.*
chips-on-tape / foliengebondete Chips *mpl.*
chipstrate / elastomerbeschichtete
  Leiterplatte *f.*
chip stress / Chipbelastung *f.*
chip-to-chip lead run length /
  Anschlußleitungslänge von Chip zu
  Chip *f./m.*
chip-to-chip separation / Abstand der
  Chips *m./ mpl.*
chip-to-substrate alignment / Ausrichtung
  von Chip und Substrat *f./m./n.*
chip-to-substrate bonding / Bonden des Chips
  auf Substrat *n./m./n.*
chlorine-based resist / Resist auf
  Chlorbasis *n./f.*
chlorine-containing / chlorhaltig
chlorobenzene / Chlorbenzol *n.*
chlorofluorocarbon (CFC) /
  Fluorchlorkohlenwasserstoff (FCKW) *m.*
choice products / Qualitätsprodukte *npl.*
choke / Drossel *f.*
choke coil / Drosselspule *f.*
chordal flat of a wafer / Waferanschliff *m.*
chromatic / farbig (Bildschirm)
chromatic aberration / Farbfehler *m.*
chrome checkerboard mask / matrixartige
  Chromdefekttestmaske *f.*
chrome coating / Chrombeschichtung *f.*
chrome mask / Chromschablone *f.*
chrome-on-glass mask / Chrommaske auf
  Glassubstrat *f./n.*
chrome-on-glass substrate /
  chrombeschichtetes Glassubstrat *n.*
chrome print misregistration /
  Chromkopieüberdeckungsfehler *m.*
chrome submaster /
  Chromtochterschablone *f.*
10x chrome-on-glass master mask /
  Chromoriginalschablone in 10facher
  Vergrößerung *f./f.*
chromium / Chrom *n.*
chromium-coated / chrombeschichtet
chromium-film pattern /
  Chromschichtstruktur *f.*
chuck / Vakuumansaugvorrichtung für
  Wafer *f./fpl.*

chuck assembly /
  Waferaufnahmevorrichtung *f.*
chucking / Ansaugung *f.* /
  Vakuumaufspannung (v. Wafer) *f.*
chucking tool / Spannzeug *n.*
cine tape gang lead bonder /
  Kinefilmsimultanbonder *m.*
circuit / Schaltung *f.* / Stromkreis *m.*
circuit active zone / aktive Schaltkreiszone *f.*
circuit area / Schaltkreisfläche *f.*
circuit arrangement /
  Schaltkreisanordnung *f.*
circuit board / Leiterplatte *f.* / Platine *f.*
circuit board design / Leiterplattenentwurf *m.*
circuit card / Schaltkartenmodul *n.* /
  Schaltungskarte *f.*
circuit card assembly /
  Leiterplattenbaugruppe *f.*
circuit chip / Mikroschaltungsbaustein *m.*
circuit commutated recovery time /
  Freiwerdezeit *f.*
circuit component / Schaltungselement *n.*
circuit delay / Schaltungsverzögerung *f.*
circuit density / Schaltkreisdichte *f.* /
  Integrationsdichte *f.*
circuit design / Schaltungsentwurf *m.*
circuit design flaw / Fehler im
  Schaltkreisentwurf *m./ m.*
circuit diagram / Schaltdiagramm *n.* /
  Stromlaufplan *m.*
circuit encapsulation /
  Schaltungsverkappung *f.*
circuit extraction / Schaltungsrekonstruktion
  (aus geometr. Maskendaten) *f.*
circuit fabrication / Schaltungsbau *m.*
circuit geometry size /
  Schaltkreisstrukturgröße *f.*
circuit interconnection /
  Schaltungsverbindung *f.*
circuit layout / Schaltplan *m.* /
  Schaltungsanordnung *f.* /
  Schaltkreiskonfiguration *f.*
circuit layout feature /
  Schaltkreisentwurfselement *n.*
circuit level sequence /
  Schaltkreisebenenfolge *f.*
circuit line of 0.2 ym width /
  Schaltkreiselement von 0.2 ym Breite *n./f.*
circuit load / Schaltungsbelastung *f.*
circuit logic / Schaltkreislogik *f.*
circuit node / Schaltungsknotenpunkt *m.*
circuit pack / mit Schaltungsbausteinen voll
  bestückte Leiterplatte *mpl./f.*
circuit pack housing assembly /
  Leiterplattenmontagebaustein *m.*
circuit packing density /
  Schaltkreisintegrationsdichte *f.*

circuit parameter extraction /
Auszug (Gewinnung) von
Schaltkreisparametern *m./npl.*
circuit parameters / Kenndaten einer
Schaltung *pl./f.*
circuit path / Schaltkreispfad *m.*
circuit pattern image formation / Abbildung
von Schaltkreisstrukturen *f./fpl.*
circuit reliability /
Schaltungszuverlässigkeit *f.*
circuitry / Schaltkreisanordnung *f.*
circuit schematic / Schaltkreisschema *n.*
circuit shrinking / Schaltkreisverkleinerung *f.*
circuit verification level /
Schaltkreisprüfebene *f.*
circular / Rundschreiben *n.* / kreisförmig
circular connector / runder Steckverbinder *m.*
circulating air drying oven / Trockenofen mit
Luftzirkulation *m./f.*
circulating air oven / Umluftofen *m.*
circulating current / Kreisstrom *m.*
circulating storage / Umlaufspeicher *m.*
circulating voltage /
Wanderwellenspannung *f.*
circumference / (geom.) Umfang *m.*
citric acid / Zitronensäure *f.*
civil servant / Beamter *m.*
cladding / Mantel *m.* / Ummantelung *f.* /
Kaschierung *f.*
claim / Forderung *f.* / (z.B. Versicherung)
Anspruch *m.*
to clamp / klemmen
clamp / Niederhalter *m.* / Klemme *f.* /
Klemmschelle *f.* / Klemmverbindung *f.*
clamp circuit / Klemmschaltung *f.* /
Begrenzerschaltung *f.*
clamp force / Schließkraft *f.*
clamping force / Schließkraft *f.*
clamping pressure / Anpreßdruck
(Schraubverb.) *m.*
to clarify (a matter) / (eine Angelegenheit)
klären
Class 100 clean air conditions /
Umgebungsbedingungen der Staubklasse
100 *fpl./f.*
Class 100 Federal control environmental
standard / Staubklasse 100 des
US-Standards *f./m.*
Class 100 laminar flow module / Laminarbox
der Staubklasse 100 *f./f.*
Class 100 resist processing lab /
Resistbearbeitungslabor der Staubklasse
100 *m./f.*
Class 100 room / Raum der Staubklasse
100 *m./f.*
clause / Klausel *f.*
claused bill of lading / unreines
Konossement *n.*
cleaning agent / Reinigungsmittel *n.*

cleaning requirements /
Reinigungsanforderungen *fpl.*
cleaning thoroughness / Gründlichkeit der
Reinigung *f./f.*
cleanliness / Sauberkeit *f.*
cleanliness specifications /
Reinheitsvorschriften *fpl.*
clean on-board bill of lading / reines
Bordkonossement *n.*
clean power / sauberer Strom *m.*
clean room / Reinstraum *m.*
clean room conditions /
Reinraumbedingungen *fpl.*
clean room discipline / Reinraumverhalten *n.*
clean room facilities / Reinraumanlagen *fpl.*
clean room footprint / benötigte
Reinraumfläche *f.*
clear / klar
to clear a store / Lager räumen
clearance / Lagerräumung *f.* /
Zollabfertigung *f.*
clearance certificate /
Zollabfertigungsschein *m.*
clearance charges / Zollgebühren *fpl.*
clearance hole / (LP) Freiätzung *f.*
clearance sale / Räumungsverkauf *m.*
clear area / freie Fläche *f.* / nicht
strukturierte Fläche (der Maske) *f.* /
Weißzone *f.*
clearing / Verrechnung *f.*
clearing account / Verrechnungskonto *n.*
clear part / durchlässiger Teil (v. Maske) *m.*
clear water / Reinwasser *n.*
cleavage / Spaltung (Kristalle) *f.*
clerical staff / Büropersonal *n.*
clerical work / Büroarbeit *f.*
clerk / Büroangestellter *m.*
client / Kunde *m.* / (z.B. DV) Mandant *m.*
clientele / Kundenkreis *m.*
climatic chamber / Klimakammer *f.*
clip / Klammer *f.* / Bügel *m.*
clip-on device / Aufsteckbauelement *n.* /
anklemmbares Bauelement *n.*
to clock / takten / triggern / durch Impuls
ansteuern *m.*
clocked circuit / getaktete Schaltung *f.*
clocked operation / getaktete Arbeitsweise *f.*
clock generator / Taktgeber *m.*
clocking / Taktgeben *n.* /
Gleichlaufsteuerung *f.*
clock pulse / Taktabstand *m.* / Takt *m.*
clock rate / Taktfolge *f.*
clock track / Taktgeberspur *m.*
clockwise / im Uhrzeigersinn *m.*
to close / schließen / abschließen
closed array / geschlossene Reihe *f.*
closed-circuit current / Ruhestrom *m.*
closed-circuit operation /
Ruhestrombetrieb *m.*

close dimensional tolerance / enge Toleranz der Strukturgrößen *f./fpl.*
closed loop / geschlossene Schleife *f.*
closed-loop adaptation / adaptive Regelung mit Rückführung *f./f.*
closed-loop operation / geschlossen prozeßgekoppelter Betrieb *m.*
closed-loop control system / Steuersystem mit Rückkopplung *n./f.*
closed-loop planning system / System mit geschlossenem Planungskreis *n./m.*
closed-loop system / geschlossener Regelkreis *m.*
closed shop / Betrieb mit Pflicht der Gewerkschaftszugehörigkeit *m./f./f. /* geschlossener Betrieb *m.*
closed subroutine / abgeschlossenes Unterprogramm *n.*
closed-type relay / geschlossenes Relais *n.*
closely packed / dicht gepackt
closely-spaced geometries / Strukturen mit kleinsten Linienabständen *fpl./mpl.*
close statement / Dateiabschlußanweisung *f.*
closing / Abschluß (Bilanz) *m.*
closing inventory / Endbestand *m.*
closing of business / Geschäftsaufgabe *f.*
cloudiness of a solution / Trübung einer Lösung *f./f.*
cloudy layer / trübe Schicht *f.*
cluster / Block *m.* / Gruppe *f. /* Anhäufung *f.* / Cluster *m.*
clustered / gehäuft
clustering / Clusterbildung *f.*
coarse alignment / Grobjustierung *f.*
coarse registration / Grobüberdeckung *f.*
to coat / beschichten / überziehen / auftragen
coater / Beschichtungsanlage *f.*
coating defect / Schichtfehler *m.*
coating solvent / Schichtlösungsmittel *n.*
coating thickness / Beschichtungsdicke *f.*
coating uniformity / Gleichmäßigkeit der Schicht *f./f.*
coaxial connector / Koaxialstecker *m.*
coaxial entry plug / Koaxialstecker *m.*
COB-assembly / Chipmontage auf Platte *f./f.*
COBOL compiler / COBOL-Übersetzer *m.*
COBOL object program / COBOL-Zielprogramm *n.*
C.O.D. consignment / Nachnahmesendung *f.*
code / Kennung *f.* / Schlüssel *m.*
coded / verschlüsselt / codiert
code digit / Kennziffer *f.*
to codeposit / gemeinsam aufdampfen
to codesign / zusammen entwickeln
code extension / Codeerweiterung *f.*
code generation / Codeerzeugung *f.*
codetermination / Mitbestimmung *f.*
code translation / Umcodierung *f. /* Codeumsetzung *f.*

coding connector / Kodierstecker *m.*
coding line / Befehlszeile *f.* / Codierzeile *f.*
coding sheet / Codierblatt *n.* / Programmformular *n.* / Programmvordruck *m.*
codistribution / Mitvertrieb *m.*
coefficient of thermal expansion / Wärmeausdehnungskoeffizient *m.*
coevaporation / gemeinsame Bedampfung *f.*
coherence / Zusammenhang *m.* / Kohärenz *f.*
coherent / zusammenhängend / kohärent
coil / Spule *f.* / (Relais) Wicklung *f.*
coincidence / Übereinstimmung *f.*
coincidentally / gleichzeitig
cold / (el.) spannungslos
cold joint / kalte Lötstelle *f.*
cold plate / Kaltscheibe *f.*
cold plate method / Kaltscheibenverfahren *n.*
cold trap / Kältefalle *f.*
cold welding / Kaltschweißen *n.*
collaboration / Zusammenarbeit *f.*
to collate / abgleichen / mischen
collating sequence / Mischfolge *f.*
colleague / Kollege *m.*
to collect / sammeln / abholen
collected invoice / Sammelrechnung *f.*
collecting tray / Sammelhorde *f.*
collection / Geldeinzug *m.* / Inkasso *n.*
collection area / Einzugsgebiet *n.*
collection fee / Inkassogebühr *f.*
collection of freight rates / Frachtinkasso *n.*
collection order / Inkassoauftrag *m.*
collective agreement / Tarifvertrag *m.*
collective bargaining / Tarifverhandlungen *fpl.*
collective order / Sammelbestellung *f.*
collector barrier / Kollektorgrenzschicht *f. /* Kollektorsperrschicht *f.*
collector barrier capacitance / Kollektorsperrschichtkapazität *f.*
collector barrier resistance / Sperrwiderstand der Kollektorgrenzschicht *m./f.*
collector-base-bias / Kollektor-Basis-Vorspannung *f.*
collector-base depletion layer / Kollektor-Basis-Sperrschicht *f.*
collector-base junction / Kollektor-Basis-Übergang *m.*
collector current / Kollektorstrom *m.*
collector depletion layer / Kollektorsperrschicht *f.*
collector diffusion isolation technique / CDI-Technik *f.*
collector donor density / Donatordichte im Kollektor *f./m.*
collector dot / Kollektorperle *f.*
collector dotting / Kollektorkopplung *f.*
collector-emitter breakdown rating /

collector-emitter cut-off current / Kollektor-Emitter-Reststrom *m.*

collector-emitter punch-through voltage / Kollektor-Emitter-Durchbruchspannung *f.*

collector junction / Kollektorübergang *m.*

collector lead / Kollektoranschluß *m.*

collector leakage current / Kollektorrestsstrom *m.*

collector series resistance / Kollektorbahnwiderstand *m.*

collector sink diffusion / Kollektortiefdiffusion *f.*

collector terminal / Kollektoranschluß *m.*

collector transition capacitance / Kollektorsperrschichtkapazität *f.*

collet pressure / Saugpinzettendruck *m.*

to collimate / kollimieren

collimated light / Kollimationslicht *n.*

collimated light refraction / Brechung paralleler Lichtbündel *f./npl.*

collimation / Kollimation *f.*

collimation aperture / Kollimationsblende *f.*

colon / Doppelpunkt *m.*

colour chart thickness determination / Farbtafelstärkenbestimmung *f.*

colour display / Farbanzeige *f.*

colour/graphics monitor / Farb-Grafik-Bildschirm *m.*

colour/graphics station / Farb-Grafikarbeitsplatz *m.*

colour marking / Farbkennzeichnung *f.*

column / Spalte *f.*

columnar array / Spaltenanordnung *f.*

column binary / spaltenbinär

column diagram / Säulendiagramm *n.*

column electrode / Spaltenelektrode *f.*

column splitting / Spaltenaufteilung *f.*

combination board / kombinierte Schaltungsplatte *f.*

combination of net requirements / Raffen (v. Nettobedarfen) *n.*

to combine / raffen / zs. fassen / verknüpfen

combine / Konzern *m.*

combined bill of lading / Sammelkonossement *n.*

combined branch / kombinierter Sprung *m.*

combined computer / Hybridrechner *m.*

combined head / Leseschreibkopf *m.*

combining of net requirements / Raffen *n.* / Zusammenfassen von Nettobedarfen *n./mpl.*

COM-filming / COM-Verfilmung *f.*

command chaining / Befehlsverkettung *f.*

command/indicate channel / Steuer- und Rückmeldekanal *m.*

command key / Programmsteuertaste *f.*

command menu / Befehlsmenü *n.*

command set / Befehlssatz *m.* / Befehlsvorrat *m.*

command terminator / Befehlsendezeichen *n.*

to commence / beginnen

commencement of a contract / Vertragsbeginn *m.*

comment / Kommentar *m.* / Bemerkung *f.*

comments entry / Bemerkungseintrag *m.*

commercial / kaufmännisch / geschäftlich

commercial a / Klammeraffe *m.*

Commercial Administration Sales / (Siem.) Kaufmännische Aufgaben Vertrieb *fpl./m.*

commercial agency / Handelsvertretung *f.*

commercial clerk / kaufmännischer Angestellter *m.*

commercial court / Handelsgericht *n.*

commercial department / kaufmännische Abteilung *f.*

commercial district / Geschäftsviertel *n.*

commercial goods / Handelsware *f.*

commercial hub / Handelszentrum *n.*

commercial invoice / Handelsrechnung *f.*

commercial law / Handelsrecht *n.*

commercial law code / Handelsgesetzbuch *n.*

commercial letter of credit (L/C) / Handelsakkreditiv *n.* / Handelskreditbrief *m.*

commercial register / Handelsregister *n.*

commercial risk / handelsübliches Risiko *n.*

commercial sales functions / kaufmännische Vertriebsaufgaben *fpl.*

commercial services / Handelsdienstleistungen *fpl.*

commercial traveller / Geschäftsreisender *m.*

commercial value / Handelswert *m.*

commercial vehicle / Nutzfahrzeug *n.*

commercial weight / Handelsgewicht *n.*

to commission / in Betrieb nehmen (Großrechner)

commission / Provision *f.*

commission agent / Kommissionär *m.*

commission buyer / Einkaufskommissionär *m.*

commissioner / Beauftragter *m.*

commissioning / Kommissionierung *f.* / Inbetriebnahme *f.*

commission merchant / Verkaufskommissionär *m.*

commission recipient / Provisionsempfänger *m.*

to commit / s. verpflichten

commitment / Engagement *n.* / (Selbst-)verpflichtung *f.*

committed / gebunden / zweckgebunden

committee / Ausschuß *m.*

commodity / Gebrauchsartikel *m.* / Handelsware *f.* / Rohstoff (an Börse) *m.*

commodity tax / Warensteuer *f.*

common / gemeinsam / allgemein

common base configuration /
Basisschaltung *f.*
common collector configuration /
Basisschaltung *f.*
common customs tariff / gemeinsamer
Zolltarif *m.*
common emitter configuration /
Emitterschaltung *f.*
common market transactions /
(EU) innergemeinschaftlicher Handel *m.*
common part / Wiederholteil *n.* /
Mehrfachverwendungsteil *n.*
communication adapter /
Datenübertragungsanschluß *m.*
communication interface /
Datenübertragungsschnittstelle *f.*
communication interlocking /
Kommunikationsverbund *m.*
communication port /
Kommunikationsanschluß *m.*
communication link /
Datenübermittlungsabschnitt *m.*
communication region / Mitteilungsfeld *n.*
communications / Informationstechnik *f.*
communications channel /
Kommunikationsweg *m.* /
Übertragungskanal *m.*
communications path /
Kommunikationsschiene *f.*
communication terminal / Datenendstation *f.*
community transit procedure /
(EU) gemeinschaftliches
Versandverfahren *n.*
commutability / Austauschbarkeit *f.*
commutable / austauschbar
commutating angle /
Kommutierungswinkel *m.*
compact / eng gepackt / kompakt /
(LP) Preßling *m.*
to compact / verdichten
compact computer / Kompaktrechner *m.*
compact design / Kompaktbauweise *f.* /
gedrängte Bauweise *f.*
compacted / dicht gepackt
compaction / Verdichtung *f.* / kompakte
Anordnung *f.*
company / Unternehmen *n.*
company health insurance fund /
Betriebskrankenkasse *f.*
company level / Unternehmensebene *f.*
company management /
Unternehmensleitung *f.*
company physician / Betriebsarzt *m.*
company profile / Unternehmensprofil *n.* /
Firmensteckbrief *m.*
company spokesman / Firmensprecher *m.*
company-wide / unternehmensweit
comparable / vergleichbar
comparatively / vergleichsweise

to compare / vergleichen
comparison / Vergleich *m.*
compartment / Abteilung *f.*
compatibility / Kompatibilität *f.* /
Verträglichkeit *f.*
compatible / kompatibel / verträglich
to compensate / ausgleichen / kompensieren
compensation / Ausgleich *m.*
compensation doping /
Kompensationsdotierung *f.*
to compete / konkurrieren
competition / Wettbewerb *m.* / Konkurrenz *f.*
competitive / wettbewerbsfähig
competitive advantage /
Wettbewerbsvorteil *m.*
competitive edge / Wettbewerbsvorsprung *m.*
competitiveness / Wettbewerbsfähigkeit *f.*
competitive pressure / Konkurrenzdruck *m.*
competitive situation /
Wettbewerbsbedingungen *fpl.*
competitive struggle / Konkurrenzkampf *m.*
competitor / Konkurrent *m.*
compilation / Kompilierung *f.* /
Programmübersetzung *f.*
to compile / zusammenstellen / kompilieren
compiler / Kompilierer *m.* /
Übersetzungsprogramm *n.*
compiler run / Übersetzungslauf *m.*
complaint / Reklamation *f.* / Beschwerde *f.* /
Beanstandung *f.*
complement / Komplement *n.* / Ergänzung *f.*
complementary enhanced MOS /
komplementärer, angereicherter MOS *m.*
complementary high-performance MOS /
komplementärer Hochleistungs-MOS *m.*
complementary insulated-gate FET /
komplementärer Feldeffekttransistor mit
isoliertem Gate *m./n.*
complementary junction FET /
komplementärer Sperrschicht-FET *m.*
complementary mask stitching /
Komplementärmaskenzusammensetzung *f.*
complementary metal-insulator
semiconductor / komplementärer
Metallisolatorhalbleiter *m.*
complementary metal-oxide semiconductor
(CMOS) / komplementärer Halbleiter *m.*
complementary MOS integrated circuit /
integrierter CMOS-Schaltkreis *m.*
complementation / Komplementbildung *f.*
to complete / vervollständigen / abschließen
completed accounting quantity /
Fertigstellungsmenge *f.*
completed-items store / Verkaufslager *n.*
completeness / Vollständigkeit *f.*
completion / Fertigstellung *f.* /
Fertigungsablieferung *f.*
completion card / Fertigmeldekarte *f.* /
Rückmeldekarte *f.*

Completion Control / Aussteuerung(skontrolle) *f.*
completion note / Fertigmeldung *f.*
complex chip / dicht gepackter Chip *m.*
compliance / Übereinstimmung *f.*
compliant / übereinstimmend
to comply (with) / übereinstimmen (mit) / erfüllen (Norm/Regel)
component / Bauelement *n.* / Komponente *f.* / Bauteil *n.*
component-carrying p.c. board / bestückte Leiterplatte *f.*
component chain / Strukturverkettung (v. Baugruppen) *f.*
component count / Bauelementzahl *f.*
component density / Packungsdichte *f*
component diversity / Bauteilevielfalt *f.*
component feature size / Bauelementstrukturgröße *f.*
component feeder / Bauteilezuführeinheit *f.*
component feed facilities / Bauteilezuführmöglichkeit *f.*
component hole / Anschlußloch *n.*
component insertion / Bestückung mit Bauelementen *f./npl.*
component lead / Anschlußdraht *m.*
component lead forming / Biegen von BE-Anschlüssen *n./mpl.*
componentless / unbestückt
component level / Baugruppenebene *f.*
component manufacture / Teilefertigung *f.*
component mounting surface / Bauelementmontagefläche *f.*
component mounting technology / (LP) Anschlußtechnik *f.*
component requirements quantity / Teilebedarfsmenge *f.*
componentry / Bauelementaufwand *m.*
components layout / Bestückung (v. Platine) *f.* / Belegungsplan *m.*
components list / Bauteileliste *f.* / Bauteileübersicht *f.*
components side / Bestückungsseite *f.*
component store / Teilelager *n.*
component terminal / Bauelementanschluß *m.*
to compose ... / zusammensetzen
composite ... / Verbund- .. / Schichtkörper *m.*
composite conductor / gemischter Leiter *m.*
composite drawing / Zusammenstellzeichnung *f.*
composite lead-time / Kettenlaufzeit *f.*
composite super-lattice / gemischtes Supergitter *n.*
composition / Zusammensetzung *f.*
composition computer / Satzrechner *m.*
compound / zusammengesetzt
compound address / strukturierte Adresse *f.*
compound fraction / Doppelbruch *m.*
compound interest / Zinzesins *m.*

compound spot / variable (Flächen-)strahlsonde *f.*
compound transistor / Verbundtransistor *m.*
comprehensible / verständlich
to compress / verdichten / komprimieren
compressed air / Druckluft *f.*
compression / Verpressung *f.* / Druck *m.*
compression stress / Druckbeanspruchung *f.*
compressive stress / Druckspannung *f.*
compulsory field / Pflichtfeld *n.* / Mußfeld *n.*
computability / Berechenbarkeit *f.*
computation / Berechnung *f.*
computational item / Rechenfeld *n.*
computational requirements / Rechenbedarf *m.*
computation of requirements / Bedarfsrechnung *f.*
compute-bound / rechenintensiv
compute mode / Betriebsart „Rechnen" *f.*
computer abuse / Computermißbrauch *m.*
computer-aided / computergestützt / computerunterstützt
computer-aided circuit design / computergestützter Schaltungsentwurf *m.*
computer-aided design (CAD) / computerunterstützte Konstruktion *f.*
computer-aided design and drafting / computergestützte Entwurfs- und Zeichentechnik *f.*
computer-aided design interactive system / dialogfähiges, computergestütztes Konstruktionssystem *n.*
computer-aided design suit / computergestützte Entwurfsmittel *npl.*
computer-aided engineering (CAE) / computerunterstütztes Ingenieurwesen *n.*
computer-aided industry (CAI) / computerunterstütztes Industriewesen *n.*
computer-aided information (CAI) / computerunterstützte Information *f.*
computer-aided instruction (CAI) / computerunterstützte Unterweisung (CUU) *f.*
computer-aided layout / rechnergestütztes Schaltkreislayout *n.*
computer-aided learning (CAL) / computerunterstütztes Lernen *n.*
computer-aided manufacturing (CAM) / computerunterstützte Fertigung *f.*
computer-aided measurement and control (CAMAC) / computerunterstütztes Messen und Regeln *n.*
computer-aided medicine / computerunterstützte Medizin *f.*
computer-aided office (CAO) / computerunterstützte Verwaltung *f.*
computer-aided planning (CAP) / computerunterstützte Arbeitsplanung *f.*

computer-aided production planning (CAPP) / computerunterstützte Produktionsplanung *f.*

computer-aided publishing (CAP) / computerunterstützte Publikationserstellung *f.*

computer-aided quality assurance (CAQ) / computerunterstütze Qualitätssicherung *f.*

computer-aided retrieval (CAR) / computerunterstützte Wiederherstellung (v. Daten) *f.*

computer-aided sales (CAS) / computerunterstützter Vertrieb *m.*

computer-aided scheduling and control (CAPSC) / computerunterstützte Fertigungssteuerung *f.*

computer-aided software engineering (CASE) / computerunterstützte Softwareentwicklung *f.*

computer-aided teaching / computerunterstütztes Lehren *n.*

computer-aided techniques / C-Techniken *fpl.*

computer-aided testing / computerunterstütztes Testen *n.*

computer allocation / Rechnerbelegung *f.*

computer application / Computeranwendung *f.*

computer art / Computerkunst *f.*

computer-automated / computergesteuert

computer-based-in-circuit test system / maschinenunterstützte systemintegrierte Testanlage *f.*

computer center / Rechenzentrum *n.*

computer code / Maschinensprache *f.*

computer composition / Computersatz *m.*

computer-controlled / computergesteuert

computer coupling / Rechnerkopplung *f.*

computer crime / Computerkriminalität *f.*

computer-dependent / rechnerabhängig

computer-driven / computergesteuert

computer engineer / Computertechniker *m.*

computer era / Computerzeitalter *f.*

computer evaluation / Rechnerbewertung *f.*

computer-generated / rechnererstellt

computer graphics / Computergrafik *f.*

computer-guided / rechnergeführt

computer idiom / Computerfachsprache *f.*

computer-independent / rechnerunabhängig

computer instruction / Maschinenbefehl *m.*

computer-integrated manufacturing (CIM) / rechnerintegrierte Fertigung *f.*

computerized mask artwork generation / rechnergestützte Maskenvorlagenherstellung *f.*

computerized numerical control (CNC) / rechnerunterstützte, numerische Werkzeugmaschinensteuerung *f.*

computerized order entry system / Auftragsannahmesystem *n.*

computerized production control / maschinelle Fertigungssteuerung *f.*

computer kit / Computerbausatz *m.*

computer link / Rechnerdatenleitung *f.*

computer language / Maschinensprache *f.*

computer mainframe / EDV-Großanlage *f.*

computer network / Rechnerverbund *m.* / Rechnernetz *n.*

computer-on-a-board / Rechner auf einer Platine *m./f.* / Plattenrechner *m.*

computer-oriented / maschinenorientiert

computer output to microfilm (COM) / Mikrofilmausgabe *f.*

computer power / Rechnerkapazität *f.* / Rechnerleistung *f.*

computer retailer / Systemhaus *n.* / Computer-Einzelhändler *m.*

computer run / Rechnerlauf *m.*

computer science / Informatik *f.*

computer scientist / Informatiker *m.*

computer security / Rechnersicherheit *f.*

computer society / Computergesellschaft *f.*

computer staff / DV-Personal *n.*

computer system / DV-technischer Systemteil *m.*

computer throughput / Rechnerleistung *f.* / Durchsatz *m.*

computer typesetting / Computersatz *m.*

computer utilization / Rechnernutzung *f.*

computer velocity / Rechnergeschwindigkeit *f.*

computing amplifier / Rechenverstärker *m.*

computing capacity / Rechenkapazität *f.*

computing performance / Rechnerleistung *f.*

computing speed / Rechengeschwindigkeit *f.*

computing time / Rechenzeit *f.*

to concatenate / verketten

concatenated data file / verkettete Datei *f.*

concatenated data set / verketteter Datensatz *m.*

concatenation / Verkettung *f.*

concavity of the etched feature / konkave Form des geätzten Strukturelements *f./n.*

to concentrate / anreichern / konzentrieren

concentration flat region / Bereich gleichbleibender Dotierungsdichte *m./f.*

concentric / konzentrisch

concept / Konzept *n.*

concept of levels / Stufenkonzept *n.*

concept of performance / Leistungsprinzip *n.*

conceptual / konzeptionell

concession / Zugeständnis *n.*

conchoidal fracture / Kerbe *f.*

to conclude a sale / Kauf abschließen *m.*

conclusion / Schlußfolgerung *f.* / Abschluß *m.*

conclusion of a contract / Vertragsabschluß *m.*

conclusive / schlüssig / schlagkräftig

concordance / Übereinstimmung f.
concurrent / gleichzeitig / simultan
concurrent access / Mehrfachzugriff m.
concurrent costing / mitlaufende
Kalkulation f.
concurrent processing / verzahnt ablaufende
Verarbeitung f.
to condense / verdichten
condensed font / Schmalschrift f.
condition / Bedingung f. / Zustand m.
conditional branch / bedingter Sprung m.
conditional breakpoint / bedingter Halt m.
conditional expression / bedingter Ausdruck
(COBOL) m.
conditional instruction / bedingter Befehl m.
conditional jump / bedingter Sprung m.
conditional request / Bedingungsabfrage f. /
(UNIX) bedingte Anweisung f.
conditional statement / bedingte
Anweisung f.
conditional expression / bedingter
Ausdruck m.
conditioned / bedingt
to conduct / leiten
conductance / Leitwert m.
conducted interference / drahtgebundene
Störung f.
conductimeter / Leitfähigkeitsmesser m.
conducting layer / leitende Schicht f.
conducting path / Leiterbahn f.
conducting pattern / Leiterstruktur f.
conducting-state current / Durchlaßstrom m.
conducting-state power loss /
Durchlaßverlustleistung f.
conducting track / Leiterbahn f.
conduction / (el.) Leitung f.
conduction-belt oven /
Konvektionsdurchlaufofen m.
conduction cooling / Kühlung durch
Wärmeableitung f./ f.
conductive / (el.) leitfähig
conductive epoxy / leitfähiges Epoxid n.
conductive foil / leitende Folie f.
conductive glue / Leitkleber m.
conductive interconnect / leitende
Verbindung f.
conductive lead / Leiterbahn f.
conductive path / Leiterbahn f.
conductive pattern / (LP) Leiterbild n.
conductive strip / leitender Streifen m.
conductive track / Leiterbahn f.
conductivity / (el.) Leitfähigkeit f.
conductivity-modulated FET /
leitfähigkeitsgesteuerter FET m.
conductivity property /
Leitfähigkeitseigenschaft f.
conductometer / Leitfähigkeitsmesser m.
conductor / Stromleiter m. / Leiter m. /
Ader f.

conductor barrel / Anschlußhülse f.
conductor cross-sectional area /
Leiterquerschnittsfläche f.
conductor edge / Leiterkante f.
conductor grid spacing / Gassenraster n.
conductor layer / Leiterschicht f. /
Leiterbahnebene f.
conductor pad / Anschlußinsel f.
conductor path / Leiterbahn f.
conductor pattern / Leiterstruktur f. /
Leitbahnstruktur f. / Leiterschablone f.
conductor runs / Leiterzüge mpl.
conductor spacing / Leiterabstand m.
conductor surface / Leiterfläche f.
conductor width / Leiterbahnbreite f. /
Leiterbreite f.
cone target / Kegelanode f.
confidence / Vertrauen n.
confidential / vertraulich
configurable via software /
softwarekonfigurierbar
configuration / Konfiguration f. /
Anordnung f. / Aufbau m.
configuration control /
Geräteausstattungskontrolle f.
configured for / ausgelegt für
confined to / beschränkt auf
confined heating phenomenon / begrenzte
Aufheizerscheinung f.
to confirm / bestätigen
confirmation / Bestätigung f.
confirmation run / Quittierungslauf m.
conform / übereinstimmend
conformance / Übereinstimmung f.
conglomerate / Mischkonzern m.
congruence / Übereinstimmung f.
conical / kegelförmig
to connect / verbinden / ... in cascade
kaskadieren
connecting cable / Verbindungskabel n.
connecting carrier / Anschlußspediteur m.
connecting pad / Anschlußinsel f.
connecting panel / Anschalteschiene f. /
Anschlußplatte f.
connecting pin / Anschlußstift m.
connection / Verbindung f.
connection clear-down / Verbindungsabbau m.
connection pad / Anschlußstelle f. /
Bondinsel f.
connection point / Steckerpunkt m.
connection setup / Verbindungsaufbau m.
connector / Steckverbinder (StV) m. /
Anschlußstecker m. / Lüsterklemme f.
connector body / Steckerleistenkörper m. /
Steckverbinderkörper m.
connector contact / Anschlußkontakt m.
connector housing /
Verbindungssteckergehäuse n.

connector insert / Isolierkörper für
Steckverbinder *m./m.*
connector lug / Steckerfahne *f.*
connector pad / Anschlußkontaktstelle *f.*
connector pin assignment /
Steckerbelegung *f.*
connector rear / Steckverbinder-Rückseite *f.*
connector ring / Anschlußring *m.*
connector strip / Leiste *f.*
connector-strip mounting /
Leistenbefestigung *f.*
to connect through / durchkontaktieren
connective / Verknüpfungszeichen *n.*
connector / Stecker *m.* /
Verbindungsstecker *m.* / Verbinder *m.* /
Konnektor *m.*
consecutive / aufeinanderfolgend
consecutive numbering / fortlaufende
Numerierung *f.*
consent / Zustimmung *f.*
to consider / erwägen / betrachten
considerable / beträchtlich
to consign / beistellen
consigned component production /
Fremdfertigung mit Beistellung *f./f.*
consigned goods / Kommissionsware *f.*
consigned stock / Herstellerbestand beim
Kunden *m./m.*
consignee / Frachtempfänger *m.* /
Konsignatar *m.*
consignor / Absender (Fracht) *m.*
consignment / Beistellung *f.* / Versand *m.* /
Ladung *f.* / Konsignation *f.*
consignment agent / Export-Kommissionär *m.*
consignment agreement /
Kommissionsvertrag *m.*
consignment contract /
Kommissionsvertrag *m.*
consignment goods / Kommissionsware *f.*
consignment invoice /
Kommissionsrechnung *f.*
consignment marketing /
Konsignationshandel *m.*
consignment merchandise /
Kommissionsware *f.*
consignment note / Frachtbrief *m.* /
Versandanzeige *f.*
consignment store / Kommissionslager *n.* /
Konsignationslager *n.*
consignor / Absender *m.* / Konsignant *m.*
consistency / Konsistenz *f.* /
Übereinstimmung *f.* / Folgerichtigkeit *f.*
consistent / konsistent / durchgängig /
übereinstimmend / gleichbleibend
(Qualität)
consolidated consignment / Sammelladung *f.*
consolidated financial statement /
Konzernabschluß *m.*

consolidated income statement / (Konzern)
konsolidierte Erfolgsrechnung *f.*
consolidated net income / Konzerngewinn *m.*
consolidating forwarder /
Sammelgutspediteur *m.*
consolidation / Fusion *f.* / Konsolidierung *f.* /
Sammelladung *f.*
consolidation area / Auftragssammelstelle *f.*
consolidation warehouse / Sammellager *n.*
consolidator / Sammelgutspediteur *m.*
constant ratio / gleichgewichtiger Code *m.*
constant value control / Festwertregelung *f.*
constituent / Schaltelement *n.* / Bestandteil *m.*
to constrain / binden / verpflichten
construction bill of material /
Konstruktionsstückliste *f.*
construction costs / Baukosten *pl.*
construction-number /
Konstruktionsnummer *f.*
consular invoice / Konsulatsfaktura *f.*
consultant / (Unternehmens-) Berater *m.*
consulting / Beratung *f.*
to consume / verbrauchen
consumer country / Abnehmerland *n.*
consumer demand / Verbrauchernachfrage *f.*
consumer durables / Gebrauchsgüter *npl.*
consumer electronics /
Unterhaltungselektronik *f.* / braune Ware *f.*
consumer goods / Verbrauchsgüter *npl.* /
Konsumgüter *npl.*
consumer's risk / Bestellerrisiko *n.*
consumption / Verbrauch *m.*
consumption-controlled / verbrauchsgesteuert
consumption-driven / verbrauchsgesteuert
consumption forecast / Verbrauchsprognose *f.*
consumption goods / Verbrauchsgüter *npl.*
consumption of silicon real estate / Bedarf an
Siliziumfläche *m./f.*
contact / Pol (bei StV) *m.* / Kontakt *m.*
contact adhesion / Kontakthaftung *f.*
contact aligner / Kontaktjustieranlage *f.*
contact angle / (LP/Löten)
Benetzungswinkel *m.*
contact area (between chuck and wafer) /
Kontaktfläche (zwischen
Aufspannvorrichtung u. Wafer) *f.*
contact arrangement / Kontaktanordnung *f.*
contact base / Leistenkörper *m.*
contact bounce / Kontaktprellen *f.*
contact carrier / Kontaktträger *m.*
contact cavity / Kontaktkammer *f.*
contact configuration / Kontaktbestückung
(Relais) *f.*
contact count / Polzahl (bei StV) *f.*
contact damage / Beschädigung durch
Kontakt *f./m.*
contact engagement and separation force /
Kupplungskraft *f.*
contact exposure / Kontaktbelichtung *f.*

contact float / Kontaktspiel *n.*
contact follow / Mitgang (Relais) *m.*
contact force / Kontaktkraft *f.*
contact gap / Kontaktöffnung *f.*
contact hole / Kontaktfenster *n.* / Kontaktloch *n.*
contact imaging / Kontaktabbildung *f.*
contacting layer / Kontaktierschicht *f.*
contacting order / Kontaktieranweisung *f.*
contact interface / Kontaktfläche *f.*
contact lead-in / Kontakteinführung *f.*
contactless / berührungsfrei
contact material / Kontaktwerkstoff *m.*
contact options / Kontaktausführungen *fpl.*
contact pad / Kontaktinsel *f.* / Kontaktstelle *f.*
contact pattern / Kontaktfensteranordnung *f.*
contact person / Ansprechpartner *m.*
contact pin / Leiterstift *m.*
contact pitch / Anschlußraster *n.* / Kontaktteilung *f.*
contact plug / Kontaktstecker *m.*
contact port / Kontaktzugriffsstelle *f.*
contact-printed / kontaktbelichtet
contact printer / Kontaktbelichtungsanlage *f.*
contact printing / Kontaktbelichtung *f.*
contact replication / Kontaktvervielfältigung *f.*
contact resistance / Kontaktwiderstand *m.* / Durchgangswiderstand *m.* / Übergangswiderstand *m.*
contact retainer / Kontakthalterung *f.*
contact retention force / Kontakthaltekraft *f.*
contact row / Kontaktreihe *f.*
contact runout / Lagefehler bei Kontaktbelichtung *m./f.*
contact shoulder / Anschlag *m.*
contact socket / Kontaktbuchse *f.*
contact spacing / Kontaktabstand *m.*
contact spring / Kontaktfeder *f.* / Kontaktstück *n.*
contact spring leg / Kontaktfederschenkel *m.*
contact spring set / Kontaktfedersatz (Relais) *m.*
contact strip / Kontaktleiste *f.*
contact surface / Kontaktfläche *f.*
contact tail style / Form der Kontaktanschlußseite des StV *f./f./m.*
contact via / Kontaktloch *n.* / Durchkontakt *m.*
contact window opening / Kontaktfensteröffnung *f.*
to contain / enthalten
container chassis / Container-Fahrgestell *n.*
contaminant / Störstoff *m.* / Fremdstoff *m.* / Verunreinigung *f.*
contaminant layer / Verunreinigungsschicht *f.*
to contaminate / dotieren / verunreinigen
contamination / Dotierung *f.* / Verunreinigung *f.*

contamination level / Verunreinigungsgrad *m.*
content / zufrieden
content(s) / Inhalt *m.*
content addressable memory (CAM) / inhaltsadressierbarer Speicher *m.*
content addressed memory / inhaltsadressierter Speicher *m.*
contention / Wettstreit *f.* / Kontroverse *f.*
contents / Inhalt *m.*
context / Zusammenhang *m.* / Kontext *m.*
continental drift / Waferverzerrung *f.*
contingency / Notfall *m.* / Zufall *m.*
continuation / Fortsetzung *f.*
continuation record / Folgesatz *m.*
continuation screen / Folgebildschirm *m.*
to continue / fortsetzen
continued payment of wages / Lohnfortzahlung *f.*
continuous / beständig / kontinuierlich / ununterbrochen
continuous drain current / Drain-Gleichstrom *m.*
continuous form / Endlosformular *n.*
continuous forward current / Dauergleichstrom (Leistungs-Halbl.) *m.*
Continuous Improvement Process (CIP) / Kontinuierlicher Verbesserungsprozeß (KVP) *m.*
continuously charge-coupled RAM / Direktzugriffsspeicher mit kontinuierlicher Ladungskopplung *m./f.*
continuously tunable / durchstimmbar
continuous operation / Dauerbetrieb *m.*
continuous process production / Fließfertigung *f.*
continuous production / Fließfertigung *f.*
continuous text / Fließtext *m.*
continuous tone / Dauerton *m.*
continuous-wave mode / Dauerstrichbetrieb *m.*
contour map / Profilliniendarstellung *f.*
contract / Vertrag *m.*
contraction of wafer / Zusammenziehung der Wafer *f./f.*
contract of carriage / Frachtvertrag *m.* / Transportvertrag *m.*
contract of affreightment / Chartervertrag *m.* / Verfrachtungsvertrag *m.*
contractor / Vertragspartner *m./* Vertragsfirma *f.*
contract penalty / Vertragsstrafe *f.* / Konventionalstrafe *f.*
contracts department / Vertragsabteilung *f.*
contractual / vertraglich
contractual agreement / vertragliche Vereinbarung *f.*
contractual claim / vertraglicher Anspruch *m.*
contractual commitment / vertragliche Bindung *f.*

contractual period / Vertragsdauer *f.*
contradiction / Widerspruch *m.*
contradictory / widersprüchlich
contrary to / im Gegensatz zu
contrast enhancement /
Kontrastverstärkung *f.*
contributing factor / Einflußfaktor *m.*
contribution / Beitrag *m.*
control / Steuerung *f.* / Regelung *f.* / process
... system Prozeßsteuerungssystem *n.*
to control / steuern / regeln / einhalten
(Abmessungswerte)
control break / Gruppenwechsel (COBOL) *m.*
control break level / Gruppenwechselstufe *f.*
control center / Leitstelle *f.*
control character / Steuerzeichen *n.*
control chart / Regelkarte *f.* / Formblatt *n.*
control command / Steuerbefehl *m.*
control computer / Leitrechner *m.*
control current / Steuerstrom *m.*
control data / Steuerdaten *pl.*
control element / Regelstellglied *n.*
control engineering / Regelungstechnik *f.*
control feature / Steuereinrichtung *f.*
control key / Steuertaste *f.* / Funktionstaste *f.*
control language / Kommandosprache *f.*
controlled availability / steuerbare
Erreichbarkeit *f.*
controlled machine time / beeinflußbare
Maschinenzeit *f.*
controlled process / beherrschter Prozeß *m.*
controlled stacker / gesteuerte Ablage *f.*
controlled system / Regelstrecke *f.*
controlled variable / Regelgröße *f.*
controller / Regler *m.* / Steuerteil *n.* /
Steuerwerk *n.* / Steuerbaustein *m.*
control line / Meßleitung *f.*
controlling account / Gegenrechnung *f.*
Controlling Subsidiaries and Associated
Companies / (Siem.)
Beteiligungscontrolling *n.*
controlling variable / Stellgröße *f.* /
Führungsgröße *f.*
control level / Steuerhebel *m.*
control loop / Regelkreis *m.* /
Überwachungsschleife *f.*
control mark / Abschnittsmarke *f.*
control memory / Mikroprogrammspeicher *m.*
control module / Steuerprogrammteil *m.*
control overhead / Steuerungsaufwand *m.*
control panel / Bedienungsfeld *n.* /
Schalttafel *f.* / Stecktafel *f.*
control parameter / Steuerparameter *m.* /
Überwachungsparameter *m.*
control point / Kontrollstelle *f.*
control program / Steuerprogramm *n.*
control pulse / Steuerimpuls *m.*
control response / Regeldynamik *f.*
control section / Regelstrecke *f.*

control sequence / Steuerungsablauf *m.*
control sequential organisation / fortlaufende
Speicherungsform *f.*
control sequential processing / fortlaufende
Verarbeitungsfolge *f.*
control statement / Steueranweisung *f.*
control station / Leit(daten)station *f.*
control storage / Steuerspeicher *m.*
control system / Regelkreis *m.*
control systems engineering / Regelung *f.*
control terminal / Leit(daten)station *f.*
control transfer / Steuerungsübergabe *f.*
control unit / Steuereinheit *f.* / Leitwerk *n.* /
Steuerwerk *n.*
control wafer / Kontrollscheibe *f.*
convection baking / Konvektionsmethode
(b. Einbrennen) *f.*
convection cooling / natürliche Kühlung *f.*
convection current / Konvektionsstrom *m.*
convection oven / Umluftofen *m.* /
Konvektionsofen *m.*
convective heat transfer / Wärmeübertragung
durch Konvektion *f./f.*
convenient / bequem / komfortabel / praktisch
conventional design / Normalausführung *f.*
conventionally wired / freiverdrahtet
conventional wiring / freie Verdrahtung *f.*
conversational / dialogorientiert
conversational mode / Dialogbetrieb *m.*
conversational prompting /
Dialogsteuerung *f.*
conversational user /
Dialogbetriebsteilnehmer *m.*
conversational mode programming /
Dialogprogrammierung *f.* / interaktives
Programmieren *n.*
conversational terminal / Dialogstation *f.*
conversion / Umstellung *f.* / Umwandlung *f.* /
Umrechnung *f.*
to convert / umsetzen / umrechnen / umrüsten
converter / Umsetzer *m.* / Wandler *m.* /
Umrichter *m.*
convex camber / Konvexwölbung (Wafer) *f.*
convex contact / balliges Kontaktprofil *n.*
to convey / transportieren / befördern
conveyance / Beförderung *f.* / Transport *m.*
conveyance of order / Auftragsübermittlung *f.*
conveyor belt / Förderband *n.*
conveyor speed /
Förderbandgeschwindigkeit *f.*
conveyor system / Fördersystem *n.*
convincing / überzeugend / (Argument)
schlagkräftig
coolant / Kühlmittel *n.*
cooling plate / Abkühlplatte *f.*
to cool to ambient / auf
Umgebungstemperatur abkühlen *f.*
cooperation / Zusammenarbeit *f.*
cooperation projects / Kooperationen *fpl.*

coordinate store / Matrixspeicher *m.*
copolymer resist / Kopolymerresist *n.*
copper-based / auf Kupferbasis *f.*
copper beam / Kupferanschlußbrücke *f.*
copper carrier / Kupferträger *m.*
copper-clad / kupferkaschiert /
  kupferbeschichtet
copper cladding / Kupferkaschierung *f.*
copper-clad semi-rigid cable /
  Kupfermantelrohrkabel *n.*
copper-clad steel cable /
  Stahlkupfermantelrohrkabel *n.*
copper-plating / Verkupfern *n.*
copper-polyimide beam tape /
  Kupfer-Polyimid-Zwischenträgerfilm *m.*
copper-strip board / vorgefertigte
  Leiterplatte *f.*
copper track / Kupferleitbahn *f.*
copper undercoating / Vorkupferung *f.*
copy mask / Arbeitsmaske *f.* /
  Duplikatmaske *f.*
copy plate / Duplikatschablone *f.*
copy protection / Kopierschutz *m.*
copyright / Urheberrecht *n.*
copy run / Kopierlauf *m.*
copy statement / Kopieranweisung *f.*
core / Kern *m.*
core area / Speicherfläche *f.*
core business / Schlüsselgeschäft *n.*
core density / Speicherzellendichte *f.*
core image / Speicherabbild *n.*
core image library / Phasenbibliothek *f.* /
  Bibliothek ladbarer Programme *f.*
core matrix / Kernspeichermatrix *f.*
core memory location / Kernspeicherplatz *m.*
core memory stack / Kernspeicherblock *m.*
core process / Kernprozeß *m.*
to co-reside / nebeneinanderlaufen
  (in Speicher)
core team / Kernteam *n.*
corner cut / Eckenabschnitt *m.*
Corporate Advertising and Design / (Siem.)
  Zentralstelle Werbung und Design
corporate audit / Unternehmensrevision *f.*
corporate body / Körperschaft *f.*
corporate business guidelines / (Siem.)
  Zentrale Regeln Geschäftsverkehr *fpl.*
corporate capital / Gesellschaftskapital *n.*
Corporate Communications /
  (Siem.) Unternehmenskommunikation
  (Zentralstelle) *f.*
Corporate Computer and Network Services /
  (Siem.) Rechen- und
  Kommunikationsdienste *mpl.*
corporate data base / Betriebsdatenbank *f.*
corporate department / Stabsstelle *f.* /
  Zentralabteilung *f.*
corporate development /
  Unternehmensentwicklung *f.*

Corporate Executive Committee /
  (Siem.) Zentralvorstand *m.*
Corporate Finance /
  (Siem.) Zentralabteilung Finanzen *f.*
corporate goals / Unternehmensziele *npl.*
corporate growth /
  Unternehmenswachstum *n.*
Corporate Human Resources /
  (Siem.) Zentralabteilung Personal *f.*
corporate indebtedness /
  Unternehmensverschuldung *f.*
corporate investment /
  Unternehmensinvestitionen *fpl.*
corporate loan / Industriekredit *m.* /
  Unternehmenskredit *m.*
corporate logistics / Unternehmenslogistik *f.*
corporate management /
  Unternehmensleitung *f.*
corporate mission statement /
  (Siem.) Unternehmensleitsätze *mpl.*
corporate offices /
  (Siem.) zentrale Referate *npl.*
corporate pension plan / betriebliche
  Altersversorgung *f.*
corporate planning / Unternehmensplanung *f.*
Corporate Planning and Development /
  (Siem.) Zentralabteilung
  Unternehmensplanung und -entwicklung *f.*
corporate policy / Unternehmenspolitik *f.*
corporate press office / Zentrales
  Pressereferat *n.*
Corporate Production and Logistics / (Siem.)
  Zentralabteilung Produktion und Logistik *f.*
corporate profits /
  Unternehmensgewinne *mpl.*
Corporate Purchasing (CP) /
  Zentraleinkauf *m.*
Corporate Research and Development /
  (Siem.) Zentralabteilung Forschung und
  Entwicklung *f.*
corporate sales operations / (Siem.) zentrale
  Vertriebsaufgaben *fpl.*
corporate strategy / Unternehmensstrategie *f.*
corporate structure /
  Unternehmensstruktur *f.*
corporate success / Unternehmenserfolg *m.*
corporate training / Ausbildung,
  innerbetriebliche *f.*
corporate unit / (Siem.) Hauptabteilung *f.*
corporation / Kapitalgesellschaft *f.* /
  Unternehmen *n.* / Gesellschaft *f.*
corporation tax / Körperschaftssteuer *f.* /
  Gesellschaftssteuer *f.*
to correct / korrigieren
correcting ribbon / Korrekturband *n.*
correction / Korrektur *f.* / **... for abruptness**
  Korrektur wegen steilendender
  Verteilung *f.* / *f.*
correction circuit / Korrekturschaltkreis *m.*

corrective action / Korrekturmaßnahme f.
correct mating / lagerichtiges Stecken
(StV) n. / polrichtiges Stecken n.
correlation / (Wechsel-)beziehung f. /
Zusammenhang m.
to correspond / entsprechen / korrespondieren
correspondence / Korrespondenz f. /
Schriftwechsel m.
corresponding / entsprechend
corrosive / korrodierend / rostend
to corrupt / verstümmeln (Daten)
cost / Kosten pl. / actual ... calculation
Ist-Kosten-Kalkulation f.
cost account / Kostenaufstellung f.
cost accounting / Kostenrechnung f.
cost advantage / Kostenvorteil m.
cost allocation / Kostenumlage f. /
Kostenzuordnung f.
cost analysis / Kostenanalyse f. /
betriebswirtschaftliche Auswertung f.
cost awareness / Kostenbewußtsein n.
cost calculation type code /
Kalkulations-Arten-Kennzeichen n.
cost center / Kostenstelle f.
cost center accounting /
Kostenstellenrechnung f. /
Betriebsabrechnung f.
cost center number / Kostenstellennummer f.
cost comparison / Kostenvergleich m.
cost control / Kostenkontrolle f.
cost coverage / Kostendeckung f.
costed interest / kalkulatorische Zinsen mpl.
cost-effective / kostenwirksam
cost estimate / Kostenvoranschlag m.
cost estimating / Kalkulation f.
cost finding / Kostenermittlung f.
costing / Kalkulation f.
costing clerk / Kalkulator m.
costing methods / Kalkulationsmethoden f.
costing method using burden rates /
Zuschlagskalkulation f.
costing on the basis of actual costs /
Kalkulation auf Grund von Ist-Kosten f./pl.
cost leadership / Kostenführerschaft f.
cost of manufacturing / Produktionskosten pl.
cost of material / Materialkosten pl. /
Materialaufwand m.
cost of sales / Umsatzkosten pl.
cost of storage / Lagerkosten pl.
cost optimization / Kostenoptimierung f.
cost overruns / Kostenüberschreitungen fpl.
cost participation / Kostenbeteiligung f.
cost per piece / cost per unit / Stückkosten pl.
cost price / Einkaufspreis m. /
Einstandspreis m. / Selbstkostenpreis m.
cost rate / Kostensatz m.
cost reduction / Kostensenkung f.
cost saving / Kosteneinsparung f.
cost sharing / Kostenbeteiligung f.

costs / Kosten pl. / manufacturing ...
Herstellkosten pl. / unbilled ...
unverrechnete Lieferungen fpl.
cost unit / Kostenträger m.
to count / zählen
counter / Zähler m.
counter cycle / Zählschleife f.
to counter-dope / gegendotieren
counterdoping / Gegendotierung f.
counterelectromotive cell / Gegenzelle f.
to countermand / abbestellen / stornieren
countermand / Abbestellung f. /
Stornierung f.
counter-offer / Gegenangebot n.
counter-productive / kontraproduktiv
counter voltage / Gegenspannung f.
counting-scale / Zählwaage f.
country of consumption / Verbrauchsland n.
country of departure / Ausgangsland n.
country of destination / Bestimmungsland n.
country of origin / Ursprungsland n.
country of purchase / Einkaufsland n.
to couple / koppeln
coupling / Kopplung f. / Kupplung f. /
Verbindung f.
coupling nut / Ringmutter (StV) f.
coupling parts / Verbindungsteile (StV) f.
coupling system / Verbindungssystem (StV) n.
coupling torque / Kupplungsdrehmoment n.
courier / Kurier m.
course / Verlauf m.
course of business / Geschäftsverlauf m.
cover / Abdeckung f. / Haube f.
to cover / decken / abdecken / ... expenses
Ausgaben decken / ... the demand den
Bedarf decken m.
coverage / Reichweite f. / Deckung f.
coverage calculation /
Eindeckungsrechnung f.
coverage time / Eindeckungszeit f.
cover glass / Deckglas (f. Retikel) n.
covering note / Begleitschreiben n.
covering letter / Begleitbrief m.
cover latch / Verriegelungsgabel
(Baugruppen-Träger) f.
cover layer / Deckschicht f. / Außenschicht f.
C-part ordering key / C-Teile-
Bestellschlüssel m.
crack / Riß m.
cranking / Kröpfen n.
crashproof / ausfallsicher
to create / erstellen (z. B. Datei)
to create demand / Bedarf schaffen m.
creation date / Erstellungsdatum n.
credible / glaubwürdig
to credit / gutschreiben
credit / Kredit m. / Habenseite f. /
Zahlungsziel n.
credit balance / Aktivsaldo m.

credit certificate / Gutschrift *f.*
credit entry / Gutschrift *f.*
credit for returned goods /
  Retouren-Gutschrift *f.*
credit investigation / Kreditprüfung *f.*
credit note / Gutschrift *f.*
creditworthy / kreditwürdig
creditworthiness / Kreditwürdigkeit *f.*
creep / Schlupf *m.*
creeping distance / Kriechstrecke *f.*
creeping of the etching solution / Kriechen
  der Ätzlösung *n./f.*
creeping path / Kriechweg *m.*
crescent of the mask / sichelförmiger
  Ausschnitt der Maske *m./f.*
cresol formaldehyde resin /
  Kresolformaldehydharz *n.*
crimp cable lug / Preßkabelschuh *m.*
crimp contact / Crimp-Kontakt *m.*
crimping / Sicken von
  BE-Anschlüssen *n./mpl.*
crimping tool / Crimp-Werkzeug *n.*
crimp inspection hole / Crimp-Prüfbohrung *f.*
crisp / scharf konturiert
criterion / Kriterium *n.*
critical hold-off interval / Freiwerdezeit
  (Thyristor) *f.*
critical path / kritischer Weg *m.*
critical temperature resistor / kritischer
  Temperaturwiderstand *m.*
cross / systemfremd / (Kreuz)
cross assembler / Fremdassembler *m.* /
  Kreuzassembler *m.*
crossbar IC / Kreuzschienenschaltkreis *m.*
cross-border / grenzüberschreitend
cross-border processing /
  Veredelungsverkehr *m.*
cross-charging of prices / innerbetriebliche
  Preisverrechnung *f.*
cross checking / Mehrfachprüfung *f.* /
  Überkreuzprüfung *f.*
cross-company / firmenübergreifend
cross comparison / Quervergleich *m.*
cross compiler / Fremdkompilierer *m.* /
  Kreuzkompilierer *m.*
crossfoot / Quersumme *f.*
crossfooting / Querrechnen *n.*
cross-functional / funktionsübergreifend /
  interdisziplinär
cross hatching / Flächenauflockerung *f.*
cross-licensing / Lizenzaustausch *m.*
crosslinked / vernetzt (Negativresist)
crossover / Überkreuzung *f.* /
  Leitungskreuzung *f.*
crossover connector / Überbrückungsstecker
  (zwischen Leiterplatten) *m.*
to cross over a bond / eine Bondstelle
  überqueren

crossover point / Schnittpunkt bei
  Nulldurchgang *m./ m.*
cross-reference / Querverweis *m.*
cross section / Querschnitt *m.*
cross slide / Kreuzschlitten *m.*
cross sum / Quersumme *f.*
to cross wafer steps / Waferstufen
  überqueren *fpl.*
crowding / Verdichtung *f.* / Anhäufung *f.*
crow's feet / Risse im Substrat *mpl./n.*
crucial / entscheidend
crucial level / kritische Strukturebene
  (eines Chips) *f.*
crucible / Tiegel (Kristallzüchtung) *m.*
crude alignment / Grobjustierung *f.*
cryogenic / Tieftemperatur-..
cryogenic pump / Kryopumpe *f.*
cryogenics / Tieftemperaturtechnik *f.*
cryostat / Kryostat
cryotron memory / Kryotonspeicher *m.*
crypto-... / Schlüssel-.. / Geheim-..
crystal damage / Kristallgitterschaden *m.* /
  Kristallschaden *m.*
crystal defect / Kristallfehler *m.*
crystal grinding / Kristallschleifen *n.*
crystal growing / Kristallzüchtung *f.*
crystal growth / Kristallwachstum *n.*
crystal ingot / Kristallbarren *m.*
crystal lattice spacing /
  Kristallgitterabstand *m.*
crystallographic defect /
  Kristallgitterfehler *m.*
crystallographic perfection / Defektfreiheit
  der Kristallstruktur *f./f.*
crystal material / kristalliner Stoff *m.*
crystal plane / Kristallebene *f.*
crystal puller / Kristallziehanlage *f.*
crystal-pulling method /
  Kristallziehverfahren *n.*
crystal quality / Kristallgüte *f.*
crystal slip / Kristallverschiebung *f.*
crystal wafer / Kristallscheibe *f.*
CSA-certified / CSA-geprüft
cubic device / Quader *m.*
cubic volume / Kubage *f.*
cue / Aufruf eines Unterprogramms *m./n.*
cumulated / kumuliert
cumulation of quantity /
  Mengenaufrechnung *f.*
cumulative amount / Auflaufwert *m.*
cumulative lead-time / Kettenlaufzeit *f.*
curbing of costs / Kostendämmung *f.*
to cure / aushärten
curing / Aushärten *n.*
curing time / Härtezeit *f.*
curly bracket / geschweifte Klammer *f.*
currency / Währung *f.* / Zahlungsmittel *n.*
currency code / Währungskennzeichen *n.*

currency - short form / (RIAS)
Währungskurzbezeichnung *f.*
current / Strom *m.*
current / aktuell / laufend
current account / Kontokorrent *n.* /
(Leistungsbilanz) *f.*
current business year (BY) / laufendes
Geschäftsjahr *n.*
current carrier / Ladungsträger *m.*
current-carrying capacity /
Strombelastbarkeit *f.*
current demand / momentane Nachfrage *f.*
current density / Stromdichte (v. Ionen) *f.*
current drain / Stromentnahme *f.* /
Stromaufnahme *f.*
current due date / aktuelles
Fälligkeitsdatum *n.*
current expenditure / laufende Ausgaben *fpl.*
current gain / Stromverstärkung *f.*
current handling capability /
Strombelastbarkeit *f.*
current hogging logic / stromaufnehmende
Logik *f.*
current injection logic / strominjizierende
Logik *f.*
current liabilities / laufende
Verbindlichkeiten *fpl.*
current-limiting inductor /
Kurzschluß-Drosselspule *f.*
current-limiting layer /
Strombegrenzungsschicht *f.*
current-limiting resistor /
Strombegrenzungswiderstand *m.*
current loop / Stromschleife *f.*
currently / zur Zeit / momentan
current-operated RCB /
Fehlerstromschutzschaltung *f.*
current orders / laufende Aufträge *mpl.*
current overhead / Ist-Gemeinkosten *pl.*
current probe / Stromsonde *f.* /
Stromtester *m.*
current quantity released / aktuelle
Abrufmenge *f.*
current rating / Nennstrom *m.* /
Strombelastbarkeit *f.*
current record / aktueller Satz *m.*
current regulator / Schaltregler (Strom) *m.*
current routing / aktiver Arbeitsplan *m.*
current sink / Stromfalle *f.*
current source / Stromquelle *f.*
current surge / Stromstoß *m.*
current-switched / stromgeschaltet
current threshold / Stromschwellenwert *m.*
current transfer ratio (CTR) /
Gleichstromübertragungsverhältnis *n.*
current transformer (CT) / Stromwandler *m.*
current unit cost / momentane Kosten pro
Einheit *pl./f.*
curriculum vitae (CV) / Lebenslauf *m.*

curtailed inspection / abgebrochene
Prüfung *f.* / verkürzte Prüfung *f.*
curvature / Kurve *f.* / Krümmung *f.*
curve / Kurve *f.*
curved pattern / gekrümmte Struktur *f.*
curve tracer / Kennlinienschreiber *m.*
curvilinear / kurvenförmig
custody bill of lading (B/L) /
Lagerhalterkonossement *n.*
custom / kundenspezifisch
custom / Zoll *m.* / Handelsbrauch *m.*
custom-built / kundenspezifisch (gestaltet)
custom-chip design / Kundenchipentwurf *m.*
custom circuits / Kundenschaltungen *fpl.*
customer / Kunde *m.*
customer accounting / Kundenabrechnung *f.*
customer classification /
Kundenklassifizierung *f.*
customer confidence / Kundenvertrauen *n.*
customer convenience /
Anwenderfreundlichkeit *f.*
customer demand / Kundenbedarf *m.*
customer-file / Kundendatei *f.* /
Kundenkartei *f.*
customer engineer / Wartungstechniker *m.*
customer integration / Kundenanbindung *f.*
customer number / Kundennummer *f.*
customer order capacity load overview /
auftragsbezogene
Kapazitätsbelastungsübersicht *f.*
customer order file / Kundenauftragsdatei *f.*
customer order planning and scheduling /
Kundenauftragsdisposition *f.*
customer order release /
Kundenauftragsvorgabe *f.*
customer order servicing /
Kundenauftragsabwicklung *f.*
customer request / Kundenwunsch *m.*
customer requirements /
Kundenanforderungen *fpl.* /
Kundenbedarf *m.* / Kundenbedürfnisse *npl.*
customer service / Lieferfähigkeit *f.* /
Lieferbereitschaft *f.* / Kundendienst *m.*
customer's nomenclature /
(RIAS) Kundenstoffnummer *f.*
customer-supplied / kundeneigen
customer value / Kundennutzen *m.*
custom-IC / kundenspezifischer IC *m.*
customizable / kundenspezifisch herstellbar /
... auslegbar
customization / Anpassung
(an Kundenanforderungen) *f.*
customized / kundenspezifisch
custom-made / kundenspezifisch
custom manufacturing / Kundenfertigung *f.*
customs and shipment papers / Zoll- und
Lieferpapiere *npl.*
customs barrier / Zollschranke *f.*
customs calculation / Zollkalkulation *f.*

customs clearance / Verzollung f.
customs-cleared / verzollt
customs declaration / Zollerklärung f. /
   Zollinhaltserklärung f.
customs duty / Zoll m.
customs exemption / Zollfreiheit f.
customs fees / Zollgebühren fpl.
customs investigation / Zollfahndung f.
customs invoice / Zollfaktura f.
custom size / Kundenwunschgröße f.
customs office / Zollamt n.
customs official / Zollbeamter m.
customs penalty / Zollstrafe f.
customs permit / Zollabfertigungsschein m.
customs power of attorney / Zollvollmacht f.
customs preference / Zollpräferenz f.
customs receipt / Zollquittung f.
customs seal / Zollverschluß m.
customs search officer / Zollfahnder m.
customs tare / Zolltara f.
customs tariff / Zolltarif m.
customs territory / Zollgebiet n.
customs union / Zollunion f.
customs valuation / Zollbewertung f.
customs value / Zollwert m.
customs voucher / Zollquittung f.
customs warehouse / Zollgutlager n.
customs warrant / Zollbegleitschein m.
custom tailoring of doping profiles /
   kundenwunschspezifische Gestaltung der
   Dotierungsprofile f./npl.
to cut / senken / reduzieren / schneiden
to cut and bend leads / Bauteilanschlüsse
   vereinzeln mpl.
to cut apart / (Chips) vereinzeln / teilen /
   (allg.) auseinanderschneiden
cut in salary / Gehaltskürzung f.
cutting of middle bar / Stanzen des
   Mittelstegs n./m.
to cut jobs / Arbeitsplätze streichen mpl.
to cut off / abschalten / (allg.) abschneiden
cutoff current / Sperrstrom m. / Reststrom m.
cutoff date / Auslauftermin m. /
   (CWP) Begrenzungsdatum n.
cutoff frequency / Grenzfrequenz f.
cutoff region / Sperrbereich (Transistor) m.
cutoff voltage / Sperrspannung f.
cutout in the polyimide film / Ausschnitt
   (Durchbruch) im Polyimidfilm m./ m.
cut-price imports / Billigimporte mpl.
cuts in capital spending /
   Investitionskürzungen fpl.
CW annealing / Ausheilung durch
   kontinuierliche Laserbestrahlung f./f.
cycle / Durchlauf m. / Ablauf m. /
   Kreislauf m. / Zyklus m. / Schleife f. /
   Takt m.
cycle count / Schleifenzählung f.
cycle frequency / Taktfrequenz f.

cycle index counter / Zykluszähler m.
cycle request / Schleifenabfrage f.
cycle reset / Zyklenzählerrückstellung f.
cycle run / Schleifendurchlauf m.
cycle stock / Bestandsmenge, die sich durch
   periodische Anlieferungen ergibt f./fpl.
cycle store / Umlaufspeicher m.
cycle time / Durchlaufzeit f./
   (Zykluszeit f. / Taktzeit f.)
cyclic(al) / zyklisch
cyclical / konjunkturbedingt
cyclical production control / zyklische
   Fertigungssteuerung f.
cyclical redundancy check character /
   Blockendesicherungszeichen n. /
   CRC-Prüfzeichen n.
cyclic code / reflektierter Binärcode m.
cylindrical case / Rundbecher m.
Czochralski-grown (crystal) / nach dem
   Czochralski-Verfahren gezüchtet

D

daily / täglich
daily allowance / Tagegeld n.
daily capacity / Tageskapazität f.
daily data / Tagesdaten pl.
daily minutes / Tagesprotokoll n.
daily rate / Tages(lohn)satz m.
daily requirements / täglicher Bedarf m.
daily turnover / Tagesumsatz m.
damage / Schaden m. / Havarie f.
damaged goods / beschädigte Waren fpl.
damaged track / defekte Spur f.
damage layer / Schadschicht f.
damages / Schadenersatz m.
to dampen / dämpfen
dangling bond / lose Bindung f. /
   nichtpaarige Bindung (im Kristallgitter) f.
Danish / dänisch
dark field / Dunkelfeld n.
dark-field illumination /
   Dunkelfeldbeleuchtung f.
dark-field inspection /
   Dunkelfelduntersuchung f.
dark-field mask / Negativmaske f.
dash / Gedankenstrich m.
data abuse / Datenmißbrauch m.
data access / Datenzugriff m.
data acquisition / Datenerfassung f. /
   Datengewinnung f.
data administration language (DAL) /
   Datenverwaltungssprache f.
data aggregate / Datenverbund m.
data aggregation / Datenverdichtung f.

data area / Datenbereich *m.*
data ascertainment / Datenerhebung *f.*
data base administration /
  Datenbankverwaltung *f.*
data base carrier / Datenbankbetreiber *m.*
data base description /
  Datenbankbeschreibung *f.*
data base inquiry / Datenbankabfrage *f.*
data base maintenance /
  Datenbankverwaltung *f.*
data base management /
  Datenbankverwaltung *f.*
data base recovery /
  Datenbankwiederherstellung *f.*
data base scheme / Datenbankschema *n.*
data batch / Datenstapel *m.*
data block / Datenblock *m.*
data boundary / Datengrenze *f.*
data box / Datenschließfach (im RZ) *n.*
data bus / Datenübertragungsweg *m.*
data capturing / Datenerfassung *f.*
data carrier / Datenträger *m.*
data cell / Magnetstreifen *m.*
data channel / Datenübertragungskanal *m.*
data collection / Datenerfassung *f.* /
  Datenerhebung *f.*
data collection point / Datensammelstelle *f.*
data conversion / Datenumsetzung *f.*
datacom devices /
  Datenkommunikationsbausteine *mpl.*
data communication / Datenübermittlung *f.* /
  Datenübertragung *f.*
data communication control /
  Datenübertragungssteuerung *f.*
data communication exchange /
  Datenaustausch *m.*
data compression / Datenverdichtung *f.*
data consistency / Datenkonsistenz *f.*
data control / Datensteuerung *f.*
data definition statement / DD-Anweisung *f.*
data delimiter / Begrenzungszeichen *n.* /
  Trennzeichen *n.*
data determination / Datenermittlung *f.*
data device / Datengerät *n.*
data dictionary / Datenbankbeschreibung *f.*
data display / Datenanzeige *f.*
data dissemination / Datenweitergabe *f.*
data division / Datenteil (v. Progr.) *m.*
data-driven / datengesteuert
data editing / Datenaufbereitung *f.*
data engineering / Datentechnik *f.*
data enciphering / Datenverschlüsselung *f.*
data encoding / Datenverschlüsselung *f.*
data encryption / Datenverschlüsselung *f.*
data error / Datenfehler *m.*
data evaluation / Datenauswertung *f.*
data exchange / Datenaustausch *m.*
data falsification / Datenverfälschung *f.*
data fetch / Datenabruf *m.*

data field / Datenfeld *n.*
data flow / Datenfluß *m.*
data flowchart / Datenflußplan *m.*
data forgery / Datenfälschung *f.*
data formation / Datenaufbau *m.*
data forwarding / Datenweiterleitung *f.*
data gathering / Datenerfassung *f.*
data graveyard / Datenfriedhof *m.*
data handling capacity /
  Datenverarbeitungskapazität *f.*
data haven / Datenoase (Land) *f.*
data identification / Datenkennzeichnung *f.*
Data Information and Security Officer /
  (Siem.) Bereichsbeauftragter Datenschutz
  und Informationssicherheit *m.*
data input unit / Dateneingabegerät *n.*
data interlocking / Datenverbund *m.*
data interrogation / Datenabfrage *f.*
data item / Datenfeld (COBOL) *n.* /
  Datenelement *n.*
data keeping / Datenhaltung *f.*
data language / Datenbanksprache *f.*
data larceny / Datendiebstahl *m.*
data linking / Datenvernetzung *f.*
data location / Datenplatz *m.*
data logger / Datenaufzeichnungsgerät *n.*
data logging / Datenaufzeichnung *f.* /
  Datenprotokollierung *f.*
data maintenance / Datenpflege *f.*
data management / Datenverwaltung *f.*
data manipulation / Datenbearbeitung *f.*
data medium / Datenträger *m.*
data memory / Datenspeicher *m.*
data migration / Datenwanderung *f.*
data modification / Datenänderung *f.*
data move instruction /
  Datenübertragungsbefehl *m.*
data multiplexer / Datenvervielfacher *m.*
data network / Datennetz *n.*
data origin / Datenquelle *f.* /
  Datenursprung *m.*
data output / Datenausgabe *f.*
data owner / Dateneigentümer *m.*
data packet switching /
  Datenpaketvermittlung *f.*
data path / Datenweg *m.* / Datenbus *m.*
data pattern / Datenstruktur *f.*
data peripheral equipment /
  Datenendgeräte *npl.*
data pooling equipment /
  Datensammeleinrichtung *f.*
data preparation / Datenaufbereitung *f.*
data privacy / Datenschutz *m.*
data privacy protection / Datenschutz *m.*
data processing / Datenverarbeitung *f.*
data processing professions /
  Datenverarbeitungsberufe *mpl.*
data processing staff /
  Datenverarbeitungspersonal *n.*

data processing system /
Datenverarbeitungssystem *n.*
data protection circuitry /
Datenschutzschaltung *f.*
Data Protection Controller /
(Siem.) Datenschutzbeauftragter *m.*
data protection facility /
Datenschutzeinrichtung *f.*
data protection measure /
Datenschutzmaßnahme *f.*
data protection offense / Datenschutzdelikt *n.*
data protection officer /
Datenschutzbeauftragter *m.*
data protection supervision /
Datenschutzkontrolle *f.* /
Datenschutzüberwachung *f.*
data query language /
Datenabfragesprache *f.*
data rate / Datendurchsatz *m.* /
Übertragungsrate *f.*
data record / Datensatz *m.*
data recovery / Datenwiedergewinnung *f.*
data reduction / Datenverdichtung *f.*
data registration / Datenerfassung *f.*
data relation / Datenbeziehung *f.*
data representation / Datendarstellung *f.*
data request / Datenanforderung *f.*
data retention / Datenerhaltung *f.* /
Datenaufbewahrung *f.*
data retrieval / Datenwiedergewinnung *f.*
data sample rate / Datenabtastrate *f.*
data scrambling / Datenvermischung *f.*
data search / Datensuche *f.*
data security / Datensicherheit *f.* /
Datenschutz *m.*
data security officer /
Datenschutzbeauftragter *m.* /
Datensicherheitsbeauftragter *m.*
data selection / Datenauswahl *f.*
data sequence / Datenfolge *f.*
data set / Dateimenge *f.* / Datensatz *m.*
dataset label (DSL) / Datenkennsatz *m.*
data sheet / Datenblatt *n.* / Bauformblatt *n.*
data sink / Datensenke *f.*
data source / Datenquelle *f.*
data specification / Datenbeschreibung *f.*
data stack / Datenkeller *m.*
data station / Datenendgerät *n.* /
Datensichtstation *f.*
data stock / Datenbestand *m.*
data storage / Datenspeicher *m.*
data stream / Datenstrom *m.*
data string / Datenkette *f.*
data strobe / Datenstrobe(impuls) *m.* /
Auslöseimpuls für Datenübertrag *m./m.*
data subsequent treatment /
Datennachbehandlung *f.*
data suppression / Datenunterdrückung *f.*
data switching / Datenvermittlungstechnik *f.*

data tablet / Dateneingabetableau *n.*
data terminal / Datenendgerät *n.* /
Datensichtstation *f.*
data throughput / Datendurchsatz *m.*
data topicality / Datenaktualität *f.*
data track / Datenspur *f.*
data transfer / **data transmission** /
Datenübertragung *f.*
data transmission facilities /
Datenübertragungseinrichtungen *fpl.*
data transmission line /
Datenübertragungsleitung *f.*
data updating / Datenaktualisierung *f.*
data validation / Datenprüfung *f.*
data value / Datenwert *m.*
date closed / Abschlußtermin *m.*
date-dependent position / terminabhängige
Position *f.*
date of dispatch / Versanddatum *n.*
date of expiry / Ablauftermin *m.* /
Verfalldatum *n.*
date of invoice / Rechnungsdatum *n.*
date of last inventory transaction / Datum der
letzten Lagerbewegung *n./f.*
date of last issue / Datum des letzten
Lagerabgangs *n./m.*
date of last receipt / Datum des letzten
Lagerzugangs *n./m.*
date of requirements / Bedarfstermin *m.*
date of value / Wertstellungsdatum *n.*
date record / Datumssatz *m.*
date requested / **date wanted** /
Wunschtermin *m.*
datum elevation / (LP) Bezugshöhe *f.*
datum point / (LP) Bezugspunkt *m.*
daughterboard / Tochterleiterplatte *f.*
days of supply / **range of supply** /
Eindeckungsreichweite *f.*
DC converter / Gleichstromumrichter *m.*
DC current / Gleichstrom *m.*
DC drive / Gleichstromantrieb *m.*
DC link / Gleichstromzwischenkreis *m.*
DC power / Gleichstromleistung *f.*
dead / außer Betrieb / stromlos (el.)
dead-end job / Arbeitsplatz ohne
Aufstiegsmöglichkeiten *m./fpl.*
deadline / Termin *m.* / Frist *f.* / Endtermin *m.* /
Stichtag *m.*
deadline control / Terminüberwachung *f.*
deadline order / Terminauftrag *m.*
dead load / nicht vorgegebene
Fertigungsaufträge *mpl.* /
Auftragsüberhang *m.*
deadlock / Systemverklemmung *f.*
deadly embrace / Verklemmung *f.*
dead time / Totzeit *f.*
dead via / Loch in der Leiterplatte ohne
Verbindungskontakt *n./f./m.*
dealer rebate / Händlerrabatt *m.*

dealers business / Breitengeschäft *n.* /
Händlergeschäft *n.*
to deallocate / freigeben
to debit / (Konto) belasten / abbuchen
debit / Soll *n.*
debit balance / Passivsaldo *m.*
debit note / Lastschrift *f.*
debris / Sputterteilchen *n.*
debt / Schulden *fpl.*
debtable time / strittige Verlustzeit *f.*
debtor / Schuldner *m.*
to debug / entstören
debugging run / Testlauf *m.*
debugging routine / Fehlersuchprogramm *n.*
decal name / Bauteilname *m.*
to decapsulate / entkappen
decapsulation / Entkappung *f.*
decay / Abfall (Spannung) *m.*
to decelerate / verlangsamen / verzögern
deceleration time / Verzögerungszeit *f.*
decentralised data acquisition /
dezentralisierte Datenerfassung *f.*
to decide / entscheiden
decimal notation / Dezimaldarstellung *f.*
decimal point / Dezimalkomma *n.*
decision / Entscheidung *f.* / Beschluß *m.*
decision box / Blockdiagrammsymbol
„Entscheidung" *n.*
decision maker / Entscheidungsträger *m.*
decision-making committee /
Entscheidungsausschuß (EA) *m.*
decision table / Entscheidungstabelle *f.*
deck of switch / Schaltebene eines
Schalters *f./m.*
declaration of origin / Ursprungserklärung *f.*
to declare / deklarieren / vereinbaren /
verkünden
decline / Rückgang *m.* / zurückgehen
decline in sales / Absatzrückgang *m.* /
Umsatzrückgang *m.*
decoder chip / Dekodierungschip *m.*
to decollate / trennen
decollator / Trennmaschine *f.*
to decompose / zerlegen / zersetzen
decomposition / Zerlegung *f.* / Zersetzung *f.*
decorative etching / Defektätzung *f.*
to decouple / entkoppeln
decoupling / Entkopplung *f.*
to decrease / sinken / abnehmen
decrease / Abnahme *f.* / Sinken *n.* / Senken *n.*
decrease of stock / Lagerminderung *f.*
to dedicate / reservieren / zuordnen
dedicated area / reservierter Bereich *m.*
dedicated computer / Spezialrechner *m.*
dedicated connection / Standverbindung *f.*
dedicated phosphorus cassette /
Phosphorhorde *f.*
dedicated phosphorus diffusion tray /
Phosphorhorde *f.*

dedicated production / produktorientierte
Fertigung *f.*
dedicated production line / Fertigungsstraße
zur Erzeugung eines bestimmten
Endproduktes *f./f./n.*
dedicated system / Spezialsystem *n.*
deduction / Abzug *m.*
deduction from pay / Lohn- und
Gehaltsabzüge *mpl.*
deep UV exposure / Belichtung mit
Wellenlängen im fernen
UV-Bereich *f./fpl./m.*
deep UV resist / Resist für den tiefen
UV-Bereich *n./m.*
deeply nested / tiefverschachtelt
default / Standard-.. / vorgegeben / Verzug
(Zahlung) *m.*
default drive / Standardlaufwerk *n.*
default in acceptance / Annahmeverzug *m.*
default in payment / Zahlungsverzug *m.*
default setting / Setzen eines
Vorgabewertes *n./m.*
default value / Standardparameter *m.* /
Vorbelegungswert *m.*
defect / Fehler *m.* / Qualitätsmangel *m.*
defect artifact / Störobjekt (im Wafer) *n.*
defect-bearing / defektbehaftet
defect catalog / Fehlerkatalog *m.*
defect count / Defektzahl *f.*
defect density / Fehlerdichte *f.* /
Defektdichte *f.*
defect detection / Fehlerfeststellung *f.*
defective goods / mangelhafte Ware *f.*
defective lot fraction / Fehleranteil *m.* /
fehlerhafter Anteil *m.*
defective packing / mangelhafte
Verpackung *f.*
defect level / Defektdichte *f.* / Fehlerquote *f.*
to defer / verschieben (zeitl.)
to defer payment / Zahlung aufschieben
deferred demand / zurückgestellter Bedarf *m.*
deficiency / Mangel *m.*
deficient / mangelhaft
deficit / Defizit *n.* / Fehlbetrag *m.*
to define / definieren
defined product / definiertes Erzeugnis *n.*
defining argument / Ordungsbegriff *m.*
defining criterion / Abgrenzungskriterium *n.*
defining word mark / begrenzende
Wortmarke *f.*
definition of terms / Begriffsbestimmung *f.*
to deflect / umleiten / (el.) ableiten /
umlenken / ablenken (Strahl)
deflection coil / Ablenkspule *f.*
deformation of wafer /
Waferdurchbiegung *f.* / Waferverformung *f.*
to degauss / entmagnetisieren
to degenerate / entkoppeln
degradation failure / Driftausfall *m.*

degrading the environment / umweltschädlich
degree / Grad *m*. / Stufe *f*.
degree of automation / Automationsstufe *f*.
degree of penetration /
  Durchdringungsgrad *m*.
degree of polymerization /
  Polymerisationsgrad *m*.
degree of purity / Reinheitsgrad *m*.
to dehydrate / Feuchtigkeit entziehen *f*.
dehydration / Dehydration *f*. /
  Feuchtigkeitsentzug *m*. / Austrocknung *f*.
deionized water (DIW) / deionisiertes
  Wasser *n*. / entionisiertes Wasser *n*.
deionization / Entionisation *f*.
to dejam / entstören
to delay / verzögern
delay / Aufschub *m*. / Terminverzug *m*. /
  Verzug *m*.
delay circuit / Verzögerungsschaltung *f*.
delay equalization / Laufzeitentzerrung *f*.
delay in delivery / Lieferverzug *m*.
delay in transport / Transportverzögerung *f*.
delay line / Verzögerungsleitung *f*.
delay line memory / Laufzeitspeicher *m*.
delay line register / Laufzeitregister *n*.
delay notice / Verzugsmeldung *f*.
delay report / Rückstandsliste *f*.
delay time / Verzögerungszeit *f*.
to deleave / trennen
to delete / löschen
delete character / Löschzeichen *n*.
deletion / Löschung *f*.
deletion period / (RIAS) Löschzeitraum *m*.
deliberate / vorsätzlich
delicate / empfindlich (Bauteil)
to delid / Gehäuse öffnen
to delimit / begrenzen
delimiter / Begrenzungszeichen *n*.
to delineate / (Strahl) schreiben
delineation / (Strahl) Schreiben *n*. /
  (Belichten) Strukturierung *f*. /
  Konturierung (v. Kontaktöffnungen) *f*.
delineation technique /
  Strukturierungsverfahren *n*.
delinquent order / Kundenauftrag mit
  Terminverzug *m*./*m*.
to deliver / liefern
delivery / Lieferung *f*. / **partial** ...
  Teillieferung *f*. / **surplus** ...
  Überlieferung *f*.
delivery accuracy / Liefertreue *f*.
delivery advice / Lieferanzeige *f*.
delivery agreement / Liefervertrag *m*.
delivery availability code /
  Lieferbereitschaftskennzeichen *n*.
delivery commitment / Lieferzusage *f*.
delivery contract / Liefervertrag *m*.
delivery crates / Lieferkisten *fpl*.
delivery cycle / Lieferzeit *f*.

delivery data base / Lieferdatenbank *f*.
delivery date / Lieferdatum *n*.
delivery deadline / Lieferfrist *f*.
delivery delay / Lieferverzug *m*.
delivery dependability / Liefertreue *f*.
delivery due date / Liefertermin *m*.
delivery initiation / Lieferanstoß *m*.
delivery instructions / Lieferanweisungen *fpl*.
delivery lead time / Lieferzeit *f*.
delivery logistics / Lieferlogistik *f*.
delivery lot / Lieferlos *n*.
delivery note / Lieferschein *m*.
delivery notice / Liefermeldung *f*.
delivery on call / Lieferung auf Abruf *f*.
delivery on request / Auslagerung auf
  Anforderung *f*. / Lieferung auf
  Anforderung *f*.
delivery order / Versandauftrag *m*. /
  Auslieferungsschein *m*.
delivery policy / Lieferpolitik *f*.
delivery program / Lieferprogramm *n*.
delivery promise / Lieferzusage *f*.
delivery quality / Anlieferqualität *f*.
delivery quantity / Liefermenge *f*.
delivery receipt /
  Wareneingangsbescheinigung *f*.
delivery record / Liefernachweis *m*.
delivery reliability / Liefertreue *f*.
delivery schedule / Lieferplan *m*.
delivery specifications / Liefervorschrift *f*.
delivery store / Auslieferungslager *n*.
delivery time / Lieferzeit *f*.
delivery verification /
  Wareneingangsbescheinigung *f*.
delivery volume / Lieferumfang *m*.
delivery week scale / Lieferwochenraster *n*.
delivery with credit / fehlteilbehaftete
  Auslagerung *f*.
delta / Delta *n*. / Linienbreitedifferenz
  (zw. Maske und Wafer) *f*.
to demagnify / verkleinern
demand / Nachfrage *f*. / Bedarf *m*. /
  Forderung *f*. / **additional** ... Mehrbedarf *m*. /
  zusätzlicher Bedarf / **average** ...
  durchschnittlicher Bedarf / **deferred** ...
  zurückgestellter Bedarf / **dependent** ...
  mittelbar entstandener Bedarf / **effective** ...
  wirklicher Bedarf / **excessive** ...
  übermäßiger Bedarf / **increased** ...
  erhöhter Bedarf / **interplant** ...
  Bedarf vom Schwesterwerk / **joint** ...
  gemeinschaftlicher Bedarf / **low** ... geringer
  Bedarf / **original** ... ursprünglicher Bedarf /
  pent-up ... aufgestauter Bedarf / **potential** ...
  möglicher Bedarf / **secondary** ...
  Nebenbedarf / **selective** ... spezifischer
  Bedarf / **sporadic** ... sporadischer Bedarf /
  supplementary ... Mehrbedarf / zusätzlicher
  Bedarf / Zusatzbedarf / **tertiary** ...

Tertiärbedarf / **urgent ...** vordringlicher
Bedarf
demand control / Bedarfssteuerung *f.*
demand-controlled drawing number /
bedarfsgesteuerte Baunummer *f.*
demand-controlled material planning /
bedarfsgesteuerte Disposition *f.*
demand coverage / Bedarfsdeckung *f.*
demand distribution / Bedarfsverteilung *f.*
demand-driven / bedarfsgesteuert
demand filtering / Bedarfsaufschlüsselung *f.*
demand forecast / Bedarfsprognose *f.*
demand listing / Bedarfsliste *f.*
demand pattern / Bedarfsprofil *n.*
demand schedule / Bedarfsliste *f.*
demand start date / Bedarfsstartdatum *n.*
demand trend / Nachfrageentwicklung *f.*
demineralisation / Demineralisation *f.*
to demonstrate / vorführen
to demould / entformen
to demount / zerlegen
demurrage / Liegegeld *n.* / Standgeld *n.*
demurrage period / Liegetage *mpl.*
Denmark / Dänemark
dense / dicht
dense chip / Chip mit hohem
Integrationsgrad *m./m.*
dense geometry device / Bauelement mit
hohem Integrationsgrad *n./m.*
to densify / verdichten
density / Dichte *f.*
dent / Vertiefung *f.*
department / Abteilung *f.*
departmental computer /
Abteilungsrechner *m.*
departmental costing /
Abteilungskostenrechnung *f.*
departmentalization /
Kostenstellengliederung *f.*
department number /
Kostenstellennummer *f.*
to depend on / abhängig sein von
dependence / Abhängigkeit *f.*
dependent demand / **dependent
requirements** / mittelbar entstandener
Bedarf *m.* / Sekundärbedarf *m.*
to deplete / aufbrauchen
depleted / verarmt (an Ladung)
depleted stock / erschöpfter Lagerbestand *m.*
depletion / Verarmung (Halbl.) *f.*
depletion boundary /
Verarmungsrandschicht *f.*
depletion device / Schaltelement des
Verarmungstyps *n./m.*
depletion layer / Sperrschicht (Halbl.) *f.* /
Verarmungsschicht *f.*
depletion layer capacitance /
Sperrschichtkapazität *f.*

depletion layer thickness /
Sperrschichtdicke *f.*
depletion layer width / Sperrschichtbreite *f.*
depletion-mode / ... vom Verarmungstyp
depletion-mode transistor /
Depletions-Transistor *m.*
depletion of acceptors /
Akzeptorenverarmung *f.*
to deposit / hinterlegen / auftragen /
aufbringen / **... by evaporation**
aufdampfen / **... by sputtering** aufsputtern /
... conducting metal Leitmetall auftragen
deposit / (allg.) Pfand *n.* / Abscheidung *f.* /
Beschichtung *f.*
deposition / Abscheidung *f.* / Auftragung *f.* /
Aufdampfen *n.* / Beschichten *n.* /
Ablagerung (Dotierungsatome) *f.*
deposition at an oblique angle /
Schrägbedampfung *f.*
deposition boat / Scheibenboot *n.*
deposition chamber / Depositionskammer *f.*
deposition chemical / chemische
Schichtsubstanz *f.*
deposition diffusion /
Aufdampfungsdiffusion *f.*
deposition head / Abscheidekopf *m.*
deposition of an epitaxial layer / Aufwachsen
einer Epitaxialschicht *n./f.*
deposition performance / Abscheiderate *f.* /
Wachstumsrate (Epitaxie) *f.*
deposition process / Ablagerungsprozeß *m.*
deposition rate / Aufwachsrate *f.* /
Abscheiderate *f.* / Wachstumsrate
(Epitaxie) *f.* /
Abscheidungsgeschwindigkeit *f.*
deposition technique /
Abscheidungstechnik *f.*
deposition technology /
Beschichtungstechnik *f.* /
Aufdampftechnik *f.*
deposition vacuum system /
Depositionsunterdrucksystem *n.*
depot / Lagerplatz *m.*
depreciable / abschreibbar
to depreciate / abschreiben
depreciation / Entwertung *f.* /
Abschreibung *f.* / Wertminderung *f.* /
calculated ... kalkulatorische
Abschreibung *f.* / **replacement method of ...**
Abschreibung auf Wiederbeschaffung *f./f.*
depreciation account / Abschreibungskonto *n.*
depreciation rate / Abschreibungsrate *f.*
depression / Vertiefung *f.* / Mulde *f.*
depth of diffusion / Diffusionstiefe *f.*
depth of immersion / Eintauchtiefe *f.*
depth of penetration / Eindringtiefe *f.*
depth of threaded hole / Einschraublänge *f.*
depth profile / Tiefenprofil *n.*
deputy / stellvertretend / Stellvertreter *m.*

Deputy Chairman / stellvertretender
Vorsitzender *m.*
Deputy Director / (Siem.) stellvertretender
Abteilungsbevollmächtigter *m.* /
Hauptreferent *m.*
derating / Lastminderung *f.*
de-reel system / Abwickelsystem *n.*
derivation / Ableitung (Herleitung) *f.*
derivate / Ableitung (Funktion) *f.*
to derive from / ableiten von
descending key / absteigender
Sortierbegriff *m.*
descending order / absteigende Reihenfolge *f.*
to describe / beschreiben
description / Benennung *f.* / Beschreibung *f.*
description of commodities /
Warenbezeichnung *f.*
description of operational sequence /
Ablaufbeschreibung *f.*
descriptive / beschreibend
descumming of photoresist residue / Abziehen
von Lackrest *n.*/*m.*
desiccant / Trockenmittel *n.*
to desiccate / austrocknen
desiccator / Exsikkator *m.*
design / Konstruktion *f.* / Entwicklung *f.* /
Entwurf *m.* / Gestaltung *f.* / **computer-aided
...** computergestützte Konstruktion *f.*
to designate / bezeichnen / bestimmen
Design Center / Entwicklungszentrum *n.*
designation / Bestimmung *f.* / Bezeichnung *f.*
designation of origin /
Ursprungsbezeichnung *f.*
design change / technische Änderung *f.*
design code / Kontruktionsbezeichnung *f.* /
Entwicklungsbezeichnung *f.*
design engineer / Entwicklungsingenieur *m.*
design geometry / Strukturabmessung
(v. Schaltkreis) *f.*
design number / Kontruktionsnummer *f.*
design order / Entwicklungsauftrag *m.*
design parts list / Konstruktionsstückliste *f.*
design technique / Entwurfstechnik *f.*
design testing / Testen der Nullserie *n.*/*f.*
design turn-around time /
Gesamtentwicklungszeit *f.*
design value / Sollwert *m.*
design verification / Entwurfsüberprüfung *f.*
desk check / Schreibtischtest *m.*
desktop computer / Tischcomputer *m.*
desoldering wick / Entlötungslitze *f.*
despatch / Versand (s. auch dispatch) *m.*
destination / Ziel *n.* / Bestimmungsort *m.*
destination link / Zielverbindung *f.*
destination (planning) product /
Zielprodukt *n.*
destocking / Bestandsabbau *m.*
to destroy / zerstören
destruction / Zerstörung *f.*

destructive / zerstörend / löschend
destructive reading / **destructive readout** /
löschendes Lesen *n.*
destructive test / Zerstörungstest *m.*
to detach / abtrennen
detachable connection / lösbare Verbindung *f.*
detailed capacity planning /
Kapazitätsfeinplanung *f.*
detailed planning / Feinplanung *f.*
detailed production planning /
Fertigungsfeinplanung *f.*
detailed scheduling / Feinterminierung *f.* /
arbeitsgangweise Terminierung *f.*
detail flowchart / Detailflußplan *m.*
detail printing / Einzelgang *m.*
to detect / erkennen
detent plate / Rastplatte *f.*
detent spring / Rastfeder (Drehschalter) *f.*
deteriorating filament / alternder
Heizfaden *m.* / alternder Heizdraht *m.*
determination / Festlegung *f.*
to determine / festlegen / bestimmen
detrimental / schädlich
devaluation / Abwertung *f.*
to devalue / abwerten
developable photoresist / entwickelbarer
Fotolack *m.*
developer spot / Entwicklerfleck *m.*
develop inspection (D.I.) /
Entwicklungsgüteprüfung *f.*
development / Entwicklung *f.*
development number /
Entwicklungsnummer *f.* /
Entwicklungsbezeichnung *f.*
development of manpower /
Personalentwicklung *f.*
to deviate / abweichen
deviation / Abweichung *f.* /
Regelabweichung *f.*
device / Vorrichtung *f.* / Gerät / Baustein *m.* /
Bauelement *n.*
device allocation / Gerätebelegung *f.*
device assignment / Gerätezuordnung *f.*
device complexity / Integrationsgrad des
Bauelements *m.*/*n.*
device controller / Gerätesteuerung *f.*
device deallocation / Gerätefreigabe *f.*
device density / Packungsdichte *f.*
device driver / Gerätetreiber *m.* /
Gerätesteuerprogramm *n.*
device error / Gerätefehler *m.*
device error recovery /
Gerätefehlerkorrektur *f.*
device failure / Geräteausfall *m.*
device feature / Bauelementstruktur *f.*
device identification /
Gerätekennzeichnung *f.*
device identifier / Gerätekennzeichen *n.*
device interface / Geräteschnittstelle *f.*

device interlocking / Geräteverbund *m.*
device-level wiring design /
  Verdrahtungsentwurf auf
  Bauelementebene *m.*/*f.*
device management program /
  Geräteverwaltungsprogramm *n.*
device-oriented / gerätegebunden
device release / Bausteinfreigabe *f.*
device scaling / Bauelementverkleinerung *f.* /
  (Shrinken)
device specification / Geräteangabe *f.*
device speed / Schaltgeschwindigkeit
  (Baustein) *f.*
to devour / verbrauchen
  (Leistung / Chipfläche)
dewetting / Entnetzung *f.*
dexterity / Fertigkeit *f.* / Geschicklichkeit *f.*
diad / Dublett *n.*
diagonal cable entry / schräge
  Kabeleinführung *f.*
to dial / (Tel.) wählen
dialog control / Dialogführung *f.*
dialog processing /
  Dialogdatenverarbeitung *f.* /
  Gesprächsbetrieb *m.*
diameter / Durchmesser *m.*
diamond cutting wheel /
  Diamanttrennscheibe *f.*
diamond saw / Diamantsäge *f.*
diamond scriber / Diamantschreiber *m.*
diaphragm mechanism /
  Membraneinrichtung *f.*
diaphragm-type pump / Membranpumpe *f.*
diatomaceous earth / Diatomeenschlamm *m.*
diatomic / zweiatomig
diazo-oxide / Diazoxid *n.*
to dice / trennen / in Einzelchips zersägen
dice / Einzelchips *mpl.*
dicer / Waferzerteiler *m.* /
  Vereinzelungsvorrichtung *f.*
dichlorosilane / Dichlorsilan *n.*
dicing / Trennverfahren *n.* / Vereinzeln
  (v. ships) *n.* / Zersägen *n.*
dicing saw / Trennsäge *f.*
dicing wheel / Sägeblatt *n.*
die / Chip *m.* / Siliziumplättchen *n.*
die area / Chipfläche *f.*
die attach / Chipanschluß *m.*
die attach adhesive / Chipbondkleber *m.*
die attach machine / Chipbonder *m.*
die attachment / Chipmontage *f.*
die attach to the package / Chipmontage im
  Gehäuse *f.*/*n.*
die bank / Chiplager *n.*
die bar / Mittelsteg *m.*
die bonding / Chipbonden *n.*
die bonding pad / Bondinsel auf dem
  Chip *f.*/*m.*

die bonding position / Legierstelle *f.* /
  Bondstelle *f.*
die-by-die alignment / Einzelchipjustierung *f.*
die-by-die exposure / Einzelchipbelichtung *f.*
die-by-die stepping / Einzelchipbelichtung *f.*
die cavity / versenkter Chipbondraum *m.*
die collet / Saugpinzette *f.*
die complexity / Schaltkreiskomplexität *f.*
die fabrication / Chipherstellung *f.*
die-fit misregistration / Chiplagefehler *m.* /
  Schaltkreisüberdeckungsfehler *m.*
die-lead-unit /
  Chip-Zwischenträger-Einheit *f.*
dielectric / Isolierkörper *m.*
dielectric-filled / mit Isolatormaterial gefüllt
dielectric heating / kapazitive
  Hochfrequenzheizung *f.*
dielectric-isolated / dielektrisch isoliert
dielectric layer / Isolationsschicht *f.*
dielectric strength / Spannungsfestigkeit *f.* /
  Durchschlagsfestigkeit *f.*
die location / Chipplazierung *f.*
die pattern / Einzelbildstruktur *f.*
die placement / Chipplazierung *f.*
die probe / Chipprüfsonde *f.*
die push test / Abschertest *m.*
die registration / Überdeckungsgenauigkeit
  der Schaltkreisstruktur v. Chip *f.*/*f.*/*m.*
die separation / Chipvereinzelung *f.*
die shrinking / Chipverkleinerung *f.*
die size / Chipfläche *f.*
die sort / Chipbeurteilung *f.*
die sorter / Chipklassifizierer *m.*
die-stamped p.c. board / mechanisch
  gestanzte Leiterplatte *f.*
die step-and-repeat distance /
  Einzelbildrasterabstand *m.*
die-substrate bond / Bondstelle zwischen
  Chip und Substrat *f.*/*m.*/*n.*
die-to-die comparison / Chipvergleich *m.*
die yield per wafer / Chipausbeute je
  Wafer *f.*/*f.*
differences between middle and edge /
  Mitte-Rand-Effekte (Plasmaätzen) *mpl.*
differential capacitance /
  Differentialkapazität *f.*
differential-mode EMI / Gegentaktstörung *f.*
differential piece work / differenzierter
  Akkordsatz *m.*
differential planning / Differenzplanung *f.*
differentiation / Differenzierung *f.*
diffraction / Beugung *f.* / Diffraktion *f.*
diffraction of light / Lichtbeugung *f.* /
  Lichtbrechung *f.*
diffusant / Diffusionsmittel *n.*
to diffuse / diffundieren / (Licht) streuen
diffused-base alloy technique /
  Diffusionslegierungsverfahren *n.* /
  DA-Technik *f.*

diffused junction / diffundierter Übergang *m.*
to diffuse out / ausdiffundieren
diffusion / Diffusion *f.* / Diffundierung *f.*
diffusion barrier / Diffusionssperrschicht *f.*
diffusion barrier layer /
    Diffusionssperrschicht *f.*
diffusion bubbler / Blasenverdampfer *m.*
diffusion capacitance / Diffusionskapazität *f.*
diffusion conductance / Diffusionsleitwert *m.*
diffusion-doped / diffusionsdotiert
diffusion drive-in through windows /
    Diffusionsdotierung durch Fenster *f./npl.* /
    Eindiffundierung durch Fenster *f./npl.*
diffusion evaluation /
    Diffusionsgütebestimmung *f.*
diffusion furnace / Diffusionsofen *m.*
diffusion gettering / Gettern durch
    Diffusion *n./f.*
diffusion interface / Diffusionsgrenzschicht *f.*
diffusion process / Diffusionsprozess *m.* /
    Ofenprozess *m.*
diffusion source chart /
    Diffusionsquellenliste *f.*
diffusion stripe / Diffusionsstreifen *m.*
diffusion substrate / Diffusionssubstrat *n.*
diffusion tube / Diffusionsröhre *f.*
diffusion under film /
    Unterschichtdiffusion *f.*
diffusivity / Diffusionsvermögen *n.*
diffusor foil / Diffusor-Folie *f.*
digest / Übersicht *f.*
digestory / Digestorium *n.*
digit / Ziffer *f.*
digital-analog converter / D/A-Umsetzer *m.* /
    Digitalisiergerät *n.*
digital circuit / digitale Schaltung *f.*
digital computer / digitale
    Verarbeitungsanlage *f.* / Ziffernrechner *m.*
digital differential analyzer / digitales
    Integriergerät *n.*
digital display / Ziffernanzeige *f.*
digital divider / Dividierwerk *n.* /
    Dividierschaltung *f.*
digital font / Digitalschrift *f.*
digital integrator / Integrierwerk *n.* /
    Integrierglied *n.*
digital multiplier / Multiplizierwerk *n.*
digital output / Digitalausgabe *f.*
digital representation / Digitaldarstellung *f.*
digital transmitter / Digitalzeichengeber *m.*
digit compression / Zeichenverdichtung *f.*
digit delay element /
    Ein-Bit-Verzögerungsglied *n.*
to digitize / digital darstellen
digitizer / D/A-Umsetzer *m.* /
    Digitalisiergerät *n.*
digitizing / Digitalisierung *f.*
digit plane / Bitebene *f.* / Speicherebene *f.* /
    Stellenwertebene *f.*

digit position / Stelle *f.*
digit pulse / Stellenimpuls *m.*
to dilute / verdünnen
dimensional accuracy / Maßgenauigkeit *f.*
dimensional drawing / Maßbild *n.*
dimensional stability / Maßhaltigkeit *f.*
diminishing returns / abnehmender
    Ertragszuwachs *m.*
diminishing marginal utility / abnehmender
    Grenznutzen *m.*
dimming / Dunkelschalten *n.*
diode / Diode *f.*
diode action / Diodenwirkung *f.*
diode breakdown / Diodendurchbruch *m.*
diode capacitance / Diodenkapazität *f.*
diode display / Diodenanzeige *f.*
diode forward voltage /
    Diodenvorwärtsspannung *f.*
diode outline / Diodengehäuse *n.*
diode outline package / DO-Gehäuse *n.*
diode sputtering / Diodenzerstäubung *f.*
dip coating / Tauchbeschichtung *f.*
dipping / Tauchen *n.* / Eintauchen (Ätzen) *n.*
dip soldering / Tauchlöten *n.*
dip tinning / Tauchverzinnen *n.*
direct access / Direktzugriff *m.* / wahlfreier
    Zugriff *m.*
direct access method /
    Direktzugriffsverfahren *n.*
direct connection / Direktanschluß *m.*
direct costs / Einzelkosten *pl.* / direkte
    Kosten *pl.*
direct current (DC / d.c.) / Gleichstrom *m.*
direct drive / Direktantrieb *m.*
direct file / Direktzugriffsdatei *f.*
directional etching / gerichtetes Ätzen *n.*
directionality / Richtungsfähigkeit
    (v. Ätzionen) *f.*
directive / Betriebsanweisung *f.* /
    EU-Richtlinie *f.*
direct labo(u)r costs / direkte
    Fertigungskosten *pl.*
direct memory access / direkter
    Speicherzugriff *m.*
direct numeric control / numerische
    Direktsteuerung *f.*
direct power / (el.) Vorlaufleistung *f.*
direct step exposure / Direktbelichtung *f.*
direct step-on-wafer exposure / direkte
    Waferbelichtung im
    Step-und-Repeat-Verfahren *f./n.*
direct-step patterning /
    Direktstrukturierung *f.*
direct-stepped / direktstrukturiert (Wafer)
direct-stepped mask / durch direkte
    Strukturübertragung hergestellte
    Schablone *f./f.*
direct stepping / Direktstrukturierung *f.* /
    Direktbelichtung *f.*

direct storage allocation / direkte
Speicherplatzzuweisung *f.*
direct wafer stepping / Direktbelichtung der
Wafer im Step-und-Repeat-Verfahren
f./f./n.
direct wafer-stepper aligner /
Wafer-Stepper *m.* / Scheibenrepeater für
Waferbelichtung *m./f.*
direct wafer step system /
Direktbelichtungssystem *n.*
direct wages / direkter Lohn *m.*
dirt particle / Schmutzpartikel *n.*
to disable / abschalten / ausschalten / sperren
to disassemble / abbauen / demontieren /
(DV) rückübersetzen
disassembler / Rückübersetzungsprogramm *n.*
disbond / Bondstellenloslösung *f.* /
fehlerhafte Bondstelle *f.*
disbursement / Ausgabe
(einer Lagerposition) *f.*
disbursement list / Auslagerungsliste *f.*
to discharge / entladen
to discharge cargo / Ladung löschen *f.*
discharge / Entladung *f.* / Entlassung *f.*
discoloration / Verfärbung *f.*
disconnecting link / Trennlasche *f.*
discontinuity in the wafer surface / Stufe auf
der Waferoberfläche *f./f.*
discount / Nachlaß *m.* / Rabatt *m.*
discount factor / Rabattfaktor *m.*
discount order quantity / Rabattmenge *f.*
discrete circuit / diskrete Schaltung *f.*
discrete requirements planning /
Einzelbedarfsführung *f.*
discrete semiconductors / diskrete
Halbleiter *mpl.*
discrete switch / Einzelschalter *m.*
disilicon hexachloride /
Disiliziumhexachlorid *n.*
disinvestment / Investitionsabbau *m.*
disk / Platte *f.*
disk drive / Laufwerk *n.*
disk dump / Plattenspeicherabzug *m.*
disk file / Magnetplattendatei *f.*
disk library / Plattenarchiv *n.*
disk pack / **disk module** / Plattenspeicher *m.*
disk swapping / Plattenaustausch *m.*
disk track / Plattenspur *f.*
dislocation / (Halbl.) Versetzung *f.*
dismantling time / Abrüstzeit *f.*
to dismiss / entlassen
dismissal / Entlassung *f.*
dismissal papers / Entlassungspapiere *npl.*
disparity / Mißverhältnis *n.*
to dispatch / abschicken / abfertigen /
verteilen / absenden
dispatch board / Vorgabetafel *f.*
dispatcher / Arbeitsverteiler *m.*
dispatching / Versandabwicklung *f.*

dispatch list / (Versand) Vorgabeliste *f.* /
Versandliste *f.*
dispatch note / Paketzettel *m.*
dispatch order / Versandanweisung *f.*
to dispense / dosieren / auftragen (Resist)
dispense tip / Auftragsdüse *f.*
dispensing combs / Dosierkämme *mpl.*
displacement of leads / Verschiebung von
Zwischenträgerbrücken *f./fpl.*
displacement voltage /
Verlagerungs-Störspannung *f.*
display / Anzeige *f.* / Bildschirm *m.*
display duration / Anzeigedauer *f.*
display file / Bilddatei *f.*
display function / graphische Funktion *f.*
display group / Segment *n.*
display mask / Bildschirmmaske *f.*
display space / Bildbereich *m.*
display subroutine / Bildunterprogramm *n.*
display surface / Darstellungsfläche *f.*
display tube / Digitalbildröhre *f.*
disposal / Entsorgung *f.*
to dispose / wegwerfen
to dispose of / verfügen über / entsorgen
(Abfall)
disposition / Disposition *f.* / Verfügung *f.*
disposals / (ReW) Abgänge *mpl.*
dissertation / Doktorarbeit *f.* / Dissertation *f.*
to dissipate / verbrauchen
dissipation / Verlustleistung *f.*
dissipation constant / Verlustkonstante *f.*
dissipative / verlustbehaftet
dissolution / Auflösung (v. Resist) *f.*
to dissolve / lösen / (sich) auflösen
dissolved solids / gelöste Feststoffe *mpl.*
distance / Entfernung *f.*
distinction / Unterscheidung *f.*
to distinguish / unterscheiden
distorted / verzerrt
distortion / Verzerrung *f.*
distortion faction / Klirrfaktor *m.*
to distribute / verteilen
distributed / verteilt / dezentralisiert
distributed array processor / additiver
Feldrechner *m.*
distributed data processing / dezentrale
Datenverarbeitung *f.*
distributed processing system /
Rechnerverbundnetz *m.*
distribution / Verteilung *f.*
distribution by value / wertmäßige
Verteilung *f.*
Distribution Center (DC) / Verteilzentrum
(VZ) *n.*
distribution diskette / Originaldiskette *f.*
distribution list / (Brief) Verteiler *m.*
distribution logistics / Distributionslogistik *f.*
distribution warehouse / Distributionslager *n.*

distributive channel / Distributionsweg *m*. /
Vertriebsweg *m*.
distributive costing /
Vertriebskostenrechnung *f*.
distributor / Großhändler *m*.
disturbance / Störung *f*. / Störgröße *f*.
disturbance variable / Störgröße *f*.
disturbing pulse / Störimpuls *m*.
to dither / phasenmodulieren
dithering / Schwanken (Bildpunkte) *n*.
to diverge / divergieren
to divide / teilen
dividend / Dividende *f*. / to pay out ... /
to distribute ... Dividende ausschütten
divider / Zwischenstück (Schalter) *n*.
divide statement / Divisionsanweisung *f*.
division / Geschäftsbereich *m*. /
Unternehmensbereich *m*. / Teilung *f*.
division calculation / Divisionskalkulation *f*.
division manager / Geschäftsgebietsleiter *m*.
division of labo(u)r / Arbeitsteilung *f*.
D.I. water / entionisiertes Wasser *n*.
D.I.W. processing plant /
Aufbereitungsanlage für entionisiertes
Wasser *f*./*n*.
dock charges / Dockgebühren *fpl*.
DO-clause / Laufanweisung *f*.
DO-command / Laufanweisung *f*.
doctor / Rakel *m*.
doctoral thesis / Doktorarbeit *f*.
document / Unterlage *f*.
documentary draft / dokumentäre Tratte *f*.
documentary letter of credit (L/C) /
Dokumentenakkreditiv *n*.
document field / Belegfeld *n*.
document handling / Belegverarbeitung *f*.
document of title / Traditionspapier *n*.
document reader / Belegleser *m*.
DO-instruction / Laufanweisung *f*.
domain / Domäne *f*.
domestic consumption / inländischer
Verbrauch *m*.
domestic market / Binnenmarkt *m*.
domestic orders / Inlandsaufträge *mpl*.
domestic production / Inlandsfertigung *f*.
domestic sales / Inlandsgeschäft *n*. /
Inlandsabsatz *m*. / Inlandsvertrieb *m*.
domestic trade / Binnenhandel *m*. /
Inlandsgeschäft *n*.
dominant / beherrschend / vorherrschend
to dominate a market / Markt beherrschen *m*.
donor / Donator (Elektronenspender) *m*.
donor impurities / Donatorzentren *npl*.
donor impurity density /
Donatorstörstellendichte *f*.
donorlike / donatorähnlich
do-nothing instruction / Füllbefehl *m*. /
Leerbefehl *m*.

dopant / Dotiersubstanz *f*. / Dotierer *m*. /
Dotierstoff *m*.
dopant atom / Dotierungsatom *n*.
dopant concentration /
Dotierstoffanreicherung *f*.
dopant depth / Dotierungstiefe *f*.
dopant distribution / Störstellenverteilung *f*.
dopant gas / Dotierungsgas *n*.
dopant impurity /
Dotierungsverunreinigung *f*.
dopant incorporation / Einbau von
Fremdatomen *m*./*npl*.
dopant segregation / Abscheidung von
Dotierungssubstanz *f*./*f*.
dopant source / Dotierungsquelle *f*.
to dope / dotieren / verunreinigen
dope additive / Dotierungsmittel *n*.
doped polysilicon / polykristallines, dotiertes
Silizium *n*.
doping / Dotierung *f*.
doping agent / Dotierungsmittel *n*.
doping impurity / Dotierungsstöratom *n*.
doping level / Dotierungsgrad *m*.
doping profile / Dotierungsprofil *n*. /
Dotierungsverlauf *m*.
doping uniformity /
Dotierungsgleichmäßigkeit *f*.
doppler voltage / Dopplerspannung *f*.
DO-statement / Laufanweisung *f*.
to dot / koppeln
dot / Punkt *m*.
dot evaporation / Punktaufdampfung *f*.
dot grid / Punktgitter *n*.
dot matrix / Punktmatrix *f*.
dot matrix display / Punktmatrixanzeige *f*.
dot matrix representation /
Rasterdarstellung *f*.
dot-sequential addressing / punktsequentielle
Adressierung *f*.
dots per inch (dpi) / Punkte je Zoll *mpl*.
double assignment / Doppelbelegung *f*.
double-cased test chamber /
manteltemperierter Prüfschrank *m*.
double-deck coach / Doppelstockwagen *m*.
double-diffused / doppelt diffundiert
double-diffused technique /
Doppeldiffundierung *f*.
double door entrance / Eingangsschleuse *f*.
double earnings / Doppelverdienst *m*.
double-ended / symmetrisch
double-exposed / doppelt belichtet
double feed / doppelter Vorschub *m*.
double heatsink diode / Diode mit zweifacher
Wärmesenke *f*./*f*.
double-height Eurocard format /
Doppeleuropaformat *n*.
double-height module / Modul mit doppelter
Höhe des Rastermaßes *n*./*f*./*n*.

double image shearing /
Zweifach-Bildscherung *f.*
double (water) jacket / Doppelmantel *m.*
double layer / Doppelschicht *f.*
double masking / Doppelmaskierung *f.*
double-polysilicon-gate MOS structure /
Doppel-Poly-Si-Gate-MOS-Struktur *f.*
double probe pads /
Doppelsondenkontaktstellen *fpl.*
double pulse recording /
Doppelimpulsschreibverfahren *n.*
double-row / doppelreihig
double-row pin-contact strip / zweireihige
Stiftleiste *f.*
double sampling /
Doppelstichprobenentnahme *f.*
double sampling inspection /
Doppelstichprobenprüfung *f.*
double sampling plan /
Doppelstichprobenprüfplan *m.*
double seizure / Doppelbelegung *f.*
double-sided board / doppelt-kaschierte
Leiterplatte *f.* / zweiseitige Leiterplatte *f.*
double-sided mounting / doppelseitige
Montage *f.*
double snap-in terminal element /
Doppelklemmelement *n.*
double space / doppelter Zeilenabstand *m.*
double-spaced / zweizeilig
doublet / Dipol *m.* / Zweibiteinheit *f.*
double transfer / Doppelübertragung *f.*
double water jacket / Doppelmantel *m.*
double-wound choke / Zweileiterdrossel *f.*
down payment / Anzahlung *f.*
downsizing / unternehmensweiter
Personalabbau *m.*
downstream / (Prod.) nachgelagert
downstream operation / nachgelagerter
Arbeitsgang *m/n./f.*
downstream processing / nachgelagerte
Arbeitsgänge *mpl./n./f.*
downswing / (Wirt.) Abschwung *m.* /
Absteigen *n.*
downtime / Ausfallzeit *f.* / Störungszeit *f.* /
Reparaturzeit *f.*
downtime cost / Ausfallkosten *pl.*
downward compatible / abwärtskompatibel
draft / Entwurf *m.* / Tratte *f.*
draft agreement / Vertragsentwurf *m.*
drag soldering / Schlepplöten *n.*
drain / Abfluß *m.* / d-Pol *m.* / Senke *f.* /
Abzugselektrode *f.* / Abzug *m.*
drain current / Drainstrom *m.* /
Abzugsstrom *m.*
drain junction / Sperrschicht im
Draingebiet *f./n.*
drain-source current / Drain-Source-Strom *m.*
drain-source on-state resistance /
Drain-Source-Einschaltwiderstand *m.*

drain-source-spacing /
Abzug-Quelle-Abstand *m.*
drain-source voltage /
Drain-Source-Spannung *f.*
drain terminal / Drainanschluß *m.* /
Drain-Pol *m.*
drain voltage / Abzugsspannung *f.*
to draw / zeichnen
drawback / Zollrückvergütung
(bei Reexport) *f.* / (allg.) Nachteil *m.*
drawee / Bezogener (Wechsel) *m.*
drawer / Aussteller (Wechsel) *m.*
drawing, technical / Zeichnung, technische *f.*
drawing bill of material /
Zeichnungsstückliste *f.*
drawing-in protector / Kabelziehschutz *m.*
drawing number / Zeichnungsnummer *f.* /
Sachnummer *f.*
to drift / abweichen
drift section / Driftraum *m.*
drift velocity / Driftgeschwindigkeit *f.*
to drill / bohren
to drive / durchsteuern / ansteuern
drive / Laufwerk *n.*
drive control / Antriebssteuerung *f.*
drive engineering / Antriebstechnik *f.*
drive-in diffusion / materialinterne
Eindiffundierung *f.*
drive-in oxidation / Oxidierung mit
Eindiffusion/Eindiffundierung *f./f.*
driver / Treiber *m.*
driver module / Ansteuerbaustein *m.*
drive technology / Antriebstechnik *f.*
drive winding / Steuerwicklung *f.*
Drives and Standard Products (Group) /
(Siem./Bereich) Antriebs-,Schalt- und
Installationstechnik *f.*
drop / Tropfen *m.*
to drop back / zurückstellen
dropin / Störsignal *n.*
drop in output / Produktionsrückgang *m.*
dropout / Signalausfall *m.*
dropout-delay relay / abfallverzögertes
Relais *n.*
dropout energization / Abfallerregung *f.*
dropping resistor / Vorwiderstand *m.*
drop shipment / Direktlieferung eines
Unterlieferanten an den Kunden *f./m./m.*
droptest / Falltest *m.*
dross / Schlacke (Lötbad) *f.*
drum / Trommel *f.*
drum mark / Trommelmarke *f.*
dry air / Trockenluft *f.*
dry check / Schreibtischtest *m.*
dry circuit / Trockenschaltung *f.*
dry circuit contact / Trockenkontakt *m.*
dry etching / Trockenätzen *n.*
drying oven / Trockenofen *m.*
drying residue / Trockenrückstand *m.*

drying solvent / Trockenlöser *m.*
drying stain / Trockenfleck *m.* /
Wasserfleck *m.*
dry pack / Trockenverpackung *f.*
dry run / Probelauf *m.* / Trockentest *m.* /
Schreibtischtest *m.*
DSW machine / Wafer-Stepper *m.*
dual-beam approach /
Doppelstrahlmethode *f.*
dual carriage / Doppelvorschub *m.*
dual-channel device / Zweikanalbauelement *n.*
dual disk drive computer / Computer mit
zwei Plattenlaufwerken *m./npl.*
dual exposure system /
Doppelbelichtungssystem *n.*
dual floppy drive /
Doppeldiskettenlaufwerk *n.*
dual income / Doppelverdienst *m.*
dual in-line package (DIP) /
Parallelseitengehäuse (f. Chip) *n.* /
DIP-Gehäuse *n.* / Doppelreihengehäuse *n.*
dual-level metallization /
Zwei-Pegel-Metallisierung *f.*
dual-polysilicon cell /
Doppel-Poly-Si-Speicherzelle *f.*
dual-row / doppelreihig
dual-slope process /
Doppelflankenverfahren *n.*
due / fällig
due to / aufgrund von / wegen
due date / Liefertermin *m.* /
Fälligkeitsdatum *n.* / **original ...**
urprünglicher Endtermin *m.*
dumb / unintelligent / nicht-programmierbar
dummy / fiktiv / Freifläche *f.*
dummy activity / fiktiver Vorgang *m.* /
Scheinvorgang *m.*
dummy bit / Leerbit *n.*
dummy card / Leerkarte *f.* / ungelochte
Karte *f.*
dummy character / Blindzeichen *n.*
dummy control card / Füllsteuerkarte *f.*
dummy data / Blinddaten *pl.*
dummy file / Leerdatei *f.* / Pseudodatei *f.*
dummy instruction / Füllbefehl *m.* /
Leerbefehl *m.*
dummy record / Pseudosatz *m.* / Leersatz *m.*
dummy stages / fiktive Strecken *pl.*
dummy statement / Leeranweisung *f.*
dummy wafer / Füllscheibe *f.*
dump / Speicherauszug *m.*
dump format / Abzugsformat *n.*
dumping / Preisunterbietung *f.*
dump point / Fixpunkt *m.*
dump rinser / Schnellabzugsspülung *f.*
dump routine / Abzugsroutine *f.*
duplex operation / Duplexbetrieb *m.*
duplex transmission / Gegenbetrieb *m.*

duplicate of consignment note /
Duplikatfrachtbrief *m.*
duplication check / Doppelprüfung *f.* /
Zwillingsprüfung *f.*
duplicator / Lochkartendoppler *m.*
durability / Dauerhaftigkeit *f.*
durable goods / langlebige Güter *pl.*
duration / Dauer *f.*
dust-cap / Staubkappe *f.*
dust cover / Staubkappe *f.*
dust-free / staubfrei
dust particles / Staubteilchen *n.*
dust-proofed / staubgeschützt
Dutch / niederländisch
dutiable / abgabenpflichtig / zollpflichtig
dutiable goods / Zollgut *n.*
dutiable weight / Zollgewicht *n.*
duty / Pflicht *f.* / Dienst *m.* / Zoll *m.*
duty assessment / Zollermittlung *f.*
duty cycle / Pulsdauer (SIPMOS) *f.*
duty factor (of a pulse) /
Impulstastverhältnis *n.*
duty-free / zollfrei / abgabenfrei
duty on goods in transit / Transitzoll *m.*
duty per item / Stückzoll *m.*
dwell time / Verweilzeit *f.*
to dye / (Resist) färben
dye / Farbstoff *m.*
dye additive / Farbstoffzusatz *m.*
dyed polyimide layer / gefärbte
Polyimidschicht *f.*
dyed resist / Farbresist *m.*
dye laser / Farbstofflaser *m.*
dynamic address relocation / dynamische
Adreßverschiebung *f.*
dynamic address translation / dynamische
Adressumsetzung *f.*
dynamic forward resistance / dynamischer
Durchlaßwiderstand *m.*
dynamic lot size / Losgröße mit
bedarfsabhängiger Mengenanpassung *f./f.*
dynamic series resistance / dynamischer
Vorwiderstand *m.*
dynamic skew / dynamischer Schräglauf *m.*
dynamic stop / Fehlerstop *m.*
dynamic storage allocation / dynamische
Arbeitsspeicherzuweisung *f.*

E

ear formation / Ohrenbildung
(Ätzmaterialablagen an Resistwänden) *f.*
earliest finish date / frühester Endtermin *m.*
early delivery / Vorlieferung *f.*
early failure / Frühausfall *m.*

early order discount /
Frühdispositionsrabatt *m.*
earmarking / Zweckbindung *f.*
earning power / Ertragskraft *f.*
earnings / Ertrag *m.*
earnings before tax / Bruttoergebnis *n.*
earnings statement / Erfolgsrechnung *f.* /
GuV-Rechnung *f.*
earthed / geerdet
easy-to-pack / verpackungsfreundlich
E-beam direct writing / Direktbelichtung mit
Elektronenstrahl *f./m.*
E-beam lithography /
Elektronenstrahllithographie *f.*
E-beam microfabricator /
Elektronenstrahlbearbeitungsanlage für
Mikroschaltkreisstrukturen *f./fpl.*
E-beam pattern writer /
Elektronenstrahlschreiber für
Mikroschaltkreisstrukturen *m./fpl.*
E-beam projection printing /
Elektronenstrahlprojektionsbelichtung *f.*
E-beam resist / elektronenstrahlempfindliches
Resist *n.*
E-beam scanning system /
Rasterelektronenstrahlanlage für
sequentielle Strukturbelichtung *f./f.*
E-beam technology /
Elektronenstrahlverfahren *n.*
E-beam tool /
Elektronenstrahlbearbeitungsanlage *f.*
E-beam wafer-exposure system /
Elektronenstrahldirektschreiber *m.*
E-beam wafer writer /
Elektronenstrahldirektschreiber *m.*
E-beam-written / mit Elektronenstrahl
geschrieben
Eccles-Jordan circuit / bistabile
Kippschaltung *f.*
economical / wirtschaftlich / sparsam
economical informatics /
Wirtschaftsinformatik *f.*
economically obsolete / wirtschaftlich veraltet
economical order quantity / wirtschaftliche
Bestellmenge *f.*
economic batchsize / wirtschaftliche
Losgröße *f.*
economic efficiency / Wirtschaftlichkeit *f.*
economic life / Nutzungsdauer *f.* /
wirtschaftliche Lebensdauer *f.*
economic lot size / wirtschaftliche
Losgröße *f.*
economic performance /
Wirtschaftsleistung *f.*
economics / Wirtschaftswissenschaft *f.*
Economics and External Relations /
(Siem.) Zentralstelle Wirtschaftspolitik
und Außenbeziehungen *f.*
economies of scale / Größenvorteile *mpl.*

economist / Wirtschaftswissenschaftler *m.*
economy / Wirtschaft *f.*
economy of scope / Wirtschaftlichkeit bei
Fertigung von vielen Typen mit kleinen
Stückzahlen *f./f./m./fpl.*
edge / Kante *f.* / Rand *m.* / Flanke *f.* /
Vorsprung *m.*
edge activation / Flankenaktivierung *f.*
edge angle / Böschungswinkel *m.*
edge blurring / Kantenunschärfe *f.*
edgeboard connector of a p.c. board /
Steckerleiste einer gedruckten
Schaltung *f./f.*
edge card / Leiterplatte mit Kontaktleiste
f./f.
edge chipping / Kantenausbruch *m.*
edge connector / Direktstecker *m.*
edge connector strip / Klemmleiste *f.*
edge definition / Konturentreue
(v. Struktur) *f.*
edge gradient / Schärfenabfall am Rand
m./m.
edge grinder / Kantenschleifmaschine *f.*
edge grinding / Kantenschliff *m.*
edge in productivity /
Produktivitätsvorsprung *m.*
edge length / Kantenlänge *f.*
edge of a pulse / Impulsflanke *f.*
edge of feature / Strukturkante *f.*
edge pattern / Randstruktur *f.*
edge placement error / Kantenlagefehler *m.*
edge quality / Kantengüte *f.*
edge resist removal / Randentlackung *f.*
edge roughness / Kantenrauhigkeit *f.*
edge sharpness / Kantenschärfe *f.*
edge slope / Kantenabschrägung *f.*
edge smoothing / Kantenglättung *f.*
edge-socket connector / Steckverbinder für
direktes Stecken *m./n.*
edge-triggered / impulsflankengesteuert
edge width / Böschungsbreite *f.*
to edit data / Daten aufbereiten
editing / Datenaufbereitung *f.*
edition / Auflage *f.* / Ausgabe *f.*
education / Bildung *f.*
educational computer / Lerncomputer *m.*
EEC directive / EU-Richtlinie *f.*
EEC preference / EU-Präferenz *f.*
effect / Auswirkung *f.* / Effekt *m.* / Einfluß *m.*
to effect delivery / Lieferung durchführen *f.*
to effect insurance / Versicherung
abschließen *f.*
effective date / Ecktermin *m.* / Stichtag *m.*
effective demand / wirklicher Bedarf *m.*
effective stock / effektiver Lagerbestand *m.*
effective transmission rate / effektive
Übertragungsgeschwindigkeit *f.*
efficacy / Nutzeffekt *m.*

efficiency / Leistungsfähigkeit *f.* /
Effizienz *f.* / Wirtschaftlichkeit *f.* /
level of ... Leistungsgrad *m.*
efficiency bonus / Leistungszulage *f.*
efficiency calculation /
Wirtschaftlichkeitsrechnung *f.*
efficiency rate / Leistungsgrad *m.*
efficiency variance / Leistungsabweichung *f.*
efficient / wirtschaftlich / leistungsfähig
efflorescence / Ausblühen von Salz *n.*/*n.*
efflux objective / Austrittsobjektiv
(Maskenprüfgerät) *n.*
effort / Aufwand *m.*
efforts / Bemühungen *fpl.*
to eject / ausstoßen / auswerfen
to elaborate / ausarbeiten
elaborate protective circuitry / aufwendige
Schutzbeschaltung *f.*
elapsed time / Verweilzeit *f.* / abgelaufene
Zeit *f.*
electively / wahlweise
electric accounting machine (EAM) /
elektrische Buchungsmaschine *f.*
electrical appliances / Elektrogeräte *npl.*
electrical connector housing /
Steckverbindergehäuse *n.*
electrical connector shell / gekapselter
Steckverbinder *m.*
electrical engagement length / Kontaktweg *m.*
electrical engineering / Elektrotechnik *f.*
electrical industry / Elektroindustrie *f.*
electrically alterable programmable read-only
memory (EAPROM) / elektrisch
änderbarer, programmierbarer
Festspeicher *m.*
electrically alterable read-only memory
(EAROM) / elektrisch änderbarer
Festspeicher *m.*
electrically connected / leitend verbunden
electrically erasable read-only memory
(EEROM) / elektrisch löschbarer
Festspeicher *m.*
electrical sensing / elektrische Abtastung *f.*
electrician / Elektriker *m.*
electricity / Strom *m.*
electrodeposition / galvanische
Abscheidung *f.* / galvanischer Niederschlag
(des Bondhügels) *m.*
electrode replacement / Elektrodenwechsel *m.*
electroless tin-plating / stromloses
Verzinnen *n.*
electromigration / Ionenwanderung *f.*
electron attachment /
Elektronenanlagerung *f.*
electron-beam alignment /
Elektronenstrahljustierung *f.*
electron-beam delineater /
Elektronenstrahlschreiber *m.*

electron-beam exposed /
elektronenstrahlbelichtet
electron-beam imaging / Abbildung durch
Elektronenstrahl *f.*/*m.*
electron-beam irradiation /
Elektronenbestrahlung *f.*
electron-beam mask /
elektronenstrahllithographisch hergestellte
Maske *f.*
electron-beam mask generator /
Elektronenstrahlmaskenschreiber *m.*
electron-beam memory /
Elektronenstrahlspeicher *m.*
electron-beam microfabrication /
elektronenstrahllithographische
Mikrostrukturierung *f.*
electron-beam patterning at final size /
Strukturschreiben in entgültiger Größe mit
Elektronenstrahl *n.*/*f.*/*m.*
electron-beam resist /
elektronenstrahlempfindlicher Resist *n.*
electron-beam spot size /
Punktstrahldurchmesser des
Elektronenstrahls *m.*/*m.*
electron-beam tool /
Elektronenstrahlanlage *f.*
electron-beam wafer patterning /
elektronenstrahllithographische
Waferstrukturierung *f.*
electron-beam-written pattern /
elektronenstrahlbelichtete Struktur *f.*
electron bombardment /
Elektronenbeschuß *m.*
electron gun / Elektronenstrahler *m.* /
Elektronenkanone *f.*
electronic assembly / elektronische
Baugruppe *f.*
electronic checkbook /
Computer-Scheckkarte *f.*
Electronic Data Interchange (EDI) /
Elektronischer Datenaustausch *m.*
electronic data processing machine (EDPM) /
elektronische Datenverarbeitungsanlage *f.*
electronic filing system / elektronische
Ablage *f.*
electronic funds transfer (EFT) /
EDV-Überweisungsverkehr *m.*
electronic memory typewriter / elektronische
Speicherschreibmaschine *f.*
electronics / Elektronik *f.*
electronic scrap / Elektronikschrott *m.*
electronic tube / Elektronenröhre *f.*
electron-illuminated / elektronenbestrahlt
electron probe / Elektronensonde *f.*
electron scattering effect /
Elektronenstreueffekt *m.*
electron spot-size / Sondengröße des
Elektronenstrahls *f.*/*m.*
electron transparent / elektronendurchlässig

electron trap / Elektronenfalle *f.* /
Elektronenhaftstelle *f.*
electrooptical sensing / elektrooptisches
Abtasten *n.*
electrooptic gradient / elektrooptische
Steilheit *f.*
electroplating / Galvanisieren *n.* / galvanischer
Überzug *m.*
electroplating facility / Galvanik *f.*
electrostatic precipitation / elektrostatische
Abscheidung *f.*
elephant post purging tube / Überrohr
(Diffusion) *n.*
elevated bump / erhöhter Bondhügel *m.*
elevated temperature / erhöhte Temperatur *f.*
elevator / Fahrstuhl
(auch f. Wafertransport) *m.*
to eliminate / eliminieren
ellipsometry / Ellipsometrie *f.*
elongation / Dehnung *f.* / Verlängerung *f.*
else rule / Sonst-Regel *f.*
E-mail connection / E-Mail-Anschluß *m.*
E-Mail subscriber / E-Mail-Teilnehmer *m.*
to embed / einbetten
embedded operation channel /
eingeschlossener Betriebskanal *m.*
embossing / Einprägen *n.*
emergency / Notfall *m.*
emergency mode / Notbetrieb *m.*
emergency power supply /
Notstromversorgung *f.*
emery cloth / Schmirgelleinen *n.*
EMI-proof / störsicher gegen
elektromagnetische Störungen
emission / Ausstrahlung *f.* / Emission *f.*
emitter barrier / Emittergrenzschicht *f.*
emitter-base-junction /
Emitter-Basis-Übergang *m.*
emitter bulk resistance /
Emitter(bahn)widerstand *m.*
emitter-collector path / Strombahn zwischen
Emitter und Kollektor *f.*/*m.*/*m.*
emitter-collector sustaining voltage /
Emitter-Kollektor-Haltespannung *f.*
emitter-coupled / emittergekoppelt
emitter depletion layer /
Emittersperrschicht *f.*
emitter diffusion / Emitterzonendiffusion *f.*
emitter dip / Emittersenkung *f.*
emitter dot / Emitterperle *f.*
emitter dotting / Emitterkopplung *f.*
emitter efficiency / Emitterwirkungsgrad *m.*
emitter junction / Emitterübergang *m.*
emitter layer / Emitterzone *f.*
emitter lead / Emitteranschluß *m.*
emitter mask / Maske für Emitterzone *f.*/*f.*
emitter terminal / Emitteranschluß *m.*
emitter-zone / Emissionsbereich (Halbl.) *m.*
emitting area / Emissionsfläche *f.*

emphasis / Schwerpunkt *m.*
empirical value / Erfahrungswert *m.*
to employ / beschäftigen / einsetzen
employee / Angestellter *m.* / Arbeitnehmer *m.* /
hourly paid ... Zeitlöhner *m.* / piece paid ...
Akkordlöhner *m.*
employee meeting / Betriebsversammlung *f.*
employees' association /
Arbeitnehmerverband *m.*
employee shares / Belegschaftsaktien *fpl.*
employer / Arbeitgeber *m.*
employers' association /
Arbeitgeberverband *m.*
employers' contribution /
Arbeitgeberbeitrag *m.*
employment contract / Anstellungsvertrag *m.*
employment level / Beschäftigungsgrad *m.*
empties / Leergut *n.*
empty / leer
emulsion mask / Emulsionsmaske *f.*
emulsion plate / emulsionsbeschichtete
Platte *f.*
to enable / aktivieren / befähigen /
einschalten / freigeben
enabling signal / Freigabesignal *n.*
to encapsulate / verkappen / kapseln
encapsulation / Verkappung *f.* / Vergießen *n.* /
Verschließen *n.*
encapsulation parts / Gehäuseteile *npl.*
to encase / kapseln
encasement / Gehäuse *n.*
enclosed relay / umschlossenes Relais *n.*
enclosure / (Brief) Anlage *f.*
to encompass / umfassen
encryption / Verschlüsselung *f.*
to endanger / gefährden
end around carry / Endübertrag *m.*
end character / Endezeichen *n.*
ending address / Bereichsendadresse *f.*
end item / Position für Endmontage *f.*/*f.*
end key / Endetaste *f.*
end marker / Endezeichen *n.*
end message / Endemeldung *f.*
end-of-extent / Bereichsende *n.*
end-of-file label / Nachsatz *m.*
endorsement / Indossament *n.*
endorsee / Indossat *m.*
endorser / Indossant *m.*
end product / Enderzeugnis *n.*
end record / Endesatz *m.*
end statement / Endanweisung *f.*
end-to-end logistics chain /
Gesamtlogistikkette *f.* / Logistik-Pipeline *f.*
endurance test / Ausdauertest *m.* /
Dauertest *m.* / Dauerlaufprüfung *f.*
end user / Endverbraucher *m.*
enduser request / Benutzeraufruf *m.*
enduser requirement /
Benutzeranforderung *f.*

energy barrier / Energieschwelle *f.*
energy gap / Bandabstand *m.*
engine / Motor *m.* / Server *m.*
engineer / Ingenieur *m.*
engineering / Ingenieurwesen *n.* /
  production ... Fertigungsvorbereitung *f.*
engineering change / technische Änderung *f.*
engineering change application /
  Änderungsantrag *m.*
engineering change history /
  Änderungsgeschichte *f.*
engineering change notice /
  Änderungsmitteilung *f.*
engineering costs / Kosten für technische
  Planung *pl./f.* / Bearbeitung *f.*
engineering data / technische Daten *pl.*
engineering department / technische
  Abteilung *f.*
engineering revision level / Ausgabestand
  (v. Zeichnungen) *m.*
engineering sample / Labormuster *n.*
engineering work station /
  Konstruktionsarbeitsplatz *m.*
to enhance / erweitern / verbessern /
  anreichern
enhanced / verbessert / angereichert
enhancement / Verbesserung *f.* /
  Anreicherung *f.*
enhancement mode transistor /
  Enhancement-Transistor *m.*
enhancement type / Anreicherungstyp *m.*
to enlarge / vergrößern
enlargement / Vergrößerung *f.*
to enqueue / einreihen in Warteschlange
enriched layer / Anreicherungsschicht *f.*
to ensue / folgen
to ensure / garantieren / versichern
to enter / eingeben / eintreten in
to enter an order / Auftrag erfassen *m.*
enter call / Eingabeaufruf *m.*
enter key / Eingabetaste *f.* / Freigabetaste *f.*
enterprise / Unternehmen *n.*
enterprise model / Unternehmensmodell *n.*
entertainment expenses /
  Bewirtungskosten *pl.*
entirety / Ganzheitlichkeit *f.*
to entitle / berechtigen
entitled to preference / präferenzberechtigt
  (Zoll)
entity / Entität *f.* / Einheit *f.*
entrance / Einsprungstelle *f.* /
  (allg.) Eingang *m.*
entrepreneur / Unternehmer *m.*
entrepreneurial spirit / Unternehmergeist *m.*
entrepreneurship / Unternehmertum *n.*
entry / (ReW) Buchung *f.* / Zugang *m.* /
  (DV) Einsprung *m.* / Eingabe *f.* /
  Einsprungstelle *f.*
entry conditions / Einsprungbedingungen *fpl.*

entry date / Buchungsdatum *n.*
entry formula / Buchungssatz *m.*
entry point / Einsprungstelle *f.*
envelope / Briefumschlag *m.*
environment / Umgebung *f.* / Umwelt *f.* /
  Umfeld *n.*
environmental chamber / Klimakammer *f.*
environmental fluctuations / atmosphärische
  Schwankungen (z. B. Temperatur) *fpl.*
environmentally benign / umweltfreundlich /
  umweltverträglich
environmental protection / Umweltschutz *m.*
Environmental Protection Representative /
  (Siem.) Bereichsreferent für
  Umweltschutz *m.*
environmental stress / umgebungsbedingte
  Beanspruchung *f.*
environment division / Maschinenteil
  (v. Progr.) *n.*
epichlorohydrines / Epichlorhydrine *npl.*
epi-substrate interface / Grenzschicht
  zwischen Epitaxialschicht und Substrat
  f./f./n.
epitaxial deposition / epitaxiales
  Aufwachsen *n.* / Epitaxialauftrag *m.*
epitaxial film / Epitaxialschicht *f.*
epitaxial growth / epitaxiales Aufwachsen *n.* /
  epitaxiales Wachstum *n.*
epitaxial layer / Epi-Schicht *f.* /
  Epitaxialschicht *f.*
epitaxial layer deposition /
  Epitaxialbeschichtung *f.*
epitaxial spike / epitaxiale Spitze *f.*
epoxy / Epoxid *n.*
epoxy adhesive / Epoxidklebstoff *m.*
epoxy-based negative resist / Negativresist auf
  Epoxidbasis *n./f.*
epoxy bonding / Kleben *n.*
epoxy encapsulation / Epoxidverkappung *f.*
epoxy glue / Epoxidkleber *m.*
epoxy-packaged / epoxidgekapselt
epoxy resin / Epoxidharz *n.*
equal / gleich
equality / Gleichheit *f.*
equality circuit / Gleichheitsglied *n.*
equalization / Abgleich *m.* / Entzerrung *f.*
equally spaced / abstandsgleich
equation / Gleichung (math.) *f.*
equation statement / Gleichungsanweisung *f.*
equilibrium / Gleichgewicht *n.*
to equip / ausstatten
equipment / Geräte *npl.* / Ausstattung *f.* /
  Einrichtung *f.* / Ausrüstung *f.*
equipment check / Anlagenkontrolle *f.*
equipment control chart /
  Anlagenkontrollkarte *f.*
equipment flange / Geräteflansch *m.*
equipment list / Geräteübersicht *f.*
equipment manufacturer / Gerätehersteller *m.*

equipment planner / Gerätedisponent *m.*
equipment revision check / Gerätestandskontrolle *f.*
equipment revision level / Gerätestand *m.*
equipment setting / Geräteeinstellung *f.*
equipment specification / Anlagendatenblatt *n.*
equipment utilization plan / Anlagenbelegungsplan *m.*
equipotential area / Potentialgleichheitsbereich *m.*
equity capital / Grundkapital *n.* / Aktienkapital *n.*
equity market / Aktienmarkt *m.*
equity trading / Aktienhandel *m.*
equivalence / Äquivalenz *f.*
equivalent types / Äquivalenztypen *mpl.*
erasable storage / löschbarer Speicher *m.*
to erase / löschen
erection-site / Baustelle *f.*
Erlenmayer flask / Erlenmayerkolben *m.*
errata list / Fehlerliste *f.*
erratic behaviour / fehlerhaftes Verhalten *n.*
error / Fehler *m.*
error cause / Fehlerursache *f.*
error code / Fehlercode *m.*
error current / Störstrom *m.* / Wandlerfehlstrom *m.*
error debugging / Fehlersuche *f.*
error detecting code / Fehlerprüfcode *m.*
error detection routine / Fehlererkennungsprogramm *n.*
error indication bit / Fehlerkennbit *n.*
error list / Fehlerprotokoll *n.* / Fehlerliste *f.*
error location / Fehleradresse *f.*
error map / Fehlerverzeichnis *n.*
error message / Fehlermeldung *f.*
error note / Fehlermeldung *f.*
error output / Fehlerausgabe *f.*
error probability / Fehlerwahrscheinlichkeit *f.*
error processing / Fehlerbearbeitung *f.*
error prompt / Fehlerhinweis *m.*
error prone / fehleranfällig
error rate / Fehlerhäufigkeit *f.*
error recovery / Fehlerbehebung *f.* / Fehlerbeseitigung *f.*
errors and omissions excepted / Irrtümer und Auslassungen vorbehalten
error tracing / Fehlerverfolgung *f.*
escape key / Abbruchtaste *f.*
escapes / Fehlerschlupf *m.*
ESK-relay / ESK-Relais *n.*
to establish / aufbauen (Verbindung / DV)
to establish a firm / Firma gründen
established clientele / Kundenstamm *m.*
to estimate / schätzen
estimate / Schätzung *f.* / Kostenvoranschlag *m.*

estimated capacity / geschätzte Kapazität *f.*
estimated stock / geschätzter Lagerbestand *m.*
to etch / ätzen
etchant / Ätzmittel *n.*
etchant molecule / Ätzmolekül *n.*
etch bath / Ätzbad *n.*
etch cassette / Ätzhorde *f.*
etch chamber / Ätzkammer *f.*
etch critical dimension / Ätzmaß *n.*
etched aluminum foil / gerauhte AL-Folie *f.*
etched depth / Ätztiefe *f.*
etched line / ausgeätzte Linie *f.*
etched trench / Ätzgraben *m.*
etcher / Ätzer *m.* / Ätzanlage *f.*
etching / Ätzung *f.*
etching barrier / Ätzbarriere *f.*
etching behaviour / Ätzverhalten *n.*
etching fault / Ätzfehler *m.*
etching gas supply / Ätzgaszuführung *f.*
etching ratio / Ätzverhältnis *n.*
etching residue / Ätzschichtrest *m.*
etching resistance / Ätzwiderstand *m.*
etching step / Ätzschritt *m.*
etching transition / Ätzübergang *m.*
etch moat / Ätzgraben *m.*
etch pattern resolution / Ätzstrukturauflösung *f.*
etch pit / Ätzgrube *f.*
etch rate / Ätzgeschwindigkeit *f.* / Abtragsgeschwindigkeit *f.*
etch removal / Wegätzen *n.*
etch resistance / Ätzwiderstand *m.*
etch solution / Ätzlösung *f.*
etch time / Ätzdauer *f.*
etch window / Ätzfenster *n.*
ethoxyethyl acetate / Ethoxyethylacetat *n.*
Eurocard PCB / Europakarte *f.*
Euro-exchange pallet / Euro-Tausch-Palette *f.*
European Sales and Marketing / (Siem.) Vertrieb Europa *m.*
European Union / Europäische Union (EU) *f.* (siehe auch EEC)
eutectic alloy / Eutektikum *n.*
eutectic point / eutektischer Punkt *m.*
to evaluate / auswerten
evaluation / Auswertung *f.* / Bewertung *f.* / Evaluierung *f.*
evaporant / Verdampfungsmittel *n.*
to evaporate / verdunsten / verdampfen
to evaporate at an angle / schräg aufdampfen
evaporation / Aufdampfung *f.* / Bedampfung *f.* / Verdunstung *f.* / ... at vertical incidence Senkrechtbedampfung *f.*
evaporation chamber / Verdampfungskammer *f.*
evaporation of volatile chemicals / Verdunstung flüchtiger Reagenzien *f.*
evaporator / Bedampfungsanlage *f.*
even multiple / gerades Vielfaches *n.*

even number / gerade Zahl *f.*
even parity check / geradzahlige
    Paritätskontrolle *f.*
event-based / ereignisorientiert
event bit / Ereignisbit *n.*
event control block / Ereignissteuerblock *m.*
event of loss / Schadensfall *m.*
event-oriented / ereignisorientiert
everyday consumption / täglicher Bedarf *m.*
evidence of dispatch / Versandnachweis *m.*
to evolve into / sich entwickeln zu
exact component-related measurement /
    bauteilegenaue Messung *f.*
exalted carrier / angehobener Träger *m.*
to examine / prüfen / untersuchen
example / Beispiel *n.*
to exceed / überschreiten
except / außer
exception / Ausnahme *f.*
exceptional tariff / Ausnahmetarif *m.*
exception report / Fehlerliste *f.* /
    Fehlerprotokoll *n.*
excess / Überschuß *m.*
excess capacity / überschüssige Kapazität *f.* /
    Kapazitätsüberhang *m.*
excess(ive) demand / überschüssiger
    Bedarf *m.* / Nachfrageüberhang *m.*
excessive rates of storage / übermäßige
    Lagergebühren *fpl.*
excess supply / Überangebot *n.*
exchange medium / Austauschdatenträger *m.*
exchange of experience /
    Erfahrungsaustausch *m.*
excimer-laser stepper /
    Excimerlaser-Waferstepper *m.*
to excise from / ausschneiden (Chip aus Tape)
excising of bad devices / Aussonderung
    defekter Bauelemente *f./npl.*
excitation efficiency /
    Anregungswirkungsgrad *m.*
exclamation point / Ausrufezeichen *n.*
to exclude / ausschließen
exclusion from liability /
    Haftungsausschluß *m.*
exclusive market / geschlossener Markt *m.*
exclusive marketing / Alleinvertrieb *m.*
exclusive-OR element / ODER-Glied *n.*
exclusive-OR operation / Kontravalenz *f.*
exclusive sale / Alleinverkauf *m.*
excrescence / (LP) Ablagerung *f.*
excursion / Auslenkung *f.* / Abweichung *f.*
executable / ausführbar / (DV) ablauffähig
executable statement / imperative
    Anweisung *f.*
to execute / ausführen / in die Tat umsetzen
to execute an order / Auftrag ausführen
execution / Ausführung *f.* / Abarbeitung *f.*
execution phase / Ausführungsphase *f.*

executive / Führungskraft *f.* / leitender
    Angestellter *m.* / (Ablaufteil) *m.*
executive director / Direktor *m.*
executive floor / Vorstandsetage *f.*
executive position / Führungsposition *f.*
executive program / Hauptsteuerprogramm *n.*
executive routine / Ablaufteil *m.* /
    Hauptsteuerprogramm *n.*
Executive Vice President /
    (Siem.) Vorstandsmitglied *n.*
exemplary contract / Mustervertrag *m.*
exemption / Befreiung (Steuer / Zoll) *f.*
to exercise / üben
to exercise influence / Einfluß ausüben
exerciser / Testsystem *n.*
ex factory / ab Werk / ab Fabrik
to exhaust / (Naßätzen) absaugen
exhauster board / Abzug *m.*
exhaust flow rate / (Naßätzen)
    Absaugleistung *f.*
exhaust hood / Abzugshaube *f.*
exhaust port / Absaugöffnung *f.*
exhaust unit / Absaugvorrichtung *f.*
exhibition / Ausstellung *f.*
exit port / Ausgangsöffnung *f.*
exit statement / Leeranweisung *f.*
exogenous demand / externer Bedarf *m.*
exorbitant prices / Wucherpreise *mpl.*
expandable / ausbaufähig / erweiterungsfähig
expander / Erweiterungsbaustein *m.*
to expand features / Strukturelemente
    vergrößern *npl.*
expansion / Erweiterung *f.* / Wachstum /
    Aufschwung *m.*
expansion board / Erweiterungsplatine *f.*
expansion module / Erweiterungsbaustein *m.*
to expect / erwarten
expected yield / Erwartungsausbeute *f.*
to expedite / beschleunigt durchführen /
    vorantreiben / befördern / absenden
expediter / Disponent *m.*
expediting / Terminsicherung *f.*
expenditure / Ausgaben *fpl.* / Aufwand *m.*
expense / Ausgaben *fpl.* / **indirect ...** indirekte
    Kosten *pl.*
expenses / Spesen *pl.* / Ausgaben *fpl.* /
    idle plant ... Stillstandskosten *pl.*
expensive / teuer
experience / Erfahrung *f.*
experienced / versiert
expertise / Know-how *n.* /
    Fachkenntnisse *fpl.* / Fachwissen *n.*
expert witness / Sachverständiger *m.*
expiration date / Verfalldatum *n.*
expiry / Fristablauf *m.* / Verfall *m.*
to explain / erklären
explanation / Erklärung *f.*
to explore / untersuchen

explosion / Auflösung *f.* / **analytical** ...
analytische Auflösung *f.*
explosion level code /
Dispositionsstufen-Code *m.*
explosion of bill of material /
Stücklistenauflösung *f.*
export authorization /
(EU) Exportgenehmigung *f.*
export ban / Ausfuhrverbot *n.* /
Exportverbot *n.*
export bounty / Ausfuhrprämie *f.*
export business / Exportgeschäft *n.* /
Exportwirtschaft *f.*
export commission agent /
Exportkommissionär *m.*
export commodities / Exportgüter *npl.*
export confirmation /
Ausfuhrbescheinigung *f.*
export consignment / Exportsendung *f.*
Export Control Officer / (Siem.)
Exportkontrollbeauftragter *m.*
export cost accounting / Exportkalkulation *f.*
export declaration / Exporterklärung *f.*
export discount / Exportrabatt *m.*
export drive / Exportförderungskampagne *f.*
export duty / Ausfuhrzoll *m.*
export earnings / Exporteinnahmen *fpl.*
exporter / Exporteur *m.*
export item / Exportartikel *m.*
export-led / export-induziert
export levy / Exportsteuer *f.*
export license / Ausfuhrgenehmigung *f.*
Export Officer / (Siem.)
Ausfuhrverantwortlicher *m.*
export permit / Ausfuhrlizenz *f.*
export promotion / Exportförderung *f.*
export quota / Ausfuhrkontingente *f.*
export regulations /
Ausfuhrbestimmungen *fpl.*
export restraint / Exportbeschränkung *f.*
export sales / Auslandsgeschäft *n.* /
Auslandsabsatz *m.* / Auslandsvertrieb *m.*
export sales manager / Exportleiter *m.*
export surplus / Exportüberschuß *m.*
export tariff / Ausfuhrtarif *m.*
export trader / Exportfirma *f.*
to expose / belichten (Fototechnik) / freilegen
exposed area / freigeätzter Bereich *m.*
exposed contact / freiliegender Kontakt *m.*
ex-post costing / Nachkalkulation *f.*
exposure / Belichtung *f.* / Aussetzen
(dem Einfluß von Licht oder
Verunreinigungen) *n.*
exposure aligner / Justier- und
Belichtungsanlage *f.*
exposure cavity / Belichtungshohlraum *m.*
exposure gap / Belichtungsabstand *m.*
exposure latitude / Belichtungsspielraum *m.*
exposure level / Belichtungsstärke *f.*

exposure machine / Belichtungsanlage *f.*
exposure plane / Belichtungsebene *f.*
exposure radiation /
Belichtungsbestrahlung *f.*
exposure rays / Belichtungsstrahlen *mpl.*
exposure scheme / Belichtungsanordnung *f.*
exposure source / Belichtungsquelle *f.*
exposure speed /
Belichtungsgeschwindigkeit *f.*
exposure stage / Belichtungsstufe *f.*
exposure time / Belichtungszeit *f.*
exposure tool / Belichtungsanlage *f.*
exposure uniformity / Gleichmäßigkeit der
Belichtung *f./f.*
express delivery / Eilsendung *f.*
express freight / Eilfracht *f.*
expression / Ausdruck (Wort) *m.*
express lot / Eillos *n.*
express order / Eilauftrag *m.* /
Eilbestellung *f.*
ex quay / ab Kai
ex ship / ab Schiff
exsiccator / Exsikkator *m.*
ex-stock sales / Verkauf ab Lager *m.* /
Lagerverkauf *m.*
to extend a credit / Kredit verlängern
extended / erweitert
**extended binary-code decimal interchange
code** / erweiterter Binärcode für
Dezimalziffern *m./fpl.*
extended capital tie-up / hohe
Kapitalbindung *f.*
extended instruction set / erweiterter
Befehlsvorrat *m.*
extender board / Erweiterungskarte *f.*
extension / Erweiterung *f.* / Verlängerung *f.*
extension cord / Verlängerungskabel *n.*
extension disk / Erweiterungsplatte *f.*
extent / Speicherbereich *m.* / Umfang *m.* /
Ausmaß *n.*
exterior / außen-.. / außerhalb
to exterminate / beseitigen / beheben
external / extern
external assets / Auslandsvermögen *n.*
external dimensions / Außenmaße *npl.*
external layer / Außenlage *f.* / äußere
Schicht *f.*
external lead / Außenanschluß *m.*
external memory / Fremdspeicher *m.* /
externer Speicher *m.*
external priority code / Kennziffer für externe
Priorität *f./f.*
external relations / Außenbeziehungen *fpl.*
external sales / Auslandsabsatz *m.*
external storage / Fremdspeicher *m.* / externer
Speicher *m.*
external supplier / externer Lieferant *m.*
external type number /
Vertriebsbezeichnung *f.*

extra allowance / Sondervergütung *f.*
extract / Auszug *m.*
extraction / Extraktion *f.* / Auszug *m.* /
Extrakt *m.*
extraction grid / Absauggitter *n.*
extraction tool / Ausbauwerkzeug *n.*
extra-high voltage / Höchstspannung *f.*
extraneous / Fremd-..
extrinsic / störstellenleitend
ex works / ab Werk / ab Fabrik
eyelet / Lötöse *f.*
eyepiece / Okular *n.*
eye protection / Augenschutz *m.*

F

fabrication / Fertigung *f.*
fabrication order / Fertigungsauftrag *m.*
fab yield / Scheibenfertigungsausbeute *f.* /
Flächenausbeute *f.*
face amount / Nennbetrag *m.*
face down bonding / Bonden mit der
Chipkontaktseite nach unten *n./f.*
face down technique / Montageverfahren mit
der Chipkontaktseite nach unten *n./f.*
facet / Fase *f.*
facetting / Kantenabschrägung *f.*
face up bonding / Bonden mit der
Chipkontaktseite nach oben *n./f.*
facilities / Systemeinrichtungen *fpl.* /
Fertigungsstätten *fpl.*
facilities administration /
Standortverwaltung *f.*
facility / Einrichtung *f.* / Produktionsstätte *f.*
facility management / Standortverwaltung *f.*
facsimile / Faxgerät *n.*
factor storage / Faktorenspeicher *m.*
factory / Fabrik *f.* / Werk *n.*
factory calendar / Fabrikkalender *m.*
factory costs / Herstellkosten *pl.*
factory data / Betriebsdaten *pl.*
factory date / Fabrikdatum *n.*
factory manager / Betriebsleiter *m.*
factory structure data /
Betriebsstrukturdaten *pl.*
factory supplies / Betriebsstoffe *mpl.*
failed unit / Ausfalleinheit *f.*
fail safe mode / ausfallsichere
Betriebsweise *f.*
failure / Ausfall *m.*
failure analysis report /
Ausfall-Analysen-Bericht *m.*
failure cause / Ausfallursache *f.*
failure criteria / Ausfallkriterien *npl.*

failure density / Ausfallhäufigkeit *f.* /
Ausfalldichte *f.*
failure effect / Fehlereinfluß *m.*
failure frequency / Ausfallhäufigkeit *f.*
failure frequency distribution /
Ausfallhäufigkeitsverteilung *f.*
failure limit / Ausfallgrenze *f.*
failure logging / Fehleraufzeichnung *f.*
failure mode / Ausfallart *f.* / Fehlerart *f.*
failure probability /
Ausfallwahrscheinlichkeit *f.*
fair / Messe *f.*
faithfulness to deadlines / Termintreue *f.*
fall back system / Sicherungssystem *n.* /
Reservesystem *n.*
fall delay time / Ausschaltverzögerungszeit *f.*
to fall due / fällig werden
fallout / (CWP) Unterprodukte *npl.*
to fall short of ... / hinter ... zurückfallen
false / falsch / gefälscht
false entry / falsche Eingabe *f.* /
Buchungsfehler *m.*
false floor / doppelter Boden *m.* /
Montageboden *m.*
fanfold stationery /
Leporello-Endlospapier *n.* /
Zickzackpapier *n.*
fan-in / Lastfaktor (Eingang) *m.*
fanning strip / (StV) Kamm *m.*
fan-out / Lastfaktor (Ausgang) *m.*
fan-out leads / fächerartig ausgelegte
Anschlußdrähte *mpl.*
fast access memory / Schnellspeicher *m.*
fast cycle time / Eil-DLZ *f.* /
Eil-Durchlaufzeit *f.*
faster resist / empfindliches Resist *n.*
fast freight / Eilgut *n.*
fast memory / Zwischenspeicher *m.*
fast moving goods / Waren mit hoher
Umschlagshäufigkeit *fpl./f.* /
Schnelldreher *m.*
Faston / Fastonstecker *m.*
fast-rise / (Impuls) steil
fast-switching / schnellschaltend
fatality / Ausfall *m.* / Versagen *n.*
fatigue allowance / (Prod.)
Erholungszuschlag *m.*
fault / Fehler *m.* / Störung *f.*
fault isolation / Fehlereingrenzung *f.*
fault liability / Störanfälligkeit *f.*
fault localization / Fehlersuche *f.*
fault-prone / fehleranfällig
fault-reporting center / (Siem./DV)
Störungsstelle *f.*
fault sensitivity range / Fehlerwirkbreite *f.*
fault symptoms / Fehlerindizien *npl.*
faulty / fehlerhaft
feasibility / Ausführbarkeit *f.* /
Durchführbarkeit *f.*

feasibility study / Durchführbarkeitsstudie *f.*
feasible / durchführbar
feature / Merkmal *n.* / Strukturelement *n.*
features / Struktur *f.*
Federal Data Protection Commissioner / Datenschutzbeauftragter *m.*
Federal Data Protection Law / Datenschutzgesetz *n.*
fee / Gebühr *f.*
feed / Vorschub *m.*
feedback / Rückmeldung *f.* / Rückkopplung *f.*
feedback card / Rückmeldungskarte *f.*
feedback shift register / rückgekoppeltes Schieberegister *n.*
feed bush / Angußbuchse *f.*
to feed components / Bauteile zuführen *n.*
feeder equipment / Zubringeranlage *f.*
feeder operation / erster Schwerpunktsarbeitsgang *m.*
feedforward / offene Steuerung *f.*
feed hole / Führungsloch *n.*
feedthrough / Durchkontaktierung *f.* / Durchführung *f.*
feedthrough plate / Durchführungsplatte *f.*
female contact / Federkontakt *m.*
female contact strip / (StV) Buchsenleiste *f.*
fenced off / abgeschattet
ferric oxide / Eisenoxid *n.*
ferrite core / Ferritkern *m.*
ferrous coated tape / Schichtband *n.*
ferrule / Druckhülse *f.*
to fetch / holen / abrufen
fetch / Abruf *m.*
fetch cycle / Abrufphase *f.*
fiber-optic component / Lichtwellenleiterbauelement *n.*
fiber roller brush / mit Fasern versehene Zylinderbürste *f.*
Fibonacci series / Fibonacci-Folge *f.*
fidelity of the geometries / Abbildungstreue der Strukturen *f./fpl.*
fiducial mark / Justiermarke *f.*
fiducial point / (LP) Bezugspunkt *m.*
field / (Sach-)gebiet *n.* / (DV/allg.) Feld *n.*
field attribute / Feldattribut *n.*
field boundary / Feldgrenze *f.*
field-butting technique / Feldmontagetechnik *f.*
field change pack / Änderungspaket *n.*
field coverage / Bildfeldgröße *f.*
field data / Einsatzdaten *pl.*
field doping / Felddotierung *f.*
field effect transistor / Feldeffekttransistor *m.*
field engineer / Außendiensttechniker *m.* / Montageingenieur *m.*
field experience / praktische Erfahrung *f.*
field installation / Außenmontage *f.*

field junction / Verbindung von Strukturfeldern *f./npl.*
field overflow / Feldüberlauf *m.*
field partitioning / Feldunterteilung *f.*
field-proven / praxisbewährt
field report / Erfahrungsbericht *m.*
field staff / Außendienstmitarbeiter *m.*
field-stitching / Aneinandersetzen von Strukturfeldern *n./n.*
field test / Einsatztest *m.* / Feldversuch *m.*
figurative / bildlich
figures / Zahlen *fpl.* / Werte *mpl.*
figures shift / Ziffernumschaltung *f.*
filament / Heizdraht *m.* / Heizfaden *m.*
filar measuring eyepiece / Fadenokular *n.*
filar system / Fadensystem *n.*
file / Datei *f.*
file administration / Dateiverwaltung *f.*
file allocation / Dateizuordnung *f.*
file allocation table / Dateibelegungstabelle *f.*
file catenation / Dateikettung *f.*
file description / Dateibeschreibung *f.*
file editor / Dateiaufbereiter *m.*
file header label / Dateianfangskennsatz *m.*
file identifier / Dateikennung *f.*
file label / Dateikennsatz *m.*
file layout / Dateiaufbau *m.*
file lock / Dateisperre *f.*
file maintenance / Dateiwartung *f.*
file management / Dateiverwaltung *f.*
file processing / Dateiverarbeitung *f.*
file protection ring / Schreibring *m.*
file recovery / Dateiwiederherstellung *f.*
file reference / Aktenzeichen *n.*
file section / Dateiabschnitt *m.*
file separator / Hauptgruppentrennzeichen *n.*
file trailer label / Dateiendekennsatz *m.*
filing / Ablage *f.* / Archivierung *f.*
fill character / Füllzeichen *n.*
filler / Füllzeichen *n.*
fillet surface / Ausrundungsfläche *f.*
film bonding / Filmbonden *n.*
film capacitor / Schichtkondensator *m.*
film carrier assembly / Filmträgermontage *f.*
film carrier gang bonding / Trägerfoliensimultanbonden *n.*
film doping density / Schichtdotierungsdichte *f.*
film membrane / Folienmembran *f.*
film resistance / Schichtwiderstand *m.*
film substrate / Schichtsubstrat *n.*
film surface spikes / Zacken auf der Filmoberfläche *mpl./f.*
film thickness / Schichtdicke *f.*
film thickness gauge / Schichtdickenmeßgerät *n.*
filter with sharp cut-off characteristics / steiler Filter *m.*
final / (COBOL) höchster Gruppenbegriff *m.*

final accounts / Abschlußrechnung *f.*
final amount / Endbetrag *m.*
final assembly / Endmontage *f.*
final clearance / Ausgangskontrolle *f. /*
Endprüfung *f.*
final control element / Stellglied *n.*
final date / Endtermin *m.*
final inspection / Endprüfung *f. /*
Ausgangsprüfung *f.*
final lens / objektseitiges Objektiv *n.*
final mould temperature / Formentemperatur
bei Ausgang *f.*
final network node / Endknoten (im Netz) *m.*
final product / Endprodukt *n.*
final program test / Abschlußtest *m.*
final report / Abschlußbericht *m.*
final-size pattern / Struktur entgültiger
Größe *f./f.*
final test / Endprüfung *f.*
final test bay / Endprüffeld (EPF) *n.*
final test field / Endprüffeld (EPF) *n.*
final yield / Endausbeute *f.*
finance / Finanzwesen *n.*
finance company /
Finanzierungsgesellschaft *f.*
finance department / Finanzabteilung *f.*
financial accountancy / Finanzbuchhaltung *f.*
financial accountant / Finanzbuchhalter *m.*
financial year / Geschäftsjahr *n. /*
Bilanzjahr *n.*
financial management / Finanzverwaltung *f.*
financial obligations / Verbindlichkeiten *fpl.*
financial standing / Zahlungsfähigkeit *f.*
financial requirements / Finanzbedarf *m.*
to find a market / Absatz finden *m.*
findings / Erkenntnisse *fpl.*
fine alignment / Feinjustierung *f.*
fine coordination / Feinabstimmung *f.*
fine-feature circuit / Mikroschaltkreis *m.*
fine geometries / kleine Strukturen *fpl.*
fine-geometry mask / Mikrostrukturmaske *f.*
fine-geometry milling / Feinstrukturätzen *n.*
fine-grained / feinkörnig (Kristalle)
fine-lead pitch IC-package / IC-Gehäuse mit
dicht beeinanderliegenden
Anschlüssen *n./mpl.*
fine leak / Feinleck *n.*
fine-line chip-fabrication technology /
Mikroschaltkreistechnik *f.*
fine-line lithography /
Mikrostrukturlithografie *f.*
fine-line patterning / Mikrostrukturierung *f.*
fine-line resolution / Auflösung von
Mikrostrukturen *f./fpl.*
finely focussed (E-beam) / fein gebündelt
finely patterned geometries /
Mikrolinienstrukturen *fpl.*
fine microbeam / Mikrosondenstrahl *m.*

fine pattern technology /
Mikrostrukturtechnik *f.*
fine-pitch chip carrier / Chipträger mit
kleinen Anschlußkontaktabständen *m./mpl.*
fine-pitch pattern / Struktur mit kleinem
Rastermaß *f./n.*
fine registration / Feinüberdeckung *f.*
fine scan / Feinabtastung *f.*
fine-structure stepper /
Feinstrukturstepper *m.*
fine-tuned planning / Feinplanung *f.*
fine-tuning / Feineinstellung *f.*
finger / Anschlußzinken *m.*
to finish / beenden / fertigstellen / aufhören
finished goods warehouse / Verkaufslager *n. /*
Fertigerzeugnislager *n. /*
Warenausgangslager *n.*
finished grade / Fertigplanum *n.*
finished parts warehouse / Fertigteilelager *n.*
finished stock control /
Fertiglagerdisposition *f.*
finite / endlich (begrenzt)
finite capacity loading / Maschinenbelastung
mit Kapazitätsgrenze *f./f.*
Finland / Finnland
finned heat sink / Rippenkühlkörper *m.*
Finnish / finnisch
finstrate / wärmeableitendes Substrat *n.*
to fire / einbrennen / zünden
fire-impeding / flammhemmend
fire-inhibiting / flammhemmend
fire-proof connector / feuerfester
Steckverbinder *m.*
firing pulse / Zündimpuls *m.*
firing voltage / Zündspannung *f.*
firm / Firma *f.*
firmly allocated stock / fest zugeteilter
Bestand *m.*
firmly planned order / fest eingeplanter
Auftrag *m.*
firm order / bestätigter Auftrag *m. /* fester
Auftrag *m.*
first oxidation / Erstoxidation *f.*
fiscal year / Geschäftsjahr *n. /* Steuerjahr *n.*
fit error / Paßfehler *m.*
fit for use / gebrauchstüchtig
fitter / Monteur *m.*
fittings / Zubehörteile *npl. /* Formstücke *npl.*
five-channel code / Fernschreibcode *m.*
five-level code / Fünfercode *m.*
fixed / fest / festgelegt / starr
fixed assets / Anlagegüter *npl. /*
Anlagevermögen *n.*
fixed base notation / Zahlendarstellung mit
fester Basis *f./f.*
fixed batchsize / feste Losgröße *f.*
fixed capital / Anlagegüter *npl. /*
Anlagevermögen *n. /* Anlagekapital *n.*
fixed costs / Festkosten *pl.*

fixed count / fixed code / fixed ratio / gleichgewichtiger Code *m.*
fixed decimal point / Festkomma *n.*
fixed disk drive / Festplattenlaufwerk *n.*
fixed disk storage / Festplattenspeicher *m.*
fixed head disk / Festkopfplatte *f.*
fixed image memory / Festbildspeicher *m.*
fixed-length word / Festwort *n.*
fixed lot size / Festlosgröße *f.*
fixed order point / fester Bestellpunkt *m.*
fixed order quantity / feste Bestellmenge *f.*
fixed panel jack / fest eingebaute Buchse *f.*
fixed point / Festkomma *n.*
fixed point arithmetic / Festkommarechnung *f.*
fixed point part / Mantisse *f.*
fixed point representation / Festkommadarstellung *f.*
fixed program / Festprogramm *n.*
fixed radix notation / Radixschreibweise mit fester Basis *f./f.*
fixed record length / feste Satzlänge *f.*
fixed time period overrun / Veränderung fixer Bestellperioden *f./fpl.*
fixed wiring / feste Verdrahtung *f.*
fixed working storage area / reservierter Arbeitsspeicherbereich *m.*
fixtures / Vorrichtungen *fpl.*
flag / Marke *f.* / Anzeige *f.* / Kennzeichen *n.* / Flag *n.*
flake-shaped / schuppenförmig
flammable / entflammbar
flange / Flansch *m.*
flange connector / Flanschsteckverbinder *m.*
flange-mounting / Flanschbefestigung *f.*
flanking / benachbart
to flash / blinken
flash / Blitz (Fototechnik) *m.*
flash point / Flammpunkt *m.*
flat / flach
flat / Anschliff *m.* / Fase *f.* / Segmentabschnitt (Fase) *m.* / Abflachung *f.*
flat cathode ray tube / Flachelektronenstrahlröhre *f.*
flat module / Flachbaugruppe *f.*
flat pack / Flachgehäuse *n.*
flat pallet / Flachpalette *f.*
flat profile / flaches Kontaktprofil *n.*
flat rate / Einheitstarif *m.* / Pauschalpreis *m.* / Pauschaltarif *m.*
flatted / (Wafer) mit Anschliff versehen
flat zone / (Ofen) Plateaubereich *m.*
flaw / Schwachstelle *f.* / Fabrikationsfehler *m.*
flexible automation / Automatisierung zur flexiblen Nutzung der Betriebsmittel *f./f./npl.*
flexible manufacturing system / flexibles Fertigungssystem *n.*

flexible metallization patterning / Musterbildung der angepaßten Metallisierung *f./f.*
flexible routing / wahlfrei abzuarbeitende Folge von Arbeitsschritten *f./mpl.*
flexible working time / flexible Arbeitszeit *f.* / Gleitzeit *f.*
flextime / Gleitzeit *f.*
flexure / Biegung *f.* / Durchbiegung (Wafer) *f.*
to flicker / flimmern
flickerfree / flimmerfrei
flight time / Bewegungszeit *f.*
flipchart / Schaubild *n.*
flip chip / Halbleiterchip *m.*
flipflop circuit / bistabile Kippschaltung *f.* / Flipflop-Schaltung *f.*
flip switch / Kippschalter *m.*
to float / gleiten
float / Losfüller *m.* / zeitlicher Spielraum *m.*
floating / Leerlauf *m.*
floating / beweglich angeordnet / schwimmend
floating average cost / gleitender Durchschnittspreis *m.*
floating-body junction isolation / nicht potentialbezogene Sperrschichtisolation *f.*
floating compression factor / gleitender Glättungsfaktor *m.*
floating contact / schwimmender Kontakt *m.*
floating debt / schwebende Schulden *fpl.*
floating-ground / massefrei
floating head / fliegender Magnetkopf *m.*
floating nut / schwimmend gelagerte Mutter *f.*
floating order point / gleitender Bestellpunkt *m.*
floating point / Gleitkomma *n.*
floating-point instruction / Gleitkommabefehl *m.*
floating-point operations per second (FLOPS) / Gleitkommaoperationen pro Sekunde *fpl.*
floating-point representation / Gleitkommadarstellung *f.*
floating-zone melting / tiegelfreies Zonenschmelzen *n.*
floating-zone silicon / Zonenschmelzsilizium *n.*
floating-zone technique / Zonenschmelzverfahren *n.*
float-mounting / beweglicher Einbau *m.*
float time / Sicherheitszeit (Teil der DLZ) *f.* / Pufferzeit *f.*
float zone / Schmelzzone *f.*
float-zone-grown / nach dem Zonenschmelzverfahren gezüchtet (Kristall)

to flood-expose the entire wafer / die ganze Wafer auf einmal belichten
flood exposure / Belichtung der ganzen Scheibe in einem Durchgang *f./f./m.*
floor / Werkstatt *f.* / (allg.) Boden *m.* / Etage *f.*
floor space / Bodenfläche *f.*
floor stock / Werkstattbestand *m.*
floppy disk / flexible Magnetplatte *f.* / Diskette *f.* / Magnetdiskette *f.*
floppy disk drive / Diskettenlaufwerk *n.*
floppy disk filing / Diskettenarchivierung *f.*
floppy disk jacket / Diskettenhülle *f.*
floppy disk label / Diskettenkennsatz *m.*
floppy disk library / Diskettenarchiv *n.*
floppy disk serial number / Diskettenarchivnummer *f.*
flow / Fluß *m.* / Ablauf eines Vorgangs *m.*
to flow / ablaufen / (Lack) verlaufen
flowchart / Ablaufplan *m.* / Flußplan *m.*
flow control / Ablaufüberwachung *f.*
flow diagram / Ablaufplan *m.* / Flußplan *m.*
flow dynamics / Strömungsdynamik *f.*
flow-line production / Fertigung nach Flußprinzip *f./n.*
flow meter / Durchflußmesser *m.* / Durchsatzmeßgerät *n.*
flow of operations / Betriebsablauf *m.* / Arbeitsablauf *m.*
flow optimization / Flußoptimierung *f.*
flow principle / Flußprinzip *n.*
flow process / Fließverfahren *n.*
flow rate / Fließrate *f.* / Strömungsgeschwindigkeit (f. Gase) *f.*
flow rate of water / Wasserdurchsatz *m.*
flow-shop / Werkstatt mit Fließfertigung *f./f.*
flow soldering / Schwallötung *f.*
flow structure / (Prozeß) Ablaufstruktur *f.*
flow test / Strömungstest *m.*
to fluctuate / schwanken
fluctuation / Schwankung *f.*
fluctuations of the market / Marktschwankungen *fpl.*
fluid / flüssig / Flüssigkeit *f.*
to fluidify /verflüssigen
fluorescent ballast / Drossel in L-Lampe *f./f.*
fluorine-based gas / gasförmige Verbindung auf Fluorbasis *f./f.*
flush connector / versenkter Leiter *m.*
to flush with nitrogen / mit Stickstoff spülen
flux / Flußmittel *n.*
flux-free / lötmittelfrei
flux residue / Flußmittelrückstand *m.*
flyback timing / Einzelzeitverfahren *n.*
flying lead / Girlandenkabel *n.*
FM/IF chip / UKW-Baustein *m.*
f.o.b. charges / FOB-Kosten *pl.*
focus / Brennpunkt *m.* / Mittelpunkt *m.*

focussed-beam application / Sondenstrahlanwendung *f.*
focussed spot / Strahlsonde *f.*
focussing / Strahlbündelung *f.* / Scharfeinstellung *f.*
foil / Folie *f.*
foil feeder / Legierbandvorschub *m.*
foil packaging / Folienverpackung *f.*
foil residue / Folienrückstand *m.*
to fold / falten / falzen
folded matrix / Umkehrgruppierung *f.*
folding box / Faltschachtel *f.*
folio / Seitenzahl *f.*
to follow / folgen
follow-up of orders / Auftragsverfolgung *f.*
follow-up order / Folgeauftrag *m.*
follow-up time / Nachlaufzeit *f.*
font / Schriftart *f.*
footnote / Fußnote *f.*
footprint / Stellfläche *f.* / erforderliche Montagefläche *f.*
forbidden / verboten / unzulässig
to force / zwingen / forcieren
force / Kraft *f.* / Druck *m.* / Zwang *m.*
forced / erzwungen
forcing orders / vorgezogene oder verspätet vorgegebene Aufträge zum Abbau von Belastungsspitzen
for clause / Laufanweisung *f.*
forecast / Prognose *f.* / Voraussage *f.*
forecast-based material planning / prognosegesteuerte Disposition *f.*
forecast horizon / Prognosehorizont *m.*
forecasting accuracy / Prognosegenauigkeit *f.*
forecasting interval / Prognoseintervall *n.*
forecasting model / Prognosemodell *n.*
forecast key / Prognoseschlüssel *m.*
forecast type / Prognoseart *f.*
foreground / Vordergrund *m.*
foreign / fremd
foreign atom / Störatom *n.* / Fremdatom *n.*
foreign branch / Auslandsfiliale *f.*
foreign department / Auslandsabteilung *f.*
foreign exchange / Devisen *fpl.*
foreign exchange holdings / Devisenbestand *m.*
foreign labo(u)r / ausländische Arbeitskräfte *fpl.*
foreign matter / Fremdstoff *m.*
foreign order / Auslandsauftrag *m.*
foreign sales / Auslandsabsatz *m.*
foreign subsidiary / Landesgesellschaft *f.* / Tochtergesellschaft im Ausland *f.*
foreign trade / Außenhandel *m.*
foreign worker / Gastarbeiter *m.*
foreseeable / vorhersehbar
for free / gratis
to forge / fälschen
fork-lift truck / Gabelstapler *m.*

form / Formular *n*. / Vordruck *m*.
form alignment / Formularausrichtung *f*.
format / Format *n*.
format buffer / Formularformatspeicher *m*.
format effector / Formatsteuerzeichen *n*.
formation / Bildung *f*. / Erzeugung *f*. / Aufbau *m*.
formation of data / Datenaufbau *m*.
formatted data set / formatierter Datenbestand *m*.
form feed / Formularvorschub *m*.
form feed character / Formularvorschubzeichen *n*.
forming gas / Formiergas *n*.
form title field / Formularkopf *m*.
formula / Resistzusammensetzung *f*.
formula translator (FORTRAN) / Formelübersetzer *m*.
for the attention of / z. Hd. von ...
fortuitous / zufällig
forward / vorwärts
to forward / übermitteln / befördern / weiterleiten
forward bias / Durchlaßvorspannung *f*.
forward conductance / Durchlaßleitwert *m*.
forward coverage / frühzeitige Eindeckung *f*.
forward current / Durchlaßstrom *m*.
forwarded by / verladen mit
forwarder / Spediteur *m*.
forwarder's certificate of receipt (FCR) / Spediteur-Übernahmebescheinigung *f*.
forwarder's lien / Spediteurpfandbrief *m*.
forwarder's through bill of lading / Spediteurdurchkonossement *n*.
forwarder's warehouse / Speditionslager *n*.
forwarding address / Nachsendeadresse *f*.
forwarding agency / Spedition *f*.
forwarding agent / Spediteur *m*.
forwarding agent's collective shipment / Spediteursammelguttransport *m*.
forwarding business / Spediteurgeschäft *n*.
forwarding by rail / Bahnversand *m*.
forwarding charges / Versandgebühren *fpl*.
forwarding commission / Speditionsprovision *f*.
forwarding contract / Speditionsvertrag *m*.
forwarding department / Versandabteilung *f*.
forwarding expenses / Versandkosten *pl*.
forwarding industry / Speditionsgewerbe *n*.
forwarding instruction / Versandanweisung *f*.
forwarding order / Speditionsanweisung *f*.
forwarding quantity / Weitergabemenge *f*.
forwarding receipt / Spediteurübernahmebescheinigung *f*.
forward recovery time / Durchlaßverzögerungszeit *f*.
forward resistance / Durchlaßwiderstand *m*.
forward scheduling / Vorwärtsterminierung *f*.

forward transconductance / Leitwert *m*. / (SIPMOS) Übertragungssteilheit *f*.
forward transfer admittance / Vorwärtssteilheit *f*.
forward voltage / Durchlaßspannung *f*.
to foul the chip edge / Chipkante beschädigen *f*.
to found / gründen
foundry / Fertigungsanlage für Siliziumchips *f*./*mpl*. (meist unübersetzt)
four-input gate / Gatter mit vier Eingängen *n*./*mpl*.
four-lead package / Gehäuse mit vier Anschlüssen *n*./*mpl*.
four-point probe method / Vierpunkttechnik *f*.
four-step exposure / Vierstufenbelichtung *f*.
fraction / (math.) Bruch *m*.
fraction bar / Bruchstrich *m*.
fracture / Bruch *m*.
fracture-prone / bruchanfällig
fragile / zerbrechlich
frame / Gehäuserahmen *m*. / Chipträger (Leiterband) *m*. / (DV) Bandsprosse *f*. / Datenübertragungsblock *m*.
framework / (fig.) Rahmen *m*. /
within the ... of im Rahmen von
framing bit / Trennbit *n*.
France / Frankreich
franchise / Alleinverkaufsrecht *n*.
franchised dealer / Vertragshändler *m*.
fraud / Betrug *m*.
fraudulent bankruptcy / Bankrott *m*.
free alongside quay / frei längsseits Kai
free alongside ship (F.A.S.) / frei längsseits Schiff
free border / frei Grenze
free domicile / frei Haus
free frontier / frei Grenze
freelance / freiberuflich
freelancer / Freiberufler *m*.
free market economy / freie Marktwirtschaft *f*.
free of charge / kostenlos
free of shrink holes / lunkerfrei
free of stress cracks / spannungsrißfrei
free on air (F.O.A.) / frei Flughafen
free on board (F.O.B.) / frei Schiff / frei an Bord
free on rail (F.O.R.) / bahnfrei / frei Eisenbahnwagon
free on truck (F.O.T.) / frei LKW
free port / Freihafen *m*.
free port processing / Freihafenveredelungsverkehr *m*.
free-run / ungetaktet
free sample / Muster ohne Wert *n*./*m*. / Gratismuster *n*.
free size tolerance / Freimaßtoleranz *f*.

free trade zone / Freihandelszone f.
to free up capital / Kapital freisetzen n.
freight / Fracht f.
freightage / Frachtbeförderung f. /
   Frachtkosten pl.
freight bill / Frachtbrief m.
freight broker / Frachtmakler m.
freight car / Frachtwaggon m.
freight charges / Frachtkosten pl. / Rollgeld n.
freight clause / Frachtvermerk m.
freight contract / Frachtvertrag m.
freight delivery / Frachtzustellung f.
freight equalization / Frachtausgleich m.
freighter / Befrachter m.
freight forward / Fracht zahlt
   Empfänger f./m.
freight insurance / Frachtversicherung f.
freight ledger / Frachtbuch n.
freight list / Ladeliste f. / Frachtliste f.
freight paid / frachtfrei
freight rates / Frachtsätze mpl. /
   Frachttarif m.
freight release / Frachtfreigabe f.
freight route / Frachtweg m.
freight surcharge / Frachtaufschlag m.
freight traffic / Frachtverkehr m. /
   Güterverkehr m.
freight volume / Frachtaufkommen n. /
   Transportvolumen n.
French / französisch
frequency / Häufigkeit f.
frequency of inspection / Prüfhäufigkeit f.
frequently / häufig
fretting corrosion / Reibkorrosion von
   Kontakten f./mpl.
friction / Reibung f.
frigistor / Frigistor (Halbleiterkühlelement) m.
fringe / Spektrallinie f. / (allg.) Rand m.
fringe benefits / Lohnnebenleistungen fpl. /
   Sondervergünstigungen fpl.
fringe counting technique /
   Streifenzählverfahren n.
to frit / sintern
from stock / ab Lager
front / Vorderseite f.
front-end computer / Vorrechner m. /
   Knotenrechner m.
frontend device / Vorgerät n.
front-end processor /
   Kommunikationsrechner m.
front-release contact / von vorn entriegelbarer
   Kontakt m.
front-side metallization /
   Vorderseitenmetallisierung f.
front view / Frontansicht f.
frozen / eingefroren
frozen inventory / eingefrorener
   Lagerbestand m.

frozen master schedule / gefrorener Teil des
   Primärprogramms m./n.
frozen order / gefrorener Auftrag m.
frozen order stock / eingefrorener
   Auftragsbestand m.
frozen zone / eingefrorene Zone f.
fuels / Betriebsstoffe mpl.
full absorption costing /
   Vollkostenrechnung f.
full bridge / Vollbrücke f.
full-custom ICs / vollkundenspezifische
   ICs mpl.
full delivery / Vollieferung f.
full-field-... / Ganzfeld-...
full-field exposure of wafers /
   Globalbelichtung von Wafers f./fpl.
full operating time / Vollbetriebszeit f.
full-page display / Ganzseitenanzeige f.
full-screen image / Ganzschirmbild f.
full-wafer alignment /
   Gesamtwaferjustierung f.
full-wafer exposure / Belichtung der gesamten
   Wafer f./f.
full-wafer mask / Ganzscheibenmaske f.
full-wave bridge converter /
   Vollbrückenschaltung f.
full-wave push-pull converter /
   Vollbrücken-Durchflußwandler m.
fully desalted water / vollentsalztes Wasser n.
fully gold-plated / vollvergoldet
fully recessed oxide technology / Technik mit
   vollständig versenktem Oxid f./n.
fully-routed board / Leiterplatte mit allen
   Leiterbahnen f./fpl.
fully-utilized / ausgelastet
fume exhaust hood / Dunstabzugshaube f.
fumes / Dämpfe mpl.
fume scrubber system / Dampfwaschanlage f.
functional / funktionstüchtig
functional assembly / Funktionsbaugruppe f.
functional block / Funktionsgruppe f.
functional character / Funktionszeichen n.
functional decomposition / funktionale
   Auflösung f.
functional description /
   Funktionsbeschreibung f.
functional design / funktionelle Planung f.
functional diagram / Funktionsschaltbild n.
functional interlocking / Funktionsverbund m.
functionality / Funktionsfähigkeit f. /
   Funktionstüchtigkeit f.
functional layout / Anordnung von Maschinen
   nach dem Verrichtungsprinzip f./fpl/n.
functionally reporting to / fachlich
   zugeordnet
functional range / Funktionsumfang m.
functional sample / Funktionsmuster n.
functional stress / funktionsbedingte
   Beanspruchung f.

functional system / betriebswirtschaftliches System *n.*
functional test / Funktionstest *m.*
functional unit / Funktionseinheit *f.*
function assembly / Funktionsbaugruppe *f.*
function key / Funktionstaste *f.*
function optimization / Funktionsoptimierung *f.*
function separation / Funktionstrennung *f.*
function specification / Funktionsbeschreibung *f.*
function statement / Funktionsanweisung *f.*
to fund / finanzieren
funded debt / fundierte Schuld *f.*
funds / finanzielle Mittel *npl.*
furnace / Ofen *m.*
furnace annealing / Ausheilung im Ofen *f./m.*
furnace throughput / Ofendurchsatz *m.*
to furnish / ausstatten
furniture and fixtures / Betriebs- und Geschäftsausstattung *f.*
to further / fördern
further processing / Weiterverarbeitung *f.*
further training / Fortbildung *f.* / Weiterbildung *f.*
fuse / (el.) Sicherung *f.* / Schmelzverbindung *f.*
to fuse / fixieren / durchbrennen
fuse blowing / Aufschmelzen *n.*
fused junction / Rekristallisationsschicht *f.*
fused silica / Quarzmehl *n.* / Quarzglas *n.*
fuse element / Schmelzleiter (Sicherung) *m.*
fusible bridge / Schmelzbrücke *f.*
fusible link / Schmelzverbindung *f.* / aufschmelzbare Verbindung *f.*
fusion of base metals / innige Verbindung von Metallen *f./npl.*
fusion temperature / Schmelztemperatur *f.*
future / zukünftig / Zukunft *f.*

G

gadget / Vorrichtung *f.* / Gerät *n.*
gain / (Halbl.) Verstärkung *f.*
to gain / verdienen / gewinnen
gain / Gewinn *m.* / Verbesserung *f.*
gain in productivity / Produktivitätssteigerung *f.*
gallium-arsenide phosphide / Galliumarsenidphosphit *n.*
gallium-arsenide substrate / Galliumarsenidsubstrat *n.* / GaAs-Substrat *n.*
galvanic bond tinning / Trommelverzinnung *f.*

gamma of a resist / Gammawert eines Resists *m./n.*
to gang / abgleichen
gang-bonded / simultangebondet / gruppengebondet
gang-bonder / Simultanbonder *m.*
gang-bonding / Simultanbonden *n.* / Gruppenbonden *n.*
to gang chips together / Chips zu Chipgruppen zusammenfügen *mpl./fpl.*
gang printing / Simultanbelichtung *f.*
gap / Lücke *f.* / Abstand *m.* / Zwischenraum *m.* / Defektelektron *n.*
gap analysis / Defizitanalyse *f.* / Marktlückenanalyse *f.*
gap digit / Füllziffer *f.*
gapped schedule / nacheinanderfolgende, arbeitsgangweise Fertigung kompletter Lose *f./npl.*
gap scatter / Spaltlagenstreuung *f.*
garbage / Abfall *m.*
garnet film / Granatschicht *f.*
gas boundary layer / Gasgrenzschicht *f.*
gas cloud / Gaswolke *f.*
gas discharge display / Gasentladungsanzeige *f.*
gaseous ambient / Gasatmosphäre *f.* / gasförmige Umgebung *f.*
gas flow controller / Durchflußregler *m.*
gas flow rate / (Diffusion) Durchflußmenge *f.* / Gasdurchsatz *m.*
gas injection / Dusche *f.*
gas inlet / Gaseinlaßöffnung *f.*
gas nozzle / Gasflammdüse *f.*
gas particle diminution / Gasaufzehrung *f.*
gas purge / Gasdurchspülung *f.*
gas source / Gasquelle *f.*
gas-state diffusion / Diffusion in Gas *f./n.*
gate / Gatter *n.* / Schaltelement *n.* / Schaltglied *n.* / Anschnitt (Gußwerkzeug) *m.*
gate area scaling / Gateflächenskalierung *f.*
gate-array approach / Gate-Array-Verfahren *n.*
gate-array chip / Universalschaltkreischip *m.*
gate-array circuit / teilgefertigter Universalschaltkreis *m.*
gate-array master-slice chip / vorgefertigter Universalschaltkreischip *m.*
gate-array routings / Verbindungsauslegung des Gate-Arrays *f./n.*
gate arrays / Gate-Arrays *npl.* / Logikarrays *npl.*
gate-associated / gategekoppelt
gate cell / Gatterzelle *f.*
gate circuit / Gatterschaltung *f.*
gate connection / Gateanschluß *m.*
gate-controlled rise time / Durchschaltzeit *f.*
gate count / Gatterzahlen *fpl.*

gate current / (Transistor) Torstrom *m*. /
(Thyristor) Steuerstrom *m*.
gated / gattergesteuert
gate delay time / Gatterlaufzeit *f*. /
Gatterverzögerungszeit *f*.
gate dimension / Gateabmessung *f*.
gate doping level / Dotierungshöhe des
Gates *f*./*n*.
gate drive circuit / Gatesteuerschaltung *f*.
gate geometry / Gatterstruktur *f*.
gate input / Gattereingang *m*.
gate interconnect / Gatterverbindung *f*.
gate keeper / Informationsregulator *m*.
gate length / Gatelänge *f*.
gate level / Gatterebene *f*.
gate output / Gatterausgang *m*.
gate oxide technology / Gateoxidtechnik *f*.
gate-patterned / gatestrukturiert
gate placement / Gatepositionierung *f*.
gate power loss / Steuerverlustleistung *f*.
gate propagation delay / Schaltverzögerung
eines Gatters *f*./*n*.
gate pulse / Gatterimpuls *m*. / Steuerimpuls *m*.
gate recess / Gatevertiefung *f*.
gate region / Gatezone *f*.
gate resistance / Gatewiderstand *m*.
gate short / Gatterkurzschluß *m*.
gate stress test / Gatterbelastungstest *m*.
gate swapping / Gateaustausch *m*.
gate switching speed /
Gatterschaltgeschwindigkeit *f*.
gate symbol / Schaltzeichen *n*.
gate terminal / Steueranschluß *m*.
gate time / Gatterdurchlaufzeit *f*.
gate transit / Gatterverzögerung *f*.
gate trigger circuit / Zündstrom *m*.
gate-turn-off thyristor / abschaltbarer
Thyristor *m*.
gate utilization / Ausnutzung der
Gate-Array-Fläche *f*./*f*.
gateway / Netzverbindungsrechner *m*.
gateway work center / Anfangsarbeitsplatz *m*.
to gather / sammeln / erfassen
gating / Torsteuerung *f*. /
Durchschaltsteuerung *f*.
gating circuit / Steuerschaltung *f*. /
Gatterschaltung *f*. / Torschaltung *f*.
gauge / Maß *n*. / Meßlehre *f*.
gauge electronics / Meßelektronik *f*.
Gaussian beam / Punktstrahl *m*.
Gaussian probe / Punktstrahlsonde *f*.
Gaussian statistics / Gaußsche
Normalverteilung *f*.
gauze filter / Gazefilter *m*.
gear / Antrieb *m*. / Getriebe *n*. / Ausrüstung *f*.
general / allgemein
**General Agreement on Tariffs and Trade
(GATT)** / Allgemeines Zoll- und
Handelsabkommen *n*.

general cargo / Stückgut *n*.
general guidelines / Rahmenrichtlinien *fpl*.
general interface / Mehrzweckschnittstelle *f*.
generalization / Verallgemeinerung *f*.
to generalize / verallgemeinern
general ledger / Hauptbuch *n*.
general purpose function generator /
Mehrzweckfunktionsgeber *m*.
general-purpose standard ICs / Universelle
Standard-ICs *mpl*.
General Services / (Siem.) Betriebsbüro *n*.
general specification / Rahmenspezifikation *f*.
general storage / Hauptspeicher *m*.
to generate / erzeugen / generieren /
errechnen
generation / Generierung *f*. / Erzeugung *f*. /
Gründung (v. LDB-Pos.) *f*.
generation of patterns / Strukturerzeugung *f*.
generation of targets / Vorgabenerzeugung *f*.
generator / Geber *m*. / Generator *m*.
generic / allgemein / generell
generic route / Standardarbeitsplan *m*.
genuine / echt / unverfälscht
geometrically possible chips per wafer /
geometrisch mögliche
Chips/Scheibe *mpl*./*f*.
geometric mean / geometrisches Mittel *n*.
geometric sample / gerichtete Probe *f*.
geometries / geometrische Strukturen *fpl*.
geometry / Struktur *f*.
geometry sizing / Strukturdimensionierung *f*.
germanium / Germanium *n*.
to getter / gettern
gettering layer / Getterschicht *f*.
gettering of metallic impurities / Gettern
metallischer Verunreinigungen *n*./*fpl*.
gettering site / Getterplatz *m*.
giant-sized chip / supergroßer Chip *m*.
to give notice / kündigen
to glare / blenden
glass-ceramic package /
Vitrokeramikgehäuse *n*.
glass envelope / Glasmantel *m*.
glass epoxy substrate / Glasepoxidsubstrat *n*.
glass-filled / glasfaserverstärkt
glass granules / Glasstrahlperlen
(Granulat) *fpl*.
glass header / Glassockel *m*.
glassivation / Glaspassivierung *f*.
glass mask / Glasmaske *f*.
glass-packaged / im Glasgehäuse
glass passivation / Glasversiegelung (IC) *f*.
glaze / Oxidentfernung *f*.
global / global / umfassend
global agreement / Rahmenvereinbarung *f*.
global alignment / Gesamtjustierung *f*.
globalization / Globalisierung *f*.
global logistics / weltweite Logistik *f*.
gloves / Handschuhe *mpl*.

glow-discharge cathode / Glühkathode *f.*
glow-discharge etching / Plasmaätzen *n.*
glow gas / Glimmlichtgas *n.*
glow lamp / Glimmlampe *f.*
glow priming / Vorionisation *f.*
to glue / kleben
glue dispenser / Kleberspender *m.*
glueing stamp / Klebestempel *m.*
glue preparation / Ansetzen des Klebers *n./m.*
glue residue / Kleberückstand *m.*
glut / Markt(über-)sättigung *f.*
goal / Ziel *n.*
goal analysis / Zielanalyse *f.*
goal performance / Zielerfüllung *f.*
goggles / Schutzbrille *f.*
gold absorber film / Goldabsorptionsschicht *f.*
gold absorber layer / Goldabsorptionsschicht *f.*
gold-ball bond / Goldkugelbondstelle *f.*
gold-bonded / goldkontaktiert
gold-bonded diode / Golddrahtdiode *f.*
gold bump / Goldbondhügel *m.*
gold cap / Goldkappe (auf Bondhügel) *f.*
gold diffusion / Diffusion von Goldatomen *f./npl.*
gold-doping / Golddotierung *f.*
gold-plated / vergoldet / goldbeschichtet
gold trap / Goldfalle *f.*
goniometer / Goniometer *n.*
goods / Waren *fpl.*
goods in bond / Waren unter Zollverschluß *fpl./m.*
goods in free circulation / Freigut *n.*
goods in storage / Lagergut *n.*
goods in transit / Transitgüter *npl.*
goods on consignment / Konsignationsware *f.*
goods received notice / Wareneingangsmeldung *f.*
go-slow / Bummelstreik *m.*
government inspection / amtliche Güteprüfung *f.*
to gradate / abstufen
to grade / abstufen / einteilen / klassifizieren
grade / Güteklasse *f.* / Handelsklasse *f.* / Grad *m.* / Rang *m.*
graded junction / (Halbl.) allmählicher Übergang *m.*
gradient / ansteigend / abfallend
gradient / Steigung *f.* / Gefälle *n.*
gradual / allmählich / graduell / sukzessiv
graduand / Diplomand *m.*
to graduate / einteilen (Maßstab)
graduate in business economics / Betriebswirt *m.*
grain boundary / Korngrenze (f. Kristalle) *f.*
grainy appearance / körniges Aussehen *n.*
grainy structure / Korngefüge *n.*
grammalogue / Kürzel *n.*

to grant / gewähren / einräumen (Sonderkondition, Rabatt ...) / bewilligen
grants / Zuschüsse *mpl.*
granularity / Körnigkeit *f.*
granulation / Körnung *f.*
granule / Granulat *n.*
granule filter / Granulatfilter *m.*
graphic CRT system / graphisches Bildschirmgerät *n.*
graphic display system / graphikfähiges System *n.*
graphic illustration / graphische Darstellung *f.*
graphic kernel system / graphisches Kernsystem *n.*
graphics software / graphische Software *f.*
graphite carrier / Graphitträger *m.*
graphite crucible / Graphittiegel *m.*
graphite plate / Graphitplatte *f.*
graphite slab / Graphitplatte *f.*
graph plotter / Kurvenschreiber *m.*
grating / Gitterraster *n.*
gratuitous / kostenlos / gratis
grease-free / fettfrei
Greece / Griechenland
Greek / griechisch
grey room / Grauraum *m.*
grid / Raster *n.* / Gitter *n.* / Stromnetz *n.*
gridded array / gitterartige Anordnung *f.*
gridless router / rasterloser Router *m.*
grid network / Gitternetz *n.*
grid pitch / Rasterteilung *f.*
grid point / Gitterpunkt *m.*
grid size / Rastermaß *n.* / Gittergröße *f.*
grid spacing / Rasterabstände *mpl.*
to grind / schleifen
grinding machine / Flächenschleifmaschine *f.*
grinding slurry / Schleifschlamm *m.*
grinding wheel / Schleifscheibe *f.*
gripper / Greifer (f. Waferhandling) *m.*
grommet nut / Tüllenmutter *f.*
groove / Graben *m.* / Vertiefung *f.* / Kerbe *f.* / Rille *f.* / Führungsnut *f.*
grooving / Einkerben (Scheibe) *n.*
gross / brutto
gross amount / Bruttobetrag *m.*
gross defect / grober Defekt *m.*
gross leak / Grobleck *n.*
gross performance / Gesamtleistung *f.*
gross production planning / Fertigungsgrobplanung *f.*
gross profit / Bruttogewinn *m.*
gross requirements / Bruttobedarf *m.*
gross requirements calculation / Bruttobedarfsermittlung *f.*
gross sales / Bruttoumsatz *m.*
gross turnover / Bruttoumsatz *m.*
gross wage / Bruttolohn *m.*
ground connection / Masseanschluß *m.*

ground conveyor / Flurförderzeug *n.*
ground distribution / Flächenerdung *f.*
grounded / geerdet
ground fault / Erdschluß *m.*
grounding connector / Steckverbinder mit
  Erdanschluß *m.* / *m.*
ground metal pin / geschliffener
  Metallstift *m.*
ground pin / Masseanschluß *m.*
group / Konzern *m.* / Gruppe *f.* / Verbund *m.*
Group Controller / (Siem.)
  Bereichsbeauftragter *m.*
grouped bill of lading (B/L) /
  Sammelkonossement *n.*
grouped consignment / Sammelladung *f.*
grouped records / Satzgruppe *f.*
Group Executive Management /
  (Siem.) Bereichsvorstand *m.*
group incentive / Gruppenprämie *f.*
group indication / Gruppenanzeige *f.*
group of dies / Chipgruppe *f.*
Group Officer / (Siem.)
  Bereichsbevollmächtiger *m.*
Group President / (Siem.) Vorsitzender des
  Bereichsvorstands *m.*
Group Press Offices / (Siem.)
  Bereichs-Pressereferate *npl.*
group printing / Sammelgang *m.*
group production / Gruppenfertigung *f.*
group representative / Gruppenvertreter *m.*
group revaluation / Gruppenumbewertung *f.*
group separator / Gruppentrennzeichen *n.*
group technology / Fertigung von
  Teilefamilien *f./fpl.* / Inselfertigung *f.* /
  Nestfertigung *f.*
group work center / Gruppenarbeitsplatz *m.*
to grow / (Kristalle) züchten / wachsen /
  aufbringen / aufwachsen
grown / herangezüchtet
grown epitaxial layer / aufgewachsene
  Epitaxialschicht *f.*
grown junction / gezogener pn-Übergang *m.*
growth / Wachstum *n.* /
  (Si.-Schicht) Aufwachsen *n.*
growth defect / Wachstumsfehler *m.*
growth industry / Wachstumsindustrie *f.*
growth rate / Zuwachsrate *f.* /
  (Si.-Schicht) Aufwachsrate *f.*
guarantee / Garantie *f.* / Sicherheit *f.* /
  Obligo *n.*
guidance / Lenkung *f.*
to guide / führen / lenken
guide edge / Führungskante *f.*
guideline / Richtlinie *f.*
guide lug / Führungsnase *f.*
guide margin / Führungsabstand *m.*
guide pin / Führungsstift *m.*
guide ring / Führungsring *m.*
guide sleeve / Führungshülse *f.*

gull-winged / mit L-förmigen
  Anschlußbeinen *npl.*
gull-wing lead / L-förmig abgeknicktes
  Anschlußbein *n.* / Gullwing-Anschluß *m.*
gull-wing pin / L-förmiges Anschlußbein *n.*

H

hairline / Fadenlinie *f.*
half / halb
half adder / einstelliges Addierwerk *n.* /
  Halbaddierer *m.* / Halbaddierglied *n.*
half angle / Halbwinkel *m.*
half duplex operation / Halbduplexbetrieb *m.* /
  Wechselbetrieb *m.*
half-line spacing / Halbzeilenschaltung *f.*
half-wave bridge converter /
  Halbbrückenschaltung *f.*
halide / Halogenid *n.*
Hall magnetic switch /
  Hall-Magnet-Schalter *m.*
halogenated / halogeniert
halt of deliveries / Lieferstop *m.*
to halve / halbieren
hand-held data entry unit / mobiles
  Datenerfassungsgerät *n.*
hand-held power tool / Handwerkzeug *n.*
handler / Handler *m.*
handling / Handhabung *f.* / Hantierung *f.* /
  Abwicklung *f.*
handling control / Abwicklungssteuerung *f.*
handling procedures / Abwicklung *f.*
handling specification /
  Benutzungsanleitung *f.*
to hand over / übergeben
handover / Übermittlung *f.*
handset / Telefonhörer *m.*
handshaking / Quittungsbetrieb *m.*
hand shower / (Naßätzen) Handbrause *f.*
hands-off wafer handling / automatische
  Waferhandhabung *f.*
hand-soldered / handgelötet
hard automation / *f.* Automatisierung für
  einen bestimmten Zweck (Vorgang,
  Produkt), ohne Möglichkeit, das Investment
  anders zu nutzen
to hardbake / nachhärten
hardbake operation / Einbrennoperation *f.*
hardbake tunnel oven /
  Hartbrand-Durchlaufofen *m.*
hardbaking / Nachhärten *n.* / Nachtrocknen *n.*
hardbaking oven / Nachtrocknungsofen *m.*
hard-contact exposure / Kontaktbelichtung *f.*
hard-contact printing / Kontaktbelichtung *f.*
hard copy terminal / Kopiendrucker *m.*

hard disk / Festplatte *f.*
hard disk drive / Plattenlaufwerk *n.*
hard soldering / Hartlöten *n.*
hard-surface mask / Hartschichtmaske *f.*
hard-surface plate / Hartschichtplatte *f.*
hard-wiring / feste Verdrahtung *f.*
hardware configuration /
Systemkonfiguration *f.*
hardware contract / Hardware-Vertrag *m.*
hardware defect / Hardware-Fehler *m.*
hardware error / Hardware-Fehler *m.*
hardware failure / Hardware-Ausfall *m.*
hardware maintenance /
Hardware-Wartung *f.*
hardware malfunction / Hardware-Störung *f.*
hardware reliability /
Hardware-Zuverlässigkeit *f.*
hard-wired controller / festverdrahtete
Steuerung *f.*
hard-wired network / festverdrahtetes Netz *n.*
harmonic distortion / Klirren *n.*
harmonization / Abstimmung *f.* /
Harmonisierung *f.*
to harmonize / abstimmen
to hatch / schraffieren
hatching / Schraffur *f.*
haul / Transportweg *m.*
haulage / Beförderung *f.* / Transport *m.*
haulage contractor / Spediteur *m.*
to have at one's disposal / verfügen über
haze / Schleier *m.* / Verunreinigung der
Waferoberfläche *f./f.*
hazardous goods / Gefahrgut *n.*
head address / Kopfadresse *f.*
head charter / Hauptfrachtvertrag *m.*
headcount / Kopfzahl *f.*
head crash / Landen (Kopf auf Platte) *n.*
header / (Transistor) Bodenplatte *f.* /
Sockel *m.* / Montageblock *m.*
header card / Vorlaufkarte *f.*
header label / Dateianfangskennsatz *m.*
head gap / Kopfabstand (v. Platte) *m.* /
Flughöhe *f.*
heading / Rubrik *f.*
head line / Titelzeile *f.* / Überschrift *f.*
head of department / Abteilungsleiter *m.*
head of purchasing / Einkaufsleiter *m.*
headquarters / Hauptsitz *m.*
head record / Kopfsatz *m.* /
Anfangskennsatz *m.*
head stack / Mehrspurkopf *m.*
to heat / erhitzen
heatable capillary holder / heizbare
Düsenhalterung *f.*
heat conductive / wärmeleitend
heat dissipation / Verlustleistung *f.*
heater block / Heiztisch *m.*
heat generator / Wärmeerzeuger *m.*
heating clamps / Heizbacken *mpl.*

heat radiation / Wärmestrahlung *f.*
heat-shrinkable sleeving / aufschrumpfbarer
Isolierschlauch *m.*
heat-shrinkable solder device /
Aufschrumpflöthülse *f.*
heat sink / Wärmeverteiler *m.* / Kühlkörper *m.*
heat sink plate / Wärmeableitplatte *f.*
heat stress / Wärmespannung *f.*
heat treatment / Ausheilen *n.* /
Wärmebehandlung *f.*
heavily doped / stark dotiert
heavy / schwer
heavy current / Starkstrom *m.*
heavy exposure / starke Belichtung *f.*
heavy-lift / Schwergut *n.*
heavy metal / Schwermetall *n.*
heavy print / Fettdruck *m.*
heavy stock / reichhaltiges Lager *n.*
hedge inventories / spekulativer Bestand *m.*
hedging / spekulative Bestandsbildung *f.*
heel of the bond / Bondferse *f.*
height / Höhe *f.*
helical potentiometer /
Wendelpotentiometer *n.*
helper / Hilfskraft *f.*
help menu / Hilfemenü *n.*
hermaphroditic connector / Zwitterstecker *m.*
hermaphroditic contact / Zwitterkontakt *m.*
hermetically sealed / hermetisch dicht
hermetically sealed chip carrier / hermetisch
gekapselter Chipträger *m.*
hermeticity test / Dichtheitsprüfung *f.*
hermetic seal / Dichtheit (IS-Gehäuse) *f.*
heterogeneous / verschiedenartig / heterogen
heterojunction / Heteroübergang *m.*
heteropolar / mehrpolig
hexadecimal notation / hexadezimale
Darstellung *f.*
hexamethyldisilazane / Hexamethyldisilan
(HMDS) *n.*
hex-sized / mit sechsfacher Rastermaßhöhe
hidden / verdeckt / verborgen / versteckt
hidden lines / verdeckte Kanten *fpl.* /
verdeckte Linien *fpl.*
hierarchical collation / hierarchische
Verdichtung *f.*
hierarchical network / hierarchisches Netz *n.*
high aspect ratio geometry / Linienstruktur
mit großem Seitenverhältnis *f./n.*
high aspect ratio trench / Graben mit hohem
Seitenwandverhältnis *m./n.*
high aspect ratio via / Durchkontaktloch mit
großem Tiefen-Seiten-Verhältnis *n./n.*
high back resistance diode / hochsperrende
Diode *f.*
high bay warehouse / Hochregallager *n.*
high-blocking capability thyristor /
hochsperrender Thyristor *m.*

high brightness levels / hohe Richtstrahlwerte *mpl.*
high-capacitance trench capacitor / Grabenkondensator hoher Kapazität *m./f.*
high-capacity memory chip / Hochleistungschip *m.*
high-current IC / Hochstrom-IC *m.*
high-current implanter / Hochstrom-Implanter *m.*
high-definition television (HDTV) / hochauflösendes Fernsehen *n.*
high-density board / Leiterplatte mit hoher Bauelementbestückung *f./f.*
high-density chip / Chip mit hoher Integrationsdichte *m./f.*
high-density IC / IC hoher Packungsdichte *m./f.*
high-density package / Gehäuse mit großer Anschlußdichte *n./f.*
high-density pattern / dichtgepackte Struktur *f.*
high-efficiency circuit / Hochleistungsschaltung *f.*
high-efficiency particulate air filter / Hochleistungsstaubfilter *m.*
higher-order / höherwertig
high-fidelity pattern transfer / Strukturübertragung mit hoher Form- und Maßtreue *f./f.*
high-flux plasma source / Plasmaquelle mit hohem Belichtungsstrom *f./m.*
high-impedance / hochohmig
high-level data link control / HDLC-Prozedur *f.*
high-level language / höhere Programmiersprache *f.*
highlighted bar / Lichtbalken *m.*
high magnetic tractive force / Durchzugskraft (Relais) *f.*
high-performance device / Hochleistungsbaustein *m.*
high-pressure water cleaning / Hochdruckreinigung mit Wasser *f./n.*
high-profile socket / hoher Stecksockel *m.*
high-power semiconductor / Hochleistungshalbleiter *m.*
high-purity water / hochreines Wasser *n.*
high-quality product / Qualitätsprodukt *n.*
high-radiance LED / Lumineszenzdiode *f.*
high-resistance pathway / Hochwiderstandsbahn *f.*
high resolution / hohe Auflösung *f.* / hochauflösend / hochaufgelöst
high-speed carry / Schnellübertrag *m.*
high-speed cleaning action / Schnellreinigung *f.*
high-speed memory / Schnellspeicher *m.*
high-speed relay with noble metal contacts / ESK-Relais *n.*

high-surge capability / hohe Stromfestigkeit *f.*
high-temperature furnace / Hochtemperaturofen *m.*
high-temperature glass-to-metal sealing / Hochtemperaturglaslöttechnik *f.*
high-temperature measurement / Hochtemperaturmessung *f.*
high-temperature resist / Hochtemperaturlack *m.*
high-temperature reverse-bias measurement / Heißsperrmessung *f.*
high-temperature reverse-bias test / Temperatur- und Spannungsbelastungstest *m.*
high temperature storage / Hochtemperaturlagerung *f.*
high-threshold logic (HLT) / langsame, störsichere Logik *f.*
high-usage item / Renner *m.*
high vacuum / hoher Unterdruck *m.*
high-vacuum coating / Hochvakuumbeschichtung *f.*
high-vacuum exposure / Hochvakuumbelichtung *f.*
high-vacuum sputtering / Aufsputtern im Hochvakuum *n./n.*
high-valued resistances / Hochohmwiderstände *mpl.*
high voltage / Hochspannung *f.*
high-voltage contact / Kontakt mit erhöhter Isolierung *m./f.*
high-voltage jack / Hochspannungsbuchse *f.*
high-voltage strength / Hochspannungsfestigkeit *f.*
high-volume data processing / Massendatenverarbeitung *f.*
high volume item / Produkt mit hohem Absatz *n./m.*
highway / Pfad *m.* / Vielfachleitung *f.*
high-yield imaging technique / Bildübertragungsverfahren *n.*
hillock / Ätzhügel *m.*
hint / Hinweis *m.*
hire / mieten
hire purchase / Ratenkauf *m.*
hiring contract / Anstellungsvertrag *m.*
hiring on probation / Anstellung auf Probe *f.*
to hiss / rauschen
historical costs / historische Kosten *pl.*
historical data / Stammdaten *pl.* / historische Daten *pl.*
history tracking / Historienführung *f.*
to hit / stoßen / schlagen
hold circuit / Halteschaltung *f.*
hold energization / Halteerregung (Relais) *f.*
holding circuit / Warteschaltung *f.*
holding current / Haltestrom (Relais) *m.*
holding fixture / Haltevorrichtung *f.*

holding time / Belegungsdauer *f.*
holding voltage / Haltespannung *f.*
hold mode / Betriebsart „Halten" *f.*
hold order / angehaltener Auftrag *m.*
hold point / gekennzeichneter
Fertigungsstand bei Zwischenlagerung von
angearbeiteten Erzeugnissen *m./f./npl.*
hole / Loch *n.*
hole conduction / Löcherleitung *f.*
hole current / Löcherstrom *m.* /
Defektelektronenstrom *m.*
hole-dominated / mit Löchern angereichert
hole mobility / Löcherbeweglichkeit *f.*
hole pattern / Lochbild *n.*
hole-pull strength / Ausreißkraft *f.*
hole trap concentration /
Löcherhaftstellendichte *f.*
hole trapping / Löchereinfang *m.*
holistic / ganzheitlich
holographic memory / holografischer
Speicher *m.*
home / Ausgangsadresse *f.* / Spuradresse *f.*
home loop operation / Lokalverarbeitung *f.*
home position / Grundstellung *f.* /
Ausgangsstellung *f.* / Normalstellung *f.*
home record / Hausadressesatz *m.*
homework / Heimarbeit *f.*
homogeneously doped / homogen dotiert
homologous / übereinstimmend / homolog
homopolar silicon / homöopolares Silizium *n.*
Honorary Chairman / Ehrenvorsitzender *m.*
hood / Kabeltasche *f.* / (allg.) Haube *f.*
to hook / koppeln / anschließen
hook / Haken *m.*
hooked terminals / zu Haken gebogene
Lötenden *mpl./npl.*
horizontal checksum / Quersumme *f.*
horizontal conduction system /
Horizontalsystem mit Wärmeleitung *n./f.*
host / Wirtssubstanz *f.* / Grundmaterial *n.* /
Muttersubstanz *f.*
host computer / Dienstleistungsrechner *m.* /
Verarbeitungsrechner *m.* / Wirtsrechner *m.* /
Hauptrechner *m.* / Primärrechner *m.* /
Leitrechner *m.*
host crystal / Wirtskristall *n.*
host language / Wirtssprache *f.* /
Trägersprache *f.*
host material / Wirtssubstanz *f.* /
Grundmaterial *n.*
hot / nicht geerdet
hot-cold chuck / heiz- und kühlbare
Waferaufnahmevorrichtung *f.*
hot-electron injection / Injektion heißer
Elektronen *f./npl.*
hot lot / Eillos *n.*
hotplate / Vorwärmeplatte *f.* / Heizplatte *f.*
hot spots / örtliche Überhitzungen *fpl.* /
Heißpunkte (auf Halbl.) *mpl.*

hot wall deposition system /
Heißwand-CVD-System *n.*
hot wall system / Heißwandsystem *n.*
hourglass-shaped isolation well / Sanduhr *f.*
hourly earnings / Stundenverdienst *m.*
hourly paid employee / Zeitlöhner *m.*
hourly rate / Maschinenstundensatz *m.* /
Kostenstundensatz *m.*
housing / Gehäuse *n.*
housing material / Gehäusematerial *n.*
HTRB-measurement / Heißsperrmessung *f.*
hub / Buchse *f.* / Netzknoten *m.*
human resource planning /
Personalplanung *f.*
humidity / Luftfeuchtigkeit *f.* /
Feuchtigkeit *f.*
humidity chamber / Klimakammer *f.*
humistor / Feuchtigkeitsmesser *m.*
hybrid computer / Hybridrechner *m.*
hybrid connector / Mischbauform eines
Steckers *f./m.*
hybrid costing / Mischkalkulation *f.*
hybrid design / Mischbauart *f.*
hybrid system / gemischtes System *n.*
hybrid technology / Mischtechnologie *f.*
hydraulic pressure test / Abdrücken *n.*
hydrazine / Hydrazin *n.*
hydrocarbon / Kohlenwasserstoff *n.*
hydrofluoric acid / Flußsäure *f.*
hydrogen / Wasserstoff *m.*
hydrogen peroxide / Wasserstoffperoxid *n.*
hydrolyzed / hydrolisiert
hydrometer / Aräometer *n.*
hydrophobic / hydrophob
hygroscopic / hygroskopisch
hyphen / Bindestrich *m.*
hysteresis loop / Hystereseschleife *f.*

I

I & C (Information & Communication) /
IuK (Information und Kommunikation)
IC-geometric pattern / geometrische
Schaltkreisstruktur *f.*
IC-interconnects / Spinne *f.* /
Zwischenträgerbrücken für
IC-Halbleiterchip *fpl./m.*
icon / Ikone *f.* / Piktogramm *n.*
IC-package / IC-Gehäuse *n.* / gekapselter
Schaltungsbaustein *m.*
IC-pattern image / Mikroschaltkreisbild *n.*
ideal capacity / Betriebsoptimum *n.*
identical part / Gleichteil *n.*
identical parts list / Gleichteilestückliste *f.*
identification character / Kennung *f.*

identification hole / Kennloch *n.*
identification key / Kennungsschlüssel *m.* / Ordnungsbegriff *m.*
identification request / Kennfabfrage *f.*
identification thread / Kennfaden *m.*
identifier / Bezeichner *m.* / Feldname *m.*
identity / Identität *f.* / Nämlichkeit *f.*
idle capacities / freie Kapazität *f.* / Leerkapazität *f.* / Kapazitätsreserve *f.*
idle capacity costs / Kosten der ungenutzten Kapazität *pl./f.*
idle character / Synchronisierzeichen *n.*
idle current / Blindstrom *m.*
idle funds / totes Kapital *n.*
idle mode / Leerlauf *m.* / Wartezustand *m.*
idle plant expenses / Stillstandskosten *pl.*
idle state / Ruhezustand *m.*
idle status / Leerlaufstatus *m.*
idle time / Brachzeit *f.* / Leerzeit *f.*
idling cycle / Leergang *m.*
if / falls / wenn
if statement / Bedingungsanweisung *f.*
ignition / Zündung *f.* / Glühen *n.*
ignition residue / Glührückstand *m.*
ignition temperature / Glühtemperatur *f.*
to ignore / auslassen / ignorieren
i-layer / Eigenleitungsschicht *f.*
illegal character / unzulässiges Zeichen *n.*
illegible / unleserlich
to illuminate / belichten / beleuchten
illuminated / beleuchtet
to image / abbilden
image / Bild *n.*
image acuity / Bildschärfe *f.*
image background / Bildhintergrund *m.*
image blur / Unschärfe *f.*
image buffer / Bildpufferspeicher *m.*
image content / Bildinhalt *m.*
image definition / Bildschärfe *f.*
image dissection / Bildzergliederung *f.* / Bildzerlegung *f.*
image distortion / Bildverzerrung *f.*
image editing / Bildaufbereitung *f.*
image file / Bilddatei *f.*
image-flicker / Bildflimmern *n.*
image library / Bildbibliothek *f.*
image pattern / Bildstruktur *f.*
image processing / Bildverarbeitung *f.*
image recognition / Bilderkennung *f.*
image repeater / Fotorepeater *m.*
image resist / Fotoresist *n.*
image shearing / Bildvergleichsmethode *f.*
image storage / Bildspeicher *m.*
image transfer / Bildübertragung *f.*
imbalance / Ungleichgewicht *n.*
immediate / direkt / sofort / unmittelbar
immediate split-up / Sofortauflösung *f.*
to immerse / eintauchen (Scheibe)

immersion plating / chemische Metallisierung *f.*
immersion technique / Tauchverfahren *n.*
imminent / bevorstehend
immobile / unbeweglich
immovable / unveränderlich
immunity / Störunanfälligkeit *f.*
impact / Einwirkung *f.* / Auswirkung *f.*
impact angle / Auftreffwinkel (Strahl) *m.*
impact printer / mechanischer Drucker *m.*
impact strength / Schlagfestigkeit *f.*
to impair / beeinträchtigen
impairment of quality / Qualitätsminderung *f.*
impartial / objektiv
impedance / Impedanz *f.* / Scheinwiderstand *m.*
impedance voltage / Kurzschlußspannung *f.*
imperative sentence / unbedingter Programmsatz *m.*
imperative statement / unbedingte Anweisung *f.*
imperfection / Defekt *m.* / Störstelle *f.*
impervious / undurchlässig
to implant / implantieren
implantation angle / Implantationswinkel *m.*
implantation-doped / implantationsdotiert
implantation dosage / Implantierungsdosis *f.*
implantation gettering / Implantationsgettern *n.*
implant depth / Implantationstiefe *f.*
implanted-impurity profile / Implantationsstörstellenprofil *n.*
implanted with arsenic / arsendotiert
implanter / Implantationsanlage *f.*
implant layer / Implantationsschicht *f.*
implant mask / Implantationsmaske *f.*
implant resistor / Implantationswiderstand *m.*
to implement / ausführen / in die Tat umsetzen / anwenden / einsetzen
implementation / Durchführung *f.* / Einsatz *m.* / Einführung *f.*
implementation language / Implementierungssprache *f.*
implementation phase / Einführungsphase *f.*
implementation planning and scheduling / Einführungsplanung und -terminierung *f./f.*
implementation stage / Einführungsphase *f.* / Einführungsstadium *n.*
to implode / verdichten
importable / nicht übertragbar / nicht portierbar
importance / Wichtigkeit *f.*
important / wichtig
import bill of lading (B/L) / Importkonossement *n.*
import broker / Einfuhrmakler *m.*
import ceiling / Einfuhrplafond *n.*

import charges / Importabgaben *fpl.*
import clearance / Einfuhrabfertigung *f.*
import duty / Einfuhrzoll *m.*
import letter of credit (L/C) /
Importakkreditiv
import levy / Importabgabe *f.*
import license / Einfuhrgenehmigung *f.*
import permit / Einfuhrlizenz *f.*
import quota / Einfuhrkontingent *n.*
import restrictions /
Einfuhrbeschränkungen *fpl.*
import sales tax / Einfuhrumsatzsteuer *f.*
import surplus / Importüberschuß *m.*
to impose / erheben (z. B. Steuern, Zoll,
Embargo)
imposition of tariffs / Zollerhebung *f.*
impossible / unmöglich
impracticable / unpraktisch
to impregnate / impregnieren
impregnate / Schutzgas-Imprägnierung *f.*
to impress / stempeln / einprägen
improbable / unwahrscheinlich
to improve / verbessern
improvement / Verbesserung *f.*
impulse / Anstoß *m.*
impurity / Verunreinigung *f.* / Störstelle
(im Kristall) *f.* / Störatom *n.*
impurity atom / Fremdatom *n.* /
Verunreinigungsatom *n.* / to implant an
impurity atom Fremdatom einbringen
impurity content / Störstellengehalt *m.*
impurity deposition / Aufbringen des
Dotierungsstoffs *n./m.*
impurity diffusion / Störstellendiffusion *f.*
impurity distribution /
Dotierungsverteilung *f.* /
Fremdatomverteilung *f.*
impurity doping / Dotierung mit
Fremdatomen *f./npl.*
impurity in the solder / Lotverunreinigung *f.*
impurity level / Verunreinigungsgrad *m.*
impurity placement / Störatomplazierung *f.*
impurity profile change /
Dotierungsänderung *f.*
impurity scattering / Störstellenstreuung *f.*
impurity semiconductor /
Störstellenhalbleiter *m.* / Störhalbleiter *m.* /
Fremdhalbleiter *m.*
imputed cost / kalkulatorische Kosten *pl.*
inable / unfähig
inaccessible / gesperrt
inaccurate / ungenau
inactive component / passives Bauelement *n.*
inadequate / unangemessen
inadmissible / unzulässig
in advance / im voraus
inalterable / unveränderbar
inapplicable / ungeeignet / unanwendbar

in-board via / Kontaktloch in der
Montageplatte *n./f.*
in bond / unter Zollverschluß
inbound freight / Anlieferungen *fpl.*
incandescent lamp / Glühlampe *f.*
incentive to buy / Kaufanreiz *m.*
incessant / ununterbrochen
inch / Zoll (2,54 cm)
incident / Ereignis / Vorfall *m.*
incidental data / Nebendaten *pl.*
in-circuit / schaltungsintern
to include / beinhalten / einschließen
inclusions / Einschlüsse *mpl.*
inclusive-OR operation / einschließendes OR
incoherent / unzusammenhängend /
widersprüchlich
income / Einkünfte *pl.*
income position / Ertragslage *f.*
income statement / Erfolgsrechnung *f.* /
GuV-Rechnung *f.*
incoming business / eingehende
Kundenaufträge *mpl.* / Bestelleingang *m.*
incoming goods / Wareneingang *m.*
incoming goods department /
(Abt.) Warenannahme *f.*
incoming goods inspection /
Eingangsprüfung *f.*
incoming goods note /
Wareneingangsmeldung *m.*
incoming goods notice /
Wareneingangsmeldung *f.*
incoming mail / Posteingänge *mpl.*
incoming specification /
Eingangsprüfvorschrift *f.*
incomparable / nicht vergleichbar
incompatible / inkompatibel
incompetent / unbefugt / unzuständig
incomprehensible / unverständlich
inconnector / Eingangsstelle *f.*
inconsistent / inkonsistent / uneinheitlich
incorporated company /
(US) Aktiengesellschaft *f.*
incorporated filter / eingebauter Filter *m.*
increase / Anstieg *m.* / ansteigen /
Erhöhung *f.* / erhöhen
increase in earnings / Ertragssteigerung *f.*
increase in turnover / Umsatzbelebung *f.*
increase of stock / Lagerzugang *m.* /
Bestandserhöhung *f.*
increment / Zulage (Gehalt) *f.*
incremental plotter / Stufenform-Plotter *m.*
increment value tax / Wertzuwachssteuer *f.*
indemnification / Schadenersatz *m.* /
Entschädigung *f.*
indemnity / Abfindung *f.* / Schadenersatz *m.* /
Entschädigung *f.*
to indent / einrücken
indentation / Einrückung *f.*
indented explosion / Strukturstückliste *f.*

independent / unabhängig
indeterminable / unbestimmbar
to index / hinweisen / indexieren / indizieren
index / Index *m.* / Verzeichnis *n.* /
   Hinweiszeichen *n.*
index angle / Rastwinkel (Drehschalter) *m.*
index-chained / indiziert-verkettet
index data item / Indexdatenfeld *n.*
indexed / indiziert
indexed expression / Indexausdruck *m.*
indexed file / indizierte Datei *f.*
indexed sequential file / indiziert sequentielle
   Datei *f.*
indexed variable / indizierte Variable *f.* /
   Laufvariable *f.*
indexing bar / Außensteg *m.* /
   Transportsteg *m.*
indexing hole / Aufnahmeloch *n.*
indexing mechanism /
   Fortschaltungsmechanismus *f.*
indexing notch / Aufnahmeausschnitt *m.*
index of expansion / Dehnungskoeffizient *m.*
index of refraction / Brechungsindex *m.*
index-sequential / index-sequentiell
index station / Vorschubeinheit *f.*
index-tied wage / Indexlohn *m.*
index value / Indexwert *m.*
India / Indien
to indicate / angeben / anzeigen
indications / Angaben *fpl.*
indicator / Anzeige *f.*
indicator panel / Anzeigefeld *n.*
to indiffuse / eindiffundieren
indirect control system / indirekt gesteuertes
   System *n.*
indirect costs / Gemeinkosten *pl.*
indirect DC converter / Gleichstromumrichter
   mit Zwischenkreis *m./m.*
indirect expense / indirekte Kosten *pl.*
indirect material / Hilfsstoffe *mpl.*
indirect wages / indirekter Lohn *m.*
indiscriminant etching / nichtselektives
   Ätzen *n.*
indium / Indium *n.*
indium antimonide / Indiumantimonid *n.*
indium-tin oxide layer / ITO-Schicht *f.*
individual assembly workplace /
   Montageeinzelarbeitsplatz *m.*
individual incentive / individueller
   Prämienlohn *m.*
individualized software /
   Individualsoftware *f.*
individual production / Einzelfertigung *f.*
individual requirements / Einzelbedarf *m.*
indivisible / unteilbar
indoor staff / Innendienstmitarbeiter *mpl.*
inductance / Induktion *f.*
inductive / induktiv
in due time / termingemäß

industrial accident / Arbeitsunfall *m.*
industrial accounting /
   Vertriebsbuchhaltung *f.*
industrial action / Arbeitskampf *m.*
Industrial and Building Systems (Group) /
   (Siem./Bereich) Anlagentechnik *f.*
industrial cost accounting /
   Betriebsabrechnung *f.*
industrial court / Handelsgericht *n.*
industrial data capture /
   Betriebsdatenerfassung *f.*
Industrial Democracy Act /
   Betriebsverfassungsgesetz *n.*
industrial economics / Betriebswirtschaft *f.*
industrial electronics / Industrieelektronik *f.*
industrial engineer / Wirtschaftsingenieur *m.*
industrial equipment / Industrieausrüstung *f.*
industrial espionage / Werksspionage *f.*
industrial fields of production / industrieller
   Fertigungsbereich *m.*
industrialization / Industrialisierung *f.*
industrial law / Arbeitsrecht *n.*
industrial management / Betriebsführung *f.*
industrial output / Industrieproduktion *f.*
industrial relations / Arbeitsbeziehungen *fpl.*
industrial robot / Industrieroboter *m.*
industrial safety / Arbeitsschutz *m.*
industrial site / Industriegelände *n.*
industrial standard / Industrienorm *f.*
industrial waste / Industriemüll *m.*
industry / Wirtschaftszweig *m.* / Industrie *f.*
industry leader / Branchenführer *m.*
industry-specific / branchenspezifisch
industry-wide union /
   Industriegewerkschaft *f.*
ineffective / unwirksam
inefficient / unwirtschaftlich
inequality / Ungleichheit *f.*
inert / träge
inert atmosphere / innere Atmosphäre *f.*
inert carrier gas / Inertträgergas *n.*
inert gas / inertes Gas *n.*
inertia / Trägheit *f.*
inexpensive / preiswert / kostengünstig
inexperienced / unerfahren
inexpert / unfachmännisch
to infer / folgern
inference / Schlußfolgerung *f.*
inferior / untergeordnet / tiefgestellt
infidelity of the geometries / mangelnde
   Strukturabbildungstreue *f.*
infinite / unendlich
infinite capacity / unbegrenzte Kapazität *f.*
infinite capacity loading /
   Maschinenbelastung ohne
   Kapazitätsgrenze *f./f.*
to infix / einfügen
inflated / überhöht
inflexible / starr / unflexibel / unbeweglich

inflow of orders / Bestelleingang *m.*
influence / Einfluß *m.*
influencing profits / ergebniswirksam
in focus / scharf (Bild)
informal / informell / formwidrig
informality / Formwidrigkeit *f.*
information acquisition /
Informationsgewinnung *f.*
informational good / Informationsgut *n.*
information and communication (I & C)
technology / Informations- und
Kommunikationstechnik (IuK-..) *f.*
information balance /
Informationsgleichgewicht *n.*
information broker /
Informationsvermittler *m.* /
Informationshändler *m.*
information carrier / Informationsträger *m.*
information channel / Informationsweg *m.* /
Informationskanal *m.*
information charge / Auskunftsgebühr *f.*
information content / Informationsgehalt *m.*
information demand /
Informationsnachfrage *f.*
information flood / Informationsflut *f.*
information flow / Informationsfluß *m.*
information logistics / Informationslogistik *f.*
information loss / Informationsverlust *m.*
information need / Informationsbedürfnis *n.* /
Informationsbedarf *m.*
information object / Informationszweck *m.*
information on parts master /
Info Teilestamm *f.*
information overload /
Informationsüberlastung *f.*
information pool / Informationsbank *f.*
information processing /
Informationsverarbeitung *f.*
information provider /
Informationsanbieter *m.*
information representation /
Informationsdarstellung *f.*
information requirement /
Informationsbedürfnis /
Informationsbedarf *m.*
information retrieval /
Informationswiedergewinnung *f.*
information science / Informatik *f.*
information scientist / Informatiker *m.*
information service / Informationsdienst *m.*
information society /
Informationsgesellschaft *f.*
information supply / Informationsangebot *n.*
information unit / Informationseinheit *f.*
information value / Informationswert *m.*
infrared diode / Infrarotdiode *f.*
infrared-emitting diode / Infrarotdiode *f.*
infrared softbaking / Vorhärten im
Infrarotofen *n./m.*

infringement of customs regulations /
Zollvergehen *n.*
ingot / Rohling (f. Siliziumscheiben) *m.*
ingredient / Bestandteil *m.*
ingress / Zugang *m.*
inherent / Eigen- / inhärent
inherent delay / ablaufbedingte Wartezeit *f.*
inherent heating of the coil / Eigenerwärmung
der Spule *f./f.*
inherited error / Eingangsfehler *m.* /
mitgeschleppter Fehler *m.*
to inhibit / sperren / verbieten / hemmen
inhibit gate / Sperrgatter *n.*
inhibition / Sperrung *f.*
inhibitor / Hemmstoff *m.* /
Verzögerungsmittel (im Resist) *n.*
in-house / betriebsintern / innerbetrieblich
in-house business / Verbundgeschäft *n.*
in-house consumption / Eigenverbrauch *m.*
in-house development / Eigenentwicklung *f.*
initial / anfänglich / Anfangs-.. / Start-..
initial call / Startaufruf *m.*
initial capacity / Anfangskapazität *f.*
initial conversion input /
A/D-Wandler-Starteingang *m.*
initial figures / Ausgangswerte *mpl.*
initial input / Ersteingabe *f.* / Ersterfassung *f.*
initial inventories / Anfangsbestand *m.*
initialization / Programmstart *m.*
initial loader / Anfangslader *m.*
initial loading / Urladung *f.*
initial mould temperature /
Formentemperatur bei Einfahrt *f./f.*
initial order / Erstauftrag *m.*
initial outlays / Anschaffungskosten *pl.*
initial price / Ausgangspreis *m.*
initial program figure / (Prod.)
Programmausgangswert *m.*
initial program loader / Urlader *m.*
initial resistance / Anfangswiderstand *m.*
initial salary / Anfangsgehalt *m.*
initial setup / Einschalten *n.*
initial start / Urstart *m.*
initial state / Anfangsstatus *m.*
initial stock / Anfangsbestand *m.*
initial value / Ausgangswert *m.*
to initiate / anstoßen / in Gang setzen /
auslösen / starten
initiation of deletion / Löschanstoß *m.*
initiator / Prozeßstarter *m.*
to inject / injizieren
injection efficiency /
Injektionswirkungsgrad *m.*
injection-molded contact pins / eingespritzte
Anschlußstifte *mpl.*
injection-molding / Einspritzen *n.* / Verkappen
im Spritzgußverfahren *n./n.*
injection needle / Injektionsnadel *f.*
injection surface / Injektionsfläche *f.*

injector channel / Einspritzkanal *m.*
injector grid / Injektionsgitter *n.*
i-n junction / in-Übergang *m.*
to injure / beschädigen
ink / Tinte *f.*
to ink / inken / markieren (fehlerhafte Teile
   mit Farbpunkt)
ink-dot dice / markierte Ausschußchips *mpl.*
inking / Markierung *f.*
inking equipment / Abtuschanlage *f.*
ink jet printer / Tintenstrahldrucker *m.*
inland port / Binnenhafen *m.*
inlet / Einlaßöffnung *f.*
in-line / linear
in-line module / Reihenmodul *n.* / Modul für
   Reihenanordnung *n./f.*
in-line processing / sequentielle Abarbeitung
   von Arbeitsschritten *f./mpl.* / mitlaufende
   Verarbeitung *f.*
inline-wheel galvanic system / Radgalvanik *f.*
inner-bonded / innengebondet
inner bonder / Innenbonder *m.*
inner braid / Unterumflechtung *f.*
inner conductor / Innenleiter *m.*
inner die bond / Bondstelle im Chip *f./m.*
inner gang bonding / simultanes
   Innenbonden *n.*
inner lead / Innenanschlußdraht *m.*
inner lead bond /
   Innenanschlußbondverbindung *f.*
inner lead bonding / Innenbonden *n.*
inner-lead lab bonder / Innenbonder für
   Laboreinsatz *m./m.*
inner lead pattern / Innenanschlußstruktur *f.*
inner lead pitch / Rasterabstand der
   Innenanschlüsse *m./mpl.*
in no case / auf keinen Fall
inoperable / funktionsunfähig
inoperative chip / Ausschußchip *m.*
in-plant / werksintern / innerbetrieblich
in-plant flow of operations /
   innerbetrieblicher Arbeitsablauf *m.*
in-plant materials handling /
   innerbetriebliches Transport- und
   Materialwesen *n.*
in process / in Arbeit
in-process inspection / Fertigungsprüfung *f.*
in-process inventory / Bestand in der
   Fertigung *m./f.*
in-process work / unfertige Erzeugnisse *npl.*
input / Eingabe *f.*
input acknowledgement /
   Eingabebestätigung *f.*
input admittance / Eingangsleitwert *m.*
input area / Eingabebereich *m.*
input capacitance / Eingangskapazität *f.*
input connector / Eingangskonnektor *m.*
input control / Eingabesteuerung *f.*
input device / Eingabegerät *n.*

input facility / Eingabeeinrichtung *f.*
input field / Eingabefeld *n.*
input file / Eingabedatei *f.*
input instruction / Eingabebefehl *m.*
input interrupt / Eingabeunterbrechung *f.*
input market / Beschaffungsmarkt *m.*
input mask / Eingabemaske *f.*
input medium / Eingabedatenträger *m.* /
   Eingabebeleg *m.*
input of orders / Auftragsvorgabe *f.* /
   Auftragsfreigabe *f.*
input-output control /
   Vorgabe-Liefer-Überwachung *f.*
input-output-ratio /
   Kosten-Leistungs-Verhältnis *n.*
input output system (IOS) /
   Ein-Ausgabe-System *n.*
input power / Eingangsleistung *f.*
input-processing-output loop /
   Eingabe-Verarbeitung-Ausgabe-Schleife
   (EVA-Schleife) *f.*
input-processing-output principle /
   Eingabe-Verarbeitung-Ausgabe-Prinzip
   (EVA-Prinzip) *n.*
input record / Eingabesatz *m.*
input spooling / Einspulen *n.*
input stages / Vorstufen *fpl.*
input statement / Eingabeanweisung *f.*
input storage / Eingabespeicher *m.*
input voltage / Speisespannung *f.*
input voucher / Eingabebeleg *m.*
to inquire / abfragen
inquiry / Abfrage *f.* / Nachfrage *f.* /
   Auskunft *f.*
inquiry-response cycle /
   Frage-Antwort-Zyklus *m.*
to inscribe / beschriften
inscription / Beschriftung *f.*
insecure / unsicher
inseparable / untrennbar
in-series adapter / (Koax-StV) Kupplung *f.*
to insert / einfügen / bestücken
insertion / Bestückung *f.* / Einfügen *n.* /
   Einfügung *f.*
insertion depth / Einstecktiefe *f.*
insertion direction / Steckrichtung *f.*
insertion duct / Steckschacht *m.*
insertion machine / Bestückungsmaschine *f.*
insertion mount / Einsteckfassung *f.*
insertion tool / Einsetzwerkzeug *n.*
inserts and shells / Einbauteile bei StV *npl.*
inside measurements / Innenmaße *npl.*
inside pyramid / Innenvierkantpyramide *f.*
insignificant / bedeutungslos
in-situ / eingebaut
insoluble / unlöslich
insolvent / zahlungsunfähig
inspection / Fertigungsprüfung *f.* /
   Aufsicht *f.*

inspection by attributes / attributive Prüfung *f.*
inspection by variables / Variablenprüfung *f.*
inspection device / Prüfeinrichtung *f.*
inspection engineering department / (Abt.) Prüftechnik *f.*
inspection level / Prüfschärfe *f.*
inspection lot / Prüflos *n.*
inspection station / Prüfplatz *m.*
inspection time / Prüfzeit *f.*
inspect statement / Suchanweisung *f.*
instable / instabil / unbeständig
installation / Montage *f.* / Anlage *f.*
installation order / Anlagenauftrag *m.*
installed life / Einbaulebensdauer *f.*
installer / Monteur *m.*
installment / Rate *f.*
instantaneous / verzögerungsfrei / sofortig
instantaneous delivery / Vollieferung *f.*
instantaneous processing / Bearbeitung von kompletten Aufträgen ohne Teillieferung *f./mpl./f.*
instantaneous receipt / (Erhalt von) Komplettlieferung *f.* / Vollieferung *f.*
instantaneous value current limiting / Momentanwert-Strombegrenzung *f.*
to instruct / anweisen / einweisen
instruction / Befehl *m.* / Anweisung *f.* / Anleitung *f.* / Schulung *f.*
instruction address / Befehlsadresse *f.*
instruction area / Prozedurteil *m.*
instruction card / Arbeitsanweisung *f.*
instruction chaining / Befehlsverkettung *f.*
instruction code / Befehlsschlüssel *m.*
instruction control unit / Befehlssteuereinheit *f.* / Befehlsleitwerk *n.*
instruction counter / Befehlszähler *m.*
instruction cycle / Befehlsablauf *m.*
instruction decomposition / Befehlsinterpretation *f.*
instruction execution / Befehlsausführung *f.*
instruction execution control / Befehlsablaufsteuerung *f.*
instruction fetch / Befehlsabruf *m.*
instruction fetch phase / Befehlsabrufphase *f.*
instruction flowchart / Befehlsdiagramm *n.*
instruction format / Befehlsaufbau *m.* / Befehlsformat *n.*
instruction key / Programmsteuertaste *f.*
instruction label / Befehlskennzeichen *n.*
instruction latch / Befehlszwischenspeicher *m.*
instruction length / Befehlslänge *f.*
instruction modification / Befehlsänderung *f.*
instruction period / Befehlsausführungszeit *f.*
instruction repertoire / Befehlsvorrat *m.*
instruction sequence / Befehlsfolge *f.*
instruction set / Befehlsvorrat *m.*
instruction termination / Befehlsabschluß *m.*

instruction to pay / Zahlungsanweisung *f.*
instruction word / Befehlswort *n.*
insufficient / unzureichend
to insulate / isolieren
insulated cap / (Metallgehäuse) Durchführung *f.*
insulated-gate bipolar transistor / Bipolartransistor mit isoliertem Gate *m./n.*
insulated-gate field effect transistor / Feldeffekttransistor mit isoliertem Gate *m./n.*
insulated lead / (Metallgehäuse) Durchführung *f.*
insulating barrier / Isolationssperrschicht *f.*
insulating film / Isolationsschicht *f.*
insulating material / Isolierwerkstoff *m.*
insulating oxide layer / isolierende Oxidschicht *f.*
insulating substrate / Isolatorsubstrat *n.*
insulation displacement contact / Doppelklemmanschluß *m.* / Schneidklemmanschluß *m.*
insulation grip / Isolationshalterung *f.*
insulation resistance / Isolationswiderstand *m.*
insulation sleeving / Iso-Schlauch *m.*
insulation support / Isolationshülse *f.*
insulator / Isolator *m.* / Dielektrikum *n.*
insurance / Versicherung *f.*
insurance value / Versicherungswert *m.*
insurant / Versicherungsnehmer *m.*
insurer / Versicherer *m.*
intangible costs / nicht quantifizierbare Kosten *pl.*
intangibles / immaterielle Werte *mpl.*
integer / Ganzzahl *f.* / ganzzahlig
integer part / ganzzahliger Teil *m.*
integral calculus / Integralrechnung *f.*
integral filter / eingebauter Filter *m.*
integral heat sink / eingebauter Wärmeableiter *m.*
integral multiple / ganzes Vielfaches *n.*
integral switch / eingebauter Schalter *m.*
integrated circuit (IC) / integrierte Schaltung (IS) *f.*
integrated circuit board / Flachbaugruppe *f.*
integrated data processing / integrierte Datenverarbeitung *f.*
integrated gate protective diode / integrierte Schutzdiode *f.*
integrated manufacturing system / integriertes Fertigungssystem *n.*
integrated production control system / integriertes Fertigungssteuerungssystem *n.*
integrated resistor lamp / Leuchtdiode mit integriertem Vorwiderstand *f./m.*
integrated workstation / Multifunktionsarbeitsplatz *m.*
integration level / Integrationsstufe *f.*

integration of circuitry elements /
Schaltintegration *f.*
intelligent differentia light barrier /
Gabellichtschranke *f.*
intended purpose / Verwendungszweck *m.*
intention / Absicht *f.*
interaction / Dialog *m.* / Wechselwirkung *f.*
interaction component / Dialogkomponente *f.*
interaction run / Dialogablauf *m.*
interaction start / Dialogeröffnung *f.*
interactive / interaktiv / im Dialog
interactive bookkeeping /
Dialogbuchhaltung *f.*
interactive computer / Dialogrechner *m.*
interactive data processing /
Dialogdatenverarbeitung *f.*
interactive display terminal / dialogfähiges
Datensichtgerät *n.*
interactive interface / Dialogschnittstelle *f.*
interactive job entry /
Dialog-Job-Verarbeitung *f.*
interactive language / Dialogsprache *f.*
interactive mode / Dialogbetrieb *m.*
interactive processing /
Dialog(daten)verarbeitung *f.*
interactive programming language /
dialogorientierte Programmiersprache *f.*
interblock gap / Blocklücke *f.*
interchange / Austausch *m.*
interchangeable / austauschbar
to interconnect / koppeln / miteinander
verbinden / (StV) zusammenstecken
interconnect / Zwischenträger *m.* /
Zwischenverbindung *f.*
interconnect delay / Leitungsverzögerung *f.*
interconnect density / Verdrahtungsdichte *f.*
interconnect distance / Verbindungsabstand *m.*
interconnect film / Verbindungsschicht *f.*
interconnecting lead /
Verbindungsanschluß *m.*
interconnection / Kopplung *f.* /
Querverbindung *f.* / Zwischenverbindung *f.*
interconnection capacitance /
Leitungskapazität *f.*
interconnection conductor /
Verbindungsleiter *m.*
interconnection density /
Verdrahtungsdichte *f.*
interconnection line / Leiterbahn *f.*
interconnection mask / Verdrahtungsmaske *f.*
interconnection method /
Anschlußverfahren *n.*
interconnection overhead / zusätzlicher
Platzbedarf für Verbindungen
(auf Chip) *m./fpl.*
interconnection pad / Bondinsel *f.*
interconnection pattern /
Verbindungsstruktur *f.*
interconnection routing / Leitungsführung *f.*

interconnection schedule / Verbindungsplan *m.*
interconnection track / Leiterbahn *f.*
interconnect layer / Verbindungsschicht *f.*
interconnect path / Anschlußbrücke *f.* /
Verbindungsleitbahn *f.*
interconnects / Spinne *f.* /
Zwischenträgerbrücken *fpl.*
interconnect track / Leiterbahn *f.*
inter-die spacing / Abstand zwischen den
Chips *m./mpl.*
interdiffusion / Zwischendiffusion *f.*
interdivisional / geschäftsgebietsübergreifend
interest / Zinsen *mpl.*
interest on arrears / Verzugszinsen *mpl.*
interface / Schnittpunkt *m.* / Schnittstelle *f.* /
Nahtstelle *f.*
interface chip / Anpassungsbaustein *m.*
interface circuit / Anpassungsschaltung *f.* /
Interfaceschaltung *f.*
interfaced / angekoppelt / angeschlossen
interface expander /
Schnittstellenvervielfacher *m.*
interface layer / Grenzschicht *f.*
interface plane / Grenzschichtebene *f.*
interface property /
Grenzschichteigenschaft *f.*
interface state / Grenzschichtzustand *m.*
interfacial atomic layer / atomare
Grenzschicht *f.*
interfacial charge / Grenzschichtladung *f.*
interfacial connection / Durchverbindung *f.*
interfacial plane / Grenzschichtebene *f.*
interfacing circuitry /
Schnittstellenschaltung *f.*
interfacing connection /
Zwischenverbindung *f.*
interfacing kit / Schnittstellenbausatz *m.*
to interfere / stören / überlagern / (störend)
eingreifen
interference / Interferenz *f.* / Störung *f.* /
Beeinflussung *f.*
interference blanking / Störbefreiung *f.*
interference current / Störstrom *m.*
interference light / Störlicht *n.*
interference voltage / Störspannung *f.*
interfixing of descriptors /
Deskriptorenverknüpfung *f.*
inter-group / (Siem.) bereichsübergreifend
interim inspection / Zwischenprüfung *f.*
interim report / Zwischenbericht *m.*
interim result / Zwischenergebnis *n.*
to interlace / verzahnen / verflechten
interlacing / Verflechtung *f.*
interlayer / Zwischenschicht *f.*
interlayer connection / Durchkontaktierung *f.*
interlayer oxide / Zwischenoxid *n.*
interleaved / überlappt / verflochten / verzahnt
interleaved multiprocessing / verschachtelte
Simultanverarbeitung *f.*

interleaving / Verschachtelung *f.*
interlevel / zwischen den Schichten /
zwischen den Ebenen
interlevel alignment / Justierung von Ebene zu
Ebene *f./f.*
interlevel misalignment / Überdeckungsfehler
zwischen den Ebenen *m./fpl.*
interlevel registration /
Überdeckungsgenauigkeit von Ebene zu
Ebene *f./f.*
to interlink / verketten / koppeln / vernetzen
interlinking / Verkopplung *f.* / Vernetzung *f.*
interlink note / Verkopplungsvermerk *m.*
to interlock / verriegeln / sperren
interlock / Programmsperre *f.* /
Verflechtung *f.*
interlock circuit / Verriegelungsschaltung *f.*
interlinked / vernetzt
interlinked computer / Verbundrechner *m.*
interlinked network / Verbundnetz *n.*
interlocked computer / Verbundrechner *m.*
interlocked network / Verbundnetz *n.*
interlocking / Verbund *m.* / Verzahnung *f.* /
Verflechtung *f.*
interlude / Vorprogramm *n.*
intermediate / Zwischen-..
intermediate carrier / Zwischenträger *m.*
intermediate control /
Hauptgruppenkontrolle *f.*
intermediate cycle / Zwischenzyklus *m.*
intermediate frequency / Zwischenfrequenz *f.*
intermediate image plane /
Zwischenbildebene *f.*
intermediate layer / Zwischenschicht *f.*
intermediate memory / Zwischenspeicher *m.*
intermediate port / Transithafen *m.*
intermediate product / Zwischenprodukt *n.*
intermediate regenerative repeater /
Zwischengenerator *m.*
intermediate silicon nitride layer /
Siliziumnitridzwischenschicht *f.*
intermediate store / Zwischenlager *n.*
intermeshed network / Maschennetz *n.*
intermetallic dielectric / intermetallisches
Dielektrikum *n.*
intermetallic layer / intermetallische
Schicht *f.*
intermittent production / losweise
Fertigung *f.*
intermolecular interaction / intermolekulare
Wechselwirkung *f.*
intermountable / montagetechnisch
auswechselbar
internal auditing / interne Revision *f.*
internal base resistance /
Basisbahnwiderstand *m.*
internal bonding pad / Innenbondinsel *f.*
internal control-side resistance / steuerseitier
Innenwiderstand *m.*

internal control unit / internes Steuerwerk *n.*
internal cost accounting /
Betriebsbuchhaltung *f.*
internal data / innerbetriebliche Daten *pl.*
internal delivery / innerbetriebliche
Lieferung *f.*
internal friction / innere Reibung *f.*
internal land / innerer Kontaktfleck *m.*
internal layer / Innenlage *f.*
internal order / interner Auftrag *m.*
internal production / Eigenfertigung *f.*
internal programming /
Eigenprogrammierung *f.*
internal requirements / Eigenbedarf *m.*
internal resistance / Innenwiderstand *m.*
internal runtime / interne Rechenzeit *f.*
internal services / innerbetriebliche
Leistungen *fpl.*
internal sorting / Speichersortierung *f.*
internal storage / interner Speicher *m.*
internal stress in the resist film / innere
Spannung in der Resistschicht *f./f.*
internal supplier / interner Lieferant *m.*
internal transfer price / innerbetrieblicher
Verrechnungspreis *m.*
internal working / innere
Arbeitsabläufe *mpl.* / innere
Funktionsabläufe *mpl.*
international commercial law /
Außenwirtschaftsrecht *n.*
international dialling code /
(Tel.) Ländervorwahl *f.*
International Sales and Marketing /
(Siem.) Vertrieb Ausland *m.*
International Siemens Companies /
(Siem.) Landesgesellschaften (LG) *fpl.*
Internet subscriber / Internet-Teilnehmer *m.*
internship / Praktikum *n.*
interoffice / innerbetrieblich
interoperation time / Zwischenzeit *f.*
interplant demand / Bedarf vom
Schwesterwerk *m./n.*
interplant order / Bezug vom
Schwesterwerk *m./n.*
interplay / Zusammenspiel *n.* /
Wechselwirkung *f.*
to interpolate / interpolieren / erweitern
interpretation / Deutung *f.*
interpreter / Dolmetscher *m.*
interpretive trace program / interpretierendes
Protokollprogramm *n.*
interrecord gap / Satzzwischenraum *m.* /
Satzlücke *f.*
interrogation mark / Fragezeichen *n.*
to interrupt / unterbrechen
interrupt(ion) / Unterbrechung *f.*
interrupt request /
Unterbrechungsanforderung *f.*
intersection / Schnittpunkt *m.*

intersection of the grid pattern /
Rasterpunkt *m.*
interstage / Zwischenstufe *f.*
interstitial / Zwischengitteratom *n.*
interstitialcy / Zwischengitterplatz *m.*
interstitial impurities / Störatome auf
Zwischengitterplätzen *npl./mpl.*
interstitial oxygen / Sauerstoff auf
Zwischengitterplatz *m./mpl.*
interstitial site / Zwischengitterplatz *m.*
interstitial void / Zwischengitterleerstelle *f.*
interval time clocker / Intervallzeitgeber *m.*
to intervene / eingreifen
interwire short / Adernschluß *m.*
interwire spacing / Abstand zwischen den
Leitungen *m./fpl.*
in time / (adv.) rechtzeitig
in-time / (adj.) rechtzeitig
in the field / vor Ort
intrachip connection / Verbindung im
Chip *f./m.*
intra-company / konzernintern
intra-company sales / Verbundvertrieb *m.*
intra-company shipment /
Verbundlieferung *f.*
intra-departmental / abteilungsintern
intra-die error / Fehler im Einzelchip *m./m.*
intra-die matching /
Überdeckungsgenauigkeit aller Strukturen
eines Mikroschaltkreises *f./fpl./m.*
intra-die mismatch / Überdeckungsfehler
innerhalb eines Chips *m./m.*
intra-field distortion / Verzerrung innerhalb
eines Feldes *f./n.*
intragroup / konzernintern / (Siem.)
bereichsintern
intralevel opens / Leiterunterbrechungen
innerhalb einer Ebene *fpl./f.*
intramask spacing / Abstände innerhalb einer
Maske *mpl./f.*
in-transit inventories /
Unterwegsbestände *mpl.*
intra-plant cost allocation / innerbetriebliche
Leistungsabrechnung *f.*
intricate / kompliziert
intrinsic / eigentlich / wirklich / spezifisch /
eigenleitend
intrinsic carrier / Ladungsträger in einem
Eigenhalbleiter *m./m.*
intrinsic conduction / Eigenleitung *f.* /
i-Leitung *f.* / Intrinsic-Leitung *f.*
intrinsic density / Eigenleitungsdichte *f.*
intrinsic gettering / Eigengetterung *f.*
intrinsic layer / Eigenleitungsschicht *f.*
intrinsic mobility / Eigenbeweglichkeit *f.*
intrinsic semiconductor / Eigenhalbleiter *m.* /
i-Halbleiter *m.*
to introduce / einführen / vorstellen / (Atome)
einbauen / (Dotierstoff) beimengen

introduction / Einführung *f.* / Einleitung *f.* /
Vorstellung *f.*
introduction of dopants / Einbau von
Dotierungsatomen (in Si-Substrat) *m./npl.*
introductory price / Einführungspreis *m.*
to intrude / eindringen
in trust / treuhänderisch
invalid / ungültig
to invalidate / annullieren
invalidity / Ungültigkeit *f.*
to invent / erfinden
invention / Erfindung *f.*
inventor / Erfinder *m.*
inventories / Bestände *mpl.* / Bestand *m.*
inventories-in-process /
Halbfabrikatsbestände *mpl.* /
Werkstattbestand *m.* / auftragsbezogener
Durchlaufbestand *m.*
inventory / Inventur *f.* / **frozen ...**
eingefrorener Lagerbestand *m.* /
perpetual ... permanente Inventur
inventory accounting / Bestandsführung *f.*
inventory alignment / Bestandsabgleich *m.*
inventory allowed / zulässiger Bestand *m.*
inventory audit / Bestandsprüfung *f.*
inventory buildup / Bestandsaufbau *m.*
inventory carrying costs /
Lagerhaltungskosten *pl.*
inventory change / Bestandsveränderung *f.* /
Lagerbewegung *f.*
inventory control / Lagerkontrolle *f.* /
Lagerbestandsführung *f.*
inventory cutting / Lagerabbau *m.*
inventory data / Bestandsdaten *pl.*
inventory difference / Bestandsdifferenz *f.*
inventory-in-process / **...progress** /
auftragsbezogener Durchlaufbestand *m.*
inventory management /
Bestandswirtschaft *f.* /
Vorratswirtschaft *f.* / Lagerwirtschaft *f.*
inventory movements / Lagerbewegungen *fpl.*
/ Bestandsbewegungen *fpl.*
inventory policy / Bestandspolitik *f.*
inventory proceedings / Inventurarbeiten *fpl.*
inventory profit / Lagergewinn *m.*
inventory receipts / Lagerzugänge *mpl.*
inventory record / Lagerverzeichnis *n.*
inventory register / Inventurbuch *n.*
inventory replenishment / Lagerauffüllung *f.*
inventory report / Vorratsbericht *m.*
inventory shortage / Inventurdifferenz *f.*
inventory shrinkage / Bestandsverlust *m.*
inventory-to-sales ratio / Umschlagshäufigkeit
des Warenbestandes *f./n.*
inventory transaction / Bestandsbewegung *f.*
inventory turnover / Lagerumschlag *m.*
inventory unit value /
Beständeeinheitswert *m.*
inventory update / Bestandsfortschreibung *f.*

inventory valuation / Lagerbewertung f.
inventory variation / Bestandsänderung f.
inventory write-off / Bestandsabwertung f.
inventory write-up / Bestandsaufwertung f.
inverse / umgekehrt / entgegengesetzt
inverse connector / invertierter
Steckverbinder m.
inverse direction / (Halbl.) Sperrichtung f.
to invert / invertieren / umkehren / negieren /
umpolen / ... a chip Chip umgekehrt in
Träger einsetzen
inverted commas / Anführungszeichen n.
inverter / Umrichter m.
to investigate / nachforschen / erheben /
untersuchen
investigation / Untersuchung f.
investment / Investition f.
investment appropriation /
Investitionsbewilligung f.
investment drive / Investitionsschub m.
investment expenditure /
Investitionsaufwand m.
investment goods / Investitionsgüter npl.
investment in stock / Lagerinvestition f.
invisible balance / Dienstleistungsbilanz f.
invoice / Rechnung f.
to invoice / in Rechnung stellen
invoice auditing / Eingangsrechnungsprüfung
(ERP) f.
invoice recipient / Rechnungsempfänger m.
invoice release / Rechnungsanstoß m.
invoice value / Rechnungswert m.
invoicing currency / Fakturawährung f.
invoicing department / Rechnungsabteilung f.
to invoke / aufrufen
involatile store / nichtflüchtiger Speicher m.
to involve / zur Folge haben / beinhalten /
mit sich bringen
inward bill of lading (B/L) /
Importkonossement n.
inward processing / aktiver
Veredelungsverkehr m. / aktive
Veredelung f.
in your favour / zu Ihren Gunsten
I-O chip / Eingabe-Ausgabe-Baustein m. /
E-A-Baustein m.
ion acceleration / Ionenbeschleunigung f.
ion back-stream measurement /
Ionenrückstrommessung f.
ion beam aligner / Ionenstrahljustier- und
belichtungsanlage f.
ion beam coating / Ionenstrahlbelichtung f.
ion beam etching / Ionenstrahlätzen n.
ion beam exposure / Ionenstrahlbelichtung f.
ion beam gear / Ionenstrahlanlage f.
ion beam milling of the gold pattern /
Ionenstrahlätzen der Goldstruktur n./f.
ion beam milling technique /
Ionenstrahlätzverfahren n.

ion beam pattern generator /
Ionenstrahlbildgenerator m.
ion beam printing / Ionenstrahlbelichtung f.
ion beam scanning / Ionenstrahlabtastung f.
ion beam scanning system /
Rasterionenstrahlanlage f.
ion beam spot size /
Ionenstrahlsondendurchmesser m.
ion beam sputtering /
Ionenstrahlkathodenzerstäubung f.
ion bombardment / Ionenbeschuß m.
ion burn / Ionenbrennfleck m.
ion-contamination / Ionenkontaminierung f.
ion distribution / Ionenverteilung f.
ion etching / Ionenstrahlätzen n.
ion-exposed / ionenbelichtet
ion flux fraction / Ionenflußanteil m.
ion gun / Ionenstrahler m.
ionic bond / Ionenbindung f.
ionic charge / Ionenladung f.
ionic conductor / Ionenleiter m.
ionic contamination / Ionenverunreinigung f.
ionic lattice / Ionengitter n.
ionic migration / Ionenwanderung f.
ion-implanted / ionenimplantiert
ion implantation annealing /
Ionenimplantationsausheilung f.
ion implantation doping / Dotierung durch
Ionenimplantation f./f.
ion-implanted diffusion-under-film /
ionenimplantierte vergrabene Schicht f.
ion-implanted region /
Ionenimplantationszone f.
ion implant level /
Ionenimplantierungsebene f.
ion irradiation / Ionenbestrahlung f.
ionization chamber / Ionisationskammer f.
ionization current / Ionisationsstrom m.
ionizing collision / Ionisierungsstoß m.
ionizing grid / Ionisiervorrichtung f.
ionizing particle / Ionisierungsteilchen n.
ionizing radiation / Ionisierungsstrahlung f.
ion microprobe / Ionenmikrosonde f.
ion migration / Ionenwanderung f.
ion milling / Ionenätzen n.
ion momentum / Ionenimpuls m.
ion probe / Ionensonde f.
ion projection stepper / ionenoptische
Step-und-Repeat-Anlage f. /
Ionenprojektionsanlage f.
ion source / Ionenquelle f.
ion sputtering / Ionenzerstäubung f.
ion trap / Ionenfalle f.
ion yield / Ionenausbeute f.
I/O pins / E/A-Stifte mpl.
I-O port / Eingabe-Ausgabe-Datenkanal m.
Ireland / Irland
Irish / irisch
iron / Eisen n.

iron oxide mask / Eisenoxidmaske *f.*
irradiance / Bestrahlungsstärke *f.*
irregularities / Unregelmäßigkeiten *fpl.*
irretrievable / nicht wiederfindbar
irreversible / nicht umkehrbar
irrevocable / nicht behebbar
irrevocable letter of credit / unwiderrufliches Akkreditiv *n.*
island pattern / Inselstruktur *f.*
isochronous / isochron
to isolate / entkoppeln / isolieren / abgrenzen
isolated application / Insellösung *f.*
isolated bond / isolierte Bondstelle *f.*
isolating diffusion / Trenndiffusion *f.*
isolating layer / Trennschicht *f.*
isolating transformer / Trenntransformator *m.*
isolation barrier / Trennschicht *f.*
isolation device / Isolator *m.* / Trennschalter *m.*
isolation device fitted with locking-off facility / verriegelbarer Trennschalter *m.*
isolation layer mask / Isolationsschichtmaske *f.*
isolation mask / Maske für Isolierung *f./f.*
isolation-merged / isolationsverschmolzen
isolation-oxide planar process / Isoplanarverfahren *n.*
isolation property / Isolatoreigenschaft *f.*
isolation resistance / Trennwiderstand *m.*
isolation spacing / Isolationsabstand *m.*
isolation trench / Isolationsgraben *m.* / Trenngraben *m.*
isolation well / Isolationswanne *f.*
isolator / Isolator *m.* / Trennschalter *m.*
isoplanar isolation / Isoplanarisolierung *f.*
iso-sheet resistance contour / Linien gleichen Schichtwiderstands *fpl./m.*
isotron / elektromagnetischer Isotopentrenner *m.*
isotropic etching / isotropes Ätzen *n.*
issuable / ausgabefähig
to issue / ausgeben
issue / Ausgabe (Buch) *f.* / (kontroverses) Thema *n.* / Entnahme (Lager) *f.* / **actual ...** tatsächliche Materialentnahmen *fpl.* / **planned ...** geplante Materialentnahmen *fpl.*
issue card / Bestellkarte *f.* / Bezugskarte *f.*
issue code / Lagerabgangs-Code *m.*
issue price / Ausgabekurs *m.*
issue slip / Bezugszettel *m.*
Italian / italienisch
Italy / Italien
item / Artikel *m.* / Teil *n.* / Werkstück *n.* / Datenfeld *n.* / Element *n.*
to itemize / spezifizieren / aufgliedern
itemized costs / Einzelkosten *pl.*
item master / Teilestamm *m.*
item master file / Artikelstammdatei *f.* / Teilestammdatei *f.*

item number / Teilenummer *f.* / Artikelnummer *f.* / Sachnummer *f.*
item stock / Artikelbestand *m.*
to iterate / wiederholen
iterative impedance / Kettenwiderstand *m.*
iterative loop / Iterationsschleife *f.*
iterative procedure / Iterationsverfahren *n.*
iterative process / iterative Operation *f.*
i-type / eigenleitend / i-leitend
i-type semiconductor / Eigenhalbleiter *m.* / i-Halbleiter *m.*

J

jack / (StV) Steckbuchse *f.* / Anschlußbuchse *f.*
jacket / Diskettenhülle *f.* / Kabelmantel *m.*
jacketed cable / Rundkabel *n.*
jack panel / Buchsenleiste *f.*
jack-to-jack adapter / Koaxialdoppelbuchse *f.* / Kupplung *f.*
jack U-connector / Buchsen-Verbindungsstecker *m.*
jack unit / Buchseneinheit *f.*
jam / Papierstau *m.*
Japanese / japanisch / Japaner *m.*
J-bent lead / J-förmiger Anschluß *m.*
jiffy bag / Versandtasche *f.*
jig / Vorrichtung *f.* / Montagegestell *n.* / Einspannvorrichtung *f.*
JIT / Just in Time
J-lead / J-förmiger Anschluß *m.*
J-leaded device / Bauelement mit J-förmigen Anschlußbeinen *n./npl.*
J-leaded package / Gehäuse mit J-Anschlüssen *n./mpl.*
job / Tätigkeit *f.* / Arbeitsauftrag *m.*
job accounting / Auftragsabrechnung *f.*
job accounting system / Abrechnungscomputer *m.*
job advertisement / Stellenausschreibung *f.*
job assessment / Arbeitsbewertung *f.*
job assignment / Arbeitsanweisung *f.* / Aufgabe *f.*
job breakdown / Arbeitsunterteilung *f.*
job card / Auftragspapier *n.* / Auftragskarte *f.*
job control / Aufgabensteuerung *f.*
job control card / Ablaufsteuerkarte *f.*
job control language (JCL) / Systemsteuersprache *f.*
job control program / Bereitstellungsprogramm *n.*
job control statement / Betriebsanweisung *f.*
job costs / Auftragskosten *pl.*

job cycle / Arbeitsvorgang *m.*
job cycle target time / Arbeitsvorgabezeit *f.*
job description /
  Arbeitsplatzbeschreibung *f.* /
  Tätigkeitsbeschreibung *f.*
job engineering / Arbeitsplatzgestaltung *f.*
job enlargement / Aufgabenerweiterung *f.*
job enrichment / Arbeitsbereicherung *f.* /
  Aufgabenbereicherung *f.*
job evaluation / Arbeitsplatzbewertung *f.*
job experience / Berufserfahrung *f.*
job grading / Arbeitseinstufung *f.*
job instruction / Arbeitsanweisung *f.*
job leasing / Zeitarbeit *f.*
jobless / arbeitslos
job-lot production / losweise
  Werkstattfertigung *f.*
job number / Arbeitsauftragsnummer *f.*
job order / Betriebsauftrag *m.* /
  Fertigungsauftrag *m.*
job order cost accounting /
  Betriebsauftragsabrechnung *f.*
job-order costing / Zuschlagskalkulation *f.*
job orders in process / in Arbeit befindliche
  Werksaufträge *mpl.*
job order production / Auftragsfertigung *f.*
job-oriented / auftragsbezogen
job papers / Arbeitspapiere *npl.*
job performance / Arbeitsleistung *f.*
job rate / Akkordlohnsatz *m.*
job requirements / Stellenanforderung *f.*
job routing / Fertigungsablauf *m.* /
  Fertigungsprogramm *n.*
job scheduler / Jobdisponent *m.* /
  (DV/Dienstprogr.) Aufgabenauslöser *m.*
jobseeker / Arbeitssuchender *m.*
job sequence / Arbeitsablauf *m.*
job sharing / Arbeitsplatzteilung *f.*
job shop / Fertigungswerkstatt *f.*
job shop production / Werkstattfertigung *f.*
job simplification / Arbeitsvereinfachung *f.*
job status / Auftragszustand *m.*
job step / Bearbeitungsschritt *m.*
job stream / Aufgabenablauffolge *f.*
job string / Aufgabenkette *f.*
job ticket / Laufkarte *f.*
job time / Stückzeit *f.*
job-work / Akkordarbeit *f.*
to join / kombinieren / verbinden
joint capital / Gemeinschaftskapital *n.* /
  Gesamtkapital *n.*
joint cell library / gemeinsame
  Zellenbibliothek *f.*
joint demand / gemeinschaftlicher Bedarf *m.*
to join the run / Charge vereinigen
joint order / Verbundauftrag *m.* /
  Verbundbestellung *f.*
joint product / Kuppelprodukt *n.*
joint research / Gemeinschaftsforschung *f.*

J-shaped lead / J-förmiger Anschluß *m.*
J-shaped pin / J-förmiges Anschlußbein *n.*
to judge / beurteilen
judgement items / Bestandspositionen, die nur
  personell beurteilt werden können *fpl.*
jumbo meeting / Marathonsitzung *f.*
to jumper / überbrücken
jumper / Brücke *f.* / Leitungsbrücke *f.* /
  Verbindungsdraht *m.*
jumper wire / Drahtbrücke *f.* /
  Verbindungsdraht *m.*
junction / Verbindung *f.* / Kontakt *m.* /
  (Halbl.) Übergang *m.* / Grenzschicht *f.* /
  Sperrschicht *f.*
junction ambient / Sperrschicht-Umgebung *f.*
junction area / Sperrschichtfläche *f.* /
  Übergangsfläche *f.*
junction barrier / Sperrschicht *f.*
junction boundary /
  Übergangsgrenzschicht *f.*
junction box / Anschlußdose *f.*
junction capacitance /
  Sperrschichtkapazität *f.* /
  Grenzschichtkapazität *f.*
junction charge-coupled device /
  sperrschichtladungsgekoppeltes
  Bauelement *n.*
junction contact potential /
  Sperrschichtpotential *n.*
junction current / Übergangsstrom *m.*
junction delineation / Sichtbarmachen des
  Übergangs *n./m.*
junction depletion layer / Übergangsstrom *m.*
junction depth / Übergangstiefe *f.*
junction diode / Flächendiode *f.*
junction electrode / Flächenelektrode *f.*
junction FET /
  Sperrschichtfeldeffekttransistor *m.*
junction impedance / Impedanz des
  pn-Übergangs *f./m.*
junction interface / Übergangsgrenzfläche *f.*
junction-isolated / sperrschichtisoliert
junction leakage enhancement / Verstärkung
  des Übergangskriechstroms *f./m.*
junction movement / Wandern der
  Übergänge *n./mpl.*
junction passivation /
  Sperrschichtpassivierung *f.*
junction plane / Übergangsebene *f.*
junction rectifier /
  Sperrschichtgleichrichter *m.*
junction sheet resistance /
  Übergangsschichtwiderstand *m.*
junction surface / Übergangsfläche *f.*
junction temperature /
  Sperrschichttemperatur *f.*
junction voltage / Übergangsspannung *f.*
junction width / Sperrschichtbreite *f.*
junk / Ausschuß *m.*

justification / Randausgleich *m.*
justified / bündig ausgerichtet /
(allg.) gerechtfertigt
justified print / Blocksatz *m.*
to justify / rechtfertigen / (bündig) ausrichten
just-in-time inventory method /
fertigungssynchrone Materialwirtschaft *f.*
just-in-time purchasing / beständelose
Beschaffung *f.* / fertigungssynchrone
Beschaffung *f.* / JIT-Beschaffung *f.*

K

keeping of accounts / Kontoführung *f.*
to keep in stock / auf Lager behalten
kerf allowance / Materialzuschlag *m.*
kerf width / (Diamantsage) Schnittbreite *f.*
key / Kennbegriff *m.* / Taste *f.* / Schlüssel *m.* /
Ordnungsbegriff *m.*
key account / Großkunde *m.* /
Key Account *m.* / Hauptkunde *m.*
key account code / Großkundenkennziffer *f.*
key account management /
Großkundenverwaltung *f.* / Key Account
Management (KAM) *n.*
keyboard / Tastatur *f.*
keyboard-driven / tastaturgesteuert
keyboard entry / manuelle Eingabe *f.*
keyboard lockout / Tastatursperre *f.*
key control / Tastensteuerung *f.*
key customer / Hauptkunde *m.* / Großkunde *m.*
key date / erster Tag eines
Planungszeitraums *m./m.* /
Schlüsseldatum *n.* / Stichtag *m.*
key data / Kennzahlen *fpl.* /
Schlüsselzahlen *fpl.*
key figures / Eckwerte *mpl.* / Eckzahlen *fpl.*
key item / Hauptumsatzträger *m.*
key lock / Tastensperre *f.*
keylock connector / Andruckverbinder *m.*
key operation / Schwerpunktarbeitsgang *m.*
key panel / Tastenfeld *n.*
keyway / Schlüssel-Nut *f.*
keyword / Schlüsselbegriff *m.* / Stichwort *n.* /
Ordnungsbegriff *m.*
key work center / Schwerpunktarbeitsplatz *m.*
to kill / (DV) abbrechen
kill / (DV) Abbruch *m.*
kit / Computerbausatz *m.* / Satzteile *npl.* /
Teilesatz *m.* / Bausatz *m.*
to kit / bereitstellen
kitting / Bereitstellung *f.*
kitting area / Bereitstellfläche *f.*
knowledge / Wissen *n.*

known-good wafer / als gut verifizierter
Wafer *f.*
knurled nut / Rändelmutter *f.*
krypton fluoride excimer laser /
KrF-Excimerlaser *m.*

L

lab / Labor *n.*
label / Etikett *n.* / Kennzeichnung *f.* /
Marke *f.*
to label / auszeichnen / kennzeichnen /
etikettieren
label checking routine /
Etikettprüfprogramm *n.*
label processing / Etikettenbehandlung *f.*
label record / Kennsatz *m.*
label set / Etikettgruppe *f.*
labor / (US) Arbeitskräfte (siehe labour) *fpl.*
laboratory / Labor *n.*
lab sample / Labormuster *n.*
labour / (GB) Arbeitskräfte *fpl.*
labo(u)r / Arbeitskräfte *fpl.*
labo(u)r claim / Rückmeldung (Lohn) *f.*
labo(u)r content / Arbeitsaufwand *m.*
labo(u)r costs / Lohnkosten *pl.*
labo(u)r court / Arbeitsgericht *n.*
labo(u)r dispute / Arbeitskampf *m.*
labo(u)r force / Arbeiterschaft *f.*
labo(u)r grading key /
Arbeitsbewertungsschlüssel *m.*
labo(u)r hours / Lohnstunden *fpl.*
labo(u)r law / Arbeitsrecht *n.*
labo(u)r legislation / Arbeitsgesetzgebung *f.*
labo(u)r market / Arbeitsmarkt *m.*
Labo(u)r Promoting Law /
Arbeitsförderungsgesetz *n.*
labo(u)r rate per hour / Lohnsatz pro
Stunde *m./f.*
labo(u)r relations / Arbeitsbeziehungen *fpl.*
labo(u)r-saving / arbeitssparend /
Arbeitsersparnis *f.*
labo(u)r-shortage / Arbeitskräftemangel *m.*
labo(u)r-supply / Arbeiterangebot *n.*
labo(u)r ticket / Ist-Zeit-Meldung *f.* /
Lohnrückmeldeschein *m.*
labo(u)r turnover / Umschlag der
Arbeitskräfte *m./fpl.*
labo(u)r voucher / (Lohn) Rückmeldung *f.*
lack / Mangel *m.*
lack of productivity / Produktivitätsdefizit *n.*
lacquer / Lack *m.*
lag / (Phase) Nacheilen *n.*
laminar flow / Laminarströmung *f.*
laminate / Laminat *n.*

to laminate / laminieren
laminated board / Mehrschichtplatte f.
laminated package / Mehrschichtgehäuse n.
laminated transformer core / geblechter
  Transformatorenkern m.
land / Anschlußfleck m. / Kontaktfleck m. /
  Kontaktsteg m. / Lötauge n. /
  Anschlußauge n.
land contact / Stegkontakt m.
landed cost / Einstandspreis m. / Kosten bis
  zum Löschen (v. Ware) pl.
landing / Landen (Kopf auf Platte) n.
land pattern / Lötaugenmuster n. /
  Kontaktflächenmuster n.
landscape format / Querformat n.
language board / Sprachplatine f.
language card / Sprachplatine f.
language code / Sprachkennziffer f.
language statement / Sprachanweisung f.
lanthanum hexaboride / Lanthanhexaborid n.
lanyard connector / Steckverbinder mit
  Kabelzugentriegelung m./f.
to lap / läppen
lap and stain method / Überlappungs- und
  Fleckmethode f.
lap-phasing / Überlappung f. / überlappte
  Fertigung f.
lap-phasing type / Überlappungsart f.
large / groß
large-area exposure / Flächenbelichtung f.
large-image field wafer stepper /
  Großfeldwaferstepper m.
large-pin-count device / Bauelement mit
  hoher Anschlußzahl n./f.
large-scale entrepreneur /
  Großunternehmer m.
large-scale integration / Großintegration f.
large-scale operation / Großbetrieb m.
large-scale order / Großauftrag m.
large-volume production /
  Großserienherstellung f.
laser-annealed / laserausgeheilt
laser-drilling of vias / Laserbohren von
  Kontaktlöchern n./npl.
laser-fuse blowing / Aufschmelzen der
  Verbindungen mittels Laser n./fpl./m.
laser pulse annealing /
  Laserpulsausheilung f. /
  Laserpulsglühen n.
laser scribing / Laserbeschriftung f.
to latch / sperren
latch / Signalspeicher m. /
  Zwischenspeicher m.
latching / Rastung (Drucktaste) f.
late delivery / Spätlieferung f.
lateral / seitlich
lateral autodoping / seitliche
  Selbstdotierung f.
lateral dimension / Breitenabmessung f.

lateral displacement of features / seitliche
  Verschiebung von
  Strukturelementen f./npl.
lateral etching / Unterätzen n.
lateral fuse cell / Lateralaufschmelzzelle f.
lateral misalignment / Querversatz m.
latest finish date / letzter Endtermin m.
lathe / Drehmaschine f.
lattice / Gitter n.
lattice defect / Gitterfehler m.
lattice heating effect / Gitteraufheizeffekt m.
lattice imperfection / Gitterstörstelle f.
lattice mismatch / Fehlanpassung des
  Kristallgitters f./n.
lattice plane / Gitterebene f.
lattice spacing / Gitterabstand m.
lattice trench / Gittergraben m.
lattice vacancy / Gitterleerstelle f.
to launch / anstoßen / in Gang setzen
launch advertisement /
  Einführungswerbung f.
launching cost / Anlaufkosten pl.
law of diminishing marginal utility / Gesetz
  vom abnehmenden Grenznutzen n./m.
law of diminishing returns / Gesetz vom
  abnehmenden Ertragszuwachs n./m.
layer / Lage f. / Schicht f. / Bildebene f.
layer build-up / Schichtaufbau m.
layering / Schichtaufbau m.
layering technique / Ebenentechnik f.
layer of nitrogen / Stickstoffpolster n.
layer resistivity / Schichtwiderstand m.
layer specification / Ebenenbezeichnung f.
layer thickness / Schichtdicke f.
layer-to-layer interconnection /
  Innenverbindung mit
  Mehrlagenplatten f./fpl.
to lay level / flach aufliegen
to lay in stock / Lager anlegen
lay of a cable / Schlaglänge eines
  Kabels f./n.
lay-off / Entlassung f.
to lay off personnel / Personal abbauen
layout / Strukturentwurf m.
layout diagram / Bestückungsplan m.
  (v. Platine) m.
layout drawing / Druckvorlagenentwurf m.
layout plan / Belegungsplan von
  Flächen m./fpl.
lazy susan / Karusselspeicher m.
L.C.L. (less-than-cargo) freight /
  Stückgutfracht f.
L.C.L. lot / Stückgut n.
L.C.L. rates / Stückguttarif m.
LDB-item / LDB-Position f.
LDD post treatment /
  LDD-Nachbehandlung f.
lead / (Blei n.) Anschluß m. (-draht m.) /
  Anschlußbrücke f. / Zwischenträger m. /

to lead / führen
lead count / Anschlußzahl *f.*
leaded / verdrahtet / mit Anschlußdrähten / mit Anschlüssen
leaded component / bedrahtetes Bauteil *n.*
leaded through-hole package / Gehäuse mit Anschlüssen für Durchkontaktmontage *n./mpl./f.*
lead end / Anschlußende *n.*
leader / Leiter *m.* / Vorlauf *m.*
leader routine / Vorlauf *m.* / Anfangsroutine *f.*
leadership / Führung *f.*
lead extension / Anschlußüberstand *m.*
lead finger / Anschlußzinken *m.*
lead frame / Systemträger *m.* / Leiterrahmen *m.* / Trägerstreifen *m.* / Leiterband *n.*
lead frame assembly / Leiterrahmenmontage *f.*
lead frame finger / Zinken des Anschlußkamms *m./m.*
lead frame outer lead bonder / Außenbonder für Kammanschluß *m./m.*
lead frame pad / Kontaktstelle des Chipträgerstreifens *f./m.*
lead frame pin / Leiterrahmenanschlußstift *m.*
lead frame strip / Anschlußkammstreifen *m.*
lead inductance / Anschlußbrückeninduktivität *f.*
leading-edge company / Top-Unternehmen *n.*
leading position / Spitzenstellung *f.*
leading zero / führende Null *f.*
leadless / drahtlos / ohne Anschlüsse
leadless chip carrier / drahtloser Chipträger *m.* / Chipträger ohne Anschlußdrähte *m./mpl.* / Chipgehäuse ohne Anschlußstifte *n./mpl.*
lead mounting hole / Anschlußloch *n.*
lead negotiator / Verhandlungsführer *m.*
lead pattern / Anschlußstruktur *f.*
lead pull strength / Anschlußkontaktzugfestigkeit *f.*
lead resistance / Anschlußbrückenwiderstand *m.*
lead sensing / Beinchendurchsteckkontrolle *f.*
lead spacing / Abstand der Anschlüsse *m./mpl.*
lead time / Vorlaufzeit *f.* / Durchlaufzeit *f.* / Bearbeitungszeit *f.*
leadtime offset / Durchlaufzeit-Versatz *m.*
lead trimming / Schneiden von BE-Anschlüssen *n./mpl.*
lead wire / Anschlußdraht *m.*
leaflet / Prospekt *m.*
leak / Leck *n.*
leakage / Streuverlust *m.* / Leckstelle *f.*
leakage current / Leckstrom *m.*

leakage inductance / Streuinduktivität *f.* / Restinduktivität im Sättigungsbereich *f./m.*
leakage resistance / Kriechstromfestigkeit *f.*
leakage test / Lecktest *m.*
leaking / undicht
lean company / schlankes Unternehmen *n.*
lean management / schlankes Management *n.*
lean production / schlanke Fertigung *f.*
leap-day / Schalttag *m.*
leap-year / Schaltjahr *m.*
learning curve / Lernkurve *f.* / Einarbeitungskurve *f.*
learning organization / lernende Organisation *f.*
leased line / Mietleitung *f.*
leasing installment / Leasingrate *f.*
least processing time rule / kürzeste Operationszeit Regel *f.*
least significant character / niedrigstwertiges Zeichen *n.*
least unit cost batchsize / gleitende wirtschaftliche Losgröße *f.*
lecture / Vortrag *m.*
ledger / Hauptbuch *n.* / Konto *n.*
ledger sheet / Kontoblatt *n.*
left justified / linksbündig
leftover / Rest *m.*
leftover stock / Lagerrestbestand *m.*
legal department / Rechtsabteilung *f.*
legalization / Beglaubigung *f.* / Legalisierung *f.*
legalized invoice / legalisierte Handelsrechnung *f.*
legally binding / rechtsverbindlich
length / Länge *f.*
lens / Linse *f.*
less-or-equal symbol / Kleiner-Gleich-Zeichen *n.*
less than cargo load / Stückgutpartie *f.*
less-than-symbol / Kleiner-Als-Zeichen *n.*
letter / Brief *m.*
letterhead / Briefkopf *m.*
letter of advice / Benachrichtigungsschreiben *n.*
letter of attorney / Vollmacht *f.*
letter of consignment / (GB) Frachtbrief *m.*
letter of credit (L/C) / Akkreditiv *n.* / Kreditbrief *m.*
letters shift / Buchstabenwechsel *m.*
letter string / Buchstabenkette *f.*
level / Ebene *f.* / Stufe der Produktstruktur *f./f.*
level by level / stufenweise
level of efficiency / Leistungsstufe *f.*
level of employment / Beschäftigungsniveau *n.*
level of explosion / Auflösungsgrad *m.* / Auflösungsstufe *f.*
level of fault coverage / Fehlerabdeckungsgrad *m.*

level of identification / Baustufe *f.*
level of integration / Integrationsgrad *m.*
level of nesting / Verschachtelungsniveau *n.*
level of pattern / Strukturebene *f.*
level of printing / Belichtungsebene *f.*
level of product structure /
Dispositionsstufe *f.*
level of service / Servicegrad *m.* /
Lieferbereitschaft *f.*
level of value added / Wertschöpfungsstufe *f.*
level-oriented / ebenenorientiert
to level out / nivellieren
lever / Hebel *m.*
leverage (effect) / Hebelwirkung *f.*
liabilities / Schulden *fpl.* /
Verbindlichkeiten *fpl.*
liability / Haftpflicht *f.*
liability account / Passivkonto *n.*
liability insurance /
Haftpflichtversicherung *f.*
liable / haftbar
liason functions / (Siem.) Referate *npl.*
liaison office / Außenstelle *f.* /
Verbindungsbüro *n.*
to liberate vapors / Dämpfe freisetzen *mpl.*
library maintenance program /
Bibliotheksverwaltungsprogramm *n.*
library subroutine /
Bibliotheksunterprogramm *n.*
license / Lizenz *f.* / Genehmigung *f.*
license agreement / Lizenzabkommen *n.*
licensee / Lizenznehmer *m.*
licensor / Lizenzgeber *m.*
lid / Klappe *f.* / Deckel *m.*
life cycle / Lebenszyklus *m.*
life performance / Lebensdauerverhalten *n.*
life time / Lebensdauer *f.* / Nutzungsdauer *f.*
life utility / Brauchbarkeitsdauer *f.*
to lift an embargo / Embargo aufheben *n.*
to lift off / abheben
liftoff etch / Abhebeverfahren *n.*
liftoff technique / Abhebetechnik *f.*
light-activated thyristor / lichtzündbarer
Thyristor *m.*
light-beam prober / Lichtstrahlsonde *f.*
light current / Schwachstrom *m.*
light-emitting diode (LED) / Leuchtdiode *f.* /
Lumineszenzdiode *f.*
light engineering / Feinmechanik *f.*
light-exposed / belichtet
light field / Lichtfeld *n.*
light-field chrome mask /
Hellfeldchromschablone *f.*
light-field mask / Positivmaske *f.*
light intensity / Lichtstärke *f.*
lightly doped / schwach dotiert
lightly exposed / schwach belichtet
light metal / Leichtmetall *n.*
lightning strike / Blitzstreik *m.*

light-powered / solarzellenbetrieben
light sensitivity / Lichtempfindlichkeit *f.*
light shutter / Lichtventil *n.* / Blende *f.*
light source / Lichtquelle *f.*
light-triggered switch / lichtzündbarer
Wechselstromschalter *m.*
light wave cable / Glasfaserkabel *n.*
likely / (adj.) wahrscheinlich
limb of the circuit / Zweig des
Schaltkreises *m./m.*
limit / Grenzwert *m.* / Begrenzung *f.* /
Einschränkung *f.*
limitation / Einschränkung *f.* / Begrenzung *f.*
limited grasp tweezers / Pinzette mit
begrenztem Zugriff *f./m.*
limited liability / beschränkte Haftung *f.*
limited-lot production /
Kleinserienfertigung *f.*
limit error / Bereichsüberschreitung *f.*
limiting feature size / kleinste nutzbare
Strukturbreite *f.*
limiting operation / Engpaßarbeitsgang *m.*
limiting quality level / (QS)
Rückweise-Grenzqualität *f.*
limits of operating errors /
Gebrauchsfehlergrenzen *fpl.*
line / Linie *f.* / Strich *m.* / Zeile *f.* /
Leitung *f.* / Steg (Fototechnik) *m.*
lineage / Verzweigung (Kristalle) *f.*
line amplifier / Leitungsverstärker *m.*
linear array / lineares Datenfeld *n.* / lineare
Anordnung *f.*
linear device / Analogbauelement *n.*
linear IC / integrierter Analogschaltkreis *m.* /
Analog-IS
linearity / Linearität *f.*
linear LED-display / LED-Anzeige in
Zeilenform *f./f.*
linearly graded junction / Übergang
mit sich linear ändernder
Störstellenkonzentration *m./f.*
linear programming / lineare
Programmierung *f.*
linear runout distortion / lineare Verzerrung
(zwischen Maske und Wafer) *f.*
linear tester / Analogtester *m.*
line-at-a-time addressing / zeilenweise
Adressierung *f.*
line balancing / Belastungsausgleich am
Montageband *m./n.*
line buffer / Leitungspuffer *m.*
line charges / Leitungsgebühren *fpl.*
line chart / Liniendiagramm *n.*
line coding / Adernkennzeichnung *f.*
line control / Leitungssteuerung *f.*
line count / Zeilenstandsanzeige *f.*
line counter / Zeilenzähler *m.*
line defect / eindimensionale
Gitterstörstelle *f.*

line definition / Linienschärfe *f.*
line dimensions / Strukturabmessungen *fpl.* /
Linienkonturen *fpl.*
line distance / Zeilenabstand *m.*
lined up / (Anschlüsse) ausgerichtet
line edge / Strukturkante *f.*
line edge blur / Rauhigkeit der
Linienkante *f./f.*
line edge slope / Kantenböschung der
Linie *f./f.*
line enable / Leitungsfreigabe *f.*
line fault / Leitungsstörung *f.*
line-filler / Materialbereitsteller
(an der Montagelinie) *m.*
line feed / Zeilenvorschub *m.*
line group / Leitungsbündel *n.*
line interface / Leitungsschnittstelle *f.*
line item / Einzelposition eines
Kundenauftrags *f./m.*
line printer / **line at a time printer** /
Paralleldrucker *m.*
line occupancy / Leitungsbelegung *f.*
line of code / Codierzeile *f.*
line of constant contact /
Isokontrastkennlinie *f.*
line of production / Produktionszweig *m.*
line of products / Produktsortiment *n.*
line pitch / Zeilenabstand *m.*
line request / Leitungsabfrage *f.*
line section / Leitungsabschnitt *m.* /
Leitungsstück *n.*
line seizure / Leitungsbelegung *f.*
line shop / Werkstatt mit Bandfertigung *f./f.*
line skip / Zeilensprung *m.*
line space / Zeilenabstand *m.*
line spacing / Zeilenzwischenraum *m.*
line switching / Leitungs-Vermittlung *f.*
line termination / Leitungsabschluß *m.*
line termination circuit /
Leitungsanschlußschaltung *f.*
line throughput / Leitungsdurchsatz *m.*
line-to-line pitch / Linienrastermaß *n.*
line-to-line spacing / Abstand zwischen
Leitern *m./mpl.*
line transformer / Zeilentrafo *m.*
line uniformity / Gleichmäßigkeit der
Linienbreite *f./f.*
line utilization / Leitungsausnutzung *f.*
line voltage / Netzspannung *f.*
line width / Linienbreite *f.* / Strukturbreite *f.*
line width resolution / Linienbreiteauflösung *f.*
link / Kopplung *f.* / Verbindung *f.* / Glied *n.*
link address / Folgeadresse *f.* /
Verknüpfungsadresse *f.*
linkage / Verknüpfung *f.*
linkage address / Verknüpfungsadresse *f.*
linkage capability / Kopplungsfähigkeit *f.*
linkage data element / Verknüpfungsfeld *n.*
linkage editor / Modulbinder *m.*

linkage element / Verknüpfungsglied *n.*
linked files / verknüpfte Dateien *fpl.* /
Dateienverbund *m.*
linked in the opposite sense / gegensinnig
gepolt
to link edit / linken
linked subroutine / verbundenes
Unterprogramm *n.*
link field / Kettfeld *n.*
link indicator / Verknüpfungsanzeiger *m.*
link procedure / Leitungsprozedur *f.*
liquid / flüssig
liquid assets / flüssige Mittel *npl.*
to liquidate / auflösen
liquidation / Ausverkauf *m.* / Liquidierung *f.*
liquid crystal display (LCD) /
Flüssigkristallanzeige *f.*
liquid encapsulated czochralski process /
Lec-Verfahren *n.*
liquid etching technique / Naßätzverfahren *n.*
liquid flow qualities / Flußeigenschaften *fpl.*
liquid source / Flüssigstoffquelle *f.*
liquid source bubbler /
Flüssigstoffsprudler *m.*
liquid-state diffusion / Diffusion in
Flüssigkeit *f./f.*
listing / Protokollierung *f.* /
Listenschreiben *n.*
list of abbreviations /
Abkürzungsverzeichnis *n.*
list of contents / Inhaltsverzeichnis *n.*
list processing / Listenverarbeitung *f.*
list sequential addressing / selbstindizierte
Adressierung *f.*
literal / Direkt-...
litter / Abfall *m.*
litz wire / Litzendraht *m.*
live data / Lebenddaten *pl.*
live load / Aufträge in Arbeit *mpl.*
live test / Test unter
Einsatzbedingungen *m./fpl.*
liveware / DV-Personal *n.*
live wire / Draht unter Spannung *m./f.*
load / Belastung *f.* / Last *f.* /
Anschlußleistung *f.*
to load / beladen / bestücken / belasten /
laden
loadable program / ladefähiges Programm *n.*
to load a program / Programm einlesen *n.*
load capacity / Ladefähigkeit *f.*
load center / Belastungsgruppe *f.*
load chart / Belastungsübersicht *f.*
load circuit / Lastkreis *m.*
load current / Laststrom *m.* / Arbeitsstrom *m.*
load device / Lastelement *n.*
load disconnection relay / Lastabwurfrelais *n.*
loader / (DV) Programmlader *m.* /
Ladeprogramm *n.* / (Diffusionsofen)
Einfahrvorrichtung *f.*

load field / Bereitstellungsteil *n.*
load forecast / Belastungsvorschau *f.* /
Kapazitätsprognose *f.*
loading / Auslastung *f.* / **balanced ...**
geglättete Maschinenauslastung *f.* /
geglättete Belastung *f.*
loading capacity / (LKW) Ladefähigkeit *f.*
loading chamber / Bestückungskammer *f.*
loading charges / Ladegebühr *f.*
loading equipment / Einfahrvorrichtung
(Diffusionsofen) *f.*
loading factor / Auslastungsfaktor *m.*
loading limitation / Belastungsschranke *f.*
loading list / Belegungsliste *f.* / Ladeliste *f.*
loading period / Belegungszeit *f.*
loading plan / Belastungsplan *m.* /
Belegungsplan (von Kapazitäten) *m.*
loading platform / Laderampe *f.*
loading ramp / Laderampe *f.*
loading rate / Auslastungsgrad *m.*
loading schedule / Auslastungsplan
(f. Anlage) *m.*
loading sequence / Ladedurchlauf *m.*
loading space / Ladefläche *f.*
loading time / Belegungszeit *f.* / Ladezeit *f.* /
Bestückungszeit *f.* / Belastungszeit *f.*
loading tube / Überrohr / Befüllungsrohr
(Elefant) *n.*
load instruction / Ladeanweisung *f.* /
Ladebefehl *m.*
load interlocking / Lastverbund *m.*
load leveling / Belastungsausgleich *m.*
load link / Lastverbund *m.*
load lock / (Wafer) Ladeschleuse *f.*
load planning / Belastungsplanung *f.*
load profile / Belastungsprofil *n.*
load projection / Belastungsvorschau *f.*
load report / Belastungsübersicht *f.*
load resistance / Lastwiderstand *m.*
load-sharing balance / Leistungsausgleich *m.*
load-sharing computer network /
Lastverbund *m.*
load-sharing inductor /
Parallellauf-Drosselspule *f.*
load statement / Ladeanweisung *f.*
load-switching relay / Lastschaltkreis *m.*
load type / Belegungsart *f.*
load vector / Belastungsvektor *m.*
to load wafers into the pre-chamber /
Vorkammer mit Scheiben beladen *f.*
load zone / Füllstation *f.*
loan / Kredit *m.* / **to draw down a ...** Kredit
aufnehmen / **to grant a ...** Kredit
gewähren
local alignment / Einzelbildjustierung *f.*
local area network (LAN) / Ortsnetz *n.*
local authority / Kommune *f.*
local call / Ortsgespräch *n.*
local mode / Ortsbetrieb *m.*

local oscillator output /
Lokaloszillator-Leistung *f.*
to locate / auffinden / anorden
locate mode / Suchmodus *m.*
locating duct / Aufnahmeschacht *m.*
locating hole / Aufnahmeloch *n.*
locating lug / Rastnase *f.*
location / Standort *m.* / Speicherplatz *m.*
location chart / Speicherbelegungsplan *m.*
location grammalogue / Standortkürzel *n.*
locator / Positionsanzeiger *m.*
lock / Sperre *f.* / Verriegelung *f.* /
Schleuse *f.*
lockable / verriegelbar / verschließbar
locking circuit / Synchronisierschaltung *f.*
locking hardware / Verriegelungsteile *npl.*
lockout / Sperre *f.*
lock washer / Federring *m.*
log / Protokoll *n.*
to log / protokollieren / **to ... off** sich
abmelden (an PC) / **to ... on** sich anmelden
(an PC)
log file / Protokolldatei *f.*
logged-in drive / bestimmtes Laufwerk *n.*
logger / Registriergerät *n.*
logging / Protokollierung *f.*
logical chip / Logikchip *m.*
logical element / gate / boolescher
Elementarausdruck *m.*
logical expression / logischer Ausdruck *m.*
logic algebra / Schaltalgebra *f.*
logical inferences per second (LIPS) / logische
Folgerungen pro Sekunde *fpl./f.*
logical instruction / boolescher Befehl *m.* /
Verknüpfungsbefehl *m.*
logical operation / Verknüpfung *f.*
logical record / Datensatz *m.* / logischer
Satz *m.*
logical search / logisches Suchen *n.*
logical sequence / logische Reihenfolge *f.*
logical structure / benutzerorientierte
Datenstruktur *f.*
logical term / boolescher Term *m.*
logical value / boolescher Wert *m.*
logic analyzer / Logikanalysator *m.*
logic circuit / Logikschaltung *f.*
logic comparison / logischer Vergleich *m.*
logic device / Logikbaustein *m.*
logic element / Schaltelement *n.* /
Schaltglied *n.*
logic gate / Logiktor *n.*
logic instruction / logischer Befehl *m.*
logic unit / Logikbaustein *m.*
logistical / logistisch
logistics / Logistik *f.*
logistics basics / Grundlagen der
Logistik *fpl./f.*
logistics center / Logistikzentrum *n.*
logistics chain / Logistikkette *f.*

Logistics Committee / Logistikausschuß *m.*
logistics concept / Logistikkonzept *n.*
logistics conference / Logistiktagung *f.*
logistics control points /
  Logistikmeßpunkte *mpl.*
logistics council / Logistik-Fachkreis *m.* /
  Arbeitskreis Logistik (AK LOG) *m.*
logistics department / Logistikabteilung *f.*
logistics in procurement /
  Beschaffungslogistik *f.*
logistics in purchasing / Einkaufslogistik *f.*
logistics in supplies / Lieferantenlogistik *f.*
logistics in traffic / Verkehrslogistik *f.*
logistics manager / Logistikleiter *m.*
logistics metrics / logistische Kennzahlen *fpl.*
logistics objectives / Logistikziele *npl.*
logistics performance / Logistikleistung *f.*
logistics performance measurement /
  Logistikcontrolling *n.*
logistics process / Logistikprozeß *m.*
logistics project / Logistikprojekt *n.*
logistics specialist / Logistiker *m.*
logistics targets / Logistikziele *npl.*
log 10 function /
  Zehnerlogarithmus-Funktion *f.*
logoff / Abmeldung *f.*
to log off / abmelden
logogram / Logogramm *n.* / Firmenlogo *n.*
logon / Anmeldung *f.*
to log out / abmelden
long-dated / langfristig
long-distance call / (US) Ferngespräch *n.*
long-distance haulage / Fernlastverkehr *m.* /
  Güterfernverkehr *m.*
longevity / lange Lebensdauer *f.* /
  Langlebigkeit *f.*
long-haul freight traffic /
  Fernfrachtverkehr *m.*
longitudinal redundancy check /
  Blockprüfung *f.* /
  Längssummenprüfung *f.* /
  Längsparitätskontrolle *f.*
longitudinal misalignment / Längsversatz *m.*
longitudinal redundancy check character /
  LRC-Prüfzeichen *n.*
long-lead item / Langläufer *m.*
long-range / langfristig
long-term / langfristig
look-ahead / Vorschau *f.*
loop / Meßschleife *f.* / Programmschleife *f.*
loop closure / (gewollter) Schleifenschluß *m.*
loop-coding / zyklische Programmierung *f.*
loop line / Ringleitung *f.*
loop short / (ungewollter) Schleifenschluß *m.*
loop stop / Programmstop durch
  Dauerschleife *m./f.*
loose parts / lose Bauteile *npl.*
  (meist unübersetzt!)
loose-piece items / lose Bauteile *npl.*

loose rating / zu hohe
  Leistungsgradschätzung *f.*
loss / Verlust *m.*
loss of quality / Qualitätsminderung *f.*
lossy / verlustbehaftet
lost motion / Leerlauf *m.*
lot / Los *n.* / Partie *f.*
lot due date / Lostermin *m.*
lot-for-lot technique / Losbildungstechnik
  (Nettobedarf je Zeiteinheit) *f.*
lot report / Losprotokoll *n.*
lot rider / Losanhänger *m.*
lot size / Losgröße *f.*
lot size quantity interval /
  Losgrößenmengenintervall *n.*
lotsizing / Losgrößenbildung *f.*
lot splitting / Losteilung *f.*
lot tolerance percent defective point /
  LTPD-Punkt (10%-Punkt der
  A-Kennlinien) *m.*
lot tracking / Losverfolgung *f.*
lot traveller / Laufzettel *m.*
louver sheet / Jalousiefolie *f.*
low-capacitance / kapazitätsarm
low-cost site / Billigstandort *m.*
low-defect mask / defektarme Maske *f.*
low demand / geringer Bedarf *m.*
low-density pattern / Struktur mit niedriger
  Integrationsdichte *f./f.*
low-dimensional structure /
  flachdimensionierte Struktur *f.*
low-doped / schwach dotiert
lower area boundary / Bereichsuntergrenze *f.*
lowering / Senkung *f.*
lower-level pattern / Struktur einer unteren
  Ebene *f./f.*
lower part-number / untergeordnete
  Teilenummer *f.*
lower sub-assembly / untergeordnete
  Baugruppe *f.*
lowest level of use / tiefste Verwendung *f.*
low gamma / niedriger Gammawert
  (v. Resist) *m.*
low level code / Kennzeichen niedrigste
  Dispo-Stufe *n./f.*
low-noise / rauscharm
low-ohm / niederohmig
low-order position / Einerstelle *f.*
low-power / leistungsarm / energiesparend
low-power range / Kleinleistungsbereich *m.*
low-pressure chemical vapor deposition /
  Niederdruck-CVD *f.*
low-pressure CVD / Niederdruck-CVD *f.*
low-pressure vapor phase epitaxy /
  Niederdruckgasphasenepitaxie *f.*
low-profile package / Flachgehäuse *n.*
low-resistance / niederohmig
low-speed / mit niedriger
  Schaltgeschwindigkeit / langsam

low stock / niedriger Lagerbestand *m.*
low-temperature measurement / Tieftemperaturmessung *f.*
low-temperature oxide / Niedertemperaturoxid *n.*
low-temperature pyrolitic deposition / Niedertemperaturpyrolyse *f.*
low-wage site / Niedriglohnstandort *m.*
low-wear mask / Maske mit geringer Abnutzung *f./f.*
L-shaped lead / L-förmiger Anschluß *m.*
lug / Lötfahne *f.* / Nase *f.*
luminance / Strahlungsleistung *f.*
luminous flux / Strahlungsfluß *m.*
luminous intensity / Lichtstärke *f.* / Leuchtstärke *f.*
lumped elements / konzentrierte Schaltelemente *npl.*
lump sum / Pauschalbetrag *m.*
lump sum freight / Pauschalfracht *f.*

M

to machine / bearbeiten
machine automation / Fertigungsautomation *f.*
machine breakdown / Maschinenausfall *m.* / Maschinenstörung *f.*
machine burden unit / Platzkostensatz *m.*
machine capacity / Maschinenkapazität *f.*
machine center / Belastungsgruppe *f.*
machine downtime / störungsbedingte Stillstandszeit *f.*
machine employment / Maschineneinsatz *m.*
machine feeding / Maschinenzuführung *f.*
machine group / Maschinengruppe *f.*
machine hour / Maschinenstunde *f.*
machine hour rate / Maschinenstundensatz *m.*
machine insertability / maschinelle Bestückbarkeit *f.*
machine instruction code / Maschinenbefehlscode *m.*
machine key / Maschinenschlüssel *m.*
machine load / Maschinenbelastung *f.*
machine loading / Maschinenbelastung *f.* / Maschinenbelegung *f.*
machine-operated punched card / Maschinenlochkarte *f.*
machine-oriented language / maschinennahe Programmiersprache *f.*
machine-readable medium / maschinenlesbarer Datenträger *m.*
machine run / Maschinenlauf *m.*
machine run(ning) time / Hauptzeit *f.* / Maschinenlaufzeit *f.*

machine-spoilt processing time / maschinenbedingte Ausfallzeit *f.*
machine time / Nutzungszeit *f.*
machine tool / Werkzeugmaschine *f.*
machine tool for cutting / Werkzeugmaschine für spanende Bearbeitung *f./f.*
machine utilization / Maschinenauslastung *f.* / Maschinennutzung *f.*
machining / Bearbeitung *f.*
machining cell / Fertigungsnest *n.*
machining procedure / Bearbeitungsverfahren *n.*
machining sequence / Bearbeitungsreihenfolge *f.*
macro / Makro *n.*
macro autodoping / Makroselbstdotierung *f.*
macro axis / Makroachse *f.* / Querachse *f.* / Makrodiagonale (Kristalle) *f.*
macro call / Makroaufruf *m.*
macro instruction / Makrobefehl *m.*
macro invocation / Makroaufruf *m.*
made-to-order / kundenspezifisch
madistor / Magnetdiode *f.*
magazine / Horde *f.* / (allg.) Zeitschrift *f.*
magnetic account card / Magnetkontokarte *f.*
magnetic cell / magnetisches Speicherelement *n.*
magnetic circuit / Magnetkreis *m.* / Magnetschaltung *f.*
magnetic coat / Magnetschicht *f.*
magnetic coating / magnetische Beschichtung *f.*
magnetic coating storage / Magnetschichtspeicher *m.*
magnetic core memory / Magnetkernspeicher *m.*
magnetic disk cartridge / Magnetplattenkassette *f.*
magnetic disk drive / Magnetplattenlaufwerk *n.*
magnetic disk dump / Magnetplattenauszug *m.*
magnetic disk pack / Magnetplattenstapel *m.*
magnetic disk recording / Magnetplattenaufzeichnung *f.*
magnetic drum / Magnettrommel *f.*
magnetic film memory / Dünnschichtspeicher *m.* / Magnetschichtspeicher *m.*
magnetic ink character reader (MICR) / Magnetschriftleser *m.*
magnetic ink character recognition (MICR) / Magnetschriftzeichenerkennung *f.*
magnetic ink document / Magnetschriftbeleg *m.*
magnetic ink font / Magnetschrift *f.*
magnetic layer storage / Magnetschichtspeicher *m.*

magnetic leakage / magnetische Streuung *f.*
magnetic ledger card computer /
Magnetkonten-Automat *m.*
magnetic tape / Magnetband *n.*
magnetic tape cartridge /
Magnetbandkassette *f.*
magnetic tape device / Magnetbandgerät *n.*
magnetic tape drive / Magnetbandlaufwerk *n.*
magnetic tape library / Bandarchiv *n.*
magnetic tape unit / Bandgerät *n.* /
Laufwerk *n.*
magnetron / Magnetfeldröhre *f.*
magnetron sputtering /
Magnetronzerstäubung *f.*
magnification / Vergrößerung *f.*
to magnify / vergrößern / verstärken
mail / Post *f.*
mailgram / Telebrief *m.*
main attachment / Hauptanschluß *m.*
main charter / Hauptfrachtvertrag *m.*
main competitor / Hauptkonkurrent *m.*
main current / Netzstrom *m.*
main data / Stammdaten *pl.*
main deadline / Haupttermin *m.*
main distribution frame / Hauptverteiler *m.*
main focus / Schwerpunkt *m.*
mainframe / Großrechner *m.* /
Zentraleinheit *f.*
mainframe computer / Großanlage *f.* /
Großrechner *m.*
mainframer / Hersteller von
Großrechnern *m./mpl.*
main group / Hauptgruppe *f.*
main item / Hauptposition *f.*
mainly / hauptsächlich
main memory / Hauptspeicher *m.*
main ordering item / Hauptbestellposition *f.*
Main Personnel Department /
(Siem.) Hauptpersonalbüro *n.*
main plant / Hauptwerk *n.*
main product group /
Hauptfabrikategruppe *f.*
mains / Netz *n.*
mains buffering / Netzausfallüberbrückung *f.*
mains panel / Netzfeld *n.*
main store / Hauptlager *n.*
mains supply / Netzstromversorgung *f.*
mains voltage / Netzspannung *f.*
to maintain / warten / pflegen
to maintain data / Daten pflegen
maintenance / Pflege *f.* / Wartung *f.* /
Instandhaltung *f.*
maintenance contract / Wartungsvertrag *m.*
maintenance control panel / Wartungsfeld *n.*
maintenance costs / Instandhaltungskosten *pl.*
maintenance engineer /
Wartungstechniken *fpl.*

maintenance of basic data /
Grunddatenverwaltung *f.* /
Grunddatenpflege *f.*
maintenance of bill of material /
Stücklistenverwaltung *f.*
maintenance routine / laufende Wartung *f.*
main warehouse / Hauptlager *n.*
major / Haupt-.. / hauptsächlich
major control break / Übergruppenwechsel *m.*
major crystal plane / Hauptebene des
Kristalls *f./n.*
majority / Mehrheit *f.*
majority carrier /
Majoritäts(ladungs)träger *m.*
majority carrier drain /
Majoritätsträgersenke *f.*
majority of stock / Aktienmehrheit *f.*
majority voting logic circuit /
Majoritätslogikschaltkreis *m.*
major loop / Hauptschleife *f.*
major order / Großauftrag *m.*
major shareholder / Großaktionär *m.*
major supplier / Hauptlieferant *m.*
major wafer flat / Hauptabflachung der
Scheibe *f./f.*
major wavelength / Hauptwellenlänge *f.*
make-and-break cycles / Schaltzyklen *mpl.*
make or buy / Eigenfertigung oder
Kauf *f./m.*
make ready time / Rüstzeit *f.*
makeshift / Notbehelf *m.*
make-to-order production /
Kundenfertigung *f.*
to make to stock / auf Lager fertigen
make-to-stock / Lagerfertigung *f.*
make-up / (Text etc.) Umbruch *m.*
to make up an inventory / Lagerbestand
aufnehmen *m.* / Inventur machen *f.*
male connector / Messerleiste *f.*
male contact / Messerkontakt *m.*
male contact strip / Steuerleiste *f.*
malfunction / Funktionsstörung *f.*
management audit / Gesamtrevision *f.*
management board / Vorstand *m.*
management by objectives / zielgesteuerte
Unternehmensführung *f.*
management by perception /
Unternehmensführung durch
Erkenntnis *f./f.*
management committee / (allg.) Vorstand *m.* /
(Siem.) Leitungskreis *m.* /
Führungsausschuß *m.*
management consultant /
Unternehmensberater *m.*
management consulting /
Unternehmensberatung *f.*
management process / Verwaltungsprozeß *m.*
Management Resource Planning (MRP II) /
Einsatzfaktorenplanung *f.*

management science / Betriebswissenschaft f.
management shares / Vorstandsaktien fpl.
Manager / (allg.) Führungskraft f. /
(Siem., bis 1996) Fachreferent m. /
Gruppenbevollmächtigter m.
managerial level / Führungsebene f.
managerial objectives / Führungsziele npl.
Managing Board / (allg.) geschäftsführender
Vorstand m. / (Siem.) Gesamtvorstand m.
managing clerk / Bürovorsteher m.
managing director /
Hauptgeschäftsführer m. /
Generaldirektor m.
mandate / Vollmacht f.
mandatory field / Mußfeld n. / Pflichtfeld n.
man-hour / Mannstunde f. / Arbeitsstunde
(eines Arbeitsnehmers) f.
manifest / Lastenheft n.
to manipulate / bearbeiten / manipulieren
manipulating equipment /
Handhabungsgeräte npl.
man-hour output / Ausstoß pro
Arbeitsstunde m./f.
manpower / Arbeitskräfte fpl. /
Personalkapazität f.
manpower budget / Personaletat m.
manpower shortage / Arbeitskräftemangel m.
manual / Handbuch n. / Betriebsanleitung f. /
manuell
manual capturing / personelle Erfassung f.
manual insertion / manuelle Bestückung f. /
Stecken per Hand n.
manual netting / personeller Abgleich m.
manual posting / manuelle Buchung f.
manual scribing area / manueller
Beschriftungsplatz m.
manual work center / Handarbeitsplatz m.
manufacture, mechanical / mechanische
Fertigung f. / parts ... Vorfertigung f. /
trade ... handwerkliche Fertigung f.
manufacturer / Produzent m. / Hersteller m.
manufacturing / Fertigung f.
manufacturing automation /
Fertigungsautomatisierung f.
manufacturing basic data /
fertigungstechnische Grunddaten pl.
manufacturing bill of material /
Fertigungsstückliste f.
manufacturing burden /
Fertigungsgemeinkosten pl.
manufacturing capacity /
Fertigungskapazität f.
manufacturing control /
Fertigungssteuerung f.
manufacturing costs / Fertigungskosten pl. /
Herstellkosten pl.
manufacturing (day) calendar /
Fabrikkalender m. / Betriebskalender m. /
Fertigungskalender m.

manufacturing depth / Fertigungstiefe f.
manufacturing engineering /
Fertigungsvorbereitung f.
manufacturing facility /
Fertigungsbereich m. /
Fertigungsanlage f. / Produktionsstätte f.
manufacturing floor / Fertigungsflur m.
manufacturing industry /
Fertigungsindustrie f.
manufacturing inventory / Fabrikbestand m.
manufacturing item / Fertigungsposition f.
manufacturing lead-time /
Fertigungsdurchlaufzeit f. /
Kettenlaufzeit f.
manufacturing lead-time scheduling /
Durchlaufterminierung f.
manufacturing location /
Fertigungsstandort m.
manufacturing management technology /
Produktionsleittechnik f.
manufacturing order / Betriebsauftrag m. /
Werkstattauftrag m. / Fertigungsauftrag m.
manufacturing overheads /
Fertigungsgemeinkosten pl.
manufacturing position /
Fertigungsposition f.
manufacturing process /
Fertigungsprozeß m. /
Fertigungsverfahren n.
manufacturing progress /
Fertigungsfortschritt m.
manufacturing resource planning (MRP I) /
Produktionsfaktoren-Planung f.
manufacturing site / Fertigungsstandort m.
manufacturing specification /
Fertigungsvorschrift f.
manufacturing store / Werkstattlager n.
manufacturing structure /
Fertigungsstruktur f.
manufacturing technology /
Fertigungstechnik f.
manufacturing to order / auftragsbezogene
Fertigung f.
manufacturing under license /
Lizenzfertigung f.
manufacturing yield / Fertigungsausbeute f.
many-valley semiconductor /
Mehrtalhalbleiter m. / Vieltalhalbleiter m.
to map / (DV/Prozesse) abbilden
map / (DV/Prozesse) Abbildung f. /
Arbeitsspeicherabbild
mapping / (DV/Prozesse) Abbildung f. /
Bildschirmformatierung f.
margin / (DV/allg.) Rand m. / Marge f. /
Spielraum m. / Toleranzbereich m. /
Spanne f.
marginal / Grenz-.. / Rand-.. / geringfügig
margin alignment / Randeinstellung f.
marginal check / Grenzwertprüfung f.

marginal condition / Randbedingung *f.*
marginal productivity / Grenzproduktivität *f.*
marginal quantity / Grenzmenge *f.*
marginal supplier / Zusatzlieferant *m.*
marginal type / Randtyp *m.*
marginal unit quantity / Grenzstückzahl *f.*
marginal unit quantity for combining /
   Raffungsgrenzstückzahl *f.*
marginal unit quantity for small-scale
   orders / Kleinauftragsgrenzstückzahl *f.*
margin position / Randeinstellung *f.*
margin voltage check /
   Spannungsgrenzwerttest *m.*
marine insurance / Seeversicherung *f.*
to mark / markieren / kennzeichnen
mark / Marke *f.* / Markierung *f.* /
   Kennzeichnung *f.*
marker bit / Kennbit *n.*
market / Markt *m.*
marketable / absatzfähig
market analysis / Marktanalyse *f.* /
   Marktuntersuchung *f.*
market assessment / Markteinschätzung *f.*
market behaviour / Marktverhalten *n.*
market demand / Marktbedarf *m.*
market disturbance / Marktstörung *f.*
market dominance / Marktvorherrschaft *f.*
market-driven / marktbestimmt /
   marktgesteuert
market forces / Marktkräfte *fpl.*
marketing / Absatzwirtschaft *f.* /
   Vertrieb *m.* / Absatzplanung *f.*
marketing agreement / Marktabstimmung *f.*
marketing area / Absatzgebiet *n.*
marketing network / Vertriebsnetz *n.*
marketing opportunities /
   Absatzchancen *fpl.* / Marktchancen *fpl.*
marketing-oriented / absatzorientiert
marketing overheads /
   Vertriebsgemeinkosten *pl.*
marketing research / Absatzforschung *f.*
marketing techniques /
   Marketingmethoden *fpl.*
marketing tools /
   Marketing-Instrumentarium *n.*
market introduction / Markteinführung *f.*
market investigation / Marktbeobachtung *f.* /
   Marktuntersuchung *f.*
market leader / Marktführer *m.*
market niche / Marktnische *f.*
market observer / Marktbeobachter *m.*
market penetration / Marktdurchdringung *f.*
market price level / Marktpreisniveau *n.*
market prospects / Marktperspektiven *fpl.*
market proximity / Marktnähe *f.*
market quota / Absatzkontingent *n.*
market recovery / Markterholung *f.*
market report / Börsenbericht *m.* /
   Marktbericht *m.*

market requirements /
   Marktanforderungen *fpl.*
market research / Marktforschung *f.*
market saturation / Marktsättigung *f.*
market segment / Geschäftsfeld *n.* /
   Marktsegment *n.*
market share / Marktanteil *m.*
market study / Absatzstudie *f.* /
   Marktuntersuchung *f.*
market survey / Marktumfrage *f.*
market transparency / Markttransparenz *f.*
market trend / Marktentwicklung *f.*
market value / Marktwert *m.*
mark exposure site /
   Markenbelichtungsposition *f.*
marking cap / Markierkappe *f.*
marking instructions / (Zoll)
   Markierungsvorschriften *fpl.*
marking layout / Stempelbild *n.*
marking permanence / (Stempel)
   Haftfestigkeit *f.*
marking system / Beschriftungsanlage *f.*
mark of origin / Herkunftsbezeichnung *f.*
mark sense card / Markierungslochkarte *f.* /
   Strichkarte *f.* / Zeichenlochkarte *f.*
mark sensing device / Zeichenleser *m.*
mark sensing reproducer / Zeichenlocher *m.*
mark sheet / Markierungsbeleg *m.*
marshalling station / Bereitstellstation *f.*
mask / Maske *f.*
mask aligner / Maskenjustier- und
   belichtungssystem *n.*
mask alignment and exposure system /
   Maskenjustier- und belichtungssystem *n.*
mask alignment target /
   Maskenjustiermarke *f.*
maskant / Maskierungsmittel *n.*
mask aperture / Maskenöffnung *f.*
mask artwork / Maskenvorlage *f.*
mask blank / Rohmaske *f.*
mask bowing / Maskendurchbiegung *f.*
mask breakage / Maskenbruch *m.*
mask carrier / Maskenträger *m.*
mask carrying replicated patterns / Maske
   mit vervielfältigten Strukturen *f./fpl.*
mask center / Maskenzentrum *n.*
mask comparator / Maskenvergleichsgerät *n.*
mask contamination /
   Maskenverunreinigung *f.*
mask-controlled / maskengesteuert
mask curvature / Maskendurchbiegung *f.*
mask demagnification /
   Maskenverkleinerung *f.*
mask design / Maskenentwurf *m.*
mask distortion / Maskenverzerrung *f.*
masked-type ion-beam lithography /
   Ionenstrahllithographie mit kollimiertem
   Strahl *f./m.*
mask fab area / Maskenfertigungsbereich *m.*

mask fault / Maskenfehler *m.*
mask feature / Strukturelement der Maske *n./f.*
mask feature placement error / Strukturlagefehler auf der Maske *m./f.*
mask generator / Maskenschreiber *m.*
mask geometry width / Strukturbreite auf der Maske *f./f.*
mask grating / Maskengitter *n.*
mask holder / Schablonenhalter *m.*
masking / Maskierung *f.* / Ausblendung *f.*
masking area / Maskenbereich *m.*
masking layer thickness / Maskierungsschichtdicke *f.*
masking level / Maskierungsebene *f.* / Maskenebene *f.*
masking pattern / Maskierungsstruktur *f.*
masking step / Maskierungsschritt *m.*
mask inspection / Maskendefektkontrolle *f.*
mask integrity / Unversehrtheit der Maske *f./f.*
mask layer overlay registration / Überdeckungsjustierung der Maskenebenen *f./f.*
maskless pattern generation / maskenlose Strukturerzeugung *f.*
mask level / Maskenebene *f.*
mask loading / Maskeneinschleusung *f.*
mask mark / Maskenjustiermarke *f.*
mask material / Maskenwerkstoff *m.*
mask membrane / Maskenfolie *f.*
mask metrology / Maskenmeßtechnik *f.*
mask pattern / Bildmuster der Maske *n./f.*
mask pellicle / Masken(schutz)folie *f.*
mask processing / Maskenbearbeitung *f.*
mask registration / Maskenüberdeckung *f.*
mask replication / Maskenvervielfältigung *f.*
mask replicator / Maskenvervielfältigungsanlage *f.*
mask runout / Lagefehler auf der Maske *m./f.*
mask set / Maskensatz *m.* / Schablonensatz *m.*
mask shrinkage / Maskenverkleinerung *f.*
mask-slice separation / Maske-Wafer-Abstand *m.*
mask stacking error / Maskenüberdeckungsfehler *m.*
mask stage / Maskentisch *m.*
mask stepper / Wafer-Stepper für Maskenfertigung *m./f.* / Masken-Stepper *m.*
mask superposition error / Maskenüberdeckungsfehler *m.*
mask support material / Maskenträgermaterial *n.*
mask taper / Keiligkeit der Schablone *f./f.*
mask-to-film separation / Maske-Schicht-Abstand *m.*
mask-to-mask overlay / Maskenüberdeckung *f.*

mask-to-mask registration / Überdeckungsgenauigkeit von Maske zu Maske *f.*
mask-to-resist separation / Maske-Resist-Abstand *m.*
mask-to-slice separation / Maske-Scheibe-Abstand *m.*
mask-to-wafer abrasion / Abrieb zwischen Maske und Wafer *m./f./f.*
mask-to-wafer aligner / Justier- und belichtungsanlage für Strukturübertragung von der Maske auf Wafer *f./f./f.*
mask-to-wafer distance / Maske-Wafer-Abstand *m.*
mask-to-wafer patterning / Strukturübertragung von Maske auf Wafer *f./f./f.*
mask-to-wafer proximity gap / Maske-Wafer-Abstand *m.*
mask-to-wafer registration / Maske-Wafer-Überdeckung *f.*
mask-to-wafer stepping aligner / Wafer-Stepper *m.* / Scheibenrepeater *m.*
mask-wafer gap / Maske-Wafer-Abstand *m.*
mask-wafer registration / Maske-Wafer-Überdeckung *f.*
mask-wafer separation / Maske-Wafer-Abstand *m.*
mask wear / Maskenabnutzung *f.*
masonite (board) / Hartfaserplatte *f.*
to mass-bond / massenbonden / simultanbonden
mass bond system / Simultanbondanlage *f.*
mass bonding / Massenbonden *n.* / Simultanbonden *n.*
mass bonding technique / Massenbondverfahren *n.* / Serienbondverfahren *n.*
mass flow controller / Mengendurchsatz-Meßgerät *n.*
mass processing / Massenverarbeitung *f.*
mass producer / Massenfertiger *m.*
mass production / Massenfertigung *f.*
mass separation / Massentrennung *f.*
mass soldering / Komplettlötung *f.*
mass storage / Großspeicher *m.*
master artwork / Druckvorlage *f.*
master bill of material / Ausgangsstückliste *f.*
master card / Hauptkarte *f.* / Leitkarte *f.*
master chip / Standardchip *m.*
master contract / Rahmenvereinbarung *f.*
master data / Stammdaten *pl.*
master data maintenance / Stammdatenpflege *f.*
master data management / Stammdatenverwaltung *f.*
master file / Hauptdatei *f.* / Stammdatei *f.* / Leitdatei *f.*

master index / Hauptindex *m.*
master key / Hauptschlüssel *m.*
master mask / Muttermaske *f.*
master mask blank / unbelichtete
   Originalmaskenplatte *f.*
master pattern / Originalstruktur *f.* /
   Druckoriginal *n.*
master policy / Generalpolice *f.*
master production schedule (MPS) /
   Produktionsprogramm für
   Primärbedarf *n.*/*m.*
master production scheduling /
   Primärbedarfsdisposition *f.*
master program / Organisationsprogramm *n.*
master record / Hauptsatz *m.*
master route sheet / Fertigungsplan *m.* /
   Produktionsplan *m.*
master schedule / Primärprogramm *n.*
master schedule item / Position des
   Primärprogramms *f.*/*n.*
master scheduler / Bedienungssteuerung *f.*
master scheduling / Fertigungsgrobplanung *f.*
master-slice / Master-Slice *f.* /
   kundenbeeinflußbarer (vorgefertigter)
   Universalschaltkreis *m.*
master-slice array / vorgefertigter
   Universalschaltkreis *m.*
master-slice logic chip /
   Standardschaltkreischip *m.* /
   Universalschaltkreischip *m.*
master-slice technology /
   Universalschaltkreistechnik *f.* /
   Master-Slice-Technik *f.*
master station / Hauptrechner *m.*
master switch / Hauptschalter *m.*
master tape / Bestandsband *n.* /
   Hauptband *n.* / System-Urband *n.*
to match / s. angleichen / zusammenpassen /
   paaren / abgleichen
matchcode / Abgleichscode *m.* /
   Matchcode *m.*
matching / paarig / übereinstimmend
matching / Abgleich *m.* / Anpassung *f.*
matching overlay between patterns /
   Überdeckungsübereinstimmung zwischen
   Strukturen *f.*/*fpl.*
mated pairs / gesteckte Paare *npl.*
material / Material *n.* / **alternate ...**
   Ausweichmaterial *n.* / **central ... planning**
   file zentrale Dispositionsdatei *f.* /
   forecast-based ... planning
   prognosegesteuerte Disposition *f.* /
   obsolete ... veraltetes Material *n.* /
   semiprocessed ... Halbzeug *n.* /
   type of ... planning Dispositionsart *f.*
material composition /
   Materialzusammensetzung *f.*
material control / Materialwirtschaft *f.*
material cost / Materialkosten *pl.*

material cost overview /
   Materialkostenübersicht *f.*
material cost reduction /
   Materialkostensenkung *f.*
material damage / Sachschaden *m.*
material description /
   Materialbeschreibung *f.*
material flow control /
   Materialflußsteuerung *f.*
material flow report / Materialbericht *m.*
material handling engineering /
   Materialflußtechnik *f.*
material handling time /
   Materialtransportzeit *f.*
material inclusion / Materialeinlagerung *f.*
material inventory / Materialbestand *m.*
material issue card / Materialbezugskarte *f.*
material level / Materialebene *f.*
material management / Materialwirtschaft *f.*
material number / Materialnummer *f.*
material overheads /
   Materialgemeinkosten *pl.*
material passthrough / Materialschleuse *f.*
material planning / Disposition *f.*
material planning by order point technique /
   verbrauchsgesteuerte Disposition *f.*
material planning for dependent
   requirements / bedarfsgesteuerte
   Disposition *f.*
material planning key /
   Dispositionsartenschlüssel *m.*
material procurement /
   Materialbeschaffung *f.*
material requirements / Materialbedarf *m.*
material requirements planning (MRP) /
   Disposition *f.* / Bedarfs- und
   Auftragsrechnung *f.*
material requisition /
   Materialanforderung *f.* /
   Materialentnahme *f.*
material requisition card /
   Materialbezugskarte *f.*
materials administration /
   Materialverwaltung *f.*
materials cost center / Materialkostenstelle *f.*
material shortage / Materialknappheit *f.*
materials management / Materialwirtschaft *f.*
material supply bill /
   Materialbezugsschein *m.*
material usage / Materialverbrauch *m.*
material warehouse / Materiallager *n.*
material withdrawal / Materialabgang *m.*
material yield / Materialausbeute *f.*
mating component / Partnerbauelement *n.*
mating connector / Gegenstecker *m.* /
   (StV) Gegenstück *n.*
mating pin contact strip / passende
   Stiftleiste *f.*

matrix of direct requirements /
Direktbedarfsmatrix *f.*
matrix of the mask / Maskenverband *m.*
matter-of-fact / sachlich
maturation / Reifung *f.*
maturity / Fälligkeit *f.* / Reife (Produkt) *f.*
maximum allowable distortion / maximal
zulässige Verzeichnung *f.*
maximum available gain / (Mikrow.-Halbl.)
maximale verfügbare Verstärkung *f.*
maximum dimension / Größtmaß *n.*
maximum drain-source voltage /
Sperrspannung (SIPMOS) *f.*
maximum forward voltage / höchste
Durchlaßspannung *f.*
maximum load current / Grenzlaststrom *m.*
maximum mean on-state current /
Dauergrenzstrom (Leistungs-Halbl.) *m.*
maximum power dissipation / maximale
Verlustleistung *f.*
maximum pressure / Überlastdruck *m.*
maximum ratings / Grenzwerte *mpl.*
maximum rms forward current
(rms = root mean square) /
(Leistungs-Halbl.) Grenzeffektivstrom *m.*
maximum rms on-state current /
(Leistungs-Halbl.) Grenzeffektivstrom *m.*
maximum stress / Grenzbeanspruchung *f.*
maximum surge forward current /
Stoßstromgrenzwert *m.*
maximum surge on-state current /
Stoßstromgrenzwert *m.*
maximum utilization / maximale
Ausnutzung *f.*
mean access time / mittlere Zugriffszeit *f.*
meander / Mäanderstruktur *f.*
meandering lines / mäanderförmig
verlaufende Linien *fpl.*
mean deviation / mittlere Abweichung *f.*
meaningless / bedeutungslos
mean life / mittlere Lebensdauer *f.*
mean life span / mittlere Lebensdauer *f.*
mean queue size / Wartebelastung *f.*
means of production / Produktionsmittel *n.*
means of transportation / Transportmittel *n.*
mean time between failures (MTBF) /
mittlerer Störungsabstand *m.* / mittlere
Betriebszeit zwischen Ausfällen *f./mpl.*
mean time to failure (MTTF) / mittlere
ausfallfreie Zeit *f.*
mean time to repair (MTTR) / mittlere
Reparaturzeit *f.*
mean value / Mittelwert *m.*
measurable / meßbar
measure / Maß *n.* / Maßnahme *f.*
measured data acquisition /
Meßwerterfassung *f.*
measured leak-rate test / Abdrücken *n.*
measured value / Meßwert *m.*

measurement / Messung *f.*
measurement point / Meßstelle *f.*
measurement probe / Meßsonde *f.*
measurement uncertainty /
Meßunsicherheit *f.*
measuring accuracy / Meßgenauigkeit *f.*
measuring apparatus / Meßapparatur *f.*
measuring groups store / Meßgruppenlager *n.*
measuring probe / Meßsonde *f.*
measuring tank / (Naßätzen) Meßbecher *m.*
measuring uncertainty / Meßunsicherheit *f.*
mechanical bias / Vorspannkraft *f.*
mechanical manufacture / mechanische
Fertigung *f.*
mechanical pressure-type fixture /
Andrückadapter *m.*
mechanical production / mechanische
Fertigung *f.*
mechanical sensing / mechanische
Abtastung *f.*
mechanical stepping / mechanische
Verschiebung *f.*
mechanical strength / mechanische
Festigkeit *f.*
media / Medien *npl.*
median defect density / mittlere
Defektdichte *f.*
Medical Engineering (Group) /
(Siem./Bereich) Medizinische Technik *f.*
mediocre / mittelmäßig
mediocrity / Mittelmäßigkeit *f.*
medium-current implanter /
Mittelstrom-Implanter *m.*
medium-range / mittelfristig
medium-scale integration (MSI) / mittlere
Integration *f.*
medium SO-package / mittelgroßes
Flachgehäuse *n.*
medium-voltage switchboard /
Mittelspannungsanlage *f.*
to meet a deadline / Termin einhalten *m.*
meeting / Besprechung *f.* / Treffen *n.*
to meet liabilities / Zahlungsverpflichtungen
nachkommen *fpl.*
to meet requirements / Bedarf decken *m.* /
Anforderungen erfüllen *fpl.*
to meet the demand / Bedarf decken *m.*
to meet tight tolerances / enge Toleranzen
einhalten *fpl.*
to melt / schmelzen
melting furnace / Schmelzofen *m.*
melting pill / Schmelzperle *f.*
member / Mitglied *n.*
member of a file / Glied einer Datei *n./f.*
member of the Managing Board /
Vorstandsmitglied *n./m.*
member of the supervisory board /
Aufsichtsratsmitglied *n.*
member state / Mitgliedsstaat *m.*

membrane / Membran *f.* / Folie *f.*
memory access / Speicherzugriff *m.*
memory address (MA) / Speicheradresse *f.*
memory allocation / Speicherbelegung *f.* /
   Speicherzuweisung *f.*
memory area / Speicherbereich *m.*
memory-based accounting /
   Speicherbuchführung *f.*
memory board / Speicherplatine *f.*
memory contents / Speicherinhalt *m.*
memory expansion card /
   Speichererweiterungskarte *f.*
memory interleave /
   Speicherverschränkung *f.*
memory management / Speicherverwaltung *f.*
memory map / Speicherabbild *n.* /
   Speichertabelle *f.* /
   Speicherbelegungsplan *m.*
memory mapping /
   Speicherbereichszuordnung *f.*
memory module / Speicherbaustein *m.* /
   Speichermodul *n.*
memory occupancy / Speicherbelegung *f.*
memory pointer / Basisadreßregister *n.*
memory position / Speicherstelle *f.*
memory print / Speicherausdruck *m.*
memory protect feature / Bereichsschutz *m.* /
   Speicherschreibsperre *f.*
memory requirements /
   Speicherplatzbedarf *m.*
memory-resident / arbeitsspeicherresident
memory settlement / Speicherbereinigung *f.*
memory size / Speichergröße *f.*
memory stack / Speicherblock *m.* /
   Stapelspeicher *m.*
memory unit / Speicherwerk *n.*
menu bar / Menübalken *m.*
menu control / Menüsteuerung *f.*
menu-driven / menügesteuert
menu level / Menüebene *f.*
menu logic / Menütechnik *f.*
menu prompting / Menüsteuerung *f.*
mercantile / kaufmännisch / Handels-..
merchandise / Ware *f.*
merchandise imports / Warenimport *m.*
merchandise movements / Warenverkehr *m.*
merchandise purchase book /
   Wareneingangsbuch *n.*
merchandise sample / Warenprobe *f.*
merchandise turnover / Warenumsatz *m.*
merchantable quality / handelsübliche
   Qualität *f.*
merchanting country / Transithandelsland *n.*
merchanting trade / Transithandel *m.*
mercury / Quecksilber *n.*
to merge / mischen / fusionieren
merged cell memory / Speicher mit
   kombinierter Speicher- und Bitleitung *m.*/*f.*
merged structure / Verschmelzungsstruktur *f.*

merger / Fusion *f.*
merge run / Mischlauf *m.*
merge sorting / Mischsortieren *n.*
merit rate / Leistungszulage *f.*
merit rating / Leistungsbeurteilung *f.* /
   Personalbeurteilung *f.*
mesa construction / Mesatechnik *f.*
mesa etching / Mesaätzen *n.*
mesa transistor / Tafeltransistor *m.*
meshed network / vermaschtes Netz *n.*
mesh size / Maschengröße *f.*
meso-.. / Zwischen-..
message / Meldung *f.* / Nachricht *f.*
message acknowledgement /
   Nachrichtenquittung *f.*
message flow / Nachrichtenfluß *m.*
message header / Nachrichtenkopf *m.*
message information / Nachrichteninhalt *m.*
message package / Nachrichtenpaket *n.*
message sink / Nachrichtensenke
   (Empfangsstation) *f.*
message source / Nachrichtenquelle *f.*
message switching / Speichervermittlung *f.*
messenger / Bote *m.*
metal / Metall *n.*
metal alumina silicon field-effect transistor
   (MASFET) /
   Metall-Aluminium-Si-Feldeffekttran-
   sistor *m.*
metal-bumped film carrier / Filmträger mit
   metallischen Bondhügeln *m.*/*mpl.*
metal can / Metallgehäuse *n.*
metal-can encapsulation /
   Metallgehäuseverkappung *f.*
metal case / Metallgehäuse *n.*
metal cassette / Metallhorde *f.*
metal ceramic package /
   Metallkeramikgehäuse *n.*
metal-clad base material / metallkaschiertes
   Basismaterial *n.*
metal crossing / Metalleiterkreuzung *f.*
metal electrode face bonding /
   Bonden der Metallelektroden auf der
   Frontseite *n.*/*fpl.*/*f.*
metal film resistor /
   Metallschichtwiderstand *m.*
metal gate technology /
   Metallgatetechnologie *f.*
metal header / Metallträger *m.* /
   Metallsockel *m.*
metal insulator semiconductor field-effect
   transistor (MISFET) /
   Metall-Isolator-Halbleiter *m.*
metal interconnect / Metallverbindung *f.*
metal interconnection layer /
   Metallverbindungsschicht *f.*
metal interface / Metallzwischenschicht *f.*
metal layer / Metallschicht *f.*
metal lead frame / Metallanschlußkamm *m.*

metallic beam tape / Metallfolienband n.
metallic connector / Metallanschluß m.
metallic film resistor /
  Metallfilmwiderstand m.
metallic interconnection / Metallverbindung f.
metallic layer / Metallschicht f.
metallic lead / Metallanschluß m.
metallic link / metallische Verbindung f.
metallic resist / Metallresist n.
metallic tape / Metallfolienband n.
metallization / Metallisierung f.
metallization interconnection layer /
  Metallverbindungsschicht f.
metallization layer / Leiterbahnebene f.
metallization mask / Metallisierungsmaske f.
metallization pattern /
  Metallisierungsmuster n.
metallization track / Metalleiterzug m.
metallurgical bond / metallische
  Verbindung f.
metallurgical microscope / Auflichtmikroskop
  (Fototechnik) n.
metal mask / Metallisierungsmaske f.
metal nitride-oxide semiconductor field-effect
  transistor (MNOSFET) /
  Metall-Nitridoxid-Halbleiter-
  Feldeffekttransistor m.
metal-organic chemical vapour deposition /
  chemische Abscheidung aus der Gasphase
  einer metall-organischen
  Verbindung f./f./f.
metal oxide device / Metalloxidbauelement n.
metal oxide semiconductor field-effect
  transistor (MOSFET) /
  Metall-Oxid-Halbleiter-Feldeffekttransistor
  m.
metal package / Metallgehäuse n.
metal particles flame-sprayed onto the
  electrode ends / Schoopen fpl.
metal probe / Metallsonde f.
metal semiconductor field-effect transistor
  (MESFET) /
  Metall-Halbleiter-Feldeffekttransistor m.
metal shell / Metallgehäuse n. / Blechgehäuse
  (StV) n.
metal strap / Metallkontaktbrücke f.
metal-thick nitride semiconductor structure /
  MTNS-Struktur (mit dicker
  Nitridschicht) f.
meter-protection circuit / Schutzschaltung
  eines Meßgerätes f./n.
methacrylate / Methakrylat n.
methodical / planmäßig / systematisch
method of changeover /
  Umstellungsverfahren n.
method of investigation /
  Erhebungsverfahren n.
methods of data acquisition /
  Erhebungstechniken fpl.

method study / Arbeitsgestaltung f.
methoxyethyl acetate / Methoxyethylacetat n.
metrology / Meßtechnik f.
mho-meter / Leitwertmesser m. /
  Konduktanzmesser m.
microalloy diffused-base transistor /
  Mikrolegierungstransistor mit
  eindiffundierter Basisdotierung m./f.
micro ambient / Mikroatmosphäre f.
micro autodoping / Mikroselbstdotierung f.
micro-based sensor / Mikrochip-Sensor m.
microbeam / Mikrostrahl m.
microbubble formation /
  Mikroblasenbildung f.
microchip artwork /
  Mikrochipkonfiguration f.
microchip resistor / Mikrochipwiderstand m.
microcircuit / Mikroschaltkreis m.
microcomputer board /
  Mikrocomputerplatine f.
microcomputer board systems /
  Mikrocomputer-Baugruppensystem n.
microcomputer component /
  Mikrocomputerbaustein m.
microcomputer device /
  Mikrocomputerbaustein m.
microcomputer kit /
  Mikrocomputerbausatz m.
microcontroller / Mikrocontroller m. /
  Mikrosteuereinheit f. /
  Mikroprozessorsteuerung f.
micro crack / Haarriß m. / Mikroriß m.
microcrack formation / Mikrorißbildung f.
micro device / Mikrobaustein m.
microelectronic circuit pattern /
  mikroelektronische Schaltkreisstruktur f.
microelectronics / Mikroelektronik f.
microetch system / Mikroätzanlage f.
microfabrication system /
  Mikrostrukturherstellungsanlage f.
microfeature / Mikrostrukturelement n.
microfiche / Micro-Fiche n.
microfilming / Mikroverfilmung f.
microflaw / Haarriß m.
microfocussing / Feinfokussierung f.
microform / Mikrofilmspeicher m.
microgranular / mikrokörnig
micrographics / Mikrofilmtechnik f.
microimaging of circuit patterns /
  Mikroabbildung von
  Schaltkreisstrukturen f./fpl.
microinstruction / Mikrobefehl m.
micro interconnect lead pattern /
  Anschlußstruktur für Folienbonden f./n.
micro interconnect tape technology /
  Zwischenträgerfilmtechnik f.
microkit / Mikrobausatz m.
microlithographic imaging system /
  mikrolithographische Abbildungsanlage f.

micromemory / Mikrospeicher *m.*
micrometer barrel / Mikrometerzylinder *m.*
micrometrology / Mikromeßtechnik *f.*
microminiaturization /
Mikrominiaturisierung *f.*
micron / Mikrometer *m.*
micron-sized geometry / geometrische
Struktur im Mikrometerbereich *f./m.*
micropower circuit /
Mikroleistungsschaltkreis *m.*
microprobe / Mikrosonde *f.*
microprocessor / Mikroprozessor *m.*
microprocessor architecture /
Mikroprozessoraufbau *m.*
microprocessor chip /
Mikroprozessorchip *m.* /
Mikrosteuerungschip *m.*
microprocessor-controlled /
mikroprozessorgesteuert
microprocessor-driven /
mikroprozessorgesteuert
microprogrammed controller /
mikroprogrammierte Kontrolleinheit *f.*
microscope / Mikroskop *n.*
microstage / Feinpositioniertisch *m.*
microstrip / Mikrostreifenleiter *m.*
microwave bake / Mikrowellenhärtung *f.* /
Mikrowellentrockung *f.*
microwave conductor / Mikrowellenleiter *m.*
microwave device / Mikrowellenbaustein *m.*
microwave diode / Mikrowellendiode *f.*
microwave-IC / integrierte
Mikrowellenschaltung *f.*
microwave receiver /
Mikrowellenempfänger *m.*
middle bar / Mittelsteg *m.*
mil / tausendstel Zoll
milestone / Meilenstein *m.*
mill / Tausendstel *n.*
to mill / ätzen
milling / Fräsen *n.*
milling-machine / Fräsmaschine *f.*
million instructions per second (MIPS) /
Million Instruktionen je Sekunde *f./fpl./f.*
millionth / Millionstel *n.*
millivolt drop test /
Durchgangswiderstandsprüfung *f.*
miniature circuit / Miniaturschaltkreis *m.*
miniature inductance / Kleininduktivität *f.*
miniature inductor / Kleininduktor *m.*
miniature reproduction / Miniaturabbild *n.*
minicomputer / Kleinstcomputer *m.*
minification / Verkleinerung *f.*
mini hook /
Hirschmann-Klemmprüfspitze *f.* /
(allg.) Minihaken *m.*
to minimize / minimieren
minimum access coding / zeitoptimales
Programmieren *n.*

minimum delay coding / zeitoptimales
Programmieren *n.*
minimum delivery quantity /
Mindestliefermenge *f.*
minimum dimensions / Kleinstmaße *npl.*
minimum feature size / kleinste
Strukturbreite *f.*
minimum inventory level /
Mindestbestand *m.* / Bestandsuntergrenze *f.*
minimum latency coding / zeitoptimales
Programmieren *n.*
minimum order quantity /
Mindestbestellmenge *f.*
minimum pattern line width / kleinste
Strukturelementbreite *f.*
minimum pitch grating / Gitter mit kleinstem
Rastermaß *n./n.*
minimum postponement /
Minimum-Terminverschiebung *f.*
minimum printable feature / kleinstes
belichtbares Strukturelement *n.*
minimum stock / Mindestbestand *m.*
minor control change /
Untergruppentrennung *f.*
minor flat / Nebenflat *n.*
minority / Minderheit *f.*
minority carrier /
Minoritäts(ladungs)träger *m.*
minus availability / negative Verfügbarkeit *f.*
minute particles / kleinste Partikel *n.*
minutes / Protokoll *n.*
mirror-projection / Projektion mit
Spiegeloptik *f./f.*
misalignment / Falschausrichtung *f.* /
Justierfehler *m.* / Versatz *m.*
misapplication / Mißbrauch *m.* /
Falschanwendung *f.*
misentry / falsche Eingabe *f.*
misfeed / Zuführfehler *m.*
misfit / Überdeckungsfehler *m.*
to misinterpret / fehlinterpretieren / falsch
auswerten
misinvestment / Fehlinvestition *f.*
mismatch / Fehlanpassung *f.* /
Nichtübereinstimmung *f.* / Unpaarigkeit *f.*
misorientation / Fehljustierung *f.* /
Fehlausrichtung *f.*
mispicks / (Lager) Fehlentnahmen *fpl.*
misplacement / fehlerhafte Positionierung *f.*
misprint / Druckfehler *m.*
misregistration / Überdeckungsfehler *m.*
to misroute / fehlleiten
misrouting / Fehlleitung *f.*
missing geometry / fehlendes
Strukturelement *n.*
missing part / Fehlteil *n.*
missing quantity / Fehlmenge *f.*
to misspell / falsch schreiben / falsch
buchstabieren

mistakable / mißverständlich
mistake / Fehler *m.*
misuse / falsche Anwendung *f.*
miswiring / Verdrahtungsfehler *m.*
mixed network / Verbundnetz *n.*
mixing head / Mischkopf *m.*
mixing head valve / Mischkopfventil *n.*
mnemonic code / mnemotechnischer Code *m.*
moat / (Ätz-) Graben *m.*
mobile carrier / beweglicher
Ladungsträger *m.*
mobile hole / Defektelektron *n.*
mobile ion / wanderndes Fremdion *n.* / frei
bewegliches Ion *n.*
mobile ionic contamination / Kontaminierung
durch frei bewegliche Ionen *f./npl.*
mode / Betriebsart *f.* / Modus *m.*
model analysis / Modellanalyse *f.*
model stock / Idealbestand *m.*
mode of operation / Betriebsart *f.*
mode of procurement / Beschaffungsart *f.*
mode of transportation / Transportart *f.*
modification / Änderung *f.*
modifier / Modifizierfaktor *m.*
to modify / ändern
modular bill of material / modulare
Stückliste *f.*
modular building-block system / modulares
Bausteinsystem *n.*
modular equipment connector /
Steckverbinder für Einschubtechnik *m./f.*
modular packaging system / Einbautechnik *f.*
modular-pitch strip / Rasterstreifen *m.*
to modulate / anpassen / regulieren
modulation-doped FET /
modulationsdotierter
Feldeffekttransistor *m.*
module / Modul *n.* / Baustein *m.*
module board / Modulkarte *f.*
module circuit / Bausteinschaltung *f.*
module connector / Modulstecker *m.*
module frame / Einschubrahmen *m.*
module generator / Modulgenerator *m.*
module slot / Modulsteckplatz *m.*
module swapping / Austausch von
Modulen/Baueinheiten *m.*
modulo n check / Modulo-N-Prüfung *f.*
modulo counting / Modulozählung *f.*
moisture content / Feuchtigkeitsgehalt *m.*
moisture gauge / Feuchtemeßgerät *n.*
moisture penetration / Eindringen von
Feuchtigkeit *n./f.*
moisture-proof pack /
Feuchteschutzverpackung *f.*
moisture resistance /
Feuchtigkeitsbeständigkeit *f.*
moisture sensor / Feuchtigkeitsdetektor *m.*
mold (s. auch „mould") / Formwerkzeug *n.*

molded housing extended to rear /
zurückgezogener Induktionskörper für
Steckverbinder *m./m.*
molded-in contact pin / eingespritzter
Kontaktstift *m.*
molded plastic / Isolierstoff *m.*
molding material / Formstoff / Preßmasse *n.*
mold parting / Formtrennung *f.*
molecular-beam epitaxy /
Molekularstrahlepitaxie *f.*
molecular computer / Molekularcomputer *m.*
molecular evaporation /
Molekularverdampfung *f.*
molecular pattern lithography /
Molekularstrukturlithographie *f.*
molybdenum mask / Molybdänmaske *f.*
molybdenum silicide / Molybdänsilizid *n.*
monadic / einstellig
monadic operator / unärer Operator *m.*
monatomic / einatomig / monoatomar
monetary transactions / Zahlungsverkehr *m.*
money order / Postanweisung *f.*
to monitor / überwachen
monochromatic / einfarbig / monochrom
monocrystal / Einkristall *n.* / Monokristall *n.*
monocrystalline / einkristallin
monolayer / monomolekulare Schicht *f.*
monolith / Monolith *m.* /
Festkörperschaltkreis *m.*
monolithic / monolithisch
monolithic chip / Halbleiterchip *m.*
monolithic circuit / monolithischer
Schaltkreis *m.* / Halbleiterschaltkreis *m.*
monolithic component / monolithisches
Bauelement *n.*
monolithic die limitation /
Halbleiterchipbegrenzung *f.*
monolithic IC / integrierte
Halbleiterschaltung *f.*
monolithic module / monolithischer
Baustein *m.*
monolithic quartz crystal / Quarzmonolith *m.*
monolithic systems technology /
Halbleitertechnik *f.*
monomer removal / Monomerentfernung *f.*
monomeric vinyl-chloride / monomeres
Vinylchlorid *n.*
monopoly / Monopol *n.*
monster chip / Riesenchip *m.*
month under review / Berichtsmonat *m.*
monthly period / Monatsscheibe *f.*
moonlight economy / Schattenwirtschaft *f.*
moonlighting / Schwarzarbeit *f.*
moreover / überdies / ferner
mortgage / Hypothek *f.*
most significant / höchstwertig
motherboard / Grundplatine *f.* /
Kartenchassis *f.*
mother lot / Mutterlos *n.*

motor transport / LKW-Transport *m.*
to mould (s. auch „mould"!) / umgießen /
mit Kunststoff umspritzen
moulded board / geformte Platte *f.*
moulded package / Kunststoffgehäuse *n.*
moulded part / werkzeuggebundenes Teil *n.*
moulded-plastic / kunststoffumgossen
moulded TAB approach / Verfahren der
Kapselung foliengebondeter Chips in
Kunststoffgehäusen *n./f./mpl./npl.*
moulding compound / Pressmasse *f.*
to mount / befestigen / montieren /
bestücken / einfügen
mountable at any position / lageunabhängig
mounted circuit board / bestückte
Leiterplatte *f.*
mounting / Montage *f.* / Einbau *m.* /
Befestigung *f.*
mounting bracket / Befestigungswinkel *m.*
mounting diagram / Einbauskizze *f.*
mounting facility / Einbaumöglichkeit *f.*
mounting frame / Montagerahmen *m.* /
Einbaurahmen *m.* / Steckrahmen *m.*
mounting hardware / Befestigungsmaterial *n.*
mounting hole / Montageloch *n.*
mounting instructions /
Montageanweisungen *fpl.*
mounting length / Einbaulänge *f.*
mounting pad / Montagestelle *f.* /
Montagefleck *m.*
mounting pad footprint / Montagefläche *f.*
mounting panel / Montageplatte *f.*
mounting space / Einbaurahmen *m.*
mounting width / Einbaubreite *f.*
mounting wrench / Montageschlüssel *m.*
move instruction /
(CWP) Transportbefehl *m.* /
(DV) Übertragungsbefehl *m.*
move lot / Standardmenge pro
Transporteinheit *f./f.*
movement certificate /
Warenverkehrsbescheinigung *f.*
movement data / Bewegungsdaten *pl.*
move mode / Übertragungsmodus *m.*
move order / Transportanweisung *f.*
move ticket / Warenbegleitkarte *f.* /
Laufkarte *f.*
move time / Transportzeit *f.*
moving average / gleitender Durchschnitt *m.*
moving-belt IR oven / Infrarot-Tunnelofen *m.*
moving contact / beweglicher Kontakt *m.*
moving head / Gleitkopf *m.*
moving stylus / Graviernadel *f.*
muffle furnace / Muffelofen *m.*
multi-access protocol /
Mehrfach-Zugriffsprotokoll *n.*
multibarrel step-and-repeat system /
Mehrfachrepeater *m.*

multibeam scanning system /
Mehrstrahlrasteranlage *f.*
multiboard computer /
Mehrplatinenrechner *m.*
multiboard module /
Mehrplatinenflachbaugruppe *f.*
multi-channel outputs /
Mehrkanalausgänge *mpl.*
multichip array / Mehrchipverband *m.*
multichip circuit / Multichipschaltung *f.* /
Vielfachchipschaltung *f.*
multichip memory module /
Mehrchipspeicherbaustein *m.*
multichip module / Mehrchipmodul *n.*
multichip package / Mehrchipgehäuse *n.*
multichip reticle / Blockretikel *n.*
multichrome / mehrfarbig
multicircuit wafer / Wafer mit vielen
Schaltkreisen *f./mpl.*
multi-client system / Mehrmandantensystem *n.*
multi-component mixture /
Mehrkomponentengemisch *n.*
multi-component module /
Mehrelementbaueinheit *f.*
multicontact / (StV) vielpolig / hochpolig
multi-core cable / mehradriges Kabel *n.*
multi-core solder / mehrseeliges Lot *n.*
multi-cycle card feed /
Mehrgangkartenzuführung *f.*
multideck sandwich of patterned layers /
Mehrschichtanordnung aus strukturierten
Schichten *f./fpl.*
multideck switch / (el.) Paketschalter *m.*
multi-die reticle / Blockretikel *n.* / Retikel mit
mehreren Schaltkreisbildern *n./npl.*
multifacet / mehrflächig
multifunctional device /
Multifunktionsbauelement *n.*
multi-height card cage / mehrzeiliger
Baugruppenträger *m.*
multi-job operation / Mehrfachbetrieb *m.*
multilayer board / Mehrlagen-Leiterplatte *f.*
multilayer capacitor /
Vielschichtkondensator *m.*
multilayer circuit / Mehrschichtschaltung *f.*
multilayer etching / Ätzen von
Mehrschichtstrukturen *n./fpl.*
multilayering / Mehrschichtanordnung *f.*
multilayer metal scheme / mehrschichtige
Metallanordnung *f.*
multilayer package / Mehrschichtgehäuse *n.*
multileaded / mit vielen Anschlüssen
multi-leaded fine-pitch package / Gehäuse
mit vielen Anschlüssen in geringem
Abstand *n./mpl./m.*
multi-leaded flat pack / Flachgehäuse mit
vielen Anschlüssen *n./mpl.*
multi-level bill of material / mehrstufige
Stückliste *f.*

multi-level dependent-demand list /
  Bedarfsnachweisliste *f.*
multilevel interconnections /
  Mehrebenen-Verbindungen *fpl.*
multilevel metallization /
  Mehrebenenmetallisierung *f.*
multilevel PCB / mehrstöckige Leiterplatte *f.*
multilevel printed wiring board /
  Mehrebenenleiterplatte *f.*
multilevel resist structure /
  Mehrschichtresiststruktur *f.*
multi-level where-used list / mehrstufiger
  Verwendungsnachweis *m.*
multimedia products /
  Multimediaprodukte *npl.*
multimeter / Multizet *n.*
multimode / Vielfachbetrieb *m.*
multimode laser / Mehrmodenlaser *m.*
multipart form / Durchschreibformular *n.*
multi-part paper / mehrlagiges Papier *n.*
multipin package / Gehäuse mit vielen
  Anschlüssen *n./mpl.*
multiple access / Mehrfachzugriff *m.*
multiple addressing /
  Mehrfachadressierung *f.*
multiple-aperture core / Mehrlochkern *m.*
multiple architecture /
  Vielfachbusstruktur *f.* /
  Mehrfachbusstruktur *f.*
multiple-beam system /
  Mehrfachstrahlanlage *f.*
multiple boards / Mehrfachplatinen *fpl.*
multiple chaining / Mehrfachkettung *f.*
multiple-chip package / Mehrchipbaustein *m.*
multiple common-data-bus system /
  Mehrfach-Bus-System *n.*
multiple condition / Mehrfachbedingung *f.*
multiple-contact receptacle /
  Vielfachbuchsenleiste (StV) *f.*
multiple control system /
  Mehrfachregelungskreis *m.*
multiple-die patterns /
  Mehrfachchipstrukturen *fpl.*
multiple-die reticle / Blockretikel *n.* /
  Retikel mit mehrfachen
  Schaltkreisstrukturen *n./fpl.*
multiple fetch / Mehrfachabruf *m.*
multiple-image photographic master /
  Fotoschablone mit mehrfachen
  Schaltkreisbildern *f./npl.*
multiple-image production master /
  Nutzendruckwerkzeug *n.*
multiple-input / mit mehreren Eingängen
multiple-machine operation factor /
  Mehrmaschinen-Bedienungsfaktor *m.*
multiple-machine work /
  Mehrmaschinenbedienung *f.*

multiple mounting of connectors /
  Vielfachanordnung von
  Steckverbindern *f./mpl.*
multiple p.c. board / mehrlagig gedruckte
  Schaltung *f.*
multiple plug / Mehrfachstecker *m.*
multiple precision / mehrfache Wortlänge *f.*
multiple sampling plan /
  Mehrfachstichprobenplan *m.*
multiple-shift operation / Mehrschichtarbeit *f.*
multiple-slice horizontal reactor /
  Horizontalreaktor für mehrere
  Siliziumscheiben *m./fpl.*
multiple-test head / Mehrfachprüfkopf *m.*
multiple-usage part /
  Mehrfachverwendungsteil *n.*
multiple-vector processor /
  Multivektorprozessor *m.*
multiple-wire schematic / kompliziertes
  Verdrahtungsschema *n.*
multiplex addressing /
  Multiplexansteuerung *f.*
multiplexer / Mehrfachkoppler *m.* /
  Multiplexer *m.*
multiplexer chip / Multiplexerchip *m.*
multiplexing / Multiplexbetrieb *m.* /
  Mehrfachbetrieb *m.*
multiplex ratio / Multiplexverhältnis *n.*
multiply exposed / mehrfach belichtet
multipoint circuit / Mehrpunktschaltung *f.*
multipoint line / Multipointverbindung *f.* /
  Netzkonfiguration *f.*
multiport / Mehrfachanschluß *m.* /
  Mehrkanal-...
multiport circuit / Mehrkanalspeicher *m.*
multiport-RAM / RAM-Modul mit
  Mehrfachzugriff *n./m.*
multiprocessor system /
  Mehrrechnersystem *n.* /
  Rechnerverbundsystem *n.*
multi-programming /
  Mehrprogrammverarbeitung *f.*
multi-purpose / Mehrzweck-..
multi reel file / Mehrspulendatei *f.*
multi-stage / mehrstufig
multistandard component /
  Mehrnormenbauteil *n.*
multistocking / Lagerung an mehreren
  Lagerplätzen *f./mpl.*
multitasking / Multitasking *n.* /
  Parallelverarbeitung *f.* /
  Mehrprozeßbetrieb *m.*
multithread program / Mehrpfadprogramm *n.*
multivalley semiconductor /
  Vieltalhalbleiter *m.*
multiway / Vielfach-...
multiweb / mehrbahnig
multi-wire stranded copper wire /
  mehrdrahtiger Kupferleiter *m.*

Munich / München
municipal disposers / kommunale Entsorger
(Abfall) *m.*
"must order by" date / spätester
Bestellzeitpunkt *m.*
mutual impedance / Kopplungswiderstand *m.*
mylar belt / Mylarband *n.*
mylar carrier tape / Mylarträgerstreifen *m.*
mylar mask / Mylarschablone *f.*

N

nailhead / "Nailhead" *m.* / (Nagelkopf)
nailhead bonding /
Nagelkopfbondverfahren *n.* /
Nailhead-Kontaktierung *f.*
nanocircuit / Nanoschaltkreis *m.*
nanodevice / Nanobauelement *n.*
nanometric level device / Bauelement mit
Nanometerstrukturen *n./fpl.*
nanosecond / Nanosekunde *f.*
naphthoquinone diazide /
Naphtochinon-Doppelsäure *f.*
to narrow down / (Fehler) eingrenzen
narrow gap semiconductor / Halbleiter mit
schmalem Bandabstand *m./m.*
narrowing / Verschmälerung *f.*
native oxide layer / Eigenoxidschicht *f.*
natural gas / Erdgas *n.*
n-butyl acetate / n-Butylacetat *n.*
n-channel device / Bauelement mit
n-leitendem Kanal *n./m.*
**n-channel metal-oxide semiconductor
technology** / n-MOS-Technik *f.* /
NMOS-Technik *f.*
n-channel MOS silicon-gate technology /
n-Kanal-Siliziumgatetechnik *f.* / n-SGT *f.* /
n-Kanal-Si-Gate-Technik *f.*
n-conducting / n-leitend / überschußleitend
n-doping / n-Dotierung *f.*
near-contact printer /
Abstandsbelichtungsgerät *n.*
near-surface / oberflächennah
near-UV exposure / Belichtung mit
Wellenlängen im nahen
UV-Bereich *f./fpl./m.*
necessary / notwendig
necessity / Notwendigkeit *f.*
necking / Dünnziehverfahren *n.*
necking-in / Verdünnung *f.* / Verengung *f.*
need / Bedarf *m.* / Bedürfnis *n.*
need for action / Handlungsbedarf *m.*
needle soldering / Nadellötung *f.*
to negate / verneinen

negative-acting (resist) /
elektronenempfindlich
negative booking / Stornobuchung *f.*
**negative-channel metal-oxide semiconductor
(NMOS)** / Negativhalbleiter *m.*
negative contrast display /
Dunkelfeldanzeige *f.*
negative edge of a pulse / absteigende
Impulsflanke *f.*
negative-going transition / negativer
Übergang *m.*
negatively-charged / negativ geladen
negative metal-oxide semiconductor (NMOS) /
Negativhalbleiter *m.*
negative photoresist / Negativlack *m.*
negative resist image / Negativresistbild *n.*
negative sloping edge / Kante mit negativem
Böschungswinkel *f./m.*
negative-temperature coefficient resistor /
Heißleiter *m.*
negative working resist / Negativresist *n.*
negator / NICHT-Glied *n.* /
NICHT-Schaltung *f.* /
Negationsschaltung *f.*
to neglect / vernachlässigen
negligence / Nachlässigkeit *f.*
to negotiate / verhandeln / aushandeln
to negotiate a price / Preis aushandeln
nest / Crimp-Amboß *m.*
to nest / verschachteln
nested / geschachtelt / verschachtelt
nesting / Verschachtelung *f.*
nestplate coated with adhesive / Chipträger
mit Klebeschicht (b. Innenbonden) *m./f.*
net / netto
net amount / Endbetrag *m.* / Nettobetrag *m.*
net earnings / Ergebnis (Bilanz) *n.*
net fixed assets / Nettoanlagevermögen *n.*
Netherlands / Niederlande *f.*
net impurity density /
Nettostörstellenkonzentration *f.*
net income from operations /
Unternehmensgewinn *m.*
net proceeds / Reinertrag *m.*
net profits / Nettogewinn *m.* / Reingewinn *m.*
net requirements / Nettobedarf *m.*
net requirements calculation /
Nettobedarfsrechnung *f.*
net return / Nettoertrag *m.*
net sales / Nettoumsatz *m.*
net throughput / Nettodurchsatz *m.*
netting / Abgleich *m.* (-srechnung) *f.*
net turnover / Nettoumsatz *m.*
net wage / Nettolohn *m.*
net weight / Nettogewicht *n.*
network / Netz *n.* / Netzwerk *n.*
network analogue / Netzmodell *n.*
network analyzer / Netzwerksanalysator *m.*
network buffer / Netzpuffer *m.*

network carrier / Netzbetreiber *m.*
network configuration / Netzarchitektur *f.*
network engineer / Netzspezialist *m.*
network failure / Netzausfall *m.*
network-independent / netzunabhängig
network interface / Netzschnittstelle *f.*
network interlocking / Netzverbund *m.*
network level / Netzebene *f.*
network node / Netzknoten *m.*
network plan / Netzplan *m.*
network plan technique / Netzplantechnik *f.*
net worth / Eigenvermögen *n.*
neutral conductor / Nulleiter *m.*
neutral point / Nullpunkt *m.*
neutron transmutation doping /
  Neutronentransmutationsdotierung *f.* /
  Neutronenumwandlungsdotierung *f.*
new input / Neueingabe *f.* / Neuanlage *f.*
new line character / Zeilenvorschubzeichen *n.*
new planning / Neuaufwurf *m.* /
  (allg.) Neuplanung *f.*
next / nächste(r)
n-fold / n-fach
nibble / Halbbyte *n.*
niche / (Markt-) Nische *f.*
nick / Kerbe *f.*
nickel-iron alloy / Nickel-Eisen-Legierung *f.*
nickel silver / Neusilber *n.*
nickeltetracarbonyle / Nickeltetracarbonyl *n.*
nine's complement / Neunerkomplement *n.*
9-nines purity / Reinheitsgrad von
  99,9999999% *m.*
90 degrees incident light / rechtwinklig
  auftretendes Licht *n.*
niobium insulator / Niob(ium)isolator *m.*
nitric acid / Salpetersäure *f.*
nitride passivation layer /
  Nitridpassivierungsschicht *f.*
nitro-enamel / Nitrolack *m.*
nitrogen / Stickstoff *m.*
nitrogen-doped / stickstoffdotiert
nitrogen-purged / stickstoffgespült
nitrogen-purged desiccator / mit Stickstoff
  ausgeblasener Exsikkator *m./m.*
nitrogen stream / Stickstoffstrom *m.*
n-n junction / nn-Übergang *m.*
noble gas / Edelgas *n.*
no commercial value / „Muster ohne Wert"
nodal point / Knotenpunkt *m.*
node / Knoten *m.*
noise / Verzerrung zwischen echten und
  ermittelten Daten *f./pl.* / Rauschen *n.*
noise characteristics / Rauschkennwerte *mpl.*
noise disturbance / Rauschstörung *f.*
noise gain / Rauschverstärkung *f.*
noise immunity / Störsicherheit *f.* /
  Rauschfreiheit *f.*
noise level / Rauschpegel *m.*
noise margin / Störspannungsabstand *m.*

noise rejection / Rauschunterdrückung *f.*
noise spike / Störimpuls *m.* / Rauschspitze *f.*
noise suppression / Rauschunterdrückung *f.*
noise suppression filter / Störschutz *m.*
nomenclatures / Fachsprache *f.*
nominal account / Erfolgskonto *n.*
nominal resistance / Nennwiderstand *m.*
nominal value / Nennwert *m.*
non-acceptance / Annahmeverweigerung *f.* /
  Nichtannahme (Waren) *f.*
non-addressable memory /
  Schattenspeicher *m.* / nicht adressierbarer
  Speicher *m.*
non-arithmetic shift / logisches
  Verschieben *n.*
non-binding / unverbindlich
non-clocked control / asynchrone Steuerung *f.*
non-component side / Verdrahtungsseite
  (v. Platine) *f.*
non-conducting hole / Freilochung *f.*
non-conductor / Nichtleiter *m.*
non-conforming material (NCM) /
  Materialverwürfe *mpl.*
non-conforming parts (NCP) / Verwürfe *mpl.*
non-conjunction / NAND-Funktion *f.*
non-contact printing / Abstandsbelichtung *f.* /
  kontaktlose Belichtung *f.*
non-destructive / nicht löschend
non-destructive read (NDR) /
  zerstörungsfreies Lesen *n.*
non-dissipative / verlustfrei
non-equivalence element / ODER-Glied *n.*
non-equivalence operation / Kontravalenz *f.*
non-erasable / nicht löschbar
non-erasable storage / Festspeicher *m.* /
  Strukturspeicher *m.*
non-executable statement / deskriptive
  Anweisung *f.*
non-exempt employee / Tarifangestellter *m.* /
  Angestellter mit Anspruch auf
  Überstundenausgleich *m./m./m.*
non-facetting growth / Aufwachsen ohne
  Kantenabschrägung *n./f.*
non-ferrous metal / Nichteisenmetall *n.*
non-flatness / Unebenheit *f.*
non-flat substrate / unebenes Substrat *n.*
nonformatted / unformatiert
non-functional plated-through hole /
  freiliegende Durchkontaktierung *f.*
non-glare / blendfrei
non-impact printer / nichtmechanischer
  Drucker *m.*
non-isotropic / anisotrop
non-leakage resistor / nicht streuender
  Widerstand *m.*
non-linearity / Steilheitsverzerrung *f.*
non-lockable / unverriegelbar
non-matching / nichtpaarig
non-paper / papierfremd

non-pickup / Fehlerregung *f.*
non-polarized / (StV) verwechselbar
non-porous / porenfrei
non-preemptive resources / nicht entziehbare
  Betriebsmittel *npl.*
non-profit / gemeinnützig
non-repetitive production /
  Einmalfertigung *f.*
non-return-to-reference recording /
  Schreibverfahren ohne Rückkehr zum
  Bezugspunkt *n./f./m.*
non-return-to-zero change recording /
  NRZ/C-Schreibverfahren *n.*
non-return-to-zero mark recording /
  NRZ/M-Schreibverfahren *n.*
non-return-to-zero recording /
  NRZ-Schreibverfahren *n.*
non-rotable captivated contact / dreh- und
  schiebesicherer Kontakt *m.*
non-scheduled / außerplanmäßig
non-shorting / kurzschlußsicher
non-significant part number / anonyme
  Sachnummer *f.*
non-standard label /
  Nichtstandardkennsatz *m.*
non-static / nichtstatisch
non-switched connection / Standleitung *f.*
non-tariff trade barriers / non-tarifäre
  Handelshemmnisse *npl.*
non-threshold logic / schwellenwertfreie
  Logik *f.*
non-undercut / nichtunterätzt
non-volatile memory / energieunabhängiger
  Speicher *m.* / nichtflüchtiger Speicher *m.*
non-voting shares / stimmrechtlose
  Aktien *fpl.*
non-wage labo(u)r costs /
  Lohnnebenkosten *pl.*
NO-operation / Nulloperation *m.*
normal capacity / Kannkapazität *f.* /
  Normalkapazität *f.*
normal contact / Ruhekontakt *m.*
normal cost calculation /
  Normalkostenkalkulation *f.*
normal disconnected mode (NDM) /
  abhängiger Wartezustand *m.*
normal distribution / Normalverteilung *f.*
normally-closed contact / Ruhekontakt *m.*
normally off type / Anreicherungstyp *m.*
normally on / selbstleitend
normally on type / Verarmungstyp *m.*
Norway / Norwegen
Norwegian / norwegisch / Norweger
notation / Darstellung *f.* / Notation *f.* /
  Schreibweise *f.*
notch / Zacken *m.*
NOT-circuit / Negationsschaltung *f.*
note / Mitteilung *f.*
notes payable / Wechselverbindlichkeiten *fpl.*

NOT-gate / NICHT-Gatter *n.*
notice / Meldung *f.* / Kündigung *f.* /
  Benachrichtigung *f.*
notice of assessment / Zollbescheid *m.*
notice of defect / Mängelrüge *f.*
notification / Benachrichtigung *f.*
not in use / außer Betrieb
NOT-operation / Negationsverknüpfung *f.* /
  NICHT-Verknüpfung *f.*
novolac-based photoresist / Fotoresist auf
  Novolakbasis *m./f.*
novalac resin / Novolakharz *m.*
nozzle / Düse *f.*
nozzle-to-device distance / Düsenabstand *m.*
n-position / n-teilig
n-sub / n-Substrat *n.* / n-leitendes Substrat *n.*
NTC-resistor / Heißleiter *m.*
n-type / n-... / n-Typ / n-leitend /
  überschußleitend
n-type conduction channel /
  n-Leitungskanal *m.*
n-type doping / n-Dotierung *f.*
n-type doping ion / Fremdion vom
  n-Typ *n./m.*
n-type semiconductor / n-Halbleiter *m.* /
  Überschußhalbleiter *m.*
n-type substrate / n-Substrat *n.*
nucleation / Kernbildung *f.* / Keimbildung *f.*
nucleus / Keim *m.* / (allg.) Kern *m.*
null drift / Nullpunktverschiebung *f.*
null set / Nullmenge *f.* / leere Menge *f.*
null statement / Blindanweisung *f.*
null string / leere Zeichenkette *f.* /
  zeichenlose Folge *f.*
null suppression / Nullunterdrückung *f.*
number allocation / Nummernvergabe *f.*
number assignment / Nummernvergabe *f.*
number cruncher / leistungsstarker
  Rechner *m.*
number crunching capability /
  Datenverarbeitungsleistung *f.*
number of parts / Teileanzahl *f.*
number range / Nummernkreis *m.*
numeric(al) / numerisch
numerical division / Ziffernschritt *m.*
numerical interval / Ziffernschrittwert *m.*
numerical processing / Zahlenverarbeitung *f.*
numerical scale / Zifferenskala *f.*
numerical wafer map / numerische
  Waferdarstellung *f.*
numeric character / numerisches Zeichen *n.*
numeric chart / Zahlengrafik *f.*
numeric code / Zahlencode *m.*
numeric control / numerische Steuerung *f.*
numeric key / Zahlentaste *f.*
numeric keyboard / Zifferntastatur *f.*
numeric string / numerische Zeichenfolge *f.*
numeric value / Zahlenwert *m.*
n-wafer substrate / n-Substrat *n.*

n-well CMOS technology /
n-Wannen-CMOS-Technik *f.*
Nyquist slope / Nyquist-Flanke *f.*

O

object code / Maschinencode *m.* / Zielcode *m.*
object computer / Ablaufrechner *m.*
objections / Einwände *mpl.*
objective / Ziel *n.*
objective and means planning /
Ziel-Mittel-Planung *f.*
objective function / Zielfunktion *f.*
object language / Zielsprache *f.*
object library / Phasenbibliothek *f.*
object module / Bindemodul *n.*
object program / Phasenprogramm *n.* /
Maschinenprogramm *n.* /
Objektprogramm *n.* / ausführbares
Programm *n.*
object run / Programmlauf *m.*
object time / Programmlaufzeit *f.*
to obligate / verpflichten
obligation / Verpflichtung *f.* / Pflicht *f.*
obligatory / verpflichtend / verbindlich /
zwingend
obliged / verpflichtet
obliged material / reserviertes Material *n.*
oblique / schräg (Schrift)
oblique light control / Schräglichtkontrolle *f.*
oblique shadowing / Schrägbedampfung *f.*
to obliterate / auslöschen
oblong / rechteckig
oblong die / Rechteckchip *m.*
oblong format / Querformat *n.*
to observe / beobachten (z. B. Markt)
observed value / Beobachtungswert *m.*
obsolescence / Veralterung *f.*
obsolete material / veraltetes Material *n.*
obsolete stock / veralteter Lagerbestand *m.*
obstacle / Hindernis *n.*
to obtain access / Zugriff erlangen *m.*
to obtain orders / Aufträge beschaffen *mpl.*
obvious / deutlich / offensichtlich
occasion / Anlaß *m.* / Ereignis *n.* /
Gelegenheit *f.*
occupancy / Ausnutzung *f.* / Belegung *f.*
occupancy factor / Ausnutzungsgrad *m.*
occupation / Belegung *f.* / Tätigkeit *f.* /
Beschäftigung *f.* / **alternate ... time**
Ersatzbelegungszeit *f.*
occupational / beruflich
occupation period / Belegungszeit *f.*
occupied / belegt
to occupy / belegen

to occur / auftreten
ocean freight / ... cargo / Seefracht *f.*
octet / Acht-Bit-Byte *n.*
octopole assembly / Oktopolbaugruppe *f.*
odd-even check / Imparitätskontrolle *f.*
odd number / ungerade Zahl *f.*
odd parity / ungerade Parität *f.*
odd parity bit / Querprüfbit *n.*
OEM business / OEM-Geschäft *n.*
OEM supplier / Endgerätelieferant *m.* /
Originalgerätelieferant *m.*
off-board / außerhalb der Platine
off-chip / chipextern
off-chip component / externes Bauteil *n.*
off-chip connection / Außenanschluß eines
Chips *m.*/*m.*
off-contact printing / kontaktloses
Kopierverfahren *f.*
off-contact proximity printer /
Abstandsjustier- und Belichtungsanlage *f.*
to offer / anbieten
offer / Angebot *n.*
offer without engagement / freibleibendes
Angebot *n.*
office / Referat *n.* / Büro *n.*
office automation / DV-Bürotechnologie *f.* /
Büroautomatisierung *f.*
office boy / Bürobote *m.*
office equipment / Bürogeräte *npl.*
office of the future / Büro der Zukunft *n.*
office staff / Büroangestellte *m.*
office supplies / Büromaterial *n.* /
Bürobedarf *m.*
official / amtlich / offiziell
official strike / offizieller Streik *m.*
off-line operation / indirekter Betrieb *m.* /
rechnerunabhängiger Betrieb *m.*
off-line processing / Offline-Verarbeitung *f.*
off-line teleprocessing / indirekte
Datenfernübertragung *f.*
off-line sorting / externe Sortierung *f.*
off-line storage / rechnerunabhängiger
Speicher *m.*
off-lining / Offline-Verarbeitung *f.*
offset / Aufrechnung *f.* / Ausgleich *m.* /
Versatz *m.* / Abweichung *f.* /
Verschiebung *f.* / Relativzeiger *m.*
offset account / Verrechnungskonto *n.*
offset address / Verschiebeadresse *f.*
offset angle / Versetzungswinkel *m.*
offset current / Offsetstrom *m.* / Reststrom *m.*
offset stacker / versetzte Ablage *f.*
offsetting / Rückwärtsterminierung *f.*
offset value / Verschiebungswert *m.* /
Relativzeigerwert *m.*
offset voltage / Offsetspannung *f.* /
Gegenspannung *f.*
offshore sourcing / Fertigungsverlagerung in
Billiglohnländer *f.*/*npl.*

off-state / Sperrzustand *m.*
off-the-shelf / serienmäßig produziert / Standard-..
off-time / Sperrzeit *f.* / (Relais) Abfallzeit *f.*
of opposite conductivity / entgegengesetzt leitend
ohmic resistance / ohmscher Widerstand *m.*
oil back-streaming / Ölrückfluß *m.*
oil diffusion pump / Öldiffusionspumpe *f.*
to omit / auslassen
omnibus order / Sammelbestellung *f.*
on-axis / axial angeordnet / auf der optischen Achse
on-axis spot size / axiale Strahlgröße *f.*
on behalf of / im Auftrag von
on-board / auf der Platine
on-board bill of lading (B/L) / Bordkonossement *n.*
on-board computer / Mikrocomputer auf einer Leiterplatte *m./f.*
on-board functional density of the chip carrier / Funktionsdichte des Chipträgers auf der Platte *f./m./f.*
on-board memory / Platinenspeicher *m.*
on call / auf Abruf
on-call service / Bereitschaftsdienst *m.*
on-card type connector / indirekter Stecker *m.*
on-chip functionality / chipintegrierte Funktionsvielfalt *f.*
on-chip logic / interne Chiplogik *f.*
on-chip mask / auf dem Chip aufgewachsene Maske *m./f.*
one-chip / auf einem Chip integriert
one-component epoxy resin / Einkomponentenharz *n.*
one condition / Einszustand *m.*
one-dimensioned array / lineares Feld *n.*
one-gun E-beam source / Ein-Kanonen-Elektronenstrahlröhre *f.*
one-layer / einschichtig
one-level bill of material / Baukastenstückliste *f.*
one-micrometre geometries / Einmikrometerstrukturen *fpl.*
one-off production / Einzelfertigung *f.*
ones complement / Einerkomplement *n.*
one-shot circuit / monostabile Schaltung *f.*
one-shot operation / Einzelschrittbetrieb *m.*
one's own responsibility / Eigenverantwortung *f.* / to act at ... eigenverantwortlich handeln
one state / Einszustand *m.*
one-way attenuator / Einweg-Richtungsleitung *f.*
on-hand inventory / vorhandener Bestand *m.*
on-hold / gesperrt (Auftrag)
on-line / direkt / rechnerabhängig
on-line connection / Direktanschluß *m.*

on-line data transmission / Datendirektübertragung *f.*
on-line operation / rechnerabhängiger Betrieb *m.*
on-line processing / mitlaufende Verarbeitung *f.*
on-line storage / rechnerabhängiger Speicher *m.*
on-order quantity / bestellte Menge *f.*
on-order value / Bestellbestand *m.* / Bestellwert *m.*
on receipt of / nach Erhalt von
on request / auf Wunsch
on schedule / termingerecht
on-site quality / Einschaltqualität beim Kunden *f./m.*
on-slice probing / Sondierung auf der Wafer *f./f.*
on-screen information / Bildschirmauskunft *f.*
on-state / Durchlaßzustand *m.*
on-state current / Durchlaßstrom *m.*
on-state power loss / Durchlaßverlustleistung *f.*
on-state resistance / Einschaltwiderstand *m.*
on the shopfloor / im Werkstattbereich *m.*
on time / termingerecht / pünktlich
on-time / Einschwingzeit (Drossel) *f.*
on trial / zur Probe
onward carriage / Nachlauf *m.*
opaque / lichtundurchlässig
opaque area / lichtundurchlässige Zone *f.*
opaque image / lichtundurchlässiges Bildmuster *n.*
opaque spot / opaker Fleck *m.* / Relikt *n.*
open / (Schalter) ungekapselt / (allg.) geöffnet
open cheque / (GB) Barscheck *m.*
open circuit / offener Stromkreis *m.* / Leerlaufschaltung *f.*
open-circuit condition / Leerlaufzustand *m.*
open-circuit Hall voltage / Leerlaufhallspannung *f.*
open-circuit sensitivity / Leerlaufinduktionsempfindlichkeit (Sensoren) *f.*
open-ended / offen / ausbaufähig / ausbaubar
open-ended command / offener Befehl *m.*
opening / Öffnung *f.* / Aussparung (Schicht) *f.*
opening balance-sheet / Eröffnungsbilanz *f.*
opening capital / Anfangskapital *n.*
opening inventory / Anfangsbestand *m.*
opening price / Eröffnungskurs *m.*
open instruction / Eröffnungsanweisung *f.*
open loop / offener Regelkreis *m.*
open-loop circuit / Schaltung ohne Rückführung *f./f.*
open-loop operation / prozeßentkoppelter Betrieb *m.*

open-loop system / open-ended system /
offenes System *n.*
open order / offene Bestellung *f.*
open-plan office / Großraumbüro *n.*
open procedure / Eröffnungsprozedur *f.*
open purchase order / offener externer
Auftrag *m.*
open query / freie Abfrage *f.*
open relay / luftgefülltes Relais *n.*
open release quantity / offene Abrufmenge *f.*
opens / Adernunterbrechungen *fpl.*
open shop / Betrieb ohne Pflicht der
Gewerkschaftszugehörigkeit *m./f./f.* /
(DV) Eigentestbetrieb *m.*
open-shop testing / Eigentest *m.*
open-shop test run / Eigentest *m.*
open statement / Eröffnungsanweisung *f.*
open systems interconnections (OSI) / offenes
Kommunikationssystem *n.*
open tube diffusion / Durchströmverfahren
(thermische Diffusion) *n.*
to open up / (Markt) erschließen
operability / Funktionsfähigkeit *f.*
operable / funktionsfähig / betriebsfähig
operand call syllable /
Operandenaufrufsilbe *f.*
operand destination / Operandenziel *n.*
operand fetch / Operandenübertragung *f.*
operand fetch stage /
Operandenabrufstadium *n.*
operand part / Operantenteil *m.*
operate time / (DV) Betriebszeit f. /
(Relais) Ansprechzeit *f.*
operating / Bedienung *f.*
operating account / Erfolgskonto *n.*
operating capital / Betriebskapital *n.*
operating control statement /
Bedienungssteueranweisung *f.*
operating cost / Betriebskosten *pl.* /
betrieblicher Aufwand *m.*
operating current / Arbeitsstrom *m.* /
Betriebsstrom *m.*
operating data / Betriebsdaten *pl.*
operating efficiency / betriebliche
Leistungsfähigkeit *f.*
operating error / Bedienungsfehler *m.*
operating expenses / Betriebsaufwand *m.*
operating fault / Bedienungsfehler *m.*
operating feature / Bedienteil *n.*
operating impedance / Betriebsimpedanz *f.*
operating income statement /
Betriebsergebnisrechnung *f.*
operating instruction /
Organisationsanweisung *f.* /
Betriebsanleitung *f.*
operating interface / Bedieneroberfläche *f.*
operating life / Betriebslebensdauer *f.*
operating manual / Bedienungshandbuch *n.*
operating mode / Betriebsart *f.* / Modus *m.*

operating number / Arbeitsgangnummer *f.*
operating performance / Betriebsleistung *f.*
operating pressure / Betriebsdruck *m.*
operating principle / Funktionsprinzip *n.*
operating ratio / Wirkungsgrad *m.* /
Erfolgskennziffer *f.*
operating resources / Betriebsmittel *npl.*
operating results / Betriebsergebnis *n.* /
Geschäftsergebnis *n.*
operating revenue / Betriebsertrag *m.*
operating scheduling / Betriebsplanung
(im RZ) *f.* / Ablaufplanung *f.* /
Arbeitsterminierung *f.*
operating sequence / Abarbeitungsfolge *f.* /
Folge von Arbeitsgängen *f./mpl.*
operating speed / Arbeitsgeschwindigkeit
(Bauelement) *f.*
operating supervision /
Betriebsüberwachung *f.*
operating supplies / Betriebsmaterial *n.*
operating system / Betriebssystem *n.*
operating temperature /
Betriebstemperatur *f.*
operating temperature range /
Betriebstemperaturbereich *m.*
operating time / Betriebszeit *f.*
operating voltage / Betriebsspannung *f.*
operation / Arbeitsgang *m.* / Betrieb *m.* /
Bedienung *f.* / alternate ...
Ausweich-Arbeitsgang *m.* /
alternativer Arbeitsgang *m.* /
large-scale ... Großbetrieb *m.* /
small-scale ... Kleinbetrieb *m.*
operational / betriebstechnisch / operativ /
betriebsfähig / betriebsbereit
operational amplifier /
Operationsverstärker *m.*
operational level / operative Ebene *f.*
operational reliability /
Betriebszuverlässigkeit *f.*
operational sign / Rechenvorzeichen *n.*
operation attachment parts / zugesteuerte
Teile *npl.*
operation byte / Befehlsbyte *n.*
operation cycle / Befehlszyklus *m.*
operation decoder / Operationsumwandler *m.*
operation description /
Arbeitsgangbeschreibung *f.*
operation flowchart /
Arbeitsablaufdiagramm *n.*
operation manual / Bedienungsanleitung *f.*
operation number / Arbeitsgangnummer *f.*
operation record / Arbeitsfolgeplan *m.*
operations / Betriebe *mpl.* /
Zweigniederlassungen *fpl.* /
Arbeitsgänge *mpl.*
operation sequence / Arbeitsfolge *f.*
operation sequencing /
Betriebsablaufsteuerung *f.*

operation set / Befehlsvorrat *m.*
operations path / Fertigungsablauf *m.*
operations planning / Arbeitsplanung *f.*
operations planning and scheduling /
Arbeitsvorbereitung *f.*
operations research (OR) /
Unternehmensforschung *f.*
operations scheduling /
Arbeitsvorbereitung *f.* / Ablaufplanung *f.* /
Arbeitsgangterminierung *f.*
operations variant /
Arbeitsvorgangsvariante *f.*
operation time / Bearbeitungszeit *f.*
operative / betriebsfähig
operator / Operator *m.* / Bediener einer
Maschine *m./f.*
operator call / Bedieneraufruf *m.*
operator command / Bedieneranweisung *m.*
operator control / Bedienersteuerung *f.*
operator control panel / Bedienungsfeld *n.*
operator convenience /
Bedienerfreundlichkeit *f.*
operator intervention / Bedienereingriff *m.* /
manueller Eingriff *m.*
operator prompting / Bedienerführung *f.*
opinion / Meinung *f.*
opportunity cost / Opportunitätskosten *pl.*
to oppose / gegenüberstellen
opposed / entgegengesetzt
oppositely charged voltage / entgegengesetzt
gepolte Ladung *f.*
to oppress / unterdrücken
optical aligner / optische Justier- und
Belichtungsanlage *f.*
optical character reader /
Klarschriftleser *m.* / Klartextbelegleser *m.*
optical character recognition (OCR) /
optische Zeichenerkennung *f.*
optical column / Projektionssäule *f.* /
Projektionssystem *n.*
optical disk / Bildplatte *f.*
optical-E-beam hybrid approach /
kombiniertes Verfahren mit Lichtoptik und
Elektronenstrahl *n./f./m.*
optical erasure / Löschung durch
UV-Licht *f./n.*
optical fiber / Glasfaser *f.*
optical flash / Belichtungsstempel *m.*
optical image chip / Bildwandlerchip *m.*
optical image repeater / Fotorepeater *m.*
optical lithography / Fotolithographie *f.*
optically opaque / lichtundurchlässig
optical mask stepper / Fotorepeater *m.*
optical pattern generator / optischer
Bildgenerator *m.*
optical printing / optische Belichtung *f.*
optical stepper / optischer Wafer-Stepper *m.*
optical stepper lithography / Fotolithographie
im Step-und-Repeat-Verfahren *f./n.*

optical step-repeat machine / Fotorepeater *m.*
optical wafer stepping / schrittweise
Belichtung der Wafer *f./f.*
optical wafer-stepping exposure / Belichtung
mit Scheibenrepeater *f./m.*
optical waveguide / Lichtwellenleiter *m.*
optimal batchsize / optimale Losgröße *f.*
optimization quantities /
Optimierungsgrößen *fpl.*
optimization / Optimierung *f.*
to optimize / optimieren
optimum export tax / Höchstausfuhrsteuer *f.*
optimum order quantity / wirtschaftliche
Auftragsmenge *f.*
optimum throughput / optimaler
Datendurchsatz *m.*
option / Möglichkeit *f.* / wahlfreie
Ausführung (Produkt) *m.*
optional / wahlfrei / wahlweise
optional field / Kannfeld *n.*
option slot / Steckplatz für zusätzliche
Baugruppen *m./fpl.*
optocoupler / Optokoppler *m.*
optoelectronic semiconductor /
Optohalbleiter *m.*
optolithography / Fotolithographie *f.*
optosemiconductor / Optohalbleiter *m.*
orbital / kreisförmig / Kreis-..
to order / bestellen / beschaffen
order / Auftrag *m.* / Bestellung *f.* /
Ordnung *f.* / Reihenfolge *f.* / **to carry out**
an ... Auftrag ausführen *m.* / **to execute an**
... Auftrag ausführen *m.* / **firmly planned** ...
fest eingeplanter Auftrag *m.* / **frozen** ...
eingefrorener Auftrag / **frozen** ... **stock**
eingefrorener Auftragsbestand *m.* /
installation ... Anlagenauftrag *m.* /
internal ... interner Auftrag *m.* / **interplant** ...
Bezug vom Schwesterwerk *m./n.* /
open ... noch nicht belieferter, fälliger
Kundenauftrag *m.* / rückständiger
Auftrag *m.* / offene Bestellung *f.* / **to place**
an ... Bestellung aufgeben *f.* / **open**
purchase ... externe offene Bestellung *f.* /
partial ... Teilauftrag *m.* / **pilot** ...
Erstauftrag *m.* / **planned** ... geplanter
Auftrag *m.* / **production** ...
Fertigungsauftrag *m.* / Werkstattauftrag *m.* /
purchase ... externe Bestellung *f.* /
Bestellauftrag *m.* / Einkaufsauftrag *m.* /
replacement ... Ersatzauftrag *m.* / **rework** ...
Nacharbeitsauftrag *m.* / **staging** ...
Bereitstellauftrag *m.* / **store** ...
Lagerbestellung *f.*
order activity flag /
Auftragsdurchführungsanzeige *f.*
order backlog / unerfüllter
Auftragsbestand *m.* / Auftragsrückstand *m.*

order bill of lading (B/L) /
Orderkonossement *n.*
order bill of material / Auftragsstückliste *f.* /
Bestellstückliste *f.*
order book / Auftragsbuch *n.*
order calculation / Bestellrechnung *f.* /
Beschaffungsrechnung *f.*
order check / (US) Orderscheck *m.*
order cheque / (GB) Orderscheck *m.*
order code / Auftragskennzeichen *n.*
order collection point / **-center** /
Auftragssammelstelle *f.*
order completion report / Fertigmeldung *f.*
order confirmation / Auftragsbestätigung *f.*
order control / Auftragsüberwachung *f.* /
Auftragssteuerung *f.*
order costs / Bestellkosten *pl.* /
Auftragskosten *pl.*
order cost system / Zuschlagskalkulation *f.*
order data / Auftragsdaten *pl.*
order date / Auftragsdatum *n.*
order deadline / Beschaffungsfrist *f.*
order entry / Auftragseingang *m.*
order file / Auftragsdatei *f.* /
Auftragskartei *f.*
order file of suppliers /
Lieferanten-Auftragsdatei *f.*
order finish card / Auftragsabschlußkarte *f.*
order flow / Auftragsstrecke *f.*
order form / Bestellformular *n.*
order generation / Auftragsbildung *f.*
order handling / Auftragsabwicklung *f.*
ordering / Beschaffung *f.* / Bestellwesen *n.*
ordering bias / Ordnungsgütemaß *n.*
ordering deadline / Beschaffungsfrist *f.*
ordering number / Bestellnummer *f.*
order intake / Auftragseingang *m.*
order item / Auftragsposition *f.* /
Bestellposition *f.*
order key / Beschaffungsschlüssel *m.*
order limit / Bestellgrenze *f.*
order limit calculation /
Bestellgrenzenrechnung *f.*
order monitoring / Bestellüberwachung *f.*
order network / Auftragsnetz *n.*
order note / Bestellschein *m.* /
Bestellzettel *m.* / Auftragsmeldung *f.*
order number / Auftragsnummer *f.*
order optimization / Auftragsoptimierung *f.*
order options / Bestellmöglichkeiten *fpl.*
order period / Beschaffungszeit *f.*
order plan / Auftragsplan *m.*
order planning / Beschaffungsdisposition *f.* /
Beschaffungsplanung *f.* /
Auftragsplanung *f.*
order point / Beschaffungszeitpunkt *m.*
order point calculation /
Bestellpunktrechnung *f.*

order point stock level / Bestand zum
Bestellzeitpunkt *m./m.*
order policy / Bestellpolitik *f.*
order price / Einkaufspreis *m.*
order priority / Auftragspriorität *f.*
order procedure / Bestellverfahren *n.*
order processing / Auftragsabwicklung *f.* /
Auftragsbearbeitung *f.*
order processing center / Auftragszentrum *n.*
order processing time /
Auftragsbearbeitungszeit *f.*
order procurement /
Beschaffungsdisposition *f.*
order program / Bestellprogramm *n.*
order promise / Lieferzusage *f.*
order proposal / Auftragsvorschlag *m.* /
Bestellvorschlag *m.*
order quantity / Bestellmenge *f.* /
Auftragsmenge *f.*
order quantity calculation /
Bestellmengenrechnung *f.*
order quantity key /
Auftragsmengenschlüssel *m.*
order receipt forecast /
Auftragseingangsprognose *f.*
order recommendation / Bestellvorschlag *m.* /
Auftragsvorschlag *m.*
order-related / auftragsbezogen
order release / Auftragsfreigabe *f.*
order schedule / Auftragsablaufplan *m.*
order scheduling / Auftragseinplanung *f.* /
Auftragsterminierung *f.*
order sequence / Auftragsfolge *f.*
order slack / Auftragspufferzeit *f.*
orders on hand / Auftragsbestand *m.*
orders received / Auftragseingang *m.*
orders shipped / ausgelieferte Aufträge *mpl.*
order status / Auftragszustand *m.*
order status code-number / (RIAS)
Bestellzustandskennziffer *f.*
order stock / Auftragsbestand *m.*
order stock calculation /
Bestellbestandsrechnung *f.*
order text / Bestelltext *m.*
order time / Auftragszeit *f.*
order timing / Auftragsterminierung *f.*
order-to-delivery cycle / Lieferzyklus *m.*
order to pay / Zahlungsbefehl *m.*
order tracking / Auftragsverfolgung *f.*
order type / Auftragsart *f.*
order value / Bestellwert *m.* / Auftragswert *m.*
ordinance / Verordnung (Gesetz) *f.*
ordinary shares / (GB) Stammaktien *fpl.*
ordinary stock / (US) Stammaktien *fpl.*
organic-based resist / Resist auf organischer
Basis *n./f.*
organic solvent / organisches Lösungsmittel *n.*
organic stripper / organischer
Lackentferner *m.*

organization, control sequential / fortlaufende
Speicherungsform f.
organization chart / Organigramm n. /
Org.-plan m.
organizational design /
Organisationsentwurf m.
organization structure /
Aufbauorganisation f.
organizational consulting /
Organisationsberatung f.
organizational support /
Organisationsunterstützung f.
organometallic vapor phase epitaxy /
organometallische Dampfphasenepitaxie f.
to orient / orientieren / ausrichten / justieren
orientation of the reticle / Ausrichtung des
Retikels f./n.
orientation plane (of substrate) /
Orientierungsebene f.
orifice / Öffnung f. / Loch n.
origin / Ausgangsort m. / Ursprung m. /
Nullpunkt m. / Koordinatenursprung m. /
absolute Anfangsadresse f.
original artwork / Originalvorlage f.
original demand / ursprünglicher Bedarf m.
original due date / ursprünglicher
Endtermin m.
original inspection / Erstprüfung f.
original measurement chart /
Originalmeßstreifen m.
original pattern / Originalstruktur f.
original source / Ausgangsmedium n. /
Ausgangsquelle f.
original value / Anschaffungswert m. /
Ausgangswert m.
orthogonal / rechtwinklig
oscillating circuit / Schwingkreis m.
oscillating crystal / Schwingquarz n.
Ostwalk-Cannon-Fenske viscosimeter /
Ostwalk-Cannon-Fenske-Viskosimeter n.
otherwise / sonst
outage time / Ausfallzeit f. / Reparaturzeit f.
outboard component / Bauelement außerhalb
der Leiterplatte n./f.
outcome / Ergebnis n.
outconnector / Ausgangsstelle f.
outdiffusion / Ausdiffundierung f. /
Ausdiffusion f.
outer-bonded / außengebondet
outer-bond site / Außenbondstelle f.
outer-bond strength / Außenbondfestigkeit f.
outer connector / Außenleiter (v. Kabel) m.
outer gang bonding / simultanes
Außenbonden n.
outer lead bond /
Außenanschlußbondverbindung f.
outer lead bonder / Außenbonder m. /
Außenlötmaschine f.

outer lead bonding pad / Kontaktinsel für
Außenbonden f./n.
outer lead bonding to lead frames /
Außenbonden an Leiterrahmen n./m.
outer lead film bonder / Außenbonder m.
outer lead frame / Anschlußkamm m. /
Leiterrahmen m. / Systemträger m.
outer lead pitch / Abstand der
Außenanschlüsse m./mpl.
outer leads / äußere Enden
(v. Zwischenträger) npl. /
Außenanschlüsse mpl.
outer packaging / Umverpackung f.
outer terminal spacings / Abstände der
Außenanschlüsse mpl./mpl.
out-gassing / Entgasung f.
outgoing fraction defective / Durchschlupf m.
outgoing goods / Warenausgang m.
outgoing inspection / Ausgangskontrolle f.
outgoing mail / Postausgang m.
outgrowth / Überwuchs m.
outlays / Ausgaben fpl.
outlet / Steckdose f.
outlet nut / Kabelausgangsüberwurfmutter f.
outlier / Ausreißer m.
outliers / abweichende Werte mpl. /
Ausnahmewerte (Statistik) mpl.
outline / Grobdarstellung f.
out of focus / unscharf
out-of-pocket cost / ausgabewirksame
Kosten pl.
out of use / außer Betrieb
outplant / außerbetrieblich
output / Ausstoß m. / Arbeitsergebnis n. /
Ausbringung f. / Produktion f. /
Ausgabe f.
output buffer / Ausgabepufferspeicher m.
output capacitance / (Halbl.)
Ausgangskapazität f.
output circuit / Ausgangsschaltung f.
output conductance / Ausgangsleitwert m.
output connection / Ausgangsverbindung f. /
Ausgangsanschluß m.
output control / Ausgabesteuerung f.
output data strobe / Freigabeimpuls für
Ausgangsdaten m./pl.
output device / Ausgabegerät n.
output editing / Ausgabeaufbereitung f.
output enable / Ausgabefreigabe f.
output file / Ausgabedatei f.
output frequency / Ausgangsfrequenz f.
output instruction / Ausgabebefehl m.
output leads / Ausgangsanschlüsse mpl.
output node / Ausgangsknoten m.
output pad / Ausgangskontakt (auf Chip) m.
output pin / Ausgangsstift m. /
Anschlußstift m. / Anschlußbein n.
output ratings / Ausgangsbetriebsdaten pl.
output record / Ausgabesatz m.

output reel / Aufnahmespule
(Innenbondanlage) *f.*
output request / Ausgabeanforderung *f.*
output sample / Ausgangssignalwert *m.*
output statement / Ausgabeanweisung *f.*
output storage / Ausgabespeicher *m.*
output strobe / Ausgabetaktimpuls *m.*
output unit / Ausgabegerät *n.*
output voucher / Ausgabebeleg *m.*
outside capital / Fremdkapital *n.*
outside financing / Fremdfinanzierung *f.*
outside production / Fremdfertigung *f.*
outside shop / Fremdfertigung mit enger
Bindung an die Eigenfertigung *f./f./f.*
outside source / externe Quelle *f.*
outside supplier / Fremdlieferant *m.*
outside supply / Fremdbezug *m.*
outsourcing / Fremdbezug *m.* / (auch)
Ausgliederung von Aufgaben an extern
outsorting / Selektion *f.*
outstanding / rückständig (Zahlungen) /
überdurchschnittlich / herausragend
outstanding interest / Aktivzinsen *mpl.*
to outstrip / übertreffen
out-turn / Ist-Leistung *f.*
outward / äußerlich / Außen-..
outward bill of lading (B/L) /
Exportkonossement *n.*
outward processing / passive(r)
Veredelung(sverkehr) *m.*
oven / Ofen *m.*
oven softbaking / Ofenvorhärtung *f.* /
Ofenvortrocknung *f.*
overall / Gesamt-..
overall dimensions / Funktionsmaß *n.*
overall registration / Gesamtüberdeckung
(v. Chipebenen) *f.*
overall W x D x H / Einbaumaße *npl.*
overamplification / Übersteuerung *f.*
overcapacity / Überkapazität *f.*
overcoat / Deckschicht *f.*
overcutting / Überätzen *n.*
overdelivery / Überlieferung *f.*
to overdraw / (Konto) überziehen
overdue / überfällig
to over-estimate / überschätzen
to overetch / überätzen
overetching / Überätzung *f.*
to overexpose / überbelichten
overflow / Überlauf *m.*
overflow record / Überlaufsatz *m.*
overflow rinsing / Überlaufspülung *f.*
overglassing / SiO₂-Beschichtung *f.*
overhang / Überhang (Resist) *m.*
overhead / Aufwand *m.* /
Systemverwaltungszeit *f.* /
Gesamtaufwand *m.* / zusätzlicher
Aufwand *m.*

overhead bits / zusätzliche
Informationsschritte *mpl.*
overheads / Gemeinkosten *pl.* / indirekte
Kosten *pl.* / **manufacturing ...**
Fertigungsgemeinkosten *pl.* / **production ...**
Fertigungsgemeinkosten *pl.*
overlaid mask layers / übereinander
gezeichnete Maskenschichten *fpl.*
overlapping operation / überlappender
Arbeitsgang *m.*
overlapping lead-time /
Durchlaufzeitüberlappung *f.*
overlay / Überlagerung *f.* /
Aufdampffleck *m./* Überdeckung *f.* /
Überlappung *f.* / Überlagerungssegment *n.*
to overlay / einblenden / überlagern
overlay accuracy /
Überdeckungsgenauigkeit *f.*
overlayer / Deckschicht *f.*
overlay misregistration /
Überdeckungsfehler *m.*
overlay printing / Überdeckungsbelichtung *f.*
overlay technique / Überlagerungstechnik *f.*
to overlie / (Strukturen) überdecken
overload / Überbelastung *f.* / Überlast *f.* /
Überbeanspruchung *f.*
overload detection / Überlasterkennung *f.*
overload device / Überlastauslöser
(Schutzschalter) *m.*
overmodulation / Übersteuerung *f.*
overnight delivery / Lieferung im
Nachtsprung *f./m.*
overplating / Übermetallisierung *f.*
overrun / Überschreitung *f.* / Überlauf *m.* /
Datenverlust *m.*
overseas sales / (Siem.) Vertrieb Übersee *m.*
overseas trade / Überseehandel *m.* /
(GB) Außenhandel *m.*
over-shipment / Überlieferung *f.*
overshoot / Überschreiten *n.* /
Übersteuerung *f.*
oversized mask / überdimensionierte Maske *f.*
oversizing of features / Überdimensionierung
von Strukturelementen *f./npl.*
**overstated m. p. s. (= master production
schedule)** / Primärprogramm mit
Überdeckung *n./f.*
to overstress / überbeanspruchen
oversupply / Überangebot *n.*
overtime / Überstunden *fpl.*
overtravel / Überhub *m.*
overtravel principle / Mitgangsprinzip
(Relaiskontrolle) *n.*
over-utilization / Überlastung *f.*
overview / Übersicht *f.*
overview of work center capacity /
Belastungsübersicht je Arbeitsplatz *f./m.*
overvoltage / Überspannung *f.*
over-withdrawal / Mehrentnahme *f.*

to overwrite / überschreiben
own coding / Benutzercodierung *f.*
own cost / Eigenkosten *pl.*
owner / Eigentümer *m.* / Anker *m.* /
    (Prozeß) Verantwortlicher *m.*
owner set / Ankersatz *m.*
ownership / Eigentümerschaft *f.*
own financing / Eigenfinanzierung *f.*
own production / Eigenfertigung
own requirements / Eigenbedarf *m.*
oxidation ambient / Oxidationsumgebung *f.*
oxidation-enhanced / oxidationsverstärkt
oxidation furnace / Oxidationsofen *m.*
oxidation-induced / oxidationsbedingt
oxidation scale / Zunder *m.*
oxide-aligned / oxidjustiert
oxide barrier / Oxidsperrschicht *f.*
oxide capacitance per unit area /
    Oxidkapazität je Flächeneinheit *f./f.*
oxide-coated cathode / Oxidkathode *f.*
oxide etching / Oxidätzen *n.*
oxide evaluation / Oxidbeurteilung *f.*
oxide-isolated monolith technology /
    OXIM-Technik *f.*
oxide masking / Maskierung durch
    Siliziumoxidschicht *f./f.* /
    Oxidmaskenabdeckung *f.*
oxide passivation layer /
    Oxidpassivierungsschicht *f.*
oxide residue / Oxidrest *m.*
oxide rupture / Oxidbruch *m.*
oxide step / Oxidstufe *f.* / Oxidationsphase *f.*
oxygenation process / Oxidationsprozeß *m.*
oxygen-doped polysilicon film / mit Sauerstoff
    dotierte Polysiliziumschicht *m./f.*
oxygen incorporation / Sauerstoffeinbau *m.*
oxygen-nitrogen ambient /
    Sauerstoff-Stickstoff-Atmosphäre *f.*
oxygen-sensitive / oxidationsgefährdet
ozone detector / Nachweisgerät für Ozon *n./n.*

P

Pacco switch / Pacco-Schalter *m.*
to pack / packen / verdichten / integrieren /
    (dicht) bestücken
pack / Plattenstapel *m.* / Kartensatz *m.*
to package / packen / unterbringen /
    anordnen / kapseln / mit Gehäuse
    verschließen
package / Packung *f.* / Gehäuse *n.* /
    Baugruppe *f.* / Kompaktanordnung *f.*
package bottom / Gehäuseboden *m.*
package connection / Gehäuseverbindung *f.*
package design / Gehäusekonstruktion *f.*

package file / Gehäuseordner *m.*
package footprint / Gehäusemontagefläche *f.*
package freight / Stückgutfracht *f.*
package header / Gehäusesockel *m.*
package lead / Gehäuseanschluß *m.*
package leadout / Gehäuseanschluß *m.*
package mounting arrangement /
    Gehäusemontageanordnung *f.*
package name / Gehäusebezeichnung *f.*
package of measures / Maßnahmenpaket *n.*
package outline / Gehäusebauform *f.*
package pin / Gehäuseanschluß *m.* /
    Gehäusestift *m.* / Anschlußstift *m.*
package pin count / Gehäuseanschlußzahl *f.*
package sealing / Gehäuseabdichtung *f.*
package substrate / Gehäusesubstrat *n.*
package-to-board area ratio /
    Flächenverhältnis von Gehäuse zu
    Montageplatte *n./n./f.*
package-to-board direct attach /
    Direktmontage des Gehäuses auf der
    Leiterplatte *f./n./f.*
package-to-board fanout /
    Ausgangsverzweigung vom Gehäuse zur
    Platte *f./n./f.*
package unit / verkapptes Bauteil *n.*
packaging / Kapselung *f.* / Verkappung *f.* /
    Verpackung *f.*
packaging area / Packungsfläche *f.*
packaging density / Packungsdichte *f.*
packaging format / Gehäuseformat *n.*
packaging material /
    Verkappungsmaterial *n.* /
    Gehäusematerial *n.* /
    Verpackungsmaterial *n.*
packaging shrink / Packungsverdichtung *f.*
packaging technology / Gehäusetechnologie *f.*
packaging wall / Gehäusewand (zw. Chips) *f.*
packet switching / Paketvermittlung *f.*
packing / Packerei *f.* / Verpackung *f.*
packing charges / Verpackungskosten *pl.*
packing density / Packungsdichte *f.*
packing department / Packerei *f.*
packing included / Verpackung
    eingeschlossen *f.*
packing item / Verpackungseinheit *f.*
packing list / Packliste *f.*
pad / Kontaktstelle *f.* / Lötauge *n.* /
    Bondinsel *f.* / Anschlußfleck *m.*
pad arrangement /
    Kontaktstellenanordnung *f.*
pad array package / Gehäuse mit
    Lötkontaktmatrix *n./f.*
pad character / Auffüllzeichen *n.*
pad density / Kontaktstellendichte *f.*
pad grid array / Kontaktstellenmatrix *f.*
pad layout / Kontaktstellenanordnung *f.*
pad layout uniformity / Gleichmäßigkeit der
    Bondinselanordnung *f./f.*

pad mask / Kontaktflächenmaske f.
pad module / Kontaktstellenmodul n.
pad pattern / Lötpunktanordnung f.
pad pitch / Kontaktstellenabstand m.
pad registration / Kontaktinseljustierung f.
pad spacing / Kontaktstellenabstand m.
to pad with zeros / mit Nullen auffüllen
to page / blättern
page / Seite f.
pageable area / auslagerbarer Bereich m.
page area memory (PAM) / Seitenspeicher m.
page break / Seitenumbruch m.
page buffer / Seitenpuffer m.
page demand / Seitenabruf m.
page heading / Seitenkopf m.
page layout / Seitenformat n.
page limit / Seitenbegrenzung f.
page make-up / Seitenumbruch m.
page offset / Seiteneinzug m.
page-out operation / Seitenauslagerung f.
page overflow / Seitenüberlauf m.
page printer / Blattschreiber m.
page replacement algorithm /
  Seitenverfahren n.
page trap / Seitenfalle f.
pagination / Seitennumerierung f.
paging / Seitenaustausch m.
paging algorithm /
  Seitenaustauschverfahren n.
paging area memory (PAM) /
  Seitenspeicher m.
paging device / Seitenwechselspeicher m.
pair / Paar (z. B. Baunummern-..)
pair of insulated conductors / Adernpaar n.
palette chip / Farbpalettenchip m.
pallet / Palette f. / Substrathalter m.
panel / Bedienungsfeld n. / Schalttafel f. /
  Gremium n.
panel cable plug / Einbaustecker mit
  Kabelanschluß m./m.
panel jack / Einbaubuchse f. / eingebaute
  Buchse f.
panel plug / Einbaustecker m.
panel receptacle / Gerätesteckdose f.
paper guide / Papierführung f.
paper jam / Papierstau m.
paperlean / papierarm
paperless / beleglos / papierlos
paper tape reader / Lochbandabtaster m.
paper throughput / Papierdurchsatz m. /
  Papierausstoß m.
paper throw / schneller Papiervorschub m.
paper warfare / Papierkrieg m.
paradigm shift / Paradigmenverschiebung f. /
  Paradigmenwechsel m.
paraffin / Paraffin n.
parallel / gleichlaufend / parallel

parallel access / gleichlaufender Zugriff m. /
  Doppelzugriff m. / Parallelzugriff m. /
  Simultanzugriff m.
parallel circuit / Parallelschaltkreis m.
parallel computer / Parallelrechner m. /
  Doppelrechner m. / Simultanrechner m.
parallel connection / Parallelschaltung f.
parallel conversion / Parallelumstellung eines
  Systems f./n. / Einführung eines neuen
  Systems parallel zum bestehenden f./n.
parallel interface / Parallelschnittstelle f.
parallel memory / Parallelspeicher m.
parallel operation / Parallelbetrieb m.
parallel-plate r.f. plasma-etch reactor /
  Planar-HF-Plasmaätzer m.
parallel recording / Parallelaufzeichnung f.
parallel-resonance circuit /
  Parallelresonanzkreis m.
parallel schedule / gleichzeitige Fertigung
  eines Arbeitsgangs an mehreren
  Maschinen f./m./fpl.
parallel search memory /
  Parallelabfragespeicher m.
parallel-serial converter /
  Parallel-Serien-Umsetzer m.
parallel-serial notation /
  Parallel-Seriendarstellung f.
parallel-series circuit /
  Parallelserienschaltkreis m. /
  Shunt-Serienschaltkreis m.
parallel transmission / Parallelübertragung f.
parameter bound / Parametergrenze f.
parameter card / Parameterkarte f.
to parameterize / parametrisieren
paraphase / Gegenphase f.
parasitic reflection / Störreflex m.
parcel / Paket n.
parcel dispatch note / Paketkarte f.
parcel service / Paketdienst
  (Stückgutdienst) m.
to pare / senken / verringern / kürzen
parent / Ursprung m.
parent company / Muttergesellschaft f. /
  Stammhaus n.
parent company sales / Stammhausvertrieb m.
parenthesis-free notation / klammerfreie
  Schreibweise f.
parent item / Oberstufe f. / Artikel der
  höheren Dispositionsstufe m./f.
parent node / Mutterknoten m.
parent part / Teil der Oberstufe n./f.
parity / Parität f. / Geradzahligkeit f.
parity bit / Paritätsbit n. / Prüfbit n.
parity check / Paritätskontrolle f.
to parse / analysieren
parser / Analysierer m. /
  Analysealgorithmus m.
parsing / syntaktische Analyse f.

part cost calculation /
Teilkostenkalkulation *f.* /
Stückkostenkalkulation *f.*
part delivery / Teilelieferung *f.*
part description / Teilebezeichnung *f.*
partial amount / Teilbetrag *m.*
partial concept / Teilkonzept *n.*
partial delivery / Teillieferung *f.*
partial failure / Teilausfall *m.*
partial liability / Teilhaftung *f.*
partial load / Stückgutpartie *f.* / Teilladung *f.*
partial new planning / partielle
Neuplanung *f.*
partial order / Teilauftrag *m.* / teilbelieferter
Auftrag *m.*
partial shipment / Teillieferung *f.*
participant / Teilnehmer *m.*
to participate / teilnehmen
participation / Teilnahme *f.*
participation in profits / Gewinnbeteiligung *f.*
particle-beam memory /
Teilchenstrahlspeicher *m.*
particle contamination /
Teilchenverunreinigung *f.*
particle counter / Teilchenzähler *m.*
particle-free / staubfrei
particle generation / Partikelerzeugung *f.*
particle measurement / Partikelmessung *f.*
particle removal / Partikelentfernung *f.*
particulant contaminant /
Verunreinigungsteilchen *n.*
particularly / besonders
particulate air filter / Staubfilter *m.*
parting layer / Trennschicht *f.*
to partition / einteilen / unterteilen /
aufgliedern
partition / Programmbereich *m.*
partitioned file / untergliederte Datei *f.*
partitioning of a mold / Formtrennung *f.*
partly / teilweise
part master file / Teilestammdatei *f.*
part number / Teilenummer *f.*
part number master record /
Teilestammsatz *m.*
part number record file /
Sachnummernverzeichnis *n.*
part number supplementation /
Sachnummernergänzung *f.*
part production / Teilefertigung *f.*
part production shop /
(Abt.) Teilefertigung *f.*
part requirements planning /
Teilebedarfsplanung *f.*
parts code / Teilecode *m.*
parts family / Teilefamilie *f.*
parts list / Teileliste *f.* / Bauliste *f.*
parts manufacture / Teilefertigung *f.*
parts master / Teilestamm *m.*
parts master file / Teilestammdatei *f.*

parts movement list / Teilebewegungsliste *f.*
parts procurement / Teilebeschaffung *f.*
parts production / Teilefertigung *f.*
parts sourcing / Teilebeschaffung *f.*
parts variety / Teilevielfalt *f.*
part to specification / Zeichnungsteil *n.*
party line / Mehrpunktnetz *n.* /
Gemeinschaftsleitung *f.*
party line technique / Linienverkehr *m.*
party to contract / Vertragspartner *m.*
to pass / ablaufen / durchlaufen /
verabschieden (Plan)
passage time / Durchlaßzeit *f.*
passivant / Passivierungsmittel *n.*
to passivate / passivieren
passivating layer / Passivierungsschicht *f.*
passivation coatlng / Passivierungsschicht *f.*
passive component / passives Bauelement *n.* /
passive Systemkomponente *f.*
Passive Components and Electron Tubes
(Group) / (Siem./Bereich) Passive
Bauelemente und Röhren
passive cross-border processing / passiver
Veredelungsverkehr (PVV) *m.*
passive down-scaling / passive Skalierung
(Verkleinerung der Strukturgröße) *f.*
passive trade / Importhandel *m.*
pass key / Hauptschlüssel *m.*
passthrough / Schleuse *f.*
password / Paßwort *n.*
past due / überfällig
paste adhesion / Pastenhaftung *f.*
paste composition /
Pastenzusammensetzung *f.*
past usage / Verbrauch der
Vergangenheit *m./f.*
patch / Direktkorrektur *f.* /
Korrekturroutine *f.*
patch board / Schaltbrett *n.*
patch card / Änderungskarte *f.* /
Korrekturkarte *f.*
patent application / Patentanmeldung *f.*
patentee / Patentinhaber *m.*
path / Weg *m.* / Pfad *m.* / Programmzweig *m.*
path computer / Bahnrechner *m.*
patrol inspection / Wanderrevision *f.*
pattern / Muster *n.* / Struktur *f.* /
Belichtungsmuster *n.*
to pattern / strukturieren
pattern alignment / Strukturjustierung *f.*
pattern broadening / Strukturverbreiterung *f.*
pattern definition / Strukturauflösung *f.*
pattern-delineated / strukturiert
pattern-delineation / Strukturieren *n.* /
Schreiben (mit Elektronenstrahl) *n.*
pattern density / Strukturdichte *f.*
pattern dimension / Musterabmessung *f.*
pattern distortion / Strukturverzerrung *f.* /
Strukturlagefehler *m.*

pattern edge / Strukturkante f.
patterned oxide layer / strukturierte
Oxidschicht f.
pattern etching / Strukturätzen n.
pattern feature / Strukturelement n.
pattern fidelity / Strukturtreue f.
pattern generation / Strukturerzeugung f. /
Mikrostrukturherstellung f.
pattern generator tape / Maskensteuerband n.
pattern geometries / geometrische
Strukturelemente npl.
patterning / Strukturierung f. /
Strukturerzeugung f.
patterning beam / strukturerzeugender
Strahl m.
patterning exposure /
Strukturierungsbelichtung f.
pattern level / Strukturebene f.
pattern matching accuracy /
Strukturüberdeckungsgenauigkeit f.
pattern memory /
Belichtungsdatenspeicher m.
pattern misregistration / Überdeckungsfehler
in den Strukturen m./fpl.
pattern multiplexing /
Strukturvervielfachung f.
pattern overlay / Strukturüberdeckung f.
pattern plating / Leiterbildgalvanisieren n.
pattern registration error /
Strukturüberdeckungsfehler m.
pattern replication /
Strukturvervielfältigung f.
pattern shift / Strukturverschiebung f. /
Musterverschiebung f.
pattern spreading / Strukturverbreiterung f.
pattern superposition /
Strukturüberdeckung f.
pattern washout / Strukturverwaschung f. /
Strukturverzerrung f.
pattern width / Strukturbreite f.
pattern yield / Einzelbildausbeute f.
payable on delivery / zahlbar bei Lieferung
payable to bearer / zahlbar an Inhaber
to pay attention to / beachten
pay-back / Rückfluß (Geld) m.
to pay down / anzahlen
payee / Zahlungsempfänger m. /
(Wechsel) Bezogener m.
paying form / Zahlkarte f.
pay limit / Ertragsgrenze f.
payment by installments / Ratenzahlung f.
payment extension / Zahlungsaufschub m.
payment in advance / Vorauszahlung f.
payment on account / Anzahlung f. /
Akontozahlung f.
payment order / Zahlungsanweisung f.
payment procedure / Zahlungsverfahren n.
payment when due / Zahlung bei
Fälligkeit f./f.

to pay off / abzahlen
payroll / Gehaltsliste f.
payroll accounting / Gehaltsabrechnung f.
pay round / Tarifrunde f.
pay week / Lohnwoche f.
p.c. board / Leiterplatte f.
p.c. board adapter / Prüfadapter für
Leiterplatten m./fpl.
p.c. board assembly / Leiterplattenmontage f.
p.c. board connector / Steckerleiste für
Leiterplatte f./f.
p.c. board insertion /
Leiterplattenbestückung f.
p.c. board layout / Schaltungsentwurf für
Leiterplatte m./f.
p.c. board real estate / nutzbare
Leiterplattenfläche f.
p.c. board stuffing /
Leiterplattenbestückung f.
p.c. board trace / Leitbahn einer
Leiterplatte f./f.
p-conducting / p-leitend / defektleitend
p.c. plug-in card / Steckleiste f.
p-DIP / Kunststoff-DIP-Gehäuse n.
p-doping / p-Dotierung f.
peak / Höchststand m. / Höhepunkt m. /
Maximalwert m. / Gipfelwert m. /
... in demand Bedarfsspitze f.
peak current / Höckerstrom m. /
Spitzenstrom m.
peaking network / Verstärkungsnetzwerk n.
peak load / Arbeitshäufung f. /
Belastungsspitze f.
peak performance / Höchstleistung f. /
größtmögliche Ausbringung f.
peak-to-valley current ratio /
Spitzenstrom-Talstrom-Verhältnis n.
peak value / Scheitelwert m.
peak voltage / Spitzenspannung f.
pecker / Abfühlstift m.
pedestal / Montageblock m. / Sockel m.
to peel / (Resist) ablösen
pegged requirements / auftragsbezogener
Bestand m.
pellet / Tablette f.
pellicle / Membran (Schutzfolie f. Maske) f.
pellicled mask / mit einer Membran
geschützte Maske f./f.
to penetrate / eindringen / durchdringen
to penetrate a market / Markt
durchdringen m.
penetration / Eindringung f. /
Durchdringung f.
pension / Altersversorgung f. / corporate ...
plan betriebliche Altersversorgung f.
pent-up demand / Nachholbedarf m. /
aufgestauter Bedarf m.
penumbra blur / Halbschattenunschärfe f.

penumbra distortion / Halbschattenverzerrung *f.*
penumbral blur / Halbschattenunschärfe *f.*
penumbral blurring / Halbschattenverschleierung *f.*
penumbral distortion / Halbschattenverzerrung *f.*
penumbral shadowing / Halbschattenprojektion *f.*
p-epi on p-substrate / p-Epitaxialschicht auf p-Substrat *f./n.*
percent / Prozent
percentage / Prozentsatz *m.*
percentage area of coverage by the pattern / Bedeckungsgrad (Anteil der zu belichtenden Fläche an der Gesamtfläche) *m.*
perceptible / wahrnehmbar / erkennbar
to percolate through / (System) durchlaufen
percolation / Datenübertragung *f.*
to perform a contract / Vertrag erfüllen *m.*
performance / Leistung *f.* / **actual ...** Ist-Leistung *f.* / **rated ...** Soll-Leistung *f.*
performance agreement / Leistungsvereinbarung *f.*
performance appraisal / Personalbeurteilung *f.* / Leistungsbeurteilung *f.*
performance capability / Leistungsfähigkeit *f.*
performance comparison / Leistungsvergleich *m.*
performance criterion / Leistungskriterium *n.*
performance data / Erfolgsgrößen *fpl.*
performance evaluation / Leistungsbewertung *f.*
performance factor / Leistungsgrad *m.* / Zeitgrad *m.* / Leistungsfaktor *m.*
performance improvement / Leistungsverbesserung *f.*
performance interlocking / Leistungsverbund *m.*
performance measurement / Leistungsmessung *f.*
performance measurement system / Kennzahlensystem *n.*
performance objective / Leistungsziel *n.*
performance rate / Leistungsgrad *m.*
performance requirements / Leistungsbedarf *m.*
performance standard / Leistungskennzahl *f.* / Leistungsnorm *f.*
performance supply / Leistungsangebot *n.*
performance target / Ertragsziel *n.* / Leistungsziel *n.*
performance variance / Leistungsabweichung *f.*
perform clause / Laufklausel *f.*
perform statement / Laufanweisung *f.*

perimeter array of contacts / Anordnung der Kontakte am Außenrand *f./mpl./m.*
perimeter of the chip / Chipumfang *m.* / Chiprand *m.*
period / Periode *f.* / **... of comparison** Vergleichszeitraum *m.*
periodical shortage greater than x days / Unterdeckung größer X Tage *f.*
periodical surplus / zeitliche Überdeckung *f.*
periodicity / Periodizität *f.* / Gitterkonstante *f.*
periodic pattern / Rasterstruktur *f.*
periodic table / chemisches Periodensystem *n.*
period length / Periodenlänge *f.*
peripheral circuitry / Schaltkreisanordnung an der Chipperipherie *f./f.*
peripheral Interface adapter / Peripherieanschlußbaustein *m.* / peripherer Schnittstellenbaustein *m.*
peripheral lead spacing / peripherer Leitungsabstand *m.*
peripheral probe pad / Sondenkontaktstelle am Chiprand *f./m.*
peripheral sales / Peripherievertrieb *m.*
periphery of the wafer / Randbereich der Wafer *m./f.*
permalloy pattern / Permalloystruktur *f.*
permanent education / Weiterbildung *f.*
permanent stock control / laufende Bestandskontrolle *f.*
permanent storage / nichtflüchtiger Speicher *m.* / Permanentspeicher *m.*
permeable / durchlässig
permissible operating range / zulässiger Betriebsbereich *m.*
permit / Genehmigung *f.*
to permit / zulassen / erlauben
perpendicular / senkrecht
perpetual inventory / permanente Inventur *f.*
perpetual planning / rollierende Planung *f.*
perpetual stocktaking / permanente Inventur *f.*
per procuration (p.p.) / in Vollmacht / per Prokura
persistent / anhaltend / andauernd
personal need allowance / persönliche Verweilzeit *f.*
personal record / Lebenslauf *m.*
person in charge / Verantwortlicher *m.* / Zuständiger *m.*
personnel / Personal *n.*
personnel administration / Personalverwaltung *f.*
personnel committee / Personalrat *m.*
personnel cost / Personalkosten *pl.*
personnel department / Personalabteilung *f.*
personnel in factory / Betriebsbelegschaft *f.*
personnel management / Personalverwaltung *f.*

personnel manager / Personalchef *m.*
personnel record sheet / Personalbogen *m.*
pertinence / Relevanz *f.* / Bedeutung *f.*
pertinents / Zubehör *n.*
to perturb / stören
perturbance variable / Störgröße *f.*
PGA-socket / Stecksockel für
  Pin-Grid-Arrays *m./npl.*
phantom bill of material /
  Phantom-Stückliste *f.*
phantom circuit / Phantom-Schaltkreis *m.*
phase advance / Phasenvorlauf *m.*
phase-controlled thyristor switch /
  Schaltregler mit Phasensteuerung *m./f.*
phase distortion / Phasenverzerrung *f.*
phase encoding / Richtungstaktschrift *f.*
phase lag / Phasennacheilung *f.* /
  Phasenverzögerung *f.*
phase lead / Phasenvoreilung *f.*
phase-locked / phasensynchronisiert
phase-modulated / phasenmoduliert
phase-out part / Auslaufteil *n.*
phasing / Phasenabgleich *m.*
phasing out / Auslauf *m.*
phenol-formaldehyde polymer /
  Phenolformaldehyd-Polymer *n.*
p-hole / Defektelektron (Halbl.) *n.*
phosphine / Phosphin *n.*
phosphor-glass etching /
  Phosphorglas-Ätzung *f.*
phosphorus / Phosphor *n.*
phosphorus-doped / phosphordotiert
phosphorus oxychloride /
  Phosphorylchlorid *n.*
phosphorus pentoxide / Phosphorpentoxid *n.*
phosphorus silicate glass /
  Phosphorsilikatglas *n.*
to photoablate resist / Resist durch
  Lichtimpulse abtragen / .. entfernen
photoablation / Abtragung durch
  Lichtimpulse *f./mpl.*
photoactive compound / lichtaktive
  Preßmasse *f.* / photoaktive Preßmasse *f.*
photoaligner system / lichtoptisches
  Justiersystem *n.*
photocathode projection system /
  Fotokathodenprojektionsanlage *f.*
photo cell / Fotozelle *f.* /
  Halbleiterfotoelement *n.* / Fotoelement *n.*
to photocompose patterns / Strukturen aus
  Bildfeldern/Retikelbildern
  zusammensetzen *fpl./npl.*
photocomposition / Bildfeldmontage *f.*
photoconductor / Fotoleiter *m.*
photo-critical dimension / Lackmaß
  (Fototechnik) *n.*
photocurrent / Fotostrom *m.*
photodelineation / Strukturierung durch
  Belichtung *f./f.*

photoelectron projection imaging /
  Fotoelektronenprojektionsabbildung *f.*
photoemissive layer / Fotoemissionsschicht *f.*
photoform sheet / Formglasscheibe *f.*
photographic reduction / fotografische
  Verkleinerung *f.*
photographic storage / Filmspeicher *m.*
to photoinject / durch Licht injizieren
photomask array / Maskenfeld *n.* /
  Schablonenfeld *n.*
photomask design / Fotomaskenentwurf *m.*
photomasking technology / Maskentechnik *f.*
photomask pattern generator /
  Fotomaskenbildgenerator *m.*
photomask processing /
  Fotoschablonenentwicklung *f.*
photomask processor /
  Fotoschablonenentwicklungsanlage *f.*
photomask replication /
  Maskenvervielfältigung *f.*
photometer response / photometrische
  Empfindlichkeit *f.*
photooptical lithography / Fotolithografie *f.*
photooptical pattern generator /
  lichtoptischer Bildgenerator *m.*
photo-optical storage / Filmspeicher *m.*
photopatterning / Fotostrukturierung *f.*
photoplotter / Fotoplotter für
  Leiterplattenschaltkreise *m./mpl.*
photo-projection printer / lichtoptische
  Projektionsbelichtungsanlage *f.*
to photoreduce / fotografisch verkleinern
photorepeater / Fotorepeater *m.*
to photoresist / mit Fotolack beschichten
photo resist / Fotoresist *m.* / Fotolack *m.* /
  Resistlack *m.* / Resist *m.*
photo resist application / Aufbringen des
  Fotolacks *n./m.*
photoresist chemistry / Fotolacktechnologie *f.*
photo resist coat / Fotoresistschicht *f.*
photo resist coat-bake-and-develop system /
  Beschichtungs-, Härtungs- und /
  Entwicklungsanlage für Fotoresist *f.* /
  Resistschicht-Temper- und
  Entwicklungsanlage *f.*
photo resist coated plate / resistbeschichtete
  Fotoplatte *f.*
photo resist coating /
  Fotoresistbeschichtung *f.* /
  Fotoresistschicht *f.*
photo resist covered / fotoresistbeschichtet
photoresist edge / Lackrand *m.*
photoresist engineer / Fotolackspezialist *m.*
photo resist film / Fotoresistschicht *f.*
photo resist image / Fotoresistbild *n.* /
  Fotolackbild *n.*
photo resist layer / Fotoresistschicht *f.* /
  Fotolackschicht *f.*
photoresistor / Fotowiderstand *m.*

photoresist processing / Fotolackierung *f.*
photo resist removal / Ablösen des
  Fotoresists / Fotolackentfernung *f.*
photo resist residue / Fotolackrückstand *m.*
photo resist split-off /
  Fotolackabsplitterung *f.*
photoresponse / Lichtempfindlichkeit *f.*
photosensitive / lichtempfindlich
photosensitivity / Lichtempfindlichkeit *f.*
photospeed (of resist) /
  Lichtempfindlichkeit *f.*
to photostabilize / durch UV-Einstrahlung
  stabilisieren / durch UV-Einstrahlung
  härten
photo step-and-repeat on wafer /
  Direktbelichtung der Wafer durch
  Fotorepeater *f./f./f.*
phototool / Diapositiv für Belichtung von
  Leiterplatten *n./f./fpl.*
phototooling / fotografische Herstellung von
  Leiterplattenschaltkreismasken *f./fpl.*
photovoltaic cell / Fotoelement *n.*
photovoltaic device / Fotoelement *n.* /
  Halbleiterfotozelle *f.*
physical address / reale Adresse *f.* / echte
  Adresse *f.*
physical contact / unmittelbarer Kontakt
  (Maske - Kopie) *m.*
physical inventory / körperliche
  Bestandsaufnahme *f.*
physical life / technische Nutzungsdauer *f.*
physical stock / physischer Lagerbestand *m.*
physical unit / Baueinheit *f.*
physical vapour deposition / physikalische
  Beschichtung *f.*
to pick / entnehmen
pick date / Bereitstelldatum *n.*
picking date / Entnahmedatum *n.*
picking list / Bereitstelliste *f.* /
  Entnahmeliste *f.*
to pickle / beizen
pickup / Aufnehmer *m.*
pick-up current / Ansprechstrom *m.*
pick-up of water / Aufnahme von
  Wasser *f./n.*
pickup reliability / (Relais)
  Ansprechsicherheit *f.*
pickup threshold / (Relais) Ansprechgrenze *f.*
pickup value / (Relais) Ansprechwert *m.*
pick-up voltage / Ansprechspannung *f.*
piece list / Stückverzeichnis *n.*
piece paid employee / Akkordlöhner *m.*
piece part / Einzelteil *n.*
piece rate / Akkordsatz *m.* / Stücklohn *m.*
piece time / Stückzeit *f.*
piece value / Stückwert *m.*
piecework / Akkordarbeit *f.*
piecework earning / Akkordverdienst *m.*
piece worker / Akkordarbeiter *m.*

piece work time / Akkordzeit *f.*
piece work wages / Akkordlohn *m.*
pie-chart / Tortendiagramm *n.* /
  Kreisdiagramm *n.*
to piggyback onto / huckepackartig aufsetzen
  auf / in Huckepackmontage aufstecken
piggyback board / Huckepack-Leiterplatte *f.*
piggyback package / Huckepackgehäuse *n.*
piggybacking / Huckepackverfahren *n.* /
  Huckepackmontage *f.*
p-i junction / pi-Übergang *m.*
to pile up / anhäufen
pilot line / Versuchslinie *f.* / Pilotlinie *f.*
pilot lot / Anlaufserie *f.* / Nullserie *f.*
pilot order / Erstauftrag *m.*
pilot plant / Werk zur Fertigung neuer
  Produkte und Entwicklung neuer
  Fertigungsverfahren *n./f./npl./f./npl.*
pin / (Gehäuse-) Anschluß *m.* /
  Anschlußbein *m.* / Anschlußstift *m.*
pin-and-socket connector /
  Steckverbindung *f.* / Verbindungsstecker *m.*
pin-and-socket principle /
  Stift-Buchse-Prinzip *n.*
pin arrangement / Anschlußanordnung *f.*
pin array package / Gehäuse mit
  Anschlußstiftmatrix *n./f.*
pin assignment / Anschlußbelegung *f.*
pin-bearing film / Pinträgerschicht *f.*
pinboard / Anschlußleiste *f.* /
  Anschlußtafel *f.*
pinch effect / Stromeinschnürung *f.*
pin-compatible / anschlußkompatibel
pin configuration / Belegung der
  IS-Anschlußstifte *f./mpl.*
pin connections / Pinanschlüsse *mpl.*
pin contact / Stiftleistenkontakt *m.*
pin-contact strip / Stiftkontaktleiste *f.*
pin count / Anzahl der Anschlüsse *f./mpl.*
pin designation / Anschlußbezeichnung *f.*
p-i-n diode / pin-Diode *f.*
pin driver circuit / Pinansteuerschaltkreis *m.*
pin grid array / Anschlußstiftmatrix *f.*
pin grid hole pattern /
  Pinmatrixlochstruktur *f.*
pinhole / Pore (im Fotolack) *f.* / Defekt *m.* /
  feinstes Loch *n.* / Nadelloch *n.*
pinhole delineation by silicon etching /
  Nadellochaufzeichnung durch
  Siliziumätzung *f./f.*
pinhole density / Defektdichte *f.*
pinhole-free layer / nadellochfreie Schicht *f.*
pinholing / Defektbildung *f.*
pin identities / Anschlußbelegung *f.*
pin insertion board / Pineinsteckplatte *f.* /
  Anschlußstiftplatte für Steckmontage *f./f.*
pin layout / Anschlußbelegung *f.*
pinned / mit Anschlußstiften
pinning / Anschlußbelegung *f.*

pinout / Außenanschluß *m.* / Pin *m.*
pinout arrangement /
Anschlußkonfiguration *f.*
pinout diagram / Belegungsplan *m.* /
Anschlußstiftbelegung *f.*
pinout footprint / Anschlußkonfiguration *f.*
pinout limitation / Beschränkung der
Pinausgänge *f./mpl.*
pin overhead / zusätzliche Pinzahl *f.*
pin package / Gehäuse mit Anschlußstiften
pin pattern / Anordnungsstruktur der
Anschlußstifte *f./mpl.* / Stiftraster *n.*
pin pitch / Abstand zwischen den
Anschlüssen *m./mpl.*
to pinpoint / (Defekt) lokalisieren
pin recess chuck / Vakuumaufspannteller mit
Stiftauflageflächen *m./fpl.*
pin scheme / Belegungsschema *n.* /
Anschlußschema *n.*
pin spacing / Stiftabstand *m.*
pinspot / feinster opaker Defekt *m.* / Relikt *n.*
pin-to-pin capacitance /
Pin-zu-Pin-Kapazität *f.*
pin-to-pin separation /
Anschlußstiftabstand *f.*
p-intrinsic-n diode / PIN-Diode *f.*
pipeline inventory / im Verteilsystem
befindlicher Bestand *m.*
pipeline processor / Vektorrechner *m.*
pipeline stock / Unterwegsbestand *m.*
pipelining / Fließbandverarbeitung *f.*
pipette / Pipette *f.*
pirate copy / Raubkopie *f.*
pitch / Zeilenabstand *m.* / Rasterabstand *m.*
pitch resolution / Linienauflösung *f.*
pitch spacing / Rasterabstand *m.*
pixel / Bildelement *n.*
to place / plazieren
to place an order with / bestellen bei
to place at so's disposal / jmdm. zur
Verfügung stellen
placement / Bestückung (z. B. v. LP) *f.* /
Plazierung *f.* / Positionierung *f.*
placement error / Bestückungsfehler *m.* /
Fehlbestückung *f.*
placement error of a die / Chiplagefehler
(im Waferverband) *m.*
placement of order / Auftragserteilung *f.*
place of delivery / Erfüllungsort *m.* /
Lieferort *m.*
plain text / Klartext *m.*
planar / eben / flach
planar components / planare Bauelemente *npl.*
planar diode / Planardiode *f.*
planar geometry / Planarstruktur *f.*
planarity of the wafer / Ebenheit der
Wafer *f./f.*
planarization / Planarisierung *f.* /
Einebnung *f.* / Glättung *f.*

planar magazine / Flächenmagazin *n.*
planar package / Planarbaugruppe *f.*
planar plasma-etch reactor /
Planarplasmaätzanlage *f.*
planar-process technology /
Planartechnologie *f.*
plan-controlled / plangesteuert
plan cost calculation /
Plankostenkalkulation *f.*
plane / Ebene *f.* / Fläche *f.*
plane chart / Flächendiagramm *n.*
planetary wafer holder /
Rotationsscheibenhalter *m.*
plan item / Planposition *f.*
planned demand / disponierter Bedarf *m.*
planned issues / geplante Entnahmen *fpl.*
planned order / geplanter Auftrag *m.*
planned requirements / disponierter Bedarf *m.*
planned withdrawals / geplante
Materialentnahmen *fpl.*
planned yield / Planausbeute *f.*
planning approach / Planansatz *m.*
planning bill of material / Pseudostückliste *f.*
planning cycle / Planungszyklus *m.*
planning date / Planungstermin *m.*
planning group / Einplanungsgruppe *f.*
planning horizon / Planungshorizont *m.*
planning period / Planungszeitraum *m.*
planning sheet / (GB) Arbeitsplan *m.*
planning time span / Planungshorizont *m.*
plan number / Plannummer *f.*
plan position / Planposition *f.*
plant / Werk *n.* / Fertigungsanlage *f.* /
Betrieb *m.*
plant administration / Werksverwaltung *f.*
plant and equipment / Ausrüstungsgüter /
Anlagen *fpl.*
plant automation / Fabrikautomatisierung *f.*
plant computer / Betriebsrechner *m.*
plant engineer / Betriebsingenieur *m.*
plant management / Betriebsleitung *f.*
plant manager / Betriebsleiter *m.* /
Werksleiter *m.*
plan-to-actual comparison /
Plan-Ist-Vergleich *m.*
plan-to-actual variance /
Plan-Ist-Abweichung *f.*
plant security / Werkschutz *m.*
plasma chamber / Plasmakammer *f.* /
Zerstäubungskammer *f.*
plasma-coupled device / plasmagekoppeltes
Bauelement *n.*
plasma-deposited silicon nitride / als Plasma
abgeschiedenes Siliziumnitrid *n.*
plasma development / Plasmaentwicklung *f.*
plasma display panel (PDP) /
Plasmaanzeige *f.*
plasma-enhanced / plasmaverstärkt
plasma enhancement / Anreicherung *f.*

plasma etch equipment / Plasma-Ätzanlage *f.*
plasma formation / Plasmabildung *f.*
plasma glow area / Plasmaleuchtzone *f.*
plasma glow region / Plasmaleuchtzone *f.*
plasma processing / Plasmaverfahren *n.*
plasma reactor / Plasmaätzanlage *f.*
plasma region / Plasmabereich *m.*
plasma sputtering system /
Plasmasputterätzanlage *f.*
plasma stripper / Plasmastripanlage *f.*
plastic-base substrate / Kunststoffsubstrat *n.*
plastic-carrier film / Kunststoffträgerfilm *m.*
plastic case / Plastgehäuse *n.* /
Kunststoffgehäuse *n.*
plastic casting / Kunststoffverguß *m.*
plastic-encapsulated / plastikumhüllt /
plastverkappt / plastgekapselt /
kunststoffgekapselt
plastic encapsulation / Plastverkappung *f.*
plastic housing / Kunststoffgehäuse *n.*
plastic jacket / Kunststoffmantel *m.*
plastic leadless chip carrier / anschlußloser
Plastchipträger *m.*
plastic moulding compound /
Plastpreßmasse *f.* / Kunststoffmasse *f.*
plastic overcoating / Plastüberzug *m.* /
Kunststoffüberzug *m.*
plastic package / Kunststoffgehäuse *n.*
plastic-packaged / plastgekapselt
plastic protective coating /
Kunststoffschutzbeschichtung *f.*
plastic quad package / quadratisches
Kunststoffgehäuse *n.*
plastic-supported tape / Folienband auf
Kunststoffilm *n.*/*m.*
plastic syringe / Plastikspritze *f.*
to plate / beschichten / galvanisieren /
metallisieren
plate / Anode *f.* / Platte *f.* / Tafel *f.*
plated / metallüberzogen
plated-through / durchkontaktiert /
durchplattiert
plated-through hole / durchkontaktiertes
Loch *n.* / Durchkontaktierung *f.*
plated-wire memory / Metalldrahtspeicher *m.*
plate supply / Anodenspannung *f.*
platform / Plattform *f.*
plating / Metallisierung *f.* /
Metallbeschichtung *f.* / Galvanisieren *n.*
plating tank / Galvanisierbad *n.*
platinum-diffused / platindiffundiert
platinum probe / Platinsonde *f.*
pliable / biegsam (z.B. Diskette)
pliers test / Zangentest *m.*
to plot / graphisch darstellen
plot mode / Graphikmodus *m.*
plot routine / Graphikprogramm *n.*
plotter / Plotter *m.* / Zeichengerät *n.* /
Schreiber *m.*

plug / Stecker *m.*
plugboard / Schaltplatte *f.* / Schaltbrett *n.*
plug-compatible module (PCM) /
steckerkompatibler Baustein *m.*
plug connection / Steckverbindung *f.*
plug flange / Steckerflansch *m.* /
Steckerbund *m.*
plugging diagram / Schaltdiagramm *n.*
plug-in board / steckbare Leiterplatte *f.* /
Steckkarte *f.*
plug-in cable terminal / Anschlußpunkt des
Steckkabels *m.*/*n.*
plug-in card / Steckkarte *f.*
plug-in circuit board / Steckbaugruppe *f.*
plug-in module / steckbare
Flachbaugruppe *f.* / steckbares Modul *n.*
plug-in package / Steckgehäuse *n.* / steckbares
Gehäuse *n.*
plug-in unit / Steckbaugruppe *f.* /
Einschub *m.*
plug shell / Steckermantel *m.*
plug-to-plug adapter / Doppelstecker *m.*
p-material / p-leitendes Material *n.*
p-metal-oxide semiconductor circuit /
Schaltkreis in PMOS-Technik *m.*/*f.*
pn-junction / pn-Übergang (Halbl.) *m.*
pocket / Nest (Reaktionskammer) *n.*
pocket calculator / Taschenrechner *m.*
pointer / Zeiger *m.* / Kettfeld *n.*
point in time / Zeitpunkt *m.*
point-junction transistor /
Spitzenkontakt-Flächentransistor *m.*
point of arbitration / Gerichtsstand *m.*
point of installation of fuse / Einbaustelle für
Sicherung *f.*/*f.*
point of sale (= POS) terminal /
Kassenterminal *n.*
point source / Punktlichtquelle *f.*
point-to-point circuit / Standverbindung *f.*
point-to-point connection /
Standverbindung *f.*
poise / Poise *f.*
polarity-protected / verpolungssicher
polarity protection diode /
Verpolschutzdiode *f.*
polarization / Unverwechselbarkeit der
Pole *f.*/*mpl.*
to polarize / polarisieren
polarized plug system / unverwechselbares
Steckersystem *n.*
polarized spot / polarisiertes
Strukturelement *n.*
polarizing boss / Verpolschutznase *f.*
polarizing device / (StV) Paßteil *n.*
polarizing groove / Verpolschutznut *f.*
polarizing slot / Unverwechselbarkeits-Nut *f.*
pole piece / (Relais) Polblech *n.*
pole reversal / Umpolung *f.*

policy / (Versicherungs-) Police *f.* / Politik *f.* / Grundsatz *m.*
to poll / (zyklisch) abfragen
polling / zyklische Abfrage *f.* / Umfragebetrieb *m.*
polling character / Abrufzeichen *n.*
polling mode / Abrufbetrieb *m.*
polling pass / Umfragedurchlauf *m.*
pollutant / Schadstoff *m.*
pollution layer / Fremdschicht *f.*
polybromodibenzodioxine / Polybromdibenzodioxin *n.*
polychrome / mehrfarbig
polycrystalline / polykristallin
polyimide / Polyimid (PI) *n.*
polyimide adhesive / Polyimidkleber *m.*
polyimide carrier / Polyimidträger *m.*
polyimide film / Polyimidschicht *f.*
polyimide layer / Polyimidschicht *f.*
polyimide pattern / Polyimidstruktur *f.*
polyimide tape / Polyimid(träger)streifen *m.* / Polyimidband *n.*
polyisoprene / Polyisopren *n.*
polylayer / Polykristallschicht *f.*
polymer chain / Polymerkette *f.*
to polymerize / polymerisieren
polymerized / polymerisiert
polymer peeling / Polymerablösung *f.*
polymethyl methycrylate / Polymethylakrylat (Resist) *n.*
polypropylene carrier / Polypropylenträger *m.*
polysilicon / polykristallines Silizium *n.*
polysilicon deposition / Poly-Si-Abscheidung *f.*
polysilicon lane / Polysiliziumleiterbahn *f.*
polysilicon lead / Polysiliziumleitung *f.*
polysilicon line / Poly-Si-Kante *f.*
polysilicon resistivity / Polysiliziumwiderstand *m.*
polystyrene / Styropor *n.*
polytetrafluoroethylene / Polytetrafluoräthylen *n.*
polyvalent / mehrwertig
polyvinyl chlorine / PVC *n.*
poorly aligned / schlecht justiert
poor process control / ungenügende Prozeßbeherrschung *f.*
poor quality / schlechte Qualität *f.*
poor workmanship / schlechte Verarbeitung *f.*
to populate p.c. boards / Leiterplatten bestücken *fpl.*
population / Gesamtheit *f.* / (allg.) Bevölkerung *f.* / (LP) Bestückung *f.*
pop-up menu / Einblendmenü *n.*
porcelainized / keramikbeschichtet
porous / durchlässig
port / Anschluß *m.* / Datenkanal *m.* / (allg.) Hafen *m.*

port of destination / Bestimmungshafen *m.*
port of discharge / Löschhafen *m.* / Entladehafen *m.*
port of dispatch / Verschiffungshafen *m.*
portrait / Hochformat *n.*
Portuguese / portugiesisch
positional notation / Stellenschreibweise *f.*
positional value / Stellenwert *m.*
position assessment / Positionsbestimmung *f.*
position carry / Stellenübertrag *m.*
position, date-dependent / terminabhängige Position *f.*
position pulse (P-pulse) / Stellenimpuls *m.*
position-sensitive / (Bauelement) lageabhängig
positive-acting electron resist / elektronenempfindliches Resist *m.*
positive-channel metal-oxide semiconductor (PMOS) / Positivhalbleiter *m.*
positively charged / positiv geladen
positive contact / formschlüssiger Kontakt *m.*
positive contrast display / Hellfeldanzeige *f.*
positive edge of a pulse / ansteigende Impulsflanke *f.*
positive-going voltage / positiv werdende Spannung *f.*
positive pattern / Positivdruckoriginal *n.*
positive photoresist / Positivlack *m.*
positive resist / Positivlack *m.* / Positivresist *m.*
positive-tapered / mit positivem Böschungswinkel *m.*
positive-temperature coefficient thermistor / Kaltleiter *m.*
to possess / besitzen
possibility / Möglichkeit *f.*
possible / möglich
possible delivery date / Kanntermin *m.*
post / (StV) Stiel *m.*
postage / Porto *n.*
postal code / Postleitzahl *f.*
postalloy diffusion / Diffusion nach Einlegieren *f./n.*
postal order / Postanweisung *f.*
postal receipt / (Post) Einlieferungsschein *m.*
to post-anneal / nachtempern
postbake / Nachhärten *n.* / Nachtempern *n.* / Nachtrocknen *n.*
postbaking / Nachhärten *n.* / Nachtempern *n.* / Nachtrocknen *n.*
to postdate / vorausdatieren / hochdatieren
post-debiting / (ReW) Nachbelastung *f.*
post-deduct inventory keeping / Buchen nach Auslagerung *n./f.*
post-diffusion / Nachdiffusion *f.*
post-exposure baking / Nachhärten *n.*
post-exposure curing / Nachhärten *n.*
posting / Buchung *f.* / Zugang *m.*
posting date / Buchungsdatum *n.*
post office / Postamt *n.*

post-oxidation ambient / Nachoxidationsatmosphäre *f.*
postpaid / portofrei
to postpone / (zeitl.) verschieben
postprocessing / Nachbearbeitung *f.*
post-restante / postlagernd
post-soldering cleaning / (LP) Nachreinigen *n.*
post treatment / Nachbehandlung *f.*
potassium hydroxide / Kaliumhydroxid *n.*
pot core / Schalenkern *m.*
potcore module transformer / PM-Transformator *m.*
potential contamination / mögliche Verunreinigung *f.*
potential demand / möglicher Bedarf *m.*
potential gradient / Spannungsgefälle *n.*
pot life / Topfzeit *f.*
potting / (Kabel) Vergießen *n.*
powder electroluminescence / Pulverelektrolumineszenz *f.*
power adapter / Netzvorsatz *m.*
power amplifier / Stromverstärker *m.*
power and ground distribution / Spannungsvermaschung *f.*
power current / Starkstrom *m.*
power diode / Leistungsdiode *f.*
power dissipation / Verlustleistung *f.*
power draw / Stromaufnahme *f.*
power efficiency / (el.) Leistungswirkungsgrad *m.*
power engineering / Energietechnik *f.*
power failure / Stromausfall *m.* / Netzausfall *m.*
powerful / leistungsstark
power generation / Stromerzeugung *f.* / (Siem./Bereich) Energieerzeugung *f.*
power grid / Stromnetz *n.*
power indicator / Betriebsstromanzeige *f.*
power line / Starkstromleitung *f.* / Netzleitung *f.*
power of procuration (p.p.) / Prokura *f.*
power outage / Netzausfall *m.*
power pack / Netzanschlußgerät *n.* / Netzteil *n.*
power rating / Nennleistung *f.* / Schaltleistung *f.* / Belastbarkeit (el.) *f.*
power regulation / Leistungsregelung *f.*
power semiconductor / Leistungshalbleiter *m.*
power set / Stromaggregat *m.*
power supply / Stromversorgung *f.*
power switch / Netzschalter *m.* / Hauptschalter *m.*
power transformer / Leistungsübertrager *m.* / Leistungstransformator *m.*
Power Transmission and Distribution (Group) / (Siem./Bereich) Energieübertragung und -verteilung
practice-oriented / praxisorientiert
to prealign / vorjustieren

prealignment / Vorjustierung *f.*
preamble / Vorwort *n.*
to preassemble / vormontieren
pre-assembly / Vormontage *f.*
prebake / Vortrocknen *n.* / Vorhärten *n.*
prebaking / Ausheizen *n.*
pre-burn-in / Voralterungstest *m.*
precalculation / Vorkalkulation *f.*
pre-cap inspection / Kontrolle vor dem Verschließen *f./n.*
precarriage / (Transport) Vorlauf *m.*
to precede / vorausgehen / vorangehen
precedence / Vorrang *m.*
preceding / vorherig / vorausgehend
pre-chamber / Vorkammer *f.*
precious metal code / Edelmetallkennziffer *f.*
precipitate / Abscheidungsstoff *m.* / Anlagerungssubstanz *f.* / Niederschlag *m.*
precipitation / Abscheidung *f.* / Ablagerung *f.* / Anlagerung *f.* / Ausfällung *f.*
precision alignment / Feinjustierung *f.*
precision inline tube / Linearröhre *f.*
precision mechanics / Feinmechanik *f.*
precision overlay / Präzisionsüberdeckung *f.*
precision setting / Feineinstellung *f.*
precision sieve / Präzisionssieb *m.*
precision tool / Präzisionswerkzeug *n.*
precleaning / Vorreinigung *f.*
to preclude / ausschließen
precoated / vorbeschichtet
precompiler / Vorübersetzer *m.*
precondition / Voraussetzung *f.*
pre-deduct inventory keeping / Buchen vor Auslagerung *n./f.*
predeposition / vorausgehende Abscheidung *f.* / Vordiffundierung *f.* / Vorbelegung (Dotierungsatome) *f.*
predeposition temperature / Schichtdiffusionstemperatur *f.*
predetermined / vorbestimmt
predictable requirements / vorhersehbarer Bedarf *m.*
prediction / Vorhersage *f.* / Prognose *f.*
pre-diffusion cleaning / Vordiffundierungsreinigung *f.*
predominantly / vorwiegend / hauptsächlich
preemptive resources / entziehbare Betriebsmittel *npl.*
pre-expediting / fertigungsbegleitende Mengen-/Terminüberwachung *f.*
prefabricated wafer / vorgefertigte Siliziummaster *m.*
prefabrication / Vorfertigung *f.*
to prefer / vorziehen / bevorzugen
preference / Bevorzugung *f.*
preference code / (Zoll) Präferenzkennziffer *f.*
preference shares / (GB) Vorzugsaktien *fpl.*

preferential discount / Vorzugsrabatt *m.*
preferential tariff list /
Zollbegünstigungsliste *f.*
preferred item / Vorzugsteil *n.*
preferred stock / (US) Vorzugsaktien *fpl.*
preferred supplier / Vorzugslieferant *m.*
preferred value / Vorzugswert *m.*
prefix / Vorsilbe *f.*
preformed wire / Formdraht *m.*
to pre-glass / anglasen
to preheat / vorheizen
preheating / Vorwärmen *n.*
preleaded chip carrier / Chipträger mit
vorgefertigten Anschlüssen *m./mpl.*
preliminary / vorläufig
premating ground(ing) contact / voreilender
Erdungskontakt *m.*
premature / vorzeitig
premature breakdown / vorzeitiger
Durchschlag *m.*
premise / Voraussetzung *f.* / Prämisse *f.*
premises / Betriebsgelände *n.* /
Geschäftsräume *mpl.*
premium / Prämie *f.* / Zuschlag *m.*
premoulded / vorgeformt
preparation / Vorbereitung *f.*
preparation costs / Vorbereitungskosten *pl.*
preparation time / Vorlaufzeit (für einen
Fertigungsauftrag) *f.*
preparatory / vorbereitend
preparatory program / Vorlaufprogramm *n.*
prepared by / (in Siem.-Briefkopf)
„Bearbeiter" (*m.*)
prepayment instruction /
Frankaturvorschrift *f.*
preprimed / mit Haftmittel vorbehandelt
preprobed / vorgeprüft
preprocessing / Vorverarbeitung *f.*
preproduction / Vorfertigung *f.*
prerequisite / Prämisse *f.* / Voraussetzung *f.*
to prescreen / vorselektieren
pre-series / Vorserie *f.*
presentation / Präsentation *f.* / Vortrag *m.*
to preserve jobs / Arbeitsplätze erhalten *mpl.*
to preset / voreinstellen
President and Chief Executive Officer /
(Siem.) Vorstandsvorsitzender *m.*
to presort / vorsortieren
to prespin / vorschleudern
prespin cleaning / Reinigung vor dem
Schleudern *f./n.*
press-down time / Andruckzeit *f.*
press office / Pressereferat *n.*
to press out / auspressen
press shop / Stanzerei *f.*
press-to-changeover switch /
Druckumschalter *m.*
pressure cooker test / Dampfdrucktest *m.*
pressure gauge / Druckmeßdose *f.*

pressure pad / Niederhalter *m.*
pressure range / Druckbereich *m.*
pressure sensor / Druckmeßwertregler *m.*
pressure set point / Druckeinstellwert *m.*
pressurized container / Druckbehälter *m.*
to prestress / vorbelasten
to presume / annehmen / vermuten
presumption / Annahme *f.* / Vermutung *f.*
pretax profit / Gewinn vor Steuern *m./fpl.*
pre-tinning / Vorverzinnen *n.*
pretreatment / Vorbehandlung *f.*
prevalent / vorherrschend
to prevent / verhindern / vorbeugen
prevention / Vermeidung *f.* / Vorbeugung *f.*
previous / vorhergehend / vorherig
previous device / Vorgänger-Typ *m.*
previous year / Vorjahr *n.*
prewired / vorverdrahtet
price adjustment / Preisanpassung *f.*
price advantage / Preisvorteil *m.*
price behaviour / Preisverhalten *n.*
price bracket / Preisklasse *f.*
price ceiling / Höchstpreis *m.*
price collusion / Preisabsprache *f.*
price condition / Preisstellung *f.*
price determinants /
Preisbildungsfaktoren *mpl.*
price differential / Preisgefälle *n.*
price drop / Preissturz *m.*
price escalation clause / Preisgleitklausel *f.*
price ex works / Preis ab Fabrik *m.* / Preis ab
Werk *m.*
price flexibility / Preiselastizität *f.*
price fixing / Preisbildung *f.*
price fluctuation / Preisschwankung *f.*
price freeze / Preisstop *m.*
price gap / Preisgefälle *n.*
price increase / Preisanstieg *m.*
price leadership / Preisführerschaft *f.*
price level / Preisniveau *n.*
price-maintained / preisgebunden
price maintenance / Preisbindung *f.*
price margin / Preisspanne *f.*
price-performance ratio /
Preis-Leistungsverhältnis *n.*
price pressure / Preisdruck *m.*
price quoted / Angebotspreis *m.*
price recovery / Preiserholung *f.*
price reduction / Preisminderung *f.*
price research / Preisermittlung *f.*
prices subject to change / unverbindliche
Preise *mpl.* / Preisänderung vorbehalten *f.*
prices subject to alteration / unverbindliche
Preise / Preisänderung vorbehalten
price structure / Preisgefüge *n.*
price support / Preisstützung *f.*
price tag / Preisschild *n.*
pricing / Preisbildung *f.* / Preisgestaltung *f.*
pricing margin / Kalkulationsspanne *f.*

347 probe-to-wafer separation

primary chrome mask /
    Originalchromschablone *f.*
primary deionisation / Hauptentionisierung *f.*
primary file / Primärdatei *f.*
primary flat / Primäranschliff (v. Wafer) *m.*
primary inductance / Querinduktivität *f.*
primary operation /
    Schwerpunktarbeitsgang *m.*
primary pattern / Primärstruktur *f.*
primary requirements / Primärbedarf *m.*
primary storage / Hauptspeicher *m.*
to prime / grundieren
prime contractor / Hauptauftragsnehmer *m.*
prime costs / Selbstkosten *pl.* / direkte
    Auftragskosten *pl.*
prime market / Hauptabsatzmarkt *m.*
prime number / Primzahl *f.*
primer / Haftmittel *n.* / Haftvermittler *m.* /
    Grundierungsmittel *n.* / Grundierer *m.*
primer process / Grundierungsverfahren *n.*
priming / Haftvermittlung *f.*
priming aperture /
    Vorionisationslochblende *f.*
priming dispenser system /
    Grundierungsauftragssystem *n.*
priming section / Vorionisationsraum *m.*
principal shareholder / Hauptaktionär *m.*
principle / Prinzip *n.* / Grundsatz *m.*
to print / drucken / belichten / kopieren
printable / druckfertig / druckbar
print alignment / Druckeinstellung *f.*
print column / Druckspalte *f.*
print command / Druckbefehl *m.*
print contrast ratio / Kontrastverhältnis *n.*
print control character /
    Drucksteuerzeichen *n.*
printed board assembly (PBA) / gedruckte
    Leiterplatte *f.* / bestückte Leiterplatte *f.*
printed board component mounting /
    Leiterplattenbestückung mit
    Bauelementen *f./npl.*
printed circuit / gedruckter Schaltkreis *m.*
printed circuit board / gedruckte
    Schaltung *f.* / gedruckte Leiterplatte *f.* /
    Platine *f.*
printed circuit board assembly /
    Baugruppenfertigung *f.* /
    Leiterplattenmontage *f.* /
    Flachbaugruppenmontage *f.*
printed circuit connector / Steckverbinder für
    gedruckte Schaltungen *m./fpl.*
printed circuit trace / Leitbahn einer
    Leiterplatte *f./f.*
printed component / gedrucktes Bauteil *n.*
printed contact / gedrucktes Kontaktteil *n.* /
    gedruckter Kontakt *m.*
printed form / Vordruck *m.*
printed matter / Drucksache *f.*
printed wiring / gedruckter Schaltkreis *m.*

printed wiring circuit card / Leiterplatte *f.*
printed wiring substrate / Substrat für
    gedruckte Schaltung *n./f.*
print element / Kugelkopf *m.*
printer / Drucker *m.* / Belichtungsgerät *n.*
printer control / Druckersteuerung *f.*
printer layout / Listenbild *n.*
print file / Druckdatei *f.*
print gap / Belichtungsabstand *m.*
print group / Druckleiste *f.*
print head / Druckkopf *m.*
printing / Stempeln *n.* / Drucken *n.*
printing gap / Belichtungsabstand *m.*
printing parameter /
    Belichtungsparameter *m.*
printing plate / Druckplatte *f.*
printing rate / Druckleistung *f.*
printing routine / Druckprogramm *n.*
printing step / Belichtungsschritt *m.*
printing unit / Druckaggregat *m.*
print layout / Druckvorlage *f.* /
    Ausgabeformat *n.*
print member / Typenträger *m.*
printout storage / Druckausgabespeicher *m.*
print wheel / Typenrad *n.*
prior / vorherig / vorausgehend
to prioritize / priorisieren
priority control / Prioritätssteuerung *f.*
priority planning / Prioritätsplanung *f.*
priority processing / Vorrangverarbeitung *f.*
priority rule / Prioritätsregel *f.*
prior tax / Vorsteuer *f.*
Private Communications Systems (Group) /
    (Siem./Bereich) Private
    Kommunikationssysteme *npl.*
probability / Wahrscheinlichkeit *f.*
probable / (adj.) wahrscheinlich /
    voraussichtlich
to probe / sondieren / mit Sonden prüfen
probe / Sonde *f.* / Prüfsonde *f.*
probe array / Sondenanordnung *f.*
probe contact / Prüfkontakt *m.*
probe contact point / Sondenkontaktspitze *f.*
probe current / Sondenstrom *m.*
probe damage / Beschädigung durch die
    Sonde *f.*
probe fault / Sondenfehler *m.*
probe-forming / Sondenerzeugung *f.*
probe grinder / Sondenschleifer *m.*
probe head / Sondenkopf *m.*
probe loading / Sondenbelastung *f.*
probe pad / Prüfkontaktstelle *f.*
probe pad array / Prüfstellenmatrix *f.*
prober / Prober *m.* / Prüfsonde *f.*
probe spacing / Sondenendabstand *m.*
probe testing / Sondenprüfung *f.*
probe tip / Sondenspitze *f.*
probe-to-wafer separation /
    Sonde-Wafer-Abstand *m.*

probe yield / Prüfausbeute *f.*
probing / Sondenprüfverfahren *n.*
probing pattern / Teststruktur *f.*
problem solution / Problemlösung *f.*
procedural / verfahrensorientiert
procedural infrastructure /
  Verfahrenslandschaft *f.*
procedural statement /
  Verfahrensanweisung *f.*
procedure / Verfahren *n.*
procedure administration /
  Verfahrensbetreuung *f.*
procedure administrator /
  Verfahrensbetreuer *m.*
procedure declaration /
  Prozedurvereinbarung *f.*
procedure division / (COBOL) Prozedurteil *n.*
to proceed / fortsetzen / ablaufen
proceeds / Erlös *m.* / Ertrag *m.*
process / Fertigungsverfahren *n.* / Prozeß *m.* /
  Ablauf *m.* / Vorgang *m.*
to process / verarbeiten / bearbeiten /
  veredeln
processability / Verarbeitbarkeit *f.*
process allowance / Fertigungszuschlag *m.*
process analysis / Prozeßanalyse *f.* /
  Prozeßuntersuchung *f.*
process average / durchschnittliche
  Fertigungsqualität *f.*
process chain / Prozeßkette *f.*
process chamber / Prozeßkammer *f.* /
  Bearbeitungskammer *f.*
process chart / Arbeitsablaufdarstellung *f.*
process consultant / Prozeßberater *m.*
process consulting / Prozeßberatung *f.*
process control system / Prozeßleitsystem *n.* /
  Prozeßsteuerungssystem *n.*
process costing / Divisionskalkulation *f.*
process coupling / Prozeßkopplung *f.*
process cycle time / Prozeßdurchlaufzeit *f.* /
  Prozeßdauer *f.*
process design / Prozeßgestaltung *f.*
process development / Prozeßentwicklung *f.*
process economics / Verfahrensrentabilität *f.*
process engineering / Verfahrenstechnik *f.* /
  Prozeßtechnik *f.*
process evaluation / Prozeßauswertung *f.*
process flow chart / Ablaufdiagramm *n.* /
  Prozeßablaufplan *m.*
process handling / Prozeßabwicklung *f.*
process improvement / Prozeßverbesserung *f.*
processing / Verarbeitung *f.* / Veredelung *f.* /
  alternate ... time Ersatzbearbeitungszeit *f.* /
  control sequential ... fortlaufende
  Verarbeitungsfolge *f.* / **integrated data ...**
  integrierte Datenverarbeitung
processing capability /
  Verarbeitungsleistung *f.*

processing industry / verarbeitende
  Industrie *f.*
processing logic / Verarbeitungslogik *f.*
processing of duty-free goods /
  Freigutveredelung *f.*
processing power / Verarbeitungsleistung *f.*
processing procedure /
  Bearbeitungsverfahren *n.* /
  Veredelungsverfahren *n.*
processing reference /
  Verarbeitungshinweis *m.*
processing routine /
  Verarbeitungsprogramm *n.*
processing sequence / Bearbeitungsfolge *f.*
processing sheet / Fertigungsvorschrift *f.*
processing step / Bearbeitungsstufe *f.*
processing technology / Verfahrenstechnik *f.*
processing time / Bearbeitungszeit *f.*
process interface / Prozeßschnittstelle *f.*
process inventory / Bestand an unfertigen
  Erzeugnissen *m./npl.*
process line / Prozeßlinie *f.* /
  Fertigungslinie *f.*
process mapping / Prozeßabbildung *f.* /
  Prozeßerfassung *f.*
process optimization / Prozeßoptimierung *f.*
processor / Prozessor *m.*
processor chip / Prozessorchip *m.*
process orientation / Prozeßorientierung *f.*
process-oriented / ablauforientiert /
  prozeßorientiert
processor performance /
  Verarbeitungsleistung *f.* /
  Prozessorleistung *f.*
processor state / Funktionszustand *m.*
process owner / Prozeßverantwortlicher *m.*
process ownership / Prozeßverantwortung *f.*
process participant / Prozeßteilnehmer *m.*
process planning / Ablaufplanung *f.*
process quality / Prozeßqualität *f.*
process redesign / Prozeßneugestaltung *f.*
process reengineering /
  Prozeß-Reengineering *n.* /
  Prozeßneugestaltung *f.*
process reliability / Prozeßsicherheit *f.* /
  Prozeßzuverlässigkeit *f.*
process sheet / Arbeitsplan *m.*
process simplification /
  Prozeßvereinfachung *f.*
process specification / Prozeßvorschrift *f.*
process tube / Prozeßrohr *n.*
process variations / Prozeßschwankungen *fpl.*
process yield / Prozeßausbeute *f.*
process window / Prozeßtoleranz *f.*
to procure / beschaffen
to procure capital / Kapital beschaffen *n.*
procurement / Beschaffung *f.*
procurement cycle /
  Wiederbeschaffungszyklus *m.*

procurement lead time /
  Wiederbeschaffungszeit *f.*
procurement market / Beschaffungsmarkt *m.*
procurement objectives /
  Beschaffungsziele *npl.*
procurement possibility /
  Beschaffungsmöglichkeit *f.*
procurement system / Beschaffungswesen *n.*
prod / Prüfspitze *f.*
producer / Hersteller *m.* / Produzent *m.*
producer country / Herstellungsland *n.*
producer goods / Produktionsgüter *npl.*
producers' market / Herstellermarkt *m.*
to produce to order / auftragsbezogen
  fertigen
to produce to store / auf Lager fertigen
product / Erzeugnis *n.* / Produkt *n.* /
  high quality ... Qualitätserzeugnis *n.* /
  intermediate ... Zwischenprodukt *n.*
product characteristic / Produkteigenschaft *f.*
product configuration / Produktausprägung *f.*
product design / Produktgestaltung *f.*
product development / Produktentwicklung *f.*
product division / Produktsparte *f.*
product family / Produktfamilie *f.*
product generation / Produktanstoß *m.* /
  Produktgeneration *f.*
product group / Erzeugnisgruppe *f.* /
  Produktgruppe *f.*
product history data / Änderungsgeschichte
  (eines Erzeugnisses) *f.*
product improvement /
  Produktverbesserung *f.*
product initiation / Produktanstoß *m.*
production / Fertigung *f.* / Produktion *f.* /
  computerized ... control maschinelle
  Fertigungssteuerung *f.* / **continuous ...**
  Fließfertigung *f.* / **cyclical ... control**
  zyklische Fertigungssteuerung *f.* / **group ...**
  Gruppenfertigung *f.* / **individual ...**
  Einzelfertigung *f.* / **integrated ...**
  control system integriertes
  Fertigungssteuerungssystem *n.* / **line ...**
  Montageband-Fertigung *f.* / **means of ...**
  Produktionsmittel *npl.* / **mechanical ...**
  mechanische Fertigung *f.* / **overlapped ...**
  überlappte Fertigung *f.* / **own ...**
  Eigenfertigung *f.* / **parts ...**
  Teilefertigung *f.* / **program ...**
  Programmfertigung *f.* / **provisional ...**
  provisorische Fertigung *f.* / **repetitive ...**
  Wiederholfertigung *f.* / **simultaneous ...**
  control simultane Fertigungssteuerung *f.* /
  single ... Einzelanfertigung *f.* / **temporary**
  ... provisorische Fertigung *f.*
production allowance / Fertigungszuschlag *m.*
production batch / Fertigungslos *n.* /
  Charge *f.*

production bill of material /
  Fertigungsstückliste *f.*
production breakdown / Fertigungsstörung *f.*
production break note / Störungsmeldung *f.*
production capacity / Fertigungskapazität *f.*
production changeover /
  Fertigungsumstellung *f.*
production completion /
  Produktfertigstellung *f.* /
  Produktverfügbarkeit *f.*
production conditions /
  Fertigungsbedingungen *fpl.*
production control / Fertigungssteuerung *f.*
production cost center /
  Fertigungskostenstelle *f.*
production costs / Fertigungskosten *pl.*
production criterion / Fertigungsmerkmal *n.*
production cycle / Fertigungszyklus *m.*
production cycle time /
  Fertigungs(durchlauf)zeit *f.*
production data / Fertigungsdaten *pl.*
production data capturing /
  Betriebsdatenerfassung *f.*
production date / Fertigungstermin *m.*
production department /
  Fertigungsdurchführung *f.*
production documents /
  Fertigungsunterlagen *fpl.* /
  Fertigungsbelege *mpl.*
production efficiency /
  Produktionseffektivität *f.*
production engineering / Fertigungstechnik *f.*
production equipment / Betriebsmittel *npl.*
production facilities /
  Fertigungseinrichtungen *fpl.* /
  Fertigungsbereiche *mpl.*
production facility technology /
  Betriebsmitteltechnologie *f./npl.*
production file / Betriebsdatei *f.* /
  Fertigungsdatei *f.*
production flow / Fertigungsfluß *m.*
production flow analysis /
  Fertigungsflußanalyse *f.*
production hours / Fertigungszeit *f.*
production island / Fertigungsinsel *f.*
production key / Fertigungsschlüssel *m.*
production lead time /
  Fertigungsvorbereitungszeit *f.*
production level / Fertigungsstufe *f.* /
  Produktionsgrad *m.*
production line / Fertigungslinie *f.*
production lot / Fertigungslos *n.*
production master data /
  Fertigungsstammdaten *pl.*
production manager / Technischer
  Fabrikleiter *m.*
production mask / Arbeitsmaske *f.*
production monitoring /
  Fertigungsüberwachung *f.*

production order / Fertigungsauftrag *m.* / Werkstattauftrag *m.*
production orders on hand / Fertigungsauftragsbestand *m.*
production order stock / Fertigungsauftragsbestand *m.*
production overheads / Fertigungsgemeinkosten *pl.*
production plan / Fertigungsplan *m.* / Produktionsplan *m.*
production planning / Fertigungsplanung *f.* / Produktionsplanung *f.*
production planning and control (PPC) / Produktionsplanung und -steuerung (PPS) *f.*
production plan period / Produktionsplanperiode *f.*
production procedure / Fertigungsablauf *m.*
production process / Fertigungsverfahren *n.* / Fertigungsablauf *m.*
production program planning / Fertigungsprogrammplanung *f.*
production progress / Fertigungsfortschritt *m.*
production range / Fertigungsspektrum *n.* / Produktionsspektrum *n.*
production release / Fertigungsfreigabe *f.*
production report / Fertigungsbericht *m.*
production resource / Produktionsfaktor *m.* / Betriebsmittel *n.*
production routing / Fertigungsvorbereitung *f.*
production run schedule / Fertigungsprogramm *n.* / Produktionsprogramm *n.* / Fertigungs-Terminplan *m.*
production scheduling / Fertigungssteuerung *f.*
production scrap / Fertigungsausschuß *m.*
production sequencing / Fertigungsablaufplanung *f.*
production status / Fertigungsstand *m.*
production step / Fertigungsschritt *m.*
production target / Fertigungsziel *n.* / Fertigungsvorgabe *f.*
production to customer order / Kundenauftragsfertigung *f.*
production to stock / Fertigung auf Lager *f./n.*
production type / Fertigungsart *f.*
production wages / Fertigungslohn *m.*
productive / produktiv
productive operation / Produktivbetrieb *m.*
productive implementation / Produktiveinsatz *m.*
productive use / Produktiveinsatz *m.*
productivity / Produktivität *f.*
productivity constraint / Produktivitätsengpaß *m.*

productivity gain / Produktivitätsfortschritt *m.* / Produktivitätsanstieg *m.*
productivity gap / Produktivitätsgefälle *n.* / Produktivitätslücke *f.*
productivity ratio / Produktivitäts-Kennzahl *f.*
productivity slowdown / Produktivitätsrückgang *m.*
productivity target / Produktivitätsziel *n.*
product launch / Produkteinführung *f.*
product level / Erzeugnisebene *f.*
product liability / Produkthaftung *f.*
product life cycle / Produktlebenszyklus *m.*
product maturity / Produktreife *f.*
product profile / Produktprofil *n.*
product quality / Produktqualität *f.*
product range / Erzeugnisspektrum *n.* / Produktsortiment *n.* / Produktspektrum *n.*
product-related / produktbezogen
product release / Produktfreigabe *f.*
product responsibility / Produktverantwortlichkeit *f.*
product selection / Produktauswahl *f.*
product service / Produktbetreuung *f.*
product specification / Produktbeschreibung *f.*
product start / Produkteinschleusung *m.*
product structure / Erzeugnisgliederung *f.*
product structure file / Strukturdatei *f.*
product survey / Produktübersicht *f.*
product throughput time / Produktdurchlaufzeit *f.*
product variant / Erzeugnisvariante *f.*
product variety / Produktvielfalt *f.*
product wind-down / Produktionsauslauf *m.*
profession / (meist akadem.) Beruf *m.*
professional / beruflich
proficiency allowance / Zulage durch Mehrleistung *f./f.*
profiled plates / Blechprofile *npl.*
profit / Gewinn *m.* / Ertrag *m.*
profitability / Rentabilität *f.*
profitability computation / Wirtschaftlichkeitsberechnung *f.*
profitable / wirtschaftlich / rentabel / gewinnbringend
profit-and-loss account / Gewinn- und Verlustrechnung *f.*
profit center / Ertragszentrum *n.*
profit margin / Gewinnspanne *f.*
profit sharing / Gewinnbeteiligung *f.*
profits tax / Ertragssteuer *f.* / Gewinnsteuer *f.*
proforma invoice / Proformarechnung *f.*
profound / tiefgehend (Änderungen etc.)
program allowance for small-scale orders / Kleinauftragsprogrammzuschlag *m.*
program amendment / Programmänderung *f.*

program auditing / Programmrevision *f.*
program branch / Programmzweig *m.* / Programmsprung *m.*
program checkout / Programmtesten *n.*
program compilation / Programmübersetzung *f.*
program control / Programmsteuerung *f.*
program cycle / Programmschleife *f.* / Programmzyklus *m.*
program description / Programmbeschreibung *f.*
program descriptor / Programmtabelle *f.*
program design / Programmentwurf *m.*
program development time / Programmentwicklungszeit *f.* / Austestzeit *f.*
program download / Einlesen des Programms *n./n.*
program-driven / programmgesteuert
program dump / Programmabzug *m.*
program editor / Programmaufbereiter *m.*
program entry / Programmeingang *m.*
program execution / Programmausführung *f.*
program fault / Programmfehler *m.*
program fetch / Programmabruf *m.*
program flag / Markierungspunkt *m.*
program flow / Programmablauf *m.*
program generation / (Prod.) Programmbildung *f.*
program identifier / Programmkennung *f.*
program instruction / Programmbefehl *m.*
program interface / Programmschnittstelle *f.*
program interlocking / Programmverbund *m.*
program interrupt / Programmunterbrechung *f.*
program key / Programmsteuertaste *f.*
program level / Programmebene *f.*
program library / Programmbibliothek *f.*
program linkage / Programmverknüpfung *f.*
program loop / Programmschleife *f.*
programmable / programmierbar
programmable array combination circuit / programmierbare Feldverknüpfungsschaltung *f.*
programmable array logic / programmierbare Matrixlogik *f.*
programmable control panel / steuerbares Schaltfeld *n.*
programmable electron-beam lithography / programmgesteuerte Elektronenstrahllithographie *f.*
programmable read only memory (PROM) / programmierbarer Festspeicher *m.*
program maintenance / Programmwartung *f.* / Programmpflege *f.*
programmed instruction / programmierte Unterweisung *f.*
program memory / Programmspeicher *m.*
program module / Programmbaustein *m.*

program nesting / Programmverschachtelung *f.*
program overlay / Programmüberlagerung *f.*
program planning / Programmplanung *f.*
program protection / Programmsicherung *f.*
program release / Programmfreigabe *f.* / Programmversion *f.*
program relocation / Programmverschiebung *f.*
program request / Programmaufruf *m.*
program run / Programmlauf *m.*
program scheduler / Programmablaufplanungssystem *n.*
program section / Programmteil *m.*
program segmentation / Programmunterteilung *f.*
program sensitive fault / programmabhängiger Fehler *m.*
program sentence / Programmsatz *m.*
program sequence / Programmfolge *f.*
program specification / Programmspezifizierung *f.* / Programmkenndaten *pl.*
program statement / Programmanweisung *f.*
program storage / Programmspeicher *m.*
program switch / Programmweiche *f.* / Programmschalter *m.*
program target / Programmvorgabe *f.*
program termination / Programmbeendigung *f.*
program translator / Programmübersetzer *m.*
progress / Fortschritt *m.* / Programmablauf *m.*
progress control / Fortschrittskontrolle *f.* / Arbeitsfortschrittsüberwachung *f.*
progressive / fortschrittlich / fortschreitend
progressive junction / allmählicher Übergang (Halbl.) *m.*
progress payment / Abschlagszahlung *f.*
to prohibit / verbieten
project / Anlage *f.* / Projekt *n.* / Vorhaben *n.*
project business / Anlagengeschäft *n.*
project control / Projektsteuerung *f.*
project controlling / Projektcontrolling *n.*
project documentation / Projektdokumentation *f.*
projected usage per year / voraussichtlicher Jahresverbrauch *m.*
projection / Hochrechnung *f.* / Projektion *f.*
projection alignment system / Projektionsjustier- und Belichtungsanlage *f.*
projection display / Projektionsanzeige *f.*
projection enlargement / Projektionsvergrößerung *f.*
projection exposure equipment / Projektionsbelichtungsanlage *f.*
projection mask aligner / Projektionsjustier- und Belichtungsanlage *f.*

projection mask alignment /
Maskenjustierung im
Projektionsverfahren *f./n.*
projection mirror system /
Projektionsspiegelsystem *n.*
to projection-print / im Projektionsverfahren
belichten
projection printer /
Projektionsbelichtungsanlage *f.*
projection reduction stepper /
Projektionsscheibenrepeater mit
verkleinerter Strukturübertragung *m./f.*
projection reduction wafer stepper /
Wafer-Stepper *m.* /
Projektionsscheibenrepeater mit
Bildverkleinerung *m./f.*
projection screen method /
Projektionsschirmverfahren *n.*
projection step-and-repeat machine /
Projektions- und Überdeckungsrepeater *m.* /
Scheibenrepeater *m.*
projection stepper / Scheibenrepeater *m.*
project management / Projektabwicklung *f.* /
Projektleitung *f.*
project manager / Projektleiter *m.*
project organization / Projektorganisation *f.*
project organizer / Projektorganisator *m.*
project phase / Projektphase *f.*
project planning / Projektplanung *f.* /
Projektierung *f.*
project scheduling / Projektplanung *f.*
project shop / Baustellenfertigung *f.*
project sponsor / Projektträger *m.*
project status report / Projektstatusbericht *m.*
project supervision / Projektüberwachung *f.*
to prolong / verlängern
prolongation / Verlängerung *f.*
prolonged / anhaltend (Wachstum) /
verlängert
promise / Zusage *f.*
to promote / befördern / fördern
promotion / Beförderung *f.* / Förderung *f.*
prompt / Bedienerhinweis *m.* / Anweisung für
Bediener *f./m.* / Aufforderungszeichen *n.* /
Prompt *m.*
prompt character / Bereitschaftszeichen *n.*
prompting / Bedienerführung *f.*
promptly / umgehend
proof / Beweis *m.* / Nachweis *m.*
propagated error / Fortpflanzungsfehler *m.*
propagation / Fortpflanzung *f.* /
Ausbreitung *f.*
propensity to export / Exportneigung *f.*
propensity to invest / Investitionsneigung *f.*
proper / richtig
property / Eigentum *n.*
property abroad / Auslandsvermögen *n.*
proportional band controller /
Proportionalregler *m.*

proposal / Vorschlag *m.*
proprietary / firmeneigen / anwendereigen /
gesetzlich geschützt
propulsion / Antrieb *m.*
propylacrylate / Propylakrylat *n.*
to prorate / anteilmäßig verrechnen
prorated costs / anteilige Kosten *pl.*
prospective short-circuit current /
auftretender Kurzschlußstrom *m.*
to protect / schützen / sichern
protected long-nose pliers / Spitzzange mit
Isoliergriffen *f./mpl.*
protection coating / Schutzschicht *f.*
protectionist tariff / Schutzzoll *m.*
protective coating / Schutzschicht *f.*
protective enclosure / Schutzkammer *f.*
protective jacket / Schutzhülle *f.*
protective layer / Schutzschicht *f.*
protective overcoating / Schutzüberzug *m.*
protective package / Schutzgehäuse *n.*
protective resistance / Vorwiderstand *m.*
protective sleeve / Schutzhülle *f.*
protective surface layer /
Oberflächenschutzschicht *f.*
proton bombardment / Protonenbeschuß *m.*
proton-enhanced diffusion /
protonengeförderte Diffusion *f.*
prototyping of chips / Prototypherstellung
von Chips *f./mpl.*
provable / beweisbar / nachweisbar
to prove / beweisen / nachweisen
to provide / liefern / versorgen / bereitstellen
provision / Versorgung *f.* / Bereitstellung *f.* /
Lieferung *f.*
provisional / vorläufig
provisional average deposit /
Havarieeinschuß *m.*
provisional production / provisorische
Fertigung *f.*
provision of financial resources /
Finanzmittelbereitstellung *f.*
provision of funds /
Finanzmittelbereitstellung *f.* /
Kapitalbereitstellung *f.*
proximity aligner / Abstandsjustier- und
Belichtungsanlage *f.*
proximity alignment / Abstandsjustierung *f.*
proximity contact / Quasikontakt *m.*
proximity exposure / Proximity-Belichtung *f.*
proximity exposure gap /
Belichtungsabstand *m.*
proximity masking / Abstandsverfahren *n.*
proximity printing / Abstandsbelichtung *f.* /
Proximitybelichtung *f.*
proximity projection printing /
Abstandsprojektionsbelichtung *f.*
proximity switch / Näherungsschalter *m.*

proximity technique / Proximityverfahren *n*. / Abstandsverfahren *n*. / Quasikontaktverfahren *n*.
proxy / Vollmacht *f*.
pseudo bill of material / Phantom-Stückliste *f*.
pseudo instruction / Pseudobefehl *m*.
pseudorandom / pseudozufällig
pseudo random sequence / Pseudozufallsfolge *f*.
PTC-resistor / PTC-Widerstand *m*. / Kaltleiter *m*.
p-type / p-leitend / p-... / p-Typ.. / defektleitend
p-type area / p-Zone *f*.
p-type semiconductor / p-Halbleiter *m*. / Fehlstellenhalbleiter *m*. / Mangelhalbleiter *m*. / Defekthalbleiter *m*.
p-type silicon substrate / p-Si-Substrat *n*. / p-leitendes Siliziumsubstrat *n*.
p-type well / p-Wanne *f*.
public / öffentlich
public domain software / freibenutzbare Software *f*.
public holiday / gesetzlicher Feiertag *m*.
public relations / Öffentlichkeitsarbeit *f*. / Pressewesen *n*.
to publish / veröffentlichen
puck / Andruckscheibe (f. Wafer) *f*.
puddle development / Auftropfentwicklung *f*.
puddle technique / Auftropfverfahren *n*.
to pull ahead / vorziehen
pull distribution / Produktverteilung entsprechend dem Bedarf der Zweigstelle *f*./*m*./*f*.
puller / Ziehapparat (f. Kristallzüchtung) *m*.
pull file / Ziehdatei *f*.
pull-force value / Zugkraftwert *m*.
to pull in sales / Umsatz bringen *m*.
pull-out force / Ausziehkraft *f*.
pull principle / Holprinzip *n*. / Ziehprinzip *n*.
pull rate / Ziehgeschwindigkeit *f*.
pull-type ordering system / bedarfsorientiertes Bestellsystem *n*.
pulse amplifier / Impulsverstärker *m*.
pulse bandwidth / Impulsbandbreite *f*.
pulse carrier / Impulsträger *m*.
pulsed beam / Impulsstrahl *m*.
pulsed drain current / gepulster Drainstrom *m*.
pulsed dye laser / Impulsfarbstofflaser *m*.
pulse delay time / Impulsverzögerungszeit *f*. / Impulsabfallzeit *f*.
pulsed electron beam / Impulselektronenstrahl *m*.
pulsed input / Impulseingangssignal *n*.
pulse distortion / Impulsverzerrung *f*.
pulsed-laser annealing / Impulslaserausheilung *f*.

pulsed memory display / pulsbetriebene Speicheranzeige *f*.
pulsed mercury lamp / Impuls-Quecksilber-Lampe *f*.
pulsed operation / Impulsbetrieb *m*.
pulse duration / Impulsdauer *f*. / Impulslänge *f*.
pulsed xenon lamp / Impuls-Xenon-Lampe *f*.
pulsed x-ray lithography / Impulsröntgenlithographie *f*.
pulse equalizer / Impulsentzerrer *m*.
pulse forming / Impulsbildung *f*.
pulse generator / Impulsgeber *m*.
pulse heating / Impulserhitzung *f*.
pulse height / Impulshöhe *f*. / Impulsamplitude *f*.
pulse jitter / Impulsinstabilität *f*.
pulse length / Impulslänge *f*.
pulse load / Impulsbelastbarkeit *f*.
pulse noise / Impulsrauschen *n*.
pulser / Impulsgeber *m*.
pulse rate-of-rise / Steilheit des Impulsantriebes *f*./*m*.
pulse ratio / Impulsverhältnis *n*.
pulse reflow / Impulslöten (Bonden) *n*.
pulse repeater / Impulsverstärker *m*.
pulse resolution / Impulsauflösung(svermögen) *f*. (*n*.)
pulse response / Impulsverhalten *n*.
pulse restoration / Impulserneuerung *f*.
pulse shape / Impulsform *f*.
pulse spacing / Impulsabstand *m*.
pulse stretching / Impulsdehnung *f*.
pulse-strobed / stroboimpulsgesteuert
pulse train / Impulsfolge *f*. / Impulskette *f*. / Impulsreihe *f*.
pulse transformer / Impulsübertrager *m*.
pulse width / Impulsbreite *f*.
pump cavity / Pumpengehäuse *n*.
pumpdown / Evakuierung *f*.
pumping speed / Pumpgeschwindigkeit *f*.
pump-priming / Ankurbelung der Wirtschaft *f*./*f*.
pump warning light / Pumpenkontrollampe *f*.
to punch / lochen / stanzen
punch / Locher *m*.
punch card / Stechkarte *f*. / Arbeitskarte *f*.
punch code / Lochschrift *f*.
punch form / Ablochbeleg *m*. / Ablochvordruck *m*. / Lochbeleg *m*.
punitive tariff / Strafzoll *m*.
puppet / Schablone (Schaltkreisentwurf) *f*.
purchase / Kauf *m*. / Erwerb *m*. / Anschaffung *f*. / **open ... order** offener Bestellauftrag *m*.
purchase commission / Einkaufsprovision *f*.
purchase commitment / Kaufverpflichtung *f*. / Abnahmeverpflichtung *f*.

purchase contract / Kaufvertrag *m.*
purchase item / Kaufteil *n.*
purchase order / Bestellauftrag *m.*
purchase order handler /
　Einkaufsbearbeiter *m.*
purchase order number / Bestellnummer *f.*
purchase number / Bestellnummer *f.*
purchase part / Kaufteil *n.*
purchase price / Einkaufspreis *m.*
purchase requisition / Bedarfsmeldung *f.* /
　Materialanforderung *f.* /
　Bestellanforderung *f.*
purchasing / Einkauf *m.*
purchasing agent / Einkaufsbeauftragter *m.*
purchasing code / Einkaufsschlüssel *m.*
purchasing department / (Abt.) Einkauf *m.*
purchasing logistics / Einkaufslogistik *f.* /
　Beschaffungslogistik *f.*
purchasing manager / Einkaufsleiter *m.*
purchasing order / Einkaufsbestellung *f.* /
　Bestellauftrag *m.*
purchasing policy / Einkaufspolitik *f.*
purchasing power / Kaufkraft *f.*
purchasing procedure / Einkaufsverfahren *n.*
pure resistance / Ohmscher Widerstand *m.*
to purge / löschen / (allg.) reinigen
purge date / Freigabedatum *n.* /
　Löschdatum *n.*
to purify / veredeln
purple plague / Purpur-Pest *f.*
purposeful / zielgerichtet
to pursue / (Ziel) verfolgen
push-button / Drucktaste *f.*
push-button control / Drucktastensteuerung *f.*
push-button telephone / Tastentelefon *n.*
push-distribution / zentrale Produktverteilung
　unabhängig vom Bedarf der
　Zweigstellen *f.*/*m.*/*fpl.*
pushdown storage / Kellerspeicher *m.* /
　Stapelspeicher *m.*
push-on connector / Flachstecker *m.*
push-pull circuit / Gegentaktschaltung *f.*
push-pull converter / Durchflußwandler *m.*
push-pull inverter /
　Gegentaktwechselrichter *m.*
push-pull operation / Gegentaktbetrieb *m.*
push-pull output stage / Gegentaktendstufe *f.*
push-type ordering system /
　verbrauchsorientiertes Bestellsystem *n.*
to put at so's disposal / jmdm. zur Verfügung
　stellen
to put into action / in die Tat umsetzen /
　ausführen
to put into operation / in Betrieb nehmen
to put off / verschieben (Termin)
to put on hold / (Lieferungen/Aufträge)
　sperren
p-wafer substrate / p-Substrat *n.*
p-well diffusion / Diffusion der p-Wanne *f.*/*f.*

p-well doping sequence /
　p-Feindotierungsfolge *f.*
pyrolysis / Pyrolyse *f.*
PZT-film / Blei-Zirkonat-Titanat-Schicht *f.*

Q

QA department / Qualitätsabteilung *f.* /
　Qualitätssicherung (Abt.) *f.*
quad array / Vierfachanordnung *f.*
quad ceramic package / Keramikgehäuse mit
　Anschlüssen an vier Seiten *n.*/*mpl.*/*fpl.*
quad driver / Vierfachleistungstreiber *m.*
quad flat pack / quadratisches
　Flachgehäuse *n.*
quad-gated / mit vier Gattern
quad-height module / Steckmodul mit
　vierfacher Höhe des Rastermaßes *n.*/*f.*/*n.*
quad-in-line package (QUIL-package) /
　Gehäuse mit zwei parallelen
　Doppelanschlußreihen *n.*/*fpl.*
quad pack / Gehäuse mit Anschlüssen an
　allen vier Seiten *n.*/*mpl.*/*fpl.*
quad-port memory controller /
　Vierkanalspeichersteuerelement *n.*
quadrangle / Viereck *n.*
quadruple-in-line package /
　QUIL-Gehäuse *n.* / Gehäuse mit zwei
　parallelen Doppelanschlußreihen *n.*/*fpl.*
quadruply self-aligned / vierfach selbstjustiert
quad-size board / Leiterplatte mit vierfacher
　Höhe des Rastermaßes *f.*/*f.*/*n.*
quad-sized module / Modul mit vierfacher
　Höhe des Rastermaßes *n.*/*f.*/*n.*
quad-slope approach /
　Vierrampenverfahren *n.* /
　Vierflankenverfahren *n.*
quad transistor / Vierfachtransistor *m.*
quad-width flat pack / quadratisches
　Flachgehäuse *n.*
qualification batch / Qualifikationscharge *f.*
qualification lot / Qualifikationslos *n.*
qualification sample / Freigabemuster *n.*
qualified / qualifiziert / geeignet
qualitative / qualitativ
qualitative edge / Qualitätsvorsprung *m.*
qualitative characteristic / (QS) Attribut *n.*
quality / Güte *f.*
quality-approved / gütebestätigt
quality assessment / Qualitätsbeurteilung *f.* /
　Gütebewertung *f.*
quality assurance / Qualitätssicherung *f.*
quality awareness / Qualitätsbewußtsein *n.*
quality characteristic / Gütemerkmal *n.* /
　(QS) Attribut *n.*

quality commitment / Qualitätszusage f.
quality conscious / qualitätsbewußt
quality control / Qualitätskontrolle f. /
  Qualitätsprüfung f.
quality control inspector / Qualitätsprüfer m.
quality degradation / Qualitätsminderung f.
quality flag / (CWP) Qualitätsmerkmal n.
quality improvement /
  Qualitätsverbesserung f.
quality inspector / Qualitätsprüfer m.
quality judgement / Qualitätsbeurteilung f.
quality requirements /
  Qualitätsanforderungen fpl. /
  Qualitätsvorgaben fpl.
quality specification /
  Qualitätsvorschriften fpl.
quality surveillance /
  Qualitätsüberwachung f.
quantitative limit / Mengenbeschränkung f.
quantitative restraint /
  Mengenbeschränkung f.
quantities delivered / Lieferstückzahlen fpl.
quantity / Menge f. / Stückzahl f. /
  allocated ... zugeteilte Menge f. /
  reservierte Menge f. / **forwarding** ...
  Weitergabemenge f. / **release** ...
  Abrufmenge f. / **remaining** ...
  Restmenge f. / **required** ...
  Bedarfsmenge f. / **reserved** ...
  reservierte Menge f. / **send-ahead** ...
  Weitergabemenge f.
quantity delivered / gelieferte Menge f.
quantity discount / Mengenrabatt m.
quantity explosion / Mengenauflösung f.
quantity in transit / Unterwegsmenge f.
quantity listing / Mengengerüst n.
quantity of return / Rückliefermengen fpl.
quantity-oriented / mengenbezogen
quantity per assembly / Montagemenge f.
quantity required / Bedarfsmenge f.
quantity requirements /
  Stückzahlvorgaben fpl.
quantity short / unterlieferte Menge f.
quantity standard / Mengenvorgabe f.
quantity variance / Mengenabweichung f.
to quantize / quantisieren
quantum efficiency /
  Quantenwirkungsgrad m.
quantum well / Quantenmulde f.
quantum yield / Quantenausbeute f.
quarter / Quartal n. / Viertel n.
quartz bell jar / Quarzglocke f.
quartz boat / Quarzboot n. / Quarzhorde f.
quartz carrier / Quarzträger m.
quartz crucible / Quarztiegel m.
quartz crystal / Quarzkristall n.
quartz grid plate / Quarzgitterplatte f.
quartz mask / Quarzschablone f.
quartz plate / Quarzplättchen n.

quartz powder / Quarzpulver n.
quartz substrate / Quarzsubstrat n.
quartz tube / Quarzrohr n.
quartz wafer / Quarzscheibe f.
query / Anfrage f.
query language / Abfragesprache f.
query system (QS) / Abfragesystem n.
question mark / Fragezeichen n.
questionnaire / Fragebogen m.
queue / Warteschlange f.
queued access method / erweiterte
  Zugriffsmethode f.
queuing circuit / Warteschaltung f.
queuing time / Wartezeit f.
queuing theory / Warteschlangentheorie f.
quibinary code / Quibinärcode m.
quick-deck / Baukastenstückliste f.
quick-disconnecting coupling /
  Schnellverschlußkupplung f.
quickie strike / Blitzstreik m.
quick line service / Direktrufanschluß m.
quiescent current / Ruhestrom m.
quota / Kontingent n. / Quote f.
quotation / Angebot n. / Aktiennotierung f. /
  Börsenkurs m. / Zitat n.
quotation mark / Anführungszeichen n.
quotation processing /
  Angebotsbearbeitung f.
quotation request / Ausschreibung f.
quote / Anführungszeichen n.
quotient register / Quotientenregister n.

R

rack / Gestell(rahmen) n. (m.) /
  Einschubschrank m.
rack-and-panel connector /
  Einschub-Steckverbinder m. /
  Steckkontaktleiste f.
rack assembly / Gestellmontage f.
rack control system /
  Hochregallagersteuerung f.
rack mount / Gestelleinbau m.
rack-mountable chassis / Gestellchassis f.
rack-mounting / Gestelleinbau m. / Montage
  im Gestellrahmen f./m.
rack mounting space / Einbauplatz m.
rack servicing unit / Regalförderzeug n.
radial lead / Radialanschluß m.
radial lead component / Bauteil mit
  Radialanschluß n./m.
radial transfer / radialer Transfer m.
radiant heat / Strahlungswärme f.

radiant heated cylinder-style system /
zylindrische Anlage mit
Strahlungsheizung *f.*/*f.*
radiant heater / Heizstrahler *m.*
radiant power / Strahlungsleistung *f.*
radiation annealing / Ausheilen durch
Strahlung *n.*/*f.*
radiation damage / Strahlungsschaden *m.*
radiation-sensitive / strahlungsempfindlich
radical sign / Wurzelzeichen *n.*
radiofrequency heating /
Hochfrequenzerwärmung *f.*
radix complement / Basiskomplement *n.*
radix factor / Darstellungsbasis *f.*
radix notation / Radixschreibweise *f.*
ragged edge / unregelmäßige Kante *f.*
ragged right margin / Flattersatz *m.*
rag paper / Recyclingpapier *n.*
rail / Schiene *f.*
rail freight / Bahnfracht *f.*
railroad bill of lading (B/L) /
Bahnfrachtbrief *m.*
railroad consignment note /
(GB) Bahnfrachtbrief *m.*
railway carrier / Bahnspediteur *m.*
railway forwarding agent / Bahnspediteur *m.*
railway groupage / Bahnsammeltransport *m.*
railway mail service / Bahnpost *f.*
railway rates / Bahnfrachtsätze *mpl.*
to raise / anheben / erhöhen
raised bump / Bondhügel *m.*
raised feature / hervorstehendes
Strukturelement *n.*
raising / Erhöhen *n.*
raising of capital / Kapitalbeschaffung *f.*
ramp / Rampe *f.* / Flanke *f.* / Böschung *f.*
ramp-up / Fertigungshochlauf *m.*
random access / wahlfreier Zugriff *m.* /
Direktzugriff *m.* / Zufallszugriff *m.* /
beliebiger Zugriff *m.*
random-access controller (RAC) /
Großspeichersteuerung *f.*
random-access file / Direktzugriffsdatei *f.*
random-access memory (RAM) / Speicher
mit wahlfreiem Zugriff *m.*/*m.* /
Direktzugriffsspeicher *m.*
random addressing / wahlfreie
Adressierung *f.*
random distribution / statistische
Verteilung *f.*
random error / statistischer Fehler *m.*
random file / Direktzugriffsdatei *f.*
random number / Zufallszahl *f.*
random organisation / gestreute
Speicherung *f.*
random pattern / Zufallsmuster *n.*
random processing / wahlfreie Verarbeitung *f.*
random process inspection / statistische
Prozeßkontrolle *f.*

random sample / Stichprobe *f.*
random scan terminal / Vektorbildschirm *m.*
random test / Zufallstest *m.* / Affentest *m.*
random triggering / Streuauslösung *f.*
range / Bereich *m.* / Reichweite *f.*
range check / Bereichsprüfung *f.*
range of coverage / Eindeckungsreichweite *f.*
range of function / Funktionsumfang *m.*
range of products / Produktsortiment *n.* /
Produktpalette *f.*
range of supply / Lieferreichweite *f.*
range of temperature / Temperaturbereich *m.*
range specification / Bereichsangabe *f.*
ranking order / Rangordnung *f.*
rapid access loop / Schnellzugriffsschleife *f.*
raster / Raster *n.*
raster butting error / Rastermontagefehler *m.*
raster deflection system /
Rasterablenksystem *n.*
raster display / Rasteranzeige *f.*
rastering electron beam /
Rasterelektronenstrahl *m.*
raster pattern / Rastermuster *n.*
raster-scan exposure process /
Rasterbelichtungsprozeß *m.*
raster-scan field / Rasterfeld *n.*
raster-scanning / Rasterabtastung *f.*
raster-scan technique /
Rasterscan-Verfahren *n.*
ratchet fastener / Ratschenschloß *n.*
rated capacity / Soll-Kapazität *f.*
rated control current / Nennsteuerstrom *m.*
rated current / Nennstrom *m.*
rated insulation voltage /
Nenn-Isolationsspannung *f.*
rated output / Nennleistung *f.* /
Soll-Leistung *f.* / Ausstoß *m.*
rated performance / Soll-Leistung *f.*
rated range / Optimalbereich *m.*
rated resistance / Grundwiderstand *m.*
rated value / Sollwert *m.*
rated voltage / Nennspannung *f.*
rate growth / (Kristalle) Stufenziehen *n.*
rate of return / Rentabilitätsrate *f.*
rate of rise of current / Stromsteilheit *f.*
rate of rise of voltage / Spannungssteilheit *f.*
rating / Leistungsgradschätzung *f.* /
Nennwert *m.* / Nennleistung *f.* /
Belastbarkeit *f.* / Grenzwert *m.*
ratio / Verhältnis *n.*
raw data / Originaldaten *pl.*
raw materials / Rohstoffe *mpl.* /
Werkstoffe *mpl.*
raw part / Rohteil *n.*
raw wafer / Rohscheibe *f.*
reach-through diffusion / durchreichende
Diffusion *f.*
reactant gas / Reaktionsgas *n.*
reacting resin / Reaktionsgießharz *n.*

reaction chamber / Reaktor *m.*
reactive current / Blindstrom *m.*
reactive evaporation / reaktives
Aufdampfen *n.*
reactive gas / Reaktionsgas *n.*
reactive ion etching / reaktives Ionenätzen *n.*
reactive-power compensation /
Blindleistungskompensation *f.*
reactor / Reaktor *m.* / Reaktionskammer *f.*
reactor pressure / Druck in der
Reaktionskammer *m./f.*
reactor wall deposit / Niederschlag an der
Reaktorwand *m./f.*
read direction / Leserichtung *f.*
reader / Lesegerät *n.*
read head / Lesekopf *m.*
readiness / Bereitschaft *f.*
reading / Anzeige (Meßgerät) *f.*
read-in routine / Einleseroutine *f.*
read instruction / Lesebefehl *m.*
to readjust / nachregeln / nacheinstellen
read lock / Lesesperre *f.*
read mode / Betriebsart „Lesen" *f.*
read statement / Leseanweisung *f.*
read-only memory (ROM) / Festspeicher *m.* /
Festwertspeicher *m.* / Nur-Lese-Speicher *m.*
read-write head / Schreib-Lese-Kopf *m.*
ready card / Fertigmeldekarte *f.* /
Rückmeldung *f.*
ready for shipment / versandbereit
ready message / Rückmeldung *f.*
real account / Bestandskonto *n.*
real estate / nutzbare (Chip-)fläche *f.*
real estate savings / Chipflächeneinsparung *f.*
realignment / Neujustierung *f.*
to reallocate / neuzuordnen
real net output / Wertschöpfung *f.*
real time / Echtzeit *f.* / Istzeit *f.*
real time clock / Absolutzeitgeber *m.*
real time processing / schritthaltende
Datenverarbeitung *f.* /
Echtzeitverarbeitung *f.*
to rearrange / neuordnen / reorganisieren
rear side / Rückseite *f.*
rear view / Rückansicht *f.*
reason / Grund *m.*
reasonable / vernünftig / plausibel /
angemessen / brauchbar (Idee)
reasoning / Beweisführung *f.*
to reassign / neu zuordnen
rebate / Rabatt *m.*
receipt / Zugang *m.* / Beleg *m.* / Erhalt *m.* /
Empfang *m.*
receipt of invoice / Rechnungseingang *m.*
receipt sheet / Eingangsmeldung *f.*
receivables / Forderungen *fpl.*
received data / Empfangsdaten *pl.*
received (for shipment) bill of lading (B/L) /
Übernahmekonossement *n.*

receive mode / Empfangsbetrieb *m.*
receive-only printer / Hardcopy-Drucker *m.*
receiver node / Empfangsknoten *m.*
receiving agent / Empfangsspediteur *m.*
receiving component /
Empfängerbauelement *n.*
receiving department /
(Abt.) Wareneingang *m.*
receiving department transaction /
Wareneingangsbuchung *f.*
receiving inspection / Eingangsprüfung *f.*
receiving point / Empfangsstelle *f.*
receiving section / (Abt.) Wareneingang *m.*
receiving slip / Wareneingangsschein *m.*
receiving station / Empfangsstelle *f.*
recent cost price / letzter Einstandspreis *m.*
receptacle / Steckerbuchse *f.*
reception / Empfang *m.*
recessed mark / vertiefte Marke *f.*
recessed oxide / versenktes Oxid *n.*
recipient / Empfänger *m.*
reciprocal / gegenseitig / Kehrwert *m.*
to recirculate / umwälzen (Naßätzen)
recirculation filtration / Umlauffiltration *f.*
recirculation pump / Umwälzpumpe *f.*
reclassification / Umbuchung *f.*
to recoat / neu beschichten
to recode / umschlüsseln
recognizable / erkennbar
to recognize / erkennen
recoil atom / Rückstoßatom *n.*
to recommend / empfehlen
recommendable / empfehlenswert
recommendation / Empfehlung *f.*
recommended price / Richtpreis *m.*
recompensation / Rückerstattung *f.*
reconciling of inventory / Abgleich und
Korrektur von körperlichem und
buchmäßigen Bestand *m./f./m.*
to record / verzeichnen / aufzeichnen
record / Satz *m.*
record address / Satzadresse *f.*
record area / Datensatzbereich *m.*
record chaining / Satzkettung *f.*
record count / Satzanzahl *f.*
record density / Schreibdichte *f.*
record description / Datensatzbeschreibung *f.*
recorded track / beschriebene Spur *f.*
record format / Satzformat *n.*
record header / Satzkopf *m.*
record identifier / Datensatzkennzeichen *n.*
recording density / Aufzeichnungsdichte *f.*
recording disk / Speicherplatte *f.*
recording speed /
Aufzeichnungsgeschwindigkeit *f.*
recording technique /
Aufzeichnungsverfahren *n.*
record marker / Satzmarke *f.*
recourse / Regreß *m.* / Rückgriff *m.*

recoverable error / behebbarer Fehler *m.*
recovery / Wiederherstellung *f.* /
    Behebung *f.* / (wirtschaftl.) Erholung *f.*
recovery time / Erholungszeit *f.*
recruitment / Anwerbung *f.* / Einstellung *f.*
recrystallization / Rekristallisierung *f.* /
    Umkristallisierung *f.*
rectangle / Rechteck *n.* /
    Belichtungsstempel *m.*
rectangular connector / Würfelstecker *m.* /
    rechteckiger Steckverbinder *m.*
rectangular geometry / rechteckige
    Strukturform *f.*
rectangular module core / RM-Kern *m.*
rectified current / Richtstrom *m.*
rectifier / Gleichrichter *m.*
rectifier assembly / Gleichrichtersatz *m.*
rectifier charger / Ladegleichrichter *m.*
rectifier element / Richtleiter *m.*
rectifier stack / Gleichrichtersäule *f.*
rectifying / gleichrichtend / sperrend
rectilinear array of a mask /
    Schablonenfeld *n.*
rectilinear geometries / geradlinige
    Strukturen *fpl.*
to recur / wiederkehren / wieder auftreten
to redefine / neu definieren
redemption / Amortisation *f.*
redeposition / Neubeschichtung *f.*
redesign / Neuentwicklung *f.* /
    Neugestaltung *f.*
to redesign / überarbeiten / neu entwerfen /
    neu gestalten
redistribution / Umverteilung *f.*
redress / Regreß *m.*
red tape / Bürokratie *f.*
to reduce / senken / verringern
reduced instruction set computer (RISC) /
    Rechner mit reduziertem
    Befehlsvorrat *m.*/*m.*
to reduce stock / Lager abbauen
reducing wafer stepper / Wafer-Stepper mit
    Bildverkleinerung *m.*/*f.*
reduction / Verminderung *f.* / Senkung *f.* /
    (Struktur-)verkleinerung *f.*
reduction exposure device / Belichtungsanlage
    mit Verkleinerung *f.*/*f.*
reduction factor / Pufferzeit *f.*
reduction lens / Verkleinerungsobjektiv *n.*
reduction projection / Projektion mit
    Verkleinerung *f.*/*f.*
reduction step-and-repeat projection aligner /
    Step-und-Repeat-Anlage mit optischer
    Bildverkleinerung *f.*/*f.*
reduction stepper / Wafer-Stepper mit
    optischer Bildverkleinerung *m.*/*f.*
reduction wafer printing / Waferbelichtung
    mit Abbildungsverkleinerung *f.*/*f.*
redundancy check / Redundanzprüfung *f.*

redundant / redundant
reel / Spule *f.*
re-entrant / re-enterable / ablaufinvariant
re-entrant router / Mehrdurchlauf-Router *m.*
reentry permit / Nämlichkeitsschein *m.*
reentry point / Rücksprungstelle *f.*
reexportation / Wiederausfuhr *f.*
to refer to / verweisen auf/an
reference / Verweis *m.* / Bezugnahme *f.*
reference address / Bezugsadresse *f.*
reference baunumber / (Siem.)
    Verweisbaunummer *f.*
reference dimensions / Bezugsmaße *npl.* /
    Einstellmaße *npl.*
reference input / Führungsgröße *f.*
reference number / Aktenzeichen *n.*
reference point / Bezugspunkt *m.*
reference tariff / (EU) Referenzzoll *m.*
to refine / verfeinern
refinement / Verfeinerung *f.*
reflected binary code / reflektierter
    Binärcode *m.*
reflection / Reflexion *f.*
reflection coefficient / Reflexionsfaktor *m.*
reflective optics / Spiegeloptik *f.*
reflective spot / Reflektormarke *f.*
reflective substrate / reflektierendes
    Substrat *n.*
reflector dish / Reflektorwanne *f.*
reflow operation / Aufschmelzvorgang *m.*
reflow soldering / Reflowlöten *n.* /
    Aufschmelzlöten *n.*
to reformat / umformatieren
reforwarding / Weiterbeförderung *f.*
to refract / brechen (Licht)
refractory / schwer schmelzend /
    hochschmelzend
refresh circuit / Auffrischschaltung *f.*
refresh current / Auffrischstrom *m.*
refresh display / Bildschirm mit
    Bildwiederholung *m.*/*f.*
refresh memory / Auffrischspeicher *m.* /
    Wiederholspeicher *m.*
refresh terminal / Bildschirm mit
    Bildwiederholung *m.*/*f.*
to refund / rückerstatten
refund / Rückerstattung *f.* / Rückvergütung *f.*
refusal of acceptance /
    Annahmeverweigerung *f.*
refuse / Abfall *m.* / Ausschuß *m.*
to refuse payment / Zahlung verweigern *f.*
regeneration / Neuaufwurf *m.*
regenerative MRP /
    Dispositionsneuaufwurf *m.*
regenerative requirements explosion /
    Neuaufwurf Bedarfsauflösung *m.*
regional administration / Länderreferat *n.*
regional and local authorities / Länder und
    Kommunen *npl.*/*fpl.*

regional distribution facility /
Regionallager n.
regional manager / Gebietsleiter m.
regional market / regionaler Markt m.
regional office / Länderreferat n. /
Zweigniederlassung (ZN) f.
regional operation / Länderbereich m.
regional sales / Regionalvertriebe mpl.
regional warehouse / Regionallager n.
registered letter / Einschreibebrief m.
registered shares / (GB) Namensaktien fpl.
registered stock / (US) Namensaktien fpl.
registered trademark / eingetragenes
Warenzeichen n.
registering mark / Positioniermarke f.
register instruction / Registerbefehl m.
register length / Registerlänge f.
register mark / Kennmarke f.
registration / (allg.) Erfassung f. /
(Masken) Überdeckung f.
registration beam / Justierstrahl m.
registration feature / Justierelement n.
registration mark / Justiermarke f.
registration number / Erfassungsnummer f.
registration on a chip-by-chip basis /
Einzelchipjustierung f.
registration test pattern /
Überdeckungsteststruktur f.
regressive / rückläufig
regrown / rekristalliert
regrowth / Umschmelzen mit Aufwachsen n./n.
regular / regelmäßig / vorschriftsmäßig
to regulate / regeln / steuern
regulation / Vorschrift f. / Regulierung f.
regulation amplifier / Regelverstärker m.
regulatory parameter / Steuerparameter m. /
Überwachungsparameter m.
to reimburse / rückerstatten
reimbursement / Rückerstattung f.
reinforcing spring principle /
Überfederprinzip n.
to reissue / Neuauflage f.
to reject / zurückweisen / ablehnen
rejection / Rückweisung f. / Abweisung f. /
Aussteuerung f.
rejection rate / Rückweisquote f.
rejects / Ausschuß m. / Verschnitt m. /
Schrott m. / Verwürfe mpl.
to relate / verknüpfen / in Bezug bringen
relation / Beziehung f.
relative density / relative Dichte f.
to release / vorgeben / freigeben
release / Freigabe f. / Vorgabe f. /
Programmversion f.
release bar / Auslöseschiene f.
release date / Abruftermin m.
release for production /
Fertigungsfreigabe f. /
Fertigungsüberleitung f.

release lot / Freigabelos n.
release notice / Freigabemitteilung f.
release quantity / Abrufmenge f. /
Freigabemenge f.
releases / Vorgaben fpl.
release time / Freigabezeit f. /
(Relais) Abfallzeit f.
reliability / Zuverlässigkeit f. / Termintreue f.
reliable / zuverlässig
reliable connection / kontaktsichere
Verbindung f.
to relief / entlasten
relief grating / Reliefgitter n.
to relieve stresses / Spannungen beseitigen
(durch Tempern)
to reload / nachladen / (Waren) umladen
relocatable / relativierbar /
(Progr.) verschiebbar
relocatable address / relative Adresse f.
relocatable expression / relativer
Ausdruck m. / verschiebbarer
Ausdruck m.
relocatable library / Modulbibliothek f.
relocatable program loader / Relativlader m.
to relocate / verschieben / auslagern /
verlagern / (DV) neu adressieren
relocation / Programmverschiebung f. /
(Fertigung/Produkt) Verlagerung f.
relocation dictionary /
Relativierungstabelle f.
relocation of industries /
Industrieverlagerung f.
remainder / Rest m.
remaining quantity / Restmenge f.
to remain in stock / auf Lager bleiben
remark / Bemerkung f.
to remind / erinnern
reminder / Mahnung f.
remission of duty / Zollerlaß m.
to remit / überweisen
remittance / Überweisung f.
remote batch processing /
Stapelfernverarbeitung f.
remote computing and time-sharing /
Teilnehmerbetrieb m.
remote control / Fernsteuerung f.
remote data transmission /
Datenfernübertragung f.
remote dialog processing /
Dialogfernverarbeitung f.
remote entry / Ferneingabe f.
remote indication / Fernanzeige f.
remote input / Ferneingabe f.
remote inquiry / Fernabfrage f.
remote mode / Fernbetrieb m.
remote station / Ferndatenstation f. /
Außenstation f.
remote terminal / entferntes Endgerät n.
removable / auswechselbar / entfernbar

removable disk / Wechselplatte *f.*
removal / Entfernung *f.* / Beseitigung *f.* /
  Abschaffung *f.* / Entnahme *f.*
removal tool / Ausbauwerkzeug *n.*
to remove / entfernen
to remunerate / erstatten
remuneration / Gehalt *n.* / Entschädigung *f.*
to renew / erneuern
rent / Miete *f.*
reorder / Nachbestellung *f.*
reorder period / Wiederbeschaffungszeit *f.*
reorganization / Umorganisation *f.*
to reorganize / reorganisieren
reoxidation / Neuoxidation *f.*
to repack / umpacken
repaint (of a screen) / Bildneuaufbau *m.*
repair / Reparatur *f.*
repair order / Instandsetzungsauftrag *m.*
repair part / Ersatzteil *n.*
to repay debt / Schulden tilgen
repayment / Tilgung *f.*
to repeat / wiederholen
repeatable / reproduzierbar / wiederholbar
repeater / Verstärker *m.*
repeat key / Dauerfunktionstaste *f.* /
  Wiederholtaste *f.*
repeat measurement / Nachmessung *f.*
repeat order / Nachbestellung *f.*
to repel / abstoßen
reperforator / Lochstreifendoppler *m.*
repertoire / (DV-Befehle) Vorrat *m.*
repetition / Wiederholung *f.*
repetitious patterns /
  Wiederholstrukturen *fpl.*
repetitive / wiederholt
repetitive peak reverse current /
  Rückstromspitze *f.*
repetitive production / Wiederholfertigung *f.*
to replace / austauschen / ersetzen
replacement / Ersatz *m.* /
  Wiederbeschaffung *f.*
replacement deadline /
  Wiederbeschaffungsfrist *f.*
replacement order / Ersatzauftrag *m.*
replacement period /
  Wiederbeschaffungszeit *f.*
replacement supply / Ersatzlieferung *f.*
replacement time / Wiederbeschaffungszeit *f.*
replanning / Neuplanung *f.*
to replenish / (Lager) auffüllen
replenishment / Ersatz *m.* /
  Wiederbeschaffung *f.*
replenishment lead time /
  Wiederbeschaffungszeit *f.*
replenishment of stock / Lagerergänzung *f.*
replenishment planning /
  Nachschubdisposition *f.*
replica / Kopie (v. Struktur) *f.*

replication / Vervielfältigung *f.* /
  Duplikation *f.* / Reproduzieren *n.*
replication machine /
  Vervielfältigungsanlage *f.* /
  Repeateranlage *f.*
replication mask / Vervielfältigungsmaske *f.*
replicator / Vervielfältigungsanlage *f.*
reply coupon / Antwortschein *m.*
report / Bericht *m.*
reporting / Berichtswesen *n.*
report inventory level / Meldebestand *m.*
report program generator (RPG) /
  Listenprogrammgenerator *m.*
repository systems /
  Datenhaltungssysteme *npl.*
reposting / (ReW) Umbuchen *n.*
representation / Darstellung *f.*
representative / Vertreter *m.* / Repräsentant *m.*
to repress / unterdrücken
to reprioritize / Prioritäten neu vergeben
to reproduce / kopieren / vervielfältigen /
  nachbilden
reproduction / Nachbildung *f.* /
  Strukturübertragung *f.*
reprogrammable read-only memory
  (REPROM) / wiederprogrammierbarer
  Festspeicher *m.*
reprogramming / Umprogrammierung *f.*
to repurchase / zurückkaufen
request / Anfrage *f.* / Abruf *m.* /
  Anforderung *f.*
to request / bitten um / anfordern
requestor / Antragsteller *m.*
request program / Wunschprogramm *n.*
to require / benötigen
required investment / Investitionsbedarf *m.* /
  benötigte Investitionen *fpl.*
required progress of technology / notwendiger
  Technologiefortschritt (NTF) *m.*
required quantity / Bedarfsmenge *f.*
required time / geforderte
  Verfügbarkeitszeit *f.* / benötigte Zeit *f.*
requirement / Anforderung *f.*
requirements / Bedarf *m.* / **additional ...**
  Mehrbedarf / Querbedarf / **allocated ...**
  reservierter Bedarf / **all-time ...**
  Restbedarf / **balanced ...** saldierte
  Bedarfsmenge / **dependent ...**
  Sekundärbedarf / **firmly allocated ...**
  fest zugeordneter Bedarf / **gross ...**
  Bruttobedarf / **internal ...** Eigenbedarf /
  necessary ... notwendiger Bedarf / **own ...**
  Eigenbedarf / **pegged ...** auftragsbezogener
  Bedarf / **planned ...** disponierter Bedarf /
  secondary ... Sekundärbedarf / **stock ...**
  Lagerbedarf / **summarized ...**
  auftragsanonymer Bedarf / **total ...**
  Gesamtbedarf / **unplanned ...**
  ungeplanter Bedarf

to have open requirements / offenen Bedarf
haben
requirements alteration / Bedarfsänderung *f.*
requirements code / Bedarfskennziffer *f.*
requirements date / Bedarfstermin *m.*
requirements explosion / Bedarfsauflösung *f.*
requirements forecast / Bedarfsprognose *f.* /
Bedarfsvorhersage *f.*
requirements notice / Bedarfsmeldung *f.*
requirements pegging /
Bedarfsreservierung *f.*
requirements planning / Bedarfsrechnung *f.*
requirements specification / Pflichtenheft *n.*
requirements time series / Bedarfszeitreihe *f.*
requisition / Bezug (v. Lager) *m.* /
Entnahme *f.* / Abruf *m.*
requisition analysis / Bedarfsanalyse *f.*
requisition card / Bezugskarte *f.* /
Entnahmebeleg *m.* / Bestellzettel *m.*
requisition note / Bezugszettel *m.*
to reroute / umleiten / umsteuern
rerun / Wiederholungslauf *m.*
resale / Weiterverkauf *m.*
to reschedule / terminlich neu einplanen /
neu terminieren
rescission of contract / Vertragsaufhebung *f.*
research and development (r & d) /
Forschung und Entwicklung (FuE) *f.*
research assignment / Forschungsauftrag *m.*
research facilities /
Forschungseinrichtungen *fpl.*
research funds / Forschungsgelder *npl.*
reseller / Wiederverkäufer *m.*
to reserve / reservieren / belegen
reserve capacity / Reservekapazität *f.*
reserved material / reservierte Bestandteile
eines Erzeugnisses *npl./n.*
reserved quantity / reservierte Menge *f.*
reserved stock / reservierter Bestand *m.* /
blockierter Bestand *m.*
reservoir capacitor / Stützkondensator *m.*
to reset / zurücksetzen
reset key / Rücksetzungstaste *f.*
reset mode / Betriebsart „Rücksetzen" *f.*
reshipment / Reexpedition *f.*
residence time / Verweilzeit *f.*
resident monitor / Systemkern *m.*
resident time / Bearbeitungszeit *f.*
to reside on / aufliegen auf
residual allocation / Restkontingent *n.*
residual amount / Restbetrag *m.*
residual charge / Restladung *f.*
residual credit balance / Restguthaben *n.*
residual current / Reststrom *m.*
residual current(-operated) circuit breaker /
Geräteschutzschalter *m.*
residual oxide / Restoxid *n.*
residual quantity / Restmenge *f.*
residual shipment / Restlieferung *f.*

residual time constant / Eigenzeitkonstante *f.*
residual voltage / Restspannung *f.*
residue / Rückstand *m.*
residue of stock / Lagerrestbestand *m.*
resilient contact / federnder Kontakt *m.*
resilient jack / federnde Buchse *f.*
resilient spacer / elastische Zwischenlage *f.*
resin / Harz *n.*
resin composition / Harzgemisch *n.* /
Harzansatz *m.*
resin core wire solder / kolophoniumhaltiges
Lot *n.*
resin decomposition / Harzzersetzung *f.*
resist / Fotolack *m.* / Resist *m.*
resist adhesion / Resisthaftung *f.*
resistance / Widerstand *m.*
resistance to soldering heat /
Lötwärmebeständigkeit *f.*
resist coated / resistbeschichtet
resist coating / Resistschicht *f.*
resist composite / Resistschichtsystem *n.*
resist-covered / resistbeschichtet
resist edge profile / Resistkantenprofil *n.*
resist edge quality / Lackrandqualität *f.*
resist etchant / Lackätzmittel *n.*
resist film / Resistschicht *f.*
resist flow property / Resistfließeigenschaft *f.*
resist image / Resistbild *n.*
resist island / Fotolackinsel *f.*
resistive / ohmisch
resistive insulated-gate / widerstandsisoliertes
Gate *n.*
resistive zero voltage / Ohmsche
Nullspannung *f.*
resistivity / spezifischer Widerstand *m.*
resist layer / Resistschicht *f.*
resist lifting / Abheben der Lackschicht *n./f.*
resist mask / Lackhaftmaske *f.*
resistor / Widerstand *m.*
resistor array network /
Widerstandsmatrixnetzwerk *n.*
resistor aspect ratio / Seitenverhältnis des
Widerstands *n./m.*
resistor-capacitor-transistor logic circuit /
RCTL-Schaltkreis *m.*
resistor diffusion / Widerstandsdiffusion *f.*
resistor implant mask /
Widerstandsimplantationsmaske *f.*
resistor insulator semiconductor /
Widerstandsisolatorhalbleiter *m.*
resistor load / Belastungswiderstand *m.*
resistor runs / Widerstandsbahnen *fpl.*
resistor surface / Widerstandsfläche *f.*
resist pattern / Resiststruktur *f.*
resist pinhole / Resistdefekt *m.*
resist response / spektrale
Resistempfindlichkeit *f.*
resist sensitivity / Resistempfindlichkeit *f.*
resist speed / Resistempfindlichkeit *f.*

resist splatter / Lackspritzer *m.*
resist stripping / Resistablösung *f.* /
Lackentfernung *f.*
resist-substrate interface /
Resist-Substrat-Grenzschicht *f.*
resoldering / Nachlöten *n.*
resolution / (Bit/Struktur etc.) Auflösung *f.* /
Beschluß *m.*
resolution capability / Auflösungsvermögen *n.*
resolution enhancement /
Auflösungsverbesserung *f.*
resolution limitation factor /
Auflösungsbegrenzungsfaktor *m.*
resolution performance /
Auflösungsleistung *f.*
resolution test pattern /
Auflösungsteststruktur *f.*
resolvable feature / auflösbares
Strukturelement *n.*
resonant-circuit capacitor /
Schwingkreiskondensator *m.*
resonant frequency / Resonanzfrequenz *f.*
resource / Produktionsfaktor *m.* /
Betriebsmittel *n.* / Ressource *f.*
resource assignment /
Betriebsmittelzuweisung *f.*
resource scheduling /
Betriebsmittelplanung *f.*
resource sharing / Betriebsmittelverbund *m.*
resource utilization / Auslastung
(der Betriebsmittel) *f.*
resource utilization report /
Auslastungsbericht *m.*
respite for payment of debt /
Zahlungsaufschub *m.*
to respond / antworten / reagieren
response / Antwort *f.* / Reaktion *f.*
response curve /
Empfindlichkeitsverteilung *f.* /
Reaktionskurve *f.*
response field / Antwortfeld *n.*
response time / Ansprechzeit *f.*
responsibility / Verantwortung *f.*
responsible / verantwortlich
responsible process engineer /
(Prod.) Prozeßverantwortlicher *m.*
responsiveness / Reaktionsvermögen *n.* /
Reaktionsbereitschaft *f.*
restart / Wiederanlauf *m.*
restart point / Wiederanlaufpunkt *m.*
to restock / Lager auffüllen
restocking / Lagerauffüllung *f.*
restorable / wiederherstellbar
restricted / begrenzt
restricted access / eingeschränkter Zugriff *m.*
restricted entry / verengter
Kontakteingang *m.* / begrenzter Zugriff *m.*
restricted gate / verjüngter Angußkanal *m.* /
verjüngter Angußverteiler *m.*

restricted store / Sperrlager *m.*
restriction / Einschränkung *f.*
to restructure / umstrukturieren
restructuring measures /
Umstrukturierungsmaßnahmen *fpl.*
rest state / Ruhezustand *m.*
result / Ergebnis *n.*
retail business / Einzelhandel *m.*
retailer / Einzelhändler *m.*
retail market / Einzelhandelsmarkt *m.*
retail outlet / Einzelhandelsgeschäft *n.*
retail price / Ladenpreis *m.* /
Einzelhandelspreis *m.*
retail trade / Einzelhandel *m.*
to retain / behalten / festhalten
retainer / Niederhalter *m.* / Rastteil *m.* /
Werkstückhalter *m.*
to retard / verzögern
retention force / Haltekraft (Kontakt) *f.*
retention of the solvent /
Lösungsmittelrückhaltung *f.*
retention period / Aufbewahrungsfrist *f.*
reticle / Retikel *n.* / Zwischenschablone *f.*
reticle alignment / Retikeljustierung *f.*
reticle alignment mark /
Retikeljustiermarke *f.*
reticle alignment stage / Retikeljustiertisch *m.*
reticle alignment target /
Retikeljustiermarke *f.*
reticle border / Retikelrand *m.*
reticle frame / Retikelrahmen *m.*
reticle generation / Retikelherstellung *f.*
reticle grating / Retikelgitter *n.*
reticle imagery pattern /
Retikelbildstruktur *f.*
reticle mask / Retikelmaske *f.*
reticle pattern / Retikelstruktur *f.*
reticle prealign frame /
Retikelvorjustierrahmen *m.*
reticle reference target /
Retikelbezugsmarke *f.*
reticle rotation / Retikeldrehung *f.* /
Retikelausrichtung *f.*
reticle window / Retikelfenster *n.*
reticule / Retikel *n.*
retirement / Ruhestand *m.*
to re-tool / umrüsten
to retrace / zurückverfolgen
retraining / Umschulung *f.*
retrieval / Wiedergewinnung (v. Daten) *f.*
retroactive / rückwirkend
retrofitting kit / Nachrüstsatz *m.*
retrograde p-well / p-Wanne mit abnehmender
Dotierungskonzentration *f./f.*
retrospective / rückblickend
return / Rücklauf *m.* / Rücksprung *m.*
return address / Rücksprungadresse *f.*
return cargo / Rückladung *f.* / Rückfracht *f.*
return delivery / Rücklieferung *f.*

returned goods / Retouren *fpl.* /
Rückwaren *fpl.*
returned goods note / Lagerrückgabebeleg *m.*
returned quantity / Rückliefermenge *f.*
return instruction / Rücksprungbefehl *m.*
return key / Rücklauftaste *f.*
return shipment / Rücksendung *f.*
return spring / Betätigungsfeder *f.*
return statement / Rücksprunganweisung *f.*
reusable / wiederverwendbar /
eintrittinvariant (DV)
revenue / Einkünfte *pl.* / Ergebnis *n.* /
operating ... Betriebsergebnis *n.*
reversal / Stornobuchung *f.* / Umkehrung *f.*
reversal code / Umkehrungscode *m.*
to reverse / umpolen
reverse / entgegengesetzt
reverse attenuation / Sperrdämpfung *f.*
reverse bias / Sperr-Richtung *f.*
reverse collector-emitter voltage /
Kollektor-Emitter-Durchlaßspannung *f.*
reverse conducting / rückwärtsleitend
reverse current / Sperrstrom *m.* /
Rückwärtsstrom *m.*
reverse diode characteristics /
Inversdioden-Kenndaten *pl.*
reverse direction flow /
Rückwärtsrichtung *f.* / Rückwärtsfluß *m.*
reverse entry / Rückbuchung *f.* /
Stornobuchung *f.*
reverse etching / Rückseitenätzung *f.*
reverse feed / Rückwärtsvorschub *m.*
reverse order / umgekehrte Reihenfolge *f.*
reverse osmosis process / umgekehrte
Osmose *f.*
reverse pattern / Umkehrstruktur *f.* /
Negativstruktur *f.*
reverse recovery charge /
Sperrverzögerungsladung *f.*
reverse recovery time /
Sperrverzögerungszeit *f.* /
Rückwärtserholungszeit *f.*
reverse resistance / Sperrwiderstand *m.*
reverse saturation current /
Sättigungssperrstrom *m.*
reverse transfer admittance /
Rückwärtssteilheit *f.* /
Rückwirkungsadmittanz *f.*
reverse transfer capacitance /
Rückwirkkapazität (SIPMOS) *f.*
reverse voltage / Sperrspannung *f.*
reversible / umkehrbar
review / Nachprüfung *f.*
review time / Überprüfungszeit *f.*
to revise / überprüfen / überarbeiten
revised due date / geänderter Liefertermin *m.*
revised release due date / geänderter
Abruftermin *m.*
to revitalize / beleben

revival of sales / Absatzbelebung *f.*
to revive / beleben
revocable / widerruflich
to revoke / annullieren
revolution sensor / Drehzahlaufnehmer *m.*
to revolve / rotieren
revolving planning / revolvierende Planung *f.*
reward / Vergütung *f.* / Belohnung *f.*
to rewind / zurückspulen
rework / Nacharbeit *f.*
rework order / Nacharbeitsauftrag *m.*
rework paper / Nacharbeitszettel *m.*
RF (radiofrequency) / HF- (Hochfrequenz-)
RF-coil to induce plasma / HF-Spule zur
Plasmainduktion *f./f.*
RF-connector / HF-Steckverbinder *m.* /
Steckverbinder für HF-Technik *m*
RF-plug / HF-Stecker *m.*
rib / Steg *m.*
ribbon cable / Flachkabel *n.*
ribbon cartridge / Farbbandkassette *f.*
ribbon printer / Farbbanddrucker *m.*
ridge / Steg *m.* / Grat *m.*
right-angle adapter / koaxiale
Winkelkupplung *f.*
right-angle indicator / rechtwinklige
Anzeige *f.*
right-angle jack / Winkelbuchse *f.*
right-angle plug / Winkelstecker *m.*
right-angled / rechtwinklig
right-justified / rechtsbündig
rightmost position / niedrigstwertige Stelle *f.*
rigid disk drive / Festplattenspeicher *m.*
rigidity of the membrane / Formstabilität der
Membran *f./f.*
rigid U-connector / starrer Brückenstecker *m.*
ring shift / Ringverschiebung *f.*
to rinse / spülen
ripple / Welligkeit *f.*
rise delay time /
Einschaltverzögerungszeit *f.* /
Anstiegzeit *f.* / Aufbauzeit *f.*
rise in orders / Auftragsanstieg *m.*
rise time / Anstiegzeit *f.*
rising ramp / ansteigende Flanke *f.*
rival firm / Konkurrenzunternehmen *n.*
rms value / Effektivwert *m.*
road haulage / Transport im
Straßenverkehr *m./m.*
robot board handler /
Leiterplattenhandhabeautomat *m.*
robot-control / Robotersteuerung *f.*
roll-back / Wiederholung *f.* / Rückkehr *f.*
roll-clad / walzplattiert
roller / Lackwalze *f.*
roller brush / Zylinderbürste *f.*
roller detent / Rollenrast *f.*
roll-in / Einspeichern *n.*

rolling / Aufwalzen (Auftragen von
Flüssigkeit) *n.* / rollierend
rolling stock / Bahn(!)-Fahrzeuge *npl.*
rolling-through time / Zeitraum für die
Einarbeitung von neuen geänderten Daten
in das Primärprogramm *m./f./pl./n.*
roll-off / Abfall *m.*
roll-out / Ausspeichern *n.*
root directory / Stammverzeichnis *n.* /
Systemverzeichnis *n.*
root mean square value (rms-value) /
Effektivwert *m.*
rope putty / Strangkitt *m.*
rosin flux / Kolophoniumflußmittel *n.*
rotary bonding head / drehbarer Bondkopf *m.*
rotary chuck / rotierende Spannvorrichtung *f.*
rotary current / Drehstrom *m.*
rotary oil pump / Rotationsölpumpe *f.*
rotational speed /
Umdrehungsgeschwindigkeit *f.*
rotation speed /
Umdrehungsgeschwindigkeit *f.*
rough / grob
rough adjustment / Grobeinstellung *f.*
rough concept / Grobkonzept *n.*
rough copy / Grobentwurf *m.*
rough-cut / grob
rough-cut capacity planning /
Kapazitätsgrobplanung *f.*
rough-cut planning / Grobplanung *f.*
rough edge / rauhe Kante *f.*
rough estimate / Grobschätzung *f.*
roughing chamber / Vorvakuumkammer *f.*
rough planning / Grobplanung *f.*
rough polishing / Vorpolieren *n.*
round beam / Punktstrahl *m.*
rounded / abgerundet
round Gaussian probe system /
Punktstrahlanlage *f.*
rounding code / Rundungskennziffer *f.*
rounding error / Rundungsfehler *m.*
round-nosed pliers / Rundzange *f.*
to round off / abrunden / runden
round oven / Rundofen *m.*
to round up / aufrunden
route / Leitweg *m.* / Leitbahn *f.* / (allg.)
Strecke *f.* / (allg.) Transportweg *m.* /
Arbeitsplan *m.*
route sheet / Arbeitsplan *m.*
to route track / Leiterbahn ziehen
routine / Programm *n.* / Routine *f.*
routing / Arbeitsgangfolge *f.* /
Leitbahnverlauf *m.* / Trassierung *f.* /
Verdrahtungsführung *f.* /
Leitungsführung *f.* / Verdrahtung *f.* /
alternate ... Ausweich-Arbeitsgang *m.* /
production ... Fertigungsvorbereitung *f.*

routing area / Leitbahntrassierungsfläche *f.* /
Fläche für Verbindungsleitungen
(auf Chip) *f./fpl.*
routing complexity /
Verdrahtungskomplexität *f.*
routing grid / Routingraster *n.*
routing plan / Arbeitsplan *m.*
routing plan administration /
Arbeitsplanverwaltung *f.*
routing plan header line /
Arbeitsplankopfzeile *f.*
routing plan material line /
Arbeitsplanmaterialzeile *f.*
routing process / Trassierungsverfahren *n.*
routing scheduling /
Arbeitsgangterminierung *f.*
routing sheet / Fertigungsplan *m.* /
Arbeitsplan *m.*
routing space / Platz für
Leitungsführungen *m./fpl.*
row / Reihe *f.* / Zeile *f.*
row electrode / Zeilenelektrode *f.*
row of leads / Reihe von Zuleitungen *f./fpl.* /
Anschlußreihe *f.*
row spacing / Zeilenabstand *m.*
royalty / Lizenzgebühr *f.* / Tantiemen *pl.*
rubylith cutting / Rubylithfolienschneiden *n.*
rule of thumb / Faustregel *f.*
to run / abarbeiten / ablaufen / durchführen
run / Charge *f.* / Lauf *m.*
run card / Laufprotokoll *n.*
run chart / Ablaufanweisung *f.* /
Bedieneranweisung *f.*
run diagram / Bedieneranweisung *f.*
runner / Angußkanal *m.* / Angußverteiler *m.*
running of cables / Kabelführung *f.*
running order / laufender Auftrag *m.*
running time / Laufzeit *f.*
running title / Kolumnentitel *m.*
run of wafers / Scheibendurchlauf *m.*
runout / Lagefehler *m.* / Positionierfehler *m.* /
Versatz *m.*
runout distortion / Verzerrungsfehler *m.*
run-time counter / Laufzeitzähler *m.*
to run up / (DV) hochfahren
rupture / Bruch *m.*
rupture voltage / Durchbruchspannung *f.*
rush order / Eilauftrag *m.* / Eilbestellung *f.*

S

safeguarding of jobs / Arbeitsplatzsicherung *f.*
safe operating area (SOA) /
Sicherheitsbereich (SIPMOS) *m.*
safety clothing / Sicherheitskleidung *f.*

safety device / Sicherheitsvorrichtung f.
safety hazard / Sicherheitsrisiko n.
safety lead time / Sicherheitslaufzeit f.
safety measures / Sicherheitsmaßnahmen fpl.
safety specification / Sicherheitsvorschrift f.
safety stock / eiserner Bestand m. /
Sicherheitsbestand m.
safety stock calculation /
Sicherheitsbestandsermittlung f.
safety time / Sicherheitszeit f.
sagging demand / schleppende Nachfrage f.
salaried employee / Angestellter m. /
Gehaltsempfänger m.
salary / Gehalt n. / **initial ...** Anfangsgehalt n.
salary increase / Gehaltserhöhung f.
sale / Verkauf m.
sales / Vertrieb m. / Absatz m.
sales abroad / Auslandsabsatz m.
sales activities / Geschäftsbewegungen fpl.
sales agent / Handelsvertreter m.
sales allowance / Preisnachlaß m.
Sales and Marketing Domestic Business /
(Siem.) Vertrieb Inland m.
Sales and Marketing Overseas /
(Siem.) Vertrieb Übersee m.
sales anticipation / Absatzerwartungen fpl.
sales branch / Verkaufsniederlassung f.
sales budget / Vertriebsplan m.
sales channel / Vertriebsweg m.
sales commission / Verkaufsprovision f.
sales companies / (Siem.)
Vertriebsgesellschaften fpl.
sales contract / Kaufvertrag m.
sales cost / Vertriebskosten pl.
sales department / Vertrieb m.
sales depot / Verkaufslager n.
sales distribution facility / Vertriebslager n.
sales expectations / Absatzerwartungen fpl.
sales figures / Umsatzzahlen f.
sales forecast / Absatzprognose f.
sales goal / Absatzziel n.
sales guidelines / vertriebliche Leitfäden mpl.
sales increase / Absatzsteigerung f.
sales logistics / Vertriebslogistik f.
sales management / Vertriebsleitung f.
sales manager / Verkaufsleiter m.
sales margin / Vertriebsspanne f.
sales market / Absatzmarkt m.
sales negotiations /
Verkaufsverhandlungen fpl.
sales network / Vertriebsnetz n.
Sales Offices World / (Siem.) Vertrieb Welt m.
sales operations / Vertriebsaufgaben fpl. /
Vertriebsniederlassungen fpl.
sales opportunities / Absatzchancen fpl.
sales order / Vertriebsauftrag m. /
Bestellung f.
sales outlet / Verkaufsstelle f. /
Vertriebsstelle f.

sales packaging / Verkaufsverpackung f.
sales plan / Absatzplan m.
sales planning / Absatzplanung f. /
Vertriebsplanung f.
sales potential / Absatzmöglichkeiten fpl.
sales projections / Planumsatz m.
sales promotion / Absatzförderung f. /
Verkaufsförderung f.
sales representative /
Vertriebsbeauftragter m./
Vertriebsrepräsentant m.
sales results / Vertriebsergebnis n.
sales revenues / Umsatzerlös m. /
Absatzertrag m.
sales situation / Absatzlage f.
sales stagnation / Absatzstockung f.
sales statistics / Verkaufsstatistik f.
sales store / Verkaufslager n.
sales target / Umsatzziel n.
sales tax / (US) Umsatzsteuer f.
sales volume / Absatzmenge f. /
Umsatzvolumen n.
sales warehouse / Vertriebslager n. /
Verkaufslager n.
to salvage / ausschlachten
salvage operation / Ausschlachtung f.
salvage value / Schrottwert m.
same / gleiche(r)
to sample / (allg.) stichprobenartig prüfen /
abfragen / abtasten
sample / Muster n. / Stichprobe f.
sample check / Stichprobe f.
sample collection / Mustersammlung f. /
Stichprobenentnahme f.
sample lot / Musterlos n.
sample quantities / Musterstückzahlen fpl.
sampler / Abtaster m.
sample size / Stichprobengröße f.
sampling / Stichprobenentnahme f.
sampling capacitor / Abtastkondensator m.
sampling instruction /
Stichprobenanweisung f.
sampling plan / Stichprobenplan m.
sampling scheme / Stichprobensystem n.
sand blasting / Sandstrahlen mpl.
sandwich / Schichtanordnung f. /
Mehrschichtenstruktur f.
sapphire seed / Saphirzuchtkeim m.
sapphire-silicon interface /
Saphir-Silizium-Grenzschicht f.
satellite computer / Vorrechner m.
satisfactory / zufriedenstellend
to satisfy / zufriedenstellen / befriedigen
saturable reactor / Transduktor m.
saturated logic / gesättigte Logik f.
saturated region of a FET / aktiver Bereich
eines FET m./m.
saturation inductance / Restinduktivität f.
saturation of the market / Marktsättigung f.

saucer pit / flaches Ätzgrübchen *n.*
save / außer
to save / sichern / sparen
saving / Einsparung *f.*
savings potential / Einsparungspotential *n.*
to saw / sägen
saw-diced / in Einzelchips zertrennt / vereinzelt
sawing machine / Wafertrennmaschine *f.*
sawing speed / Sägegeschwindigkeit *f.*
scalable / skalierbar
to scale / skalieren / maßstäblich ändern
scale / Maßstab *m.* / Skala *f.*
scaled-down device / verkleinertes Bauelement *n.*
scaled drawing / maßstäbliche Zeichnung *f.*
scale division / Skaleneinteilung *f.*
to scale down / verkleinern
scale factor / Normierungsfaktor *m.* / Skalierungsfaktor *m.*
scale interval / Skalenteilungswert *m.*
scale reading / Skalenanzeige *f.*
scaling / Skalierung *f.* / maßstäbliche Veränderung *f.*
scalloped edge / ausgezackte Kante *f.*
to scan / abrastern / rastern / abtasten
scan / Abtastung *f.* / Rasterung *f.* / Ablenkung (eines Strahls) *f.*
scan command / Abtastbefehl *m.*
scan distortion / Rasterverzerrung *f.*
scanned round beam / Rasterpunktstrahl *m.*
scanner / Abtaster *m.* / Waferscanner *m.*
scanning area / Abtastfläche *f.*
scanning Auger microprobe / Auger-Sonde *f.*
scanning beam / Rasterstrahl *m.* / Abtaststrahl *m.*
scanning carriage / Scannerwagen *m.*
scanning circuit / Abfrageschaltung *f.*
scanning electron-beam exposure system / Rasterelektronenstrahlbelichtungsanlage *f.*
scanning electron micrograph / rasterelektronenmikroskopische Aufnahme *f.*
scanning electron microscope / Rasterelektronenmikroskop *n.*
scanning electron probe / Rasterelektronensonde *f.*
scanning light spot / Abtastsonde *f.*
scanning lithography system / lithographische Rasterelektronenstrahlanlage *f.*
scanning mask aligner / Waferscanner *m.*
scanning matrix / Rastermatrix *f.* / Abtastmatrix *f.*
scanning matrix resolution / Rasterauflösung *f.*
scanning probe / Rastersonde *f.*
scanning projection aligner / Projektionsscanner *m.* / Waferscanner *m.*

scanning projection mask aligner / Projektionsjustier- und Belichtungsanlage mit Scanner-Betrieb *f./m.*
scanning projection system / Projektionsscanner *m.*
scanning rate / Abtastgeschwindigkeit *f.*
scanning resolution / Rasterauflösung *f.*
scanning spot / Rastersonde *f.* / Abtastsonde *f.*
scanning spot diameter / Abtastsondendurchmesser *m.*
scanning technique / Abtastverfahren *n.*
scanning transmission electron microscope / Rasterdurchstrahlungselektronenmikroskop *n.*
scanning x-ray microprobe / Rasterröntgenmikrosonde *f.*
scanning x-ray technique / Röntgenabtastverfahren *n.*
scan spacing / Rasterabstand *m.*
scan step size / Rasterschrittgröße *f.*
scarce / knapp
scattered data organization / gestreute Datenorganisation *f.*
scattering angle / Streuungswinkel *m.*
scatter loading / gestreutes Laden *n.*
to schedule / (zeitl.) einplanen / terminieren
schedule / Terminplan *m.* / Zeitplan *m.*
scheduled cost / Standardkosten *pl.*
scheduled load / geplante Maschinenbelastung *f.*
scheduled receipt / geplanter (Lager-)zugang *m.*
scheduled value / Sollwert *m.*
schedule effectiveness / Termintreue *f.*
scheduling / Terminplanung *f.* / Terminwesen *n.* / Terminierung *f.* / Ablauffolgeplanung *f.*
scheduling computer / Dispositionsrechner *m.*
scheduling maintenance / planmäßige Wartung *f.*
schematic circuit diagram / Übersichtsschaltplan *m.*
scheme / Schema *n.* / Plan *m.*
Schottky barrier depletion region / Schottky-Sperrschichtzone *f.*
Schottky barrier diode / Schottky-Sperrschichtdiode *f.*
Schottky barrier diode clamp / Schottky-Diodenklemmschaltung *f.*
Schottky-clamp diode / Schottky-Klammerdiode *f.*
Schottky clamped gate / Gatter mit Schottky-Klammerdioden *n./pl.*
Schottky clamped transistor / Transistor mit Schottkyklemmung *m./f.*
Schottky detector diode / Schottky-Gleichrichterdiode *f.*

Schottky-diode field effect logic /
Feldeffektlogik mit Schottky-Diode *f./f.*
Schottky diodes / Schottkydioden *fpl.*
Schottky logic element / Schaltelement in
Schottky-Logik
science / Wissenschaft *f.*
scientific / wissenschaftlich
scientist / Wissenschaftler *m.*
scission / Spaltung *f.*
scoop-proof connector / kontaktgeschützter
Steckverbinder *m.*
scope / Bereich *m.*
scope of application / Anwendungsgebiet *n.*
score-free / riefenfrei
to scramble / verwürfeln / vermischen (Daten)
scrap / Verwurf *m.* / Schrott *m.*
scraper / Manipulator *m.*
scrap factor / Fertigungszuschlag für
Ausschuß *m./m.*
scrapping / Verschrottung *f.* / Verwurf *m.*
scrap rate / Ausschußfaktor *m.*
scratch area / (DV) Arbeitsbereich *m.*
scratch disk / (DV) Arbeitsplatte *f.*
scratch diskette / Arbeitsdiskette *f.*
scratch file / Hilfsdatei *f.* / ungeschützte
Datei *f.*
scratch pad / Notizblock *m.*
scratch-pad facility / Notizblockfunktion *f.*
scratch-pad memory / Notizblockspeicher *m.*
scratch-prone / kratzanfällig
to screen / ausselektieren (fehlerhafte
Chips) / abschirmen
screen / Bildschirm *m.*
screenable / siebdruckfähig / abschirmbar
screen-based text system /
bildschirmorientiertes Textsystem *n.*
screen contents / Bildschirminhalt *m.*
screen form / Bildschirmmaske *f.*
screen frame / Siebdruckrahmen *m.*
screening / Auswahlverfahren *n.* /
Aussondern *n.* / Abschirmen *n.*
screening inspection / Sortierprüfung *f.* /
Aussondern *n.*
screening test / Aussonderungstest *m.*
screen layout / Bildschirmaufteilung *f.*
screen mask / Bildschirmmaske *f.*
screen printing / Siebdruck *m.*
screen resolution / Bildschirmauflösung *f.*
screen support / Bildschirmunterstützung *f.*
screen surface / Bildschirmoberfläche *f.*
screen-to-substrate spacing /
Sieb-Substrat-Abstand *m.*
screw connection /
Schraubklemmanschluß *m.* /
Schraubverbindung *f.*
screw coupling / Steckschraubverbindung
(Koax-StV) *f.*
screw-type terminal / Schraubklemme *f.*
to scribe / einritzen

scribe alley / Ritzgraben *m.*
scribe-and-break operation / Vereinzelung
(der Chips) *f.*
scribe lane / Ritzgraben *m.*
scribing / Ritzen (v. Wafern) *n.*
scribing and breaking / Ritzen und Brechen *n.*
scribing area / Beschriftungsplatz *m.*
scribing channel / Ritzgraben *m.*
scribing speed / Ritzgeschwindigkeit *f.*
scrolling / (DV-Maus) Rollen *n.* /
Bildschirmverschiebung *f.*
to scrub / reinigen (Wafers)
scrubber / Reinigungsanlage *f.* /
Naßreiniger *m.*
scrubbing process / Reinigungsverfahren *n.*
to scrutinize / genau prüfen
to seal / abdichten
seal / Zollverschluß *m.* / Siegel *n.* /
Verschluß *m.* / Abdichtung *f.*
sealed / blind / versiegelt / abgedichtet
sealed-in / hermetisch abgeschlossen /
abgedichtet
sealing / Abdichten *n.*
sealing materials / Verschlußmaterialien
(Verpackung) *npl.*
sea-of-gates architecture / kanallose
Struktur *f.*
sea-of-gates array / kanalloses Gate-Array in
Kompaktanordnung *n./f.*
search criterion / Suchkriterium *n.* /
Suchbegriff *m.*
search cycle / Suchschleife *f.*
search instruction / Suchbefehl *m.*
search run / Suchlauf *m.*
search statement / Suchanweisung *f.*
seasonal demand / saisonabhängiger
Bedarf *m.*
seasonally adjusted / saisonbereinigt
seaworthy packaging / Überseeverpackung *f.*
secondary / zweitrangig
secondary failure / Folgeausfall *m.*
secondary flat / Sekundäranschliff *m.*
secondary memory / Sekundärspeicher *m.* /
Fremdspeicher *m.* / Externspeicher *m.*
secondary pattern / Sekundärstruktur *f.*
secondary requirements / Sekundärbedarf *m.*
secondary short-circuit current rating /
Sekundär-Nennkurzschlußstrom *m.*
secondary storage / Ergänzungsspeicher *m.*
second source / Zweitlieferant *m.* /
Zweithersteller *m.*
second transfer / Folgeübertragung
(b. Fotomaskierung) *f.*
to section / zertrennen / vereinzeln (Chips)
section / Kapitel *n.*
sectional view / Schnittdarstellung *f.*
section header / Kapitelüberschrift *f.*
sectioning / Zertrennen *n.* / Vereinzeln *n.*
sector / Sektor *m.*

sectoring / Sektorierung *f.*
to secure / sichern
securing / Sicherstellung *f.*
security / Kaution *f.* / Sicherheit *f.*
security administrator /
  Sicherheitsbeauftragter *m.*
security representative /
  Sicherheitsbeauftragter *m.*
security retainment / Sicherheitseinbehalt *m.*
see also / siehe auch
to seed / impfen (Halbl.)
seed / Keim *m.* / Impfkristall / Kristallkeim *m.*
seek / Suchoperation *f.* / Datenzugriff *m.*
seek time / Suchzeit *f.*
to seep into the package / ins Gehäuse
  eindringen (z. B. Feuchtigkeit)
see-through mask / Fenstermaske *f.*
segmentation / Segmentierung *f.* /
  Unterteilung *f.*
segment label / Abschnittsetikett *n.*
to segregate / trennen
segregation / Abscheidung *f.*
to seize / (DV) belegen
seizure / (DV) Belegung *f.*
to select / aussteuern / auswählen
select instruction / Aussteuerungsbefehl *m.*
selection function / Selektionsfunktion *f.*
selection mask / Auswahlmaske *f.*
selective demand / spezifischer Bedarf *m.*
selective etching / selektives Ätzen *n.* /
  Selektivätzen *n.*
selective growth / selektives Wachstum *n.*
selectively doped heterojunction / selektiv
  dotierter Heteroübergang *m.*
selective memory dump / Speicherauszug *m.*
selective plating / gezieltes Galvanisieren *n.*
selective removal / selektive Entfernung *f.*
selective tape dump / Magnetbandauszug *m.*
selector channel / Selektorkanal *m.*
selectors / Steuerungseinrichtungen *fpl.*
selenium / Selen *n.*
selenium photocells / Selen-Fotozellen *fpl.*
selenium rectifier / Seleniumgleichrichter *m.*
self-absorption / Eigenabsorption *f.*
self-adhesive / selbstklebend
self-adhesive foil / Selbstklebefolie *f.*
to self-align / selbstjustieren
self-aligned / selbstpositionierend
self-aligned gate / selbstpositionierendes
  Gate *n.*
self-aligned gate ... /... mit
  selbstpositionierendem Gate *n.*
self-aligned junction-isolated technology /
  selbstjustierende Technik mit
  Sperrschichtisolierung *f.*/*f.*
self-aligned metal-nitride-oxide semiconductor
  technology / SAMNOS-Technik *f.*

self-aligned superinjection logic /
  Selbstpositioniertechnik mit sehr hoher
  Injektion *f.*/*f.*
self-aligned thick oxide technology /
  SATO-Technik *f.*
self-aligning technology / selbstabgleichende
  Technik *f.*
self-alignment / Selbstjustierung *f.*
self-annealing diode / selbstausgeheilte
  Diode *f.*
self-assessment / Selbstbewertung *f.* /
  Eigenbewertung *f.*
self-clocking / Eigentaktung *f.*
self-contained / geschlossen / kompakt /
  unabhängig / selbständig
self-contained language / selbständige
  Sprache *f.*
self-controlled requirement /
  Selbststeuerungsbedarf *m.*
self-diffusion / Eigendiffusion *f.*
self-directed / autonom
self-doping / Selbstdotierung *f.*
self-oscillating / selbstschwingend
self-resetting / automatische Rückstellung *f.*
self-scan display /
  Selbstfortschaltungsanzeige *f.*
self-shift addressing / innere Fortschaltung *f.*
self-test / Eigentest *m.*
to sell / verkaufen
seller / Verkäufer *m.*
selling price / Verkaufspreis *m.*
semi-annual / halbjährlich
semiconducting path / Halbleiterbahn *f.*
semiconductor / Halbleiter *m.*
semiconductor chip / Halbleiterchip *m.*
semiconductor device /
  Halbleiterbauelement *n.*
semiconductor-IC / integrierte
  Halbleiterschaltung *f.*
semiconductor junction /
  Halbleiterübergang *m.*
semiconductor read-only memory /
  Halbleiterfestwertspeicher *m.*
semiconductor slice / Halbleiterscheibe *f.*
semiconductor wafer / Halbleiterscheibe *f.*
semi-custom / halbkundenspezifisch
semicustom board /
  Halbkundenwunschleiterplatte *f.*
semicustom chip / Chip für Kunden-IC *m.* /
  Halbkundenwunschchip *m.*
semicustom device / teilverdrahtetes
  Schaltkreiselement *n.*
semicustom gate array / teilverdrahteter
  Standardschaltkreis *m.* /
  kundenbeeinflußbarer (vorgefertigter)
  Universalschaltkreis *m.*
semicustom logic / kundenbeeinflußbare
  Logik *f.*

semicustom technology / Technik
   teilverdrahteter
   Standardschaltkreise *f./mpl.*
semifinished product / Halbfabrikat *n.*
semi-insulated / halbisoliert
semiprocessed items / Halbfabrikate *npl.*
semiprocessed material / Halbzeug *n.*
semirecessed oxide / halbversenktes Oxid *n.*
semi-rigid cable / Rohrkabel *n.*
semi-skilled worker / angelernter Arbeiter *m.*
semi-trailer / Sattelauflieger *m.*
semitransparent membrane /
   halbdurchlässige Membran *f.*
send-ahead / weitergeleitetes Teillos *n.*
send-ahead quantity / Weitergabemenge *f.*
send receive mode /
   Sende-Empfangs-Betrieb *m.*
senior director / Abteilungsdirektor *m.*
senior management / oberer Führungskreis
   (OFK)
Senior Vice President / (Siem.)
   Stellvertretendes Vorstandsmitglied *n.*
to sense / abfühlen
sensing head / Abtastkopf *m.* / Lesekopf *m.*
sensing pin / Abfühlstift *m.*
sensing probe / Meßsonde *f.*
sensitive / empfindlich
sensitive to ions / ionenempfindlich
sensitive to x-rays / (Resist)
   röntgenstrahlempfindlich
sensitivity / Empfindlichkeit *f.* / (Oszillator)
   Steilheit *f.*
sentence / Satz *m.* / Programmsatz *m.*
sentinel / (DV) Hinweiszeichen *n.* /
   Markierung *f.*
separate / getrennt
to separate / trennen / zerlegen /
   ... dies Chips vereinzeln
separate alignment / Einzeljustierung *f.*
Separate Legal Units / (Siem.) Bereiche mit
   eigener Rechtsform *mpl.*
separation / Trennung *f.* / Vereinzelung *f.* /
   Abstand *m.* / (Lack) Auseinanderlaufen *n.*
separation printing / Abstandsbelichtung *f.*
separator / Trennungszeichen *n.*
separatory funnel / Trenntrichter *m.*
septagonal susceptor / 7-seitiger Suszeptor *m.*
septet / Sieben-Bit-Byte *n.*
sequence / Reihenfolge *f.* / **logical ...** logische
   Reihenfolge *f.*
sequence address / Verkettungsadresse *f.*
sequence cascade / Ablaufkette *f.*
sequence control / Folgesteuerung *f.* /
   Ablaufsteuerung *f.*
sequence controller /
   Ablauffolgesteuereinheit *f.*
sequence error / Folgefehler *m.*
sequence of operations / Abarbeitungsfolge *f.*
sequence of orders / Befehlsfolge *f.*

sequence planning / Reihenfolgeplanung *f.* /
   Ablaufplanung *f.*
sequencer chip / Folgesteuerungsbaustein *m.*
sequence request / Ablaufanforderung *f.*
sequencing / Reihenfolgeplanung *f.* /
   Ablaufplanung *f.*
sequential access / serieller Zugriff *m.* /
   Reihenfolgezugriff *m.*
sequential control / Programmsteuerung *f.* /
   Taktsteuerung *f.* / Folgesteuerung *f.*
sequential estimation / sequentielle
   Schätzung *f.*
sequential operation / sequentielle
   Arbeitsweise *f.*
sequential order / fortlaufende Reihenfolge *f.*
sequential sampling / sequentielles
   Stichprobenverfahren *n*
sequential sampling plan / sequentieller
   Stichprobenplan *m.*
sequential search / sequentielles Suchen *n.*
sequential store / sequentieller Speicher *m.*
serial access / serieller Zugriff *m.*
serial access memory / Speicher mit seriellem
   Zugriff *m./m.* / Sequenzspeicher *m.* /
   Linearspeicher *m.*
serial connection / serieller Anschluß *m.*
serial exposure / serielle Belichtung *f.*
serial feed / Endzuführung *f.*
serial interface / bitserielle Schnittstelle *f.*
serial letter / Serienbrief *m.*
serial memory / serieller Speicher *m.*
serial numbering / fortlaufende
   Numerierung *f.*
serial operation / Folgebetrieb *m.*
serial port / serielle Schnittstelle *f.*
serial printer / Seriendrucker *m.*
serial processing ion implanter /
   Ionenimplantationsanlage mit serieller
   Waferbearbeitung *f./f.*
serial production / Serienfertigung *f.*
serial storage / sequentieller Speicher *m.*
serial transmission / serielle Übertragung *f.*
series / Typenreihe *f.* / Baureihe *f.*
series arrangement / Reihenschaltung *f.*
series circuit / Reihenschaltung *f.* /
   Serienschaltung *f.*
series-connected / reihengeschaltet
series connection / Reihenschaltung *f.* /
   Serienschaltung *f.*
series-gated / seriengekoppelt
series inductor / Reihen-Drosselspule *f.*
series resistance / Serienwiderstand *m.*
series resonant circuit /
   Reihenschwingkreis *m.*
series-shunt-arrangement /
   Serien-Parallel-Anordnung *f.*
serious / ernst / schwerwiegend
serpentine scan / mäanderförmige
   Abtastung *f.*

serrated shim / Fiederblech *n.*
server / Server *m.* / Netzrechner *m.*
to service / abwickeln
service / Dienstleistung *f.*
service ability / Lieferfähigkeit *f.*
serviceable / gebrauchsfähig /
funktionsfähig / betriebsfähig
service area / Nebenbetriebszone *f.*
service call / Bedienungsanforderung *f.*
service company / Dienstleister *m.* /
Dienstleistungsunternehmen *n.*
service contract / Servicevertrag *m.* /
Dienstleistungsvertrag *m.*
service convenience /
Wartungsfreundlichkeit *f.*
service degree / Lieferbereitschaftsgrad *m.*
service department / (Abt.) Instandhaltung *f.*
service instruction / Dienstanweisung *f.*
service level / Lieferbereitschaft *m.* /
Servicegrad *m.*
service life / Nutzungsdauer *f.* /
Brauchbarkeitsdauer *f.*
service manual / Wartungsanweisung *f.*
service market / Dienstleistungsmarkt *m.*
service part / Ersatzteil *n.*
service program / Dienstprogramm *n.*
service provider / Dienstleister *m.*
service rendered / erbrachte Dienstleistung *f.*
service request / Bedienungsanforderung *f.*
service routine / Dienstprogramm *n.* /
Utility *f.*
service time / Lieferzeit *f.*
servicing / Wartung *f.*
servicing fee / Abfertigungsgebühr *f.* /
Wartungskosten *pl.*
to set / einstellen
set / Gerät *n.* / Satz *m.* / Gruppe *f.* / Menge *f.*
to set a deadline / Frist setzen ,
set-associative / teilassoziativ
setback / Rückschlag *m.*
set description / Satzbeschreibung *f.*
set of connectors / Steckersortiment *n.*
set of figures / Zahlenwerk *n.*
set of parts / Teilesatz *m.* / Bausatz *m.* /
Satzteile *npl.*
set of tools / Werkzeugsatz *m.*
set point / Sollwert *m.* / Stellgröße *f.*
set point control (SPC) / Sollwertführung *f.*
set point function / Sollwertfunktion *f.*
set point threshold / Sollwertgrenze *f.*
set point value / Einstellwert *m.*
set point voltage / Sollwertspannung *f.*
setting / Einstellung *f.* / Setzen *n.*
setting-off / aufrechnen / maschineller
Abgleich *m.*
setting wheel / Einstellrad *n.*
to settle / begleichen / regeln
to set tools / (Prod.) einrichten

setup / Aufbau *m.* / Anordnung *f.* / Rüsten
(Maschine) *n.* / Rechnerschaltung *f.*
to set up / einrichten / rüsten
to set up a firm / Firma gründen
set-up allowance / Einrichtezuschlag *m.*
set-up costs / Rüstkosten *pl.*
setup diagram / Rechnerschaltplan *m.*
setup parameter / Einstellparameter *m.*
set-up time / Rüstzeit *f.*
set value / Einstellwert *m.*
several / mehrere
several times / mehrmals
severance / (DV) Abbruch *m.*
severance pay / Abfindung (bei Entlassung) *f.*
severe / schwierig / ernst / ernsthaft
severe fault message / Eklatmeldung *f.*
to sever links / Verbindungen trennen *fpl.*
shaded memory / Ergänzungsspeicher *m.* /
Schattenspeicher *m.*
shadow / Schatten *m.* / Schattenspeicher *m.*
shadow casting / Schattenabbildung *f.* /
Kontaktkopieren
shadow economy / Schattenwirtschaft *f.*
shadowing technique /
Schrägbedampfungsverfahren *n.*
shadow mask fabrication /
Schattenmaskenherstellung *f.*
shadow masking /
Schattenmaskenverfahren *n.*
shadow price / Schattenpreis *m.*
to shadow-print / mit einer Schattenmaske
belichten
shadow printing method /
Kontaktkopierverfahren *n.* /
Schattenabbildungsverfahren *n.*
shadow projection distance /
Schattenprojektionsabstand *m.*
shadow replica / Schattenabbild *n.*
shaft end / Wellenende (b. Drehschalter) *n.*
shaft-end style / Form des Wellenendes *f./n.*
shallow-diffused device / flachdiffundierte
Schaltung *f.*
shallow diffusion / flache Diffusion *f.*
shallow donor / flachliegender Donator *m.*
shallow p-well / flache p-Wanne *f.*
shallow pit / flaches Ätzgrübchen *n.*
to shape / formen
shape / Form *f.*
shaped beam / Formstrahl *m.* /
Flächenstrahl *m.*
shaped beam approach /
Formstrahlmethode *f.* /
Flächenstrahlmethode *f.*
shaped-beam system / Formstrahlanlage *f.*
shaped cord / Gestaltschnur *f.*
shaped parts / Formteile (Verpackung) *npl.*
shaped-probe system / Formstrahlanlage *f.*
shaped spot size / Formstrahlgröße *f.*

shaped square-beam system / Anlage mit
quadratischem Formstrahl *f./m.*
shape protector / Gestaltsicherung *f.*
shaping / Formung *f.*
shaping aperture / Formstrahlblende *f.*
shaping deflector / Formablenksystem *n.*
to share / teilen
shareable / gemeinsame(r) / mehrfach
benutzbar
shared / gemeinsam genutzt /
gemeinschaftlich
shares / (GB) Aktien *fpl.*
shareholder / Aktionär *m.*
share incentive scheme /
Aktienerwerbspläne *mpl.*
sharp cornering / Bildung scharfer
Kanten *f./fpl.*
sharp cutoff / steile Absorptionskante *f. /*
steile Flanke (Filter) *f.*
sharp edge definition / hohe Kantenschärfe *f.*
sharp impurity gradient / steiler
Verunreinigungsgradient *m. /* steiler
Dotierungsgradient *m.*
sharply defined / klar definiert / mit hoher
Kantenschärfe *f.*
to shed jobs / Arbeitsplätze streichen
sheet / Blatt *n. /* Beleg *m. /* Schicht (Lage) *f.*
sheet charge / Schichtladung *f.*
sheet metal / Blech *n.*
sheet metal test piece / Blechprobe *f.*
sheet resistivity / Schichtwiderstand *m.*
shelf / Regal *n. /* Ablage *f.*
shelf inventory / Lagerbestand *m.*
shelf life / Lagerzeit *f.*
shelf life limit / Haltbarkeitsgrenze im
Lager *f./n.*
shelf time / Einlagerungszeit *f.*
shell / Schale (Benutzeroberfläche) *f.*
to shield / abschirmen
shield / Abschirmung *f. /*
(StV) Metallschutzkragen *m.*
shielded cardboard / Panzerkarton *m.*
shielded connector / abgeschirmter
Steckverbinder *m.*
shielded contact / geschirmter Kontakt *m.*
shielded twisted pair / abgeschirmtes
verdrilltes Leiterpaar *n.*
shift / Arbeitsschicht *f. /* Verschiebung *f.*
shift change-over / Schichtwechsel *m.*
shift differential / Schichtzulage *f.*
shift engineer / Schichtführer *m.*
shift factor / Schichtfaktor *m.*
shift gate / Schiebegatter *n.*
shift in demand / Bedarfsverschiebung *f.*
shift key / Umschalttaste *f.*
shift premium / Schichtzulage *f.*
shift time / Schichtdauer *f.*
shift work / Schichtarbeit *f.*
shipment / (Ware) Lieferung *f.*

shipper / Verlader *m.*
shipping / Versand *m.*
shipping agency / Spedition *f.*
shipping agent / Spediteur *m.*
shipping department / Versandabteilung *f. /*
Versandstelle *f.*
shipping documents / Versandpapiere *npl.*
shipping initiation / Versandanstoß *m.*
shipping instructions /
Versandanweisungen *fpl.*
shipping mark / Versandzeichen *n.*
shipping mode / Versandart *f.*
shipping note / Versandschein *m. /*
Lieferschein *m.*
shipping order / Versandauftrag *m. /*
Speditionsauftrag *m.*
shipping package / Versandverpackung *f.*
shipping papers / Lieferpapiere *npl.*
shipping point / Auslieferstelle *f.*
shipping port / Ausfuhrhafen *m.*
shipping route optimization /
Tourenoptimierung *f.*
shipping section / Versandabteilung *f.*
shipping space / Laderaum *m.*
shipping unit / Versandeinheit *f.*
ship-to-line delivery / Direktlieferung an
Fertigung *f./f.*
ship-to-stock delivery / Direktlieferung an
Lager *f./n.*
Shockley diode / Shockley-Diode *f. /*
Vierschichtdiode *f.*
shock-proof / stoßfest
to shoot / abstrahlen
shooting / Einschießen (v. Ionen) *n.*
shop / Werkstatt *f.*
shop calendar / Betriebskalender *m.*
shop date / Fabrikkalenderdatum *n.*
shop environment / Werkstattumfeld *n.*
shopfloor / Betriebsebene *f. /* Werkstatt *f. /*
Fertigungsflur *m.*
shopfloor control / Werkstattsteuerung *f.*
shop load / Belastungsstunden aller
vorgegebenen Aufträge für eine
Werkstatt *fpl./mpl./f.*
shop order / Werkstattauftrag *m.*
shop order administration /
Fertigungsauftragsverwaltung *f.*
shop order file / Fertigungsauftragsdatei *f.*
shop order release /
Betriebsauftragsvorgabe *f.*
shop order tracking /
Betriebsauftrags-Überwachung *f.*
shop output / Werkstattleistung *f.*
shop packet / (Prod.) Auftragsmappe *f. /*
Auftragspapiere *npl.*
shop paper / Werkstattbeleg *m.*
shop production / Werkstattfertigung *f.*
shop talk / Fachsimpelei *f.*

shop traveller / Materialbegleitkarte *f.* /
Auftragsbegleitkarte *f.*
to short / kurzschließen
shortage / Mangel *m.* / Fehlmenge *f.*
shortage costs / Fehlmengenkosten *pl.*
shortage list / Fehlteilliste *f.*
shortages on order proposals / Fehlmengen
zum Auftragsvorschlag *fpl./m.*
short circuit / Kurzschluß *m.*
short-circuited / kurzgeschlossen
short-circuit proof / kurzschlußsicher
short-circuitry by alloying / Durchlegieren *n.*
short delivery / Teillieferung *f.* /
Fehllieferung *f.*
shorted / kurzgeschlossen
shorted circuits / kurzgeschlossene
Bauteile *npl.*
to shorten / kürzen
shortest path / kürzester Weg *m.*
shortest processing time / kürzeste
Bearbeitungszeit *f.*
shortfall / Unterdeckung *f.*
shorthand / Steno *n.*
short haul / Kurzstreckenfracht *f.*
shorting switch / unterbrechender Schalter *m.*
short-term / kurzfristig
short-term planning / kurzfristige Planung *f.*
short-time annealing / kurzzeitige
Ausheilung *f.*
shot / Belichtungsblitz *m.* /
Belichtungsstempel *m.*
shot rate / Stempelgeschwindigkeit *f.*
shower / Dusche *f.* / Brause (Naßätzen) *f.*
shredder / Aktenvernichter *m.*
to shrink / (allg.) schrumpfen / verkleinern /
minitiaturisieren
shrink / Verkleinerung *f.* (meist unübersetzt)
shrinkage allowance / Fertigungszuschlag für
Verluste *m./mpl.*
shrinkage of device features / Verkleinerung
der Bauelementstrukturen *f./fpl.*
shrink-fit mold / Formschrumpfteil *n.*
shrinkhole / Lunker
shrinking / Verkleinerung *f.* /
Miniaturisierung *f.*
shrinking geometries / kleiner werdende
Strukturen *fpl.*
shroud / mechanischer Kontaktschutz *m.* /
Schutzkragen (StV) *m.* / Ummantelung *f.*
shrunk-down / verkleinert
to shunt / parallel schalten / nebenschließen /
überbrücken
shunt / Nebenanschluss *m.* /
Parallelschaltung *f.* / Nebenwiderstand *m.* /
Nebenschluß *m.*
shunt capacitance /
Nebenanschlußkapazität *f.* /
Parallelkapazität *f.*
shunt circuit / Parallelschaltung *f.*

shunt current / Querstrom *m.*
shunt lead / Nebenschlußleitung *f.*
shunt resistor / Parallelwiderstand *m.*
to shut down / schließen / abschalten
shut-down / Betriebsstillegung *f.* /
temporary ... Betriebsruhe *f.*
shut-down time / Rüstzeit (Arbeitsschluß) *f.*
shutter / Blende *f.*
shutter and light source system /
Belichtungssystem *n.*
shutter system / Blendensystem *n.*
shuttle / Wechselschieber
(f. Wafertransport) *m.*
shuttle chamber / Kammer für
Ein-/Ausschleusen von
Waferkassetten *f./n./fpl.*
side-brazed / an den Stirnseiten angelötet
side cable entry / winkelige
Kabeleinführung *f.*
side-channel inversion layer /
Seitenkanalinversionsschicht *f.*
side circuit / Stammschaltung *f.* /
Stammleitung *f.*
side constraint / Randbedingung *f.*
side diffusion / Seitendiffusion *f.* /
Diffusionsstreuung *f.*
side effect / Nebenwirkung *f.*
side etching / seitliches Ätzen *n.*
side overhang / seitliches Überstehen
(Kontakt) *n.*
side product / Nebenprodukt *n.*
side-route wire / seitlich eingeführter
Draht *m.*
side sputtering / Sputtern nach der Seite *n./f.*
sidewall angle / Böschungswinkel *m.*
sidewall coating / Seitenwandbeschichtung *f.*
sidewall-masked / seitenwandmaskiert
sidewall slope / Böschung *f.*
sidewall slope angle / Böschungswinkel *m.*
sideways diffusion / Unterdiffusion *f.*
sideways feed / Seitenzuführung *f.*
sideways scatter / seitliche Streuung *f.*
Siemens in-house (sc) business /
(HL)-Siemens-Geschäft *n.*
sieve / Sieb *m.*
sight check / Sichtkontrolle *f.*
to sign / unterschreiben
sign / Zeichen *n.* / Vorzeichen *n.*
signal / Signal *n.* / Datenträger *m.*
signal attenuation / Signalabschwächung *f.*
signal carrier / Signalträger *m.*
signal conditioning / Signalaufbereitung *f.* /
Signalanpassung *f.*
signal conductor / Signalleiter *m.*
signal conversion / Signalumsetzung *f.*
signal delay / Signalverzögerung *f.*
signal distortion / Signalverzerrung *f.*
signal edge / Signalflanke *f.*
signal element timing / Schritt-Takt *m.*

signal enhancement / Signalverstärkung *f.*
signal gain / Signalverstärkung *f.*
signal generation / Signalerzeugung *f.*
signal layer / Signallage *f.*
signal lead / Signalanschluß *m.*
signal mapping / Signalauflistung *f.*
signal pattern / Signalstruktur *f.*
signal power / Signalleistung *f.*
signal processing / Signalauswertung *f.* /
  Signalverarbeitung *f.*
signal processor chip /
  Signalverarbeitungschip *m.*
signal regeneration / Signalentzerrung *f.* /
  Signalauffrischung *f.*
signal repetition / Signalwiederholung *f.*
signal routing / Signalwegleitung *f.*
signal sequence / Signalfolge *f.*
signal state / Signalzustand *m.*
signal switching / Signalschalten *n.*
signal-to-noise ratio / Störabstand *m.*
signal trace / Signalleitung *f.*
signal transducer / Signalwandler *m.*
signal transmission / Signalübertragung *f.*
signal travelling time / Signallaufzeit *f.*
signatory / Unterzeichner *m.*
signature / Unterschrift *f.*
signature authorization /
  Unterschriftsberechtigung *f.*
sign bit / Vorzeichenbit *n.*
sign digit / Vorzeichenziffer *f.*
sign flag / S-Flag *n.* / Vorzeichenflag *n.*
significance / Stellenwert *m.* / Wertigkeit *f.* /
  Wichtigkeit *f.* / Bedeutung *f.*
significant / bezeichnend / gültig
significant digits / bedeutsame Ziffern *fpl.* /
  Wertziffern *f.*
significant part number / beschreibende
  Sachnummer *f.*
signoff / (DV) Abmeldung *f.* / abmelden
sign-on procedure / Eröffnungsprozedur *f.*
silane / Silan *n.*
silica / Siliziumoxid *n.*
silicade interface / Silizidgrenzschicht *f.*
silicade-polysilicon sandwich /
  Silizid-Polysilizium-Schichtstruktur *f.*
silicided / silizidbeschichtet
silicon / Silizium *n.*
silicon adhesive / Silikonkleber *m.*
silicon alloy / Siliziumlegierung *f.*
silicon-based lubricant / Schmiermittel auf
  Silikonbasis *n./f.*
silicon bilateral switch / zweiseitiger
  Thyristor *m.*
silicon carbide / Siliziumcarbid *n.*
silicon chip / Siliziumplättchen *n.* /
  Siliziumchip *m.*
silicon coating / Siliziumbeschichtung *f.*
silicon compilation design process /
  Siliziumkompilierungsentwurfsverfahren *n.*

silicon-controlled rectifier / steuerbarer
  Siliziumgleichrichter *m.*
silicon dioxide coating /
  Siliziumdioxidbeschichtung *f.*
silicon dioxide insulator /
  Siliziumdioxiddielektrikum *n.*
silicon efficiency / Ausnutzungsgrad der
  Siliziumfläche *m./f.*
silicon fuse / Siliziumprogrammierelement *n.*
silicon-gate / Silizium-Gatter *n.*
silicon-gate technology /
  Siliziumgatetechnik *f.* / Si-Gate-Technik *f.*
silicon gel / Kieselgel *n.*
silicon-header interface /
  Silizium-Sockel-Grenzschicht *f.*
silicon-intensified target / Target mit
  empfindlicher Siliziumschicht *f.*
silicon nitride oxide silicon structure /
  SNOS-Struktur *f.*
silicon on amorphous substrate / Silizium auf
  amorphem Substrat / SOA-Substrat
silicon-oxide interface /
  Silizium-Oxid-Grenzschicht *f.*
silicon processing / Siliziumbearbeitung *f.*
silicon real estate / nutzbare Siliziumfläche *f.*
silicon rectifier / Siliziumgleichrichter *m.*
silicon resistor / Siliziumwiderstand *m.*
silicon-sealed / mit Silikon abgedichtet
silicon slice / Siliziumscheibe *f.*
silicon-stealing / siliziumverbrauchend
silicon surface / Siliziumoberfläche *f.*
silicon-tantalum IC / integrierte Schaltung
  auf Basis von Silizium und Tantalum *f.*
silicon tetrachloride / Siliziumtetrachlorid *n.*
silicon wafer / Siliziumscheibe *f.*
silk-screen printing / Siebdruckverfahren *n.*
silox deposition / Siloxabscheidung *f.*
silox layer / Siloxschicht *f.*
silver halide / Silberhalogenid *n.*
silver-mica capacitor /
  Silberglimmerkondensator *m.*
silver-plated / versilbert
similar / ähnlich
simple mean / einfacher Mittelwert *m.*
simplex method / Simplex-Verfahren *n.*
simplicity / Einfachheit *f.*
to simplify / vereinfachen
simulation order / Simulationsauftrag *m.*
simulation run / Simulationslauf *m.*
simultaneous / gleichzeitig / simultan
simultaneous computer / Parallelrechner *m.*
simultaneous control / Simultansteuerung *f.*
simultaneous production control / simultane
  Fertigungssteuerung *f.*
sine-curve / Sinuskurve *f.*
Singapore / Singapur
single and bulk order preparation / Einzel-
  und Sammelabrufbereitstellung *f.*

single-barrel image repeater /
Einfachrepeater *m.*
single-beam scan technique /
Einzelstrahlrasterverfahren *n.*
single board / Steckeinheit *f.* / Platine *f.* /
Einkartenbaugruppe *f.* /
Mikrorechnermodul *n.*
single-board computer /
Einplatinenrechner *m.*
single buffer time / Einzelpufferzeit *f.*
single chaining / Einfachkettung *f.*
single-chip circuit / monolithischer
Einzelchipschaltkreis auf einem Chip *m.*
single-chip component / Einchipbaustein *m.*
single-chip microcomputer /
Einchipmikrocomputer *m.* / monolithischer
Mikrocomputer *m.*
single chipper / monolithischer
Einzelchipschaltkreis *m.*
single-client system / Einmandantensystem *n.*
single connection / Einfachverbindung *f.*
single crystal / Monokristall *m.* / Einkristall *m.*
single-crystal film / einkristalline Schicht *f.*
single-crystal layer / einkristalline Schicht *f.*
single current / Einfachstrom *m.*
single-deck switch / einstöckiger Schalter *m.*
single density / einfache Dichte *f.*
single-device reticle / Retikel für ein
Bauelement *n./n.*
single-device-well MOSFET / MOSFET mit
einzelner Bauelementmulde *m./f.*
single die / Einzelchip *m.*
single distribution / Alleinvertrieb *m.*
single-ended push-pull converter /
unsymmetrischer
Halbbrücken-Durchflußwandler *m.*
Single European Market /
EU-Binnenmarkt *m.*
single-height ... / ... mit einfacher
Rastermaßhöhe
single-image shearing /
Einfach-Bildscherung *f.*
single-in-line memory module socket /
Stecksockel mit einer Reihe von
Speichermodulen *m./f./npl.*
single-in-line package (SIP) / einreihiges
Schaltkreisgehäuse *n.* / SIL-Gehäuse *n.*
single item / Einzelposten *m.*
single-item production / Einzelfertigung *f.*
single layer / Einfachschicht *f.* / einschichtig
single-layer polysilicon /
Einlagenpolysilizium *n.*
single-layer sputtering /
Einzelschichtsputtern *n.*
single-layer tape / einschichtiges
Folienband *n.*
single-level / einstufig
single-level explosion / Baukastenstückliste *f.*

single-level-metal process /
Einmetallschichtverfahren *n.*
single-level-resist process /
Einschichtresistverfahren *n.*
single-level where-used list / einstufiger
Verwendungsnachweis *m.*
single-line system / Fertigung mit zentralem
Montageband *f.* / Einliniensystem *n.*
single lock / Einfachschleuse *f.*
single mask technology / Einmaskentechnik *f.*
single part / Einzelteil *n.*
single part due date /
Einzelteil-Fälligkeitstermin *m.*
single p.c. board / einseitige Leiterplatte *f.*
single-phase neutral earthing inductor /
Y-Erdungsdrosselspule *f.*
single-pole / einpolig
single processing / Einzelverarbeitung *f.*
single-process production /
Einzelprozeßfertigung *f.*
single production / Einzelanfertigung *f.*
single-product manufacturer /
Einzelfertiger *m.*
single pulse / Einfachimpuls *m.*
single-pulse programming /
Impulsprogrammierung *f.*
single purpose / Einzweck-.. / Spezial-..
single-purpose tool / typengebundenes
Werkzeug *n.*
single-row / einzeilig
single sampling plan /
Einfachstichprobenplan *m.*
single-schedule tariff / Einheitszolltarif *m.*
single-shielded / einfach geschirmt
single-shot circuit / monostabile Schaltung *f.*
single-sideband noise figure /
Einseitenband-Rauschzahl
(Mikrow.-HL) *f.*
single-sided mask aligner / Justier- und
Belichtungsanlage für einseitige
Waferbelichtung *f./f.*
single-slot module / Flachbaugruppe für einen
Steckplatz *f./m.*
single space / einfacher Zeilenabstand *m.*
single-stage / einstufig
single-station operation / Einplatzbetrieb *m.*
single-step operation / Einzelschrittbetrieb *m.*
single-tier of bond pads / Einzelreihe von
Bondkontaktstellen *f./fpl.*
single-unit processing / losfreie Fertigung *f.* /
stückweise Fertigung *f.*
single-user system / Einplatzsystem *n.*
single work center / Einzelarbeitsplatz *m.*
singly charged / einfach geladen
sink / Datensenke (Empfangsstation) *f.* /
Ableitvorrichtung (Kühlkörper) *f.*
sink current / Senkenstrom *m.*
SIP-based memory module / Speicherbaustein
auf SIP-Substrat *m./n.*

site / Standort *m.*
site-by-site alignment /
  Einzelfeldjustierung *f.* /
  Einzelbildjustierung *f.*
site installation / Montage *f.*
site plan / Lageplan *m.*
size / Größe *f.*
skeleton box-pallet / Gitterboxpalette *f.*
skeleton contract / Rahmenvertrag *m.*
skeleton order / Rahmenauftrag *m.*
skeleton program / Rahmenprogramm *n.*
sketch / Entwurf *m.* / Skizze *f.*
skew / Bitversatz *m.* / Schräglauf *m.*
skill / Können *n.*
skilled / qualifiziert
skilled worker / Facharbeiter *m.* / Fachkraft *f.*
to skip / überlesen / überspringen
slab / Kristallkörper *m.*
slack / Schlupf *m.* / Pufferzeit *f.*
slack byte / Füllzeichen *n.*
slack joint / Wackelkontakt *m.* / loser
  Kontakt *m.*
slack period / Flaute *f.*
slack-time / Schlupfzeit *f.*
slack workers / überschüssige
  Arbeitskräfte *f.*
slanted / schräg
slanted pattern / Struktur mit abgeschrägten
  Wänden (durch Unterätzen) *f./fpl.*
slanting distance / Schrägabstand *m.*
slash / Schrägstrich *m.*
slaughtered prices / Schleuderpreise *mpl.*
slave / Satellitenrechner *m.* / Nebenrechner *m.*
sleep mode / energiesparende
  Betriebsweise *f.*
sleeve / Tülle *f.* / Hülse *f.* / Schaft *m.*
slewing / Nachführung *f.* / Rückführung *f.*
to slice / trennen / zertrennen in Scheiben
slice / Siliziumscheibe *f.* / Zeitanteil *m.*
sliced processor / Scheibenprozessor *m.*
slice levelling / Scheibenhorizontierung *f.*
slice loader / Scheibenlader *m.* /
  Scheibenbestücker *m.*
slice of boron nitride / Bornitridscheibe *f.*
slicer / Wafertrennanlage *f.*
slide / Schlitten (f. Wafertransport) *m.*
slide-in chassis / Einschubrahmen *m.*
slide-in coupling / Einschubverbindung *f.*
slide-in module / Einschub *m.*
slider tray / Schieber *m.*
sliding-link feed-through terminal /
  Durchgangsklemme mit
  Längstrennung *f./f.*
slimmed-down version / abgemagerte
  Version *f.*
slip / Gleitung (Kristalle) *f.*
slippage / Schlupf *m.* / Bitverlust *m.*
slippage of the crystal plane / Gleitung der
  Kristallebene *f./f.*

slit exposure system /
  Spaltbelichtungssystem *n.*
slope / Steigung *f.* / Abschrägung *f.* /
  Böschung *f.* / Flanke *f.*
slope angle / Böschungswinkel *m.*
slope arrow / schräger Pfeil *m.*
sloped edge / Schrägkante *f.* /
  Böschungskante *f.*
sloped resist sidewall / Böschungswand im
  Resist *f.*
sloped surface / Neigungsfläche *f.*
sloped via / Kontaktloch mit schrägen
  Seitenwänden *n./fpl.*
sloped wall / Böschungswand *f.*
sloped-wall profile / Böschungsprofil *n.*
slope etching / Schrägätzung *f.*
sloping edge / Böschungskante *f.*
slot / Freifläche *f.* / Schlitz *m.* /
  Steckplatz *m.* / Einsteckschlitz *m.*
to slot into / einschieben in
slots occupied / belegte Einbauplätze *mpl.*
slot space / Raum für Steckplätze *m./mpl.*
slow access storage / langsamer Speicher *m.*
slow-diffusing / langsam diffundierend
slow-moving goods / Waren mit geringer
  Umschlagshäufigkeit *fpl./f.* /
  Langsamdreher *mpl.*
slow moving item / Lagerposition mit sehr
  geringem Verbrauch *f./m.* /
  Langsamdreher *m.*
slug / Kopfdraht *m.*
slump / Baisse *f.*
slump in business / Geschäftsrückgang *m.*
slump in prices / Preisverfall *m.*
slump in sales / Absatzeinbruch *m.*
small batch production /
  Kleinserienfertigung *f.*
small business / Kleinbetrieb *m.*
smallest achievable line width / kleinste
  erreichbare Strukturelementbreite *f.*
small footprint package / Kompaktgehäuse *n.*
small-outline package / SO-Gehäuse *n.* /
  Kleingehäuse *n.*
small-quantity production /
  Kleinserienherstellung *f.*
small-scale integration (SSI) /
  Kleinintegration *f.*
small-scale operation / Kleinbetrieb *m.*
small-scale order / Kleinmengenbestellung *f.*
small-signal semiconductors /
  Einzelhalbleiter *m.*
small-spot analysis / Mikrosondenanalyse *f.*
smashed / gequetscht (Anschlußdraht)
smearing of the dopant profile /
  Verschmieren des Dotierungsprofils *n./f.*
to smooth / glätten / ebnen
smoothing capacitor /
  Glättungskondensator *m.*
smoothing choke / Glättungsdrossel *f.*

smoothing constant / Glättungskonstante *f.*
smoothing parameter /
   Glättungsparameter *m.*
smoothing run / Glättungslauf *m.*
snap-in terminal / Klemmanschluß *m.*
to snap into place / einrasten
to snap off / ausrasten
snap-on contact / Steckhülse mit
   Rastung *f./f.*
snap-on coupling / Steckrastverbindung *f.*
snapshot / Speicherauszug *m.*
snapstrate / Keramikplatte *f.*
snatch-disconnect connector / Steckverbinder
   mit Notzugsentriegelung *m./f.*
to soak / tränken
social benefits / soziale Leistungen *fpl.*
socket / Buchse *f.* / Steckdose *f.* /
   Stecksockel *m.* / Montagesockel *m.* /
   Steckbuchse (f. IC/PROM) *f.* /
   (LP) Steckfassung *f.* / Fassung *f.* /
   Fuß *m.* / (StV) Federkammer *f.*
socket body / Isolierkörper einer
   Fassung *m./f.*
socket connector / Federleiste *f.*
socket contact / Federleistenkontakt *m.* /
   Kontaktfeder *f.*
socketed / mit Stecksockel
socketing / Socketmontierung *f.*
socket lead / Stecksockelanschluß *m.*
socket strip / Buchsenleiste *f.*
socket terminal / Steckeranschlußstift *m.*
socket wrench / Steckschlüssel *m.*
sodium barrier / Natriumbarriere *f.*
sodium control / Natriumüberwachung *f.*
to softbake / vorhärten / vortrocknen
softbake oven / Vortrocknungsofen *m.*
softbaking / Vorhärten *n.* / Vortrocknen *n.*
soft-sectored diskette / weichsektorierte
   Diskette *f.*
to soft-solder / weichlöten
soft solder / Weichlot *n.*
software breakpoint / bedingter
   Programmstop *m.*
software controlled / softwaregesteuert
software debugging / Austesten von
   Programmen *n./npl.*
software designer / Softwareentwickler *m.*
software driver / Softwaretreiber *m.*
software engineering /
   Softwareentwicklung *f.*
software enhancement /
   Softwareverbesserung *f.*
software extension / Softwareerweiterung *f.*
software fault / Software-Fehler *m.*
software interface / Software-Schnittstelle *f.*
software maintenance / Software-Pflege *f.* /
   Programmwartung *f.*
software malfunction /
   Softwarefunktionsstörung *f.*

software port / Softwareanschluß *m.*
software protection / Software-Schutz *m.*
software provider / Software-Anbieter *m.*
software reliability /
   Software-Zuverlässigkeit *f.*
software services / Software-Pflege *f.*
software specifications / Pflichtenheft *n.*
software supplier / Softwareanbieter *m.*
software tool / Software-Tool *n.*
software trap / Softwareunterbrechung *f.*
solar cell / Solarzelle *f.* / Solar-Fotoelement *n.*
solder / Lot *n.*
to solder / löten
solderability / Lötbarkeit *f.*
solder bath / Lotbad *n.*
solder blanket / Lotabdeckmatte *f.*
solder bridge / Lötbrücke *f.*
solder bump / Lötkontakthügel *m.*
solder depression / Lotdurchgang *m.*
solder dot / Lötkontaktstelle *f.*
soldered connection / Lötverbindung *f.* /
   Lötstelle *f.*
soldered link / Lötbrücke *f.*
soldered version / Lötvariante *f.*
solder fillet / Lothohlkehle *f.*
solder globule / Lotkugel *f.*
solder ground / Masseanschluß durch
   Lötmittel *m.*
soldering alloy / Lotlegierung *f.*
soldering flux / Lötflußmittel *n.*
soldering heat / Löthitze *f.*
soldering inspection / Lötprüfung *f.*
soldering instruction / Lötvorschrift *f.*
soldering iron heating element /
   Lötkolbenheizpatrone *f.*
soldering iron tip / Lötkolbenfinne *f.*
soldering oil / Lötöl *n.*
soldering sleeve / Löthülse *f.*
soldering temperature / Löttemperatur *f.*
solder joint / Lötstelle *f.*
solder-joint area / Lötfläche *f.*
solderless / lötfrei
solder lug / Lötfahne *f.*
solder lug strip / Lötfahnenleiste *f.*
solder machine conveyor /
   Lötmaschinenförderer *m.*
solder mask / Lötmaske *f.*
solder mounting / Lötmontage *f.*
solder mount technology /
   Lötmontagetechnik *f.*
solder pad / Lötkontakt *m.*
solder paste / Lötpaste *f.*
solder paste dispensing pump /
   Lötpastendosiereinheit *f.*
solder paste printer /
   Lötpastendruckmaschine *f.*
solder pellet / Löttablette *f.*
solder preform / Lötformteil *n.*

solder pre-placement method /
Loteinlegeverfahren *n.*
solder resist / Lotabdecklack *m.*
solder short / Lötkurzschluß *m.*
solder side / Lötseite *f.*
solder spatter / Lötspritzer *m.*
solder tail / Lötfahne *f.*
solder terminal / Lötanschluß *m.* / Lotende *f.*
solder terminal strip / Lötklemmleiste *f.* /
Lötleiste *f.* / Lötösenstreifen *m.*
solder tinning / Lotverzinnen *n.*
sole agency / Alleinvertretung *f.*
sole agent / Alleinvertreter *m.*
sole distribution / Alleinvertrieb *m.*
sole holder / Alleininhaber *m.*
sole manufacturer / Alleinhersteller *m.*
solenoid / Magnet-..
sole owner / Alleineigentümer *m.*
sole source supplier /
Sole-Source-Lieferant *m.* /
Alleinlieferant *m.*
solicit / Abruf *m.*
solid-carbide drill / Hartmetallbohrer *m.*
solid conductor / Massivleiter *m.*
solid contents / Feststoffgehalt *m.*
solid deposition sources / feste
Ausgangsmedien bei der Diffusion *npl./f.*
solidification / Erstarrung (des Lots) *f.*
to solidify / kristallisieren / sich verfestigen /
erstarren
solid leadless inverted device / umgekehrtes
Halbleiterbauelement ohne
Anschlüsse *n./mpl.*
solid logic technology /
Halbleiterschaltkreistechnik *f.*
solid-phase epitaxial growth / epitaxiales
Aufwachsen in fester Phase *n./f.*
solid-phase epitaxy / Festphasenepitaxie *f.*
solid source / Feststoffquelle *f.*
solid-state ... / Festkörper-... / Halbleiter-...
solid-state circuit / Festkörperschaltkreis *m.* /
Halbleiterschaltkreis *m.*
solid-state circuitry / Monolith-Technik *f.*
solid-state device / Halbleiterbauelement *n.*
solid-state diffusion / Diffusion im
Festkörper *f./m.*
solid-state component /
Festkörperbauelement *n.*
solid-state electronics / Halbleiterelektronik *f.*
solid-state element / Festkörperelement *n.*
solid-state laser / Festkörperlaser *m.*
solid-state logic / Halbleiterlogik *f.*
solid-state memory / Halbleiterspeicher *m.*
solid-state software / Festkörpersoftware *f.*
solid-state technology / Halbleitertechnik *f.*
solubility / Löslichkeit *f.*
solution / Lösung *f.*
to solve / (Problem) lösen
solvency / Solvenz *f.* / Zahlungsfähigkeit *f.*

solvent / zahlungsfähig / Lösungsmittel *n.*
solvent combinations /
Lösungsmittelverbindungen *fpl.*
solvent resistance / Beständigkeit von
Lösungsmittel *f./npl.*
solvent vapors / Lösungsmitteldämpfe *mpl.*
sonic / akustisch
SO-package / Kleingehäuse *n.*
sophisticated / hochentwickelt
to sort / ordnen / sortieren
sort criterion / Sortiermerkmal *n.*
sorter / Sortiergerät *n.*
sorter pocket / Sortierfach *n.*
sort field / Sortierfeld *n.*
sorting criterion / Ordnungsmerkmal *n.*
sort key / Sortierkriterium *n.* /
Sortierbegriff *m.*
sort-merge generator /
Sortier-Misch-Generator *m.*
sort routine / Sortierprogramm *n.*
sort sequence / Sortierfolge *f.*
sort yield / Beurteilungsausbeute *f.*
sound / Geräusch *n.*
source / Quelle *f.* / Ursprung *m.* / Sender *m.* /
Source-Pol *m.*
source code / Quellcode *m.* / Primärcode *m.*
source computer / Kompilierungsanlage *f.*
source connection / Source-Anschluß *m.*
source data / Ursprungsdaten *pl.* /
Primärdaten *pl.*
source data acquisition /
Primärdatenerfassung *f.*
source deck /
Ursprungsprogrammkartensatz *m.*
source document / Urbeleg *m.*
source-drain-gap / Source-Drain-Abstand *m.*
source field / Ursprungsfeld *n.*
source identifier / Absenderkennung *f.*
source input / Primärprogrammeingabe *f.*
source instruction / Quellenbefehl *m.*
source language / Quellsprache *f.* /
Primärsprache *f.*
source library / Primärbibliothek *f.*
source of contamination /
Kontaminationsquelle *f.*
source product / Ausgangsprodukt *n.*
source program / Quellenprogramm *n.* /
Primärprogramm *n.*
source program card /
Programm(loch)karte *f.*
source section / Quellenbereich (v. Ofen) *m.*
source statement / *f.* / Primäranweisung *f.*
sourcing / Bezugsquellenforschung *f.* /
stromabgebend
South Africa / Südafrika
South East Asia (S.E.A.) / Südostasien (SOA)
space / Leerzeichen *n.* / Abstand *m.* / Raum *m.*
space charge / Raumladung *f.*

space charge capacitance /
Sperrschichtkapazität *f.*
space charge layer / Raumladungsschicht *f.* /
Raumladebereich *m.* / Raumladungszone *f.*
space-charge limited / raumladungsbegrenzt
spaced characters / Sperrschrift *f.*
space division multiplex / Raummultiplex *n.*
space-efficient / platzsparend
space key / Leertaste *f.*
space line / Leerzeile *f.*
spacer oxide etching / Spaceroxid-Ätzen *n.*
space-saving / platzsparend
space screen /
Bildschirm-Koordinatensystem *n.*
spacial / räumlich
spacing / Steckabstand *m.*
spacing between lines / Zeilenabstand *m.*
Spain / Spanien
spall / durch Sputtern herausgeschlagenes
Teilchen *n.*
Spanish / spanisch
spare board / Ersatzplatte *f.*
spare capacity / freie Kapazität *f.*
spare memory / Reservespeicher *m.*
spare part / Ersatzteil *n.*
spare parts order / Ersatzteilbestellung *f.*
spare parts planning / Ersatzteildisposition *f.*
spare pin / frei verfügbarer Anschluß *m.*
spare row / Leerzeile *f.*
spare slot / freier Steckplatz *m.*
sparing / Redundanzprinzip *n.*
sparse pattern / Struktur mit großen
Linienabständen *f./mpl.*
spatial distribution / räumliche Verteilung *f.*
spatula / Spachtel *f.*
special assignment / Sonderaufgabe *f.*
special character / Sonderzeichen *n.*
special customers entry code /
Kundeneintragsnummer *f.*
special design / Sonderanfertigung *f.*
special discount / Sonderrabatt *m.*
Special Division / (Siem.) Selbständiges
Geschäftsgebiet *n.*
special field / Fachgebiet *n.*
specialist department / Fachabteilung *f.*
specialist workplace / Facharbeitsplatz *m.*
specialized studies / Fachstudium *n.*
special-purpose computer / Spezialrechner *m.*
special terms / Sonderkonditionen *fpl.* /
to grant ... einräumen / to negotiate ...
aushandeln
specific address / absolute Adresse *f.*
specification / Vorschrift *f.* /
Beschreibung *f.* / Pflichtenheft *n.* /
Spezifizierung *f.* /
Halbleiterbauvorschrift *f.*
specification test / Abnahmeprüfung *f.*
specific conductivity / spezifischer
Leitwert *m.*

specific duty / Gewichtszoll *m.* / Stückzoll *m.*
specific gravity / spezifisches Gewicht *n.*
specimen / Muster *n.* / Ausfallmuster *n.*
spectral response / spektrale
Empfindlichkeit *f.*
speech processor chip /
Sprachverarbeitungschip *m.*
speed / Geschwindigkeit *f.*
speed sort sequence / Eilsortierfolge *f.*
to spell / buchstabieren
spelling / Rechtschreibung *f.*
spelling verification / Rechtschreibprüfung *f.*
spider / Spinne *f.* / Zwischenträger *m.*
spider bonding / Spinnenbonden *n.*
spider lead /
Zwischenträgerbrückenanschluß *m.*
to spill / überlaufen / verschütten
spill current / Störstrom *m.*
spillover of electrons / Elektronenüberlauf *m.*
to spin / drehen / rotieren / (auf-)schleudern
(Resist)
spin application / Schleuderauftrag *m.*
spin-cast / aufgeschleudert
to spin-coat / schleuderbeschichten
spin coating / Belackung *f.*
spin conditions / Arbeitsbedingungen beim
Schleudern *fpl./n.*
spindle / Spindel *f.*
to spin dry / trockenschleudern
spin motor / Schleuderantrieb *m.*
spinner / Schleuder *f.* /
Schleudervorrichtung *f.*
spinning / Aufschleudern *n.*
spin-on deposition /
Aufschleuderbeschichtung *f.*
spin-on dopant / Dotiermittel zum
Aufschleudern *m./n.*
spin-on of dopant / Schleuderauftragen von
Dotiermittel *n./n.*
spin-on technology / Aufschleudertechnik *f.*
spin-priming /
Schleuderauftragsgrundierung *f.*
spiral flow length / Spiralfließlänge *f.*
spiral length / Spirallänge *f.*
to splice / kleben
splice / Kabelspleiß *m.*
to split / teilen
split delivery / Ablieferung in
Teilmengen *f./fpl.* / geteilte Lieferung *f.*
split electrode / Spaltelektrode *f.*
split-field microscope / Doppelmikroskop
(z. Justieren) *n.*
split lot / Teillos *n.*
splitting / Teilung *f.* / Splitten *n.*
split-up / Auflösung *f.* / Teilung *f.*
split-up code / Auflösungskennziffer *f.*
to spoil / beschädigen
spokesman / Sprecher *m.*
spooling / Einspulen *n.*

sporadic demand / sporadischer Bedarf *m.*
sporadic fault / sporadische Störung *f.*
spot / Punkt *m.* / Fleck *m.* / Strahlsonde *f.* /
Belichtungsstempel *m.*
spot check / Stichprobe *f.*
spot diameter / Sondendurchmesser *m.*
spot exposure / Stempelbelichtung *f.*
spot placement accuracy /
Strahlpositioniergenauigkeit *f.*
spot-shaping method / Formstrahlverfahren *n.*
spot size / Sondengröße *f.* / Stempelgröße *f.* /
Sondendurchmesser *m.*
to spot-weld / punktschweißen
spout / Auslaufstutzen *m.*
to spray / spritzen / sprühen
spray etching / Sprühauftragsätzen *n.*
spray nozzle / Sprühdüse *f.*
spray-on coating / Spraybeschichtung *f.*
to spread / (sich) ausbreiten / sich verbreitern
spread / Streuung *f.*
spreading resistance /
Ausbreitungswiderstand *m.* /
Bahnwiderstand *m.*
spreading resistance method /
Ausbreitungswiderstand *m.*
spreadsheet / Kalkulationstabelle *f.* /
Arbeitsblatt *n.*
spreadsheet analysis / spreadsheeting /
Tabellenkalkulation *f.*
spreadsheet program /
Tabellenkalkulationsprogramm *n.*
spring element of a female connector / Feder
einer Federleiste *f./f.*
spring excursion / (Relais) Federweg *m.*
spring-loaded test pin / Federkontaktstift *m.*
spring-suspended cathode construction /
zentralgefederter Kathodenaufbau *m.*
sprout / Keim *m.*
sprue / Anguß (Kabelanguß am
Spritzgußteil) *m.*
sprue bush / Anguß (in der Angußbuchse) *m.*
sprue ejector / Angußdrückstift *m.*
spun-on / aufgeschleudert
spun-on with polymer / mit
aufgeschleudertem Polymer beschichtet
spurious / störend / ungewollt / unecht
spurious power output /
Nebenwellenleistung *f.*
spurious values / Streuwerte *mpl.*
to sputter / sputtern / zerstäuben
sputter coating / Sputterbeschichtung *f.*
sputter deposition of multilayers /
Aufsputtern von Mehrfachschichten *n./fpl.*
sputter etching / Ionenätzen *n.*
sputter etch rate / Sputterätzrate *f.*
sputtering / Sputtern *n.* / Zerstäubung *f.*
sputtering cathode / Zerstäubungskathode *f.*
sputtering system / Sputterätzanlage *f.*
sputtering yield / Sputterausbeute *f.*

to squander / vergeuden / verschwenden
square / Quadrat *n.* / quadratisch /
Quadratzeichen *n.*
square beam / quadratischer Flächenstrahl *m.*
square beam approach / Verfahren mit
quadratisch begrenztem
Strahlquerschnitt *n./m.*
square beam system / Formstrahlanlage für
quadratischen Strahlquerschnitt *f./m.*
square bracket / eckige Klammer *f.*
square-flange adapter / Gehäusekupplung
(LWL-StV) *f.*
square-law device / Baustein mit
Quadratgesetzcharakteristik *m./f.*
square pulse / Bitimpuls *m.* /
Rechteckimpuls *m.*
square root / Quadratwurzel *f.*
square spot / quadratischer
Belichtungsstempel *m.* / quadratische
Flächenstrahlsonde *f.*
squaring circuit / Quadrierschaltung *f.*
squash of the bumps / Verformung des
Bondhügels *f./m.*
squeegee / Rakel *m.*
squeegee speed / Aufrollgeschwindigkeit *f.*
squeezed / gequetscht
to squeeze into a chip / (sehr dicht) in einen
Chip packen
stable / stabil
stack / Stapel *m.* / Kellerspeicher *m.* /
Stapelspeicher *m.*
stacked decks / gestapelte Substrate *npl.*
stacked device / Bauelement aus gestapelten
Chips *n./mpl.*
stacked-gate avalanche-injection MOS /
Metalloxidhalbleiter mit
Avalanche-Injektion durch ein
Stapelgate *m./f./n.*
**stacked-gate avalanche-injection MOS
transistor** / SAMOS-Transistor *m.*
stacked-gate injection MOS transistor /
SIMOS-Transistor *m.*
stacked job processing / sequentielle
Bearbeitung *f.*
stacker control / Ablagesteuerung *f.*
stacking / Stapeln *n.* / Überdeckung *f.*
stacking fault / Stapelfehler *m.*
stack pointer / Kellerzähler *m.*
stack procedure / Kellerungsverfahren *n.*
staff / Personal *n.* / Belegschaft *f.*
staff department / Stabsabteilung *f.*
staff executive / Personalleiter *m.*
staffing pattern / Personalprofil *n.*
staff member / Mitarbeiter *m.*
to stage / bereitstellen / (DV)
zwischenspeichern / einspeichern
stage / Stadium *n.* / Stufe *f.* / Tisch
(Fertigung) *m.* / Arbeitsbühne *f.*
staged material / bereitgestelltes Material *n.*

stage micrometer / Objektmikrometer *m.*
stage of process / Prozeßstadium *n.*
to stagger / staffeln
staggered leads / versetzte Anschlüsse *mpl.*
staging / Bereitstellung *f.*
staging area / Bereitstellfläche *f.*
staging bill of material /
 Bereitstellungsliste *f.*
staging date / Bereitstelldatum *n.*
staging list / Bereitstelliste *f.*
staging order / Bereitstellauftrag *m.*
to stagnate / stagnieren / stocken
stake contact / Nietkontakt *m.*
stakeholder / Anteilseigner *m.*
stakeholder in a process /
 Prozeßteilnehmer *m.*
stale data / veraltete Daten *pl.*
to stall / blockieren / stoppen
stallage / Standgeld *n.* / Liegegeld *n.*
stamp / Stempel *m.* / Briefmarke *f.*
stand-alone / unabhängig / autonom /
 selbständig (arbeitend)
stand-alone computer / autonomer Rechner *m.*
standard / Norm *f.*
standard array / Standardanordnung *f.*
standard array of components /
 Universalschaltkreisanordnung *f.*
standard buried collector technique /
 SBC-Verfahren *n.*
standard calibration package /
 Eichprobenmodul *n.*
standard-cell-based circuit / mit
 Standardzellen aufgebauter Schaltkreis *m.*
standard cell circuit /
 anwendungsspezifischer
 Standardschaltkreis *m.*
standard cell floor plan /
 Standardzellenlayout *n.*
standard cell IC / aus Standardzellen
 aufgebauter IS *m.*
standard channelled structure /
 Standardstruktur mit
 Verbindungskanälen *f./mpl.*
standard committee / Normenausschuß *m.*
standard conversion program /
 Standard-Umsetzprogramm *n.*
standard cost change amount /
 Standardkosten-Änderungsbetrag *m.*
standard default pads / vorgegebene
 Standardkontaktanschlüsse *mpl.*
standard delivery period / Regellieferzeit *f.*
standard derivates / Standardderivate *npl.*
standard design / Normalausführung *f.*
standard deviation / Standardabweichung *f.*
standard device byte / Gerätebyte *n.*
standard evaluation / Standardauswertung *f.*
standard file label / Standardkennsatz *m.*
standard gate-array chip /
 Standardschaltkreischip *m.*

standard hours / Vorgabezeit *f.*
standard interface / Standardschnittstelle *f.*
standardization / Normierung *f.* /
 Standardisierung *f.*
standardized programming / normierte
 Programmierung *f.*
standard labo(u)r time / Sollfertigungszeit *f.*
standard lot size / standard quantity run /
 Richtlosgröße *f.*
standard module / Standardbaustein *m.*
standard outline / Standardgehäuseform *f.*
standard part / Normteil *n.*
standard performance / Normalleistung *f.* /
 Standardleistung *f.*
standard price / Verrechnungspreis *m.*
standard products / Standarderzeugnisse *npl.*
standard quantity run / Richtlosgröße *f.*
standard rating / Standardleistungsgrad *m.*
standard record method /
 Verrechnungssatzverfahren *n.*
standard tape / Bezugsband *n.*
standard time / Vorgabezeit *f.*
standard time per unit / Stückzeit *f.*
standard work center / Normarbeitsplatz *m.*
standard work day / Normalarbeitstag *m.*
standby / Ersatz (Personal) *m.* / Ofen in
 Ruhestellung *m.*
standby computer / Bereitschaftsrechner *m.*
standby costs / Bereitschaftskosten *pl.*
standby current / Ruhestrom *m.*
standby duty / Bereitschaftsdienst *m.*
standby equipment / Reserveausrüstung *f.*
standby facility / Reserveeinrichtung *f.*
standby letter of credit / Generalakkreditiv *n.*
standby operating costs / Kosten der
 Betriebsbereitschaft *pl./f.*
standby power supply /
 Notstromversorgung *f.*
standby system / Reservesystem *n.*
standby unit / Reservegerät *n.*
stand-in / Springer *m.*
standing order / Dauerauftrag *m.*
stand-off / Aufsatzebene
 (b. Gehäuseunterkante) *f.*
stand-off terminal / freistehender
 Anschlußpol *m.*
standtime / Standzeit *f.*
standup / (Wafer) aufrechtstehend
star / Firma mit großem Marktanteil in stark
 expandierendem Markt *f./m./m.*
star date / Stichtag *m.*
start control / (Abt.) Einsteuerung *f.*
starting address / Bereichsstartadresse *f.*
starting capital / Anfangskapital *n.*
starting delimiter / Anfangsbegrenzer *m.*
starting molecule / Ausgangsmolekül *n.*
starting routine / Vorlauf *m.*
starting substrate / Ausgangssubstrat *n.*
starting wafer / Ausgangsscheibe *f.*

start of production / Fertigungsanlauf *m.*
start-up / Anlauf *m.*
startup costs / Anlaufkosten *pl.*
start-up time / Rüstzeit *f.*
state-controlled economies /
Staatshandelsländer *npl.*
stated / spezifiziert
statement / (DV) Anweisung *f.* /
(allg.) Aussage *f.*
statement of expense allocation /
Abgrenzungsrechnung *f.*
statement of operating results /
Ergebnisrechnung *f.*
state of production / Fertigungsstand *m.*
state of the art / neuester Stand der
Technik *m./f.*
state-of-the-art / (adj.) auf dem neuesten
Stand der Technik
static buildup / statische Aufladung *f.*
static charge / statische Aufladung *f.*
static converter / Stromrichter *m.*
static current gain / statische
Stromverstärkung *f.*
static induction transistor / statistischer
Influenztransistor *m.*
staticizer / Seriell-Parallel-Umsetzer *m.*
staticizing / Befehlsübernahme *f.*
static memory / statischer Speicher *m.*
static memory interface /
Anpassungsschaltung für statische
Speicher *f./mpl.*
static noise / Störgeräusch *n.*
static-vulnerable / elektrostatisch gefährdet
stationary anode / feststehende Anode *f.*
stationary batchsize / feste Losgröße *f.*
stationary drive / stationärer Antrieb *m.*
station cycle polling / Stationsumfrage *f.*
station of destination /
Bestimmungsbahnhof *m.*
statistical distribution / statistische
Verteilung *f.*
statistical product reference-number /
statistische Warennummer *f.*
statistical quantities / statistische Größen *fpl.*
statistics / Statistik *f.*
status / Zustand *m.*
status data / Zustandsdaten *pl.*
status display / Statusanzeige *f.*
status flag / Zustandsflag *n.*
status indicator / Zustandsanzeige *f.*
status message / Zustandsmeldung *f.*
status register / Zustandsregister *n.*
status request / Zustandsabfrage *f.*
statute / Satzung *f.* / Statuten *npl.*
statutory period of notice / gesetzliche
Kündigungsfrist *f.*
steady / kontinuierlich / beständig
steady-state .. / stationär / eingeschwungen
steady-state operation / stationärer Betrieb *m.*

steel / Stahl *m.*
steel collet soldering / Stahlstempellöten *n.*
steel roller / Stahlwalze *f.*
steep / steil
steep line edges / steile Ätzflanken *fpl.*
steepness / Steilheit *f.*
steep profile / steile Böschung *f.* / steiles
Profil (im Resist) *n.*
steep-sloped / steil (Signal)
to steer / steuern
steering committee / Lenkungsausschuß *m.* /
Steuerungsausschuß *m.*
steering logic / Steuerlogik *f.*
steering plate / Führungsplatte *f.*
stellar record / Spitzenrekord *m.*
stencil / Schablone (Siebdruck) *f.*
stencil printing / Siebdruck *m.*
to step / schrittweise bewegen / schrittweise
positionieren
step / Schritt *m.* / Stufe *f.* / Takt *m.*
step-and-align optical wafer exposure
system / Scheibenrepeater *m.* /
Überdeckungsrepeater *m.*
step-and-repeat /
Step-und-Repeat-Verfahren *n.*
to step and repeat / im
Step-und-Repeat-Verfahren übertragen
step-and-repeat aligner / Scheibenrepeater *m.*
step-and-repeat array data / Positionierdaten
für den Step-und-Repeat-Vorgang *pl./m.*
step-and-repeat array distortion on the
mask / Matrixverzerrung auf der vom
Repeater hergestellten Maske *f./m./f.*
step-and-repeat camera / Repetierkamera *f.*
step-and-repeat error /
Schrittpositionierfehler (v. Repeater) *m.*
step-and-repeat exposure / schrittweise
Belichtung *f.*
step-and-repeat exposure system /
Fotorepeateranlage *f.*
step-and-repeat lithography system /
lithographische Repeateranlage *f.*
step-and-repeat 10:1 microreduction camera /
10:1-Fotorepeater *m.*
step-and-repeat microreduction printer /
Fotorepeater mit
Projektionsverkleinerung *m./f.*
step-and-repeat movement /
Schrittbewegung *f.*
step-and-repeat optical aligner / optischer
Projektionsrepeater *m.* /
Überdeckungsrepeater *m.*
step-and-repeat optical lithography system /
fotolithografische Repeateranlage *f.*
step-and-repeat optical projection machine /
optischer Projektionsrepeater *m.*
step-and-repeat patterning / Strukturierung
nach dem Step-und-Repeat-Verfahren *f./n.*

step-and-repeat photomasking equipment /
Fotorepeatanlage für
Schablonenherstellung *f./f.*
step-and-repeat printer / Belichtungsanlage
mit Step-und-Repeat-Einrichtung *f./f.*
step-and-repeat printing / schrittweise
Belichtung *f.*
step-and-repeat procedure /
Schrittwiederholverfahren *n.* / Verfahren für
schrittweise Bildvervielfachung *n./f.*
step-and-repeat process / Repetierverfahren *n.*
step-and-repeat projection aligner /
Projektionsscheibenrepeater *m.*
step-and-repeat projection lithography
system / lithografische Projektionsanlage
mit Step-und-Repeat-Einrichtung *f./f.*
step-and-repeat projection printing method /
Projektionsrepeatverfahren *n.*
step-and-repeat projection with 10:1
demagnification / schrittweise
Projektionsübertragung mit 10facher
Verkleinerung *f./f.*
step-and-repeat reduction / Verkleinerung im
Step-und-Repeat-Verfahren *f./n.*
step-and-repeat reduction camera /
bildverkleinernder Fotorepeater *m.*
step-and-repeat reduction process /
Step-und-Repeat-Verfahren mit optischer
Bildverkleinerung *n./f.*
step-and-repeat reduction-projection system /
Projektionsrepeater mit optischer
Bildverkleinerung *m./f.* /
Projektionsstepper *m.*
step-and-repeat wafer imaging /
Waferbelichtung im
Step-und-Repeat-Verfahren *f./n.* /
schrittweise Bildübertragung auf die
Wafer *f.*
step-and-repeat x-ray aligner /
Röntgenüberdeckungsrepeater *m.*
step-and-repeat x-ray machine /
Röntgenrepeateranlage *f.*
step-and-scan projection aligner /
Projektionsjustier- und Belichtungsanlage
mit Step-und-Scan-Einrichtung *f./f.*
step-and-scan system / Wafer-Scanner *m.*
step-by-step / schrittweise / stufenweise
step-by-step alignment / schrittweise
Justierung *f.*
step coverage / Stufenbedeckung *f.* /
Stufenüberzug *m.*
step coverage fault /
Strukturüberdeckungsfehler *m.*
step date / Stufentermin *m.*
step exposure system / Anlage für
schrittweise Belichtung *f./f.*
step face angle / Böschungswinkel *m.*
step face broadening /
Böschungsverbreiterung *f.*

step face width / Böschungsbreite *f.*
to step images on wafers / Bilder im
Step-und-Repeat-Verfahren auf Wafer
übertragen
to step many fields / viele Felder in
schrittweiser Belichtung aneinanderreihen
step mode / Schrittechnik *f.*
stepped array method / Methode der
schachbrettartigen Bildvervielfachung *f./f.*
stepped feature / Stufenelement *n.* / Steg
(auf Substrat) *m.*
stepped-in alignment target / einbelichtete
Justiermarke *f.*
stepper / Stepper *m.* / Scheibenrepeater *m.*
1:1 stepper / Großfeldstepper *m.* / Stepper mit
1:1-Strukturübertragung *m./f.*
stepper-aligner / Scheibenrepeater *m.*
stepper reticle / Retikel für
Wafer-Stepper *n./mpl.*
stepping / schrittweises Positionieren *n.*
stepping and repeating / schrittweises
Positionieren mit
Belichtungswiederholung *n./f.*
stepping mask aligner / Scheibenrepeater *m.*
stepping precision / Positioniergenauigkeit *f.*
stepping procedure / schrittweises
Bildübertragungsverfahren *n.*
stepping projection / Projektion nach dem
Stepper-Verfahren *f./n.*
stepping projection aligner /
Wafer-Stepper *m.* /
Projektionsscheibenrepeater *m.*
stepping sequence / Schrittpositionierfolge *f.*
stepping table / Positioniertisch des
Fotorepeaters *m./f.*
step-repeat exposure / Belichtung im
Step-und-Repeat-Verfahren *f./n.*
step-repeat imaging / schrittweise
Bildübertragung *f.*
step-repeat machine /
Step-und-Repeat-Anlage *f.*
step scanning / schrittweise Abtastung *f.*
to step test chips into wafers / Testchips mit
dem Repeater in Wafer einbelichten
to step the array / die Matrix durch
schrittweise Belichtung herstellen
to step the pattern across the wafer /
die Struktur auf dem Wafer im
Step-und-Repeat-Verfahren reproduzieren
to step the pattern onto the substrate / die
Struktur schrittweise auf das Substrat
übertragen
to step the reticle with a 10x reduction
camera / das Retikel mit einer
Step-und-Repeat-Kamera 10fach
verkleinert abbilden
to step up spending / Ausgaben erhöhen *fpl.*
step voltage / Schrittspannung *f.*
stepwise / schrittweise

stereomicroscope / Stereomikroskop *n.*
sterilization / Entkeimung *f.*
sterilizer / Sterilisator *m.*
stick diagram / Stickdiagramm *n.*
still image / Standbild *n.* / Festbild *n.*
to stimulate / (allg.) stimulieren /
(DV) ansteuern
stimulus / Impuls *m.*
to stipulate / festlegen
stipulation / Festlegung *f.*
stitch-bonding / Stitch-Kontaktierung *f.*
stitching accuracy / Montagegenauigkeit *f.*
stitching of patterns / Zusammensetzung von
Strukturen *f./fpl.*
to stitch together / aneinanderreihen /
montieren (Teilbilder)
stochastic / stochastisch
stock / Lagerbestand *m.* / Vorrat *m.* / Aktien
(US) *fpl.* / **accounted ...** buchmäßiger
Lagerbestand *m.* / **actual ...** Ist-Bestand *m.* /
allocated ... reservierter Bestand *m.* /
blockierter Bestand *m.* / **available ...**
verfügbarer Bestand *m.* / **booked ... at
actual cost** buchmäßiger Bestand zu
Ist-Kosten *m./pl.* / **booked ... at standard
cost** buchmäßiger Bestand zu
Standardkosten *m./pl.* / **effective ...**
effektiver Lagerbestand *m.* / **heavy ...**
reichhaltiges Lager *n.* / **leftover ...**
Lagerrestbestand *m.* / **low ...** geringe
Lagervorräte *mpl.* / **minimum ...**
Mindestbestand *m.* / **not in ...** nicht auf
Lager / **out of ...** ohne Lagerbestand /
permanent ... control laufende
Lagerkontrolle *f.* / **physical ...** physischer
Bestand *m.* / körperlicher Lagerbestand *m.* /
replenishment of ... Lagerauffüllung *f.* /
well-assorted ... reichsortiertes Lager *n.* /
well-selected ... wohlsortiertes Lager *n.*
in stock / auf Lager / vorrätig
to have only conventional designs in stock /
nur gängige Sorten auf Lager haben
to produce on stock / auf Lager fertigen
to remain in stock / auf Lager bleiben
stock account / Bestandskonto *n.*
stock accounting / Lagerbuchführung *f.* /
Bestandsrechnung *f.*
stock adjustment / Lagerangleichung *f.*
stock at disposal / dispositiver Bestand *m.*
stock broker / Börsenmakler *m.*
stock capital / Aktienkapital *n.* /
Grundkapital *n.*
stock completion / Lagervervollständigung *f.*
stock-conscious / lagerbewußt
stock control / Lagersteuerung *f.*
stock corporation / Aktiengesellschaft *f.*
stock costs / Bestandskosten *pl.*
stock critical / bestandskritisch
stock delivery order / Lagerversandauftrag *m.*

stock exchange / Aktienbörse *f.*
stockholders' equity / Eigenkapital (AG) *n.*
stock holding costs / Lagerhaltungskosten *pl.*
stock-in time / Einlagerungszeit *f.*
stock in transit / Unterwegsbestand *m.*
stock issue / Abruf *m.* / Entnahme *f.* / Bezug
(vom Lager) *m.*
stock issue card / Lagerentnahmekarte *f.*
stockkeeper / Lagerhalter *m.*
stockkeeping / Lagerhaltung *f.*
stockkeeping unit / Lagerposition *f.*
stock ledger account / Lagerbuchkonto *n.*
stock ledger card / Lagerkarte *f.*
stock ledger clerk / Lagerbuchhalter *m.*
stock level control /
Bestandshöhenüberwachung *f.*
stock levelling / Bestandsabgleich *m.* /
Lagerabgleich *m.*
stock list / Bestandsliste *f.*
stock location / Lagerplatz *m.*
stock market / Börse *f.*
stock movement / Lagerbewegung *f.*
stock movement report /
Lagerbewegungsübersicht *f.*
stock on hand / vorhandener Bestand *m.*
stock-on-order / Bestellbestand *m.*
stock order / Lagerauftrag *m.* /
Vorratsauftrag *m.*
stockout / Nullbestand *m.*
stockout item / Lagerposition mit
Nullbestand *f./m.*
stockpeak / höchster Lagerbestand *m.*
stock piles / Lagerbestände *mpl.*
stockpiling / Bevorratung *f.*
stock policy / Lagerpolitik *f.*
stock portfolio / Aktienbestand *m.*
stock price / Aktienkurs *m.*
stock production / Vorratsfertigung *f.*
stock range / Bestandsreichweite *f.*
stock rebate / Lagerrabatt *m.*
stock reduction / Lagerabbau *m.*
stock register / Lagerliste *f.*
stock replenishment order /
Lagerergänzungsauftrag *m.*
stock request / Bestandsabfrage *f.*
stock requirements / Lagerbedarf *m.*
stock requisition / Lageranforderung *f.*
stock reserves / Sicherheitsbestand *m.* /
Lagerreserve *f.*
stock selection / Lagerauswahl *f.*
stock shortage / Lagerknappheit *f.*
stock shrinkage / Lagerverlust *m.*
stock status report / Bestandsübersicht *f.* /
Lagerbestandsliste *f.*
stock tag / Lagerpreiszettel *m.*
stocktaking / Inventur *f.* / Lageraufnahme *f.* /
perpetual ... permanente Inventur *f.*
stocktaking proceedings /
Inventurarbeiten *fpl.*

stock trading / Aktienhandel *m.*
stock turnover / Lagerumschlag *m.*
stock updating /
  Lagerbestandsfortschreibung *f.*
stock valuation adjustment /
  Lagerbewertungsausgleich *m.*
stock value / wertmäßiger Lagerbestand *m.* /
  Lagerwert *m.*
stock value levelling / Lagerwertausgleich *m.*
stock voting right / Aktienstimmrecht *n.*
stock yield / Aktienrendite *f.*
stop bit / Stoppbit *n.*
stop code / Stoppcode *m.*
stop element check / Stoppbefehl *m.*
stop watch / Stoppuhr *f.*
storable / lagerfähig
storage / Speicher *m.* / Lager *n.* / **careless ...**
  unsachgemäße Lagerung *f.* / **external ...**
  externer Speicher *m.*
storage allocation / Speicherplatzzuweisung *f.*
storage architecture / Speicherorganisation *f.*
storage area / Lagerfläche *f.*
storage array / Speichermatrix *f.*
storage bin / Lagerplatz *m.*
storage capacity / Lagerkapazität *f.* /
  Speicherkapazität *f.*
storage cell / Speicherelement *n.*
storage charges / Lagergebühren *fpl.*
storage check / Lagerschein *m.*
storage costs / Lagerkosten *pl.*
storage deadline / Lagerfrist *f.*
storage deallocation / Aufhebung der
  Speicherzuordnung *f./f.*
storage density / Speicherdichte *f.*
storage device / Speicher *m.*
storage dump / Speicherauszug *m.*
storage facilities / Lagereinrichtungen *npl.*
storage function / Lagerfunktion *f.*
storage interest / Lagerungszinsen *mpl.*
storage level / Lagerstufe *f.*
storage life / Lagerfähigkeitsdauer *f.*
storage location / Speicherplatz *m.* /
  Speicherstelle *f.*
storage means / Lagermöglichkeiten *fpl.*
storage occupancy / Speicherbelegung *f.*
storage operations / Lagerabwicklung *f.* /
  Lagerbetrieb *m.*
storage protection key /
  Speicherschutzschlüssel *m.*
storage room / Lagerraum *m.*
storage space / Speicherplatz *m.*
storage target / Speicherplatte *f.*
storage temperature range /
  Lagertemperaturbereich *m.*
storage tube display / Speicherbildschirm *m.*
storage unit / Speichereinheit *f.*
storage utilization / Speicherausnutzung *f.*
to store / lagern

store / Lager *n.* / (US) Laden *m.* / **intermediate**
  ... Zwischenlager *n.* / **main ...** Hauptlager *n.*
store account / Lagerkonto *n.* /
  Lagerbuchkonto *n.*
store-and-forward principle /
  Teilstreckenverfahren *n.*
store and forward switching /
  Speichervermittlung *f.* /
  Teilstrecken-Vermittlung *f.*
store book / Lagerbuch *n.*
stored goods / Lagergut *n.*
stored-program control /
  speicherprogrammierbare Steuerung *f.*
store hire / Lagermiete *f.*
storehouse / Lagerhaus *n.*
store-in time / Einlagerungszeit *f.*
store ledger / Lagerhauptbuch *n.*
store ledger card / Lagerkarte *f.*
store management / Lagerverwaltung *f.*
store number / Lagernummer *f.*
store order / Lagerbestellung *f.*
store parts master / Lagerteilestamm *m.*
store place / Lagerort *m.*
store processing code /
  Lagerverarbeitungsmerkmal *n.*
store-programmed / speicherprogrammiert
store receipt / Lagerzugang *m.*
store rent / Lagermiete *f.*
store size / Lagergröße *f.*
store supplies / Lageranlieferungen *f.*
store supervisor / Lageraufseher *m.*
storing / Einlagerung *f.*
storing expenses / Lagerausgaben *fpl.*
storing facilities / Lagereinrichtungen *fpl.*
storing place / Lagerplatz *m.*
Stottard solvent / Stottardlösung *f.*
straight / gerade
straight bill of lading (B/L) /
  Namenskonossement *n.*
straight line coding / gestreckte
  Programmierung *f.*
straight-sided bond pad / geradseitige
  Bondinsel *f.*
straight terminal / gerader Anschluß *m.*
strain / Spannung (im Material) *f.*
strained-layer epitaxy / Epitaxie mit
  verspannten Schichtstrukturen *f./fpl.*
strained-layer superlattice / schichtverformtes
  Übergitter *n.*
stranded conductor / Drahtlitzenleiter *m.*
stranded wire / Litze *f.*
strap / Band (Umreifungsband an
  Verpackung) *n.* / Kontaktbrücke *f.* /
  Brückenverbindung *f.*
strategic business discussion /
  Geschäftsdurchsprache *f.*
strategy / Strategie *f.*

stratified-charge memory /
Ladungsschichtungsspeicher *m.* / Speicher
mit geschichteter Ladung *m.*/*f.*
stratified random sample / geschichtete
Zufallsprobe *f.*
stratum of buyers / Käuferschicht *f.*
stray capacitance / Streukapazität *f.*
stray radiation / Streustrahlung *f.* /
Störstrahlung *f.*
streamer / Streamer *m.* /
Magnetbandkassettenlaufwerk *n.*
to streamline / rationalisieren
streamlined organization / gestraffte
Organisation *f.*
streamlining / Rationalisierung *f.*
streamlining of production program /
Programmstraffung *f.*
stress / Beanspruchung *f.* / Spannung *f.* /
Belastung *f.*
stress crack / Spannungsriß *m.*
stress fracture / Spannungsbruch *m.*
stress relief / Zugentlastung *f.* /
Spannungsentlastung *f.*
stress testing / Belastungstest *m.*
striation / Schliere *f.* / Streifen
(in Resistschicht) *mpl.*
strife chamber / Klimakammer *f.*
strike / Streik *m.* / **authorized ...** offizieller
Streik / **lightning ...** Blitzstreik / **sympathy**
... Sympathie- / Solidaritätsstreik / **token ...**
Warnstreik / **unauthorized ...** inoffizieller
Streik / **unofficial ...** inoffizieller Streik /
wildcat ... inoffizieller Streik
strike fund / Streikkasse *f.*
strike pay / Streikgeld *n.*
string / Zeichenkette *f.* / Kette *f.* /
Sequenz *f.* / Reihe *f.* / Datenfolge *f.*
string concatenation /
Zeichenreihen-Verknüpfung *f.*
string device / Textgeber *m.*
string generation / Bildung von
Strings *f.*/*mpl.*
strings / Elementketten *fpl.*
string variable / Zeichenkettenvariable *f.*
to strip / ablösen
strip / Streifen *m.*
strip chip / Chip mit veränderbarem
modularen Layout *m.*/*n.*
stripe / Streifen *m.*
stripe abutment error /
Streifenmontagefehler *m.*
stripe arrays / Streifenarrays *npl.*
strip gas / Ablösegas *n.*
stripline / Streifenleiter *m.*
stripped-down / abgerüstet / reduziert
stripper plate / Niederhalter (Stanze) *m.*
stripping / (Lack) Ablösen *n.* / Abtragen
(Silizium) *n.*
stripping gas / Ablösegas *n.*

stripping solution / Lösungsmittel *n.*
strip rate / Abtragsgeschwindigkeit *f.*
strobe / Taktrate *f.* / Strobe-Signal /
Strobe-Impuls *m.* / Übernahmetakt *m.*
stroke / Anschlag *m.* / Strich *m.*
stroke width / Strichstärke *f.*
structural bill of material /
Struktur-Stückliste *f.*
structural break / Strukturbruch *m.*
structural component / Strukturelement *n.*
structural defect / Gitterfehler *m.* /
Strukturfehler *m.*
structural description /
Strukturbeschreibung *f.*
structural dimension / Strukturabmessung *f.*
structural feature / Strukturelement *n.*
structural imperfection / Strukturdefekt *m.* /
Störstelle in der Gitterstruktur *f.*/*f.*
structural organisation /
Aufbauorganisation *f.*
structural resolution / Strukturfeinheit *f.*
structural stress / Spannung im
Kristallgitter *f.*/*n.*
structural tree / Strukturbaum *m.*
to structure / strukturieren
structure bill of material /
Strukturstückliste *f.*
structure boundary / Strukturgrenze *f.*
structure chart / Struktogramm *n.*
structure comparison / Strukturvergleich *m.*
structure connection / Strukturverbindung *f.*
structure data / Strukturdaten *pl.*
structure data management /
Strukturdatenverwaltung *f.*
structured display / strukturierte Bilddatei *f.*
structure step / Strukturstufe *f.*
structure where-used list /
Struktur-Verwendungsnachweis *m.*
stub / Stichleitung *f.*
stub-leaded / mit stiftartigen Anschlußbeinen
student intern / Praktikant *m.*
study / Studie *f.* / Untersuchung *f.*
to stuff with / dicht bestücken mit
stuffed-board / bestückte Leiterplatte *f.*
stylus / Meßnadel *f.*
sub-.. / Hilfs-.. / Neben-.. / Unter-..
subarea / Teilbereich *m.*
subarray / Teilmatrix *f.*
subassembly / Baugruppe *f.* / Vormontage *f.* /
Geräteteil *n.* / **transient ...** fiktive
Baugruppe *f.* / Phantom-Baugruppe *f.*
subchannel / Unterkanal *m.*
subchip / Teilchip *m.*
subconsole / Nebenbedienungsplatz *m.*
to subcontract / Aufträge an Fremdfirmen
vergeben
subcontract / Zuliefervertrag *m.*
subcontracting / Fremdfertigung *f.* /
Auftragsvergabe an Fremdfertiger *f.*

subcontracting order / Entlastungsauftrag *m.* /
Fremdfertigungsauftrag *m.*
subcontractor / Fremdfertiger *m.* /
Vertragsfertiger *m.* / Subunternehmer *m.*
subcontractor baunumber /
Vertragsfertigerbaunummer *f.*
Fremdfirmabaunummer *f.*
subdirectory / Unterverzeichnis *n.*
subdivision / (Siem.) Geschäftszweig *n.* /
(allg.) Unterteilung *f.* / Untergliederung *f.*
subfield / Teilfeld *n.*
subfile / Unterdatei *f.*
subfunction / Teilfunktion *f.* /
Unterfunktion *f.*
subgoal / Teilziel *n.*
sub-item / Unterposition *f.*
subject / Thema *n.*
subject to / abhängig von
subject to authorization /
genehmigungspflichtig
subject to consolidation /
konsolidierungspflichtig
subject to modification / Änderung
vorbehalten *f.*
subject to prior sale / Zwischenverkauf
vorbehalten *m.*
subject to wage tax / lohnsteuerpflichtig
subject to withdrawal / Rücktritt
vorbehalten *m.*
submaster / Tochterschablone *f.* / Kopie der
Originalmaske *f./f.*
submaster plate / Tochterfotoplatte *f.*
submersible connector / tauchfester
Steckverbinder *m.*
submicrometre barrier /
Submikrometerschwelle *f.*
submicrometre feature /
Submikrometerstruktur *f.*
submicrometre range /
Submikrometerbereich *m.*
submicron aligner / Justier- und
Belichtungsanlage mit
Submikrometerjustiergenauigkeit *f./f.*
submicron design rules / Entwurfsregeln für
Submikrometerstrukturen *fpl./fpl.*
submicron focussed ion beam /
Submikrometerionensonde *f.*
submicron geometries /
Submikrometerstrukturen *fpl.*
submicron mask / Maske mit
Submikrometerstrukturen *f./fpl.*
to submit a proposal / Vorschlag
unterbreiten *m.*
submodule / Teilmodul *n.*
submount / Montagebasis *f.*
subnegotiator / Unterhändler *m.*
subnetwork / Teilnetz *n.*

sub-optimization / Optimierung eines
begrenzten Bereichs, ohne Bezug auf
übergeordnete Ziele *f.*
subordinate / untergeordnet
subordinate group / Untergruppe *f.*
subpattern / Teilstruktur *f.*
subprocess / Teilprozess *m.*
subqueue / sekundäre Warteschlange *f.*
subrectangle / Teilrechteck *n.*
subroutine / Teilprogramm *n.* /
Unterprogramm *n.*
subroutine call / Unterprogrammabruf *m.*
subscriber / Teilnehmer *m.* / Abonnent *m.*
subscriber connection program /
Verbindungsprogramm *n.*
to subscript / indizieren
subsequent / nachfolgend
subsequent mask / Folgemaske *f.*
subsequent transport / Nachlauf *m.*
subservient / untergeordnet
subset / Untermenge *f.* / Teilmenge *f.*
subsidiary / Tochtergesellschaft *f.*
subsidiary board / zusätzliche
Leiterplatte *f.* / Ergänzungsleiterplatte *f.*
subsidiary impurity / untergeordnete
Störstelle *f.*
subsidies / Subventionen *fpl.*
to subsidize / subventionieren
substandard / nicht die Qualitätsnorm
erfüllend / nicht den Anforderungen
entsprechend
substantial / wesentlich
to substantiate / konkretisieren
substituent / Substitutionselement *n.*
to substitute / ersetzen / austauschen
substitute / Ersatz *m.* / Ausweichmaterial *n.*
substitutional / auf Gitterplatz eingebaut
substitutional atom / substituiertes Atom *n.*
substitutional impurities /
Substitutionsstörstellen *fpl.*
substitutional lattice site /
Substitutionsgitterplatz *m.*
substitutional vacancy /
Substitutionsleerstelle *f.*
substitution bit / Substitutionsstelle *f.*
substrate / Substrat *n.* / Trägermaterial *n.*
substrate bias effect /
Substratvorspannungseffekt *m.*
substrate distortion / Substratverzerrung *f.*
substrate-fed logic / substratgespeiste
Logik *f.*
substrate feeding / Substratzuführung *f.*
substrate flatness / Substratebenheit *f.*
substrate outer lead bonder / Außenbonder
für Substratmontage *m./f.*
substrate package / Substratgehäuse *n.*
substrate pallet / Substratträger *m.* /
Substrathalter *m.*
substrate-related / substratspezifisch

substrate-resist-interface /
　Substrat-Resist-Grenzschicht *f.*
substrate-to-mask alignment / Justierung von
　Substrat zu Maske *f.*
substrate translation /
　Substratverschiebung *f.*
substring / Teilkette *f.*
subsurface-junction FET /
　Oberflächensperrschicht-FET *m.*
subtasking / Unteraufgabenbildung *f.*
subtotal / Zwischensumme *f.*
subtractive etching / subtraktives Ätzen *n.*
subtractive etch process / subtraktives
　Ätzverfahren *n.*
subtractively patterned / subtraktiv
　strukturiert
subtract statement /
　Subtraktionsanweisung *f.*
subtype / Untertyp *m.*
to succeed / folgen / Erfolg haben
success / Erfolg *m.*
successful / erfolgreich
successful tenderer / Zuschlagsempfänger *m.*
succession / Folge *f.*
successive / folgend / fortlaufend / sukzessive
successive approximation /
　Iterationsverfahren *n.* / schrittweise
　Annäherung *f.*
successor / Nachfolger *m.*
successor activity / Folgetätigkeit *f.*
successor mask / Nachfolgemaske *f.*
successor program / Nachfolgeprogramm *n.*
successor stage / nachgelagerte
　Fertigungsstufe *f.*
sufficient / ausreichend
suffix / Zusatz *m.*
to suggest / vorschlagen
suggested work order / Auftragsvorschlag *m.*
suggestion program / Vorschlagswesen *n.*
suitable / passend / angemessen
suitable for production / fertigungsgerecht
suitable for soldering / lötgerecht
suite / Programmfolge *f.*
sulphuric acid / Schwefelsäure *f.*
summarized bill of material /
　Mengenübersichtsstückliste *f.* /
　Summenstückliste *f.*
summarized explosion /
　Mengenübersichtsstückliste *f.*
summarized requirements /
　auftragsanonymer Bedarf *m.*
summarized where-used list /
　Mengenübersichts-Verwendungs-
　nachweis *m.*
summary / Zusammenfassung *f.*
summary card / Summenkarte *f.*
summary check / Summenkontrolle *f.*
summation check card / Abstimmkarte *f.*
summing circuit / Summierschaltung *f.*

super bill of material /
　Typenvertreter-Stückliste *f.*
superconductive / supraleitfähig
superconductive device /
　Supraleitungsbaustein *m.*
superconductor / Supraleiter *m.*
superdense chip / Chip mit superhoher
　Packungsdichte *m.*/*f.*
super-fast circuits /
　Schnellstlogikschaltungen *fpl.*
super-fast logic / Schnellstlogik *f.*
superficial / oberflächlich
superfluous / überflüssig
superimposed / überlagert
superimposition / Einblendung *f.*
superior / Vorgesetzter *m.* / übergeordnet
super-large-scale integration (SLSI) /
　Höchstintegration *f.*
superlattice / Übergitter *n.* / Supergitter *n.*
to superpose / überlagern
superposed circuit / Überlagerungskreis *m.* /
　Simultanschaltung *f.*
superposition error / Überdeckungsfehler *m.*
to supervise / überwachen
supervisor / Überwacher *m.* / Einrichter *m.*
supervisor call / Steuerprogrammaufruf *m.* /
　Systemaufruf *m.*
supervisory board / Aufsichtsrat *m.*
supervisory circuit / Kontrollschaltung *f.*
supervisory facility / Kontrolleinrichtung *f.*
supervisory procedure / Kontrollverfahren *n.*
supplement / Anhang *m.* / Zusatz *m.*
to supplement / ergänzen
supplementary / ergänzend / Zusatz-..
supplementary payment / Nachzahlung *f.*
supplementation / Ergänzung *f.*
supplied parts / Zulieferteile *npl.*
supplier / Lieferant *m.* / Anbieter *m.* /
　external ... externer Lieferant *m.*
supplier account / Lieferantenkonto *n.*
supplier bill / Lieferantenwechsel *m.*
supplier integration / Lieferantenanbindung *f.*
supplier number / Lieferantennummer *f.*
supplier selection / Lieferantenauswahl *f.*
supplies / Hilfsstoffe *mpl.* / Vorrat *m.*
supply / Angebot *n.* / Bezug (extern) *m.* /
　Versorgung *f.* / Bereitstellung *f.* /
　replacement ... Ersatzlieferung *f.*
to supply the needs / Bedarf decken
supply bottleneck / Lieferengpaß *m.*
supply capacity /
　Bedarfsdeckungsmöglichkeit *f.*
supply chain / Lieferkette *f.* /
　Logistikkette *f.* / Versorgungskette *f.*
supply chain costs / (Prozeß-)Kosten der
　Logistikkette *pl.*/*f.*
supply commitment / Lieferverpflichtung *f.*
supply contract / Liefervertrag *m.*
supply current / Netzstrom *m.*

supply curve / Angebotskurve *f.*
supply date / Bereitstellungstermin *m.*
supply gap / Angebotslücke *f.*
supplying industry / Zulieferindustrie *f.*
supply item / Lieferposten *m.*
supply management / Liefermanagement *n.*
supply of components as samples /
Bemusterung von Bausteinen *f./mpl.*
supply of samples / Bemusterung *f.*
supply risk / Versorgungsrisiko *n.*
supply shortage / Lieferengpaß *m.*
supply source / Bezugsquelle *f.*
supply voltage / Versorgungsspannung *f.*
to support / unterstützen
support / Unterstützung *f.* / Halter *m.*
support area / Auflagefläche *f.*
support chip / Hilfschip *m.*
support circuit / Unterstützungsschaltkreis *m.*
supporting frame / Trägerrahmen
(Bonden) *m.*
supporting membrane / Trägermembran *f.*
support material / Trägermaterial *n.*
to suppose / vermuten / annehmen
to suppress / unterdrücken
suppression category B / Grenzwertklasse
B *f.*
suppression class B / Grenzwertklasse B *f.*
suppression of leading zeros / Unterdrückung
führender Nullen *f./fpl.*
suppressor / Entstörer *m.*
supraconductive / supraleitfähig
to surcharge / überlasten
surcharge / Nachporto *n.* / Zuschlag *m.*
surety / Sicherheitsleistung *f.*
surface atomic layer / atomare
Oberflächenschicht *f.*
surface-attachable / oberflächenmontierbar
surface attach technology /
Oberflächenmontagetechnik *f.*
surface barrier / Oberflächensperrschicht *f.*
surface barrier transistor /
Oberflächensperrschichttransistor *m.*
surface channel / Oberflächenkanal *m.*
surface charge-coupled device /
ladungsgekoppeltes Bauelement mit Kanal
an der Halbleiteroberfläche *n./m./f.*
surface charge transistor /
Oberflächenladungstransistor *m.*
surface cleaning / Oberflächenreinigung *f.*
surface condition /
Oberflächenbeschaffenheit *f.*
surface depression / Oberflächenvertiefung *f.*
surface diffusion / Oberflächendiffusion
(Halbl.) *f.*
surface elevation map of a wafer /
topografische Darstellung einer
Waferoberfläche *f./f.*
surface etching / Oberflächenätzung
(Halbl.) *f.*

surface finish / Oberflächengüte
(von Wafer) *f.*
surface generator / Flächengenerator *m.*
surface grinding machine /
Flächenschleifmaschine *f.*
surface inspection / Oberflächenprüfung *f.*
surface integral / Flächenintegral *n.*
surface layer / Oberflächenschicht *f.*
surface leakage / Kriechstrom *m.*
surface-mountable socket /
Oberflächenmontagesockel *m.*
surface-mount attachment /
Oberflächenmontage *f.*
surface-mount board / Leiterplatte für
Oberflächenmontage *f./f.*
surface-mount chip technology /
Oberflächenchipmontagetechnik *f.*
surface-mount connector / Stecker für
Oberflächenmontage *m./f.*
surface mounted / oberflächenmontierbar
surface-mounted assembly /
oberflächenmontierte Baugruppe *f.*
surface-mounted component / Bauelement für
Oberflächenmontage *n./f.*
surface-mounted device /
oberflächenmontiertes Bauelement *n.*
surface mounting / Oberflächenmontage *f.*
surface-mounting board / Leiterplatte für
Oberflächenmontage *f./f.*
surface-mounting technology /
Oberflächenmontagetechnik *f.*
surface-mount package / Gehäuse für
Oberflächenmontage *n./f.*
surface-mount packaging /
Oberflächenmontage *f.*
surface-mount pad array package / Gehäuse
mit Kontaktstellenmatrix für
Oberflächenmontage *n./f./f.*
surface-mount socket / Stecksockel für
Oberflächenmontage *m./f.*
surface-mount technology /
Oberflächenmontagetechnik *f.*
surface of guide sleeve / Einführungsfläche
der Führungshülse *f./f.*
surface packaging / Oberflächenmontage von
Bausteinen *f./mpl.*
surface passivation /
Oberflächenneutralisierung (Halbl.) *f.* /
Oberflächenpassivierung *f.*
surface patch / Flächensegment *n.*
surface plate / Richtplatte *f.*
surface relief / topografische
Oberflächenstruktur *f.*
surface resistance / Oberflächenwiderstand *m.*
surface resistivity / spezifischer
Oberflächenwiderstand *m.*
surface section method /
Teilflächenmethode *f.*
surface smoothing / Oberflächenglättung *f.*

surface transport / Landtransport *m.*
surface treatment / Oberflächenbehandlung *f.*
surface waviness / Welligkeit der
  Oberfläche *f./f.* / Schlieren auf der
  Oberfläche *fpl./f.*
surface wiring / Flächenverdrahtung *f.*
surfactant / Tensid *n.*
surge / Stromstoß *m.*
surge arrester / Überspannungsableiter *m.*
surge current / Stoßstrom *m.*
surge impedance / Wellenwiderstand *m.*
to surpass / übersteigen / übertreffen
surplus / Überschuß *m.*
surplus delivery / Überlieferung *f.*
surplus inventory / Überbestand *m.*
surplus material / überschüssiges Material *n.*
surplus stock / Überbestand *m.*
surrogate / Ersatz *m.*
surrogate mask / Ersatzmaske *f.*
surveillance / Überwachung *f.*
survey / Überblick *m.* / Übersicht *f.* /
  Umfrage *f.*
susceptance / Blindleitwert *m.* / induktiver
  Leitwert *m.*
susceptibility to damage /
  Defektanfälligkeit *f.*
susceptor / Heizer (f. Scheiben) *m.* /
  Suszeptor *m.*
susceptor plate / Suszeptorplatte *f.*
suspected of developing blowholes /
  blasenbildungsverdächtig
sustaining pulse / Stützimpuls *m.*
to sustain losses / Verluste erleiden *mpl.*
to swap / austauschen / wechseln / überlagern
  (Seiten)
to swap in / (DV) einlagern
to swap out / (DV) auslagern
Sweden / Schweden
Swedish / schwedisch
to sweep / abtasten / ablenken
sweep / (zeitl.) Ablenkung *f.* /
  Überstreichen *n.*
sweep board / Rasterplatte *f.* / Abtastplatte *f.*
sweep circuit / Kippschaltung *f.*
sweeping / Überstreichen *n.*
swelling / Aufquellen *n.* / Schwellung *f.*
swirl / Cluster-Defekt *m.* / Swirl-Defekt *m.*
Swiss / Schweizer
to switch (on/off) / (an/aus) schalten
switch box / Schalterdose *f.*
switch controller / Schaltersteuerung *f.*
switch drum / Schalttrommel *f.*
switched off / (Thyristor) gesperrt /
  (allg.) abgeschalten
switched path / Schaltweg *m.*
switchgear / Schaltgeräte *npl.*
switching chamber / Schaltkammer *f.*
switching computer / Vermittlungsrechner *m.*
switching currents / Schaltströme *mpl.*

switching diagram / Schaltplan *m.*
switching logic / Schalttechnik *f.*
switching network / Vermittlungsnetz *n.*
switching node / Vermittlungsknoten *m.*
switching performance / Schaltleistung *f.* /
  Schaltverhalten *n.*
switching speed / Schaltgeschwindigkeit
  (Schalter) *f.*
switch mode regulator / Schaltregler *m.*
switch module / Schalterbaugruppe *f.*
switchpoint / Programmschalter *m.*
switch travel / Betätigungsweg des
  Schalters *m./m.*
Switzerland / Schweiz
to swivel / schwenken (Maschinenarm)
syllable / Silbe *f.*
symbolic address / Distanzadresse *f.*
symbolic notation / Symbolschreibweise *f.*
symbolic string / Symbolzeichenfolge *f.*
symbol table / Zuordnungstabelle *f.* /
  Symboltafel *f.* / Symboltabelle *f.*
sync character / Synchronzeichen *n.*
synchronism / Gleichlauf *m.*
synchronization / Synchronisation *f.*
to synchronize / synchronisieren
synchronous / synchron / taktgesteuert
synchronous check / Gleichlaufprüfung *f.*
synchronous idle character (SYN) /
  SYN-Zeichen *n.*
synchronous mode / Synchronverfahren *n.*
synchronous operation / synchrone
  Arbeitsweise *f.*
synchronous transmission /
  Synchronübertragung *f.*
synchrotron-based x-ray stepper /
  Röntgenstepper mit
  Synchrotronstrahlungsquelle *m./f.*
sync pulse / Synchronisierimpuls *m.*
synergy / Synergie *f.*
synistor / Synistor *m.* / Fünfschichtdiode *f.*
synopsis / Übersicht (über ein System) *f.*
syntactic rule / Syntaxregel *f.*
syntax error / Formfehler *m.*
synthetic data / Richtwert *m.*
synthetic product / Kunststofferzeugnis *n.*
synthetic time standard / Vorgabezeit *f.*
syntonic / abgestimmt
syringe / Dosierspritze *f.*
system / Verfahren *n.* / Anlage *f.* / System *n.*
system administrator / Systemverwalter *m.*
systematics / Systematik *f.*
system attendant / Systembetreuer *m.*
system auditing / Systemprüfung *f.*
system behaviour / Systemverhalten *n.*
system board / Systemplatte *f.*
system breakdown / Systemausfall *m.*
system call / Systemaufruf *m.*
system choice / Systemauswahl *f.*
system comparison / Systemvergleich *m.*

system control / Systemsteuerung *f.*
system control language /
Systemsteuersprache *f.*
system crash / Systemausfall *m.* /
Systemabsturz *m.*
system description / Systembeschreibung *f.*
system design / Systementwurf *m.*
system developer / Systementwickler *m.*
system development /
Verfahrensentwicklung *f.*
system disk / Systemplatte *f.*
system downtime / Systemstörungszeit *f.*
system engineer / Systementwickler *m.*
system engineering / Systemplanung *f.* /
Systemanalyse *f.*
system environment / Systemumgebung *f.*
system expansion / Systemerweiterung *f.*
system failure / Systemausfall *m.*
system familiarization / Systemschulung *f.*
system flowchart / Datenflußplan *m.*
system gateway / Systemübergang *m.*
system generation / **sysgen** /
Systemgenerierung *f.*
system hum / Netzbrummen *n.*
system interface / Systemschnittstelle *f.*
system language / Systemsprache *f.*
system layout plan / Anlagenbelegungsplan *m.*
system level / Systemebene *f.*
system log / Systemprotokoll *n.*
system management / Systemverwaltung *f.*
system message / Systemmeldung *f.*
system migration / Systemumstellung *f.*
system monitoring / Systemüberwachung *f.*
system nucleus / Systemkern *m.*
system output / Systemausgabe *f.*
system output device /
Systemausgabeeinheit *f.*
system packaging / Systemintegration *f.*
system performance / Systemleistung *f.*
system reaction / Netzrückwirkung *f.*
system reliability / Systemzuverlässigkeit *f.*
system requirements / Pflichtenheft *n.*
system retailer / Systemhaus *n.*
system run / Systemlauf *m.*
systems carrier / Systemträger *m.*
systems design / Systementwicklung *f.*
system security / Systemsicherheit *f.*
system selection / Systemauswahl *f.*
systems engineering / Systemtechnik *f.*
system solution / Systemlösung *f.*
system specification / Pflichtenheft *n.*
system status / Systemzustand *m.*
system support / Systemunterstützung *f.*
system throughput / Systemdurchsatz *m.*
system tuning / Systemoptimierung *f.*
system upgrading / Systemausbau *m.*
system utilization / Systemauslastung *f.*
system valuation / Systembewertung *f.*

T

tab / Tabulator(sprung) *m.*
table / Tabelle *f.*
table field / Tabellenfeld *n.*
table handling / Tabellenbearbeitung *f.*
table look-up / Tabellenlesen *n.*
table lookup program /
Tabellensuchprogramm *n.*
table of contents / Inhaltsverzeichnis *n.*
table processing / Tabellenverarbeitung *f.*
tablet / Tablette *f.*
table-top mounting / Tischmontage *f.*
table-top printer / Tischdrucker *m.*
TAB package / foliengebondetes Gehäuse *n.*
tab stop setting / Tabulatoreinstellung *f.*
tabular / tabellarisch / (flach)
tabular operand / Tabellenwert *m.*
tabular value / Tabellenwert *m.*
to tabulate / anordnen / tabellieren
tabulated cylinder / Translationsfläche mit
gerader Leitlinie *f./f.*
tabulation character / Tabulatorzeichen *n.*
tabulator / Tabulator *m.*
tactical approach / taktisches Vorgehen *n.*
tactical level / dispositive Ebene *f.*
tactile display / fühlbare Anzeige *f.*
to tag / kennzeichnen / etikettieren /
markieren
tag / Etikett *n.* / Kennzeichen *n.* /
(Preis)schild *n.* / Markierung *f.*
tag bit / Identifizierungsbit *n.*
tag buffer / Etikettenpufferspeicher *m.*
tagged / markiert / gekennzeichnet
tag memory / Etikettenspeicher *m.*
tail / Listenende *n.* / Anschlußende *n.*
to take down / abrüsten
to take into account / berücksichtigen
to take measures / Maßnahmen ergreifen *fpl.*
to take minutes / Protokoll führen *n.*
take-off angle / Austrittswinkel
(Elektronen) *m.*
takeover / Übernahme *f.*
taking into stock / Einlagern *n.*
talking limit / zulässige Schwankungsgrenze
für einen Planwert *f./m.*
tandem computer / Doppelrechner *m.*
tandem transistor / Zwillingstransistor *m.*
tangent / Tangente *f.*
tangible assets / Sachvermögen *n.*
tangible cost / quantifizierbare Kosten *pl.*
tangible fixed assets / Sachanlagen *fpl.*
tantalum / Tantal *n.*
to tap / abgreifen / entnehmen / anzapfen
to tape / mitschneiden / gurten
tape / Band *n.*
tape approach / Folienmethode *f.*

tape-automated assembly / automatische
Montage unter Verwendung von
Zwischenträgerfilm *f.*/*f.*/*m.*
tape-automated bonding / automatisches
Folienbondverfahren *n.* /
Automatikfilmbonden *n.*
tape beam / Zwischenträgerbrücke *f.* /
Anschlußbrücke *f.*
tape-bonded / foliengebondet
tape-bonding technology /
Folienbondtechnik *f.*
tape carrier / Filmbandträger *m.*
tape carrier bonding / Folienbonden *n.*
tape carrier technology / Folienträgertechnik *f.*
tape cassette storage /
Magnetkassettenspeicher *m.*
tape chip carrier / Streifenchipträger *m.*
tape construction / Bandaufbau *m.* /
Bandstruktur *f.*
tape control / Magnetbandsteuerung *f.*
tape density / Banddichte *f.*
tape drive / Bandantrieb *m.*
tape dump / Magnetbandauszug *m.*
tape editing / Bandaufbereitung *f.*
tape edit routine / Banddruckroutine *f.*
tape error / Bandfehler *m.*
tape fault / Bandfehler *m.*
tape feed / Bandvorschub *m.*
tape file / Banddatei *f.*
tape frame / Streifenleiterrahmen *m.*
tape header label / Bandanfangs-Etikett *n.*
tape label / Bandkennsatz *m.*
tape lead frame / Trägerstreifen *m.*
tape lead pattern / Folienzwischenträger *m.*
tape library / Magnetbandarchiv *n.*
tape loop / Magnetbandschleife *f.*
tape mark / (Band)abschnittsmarke *f.*
tape mark label / Abschnittsetikett *n.*
tape-mounted chip / foliengebondeter Chip *m.*
tape packaging density / Banddichte *f.*
tape protection / Magnetbandsicherung *f.*
tape record / Bandsatz *m.*
tape recording / Magnetbandaufzeichnung *f.*
tape & reel / Gurten *n.* / Tape & reel
taper / Abschrägung *f.* / Böschung *f.*
tapered / abgeschrägt
tapered conductor / Leiter mit
Böschungskante *m.*/*f.*
tapered edge / Böschungskante *f.*
tapered step / Böschungsstufe *f.*
tapered wall / Böschungswand *f.*
tape reproducer / Streifendoppler *m.*
to taper off production / Produktion
auslaufen lassen *f.*
to taper oxide sidewalls / Oxidseitenwände
abschrägen *fpl.*
tape serial number (TSN) /
Magnetbandarchivnummer *f.*
tape skew / Schräglauf *m.*

tape slippage / Bandschlupf *m.*
tape-sort / Magnetband-Sortierprogramm *n.*
tape swapping / Magnetbandwechsel *m.*
tape test / Bandprüfung *f.*
tape threading / Bandführung *f.*
tape trailer label / Bandendekennsatz *m.*
tape transport / Magnetbandlaufwerk *n.*
taping / Gurten *n.*
tap water / Leitungswasser *n.*
tare / Tara *f.*
target / Ziel *n.* / Vorgabe *f.* / Datensenke *f.* /
Justiermarke *f.* / Prüfmarke *f.* /
Zielelektrode *f.*
target address / Zieladresse *f.*
target alignment / Justierung nach
Justiermarken *f.*/*fpl.*
target area / Auftrefffläche *f.*
target atom / Quellenatom *n.*
target cathode / Zerstäubungskatode *f.*
target chamber loading / Beschickung der
Targetkammer *f.*/*f.*
target computer /
Programmablaufrechner *m.* / Rechner für
Objektprogramm *m.*/*n.*
target concept / Sollkonzept *n.*
target costing / Zielkostenrechnung *f.*
target date / Stichtag *m.*
target device / Zielbaustein *m.*
target figures / Zielgrößen *fpl.*
target inventory / Zielbestand *m.*
target language / Zielsprache *f.*
target of zero defects / Null-Fehler-Ziel *n.*
target pattern / Justiermarkenstruktur *f.*
target planning / Zielplanung *f.*
target price / EU-Richtpreis *m.*
target program / Zielprogramm *n.* /
Objektprogramm *n.*
target range / Zielkorridor *m.*
target sales / Absatzsoll *n.* / Absatzziel *n.*
target value / Sollwert *m.* / Nennwert *m.* /
vorgegebener Zielwert *m.*
tariff / Handelszoll *m.* / Rate *f.* / Tarif *m.*
tariff advantage / Zollvorteil *m.*
tariff agreement / Zollabkommen *n.*
tariff ceiling / Zollplafond *n.*
tariff code / Zollkennziffer *f.*
tariff compensation / Zollausgleich *m.*
tariff cut / Zollsenkung *f.*
tariff heading / Zollposition *f.*
tariff legislation / Zollgesetzgebung *f.*
tariff nomenclatures / Zollwarenverzeichnis *n.*
tariff preference / Zollpräferenz *f.*
tariff protection / Zollschutz *m.*
tariff quota / Zollkontingent *n.*
tariff rates / Zollsätze *mpl.*
tarnishing / Anlaufen (Metall) *n.*
task / Aufgabe *f.* / Prozeß *m.*
task assignment / Aufgabenzuordnung *f.*
task control / Aufgabensteuerung *f.*

tasking / Aufgabenzuweisung f.
task manager / Aufgabenverwalter m.
tax abatement / Steuerermäßigung f.
taxable / steuerpflichtig
taxable year / Steuerjahr n.
tax advisor / Steuerberater m.
tax assessment note / Steuerbescheid m.
tax auditor / Steuerprüfer m.
tax authority / Steuerbehörde f.
tax balance-sheet / Steuerbilanz f.
tax bracket / Steuerklasse f.
tax consultant / Steuerberater m.
taxes / Steuern fpl.
tax evasion / Steuerhinterziehung f.
tax-exempt / steuerfrei
tax-exemption / Steuerfreiheit f.
tax fraud / Steuerbetrug m.
tax-free / steuerfrei
tax hike / Steuererhöhung f.
tax increase / Steuererhöhung f.
tax liability / Steuerpflicht f.
tax offense / Steuerdelikt n.
tax on asset values / Substanzsteuer f.
tax on wages / Lohnsteuer f.
tax package / Steuerpaket n.
tax-paid / versteuert
tax refund / Steuerrückvergütung f.
tax return / Steuererklärung f.
team commitment / Teamengagement n.
team involvement / Teambeteiligung f.
team leader / Teamleiter m.
teammate / Arbeitskollege m.
team production / Gruppenfertigung f.
to tear down / (Prod.) abrüsten /
  (allg.) niederreißen
technical / technisch / Fach-..
technical alteration / technische Änderung f.
technical buyer / Facheinkäufer m.
technical department / Fachabteilung f.
technical drawing / technische Zeichnung f.
technical knowledge / Fachwissen n.
technically obsolete / technisch veraltet
technical obsolescence / technische
  Veralterung f.
technical office protocol (TOP) / Protokoll
  für Verwaltungsnetzwerke n./npl.
technical term / Fachausdruck m.
technical terminology / Fachsprache f.
technician / Techniker m.
technique / Technik (Methode) f.
technology / Technik f.
technology gap / Technologielücke f.
tee adapter / T-Stecker m.
teflon cassette / Teflonhorde f.
teflon derivate / Teflonderivat n.
to telecommand / fernsteuern
to telecommunicate / fernübertragen
telecommunication / Datenfernübertragung f.

telecommunication engineering /
  Fernmeldetechnik f.
telecomputing / Datenfernverarbeitung f.
telecopier / Fernkopierer m. / Fax-Apparat m.
to teleguide / fernbedienen
teleprinter / Fernschreiber m.
teleprocessing / Datenfernverarbeitung f.
teleprocessing monitor / **TP monitor** /
  Transaktionsmonitor m.
telescoping / überlappte Fertigung f.
teletypewriter / **teleprinter** / Fernschreiber m.
telex / Fernschreiben n.
teller machine / Schaltermaschine f.
teller terminal / Schalterterminal n.
temperature above ambient /
  Übertemperatur f.
temperature coefficient /
  Temperaturkoeffizient m.
temperature increase / Temperaturanstieg m.
temperature ramp down / Abkühlen
  (Diffusion) n.
temperature ramp up / Aufheizen
  (Diffusion) n.
temperature range / Temperaturbereich m.
temperature-stabilized / temperaturstabil
temperature stress / Temperaturbelastung f.
tempering / Tempern n.
template-driven / schablonengesteuert
temporal / zeitlich
temporal limit / zeitliche Begrenzung f.
temporary / vorläufig / vorübergehend
temporary production / provisorische
  Fertigung f.
temporary storage / Zwischenlagerung f. /
  Zwischenspeicher m.
temporary student worker / Werkstudent m.
tender / Angebot n.
tensile strength / Reißlast (QS) f.
tensile stress / Zugbeanspruchung f.
tensile stress of the wafer /
  Dehnungsspannung der Wafer f./f.
tensile test / Zugfestigkeitsprüfung f.
tension / Spannung f.
tentative / vorläufig / provisorisch
terminable / befristet / kündbar
terminal / Anschluß m. / Anschlußkontakt m. /
  Pol m. / Lötpunkt m. / Endgerät n. /
  Sichtgerät n. / Datenstation f.
terminal area / Anschlußfläche f.
terminal assignment / Anschlußbelegung f.
terminal assignment plan / Belegungsplan m.
terminal board / Anschlußplatte f.
terminal count / Anschlußzahl f.
terminal density / Anschlußdichte f.
terminal monitoring system /
  Terminalüberwachungssystem n.
terminal pad / Kontaktstelle f. / Bondinsel f.
terminal panel / Anschlußfeld n.
terminal pin / Anschlußstift m.

terminal post / (StV) Anschlußpfosten *m.*
terminal printer / Arbeitsplatzdrucker *m.*
terminal spacing / Anschlußstiftabstand *m.*
terminal strip / Stützpunktleiste *f.* /
Klemmleiste *f.*
to terminate / auslaufen (Produktion) /
beenden (DV)
to terminate a contract / Vertrag kündigen *m.*
terminate flag / Endekriterium *n.*
to terminate prematurely / vorzeitig
abbrechen
terminating routine / Enderoutine *f.*
termination pad / Kontaktierungsinsel *f.*
termination of procedure / Abbruch eines
Vorgangs *m./m.*
terminator / Abschlußprogramm *n.* /
Endezeichen *n.* / Prozeßbeender *m.*
terminator board / Anschlußbaugruppe *f.* /
Anschlußplatine *f.*
terminator circuit / Abschlußschaltung *f.*
terminological editing / terminologische
Aufbereitung *f.*
terminology data bank / **term bank** /
Terminologie-Datenbank *f.*
terms of delivery / Lieferbedingungen *fpl.* /
Lieferklauseln *fpl.*
terms of payment /
Zahlungsbedingungen *fpl.*
terms of probability /
Wahrscheinlichkeitsbegriffe *mpl.*
ternary compound / Dreifachverbindung
(aus 3 Elementen) *f.*
terrestrially grown silicon / natürliches
Silizium *n.*
tertiary demand / Tertiärbedarf *m.*
to test / prüfen
test / Prüfung *f.* / Versuch *m.*
test access / Prüfzugriff *m.*
test approach / Testverfahren *n.*
test arrangement / Testanordnung *f.*
test bay / Prüffeld *n.*
test bed / Testumfeld *n.* / Softwarepaket für
Programmprüfung *n./f.*
test bench / Prüfbank *f.*
test board / Testbaugruppe *f.*
test calibrators / Eichtransistoren *mpl.*
test channel / Prüfkanal *m.*
test chip art / Testchiptechnik *f.*
test circuit / Prüfschaltung *f.*
test cycle / Prüfdurchlauf *m.*
test engineering / Prüftechnik *f.*
test equipment / Prüfmittel *n.*
tester / Prüfgerät *n.*
test field / Prüffeld *n.*
test fixture / Testvorrichtung *f.*
test hook / Klemmprüfspitze *f.*
testing capacity / Prüffeldkapazität *f.* /
Testerkapazität *f.*
testing company / Prüfhaus *n.*

testing specification / Prüfvorschrift *f.* /
Prüfplan *m.*
testing yield / Prüffeldausbeute *f.*
test instruction / Prüfvorschrift *f.*
test instrument / Prüfgerät *n.*
test jack / Testbuchse *f.*
test level / Prüfniveau *n.*
test log / Testprotokoll *n.*
test lot / Prüflos *n.*
test order / Probeauftrag *m.* / Prüfauftrag *m.* /
Versuchsauftrag *m.*
test pattern / Teststruktur *f.*
test pin / Prüfspitze *f.*
test preparation / Prüfvorbereitung *f.*
test print / Probedruck *m.*
test probe / Prüfsonde *f.* / Prüfspitze *f.*
test prod / Prüfspitze *f.*
test program generation /
Prüfprogrammerzeugung *f.*
test reliability / Prüfzuverlässigkeit *f.*
test reliability level / Prüfsicherheit (in %) *f.*
test room alignment / Prüffeldabgleich *m.*
test run / Probelauf *m.*
test section / Prüffeld *n.*
test setup / Testanordnung *f.*
test socket / Prüfsockel *m.*
test specification / Prüfvorschrift *f.*
test station / Prüfplatz *m.*
test target / Testobjekt *n.*
test technology / Prüftechnik *f.*
test time / Prüfzeit *f.*
tetraethyl orthosilicate (TEOS) /
Tetraorthosilikat *n.*
text editing system /
Textbearbeitungssystem *n.*
text entry / Texterfassung *f.*
text field / Satzspiegel *m.*
text module / Textbaustein *m.*
text retrieval / Textwiedergewinnung *f.*
text string / Textfolge *f.*
thermal annealing step / thermische
Ausheilstufe *f.*
thermal breakdown / thermischer
Durchbruch *m.* / Wärmedurchbruch *m.*
thermal burden rating / thermische
Grenzleistung *f.*
thermal characteristics / thermische
Kenndaten *pl.*
thermal-compression bonded /
thermokompressionsgebondet /
thermodruckgebondet
thermal conductance / Wärmeleitwert *m.*
thermal conductive path /
Wärmeableitungsweg *m.*
thermal conductivity / Wärmeleitfähigkeit *f.*
thermal cycling test / Hitze-Kälte-Test *m.*
thermal decomposition / thermische
Dissoziation *f.*
thermal dissipation / Wärmeableitung *f.*

thermal disturbance / thermische Störung *f.*
thermal load / Wärmebelastung *f.*
thermally annealed / thermisch ausgeheilt
thermally-grown oxide / thermisches Oxid *n.*
thermal rating / thermische Belastbarkeit *f.*
thermal resistance / thermischer
    Widerstand *m.*
thermal runaway / thermische Instabilität *f.*
thermal stress / thermische Belastung *f.*
thermal stress test /
    Temperaturbelastungstest *m.*
thermal via / Wärmeableitkontaktloch *n.*
thermocompression bonder /
    Thermodruckbonder *m.*
thermocompression bonding /
    Thermokompressionsbonden *n.* /
    TC-Bonden *n.*
thermocompression wire-bonding process /
    Drahtbondverfahren mittels
    Thermokompression *n./f.*
thermocouple / Thermoelement *n.*
thermode / Bondwerkzeug *n.*
thermode dwell time / Bondzeit *f.*
thermode face /
    Bondwerkzeugandruckfläche *f.*
thermode force / Bondkraft *f.*
thermode tool / Bondwerkzeug *n.*
thermoplastic p.c. board /
    Thermoplastleiterplatte *f.*
thermosonic bonding / kombiniertes
    Thermokompressions- und
    Ultraschallbonden *n.*
thesis / Diplomarbeit *f.* / **doctoral ...**
    Doktorarbeit *f.*
theta-adjustment / phi-Justierung *f.*
thick-film circuit / Dickschichtschaltkreis *m.*
thick-film electroluminescence /
    Dickschicht-Elektrolumineszenz *f.*
thick-film hybrid circuit /
    Dickschicht-Hybridschaltung *f.*
thick-film resistor / Dickschichtwiderstand *m.*
thick-film storage / Dickschichtspeicher *m.*
thickness / Dicke *f.*
thickness measurement / Dickenmessung *f.*
thin-film circuit / Dünnschichtschaltkreis *m.*
thin-film coating / Dünnfilmbeschichtung *f.*
thin-film integrated circuit /
    Dünnschichtschaltung *f.*
thin-film memory / Dünnschichtspeicher *m.*
thin-film resistor / Dünnschichtwiderstand *m.*
thin-film store / Dünnschichtspeicher *m.*
thin-film thyristor / Dünnschichtthyristor *m.*
thinner / Verdünner *m.*
thinning / Dünnätzen *n.* / Ausdünnen
    (Schicht) *n.*
third / Drittel *n.* / Dritter *m.* / Dritte *f.*
third countries / Drittländer *npl.*
thoroughness of a test / Prüfgenauigkeit *f.* /
    Prüftiefe *f.*

threaded cap / (Koax-StV) Verschlußkappe *f.*
threaded code / gereihter Code *m.*
threaded coupling / Schraubkupplung *f.*
threaded file / gekettete Datei *f.*
threaded ring / Gewindering *m.*
three-chip array / Dreichipverband *m.*
three-coordinate table / X-Y-Z-Tisch *m.*
three-junction transistor / pnpn-Transistor *m.*
three-layer / dreischichtig
three-lead package / Gehäuse mit drei
    Anschlüssen *n./mpl.*
three-level structure / Dreischichtstruktur *f.*
three-level wired / in drei Ebenen verdrahtet
three-phase current / Drehstrom *m.*
three-phase drive / Drehstromantrieb *m.*
three-phase power plug / Drehstromstecker *m.*
three-pin power outlet / Terco-Stecker *m.*
three-plus-one address instruction /
    Vieradreßbefehl *m.*
three-terminal / dreipolig
three-way connector / dreifache
    Steckverbindung *f.*
threshold / Schwelle *f.* / Grenze *f.* /
    Grenzwert *m.* / Schwellenwert *m.*
thresholding / Grenzwertfestlegung *f.*
threshold voltage / Schwellenspannung *f.*
through bill of lading (B/L) /
    Durchgangskonossement *n.*
through-board hole /
    Leiterplattenmontageloch *n.*
through connection / Durchkontaktierung *f.*
through freight / Transitfracht *f.*
through-hole board / Leiterplatte für
    Durchkontaktmontage *f./f.*
through-hole component / Bauelement für
    Durchkontaktmontage *n./f.*
through-hole connector mounting /
    Durchkontaktsteckermontage *f.*
through-hole mounting /
    Durchkontaktmontage *f.*
through-hole technology /
    Durchkontaktmontagetechnik *f.*
through-mounting substrate / Substrat für
    Durchkontaktmontage *n./f.*
throughput / Durchsatz *m.* / Auslastung *f.*
throughput time / Durchlaufzeit *f.*
through-the-board assembly /
    Durchkontaktmontage *f.*
through-the-board mounted / in
    Durchkontaktlöchern montiert
throw-away mask / Wegwerfmaske *f.*
to tie / verbinden
tied-up capital / gebundenes Kapital *n.*
to tighten / anziehen (Schrauben)
tightened inspection / verschärfte Prüfung *f.*
tighter geometries / kleinere Struktur *f.*
tightly spaced / mit kleinem Rastermaß / dicht
    beieinanderliegend

tight rating / zu niedrige
Leistungsgradschätzung f.
tight schedule / enger zeitlicher Rahmen m.
tiles / Gruppen von identischen Schaltkreisen
(auf einem Chip) fpl./mpl.
tilt angle / Neigungswinkel m.
time allowance / Vorgabezeit f.
time buffer / Terminpuffer m.
time card / Stechkarte f.
time charter / Zeitfrachtvertrag m.
time-critical / zeitkritisch
time-current characteristics /
Schmelzcharakteristik (Sicherung) f.
time delay circuit / Verzögerungsschaltung f.
time-displaced / zeitversetzt
time emitter / Zeitgeber m.
time fence / vorgegebener fester Zeitraum m
time network / Terminnetz n.
time of circulation / Umlaufzeit f.
time of storing / Lagerzeit f.
time-optimized / zeitoptimiert
time-period / Zeitscheibe f. / Zeitraum m.
time-phased / getaktet / terminiert /
zeitabhängig
time-phased order point / terminabhängiger
Bestellpunkt m.
time scale / Zeitraster n.
time series / Zeitreihe f.
timer / Realzeituhr f. / Taktgeber m. /
Zeitmeßeinrichtung f.
time-saving / zeitsparend / Zeitersparnis f.
time schedule / Fristplan m.
time share / Zeitanteil m.
time-sharing system / Teilnehmersystem n.
time slice / Zeitanteil m.
time slicing / Teilnehmersystem n.
time-slicing mode / Zeitabschnittsbetrieb m.
time span / Zeitabschnitt m. / Zeitraum m.
time study / Zeitstudie f.
time ticket / Ist-Zeit-Meldung f.
time-to-market / Produkteinführungszeit f.
time wage / Zeitlohn m.
time work rate / Zeitlohnsatz m.
timing / Zeitaufnahme f.
timing circuit / Zeitgeberschaltung f.
timing error / Zeitablauffehler m.
timing line / Taktleitung f.
to tin / verzinnen
tin-plated / verzinnt
tip angle / Spitzenwinkel m.
tip of capillary / Düsenspitze f.
tip of the probe / Spitze der Prüfsonde f./f.
tip radius / Spitzenradius m.
titanic-scale integration / extrem hohe
Integration f.
titanium / Titan n.
to titrate / titrieren
T-network / T-Schaltung f.
today-line / Heutelinie f.

today's status line / Heutelinie f.
toe of a lead / Anschlußende (SMD) n.
together / zusammen / gemeinsam
toggle switch / Kippschalter m.
token / Token n. / codiertes Befehlswort n.
token loop / Token-Ring m.
token passing / Token-Verfahren n.
token strike / Warnstreik m.
tolerable / tolerierbar
toluene / Toluol n.
tool / Werkzeug n. / Instrument n. / Tool n.
tool allowance / Werkzeugwechselzeit f.
tooling / Rüsten n.
tool order / Werkzeugleihschein m.
tool room / Werkzeuglager n.
tool-setter / Einrichter m.
tool-setting / Einrichten n.
tool shop / Werkzeugbau m.
top / Oberseite f.
top-brazed / an der Oberseite angelötet
top-down chip design / Schaltkreisentwurf
von der höchsten hierarchischen Ebene bis
zur niedrigsten m.
top-down design / Abwärtsstrukturierung f.
top-down information / Information von oben
nach unten (in Firmenhierarchie) f.
top-down programming / strukturierte
Programmierung f.
top-grade component / hochwertiges
Bauelement n.
top-heavy / kopflastig
topical / aktuell
top layer / oberste Schicht f.
top level / oberste Ebene f.
topography / Topografie f. /
Oberflächenstruktur (von Wafer) f.
top-ranking / hochrangig
to top-route a wire / Draht von oben
einführen
top-routed wire / von oben eingeführter
Draht m.
top-side mounting / Oberseitenmontage f.
top-to-bottom registration / Überdeckung
zwischen oberer und unterer Maske f./f.
toroidal coil / Ringspule f.
torque / Drehmoment n.
torque wrench / Drehmomentsschlüssel m.
torsional forces / Torsionskräfte fpl.
torsion-resistant / verwindungssteif
total amount / Gesamtbetrag m.
total amount used /
Gesamtverwendungsmenge f.
total assets / Gesamtumlaufvermögen n.
total consumption / Gesamtverbrauch m.
total cost / Gesamtkosten pl.
total current / Gesamtstrom m.
total current assets /
Gesamtumlaufvermögen n.
total cycle time / Gesamtdurchlaufzeit f.

total failure / Totalausfall *m.*
totally custom chip / Vollkundenchip *m.*
total power dissipation /
Gesamtverlustleistung *f.*
total requirements / Gesamtbedarf *m.*
total resistance / Gesamtwiderstand *m.*
total sales / Gesamtumsatz *m.*
total throughput / Gesamtdurchsatz *m.*
total usage / Gesamtverbrauch *m.*
total value / Gesamtwert *m.*
total viewing power / Gesamtvergrößerung
(Okular & Objektiv) *f.*
touch screen / Kontaktbildschirm *m.*
touch-sensitive screen / Sensorbildschirm *m.*
touch-sensitive switch / Berührungsschalter *m.*
toxic vapors / giftige Dämpfe *mpl.*
to trace / verfolgen
trace / Spur *f.* / Leiterbahn *f.* /
(Progr.) Ablaufverfolgung *f.*
trace program / Protokollprogramm *n.* /
Überwachungsprogramm *n.* /
Ablaufverfolgungsprogramm *n.*
tracer / Ablaufüberwacher *m.*
trace statement / Überwachungsanweisung
(bei Programmtest) *f.*
tracing / Protokollierung *f.*
to track / verfolgen / sich im Gleichlauf
befinden / transportieren (Wafer in
Fertigung)
track / Spur *f.* / Leiterbahn *f.* /
Transportbahn *f.*
track conductivity / Bahnleitfähigkeit *f.*
track density / Spurendichte *f.*
track description record / Spurkennsatz *m.*
track element / Spurelement *n.*
tracking / Verfolgung *f.* / Gleichlauf *m.* /
Kriechwegbildung *f.*
tracking circuit / Gleichlaufschaltung *f.* /
Synchronisierschaltung *f.*
track layout / Leiterbahnanordnung *f.*
track overflow feature /
Spurwechseleinteilung *f.*
track pitch / Spurteilung *f.* / Spurabstand *m.*
track selection / Spuransteuerung *f.*
tracks per inch (tpi) / Spuren je Zoll *fpl.*
tractive force of a relay / Anzugsmoment
eines Relais *n.*
trade agreement / Handelsabkommen *n.*
trade balance / Handelsbilanz *f.*
trade barriers / Handelshemmnisse *npl.* /
Handelsschranken *fpl.* / non-tariff ...
non-tarifäre Handelshemmnisse *npl.*
trade bill / Handelswechsel *m.*
trade channel / Absatzweg *m.*
trade connections / Handelsbeziehungen *fpl.* /
Handelsverbindungen *fpl.*
trade control / Gewerbeaufsicht *f.*
trade directory / Firmenverzeichnis *n.*
trade discount / Händlerrabatt *m.*

trade fair / Fachmesse *f.*
trade license / Handelslizenz *f.* /
Gewerbeschein *m.*
trade manufacture / handwerkliche
Fertigung *f.*
trademark, registered / eingetragenes
Warenzeichen *n.*
trade name / Handelsbezeichnung *f.* /
Markenname *m.*
trade policy / Handelspolitik *f.*
trade profit tax / Gewerbeertragssteuer *f.*
trade sample / Warenmuster *n.*
trade tax / Gewerbesteuer *f.*
trade union / Gewerkschaft *f.*
trading area / Absatzgebiet *n.*
trading company / Handelsgesellschaft *f.*
trading position / Marktposition *f.*
traditional / herkömmlich
traffic / Verkehr *m.*
trailer / Bandende *n.* / Nachspann *m.* /
LKW-Anhänger *m.*
trailer label / Dateiendekennsatz *m.*
trailer lug / Anhängeröse *f.*
trailer record / Nachsatz *m.*
trainee / Auszubildender *m.*
training / Ausbildung *f.* / corporate ...
innerbetriebliche Ausbildung *f.*
training center / Ausbildungszentrum *n.*
training costs / Ausbildungskosten *pl.*
training facilities / Ausbildungsstätte *f.*
training on the job / Ausbildung am
Arbeitsplatz *f.*/*m.*
training place / Ausbildungsplatz *m.*
training schedule / Ausbildungsplan *m.*
training scheme / Ausbildungsprogramm *n.*
training time / Anlernzeit *f.*
trajectory / Bewegungsbahn (v. Ionen) *f.* /
Bahn *f.*
to transact / durchführen
transacter / Übertragungssystem für
Änderungsdaten *n.*/*pl.*
transaction code / Vorgangskennzeichen *n.*
transaction data / Bewegungsdaten *pl.*
transaction date / Bewegungsdatum *n.*
transaction file / Änderungsdatei *f.* /
Fortschreibungsdatei *f.* /
Bewegungsdatei *f.*
transaction processing / Dialogverarbeitung *f.*
transaction quantity / Bewegungsmenge *f.*
transaction record / Änderungssatz *m.* /
Bewegungssatz *m.*
transaction tape / Bewegungsband *n.*
transactor / Datenstationsbenutzer *m.*
transadmittance / Steilheit (Transistor) *f.*
transborder / grenzüberschreitend
transcoder / Codeumsetzer *m.*
to transcribe / umsetzen / umschreiben
transcription / Umsetzung *f.* /
Umschreibung *f.*

transducer / Wandler *m.* /
Meßwertumformer *m.* / Übertrager *m.*
to transfer / übertragen
transfer / Übertragung *f.* / Überweisung *f.* /
Abtretung *f.*
transfer area / Übergabebereich *m.*
transfer charges / Überführungskosten *pl.*
transfer factor / Übersetzungsfaktor *m.*
transfer impedance /
Übertragungsimpedanz *f.*
transfer-in-channel command /
Kanalsprungbefehl *m.*
transfer jig / Umhordevorrichtung *f.*
transfer note / Übergabeschein *m.*
transfer of risk / Gefahrenübergang *m.*
transfer of technology /
Technologietransfer *m.*
transfer pressure / Spritzdruck *m.*
transfer ratio / Übertragungsverhältnis *n.*
transferred-electron logic device /
Logikbauelement mit
Elektronenübertragung *n.*/*f.*
transfer speed /
Übertragungsgeschwindigkeit *f.* /
Spritzgeschwindigkeit *f.*
transfer tray / Transferhorde *f.*
transformation and clipping routine /
Transformationsprogramm *n.*
transformer-type soldering /
Widerstandslöten *n.*
transfrontier / grenzüberschreitend
transhipment / Umladung *f.*
transhipment bill of lading (B/L) /
Umladekonossement *n.*
transient / flüchtig / vorübergehend /
nichtstationär / nichtstabil
transient / Übergang *m.* / nicht stabiler
Zustand *m.* / Spannungsstoß *m.* /
Überspannung *f.* / Übergangsphänomen *n.*
transient bill of material / Pseudostückliste *f.*
transient sub-assembly / fiktive
Baugruppe *f.* / Phantom-Baugruppe *f.*
transient thermal impedance /
Impulswärmewiderstand *m.*
transilluminated / durchstrahlt
(Retikelfenster)
transistor array / Mehrfachtransistor *m.*
transistor case / Transistorgehäuse *n.*
transistor circuit board / transistorbestückte
Platte *f.*
transistor cutoff region /
Transistorsperrbereich *m.*
transistorized / transistorbestückt
transistor lead / Transistoranschluß *m.*
transistor outline / Transistorgehäuse *n.*
transit agent / Transitspediteur *m.*
transit bill of lading (B/L) /
Transitkonossement *n.*

transit bond / Transitbescheinigung *f.* /
Zollbegleitschein *m.*
transit cargo / Transitladung *f.*
transit charges / Transitabgabe *f.*
transit clearance / (Zoll)
Transitabfertigung *f.*
transit convention / Transitabkommen *n.*
transit declaration / Transiterklärung *f.*
transit dispatch / Transitversand *m.*
transit duty / Transitzoll *m.* /
Durchfuhrzoll *m.*
transit embargo / Durchfuhrverbot *n.*
transit goods / Transitgut *n.*
transition / Übergang *m.*
transitional period / Übergangszeit *f.*
transition frequency / (Mikrow.-Halbl.)
Transitfrequenz *f.*
transition layer / Übergangsschicht *f.*
transition region capacitance /
Sperrschichtkapazität *f.*
transition status / Übergangszustand *m.*
transitory / vorübergehend
transitory form / Übergangsform *f.*
transit route / Transitweg *m.*
transit storage / Durchlaufspeicher *m.*
transit store / Transitlager *n.*
transit time matrix /
Transportzeiten-Matrix *f.*
transit trade / Durchgangshandel *m.*
to translate / übersetzen / umsetzen
(Parameter)
translation / Übersetzung *f.* / Umkodieren *n.* /
Parallelverschiebung *f.*
translator / Übersetzer *m.* /
Übersetzungsprogramm *n.*
transmission / Übertragung *f.*
transmission channel / Übertragungskanal *m.*
transmission confirmation /
Sendebestätigung *f.*
transmission direction /
Übertragungsrichtung *f.*
transmission error / Übertragungsfehler *m.*
transmission interface /
Übertragungsschnittstelle *f.*
transmission link / Übertragungsabschnitt *m.*
transmission method /
Übertragungsverfahren *n.*
transmission path / Übertragungsweg *m.*
transmission reliability /
Übertragungssicherheit *f.*
transmission speed /
Übertragungsgeschwindigkeit *f.*
transmissive (substrate) / durchlässig
to transmit / übertragen / senden
transmit mode / Sendebetrieb *m.*
transmittance / Durchlaßgrad *m.* /
Transmissionsgrad *m.*
transmitted-light test / Durchlichttest *m.*

transmitting photomask / lichtdurchlässige
Fotomaske *f.*
transnational / grenzüberschreitend
transparency / Kopierfolie *f.*
transparent / durchsichtig / lichtdurchlässig
transport cassette / Transporthorde *f.*
transport constraint /
Transportbeschränkung *f.*
transport control / Transportsteuerung *f.*
transport delay unit / Laufzeitglied *n.*
transporting-time matrix /
Transportzeiten-Matrix *f.*
transport instruction / Transportanweisung *f.*
transport route / Transportweg *m.*
transport tax / Verkehrssteuer *f.*
transport technology / Transporttechnik *f.*
transport & utilities / (öffentl.) Transport-
und Verkehrswesen *n.*
transverse field / Querfeld *n.*
to trap / einfangen / anlagern (Elektronen)
trap / Haftstelle *f.* / Falle *f.* / nicht
programmierter Sprung *m.* /
Programmunterbrechung *f.* / Auffänger *m.*
trap concentration / Haftstellendichte *f.*
trap density / Haftstellendichte *f.*
trapping / Erfassung von
Programmfehlern *f./mpl.*
trapping centre / Haftzentrum *n.* /
Einfangzentrum *n.*
trapping level / Anlagerungsterm *m.* /
Haftterm *m.*
trapping site / Haftstelle *f.*
travel / Fahrstrecke *f.* / Weg *m.* / Verfahrweg
(eines Tisches) *m.*
travel chart / Wegdarstellung *f.*
traveling requisition card /
Pendelbestellkarte *f.*
to travel through / durchsetzen
(Luft / Vakuum)
to traverse / überqueren / abfahren
tray / Horde *f.* / Magazin (f. Wafer) *n.* /
(allg.) Tablett *n.*
to treat / behandeln
treatment / Behandlung *f.*
treatment time / (allg.) Behandlungszeit *f.* /
(Fototechnik) Bekeimzeit *f.*
tree / Baum *m.*
tree-structured / verzweigt
trench / Graben *m.*
trench capacitor / Grabenkondensator *m.*
trench etch technique / Grabenätzverfahren *n.*
trenching / Grabenbildung *f.* /
Grabenätzung *f.*
trench target / Vertiefungsmarke *f.*
trench width / Grabenbreite *f.*
trend-setting / richtungsweisend
triac / Wechselstromthyristor *m.*
triad / Triade *f.*
trial and error / Versuch und Irrtum *m./m.*

trial layout / Testlayout *n.*
trial order / Probeauftrag *m.* / Testauftrag *m.*
trial print / Probedruck *m.*
trial production / Probefertigung *f.*
trial run / Probelauf *m.*
triangle / Dreieck *n.*
tributary circuit / Nebenschaltkreis *m.*
tributary / abhängig / Trabanten-..
tributary station / Trabantenstation *f.* /
Unterstation *f.*
trichlorobenzene / Trichlorbenzol *n.*
trichlorosilane / Trichlorsilan *n.*
tried / erprobt
trigger / Auslöser *m.*
to trigger off / auslösen
trigger circuit / Auslöseschaltung *f.* /
Kippschaltung *f.*
trigger pulse / Auslöseimpuls *m.*
trigger pulse current rating /
Pulsstrombelastbarkeit *f.*
trigger set / Steuersatz
(für SV-Thyristoren) *m.*
trigger switch / Auslöseschalter *m.*
trigger voltage / Zündspannung *f.*
tri-layer / Dreischicht-..
tri-level / Dreischicht-..
to trim / abgleichen / trimmen /
feinabstimmen
to trim inventories / Bestände verringern *mpl.*
trimming / Abgleichen *n.* /
Feinabstimmen *n.* / Trimmen *n.*
trinistor / Trinistor *m.* /
Vierschichttransistor *m.*
triode electron gun / Strahlertriode *f.*
to trip / auslösen
triplanar setup / Triplanaraufbau *m.*
to triple / verdreifachen
triple-diffused / dreifach diffundiert
triple-diffusion procedure /
Dreifachdiffusionsverfahren *n.*
triple-layer / Dreischicht-...
triple-level metallization /
Dreischichtmetallisierung *f.*
triple-output device / Gerät mit drei
Ausgängen *n./mpl.*
triple-port RAM / RAM mit
Dreifachzugriff *m./m.*
tripping time / Ansprechzeit
(FS-Schutzschalter) *f.*
tristate device / Bauelement mit drei
Ausgangszuständen *n./mpl.*
tristate logic / Dreizustandslogik *f.*
trivalent / dreiwertig
trolley / Transportwagen *m.*
tropicalized / tropensicher
trouble / Störung *f.* / Fehler *m.* / Ärger *m.*
trouble locating / Fehlerabgrenzung *f.*
trouble report / Störungsmeldung *f.*

troubleshooting / Fehlersuche *f.* /
  Entstörung *f.*
troublespot / Störstelle *f.*
truckload / LKW-Ladung *f.* /
  Ladungspartie *f.*
true complement / Basiskomplement *n.*
true to scale / maßstabgetreu
truncation / Abbrechen *n.*
truncation error / Abbrechfehler *m.*
trunk / Kabel *n.* / Leitung *f.*
trunk call / (GB) Ferngespräch *n.*
trunk circuit / Hauptleitung *f.*
trunk group / Leitungsbündel *n.*
to try out / austesten / ausprobieren
tub / Wanne *f.*
tube / Schiene *f.* / Röhre *f.*
tub file / Lochkartenziehkartei *f.* /
  Ziehkartei *f.*
tubing machine / Aufschienmaschine *f.*
tubular rivet / Rohrniete *f.*
tumble evaporator / Aufdampftrommel *f.*
tunable parameter / veränderbarer
  Parameter *m.*
to tune / abstimmen
tungsten / Wolfram *n.*
tungsten carbide / Wolframkarbid *n.*
tungsten silicide / Wolframsilizid *n.*
tuning / Abstimmen *n.*
tuning circuit / Abstimmschaltung *f.*
tuning fork contact / Gabel-Kontakt *m.*
tunnel barrier / Tunnelsperrschicht *f.*
tunnel junction area /
  Tunnelübergangsfläche *f.*
tunnelling device /
  Durchtunnelungselement *n.*
tunnel oven / Tunnelofen *m.*
tunnel plasma-etch reactor /
  Trommelplasmaätzanlage *f.*
tunnel r.f. plasma etcher /
  Tunnel-HF-Plasmaätzer *m.*
to tunnel through / durchtunneln (Schicht)
tunnel transit-time diode /
  Tunnel-Laufzeit-Diode *f.*
Turkey / Türkei
Turkish / türkisch
turnaround time / Durchlaufzeit *f.* /
  Zykluszeit *f.* / Verfahrenszeit *f.* /
  Umschlagszeit *f.*
turned-off / abgeschaltet / dunkelgetastet /
  ausgetastet
turning / Drehen *n.*
turning point / Scheitelpunkt *m.*
turnkey / schlüsselfertig
turnkey package / gebrauchsfertiges
  Programmpaket *n.*
turnkey system / vollständiges System *n.*
turn-off delay / Abschaltverzögerung *f.*
turn-off time / Ausschaltzeit *f.*
turn-on delay / Anschaltverzögerung *f.*

turn-on loss / Einschaltverlustleistung *f.*
turn-on time / Einschaltzeit *f.*
turnover / Umsatz *m.*
turnover factor / Umschlagsfaktor *m.*
turnover of personnel /
  (Personal) Fluktuation *f.*
turnover of stock / Lagerbestandsumschlag *m.*
turnover rate / Umschlagsfaktor *m.*
turnover voltage / Umkehrspannung *f.* /
  Abbruchspannung (Diode) *f.*
turn-slide switch / Drehschiebeschalter *m.*
turntable / Drehscheibe *f.*
tweezers / Pinzette *f.*
twice / zweimal
twin / doppelt-.. / (Kristall-)zwilling *m.*
twin crystal / Zwillingskristall *m.* /
  Doppelkristall *m.*
twin drive / Doppellautwerk *n.*
twin floppy-disk drive /
  Doppeldiskettenlaufwerk *n.*
twin-hole bead / Doppellochkern *m.*
twinned crystal / Zwillingskristall *m.*
twinning / Zwillingsbildung *f.*
twin system / Doppelsystem *n.*
twin-tub ... / Doppelwannen-..
twist / (LP) Verwindung *f.*
twist-lock feature / Drehsperre *f.*
twist-on connector / Steckverbinder mit
  Drehkupplung *m./f.*
two-board processor / Zweiplatinenrechner *m.*
two-component adhesive /
  Zweikomponentenkleber *m.*
two-dimensional array of 1s and 0s / Matrix
  von Einsen und Nullen *f./mpl./fpl.*
two-element compound / Verbindung von zwei
  Elementen *f./npl.*
two-frequency recording mode /
  Wechseltaktschrift *f.*
two-layer / zweischichtig
two-layer wiring / Zweilagen-Verdrahtung *f.*
two-level overlay misalignment / ungenaue
  Überdeckung in zwei Ebenen *f./fpl.*
two-phase clocking / Zweiphasentaktung *f.*
two-rail cascade / Zweischienenkaskade *f.*
two-sided flat pack / Flachgehäuse mit
  beidseitigen Anschlußreihen *n./fpl.*
two-side p.c. board / zweiseitig bedruckte
  Leiterplatte *f.*
two-stage / zweistufig
two-step architecture / Zweistufenstruktur *f.*
two-terminal / zweipolig
two-valued / zweiwertig
two-wire circuit / Zweileiterschaltung *f.*
type approval / Bauartzulassung *f.*
type of cost / Kostenart *f.*
type of coupling / Verbindungsart *f.*
type of material planning / Dispositionsart *f.*
type of receipt / Bezugsart *f.*
type setting / Schrifteinstellung *f.*

type variety / Typenvielfalt *f.*
typical product / Typenvertreter *m.*

U

U-groove / U-Graben *m.*
ultimate consumer / Endverbraucher *m.*
ultra-clean / hochrein
ultradense / superdicht gepackt /
    ultrahöchstintegriert
ultrafast / superschnell
ultrafine resolution / extrem hohe
    Auflösung *f.*
ultra-high frequency / höchste Frequenz *f.*
ultra high-scale integration /
    Superintegration *f.*
ultrapure graphite / Reinstgraphit *n.*
ultra-scale computer / Größtrechner *m.*
ultrasonic agitation / Ultraschallbewegung *f.*
ultrasonically bonded / ultraschallgebondet
ultrasonic bath / Ultraschallbad *n.*
ultrasonic bonding /
    Ultraschallkontaktierung *f.*
ultrasonic cleaning / Ultraschallreinigung *f.*
ultrasophisticated / höchstentwickelt
umbilical connector / Nabelsteckverbinder *m.*
unable / unfähig
unaligned / unausgerichtet
unallowable / nicht zulässig / unerlaubt
unaltered / unverändert
unambiguous / eindeutig
unapt / untauglich / unbrauchbar
unary operator / unärer Operator *m.*
unassigned / nicht zugewiesen
unassigned time / Leerlaufzeit *f.*
unattended / unbedient
unauthorized / unbefugt / unberechtigt
unauthorized strike / inoffizieller Streik *m.*
unbalance / (Naßätzen) Unwucht *f.*
unbalanced / unausgewogen / unsymmetrisch
unbalanced order quantity / gestörte
    Auftragsmenge *f.*
unbalanced requirements / gestörter
    Bedarf *m.*
unbilled costs / unverrechnete
    Lieferungen *fpl.*
unbumped / bondhügellos
uncased / ungekapselt / unverkappt
uncertain / unsicher
to unchain / entketten
uncharged / ladungslos
unchucked / nicht aufgespannt
uncleared goods / unverzollte Waren *fpl.*
unclipping tool / Klammerentfernwerkzeug *n.*
unconditional branch / unbedingter Sprung *m.*

unconditional jump / unbedingter Sprung *m.*
uncovered demand / Fehlbedarf *m.*
uncrossed check / Bankscheck *m.*
undeliverable / nicht lieferbar
undercoverage / Unterdeckung *f.*
undercut / unterätzt
undercutting / Unterätzen *n.*
to under-estimate / unterschätzen
underflow / Bereichsunterschreitung *f.* /
    Unterlauf *m.*
underlayer / Unterschicht *f.*
to underline / unterstreichen
underpass conductor /
    Unterführungsleitung *f.*
underselling / Preisunterbietung *f.*
to understand / verstehen
understated master production schedule
    (m.p.s.) / Primärprogramm mit
    Unterdeckung *n./f.*
to undertake / unternehmen
under-utilization / Unterauslastung
    (Anlagen) *f.*
to undervalue / unterbewerten
undyed / ungefärbt
unemployed / arbeitslos
unequivocal / eindeutig
uneven / ungleich / uneben
uneven number / ungerade Zahl *f.*
unexpected / unerwartet
unexposed / unbelichtet
unexposed plate / unbelichtete Platte *f.*
unfavourable / ungünstig / nachteilig
unfeasible / nicht durchführbar
unfilled order / offener Kundenauftrag *m.*
unfinished product / unfertiges Erzeugnis *n.*
unflatness / Unebenheit (Wafer) *f.*
unforeseen / unvorhergesehen
ungated / nicht durch ein Gate gesteuert
ungettered / ungegattert
unidirectional / gleichgerichtet / Einweg-...
    (z. B. -tor / -kanal)
unification / Vereinheitlichung *f.*
uniform / einheitlich
uniformity / Einheitlichkeit *f.* /
    Gleichmäßigkeit *f.*
to unify / vereinheitlichen
unijunction transistor / Fadentransistor *m.* /
    Stabtransistor *m.*
unilateral / einseitig
unimportant / unwichtig
union / Gewerkschaft *f.*
union member / Gewerkschaftsmitglied *n.*
union nut / Überwurfmutter *f.*
unipolar / einpolig
unique / einmalig / eindeutig / einzigartig
unit / Einheit *f.*
unitary / einheitlich
unit cell / Elementarzelle *f.*

unit control / Lagerkontrolle
(nach Wareneinheiten) *f.*
unit cost / Stückkosten *pl.* /
Verrechnungswert *m.*
to unitize / modularisieren / vereinheitlichen
unitized components assembly / Montage
einheitlicher Bauelemente *f./npl.*
unitized load / Einheitsladung *f.*
unit of account / Rechnungseinheit *f.*
unit of measure / Maßeinheit *f.*
unit of work / Arbeitseinheit *f.*
unit price / Stückpreis *m.* / Preis je
Einheit *m.* / Einzelpreis *m.*
unit quantity / Gebinde *n.*
unit sales / Umsatzstückzahlen *fpl.*
units manufactured /
Fertigungsstückzahlen *fpl.*
units required / Menge
(benötigte Einheiten) *f.*
unit state / Betriebszustand *m.*
unit string / Folge der Länge Eins *f.* /
Einelementfolge *f.*
unity / Einheit *f.* / Eins *f.*
unity magnification image / 1:1-Abbildung *f.*
universal asynchronous receiver/transmitter
(UART) / universelle asynchron
Parallel-Seriell-Schnittstelle *f.*
universal machine tool / Universalmaschine *f.*
universal synchronous/asynchronous
receiver/transmitter (USART) /
universelle synchron/asynchrone
Parallel-Seriell-Schnittstelle *f.*
universal synchronous receiver/transmitter
(USRT) / universelle synchrone
Parallel-Seriell-Schnittstelle *f.*
to universalize / verallgemeinern
universe / Grundgesamtheit (stat. Prüfung) *f.*
unjustified / unausgerichtet
unjustified right margin / Flattersatz *m.*
unleaded / ohne Anschlußbeine /
(allg.) bleifrei
unless otherwise agreed upon / wenn nichts
Gegenteiliges vereinbart
unlike / im Gegensatz zu
unlimited / unbegrenzt
to unload / entlasten / entladen
unload cassette / Entladekassette *f.*
unload chamber / Entladekammer *f.*
unloaded / unbestückt / unbelastet
unloading charge / Entladegebühr *f.*
unload lock / Entladeschleuse *f.*
unlock key / Entsperrtaste *f.*
unmachined part / Rohteil *n.*
to unmate / Kontaktlösen *n.*
unmistakable / eindeutig
unoccupied board slot / unbelegter
Einbauplatz *m.*
unofficial strike / inoffizieller Streik *m.*

unpackaged / unverkappt / ungekapselt /
gehäuselos
unpaired / unpaarig
unpatterned (wafer) / unstrukturiert
unplanned issue / ungeplanter Bezug *m.* /
ungeplante Entnahme *f.*
unplanned receipt / ungeplanter Zugang *m.*
unplanned requirements / ungeplanter
Bedarf *m.*
unplanned withdrawal / ungeplanter
Bezug *m.* / ungeplante Entnahme *f.*
unplated / nicht metallisiert
unpolymerized / unpolymerisiert
unpredictable / unvorhersehbar
unreliable / unzuverlässig
unrestricted data / freie Daten *pl.*
to unrig / abmontieren
unsatisfactory / unbefriedigend
unsaturated / ungesättigt
unscheduled / außerplanmäßig
unscribed / ungeritzt
unshielded twisted pair / unabgeschirmtes,
verdrilltes Leiterpaar *n.*
unskilled / ungelernt
unsocketed / ohne Stecksockel *m.*
to unsolder / auslöten
unstocked / ohne Lagerbestand *m.*
unsupported (chip) / freischwebend
untapped market / unerschlossener Markt *m.*
until further notice / bis auf weiteres
until-loop / Bis-Schleife *f.*
unwrapping tool / Abwickel-Werkzeug *n.*
to update / fortschreiben / aktualisieren
update file / Bewegungsdatei *f.*
update program / Änderungsprogramm *n.*
update run / Änderungslauf *m.*
updating of requirements /
Bedarfsfortschreibung *f.*
to upgrade / aufrüsten / erweitern
upgrade board / Erweiterungsplatine *f.*
upgrade kit / Nachrüstsatz *m.*
upper area boundary / Bereichsobergrenze *f.*
upper bound / Obergrenze *f.*
upper part no. / Oberstufe *f.* / Sachnummer
der Oberstufe *f.*
upright format / Hochformat *n.*
upstream / vorgelagert
upstream / von einem Bearbeitungsort in
Richtung Fertigungsanfang
upstream inventory / vorgelagerter
Bestand *m.*
upstream operation / vorgelagerter
Arbeitsgang *m.*
upswing / Aufschwung *m.*
uptime / Verfügbarkeitszeit *f.* / verfügbare
Betriebszeit *f.*
upturn / Anstieg *m.* / Belebung *f.*
upward / aufwärts / ansteigend
upward compatible / aufwärtskompatibel

urgent / dringend
urgent demand / vordringlicher Bedarf *m.*
urgent order / Eilbestellung *f.* / Eilauftrag *m.*
usable / verwendbar
usage / Verbrauch *m.* / Ausnutzung *f.* /
    Verwendung *f.*
usage control / Verbrauchssteuerung *f.*
usage main time / Nutzungshauptzeit *f.*
usage-oriented / verbrauchsorientiert
usage per period / Periodenverbrauch *m.*
usage per year / Jahresverbrauch *m.*
usage rate / Nutzungsgrad *m.*
usage value / Verbrauchswert *m.*
usage weight factor / gewichteter
    Verbrauchsfaktor *m.*
use / Verwendung *f.*
useful / nützlich
useful depth / Einbautiefe
    (Nutztiefe für Geräte) *f.*
user / Nutzer *m.* / Anwender *m.*
user administration / Benutzerverwaltung *f.*
user application / Benutzeranwendung *f.*
user authorization / Benutzerzulassung *f.*
user behaviour / Benutzerverhalten *n.*
user call / Benutzeraufruf *m.*
user code / Bearbeiter-Kennziffer *f.*
user-customized / anwenderspezifisch
user-defined / anwenderspezifisch
user-defined word / Programmierwort *n.*
user error / Benutzerfehler *m.*
user friendliness / Benutzerfreundlichkeit *f.*
user-friendly / benutzerfreundlich
user group / Benutzerkreis *m.* /
    Benutzergruppe *f.*
user guide / Benutzerhandbuch *n.*
user identification / Benutzerkennzeichen *n.*
user inquiry / Benutzerabfrage *f.*
user interface / Benutzeroberfläche *f.* /
    Benutzerschnittstelle *f.*
user label / Benutzerkennsatz *m.*
user level / Benutzerebene *f.*
user library / Benutzerbibliothek *f.*
user manual / Benutzerhandbuch *n.*
user message / Benutzermeldung *f.*
user program / Anwenderprogramm *n.*
user prompting / Benutzerführung *f.*
user requirement / Benutzeranforderung *f.*
user rules / Benutzerordnung *f.*
user state / Benutzerzustand *m.*
user support / Benutzerunterstützung *f.* /
    Anwenderbetreuung *f.*
user surface / Benutzeroberfläche *f.*
user survey / Anwenderbefragung *f.*
use-tested software / geprüfte Software *f.*
usual / normal / gewöhnlich
utilities / Dienstprogramme *npl.*
utility / Utility *f.* / Dienstprogramm *n.*
utility / (allg.) Nutzen *m.*
utility value / Nutzen *m.* / Gebrauchswert *m.*

utility value analysis / Nutzwertanalyse *f.*
utilization / Nutzung *f.* / Auslastung *f.* /
    Verwertung (Abfall) *f.*
utilization planning / Belegungsplanung *f.*
utilization rate / Auslastungsgrad *m.*
to utilize / nutzen / auslasten
UV-erasable / durch UV-Licht löschbar
UV-exposure / UV-Belichtung *f.*
UV-hardening equipment /
    UV-Härtungsanlage *f.*
UV-opaque / UV-undurchlässig
UV projection printing /
    Projektionsbelichtung mit UV-Licht *f./n.*
UV proximity exposure tool / Abstandsjustier-
    und Belichtungsanlage für UV-Licht *f./n.*
UV proximity printing /
    UV-Abstandsbelichtung *f.*
UV-shadow printing / UV-Belichtung *f.*

V

vacancy / freier Arbeitsplatz *m.* /
    Kristallgitterlücke *f.*
vacant / unbesetzt / leer
vacation bonus / Urlaubsgeld *n.*
vacation entitlement / Urlaubsanspruch *m.*
vacuous / leer
vacuum bake / Vakuumtrocknen *n.*
vacuum chamber / Vakuumkammer *f.*
vacuum chuck / Vakuumteller *m.* /
    Vakuumansaugvorrichtung *f.* /
    Vakuumaufspannvorrichtung *f.*
vacuum-chucked / durch Vakuum angesaugt
vacuum chuck support area /
    Vakuumtellerauflagefläche *f.*
to vacuum-clamp / festsaugen
    (durch Unterdruck)
vacuum clamping / Vakuumaufspannung *f.*
vacuum coater /
    Vakuumbedampfungsanlage *f.*
to vacuum-deposit / im Vakuum bedampfen
vacuum-deposited / vakuumaufgedampft
vacuum deposition / Vakuumaufdampfung *f.*
vacuum envelope / Vakuumkolben *m.*
vacuum evaporation /
    Vakuumbedampfung *f.* / Verdampfung im
    Vakuum *f./n.*
vacuum evaporator /
    Vakuumbedampfungsanlage *f.*
vacuum hold-down wafer chuck /
    Vakuumansaugteller für Wafer *m.*
vacuum interlock / Vakuumschleuse *f.*
vacuum load lock / Vakuumschleuse *f.*
vacuum mount / Saugnapfbefestigung *f.*
vacuum oven / Vakuumofen *m.*

vacuum pumpdown between runs /
Evakuierung zwischen den Serien *f./fpl.*
vacuum relay / Vakuumrelais *n.*
vacuum suction nozzle / Saugpinzette
(Bestückungsautomat) *f.*
vacuum-tight seal / hermetische
Verkappung *f.*
vacuum tweezers / Vakuumpinzette *f.*
vacuum wand / Saugpinzette *f.* /
Vakuumgreifer *m.*
valence bond / Valenzbindung *f.*
valid / gültig
to validate / bewerten / validieren
validation printer / Belegdrucker *m.*
validity / Gültigkeit *f.*
validity date / Gültigkeitsdatum *n.*
valley / Tal (in Halbleiterstruktur) *n.*
to valorize / aufwerten
valuable / wertvoll
valuation / (Auftrag) Bewertung *f.* /
Bemessung *f.*
value / Wert *m.* / **actual ...** Ist-Wert / **highest ...**
höchster Wert / **lowest ...** niedrigster Wert
value added tax (VAT) / Mehrwertsteuer *f.*
value-adding / wertschöpfend
value-adding chain / Wertschöpfungskette *f.*
value-adding process /
Wertschöpfungsprozeß *m.*
value analysis / Wertanalyse *f.*
value deletion code / Wertelöschkennziffer *f.*
value date / Wertstellungsdatum *f.*
value for customs / Zollwert *m.*
value increase / Wertsteigerung *f.*
value of shipment / Versandwert *m.*
value of surplus / wertmäßige Überdeckung *f.*
value-oriented / wertbezogen
value time rule / Wertzeitregel *f.*
valve / Ventil *n.*
vapor condensation /
Siedekondensationskühlung *f.*
vapor degreaser / Dampfentfettungsanlage *f.*
vapor-deposited / aufgedampft
vapor deposition / Aufdampfen *n.*
vapor-diffusion / Eindiffundieren aus der
Gasphase *n./f.*
vapor growth epitaxy / Gasphasenepitaxie *f.*
vaporization / Verdampfung *f.*
vapor levitation epitaxy /
Dampfschwebeepitaxie *f.*
vapor-phase axial deposition /
Dampfphasenaxialbeschichtung *f.*
vapor-phase deposition /
Gasphasenbeschichtung *f.*
vapor-phase reflow soldering /
Kondensationslöten (b. SMD) *n.*
vapor-phase soldering / Dampfphasenlöten *n.*
vapor priming / Aufdampfgrundierung *f.*
vapors / Dämpfe *mpl.*
vapor state / Gasphase *f.*

vapor source / Dampfquelle *f.*
vapox deposition / Vapox-Auftrag *m.*
vapox layer / Vapox-Schicht *f.*
varacter diode / Kapazitätsdiode *f.*
variable-aperture projection / Projektion nach
dem Formstrahlprinzip *f./n.*
variable-beam machine / Formstrahlanlage *f.*
variable block / Block variabler Länge *m./f.*
variable-capacitor / Drehkondensator *m.*
variable costs / variable Kosten *pl.*
variable film resistor /
Schichtdrehwiderstand *m.*
variable Gaussian beam /
größenveränderlicher Punktstrahl *m.*
variable-point representation /
halblogarithmische Schreibweise *f.*
variable resistor / Regelwiderstand *m.*
variable-shape beam / Formstrahl *m.*
variable-shaped beam system /
Flächenstrahlanlage *f.*
variable-shaped beam technology /
Formstrahltechnik *f.*
variable-shaped-spot technique / Verfahren
mit variablem Flächenstrahl *n./m.*
variable-speed / drehzahlveränderbar
variable spot shape / variable Sondenform *f.*
variable spot shaping / variable
Strahlformung *f.* / Formstrahlverfahren *n.*
variable-threshold logic circuit /
VTL-Schaltkreis *m.*
variably-shaped scanning electron beam /
Formstrahl eines
Rasterelektronenmikroskops *m./n.*
variably-shaped spot technique /
Formstrahlverfahren *n.*
variable-shaped writing spot / Formstrahl *m.*
variance / Abweichung *f.* /
Regelabweichung *f.*
variant / Variante *f.*
variant bill of material /
Variantenstückliste *f.*
variant part / Variantenteil *n.*
variant variety / Variantenvielfalt *f.*
variation / Abwandlung *f.* / Abweichung *f.*
variation in line voltage /
Spannungsschwankung *f.*
varied / verschiedenartig
variety / Vielfalt *f.*
various / verschiedene
VDE-approved / VDE-geprüft
vector processor / Vektorenrechner *m.*
vector-scan beam deflection principle /
Vektorscan-Strahlablenksystem *n.*
vector-scan electron-beam machine /
Vektorscan-Elektronenstrahlanlage *f.*
vector-scan mode / Vektorscan-Verfahren *n.*
vehicle-borne computer / Bordcomputer *m.*
vehicles / Fahrzeuge *npl.*

vehicles fleet / vehicles pool / vehicles park /
Fuhrpark *m.*
velocity / Geschwindigkeit *f.*
to vend / verkaufen
vending firm / Zulieferfirma *f.*
vendor / Zulieferer *m.* / Verkäufer *m.*
vendor commitments / Zuliefererzusagen *fpl.*
vendor delivery frequency /
Zulieferintervall *n.*
vendor lead-time / Lieferzeit (Zulieferer) *f.*
vendor number / Zulieferernummer *f.*
vendor-rating / Lieferantenbeurteilung *f.*
ventilation / Belüftung *f.*
venture capital / Risikokapital *n.*
venturous / riskant
verifiable / nachprüfbar
verification / Prüfung *f.* / Bestätigung *f.*
verified / bestätigt / verifiziert
verifier / Prüfer *m.*
to verify / bestätigen / verifizieren /
überprüfen
vernier pattern / Feinteilungsstruktur *f.*
vertical anisotropic etching / vertikale
anisotrope Ätzung *f.*
vertical anisotropic etch technique /
VATE-Technik *f.*
vertical-flow reactor / Reaktor mit vertikalem
Gasstrom *m./m.*
vertical-fuse process /
Vertikalaufschmelzverfahren *n.*
vertical laminar flow unit / Laminarbox *f.*
vertical line spacing / vertikaler
Zeilenvorschub *m.*
vertically deposited / senkrecht aufgedampft
vertically integrated p-n-p transistor /
Vertikaltransistor mit pnp-Struktur *m./f.*
vertically isolated self-aligned transistor
structure / selbstjustierte Transistorstruktur
mit vertikalem isolierten
Schichtaufbau *f./m.*
vertical redundancy check (VRC) /
Querparitätsprüfung *f.* / vertikale
Prüfung *f.*
vertical spacing / Vertikalabstand *m.*
vertical tabulation character (VT) /
Vertikaltabulator *m.*
vertical-walled structure / Struktur mit
vertikalen Wänden *f./fpl.*
very-high-speed circuits /
Schnellstlogikschaltungen *fpl.*
very large-scale integration (VLSI) /
Hochintegration *f.*
very small device / Mikroelement *n.*
vestigial-sideband filter /
Restseitenbandfilter *m.*
V-groove / V-Graben *m.* / V-Grube *f.*
V-groove etch / Ätzen von V-Gräben *n./mpl.*
V-groove MOS technology /
VMOS-Technik *f.*

V-groove well / V-förmige Ätzgrube *f.*
via / Durchkontakt *m.* / Kontaktloch *n.*
viable / funktionsfähig / brauchbar
via conductivity / Kontaktlochfähigkeit *f.*
via hole / Kontaktloch *n.* / Umlenkloch *n.*
via mask / Fenstermaske *f.*
via pattern / Kontaktlochstruktur *f.*
via wall / Kontaktöffnungswand *f.*
via window / Kontaktfenster *n.*
vibrationally decoupled /
schwingungsentkoppelt
vibrator / Rüttler *m.* / Vibrator *m.*
Vice President / (Siem.) Direktor *m.* /
Mitglied des Bereichsvorstands *n.*
video circuit / Videoschaltung *f.*
video disk / Bildplatte *f.*
video telephone / Bildschirmtelefon *n.*
video telephone service /
Bildfernsprechverkehr *m.*
videotext / Bildschirmtext *m.*
video workstation / Bildschirmarbeitsplatz *m.*
vidicon / Vidikon
view in eyepiece / Okularausschnitt *m.*
viewing angle / Betrachtungswinkel *m.* /
Sichtwinkel *m.* / Beobachtungswinkel *m.*
viewing cone / Beobachtungswinkelbereich *m.*
viewpoint / Standpunkt *m.*
viewport / Darstellungsfeld *n.*
to vindicate / rechtfertigen
to violate a contract / Vertrag verletzen *m.* /
Vertrag brechen *m.*
violation / Verstoß *m.*
virgin market / unerschlossener Markt *m.*
virtual / virtuell
viscosity measurement /
Viskositätsmessung *f.*
viscosity variations /
Viskositätsschwankungen *fpl.*
visible balance / Warenhandelsbilanz *f.*
visor / Schutzvisier *m.*
visual display / Sichtanzeige *f.*
visual display terminal /
Bildschirmterminal *n.*
visual display unit / Sichtgerät *n.*
visual inspection / optische Kontrolle *f.*
vital / wesentlich
vital due date / Ecktermin *m.*
VLSI-circuit / VLSI-Schaltkreis *m.*
VLSI-device / Bauelement mit
VLSI-Schaltkreis *n./m.*
VLSI-pattern / Struktur für
VLSI-Schaltkreis *f./m.*
vocation / Beruf *m.*
vocational / beruflich
voice and data transmission / Sprach- und
Datenübertragung *f.*
voice communication /
Sprachkommunikation *f.*
voice processing / Sprachverarbeitung *f.*

voice recognition / Spracherkennung f.
voice terminal / Sprachendgerät n.
void / Leerstelle f.
void-free bond / porenfreie Bondstelle f.
volatile / flüchtig / energieabhängig
volatile chemicals / flüchtige Reagenzien npl.
volatile memory / flüchtiger Speicher m.
voltage / Stromspannung f.
voltage adjustment / Spannungsausgleich m. /
    V-Einstellung f.
voltage-controlled oscillator /
    spannungsgesteuerter Oszillator m.
voltage drop / Spannungsabfall m.
voltage fault / Spannungsschluß m.
voltage gain / Spannungsverstärkung f.
voltage glitch / Spannungsspitze f.
voltage hysteresis / Spannungshysterese f.
voltage limit / Grenzspannung f.
voltage loss / Spannungsverlust m.
voltage meter / Strommeßgerät n.
voltage-operated RCB /
    Fehlerspannungsschutzschalter m.
voltage-plane / Potentiallage f.
voltage rating / Nennspannung f. /
    Schaltspannung f.
voltage setting / Spannungseinstellung f.
voltage source / Spannungsquelle f.
voltage stabilizer / Spannungsregler m.
voltage standing wave ratio (VSWR) /
    Stehwellenverhältnis n.
voltage superelevation /
    Spannungsüberhöhung f.
voltage surge / Spannungsstoß m.
voltage threshold /
    Spannungsschwellenwert m.
voltage-to-ground / massebezogen
voltage transient / Spannungsstoß m. /
    Überspannung f.
voltage waveform / Spannungsverlauf m.
volume / Rauminhalt (cbm) m. / Menge f. /
    Umfang m. / Volumen n. / Datenträger m.
volume and capacity planning / Mengen- und
    Kapazitätsplanung (MuK) f.
volume diffusion source /
    Volumendiffusionsquelle f.
volume header label /
    Datenträgeranfangskennsatz m.
volume identification /
    Datenträgerkennsatz m.
volume label / Bandetikett n. /
    Datenträgerkennsatz m.
volume of trade / Handelsvolumen n.
volume planning / Mengenplanung f.
volume resistivity / Volumenwiderstand m.
volume stepping of a pattern /
    Großserienübertragung einer Struktur f./f.
volume variance / Mengenschwankung f.
voluntary / freiwillig
voucher / Beleg m. / Quittung f.

voucher audit / Belegprüfung f.
voucher printer / Belegdrucker m.
voucher series / Belegserie f.
V-shaped / V-förmig
V-shaped groove / V-förmiger Einschnitt m.
vulnerability to defects / Defektanfälligkeit f.

W

wafer / Scheibe f. / Wafer f. (manchmal auch
    m.)
wafer advancement / Wafervorschub m.
wafer agitation / Scheibenbewegung f.
wafer aligner / Waferjustier- und
    -belichtungsanlage f.
wafer alignment / Scheibenorientierung f.
wafer array / Scheibenverband m. /
    Waferverband m.
wafer backcoating /
    Scheibenrückseitenbeschichtung f.
wafer boat loading / Beschickung
    (Schiffchen) f.
wafer boundary / Waferrandbereich m.
wafer bowing / Waferdurchbiegung f.
wafer breakage / Scheibenbruch m.
wafer bumping / Bondhügelherstellung auf
    Wafern f./fpl.
wafer cassette / Wafermagazin n. /
    Scheibenhorde f.
wafer chuck / Vakuumteller für das
    Substrat m.
wafer chucking / Waferansaugung f.
wafer contamination /
    Scheibenverunreinigung f.
wafer contraction / Waferschrumpfung f.
wafer curvature / Waferdurchbiegung f.
wafer cutting saw / Wafertrennsäge f.
wafer distortion / Waferverzerrung f. /
    Waferverformung f.
wafer edge chipping /
    Scheibenrandausbruch m.
wafer edge contour / Waferkantenprofil n.
wafer evaluation / Scheibenbeurteilung f.
wafer exposure equipment /
    Waferbelichtungsanlage f.
wafer fab(rication) / Scheibenfertigung f.
wafer flat / Waferanschliff m. / Waferfase f.
wafer flat alignment /
    Scheibenflat-Justierung f.
wafer flatness / Waferebenheit f.
wafer geometry width / Strukturbreite auf der
    Wafer f.
wafer grating / Wafergitter n.
wafer handler / Wafertransportsystem n.
wafer image plane / Waferbildebene f.

wafer image surface / Strukturseite der
  Wafer *f.*/*f.*
wafer imaging / Waferstrukturierung *f.*
wafering machine /
  Waferschneidemaschine *f.*
wafer insertion / Einsetzen der Wafer
  (im Bonder) *n.*/*f.*
wafer level / Waferebene *f.*
wafer levelling / Waferhorizontierung *f.*
wafer loader / Substrataufnahmeteller *m.*
wafer load port / Waferzuführungsöffnung *f.*
wafer manipulation stage /
  Wafermanipuliertisch *m.*
wafer map / grafische Waferdarstellung *f.*
wafer mapping / topographische Darstellung
  der Waferoberfläche *f.*/*f.*
wafer matrix / Waferverband *m.* /
  Scheibenverband *m.*
wafer median / mittlere Waferebene *f.*
wafer mounting / Wafermontage *f.*
wafer numbering / Beschriftung *f.*
wafer outside diameter /
  Waferaußendurchmesser *m.*
wafer patterning / Waferstrukturierung *f.*
wafer pedestal / Waferauflagetisch *m.*
wafer perimeter area / Randbereich der
  Scheibe *m.*/*f.*
wafer plane / Waferebene *f.*
wafer printing / Waferbelichtung *f.*
wafer probe pattern / Waferteststruktur *f.*
wafer prober / Waferprober *m.* /
  Waferprüfgerät *n.* / Wafertester *m.*
wafer probe yield / Wafertestausbeute *f.*
wafer probing / Scheibenbeurteilung *f.*
wafer processing / Scheibenfertigung *f.*
wafer processing chamber / Targetkammer *f.*
wafer processing technology /
  Waferbearbeitungstechnik *f.*
wafer reference target / Waferbezugsmarke *f.*
wafer rotation / Waferdrehung *f.* /
  Scheibendrehung *f.*
wafer sawing / Wafertrennung *f.* / Zersägen
  der Wafer *n.*/*f.*
wafer-scale IC / Schaltkreis mit
  Ultrahöchstintegration *m.*/*f.*
wafer-scale integration /
  Ultrahöchstintegration *f.*
wafer scribing / Ritzen der Wafer *n.*/*f.*
wafer slicing saw / Wafertrennsäge *f.*
wafer sort / Scheibenbeurteilung *f.* /
  Wafertest *m.*
wafer spacing / Steckabstand *m.*
wafer spikes / Spitzen auf der Wafer *fpl.*/*f.*
wafer stage / Wafertisch *m.*
wafer start / Scheibenstart *m.* /
  Scheibeneinschleusung *f.*
wafer step-and-repeat exposure system /
  Überdeckungsrepeateranlage für
  Waferbelichtung *f.*/*f.*

wafer stepper / Wafer-Stepper *m.* /
  Scheibenrepeater *m.*
1:1 wafer stepper / Großfeldstepper *m.*
wafer-stepper projection aligner /
  Projektionsscheibenrepeater *m.*
wafer stepping / Waferdirektbelichtung mit
  Scheibenrepeater *f.*/*m.*
wafer-stepping lithography equipment /
  lithographische Wafer-Stepper-Anlage *f.*
wafer-stepping printing / direkte
  Waferbelichtung mit schrittweiser
  Projektionsübertragung auf die
  Wafer *f.*/*f.*/*f.*
wafer stepping technology /
  Wafer-Stepper-Technik *f.*
wafer substrate / Wafersubstrat *n.*
wafer support area / Waferauflagefläche *f.*
wafer surface / Scheibenoberfläche *f.*
wafer testing / Scheibenbeurteilung *f.*
wafer thickness gauge /
  Waferdickenmesser *m.*
wafer throughput / Scheibendurchsatz *m.*
wafer-to-mask gap / Wafer-Maske-Abstand *m.*
wafer transfer / Scheibenumhorden *n.*
wafer transportation into process tube /
  Einfahren von Scheiben in
  Prozeßrohr *n.*/*fpl.*/*n.*
wafer turntable / Wafermanipuliertisch *m.*
wafer warpage / Waferdurchbiegung *f.* /
  Waferverformung *f.*
wafer yield / Waferausbeute *f.*
wage / Lohn *m.*
wage accounting / Lohn- und
  Gehaltsabrechnung *f.*
wage advance / Lohnvorschuß *m.*
wage adjustment / Lohnanpassung *f.*
wage agreement / Tarifvertrag *m.*
wage arrears / Lohnrückstände *mpl.*
wage bargaining / Lohnverhandlungen *fpl.*
wage bracket / Lohngruppe *f.*
wage deductions / Lohnabzüge *mpl.*
wage differential / Lohngefälle *n.*
wage earner / Lohnempfänger *m.*
wage freeze / Lohnstop *m.*
wage hours / Lohnstunden *fpl.*
wage increase / Lohnerhöhung *f.*
wage negotiations / Lohnverhandlungen *fpl.*
wage-price-spiral / Lohn-Preis-Spirale *f.*
wage rate / Lohngruppe *f.* / Lohnsatz *m.*
wage rate per hour / Lohnsatz pro
  Stunde *m.*/*f.*
wage rounds / Lohnrunden *fpl.* /
  Lohnverhandlungen *fpl.*
wages / Lohnkosten *pl.*
wage slip / Lohnbeleg *m.* / Lohnzettel *m.*
wages of the production level / Lohnkosten
  der Fertigungsstufe *pl.*/*f.*
wage tax card / Lohnsteuerkarte *f.*
wage tax refund / Lohnsteuerrückvergütung *f.*

wagonload / Wagenladung *f.* / Ladungspartie *f.*
wait call / Warteaufruf *m.*
waiting queue / Warteschlange *f.*
waiting time / Liegezeit *f.* / Wartezeit *f.*
wait instruction / Wartebefehl *m.*
wait loop / Warteschleife *f.*
wait-time / Wartezeit *f.* / Liegezeit *f.*
to waive / verzichten auf
waiver / Verzichterklärung *f.*
walk-down / Informationsverlust *m.*
walk-out / Streik *m.*
wall angle / Böschungswinkel *m.*
wall angle geometry / Böschungskonfiguration *f.*
wall charge / Wandaufladung *f.*
wall of oxide / Oxidwall *m.*
wall slope / Abschrägung *f.* / Böschung *f.*
wall-to-wall inventory / Bestand im lagerlosen Fertigungssystem *m./n.*
warehouse / Lager *n.*
warehouse automation / Lagerautomatisierung *f.*
warehouse manager / Lagerist *m.* / Lagerverwalter *m.*
warehouse receipt / Lagerempfangsbescheinigung *f.*
warehouse rent / Lagerzins *m.*
warehouse requisition / Lagerabruf *m.*
warehouse system / Lagerwesen *n.*
warehousing / Lagerabwicklung *f.*
warehousing costs / Lagerhaltungskosten *pl.*
to warp / sich wölben (Wafer)
warpage / Wölbung *f.* / Durchbiegung *f.* / Verformung *f.*
warrantee / Garantieempfänger *m.*
warranter / Garantiegeber *m.*
warranty / Garantie *f.*
warranty period / Garantiefrist *f.*
washout / Verwaschung *f.* / Löschung *f.*
wash-out / Ausbleichen *n.*
waste / Ausschuß *m.* / Schrott *m.* / Abfall *m.* / Verschnitt *m.*
waste disposal / Abfallentsorgung *f.*
waste factor / Verschnittfaktor *m.*
wasteful / verschwendend
waste management / Abfallwirtschaft *f.*
waste water / Abwasser *n.*
water absorption / Wasseraufnahme *f.*
waterborne transport / Schiffstransport *m.*
water-damaged shipment / Lieferung mit Wasserschaden *f./m.*
waterproof / wasserdicht
water rinse / Spülvorgang *m.*
water soluble / wasserlöslich
wattage / Stromverbrauch *m.* / Wattleistung *f.*
wavelength / Wellenlänge *f.*
wave-soldered / schwallgelötet

waviness / Verformung (Wafer) *f.* / Welligkeit *f.*
waybill / Frachtbrief *m.*
weak points / Schwachstellen *fpl.*
to wear / abnutzen / verschleißen
wear and tear / Abnützung *f.*
wear-out / Verschleiß *m.*
wear-out failure / Verschleißausfall *m.*
weatherproof / klimatisch resistent
wedge bonding / Keilbonden *n.*
weeks of supply / Lieferfähigkeit in Wochen *f./fpl.*
weight / Gewicht *n.*
weighted average / gewichtetes Mittel *n.*
weighting / Gewichtung *f.*
weighting coefficient / Gewichtungsfaktor *m.*
weight note / Gewichtsnota *f.*
weight percentage / Massenanteil *m.*
welded / geschweißt
welding joint / Schweißnaht *f.*
welding power / Schweißleistung *f.*
welding pressure / Schweißdruck *m.*
welding time / Schweißzeit *f.*
well / Senke *f.* / Wanne *f.*
well-selected stock / wohlsortiertes Lager *n.*
wet bench / Naßzelle *f.*
wet chemical etching / naßchemisches Ätzen *n.*
wet contact / Naßkontakt *m.*
to wet-etch / naßätzen
wet-etch technique / Naßätzverfahren *n.*
wetted wafer surface / hydrophile Scheibenoberfläche *f.*
wetting / (LP) Benetzung *f.*
wetting agent / Befeuchtungsmittel *n.*
where-used capacity list / Kapazitätsverwendungsnachweis *m.*
where-used chain / Verwendungskette *f.*
where-used list / Verwendungsnachweis *m.*
whisker / Nadelkristall *m.* / Haarkristall *m.* / Kontaktdraht *m.*
whisker bridge / Haarkristallverbindung *f.*
white-collar occupations / Büroberufe *mpl.*
white-collar worker / Angestellter *m.*
while-loop / Solange-Schleife *f.*
white goods / weiße Ware *f.*
"Who are you" key / Abfragetaste *f.*
whole number / ganze Zahl *f.*
wholesale price index / Großhandelsindex *m.*
wholesaling / Großhandel *m.*
whole-wafer exposure / Ganzwaferbelichtung *f.*
wide area network (WAN) / Fernnetz *n.*
wideband line / Breitbandleitung *f.*
wide-body package / breites Gehäuse *n.*
wide-field 1:1 projection stepper / Großfeldstepper mit 1:1-Strukturübertragung *m./f.*
width / Breite *f.*

wild branch / fehlerhafte Verzweigung *f.*
wildcat / Firma mit kleinem Marktanteil an stark expandierendem Markt *f.*/*m.*/*m.*
winding / Wicklung (Relais) *f.*
window / Fenster *n.*
windowed package / Gehäuse mit Fenster *n.*/*n.*
windowing / Fenstertechnik *f.*
windowless / fensterlos (Gehäuse)
window package / Gehäuse mit Fenster *n.*/*n.*
wiping contact / Kontaktbuchse *f.*
wire / Draht *m.* / Leiter *m.* / Steg *m.*
to wire-bond / drahtbonden
wire bond / Drahtanschluß *m.* / Drahtverbindung *f.*
wire bonder / Drahtbonder *m.*
wire bonding / Kontaktierung *f.*
wire bonding site / Drahtbondstelle *f.*
wire bond layer / Drahtbondschicht *f.*
wire bond pad / Drahtbondinsel *f.*
wire bond strength / Drahtbondfestigkeit *f.*
wire bridging link / Drahtbrücke *f.*
wire congestion / Verdrahtungsverdichtung *f.*
wire cross-sectional area / Drahtquerschnitt *m.*
wire-end sleeve / Adernendhülse *f.*
wire forming needle / Drahtumlegenadel *f.*
wire harness / Kabelbaum *m.*
wire jumper / Drahtbrücke *f.* / Leitungsbrücke *f.*
wire lead / Drahtanschluß *m.*
wireless / drahtlos
wire-linked / drahtgebunden
wire matrix printer / Nadeldrucker *m.*
wire pair / Leiterpaar *n.* / Doppelleitung *f.*
wire range / Drahtbereich *m.*
wire-rod guide / Drahtführung *f.*
wire run / Leitverbindung *f.*
wire sparking unit / Drahtabblitzeinheit *f.*
wire strap / Drahtbrücke *f.*
wire sweep / Drahtverwehung *f.*
wire tail / Drahtende *n.*
wirework / Verdrahtung *f.*
wire wrap / lötfreie Drahtverbindung *f.*
wire-wrap board / Leiterplatte mit Wickelverdrahtung *f.*/*f.*
wire-wrap connection / Drahtwickelverbindung *f.*
wire-wrap panel / Platte mit Wickelverdrahtung *f.*/*f.*
wire-wrap pin / Wrapstift *m.*
wire-wrapping / Drahtwickeln *n.*
wire-wrap strip / Wrapleiste *f.*
wire-wrap terminal block / Wrapplatte *f.*
wiring / Verdrahtung *f.*
wiring backplane / Rückwandverdrahtungsplatte *f.*
wiring board artwork / grafische Leiterplattenvorlage *f.*

wiring density / Verdrahtungsdichte *f.*
wiring grid / Verdrahtungsraster *n.*
wiring layer / Verdrahtungsschicht *f.* / Verdrahtungslage *f.*
wiring level / Verdrahtungsebene *f.*
wiring metallization / Leitbahnmetallisierung *f.*
wiring path / Leitbahn *f.* / Leitungsweg *m.*
wiring pattern / Leitungsstruktur *f.*
wiring pin / Kontaktstift *m.*
wiring resistance / Leitungswiderstand *m.*
wiring side / Verdrahtungsseite (v. Platine) *f.*
wiring track / Leiter *m.*
wiring unit / Verdrahtungseinheit *f.*
to withdraw / abziehen (Bestand) / abheben (v. Konto)
withdrawal / Bezug (v. Lager) / Abgang (vom Lager) *m.* / **actual ...** tatsächliche Materialentnahmen *fpl.* / **planned ...** geplante Materialentnahmen *fpl.* ... **unplanned ...** ungeplanter Bezug *m.*
withdrawal code / Auslagerungskriterium *n.*
withdrawal in spite of missing parts / Auslagerung trotz Fehlteilen *f.*/*npl.*
withdrawal order / Lagerausgabeanordnung *f.*
without condition / ohne Vorbehalt *m.*
without engagement / freibleibendes Angebot *n.*
without prior notice / ohne Vorankündigung *f.*
without reservation / ohne Vorbehalt *m.*
without value / wertfrei
with serrated edges / gefiedert / gezackt
withstand test voltage / Isolationsprüfspannung *f.*
wobble bonding / Wobbelbonden *n.*
word-oriented computer / Wortmaschine *f.*
word processing / Textverarbeitung *f.*
word spacing / Sperren (Schrift) *n.*
workable / durchführbar
work accident / Arbeitsunfall *m.*
work-accompanying bill / Arbeitsbegleitschein *m.*
work assignment / Arbeitsanweisung *f.*
work center / Arbeitsplatz *m.* / Maschinengruppe *f.*
work center description / Arbeitsplatzbeschreibung *f.*
work center file / Maschinengruppendatei *f.*
work center group / Arbeitsplatzgruppe *f.*
work center identification / Arbeitsplatzkennung *f.*
work condition allowance / Zulage durch Arbeitserschwernis *f.*/*f.*
work content / Arbeitsinhalt *m.*
work contract / Arbeitsvertrag *m.*
work control / Arbeitskontrolle *f.*
workday calendar / Werktagekalender *m.*

work disk / Arbeitsplatte *f.*
work distribution / Arbeitsverteilung *f.*
work file / Arbeitsdatei *f.*
work flow / Arbeitsablauf *m.*
work force / Arbeiterschaft *f.* / Belegschaft *f.*
work group / Arbeitsgruppe *f.*
working / funktionierend
working capital / Umlaufvermögen *n.* /
  Betriebskapital *n.*
working conditions / Arbeitsbedingungen *fpl.*
working costs / Betriebskosten *pl.*
working hours / Arbeitszeit *f.*
working hours supervision /
  Arbeitszeitkontrolle *f.*
working load / Arbeitsbelastung *f.*
working materials / Betriebsmaterial *n.*
working operation / Arbeitsgang *m.*
working plate / Arbeitskopie (v. Platte) *f.*
working revenue / Betriebsergebnis *n.*
working schedule / Arbeitsplan *m.*
working storage / Arbeitsspeicher *m.*
working storage allocation /
  Arbeitsspeicherzuweisung *f.*
working storage area /
  Arbeitsspeicherbereich *m.*
working storage dump /
  Arbeitsspeicherauszug *m.*
working storage location /
  Arbeitsspeicherstelle *f.*
working storage map /
  Arbeitsspeicherabbild *n.*
working storage protection /
  Arbeitsspeicherschutz *m.*
working storage upgrading /
  Arbeitsspeichererweiterung *f.*
working storage utilization /
  Arbeitsspeicherauslastung *f.*
work in process (WIP) / auftragsbezogener
  Werkstattbestand *m.* / Umlaufbestand *m.* /
  halbfertige Produkte *npl.*
work instruction / Bearbeitungsvorschrift *f.* /
  Fabrikationsvorschrift *f.*
work load / Arbeitspensum *n.* /
  Arbeitsbelastung *f.*
work measurement / Zeitstudie *f.*
work on hand / Arbeitsvorrat *m.*
work papers / Arbeitspapiere *npl.*
work permit / Arbeitserlaubnis *f.*
workplace / Arbeitsplatz *m.*
workplace layout / Arbeitsplatzanordnung *f.* /
  Arbeitsplatzgestaltung *f.*
work-providing measures /
  Arbeitsbeschaffungsmaßnahmen *fpl.*
work release / vorgegebener
  Betriebsauftrag *m.*
works / Fabrik *f.* / Werk *n.* / Betrieb *m.*
works calendar / Fabrikkalender *m.* /
  Betriebskalender *m.*

work scheduling / Arbeitsplanung *f.* /
  Arbeitsvorbereitung *f.*
works committee / Betriebsrat *m.*
works council / Betriebsrat *m.*
works holidays / Betriebsferien *pl.*
workshop / Werkstatt *f.*
works siding / Fabriksgleisanschluß *m.*
works manager / Betriebsleiter *m.*
works number / Werksnummer *f.*
works order / Betriebsauftrag *m.*
works order backlog / rückständige
  Betriebsaufträge *mpl.*
works order number /
  Betriebsauftragsnummer *f.*
works order quantity /
  Betriebsauftragsmenge *f.*
workspace / Arbeitsbereich *m.*
work specification / Arbeitsbeschreibung *f.*
workstation / Arbeitsplatz *m.* /
  Maschinengruppe *f.* / Belastungseinheit *f.*
workstation window / Gerätefenster *n.*
work status / Arbeitsfortschritt *m.*
work step buffer time /
  Arbeitsgang-Pufferzeit *f.*
work stoppage / Arbeitsunterbrechung *f.*
work study / Arbeitsstudium *n.*
work-ticket / Ist-Zeit-Meldung *f.*
work-to-rule / Dienst nach Vorschrift *m./f.*
world-class performance / Spitzenleistung *f.*
world economy / Weltwirtschaft *f.*
worn-out (mask) / abgenutzt
wrapped joint / Wickelverbindung *f.*
wrapping tool / Wickelwerkzeug *n.*
wrap terminal / Wickelanschluß *m.*
to write / schreiben / beschreiben
  (Chipfläche) / belichten
write access / Schreibzugriff *m.*
write current / Schreibstrom *m.*
write error / Schreibfehler *m.*
write head / Schreibkopf *m.*
write inhibit feature / Schreibsperre *f.*
write instruction / Schreibbefehl *m.*
write lockout / Schreibsperre *f.*
to write off / abschreiben
write-off / Abschreibung *f.*
write protection / Schreibschutz *m.*
write-read head / Schreib-Lesekopf *m.*
writing light / Steuerlicht *n.*
writing spot / Schreibsonde *f.*
wrong / falsch
wrong delivery / Fehllieferung *f.*

X

x-alignment error / Justierfehler in
  x-Richtung m./f.
x-axis / X-Achse f. / Abszisse f.
x-deflection / x-Ablenkung f.
xenon-mercury lamp /
  Xenon-Quecksilber-Lampe f.
xerographic printer / xerografischer
  Drucker m.
XOFF / Abmeldung f.
XON / Anmeldung f.
x-ray align and exposure system /
  Röntgenjustier- und Belichtungsanlage f.
x-ray aligner / Röntgenjustier- und
  Belichtungsanlage f.
x-ray contact printing /
  Röntgenkontaktbelichtung f.
x-ray diffraction / Röntgenstrahlbeugung f.
x-ray exposure / Röntgenbelichtung f.
x-ray imaging / Röntgenabbildung f.
x-ray lithography /
  Röntgenstrahllithographie f.
x-ray lithography mask / Röntgenmaske f. /
  Schattenmaske f.
x-ray mask alignment /
  Röntgenmaskenjustierung f.
x-ray mask processing /
  Röntgenmaskenbearbeitung f.
x-ray microprobe / Röntgenmikrosonde f.
x-ray printer / Röntgenbelichtungsgerät n.
x-ray projection printer /
  Röntgenbelichtungsanlage f.
x-ray proximity exposure /
  Abstandsbelichtung mit
  Röntgenstrahlen f./mpl.
x-ray proximity exposure tool /
  Röntgenabstandsbelichtungsanlage f.
x-ray proximity printing / Abstandsbelichtung
  mit Röntgenstrahlen f./mpl.
x-ray resist / röntgenstrahlempfindliches
  Resist n.
x-ray source of finite size / Röntgenquelle
  endlicher Größe f./f.
x-ray step-and-repeat machine /
  Röntgenrepeateranlage f.
x-ray step-and-repeat printer /
  Röntgenbelichtungsanlage mit
  Repeateinrichtung f./f.
x-ray stepper / Röntgenbelichtungsanlage f.
x-ray transparent /
  röntgenstrahlendurchlässig
x-ray wafer writing / Direktstrukturierung der
  Wafer durch Röntgenstrahlen f./f./mpl.
XRL patterning / röntgenlithographische
  Strukturierung f.
X-Y array / X-Y-Matrix f.
X-Y chart / Koordinatenschreiberkarte f.
xylol / Xylol n.

X-Y plotter / Koordinatenschreiber m.
X-Y stage / Koordinatentisch m.
X-Y table / Koordinatentisch m.

Y

YAG laser /
  Yttrium-Aluminium-Granat-Laser m.
yard / Lagerplatz m.
yardstick / Maßstab m. / Kriterium n.
yaw / Drehung (Repeatertisch) f.
y-axis / Ordinatenachse f. / y-Achse f.
yearly requirements / Jahresbedarf m.
year-to-date / Jahresauflauf zum
  Heutezeitpunkt m./m.
year under review / Berichtsjahr n.
yellow-passivated / gelbchromatisiert
  (Kontakt)
yield / Ausbeute f. / Gut-Menge f. /
  Ausbringung f. / Ertrag m. / Rendite f.
yield after evaluation /
  Beurteilungsausbeute f.
yield enhancement / Ausbeuteerhöhung f.
yield improvement / Ausbeuteverbesserung f.
yield increase / Ausbeuteanstieg m.
yield factor / Zuschlagsfaktor m.
yield loss / Ausbeuteverlust m.
yield of good chips per wafer / Gutausbeute
  von Chips je Wafer f./mpl./f.
yield statistics / Ausbeutestatistik f.
yield stress / Streckspannung
  (von Si-Scheibe) f.
yield-to-target / Gut-Menge zu
  Vorgabemenge f./.
yttrium-aluminium-garnet /
  Yttrium-Aluminium-Granat (YAG) n.
yttrium-iron garnet / Yttrium-Eisen-Granat
  (YEG) n.

Z

to zero / auf Null setzen / nullen
zero / Null f.
zero access / Schnellzugriff m.
zero access storage / Schnellspeicher m. /
  zugriffsfreie Speicherung f.
zero address / Nulladresse f.
zero capacitance / Nullkapazität f.
zero compression / Nullunterdrückung f.
zero-conductor / Null-Leiter m.
zero crossing / Nulldurchgang m.

zero-crossing indicator / Nullindikator *m*.
zero-cut crystal / Nullschnittkristall *n*.
zero-defect / defektfrei
zero error / Nullpunktabweichung *f*.
zero gate voltage drain current /
    Drain-Reststrom *m*.
zero insertion force component /
    steckkraftloses Bauelement *n*.
to zeroize / mit Nullen auffüllen
zero offset / Nullpunktverschiebung *f*.
zero position / Nullstellung *f*.
zero voltage / Nullspannung *f*.

zigzag in-line package / ZIP-Gehäuse *n*. /
    Gehäuse mit einer Reihe von versetzten
    Anschlüssen *n./f./mpl*.
zinc-diffused / zinkdiffundiert
zip code / Postleitzahl *f*.
zone bit / Zonenbit *n*.
zone doping / Zonendotierung *f*.
zone melting / Zonenschmelzen *n*. /
    Zonenziehverfahren *n*.
zone purification / Zonenreinigung *f*.
zone refining / Zonenreinigung *f*.
zoning / Zoneneinteilung *f*.
to zoom in / verkleinern
zooming / dynamisches Skalieren *n*.
to zoom out / vergrößern